VDI-Buch

Timm Gudehus

Logistik 2

Netzwerke, Systeme und Lieferketten

Studienausgabe der 4. Auflage

Timm Gudehus
Hamburg
Deutschland

ISBN 978-3-642-29375-7 ISBN 978-3-642-29376-4 (eBook)
DOI 10.1007/978-3-642-29376-4

Bibliografische Information der Deutschen Nationalbibliothek
Die Deutsche Nationalbibliothek verzeichnet diese Publikation in der Deutschen Nationalbibliografie; detaillierte bibliografische Daten sind im Internet über http://dnb.d-nb.de abrufbar.

Springer Vieweg

Einbandentwurf: WMXDesign GmbH, Heidelberg

Gedruckt auf säurefreiem und chlorfrei gebleichtem Papier

Springer Vieweg ist eine Marke von Springer DE.
Springer DE ist Teil der Fachverlagsgruppe Springer Science+Business Media
www.springer-vieweg.de

Vorwort zur Studienausgabe der 4. Auflage

Die zweite Hälfte des letzten Jahrhunderts war die Pionierzeit der modernen Logistik. Seither hat sich die Logistik in Forschung und Lehre als neue Fachdisziplin etabliert, in den Unternehmen als wichtiger Managementbereich durchgesetzt und immer weitere Anwendungsgebiete erschlossen. Die Erkenntnisse und Ideen der modernen Logistik wurden in diesem Standardwerk erstmals 1999 umfassend dargestellt. Mehrere Neuauflagen berücksichtigen auch die neueste Entwicklung der Logistik. Diese *Studienausgabe* enthält den vollständigen Text der aktualisierten 4. Auflage von 2010.

Der erste Band behandelt die *Grundlagen*, *Verfahren* und *Strategien* der Logistik unter organisatorischen, informatorischen und ökonomischen Aspekten. Ziel ist die *Gestaltung*, *Dimensionierung* und *Optimierung* von Logistiksystemen und Leistungsnetzen. Schwerpunkte sind die *Logistikkosten* und *Leistungspreise*, das *Zeitmanagement*, die *Bedarfsprognose*, die *dynamische Disposition von Aufträgen, Beständen und Ressourcen* sowie die *Grenzleistungen und Staugesetze*.

Gegenstand des vorliegenden zweiten Bandes sind die *Netzwerke, Systeme und Lieferketten*. Hier werden die Verfahren und Strategien aus Band 1 angewandt zur *Gestaltung und Realisierung* optimaler *Lager-*, *Kommissionier-*, *Umschlag-* und *Transportsysteme*. Dabei werden die technischen, humanitären und unternehmerischen Aspekte besonders berücksichtigt. Weitere Schwerpunkte sind das *Supply Chain Management*, die Optimierung von *Versorgungsnetzen*, der *Einsatz von Logistikdienstleistern* und Fragen des *Logistikrechts*. Neu sind die *Masterformeln der maritimen Logistik* und das Kapitel *Logik des Marktes*.

In vielen Unternehmensberatungen und Logistikabteilungen ist dieses Buch Pflichtlektüre für Anfänger und Nachschlagewerk für Erfahrene. An Universitäten und Fachhochschulen wird es den Studierenden als Lehrbuch empfohlen und in der Forschung als Referenz für Standardverfahren und Fachbegriffe der Logistik genutzt. Zum Start noch ein Tipp: Lesen Sie nach der Einführung zunächst nur die Einleitungen und die mit Pfeilen (►) gekennzeichneten Ergebnisse der einzelnen Kapitel. Damit verschaffen Sie sich rasch einen Überblick und erleichtern sich das Verständnis beim Lesen des gesamten Werkes.

Timm Gudehus, Hamburg, im Juni 2012

Vorwort der 1. Auflage

Seit Beginn meiner Industrietätigkeit haben mich die *Probleme* und *Aufgaben* der Logistik mit ihren Dimensionen *Raum* und *Zeit*, *Material* und *Daten*, *Organisation* und *Technik* sowie *Leistung* und *Kosten* fasziniert. Diese Monographie über *Logistik* ist eine Zusammenfassung von Erkenntnissen und Erfahrungen aus meiner Tätigkeit als Planer und Projektmanager, als Privatdozent für Lager-, Transport- und Kommissioniertechnik, als Geschäftsführer von Unternehmen der Fördertechnik, des Anlagenbaus, der Zulieferindustrie und der Textilindustrie sowie als Berater für Strategie und Logistik.

Eingeflossen sind Anregungen, Ideen, Lösungen und Kenntnisse aus Büchern und Veröffentlichungen, aus Diskussionen mit Fachkollegen und Kunden sowie aus der Bearbeitung von Projekten für Industrie, Handel und Dienstleistung. Lösungen und Beiträge anderer habe ich im Verlauf der Jahre weiterentwickelt. Aus eigener Arbeit sind neue Erkenntnisse hinzugekommen. Einige neu entwickelte Problemlösungen und Strategien, die sich in der Beratungspraxis bewährt haben, werden hier erstmals veröffentlicht.

Erarbeitet und verfasst habe ich das Buch neben meiner beruflichen Arbeit an Wochenenden und Feiertagen sowie in den Wartezeiten auf Geschäftsreisen. Mein größter Dank gilt meiner Frau, *Dr. phil. Heilwig Gudehus*. Sie hat meine häufige Geistesabwesenheit mit Verständnis ertragen, mich in Phasen des Zweifels zur Weiterarbeit ermutigt und mir durch geduldiges Zuhören und kritische Fragen beim allmählichen Verfertigen der Gedanken geholfen [1].

Meinem Vater *Herbert Gudehus*, der sich schon zu Zeiten mit Fragen der Logistik beschäftigt hat, als der Begriff noch weithin unbekannt war, verdanke ich das kritische Denken, den Spaß an der Lösung mathematischer Probleme und viele Anregungen [38, 134, 138, 261, 262].

Einen besonderen Dank schulde ich *Prof. Dr. Helmut Baumgarten*. Er hat mich 1991 in die Logistik zurückgeholt und mir die Zusammenarbeit mit dem *Zentrum für Logistik und Unternehmensplanung GmbH* (ZLU) in Berlin ermöglicht, dessen Gründer und geistiger Vater er ist. Mein weiterer Dank richtet sich an die Kollegen und Mitarbeiter des ZLU. Allen voran und zugleich stellvertretend für das gesamte ZLU-Team danke ich *Prof. Dr. Frank Straube* und *Dr. Michael Mehldau*. In der kreativen Atmosphäre des ZLU haben viele Fachdiskussionen im Rahmen der Beratungsprojekte und die Realisierung hieraus entwickelter Konzepte zum Entstehen des Buches beigetragen.

Für hilfreiche Unterstützung, nützliche Informationen, kritische Diskussionen und konstruktiven Widerspruch danke ich *Prof. Dr. Dieter Arnold*, *Astrid Boecken*, *Dr. Rudolf von Borries*, *Dr. Wolfgang Fürwentsches*, *Oliver Gatzka*, *Franz Gremm*, *Richard Kunder*, *Karsten Lange*, *Prof. Dr. Heiner Müller-Merbach*, *Dr. Jochen Miebach*, *Martin Reinhardt*, *Prof. Dr. E. O. Schneidersmann*, *Prof. Dr. Dieter Thormann*, *Wilhelm Vallbracht*, *Ole Wagner* und vielen anderen. Danken möchte ich auch dem *Springer-Verlag*, insbesondere *Thomas Lehnert*, für sein Interesse am Gelingen des Werks und die rasche Drucklegung sowie *Claudia Hill* für die sorgfältige Gestaltung.

Diese Monographie über die Logistik mit Teil 1 *Grundlagen, Verfahren und Strategien* und Teil 2 *Netzwerke, Systeme und Lieferketten* richtet sich an Volks- und Betriebswirte, an Ingenieure, Techniker und Informatiker, an Praktiker und Theoretiker, an Planer und Berater, an Anwender und Betreiber, an Anfänger und Fortgeschrittene. Ich hoffe, dass das Werk in Forschung und Lehre, in Theorie und Praxis, in Wirtschaft und Technik sowie für die Beratung und die Unternehmenslogistik von Nutzen ist und breite Verwendung findet.

Timm Gudehus, Hamburg, im Mai 1999

Inhalt Band 2: Netzwerke, Systeme und Lieferketten

Inhaltsübersicht Band 1

Grundlagen, Verfahren und Strategien

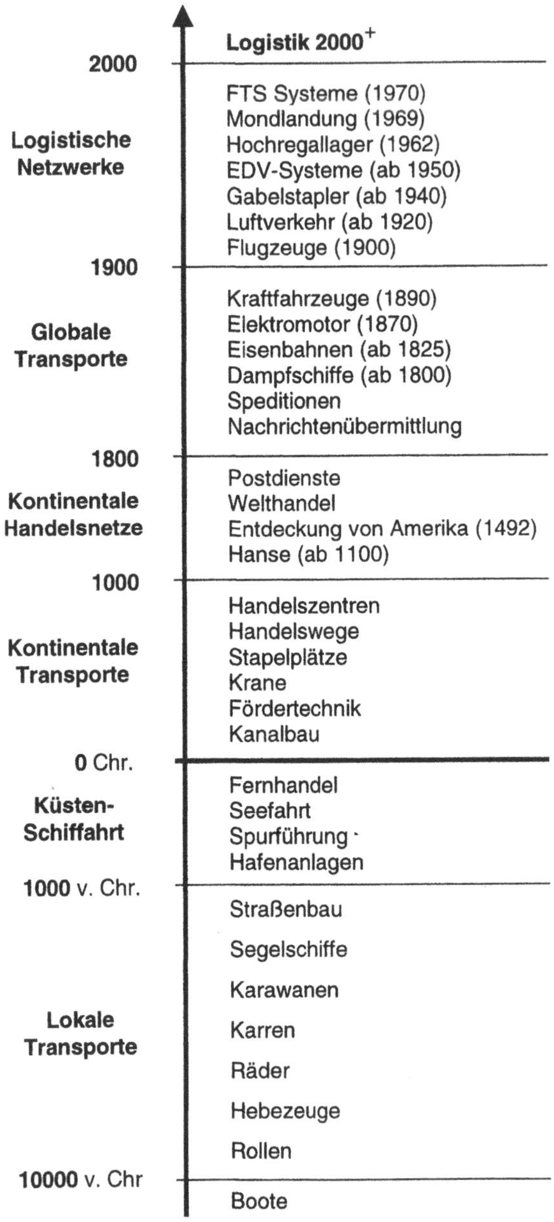

Jahr	Epoche	Entwicklungen
		Logistik 2000^{+}
2000	**Logistische Netzwerke**	FTS Systeme (1970) Mondlandung (1969) Hochregallager (1962) EDV-Systeme (ab 1950) Gabelstapler (ab 1940) Luftverkehr (ab 1920) Flugzeuge (1900)
1900	**Globale Transporte**	Kraftfahrzeuge (1890) Elektromotor (1870) Eisenbahnen (ab 1825) Dampfschiffe (ab 1800) Speditionen Nachrichtenübermittlung
1800	**Kontinentale Handelsnetze**	Postdienste Welthandel Entdeckung von Amerika (1492) Hanse (ab 1100)
1000	**Kontinentale Transporte**	Handelszentren Handelswege Stapelplätze Krane Fördertechnik Kanalbau
0 Chr.	**Küsten-Schiffahrt**	Fernhandel Seefahrt Spurführung Hafenanlagen
1000 v. Chr.	**Lokale Transporte**	Straßenbau Segelschiffe Karawanen Karren Räder Hebezeuge Rollen
10000 v. Chr		Boote

Abb. 0.1 Historische Entwicklung der Geschichte

Einleitung

Die Geschichte der *Logistik* als praktisches Handeln und Geschehen in den Bereichen *Transport, Verkehr, Umschlag* und *Lagern* reicht weit zurück (*s. Abb. 0.1*). *Operative Logistik* wurde unter anderen Namen schon immer betrieben: Handel, Spedition, Schifffahrt und Eisenbahn; Stapelplätze, Silos, Lagerhäuser und Stauereien; Fördern und Heben; Kanal-, Straßen- und Hafenbau. Die *Logistikdienstleister* der Vergangenheit waren Postgesellschaften, wie *Thurn & Taxis*, Fuhrunternehmen, wie *Wells Fargo*, sowie die Kaufleute von Venedig, Florenz und der Hansestädte, die *Medici*, die *Fugger* und die *Welser*, die *Godeffroys* und die *Stinnes*. Die Leistungsfähigkeit der Logistikunternehmer, die schon vor mehr als 200 Jahren große Warenmengen um den gesamten Globus transportierten, Güter aus aller Welt beschafften und Briefe über große Entfernungen bereits am nächsten Tag zustellten, ist heute weitgehend in Vergessenheit geraten [2–5, 15, 105, 163, 192, 195].

Neu an der Logistik von heute sind – abgesehen von dem Begriff – die Vielzahl der technischen Lösungsmöglichkeiten, die höheren Geschwindigkeiten, die geringeren Energiekosten, die größeren Kapazitäten sowie die zunehmende *Vernetzung*. Hinzu kommen die vielfältigen Handlungsmöglichkeiten, die sich aus der Steuerungstechnik, der Telekommunikation und der Informatik ergeben [45, 198]. Neu an der *modernen Logistik* ist vor allem die *Erkenntnis*, dass die Verkehrsverbindungen, Lager und Umschlagzentren ein Geflecht von *Netzwerken* bilden, die Unternehmen, Haushalte und Konsumenten in aller Welt permanent mit den benötigten Gütern und Waren versorgen [233]. Diese Erkenntnis hat sich rasch verbreitet und ist heute unter dem modernen Begriff *Logistik* in aller Munde [8, 15, 105, 186, 194].

Die *theoretische Logistik* oder *analytische Logistik* ist aus der Planung für die *operative Logistik* sowie aus der Kriegswissenschaft [5, 194], den Ingenieurwissenschaften [48, 55, 134] und den Wirtschaftswissenschaften [14, 17] hervorgegangen. Sie wurde lange Zeit und wird auch weiterhin unter anderen Namen betrieben, wie *Materialflusstechnik* [18, 22, 32, 47, 66, 169, 170], *Transporttheorie* [7, 105], *Verkehrswirtschaft* [67–70, 105, 199], *Materialwirtschaft* [172, 173, 191], *Supply-Chain-Management* (SCM) [51, 145, 177, 235, 236, 257, 258] und *Operations Research* [11–13, 40, 42, 43, 71]. Die *Theoretiker der Logistik* haben zunächst die historisch gewachsenen Fertigkeiten und Geschäftspraktiken studiert, Techniken und Handlungsmöglichkeiten analysiert und Lösungen für aktuelle Probleme entwickelt [8, 186, 261–263].

Um jedoch die Veränderungen der Praxis beherrschen und die neuen Handlungsmöglichkeiten effizient nutzen zu können, muss die theoretische Logistik von einer bis heute noch weitgehend deskriptiven *Erfahrungswissenschaft* zu einer rational begründeten *Erkenntniswissenschaft* werden [6–10, 139, 142, 158, 168, 194]. Dieses Buch will zu dem erforderlichen Wandel der Logistik beitragen. Es enthält eine umfassende Darstellung der *Grundlagen* und *Strategien* der *modernen Logistik* sowie der organisatorischen, technischen und wirtschaftlichen *Handlungsmöglichkeiten* zur systematischen und zielführenden Lösung der logistischen Aufgaben der Praxis.

Ausgangspunkte der *analytischen Logistik* sind die *Aufgaben*, *Ziele* und *Aktionsfelder* der *operativen Logistik* sowie die *Elemente*, *Strukturen* und *Prozesse* der *Logistiknetzwerke*. Unter Verwendung konsistenter Begriffe entwickelt die analytische Logistik hieraus *Regeln* und *Verfahren* zur Planung und Disposition, *Berechnungsformeln* für die Dimensionierung und *Lösungsverfahren* für konkrete Aufgaben. Sie schafft die *Grundlagen* und *Algorithmen* zur mathematischen Modellierung und Optimierung logistischer Prozesse und Systeme. Ergebnisse der analytischen Logistik sind *Strategien* und *Entscheidungshilfen* für die Planung und den Betrieb von Logistiksystemen.

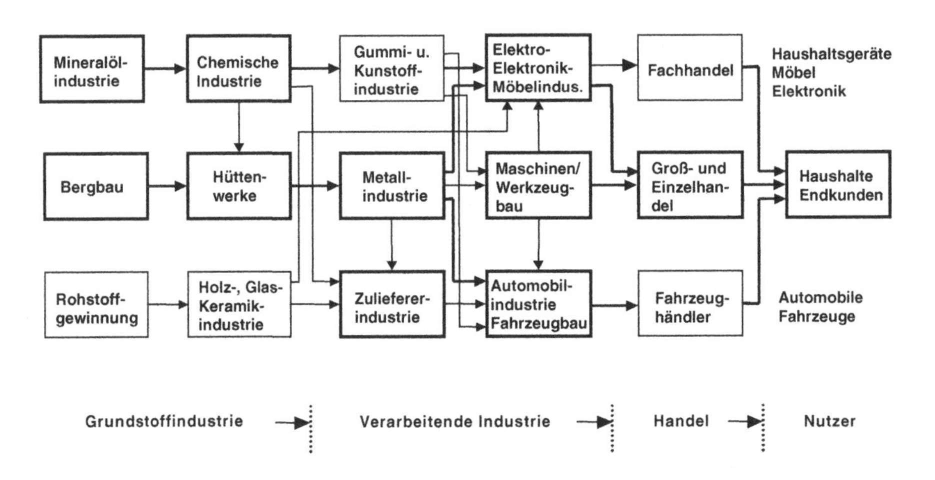

Abb. 0.2 Versorgungsnetze und Lieferketten für Gebrauchsgüter

Viele Unternehmen halten ihre eigenen Logistikprobleme für einzigartig. Dieser Eindruck wird verstärkt durch unternehmens- oder branchenspezifische Begriffe. Wer die Logistik der Unternehmen verschiedener Branchen analysiert, erkennt jedoch, dass die meisten Logistikprobleme trotz mancher Besonderheit vergleichbar sind, überall die gleichen Grundsätze gelten und ähnliche Lösungsverfahren zum Ziel führen. Die Ausführungen des Buches abstrahieren daher weitgehend von Branchen, Regionen und spezieller Technik.

Eine rein technische oder allein ökonomische Sicht der Logistik verstellt den Blick für das Ganze und verbaut viele Handlungsmöglichkeiten. Die an den Hochschulen übliche Trennung in *technische Logistik* und *betriebswirtschaftliche Logistik* ist daher unzweckmäßig. Betriebswirtschaft, Technik, Informatik und andere Fachbereiche tragen gleichermaßen zur *interdisziplinären Logistik* bei. Die organisatorischen, technischen und ökonomischen Aspekte der Logistik werden daher in diesem Buch gleichrangig dargestellt.

Die mathematischen Grundlagen der analytischen Logistik ebenso wie des *Operations Research* (OR) finden sich in der *Arithmetik*, *Algebra* und *Analysis* sowie in der *Wahrscheinlichkeitstheorie* und *Statistik* [11–13, 44, 46, 99, 157]. Die speziellen OR-Verfahren zur Lösung von Verschnitt-, Transport-, Zuteilungs-, Standort- und Reihenfolgeproblemen werden hier soweit behandelt, wie es im Kontext erforderlich ist. Das gilt auch für die Beiträge der *Betriebswirtschaft*, der *Volkswirtschaft* und der *Technik* zur Logistik [14, 189].

Die Grundsätze, Strategien und Berechnungsformeln wurden für den Bedarf der Praxis entwickelt. Sie haben sich bei der Lösung konkreter Probleme bewährt. Auch wenn die Anregungen aus der Praxis kommen, wird in diesem Buch zunächst die Theorie entwickelt [6, 10, 142]. Anschließend werden praktische Anwendungsmöglichkeiten dargestellt.

Das Werk zeigt *Handlungsspielräume* und *Optimierungsmöglichkeiten* auf und bietet *Lösungsansätze* und *Entscheidungshilfen*. Es enthält *Verfahren* und *Tools* aus der Planungs- und Beratungspraxis, gibt Hinweise auf häufig vorkommende *Fehler* und weist auf *Gefahren* von Standardprogrammen und gebräuchlichen Verfahren hin. Ergebnisse sind vielseitig anwendbare *Planungs- und Gestaltungsregeln*, *Verfahren* zur Problemlösung, *Betriebsstrategien* und *Dispositionsregeln* sowie allgemeingültige *Berechnungsformeln* zur Dimensionierung und Optimierung von Versorgungsnetzen, Logistiksystemen und Lieferketten.

Der *erste Band* behandelt die *Grundlagen, Verfahren und Strategien der Logistik*. Er beginnt mit einer Abgrenzung der *Aufgaben und Ziele*. Danach werden *Aufbau, Strukturen* und *Organisation* von Logistikprozessen und Leistungssystemen beschrieben. Gegenstand der weiteren Kapitel sind die *Planung* und *Realisierung*, die *Potentialanalyse* und die *Strategien der Logistik*. Die betriebswirtschaftlichen Grundlagen der Logistik werden in den zwei Kapiteln über *Logistikkosten* und *Leistungspreise* entwickelt.

Im Kapitel *Zeitmanagement* wird die Rolle der *Zeit in der Logistik* behandelt, aus der sich die Strategien der *Zeitdisposition* ableiten. Anschließend werden die *Zufallsprozesse in der Logistik* analysiert und die Möglichkeiten und Grenzen der *Bedarfsprognose* dargestellt. Die *Bedarfsprognose* ist Ausgangspunkt für die dynamische *Disposition* von Aufträgen, Beständen und Lagernachschub. Die Verfahren und Strategien der *Auftragsdisposition und Produktionsplanung* sowie der *Bestands- und Nachschubdisposition* in den Logistiknetzen werden in den folgenden Kapiteln behandelt.

Durchlaufende Elemente der *Logistikketten* sind die *Logistikeinheiten*. Deren Funktionen und Bestimmungsfaktoren werden in einem gesonderten Kapitel behandelt, das mit einer Darstellung der zur *Auftragsübermittlung* und *Prozessoptimierung* benötigten *Logistikstammdaten* abschließt. Grundlegend für die Leistungsberechnung und Systemdimensionierung sind die *Grenzleistungsgesetze* und *Staueffekte*. Sie sind Gegenstand des folgenden Kapitels. Das letzte Kapitel des ersten Teils befasst sich mit den Beziehungen und der Aufgabenteilung zwischen *Vertrieb, Einkauf und Logistik*.

Der *zweite Band* behandelt die *Netzwerke, Systeme und Lieferketten* und beginnt mit einem Überblick über *Logistiknetzwerke* und innerbetriebliche *Logistiksysteme*. Danach werden die *Lagersysteme*, die *Kommissioniersysteme* und die *Transportsysteme* behandelt, aus denen sich die Intralogistik und die übergeordneten Logistiknetzwerke zusammensetzen. Die betreffenden Kapitel beginnen jeweils mit der Festlegung und Abgrenzung der *Funktionen* und *Leistungsanforderungen*, die das System zu erfüllen hat. Dann werden die *Teilfunktionen, Systemelemente, Strukturen* und *Prozesse* der Systeme analysiert. Aus der Analyse und Klassifizierung der Systeme resultieren *Auswahlregeln* und *Gestaltungsmöglichkeiten* zur Erfüllung der systemspezifischen Anforderungen.

Im anschließenden Kapitel *Optimale Auslegung von Logistikhallen* werden die Systeme und Funktionsbereiche der innerbetrieblichen Logistik zu Umschlaghallen und Logistikzentren zusammengefügt. Die hier dargestellten *Auslegungsverfahren* und *Anordnungsstrategien* sind allgemein nutzbar zur *Layoutplanung* sowie für die Auslegung von Fabrikhallen, die Gestaltung von Umschlagterminals und die Gebäudeanordnung auf einem Werksgelände. Die resultierenden Fabriken und Logistikzentren sind die Quellen, Knotenpunkte und Senken der Logistiknetze von Industrie und Handel.

Die unternehmensübergreifenden Logistiknetzwerke sind Gegenstand des zentralen Kapitels *Optimale Lieferketten und Versorgungsnetze*. Hier werden *Verfahren zur Auswahl optimaler Lieferketten* und die Grundlagen des *Supply-Chain-Management* entwickelt. Danach werden die Konsequenzen für das Vorgehen beim *Einsatz von Logistikdienstleistern* dargestellt. Das Kapitel *Logik des Marktes* behandelt die Mengen- und Preisbildung am Markt, die die Güter- und Leistungsströme zwischen den Unternehmen und Haushalten auslöst und viele Kosten bestimmt. Das folgende Kapitel enthält Gedanken und Anregungen zur Entwicklung eines *Logistikrechts*, das alle rechtlichen Fragen der Logistik für die Praxis nutzbringend regelt. Das Logistikrecht soll *Verkehrsrecht, Frachtrecht, Speditionsrecht* und andere Rechtsbereiche integrieren, die Einfluss auf die Logistik haben. Das letzte Kapitel behandelt die Rolle und die Wirkungsmöglichkeiten der *Menschen in der Logistik*.

Das vorliegende Werk gibt eine umfassende Darstellung der modernen Logistik. Die beiden Teile und die Kapitel des Buchs sind aufeinander abgestimmt und durch Querverweise miteinander verknüpft. Die einzelnen Kapitel sind jedoch so abgefasst, dass sie auch in sich verständlich sind.

Zur leichteren Auffindbarkeit werden neu eingeführte *Begriffe* und *Sachworte* kursiv geschrieben. Wichtige *Definitionen* sind mit einem Spiegelpunkt (•) eingerückt, allgemeine Grundsätze und Regeln durch einen Hinweispfeil (▶) gekennzeichnet und dadurch rasch zu finden. Zahlreiche *Abbildungen* und *Tabellen* erleichtern das Verständnis des Textes.

Zur Vereinfachung der Programmierung sind die *Formeln*, soweit es die Verständlichkeit zulässt, einzeilig und mit schrägen Bruchstrichen geschrieben. Besonders nützliche *Masterformeln* sind durch **Fettsatz** hervorgehoben und dadurch leichter auffindbar. Das umfangreiche *Sachwortverzeichnis* und die *Tabellen* mit *Kennzahlen* und *Richtwerten* machen das Buch zum praktisch nutzbaren *Nachschlagewerk.*

Elegante und doch tragfähige Brücken und Bauwerke sind das Ergebnis der konsequenten Nutzung der Gesetze von Statik und Mechanik. Entsprechend gilt für die moderne Logistik:

- Wirtschaftliche und leistungsfähige Versorgungsnetze und Logistiksysteme sind nur erreichbar, wenn die *Gesetze der Logistik* bekannt sind und bei der Gestaltung und Dimensionierung richtig genutzt werden.

Dieses Buch hat das Ziel, hierfür die Grundlagen zu schaffen und das erforderliche Wissen zu vermitteln. Darüber hinaus soll es das allgemeine Verständnis für die Logistik fördern, zum Weiterdenken anregen und Anstöße geben für die Forschung und Entwicklung.

15 Logistiknetzwerke und Logistiksysteme

Das Logistiknetz jedes Unternehmens ist Teil eines weltumspannenden Netzwerks, das von den Logistiksystemen der Speditionen, Verkehrsbetriebe, Eisenbahnen, Luftfahrtgesellschaften, Schifffahrtslinien und anderer Unternehmen aufgespannt wird (s. *Abb. 0.2* und *Abb. 15.1*). Das globale Logistiknetzwerk hat viele Eigentümer und Benutzer. Es dient unterschiedlichen Zwecken und Interessen.

Zentrale Aufgaben des *Netzwerkmanagements* sind die Abgrenzung des unternehmenseigenen Logistiknetzes und die Regelung der Beziehungen zu den Netzen der Lieferanten, Kunden und Logistikdienstleister. Die Unternehmenslogistik muss entscheiden, welche der geschäftsnotwendigen Logistikaufgaben den Lieferanten und Kunden überlassen, welche in eigener Regie ausgeführt oder zugekauft und welche als komplette Leistungspakete an *Systemdienstleister* vergeben werden.

Die Grenzen des eigenen Logistiknetzwerks hängen davon ab, wie das Unternehmen seine *Kernkompetenzen* definiert und welche Bedeutung die Logistik für das Erreichen der Unternehmensziele hat [233]. Im Extremfall, z. B. in der Automobilindustrie, erstreckt sich das Netzwerkmanagement von den Kunden der Kunden bis zu den Lieferanten der Lieferanten (s. *Abb.* 1.15).

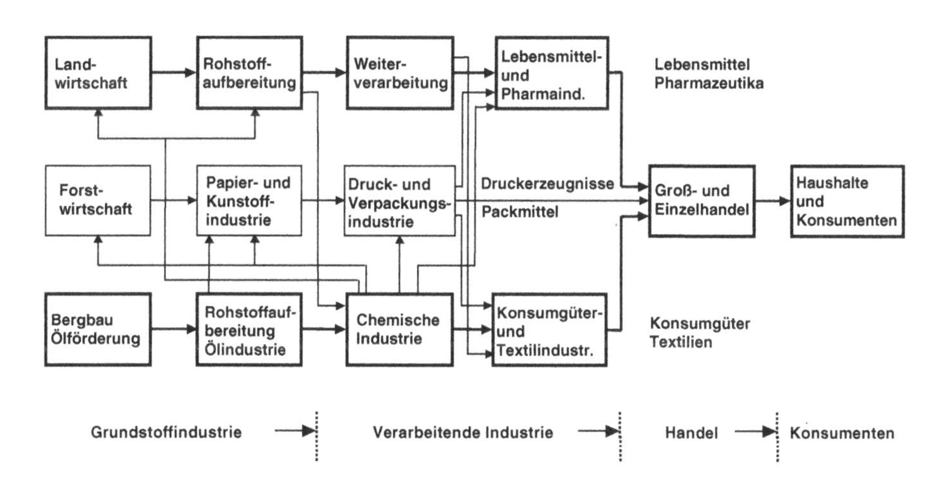

Abb. 15.1 Versorgungsnetzwerk und Lieferketten für Konsumgüter

T. Gudehus, *Logistik 2*, VDI-Buch,
DOI 10.1007/978-3-642-29376-4_1, © Springer-Verlag Berlin Heidelberg 2012

Die *Kernaufgaben der Unternehmenslogistik* sind daher:

1. Für die benötigten Logistikleistungen sind *Logistiksysteme* so zu gestalten, zu dimensionieren, zu organisieren, zu realisieren, zu betreiben oder zu beschaffen, dass sie die *Leistungsanforderungen* bei Einhaltung der *Restriktionen* kostenoptimal erfüllen.
2. Die einzelnen Logistiksysteme sind so zu einem leistungsfähigen *Logistiknetzwerk* zu verknüpfen und die verfügbaren Ressourcen so zu disponieren, dass die *Auftrags-*, *Leistungs-* und *Logistikprozesse* des Unternehmens optimal ablaufen.

Für diese Doppelaufgabe der Unternehmenslogistik wurden in *Band 1* die *Grundlagen* und *Strategien* sowie die allgemeinen organisatorischen, technischen und kommerziellen *Handlungsmöglichkeiten* dargestellt. Im nachfolgenden *Band 2* werden die Auslegung, Dimensionierung und Optimierung der *Lager-*, *Kommissionier-* und *Transportsysteme* behandelt, Verfahren zur Auswahl *optimaler Lieferketten* und zur Gestaltung von *Logistiknetzwerken* entwickelt und hieraus das Vorgehen zum erfolgreichen *Einsatz von Logistikdienstleistern* abgeleitet.

15.1 Intralog, Extralog und Interlog

Ein Logistiknetzwerk ist eine Anzahl von Quellen und Senken, die durch Transportsysteme miteinander verbunden sind (s. *Abb.* 1.3). Das Logistiknetzwerk wird von Waren-, Güter- und Personenströmen durchlaufen, die durch Informations- und Datenströme ausgelöst, gesteuert und kontrolliert werden.

Analog zur Unterscheidung zwischen *Intranet*, *Extranet* und *Internet* der Informations- und Kommunikationsnetzwerke lassen sich die Logistiknetzwerke nach den in *Tab.* 15.1 aufgeführten Merkmalen einteilen in *Intralog-*, *Extralog-* und *Interlog-Netze*:

- *Intralog-Netze* sind die innerbetrieblichen Logistiknetzwerke innerhalb der einzelnen Betriebsstätten eines Unternehmens.
- *Extralog-Netze* sind die außerbetrieblichen Logistiknetzwerke zwischen den Betriebsstätten der Unternehmen.
- *Interlog-Netze* sind die Logistiknetze aller Unternehmen und Wirtschaftsteilnehmer.

Logistiknetzwerke sind Systeme mit vielfacher Funktion, die sich aus Teil- und Subsystemen mit nur einer oder wenigen Funktionen zusammensetzen.

Das *Interlog-Netz* besteht aus den Logistiknetzwerken der Industrie- und Handelsunternehmen, der Dienstleister und der Verkehrsbetriebe (s. *Abb.* 0.2 und 15.1). Das Logistiknetzwerk eines Unternehmens setzt sich zusammen aus den Intralog-Netzen der einzelnen Betriebsstätten, die sich von den Eingängen zu den Ausgängen erstrecken, und dem Extralog-Netz, das von den Lieferanten über die Betriebsstätten bis zu den Kunden oder Abnehmern des Unternehmens reicht (s. *Abb.* 1.15).

Subsysteme des *Extralog-Netzes* sind die Beschaffungs- oder Versorgungssysteme der Betriebe, die Distributions- oder Verteilsysteme für die Fertigwaren und die Entsorgungssysteme für Produktionsabfall und Verpackungsreste.

	Intralog	Extralog	Interlog
Merkmale			
Abgrenzung	Innerbetriebliches Logistiknetzwerk einer Betriebsstätte	Außerbetriebliches Logistiknetzwerk eines Unternehmens	Unternehmensübergreifende Logistiknetzwerke mit vielen Teilnehmern
Betriebsstandorte	einer	mehrere	viele
Vernetzung	gering	mittel	hoch
Logistikketten	innerbetrieblich	zwischenbetrieblich	überbetrieblich
Quellen	Wareneingang Produktionsstellen	Lieferanten andere Betriebsstätten	Unternehmen Haushalte
Senken	Verbrauchsstellen Warenausgang	Kunden andere Betriebsstätten	Unternehmen Haushalte
Teilsysteme	Maschinensysteme Lagersysteme Kommissioniersysteme Förder- und Transportsysteme	Beschaffungssysteme Distributionssysteme Entsorgungssysteme Intramodale Transportsyteme	Intralog-Systeme Extralog-Systeme Verkehrssysteme Speditionssysteme
Betreiber			
Betriebsstätten	Unternehmen	Dienstleister	Dienstleister
Betriebsmittel	Unternehmen/Dienstleister	Unternehmen/Dienstleister	Dienstleister
Trassennetz	Unternehmen	Verkehrsbetriebe/Staat	Verkehrsbetriebe/Staat
Transportmittel	Unternehmen/Dienstleister	Unternehmen/Dienstleister	Dienstleister

Tab. 15.1 Merkmale der Logistiknetzwerke

Unternehmen: Industrie- und Handelsunternehmen
Dienstleister: Logistikdienstleister, Speditionen, Umschlagbetriebe usw.
Verkehrsbetriebe: Eisenbahnen, Reedereien, Luftfahrtgesellschaften
Haushalte: Privathaushalte, Gastronomie, Verwaltungen, Krankenhäuser u. a.

Teilsysteme des *Intralog-Netzes* sind die Maschinensysteme, Lagersysteme, Kommissioniersysteme, Bereitstellsysteme, Umschlagsysteme und innerbetrieblichen Transportsysteme. *Intralog* und *Intralogistik* sind inzwischen gängige Bezeichnungen für die innerbetriebliche Logistik.

15.2 Systemaufbau und Systemhierarchien

Jedes System besteht aus Systemelementen und einer System- oder Prozesssteuerung. Die Systemelemente sind so miteinander verbunden und ihre Funktionen werden von der Prozesssteuerung so koordiniert, dass die Aufträge vom System korrekt und zuverlässig ausgeführt werden.

Die Systemelemente können *Leistungsstellen*, *Teilsysteme*, *Subsysteme* oder *Maschinensysteme* sein, die ihrerseits wieder aus Systemelementen zusammengesetzt sind. Hieraus resultiert eine *Hierarchie der Systeme* [142]:

1. *Logistiknetzwerke* setzen sich zusammen aus den
2. *Extralog-Netzen* und *Intralog-Netzen* der Unternehmen, die aus
3. *Lager-*, *Kommissionier-*, *Umschlag-* und *Transportsystemen* aufgebaut sind, die aus
4. *Teil- und Subsystemen* bestehen, deren Elemente
5. *Leistungsstellen* sind, die *Räume*, *Betriebsmittel* und *Personen* umfassen, oder
6. *Maschinensysteme*, die aus *Teilen*, *Komponenten* und *Modulen* zusammengesetzt sind.

In abstrakter Form zeigt *Abb.* 1.5 die Auflösung eines Logistiknetzwerks in einzelne Logistiksysteme oder eines Logistiksystems in einzelne Leistungsstellen und Subsysteme. Aus der Systemhierarchie resultiert eine *Steuerungshierarchie* für die Systemsteuerung. *Abb.* 18.6 zeigt beispielsweise die *Ebenen* der hierarchisch aufgebauten Steuerung eines Transportsystems.

Die weitere Auflösung der Teile, Komponenten und Module in ihre Elemente und die Fortsetzung der Systemhierarchie nach unten ist nicht mehr Aufgabe der Logistik sondern anderer Fachdisziplinen, wie die Fördertechnik, der Fahrzeugbau, der Schiffbau, der Flugzeugbau und der Maschinenbau, die auf die Konstruktion und Herstellung der betreffenden technischen Anlagen und Maschinensysteme spezialisiert sind (s. *Abschn.* 3.10).

Die Hierarchie der Systeme, der Systemaufbau aus Subsystemen und Elementen und die Verkopplung der Systemebenen durch eine hierarchisch aufgebaute Systemsteuerung sind der Schlüssel für die anforderungsgerechte Gestaltung, Dimensionierung und Optimierung der Logistiksysteme und für ein erfolgreiches Netzwerkmanagement. Dabei ist zu unterscheiden zwischen der *horizontalen Vernetzung* von Systemen in der gleichen Hierarchieebene und der *vertikalen Vernetzung* zwischen Systemen unterschiedlicher Hierarchieebenen.

Von anderen horizontal vernetzten Systemen der gleichen Ebene und aus den höheren Hierarchieebenen, mit denen ein System vertikal vernetzt ist, resultieren die *Aufträge* und *Leistungsanforderungen* an das System. Die unterlagerten Hierarchieebenen bestimmen das *Leistungsvermögen* des Systems und erhalten ihre Aufträge aus übergeordneten Systemen.

15.3 Leistungsanforderungen und Leistungsvermögen

Maßgebend für die Planung und den Aufbau eines neuen Systems ebenso wie für die Bewertung vorhandener Systeme sind die *Leistungsanforderungen*. Die Leistungsanforderungen resultieren aus der Anzahl und dem Inhalt der *Aufträge*, die Betreiber oder Benutzer dem System erteilen:

- Die Aufträge an das System spezifizieren die *Menge*, die *Beschaffenheit*, die *Qualität* und den *Bedarfszeitpunkt* der geforderten Produkte und Leistungen.

Aufträge an Logistiksysteme sind *Beförderungsaufträge*, *Transportaufträge*, *Lageraufträge*, *Kommissionieraufträge* und *Lieferaufträge*.

Aus einem geforderten oder zu erwartenden *Auftragseingang* λ_A [Auf/PE] pro Periode PE und einem mittleren *Auftragsinhalt* m_A [LE/Auf] von *Leistungs- oder Logistikeinheiten* LE resultiert ein *Leistungs- oder Mengendurchsatz*

$$\lambda_{LE} = m_A \cdot \lambda_A \quad [LE/PE]\,. \tag{15.1}$$

Aus einem zeitabhängigen Auftragseingang $\lambda_A(t)$ ergibt sich eine Zeitabhängigkeit des Leistungs- und Mengendurchsatzes $\lambda_{LE}(t)$. Aus einem stochastischen Auftragseingang folgt ein stochastisch schwankender Durchsatz.

Zeitabhängige und stochastisch schwankende Durchsatzanforderungen führen zu Auftragsbeständen oder zu Warenbeständen, für die das System eine ausreichende *Pufferkapazität* bieten muss. Zusätzlich hat die *Auftragsdisposition* die Möglichkeit, einen Teil der geforderten oder geplanten Liefermengen vor dem Lieferzeitpunkt auszuführen und auf Lager zu fertigen. Aus den *dynamischen Durchsatzanforderungen* an ein Logistiksystem und den *Strategien* der Auftrags- und Bestandsdisposition ergibt sich der *Kapazitätsbedarf*, das heißt die *statische Leistungsanforderung* an die Lager- und Pufferkapazität des Systems.

Den *Leistungsanforderungen*, die festlegen, was ein gesuchtes oder vorhandenes System unter welchen Bedingungen *leisten soll*, steht das *Leistungsvermögen* gegenüber, das angibt, was ein bestimmtes System unter gegebenen Bedingungen *leisten kann*.

Das *dynamische Leistungsvermögen* eines Leistungs- oder Logistiksystems ist gegeben durch die maximalen *Durchsatzwerte* oder *Grenzleistungen* μ_{LE} [LE/PE] der Leistungs- und Logistikeinheiten, für die das System ausgelegt ist (s. *Kap. 13*). Das *statische Leistungsvermögen* eines Logistiksystems ist die *Puffer- und Lagerkapazität* C_{LE} [LE], das heißt die maximale Anzahl von Logistikeinheiten, die im System gepuffert oder gelagert werden kann.

Das Leistungsvermögen eines Systems wird bestimmt vom *Leistungsvermögen der Systemelemente*, von der *Systemstruktur* und von den *Betriebsstrategien*, nach denen die Aufträge disponiert und ausgeführt werden. Außer von diesen *systeminternen Einflussfaktoren* hängt das Leistungsvermögen des Systems von *externen Einflussfaktoren* ab, wie die Größe und Struktur der Aufträge und die Stochastik und zeitliche Veränderlichkeit des Auftragseingangs. Die internen und externen Einflussfaktoren müssen für die Disposition und Optimierung eines bestehenden Systems ebenso bekannt sein wie für die Planung und Realisierung eines neuen Systems.

15.4 Systemplanung und Systemoptimierung

Aufgabe der *Systemplanung* ist die Entwicklung eines Systems, das die gestellten *Leistungsanforderungen* bei gegebenen *Randbedingungen* zu minimalen *Leistungskosten* erfüllt. Die *Systemoptimierung* hat die Aufgabe, die Leistungskosten eines vorhandenen Systems zu senken oder das Leistungsvermögen des Systems zu verbessern.

Die *Leistungskosten* k_{LE} [€/LE] sind die *Betriebskosten* $K(\lambda_{LE})$ [€/PE] in einer Periode PE (PE = Tag, Woche, Monat oder Jahr) bezogen auf die erbrachte *Systemleistung* λ_{LE} [LE/PE]:

$$k_{\text{LE}} = K(\lambda_{\text{LE}})/\lambda_{\text{LE}} \quad [€/\text{LE}]\,. \tag{15.2}$$

Wenn ein System mehrere *Leistungsarten* mit den *Leistungseinheiten* LE_i und dem Durchsatz λ_{LEr} $[\text{LE}_i/\text{PE}]$ erbringt, müssen die Gesamtbetriebskosten $K(\lambda_{\text{LE1}}; \lambda_{\text{LE2}}; \ldots; \lambda_{\text{LEn}})$ nutzungsgemäß in eine Summe $K = \sum K_{\text{R}}(\lambda_{\text{LEr}})$ *partieller Betriebskosten* $K_{\text{R}}(\lambda_{\text{LEr}})$ aufgeteilt und aus diesen nach Beziehung (15.2) die *partiellen Leistungskosten* k_{LEr} kalkuliert werden.

Die Betriebskosten werden im Wesentlichen bestimmt von den Abschreibungen, Zinsen und Wartungskosten für Gebäude, Maschinen, Anlagen und Betriebsmittel, vom Personalbedarf und vom Material-, Energie- und Treibstoffeinsatz. Sie setzen sich zusammen aus *fixen Kosten* $K_{\text{fix}}(\mu_{\text{LE}})$, die unabhängig vom Leistungsdurchsatz anfallen, und *variablen Kosten* $K_{\text{var}}(\lambda_{\text{LE}})$, die vom Leistungsdurchsatz abhängen. Die Fixkosten hängen vom Mechanisierungsgrad und vom Leistungsvermögen μ_{LE} [LE/PE] des Systems ab (s. *Kap.* 6 und).

Wenn die *Systemauslastung*

$$\rho = \lambda_{\text{LE}}/\mu_{\text{LE}} \quad [\%] \tag{15.3}$$

im Verlauf der Zeit absinkt, steigen die Leistungskosten infolge des hohen Fixkostenanteils. Das System ist dann entweder überdimensioniert oder wegen stark schwankender Leistungsanforderungen zur *Vorhaltung von Spitzenkapazität* gezwungen.

Aus diesem betriebswirtschaftlichen Zusammenhang folgt für die Systemplanung und Optimierung das *Verfahren der stufenweisen Annäherung:*

1. Das System ist zunächst unter Annahme eines *stationären Auftragseingangs* ohne stochastische Schwankungen so auszulegen, zu dimensionieren und zu optimieren, dass es den mittleren Leistungsdurchsatz, der für einen vorgegebenen Planungszeitraum zu erwarten ist, mit ausreichenden Leistungsreserven erfüllen kann.
2. Aus den Systemen, die den *stationären Leistungsanforderungen* genügen, werden nach den in *Abschn.* 6.10 beschriebenen Verfahren die wirtschaftlichsten Lösungen ausgewählt.
3. Für die wirtschaftlichsten Lösungen werden die Auswirkungen eines *zeitlich veränderlichen* Auftragseingangs und Leistungsbedarfs untersucht, die Betriebsstrategien und das Leistungsvermögen dem Bedarf zur *Spitzenstunde des Spitzentags* der Planungsperiode angepasst und erneut die Investitionen und Ertragswerte kalkuliert.
4. Die danach verbleibende wirtschaftlichste Lösung wird unter Berücksichtigung der zu erwartenden *stochastischen Schwankungen* von Auftragseingang und Leistungsbedarf einer *Funktions- und Leistungsanalyse* unterzogen, die in *Abschnitt* 13.7 beschrieben ist. Mit den hieraus eventuell notwendigen Veränderungen resultiert die technisch und wirtschaftlich *optimale Systemlösung.*

Dieses Vorgehen entspricht dem bekannten *Verfahren der stufenweisen Störungsrechnung*. Danach lässt sich ein mathematisch nicht explizit lösbares Problem durch schrittweise Annäherung mit zunehmender Genauigkeit lösen: Im ersten Schritt wird unter Vernachlässigung von Störungseinflüssen höherer Ordnung zunächst eine Lösung für die Haupteinflussfaktoren errechnet. Die weiteren Einflüsse werden in den nächsten Berechnungsschritten in der Reihenfolge ihrer Bedeutung berücksichtigt. Die Störungsrechnung führt am Ende mit der benötigten Genauigkeit zur gesuchten Lösung.

Entsprechend dem hierarchischen Aufbau der Logistiksysteme lassen sich Systemplanung und Systemoptimierung auf allen Hierarchieebenen, also für die Netzwerke, die Logistiksysteme und deren Subsysteme, nach dem in *Abb.* 15.2 dargestellten *iterativen Planungs- und Optimierungsverfahren* durchführen. Nach einer Erfassung der Leistungsanforderungen und Planungsgrundlagen führt das Verfahren über eine Analyse und Bewertung der vorhandenen oder der zur Auswahl stehenden Liefer- und Leistungsketten und Systemvarianten zur Konzeption einer Systemlösung, die den gestellten Anforderungen genügt.

Am schnellsten zum Ziel führen dabei die *Systemplanungsgrundsätze:*

- Erst die Liefer- und Leistungsketten analysieren und auswählen, danach die zur Realisierung der benötigten Liefer- und Leistungsketten erforderlichen Strukturen und Netzwerke gestalten und optimieren.
- Auf die Entwicklung der Netzwerke und Systeme folgt die Gestaltung der Auftragsprozesse und der Daten- und Informationsflüsse zur Disposition, Auslösung, Steuerung und Kontrolle von Auftragsdurchführung und Warenfluss.
- Der Aufbau, die Erfordernisse und die Strategien von Netzwerk, Auftragsprozessen, Lieferketten und Logistiksystemen bestimmen die Anforderungen an die DV-Systeme, wie *APS*, *ERP*, *PPS*, *WWS*, *TLS* und *LVS*.

Die oftmals begrenzten Funktionalitäten der Standardsoftware dürfen nicht die Ausschöpfung der Potentiale verhindern und die Handlungsmöglichkeiten der Logistik einschränken [143–145].

Wenn die entwickelte Lösung die Leistungsanforderungen gegenüber dem IST-Zustand nicht zu deutlich reduzierten Kosten erbringen kann, müssen die zunächst als vorgegeben angenommenen unterlagerten Systeme optimiert oder neu geplant werden. Die Planung und Optimierung der Teilsysteme verläuft wie ein *Unterprogramm* analog zu dem Vorgehen in der überlagerten Hierarchieebene. Das kann entsprechend wieder die Neuplanung und Optimierung leistungsbegrenzender, funktionskritischer oder kostenbestimmender Leistungsstellen, Maschinensysteme oder Elemente erforderlich machen.

Nach diesem iterativen Verfahren werden in den folgenden Kapiteln die Lager-, Kommissionier- und Transportsysteme analysiert und Formeln zur Berechnung des Leistungsvermögens aus den Grenzleistungen ihrer Elemente hergeleitet. Für Lager- und Kommissioniersysteme, deren Aufbau und Struktur von den Kapazitäts- und Durchsatzanforderungen geprägt ist, wird zuerst eine *statische Dimensionierung* und danach eine *dynamische Dimensionierung* durchgeführt, deren Ergebnisse am Ende aufeinander abzustimmen sind. Für ausgewählte Systemlösungen und typische Beispiele aus der Planungspraxis werden die Auswirkung der Einflussfaktoren auf das Leistungsvermögen und die Leistungskosten berechnet.

Die Ergebnisse der Systemanalyse *auf der Ebene der Logistiksysteme* gehen auf der *Ebene der Logistiknetzwerke* in die Auswahl und Optimierung der Liefer- und Leistungsketten und in die Gestaltung der Intralog- und Extralog-Netzwerke ein.

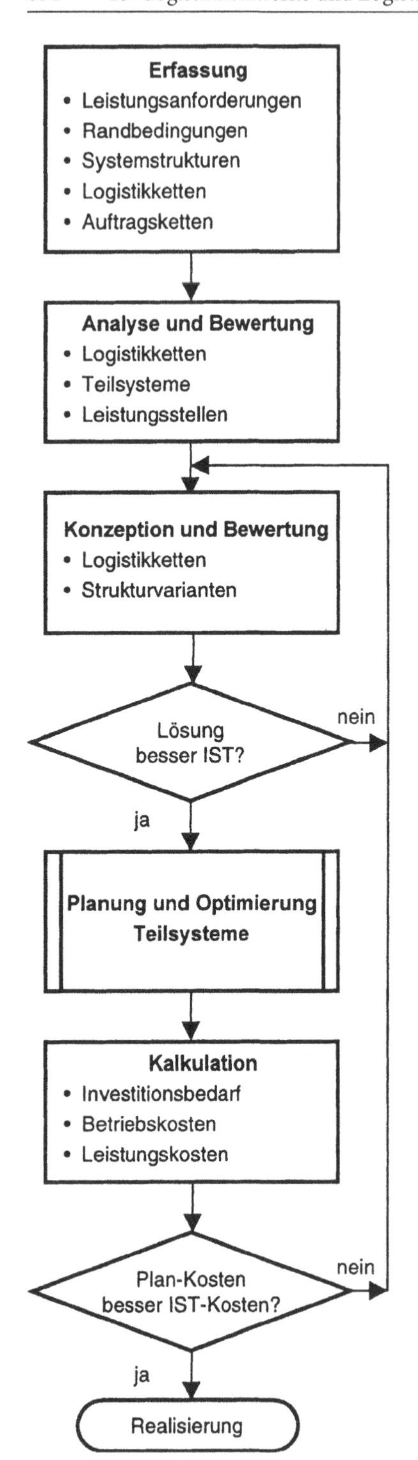

Abb. 15.2 Planung und Optimierung von Systemen und Netzwerken

Für *Logistiknetzwerke* sind die Teilsysteme einzelne Logistiksysteme, wie Lager-, Kommissionier-, Umschlag- und Transportsysteme.
Für *Logistiksysteme* sind die Teilsysteme einzelne Leistungsstellen, Maschinensysteme, Förderanlagen und Regalbediengeräte.

Auf allen Ebenen der Logistiksysteme gelten auch bei komplex erscheinender Aufgabenstellung folgende *Planungs- und Gestaltungsprinzipien* [7, 10]:

- *Einfachheitsprinzip:* Die einfachste Lösung mit den kürzesten Liefer- und Leistungsketten, der kleinsten Anzahl von Parallelsystemen und der geringsten Automatisierung ist häufig auch die beste und wirtschaftlichste Lösung. Sie setzt den Maßstab für alle anderen möglichen Lösungen.
- *Entkopplungsprinzip:* Ein Gesamtsystem ist so auszulegen und zu dimensionieren, dass Rückstaus und Rückkopplungen der Teil- und Subsysteme im Normalbetrieb unwahrscheinlich sind. Bei Einhaltung des Entkopplungsprinzips lassen sich die voneinander entkoppelten Teil- und Subsysteme jeweils für sich gestalten und optimieren.
- *Näherungsprinzip:* Die mathematischen Formeln und Algorithmen zur Dimensionierung und Optimierung brauchen nicht genauer zu sein als die Eingabewerte, die Planungsgrundlagen und die Leistungsanforderungen.

Übermäßig komplizierte Systeme mit eng verkoppelten Teilsystemen und Elementen sind nicht mehr beherrschbar und störungsanfällig. Sie lassen sich auch mit Hilfe noch so genauer Berechnungs- und Simulationsverfahren nicht entscheidend verbessern.

Zwei weitere Grundsätze für die Systemgestaltung und Optimierung folgen daraus, dass der Transport, das Lagern und der Umschlag der Waren und Güter wesentlich aufwendiger und teurer sind als der Austausch, das Speichern und die Verarbeitung von Daten und Informationen. Auf der Ebene der innerbetrieblichen Logistiksysteme gilt daher der Grundsatz der

- *Dominanz des Warenflusses:* Primär bestimmt der Material- und Warenfluss das Logistiksystem und nicht der Informations- und Datenfluss.

Auf der Ebene der Logistiknetzwerke gilt der Grundsatz der

- *Dominanz der Logistikketten:* Die operativen Liefer- und Leistungsketten und nicht die administrativen Auftragsketten bestimmen die Struktur des Logistiknetzwerks eines Unternehmens.

Jede Auftragskette mündet nach dem Durchlaufen administrativer Leistungsstellen an einer *Umwandlungsstelle* in eine operative Liefer- und Leistungskette, in der die physische Ausführung des Auftrags beginnt. Die Umwandlungsstelle ist die in *Abschn.* 8.6 beschriebene und in *Abb.* 8.3 dargestellte *Entkopplungsstelle* zwischen dem anonymen und dem auftragsspezifischen Abschnitt der betreffenden Logistikkette.

15.5 Optimierter Istzustand und optimale Lösung

Für die Systemplanung und die Verbesserung der Unternehmenslogistik bestehen zwei extreme *Lösungsmöglichkeiten:*

- *Optimierter Istzustand:* Innerhalb der vorhandenen Strukturen werden an den bestehenden Standorten mit minimaler Investition primär durch organisatorische Maßnahmen, Optimierung der Prozesse und verbesserte Betriebsstrategien die Kosten gesenkt und die Leistungsfähigkeit den erwarteten Anforderungen angepasst.
- *Optimale Lösung auf grüner Wiese:* Nach grundlegender Neugestaltung der Prozesse und Strukturen werden an optimalen Standorten neue Betriebe aufgebaut, die frei von den Restriktionen der alten Standorte optimal geplant und mit modernster Technik ausgestattet sind.

Die optimale Lösung auf grüner Wiese sollte stets mit dem optimierten Istzustand und nicht nur mit dem meist unzulänglichen Ausgangszustand verglichen werden. Häufig lassen sich bereits durch eine Optimierung der bestehenden Abläufe und Systeme mit geringen Investitionen die Kosten soweit senken und die Leistungsfähigkeit so verbessern, dass der Unterschied zur vollständig neuen Lösung auf grüner Wiese wirtschaftlich nicht mehr attraktiv ist.

Wenn die Gebäude und Anlagen an den vorhandenen Standorten bereits abgeschrieben sind, trotzdem aber weiter genutzt werden können, sind die Fixkosten für den optimierten Istzustand in der Regel erheblich geringer als für die Lösung auf grüner Wiese. In diesen Fällen übertrifft die Fixkostendifferenz häufig die mit einer Lösung auf grüner Wiese erreichbaren Einsparungen der variablen Betriebskosten. Dann ist die langfristig optimale Lösung auf grüner Wiese nur in wirtschaftlich vertretbaren Aufbauschritten erreichbar.

Auch wenn die Lösung auf grüner Wiese nicht sofort realisierbar oder gegenwärtig unwirtschaftlich ist, sollte ein Unternehmen diese Lösung kennen. Aus der Kenntnis der optimalen Lösung auf grüner Wiese resultieren die analytischen *Benchmarks*, an denen sich die Unternehmenslogistik in den bestehenden Strukturen und Betrieben zu messen hat. Außerdem muss die Struktur- und Standortentwicklung langfristig an der optimalen Lösung auf grüner Wiese ausgerichtet werden (s. *Abschn.* 4.5.3).

15.6 Dynamische Netzwerke

Handlungsfelder der praktischen Logistik und Untersuchungsgegenstand der theoretischen Logistik sind die Logistiknetze und die in ihnen ablaufenden Objektbewegungen. Die Logistiknetze bestehen aus *Stationen*, in denen *materielle Objekte* erzeugt, be- und verarbeitet, gelagert, umgeschlagen, umgelenkt und bereitgestellt werden, und einem Geflecht von *Verbindungswegen*, auf denen Transportmittel verkehren und die Objekte zwischen den Stationen befördern.

Die Objekte der Logistik sind Rohstoffe, Halbfertigwaren, Fertigprodukte, Handelswaren, Pakete, Briefe, Lebewesen und Personen. Immaterielle Objekte, wie Informationen, Aufträge oder andere Daten, sind kein unmittelbarer Gegenstand der Logistik. Sie werden benötigt zum Auslösen und Kontrollieren der Prozesse in den Logistiknetzen.

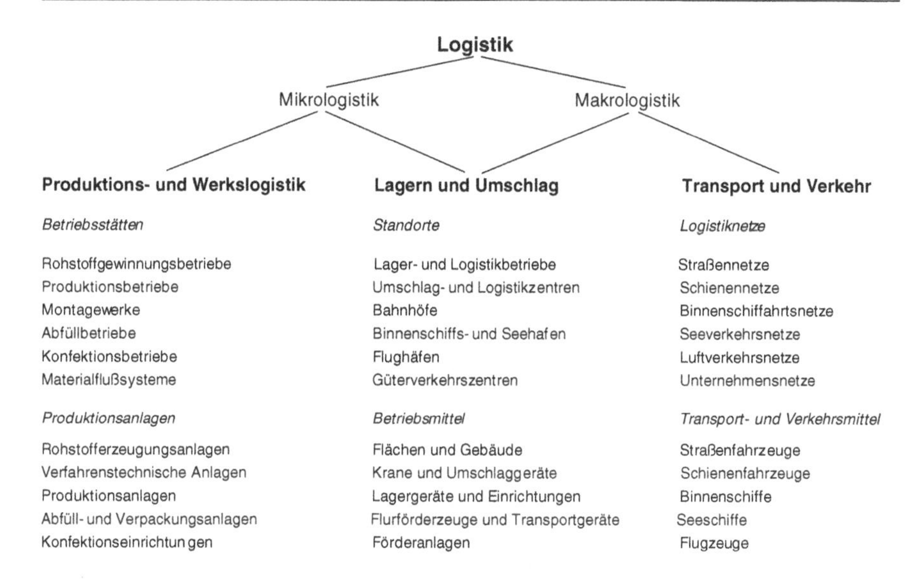

Abb. 15.3 Untersuchungsbereiche und Handlungsfelder der Logistik

In der Theorie wurden die Objektströme lange Zeit als stationär und die Logistiknetze als unveränderlich angesehen. Nur langsam wird auch die Dynamik der Logistiknetze in der Theorie berücksichtigt. Die Unabhängigkeit der Konsumenten, die Entwicklung der Technik und die laufenden Veränderungen des Bedarfs verursachen stochastische Schwankungen und systematische Veränderungen der Ströme. Die Dynamik der Ströme bewirkt Veränderungen der Logistiknetze. Das Anschwellen, die Verlagerung und das Absinken der Ströme erzwingen kurzfristig Anpassungen der *Netzwerkkapazitäten*, das heißt des Leistungs-, Durchsatz- und Speichervermögens der Stationen und Verbindungen, und langfristig Veränderungen der *Netzstruktur*, also der Standorte der Stationen, der Verbindungswege und ihrer Vernetzung.

Die Erforschung der Gesetzmäßigkeiten dynamischer Netzwerke, der Strukturen, der Prozesse und der dynamischen Strömungsgesetze, sowie die Entwicklung von Strategien und Handlungsmöglichkeiten zur Beherrschung, Gestaltung und Nutzung dynamischer Logistiknetze sind bis heute nicht abgeschlossen [233]. Die Wechselwirkungen zwischen den Möglichkeiten und Grenzen der Technik, den organisatorischen und dispositiven Handlungsmöglichkeiten, dem Bedarf und den Rahmenbedingungen sowie den ökonomischen, humanitären und anderen Zielen und Zwängen sind immer noch nicht ausreichend bekannt.

Wer sich in der Logistik zurechtfinden und auf dem wirtschaftlichsten Weg ans Ziel kommen will, muss sein Ziel kennen und sich ein klares Bild machen (s. *Abb.* 15.3). Er benötigt Pläne mit den Standorten, Knotenpunkten, Verbindungen und Entfernungen, braucht Verzeichnisse der Ressourcen, Kapazitäten und Grenzleistungen und verschafft sich einen Überblick über das logistische Leistungsangebot und die Leistungspreise. Diese Informationen liegen in einigen Bereichen der Logis-

Abb. 15.4 Beispiel eines konstruierten Verkehrsnetzwerks

Straßennetz der Stadt Palmanova in Italien

tik recht detailliert und vollständig vor, in anderen sind sie noch immer lückenhaft und ungenau.

Auf die Zielfestlegung, Bedarfserkundung und Informationsbeschaffung folgen das Analysieren, Segmentieren und Klassifizieren, darauf das Ordnen, Sortieren und Zuweisen und am Ende das Bündeln, Sichern und Zusammenfügen der ausgewählten Teile zu einer wirtschaftlichen Gesamtlösung. Dazu werden die Logistiknetze unter verschiedenen *Aspekten* betrachtet und klassifiziert. Die Aspekte und die *Klassifizierung* sind eine Frage der Zweckmäßigkeit und werden von den Zielen bestimmt.

Die theoretische Logistik ist wie die Architektur und die Informatik eine *Gestaltungswissenschaft*. Sie muss Antworten auf praktisch relevante Fragen geben und Lösungsverfahren für konkrete Probleme entwickeln. Aus dieser Aufgabe der theoretischen Logistik resultieren mehrere sinnvolle Aspekte und Klassifizierungen der Logistiknetzwerke.

15.6.1 Untersuchungsaspekte der Logistiknetze

Die Erforschung der Logistiknetzwerke ist besonders fruchtbar unter dem *Strukturaspekt* und unter dem *Prozessaspekt* (s. *Kap.* 1). Unter dem *Strukturaspekt* wird erkundet, welche Netzstruktur für welche Anforderungen am besten geeignet ist. Daraus werden *Strategien zur Strukturgestaltung* entwickelt. Wichtige Strukturkennzahlen zur Beurteilung der Effizienz eines Logistiknetzes sind der *Netzumwegfaktor*, von dem die Fahrweglängen und der Transportmittelbedarf abhängen, und der *Netznutzungsgrad*, der die Auslastung eines Netzwerks angibt und sich auf die Netzkostensätze auswirkt (s. u.).

Logistiknetze sind entweder *konstruierte Netze*, die nach Bedarf gestaltet sind und planmäßig realisiert werden, *chaotische Netze*, die unter dem Einfluss vieler Akteure historisch gewachsen sind, oder eine Kombination dieser beiden Netzarten.

Ein schönes Beispiel eines konstruierten Netzes ist das in *Abb.* 15.4 gezeigte spinnennetzartige Straßennetz der italienischen Stadt *Palmanova*. Andere Beispiele sind die rechtwinkligen Straßennetze von *Manhattan* oder *Mannheim*. Die öffentlichen Verkehrsnetze – die Schienennetze, Wasserstraßennetze und Luftverkehrsnetze – sind in weiten Bereichen chaotische Netze [197]. Die Logistiknetze der Unternehmen sind *kombinierte Netzwerke*.

Die Aufgabe der Unternehmenslogistik besteht darin, für die eigenen Leistungsanforderungen unter geschickter Nutzung und Ergänzung der vorhandenen und allgemein zugänglichen Netzwerke ein spezifisches Unternehmensnetzwerk aufzubauen. Dafür werden Auswahl- und Gestaltungsregeln benötigt. Das Ergebnis ist ein innerbetriebliches oder außerbetriebliches Transportnetz, Frachtnetz, Beschaffungsnetz oder Versorgungsnetz.

Unter dem *Prozessaspekt* wird untersucht, welche Objekte nach welchen Gesetzmäßigkeiten durch die Stationen und Transportverbindungen fließen. Ziel ist herauszufinden, wie die Erzeugung und Lagerung in den Stationen und die Beförderung zwischen den Stationen zu organisieren und zu disponieren sind, um einen veränderlichen Bedarf kostenoptimal zu erfüllen. Ergebnisse sind Regeln und Strategien für die *dynamische Disposition* und zur *Auswahl optimaler Lieferketten* (s. *Kap.* 20).

Andere Aspekte verbinden den Strukturaspekt und den Prozessaspekt. Dazu gehört der *Planungsaspekt*, unter dem untersucht wird, wie sich ein Logistikbetrieb oder ein Logistiknetzwerk bedarfsgerecht planen und rationell realisieren lassen (s. *Kap.* 3). Unter dem *ökonomischem Aspekt* werden die Investitionen, Betriebskosten und Leistungspreise der Logistik erkundet. Untersucht wird, wie sich die technischen und organisatorischen Handlungsmöglichkeiten einzelwirtschaftlich und gesamtwirtschaftlich auswirken (s. *Kap.* 6, und 22). Unter dem *Funktionsaspekt* wird analysiert, welche Funktionen wie und wo am rationellsten ausgeführt und gebündelt werden können. Der *Technikaspekt* betrachtet die möglichen Beiträge der Technik zur Logistik (s. *Abschn.* 3.10).

Nicht immer ausreichend berücksichtigt wurden in der Vergangenheit der *humanitäre Aspekt*, der den Einfluss des Menschen auf die Logistik und die Auswirkungen der Logistik auf die Menschen betrachtet (s. *Kap.* 24), und der *ökologische Aspekt*. Unter den Schlagworten *Ökologistik* und *nachhaltige Logistik* werden die Folgen der Logistik für die Umwelt untersucht und daraus Beschränkungen für die Logistik hergeleitet [184, 185, 280].

Besondere Aufmerksamkeit hat in der Logistik der *Qualitätsaspekt* gefunden. Unter diesem Aspekt wird untersucht, wie weit ein Logistikstandort, ein Versorgungsnetz oder ein Logistikdienstleister die Anforderungen, Erwartungen und Ansprüche der Auftraggeber, Kunden und Empfänger erfüllt und was sich machen lässt, um eine geforderte Qualität zu erreichen und zu sichern [185].

Weitere Aspekte der Logistik sind die makroökonomisch-gesamtgesellschaftliche Sicht der *Makrologistik* und die mikroökonomisch-betriebliche Sicht der *Mikrologistik*, die wiederum einen innerbetrieblichen und einen außerbetrieblichen Aspekt hat.

Die Erkenntnisse, die sich aus dem humanitären Aspekt, dem ökologischen Aspekt, dem Qualitätsaspekt und der Makrologistik ergeben, wirken sich auf die Gesetzgebung und damit auf den *juristischen Aspekt* der Logistik aus. Dieser findet sich im *Verkehrsrecht* und im *Wettbewerbsrecht*, aber auch in den gesetzlichen Bestimmungen zur Haftung und Gewährleistung, zum Outsourcing von Logistikbetrieben und zur Preisbildung auf den Logistikmärkten (s. *Kap.* 22) [187].

In den nachfolgenden Kapiteln werden die technischen, organisatorischen, planerischen und wirtschaftlichen Aspekte der *Lagersysteme*, *Kommissioniersysteme* und *Transportsysteme* detailliert behandelt. Danach werden unter dem Prozessaspekt und unter dem Strukturaspekt die außerbetrieblichen *Lieferketten und Logistiknetze* analysiert, die letztlich alle der Versorgung der Privathaushalte mit Konsum- und Gebrauchsgütern dienen (s. *Abb.* 0.2 und 15.1). Anschließend wird unter wirtschaftlichem Aspekt, unter Qualitätsaspekten und aus juristischer Sicht der *Einsatz von Logistikdienstleistern* betrachtet. Das letzte Kapitel *Menschen und Logistik* behandelt zusammenfassend den humanitären Aspekt der Logistik.

15.6.2 Netzumwegfaktor

Der Umwegfaktor der Transportverbindung zwischen zwei Stationen S_i und S_j eines Logistiknetzes ist das Verhältnis der *kürzesten Fahrweglänge* l_{ij} zur *Luftwegentfernung* d_{ij}:

$$f_{ij\,\mathrm{umw}} = l_{ij}/d_{ij}\,. \tag{15.4}$$

Für eine Direktverbindung auf dem Luftweg ist der Umwegfaktor 1. Für einen Verbindungsweg über den Rand eines Quadrats, dessen Ecken die beiden Stationen sind, ist der Umwegfaktor $\sqrt{2} = 1{,}41$. Bei Wasserwegen über Flüsse und Kanäle oder bei kleinen Landstraßen kann der Umwegfaktor noch größer sein.

Eine wichtige Strukturkennzahl eines Logistiknetzes mit insgesamt n kürzesten Verbindungen zwischen den Stationen ist der

- *ungewichtete Netzumwegfaktor*

$$f_{ij\,\mathrm{umw}} = (1/n)\sum_{i,j} l_{ji}/d_{ij}\,. \tag{15.5}$$

Gibt es zwischen je zwei von insgesamt N Stationen jeweils nur einen kürzesten Weg, ist $n \leq N(N-1)/2$.

Der ungewichtete Netzumwegfaktor des deutschen Hauptverkehrstraßennetzes ist rund 1,23. Das ist recht genau der Mittelwert des minimalen Umwegfaktors 1 für den Luftweg und des Umwegfaktors 1,41 über die Ecken eines Quadrats.

Die Weglängen und die Nutzung der Stationsverbindungen durch die Transportströme λ_{ij} berücksichtigt der

- *gewichtete Netzumwegfaktor*

$$f_{ij\,\mathrm{umw}} = \sum_{i,j}(l_{ij}\cdot\lambda_{ij})\cdot(l_{ij}/d_{ij})/\sum_{i,j}(l_{ij}\cdot\lambda_{ij}) \tag{15.6}$$

Ein *ineffizientes Netz* mit unnötig weiten Fahrwegen hat einen Netzumwegfaktor, der wesentlich größer ist als 1,2. Weite Fahrwege bewirken einen großen Transportmittelbedarf, lange Beförderungszeiten und hohe Kosten. Der Netzumwegfaktor lässt sich verringern durch *Wegbegradigungen*, *Direktverbindungen* und *Abkürzungen* für die längsten und am meisten genutzten Stationsverbindungen (s. *Abschn.* 18.3 und 18.9).

15.6.3 Netznutzungsgrad

Der Nutzungs- oder Auslastungsgrad einer Verbindung zwischen zwei Stationen S_i und S_j eines Logistiknetzes ist das Verhältnis $\rho_{ij} = \lambda_{ij}/\mu_{ij}$ des aktuellen *Transportstroms* λ_{ij} zur maximal möglichen Durchsatzleistung μ_{ij} der betreffenden Stationsverbindung. Ein Maß für die Nutzung eines Logistiknetzes mit insgesamt n Stationsverbindungen ist der

- *ungewichtete Netznutzungsgrad*

$$\rho_{\text{Netz}} = (1/n) \sum_{i,j} \lambda_{ij}/\mu_{ij} \,. \tag{15.7}$$

Ein partieller Transportstrom λ_{ij} zwischen zwei Stationen S_i und S_j kann die maximale Durchsatzleistung, das heißt die *partielle Grenzleistung* ρ_{ij} nur erreichen, wenn alle anderen Transportströme verschwinden, die auf ihrem Weg die gleichen Stationen und Knotenpunkte nutzen. Die partiellen Nutzungsgrade $\rho_{ij} = \lambda_{ij}/\mu_{ij}$ beeinflussen sich also wechselseitig. Der Netznutzungsgrad ist von der Höhe und von der Struktur der Strombelastung abhängig. Er kann sich auch im Verlauf der Zeit ändern. Für zyklisch wiederkehrende Belastungsstrukturen ist daher die Angabe des minimalen, mittleren und maximalen Netznutzungsgrads notwendig.

Die Frage nach den maximal möglichen Strömen in Netzwerken wird in der *Theorie der Graphen und Netzwerke* behandelt [11, 13, 100–102]. Sie ist insbesondere Gegenstand der Arbeiten von *Ford und Fulkerson* [188]. Die Graphentheorie untersucht primär kontinuierliche stationäre Ströme und kaum stochastische oder dynamische Ströme. Die Ergebnisse sind für den mathematisch ungeschulten Logistiker schwer verständlich. Bisher ist es nicht gelungen, aus den Erkenntnissen der Graphentheorie allgemeine Konstruktionsprinzipien und Auswahlregeln für Logistiknetzwerke herzuleiten.

Zur Lösung praktischer Probleme sind andere Verfahren besser geeignet. Dazu gehören die *Grenzleistungs- und Staugesetze* [41,43] (s. *Kap.* 13), die *Bündelungs- und Ordnungsstrategien* [30] (s. *Kap.* 5) sowie die daraus abgeleiteten pragmatischen Regeln für die Konstruktion, die Optimierung und den Betrieb von dynamisch belasteten Logistiknetzen. Nach dem *Entkopplungsprinzip*, dem *Einfachheitsgrundsatz* und dem *Subsidiaritätsprinzip* werden zunächst die Stationen und Transportverbindungen dem Bedarf entsprechend ausgewählt und dimensioniert. Anschließend werden die optimierten Systemelemente zu einem funktionsfähigen Gesamtsystem zusammengesetzt. Diese *Anfangslösung* kann danach weiter optimiert werden.

Der Netznutzungsgrad eines Logistiknetzes wird vom Leistungsvermögen weniger *Engpasselemente* bestimmt. Deren begrenztes Durchlassvermögen verhindert eine bessere Nutzung der anderen Stationen und Transportverbindungen. Das hat zur Folge, dass der Nutzungsgrad vieler Logistiknetze wesentlich kleiner als 1 ist.

15.6.4 Netzauslastung und Transportmittelbedarf

Ein besonderes Problem der Netzgestaltung und Netzoptimierung ist der *Zielkonflikt* zwischen der *Netzauslastung* und den *Netzkosten* einerseits und dem *Transportmit-*

telbedarf und den *Transportmittelkosten* andererseits [197]. So hat ein geringer Nutzungsrad eines Transportnetzes hohe Netzkostensätze zur Folge (s. *Abschn.* 18.12). Der Bau zusätzlicher Verbindungen und leistungsfähigerer Knotenpunkte reduziert bei gleichbleibendem Transportaufkommen den Gesamtnutzungsgrad und erhöht daher die Netzkostensätze.

Zwischen einer Reduzierung des Netzumwegfaktors zur Senkung der Transportmittelkosten und der damit verbundenen Verminderung des Netznutzungsgrads, der die Netzkosten erhöhen würde, besteht also ein Zielkonflikt, der sich nur im konkreten Einzelfall lösen lässt (s. *Abschn.* 18.12).

16 Lagersysteme

In den Unternehmen und Logistikbetrieben gibt es zahlreiche Lager, die falsch geplant, nicht richtig dimensioniert oder falsch belegt sind. Indizien und Folgen sind *geringe Füllungsgrade, schlechte Flächen- und Raumnutzung, Platzmangel* oder *Engpässe* bei der Ein- und Auslagerung.

Die Probleme resultieren weniger aus der Lagertechnik, die seit langem bewährt ist, sondern vielmehr aus der Unkenntnis der *Einsatzkriterien, Dimensionierungsverfahren, Optimierungsmöglichkeiten* und *Betriebsstrategien* für die unterschiedlichen Lagersysteme. Weitere Probleme, wie die falsche Auswahl und Nutzung verfügbarer Lagersysteme, sind Folge der Unwissenheit über die Einflussfaktoren auf die *Lagerkosten* und der fehlenden Differenzierung zwischen *Platzkosten* und *Ein- und Auslagerkosten.*

Die *Verfahren, Techniken* und *Strategien* des Lagerns ergeben sich aus der allgemeinen *Lageraufgabe:*

▶ *Lagern* ist das *Aufbewahren* und *Bereithalten* der Bestände einer Anzahl von Artikeln.

Unvermeidlich mit diesem *Kernprozess* des Lagerns verbunden ist das Ein- und Auslagern. Der *Lagerprozess* setzt sich daher zusammen aus den *Teilprozessen:*

1. *Einlagern* der *Lagereinheiten* mit einem *Lagergerät*
2. *Aufbewahren* und *Bereithalten* der Lagereinheiten auf den *Lagerplätzen*
3. *Auslagern* der Lagereinheiten mit dem Lagergerät.

Zusatzfunktion vieler Einheitenlager ist das *Kommissionieren ganzer Ladeeinheiten,* das heißt, das *geordnete Auslagern* und *Zusammenstellen* der ausgelagerten Ladeeinheiten nach vorgegebenen Aufträgen (s. *Kap.* 17).

Aus den verschiedenen Möglichkeiten der *Gestaltung* und *Anordnung* der *Lagerplätze* ergeben sich die unterschiedlichen *Lagerarten.* Die Ausführung der Lagerplätze, der Regale, der Lagergeräte, der Zu- und Abfördertechnik und der Lagersteuerung ist abhängig von der eingesetzten *Lagertechnik.* Maßgebend für die *Organisation* und den *Betrieb* eines Lagers sind die *Lagerverwaltung* und die *Lagerbetriebsstrategien.* Wenn zur Lagerung der Bestände mehrere Lager mit unterschiedlichen *Lagerkostensätzen* zur Auswahl stehen, werden darüber hinaus *Lagernutzungsstrategien* benötigt.

In diesem Kapitel werden die *Lageranforderungen* definiert, die möglichen *Verfahren* und *Techniken* zum Lagern diskreter Ladeeinheiten dargestellt und die *Betriebsstrategien* für *Stückgutlager* analysiert. Die hieraus abgeleiteten *Vor-* und *Nachteile* der Verfahren, Techniken und Strategien sind zur *Auswahl* und *Gestaltung* der Lagersysteme nutzbar. Die primär technische Auslegung von Deponien, Lagern,

T. Gudehus, *Logistik 2,* VDI-Buch,
DOI 10.1007/978-3-642-29376-4_2,

Mischbetten, Bunkern und Silos für Schütt- und Massengut sowie von Tanklagern für Flüssigkeiten und Gase wird hier nicht behandelt.

Für die *statische Lagerdimensionierung* werden Formeln entwickelt, mit denen sich der *Lagerfüllungsgrad*, der *Platzbedarf* und der *Flächenbedarf* in Abhängigkeit von der Platzkapazität, der Lagerart und den Betriebsstrategien berechnen und optimieren lassen. Zur *dynamischen Lagerdimensionierung* werden die Grundlagen der Spielzeitberechnung dargestellt und Formeln zur Berechnung der Ein- und Auslagerleistung und des Gerätebedarfs abgeleitet. Aus den funktionalen Abhängigkeiten ergeben sich *Einsatzkriterien* für die unterschiedlichen Lagerarten, *Zuweisungskriterien* für die Lagerbelegung und Möglichkeiten zur *Leistungssteigerung* von Lagersystemen.

Diese Grundlagen der Lagerdimensionierung sind maßgebend für die *Lagerplanung* und für die *Kalkulation* der *Lagerkosten*. Anhand von Modellrechnungen für 4 verschiedene Palettenlagersysteme werden die *Einflussfaktoren* der Lagerkosten dargestellt. Zum Abschluss werden die Konsequenzen für die *Beschaffung von Lagerleistungen* erörtert.

Neben den *Einheitenlagern* für gleichartige Ladeeinheiten werden auch *Bereitstelllager* zum Kommissionieren mit dynamischer Bereitstellung berücksichtigt. Von den *Kommissionierlagern* für Teilmengen und von den *Sortierspeichern* werden nur die Lageraspekte behandelt.

16.1 Lageranforderungen

Zur Auswahl, Auslegung und Dimensionierung eines neuen Lagersystems ebenso wie zur Fremdvergabe von Lagerleistungen müssen die *Lageranforderungen* für den *Planungshorizont* vollständig bekannt sein. Diese umfassen *Auftragsanforderungen*, *Durchsatzanforderungen* und *Bestandsanforderungen*.

Die *Durchsatzanforderungen* ergeben sich aus den *Lageraufträgen* einer *Planungsperiode* [PE], die in der Regel ein repräsentatives Betriebsjahr umfasst. Bei bekannter Bestands- und Nachschubdisposition resultieren die *Bestandsanforderungen* aus den Lagerabrufen. Sie lassen sich aber auch aus dem Bestand zu Periodenbeginn und dem Durchsatz im Periodenverlauf errechnen.

16.1.1 Auftragsanforderungen

Die Auftragsanforderungen ergeben sich aus den *Lageraufträgen* der internen oder externen Nutzer eines Lagers und den *Nachschubaufträgen* zur Bestandsauffüllung.

- Ein *Einlagerauftrag* [EAuf] fordert das Einlagern einer bestimmten *Einlager-* oder *Nachschubmenge* M_E [LE/EAuf] eines *Lagerartikels*.

Die Ladeeinheiten der Einlagermenge sind in einem bestimmten *Abholbereich* aufzunehmen, in geeignete Lagerplätze einzulagern und dort aufzubewahren, bis sie von einem Auslagerauftrag angefordert werden.

- Ein *Auslagerauftrag* [AAuf] oder *Lagerabruf* fordert das Auslagern einer *Auslager-* oder *Abrufmenge* $\mathrm{M_A}$ [LE/AAuf] vom *aktuellen Bestand* $\mathrm{M_B}(t)$ [LE] eines lagerhaltigen Artikels.

Die ausgelagerten Ladeeinheiten sind in einem vorgegebenen *Bereitstellbereich* abzustellen.

Weitere Auftragsanforderungen sind die Bereitstellzeit und die Auftragsauslagerzeit:

- Die *Bereitstellzeit* oder *Zugriffszeit* pro Ladeeinheit, $\mathrm{T_B}$ [s/LE], ist die Summe der *Spielzeit* des Lagergeräts für den Auslagervorgang und der *Transportzeit* vom Lagerbereich zum Bereitstellbereich.
- Die *Auftragsauslagerzeit* $\mathrm{T_{Auf}} = \mathrm{M_A} \cdot \mathrm{T_B}$ [s/AAuf] eines Auslagerauftrags ist bei sequentieller Einzelauslagerung das Produkt der Auslagermenge $\mathrm{M_A}$ mit der *Bereitstellzeit* $\mathrm{T_B}$ [s/LE] pro Ladeeinheit.

Infolge der unterschiedlichen Entfernungen der Lagerplätze vom Bereitstellbereich schwanken die einzelnen Bereitstellzeiten stochastisch um eine *mittlere Bereitstellzeit* $\mathrm{T_{B\,mitt}}$.

Die Bereitstellzeiten und die Auftragsauslagerzeiten erhöhen sich um die *Wartezeiten*, die aus der vorrangigen oder gleichzeitigen Bearbeitung mehrerer Auslageraufträge und den stochastisch schwankenden Bereitstellzeiten resultieren. In Spitzenbelastungszeiten können die Bereitstellzeiten und Auftragsauslagerzeiten infolge dieser *Staueffekte* erheblich ansteigen.

Die Gesamtzahl der Lageraufträge einer Planungsperiode λ_{LAuf} [LAuf/PE], also der Einlageraufträge λ_{EAuf} [EAuf/PE] und der Auslageraufträge λ_{AAuf} [AAuf/PE], betrifft insgesamt N_{A} *Lagerartikel*, die sich *permanent* oder nur *temporär* im Lager befinden.

Ein *Lagerartikel* kann der Artikel eines lagerhaltigen *Warensortiments* oder eines *Aktionsprogramms* sein. Der *Lagerartikel* kann aber auch Bestandteil eines *Kundenauftrags* sein, der im Lager angesammelt oder zwischengelagert wird, oder eines *Versandauftrags*, für den Ware in einem Pufferlager oder Sortierspeicher aus mehreren Lager- und Kommissionierbereichen zusammengeführt und bereitgestellt wird. Auch *abgestellte Transporteinheiten*, wie Sattelauflieger, Wechselbrücken und Waggons, oder *geparkte Fahrzeuge* mit oder ohne Beladung, wie Flurförderzeuge, Hängebahnfahrzeuge und Pkw, sind logistisch gesehen Lagerartikel.

Für bestimmte Lagersysteme ist außer der Bereitstellzeit die *Räumzeit* für den gesamten Lagerbestand eine kritische Anforderung. So sollte die Räumzeit für Pkw-Parksysteme nicht mehr als eine halbe Stunde betragen. Die Räumzeit für einen Lagerbestand wird bestimmt von der mittleren Auslagerzeit und der Anzahl gleichzeitig einsetzbarer Lagergeräte.

16.1.2 Durchsatzanforderungen

Die Durchsatzanforderungen bestimmen den *Geräte-* und *Personalbedarf* eines Lagers. Sie resultieren aus den Einlageraufträgen λ_{AAuf} und den Auslageraufträgen λ_{EAuf} pro Periode:

- Die *mittlere Einlagerleistung* ist

$$\lambda_{\text{E mittel}} = M_E \cdot \lambda_{\text{EAuf}} \quad [\text{LE/PE}]\,. \tag{16.1}$$

- Die *mittlere Auslagerleistung* ist

$$\lambda_{\text{A mittel}} = M_A \cdot \lambda_{\text{AAuf}} \quad [\text{LE/PE}]\,. \tag{16.2}$$

Solange der Lagerbestand im Verlauf einer Periode nicht auf- oder abgebaut wird, sind die mittlere Einlagerleistung und Auslagerleistung für die gesamte Planungsperiode gleich dem *Lagerdurchsatz*

$$\lambda_D = \lambda_{\text{E mittel}} = \lambda_{\text{A mittel}} \quad [\text{LE/PE}]\,. \tag{16.3}$$

Im Verlauf eines Jahres oder eines Betriebstages aber können sich Einlagerleistung und Auslagerleistung voneinander unterscheiden und vom mittleren Lagerdurchsatz abweichen. Daher müssen zur Lagerdimensionierung wie auch zur Personal- und Gerätebedarfsrechnung die *stündliche Einlagerleistung*

$$\lambda_E \quad [\text{LE/h}] \tag{16.4}$$

und die *stündliche Auslagerleistung*

$$\lambda_A \quad [\text{LE/h}] \tag{16.5}$$

für die *Spitzenstunde des Spitzentages* des Jahres bekannt sein. Die stündliche Einlager- und Auslagerleistung wird bestimmt von der *Anzahl der Betriebstage* pro Jahr, von der *Anzahl der Betriebsstunden* pro Tag und von den *Durchsatzspitzenfaktoren* f_{Dsais}, die aus dem zeitlichen Verlauf $\lambda_{\text{LAuf}}(t)$ des Eingangs der Lageraufträge ableitbar sind.

Zur Zeit der Spitzenbelastung lassen sich so viele Ein- und Auslagerungen in *kombinierten Ein- und Auslagerspielen* durchführen, wie paarweise zur Ausführung anstehen. Hieraus folgen:

▶ die für externe Aufträge benötigte *kombinierte Ein- und Auslagerleistung*

$$\lambda_{EA} = \text{MIN}(\lambda_E; \lambda_A) \quad [\text{LE/h}]\,, \tag{16.6}$$

▶ die für $\lambda_E > \lambda_A$ *zusätzlich benötigte Einlagerleistung*

$$\lambda_{\text{Ezus}} = \lambda_E - \text{MIN}(\lambda_E; \lambda_A) \quad [\text{LE/h}]\,, \tag{16.7}$$

▶ die $\lambda_A > \lambda_E$ *zusätzlich benötigte Auslagerleistung*

$$\lambda_{\text{Azus}} = \lambda_A - \text{MIN}(\lambda_E; \lambda_A) \quad [\text{LE/h}]\,. \tag{16.8}$$

Für ein Lager, das außer zum Lagern auch zur dynamischen Bereitstellung von Ladeeinheiten für das Kommissionieren dient, erhöht sich die benötigte Ein- und Auslagerleistung (16.6) um die interne *Bereitstellleistung* λ_B [LE/h] für das Kommissionieren. Die Bereitstellungen für das Kommissionieren lassen sich stets in kombinierten Spielen ausführen, da mit jeder Auslagerung auch eine Rücklagerung verbunden ist. Damit ist

▶ die für externe und interne Aufträge *insgesamt benötigte kombinierte Ein- und Auslagerleistung*

$$\lambda_{\text{EAges}} = \lambda_B + \text{MIN}(\lambda_E; \lambda_A) \quad [\text{LE/h}]\,. \tag{16.9}$$

Die insgesamt benötigte Durchsatzleistungen (16.9) und die zusätzlich benötigten Ein- und Auslagerleistungen (16.7) und (16.8) bestimmen den *vorzuhaltenden Gerätebedarf* und die *Personalbesetzung* des Lagers in Zeiten der Spitzenbelastung (s. *Abschn.* 16.11.2).

16.1.3 Bestandsanforderungen

Für den *Lagerplatzbedarf* sind neben der *Beschaffenheit* und den *Eigenschaften* der Lagerartikel folgende *Bestandsanforderungen* maßgebend:

- *Anzahl der Lagerartikel* N_A, die das *Lagersortiment* bilden
- *Lagereinheiten* [LE] mit *Außenabmessungen* l_{LE}, b_{LE}, h_{LE} [mm], *Außenvolumen* v_{LE} [l/LE], *Durchschnittsgewicht* g_{LE} [kg/LE] und *Maximalgewicht* g_{LEmax} [kg/LE]
- *Maximaler Ladeeinheitenbestand* pro Artikel (*Artikelmaximalbestand*)

$$M_{Bmax} = M_S + M_N \quad [\text{LE/Art}] \tag{16.10}$$

- *Mittlerer Ladeeinheitenbestand* pro Artikel (*Artikeldurchschnittsbestand*)

$$M_B = M_S + M_N/2 \quad [\text{LE/Art}]\,. \tag{16.11}$$

Hier sind M_S [LE] der *Sicherheitsbestand* und M_N [LE] die mittlere *Nachschubmenge* des Artikels in Lagereinheiten.

Die Artikel eines *homogenen Lagersortiments* werden in gleichartigen Lagereinheiten gelagert. Für ein homogenes Lagersortiment werden zur Lagerdimensionierung nur die *Mittelwerte* der Bestands- und Durchsatzanforderungen über alle Lagerartikel benötigt.

Ein *heterogenes Lagersortiment*, für das *unterschiedliche Lagereinheiten* verwendet werden, muss in *Artikelgruppen mit gleichen Lagereinheiten* unterteilt werden, zum Beispiel in Bestände in *Behältern*, auf *Industrie-Paletten* und auf *EURO-Paletten* mit unterschiedlichen *Beladehöhen*. Die Bestände mit den unterschiedlichen Lagereinheiten können entweder *getrennt* in mehreren parallelen *homogenen Lagern* mit in sich gleichartigen Plätzen gelagert werden, die speziell für die verschiedenen Lagereinheiten ausgeführt sind, oder gemeinsam in einem *heterogenen Lager* mit unterschiedlichen Plätzen oder mit universell nutzbaren gleichartigen Plätzen.

Für die Lagerdimensionierung ist es wichtig, zwischen temporär und permanent lagernden Beständen zu unterscheiden (s. *Abschn.* 11.1):

- ▶ Der Bestand eines *temporär lagerhaltigen Artikels* ist nur für eine begrenzte Zeit zu lagern. Dieser *Push-Bestand* oder *Speicherbestand* wurde unabhängig vom aktuellen Bedarf in das Lager hineingeschoben.

- ▶ Von einem *permanent lagerhaltigen Artikel* ist im Lager während einer längeren Zeit ein Bestand vorrätig. Der Nachschub eines *Pull-Bestands* oder *Dispositionsbestands* wird abhängig vom aktuellen Bedarf in das Lager hineingezogen.

In der Praxis kann es zu einer *Überlagerung* der Pull-Bestände und der Push-Bestände kommen, wenn, wie in vielen Handels- und Fertigwarenlagern, zusätzlich zum bedarfsabhängigen Pull-Bestand eines permanent lagerhaltigen Artikels für befristete Zeit ein Push-Bestand des gleichen Artikels zu lagern ist. Ursache dafür kann die Vorratsproduktion eines gängigen Artikels für eine bevorstehende Saison sein oder die Vorausbeschaffung von *Aktionsware* für eine geplante Verkaufsaktion [167].

Ein *Push-Bestand* wird entweder in einem Schub eingelagert und nach einer *festen Lagerdauer* in gleicher Menge wieder ausgelagert oder in mehreren Schüben aufgebaut und zu einem *bestimmten Zeitpunkt* vollständig abgebaut oder in einem Schub eingelagert und nach kurzer Zeit in wenigen Schüben ausgelagert. Im einfachsten Fall besteht der Push-Bestand nur aus einer Ladeeinheit, beispielsweise in einem Parkhaus aus einem Pkw.

Der *Pull-Bestand* eines permanent lagerhaltigen Artikels mit regelmäßigem Bedarf lässt sich aus den Lagerabrufaufträgen einer Periode errechnen, wenn die Bestands- und Nachschubstrategie bekannt ist (s. *Kap.* 11). Ein aktueller Bestand $M_B(t)$ wird mit einer bedarfs- und prozesskostenabhängigen *Nachschubfrequenz* durch *Nachschubaufträge* [NAuf] mit *Nachschubmengen* M_N [LE/NAuf] aufgefüllt und durch stochastisch eingehende *Auslageraufträge* [AAuf] mit kleineren *Auslagermengen* M_A [LE/AAuf] sukzessive abgebaut. Daraus ergibt sich der für *Pull-Bestände* charakteristische *sägezahnartige Bestandsverlauf* (s. *Abb.* 11.4).

Der Maximalbestand M_{Bmax} eines solchen Artikels ist die Summe eines *Sicherheitsbestands* M_S und der *Nachschubmenge* M_N, die gleich der Einlagermenge ist. Der Maximalbestand bestimmt den Lagerplatzbedarf bei *fester Lagerordnung*. Der Durchschnittsbestand M_B ist die Summe von Sicherheitsbestand und halber Nachschubmenge und bestimmt den Lagerplatzbedarf *bei freier Lagerordnung*.

- Die *Summe der Maximalbestände* von N_A Artikeln ist:

$$M_{Bmax\,ges} = N_A \cdot M_{Bmax} = N_A \cdot (M_S + M_N) \quad [LE]\,. \tag{16.12}$$

- Der *mittlere Gesamtbestand* für N_A permanent lagerhaltige Artikel ist:

$$M_{Bges} = N_A \cdot M_B = N_A \cdot (M_S + M_N/2) \quad [LE]\,. \tag{16.13}$$

Der *aktuelle Gesamtbestand* $M_{Bges}(t)$ eines Sortiments mit vielen Artikeln schwankt stochastisch um den Mittelwert (16.13). Er kann sich außerdem im Verlauf des Jahres *saisonal* verändern. Daher genügt es nicht, ein Lager nur für den mittleren Gesamtbestand eines Jahres auszulegen.

Saisonale Bestandsänderungen müssen durch einen saisonalen *Bestandsspitzenfaktor* f_{Bsais} berücksichtigt werden, der sich aus einer Analyse des Jahresverlaufs der Bestände ergibt. Bei nachdisponierbaren Beständen und optimaler Nachschubdisposition ist der saisonale Bestandsspitzenfaktor gleich der Wurzel aus dem Durchsatzspitzenfaktor (s. *Abschn.* 11.9, *Bez.* (11.43)).

Bei der Auslegung eines Lagers mit *freier Lagerordnung* muss darüber hinaus für die stochastisch bedingten Bestandsschwankungen eine ausreichend bemessene *Atmungsreserve* eingeplant werden. Für Lagersortimente mit großer Artikelzahl und unkorreliertem Nachschub ergibt sich für die stochastische Schwankung des Gesamtbestands eine *Normalverteilung*. Die Streuung des Gesamtbestands lässt sich nach dem Gesetz der großen Zahl aus der Streuung der aktuellen Bestände der einzelnen Artikel errechnen (s. *Abschn.* 9.5).

Wenn die Sicherheitsbestände wesentlich kleiner als die Maximalbestände sind, was in einem Dispositionslager im allgemeinen der Fall ist, ist die *Varianz des Artikelbestands* $s_A^2 = M_B^2/12$ und nach Beziehung (9.23) die *Varianz des Gesamtbestands:*

$$s_B^2 = N_A \cdot s_A^2 = M_{Bges}^2/12N_A\,. \tag{16.14}$$

Aus der saisonalen Veränderung und der stochastischen Schwankung des Gesamtbestands resultiert damit die *Kapazitätsauslegungsregel:*

▶ Wenn der mittlere Gesamtbestand M_{Bges} bei freier Lagerordnung mit einer *Überlaufsicherheit* $\eta_{\text{Über}}$ Platz finden soll, muss das Lager ausgelegt werden für einen *effektiven Gesamtbestand*

$$M_{Beff} = f_{Bsais} \cdot f_{\text{Überl}} \cdot M_{Bges} \quad [\text{LE}]\,. \tag{16.15}$$

mit dem *saisonalen Bestandsspitzenfaktor* f_{Bsais} und dem *Überlauffaktor*

$$f_{\text{Überl}} = 1 + f_{\text{sich}}(\eta_{\text{Über}})/\sqrt{12 \cdot N_A}\,. \tag{16.16}$$

Der *Sicherheitsfaktor* $f_{\text{sich}}(\eta_{\text{Über}})$ ist durch die inverse *Standardnormalverteilung* gegeben und für übliche Sicherheitsgrade der *Tab.* 11.5 zu entnehmen. Für ein Sortiment mit 100 Artikeln und eine geforderte Überlaufsicherheit von 98 % ergibt sich beispielsweise der Überlauffaktor $f_{\text{Über}} = 1+2{,}05/\sqrt{12 \times 100} = 1{,}06$. Das Lager muss also in diesem Fall mit einer *Atmungsreserve* von 6 % des Gesamtbestands ausgelegt werden [56, 77].

16.1.4 Lagerdauer und Lagerumschlag

Entscheidend für die Lagerauswahl und die Lagerzuweisung sind außer den Durchsatz- und Bestandsanforderungen die sich hieraus ableitende *Liegezeit* und die *Reichweite* der zu lagernden Bestände.

Die genaue Lagerdauer eines Push-Bestands ist häufig bereits zum Zeitpunkt der Einlagerung bekannt oder absehbar. Die Lagerdauer der einzelnen Ladeeinheiten eines Pull-Bestands ist zum Zeitpunkt der Einlagerung grundsätzlich nicht bekannt.

Die *mittlere Lagerdauer* oder *Reichweite* eines Pull-Bestands ergibt sich aus dem Durchsatz λ_D einer längeren Periode und dem Durchschnittsbestand M_B nach der Beziehung:

$$T_L = M_B/\lambda_D \quad [\text{PE}]\,. \tag{16.17}$$

Der *Lagerumschlag* – auch *Lagerdrehzahl* genannt – ist gleich der reziproken mittleren Lagerdauer $U_L = 1/T_L$ [pro Periode]. Gemäß Beziehung (16.17) ändert sich die mittlere Lagerdauer bei gleichem Bestand, wenn sich der Periodendurchsatz verändert.

Für die Lagerplanung und die Lagerzuweisung sind zu unterscheiden:

- *Kurzzeitlager* und *Pufferlager*, in denen ein Bestand nur für einige Stunden oder Tage angesammelt, abgestellt oder bereitgehalten wird
- *Vorratslager* und *Dispositionslager*, deren Bestände eine Lagerdauer oder Reichweite von mehreren Tagen oder Wochen haben

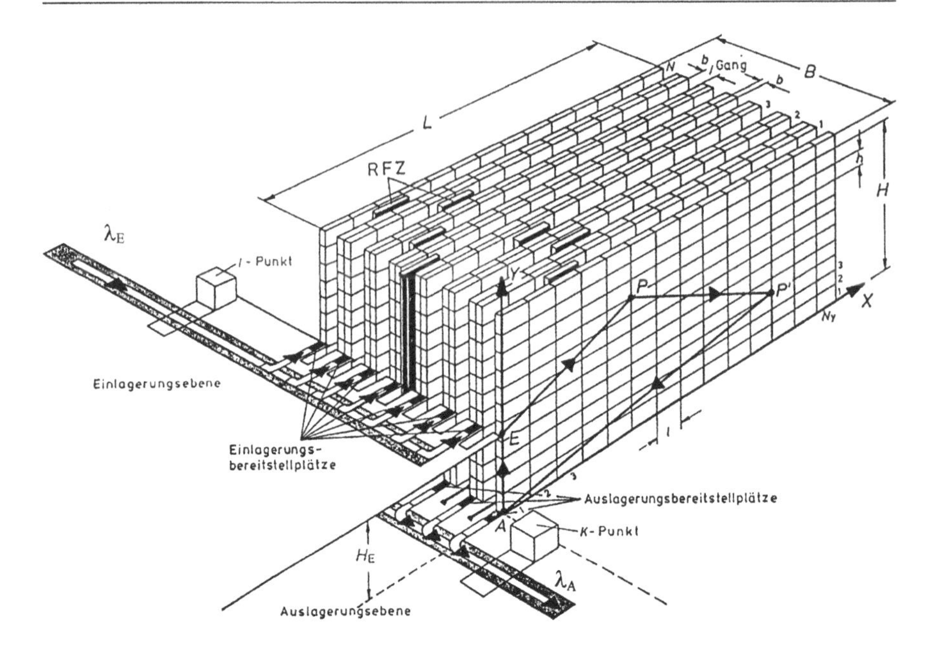

Abb. 16.1 Prinzipdarstellung eines automatischen Regallagers mit räumlich getrennten Zu- und Abfördersystemen

Lagerkoordinaten: x-Koordinate: horizontal parallel zum Gang
y-Koordinate: vertikal senkrecht zum Gang
z-Koordinate: horizontal senkrecht zum Gang

- *Langzeitlager* und *Speicher*, in denen die Bestände viele Wochen oder Monate lagern.

Wenn die *Aufbewahrungszeit* weniger als einen Tag beträgt und das Bereithalten vorrangig ist, wird das Lager zum *Zwischenpuffer*, wenn das Sortieren die wichtigste Funktion ist, zum *Sortierspeicher*.

16.2 Lagerplätze und Lagerarten

Jedes Lager besteht aus einer Anzahl von N_{LP} *Lagerplätzen* [LP]. Ein Lagerplatz kann einen oder mehrere *Stellplätze* [SP] haben, die wiederum eine oder mehrere Ladeeinheiten aufnehmen können. Die *Lagerplatzkapazität* C_{LP} [LE/LP] ist die maximale Anzahl der Ladeeinheiten, die auf einem Lagerplatz untergebracht werden kann.

Zur Angabe der Dimensionen eines Lagers werden die in *Abb.* 16.1 für das Beispiel eines Hochregallagers dargestellten *Lagerkoordinaten* verwendet:

x-Koordinate: Horizontalrichtung parallel zum Bedienungsgang
y-Koordinate: Vertikalrichtung senkrecht zur Lagergrundfläche
z-Koordinate: Horizontalrichtung senkrecht zum Bedienungsgang.

Mit l_{LP} wird die *Länge* eines Lagerplatzes in x-Richtung, mit b_{LP} die *Tiefe* eines Lagerplatzes in z-Richtung und mit h_{LP} die *Höhe* eines Lagerplatzes in z-Richtung bezeichnet.

Die *Stapellänge* C_x ist die Maximalzahl Lagereinheiten, die auf einem Lagerplatz nebeneinander stehen, der *Stapelfaktor* C_y die Maximalzahl Lagereinheiten, die auf einem Platz übereinander gestellt werden, und die *Stapeltiefe* C_z die Maximalzahl Lagereinheiten, die auf einem Platz hintereinander stehen kann. Damit ist die *Lagerplatzkapazität*:

$$C_{LP} = C_x \cdot C_y \cdot C_z \quad [\text{LE/PE}]\,. \tag{16.18}$$

Die Lagerplatzkapazität bestimmt den *Lagerplatzbedarf* für einen vorgegebenen Bestand und die *Zugänglichkeit* zu den Lagereinheiten. Bei der Auswahl und Dimensionierung eines Lagers sind zu unterscheiden:

- *Einzelplatzlager* mit der Platzkapazität $C_{LP} = 1$ LE. Auf jedem Lagerplatz kann genau eine Ladeeinheit stehen, die sich im *direkten Zugriff* befindet.
- *Mehrfachplatzlager* mit einer Platzkapazität $C_{LP} > 1$ LE. Auf einem Lagerplatz können mehrere Ladeeinheiten untergebracht werden, von denen jeweils nur die oberste der Auslagerseite zugewandte Einheit ohne Umlagern direkt erreichbar ist.

In einem *homogenen Lager* haben alle Lagerplätze die gleiche Kapazität und die gleichen Grundmaße. In einem *heterogenen Lager* haben die Lagerplätze unterschiedliche Kapazität oder voneinander abweichende Maße für unterschiedliche Ladeeinheiten (s. *Abb.* 16.4).

Für die *Ausführung der Stellplätze* in den Lagerplätzen gibt es folgende Alternativen:

- *Unbewegliche Stellplätze*: Die Ladeeinheiten bleiben zwischen Ein- und Auslagerung unbewegt auf den Stellplätzen stehen.
- *Bewegliche Stellplätze*: Die Ladeeinheiten werden zwischen Ein- und Auslagerung innerhalb des Lagerplatzes von einem Einlagerstellplatz zu einem Auslagerstellplatz bewegt.

Für die *Anordnung der Lagerplätze* bestehen die beiden Möglichkeiten:

- *Ebene Platzanordnung*: Die Lagerplätze sind in einer *Ebene* nebeneinander angeordnet.
- *Räumliche Platzanordnung*: Die Lagerplätze sind neben- und übereinander angeordnet.

In *stationären Lagern*, wie den Blocklagern und Regallagern, sind die Lagerplätze fest an einem Ort fixiert. In *mobilen Lagern*, wie den Verschieberegallagern und Umlauflagern, sind die Lagerplätze beweglich.

Für die Ver- und Entsorgung der Lagerplätze gibt es zwei verschiedene *Bedienungsmöglichkeiten*, die eine unterschiedliche *Erreichbarkeit* der Stellplätze zur Folge haben:

- *Räumlich kombinierte Ein- und Auslagerung* der Ladeeinheiten von einer Seite der Lagerplätze, die in diesem Fall als *Einschubplätze* bezeichnet werden.
- *Räumlich getrennte Einlagerung und Auslagerung* von den zwei Seiten eines Lagerplatzes, der als *Durchschubplatz* bezeichnet wird.

Unter Berücksichtigung der *Mobilität* der Lagerplätze ergeben sich aus der Kombination der *Ausführungsalternativen* der Stellplätze mit den *Anordnungsmöglichkeiten* der Lagerplätze sechs grundlegend verschiedene *Lagerarten* mit praktischer Bedeutung:

1. *Blockplatzlager* mit unbeweglichen Stellplätzen und stationären Lagerplätzen in ebener Anordnung
2. *Sortierspeicher* mit beweglichen Stellplätzen und stationären Lagerplätzen in ebener Anordnung
3. *Fachregallager* mit unbeweglichen Stellplätzen und stationären Lagerplätzen in räumlicher Anordnung
4. *Kanalregallager* mit beweglichen Stellplätzen und stationären Lagerplätzen in räumlicher Anordnung
5. *Verschieberegallager* mit mobilen Lagerplätzen in räumlicher Anordnung
6. *Umlauflager* mit mobilen Lagerplätzen in horizontaler oder vertikaler Anordnung.

Die meisten dieser Lagerarten können mit räumlich kombinierter oder räumlich getrennter Ein- und Auslagerung ausgeführt und technisch unterschiedlich gestaltet werden. Sie haben bestimmte *Vor- und Nachteile*, aus denen sich *Einsatzkriterien* zur Vorauswahl der grundsätzlich für eine bestimmte Lageraufgabe geeigneten Lager ergeben [22, 47, 66, 73, 74].

16.2.1 Blockplatzlager

In einem *Blockplatzlager* sind, wie in *Abb.* 16.2 gezeigt, auf einer Bodenfläche zu einer oder beiden Seiten des Bedienungsgangs nebeneinander unbewegliche Blocklagerplätze angeordnet.

Die Blocklagerplätze werden in der Regel aus kombinierten Ein- und Auslagergassen mit Hilfe eines *Frontstaplers* oder eines verfahrbaren *Stapelgeräts* bedient. Die räumlich getrennte Ein- und Auslagerung von zwei Seiten des Blockplatzes erfordert doppelt so viele Gassen. Durch eine Bedienung der Stellplätze *von oben* mit einem *Hallen-*, *Brücken-* oder *Stapelkran* lassen sich die breiten Fahrwege auf schmale Bedienungsgänge reduzieren.

Beispiele *konventioneller Blockplatzlager* (BPL) sind:

- Containerlager mit Front- oder Seitenstaplern oder VanCarriern in Verladebetrieben für Schiffe und Bahn
- Blocklager mit Frontstaplern und breiten Fahrwegen für stapelfähige Paletten oder Gestelle
- Kranbediente Blocklager für Coils, Papierrollen oder Langgut

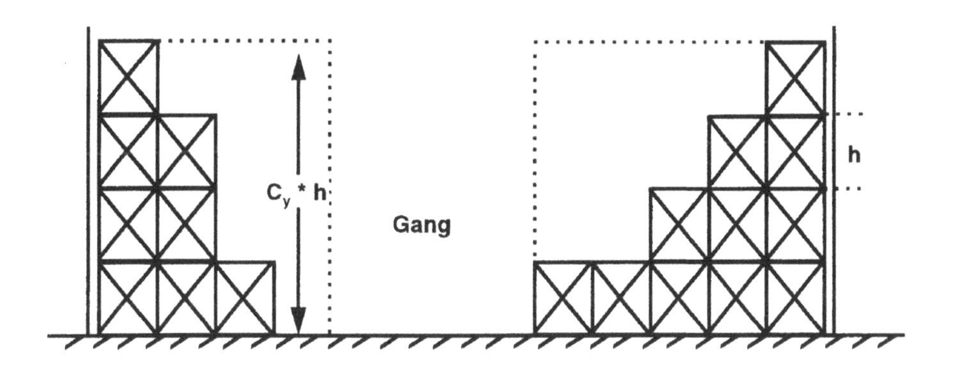

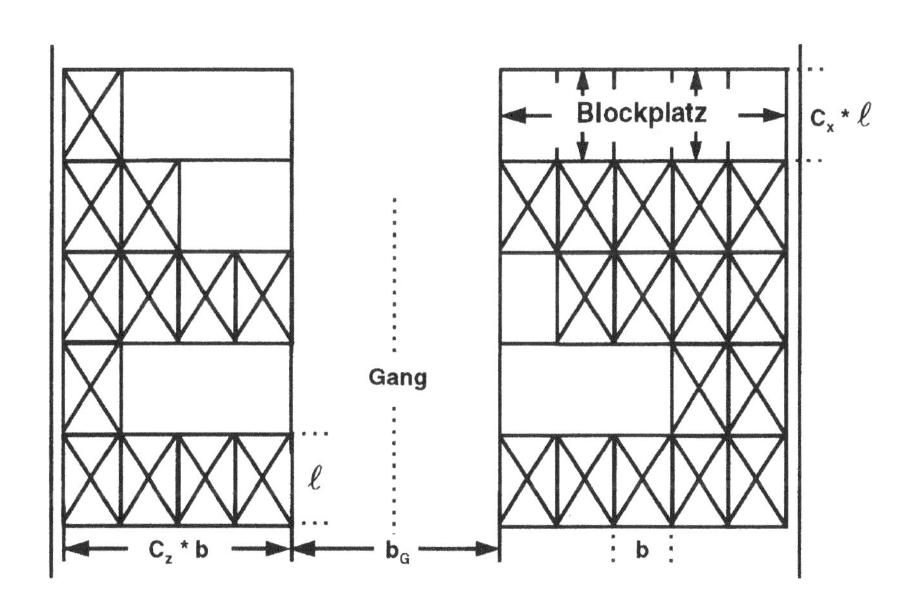

Abb. 16.2 Blocklagerplätze

C_x = Stapellänge; C_y = Stapelfaktor; C_z = Stapeltiefe

- Pufferflächen für Behälter und Paletten mit allseitiger Zugänglichkeit und Staplerbedienung
- Parkplätze für Fahrzeuge zu ebener Erde oder in mehrgeschossigen Parkhäusern.

Die *Vorteile* konventioneller Blocklager sind:

- *keine Investition* für Regale
- *kurze Zugriffszeiten*
- bei ausreichender Anzahl Lagergeräte *kurze Räumzeit*
- *einfache Veränderbarkeit* der Platzaufteilung.

Nachteile der Blocklagerung sind:

- *begrenzter Platzfüllungsgrad* bei artikelreiner Platzbelegung
- *fehlender Einzelzugriff*
- *Verletzung des FIFO-Prinzips* bei kombinierten Ein- und Auslagergängen
- bei großem Lagerbestand *lange Fahrwege* für die Lagerbedienung
- *Verdrückungsgefahr* bei zu hoher Stapelung
- *geringe Flexibilität* bei sich ändernder Bestandsstruktur.

Aufgrund dieser Vor- und Nachteile sind Blockplatzlager besonders geeignet:

▶ für die *Langzeitlagerung* gleichartiger Ladeeinheiten, die mindestens dreifach stapelbar sind, wie Paletten, Gitterboxen, Lagergestelle und Container;

▶ zur Lagerung auf Freiflächen und in vorhandenen Hallen mit geringer lichter Höhe;

▶ für Artikel mit einem mittleren Bestand von deutlich mehr als 10 Ladeeinheiten oder einer Anliefermenge von mehr als 20 Ladeeinheiten pro Artikel;

▶ zur *Kurzzeitlagerung* und als *Zwischenpuffer* im Wareneingang, in der Produktion und im Warenausgang

▶ zur Lagerung von großen *Push-Beständen* weniger Artikel.

Eine spezielle technische Ausführungsform des Blockplatzlagers ist das *Einfahrregal*. In einem Einfahrregal werden *stapelempfindliche Ladeeinheiten* durch seitlich an Regalstehern befestigte Auflageriegel vertikal voneinander getrennt. Die Ladeeinheiten können wie beim konventionellen Blockplatzlager mehrfach hintereinander lagern [66].

Der Lagerplatz in einem Einfahrregal kann bei ausreichender Raumhöhe einen größeren Stapelfaktor haben als das konventionelle Blocklager. Hieraus folgt:

▶ Der Einsatz eines Einfahrregals ist sinnvoll, wenn eine vorgegebene Hallenhöhe aufgrund eines begrenzten Stapelfaktors der Ladeeinheiten nicht vollständig genutzt werden kann.

Die Einsatzvoraussetzungen für die Blocklagerung sind häufig nicht erfüllt, die Plätze falsch dimensioniert oder die Bestände nicht den richtigen Plätzen zugewiesen. Daher gibt es viele Blockplatzlager und Einfahrregale mit geringem Füllungsgrad und schlechter Raumnutzung.

16.2.2 Sortierspeicher

In einem Sortierspeicher sind die Lagerplätze einzelne *Einschubkanäle*, *Durchlaufbahnen* oder *Staustrecken*, die, wie in *Abb.* 16.3 dargestellt, *ebenerdig* nebeneinander angeordnet sind.

Wenn die Ladeeinheiten nicht selbst beweglich sind, enthalten die Kanäle eine fördertechnische Ausrüstung, mit der die einzelnen Ladeeinheiten oder Ladeeinheitenstapel in Kanalrichtung von einem Stellplatz zum anderen bewegt werden.

Sortierspeicher mit *Durchlaufbahnen* werden *räumlich getrennt* von zwei Seiten durch ein geeignetes Lagergerät bedient. Sortierspeicher mit *Einschubkanälen* werden *räumlich kombiniert* von einer Seite ver- und entsorgt.

Beispiele für *Sortierspeicher* (SSP) sind [49, 64]:

- *Sortierspeicher* für Paletten oder Behälter, die artikelrein gepuffert oder sendungsrein sortiert für den Versand bereitgestellt werden (s. *Abb.* 18.13).
- *Staustrecken* und *Staubahnen* in Fördersystemen
- *Parkspuren* und *Abstellstrecken* in Fahrzeugsystemen
- *Gleisharfen* zur Zugbildung aus Waggons.

Vorteile der Sortierspeicher sind:

- *gute Zugänglichkeit*
- *Automatisierungsfähigkeit*
- *Einhaltung des FIFO-Prinzips* bei Durchlaufkanälen.

Nachteile von Sortierspeichern sind:

- *hohe Investitionen* und *Betriebskosten* für die Fördertechnik
- *großer Flächenbedarf*
- *begrenzter Füllungsgrad* bei artikelreiner Kanalbelegung
- *fehlender Einzelzugriff*
- *Verletzung des FIFO-Prinzips* bei Einschubkanälen
- *geringe Flexibilität* bei sich ändernder Bestandsstruktur.

Außer für das reine Sortieren sind Sortierspeicher als *Kurzzeitpuffer* im Wareneingang, in der Produktion und im Warenausgang geeignet. Für die Dispositions- und Langzeitlagerung sind sie zu teuer.

16.2.3 Fachregallager

Fachregallager bestehen aus einzelnen *Fachmodulen* (FM), die – wie in *Abb.* 16.4 gezeigt – einen oder mehrere Lagerplätze enthalten. Die Fachmodule sind – wie in *Abb.* 16.5 dargestellt – in einer *Regalkonstruktion* nebeneinander und übereinander zu *Regalscheiben* zusammengefügt. Je zwei Regalscheiben bilden zusammen mit der *Regalgasse* ein *Gangmodul* (GM).

Die meisten Fachregallager sind als *Einzelplatzlager* ausgeführt. Bei einfach tiefer Lagerung befinden sich alle Ladeeinheiten im *Direktzugriff*. Damit ist die Ver- und Entsorgung aus dem gleichen Gang unter Einhaltung des FIFO-Prinzips möglich.

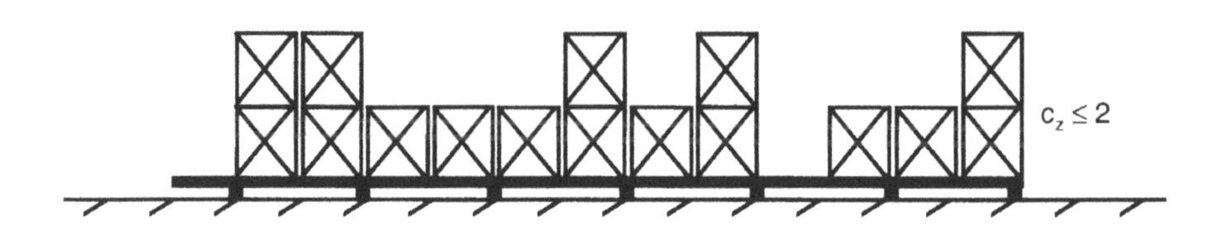

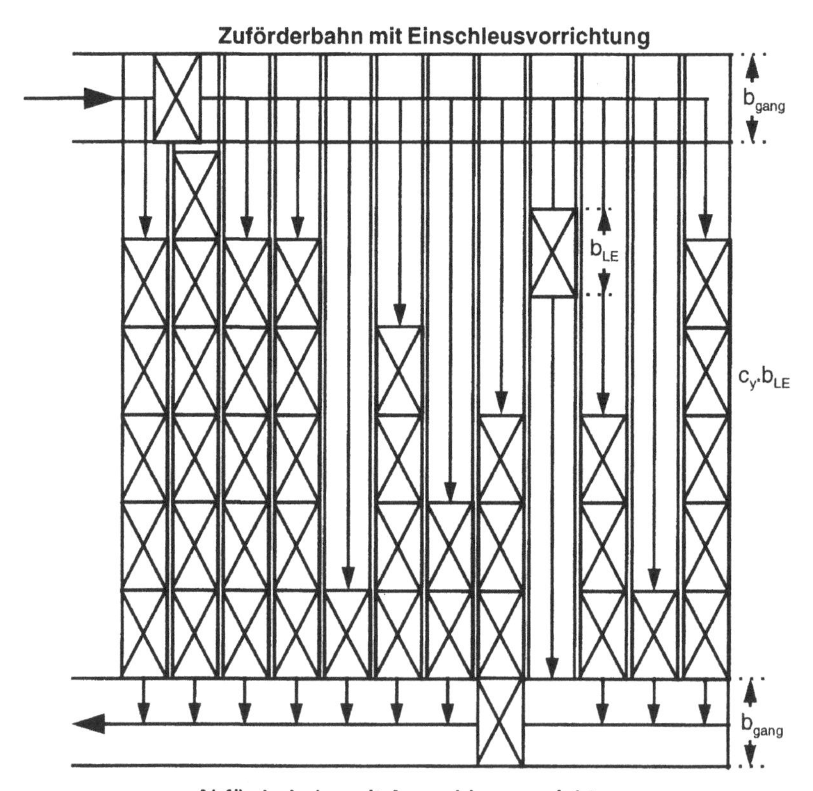

Abb. 16.3 Sortierspeicher mit räumlich getrennter Ein- und Auslagerung

Kanalkapazität $C_{LK} = C_x \cdot C_z = 6 \cdot 2 = 12$ LE

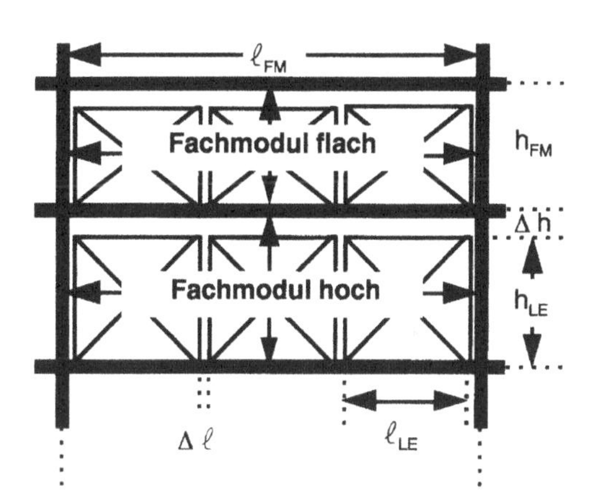

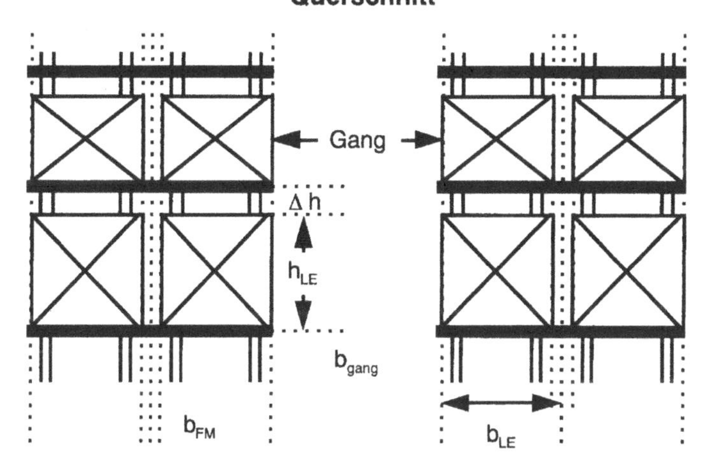

Abb. 16.4 Fachmodul eines Fachregallagers mit Einzelplätzen

Außenmaße der Ladeeinheiten : l_{LE}, b_{LE}, h_{LE}
Fachfreimaße: Δl, Δb, Δh
Außenmaße der Fachmodule: l_{FM}, b_{FM}, h_{FM}

Bei hohen Beständen pro Artikel können auch *doppelt-* und *mehrfachtiefe Lagerplätze* sinnvoll sein, in denen zwei oder mehr Stellplätze hintereinander angeordnet sind, oder *Mehrfachstapelplätze*, in denen zwei oder mehr Ladeeinheiten aufeinandergestellt werden.

Das Lastaufnahmemittel auf dem Lagergerät muss dafür so konstruiert sein, dass trotz der doppelt tiefen Regalfächer keine doppelt breite Bedienungsgasse benötigt wird, denn bei doppelt breiten Bedienungsgassen ist die Raumnutzung infolge des

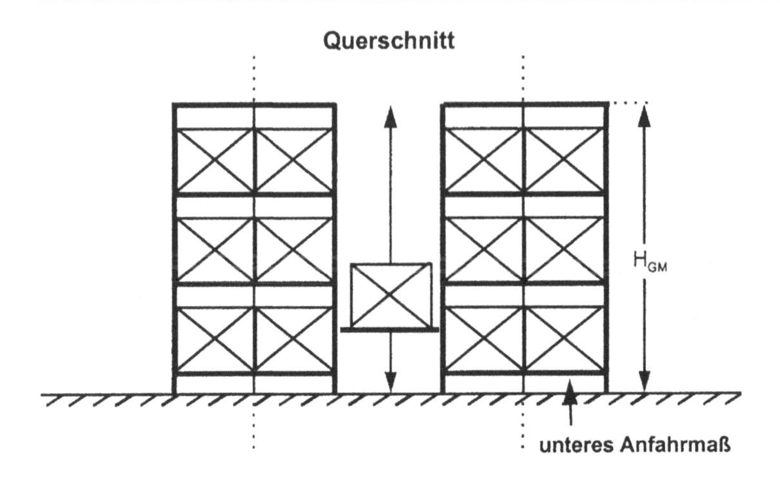

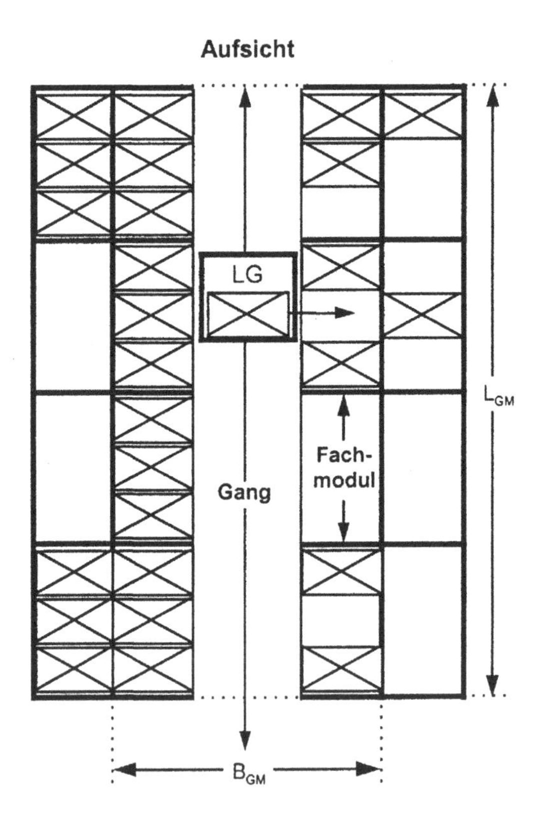

Abb. 16.5 Gangmodul eines Fachregallagers mit Einzelplätzen

Maße des Gangmoduls: L_{GM}, B_{GM}, H_{GM}
Lagergerät: LG

geringeren Füllungsgrads schlechter als bei der einfach tiefen Lagerung. Auch für Fachregallager mit mehrfach tiefer Lagerung ganzer Ladeeinheiten ist nur die räumlich kombinierte Ein- und Auslagerung sinnvoll. Typische Beispiele für Fachregallager sind [73, 74]:

- manuell bediente *Fachbodenlager* (FBL)
- konventionelle *Staplerlager* (STL)
- staplerbediente *Schmalganglager* (SGL)
- halbautomatische und automatische *Hochregallager* (HRL)
- automatische *Kleinbehälterlager* (AKL).

Die wesentlichen *Vorteile* der Fachregallager sind:

- *Einzelzugriff* auf jede Ladeeinheit bei einfach tiefer Lagerung
- *Füllungsgrade bis* 100 % bei Einzelplatzlagerung und freier Lagerordnung
- *gute Flächennutzung* bei größerer Regalhöhe
- *kurze Fahrwege* für die Lagerbedienung
- *geringe Zugriffszeiten*
- *flexible Nutzbarkeit* bei wechselnder Bestandsstruktur
- *kurze Räumzeit* bei ausreichender Anzahl Lagergeräte.

Diese Vorteile müssen jedoch erkauft werden durch *Investitionen* für

- die Regale, die mit der Regalhöhe zunehmen,
- die Lagergeräte, die mit der Gerätehöhe rasch ansteigen,
- die Zu- und Abfördertechnik.

Trotz der erforderlichen Investitionen ist das Fachregallager in vielen Fällen die *platzsparendste* und *wirtschaftlichste Lösung*.

Besonders geeignet sind Fachregallager bei *geringen Beständen pro Artikel*, beispielsweise für Artikel mit einem Lagerbestand von weniger als 10 Paletten, bei *geringem Lagerdurchsatz* mit einem Umschlag von weniger als 6 pro Jahr, aber auch bei sehr hohem Durchsatz. Daher werden automatische Hochregallager und Kleinbehälterlager auch als *Bereitstellsysteme* für das Kommissionieren mit dynamischer Bereitstellung eingesetzt.

16.2.4 Kanalregallager

In einem Kanalregallager sind, wie in *Abb.* 16.6 dargestellt, mehrere Durchlaufbahnen oder Einschubkanäle in einem Regal *wabenartig* nebeneinander und übereinander angeordnet. Die Ladeeinheiten können wie im Sortierspeicher im Kanal verschoben werden. Sie werden bei *Einschubkanälen* auf einer Seite, bei *Durchlaufkanälen* auf entgegengesetzten Seiten der Lagerkanäle von einem Lagergerät ein- und ausgelagert.

Beispiele für Kanalregallager sind [73]:

- aktive *Durchlauflager* (DLL) mit Rollenbahnen oder Tragkettenförderern für passive Ladeeinheiten

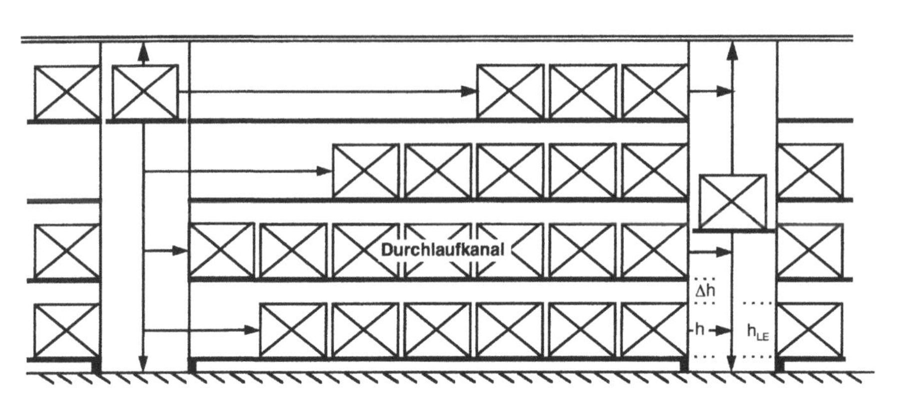

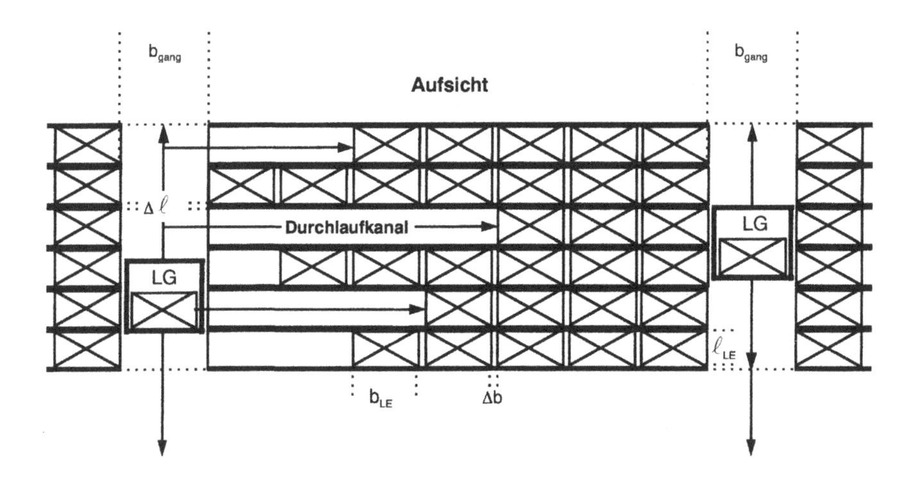

Abb. 16.6 Kanalregallager mit räumlich getrennter Ein- und Auslagerung

Konstruktions- und Fachfreimaße	Δl, Δb, Δh
Kanalkapazität	$C_{LK} = C_z = 7$ LE

- passive *Kanallager* (KNL) für mobile Ladeeinheiten auf *Rolluntersätzen*
- *Kompaktlager* (KPL), in denen die Ladeeinheiten durch unterfahrende *Verfahrwagen* oder von einem *Satellitenfahrzeug* eines Regalbediengeräts im Kanal versetzt werden.

Vorteile der Kanalregallager sind:

- *kompakte Bauweise* und *gute Raumnutzung*
- *gute Automatisierbarkeit*
- *Einhaltung des FIFO-Prinzips* bei Durchlaufkanälen.

Diese Vorteile eines Kanalregallagers müssen erkauft werden mit vergleichsweise hohen *Investitionen* und *Betriebskosten* für die Fördertechnik in den Kanälen, für die Regale und für die Lagerbediengeräte. Bei automatischen Kanallagern kommen noch die Kosten für das Zu- und Abfördersystem und die Steuerung hinzu, bei den passiven Kanallagern außerdem die Kosten für die Rolluntersätze.

Die Kanallager haben die gleichen Nachteile wie die Sortierspeicher. Vor allem der begrenzte Füllungsgrad schränkt bei artikelreiner Kanalbelegung die Nutzung der Kanalkapazität ein. Weitere *Nachteile* der Kanalregallager sind:

- *schlechte Zugänglichkeit* der Ladeeinheiten in dicht übereinander liegenden Kanälen
- *lange Zugriffs-* und *Räumzeiten.*

Kanalregallager sind für die Langzeitlagerung, wenn überhaupt, nur als Kompaktlager mit Satellitenfahrzeugen geeignet. Für die Lagerung von Pull-Beständen ist ein Kanalregallager nur in Ausnahmefällen wirtschaftlicher als ein Fachregallager.

Zur *Kurzzeitpufferung* und zur *Versandbereitstellung* kann hingegen ein Durchlauflager bei hohen Artikel- oder Auftragsbeständen, artikelgemischter Kanalbelegung oder begrenzter Raumhöhe eine geeignete Lösung sein.

Ein spezieller Einsatzbereich für Durchlauflager ist das Lagern und Bereitstellen von Zugriffs- und Reserveeinheiten für das Kommissionieren mit statischer Bereitstellung. Dabei kann die Beschickung über automatische Lagergeräte und die davon räumlich getrennte Entnahme ganzer Ladeeinheiten mit dem Stapler oder einzelner Gebinde von Hand erfolgen (s. *Kap.* 17).

16.2.5 Verschieberegallager

Bei einem Verschieberegallager sind die *Regalscheiben* (RS) mit den Lagerfächern ebenso aufgebaut wie bei einem stationären Fachregallager. Jeweils zwei miteinander verbundene Regalscheiben sind jedoch auf Rollen und Schienen senkrecht zur Bedienungsgasse gegeneinander verschiebbar [66]. Dadurch lässt sich die Anzahl der Bedienungsgassen reduzieren.

Die *anteilige Gangzahl* pro Lagerplatz ist bei einem Verschieberegallager mit N_{RS} Regalscheiben und N_G Gassen $n_{gang} = N_G/N_{RS} \ll 1/2$. Damit ist der Raumbedarf für ein Verschieberegallager kleiner als für ein Fachregallager gleicher Kapazität mit einer anteiligen Gangzahl 1/2 oder 1.

Die wesentlichen *Vorteile* eines Verschieberegallagers sind:

- *kompakte Lagerung*
- *minimaler Raumbedarf.*

Dem stehen jedoch als *Nachteile* gegenüber:

- *schlechte Zugänglichkeit* der einzelnen Lagerplätze
- *lange Zugriffszeiten*
- *Investition* für die Verschiebetechnik

- *aufwendige Automatisierung*
- *begrenzte Ein- und Auslagerleistung.*

Wegen des geringen Raumbedarfs bei begrenzter Ein- und Auslagerleistung und wegen der langen Zugriffszeiten eignen sich Verschieberegale vor allem zur *Langzeitlagerung* von Beständen, auf die nur selten zugegriffen wird. Spezielle Einsatzbereiche von Verschieberegalen sind daher *Archive* für Akten, Dokumente oder elektronische Datenträger.

16.2.6 Umlauflager

In einem *konventionellen Umlauflager* werden die Lagerplätze für das Ein- und Auslagern zu einem stationären Zugriffsplatz bewegt. Solange kein Zugriff erfolgt, ruht das Lagergut.

Konventionelle Umlauflager gibt es in zwei verschiedenen *Bauarten* [22]:

- *Paternosterlager* (PNL) mit *vertikal* umlaufendenŹdziersträngen, an denen *Lagertröge* mit den Einzelplätzen befestigt sind. Der Zugriff auf die Lagerplätze erfolgt von der Seite.
- *Karusselllager* (KRL) mit *horizontal* umlaufender Förderkette, an der bewegliche *Lagergestelle* hängen. Der Zugriff findet in der Regel an der Regalstirnseite statt.

Die wesentlichen *Vorteile* dieser Umlauflager, deren Prinzip in *Abb.* 16.7 dargestellt ist, sind:

- kompakte Lagerung
- Fortfall der Bedienungsgänge.

Wegen der Freimaße und der Konstruktion der Umlauftechnik ist der Raumbedarf vieler Umlauflager trotz der Gangeinsparung größer als der Raumbedarf eines Fachregallagers mit gleicher Kapazität.

Weitere *Nachteile* der Umlauflager sind:

- schlechte Zugänglichkeit der Lagerplätze
- lange Zugriffszeiten
- Investition für die Umlauftechnik
- begrenzte Ein- und Auslagerleistung.

Einsatzbereiche für Paternoster- oder Karusselllager sind Kleinteilelager, Ersatzteillager, Werkzeuglager, Dokumentenlager und Karteien. Ein historisches Einsatzbeispiel eines Umlauflagers ist ein *Park-Paternoster* für Pkw, der bereits in den zwanziger Jahren des letzten Jahrhunderts in den USA gebaut wurde.

Infolge der aufgeführten Nachteile sind Umlauflager als reine Einheitenlager und Pufferlager ungeeignet. Unter bestimmten Voraussetzungen sind Umlauflager einsetzbar als *Bereitstellsystem* für das Kommissionieren mit dynamischer Artikelbereitstellung (s. *Abschn.* 17.2.3).

Außer den konventionellen Umlauflagern, in denen die Ladeeinheiten nur für den Zugriff bewegt werden, gibt es *dynamische Umlauflager*, in denen die Ladeeinheiten nach der Aufgabe permanent auf einer Fördertechnik umlaufen, bis sie an den

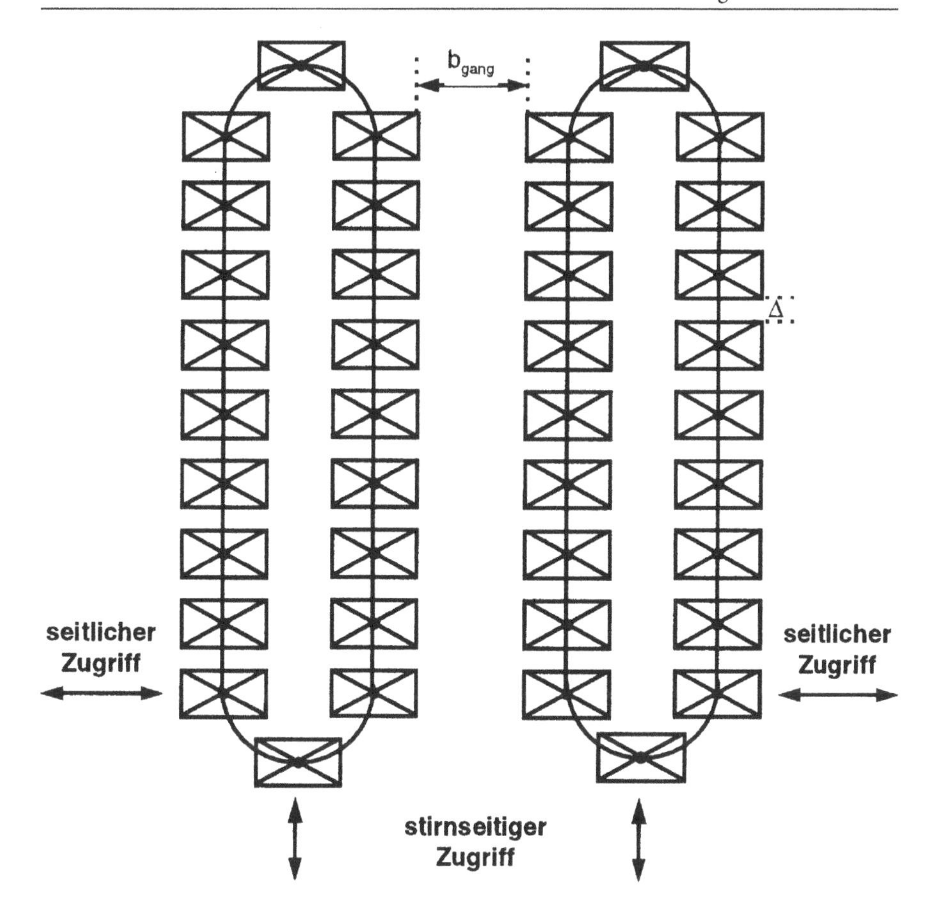

Abb. 16.7 Umlauflager

Paternosterlager: vertikaler Umlauf mit seitlichem Zugriff
Karusselllager: horizontaler Umlauf mit stirnseitigem Zugriff

Abgabestellen in der gewünschten Reihenfolge ausgeschleust oder abgezogen werden. Beispiele für dynamische Umlauflager sind *Sortierkreisel* (STK), *Umlaufspeicher* (USP) und *Kreissorter* (KRS). Dynamische Umlauflager sind spezielle *Fördersysteme*, die sich in Einsatz und Dimensionierung grundlegend von den anderen Lagersystemen unterscheiden (s. *Abschn.* 18.6).

16.3 Lagertechnik

Jedes Lager setzt sich zusammen aus mehreren Lagergewerken, die zur Ausführung der spezifischen Lagerfunktion benötigt werden. Funktionsspezifische *Lagergewerke* sind:

Lagereinheiten und *Ladungsträger*
Lagerplätze und *Regale*
Lagergeräte mit *Lastaufnahmemitteln*
Zu- und Abfördersystem (16.19)
Lagersteuerung und *Lagerverwaltung*
Wareneingang und *Warenausgang*
Lagerbau.

Zusätzliche Gewerke eines Lagers ohne lagerspezifische Funktion sind *Sprinkler- und Rauchabzugsanlagen, Klima- und Heizungsanlagen, haustechnische Anlagen* und *Sozialräume* für das Lagerpersonal.

Die einzelnen Gewerke, aus denen sich ein Lagersystem zusammensetzt, lassen sich technisch unterschiedlich realisieren. Infolge der Vielfalt der technischen Ausführungsmöglichkeiten ergibt sich aus den sechs zuvor dargestellten Lagerarten eine große Anzahl von Lagersystemen.

Konstruktion und technische Realisierung der Lagergewerke sind nicht Aufgaben der Logistik sondern des Stahlbaus, des Maschinenbaus, der Fördertechnik, der Steuerungstechnik und der Bautechnik. Aufgaben der *Lagerplanung* als Spezialgebiet der Logistik sind die Auswahl, Dimensionierung und Kombination der verfügbaren technischen Lösungen für die einzelnen Lagergewerke zu einem funktionssicheren, leistungsfähigen und kostengünstigen Lagersystem.

Für den *Platzbedarf* und die *Funktionssicherheit* eines Lagersystems sind die optimale Abstimmung der *Freimaße*, der *Toleranzen* und der *Positioniergenauigkeit* entscheidend. Maßgebend für die *Ein- und Auslagergrenzleistung* sind die *mittleren Fahrwege* zwischen den Abholbereichen, den Lagerplätzen und den Bereitstellbereichen, die *technischen Leistungsdaten* der Lagergeräte sowie die von der Steuerung benötigten *Tot- und Positionierzeiten.*

16.3.1 Lagereinheiten und Ladungsträger

Die zu lagernden *Ladeeinheiten* oder *Lagereinheiten* bestehen meist aus einem *Ladungsträger*, der die Artikeleinheiten enthält. Gleichförmige Artikeleinheiten, wie Standardkartons, Blech-Coils, Papierrollen, Hänger, Wechselbrücken, Waggons oder Fahrzeuge, können auch ohne Ladungsträger gelagert werden (s. *Kap.* 12).

Ladungsträger, Lagerhilfsmittel, Lagerbehälter oder *Container* sind erforderlich zur Aufnahme ungleichförmiger Artikel, zur Bildung gleichartiger Ladeeinheiten und zur Mengenbündelung. Gebräuchliche Lagerhilfsmittel sind genormte *Container, Flachpaletten, Boxpaletten, Lagergestelle, Kassetten, Tablare* und *Kleinbehälter.*

Die Ausführung der Lagerhilfsmittel und die Abmessungen der Lagereinheiten bestimmen sehr wesentlich die Lagerart und die Lagertechnik. Maßgebend für die Größe der Lagerplätze und die Breite der Gänge sind die *Außenmaße* einschließlich der maximal zulässigen *Lastüberstände* in allen drei Raumrichtungen und die *Abstellrestriktionen* der Ladeeinheiten.

So wird in automatischen Palettenlagern in der Regel ein beidseitiger Lastüberstand bis zu ±50 mm zugelassen. Dadurch vergrößern sich die Grundmaße einer

800 × 1.200 mm EURO-Palette effektiv auf 900 × 1.300 mm und die Grundfläche der Ladeeinheit um 22 %. Die *Lastüberstände* wirken sich auf die Abmessungen und die Kosten des gesamten Lagersystems aus, werden aber häufig nicht ausreichend beachtet oder unnötig groß angesetzt.

Die vertikale Ausrichtung und die *Höhe* h_{LE} der Ladeeinheiten sind meist vorgegeben, während die Orientierung der *Länge* l_{LE} und *Breite* b_{LE} zum Gang frei ist. Bei *Langgut*, für das die Länge wesentlich größer ist als der Durchmesser, beispielsweise bei Rohren und Stangen, wie auch bei *Flachgut*, für das Länge und Breite deutlich größer sind als die Dicke, wie Bleche, Glasscheiben, Holzplatten oder Türen, besteht die Möglichkeit, die Lagereinheit mit ihrer längsten Kante flachkant *liegend* oder hochkant *stehend* zu lagern.

16.3.2 Lagerplätze und Regale

Im einfachsten Fall sind die *unbeweglichen Stellplätze* eines *Blockplatzlagers* markierte Plätze in einer Halle oder auf einer Freifläche, die sich bei Bedarf mit wenig Aufwand verändern lassen.

Bei den *Fachregallagern* sind die unbeweglichen Stellplätze in *Lagerregalen* angeordnet mit *Fachböden* aus Holz oder Blech, mit seitlichen Auflagewinkeln oder mit parallel zum Gang verlaufenden *Auflageriegeln* aus Stahl.

Die *beweglichen Stellplätze* der Sortierspeicher und Kanalregallager für *passive Ladeeinheiten*, wie Paletten oder Behälter, können als Schwerkraft-Rollen- oder Röllchenbahnen oder als angetriebene Tragkettenförderer oder Rollenbahnen ausgeführt werden. Die Ladeeinheiten können auch auf unbeweglichen Stellplätzen stehen und von einem *Verschiebewagen* oder von einem *Satellitenfahrzeug* im Kanal versetzt werden, das unterhalb der Stellplätze verfährt.

Wenn *mobile Ladeeinheiten*, wie Rollpaletten oder Wagen, gelagert werden, sind als Lagerplatz Schienen mit Zugvorrichtungen ausreichend. Bei aktiven Ladeeinheiten mit eigenem Antrieb, wie Fahrzeugen, ist der Lagerplatz eine *Standschiene*, eine *Parkspur* oder ein *Parkplatz*.

Spezielle Gestaltungsparameter der Fachregallager sind die *Fachteilung*, das heißt die Anzahl Ladeeinheiten zwischen zwei Regalstehern, die *Fachhöhe*, die *Fachtiefe* und die *Auflagekonstruktion* für die Ladeeinheiten. Die Breite der Regalsteher und die Höhe der Auflagekonstruktion resultieren aus dem Gewicht und den Abmessungen der Ladeeinheiten sowie aus der Statik und dem Material der *Regalkonstruktion*.

Zwischen je zwei Ladeeinheiten sowie zwischen den Ladeeinheiten und der Regalkonstruktion müssen ausreichend bemessene *Fachfreimaße* vorhanden sein, um trotz der Ungenauigkeit und Toleranzen der Ladeeinheiten und der Regale ein störungsfreies Ein- und Auslagern zu gewährleisten (s. *Abb.* 16.4). Die Fachfreimaße sind umso größer, je geringer die *Positioniergenauigkeit* der Lagergeräte und je größer die *Regaltoleranzen* sind.

So betragen beispielsweise die Fachfreimaße zwischen den Ladeeinheiten und den Regalstehern nach der Richtlinie FEM 9.831 für automatische Palettenlager 100 mm [81]. Dadurch erhöht sich der effektive Platzverbrauch einer EURO-Palette um ca. 10 %. Weiterer Platz wird für die Steher und die Auflageriegel der Regalkonstruktion verbraucht. Bei Einbau einer Sprinkleranlage wird zusätzlicher Platz für die Rohrzuführungen und die Sprinklerköpfe benötigt.

Aus den *Fachfreimaßen* und den *Konstruktionsmaßen* der Regale ergeben sich die *Platzmaßdifferenzen* Δx, Δy und Δz in den drei Raumrichtungen zwischen den effektiven *Abmessungen* l_{SP}, b_{SP} und h_{SP} der Stellplätze und den Außenmaßen der Ladeeinheiten einschließlich Lastüberstand.

Ein *freier Gestaltungsparameter* aller Lagerarten ist die *Orientierung der Ladeeinheiten* zum Bedienungsgang. Für Ladeeinheiten mit unterschiedlichen Abmessungen in allen drei Raumrichtungen und ohne Abstellrestriktionen gibt es 4 unterschiedliche Orientierungsmöglichkeiten, die sich aus der Kombination folgender *Abstellvarianten* ergeben:

- *Längslagerung*: Die Ladeeinheiten stehen mit der Längskante $l_{LE} > b_{LE}$ parallel zum Gang.
- *Querlagerung:* Die Ladeeinheiten stehen mit der Längskante $l_{LE} > b_{LE}$ senkrecht zum Gang.

jeweils kombiniert mit

- *Flachkantlagerung:* Die Ladeeinheiten sind mit der langen Kante liegend abgelegt.
- *Hochkantlagerung:* Die Ladeeinheiten sind mit der langen Kante stehend aufgestellt.

Bei Blockplatzlagern für Ladeeinheiten mit einer Breite unter 800 mm ist in der Regel eine Längslagerung notwendig, damit die Breite der Blockplätze für das Hineinfahren des Staplers ausreicht [74].

Bei anderen Lagern ist die Orientierung der Ladeeinheiten ein freier Gestaltungsparameter, der sich zur Optimierung der Flächen- und Raumnutzung sowie zur Minimierung der Lagerkosten nutzen lässt. Da es dabei in der Regel zu einem *Zielkonflikt* zwischen Raum- oder Grundflächenbedarf einerseits und Gerätebedarf andererseits kommt, kann diese Optimierung nur im konkreten Einzelfall mit Hilfe eines geeigneten *Lagerdimensionierungsprogramms* durchgeführt werden [75].

16.3.3 Lagergeräte und Lastaufnahmemittel

Ein Lagergerät befördert eine einzulagernde Ladeeinheit vom *Einlagerübergabeplatz* zum Lagerplatz und eine auszulagernde Ladeeinheit vom Lagerplatz zum *Auslagerübergabeplatz.* Außerdem kann es *Umlagerungen* durchführen.

Maßgebend für die Ein-, Um- und Auslagerleistung eines Lagersystems sind die *Konstruktion*, das *Fahrverhalten*, die *Ganggebundenheit*, das *Lastaufnahmemittel* (LAM), die *Kapazität* C_{LG} [LE/LG] und die *Anzahl* N_{LG} der eingesetzten Lagergeräte. Die technischen *Kenndaten* und die *Richtpreise* für einige gebräuchliche Lagergeräte und Lastaufnahmemittel sind in den *Tab.* 16.1 und 16.2 zusammengestellt.

Nach dem *Fahrverhalten* lassen sich unterscheiden:

- *Eindimensional verfahrende Lagergeräte*, wie *Hubwagen*, *Frontstapler* und *Seitenstapler.* Diese bewegen die Last in einer *additiven Fahr- und Hubbewegung.*

LAGERGERÄT (LG) Ladeeinheiten	Kapazität LE/LG	Hubhöhe bis ca.	Gangbreite EURO-Pal.	Fahrt Geschwind. Beschleun.	Hub Geschwind. Beschleun.	Richtpreis 2008 T€
Hochhubwagen Paletten	1	4,5 m	3,0 m 3,4 m	2,0 m/s 0,7 m/s²	0,2 m/s 0,1 m/s²	10 bis 30
Gabelstapler Paletten	1 bis 4	6,5 m	3,0 m 3,4 m	3,0 m/s 1,0 m/s²	0,3 m/s 0,3 m/s²	20 bis 40
Schubmaststapler Paletten	1	7 m	2,2 m 2,5 m	2,5 m/s 1,0 m/s²	0,5 m/s 0,3 m/s²	30 bis 40
Schmalgangstapler Paletten	1 bis 2	14 m	1,5 m 1,8 m	2,5 m/s 1,0 m/s²	0,35 m/s 0,5 m/s²	75 bis 90
Regalbediengeräte RGB für Paletten	1 bis 2	40 m	1,5 m	5,0 m/s 1,0 m/s²	2,0 m/s 1,0 m/s²	150 bis 250
AKL für Kleinbehälter	1 bis 8	8 m	1,0 m	3,0 m/s²	2,0 m/s²	70 bis 120
TransFaster Paletten	1 bis 3	15 m	1,6 m	5,0 m/s 1,0 m/s²	2,0 m/s 1,0 m/s²	120 bis 150
Verteilerwagen Paletten, Behälter	1 bis 2	–	1,0 m 1,4 m	bis 6 m/s 1,0 m/s²	– –	25 bis 30
Satellitenfahrzeug Paletten	1	–	0	1,0 m/s 0,5 m/s²	– –	15 bis 20
Stapelkran Langgut, Coils u.a.	–	8m	0	1,0 m/s 0,3 m/s²	0,3 m/s 0,2 m/s²	100 bis 180

Tab. 16.1 Kenndaten und Richtpreise von Lagergeräten

Gangbreite: Längs- bzw. Quereinlagerung EURO-Paletten 800 × 1.200 mm
Richtpreise: Stand 2008, mit Elektroantrieb und mitfahrender Steuerung

- *Zweidimensional verfahrende Lagergeräte*, wie *Schmalgangstapler*, flurgebundene *Regalbediengeräte* und flurfreie Lagergeräte. Sie befördern die Ladeeinheiten in einer *simultanen Fahr- und Hubbewegung*.
- *Dreidimensional arbeitende Lagergeräte*, wie *Brückenkrane*, *Hallenkrane* und *Stapelkrane*, die die Last auf einem *räumlich verlaufenden Weg* bewegen.
- *Kombinierte Lagergeräte* mit *Lagerbedienwagen*, *Verteilerwagen* oder *Satellitenfahrzeugen* und *Hubstationen* oder *Vertikalförderzeugen*.

LASTAUFNAHMEMITTEL	Ladeeinheiten	Kapa-zität	Lagergeräte	Fachtiefe	Facheinfahrt Geschwind.	Facheinfahrt Beschleun.
LAM	LE	LE/LAM		bis ca.	m/s	m/s²
Starre Gabel	Paletten	bis zu 4	Hubwagen Stapler	2 m	0,3 m/s	0,2 m/s²
Schwenkschubgabel	Paletten	bis zu 2	Schmalgang-Stapler	2 m	0,3 m/s	0,2 m/s²
Seitengreifer	Kartons Fässer	bis 2 bis 4	Stapler RBG	1,5 m	0,5 m/s	0,2 m/s²
Teleskopgabel	Paletten	bis 2	Stapler RBG	2,0 m	0,5 m/s	0,3 m/s²
Teleskoptisch	Tablare Behälter	1 bis 2	RBG	1,5 m	1,0 m/s	0,8 m/s²
Schub- und Zugvorrichtung	Tablare	1	RBG	1,5 m	1,5 m/s	1,0 m/s²
Rollentisch **Tragkettenförderer**	Paletten Behälter	1 bis 2 1 bis 4	RBG Verteilerwagen	–	0,4 m/s	0,3 m/s²

Tab. 16.2 Kenndaten verschiedener Lastaufnahmemittel

Die Lagerbedienwagen oder Satellitenfahrzeuge werden mit und ohne Last von einer Hubstation oder einem anderen Vertikalförderzeug zwischen den Lagerebenen umgesetzt. Auf den Lagerebenen verfahren Lagerbedienwagen oder Satellitenfahrzeuge horizontal zu den Lagerfächern und in die Lagerkanäle.

Voraussetzung für die Automatisierung eines Lagers ist eine genaue *Spurführung* der Lagergeräte. Technische Möglichkeiten sind die *mechanische Spurführung* mit Fahr- und Führungsschienen, die *induktive Spurführung* mit Leitdraht, die *optische Spurführung* mit Markierungslinien oder Orientierungsmarken und die *akustische Spurführung* mit Orientierungspunkten zur Koppelnavigation. Die *elektronische Spurführung* arbeitet mit Transpondern, die im Boden verlegt oder am Fahrzeug angebracht sind und deren Signale über RFID erfasst werden [22, 219].

Das Fahrverhalten, die Art der Spurführung und die Konstruktion haben eine mehr oder minder große *Ganggebundenheit* der Lagergeräte zur Folge [74]:

- *Gangunabhängige Lagergeräte*, wie Hubwagen, Gabelstapler, Schmalgangstapler und andere Flurförderzeuge, können die Lagergassen unbeschränkt wechseln und den Lagerbereich verlassen.
- *Gangumsetzbare Lagergeräte*, wie kurvengängige Regalbediengeräte und Regalbediengeräte mit Umsetzgerät, können mit reduzierter Geschwindigkeit den Regalgang wechseln, aber den Lagerbereich nicht verlassen.

- *Ganggebundene Lagergeräte*, wie Regalbediengeräte ohne Umsetzeinrichtung, können den Regalgang nicht verlassen. Sie bedienen nur die Lagerfächer in einer Lagergasse.

Der Gangwechsel erfordert relativ viel Zeit. Bei hoher *Gangwechselfrequenz* v_{GW} [1/h] wird daher die Ein- und Auslagerleistung erheblich reduziert.

Die *Lastaufnahmemittel* können die Ladeeinheiten von *unten*, von *oben*, *stirnseitig* oder *seitlich* aufnehmen, einhaken oder einklemmen. Sie unterscheiden sich außerdem in der Durchführung des *Lastspiels*:

- *Lastaufnahmemittel mit Leerspiel*, wie starre und schwenkbare Gabeln, unterfahrende Teleskopgabeln und Teleskoptische, seitliche Greifarme und Klemmbacken oder von oben einklinkende Container-Spreader, machen bei jeder Lastaufnahme eine leere Hinbewegung und bei jeder Lastabgabe eine leere Rückbewegung.
- *Lastaufnahmemittel ohne Leerspiel*, wie Zug- und Schubvorrichtungen oder Rollentische und Tragkettenförderer zur Bedienung von Kanallagern, führen bei Lastaufnahme und Lastabgabe jeweils nur eine Nutzlastbewegung durch.

Mit einem Lastaufnahmemittel ohne Leerspiel sind höhere Ein- und Auslagerleistungen erreichbar. Maßgebend für das Leistungsvermögen eines Lagergeräts ist außer der Art des Lastspiels die Kapazität des Lagergeräts:

- Die *Kapazität* C_{LG} [LE/LG] eines Lagergeräts ist gleich der Anzahl Ladeeinheiten, die das Gerät gleichzeitig befördern kann.

Sie ist das Produkt der Anzahl n_{LAM} [LAM/LG] Lastaufnahmemittel pro Gerät und der Kapazität C_{LAM} [LE/LAM] pro Lastaufnahmemittel:

$$C_{LG} = n_{LAM} \cdot C_{LAM} \quad [LE/LG]\,. \tag{16.20}$$

Regalförderzeuge für Paletten werden mit einer Kapazität bis zu 4 Paletten pro RFZ, Regalbediengeräte für Kleinbehälter mit einer Kapazität bis zu 8 Behälter pro RBG gebaut. Die für mehr als ein Lastaufnahmemittel erforderlichen Mehrkosten sind jedoch häufig größer als die damit erreichbaren Einsparungen [18].

16.3.4 Zu- und Abfördersystem

Das *Zufördersystem* eines Lagers befördert die einzulagernden Ladeeinheiten aus einem *Abholbereich* zum Einlagerübergabeplatz, nachdem sie an einem *I-Punkt* identifiziert und von der Lagerverwaltung erfasst wurden. In *automatischen Lagern* müssen die Ladeeinheiten zwischen I-Punkt und Einlagerbereitstellplatz zur Überprüfung ihrer Außenmaße eine *Konturenkontrolle* durchlaufen, hinter der die nicht maßhaltigen Ladeeinheiten wieder ausgeschleust werden.

Das *Abfördersystem* befördert die vom Lagergerät ausgelagerten Ladeeinheiten vom Auslagerübergabeplatz zu einem *Bereitstellbereich*. Dort verlassen die Ladeeinheiten ab einem *K-Punkt* die Zuständigkeit der Lagerverwaltung.

Gangunabhängige Lagergeräte können die Ladeeinheiten aus dem *Abholbereich*, beispielsweise aus dem Wareneingang, zur Einlagerung selbst abholen und nach der

Auslagerung im *Bereitstellbereich* außerhalb des Lagers abstellen. Lager mit *gangunabhängigen Lagergeräten* benötigen daher in der Regel kein Zu- und Abfördersystem.

Lager mit *gangabhängigen Lagergeräten* müssen hingegen durch ein Zu- und Abfördersystem ver- und entsorgt werden. In ausgedehnten Lagern und bei großer Entfernung des Abholbereichs oder des Bereitstellbereichs vom Lagerbereich kann auch bei gangunabhängigen Lagergeräten ein gesondertes Zu- und Abfördersystem sinnvoll sein.

In *manuell bedienten Lagern* mit gangumsetzbaren Geräten, beispielsweise mit Schmalgangstaplern, können *Verteilstapler* (VTS) die Funktion des Zu- und Abfördersystems übernehmen. Sie bringen die Ladeeinheiten von und zu *Übergabeplätzen* an der Regalstirnseite, die dafür zweckmäßig als *Kragarmplätze* ausgebildet sind.

Für die Kombination und Anordnung der Zu- und Abfördersysteme *automatischer Lager* gibt es zwei *Möglichkeiten* [22, 66, 76]:

- *Getrennte Zu- und Abfördersysteme* auf zwei Ebenen oder an zwei Regalseiten.
- *Kombinierte Zu- und Abfördersysteme* in einer Ebene an einer Regalseite.

Getrennte Zu- und Abfördersysteme bieten zusätzlichen Platz, der beispielsweise zur Anordnung von Kommissionierarbeitsplätzen mit dynamischer Bereitstellung genutzt werden kann. Sie sind jedoch mit höherem Aufwand verbunden. Bei einem kombinierten Zu- und Abfördersystem entfallen bei Doppelspielen die Leerfahrten zwischen den Auslager- und Einlagerübergabeplätzen. Außerdem ist der fördertechnische und bauliche Aufwand geringer.

Für die Zu- und Abfördersysteme automatischer Lager gibt es eine Vielzahl technischer Ausführungsmöglichkeiten, wie [76]:

Verschiebehubwagen
Verteilerwagen
Tragkettenförderer
Rollenbahnen
Elektrohängebahnen (EHB)
fahrerlose Transportfahrzeuge (FTS)

und *Kombinationen* dieser Fördertechniken. Als Beispiel sind zwei Lösungen für das kombinierte Zu- und Abfördersystem eines automatischen Hochregallagers in *Abb.* 16.8 und 16.9 dargestellt.

Die Zu- und Abförderstrecken von und zu den Auf- und Abgabeplätzen der Lagergeräte sind meist als *Verschiebehubwagen* oder *Tragkettenförderer* mit mehreren *Stauplätzen* ausgebildet. Die *Stauplatzkapazität* auf den *Stichbahnen* vor den Regalen ist maßgebend für die *Auslastbarkeit* der Lagergeräte und für die *Entkopplung* der stochastisch schwankenden Lagerspielzeiten von dem ebenfalls stochastisch schwankenden Ein- und Auslagerbedarf (s. *Abschn.* 13.5).

16.3.5 Lagersteuerung und Lagerverwaltung

Aufgaben der Lagersteuerung sind die *Steuerung* und *Positionierung* der Lagergeräte und der Fördertechnik.

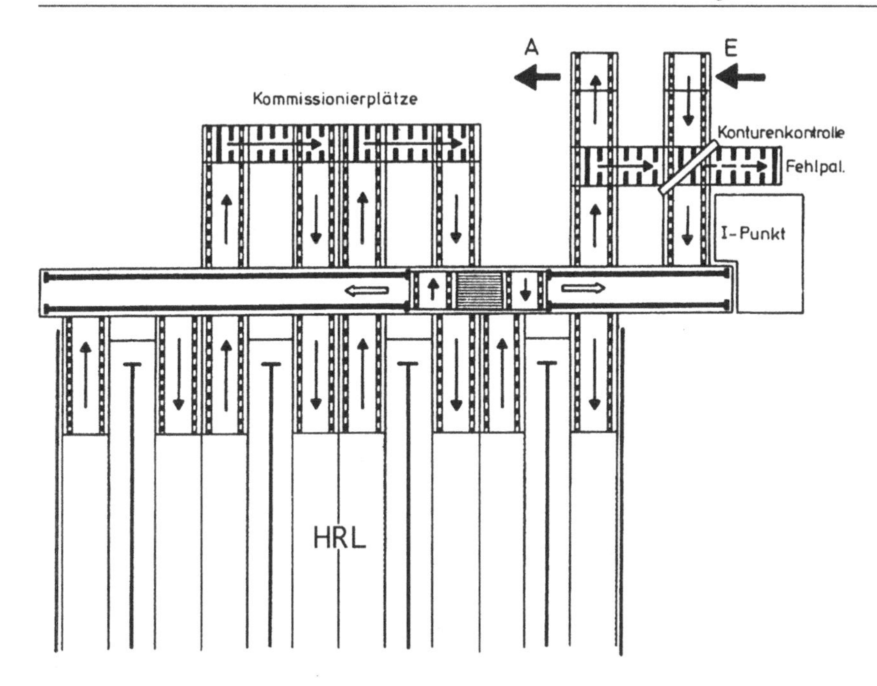

Abb. 16.8 Räumlich kombiniertes Zu- und Abfördersystem eines automatischen Hochregallagers mit Verteilerwagen in einer Ebene

Die Steuerung der ganggebundenen Lagergeräte und der stationären Fördertechnik automatischer Lager ist in der Regel aus *Speicher-Programmierbaren Steuerungsmodulen* (SPS) aufgebaut. Für die Zielsteuerung gangunabhängiger Lagergeräte, Verteilerstapler und Transportfahrzeuge gibt es spezielle *Staplerleitsysteme* (SLS) und *Transportleitsysteme* (TLS) mit *Datenfernübertragung* (DFÜ) über Funk oder Infrarot.

Für die Positionierung der Lagergeräte gibt es zwei verschiedene Verfahren:

- *Absolutpositionierung*: Bei der Absolutpositionierung orientiert sich die Steuerung des Lagergeräts an einer Positioniermarke unmittelbar am Zielplatz.
- *Relativpositionierung*: Bei der Relativpositionierung orientiert sich die Steuerung an Positioniermarken, die am Mast des Gerätes und entlang dem Verfahrweg angebracht sind.

Das *Positionierverfahren* hat erheblichen Einfluss auf die *Funktionssicherheit*. Der *Zeitbedarf* für die Positionierung wirkt sich auf die Lagerleistung aus.

Die Absolutpositionierung hat den Vorteil einer größeren Genauigkeit und Toleranzunabhängigkeit, erfordert jedoch einen höheren Aufwand und ist langsamer. Die Relativpositionierung ist von den Regaltoleranzen und der Gerätejustierung abhängig, erfordert aber einen geringeren Aufwand und kann schneller arbeiten. Technisch optimal aber auch aufwendiger ist eine Kombination beider Positionierverfahren.

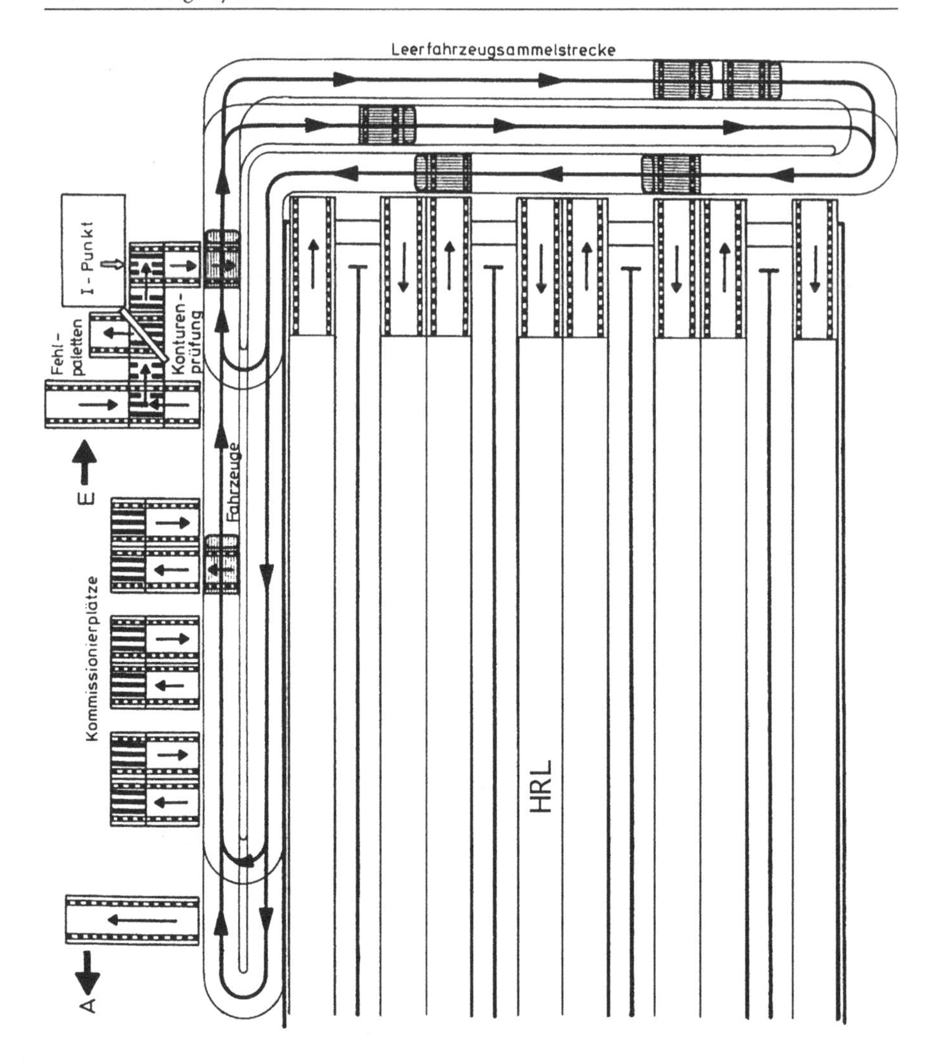

Abb. 16.9 Fahrzeugsystem zur kombinierten Ver- und Entsorgung eines automatischen Hochregallagers in einer Ebene

Fahrzeugtechnik: FTS-Fahrzeuge oder Elektrohängebahn

Die Lagersteuerung erhält ihre Anweisungen von der Lagerverwaltung. *Aufgaben der Lagerverwaltung* sind:

- *Annahme*, *Speicherung* und *Ausführungsüberwachung* der anstehenden Ein- und Auslageraufträge
- *Platzzuweisung* der einzulagernden Ladeeinheiten nach optimalen *Belegungsstrategien*

- *Bestandsverwaltung* aller Ladeeinheiten, die sich zwischen dem *I-Punkt* der Einlagerung und dem *K-Punkt* der Auslagerung befinden,
- *Anweisung* und *Koordination* der Ein-, Um- und Auslagerungen durch die Lagergeräte und die Fördertechnik nach optimalen *Bewegungsstrategien*
- *Erzeugung von Transportaufträgen* für ein Stapler- oder Transportleitsystem.

Die Aufgaben der Lagerverwaltung können von einem *Lagerverwalter* oder von einem *Lagerverwaltungssystem* (LVS) ausgeführt werden. Für die spezifischen Aufgaben der Lagerverwaltung gibt es heute leistungsfähige *Lagerverwaltungsrechner* (LVR) mit entsprechender *Standardsoftware.*

Viele der angebotenen *Lagerverwaltungssysteme* bieten jedoch nicht die Möglichkeit zur Realisierung aller benötigten Lagerstrategien. Andere Lagerverwaltungssysteme enthalten überflüssige und im Einzelfall sinnlose Strategien und Funktionen. Daher ist es ratsam, vor der Beschaffung eines Lagerverwaltungssystems die für das spezielle Lager benötigten Funktionen und Lagerstrategien in einem *Lastenheft* zu spezifizieren.

Der Lagerverwaltungsrechner arbeitet entweder *Off-Line*, das heißt ohne direkte Verbindung mit anderen Systemen, oder *On-Line*, das heißt im Verbund mit übergeordneten Systemen, beispielsweise mit einem *Warenwirtschaftssystem* (WWS) oder einem *Auftragsabwicklungssystem* (z. B. SAP), und mit unterlagerten Systemen, wie mit einem *Staplerleitsystem* und mit der *Anlagensteuerung*. Die übergeordneten und unterlagerten Systeme können auch einen Teil der Lagerverwaltungsaufgaben übernehmen. Bei der Funktionsaufteilung zwischen dem Lagerrechner und den über- und untergeordneten Systemen ist jedoch darauf zu achten, dass keine unzulässig langen *Totzeiten* entstehen.

Die *Totzeiten*, die zwischen den Bewegungsschritten einer Ladeeinheit vom *I-Punkt* zum Lagerplatz und vom Lagerplatz zum *K-Punkt* von der Lagersteuerung und vom Lagerverwaltungssystem zur Durchführung von Datenabfragen, zur Datenauswertung und zur Erzeugung von Anweisungen benötigt werden, verlängern die Spielzeiten. Bei hoher Belastungsfrequenz, falscher Funktionsteilung zwischen den Systemen und unzureichender Auslegung der Hard- und Software und der Elektronik können die Totzeiten mehrere Sekunden betragen und die Durchsatzleistung eines Lagers erheblich beeinträchtigen.

16.3.6 Wareneingang und Warenausgang

Die Funktions- und Leistungsfähigkeit eines Lagers hängt sehr wesentlich von der Gestaltung und Dimensionierung des Warenein- und Warenausgangs ab. Ein falsch geplanter oder schlecht organisierter Warenein- und Warenausgangsbereich kann zu gravierenden Funktionsstörungen und Engpässen führen.

Der Wareneingang und der Warenausgang eines Lagers, das sich in einem gesonderten Lagerbau befindet, besteht aus *Rampen*, *Toren*, *Bereitstellflächen* und anderen *Funktionsflächen* für Kontrollen, Ladungssicherung, Steuerstand und Lagerverwaltung.

Für den Wareneingang und den Warenausgang eines Lagers gibt es folgende *Anordnungs- und Kombinationsmöglichkeiten* (s. *Kap.* 19):

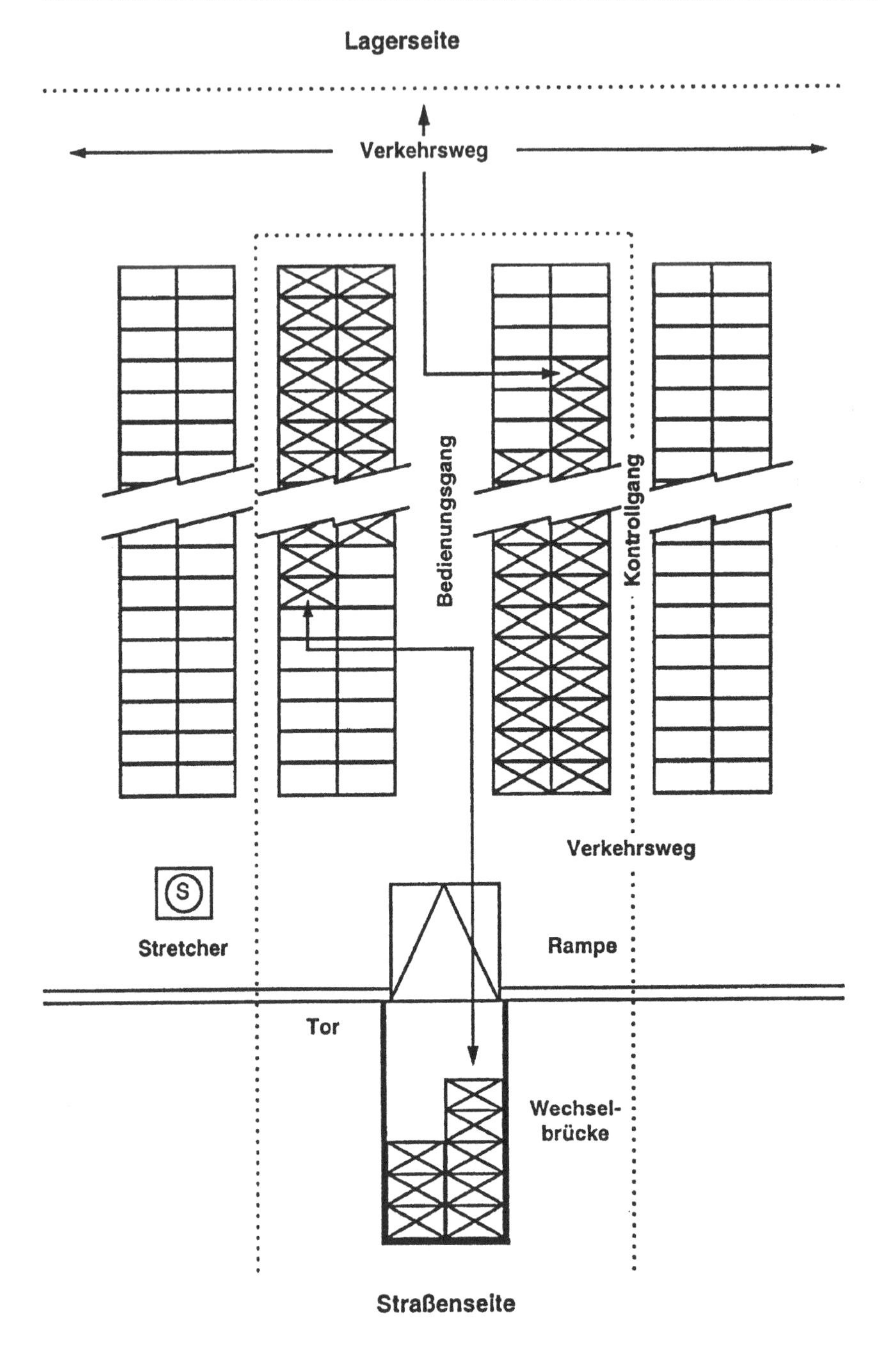

Abb. 16.10 Tormodul im Wareneingang oder Warenausgang

Parameter: Pufferplätze pro Tormodul

- *Getrennter Wareneingang und Warenausgang* auf benachbarten oder auf gegenüberliegenden Seiten des Gebäudes
- *Nebeneinander liegender Wareneingang und Warenausgang* an einer Gebäudeseite mit der Möglichkeit zur bedarfsabhängigen Nutzung der Tormodule im Zwischenbereich
- *Kombinierter Warenein- und Warenausgang* mit Tormodulen, die abwechselnd oder bedarfsabhängig zum Entladen und Beladen genutzt werden.

Ein vollständig kombinierter Warenein- und Warenausgangsbereich ermöglicht kombinierte Ein- und Auslagerspiele und eine flexible Nutzung der *Tormodule* zu unterschiedlichen Tageszeiten für den Wareneingang oder für den Warenausgang. Die Torbereiche des Warenein- und Warenausgangs sollten, wie in *Abb.* 16.10 dargestellt, *modular* konzipiert sein. Außer dem modularen Aufbau sind bei der Planung folgende *Dimensionierungsgrundsätze* zu beachten:

▶ Die *Anzahl* N_{TM} der benötigten *Tormodule* resultiert aus der Frequenz der An- und Auslieferfahrzeuge zur Zeit der Spitzenbelastung, den Be- und Entladezeiten und den Bearbeitungszeiten der Warenannahme und im Versand.

▶ Die *Anzahl* N_{BP} und die *Anordnung der Bereitstell- und Pufferplätze* pro Tormodul werden einerseits bestimmt von den *Durchsatzmengen* und den *Bearbeitungszeiten* im Wareneingang und Warenausgang und andererseits von der benötigten *Entkopplung* zwischen den innerbetrieblichen und den außerbetrieblichen Logistikketten, die an der Rampe des Lagers zusammentreffen.

Wareneingangspuffer und Warenausgangspuffer können weitgehend entfallen, wenn die ankommenden Ladeeinheiten aus angedockten Sattelaufliegern oder Wechselbrücken ohne Absetzen direkt eingelagert und die ausgehenden Ladeeinheiten, wie in *Abb.* 18.20 dargestellt, direkt verladen werden. Diese Arbeitsweise vermindert zugleich den Handlingaufwand, erfordert aber eine perfekte Organisation und Abstimmung der inner- und außerbetrieblichen Logistikketten.

16.3.7 Lagerbau

Viele Lager, wie Containerlager oder Rohmateriallager, befinden sich auf einer *Freifläche* oder in einem *Multifunktionsbau*, beispielsweise in einer Produktionshalle. Für größere Lager wird in der Regel ein gesonderter Lagerbau errichtet. Der Lagerbau kann eine konventionelle *Halle*, ein *Stockwerksbau* oder ein *spezialisierter Lagerbau* sein, wie die Hochregalsilos oder Parkhäuser.

Ein *Stockwerksbau* ist für Lager mit größerem Durchsatz schlecht geeignet, da die Geschosse durch Aufzüge miteinander verbunden sind, die zusätzliche Transportbewegungen erfordern. Ein *Hochregalsilo* auf einer Bodenplatte aus Beton mit dach- und wandtragender Regalkonstruktion kann für Bauhöhen ab 20 m und Lagerkapazitäten ab etwa 5.000 Palettenplätze leistungsfähiger und vielfach auch kostengünstiger sein als ein konventionelles Regallager gleicher Kapazität, das in einer Halle steht.

Wenn möglich, sollten die Lagerart und die Lagertechnik den Lagerbau bestimmen und der Lagerbau keine Abweichung von der optimalen Lagerung bewirken. Ein Lager ist daher von innen nach außen zu planen, nicht von außen nach innen. In vielen Fällen aber ist ein bestimmter Baukörper als Lagerhülle vorgegeben, aus dessen Abmessungen, lichter Höhe und Stützenraster sich *Restriktionen* ergeben, die suboptimale Lagerlösungen erzwingen.

Restriktionen, die bei jeder Lagerplanung und Dimensionierung zu berücksichtigen sind, ergeben sich aus den *Sicherheitsvorschriften* für das Bedienungspersonal und das Lagergut:

- ▶ Große Lager mit einer hohen *Brandlast* müssen in mehrere *Brandabschnitte* zulässiger Größe aufgeteilt werden.
- ▶ Innerhalb eines Brandabschnitts darf der *Fluchtweg* bis zum nächsten Ausgang eine bestimmte Länge nicht überschreiten.

Die Größe der Brandabschnitte ist abhängig von der *Gefahrgutklasse* des Lagergutes und von der Höhe der *Versicherungsprämien*. Sie liegt in einer Größenordnung von 1.200 bis 6.000 m^2. Der *maximale Fluchtwegradius* beträgt nach deutschen Vorschriften 50 m [181].

16.4 Lagerbetriebsstrategien

Leistung und Kosten eines Lagersystems hängen von den Strategien ab, mit denen das Lager betrieben wird. Bei der Neuplanung eines Lagers lassen sich durch richtige Lagerbetriebsstrategien die Investitionen reduzieren und die zukünftigen Betriebskosten senken. In vorhandenen Lagern können durch geeignete Lagerstrategien die Durchsatzleistung und die Platznutzung verbessert werden.

Abhängig von Aufgabe und *Zielsetzung* lassen sich die *Lagerbetriebsstrategien* unterscheiden in *Belegungsstrategien* und *Bewegungsstrategien*.

16.4.1 Belegungsstrategien

Die Belegungsstrategien bestimmen, auf welchen Plätzen und in welchen Lagerzonen welche Artikel gelagert und bereitgestellt werden müssen, um eine möglichst gute Platznutzung und kurze Wege für die Ein- und Auslagerung zu erreichen. Die wichtigsten Belegungsstrategien sind:

- *Schnellläuferkonzentration:* Um die mittleren Fahrwege der Lagergeräte zu senken, werden die Ladeeinheiten schnellumschlagender Artikel in Plätzen nahe dem Ein- und Ausgang gelagert.
- *Feste Lagerplatzordnung:* Für den maximal zu erwartenden Lagerbestand jedes Artikels werden Lagerplätze fest reserviert, die nicht durch Ladeeinheiten anderer Artikel belegt werden dürfen.

- *Freie Lagerplatzordnung:*[1] Frei werdende Lagerplätze werden für die nächste einzulagernde Ladeeinheit genutzt, unabhängig davon, welcher Artikel darin enthalten ist.
- *Zonenweise feste Lagerordnung:* Bestimmte *Lagerzonen* sind für die Lagerung definierter Warengruppen reserviert oder bestimmte *Lagerplätze* oder *Fachmodule* nur für eine Sorte von Ladeeinheiten geeignet.
- *Gleichverteilungsstrategie:* Um eine *maximale Zugriffsicherheit* zu gewährleisten, wird der Lagerbestand eines Artikels auf mehrere Lagergassen verteilt. Mit *zyklischer Gangzuweisung* resultiert die Gleichverteilung von selbst.
- *Platzanpassung:* Kleine Lagerplätze werden mit kleinen Lagereinheiten und geringem Artikelbestand, große Lagerplätze mit großen Lagereinheiten und hohem Artikelbestand belegt (s. *Abschn.* 12.5 und 12.6).
- *Artikelreine oder chargenreine Platzbelegung:* Lagerplätze mit mehreren Stellplätzen werden nur mit einem Artikel oder einer Produktionscharge belegt.
- *Artikelgemischte Platzbelegung:* Lagerplätze mit mehreren Stellplätzen dürfen mit den Ladeeinheiten von bis zu N_{AP} verschiedenen Artikeln belegt werden.
- *Minimieren von Anbruchlagerplätzen:* In einem Mehrfachplatzlager werden, um den Füllungsgrad zu verbessern und mehr als einen Anbruchlagerplatz pro Artikel zu vermeiden, die Ladeeinheiten aus teilgefüllten Lagerfächern stets zuerst ausgelagert.

Der Effekt einer *Schnellläuferkonzentration* wird meist überschätzt. Die Umschlagleistung kann durch eine Schnellläuferkonzentration in großen Lagern mit langen Wegen bei Einzelspielbetrieb bestenfalls um 15 % erhöht werden, wenn die ABC-Verteilung des Sortiments stark ausgeprägt ist. In den meisten Fällen aber liegt der Schnellläufereffekt deutlich unter 10 % [18].

Bei fester Lagerplatzordnung sind in Lagern mit Pull-Beständen, mehr als 100 Artikeln und geringen Sicherheitsbeständen bis zu doppelt so viele Plätze belegt wie bei freier Lagerplatzordnung. Für die Platzverwaltung bei freier Lagerordnung sind heute Standardprogramme und leistungsfähige Lagerverwaltungsrechner verfügbar. Daher ist die feste Platzordnung nur im Bereitstellbereich von Kommissionierlagern sinnvoll, nicht aber in Einheitenlagern und für Reserveplätze.

Die *zonenweise feste Lagerordnung* führt infolge der größeren Bestandsatmung zu einem erhöhten Platzbedarf. Der Platzmehrbedarf gegenüber der vollständig freien Lagerordnung ist dabei umso größer, je kleiner das Platzangebot und je größer die Anzahl der Lagerzonen ist. Daher sollten nur so viele gesonderte Lagerzonen wie unbedingt notwendig geschaffen werden.

Die *artikelgemischte Platzbelegung* wird bei Platzknappheit in Mehrfachplatzlagern, vor allem in Blockplatzlagern und Kanallagern, als *Notlösung* eingeführt, bei Langzeitbeständen aber auch gezielt eingeplant. Die artikelgemischte Platzbelegung ist jedoch mit zusätzlichen Lagerbewegungen verbunden, die einen erhöhten Gerätebedarf zur Folge haben können, denn:

---

[1] Die freie Lagerplatzordnung wird häufig auch als *chaotische Lagerordnung* bezeichnet, obgleich bei dieser Belegungsstrategie von *Chaos* nicht die Rede sein kann.

▶ Ist ein Lagerplatz in freier Mischung mit den Ladeeinheiten von N_{AP} unterschiedlichen Artikeln belegt, sind im Mittel $(N_{AP} - 1)/2$ Ladeeinheiten umzulagern, um an die Ladeeinheit eines bestimmten Artikels heranzukommen.

Außerdem kann die artikelgemischte Platzbelegung *Unübersichtlichkeit*, Probleme der Platzverwaltung und *Inventurdifferenzen* verursachen.

Soweit *Umlagerungen* nicht in betriebsschwachen Zeiten durchgeführt werden können, ist eine Umlagerung in einem Palettenlager mindestens um einen Faktor 30 teurer als die täglichen Lagerplatzkosten pro Ladeeinheit. Daher ist die artikelgemischte Platzbelegung bei einer Lagerdauer unter 30 Tagen in der Regel nicht sinnvoll. Wenn das Lager und die Platzkapazität richtig dimensioniert sind, ist ein Verzicht auf die artikelgemischte Platzbelegung ohne Raumverlust möglich.

16.4.2 Bewegungsstrategien

Die Bewegungsstrategien legen fest, in welcher Reihenfolge welche Ein-, Um- und Auslagerungen vom Fördersystem und von den Lagergeräten durchgeführt werden, damit unter Einhaltung vorgegebener *Restriktionen* eine möglichst hohe Einlager-, Auslager- oder Durchsatzleistung erreicht wird.

Die wichtigsten *Restriktionen* der Bewegungsstrategien sind die *Auslagerprinzipien*:

- *Strenges FIFO-Prinzip* (*First-In-First-Out-Prinzip*): Beim strengen FIFO-Prinzip müssen die einzelnen Ladeeinheiten in der Reihenfolge ihrer Einlagerung ausgelagert werden. Das strenge FIFO-Prinzip erzwingt eine Einzelplatzlagerung oder Durchschubkanäle mit räumlich getrennter Ein- und Auslagerung.
- *Schwaches FIFO-Prinzip*: Um eine Überalterung und das Entstehen von Ladenhütern zu verhindern, müssen beim schwachen FIFO-Prinzip die Ladeeinheiten einer früheren vor den Ladeeinheiten einer späteren *Einlagercharge* ausgelagert werden. Das schwache FIFO-Prinzip verbietet bei Mehrfachplatzlagern mit räumlich kombinierter Ein- und Auslagerung das Zulagern in Lagerfächer, in denen sich noch Ladeeinheiten einer früheren Einlagercharge des gleichen Artikels befinden.
- *LIFO-Prinzip* (*Last-In-First-Out-Prinzip*): Bei nur einseitig zugänglichen mehrfach tiefen Lagerplätzen, wie bei den Kanallagern und Einschublagern, sind zwangsläufig die zuletzt eingelagerten Ladeeinheiten zuerst auszulagern.

Die wichtigsten *Bewegungsstrategien* sind:

- *Einzelspielstrategie*: Wenn der Wareneingang vorrangig ist, werden nur Einlagerspiele, wenn der Warenausgang vorrangig ist nur Auslagerspiele durchgeführt. Um die Ein- oder Auslagerleistung zu steigern, werden zu Lasten der Durchsatzleistung längere Leerfahrten der Lagergeräte in Kauf genommen.
- *Doppelspielstrategien*: Um die Durchsatzleistung zu verbessern, werden die für einen Bedienungsgang anstehenden Ein- und Auslagerungen in kombinierten Ein- und Auslagerspielen ausgeführt (s. *Abb.* 16.1). Wenn nur ein Einlagerauftrag

und ein Auslagerauftrag anstehen, wird das Einlagerfach in der Nähe des Auslagerfachs gewählt. Wenn mehrere Auslageraufträge anstehen, werden jeweils die Ein- und Auslageraufträge kombiniert, deren Fächer am nächsten beieinander liegen. Dadurch wird der *Leerfahrtanteil* der Lagergeräte reduziert. Die einzelnen Einlagerungen und Auslagerungen dauern jedoch in Doppelspielen etwas länger als in Einzelspielen.

- *Fahrwegstrategien*: Lagergeräte mit einer Kapazität $C_{LG} > 1$ LE fahren in einer kombinierten Ein- und Auslagerfahrt auf einem möglichst kurzen Fahrweg nacheinander C_{LG} Einlagerfächer und C_{LG} Auslagerfächer an. Eine bewährte Fahrwegstrategie ist die *Streifenstrategie* (s. *Abb.* 16.19) [18].
- *Umlagerstrategien*: Zum Freiräumen verdeckter Ladeeinheiten in Mehrfachplatzlagern mit artikelgemischter Platzbelegung werden Umlagerungen in Zeiten durchgeführt, in denen keine Ein- oder Auslagerungsaufträge anstehen.
- *Gangwechselstrategie*: Um einerseits den Leistungsverlust durch den Gangwechsel der Lagergeräte zu minimieren und andererseits unzulässig lange Ein- und Auslagerzeiten zu vermeiden, werden die Ein- und Auslageraufträge für eine bestimmte *Zykluszeit* T_{GW} gesammelt, nach Lagergassen geordnet und von den betreffenden Lagergeräten in zyklischer Gangfolge ausgeführt. Die *Gangwechselfrequenz* $\nu_{GW} = 1/T_{GW}$ wird von der maximal zulässigen Ein- und Auslagerzeit bestimmt.
- *Zuförderstrategien:* Um eine größere Anzahl Ladeeinheiten möglichst schnell einzulagern, werden diese entweder einzeln den Lagergassen in *zyklischer Folge* zugewiesen oder *schubweise* jeweils dem Gang, auf dessen Zuförderbahn oder Einlagerpuffer am meisten Platz ist.
- *Abförderstrategien:* Die am dringendsten benötigten Ladeeinheiten erhalten beim Einschleusen von der Auslagerstichbahn in die Abförderstrecke *absolute Vorfahrt.*

Nicht alle Belegungsstrategien und Bewegungsstrategien sind miteinander verträglich. So reduziert die Schnellläuferstrategie den Effekt der Fahrwegstrategien, da sich Fahrwege nicht mehrfach einsparen lassen. Hieraus folgt der *Grundsatz:*

▶ Um unnötigen Programmieraufwand zu vermeiden und längere Totzeiten für rechenintensive Algorithmen zu verhindern, dürfen nur wirklich effektive und miteinander verträgliche Strategien realisiert werden.

Vor einer Realisierung der Lagerstrategien muss daher sorgfältig geprüft werden, welche der möglichen Strategien einen ausreichenden Effekt bringen und wieweit die interessanten Strategien miteinander kompatibel sind.

16.5 Füllungsgrad und Platzbedarf

Bei einer Lagerplatzkapazität C_{LP} [LE/LP] und freier Lagerordnung ist die mittlere Anzahl Lagerplätze, die bei *artikelreiner Platzbelegung* zur Lagerung von M_B Ladeeinheiten pro Artikel benötigt werden, gegeben durch:

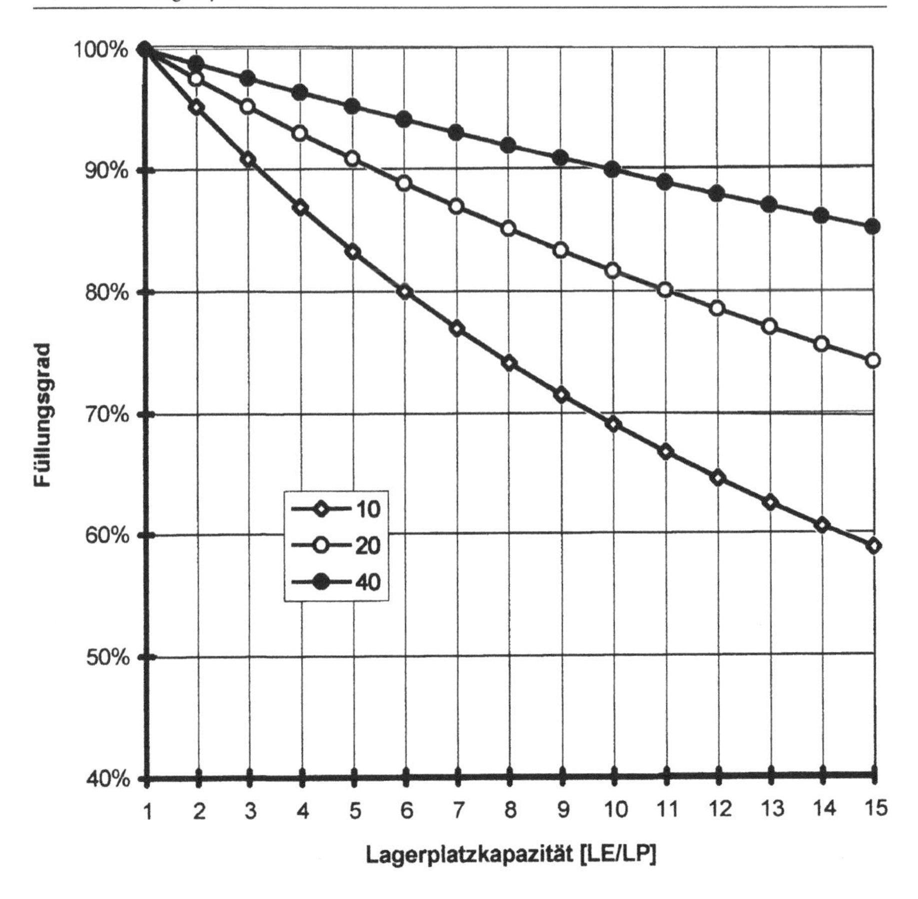

Abb. 16.11 Lagerplatzfüllungsgrad als Funktion der Platzkapazität

Parameter: Durchschnittsbestand pro Artikel M_B = 10, 20, 40 LE
freie Lagerordnung, artikelreine Platzbelegung

$$N_{LPfrei} = \mathbf{MAX}\,(\mathbf{1}\,;\mathbf{M_B/C_{LP}} + (\mathbf{C_{LP}} - \mathbf{1})/\mathbf{2C_{LP}}) \quad [\mathbf{LP/Art}]\,. \qquad (16.21)$$

Solange der Bestand des Artikels größer als 0 ist, wird mindestens ein Lagerplatz belegt. Bei Beständen, die größer als die Platzkapazität sind, ist pro Artikel ein Lagerplatz im Mittel zu einem Anteil $(C_{LP} - 1)/2C_{LP}$ leer. Daher erhöht sich der Platzbedarf pro Artikel um $(C_{LP} - 1)/2C_{LP}$. Für Einzelplatzlager mit $C_{LP} = 1$ entfällt der anteilige Platzverlust. Für Mehrfachplatzlager mit großer Platzkapazität $C_{LP} \ll 1$ ist der Leerplatzverlust im Mittel gleich einer halben Lagerplatzkapazität (s. *Abschn.* 12.5).

Die N_{LP} Lagerplätze können maximal $N_{LP} \cdot C_{LP}$ Ladeeinheiten aufnehmen. Bei *freier Lagerordnung* enthalten die Plätze aber nur M_B Ladeeinheiten. Hieraus folgt:

► Der durchschnittliche *Füllungsgrad* der Plätze eines Lagers mit *artikelreiner Platzbelegung* und *freier Lagerordnung* ist

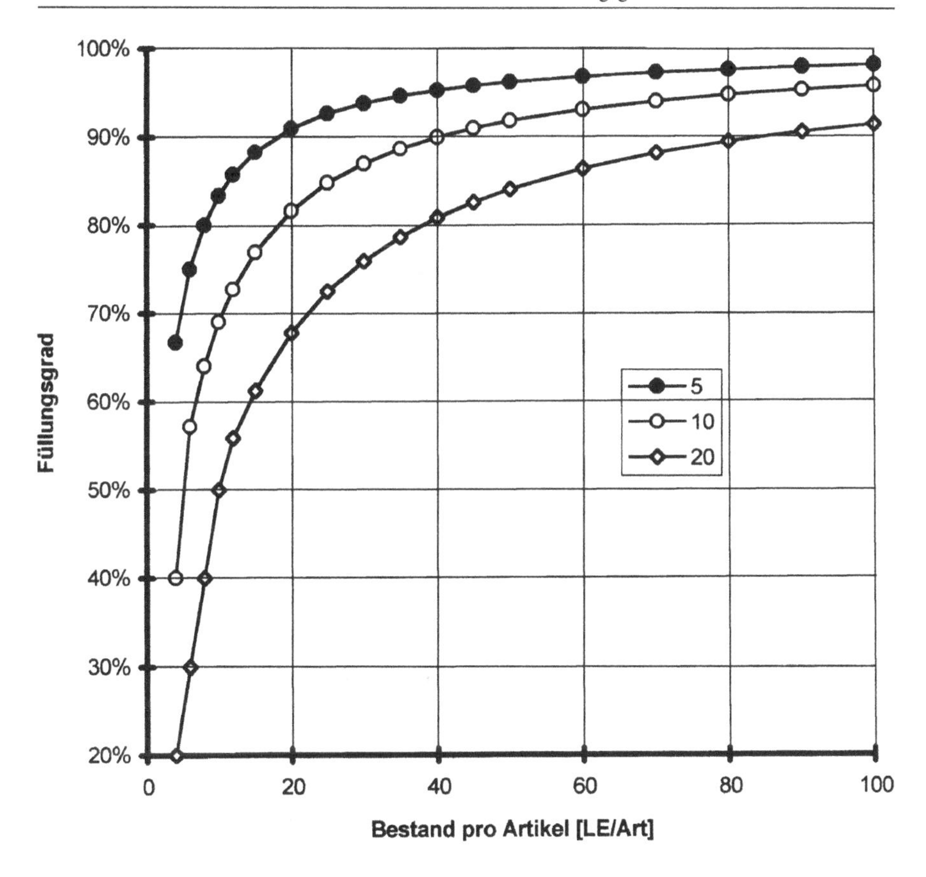

Abb. 16.12 Lagerplatzfüllungsgrad als Funktion des Artikelbestands

Parameter: Platzkapazität C_{LP} = 5, 10, 20 LE
freie Lagerordnung, artikelreine Platzbelegung

$$\eta_{\mathrm{Lfrei}} = \mathrm{M_B}/(N_{\mathrm{LP}} \cdot \mathrm{C_{LP}}) = \mathrm{M_B}/\mathrm{MAX}\,(\mathrm{C_{LP}}\,;\mathrm{M_B} + (\mathrm{C_{LP}} - 1)/2)\,. \qquad (16.22)$$

Für Einzelplatzlager ist die Platzkapazität $C_{LP} = 1$ und daher der Platzfüllungsgrad bei freier Lagerordnung 100 %. Für Mehrfachplatzlager ist $C_{LP} > 1$ und der mittlere Platzfüllungsgrad kleiner als 100 %. Wie in *Abb.* 16.11 dargestellt, nimmt der Platzfüllungsgrad von Mehrfachplatzlagern mit der Platzkapazität ab. Andererseits steigt der Füllungsgrad bei gleicher Platzkapazität, wie *Abb.* 16.12 zeigt, mit dem Bestand pro Artikel an.

Bei *fester Lagerordnung* sind pro Artikel so viele Lagerplätze blockiert, wie zur Lagerung des Maximalbestands (16.10) erforderlich sind. Daher ist die mittlere Anzahl Lagerplätze, die bei *fester Lagerordnung* und artikelreiner Platzbelegung zur Lagerung von Artikeln mit einem Maximalbestand M_{Bmax} benötigt wird:

$$\mathrm{N_{LPfest}} = \mathrm{MAX}\,(1\,;\mathrm{M_{Bmax}}/\mathrm{C_{LP}} + (\mathrm{C_{LP}} - 1)/2\mathrm{C_{LP}}) \quad [\mathrm{LP/Art}]\,. \qquad (16.23)$$

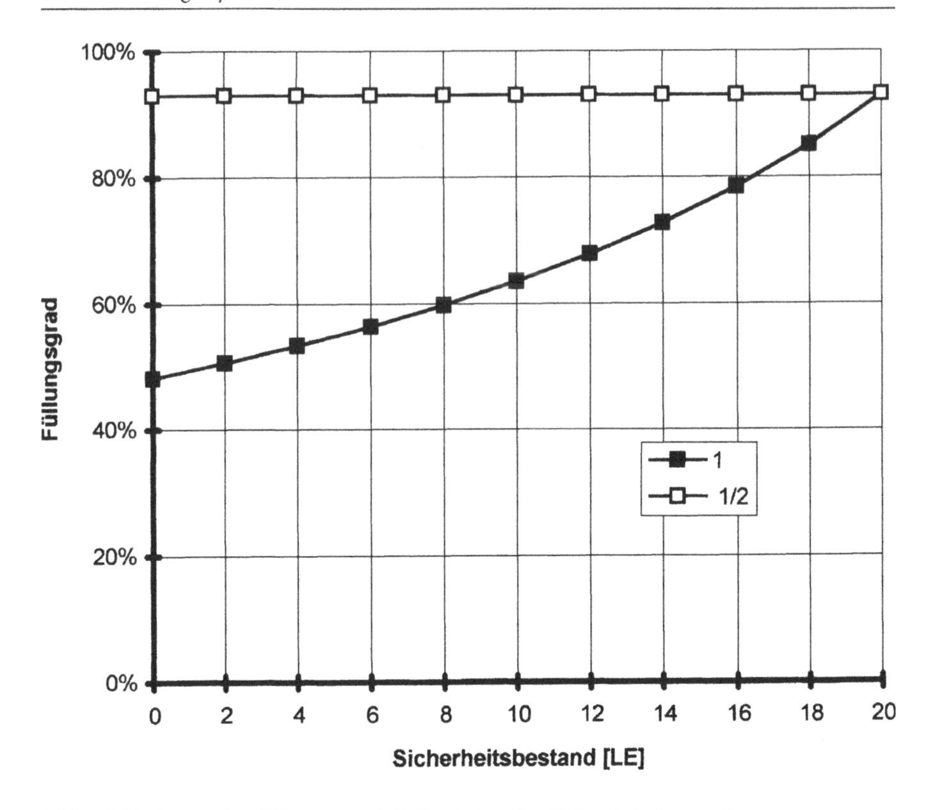

Abb. 16.13 Lagerplatzfüllungsgrad als Funktion des Sicherheitsbestands

Parameter: feste Lagerordnung $f_{LO} = 1$
freie Lagerordnung $f_{LO} = 1/2$
Platzkapazität $C_{LP} = 5$ LE
Durchschnittsbestand $M_B = 20$ LE/Art

Daraus folgt:

▶ Mit einem Durchschnittsbestand pro Artikel M_B und einem Maximalbestand M_{Bmax} ist der durchschnittliche *Füllungsgrad* der Plätze eines Lagers mit *artikelreiner Platzbelegung* und *fester Lagerordnung*

$$\eta_{Lfest} = M_B/(N_{LPfest} \cdot C_{LP}) = M_B/MAX(C_{LP}; M_{Bmax} + (C_{LP} - 1)/2) . \quad (16.24)$$

Der *Maximalbestand* und der *Durchschnittsbestand* sind nach den Beziehungen (16.10) und (16.11) vom *Sicherheitsbestand* M_S und von der *Nachschubmenge* M_N pro Artikel abhängig.

Bei fester Lagerordnung ist der Platzfüllungsrad auch für Einzelplatzlager mit $C_{LP} = 1$ kleiner als 100 %. Für Mehrfachplatzlager verschlechtert sich der Platzfüllungsgrad bei fester Lagerordnung im Vergleich zur freien Lagerordnung. Wie

Abb. 16.13 zeigt, ist die Verschlechterung des Füllungsgrads bei fester Lagerordnung am größten, wenn der Sicherheitsbestand gering ist. Wenn der Sicherheitsbestand hoch ist, sich also die Bestände während der Lagerzeit kaum verändern, verschwindet der Unterschied des Platzfüllungsgrads zwischen fester und freier Lagerordnung. Hieraus folgt:

- Eine feste Lagerordnung ist, wenn überhaupt, nur sinnvoll für Lagerbestände pro Artikel, deren Höhe sich während der Lagerdauer kaum verändert, die also das Lager in der gleichen Menge verlassen, in der sie angeliefert wurden.

Um die Beziehungen (16.21) bis (16.24) für beide Arten der Lagerordnung und den allgemeinen Fall der artikelgemischten Platzbelegung zusammenzufassen, ist es zweckmäßig, einen *Lagerordnungsfaktor* einzuführen, der wie folgt definiert ist:

$$f_{LO} = \begin{cases} 1/2 & \text{für freie Lagerordnung} \\ 1 & \text{für feste Lagerordnung.} \end{cases} \tag{16.25}$$

Bei *artikelgemischter Lagerordnung* darf ein Lagerplatz mit den Ladeeinheiten von N_{AP} verschiedenen Artikeln belegt werden. Infolgedessen reduziert sich der anteilige Leerplatzverlust um den Faktor $1/N_{AP}$, denn er verteilt sich auf N_{AP} Artikel. Damit folgen aus den Beziehungen (16.21) bis (16.24) unter Verwendung der Beziehungen (16.10) und (16.11) die *allgemeinen Lagerdimensionierungsformeln* [77]:

- Der *Artikellagerplatzbedarf* für einen mittleren Bestand M_B und einen Sicherheitsbestand M_S pro Artikel ist bei einer Platzbelegung mit durchschnittlich N_{AP} verschiedenen Artikeln und einer Lagerplatzkapazität C_{LP}

$$\begin{aligned} N_{LPges} = {} & \text{MAX}\,(1/N_{AP}\,;(M_S + 2f_{LO} \cdot (M_B - M_S))/C_{LP} \\ & + (1/N_{AP})(C_{LP} - 1)/2C_{LP}) \quad [\text{LP/Art}]\,. \end{aligned} \tag{16.26}$$

- Der erreichbare mittlere *Lagerfüllungsgrad* ist

$$\begin{aligned} \eta_L &= M_B/(N_{LP} \cdot C_{LP}) \qquad (16.27) \\ &= M_B/\text{MAX}\,(C_{LP}/N_{AP}\,; M_s + 2f_{LO} \cdot (M_B - M_S) + (1/N_{AP})(C_{LP} - 1)/2)\,. \end{aligned}$$

- Der *Gesamtlagerplatzbedarf* für einen *Gesamtbestand* M_{Bges} von N_A Artikeln, die einen *Gesamtsicherheitsbestand* M_{Sges} haben, ist bei einer Platzbelegung mit bis zu N_{AP} Artikeln und einer Lagerplatzkapazität C_{LP}

$$\begin{aligned} N_{LP\,ges} = {} & \text{MAX}\left(N_A/N_{AP}\,;(M_{Sges} + 2f_{LO} \cdot (M_{Bges} - M_{Sges}))/C_{LP}\right. \\ & \left. + (N_A/N_{AP})(C_{LP} - 1)/2C_{LP}\right) \quad [\text{LP}]\,. \end{aligned} \tag{16.28}$$

Für stochastisch schwankende und saisonabhängige Bestände ist in Beziehung (16.28) für den Gesamtbestand M_{Bges} der *effektive Gesamtbestand* M_{Beff} einzusetzen, der nach Beziehung (16.15) zu berechnen ist.

Die Dimensionierungsformeln (16.26) bis (16.28) sind universell nutzbar zur Dimensionierung und Optimierung aller Lagerarten. *Lagerdimensionierungsprogramme*, die ohne diese Berechnungsformeln arbeiten, sind unvollständig und zur Lageroptimierung ungeeignet.

Die *100 %-Lagerkapazität* ist das Produkt der Anzahl Lagerplätze N_{LP} mit der Stellplatzkapazität C_{LP} bei 100 % Füllungsgrad:

$$C_L = N_{LP} \cdot C_{LP} \,. \qquad (16.29)$$

Die *effektive Lagerkapazität* ist gegenüber der 100 %-Lagerkapazität um den maximal erreichbaren Lagerfüllungsgrad (16.27) reduziert:

$$C_{L\,eff} = \eta_L \cdot C_L = \eta_L \cdot N_{LP} \cdot C_{LP} \,. \qquad (16.30)$$

Aus den Funktionen (16.27) und (16.30) sind folgende *Gesetzmäßigkeiten* ablesbar:

- Die effektive Lagerkapazität ist für ein Mehrfachplatzlager kleiner als die 100 %-Lagerkapazität.
- Die Abweichung der effektiven Lagerkapazität von der 100 %-Kapazität ist der *Kapazitätsverlust* infolge der begrenzten Nutzbarkeit der Lagerplätze.
- Der Kapazitätsverlust steigt bei vorgegebener Lagerplatzkapazität mit abnehmendem mittleren Bestand pro Artikel an.

Diese Abhängigkeiten sind bei der Lagerplanung wie auch bei der Kalkulation der Platzkosten zu berücksichtigen. Weil die quantitative Auswirkung von Artikelbestand und Platzkapazität auf den Lagerfüllungsgrad nicht allgemein bekannt ist, gibt es viele Durchlauflager und Blocklager, deren Plätze trotz fehlender Lagerkapazität fast ebenso viel Luft wie Ladeeinheiten enthalten.

Für eine artikelgemischte Platzbelegung, also für $N_{AP} > 1$, ist aus der allgemeinen Beziehung (16.27) für den Füllungsgrad ablesbar:

- Die *artikelgemischte Lagerplatzbelegung* verbessert den Platzfüllungsgrad, ist aber bei jedem Zugriff auf ein Lagerfach, das mit den Ladeeinheiten von N_{AP} Artikeln belegt ist, im Mittel mit $(N_{AP} - 1)/2$ *Umlagerungen* verbunden.

Durch eine artikelgemischte Platzbelegung ist es also möglich, den Füllungsgrad und damit die effektive Kapazität eines *existierenden Mehrfachplatzlagers* bei erhöhtem Handlingaufwand zu verbessern. Eine artikelgemischte Platzbelegung sollte bei der Planung eines *neuen Lagers*, wenn überhaupt, nur für Langzeitbestände mit einer Lagerdauer von mindestens 30 Tagen vorgesehen werden.

16.6 Grundflächenbedarf pro Ladeeinheit

Der 100 %-Grundflächenbedarf pro Ladeeinheit ist der *Nettogrundflächenbedarf* für die Lagerplätze und die Bedienungsgänge, ohne den Flächenbedarf für die stirnseitigen *Anfahrmaße*, bezogen auf die 100 %-Lagerkapazität. Er ist abhängig von den Stellplatzmaßen, der Breite der Bedienungsgänge, der Anzahl Lagerebenen, der Anzahl Gänge pro Lagerfach und der Lagerplatzkapazität.

Der Stellplatz in einem Lagerplatz hat in Gangrichtung die effektive *Stellplatzlänge* l_{SP} und senkrecht zum Gang die effektive *Stellplatztiefe* b_{SP}. Die effektiven Stellplatzmaße resultieren, wie in den *Abb.* 16.4 und 16.6 skizziert, aus den Außenmaßen der Ladeeinheiten einschließlich *Lastüberstand*, den benötigten *Freimaßen* und den

LAGERTYP	Paletten Richtung zum Gang	Stellplatzmaße Länge [mm]	Tiefe [mm]	Bedienungsgänge Breite z. B. [mm]	anteilige Gangzahl	Stapelfaktor Paletten aufeinander	Ebenen überein. bis zu	Lagerhöhe bis ca. [m]	Flächenbedarf optimiert effektiv [m²/Palette]
Blockplatzlager	längs	1.300	850	3.000	1/2	2 bis 6	1	4 bis 6	0,4 bis 1,8
Einfahrregallager	längs	1.400	850	3.000	1/2	1	6	6 bis 8	0,3 bis 0,6
Durchlauflager	quer	1.000	1.200	3.000	2	1 oder 2	4	3 bis 8	0,25 bis 0,6
Staplerlager	quer	950	1.300	2.500	1/2	1	8	6 bis 8	0,4 bis 0,6
Schmalganglager	quer	950	1.300	1.800	1/2	1 oder 2	10	8 bis14	0,2 bis 0,4
Hochregallager	quer	950	1.300	1.500	1/2	1 oder 2	30	16 bis 40	0,07 bis 0,2

Tab. 16.3 Effektive Stellplatzmaße und Grundflächenbedarf pro Palette für verschiedene Palettenlagertypen

Ladeeinheiten: CCG1-Paletten
Abmessungen: 800 × 1.200 × 1.050 mm
Gangbreiten s. *Tab.* 16.1

anteiligen *Konstruktionsmaßen* der Lagertechnik [81]. Für verschiedene Lagerarten zur Palettenlagerung sind *Richtwerte* für die Stellplatzmaße in *Tab.* 16.3 zusammengestellt.

Die *Breite der Bedienungsgänge* b_{gang} ergibt sich aus den Maßen und der Orientierung der Ladeeinheiten zum Gang, der Konstruktion und dem Fahrverhalten des Lagergeräts und dem zur Sicherheit erforderlichen *Gangfreimaß*. Richtwerte für die Gangbreiten einiger Lagergeräte für Paletten sind in *Tab.* 16.1 aufgeführt.

Die *Anzahl der Lagerebenen* übereinander ist bei ebener Anordnung der Lagerplätze auf einer Freifläche oder in einer eingeschossigen Halle mit $N_y = 1$ fest vorgegeben. Bei räumlicher Anordnung der Lagerplätze ist die Anzahl der Lagerebenen $N_y > 1$ ein *freier Parameter*, der zur Lageroptimierung nutzbar ist.

Auch die *Anzahl der Bedienungsgänge* N_G, auf die sich die Lagerplätze verteilen, ist ein *freier Parameter* der Lagerdimensionierung. Die *anteilige Gangzahl* pro Lagerplatz ist die Anzahl Bedienungsgänge bezogen auf die Anzahl Lagerplätze N_{LPz} in z-Richtung, das heißt, senkrecht zu den Gängen:

$$n_{gang} = N_G / N_{LPz} \,. \tag{16.31}$$

Für Lager, deren Plätze stationär zu beiden Seiten eines kombinierten Ein- und Auslagergangs angeordnet sind, ist die anteilige Gangzahl 1/2. Für Durchlauflager mit getrennter Beschickung und Entnahme ist die anteilige Gangzahl 2.

Mit diesen Parametern ist der effektive Grundflächenbedarf für einen Lagerplatz mit der *Stapellänge* C_x und der *Stapeltiefe* C_z in einem Lager mit *N Lagerebenen:*

$$F_{LP} = (C_x \cdot l_{SP}) \cdot \left(C_z \cdot b_{SP} + n_{gang} \cdot b_{gang}\right) / N_y \,. \tag{16.32}$$

Bezogen auf die maximal mögliche Anzahl Ladeeinheiten pro Lagerfach folgt hieraus:

▶ Der 100 %-*Grundflächenbedarf pro Ladeeinheit* ist für ein Lager mit N_y *Lagerebenen*, einer *Lagerplatzkapazität* $C_{LP} = C_x \cdot C_y \cdot C_z$ und dem *Stapelfaktor* C

$$F_{LE}(C_{LP}) = F_{LP}/C_{LP} = l_{SP} \cdot (b_{SP} + n_{gang} \cdot b_{gang}/C_z)/(N_y \cdot C_y)\,. \tag{16.33}$$

Der Grundflächenbedarf pro Ladeeinheit nimmt also bei 100 % Lagerplatznutzung mit der Anzahl Lagerebenen und mit der Lagerplatzkapazität ab. Andererseits aber sinkt auch der Lagerfüllungsgrad gemäß Beziehung (16.27) mit der Platzkapazität. Daher werden mit zunehmender Platzkapazität mehr Stellplätze benötigt.

Der Grundflächenbedarf für einen Artikel mit dem Durchschnittsbestand M_B und dem Sicherheitsbestand M_S ist gleich der Anzahl hierfür benötigter Lagerplätze (16.26) multipliziert mit dem Grundflächenbedarf pro Lagerplatz (16.32). Bezogen auf den Durchschnittsbestand M_B folgt damit:

▶ Der *effektive Grundflächenbedarf pro Ladeeinheit* in einem Lager mit N_y *Lagerebenen* und einer *Lagerplatzkapazität* C_{LP} ist für einen Durchschnittsbestand M_B und einen Sicherheitsbestand M_S pro Artikel

$$F_{LE\,eff}(M_B, C_{LP}) = N_{LP}(M_B, C_{LP}) \cdot F_{LP}(C_{LP})/M_B = F_{LP}(C_{LP})/\eta_L(C_{LP})\,. \tag{16.34}$$

Für die wichtigsten praktischen Anwendungsfälle folgt aus der universell gültigen Beziehung (16.34) durch Einsetzen der Beziehungen (16.26) für den Platzbedarf pro Artikel und (16.32) für den Grundflächenbedarf pro Lagerplatz:

▶ Der *effektive Grundflächenbedarf pro Ladeeinheit* für ein Lager mit *N Lagerebenen, freier Lagerordnung*, $f_{LO} = 1/2$, *artikelreiner Platzbelegung*, $N_{AP} = 1$, *Stapellänge* C_x, *Stapeltiefe* C_z, *Stapelfaktor* C und einem *Durchschnittsbestand* M_B pro Artikel, der größer ist als die Lagerplatzkapazität C_{LP}:

$$\begin{aligned} F_{LE\,eff} = {} & \big(M_B + (C_x \cdot C_y \cdot C_z - 1)/2\big) \cdot l_{SP} \\ & \cdot \big(C_z \cdot b_{SP} + n_{gang} \cdot b_{gang}\big) \,/\, \big(C_y \cdot C_z \cdot N_y \cdot M_B\big)\,. \end{aligned} \tag{16.35}$$

Als Beispiel ist in *Abb.* 16.14 der mit Beziehung (16.35) errechnete effektive Grundflächenbedarf pro Palette für ein Blockplatzlager in einer Ebene, also mit $N_y = 1$, und mit kombinierten Ein- und Auslagergängen, das heißt mit der anteiligen Gangzahl $n_{gang} = 1/2$, als Funktion der Stapeltiefe C_z dargestellt.

Aus dem Kurvenverlauf *Abb.* 16.14 und den Funktionen (16.34) und (16.35) sind folgende *Abhängigkeiten* und *Auswirkungen* ablesbar:

1. Der effektive Grundflächenbedarf pro Ladeeinheit nimmt für Mehrfachplatzlager mit der Stapeltiefe C_z zunächst ab und steigt ab einer *optimalen Stapelplatztiefe*, für die der effektive Grundflächenbedarf ein Minimum hat, mit zunehmender Stapeltiefe wieder an.
2. Der effektive Grundflächenbedarf pro Ladeeinheit nimmt bei Mehrfachplatzlagern mit zunehmendem Stapelfaktor C_y ab, wobei sich die optimale Lagerplatzkapazität zu kleineren Werten verschiebt.

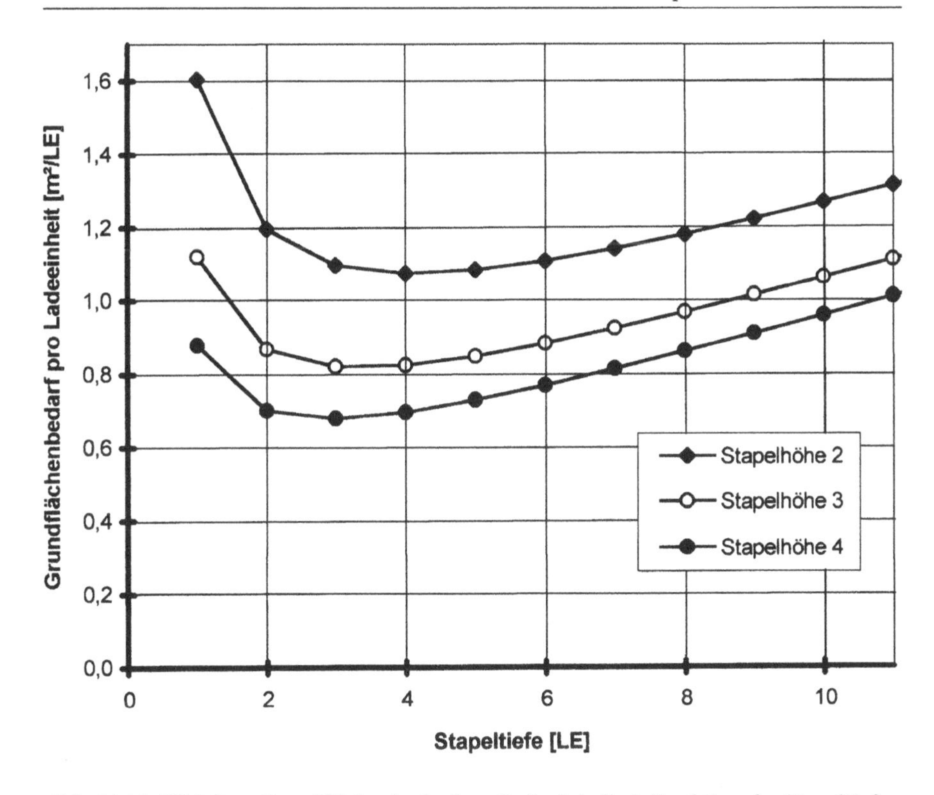

Abb. 16.14 Effektiver Grundflächenbedarf pro Ladeeinheit als Funktion der Stapeltiefe

Parameter: Blockplatzlager für Europaletten
Stellplatzmaße 850 mm × 1.250 mm
Gangbreite b_{gang} = 3.000 mm
Stapelfaktor C_y = 2, 3, 4 LE/Stapel
Durchschnittsbestand M_B = 10 Paletten pro Artikel
freie Lagerordnung, artikelreine Platzbelegung

3. Der effektive Grundflächenbedarf nimmt bei konstanter Lagerplatzkapazität mit zunehmendem Ladeeinheitenbestand pro Artikel ab.
4. Der effektive Grundflächenbedarf steigt linear mit der Stapellänge C_x an, ist also für C_x = 1, das heißt für Lagerplätze und Lagerkanäle, die in Gangrichtung nebeneinander nur eine Ladeeinheit enthalten, am kleinsten.
5. Bei falscher Dimensionierung der Lagerplatzkapazität können Grundfläche und umbauter Raum von Mehrfachplatzlagern, wie Blocklagern, Durchlauflagern und Kompaktlagern, um 25 bis 40 % über den optimalen Werten liegen.
6. Bei Zuweisung der falschen Lagerplätze mit einer vom Optimum abweichenden Kapazität können Platznutzung und Füllungsgrad in einem Mehrfachplatzlager um 25 % und mehr vom Optimum abweichen.

7. Für Einzelplatzlager besteht das Problem der Optimierung der Stapeltiefe und der optimalen Platzzuweisung nicht, da die Stapeltiefe eines Einzelplatzlagers definitionsgemäß 1 LE ist.

Aufgrund der gravierenden Auswirkungen der Lagerplatzkapazität auf den effektiven Grundflächenbedarf, den umbauten Raum, den Lagerfüllungsgrad und damit auf die Lagerplatzkosten ist es für *Mehrfachplatzlager* notwendig, vor der eigentlichen Lagerdimensionierung die Lagerplatzkapazität zu optimieren.

16.7 Lagerplatzoptimierung für Mehrfachplatzlager

Die optimale Lagerplatzkapazität $C_{LP\,opt}$ eines Mehrfachplatzlagers ist das Produkt der *optimalen Stapellänge* $C_{x\,opt}$ mit dem *optimalen Stapelfaktor* $C_{y\,opt}$ und der *optimalen Stapeltiefe* $C_{z\,opt}$:

$$C_{LP\,opt} = C_{x\,opt} \cdot C_{y\,opt} \cdot C_{z\,opt} \,. \tag{16.36}$$

Die optimale Lagerplatzkapazität resultiert aus den folgenden drei *Stapelregeln*, die sich aus den Beziehungen (16.34) und (16.35) herleiten lassen.

Die 1. *Stapelregel* folgt aus dem linearen Anstieg des effektiven Grundflächenbedarfs mit der Stapellänge:

▶ Die *optimale Stapellänge*, also die optimale Anzahl der in Gangrichtung in einem Fach nebeneinander angeordneten Stellplätze ist

$$C_{x\,opt} = 1 \quad \text{LE} \,. \tag{16.37}$$

Die 2. Stapelregel ergibt sich daraus, dass der effektive Flächenbedarf pro Ladeeinheit gemäß Beziehung (16.35) mit zunehmendem Stapelfaktor nur so lange abnimmt, wie dieser größer als der Artikelbestand ist. Andererseits ist der Stapelfaktor nach oben begrenzt durch einen *technischen Stapelfaktor* $C_{y\,tech}$ [LE], der gleich der Anzahl Ladeeinheiten ist, die maximal aufeinander gestapelt werden können. Der technische Stapelfaktor wird bestimmt von der Stapelfähigkeit der Ladeeinheiten, der lichten Höhe des Lagerfachs und der Art der Lastaufnahme durch das Lagergerät. Damit folgt die 2. *Stapelregel:*

▶ Der *optimale Stapelfaktor* ist bei einem vorgegebenen *technischen Stapelfaktor* $C_{y\,tech}$ und einem Durchschnittsbestand M_B pro Artikel

$$C_{y\,opt} = \text{MIN}(C_{y\,tech}\,; M_B) \,. \tag{16.38}$$

Die 3. *Stapelregel* folgt durch partielle Ableitung der Funktion (16.35) nach der Stapeltiefe C_z, Nullsetzen der partiellen Ableitung, $\partial F_{LEeff}/\partial C_z = 0$, und Auflösung dieser Gleichung nach C_z:

▶ Die *optimale Stapeltiefe* für die Lagerung von Artikeln mit einem mittleren Bestand M_B und einem Stapelfaktor C_y in einem Lager mit *freier Lagerordnung, artikelreiner Platzbelegung*, einer effektiven Stellplatztiefe b_{SP}, der anteiligen Gangzahl n_{gang} und der Gangbreite b_{gang} ist

$$C_{z\,opt} = \sqrt{(2M_B - 1) \cdot n_{gang} \cdot b_{gang}/(C_y \cdot b_{SP})}\,. \tag{16.39}$$

Entsprechende Formeln zur Berechnung der optimalen Stapeltiefe ergeben sich für *feste Lagerordnung* und *artikelgemischte Platzbelegung* aus der partiellen Ableitung der allgemeineren Funktion (16.34) für den effektiven Grundflächenbedarf [90].

Aus der Funktion (16.39) sind folgende *Abhängigkeiten* und *Auswirkungen* ablesbar:

1. Die optimale Stapelplatztiefe ist unabhängig von der Anzahl der Lagerebenen, da die Aufgabe der Flächenoptimierung für jede Lagerebene gleich ist.
2. Die optimale Stapelplatztiefe nimmt mit der Wurzel des Artikelbestands zu, denn für größere Bestände können wegen des besseren Füllungsgrads die Lagerfächer zur Kompensation des Gangflächenverlustes tiefer gemacht werden.
3. Mit zunehmender Gangbreite und anteiliger Gangzahl steigt die optimale Stapeltiefe an, da der größere Gangflächenverlust durch tiefere Lagerplätze kompensiert werden muss.
4. Für große Stapelfaktoren ist die optimale Stapeltiefe geringer und die Grundflächennutzung besser als für kleine Stapelfaktoren.

Mit Hilfe der Beziehungen (16.36) bis (16.39) lässt sich für jeden Artikel mit bekanntem Durchschnittsbestand die optimale Lagerfachkapazität errechnen, wobei der mit Beziehung (16.39) errechnete Wert *ganzzahlig* zu runden ist.

Für einen mittleren Bestand von $M_B = 10$ EURO-Paletten eines Artikels mit dem Stapelfaktor $C_y = 4$ Paletten, der in einem Blocklager mit einer Stapelplatztiefe $b_{SP} = 800 + 50 = 850$ mm, einer Gangbreite $b_{gang} = 3.000$ mm und kombinierten Ein- und Auslagergängen, d. h. mit $n_{gang} = 1/2$, zu lagern ist, errechnet sich beispielsweise mit Hilfe der Beziehung (16.39) die optimale Blockplatztiefe $C_{z\,opt} = \sqrt{(2 \cdot 10 - 1)(1/2 \cdot 3000)/(4 \cdot 850)} = 2{,}9$ Paletten. Der optimale Blockplatz für diesen Artikelbestand hat also eine Tiefe von 3 Paletten und eine Platzkapazität $C_{BPopt} = 3 \cdot 4 = 12$ Paletten. Der optimierte effektive Platzbedarf ist 0,7 m^2 pro Palette (s. *Abb.* 16.14).

Durch Auflösen der Funktion (16.39) nach dem mittleren Bestand ergeben sich die folgenden *Zuweisungsregeln für Bestände und Einlagermengen* zu Lagerplätzen unterschiedlicher Kapazität:

- Der *Grenzbestand* zwischen Lagerplätzen der Stapeltiefe C_z und der Stapeltiefe $C_z + 1$ ist

$$M_{grenz}(C_z) = C_y \cdot b_{SP} \cdot (C_z + 1/2)^2/(2n_{gang} \cdot b_{gang}) \tag{16.40}$$

- In die Lagerplätze mit der Stapeltiefe C_z sind bei artikelreiner Platzbelegung alle Artikel zu lagern mit einem mittleren Bestand im Intervall

$$M_{grenz}(C_z - 1) < M_B \leqq M_{grenz}(C_z)\,. \tag{16.41}$$

- Bei Eingang einer Einlagermenge M_B in ein Mehrfachplatzlager ist zunächst der mittlere Bestand während des Verbrauchs zu errechnen. Aus diesem Bestand sind dann mit Hilfe der Zuweisungsregel (16.41) die optimalen Lagerplätze zu bestimmen, in denen die Einlagermenge zu lagern ist.

Stapelfaktor 2		
Lagermenge Anzahl LE		Stapeltiefe LE
von	bis	Cz opt
1	1	1
2	4	2
5	7	3
8	11	4
12	17	5
18	24	6
25	32	7
33	41	8

Stapelfaktor 3		
Lagermenge Anzahl LE		Stapeltiefe LE
von	bis	Cz opt
2	2	1
3	5	2
6	10	3
11	17	4
18	26	5
27	36	6
37	48	7
49	61	8

Stapelfaktor 4		
Lagermenge Anzahl LE		Stapeltiefe LE
von	bis	Cz opt
3	3	1
4	7	2
8	14	3
15	23	4
24	34	5
35	48	6
49	64	7
65	82	8

Tab. 16.4 Zuweisung optimaler Blocklagerplätze für Paletten

Lagerstrategien: artikelreine Platzbelegung, freie Lagerordnung, Längslagerung
Lagermenge. mittlerer Artikelbestand während der Lagerzeit
Gangbreite: 3.000 mm
Grundmaße: Ladeeinheiten Stapelplätze
Länge: 1.200 mm 1.300 mm
Breite: 800 mm 850 mm

Für nachdisponierbare Ware mit gleichmäßigem Verbrauch ist der mittlere Bestand einer Einlagermenge M_E, die nicht in Plätze mit Ladeeinheiten einer früheren Einlagercharge zugelagert werden darf, $M_B = M_E/2$. Für Einlagermengen, die das Lager in gleicher Menge wieder verlassen, ist der mittlere Bestand $M_B = M_E$.

In der *Tab.* 16.4 sind die mit Hilfe der Beziehung (16.41) errechneten Grenzbestände aufgeführt, nach denen die Einlagermengen abhängig von Bestandshöhe und Stapelfaktor den unterschiedlich tiefen Lagerplätzen eines Blocklagers für EURO-Paletten zugewiesen werden können. Entsprechende Tabellen lassen sich auch für andere Mehrfachplatzlager mit unterschiedlich großen Lagerplätzen, wie Durchlauflager und Kanallager, errechnen, um sie im Wareneingang zu verwenden. Besser noch ist es, die Formel (16.41) im Lagerverwaltungsrechner zu programmieren und bei jeder anstehenden Einlagerung die jeweils optimalen Lagerplätze zu errechnen.

Aus der Zuweisungsregel (16.40) ergibt sich die Möglichkeit, ein Mehrfachplatzlager durch Schaffung von Lagerplätzen mit unterschiedlicher Tiefe zu optimieren:

- Der Gesamtbestand wird aufgeteilt in Teilbestände mit gleichem Stapelfaktor, deren mittlere Bestände in den Intervallen (16.41) mit $C_z = 1, 2, 3, \ldots$ liegen, und für diese Teilbestände der Lagerplatzbedarf mit Beziehung (16.28) errechnet.

Ein nach diesem Verfahren optimiertes Blocklager mit unterschiedlich tiefen Blockplätzen benötigt für einen Bestand mit ausgeprägter ABC-Verteilung bei sonst gleicher Ausführung 10 bis 20 % weniger Grundfläche als ein für den Durchschnittsbestand aller Artikel optimiertes Blocklager mit nur einer Blockplatztiefe.

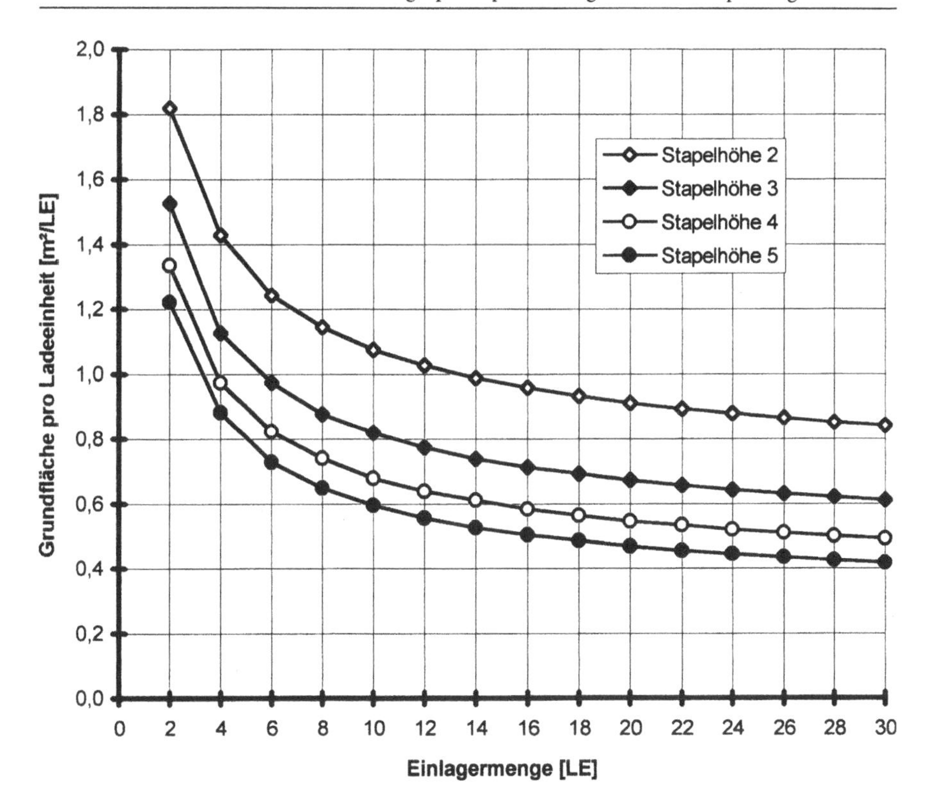

Abb. 16.15 Effektiver Grundflächenbedarf pro Ladeeinheit bei optimaler Stapeltiefe als Funktion der Einlagermenge

Parameter: s. *Abb.* 16.14

Durch Einsetzen der optimalen Stapelplatztiefe (16.39) in die Funktion (16.35) für den effektiven Grundflächenbedarf ergibt sich für den *optimierten effektiven Grundflächenbedarf bei* optimaler Lagerplatztiefe:

$$F_{LE\ opt} = F_{LE\ eff}(C_{z\ opt}) \quad [m^2/LE]\,. \tag{16.42}$$

Für das Beispiel des Blockplatzlagers, dessen effektiver Grundflächenbedarf als Funktion der Stapeltiefe in *Abb.* 16.14 dargestellt ist, zeigt die *Abb.* 16.15 die mit Beziehung (16.42) errechnete Abhängigkeit des optimierten effektiven Grundflächenbedarfs vom mittleren Bestand pro Artikel. Hieraus ist erkennbar:

- Der optimale Grundflächenbedarf pro Ladeeinheit nimmt für ein Mehrfachplatzlager mit ansteigendem Bestand pro Artikel ab und erreicht asymptotisch den 100 %-Grundflächenbedarf (16.33).

Die Optimierung des Grundflächenbedarfs nach dem zuvor beschriebenen Verfahren ist ein wichtiger Schritt der Planung und Dimensionierung eines Mehrfachplatzlagers, denn durch die Platzoptimierung wird nicht nur die Grundfläche sondern auch der umbaute Raum und die Länge der Fahrwege minimiert. Nur ein Mehrfachplatzlager mit optimierten Lagerplätzen kann auch in den übrigen Parametern kosten- und leistungsoptimal ausgelegt werden.

16.8 Lagerplanung und Lagerdimensionierung

Vor Beginn der Planung eines Lagerneubaus oder einer Lagererweiterung ist kritisch zu prüfen, ob die Höhe der zu lagernden Bestände erforderlich und wieweit durch eine *optimale Bestands- und Nachschubdisposition* eine Bestandsoptimierung möglich ist (s. *Kap.* 11).

Gemäß *Abschn.* 3.2 umfasst eine Lagerplanung die Phasen *Systemfindung*, *Layoutplanung* und *Detailplanung*. Die *Arbeitsschritte* der Systemfindung sind:

1. Ermittlung der *Planungsgrundlagen* mit den Auftrags-, Durchsatz- und Bestandsanforderungen.
2. *Segmentieren* der Lagerartikel in hinreichend homogene *Artikelgruppen* mit ähnlichen Lageranforderungen, gleichen Ladeeinheiten, gleichem Stapelfaktor und vergleichbarem mittleren Bestand pro Artikel.
3. *Vorauswahl* der grundsätzlich geeigneten und *Aussondern* der offensichtlich ungeeigneten Lagerarten nach den zuvor genannten Kriterien.
4. *Technische Grundkonzeption* der geeigneten Lagerarten mit Gestaltung und Bemessung der Stellplätze, Lagerfächer und Fachmodule, Auswahl der Lagergeräte, Bestimmung der Gangbreite und Auslegung des Zu- und Abfördersystems.
5. *Bestimmung der optimalen Lagerplatzkapazität* nach den Stapelregeln und *Berechnung des Lagerplatzbedarfs pro Artikelgruppe*.
6. *Statische Lagerdimensionierung* der technisch konzipierten Lager mit Optimierung der Anordnung von Lagerplätzen, Fachmodulen und Bedienungsgängen durch Nutzung freier *Gestaltungsparameter* und möglicher *Belegungsstrategien*.
7. *Dynamische Lagerdimensionierung* der statisch dimensionierten Lager mit Berechnung und Optimierung der erforderlichen Anzahl N_{LG} Lagergeräte durch Nutzung der *Gestaltungsparameter* und *Bewegungsstrategien*.
8. Konzeption der *Lagersteuerung* und des *Lagerverwaltungssystems* (LVS).
9. Berechnung der *Investition* und der *Betriebskosten* mit Hilfe von Richtpreisfaktoren und Richtkostensätzen.
10. *Gesamtoptimierung* der geeigneten Lager durch Variation der noch verbliebenen freien Parameter.
11. *Auswahl* des jeweils *optimalen Lagersystems* mit den geringsten Durchsatzkosten für die verschiedenen Artikelgruppen aus den geeigneten und optimierten Lagersystemen.

Nachdem auf diesem Wege für die verschiedenen Artikelgruppen das jeweils optimale Lagersystem gestaltet, dimensioniert und ausgewählt worden ist, werden in der *Layoutplanung* die modular aufgebauten Lagersysteme mit den Kommissioniersystemen, dem Wareneingang und Warenausgang und den übrigen Funktionsbereichen zu einer platz- und kostenoptimalen Gesamtanlage zusammengefügt. Entscheidend für den Erfolg der Layoutplanung ist der *modulare Aufbau* eines schrittweise ausbaufähigen Gesamtsystems (s. *Kap.* 19).

Die Lagerplanung ist ein *iterativer Prozess*, der sich rasch und zuverlässig mit Hilfe geeigneter Programme zur Dimensionierung und Optimierung für die verschiedenen Lagersysteme durchführen lässt. Diese *Tabellenkalkulationsprogramme* berechnen aus den Eingabewerten mit den hier angegebenen Berechnungsformeln die benötigten Ausgabewerte.

Eingabewerte sind die Lageranforderungen und die Richtpreise für die Lagergewerke. *Ergebnisse* sind die Lagerabmessungen, die Lagerkapazität und die Durchsatzgrenzleistungen. *Zielwerte* sind die Gesamtinvestition und die Betriebskosten. Die Ergebnisse werden in den beschriebenen Schritten mit Hilfe der zuvor und der nachfolgend entwickelten Formeln berechnet. Danach werden die Zielwerte unter Nutzung der *freien Gestaltungsparameter* optimiert.

Mit derartigen *Lagerplanungsprogrammen* lassen sich relativ einfach:

- *Sensitivitätsrechnungen* für veränderte Anforderungen durchführen
- *zeitliche Belastungsänderungen* simulieren
- unterschiedliche *Szenarien* durchrechnen
- *Systemvergleiche* durchführen
- *Einsatzbereiche* von Lagerarten und Lagertechniken ermitteln
- *Lagerplatzkosten* und *Durchsatzkosten* kalkulieren und minimieren
- *Einflussfaktoren der Lagerkosten* untersuchen.

Leistungsfähige Lagerplanungsprogramme, die alle wichtigen Dimensionierungsparameter und Berechnungsformeln korrekt enthalten, sind unentbehrliche *Werkzeuge* (*DV-Tools*) der Lagerplanung. Sie sind auch zur *analytischen Simulation* geeignet und machen die zeit- und kostenaufwendige *stochastische Simulation* eines Lagersystems entbehrlich (s. *Abschn.* 5.4).

Freie Gestaltungsparameter zur Lagerplanung und Optimierung sind:

- *Orientierungsrichtung* der Lagereinheiten [135]

  Längslagerung $l_{LE} \parallel L_{GM}$
  Querlagerung $l_{LE} \perp L_{GM}$
- *Lagerplatzparameter*

  Kapazität der Lagerplätze C_{LP}
  Kapazität der Fachmodule C_{FM}
- Lagerraumparameter

  Anzahl Lagerebenen N_y
  Anzahl Bedienungsgänge N_G
  Anzahl Lagermodule N_{LM} (16.43)
  Stirnseitige Pufferplätze N_{PP}
- *Geräteparameter*

  Kapazität der Lagergeräte C_{LG}
  Fahrgeschwindigkeiten v_x, v_y, v_z
  Beschleunigungswerte b_x, b_y, b_z

Durch Variation dieser *Gestaltungsparameter* lassen sich die Lageranforderungen erfüllen und die Investition und die Betriebskosten eines Lagersystems optimieren. Außerdem bieten die freien Parameter *Handlungsspielräume* zur Einhaltung vorgegebener Restriktionen. Von den Gestaltungsparametern (16.43) lassen sich alle übrigen Lagerkenngrößen ableiten. Soweit im Einzelfall zweckmäßig, können auch andere Kenngrößen, wie die horizontale Anzahl Fachmodule N_x, als freie Parameter und dafür einer der Parameter (16.43), z. B. die Anzahl der Lagerebenen N_y, als abhängige Kenngröße gewählt werden.

Eine Lagerplanung ist in der Praxis nicht so einfach, wie allgemein angenommen wird. Mit zunehmendem Detaillierungsgrad müssen immer mehr Besonderheiten der Lagersysteme und der Lagertechnik berücksichtigt werden. So lässt sich die Lagerkapazität durch eine Reihe von Detailmaßnahmen verbessern, wie die Nutzung der Anfahrmaße an den Regalstirnseiten zur Unterbringung zusätzlicher Lagerplätze oder die Überbrückung von Verkehrswegen mit Regalen. Die Durchsatzleistung kann durch Lagergeräte für mehrere Ladeeinheiten und durch optimale Fahrwegstrategien gesteigert werden.

Um die praktische Ausführbarkeit einer theoretisch möglichen Lösung beurteilen zu können, sind bereits in der Systemfindung und Layoutplanung technische *Sachkenntnis* und *Erfahrung* erforderlich. Andererseits darf der Lagerplaner nicht vor lauter Technik die Dimensionierung und Optimierung der Gesamtlösung aus dem Auge verlieren.

16.9 Statische Lagerdimensionierung

In der statischen Lagerdimensionierung werden die Anzahl und Anordnung der Lagerplätze, die zur Erfüllung der Bestandsanforderungen benötigt werden, so festgelegt, dass die *Investition* für die *statischen Lagergewerke* und die *Lagerplatzkosten* minimal sind.

Alle Lager lassen sich aus *Gangmodulen* [GM] aufbauen, die aus *Fachmodulen* [FM] mit *Lagerplätzen* [LP] bestehen und in unterschiedlicher *Anordnung* ein oder mehrere *Lagermodule* [LM] bilden. Mehrere Lagermodule, die jeweils einen *Brandabschnitt* oder einen *Fördertechnikabschnitt* bilden, werden mit anderen Funktionsbereichen, wie dem Kommissionierbereich, der Packzone, dem Wareneingang und dem Warenausgang, zu einem *Gesamtlayout* zusammengefügt.

Dabei sind folgende *Restriktionen* und *Randbedingungen* einzuhalten:

- Durch maximal *zulässige Grundflächenmaße* $\mathrm{L_{L\,max}}$ und $\mathrm{B_{L\,max}}$ sind die *Lagerlänge* $\mathrm{L_L}$ und die *Lagerbreite* $\mathrm{B_L}$ nach oben beschränkt:

$$\mathrm{L_L < L_{L\,max} \quad und \quad B_L < B_{L\,max}}\,. \tag{16.44}$$

Auch die *Lagergrundfläche* ist damit begrenzt:

$$\mathrm{F_L < F_{L\,max} = L_{L\,max} \cdot B_{L\,max}}\,. \tag{16.45}$$

- Durch eine *maximal zulässige Bauhöhe* $\mathrm{B_{L\,max}}$ wird die *Lagerhöhe* $\mathrm{H_L}$ eingeschränkt:

$$H_L < H_{L\,max}\,. \tag{16.46}$$

- Für *manuell bediente Lager* sind infolge einer maximal zulässigen *Fluchtweglänge* $S_{F\,max}$ die Grundmaße eines Lagermoduls, das einen *Brandabschnitt* bildet, begrenzt:

$$S_F = \sqrt{(L_{LM}/2)^2 + (B_{LM}/2)^2} < S_{F\,max}\,. \tag{16.47}$$

- Die Anzahl der Lagergassen muss so groß sein, dass die Lagergeräte die Lagerplätze auf *kürzesten Wegen* unbehindert bedienen können und in einer Lagergasse nicht mehr als ein Lagergerät verkehrt. Dafür muss die Ganganzahl N_G gleich oder größer sein als die Anzahl der Lagergeräte N_{LG}, die aus der dynamischen Lagerdimensionierung resultiert:

$$N_G \geqq N_{LG}\,. \tag{16.48}$$

- Für *automatische Lager* ist die Anzahl der Lagergassen pro Fördertechnikabschnitt nach oben begrenzt durch die *maximale Gangzahl* $N_{G\,max}$, die durch das vor- und nachgeschaltete Fördersystem mit ausreichender Durchsatzleistung ver- und entsorgt werden kann:

$$N_G \leqq N_{G\,max}\,. \tag{16.49}$$

So können beispielsweise mit einem Doppelverteilerwagen als Zu- und Abfördersystem, wie er in *Abb.* 16.8 dargestellt ist, maximal 6 Regalbediengeräte eines Palettenhochregallagers ver- und entsorgt werden [76].

- Für *automatische Hochregallager* ist, soweit sinnvoll, anzustreben, dass die Anzahl der Gassen gleich der Anzahl der Lagergeräte ist, um kostspielige und platzraubende Umsetzgeräte und leistungsmindernde Gangwechsel zu vermeiden.
- *Kurvengängige Regalbediengeräte* oder Geräte mit *Gangumsetzer* sind nur bei geringem Lagerumschlag sinnvoll.

Eine begrenzte Lagergrundfläche kann bereits zu einem *K.O.-Kriterium* für Lagersysteme mit nur einer Lagerebene oder geringer Bauhöhe sein, wenn der *Nettogrundflächenbedarf* für den Lagerbereich $F_L = N_{LP} \cdot F_{LEeff}$ größer ist als die verfügbare Grundfläche (16.45).

Die statische Lagerdimensionierung wird unter Berücksichtigung der projektspezifischen Restriktionen in den nachfolgend beschriebenen *Arbeitsschritten* durchgeführt:

16.9.1 Gestaltung der Fachmodule

In einem Fachmodul werden ein oder mehrere gleiche oder unterschiedliche Lagerplätze so zusammengefasst, dass eine möglichst flächen- und raumsparende *konstruktive Einheit* entsteht, die sich mit geringem Aufwand auf dem Boden nebeneinander und in einem Regal übereinander anordnen lässt.

In einem Blocklager ist das Fachmodul gleich einem Blocklagerplatz. In einem Kanallager besteht ein Fachmodul abhängig von der gewählten Regalkonstruktion aus einem oder mehreren nebeneinander liegenden Kanälen.

In einem Fachregallager kann das Fachmodul, wie in *Abb.* 16.4 und 17.20 dargestellt, nebeneinander mehrere Lagerplätze mit gleicher Höhe enthalten, die zum Beispiel für 3 EURO-Paletten 800 × 1.200 mm oder für 2 Industriepaletten 1.000 × 1.200 mm geeignet sind. Übereinander können Fachmodule mit unterschiedlicher Höhe angeordnet sein, zum Beispiel niedrige Fächer für CCG1-Paletten und hohe Fächer für CCG2-Paletten.

Die Unterbringung unterschiedlicher Paletten in Fachmodulen mit gleichen Außenmaßen macht den Nutzen des *Fachmodulkonzepts* deutlich:

- ▶ Ein Lager für unterschiedliche Ladeeinheiten lässt sich aus gleichartigen Fachmodulen aufbauen, wenn diese wahlweise für die verschiedenen Ladeeinheiten nutzbar oder umrüstbar sind.

Aus der Gestaltung der Fachmodule resultieren die *Außenmaße* l_{FM}, b_{FM}, h_{FM} und die *Kapazität* C_{FM} [LP/FM] eines Fachmoduls.

Die Anzahl der Fachmodule mit einer Kapazität C_{FM}, die zur Unterbringung der benötigten Anzahl Lagerplätze N_{LP} erforderlich sind, ist dann:

$$N_{FM} = \{N_{LP}/C_{FM}\} \quad [FM]. \tag{16.50}$$

Die geschweiften Klammern $\{\dots\}$ in der Formel bedeuten ein *Aufrunden* auf die nächst höhere ganze Zahl.

16.9.2 Auslegung der Gangmodule

In einem Gangmodul werden N_x Fachmodule in Gangrichtung nebeneinander und N_y Fachmodule übereinander zu beiden Seiten eines Bedienungsgangs angeordnet. Mehrere parallel aneinander gefügte Gangmodule bilden ein *Lagermodul* (s. *Abb.* 16.16 und 16.17).

Bei ebener Fachmodulanordnung ist die Anzahl der Lagerebenen N und damit die vertikale Anzahl der Fachmodule gleich der *Anzahl der Geschosse* des Lagergebäudes. Bei einstöckigen Hallenbauten und ebener Lagerplatzanordnung ist also $N_y = 1$. Bei räumlicher Fachmodulanordnung ist die Anzahl Lagerebenen gleich der Anzahl *Regalebenen*.

Bei N_y Regalebenen und N_G Lagergassen errechnet sich die *horizontale Anzahl Fachmodule* aus dem Fachmodulbedarf (16.50) nach der Beziehung

$$N_x = \{N_{FM}/(2 \cdot N \cdot N_G)\} \quad [FM/GM]. \tag{16.51}$$

Die *Maße eines Gangmoduls* sind damit:

$$\begin{aligned} L_{GM} &= N_x \cdot l_{FM} + L_{AM} \\ H_{GM} &= N_y \cdot h_{FM} + H_{AM} \\ B_{GM} &= 2 \cdot b_{FM} + B_G. \end{aligned} \tag{16.52}$$

Hierin sind:

- L_{AM} die *horizontalen Anfahrmaße*, die sich zusammensetzen aus dem vorderen Anfahrmaß L_V und dem hinteren Anfahrmaß L_H, die an den Gangstirnseiten für die Geräteabmessungen, die Zu- und Abfördertechnik und einen eventuellen Gangwechsel der Lagergeräte benötigt werden.
- H_{AM} die *vertikalen Anfahrmaße*, die sich zusammensetzen aus den unteren und oberen Anfahrmaßen, die unterhalb der untersten Lagerebene und oberhalb der obersten Lagerebene als Freiraum für die Technik erforderlich sind.
- B_G die *anteilige Gangbreite*, die bei kombinierten Ein- und Auslagergängen gleich der Gangbreite $B_G = b_{gang}$ ist und bei räumlich getrennten Ein- und Auslagergängen gleich der Summe $B_G = b_{Egang} + b_{Agang}$ von Einlagergangbreite b_{Egang} und Auslagergangbreite b_{Agang}.

Bei räumlich getrennter Ein- und Auslagerung erhöht sich die anteilige Gangbreite (16.52) für die Gangmodule, die an den Außenseiten eines Lagerblocks liegen, jeweils um eine Ein- oder Auslagergangbreite, je nachdem ob die Einlagergänge oder die Auslagergänge außen liegen.

16.9.3 Anordnung im Lagermodul

Für die Anordnung der Gangmodule in einem Lagermodul gibt es zwei *Standardanordnungen:*

- *Parallele Anordnung* aller N_G Gangmodule mit einem *Verkehrsgang* der Breite b_{VG} für das Zu- und Abfördern der Ladeeinheiten, der an der Frontseite der Gangmodule verläuft (s. *Abb.* 16.16).
- *Gegenüberliegende Anordnung von* je $N_G/2$ Gangmodulen mit einem innen liegenden Verkehrsgang für das Zu- und Abfördern (s. *Abb.* 16.17).

Grundmaße und *Grundfläche* des *Lagermoduls* sind bei *paralleler Anordnung*

$$L_{LM\,par} = L_{GM} - L_V + b_{VG}\,,$$

$$B_{LM\,par} = N_G \cdot B_{GM}\,, \tag{16.53}$$

$$F_{LM\,par} = (L_{GM} - L_V + b_{VG}) \cdot N_g \cdot B_{GM}\,. \tag{16.54}$$

Bei *gegenüberliegender Anordnung* ist

$$L_{LM\,geg} = 2 \cdot (L_{Gm} - L_V) + b_{VG}\,,$$

$$B_{LM\,geg} = N_G \cdot B_{GM}/2\,, \tag{16.55}$$

$$F_{LM\,geg} = (L_{GM} - L_V + b_{VG}/2) \cdot N_G \cdot B_{GM}\,. \tag{16.56}$$

Die *Höhe des Lagermoduls* H_{LM} ist in beiden Fällen gleich der Höhe H_{GM} des Gangmoduls, die durch Beziehung (16.52) gegeben ist. Damit ist der *umbaute Raum* des Lagers:

$$V_{LM} = L_{LM} \cdot B_{LM} \cdot H_{LM}\,. \tag{16.57}$$

Der Vergleich der Grundflächen (16.54) und (16.56) zeigt:

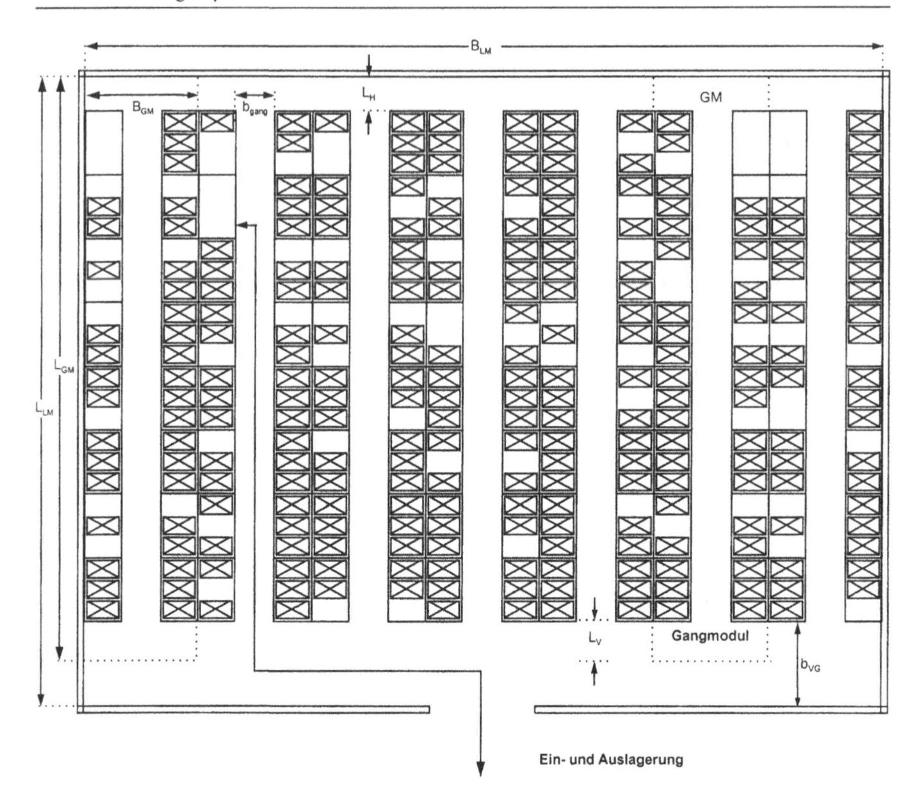

Abb. 16.16 Lagermodul mit paralleler Anordnung der Gangmodule

GM: Gangmodul
LM: Lagermodul
FM: Fachmodul
b_{VG}: Verkehrsgangbreite

▶ Der Grundflächenbedarf ist bei der gegenüberliegenden Anordnung der Gangmodule infolge des gemeinsam genutzten Mittelgangs um

$$\Delta F_{LM} = (b_{VG} - L_V) \cdot N_G \cdot B_{GM}/2 \tag{16.58}$$

geringer als bei der parallelen Anordnung der Gangmodule.

Bei kurzen Lagergassen und breiten Verkehrsgängen kann die Differenz (16.58) der Grundflächen und damit auch des umbauten Raums beträchtlich sein. Trotzdem haben diese beiden *Standardlageranordnungen* praktische Bedeutung. Für Blockplatzlager und konventionelle Fachregallager ist in vielen Fällen die gegenüberliegende Anordnung der Gangmodule vorteilhafter. Für automatische Hochregallager und Schmalgangstaplerlager mit langen Gassen ist in der Regel eine parallele Anordnung sinnvoll.

Die Anordnung in der Fläche wird nicht allein vom Flächenbedarf und vom umbauten Raum sondern ebenso von der Verbindung des Lagerbereichs mit Waren-

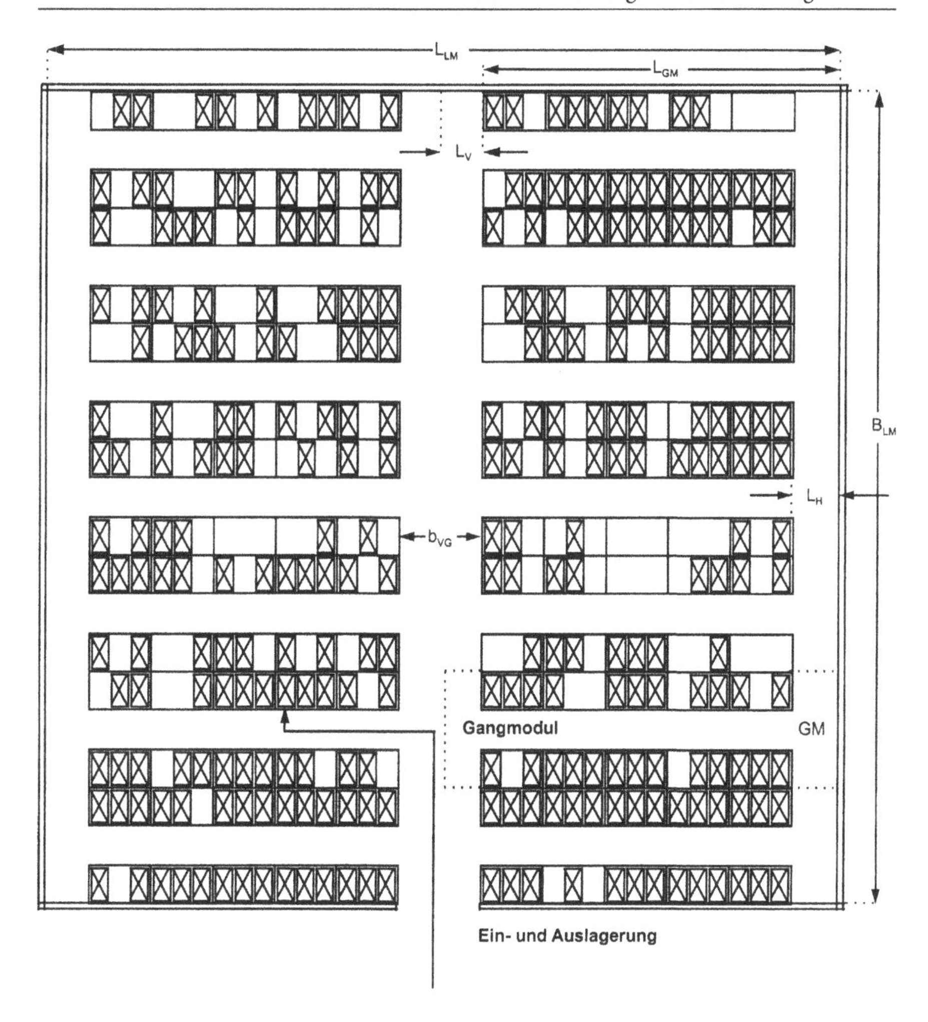

Abb. 16.17 Lagermodul mit gegenüberliegender Anordnung der Gangmodule

GM: Gangmodul
LM: Lagermodul
FM: Fachmodul
b_{VG}: Verkehrsgangbreite

eingang, Warenausgang, Kommissionierbereich und Produktion, von der Verkehrsanbindung und von anderen Randbedingungen bestimmt. In Kombination mit den übrigen Funktionsbereichen und weiteren Lagersystemen für andere Artikelgruppen kann daher auch eine von den beiden Standardanordnungen abweichende Anordnung der Gangmodule sinnvoll sein (s. *Abschn.* 19.10).

Wenn die Anzahl und die Maße der benötigten Gangmodule so groß sind, dass die Abmessungen eines einzigen Lagermoduls die zulässigen Maße eines Brandab-

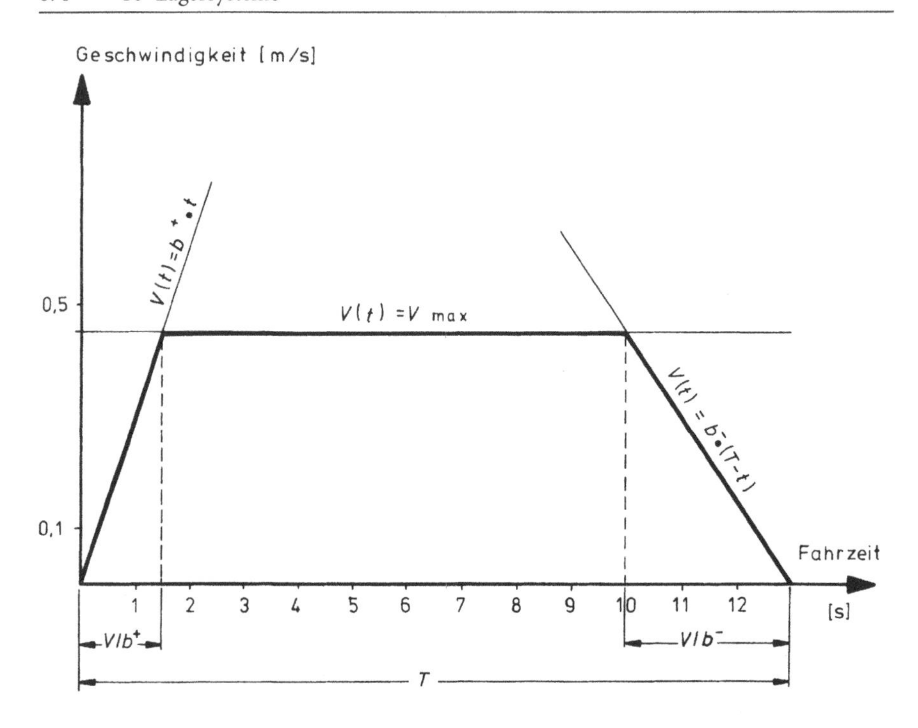

Abb. 16.18 Idealisierte Zeitabhängigkeit der Geschwindigkeit

b^+: mittlere Anfahrbeschleunigungskonstante
b^-: mittlere Bremsbeschleunigungskonstante
v_m: maximale Geschwindigkeit

schnitts oder eines Fördertechnikabschnitts überschreiten, ist es erforderlich, die Gangmodule in 2, 6, 8 oder mehr gleichgroßen Blöcken zusammenzufassen und aus je ein oder zwei Blöcken mehrere Lagermodule mit entsprechend kleineren Abmessungen zu bilden.

16.10 Wegzeitberechnung und Geschwindigkeitsauswahl

Maßgebend für den Gerätebedarf eines Lagers sind die *Spielzeiten* der Lagergeräte für das Ein- und Auslagern. Diese hängen primär von den *Wegzeiten* für die Teilbewegungen in den drei Raumrichtungen ab.

Aus der Zeitabhängigkeit der Geschwindigkeit, wie sie in idealisierter Form in *Abb.* 16.18 dargestellt ist, folgt für den Wegzeitbedarf eines Lagergeräts, eines Flurförderzeugs oder eines Fahrzeugs mit eindimensionaler Fortbewegung [18]:

- Die *Wegzeit für eine eindimensionale Fortbewegung* über eine Strecke der Länge s [m] mit einer *Maximalgeschwindigkeit* v_m [m/s] und der mittleren *Bremsbeschleunigungskonstanten* $b_m = 2b^+b^-/(b^+ + b^-)$ [m/s^2] ist

$$t_m(s) = \begin{cases} 2 \cdot \sqrt{s/b_m} & \text{für } s \leq v_m^2/b_m \\ s/v_m + v_m/b_m & \text{für } s \leq v_m^2/b_m \,. \end{cases} \tag{16.59}$$

Anders geschrieben ist

$$\mathbf{t_m(s) = WENN(s < v_m^2/b_m \;;\; 2 \cdot \sqrt{s/b_m} \;;\; s/v_m + v_m/b_m)} \quad [s]\,. \tag{16.60}$$

Die *eindimensionale Wegzeitformel* (16.60) gilt mit $m = x$ für horizontale *Fahrbewegungen*, mit $m = y$ für vertikale *Hubbewegungen* und mit $m = z$ für die *Facheinfahrbewegungen* eines Lagergeräts. Dabei kann mit ausreichender Genauigkeit mit dem Mittelwert der Maximalgeschwindigkeiten mit und ohne Last gerechnet werden.

Bei *simultaner Fortbewegung* über eine Weglänge l in x-Richtung und eine Weglänge h in y-Richtung benötigt ein Lagergerät oder Förderzeug jeweils die längere der beiden eindimensionalen Wegzeiten $t_x(l)$ und $t_y(h)$. Daher gilt:

► Die *Wegzeit für eine zweidimensionale Fortbewegung* über eine gerade Strecke der Länge l mit der Geschwindigkeit v_x und der Beschleunigungskonstante b_x und *simultan* über eine dazu senkrechte Strecke der Länge h mit der Geschwindigkeit v_y und der Beschleunigungskonstanten b_y ist

$$\mathbf{t_{xy}(l,h) = MAX(t_x(l) \;;\; t_y(h))}\,. \tag{16.61}$$

Die *zweidimensionale Wegzeitformel* (16.61) ist anwendbar für simultan fahr- und hubfähige Regalbediengeräte, aber auch für die simultane Flächenbewegung eines Krans oder den Greifvorgang beim Kommissionieren [18].

Um überdimensionierte Antriebe zu vermeiden, sollten die Geschwindigkeiten nur so groß gewählt werden, dass in der Mehrzahl der Fahrten die Maximalgeschwindigkeit erreicht wird. Aus dieser Forderung leiten sich folgende *Auswahlregeln für die Geschwindigkeiten* von Flurförderzeugen und Regalbediengeräten in Lagersystemen ab [18]:

► Die *optimale Fahrgeschwindigkeit* ist bei einer maximalen Bedienungslänge L

$$v_x \approx 1/2 \cdot \sqrt{L \cdot b_x}\,. \tag{16.62}$$

► Die *optimale Hubgeschwindigkeit* ist bei einer maximalen Bedienungshöhe H

$$v_y \approx 1/2 \cdot \sqrt{H \cdot b_y}\,. \tag{16.63}$$

► Die *optimale Facheinfahrgeschwindigkeit* ist bei einer maximalen Einfahrtiefe B

$$v_z \approx 1/2 \cdot \sqrt{B \cdot b_z}\,. \tag{16.64}$$

Beispielsweise ergibt sich aus (16.62) für eine maximale Bedienungslänge von L = 60 m bei einer Bremsbeschleunigungskonstanten $b_x = 0{,}5\ \mathrm{m/s^2}$ die optimale Fahrgeschwindigkeit $v_x = 1/2 \cdot \sqrt{60 \cdot 0{,}5} = 2{,}7\ \mathrm{m/s} = 160\ \mathrm{m/min}$.

Das Lastaufnahmemittel eines Lagergeräts bewegt sich bei simultaner Fahrt mit maximaler Geschwindigkeit in x- und y-Richtung parallel zur *Geschwindigkeitsgraden* $y = (v_y/v_x) \cdot x$. Wenn jeweils gleich viele Punkte einer Regalfläche mit maximaler

Fahrgeschwindigkeit und maximaler Hubgeschwindigkeit angefahren werden, ist die mittlere Fahrzeit minimal [18].

Hieraus folgt die zusätzliche *Geschwindigkeitsauswahlregel*:

▶ Bei *simultaner Fahr- und Hubbewegung* ist die *optimale Hubgeschwindigkeit* für die Bedienung einer Regalfläche mit der Länge L und einer Höhe H

$$v_y = (H/L) \cdot v_x \,. \tag{16.65}$$

Bei einer optimalen Hubgeschwindigkeit (16.65) verläuft die Geschwindigkeitsgrade parallel zur Diagonalen der Regalfläche (s. *Abb.* 16.1).

Maßgebend für das Leistungsvermögen von Flurförderzeugen und Regalbediengeräten, die eine große Anzahl von Punkten entlang einer Strecke, auf einer Fläche oder im Raum anfahren, sind nicht die Fahrzeiten zwischen den einzelnen Punkten sondern die *mittleren Fahrzeiten* bei gleichverteilter oder gewichteter Anfahrt der Gesamtheit aller Punkte.

Bei der Wegzeitberechnung für Geräte mit *eindimensionaler Fortbewegung* sind die Operationen der Fahrzeitberechnung und der Mittelwertbildung mit ausreichender Genauigkeit vertauschbar, wenn bei der Mehrzahl der Fahrten die Maximalgeschwindigkeit erreicht wird. Bei richtiger Geschwindigkeitsauswahl gilt daher:

▶ Die mittlere Wegzeit zwischen den Punkten einer Strecke ist bei eindimensionaler Fortbewegung gleich der Wegzeit für den mittleren Abstand zwischen diesen Punkten.

Für den mittleren Abstand von n beliebigen Punkten einer Strecke gilt folgender *Satz der mittleren Weglänge* [18]:

▶ Der *mittlere Weg* zwischen je zwei benachbarten von *n* geordneten Punkten einer Strecke der *Gesamtlänge* L ist

$$s_n = L/(n+1) \,. \tag{16.66}$$

Für die Spielzeitberechnung wichtige Sonderfälle dieses Satzes sind:

1. Der mittlere Weg zwischen dem Ende und einem beliebigen Punkt einer Strecke der Länge L hat bei gleicher Anfahrhäufigkeit aller Punkte die Länge L/2.
2. Der mittlere Weg zwischen zwei beliebigen Punkten einer Strecke der Länge L hat bei gleicher Anfahrhäufigkeit aller Punkte die Länge L/3.

Daraus folgt speziell für die Facheinfahrt zur Lastaufnahme:

▶ Die *mittlere Einfahrtiefe* für Lagerplätze mit der Stapeltiefe C_z und der Stellplatztiefe b_{SP} ist

$$B = \begin{cases} (C_z + 1) \cdot b_{sp} & \text{für Lastaufnahme innerhalb des Lagerfachs} \\ b_{sp} & \text{für Lastaufnahme am Ende des Lagerfachs.} \end{cases} \tag{16.67}$$

Bei der Wegzeitberechnung für Geräte mit *zweidimensionaler Fortbewegung* sind die Operation der Mittelwertbildung und der Fahrzeitberechnung *nicht* vertauschbar. Die Integration aller Einzelfahrzeiten (16.61) über eine Fläche der Länge L und der Höhe H ergibt mit einer Näherungsgenauigkeit von besser als 2 % [18, 22]:

1. Die mittlere Fahrzeit $t_1(E,P)$ zwischen einem Eckpunkt E und den Punkten P einer Fläche der Länge L und der Höhe H ist bei simultaner Hub- und Fahrbewegung, optimaler Geschwindigkeitsauswahl (16.65) und *gleicher Anfahrhäufigkeit* gleich dem Durchschnitt der beiden Fahrzeiten $t_{xy}(E,P_1)$ und $t_{xy}(E,P_2)$

$$t_1(E,P) = (t_{xy}(E,P_1) + t_{xy}(E,P_2))/2 \qquad (16.68)$$

vom Eckpunkt E zu den *Mittelwertpunkten* oder *Testanfahrpunkten*

$$P_1 = (2/3 \cdot L; 1/5 \cdot H)\,, \quad P_2 = (1/5 \cdot L; 2/3 \cdot H)\,. \qquad (16.69)$$

2. Die mittlere Fahrzeit $t_2(P,P')$ zwischen zwei zufällig ausgewählten Punkten P und P′ der Fläche der Länge L und der Höhe H ist bei simultaner Hub- und Fahrbewegung gleich der Fahrzeit (16.61) zwischen den Mittelwertpunkten (16.69)

$$t_2(P,P') = t_{xy}(P_1,P_2)\,. \qquad (16.70)$$

Hierin ist die Wegzeit $t_{xy}(P_1,P_2)$ durch Beziehung (16.61) gegeben.

Aus dem Satz der mittleren Weglänge (16.66) folgt für die mittlere Fahrzeit von Lager- und Kommissioniergeräten mit *Mehrfachlastaufnahme* [18]:

- Die *mittlere Fahrzeit einer n-Punkte-Rundfahrt*, die am Eckpunkt einer Fläche der Länge L und der Höhe H anfängt und endet und nach der in *Abb.* 16.19 dargestellten *Zweistreifenstrategie* zu n zufällig ausgewählten Punkten in der Fläche führt, ist bei simultaner Hub- und Fahrbewegung

$$t_n(L,H) = \begin{cases} t_y(3H/4) + t_y(H/2) + (n-1)\cdot t_x(2L/(n+2)) & \text{für } 3 < n < 6 \\ t_y(3H/4) + t_y(H/2) + t_y(H/4) + (n-2)\cdot t_x(2L/(n+2)) & \text{für } 6 \le n < 10 \\ t_y(3H/4) + t_y(H/2) + t_y(H/4) + (n-2)\cdot t_x(H/6) & \text{für } n > 10\,. \end{cases} \qquad (16.71)$$

Hierin sind die Wegzeiten $t_x(\ldots)$ und $t_y(\ldots)$ nach Beziehung (16.60) zu berechnen. Die Fahrzeit für den nicht durch die Beziehung (16.71) abgedeckten Fall $n = 3$ kann näherungsweise zwischen der nach Beziehung (16.71) für $n = 4$ berechneten Fahrzeit und der Doppelspielfahrzeit nach Beziehung (16.70) interpoliert werden.

Die Genauigkeit der angegebenen Wegzeitformeln ist für die Fahr- und Spielzeitberechnung in der Praxis ausreichend, da die Geschwindigkeiten und Beschleunigungskonstanten mit größeren Fehlern behaftet sind als die Näherungen.

16.11 Dynamische Lagerdimensionierung

In der dynamischen Lagerdimensionierung wird die Anzahl der Lagergeräte errechnet und das Zu- und Abfördersystem ausgelegt. Die Durchsatzleistung eines Lagers wird von den *Lagergeräten* und vom *Zu- und Abfördersystem* bestimmt.

Zur Optimierung der Durchsatzleistung sind die zuvor beschriebenen *Bewegungsstrategien* geeignet. Freie Parameter zur Erfüllung der *Durchsatzanforderungen*

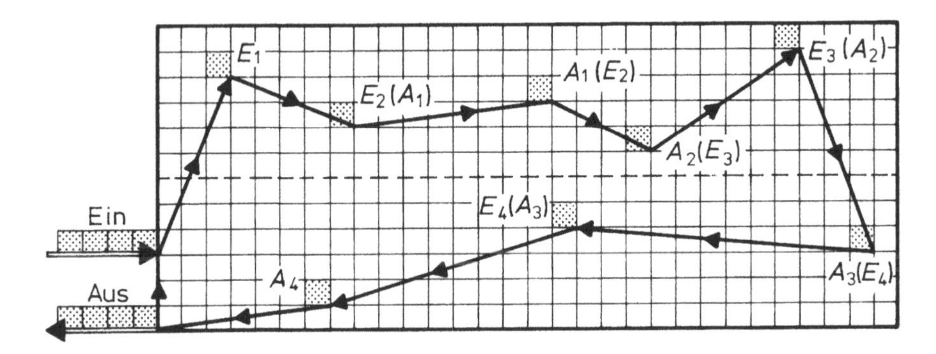

Abb. 16.19 Kombiniertes Ein- und Auslagerspiel nach der Miebach-Zweistreifenstrategie

E_i: Einlagerfächer A_j: Auslagerfächer
Kapazität des Lagergerätes: $C_{LG} = 4$ LE

bei minimalen *Durchsatzkosten* sind die *Anzahl der Bedienungsgassen*, die *Anzahl der Lagerebenen* sowie die *Anzahl*, das *Fahrverhalten*, die *Geschwindigkeiten* und die *Kapazität der Lagergeräte.*

Restriktionen der dynamischen Dimensionierung sind:

- *Maximal zulässige Bereitstell- und Zugriffszeiten* pro Ladeeinheit

$$T_B \leqq T_{B\,max}\,.$$

- *Maximal zulässige Durchlaufzeiten* für Auslageraufträge mit M_A Ladeeinheiten

$$T_{AAuf} = M_A \cdot T_B \leqq T_{Amax}\,.$$

- Extern geforderte *Lagerstrategien*, wie *FIFO* und *Gleichverteilung* auf die Lagergassen.

Die dynamische Lagerdimensionierung wird mit Hilfe der Wegzeitformeln unter Berücksichtigung der projektspezifischen Randbedingungen in folgenden *Arbeitsschritten* durchgeführt:

16.11.1 Berechnung der Lagerspielzeiten

Die *Einlagerspielzeit* ist die Zeit, die ein Lagergerät benötigt, um an einem *Einlagerübernahmeplatz* bis zu C_{LG} Ladeeinheiten aufzunehmen, mit diesen zu leeren Lagerplätzen zu fahren, sie dort einzulagern und nach der letzten Einlagerung leer zum Einlagerpunkt zurückzufahren.

Die *Auslagerspielzeit* ist die Zeit, die das Lagergerät benötigt, um leer zu einem oder mehreren Lagerplätzen zu fahren, dort bis zu C_{LG} Ladeeinheiten aufzunehmen, mit diesen zu einem *Auslagerübergabeplatz* zurückzufahren und dort die Ladeeinheiten abzugeben.

Die kombinierte *Ein- und Auslagerspielzeit* ist die Zeit, die ein Lagergerät benötigt, um am Einlagerübernahmeplatz bis zu C_{LG} Ladeeinheiten aufzunehmen, mit diesen nacheinander bis zu C_{LG} leere Lagerfächer anzufahren, die Ladeeinheiten dort einzulagern, auf dem weiteren Fahrweg maximal C_{LG} Ladeeinheiten aufzunehmen, mit diesen zu einem *Auslagerübergabeplatz* zurückzufahren und dort die Ladeeinheiten abzugeben. Bei räumlich getrenntem Einlagerplatz und Auslagerplatz endet das kombinierte Ein- und Auslagerspiel mit einer Fahrt des Lagergeräts vom Abgabe- zum Aufnahmeplatz (s. *Abb.* 16.19).

Bei jedem Bewegungswechsel tritt im Verlauf eines Lagerspiels zwischen Fahrt, Hub und Facheinfahrt eine Totzeit auf. Die mittlere *Totzeit* t_0 [s] ist die Summe der Reaktions-, Schalt- und Positionierzeiten, die von der Lagersteuerung und der Lagerverwaltung im Mittel benötigt werden, bevor der nächste Vorgang beginnt. Nach heutigem Stand der Technik gelten folgende *Erfahrungswerte:*

- Für manuell bediente Geräte beträgt die mittlere Totzeit pro Bewegungswechsel, abhängig von Geschick und Übung des Bedieners, 1 bis 2 Sekunden.
- Für automatisch gesteuerte Lagergeräte beträgt die mittlere Totzeit pro Bewegungswechsel bei sorgfältiger Justierung 0,5 bis 1,0 Sekunde.

Bei falscher Justierung, schlechter Steuerung und überlastetem Lagerverwaltungsrechner kann die Totzeit auch deutlich größer sein und die Geräteleistung erheblich reduzieren.

Die Länge des Lastübernahmespiels hängt ab von der Art der Lastaufnahme, die in den Spielzeitformeln durch folgenden *Lastaufnahmefaktor* berücksichtigt werden kann:

$$f_{LA} = \begin{cases} 1 & \text{für Lastübernahme ohne Leerspiel} \\ 2 & \text{für Lastübernahme mit Leerspiel.} \end{cases} \tag{16.72}$$

Für ein Lagergerät mit nur einem Lastaufnahmemittel zur Aufnahme von C_{LG} Ladeeinheiten resultieren aus dem Funktionsablauf der Lagerspiele und den Wegzeitformeln bei *eindimensionaler Fortbewegung* folgende *Spielzeitformeln* für kombinierte Einlager- und Auslagerpunkte am unteren Ende eines Gangmoduls mit der Länge L und der Höhe H:

▶ Die *mittlere Einzelspielzeit* für getrennte Ein- oder Auslagerspiele ist bei *additiver Fortbewegung* des Lagergeräts

$$\tau_E = \tau_A = 4 \cdot t_0 + 2 \cdot t_x(L/2) + 2 \cdot t_y(H/2) + 2 \cdot f_{LA} \cdot t_z(B)\,. \tag{16.73}$$

▶ Die *mittlere Doppelspielzeit* für kombinierte Ein- und Auslagerspiele im gleichen Gang ist bei *additiver Fortbewegung* des Lagergeräts

$$\tau_{EA} = 6 \cdot t_0 + 2 \cdot t_x(L/2) + 2 \cdot t_y(H/2) + t_x(L/3) + t_y(H/3) + 4 \cdot f_{LA} \cdot t_z(B)\,. \tag{16.74}$$

▶ Die *mittlere Umlagerspielzeit* für Umlagerungen im gleichen Gang ist bei *additiver Fortbewegung* des Lagergeräts

$$\tau_U = 4 \cdot t_0 + 2 \cdot t_x(L/3) + 2 \cdot t_y(H/3) + 2 \cdot f_{LA} \cdot t_z(B)\,. \tag{16.75}$$

In diesen Spielzeitformeln ist die Facheinfahrtiefe B durch Beziehung (16.67) gegeben. Die eindimensionalen Wegzeiten $t_i(\dots)$ lassen sich für $i = x, y$ mit der Wegzeitformel (16.60) berechnen.

Für die mittleren Spielzeiten von Lagergeräten mit *zweidimensionaler Fortbewegung* ergeben sich bei optimaler Geschwindigkeit folgende Spielzeitformeln für die Bedienung einer Regalfläche mit der Länge L, der Höhe H und der mittleren Facheinfahrtiefe B bei Übernahme und Abgabe der Ladeeinheiten am gleichen unteren Regalende [18, 22, 133]:

- Die *mittlere Einzelspielzeit* für getrennte Ein- oder Auslagerspiele ist bei *simultaner Fahr- und Hubbewegung* des Lagergeräts

$$\tau_E = \tau_A = 2 \cdot t_0 + t_{xy}(2L/3; H/5) + t_{xy}(L/5; 2H/3) + 2 \cdot f_{LA} \cdot t_z(B) . \quad (16.76)$$

- Die *mittlere Doppelspielzeit* für kombinierte Ein- und Auslagerspiele im gleichen Gang ist bei *simultaner Fahr- und Hubbewegung* des Lagergeräts

$$\tau_{EA} = 3 \cdot t_0 + t_{xy}(2L/3; H/5) + t_{xy}(L/5; 2H/3) + t_{xy}(14L/30; 14H/30) + 4 \cdot f_{LA} \cdot t_z(B) . \quad (16.77)$$

- Die *mittlere Umlagerspielzeit* für Umlagerungen im gleichen Gang ist bei *simultaner Fahr- und Hubbewegung* des Lagergeräts

$$\tau_U = 2 \cdot t_0 + t_{xy}(L/3; H/3) + 2 \cdot f_{LA} \cdot t_z(B) . \quad (16.78)$$

Wenn die Ein- und Auslagerpunkte nicht an der gleichen Stelle liegen sondern getrennt angeordnet sind, erhöhen sich die Einzel- und Doppelspielzeiten um die Fahrzeit zwischen den Ein- und Auslagerpunkten, die mit den Wegzeitformeln (16.60) und (16.61) berechnet werden kann [22].

Liegen die Ein- und Auslagerpunkte nicht an der unteren Regalecke, sondern auf halber Höhe oder mittig unter dem Regal, verkürzen sich die mittleren Fahrwege. Die daraus resultierende Steigerung der Ein- und Auslagergrenzleistungen ist bei Anordnung auf halber Regalhöhe auch für hohe Lager kleiner als 5 % und erreicht bei Anordnung auf halber Länge bei sehr langen Lagern maximal 10 %. Derart geringe Effekte rechtfertigen allein keine besondere Anordnung der Ein- und Auslagerpunkte, es sei denn, diese bietet sich auch aus anderen Gründen an [78].

Mit einer *optimierten Doppelspielstrategie*, wie Einlagerung im *Hinfahrbereich* des Auslagerplatzes oder Auslagerung im *Rückfahrbereich* des Einlagerplatzes, lässt sich bei zweidimensionaler Fortbewegung die mittlere Fahrzeit $t_{xy}(14L/30;14H/30)$ zwischen dem Einlagerfach und dem Auslagerfach einsparen. Diese Fahrzeit beträgt bei Lagern mit großer Regalfläche bis zu 10 % der Doppelspielzeit. Das bedeutet, dass mit einer optimierten Doppelspielstrategie maximal eine Verbesserung der Durchsatzleistung von 10 % möglich ist.

Deutlich größere Durchsatzleistungen lassen sich hingegen durch den Einsatz von *Lagergeräten mit mehreren Lastaufnahmemitteln* erreichen. Hierfür resultieren mit der Wegzeitformel (16.71) folgende Spielzeitformeln:

- Die *mittlere Einlagerspielzeit* und die *mittlere Auslagerspielzeit* eines Lagergeräts mit $n > 2$ Lastaufnahmemitteln sind für *getrennte Ein- oder Auslagerfahrten* nach

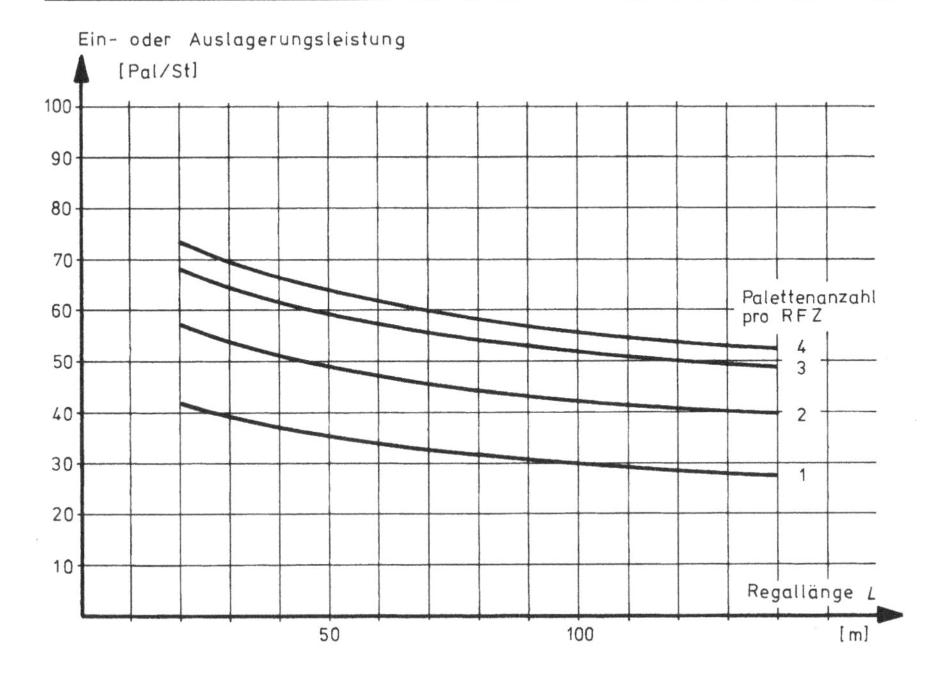

Abb. 16.20 Ein- oder Auslagergrenzleistung eines Regalbediengeräts mit simultaner Fahr- und Hubbewegung als Funktion der Regallänge [178]

Parameter: Lastaufnahmekapazität des Regalbediengeräts
Strategie: Ein- und Auslagerrundfahrt nach Zweistreifenstrategie

der in *Abb.* 16.19 dargestellten *Zweistreifenstrategie*

$$\tau_{\mathrm{En}} = \tau_{\mathrm{An}} = ((n+1)\cdot \mathrm{f_{LA}} + n + 3)\cdot \mathrm{t_0} + \mathrm{t}_n(\mathrm{L};\mathrm{H}) + (n+1)\cdot \mathrm{f_{LA}}\cdot \mathrm{t}_z(\mathrm{B})\,. \tag{16.79}$$

▶ Die *mittlere Einlager- und Auslagerspielzeit* eines Lagergeräts mit $n > 2$ Lastaufnahmemitteln ist für *kombinierte Ein- und Auslagerfahrten* nach der in *Abb.* 16.19 dargestellten Zweistreifenstrategie

$$\tau_{\mathrm{EAn}} = ((2n+1)\cdot \mathrm{f_{LA}} + 2n + 4)\cdot \mathrm{t_0} + \mathrm{t}_{2n}(\mathrm{L};H) + (2n+1)\cdot \mathrm{f_{LA}}\cdot \mathrm{t}_z(\mathrm{B})\,. \tag{16.80}$$

In *Abb.* 16.20 sind die mit Hilfe der Spielzeitformel (16.79) berechneten Ein- *oder* Auslagergrenzleistungen eines Regalförderzeugs zur Ein- und Auslagerung von EURO-Paletten mit $n = 1, 2, 3$ und 4 Teleskopgabeln in Abhängigkeit von der Regallänge L dargestellt.

Hieraus geht hervor, dass die Leistungssteigerung durch eine zusätzliche Teleskopgabel mit rund 40 % im Vergleich zu einer Teleskopgabel am größten ist. Die Leistungssteigerung wird mit weiteren Teleskopgabeln immer geringer. Da sich jedoch der Gerätepreis mit jedem Lastaufnahmemittel erhöht, muss in jedem Einzelfall sorgfältig geprüft werden, ob es bei hohen Durchsatzanforderungen vorteilhafter ist, Lagergeräte mit mehreren Lastaufnahmemitteln oder mehr Geräte mit nur einem Lastaufnahmemittel einzusetzen [178].

Für *gangumsetzbare Lagergeräte* wird zur Berechnung des Gerätebedarfs außer den Lagerspielzeiten die Gangwechselzeit benötigt.

▶ Die mittlere *Gangwechselzeit* eines gangumsetzbaren Lagergeräts ist bei einer Lagerlänge L und einem mittleren Umsetzweg B_U

$$\tau_{GW} = 3 \cdot t_0 + 2 \cdot t_x(L/2) + t_u(B_u)\,. \tag{16.81}$$

Die Wegzeiten $t_i(\ldots)$ lassen sich für $i = x$, u mit Hilfe der eindimensionalen Wegzeitformel (16.60) berechnen. Für die Geschwindigkeit v_u und die Beschleunigung b_u sind die entsprechenden technischen Werte der Umsetztechnik einzusetzen.

Der mittlere Umsetzweg ist bei Gangwechsel *ohne Strategie* gleich einem Drittel der Breite der von einem Gerät bedienten Anzahl Gangmodule, das heißt, es ist $B_u = N_{GM} \cdot B_{GM}/3$. Bei zyklischem Gangwechsel zwischen je zwei benachbarten Gängen ist der Umsetzweg gleich der Breite des Gangmoduls, also $B_u = B_{GM}$. Hieraus folgt:

▶ Bei Lagern mit gangumsetzbaren Lagergeräten und deutlich mehr Gassen als Lagergeräten kann durch einen zyklischen Gangwechsel die Durchsatzleistung des Lagers erheblich verbessert und bei großer Geräteanzahl der Gerätebedarf gesenkt werden.

Umlagerungen, Gangwechsel und Bewegungsstrategien werden bei der Lagerplanung häufig nicht angemessen berücksichtigt oder in ihren Auswirkungen auf die Durchsatzleistung falsch berechnet.

16.11.2 Berechnung des Gerätebedarfs

Ein Lagergerät kann im Allgemeinen folgende *Teilfunktionen* erbringen:

E: gesondertes *Einlagern*
A: gesondertes *Auslagern*
EA: kombiniertes *Ein- und Auslagern* (16.82)
U: gesondertes *Umlagern*
GW: unproduktiver *Gangwechsel.*

Die *partielle Auslastung* $\rho_i = \lambda_i/\mu_i$ einer dieser Teilfunktionen i = E, A, EA, U, GW wird bestimmt durch den *Leistungsdurchsatz* λ_i und die partielle Grenzleistung μ_i. Die Grenzleistung μ_i ist gleich der effektiven Leistung, mit der das Gerät allein die Teilfunktion i erbringen kann (s. *Kap.* 13).

Die Summe der *partiellen Auslastungen* $\rho_i = \lambda_i/\mu_i$ kann zu keiner Zeit größer als 100 % sein. Hieraus folgt das

▶ *Grenzleistungsgesetz für ein einzelnes Lagergerät:*

$$\boldsymbol{\lambda_E/\mu_E + \lambda_A/\mu_A + \lambda_{EA}/\mu_{EA} + \lambda_U/\mu_U + \nu_{GW}/\mu_{gw} \le 1} \tag{16.83}$$

Hierin ist λ_{EA} [LE/h] die in kombinierten Spielen durchzuführende *Ein- und Auslagerleistung* sowie λ_E die *Einlagerleistung* und λ_A die *Auslagerleistung*, die in getrennten Spielen auszuführen sind. Die gleichzeitig zu erbringende *Umlagerleistung ist* λ_U [LE/h] und die *Gangwechselfrequenz* v_{GW} [1/h].

Die *partiellen Grenzleistungen* μ_i eines Lagergeräts für die Funktionen i = E, A, EA, U lassen sich aus den betreffenden *Spielzeiten* τ_i [s] und der *Gerätekapazität* C_{LG} [LE/LG] errechnen:

$$\mu_i = \eta_{ver} \cdot \eta_{aus} \cdot 3600 \cdot C_{LG}/\tau_i \quad [LE/h]\,. \tag{16.84}$$

Die *technische Verfügbarkeit* η_{ver} [%] und die *stochastische Auslastbarkeit* η_{aus} [%] reduzieren die maximal möglichen Leistungen eines Lagergeräts auf die effektiven Grenzleistungen (16.84).

Die technische Verfügbarkeit der Lagergeräte hängt ab von der Gerätekonstruktion, ihrer Belastung, der Wartung und weiteren Einflussfaktoren (s. *Abschn.* 13.6). Bedingung für einen wirtschaftlichen und zuverlässigen Lagerbetrieb ist:

- ▶ Die *technische Verfügbarkeit* muss für automatische Lagergeräte ebenso wie für manuell bediente Geräte mindestens 98 % betragen.

Die stochastische Auslastbarkeit resultiert aus dem schwankenden Zulauf der Ein- und Auslageraufträge und aus den variablen Spielzeiten der Lagergeräte.

Die stochastische Auslastbarkeit ist abhängig von der *Anzahl der Pufferplätze* auf dem Zu- und Abfördersystem vor und nach den Übernahme- und Übergabeplätzen des Lagerbereichs. Aus der analytischen Berechnung mit Hilfe der Warteschlangentheorie wie auch aus der stochastischen Simulation dieses Wartesystems folgt die *Auslegungsregel* [43]:

- ▶ Um eine *stochastische Auslastbarkeit* eines Lagergerätes mit einer Kapazität C_{LG} = 1 LE von besser als 97 % zu erreichen, müssen pro Lagergasse mindestens 3 Zuführpufferplätze und 3 Abgabepufferplätze vorhanden sein.

Wird die Durchsatzleistung des gesamten Lagers, die durch die Beziehungen (16.6) bis (16.9) gegeben ist, zu gleichen Anteilen auf die N_{LG} Lagergeräte verteilt, dann ist die Durchsatzanforderung pro Gerät gleich $1/N_{LG}$ der Gesamtanforderung. Aus dem Grenzleistungsgesetz (16.83) und den Beziehungen (16.6) bis (16.8) folgt damit:

- ▶ Die für eine Einlagerleistung λ_E, eine Auslagerleistung λ_A und eine Umlagerleistung λ_U benötigte *Anzahl ganggebundener Lagergeräte* ist

$$N_{LG} = \{\mathrm{MIN}(\lambda_E;\lambda_A)/\mu_{EA} + (\lambda_E - \mathrm{MIN}(\lambda_E;\lambda_A))/\mu_E + (\lambda_A - \mathrm{MIN}(\lambda_E;\lambda_A))/\mu_A + \lambda_U/\mu_U\}\,. \tag{16.85}$$

Das durch die geschweiften Klammern geforderte Aufrunden auf die nächste ganze Zahl besagt, dass die Geräteanzahl eine ganze Zahl ist. Diese Ganzzahligkeit kann bei einer geringen Zunahme der Leistungsanforderung einen sprunghaften Anstieg des Bedarfs um ein Lagergerät bewirken.

Sind beispielsweise die Leistungsanforderungen 120 Einlagerungen, 160 Auslagerungen und 30 Umlagerungen in der Spitzenstunde des Spitzentages und haben die Geräte die effektiven Grenzleistungen $\mu_E = \mu_A = 35$ LE/h, $\mu_{EA} = 25$ LE/h und $\mu_U = 65$ LE/h, ergibt sich bei optimal kombinierten Ein- und Auslagerspielen gemäß den Beziehungen (18.6) bis (18.8) mit Hilfe von Beziehung (16.85) ein Bedarf von $N_{LG} = \{120/25 + 40/35 + 30/65\} = \{6{,}4\} = 7$ Lagergeräten.

Wenn es möglich ist, die Umlagerungen nicht in den Spitzenbelastungszeiten durchzuführen, entfällt in Beziehung (16.85) der Gerätebedarf λ_U/μ_U für die Umlagerungen. In dem betrachteten Fall reduziert sich der Bedarf auf $N_{LG} = \{40/35 + 120/25\} = \{5{,}9\} = 6$ Lagergeräte.

Wenn die Einlagerungen und die Auslagerungen in getrennten Einzelspielen und nicht in kombinierten Doppelspielen durchgeführt werden, ist der Gerätebedarf ohne Umlagerungen $N_{LG} = \{120/35 + 160/35\} = \{8{,}0\} = 8$ Lagergeräte. Ohne die Doppelspielstrategie erhöht sich also in diesem Fall der Gerätebedarf von 6 auf 8 Lagergeräte.

Für gangumsetzbare Lagergeräte mit einer *Gangwechselgrenzleistung* μ_{GW} [GW/h] und einer *Gangwechselfrequenz* ν_{GW} [GW/h] vermindert sich die produktiv nutzbare Zeit infolge der partiellen Auslastung für den Gangwechsel ν_{GW}/μ_{GW}. Aus dem Grenzleistungsgesetz (16.83) folgt:

▶ Für *gangumsetzbare Lagergeräte* erhöht sich der Ausdruck innerhalb der eckigen Klammern der Beziehung (16.85) für den Gerätebedarf um den Faktor

$$f_{GW} = 1/(1 - \nu_{GW}/\mu_{GW})\,. \tag{16.86}$$

So erhöht sich der Gerätebedarf bei einer Gangwechsel-Grenzleistung $\mu_{GW} = 15$ GW/h und $\nu_{GW} = 2$ Gangwechseln pro Stunde und Gerät um den Faktor $f_{GW} = 1/(1 - 2/15) = 1{,}15$. In dem betrachteten Beispiel nimmt damit die Anzahl der benötigten Lagergeräte von 6 auf 7 zu.

Zu wenig beachtet wird in der Regel der Einfluss der *Betriebszeiten* und der *Spitzenfaktoren* auf den Gerätebedarf. Wenn es beispielsweise möglich ist, die Betriebszeit flexibel von 8 auf 16 Stunden oder mehr pro Tag zu erhöhen und durch organisatorische Maßnahmen die Leistungsanforderungen auf die gesamte Betriebszeit gleichmäßig zu verteilen, lässt sich die Durchsatzleistung eines vorhandenen Lagers bei gleicher Geräteanzahl um einen Faktor 2 und mehr erhöhen oder der Gerätebedarf eines geplanten Lagers um den gleichen Faktor reduzieren.

Bei der Betriebskostenrechnung für die verlängerte Betriebszeit ist allerdings zu berücksichtigen, dass sich Abschreibungen, Energiebedarf und Wartungskosten entsprechend erhöhen und der Personalbedarf kaum sinkt. Die Lagerdimensionierung ist daher keine rein technische sondern eine organisatorische, betriebswirtschaftliche und technische, also eine essentiell logistische Aufgabe.

16.11.3 Auslegung des Zu- und Abfördersystems

Bei Lagern mit *gangunabhängigen Lagergeräten*, die auch den Transport der Ladeeinheiten vom Abholbereich zum Lagerbereich und vom Lagerbereich zum Bereitstellbereich ausführen, müssen die Spielzeiten (16.73) bis (16.75) um die Wegzeit für die

Transporte außerhalb des Lagerbereichs erhöht werden. Dadurch nehmen die Ein- und Auslagergrenzleistungen der Geräte ab und der Gerätebedarf zu.

Bei Lagern mit *gangabhängigen Lagergeräten* können entweder mehrere *Verteilerstapler* oder ein fest installiertes Zu- und Abfördersystem den Transport der Ladeeinheiten vom Abholbereich zum Lagerbereich und vom Lagerbereich zum Bereitstellbereich ausführen.

Die Anzahl der benötigten Verteilerstapler errechnet sich analog zur Anzahl der Lagergeräte nach der Beziehung (16.85) aus den mittleren Spielzeiten für den Zu- und Abtransport. Ebenso lassen sich die Anzahl der Verteilerwagen eines *Unstetigfördersystems* (s. *Abb.* 16.8) und der Fahrzeugbedarf eines automatischen *Fahrzeugsystems* errechnen (s. *Abb.* 16.9).

Ist das Zu- und Abfördersystem ein *Stetigfördersystem*, wird die Durchsatzleistung von dem jeweils am stärksten belasteten *Engpasselement* bestimmt (s. *Abb.* 16.1). Das Engpasselement des Einlagersystems ist in der Regel das erste *Verzweigungselement* auf der Einlagerförderstrecke entlang der Regalstirnseite. Das Engpasselement des Auslagersystems ist in der Regel das letzte *Zusammenführungselement* auf der Auslagerförderstrecke.

Aus der *Engpassanalyse* ergeben sich folgende *Grenzleistungsgesetze* zur Auslegung des Zu- und Abfördersystems eines Lagers:

- Für eine Einlagerleistung λ_E müssen die partiellen Grenzleistungen für Durchlass μ_{dur} und Ausschleusen m_{aus} des Engpasselements des Zufördersystems so bemessen sein, dass

$$\lambda_E \cdot (1 - 1/N_{LG})/\mu_{dur} + (\lambda_E/N_{LG})/\mu_{aus} \leq 1 \,. \tag{16.87}$$

- Für eine Auslagerleistung λ_A müssen die partiellen Grenzleistungen für Durchlass μ_{dur} und Ausschleusen μ_{ein} des Engpasselements des Abfördersystems so bemessen sein, dass

$$\lambda_A \cdot (1 - 1/N_{LG})/\mu_{dur} + (\lambda_A/N_{LG})/\mu_{ein} \leq 1 \,. \tag{16.88}$$

Mit Hilfe der Grenzleistungsbeziehungen (16.87) und (16.88) lässt sich nach Einsetzen der Ein- und Auslagergrenzleistungen $N_{LG} \cdot \mu_E$ und $N_{LG} \cdot \mu_A$ von N_{LG} Lagergeräten anstelle von λ_E und λ_A und durch Auflösung nach N_{LG} die maximale Anzahl Lagergeräte berechnen, die sich durch ein Stetigfördersystem bedienen lässt, dessen Engpasselemente die partiellen Grenzleistungen μ_{dur}, μ_{aus} und μ_{ein} haben. Damit ergibt sich die maximale Größe eines *Fördertechnikabschnitts* [76].

16.12 Investition der Lagergewerke

Für die Systemfindung und Layoutplanung genügt es, die Investitionen für das gesamte Lagersystem mit Hilfe von *Richtpreisfaktoren* für die einzelnen Lagergewerke zu berechnen. Im Zuge der Detail- und Ausführungsplanung muss die Investitionsrechnung durch Einzelkalkulationen präzisiert und durch Angebote der Hersteller untermauert werden.

Außerdem ist zu berücksichtigen, dass die Beschaffungspreise wegen der Kostendegression von Herstellung und Montage großer Stückzahlen mit zunehmender Größe des Lagers abnehmen. Diese Degression der Lagerinvestition lässt sich jedoch in der Planungsphase nur grob abschätzen und erst in der Ausschreibungsphase über konkrete Angebote quantifizieren.

Mit Ausnahme des Lagerverwaltungssystems lassen sich die funktionsspezifischen Lagergewerke in statische und dynamische Lagergewerke einteilen:

- Die *statischen Lagergewerke* sind für das Aufbewahren und Bereithalten der Lagereinheiten erforderlich und für die *Lagerplatzkosten* maßgebend.
- Die *dynamischen Lagergewerke* werden für das Ein- und Auslagern eingesetzt und verursachen die *Durchsatzkosten.*

Das *Lagerverwaltungssystem* dient sowohl den statischen wie auch den dynamischen Funktionen des Lagers. Der Beschaffungsaufwand für das Lagerverwaltungssystem (LVS) kann daher zur Hälfte der statischen und der dynamischen Lagerinvestition zugerechnet werden. Ebenso sind die Betriebskosten für das LVS aufzuteilen. Die Investition P_{LVS} [€] für die Hard- und Software des Lagerverwaltungssystems ist abhängig von den Anforderungen und der Größe des Lagers und liegt gegenwärtig zwischen 20 und 100 T€.

16.12.1 Investition der statischen Lagergewerke

Die *statischen Lagergewerke* mit ihren Einflussparametern und Richtpreisfaktoren sind:

- *Grundstück:* Die Grundstücksinvestition wird vom Grundstückspreis und den Erschließungskosten bestimmt. Sie steigt mit einem *Grundstücks- und Erschließungspreisfaktor* P_{GE} [€/m^2] proportional mit der *Lagergrundfläche.*
- *Bodenplatte:* Die Investition für Fundament und Bodenplatte hängt von der Bodenbeschaffenheit, der Bauart und der Bodenbelastung ab und nimmt mit einem *Bodenplattenpreisfaktor* P_{BP} [€/m^2] ebenfalls proportional mit der *Lagergrundfläche* zu.
- *Gebäude:* Die Investition für den Lagerbau ist von der Bauart, der Bauqualität und der Gebäudetechnik, wie Heizung und Klima, abhängig. Sie steigt für Hallenbauten mit einem *Hallenbaupreisfakor* P_{HB} [€/m^2] weitgehend proportional mit der bebauten Fläche, mit einem *Wandpreisfaktor* P_{WA} [€/m^2] proportional mit der Wandfläche und mit einem *Dachpreisfakor* P_{DA} [€/m^2] proportional mit der überdachten Grundfläche.
- *Regalbau:* Die Investition für das Regal wird von der Lagerart, den Ladeeinheiten, den Fachmodulen und der Regalkonstruktion beeinflusst, bei beweglichen Stellplätzen zusätzlich von der Fördertechnik in den Lagerkanälen. Sie ist mit einem *Lagerplatzpreisfaktor* P_{LP} [€/LP] weitgehend proportional zur *Anzahl der Lagerplätze* oder mit einem *Fachmodulpreisfaktor* P_{FM} [€/FM] proportional zur *Anzahl der Fachmodule.*

- *Sprinkleranlage:* Die Investition für eine eventuell erforderliche Sprinkleranlage kann zum Zweck der Systemfindung und Budgetierung grob durch einen *Sprinklerpreisfaktor* P_{SP} [€/LP] abgeschätzt werden. Sie ist abhängig von der *Brandklasse* des Lagerguts und steigt annähernd proportional zur *Anzahl der Lagerplätze.*

Für die Richtpreisfaktoren der statischen Lagergewerke von Palettenlagern sind in *Tab.* 16.5 einige Orientierungsgrößen zusammengestellt, die für Systemvergleiche brauchbar sind. Für die Kalkulation der absoluten Höhe der Lagerinvestition sind diese Werte nur mit Einschränkungen verwendbar. Das gilt vor allem für die Beschaffungskosten der Sprinkleranlage, die von der Brandklasse sowie von der *Ausführung* der Sprinklerzentrale und des Auffangbeckens für das Löschwasser abhängen.

Mit den Richtpreisfaktoren und der anteiligen Investition für das Lagerverwaltungssystem ergibt sich für die *Investition der statischen Lagergewerke* folgende Abhängigkeit von den *Lagerparametern:*

$$\begin{aligned} I_{L\,stat} = {} & F_L \cdot (P_{GE} + P_{HB} + P_{BP} + P_{DA}) + 2H_L \cdot (L_L + B_L) \cdot P_{WA} \\ & + N_{LP} \cdot (P_{LP} + P_{SP}) + N_{FM} \cdot P_{FM} + P_{LVS}/2\,. \end{aligned} \tag{16.89}$$

Die Abhängigkeit (16.89) zeigt:

- ▶ Die Investitionssumme für die statischen Lagergewerke steigt über die Anzahl der Lagerplätze N_{LP} und der Fachmodule N_{FM} proportional und über die Grundfläche F_L und die Außenfläche $2H_L \cdot (L_L + B_L)$ unterproportional mit der effektiven Lagerkapazität.

- ▶ Die Investitionssumme für die statischen Lagergewerke ist nicht direkt von der installierten Durchsatzleistung des Lagers abhängig.

Die statische Lagerinvestition wird von der geforderten Durchsatzleistung nur indirekt über die ausgewählte Lagerart, die Anzahl der Lagergassen und das Layout beeinflusst.

Wird die Investition auf die Anzahl der effektiv lagerbaren Ladeeinheiten bezogen, ergibt sich aus der Abhängigkeit (16.89):

- ▶ Die statische *Lagerplatzinvestition,* das heißt die statische Lagerinvestition pro effektiven Lagereinheitenplatz, nimmt bei allen Lagerarten mit zunehmender Lagerkapazität ab und ist von der installierten Durchsatzleistung weitgehend unabhängig.

Zu dieser *technischen Degression der Lagerplatzinvestition,* die sich über die Abschreibungen und Zinsen auch auf die Lagerplatzkosten auswirkt, tragen bei allen Lagerarten die anteilig immer weniger ins Gewicht fallenden Anfahrmaße, Verkehrswege und Volumenverluste bei. Zusätzlich wirkt sich bei Mehrfachplatzlagern der bei gleicher Artikelzahl mit ansteigendem Bestand zunehmende Füllungsgrad aus. Die statische Platzinvestition nimmt nicht weiter ab, wenn die maximale Bauhöhe der betreffenden Lagerart erreicht ist und mehr als ein Lagermodul dieser Höhe benötigt wird.

LAGERGEWERK	Richtpreisfaktor Bandbreite	Modellrechn.	Preiseinheit
Grundstück			
Industriebaugrundstück mit Erschließung ohne Verkehrsfl.	40 bis 100	70	€/m²
Silobau			
Betonbodenplatte	250 bis 300	275	€/m²
Außenwandverkleidung für Stahlkonstruktion	80 bis 100	90	€/m²
Innenbrandwand Beton	100 bis 150	125	€/m²
Dachkonstruktion und Dacheindeckung incl. RWA	130 bis 180	150	€/m²
Zwischenetage mit Arbeitsbühne	90 bis 120	100	€/m²
Lagerhalle (Höhe 6 bis 12 m)			
Fundament, Fußboden, Stützen, Dachkonstruktion, Haustechn.	150 bis 200	175	€/m²
Außenwand	250 bis 300	275	€/m²
Innenbrandwand	100 bis 150	125	€/m²
Dacheindeckung incl. RWA	50 bis 80	65	€/m²
Tormodul mit Überladebrücke und anteiliger Verkehrsfläche	120 bis 160	140	T€/TM
Regalanlage			
Palettenregale freistehend (abhängig von Höhe und Gewicht)	40 bis 60	50	€/PalPlatz
Palettenregale Silobau (dach- und wandtragend)	100 bis 140	120	€/PalPlatz
Platzkennzeichnung Blocklager	10 bis 20	15	€/Blockpl.
Sprinkleranlage			
Sprinklerköpfe, Rohrleitungen und Zentrale (ohne Becken)	40 bis 80	60	€/PalPlatz
Zu- und Abfördersystem für Paletten (incl. Steuerung)			
Zu- und Abförderstrecken und Pufferplätze	40 bis 80	60	T€/Gasse
Stetigfördersystem	6 bis 10	8	T€/m
Lagerverwaltungs- und Betriebssteuerungssystem			
LBS Hard- und Software	50 bis 250	150	T€

Tab. 16.5 Richtpreisfaktoren für Lagergewerke

Orientierungspreise, Basis 2009
RWA: Rauch- und Wärmeabzugsanlage
Tormodul s. *Abb.* 16.10

16.12.2 Investition der dynamischen Lagergewerke

Die *dynamischen Lagergewerke* mit ihren Einflussparametern und Richtpreisfaktoren sind:

- *Lagergeräte:* Die Investition für die Lagergeräte einschließlich zugehöriger Steuerung, Spurführung und Gangausrüstung verändert sich proportional zum Gerätebeschaffungspreis P_{LG} [€/LG] und zur Anzahl N_{LG} der Lagergeräte.

- *Verteilerstapler:* Die Investition für die Verteilerstapler einschließlich zugehöriger Staplerleitgeräte ist proportional zum Beschaffungspreis P_{VT} [€/LG] und zur Anzahl N_{VS} der Verteilerstapler.
- *Zu- und Abfördersystem:* Die Investition für das Zu- und Abfördersystem einschließlich der zugehörigen Steuerungstechnik ist von der Anzahl der zu bedienenden Lagergänge, der technischen Ausführung und der geforderten Durchsatzleistung abhängig. Sie lässt sich daher nur grob über Richtpreisfaktoren, wie Preis pro Meter, Preis pro Antriebselement oder Preis pro Förderelement, kalkulieren. Zur Lageroptimierung eignet sich am besten ein *Richtpreis pro Lagergasse* P_{FT} [€/LG].

Richtpreisfaktoren für einige Lagergeräte und Verteilerstapler sind in *Tab.* 16.1 angegeben. Als Richtpreise für ein automatisches Palettenfördersystem können für Systemvergleiche und zur groben Kostenbudgetierung die in *Tab.* 16.5 angegebenen Werte angesetzt werden.

Für die *Investition der dynamischen Lagergewerke* ergibt sich damit folgende Abhängigkeit von den Richtpreisfaktoren und Lagerparametern:

$$I_{L\,dyn} = N_{LG} \cdot (P_{LG} + P_{FT}) + N_{VS} \cdot P_{VS} + P_{LVS}/2\,. \tag{16.90}$$

Abgesehen von den Sprüngen infolge der Ganzzahligkeit nimmt die Anzahl der Lagergeräte und der Verteilerstapler bei gleichbleibender Lagerkapazität nur unterproportional zur benötigten Durchsatzleistung zu, da mit zunehmender Geräteanzahl die Wege in den anteiligen Bedienungsbereichen der Geräte immer kürzer werden. Hieraus sowie aus der weitgehenden Durchsatzunabhängigkeit der Investition für den Lagerverwaltungsrechner folgt:

▶ Die *Investitionssumme für die dynamischen Lagergewerke* steigt unterproportional mit der benötigten Durchsatzleistung.

Analog zur Lagerplatzinvestition ist die *Lagerdurchsatzinvestition* dadurch definiert, dass die dynamische Lagerinvestition (16.90) auf die während der Planbetriebszeit im Verlauf eines Jahres maximal durchsetzbare Anzahl Ladeeinheiten bezogen wird. Für diese ergibt sich ebenfalls eine lagertechnisch verursachte Kostendegression:

▶ Die *Lagerdurchsatzinvestition* nimmt bei gleicher Lagerkapazität mit zunehmender installierter Durchsatzleistung ab und steigt bei gleichbleibender Durchsatzleistung mit der Lagerkapazität an.

Die Lagerdurchsatzinvestition ist keine praktikable Größe und daher in der Lagerplanung ungebräuchlich. Wesentlich anschaulicher und für den Lagervergleich besser geeignet ist die

▶ *Investition pro Lagerplatz*

$$I_{LE} = I_L/C_{L\,eff} = (I_{L\,stat} + I_{L\,dyn})/C_{L\,eff} \quad [\text{€/LE-Platz}]\,. \tag{16.91}$$

In der Investition pro Lagerplatz wird die gesamte Lagerinvestition für die statischen *und* die dynamischen Lagergewerke allein auf die Anzahl der Lagerplätze und nicht auf den Durchsatz bezogen. Daher ist die Investition pro Lagerplatz von vielen Einflussfaktoren abhängig, die sich in ihren Auswirkungen nur schwer auseinanderhalten lassen.

Bei den Mehrplatzlagern, wie den Blockplatz- und Kanallagern, ist außerdem darauf zu achten, dass bei der Berechnung der Investition pro Lagerplatz die Gesamtinvestition auf die *effektive Lagerkapazität* (16.30) und nicht – wie es häufig getan wird – auf die 100 %-Lagerkapazität (16.29) bezogen wird. Andernfalls erscheinen Mehrplatzlager günstiger als sie tatsächlich sind.

16.12.3 Investitionsvergleich ausgewählter Lagersysteme

Zum Vergleich verschiedener Lagersysteme für Paletten sowie zur Veranschaulichung der Abhängigkeiten zeigen die *Abb.* 16.21 bis 16.29 die Investitionen, Betriebskosten und Leistungskosten für ein *Blocklager* mit Staplerbedienung, ein *Palettenlager mit Schubmaststaplern*, ein manuell bedientes *Schmalgangstaplerlager* und ein *Hochregallager* mit automatischen Regalbediengeräten. Die *Leistungsanforderungen* und *Planbetriebszeiten* sowie die wichtigsten *technischen Kenndaten* dieser 4 Lagersysteme sind in *Tab.* 16.6 zusammengestellt.

Die Investitionen, Betriebskosten und Leistungskosten sind mit Hilfe von *Lagerdimensionierungsprogrammen* kalkuliert, die mit den zuvor entwickelten Formeln und Dimensionierungsverfahren arbeiten und die angegebenen Richtpreisfaktoren und Kostensätze verwenden. Die einzelnen Lagersysteme sind jeweils so dimensioniert und optimiert, dass die Gesamtbetriebskosten für die der Planung zugrunde gelegten Leistungsanforderungen minimal sind. Der Warenein- und Warenausgang bleibt bei den Modellrechnungen unberücksichtigt, da er meist projektspezifisch auszulegen und in der Regel nicht systementscheidend ist.

Abb. 16.21 zeigt die Abhängigkeit der *Investition pro Palettenplatz* von der Lagerkapazität bei einer konstant gehaltenen Lagerdrehzahl von 12 pro Jahr. Aus dieser Abhängigkeit wie auch aus den zuvor hergeleiteten allgemeinen Zusammenhängen ist ableitbar:

- Für alle betrachteten Lagersysteme nimmt die Investition pro Palettenplatz mit ansteigender Lagerkapazität zunächst rasch und bei größerer Kapazität immer langsamer ab, bis sie einen asymptotischen Wert erreicht, der für die verschiedenen Lagersysteme in der Regel unterschiedlich ist.
- Für das Blockplatzlager und das Schmalgangstaplerlager erreicht die Investition pro Palettenplatz bereits ab ca. 20.000 Palettenplätze annähernd den asymptotischen Wert, für das automatische Hochregallager erst ab ca. 30.000 Palettenplätze.
- Für die zugrunde gelegten Leistungsanforderungen ist das Schmalgangstaplerlager bei allen Lagerkapazitäten die Lösung mit der geringsten Investition.
- Das Blockplatzlager erfordert bis zu einer Kapazität von 15.000 Palettenplätzen eine geringere Investition als das automatische Hochregallager, ist in der Investition aber stets ungünstiger als das Schmalgangstaplerlager.

LAGERSYSTEME

	Nutzung	Blocklager BPL	Staplerlager STL	Schmalgangl. SGL	Hochregall. HRL	Einheit
Leistungsanforderungen						
Lagersortiment	Spitze	1.000	1.000	1.000	1.000	Artikel
Durchsatzleistung	Spitze	960	960	960	960	Pal/BTag
Lagerbestand	Spitze	20.000	20.000	20.000	20.000	Paletten
Lagerdrehzahl	Spitze	12	12	12	12	pro Jahr
Ladeeinheiten	CCG1-Paletten mit Lastüberstand				Stapelfaktor : 3	
Länge	max	1.300	1.300	1.300	1.300	mm
Breite	max	900	900	900	900	mm
Höhe	max	1.050	1.050	1.050	1.050	mm
Volumen	max	1,23	1,23	1,23	1,23	m^3/LE
Planbetriebszeiten						
Kalendertage		365	365	365	365	KTage/Jahr
Betriebstage		250	250	250	250	BTage/Jahr
Betriebszeit		12	12	12	12	h/BTag
Auslegung Lagerbereich						
Lagergeräte		5 FST	7 SMS	5 SGS+ 4 VTS	4 RBG	LG
Länge		63	42	44	112	m
Breite		300	254	146	17	m
Höhe		4,4	8,4	13,6	35,0	m
Bebaute Fläche		18.900	10.634	6.424	1.926	m^2
Umbauter Raum		82.215	89.325	87.366	67.424	m^3
Investition		**6.780**	**5.925**	**5.270**	**5.992**	**T€**
pro Palettenplatz		339	296	263	300	€/Pal
Betriebskosten	100%	**1.068**	**1.174**	**1.359**	**998**	**T€/Jahr**
bei Auslastung	80%	973	1.046	1.178	924	T€/Jahr
Fixkosten		593	532	454	630	T€/Jahr
Variable Kosten		475	643	906	369	T€/Jahr
Nutzungsdauer		15	15	15	15	Jahre
Leistungskosten						
Durchsatzkosten	100%	1,90	2,66	3,78	1,81	€/Pal
bei Auslastung	80%	1,94	2,70	3,82	1,91	€/Pal
Lagerplatzkosten	100%	8,4	7,4	6,2	7,8	€C/Pal-KTag
bei Auslastung	80%	10,3	9,0	7,6	9,6	€C/Pal-KTag
Umschlagkosten	100%	4,45	4,89	5,66	4,16	€/Pal
bei Auslastung	80%	5,07	5,45	6,13	4,81	€/Pal
Relative Ertragswertänderung		**187%**	**274%**	**–**	**485%**	
ROI bei Auslastung	80%	**7,4**	**5,0**	**0,0**	**2,8**	**Jahre**

Tab. 16.6 Kenndaten und Ergebnisse der Modellrechnung von Palettenlagersystemen

Blocklager: Blockplatzlager in Hallenbau mit Frontstaplern
Staplerlager: konventionelles Palettenregallager in Hallenbau mit Schubmaststaplern
Schmalganglager: manuell bedientes Schmalgangstaplerlager in Hallenbau mit Verteilerstaplern
Hochregallager: automatisches Hochregallager in Silobauweise mit Fördersystem jeweils ohne Warenein- und Warenausgang
Durchsatzkosten: spezifische Ein- und Auslagerkosten ohne Platzkosten
ROI: Kapitalrückflussdauer der Mehrinvestition aus Kosteneinsparung

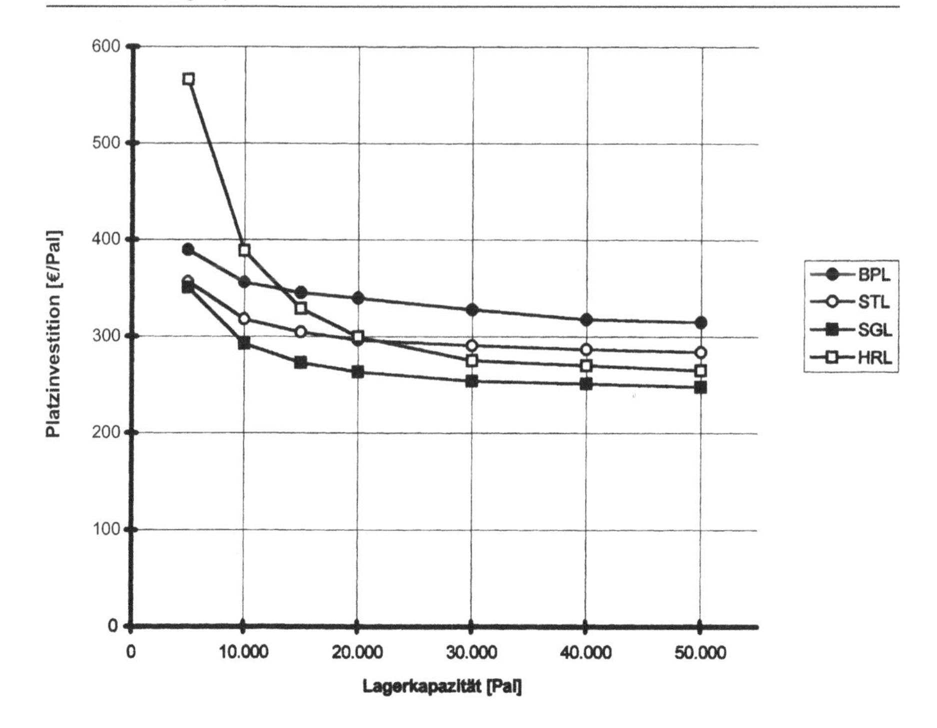

Abb. 16.21 Investition pro Palettenplatz als Funktion der Lagerkapazität

BPL: Blockplatzlager mit Stapelfaktor 3
STL: Staplerlager (Gangbreite 2,5 m)
SGL: Schmalgangstaplerlager (Gangbreite 1,75 m)
HRL: Hochregallager
Parameter: Drehzahl 12 p. a.
übrige Parameter s. *Tab.* 16.6

► Die Investition für das automatische Hochregallager ist ab etwa 13.000 Palettenplätzen günstiger als die Investition für das Blockplatzlager und erreicht ab 30.000 Palettenplätzen fast die Investitionshöhe des Schmalgangstaplerlagers.

Diese Abhängigkeiten und die relative Höhe der Investition pro Palettenplatz gelten weitgehend unabhängig von der Durchsatzleistung, also auch für andere Lagerdrehzahlen.

Aus Beziehung (16.90) aber folgt:

► Die absolute Höhe der Investition pro Palettenplatz ist stark abhängig von der installierten maximalen Durchsatzleistung und nimmt mit dieser deutlich zu.

Wegen der Abhängigkeit der Investition pro Palettenplatz von der Lagerart, von der Lagerkapazität und von der Durchsatzleistung führt es meist zu falschen Ergebnissen, wenn zur überschlägigen Investitionsabschätzung ein übernommener Richtwert für die Investition pro Palettenplatz einfach mit der benötigten Lagerkapazität multipliziert wird. Das ist nur zulässig, wenn die Kapazitäts- und Durchsatzanforderungen annähernd vergleichbar sind und das gleiche Lagersystem betrachtet wird.

16.13 Betriebs- und Leistungskosten

Maßgebend für die Auswahl eines Lagersystems sind primär die Betriebskosten und weniger die Höhe der Investition. Wenn sich durch eine höhere Investition die Betriebskosten senken lassen, ist die Lösung mit der höheren Investition immer dann günstiger, wenn der *Kapitalrückfluss* bei der erwarteten Auslastung in angemessener Zeit - in der Regel werden 3 bis 5 Jahre gefordert - gesichert ist.

Analog zu den Investitionen lassen sich die Betriebskosten K_L [€/PE] eines Lagers aufteilen in die *statischen Betriebskosten* K_{LS} für den Betrieb der statischen Lagergewerke und die *dynamischen Betriebskosten* K_{LD} für den Betrieb der dynamischen Lagergewerke:

$$K_L = K_{LS} + K_{LD} \quad [€/PE]\,. \tag{16.92}$$

Bezogen auf die kostentreibenden Leistungseinheiten ergeben sich aus den anteiligen Betriebskosten die *Leistungskosten* oder spezifischen *Prozesskostensätze* des Lagers (s. *Abschn.* 6.1).

Die *Hauptkostentreiber* eines Lagers sind die *Lagerplätze* und der *Durchsatz*. Die entsprechenden Leistungskosten sind die spezifischen *Lagerplatzkosten* und die spezifischen *Durchsatzkosten*. Die gesamten Lagerbetriebskosten bezogen allein auf den Lagerdurchsatz sind die spezifischen *Umschlagkosten*.

Da die spezifischen Umschlagkosten auch die Lagerplatzkosten enthalten, ist der Umschlagkostensatz von der Lagerdauer der durchgesetzten Ladeeinheiten abhängig. Der Lagerplatzkostensatz ist hingegen vom Lagerdurchsatz und der Durchsatzkostensatz von der Platzbelegung weitgehend unabhängig. Daher gilt:

- ► Für den Lagervergleich, für das Angebot und für die Vergütung von Lagerleistungen sowie für die optimale Lagernutzung ist es erforderlich, die Lagerplatzkosten und die Durchsatzkosten gesondert zu kalkulieren.

Bei der Kalkulation der Betriebskosten und der daraus abgeleiteten Leistungskosten ist zu unterscheiden zwischen den *Plan-Kosten* für ein geplantes oder neu errichtetes Lager, das für bestimmte *Plan-Leistungen* ausgelegt ist, und den *Ist-Kosten* für ein bestehendes Lager, das mit *Ist-Leistungen* genutzt wird, die in der Regel von den Plan-Leistungen abweichen.

Bei der Kalkulation der in den *Abb.* 16.22 bis 16.26, 16.28 und 16.29 dargestellten Plan-Leistungskosten mit Hilfe der zuvor beschriebenen *Lagerprogramme* wurde eine hundertprozentige Nutzung der installierten Plan-Leistungen über die gesamte Betriebszeit vorausgesetzt. Die Auswirkung einer Unterauslastung der installierten Leistung ist in *Abb.* 16.29 gezeigt und wird nachfolgend gesondert betrachtet.

16.13.1 Lagerplatzkosten

Die *statischen Lagerbetriebskosten* K_{LS} [€/PE] ergeben sich mit den entsprechenden *Richtkostensätzen* für Abschreibungen, Zinsen, Energie und Wartung aus den Investitionen (16.89) für die statischen Lagergewerke und den anteiligen Kosten für das Lagerverwaltungssystem.

Kostentreiber der statischen Betriebskosten eines Lagers für ganze Ladeeinheiten sind die während einer Abrechnungsperiode PE in Anspruch genommenen *Ladeeinheiten-Kalendertage* λ_P [LE-KTag/PE]. Bezogen auf diesen Kostentreiber ergeben sich aus den statischen Lagerbetriebskosten die

- *spezifischen Lagerplatzkosten* pro Ladeeinheit und Kalendertag

$$k_P = K_{LS}/\lambda_P \quad [€/\text{LE-KTag}]\,. \tag{16.93}$$

Die Anzahl der in Anspruch genommenen Ladeeinheiten-Kalendertage ist gleich dem mittleren Lagerbestand M_{Bges} [LE], mit dem die angebotenen Lagerplätze im zeitlichen Mittel belegt sind, multipliziert mit der *Periodendauer* in Kalendertagen T_{PE} [KTage/PE]:

$$\lambda_P = M_{Bges} \cdot T_{PE} \quad [\text{LE-KTage/PE}]\,. \tag{16.94}$$

Die Abhängigkeit der Lagerplatzkosten von der effektiven Lagerkapazität bei konstant gehaltener Drehzahl ist für die in *Tab.* 16.6 spezifizierten Lagersysteme in *Abb.* 16.22 dargestellt. Hieraus ist ablesbar:

▶ Die spezifischen Lagerplatzkosten nehmen mit der Lagerkapazität zunächst rasch und mit zunehmender Kapazität immer weniger ab, bis sie einen asymptotischen Wert erreichen.

Die Modellrechnungen ergeben außerdem:

▶ Die Lagerplatzkosten sind weitgehend unabhängig von der installierten Durchsatzleistung.

▶ Die Lagerplatzkosten hängen relativ wenig vom Volumen der Ladeeinheiten ab. Sie steigen nur unterproportional mit dem Ladeeinheitenvolumen an.

Die aus weiteren Modellrechnungen resultierenden *Abb.* 16.24 und 16.25 zeigen:

▶ Die Lagerplatzkosten eines *Mehrplatzlagers, wie* das Blockplatzlager, sind empfindlich von der *Lagerplatztiefe, vom Bestand pro Artikel* und vom *Stapelfaktor* abhängig, während die Platzkosten der Einplatzlager, wie das Schmalgangstaplerlager und das Hochregallager, von diesen Parametern unabhängig sind.

Hierin spiegeln sich die in den *Abb.* 16.14 und 16.15 dargestellten Auswirkungen der Blockplatztiefe und des Stapelfaktors auf den effektiven Grundflächenbedarf pro Ladeeinheit wider. Die Modellrechnungen und ein Vergleich der *Abb.* 16.14 und 16.24 zeigen außerdem:

▶ Die flächenoptimale Stapelplatztiefe ist gleich der kostenoptimalen Stapelplatztiefe eines Mehrplatzlagers.

Wegen dieses Zusammenhangs führt das zuvor dargestellte Vorgehen der Lagerplatzoptimierung für Mehrplatzlager zum kostenoptimalen Lagersystem. Ohne eine derartige Lagerplatzoptimierung können die effektiven Lagerplatzkosten eines Mehrplatzlagers infolge der schlechten Raumnutzung erheblich höher sein als notwendig.

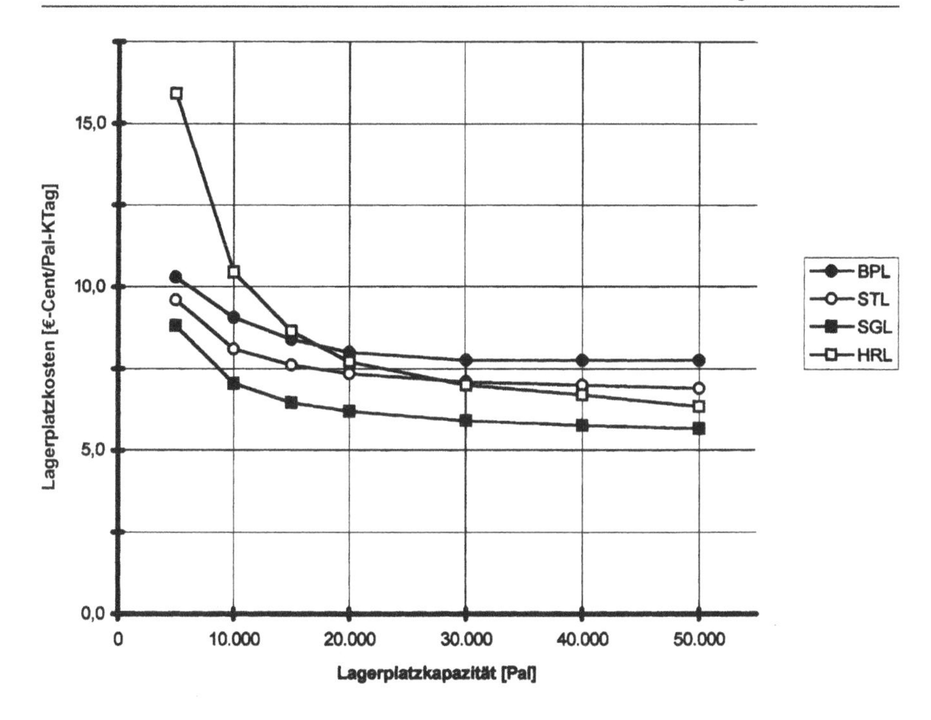

Abb. 16.22 Lagerplatzkosten als Funktion der Lagerkapazität

BPL: Blockplatzlager mit Stapelfaktor 3
STL: Staplerlager (Gangbreite 2,5 m)
SGL: Schmalgangstaplerlager (Gangbreite 1,75 m)
HRL: Hochregallager
Parameter: Drehzahl 12 p. a.
übrige Parameter s. *Tab.* 16.6

Bei den Mehrplatzlagern, wie den Blockplatz- und Kanallagern, müssen die Lagerplatzkosten stets auf die effektive Lagerkapazität (16.30) und nicht auf die 100 %-Lagerkapazität (16.29) bezogen werden, damit die Mehrplatzlager nicht günstiger erscheinen als sie sind.

16.13.2 Durchsatzkosten

Die *dynamischen Lagerbetriebskosten* K_{LD} [€/PE] setzen sich zusammen aus Abschreibungen, Zinsen, Energie und Wartung für die dynamischen Lagergewerke einschließlich der anteiligen Kosten für das Lagerverwaltungssystem und aus den Personalkosten.

Die *Personalkosten* errechnen sich aus der Anzahl N_{VZK} [VZK] der für den Lagerbetrieb benötigten *Vollzeitkräfte* [VZK] und dem *Personalkostensatz* P_{VZK} [€/VZK-Jahr]. Das Lagerpersonal besteht aus den *Bedienungspersonal* für die Stapler und Lagergeräte, das auch mitarbeitende *Vorarbeiter* umfasst, sowie aus den *Führungskräf-*

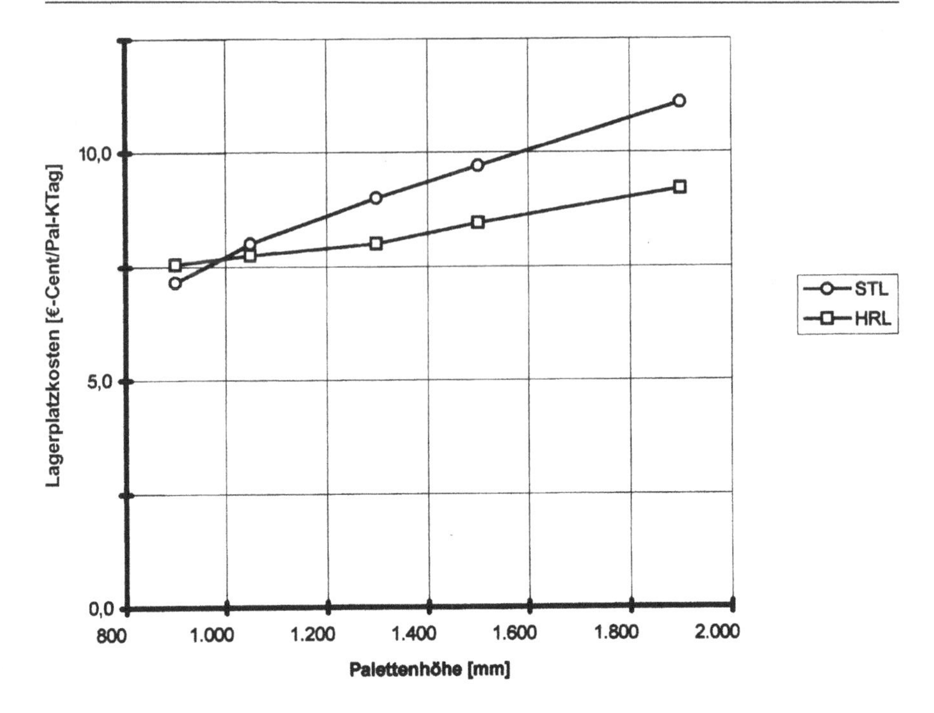

Abb. 16.23 Abhängigkeit der Lagerplatzkosten von der Palettenhöhe

STL: Staplerlager (Gangbreite 2,5 m)
HRL: Hochregallager
Parameter: Drehzahl 12 p. a.
20.000 Paletten, übrige Parameter s. *Tab.* 16.6

ten, dem *Wartungspersonal* und der *Leitstandbesetzung*. Das Personal der verschiedenen Qualifikationsstufen ist mit unterschiedlichen Kostensätzen zu kalkulieren.

Für ein Lager mit einer *Tagesbetriebszeit* T_{BZ} [h/BTag] und insgesamt N_G personalbesetzten Geräten ist die *Anzahl der operativen Vollzeitkräfte* mit einer *Personalverfügbarkeit* η_{Pver} und einer *täglichen Arbeitszeit* T_{AZ} [h/BTag]:

$$N_{VZK} = [N_G \cdot (T_{BZ}/T_{AZ})/\eta_{Pve} \, . \tag{16.95}$$

Die Personalverfügbarkeit ist das Produkt aus einem *Verteilzeitfaktor* und einem *Urlaubs- und Krankheitsfaktor*. Der Verteilzeitfaktor erfasst die Zeitverluste für persönliche Verrichtungen, der z. B. nach REFA-Verfahren ermittelt wird, und bei guten Arbeitsbedingungen zwischen 80 und 90 % liegt [79]. Der Urlaubs- und Krankheitsfaktor berücksichtigt die Reduzierung der bezahlten Jahresarbeitszeit durch Urlaub und Krankheit und liegt in Deutschland für gewerbliche Mitarbeiter derzeit bei ca. 80 %.

Kostentreiber der dynamischen Betriebskosten sind die in der Abrechnungsperiode durchgesetzten Ladeeinheiten λ_D [LE/PE] oder – bei einer Aufteilung in Ein- und Auslagerbetriebskosten – die *Einlagerleistung* λ_E [LE/PE] und die *Auslagerleis-*

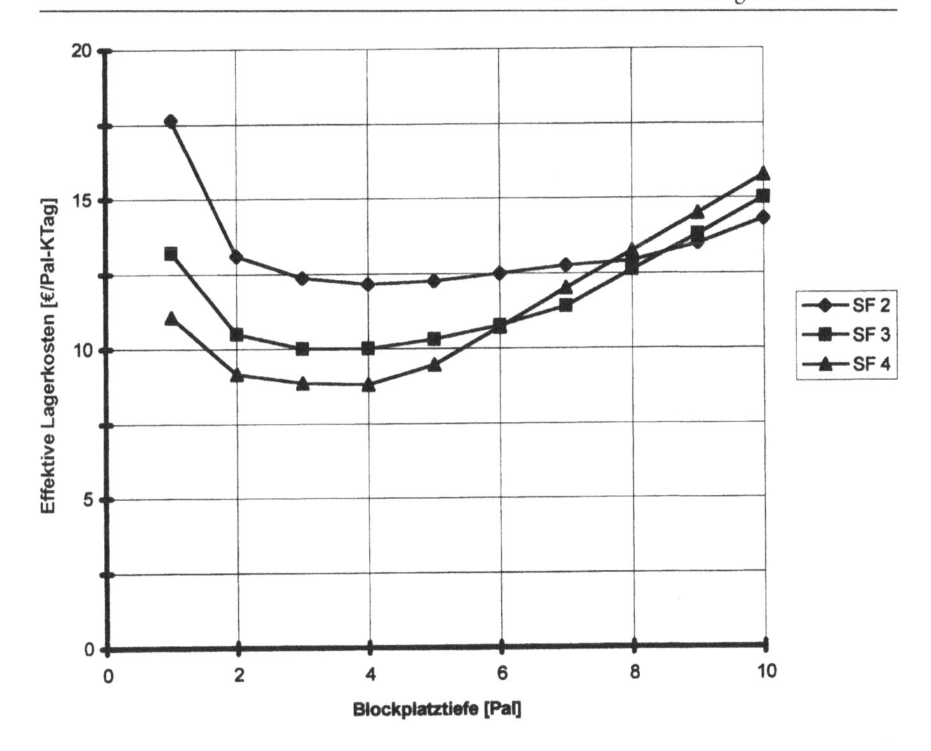

Abb. 16.24 Abhängigkeit der Lagerplatzkosten eines Blocklagers von der Lagerplatztiefe

SF_i: Stapelfaktor i Paletten übereinander
Parameter: 20 Paletten pro Artikel, 20.000 Paletten
Übrige Parameter s. *Tab.* 16.6

tung λ_A [LE/PE]. Werden die Betriebskosten für die dynamischen Lagergewerke K_{LD} [€/PE] auf den Lagerdurchsatz λ_D [LE/PE] während der Betriebsperiode bezogen, ergeben sich die

- *spezifischen Durchsatzkosten* pro ein- und ausgelagerter Ladeeinheit

$$k_D = K_{LD}/\lambda_D \quad [€/LE]. \tag{16.96}$$

Für bestimmte Problemstellungen, beispielsweise für die Berechnung optimaler Nachschublosgrößen aus den Nachschubprozesskosten, ist es notwendig, die dynamischen Betriebskosten weiter aufzuteilen in Einlagerkosten und Auslagerkosten und diese auf die Einlagerleistung bzw. Auslagerleistung zu beziehen (s. *Abschn.* 11.6). Damit ergeben sich die spezifischen *Einlagerkosten* k_E [€/LE] und die spezifischen *Auslagerkosten* k_A [€/LE].

Die Abhängigkeit der Durchsatzkosten von der Lagerkapazität bei konstanter Drehzahl ist für die 4 zuvor betrachteten Lagersysteme in *Abb.* 16.26 dargestellt. Die Abhängigkeit von der Drehzahl bei konstanter Lagerkapazität zeigt die *Abb.* 16.27. Nicht enthalten in den angegebenen Durchsatzkosten sind die Leistungskosten für

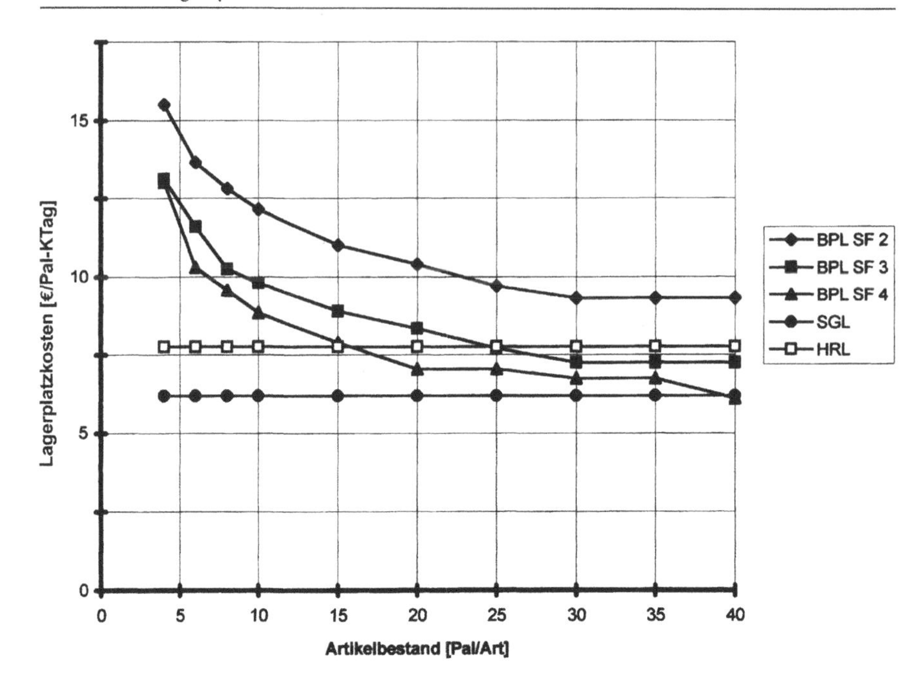

Abb. 16.25 Abhängigkeit der Lagerplatzkosten vom Artikelbestand bei optimaler Lagerdimensionierung

BPL SF$_i$: Blockplatzlager mit Stapelfaktor *i* Paletten übereinander
SGL: Schmalgangstaplerlager
HRL: Hochregallager
Parameter: 20.000 Paletten, Drehzahl 12 p. a.
Übrige Parameter s. *Tab.* 16.6

den Warenein- und Warenausgang, die je nach Anforderung und Funktionsablauf zwischen 1,50 und 2,00 € pro Palette liegen (Kostenbasis 2001).

Aus den dargestellten Abhängigkeiten und weiteren Modellrechnungen folgt:

- Die spezifischen Durchsatzkosten sind wie die spezifischen Lagerplatzkosten von der Größe des Lagers abhängig, nicht aber von der Nutzung der Lagerplatzkapazität.
- Die spezifischen Durchsatzkosten verändern sich bei konstanter Lagerkapazität relativ wenig mit der Lagerdrehzahl und steigen nur bei Drehzahlen unter 10 pro Jahr deutlich an.

Die Degression der Durchsatzkosten mit der Größe des Lagers resultiert aus der Umlage der weitgehend durchsatzunabhängigen Kosten für das Lagerverwaltungssystem, für die Leitstandbesetzung und für eine fest installierte Fördertechnik auf einen größeren Durchsatz. Die Durchsatzkostendegression ist daher für Lager mit hoher Automatisierung größer als für Lager mit geringer Automatisierung.

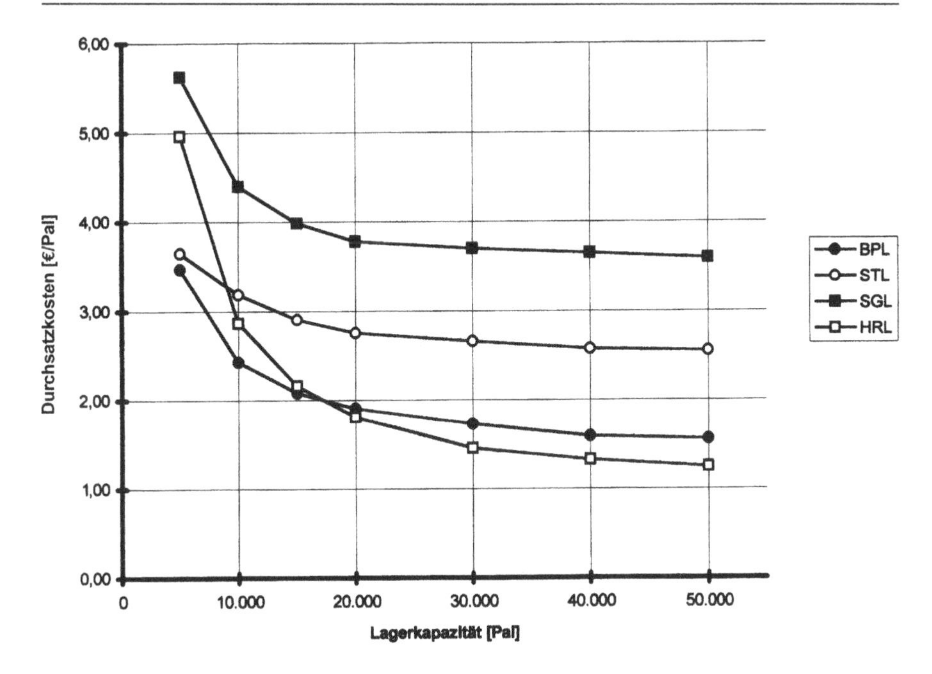

Abb. 16.26 Abhängigkeit der Durchsatzkosten von der effektiven Lagerkapazität

BPL: Blockplatzlager mit Stapelfaktor 3
STL: Staplerlager (Gangbreite 2,5 m)
SGL: Schmalgangstaplerlager (Gangbreite 1,75 m)
HRL: Hochregallager
Parameter: Drehzahl 12 p. a.
übrige Parameter s. *Tab.* 16.6

16.13.3 Kostenvergleich ausgewählter Lagersysteme

Aus den in *Abb.* 16.22 bis 16.28 gezeigten Abhängigkeiten der Leistungskosten und den Modellrechnungen ergeben sich für die untersuchten Lagersysteme folgende *Eigenschaften* und *Gesetzmäßigkeiten:*

- Für das *konventionelle Staplerlager* verändern sich die Lagerplatzkosten und die Durchsatzkosten vergleichsweise wenig mit der Kapazität und der Drehzahl des Lagers. Sie liegen ab 5.000 Palettenplätzen deutlich höher als die Kosten der anderen Fachregallager.
- Für das *Schmalgangstaplerlager* sind die Lagerplatzkosten bei allen Kapazitätsanforderungen geringer als für die anderen Lagersysteme. Die Durchsatzkosten sind dagegen im gesamten Kapazitätsbereich deutlich höher.
- Für das *Blocklager* sind die Lagerplatzkosten im gesamten Kapazitätsbereich höher als für das Schmalgangstaplerlager und für mehr als 20.000 Palettenplätze auch höher als für das Hochregallager. Die Durchsatzkosten des Blocklagers lie-

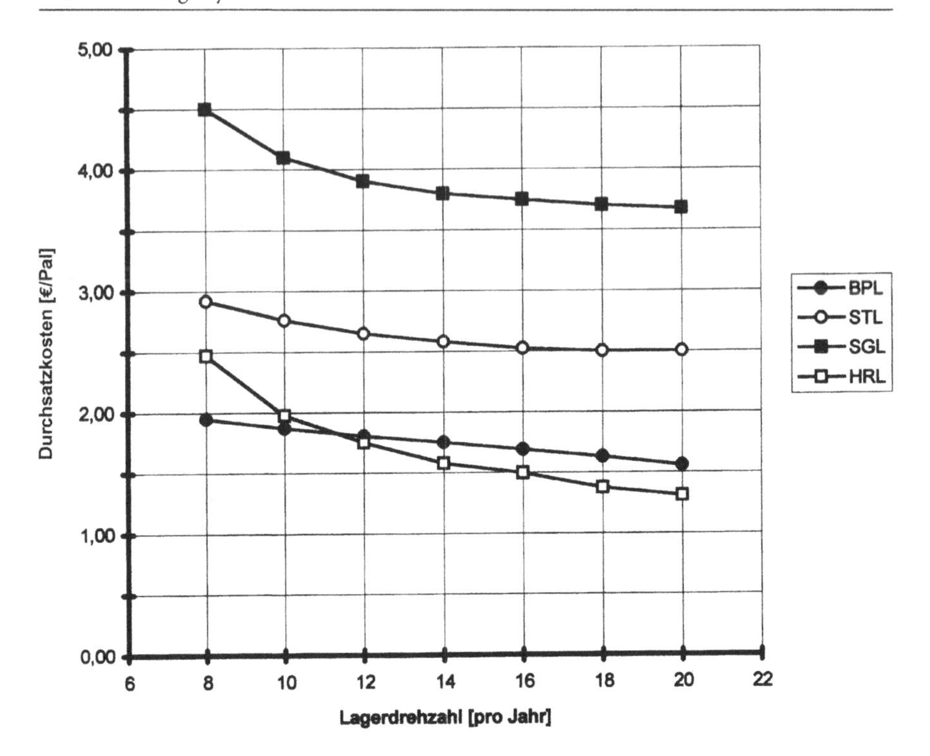

Abb. 16.27 Abhängigkeit der Durchsatzkosten von der Lagerdrehzahl

BPL: Blockplatzlager mit Stapelfaktor 3
STL: Staplerlager (Gangbreite 2,5 m)
SGL: Schmalgangstaplerlager (Gangbreite 1,75 m)
HRL: Hochregallager
Parameter: 20.000 Paletten, übrige Parameter s. *Tab.* 16.6

gen hingegen erheblich unter den Durchsatzkosten des Schmalgangstaplerlagers und bis zu einer Kapazität von 20.000 Palettenplätzen auch unter den Durchsatzkosten des Hochregallagers.

- Für das *Hochregallager* sind die Lagerplatzkosten ab einer Lagerkapazität von mehr als 20.000 Palettenplätzen geringer als für das Blocklager. Sie erreichen asymptotisch annähernd den Wert des Schmalgangstaplerlagers. Die Durchsatzkosten des Hochregallagers zeigen die stärkste Degression und sind im Vergleich zu den anderen Lagersystemen ab etwa 20.000 Palettenplätzen am günstigsten.

In der *Abb.* 16.28 ist die Abhängigkeit der *Umschlagkosten*, also der allein auf den Durchsatz bezogenen Gesamtbetriebskosten der vier untersuchten Lagersysteme dargestellt. Hieraus ist ablesbar:

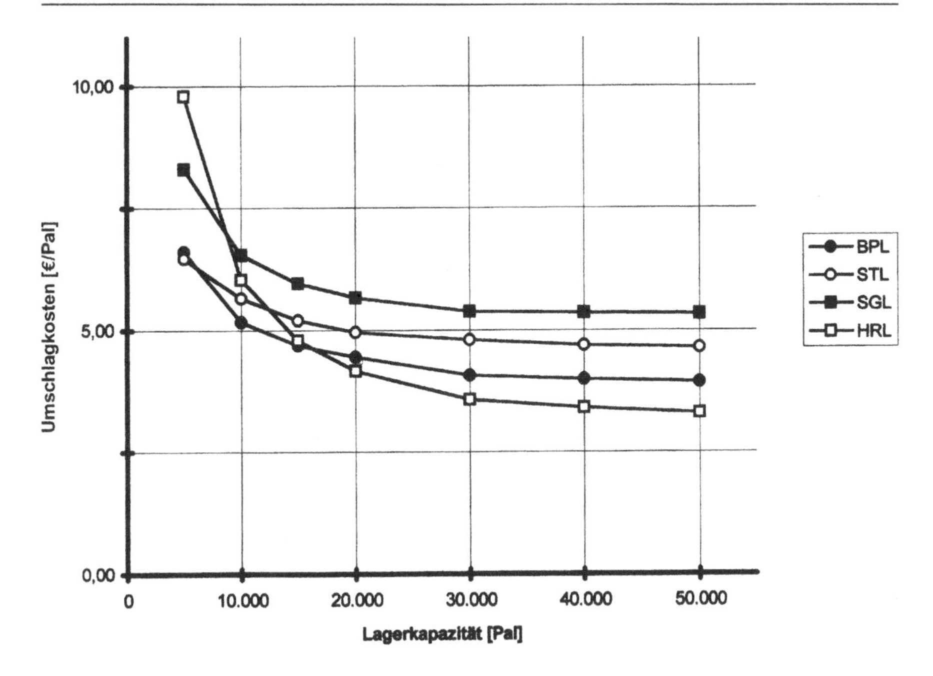

Abb. 16.28 Abhängigkeit der Umschlagkosten von der effektiven Lagerkapazität

BPL: Blockplatzlager mit Stapelfaktor 3
STL: Staplerlager (Gangbreite 2,5 m)
SGL: Schmalgangstaplerlager (Gangbreite 1,75 m)
HRL: Hochregallager
Parameter: Drehzahl 12 p. a., übrige Parameter s. *Tab.* 16.6

- Bei großer Lagerkapazität und hoher Lagerdrehzahl sind die *Durchsatz-* oder *Umschlagkosten* eines automatischen Hochregallagers deutlich geringer als die entsprechenden Leistungskosten der anderen Lagersysteme.

Der allgemeine Vergleich der Lagerleistungskosten und ihrer Abhängigkeiten kann nicht die Lagerplanung für ein konkretes Projekt ersetzen sondern nur die Handlungsmöglichkeiten und Tendenzen aufzeigen. Ohne eine qualifizierte Lagerplanung und Kalkulation der Leistungskosten bleiben wesentliche Optimierungsmöglichkeiten ungenutzt. Infolgedessen werden allzu leicht falsche Entscheidungen getroffen.

16.13.4 Auslastungsabhängigkeit der Lagerleistungskosten

Wenn die installierten Lagerleistungen, also die bereitgehaltene Platzkapazität und die vorgehaltene Durchsatzfähigkeit des Lagers, nicht wie geplant genutzt werden, sind die Ist-Leistungskosten infolge der *Fixkostenremanenz* höher als die Vollauslastungskosten.

Die statischen und die dynamischen Betriebskosten (16.92) setzen sich jeweils zusammen aus nutzungsunabhängigen *Fixkostenanteilen* K_{Pfix} und K_{Dfix} und aus den variablen *Kostenanteilen* $K_{\mathrm{Pvar}} = k_{\mathrm{Pvar}} \cdot \lambda_{\mathrm{P}}$ und $K_{\mathrm{Dvar}} = k_{\mathrm{Dvar}} \cdot \lambda_{\mathrm{D}}$. Daher ist:

$$K_{\mathrm{L}} = (K_{\mathrm{Pfix}} + k_{\mathrm{Pvar}} \cdot \lambda_{\mathrm{P}}) + (K_{\mathrm{Dfix}} + k_{\mathrm{Dvar}} \cdot \lambda_{\mathrm{D}}) . \qquad (16.97)$$

Jeweils bezogen auf den betreffenden Leistungsdurchsatz ergibt sich hieraus die Nutzungsabhängigkeit der *Lagerleistungskosten*

$$k_i(\lambda_i) = k_{i\,\mathrm{var}} + K_{i\,\mathrm{fix}}/\lambda_i \quad \text{für} \quad i = \mathrm{P}, \mathrm{D} . \qquad (16.98)$$

Aus der Nutzungsabhängigkeit folgt für die *Auslastungsabhängigkeit* der Lagerleistungskosten:

- Bei einer Auslastung $\rho_i = \lambda_{i\,\mathrm{Ist}}/\mu_i < 1$ der installierten Lagergrenzleistung μ_i, mit $i = P$ der Lagerplatzkapazität und mit $i = D$ der Durchsatzleistung, sind die spezifischen Leistungskosten

$$k_{i\,\mathrm{Ist}}(\rho_i) = k_{i\,\mathrm{Plan}} + (K_{i\,\mathrm{fix}}/\mu_i) \cdot (1 - \rho_i)/\rho_i \quad \text{für} \quad i = \mathrm{P}, \mathrm{D} . \qquad (16.99)$$

Die Aufteilung der Betriebskosten der vier betrachteten Lagerbeispiele in die fixen und variablen Kosten sowie die hieraus resultierenden Leistungskosten bei 80 % und bei 100 % Auslastung sind in *Tab.* 16.6 angegeben. *Abb.* 16.29 zeigt die Abhängigkeit der spezifischen Umschlagkosten von der mittleren Nutzung der installierten Kapazität und Leistung während einer Betriebsperiode.

Aus der allgemeinen Auslastungsabhängigkeit der Leistungskosten (16.99), aus dem Funktionsverlauf *Abb.* 16.29 sowie aus weiteren Modellrechnungen ergeben sich die allgemeingültigen Aussagen:

- Die spezifischen Platzkosten eines Lagers steigen mit abnehmender Nutzung der installierten Kapazität und die spezifischen Durchsatzkosten mit abnehmender Nutzung der installierten Durchsatzleistung zunächst relativ langsam und mit gegen Null gehender Auslastung immer rascher über alle Grenzen an.
- Der Anstieg der Leistungskosten mit abnehmender Auslastung ist für Lager mit einem hohen Fixkostenanteil stärker als für Lager mit einem geringen Fixkostenanteil.
- Der Fixkostenanteil der Lagerplatzkosten ist weitgehend unabhängig vom Automatisierungsgrad sehr hoch und liegt für alle Lagerarten über 85 %.
- Der Fixkostenanteil der Durchsatzkosten ist für Lager mit hoher Automatisierung größer als für Lager mit geringer Automatisierung.

So beträgt der Fixkostenanteil der Durchsatzkosten für das Hochregallager bei der betrachteten Auslegungsanforderung ca. 24 %, für das Blockplatzlager ca. 9 % und für das Schmalganglager ca. 5 %, wenn vorausgesetzt wird, dass beim Blockplatzlager und beim Schmalgangstaplerlager Personal und Geräteanzahl flexibel der aktuellen Leistungsanforderung angepasst werden können.

Hieraus folgen für die Lagerauswahl, die Lagernutzung und die Leistungspreiskalkulation die *Auslastungs- und Nutzungsgrundsätze:*

- Eine Unterauslastung der installierten Lagerkapazität hat bei allen Lagerarten einen erheblichen Anstieg der spezifischen Ist-Platzkosten zur folge.

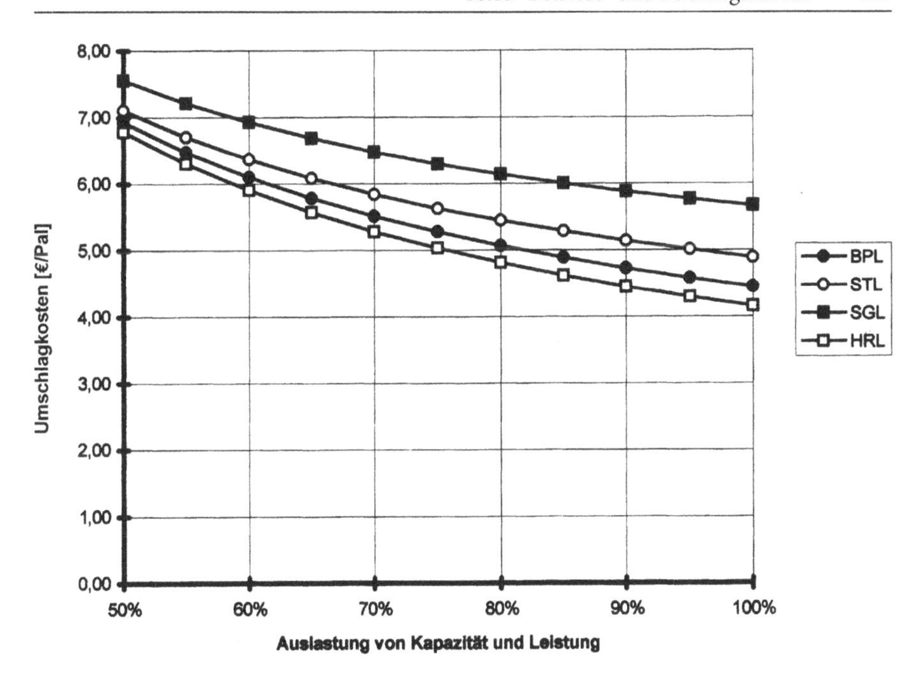

Abb. 16.29 Auslastungsabhängigkeit der Umschlagkosten

BPL: Blockplatzlager mit Stapelfaktor 3
STL: Staplerlager (Gangbreite 2,5 m)
SGL: Schmalgangstaplerlager (Gangbreite 1,75 m)
HRL: Hochregallager
Parameter: 20.000 Paletten, Drehzahl 12 p. a., übrige Parameter s. *Tab.* 16.6

- Eine schlechte Nutzung der Durchsatzleistung wirkt sich bei Lagern mit geringerer Automatisierung auf die spezifischen Durchsatzkosten nicht so stark aus wie bei Lagern mit hoher Automatisierung.
- Die installierte Lagerkapazität eines Lagers mit geringem Fixkostenanteil der Durchsatzkosten sollte möglichst gut belegt werden, auch wenn dabei die mögliche Durchsatzleistung geringer genutzt wird.
- Lager mit einem hohen Fixkostenanteil, wie die automatisierten Hochregallager, sind nur wirtschaftlich, wenn während der gesamten Planbetriebszeit sowohl die durchschnittliche Platznutzung wie auch die mittlere Durchsatzauslastung über 70 % liegen.
- Für stark schwankende Leistungsanforderungen und große Saisonspitzen des Lagerleistungsbedarfs sind automatische Lager mit hohem Fixkostenanteil schlechter geeignet als manuell bediente Lager mit geringem Fixkostenanteil.

Diese Auslastungs- und Nutzungsgrundsätze sind vor allem für einen Lagerdienstleister von großer Bedeutung, der Lagerleistungen am Markt anbietet und hierfür den Bau eines neuen Lagers plant.

16.14 Beschaffung von Lagerleistungen

Jedes Unternehmen, das regelmäßig Lagerleistungen benötigt, steht vor der Grundsatzentscheidung, ob und in welchem Umfang es diese selbst erbringen soll oder am Markt beschafft und von einem Dienstleister ausführen lässt.

Für die *Fremdvergabe* der Lagerleistungen sprechen folgende Gründe (s. auch *Kap.* 20):

- Der Aufbau und der Betrieb eines Lagers sind für einen Lagerdienstleister *Kernkompetenzen*, die er effizienter ausführen kann als ein Unternehmen, dessen Kernkompetenz auf anderen Gebieten liegt.
- Der Lagerdienstleister hat die Möglichkeit, durch den Bau eines größeren Lagers, das er für mehrere Kunden betreibt, technische und betriebswirtschaftliche Skaleneffekte zu nutzen und günstigere Leistungskosten zu erreichen.
- Die Personalkosten sind im Lager- und Speditionsgewerbe geringer als in vielen anderen Branchen.
- Durch geschickte Preisgestaltung und guten Vertrieb kann ein Lagerdienstleister andere Kunden mit gegenläufigem Saisonbedarf akquirieren und dadurch insgesamt eine höhere und gleichmäßigere Auslastung seines Lagers erreichen.

Ein Dienstleister, der für einen oder mehrere Nutzer ein Lager betreibt, muss mit den Erlösen für die Lagerleistungen alle seine Kosten decken. Außerdem will er einen angemessenen Gewinn erwirtschaften. Daher sind die *Leistungspreise*, die ein Dienstleister seinen Kunden für die in Anspruch genommenen Lagerleistungen in Rechnung stellt, um die *kalkulatorischen Zuschläge* für Verwaltung, Vertrieb, Risiken und Gewinn höher als die Leistungskosten, zu denen die gleichen Leistungen im eigenen Unternehmen verrechnet werden.

Wettbewerbsfähige Lagerdienstleister kalkulieren heute – abhängig von Marktlage, Betriebsgröße und Vertragslaufzeit – mit einem *Vertriebs- und Gemeinkostenzuschlag* (VVGK) einschließlich Gewinnerwartung – aber ohne Auslastungsrisiko – zwischen 15 und 20 %. Wenn der Dienstleister ein Lager ausschließlich für den Bedarf eines oder weniger Kunden errichten soll, ist er hierzu in der Regel nur bereit, wenn die *Vertragslaufzeit* mindestens 5 Jahre, bei größeren Lagern eher 10 Jahre beträgt und er für die gesamte Laufzeit eine verbindliche *Nutzungszusage* erhält.

Bei der Kalkulation der Leistungspreise stellt die Berücksichtigung des *Auslastungsrisikos* das größte Problem dar. Das Risiko erhöhter Leistungskosten infolge einer Abweichung der tatsächlichen Nutzung von der geplanten Nutzung eines Lagers muss der *Lagerdienstleister* bei seiner Kalkulation durch einen entsprechenden *Risikozuschlag* berücksichtigen. Wenn ein Unternehmen, das am Markt Lagerleistungen anfragt, sich nicht festlegen will und keine verbindlichen Zusagen für die Mindestinanspruchnahme der Lagerkapazität *und* des Lagerdurchsatzes macht, ist unter Umständen mit Risikozuschlägen weit über 20 % zu rechnen.

Durch die Gemeinkosten-, Gewinn- und Risikozuschläge auf die kalkulierten Leistungskosten werden die Kostenvorteile des externen Dienstleisters teilweise oder vollständig kompensiert. Unter ungünstigen Umständen sind die resultierenden Leistungspreise des Dienstleisters sogar höher als die Leistungskosten bei Eigenbetrieb eines Lagers.

Aus diesen Gründen kann über die Frage *Eigenleistung* oder *Fremdbeschaffung* von Lagerleistungen letztlich nur nach einer differenzierten Ausschreibung entschieden werden. Die benötigten Leistungen, die Rahmenbedingungen, die Auslastungszusagen, die Vertragslaufzeit und weitere wichtige Vertragsbedingungen werden den Anbietern in einer *Ausschreibungsunterlage* vorgegeben, deren Qualität für den Erfolg der Ausschreibung entscheidend ist (s. *Kap.* 20).

Besonders wichtig ist es, die anzubietenden *Leistungsumfänge* in der Ausschreibungsunterlage möglichst genau zu spezifizieren und die hiermit abgestimmte *Struktur der Leistungspreise* in einem *Preisblankett* bereits so vorzugeben, wie sie auch zur Vergütung vorgesehen sind. Das betrifft nicht nur die eigentlichen Lagerleistungen, sondern auch das damit verbundene Konfektionieren, Kommissionieren, Ver- und Entladen sowie andere Zusatzleistungen im Warenein- und Warenausgang.

Die Lagerart und die Lagertechnik aber sollten dem Lagerdienstleister nicht verbindlich vorgegeben werden, damit dieser eine optimale Lagerlösung entwickeln kann, die den Einsatz vorhandener Ressourcen und andere potentielle Nutzer berücksichtigt.

Da die Lagerleistungen und die Einflussfaktoren auf die Leistungspreise von Fall zu Fall unterschiedlich sind, gibt es für Preise von Lagerleistungen keinen transparenten Markt. Selbst wenn die Leistungsanforderungen und Randbedingungen vergleichbar sind, werden die Angebotspreise nicht allein von den Kosten sondern entscheidend von der aktuellen und der regionalen *Marktlage*, das heißt von *Angebot* und *Nachfrage* bestimmt.

Um trotzdem die Angebotspreise der Lagerdienstleister beurteilen und über Eigen- oder Fremdleistung entscheiden zu können, ist es erforderlich, parallel zur Ausschreibung die Leistungskosten bei eigener Durchführung der Lagerdienstleistungen zu kalkulieren. Wenn dafür ein neues Lager zu errichten ist, ist eine *Systemfindung und Layoutplanung* unerlässlich. Zur raschen und zuverlässigen Planung, Dimensionierung, Optimierung und Kostenkalkulation sind die zuvor beschriebenen Lagerplanungstools einsetzbar.

Wenn nach einem Preis-Leistungs-Vergleich unter Abwägung aller Vor- und Nachteile die Entscheidung für den Eigenbetrieb fällt, kann das Ergebnis der Systemfindung und Layoutplanung als Grundlage für die Ausschreibung an potentielle *Generalunternehmer* verwendet werden. Auch bei einer Generalunternehmer-Ausschreibung ist es ratsam, eine *herstellerunabhängige Vorplanung* durchführen zu lassen, um die angebotenen Lösungen technisch-wirtschaftlich besser beurteilen zu können.

16.15 Optimale Lagerauswahl

Wenn zur Lagerung eines Warenbestands in einem bestimmten Umkreis des Bereitstellorts mehrere Lager zur Auswahl stehen, ist zu entscheiden, in welchem dieser Lager eine anstehende Einlagermenge gelagert werden soll. Diese Entscheidung wird erschwert, wenn die verfügbaren Lager zum Teil eigene Lager mit unterschiedlichen Leistungskosten sind und zum Teil Lager von Dienstleistern mit verschiedenen Leistungspreisen und Auslastungszusagen.

Unter der Voraussetzung, dass bei der Einlagerung die voraussichtliche Lagerdauer bekannt ist, lässt sich die Lagerauswahl durch folgende *Lagerzuweisungsstrategie* lösen:

- Eine anstehende Einlagermenge wird dem Lager zugewiesen, das für die betreffende Menge *verfügbar* ist und bei der voraussichtlichen Lagerdauer die geringsten *Lagerleistungskosten* verursacht.

Verfügbar sind für einen Einlagerauftrag alle Lager, die für die betreffende Lagerware technisch zulässig sind und deren ungenutzte Restkapazität zum Entscheidungszeitpunkt für die Einlagermenge ausreicht.

Die *spezifischen Lagerleistungskosten* eines Lagerauftrags A mit M_E Ladeeinheiten betragen für ein Lager LA_i mit einem Lagerplatzkostensatz k_{Pi} [€/LE-KTag] und einem Durchsatzkostensatz k_{Di} [€/LE], das vom Bereitstellort der Ware mit *Zulauftransportkosten* in Höhe von k_{Zi} [€/LE] erreichbar ist, bei einer voraussichtlichen *Lagerdauer* von T_L Kalendertagen:

$$k_{Li}(T_L) = k_{Zi} + k_{Di} + k_{Pi} \cdot T_L \quad [€/LE]\,. \tag{16.100}$$

Wenn sich an das Lagern eine Kommissionierung oder Versandbereitstellung anschließt und hierzu die Ladeeinheiten nach dem Auslagern vom Lager zu einen anderen Ort transportiert und dort bereitgestellt werden müssen, erhöhen sich die Lagerleistungskosten (16.100) um die *Auslauftransportkosten* k_{Ai} [€/LE] für die sogenannte *Umfuhr* zwischen dem Lager und dem Bereitstellort.

Bei *eigenen Lagern* sind nur die *variablen Anteile* der *Plan-Leistungskosten* für die Lagerzuweisung maßgebend, da die Fixkosten unabhängig von der Lagerauslastung anfallen. Bei *fremdbetriebenen Lagern* sind die Leistungskosten gleich den Leistungspreisen. Wenn jedoch dem Dienstleister innerhalb einer vereinbarten Periode, zum Beispiel in einem Kalenderjahr, eine bestimmte *Mindest- oder Durchschnittsauslastung* vertraglich zugesichert wurde, sind die Lagerkosten gleich 0 zu setzen, sobald sich abzeichnet, dass die zugesicherte Auslastung nicht erreicht wird.

Aus den Lagerkostensätzen ergibt sich durch die Lagerzuweisungsstrategie *selbstregelnd* eine *kostenoptimale Nutzung* aller verfügbaren Lager. Die Lager werden dabei in folgender Prioritätenfolge mit Lagermengen belegt:

1. Solange ein oder mehrere der verfügbaren *Fremdlager* nicht die zugesicherte Auslastung haben, wird der Einlagerauftrag dem unterausgelasteten Fremdlager mit den geringsten Transportkosten zugewiesen, vorausgesetzt diese sind geringer als die Summe der Transportkosten und der variablen Durchsatzkosten für die verfügbaren Eigenlager.

2. Wenn kein verfügbares Fremdlager unterausgelastet ist, wird der Einlagerauftrag dem verfügbaren *Eigenlager* mit den geringsten Lagerleistungskosten zugewiesen.
3. Wenn alle eigenen Lager voll sind, werden die Einlagermengen in dem verfügbaren *Fremdlager* mit den günstigsten Prozesskosten gelagert.

Die *Lagerkostenkennlinien* (16.100) steigen linear mit der Lagerdauer an, wobei die spezifischen Lagerleistungskosten abhängig sind von den unterschiedlichen Kostensätzen der zur Auswahl stehenden Lager. In *Abb.* 16.30 sind die Lagerkostenkennlinien von drei verschiedenen Lagern dargestellt, die sich mit den Kostensätzen eines Falls aus der Praxis ergeben.

Für die in *Abb.* 16.30 dargestellte Kostensituation ergibt die Lagerzuweisungsstrategie, dass ein Einlagerauftrag mit einer voraussichtlichen Lagerdauer bis zu 25 Kalendertagen kostenoptimal im Blockplatzlager zu lagern ist, ein Lagerauftrag mit 25 bis 58 Kalendertagen Lagerdauer im Hochregallager und ein Lagerauftrag mit mehr als 58 Kalendertagen Lagerdauer im Schmalgangstaplerlager. Wenn in einem dieser Lager die Restkapazität nicht ausreicht, ist dieses nicht mehr verfügbar und die Zuweisungsentscheidung zwischen den beiden verbleibenden Lagern zu treffen. Die aktuelle Situation kann sich also abhängig vom Lagerfüllungsgrad ändern. Zusätzlich verändert sich die Kostenlage, wenn die Lagerleistungskosten auslastungsabhängig sind.

Simulationsrechnungen für einen konkreten Lagerverbund haben gezeigt, dass mit der dargestellten Lagerzuweisungsstrategie Kosteneinsparungen im Vergleich zur Lagerzuweisung ohne Strategie in einer Größenordnung von 20 % und mehr möglich sind.

Der Algorithmus der beschriebenen Lagerzuweisungsstrategie lässt sich in einem Warenwirtschaftssystem oder Lagerverwaltungssystem relativ einfach programmieren. Dadurch ist es möglich, für jeden anstehenden Einlagerauftrag aus der aktuellen Lagerbelegung und den hinterlegten Kostensätzen das jeweils optimale Lager zu errechnen und dem Disponenten vorzugeben.

Die Lagerkostenkennlinien sind nicht nur im praktischen Betrieb zur Lagerzuweisung bei mehreren verfügbaren Lagern geeignet, sondern auch in der *Planungsphase* nutzbar zur Auswahl eines geeigneten Lagersystems. Damit das richtige Lager für den richtigen Bestand genutzt wird, sind folgende *Lagerauswahlregeln* zu beachten:

▶ Für Lagerbestände mit kurzer Lagerdauer und hoher Drehzahl sind Lagersysteme mit geringen Durchsatzkosten geeignet, auch wenn die Lagerplatzkosten vergleichsweise hoch sind.

▶ Für Lagerbestände mit langer Lagerdauer und geringer Drehzahl sind Lagersysteme mit geringen Platzkosten vorteilhaft, auch wenn die Durchsatzkosten vergleichsweise hoch sind.

Schmalgangstaplerlager für Paletten haben relativ günstige Platzkosten und hohe Durchsatzkosten. Sie sind daher für die Langzeitlagerung besonders geeignet.

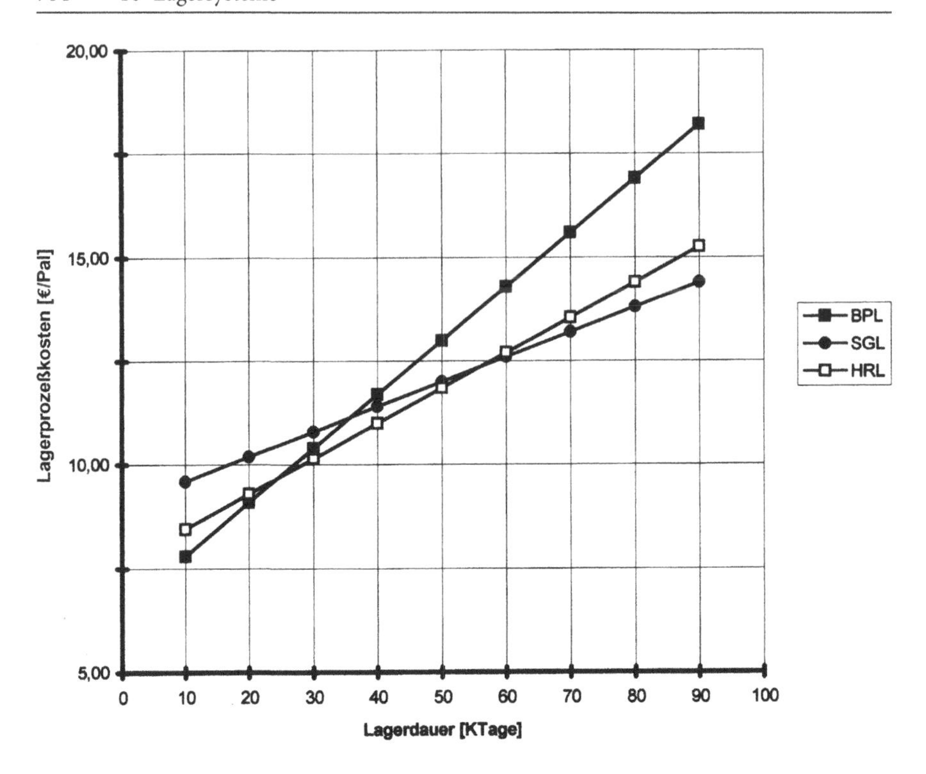

Abb. 16.30 Lagerkostenkennlinien von drei verfügbaren Palettenlagern

Kostensätze	Transportkosten	Durchsatzkosten	Lagerplatzkosten
Blockplatzlager	1,25 €/Pal	5,25 €/Pal	0,13 €/Pal-KTag
Schmalganglager	1,75 €/Pal	7,25 €/Pal	0,06 €/Pal-KTag
Hochregallager	4,00 €/Pal	3,75 €/Pal	0,08 €/Pal-KTag

Automatische *Hochregallager* haben mit zunehmender Größe abnehmende Durchsatzkosten bei etwas höheren Lagerplatzkosten. Sie sind daher besonders vorteilhaft für die Lagerung von Beständen mit hoher Drehzahl.

Blockplatzlager haben bei einem Stapelfaktor höher als 2 und Artikelbeständen größer als 10 Paletten günstige Durchsatzkosten *und* geringe Platzkosten. Wenn diese Einsatzvoraussetzungen erfüllt sind, ist das Blockplatzlager sowohl für wenig umschlagende Langzeitbestände, für schnellumschlagende Kurzzeitbestände wie auch im mittleren Umschlagbereich gut geeignet. Damit verbunden ist der Vorteil einer hohen Nutzungsflexibilität.

Konventionelle Palettenregallager mit normal breiten Gängen und Staplerbedienung können ebenfalls recht günstige Durchsatzkosten bei etwas höheren Platzkosten als das Schmalgangstaplerlager haben. Sie sind daher für Bestände mit einer mittleren Drehzahl sowie für stark schwankende Leistungsanforderungen gut geeignet.

Für Pufferbestände mit einer sehr kurzen Lagerdauer bis zu einigen Tagen und bei begrenztem Raum können auch *Durchlauf- und Kanallager* von Vorteil sein, deren Platzkosten sehr hoch, deren Durchsatzkosten aber recht günstig sind.

Mit einem dieser 5 Lagertypen oder mit einer geeigneten Kombination lässt sich der praktische Bedarf zur Lagerung von Paletten stets kostengünstig abdecken. Für andere Lagertypen zur Palettenlagerung, wie Kompaktlager oder Verschieberegallager, besteht nur in besonderen Fällen Bedarf.

Diese allgemeinen Einsatzbereiche der verschiedenen Lagertypen für Paletten, die sich aus den beiden Auswahlregeln, den Systemvergleichen und den vorangehenden Modellrechnungen ableiten, sind zur Vorauswahl in der Systemfindungsphase geeignet. Zur Entscheidung und Abgrenzung der Einsatzbereiche der Lagersysteme für Paletten oder andere Ladeeinheiten sind die Kenntnis der konkreten Leistungsanforderungen, eine Lagerdimensionierung und eine Leistungskostenrechnung unerlässlich.

17 Kommissioniersysteme

Das Kommissionieren ist die schwierigste Aufgabe der innerbetrieblichen Logistik. Die Schwierigkeiten des Kommissionierens resultieren aus der Vielzahl der *Verfahren, Techniken* und *Kombinationsmöglichkeiten*, aus den unterschiedlichen *Strategien*, nach denen sich Kommissioniersysteme aufbauen und organisieren lassen, sowie aus den vielen *Einflussfaktoren*, von denen *Auswahl, Dimensionierung, Investitionen* und *Kosten* abhängen.

Die *Verfahren, Techniken* und *Strategien* des Kommissionierens ergeben sich aus der allgemeinen *Kommissionieraufgabe* [18, 22, 29, 80, 83, 88, 93]:

- *Kommissionieren* ist das Zusammenstellen von Ware aus einem bereitgestellten Artikelsortiment nach vorgegebenen Aufträgen.

Werden ganze Ladeeinheiten nur *eines* Artikels angefordert, reduziert sich der Kommissionierauftrag auf einen Auslagerauftrag. Wenn ganze Ladeeinheiten von *mehreren* Artikeln angefordert werden, kommt das *Zusammenführen* an einem *Auftragssammelplatz* hinzu. Für das *Kommissionieren ganzer Ladeeinheiten* wird also nur ein *Einheitenlager* mit Fördertechnik oder Flurförderzeugen zur *Auftragszusammenstellung benötigt* (s. *Kap. 16*).

Kommissionieraufträge für Teilmengen fordern einzelne *Artikeleinheiten* oder *Gebinde* an, die eine *Vereinzelung* der *Auftragsmenge* aus einer bereitgestellten *Artikelmenge* erfordern. Das *Kommissionieren von Teilmengen* ist die zentrale Aufgabe der *Kommissioniersysteme.* Deren *Kernprozess* ist das Greifen zur *Vereinzelung, Entnahme* und *Abgabe* der Entnahme menge.

Das *Greifen* – auch *Picken* genannt – wird von einem *Kommissionierer* durchgeführt, der eine *Person*, ein *Palettierautomat*, ein *Roboter* oder eine *Abzugsvorrichtung* sein kann. Der Greifvorgang benötigt in der Regel die meiste Zeit und verursacht die höchsten Kosten. Er lässt sich nur schwer mechanisieren und automatisieren.

Der *Kommissionierprozess* setzt sich zusammen aus den *Teilprozessen:*

1. *Bereitstellung* von Ware in Bereitstelleinheiten
2. *Fortbewegung* des Kommissionierers zum Bereitstellplatz
3. *Entnahme* der geforderten Warenmenge aus den Bereitstelleinheiten
4. *Abgabe* in Sammelbehälter, auf ein Fördersystem oder ein Transportgerät
5. *Zusammenführen* der Sammelbehälter oder Waren an einem Sammelplatz
6. *Beschickung* der Bereitstellplätze mit Nachschub.

Aus den räumlichen und zeitlichen Kombinationsmöglichkeiten der *Warenbereitstellung*, der *Entnahme* und der *Abgabe* resultieren die unterschiedlichen *Kommissionierverfahren.* Die verschiedenen *Kommissioniertechniken* ergeben sich aus den technischen Lösungsmöglichkeiten für die Bereitstellung, die Fortbewegung, das Greifen,

T. Gudehus, *Logistik 2*, VDI-Buch,
DOI 10.1007/978-3-642-29376-4_3, © Springer-Verlag Berlin Heidelberg 2012

die Abgabe, das Abfördern und die Informationsanzeige [18, 22, 29, 57, 66, 73, 80, 82–84].

Durch Verbindung der möglichen Kommissionier- und Beschickungsverfahren mit den verschiedenen Kommissioniertechniken und Lagersystemen entstehen elementare und kombinierte Kommissioniersysteme:

- *Elementare Kommissioniersysteme* sind die Verbindung eines *Sammelsystems*, das die Entnahme, das Ablegen und Zusammenführen der angeforderten Ware durchführt, mit einem *Beschickungssystem*, das die Bereitstellplätze mit Nachschub versorgt.
- *Kombinierte Kommissioniersysteme* sind aus mehreren elementaren Lager- und Kommissioniersystemen aufgebaut, die *nebeneinander* und *nacheinander* angeordnet sind (s. *Abb. 17.17*).

Für die *Organisation* und *Steuerung* der elementaren und der kombinierten Kommissioniersysteme gibt es eine Vielzahl von *Betriebsstrategien*, die sich in *Belegungs-*, *Bearbeitungs-*, *Bewegungs-*, *Entnahme-*, *Nachschub-* und *Leergutstrategien* einteilen lassen. Wenn es in einem Betrieb unterschiedliche Kommissioniersysteme gibt, werden zusätzlich *Nutzungs-* und *Zuweisungsstrategien* benötigt.

In diesem Kapitel werden die *Leistungsanforderungen* an Kommissioniersysteme definiert, die verschiedenen *Verfahren* und *Techniken* des Kommissionierens beschrieben sowie die elementaren Kommissioniersysteme und der Aufbau kombinierter Kommissioniersysteme dargestellt. Dabei werden die *Einsatzbereiche* der unterschiedlichen Kommissioniersysteme analysiert, qualitative *Einsatzkriterien* abgeleitet und Möglichkeiten zur *Leistungssteigerung* und *Kostensenkung* aufgezeigt.

Anschließend werden die *Betriebsstrategien* für Kommissioniersysteme dargestellt, ihre Auswirkungen untersucht und Verfahren zur *Leistungsberechnung* und *Dimensionierung* entwickelt. Hierzu werden Formeln zur Berechnung von *Wegzeiten* und *Greifzeiten* hergeleitet.

Mit diesem Instrumentarium ist es möglich, Kommissioniersysteme systematisch zu planen und so zu optimieren, dass die *Leistungsanforderungen* bei Einhaltung aller *Randbedingungen* zu minimalen *Kommissionierkosten* erfüllt werden. Abschließend werden die *Kalkulation* der Kommissionierkosten behandelt und die wichtigsten *Einflussfaktoren* auf die Kosten analysiert.

17.1 Kommissionieranforderungen

Eine der häufigsten Ursachen für Probleme mit dem Kommissionieren ist die unzureichende Kenntnis der Anforderungen. Die Anforderungen an ein Kommissioniersystem werden durch die *Kommissionieraufträge* spezifiziert und durch Angabe der *Leistungsanforderungen* quantifiziert.

Der *Leistungsumfang des Kommissionierens* lässt sich einteilen in:

- *Grundleistungen*

  Entnehmen der Artikelmengen
  Befüllen der Versandeinheiten (17.1)
  Zusammenstellen der Auftragsmengen

- *Vorleistungen*

  Vorbereitung der Aufträge
  Bereitstellen des Sortiments
  Beschicken der Bereitstellplätze
  Nachschub von Reserveeinheiten (17.2)
  Lagern der Reserveeinheiten
  Disposition von Nachschub und Beständen

- *Zusatzleistungen*

  Preisauszeichnung, Kodieren und Etikettieren der Ware
  Verpacken der Warenstücke oder Gebinde
  Aufbau und Ladungssicherung der Versandeinheiten (17.3)
  Kennzeichnung und Etikettieren der Versandeinheit.

Die Vorleistungen sind notwendig, um ein unterbrechungsfreies Kommissionieren zu ermöglichen und werden von den Grundleistungen ausgelöst. Die Zusatzleistungen sind für das eigentliche Kommissionieren nicht zwingend erforderlich und können auch vor oder nach dem Kommissionieren durchgeführt werden. Beim Vergleich von Leistungen und Kosten des Kommissionierens müssen daher die geforderten Zusatzleistungen genau spezifiziert werden.

Der Leistungsumfang wird quantifiziert durch die *primären Leistungsanforderungen*, wie die *Sortimentsanforderungen* und die *Auftragsanforderungen*, und die *sekundären Leistungsanforderungen*, wie die *Durchsatzanforderungen* und die *Bestandsanforderungen*, die sich aus den primären Leistungsanforderungen ableiten. Die Leistungsanforderungen für den *Planungshorizont* lassen sich aus den *Ist-Anforderungen* mit *Hochrechnungsfaktoren* errechnen, die aus einer *Prognose* des Bedarfs in Abstimmung mit der Unternehmensplanung abgeleitet sind.

Die Leistungsanforderungen *schwanken stochastisch* und sind in der Regel *zeitlich veränderlich*. Die stochastischen Schwankungen, die sich aus zufallsabhängigen Einflüssen ergeben, lassen sich durch die *Mittelwerte* und *Varianzen* der Anforderungswerte erfassen (s. *Kap. 9*).

Die systematischen zeitlichen Veränderungen im Verlauf des Jahres, der Woche und eines Tages sind bei der Dimensionierung durch entsprechende *Spitzenfaktoren* oder unterschiedliche *Belastungsfälle* zu berücksichtigen. Um die systematischen Veränderungen richtig zu erfassen und die stochastischen Schwankungen zu eliminieren, ist es für die Dimensionierung erforderlich, mit den *Stundendurchsatzwerten* zu rechnen.

Das Erfassen, Aufbereiten und Strukturieren der Leistungsanforderungen ist mit Entscheidungen verbunden, die für den Erfolg der Planung eines Kommissioniersystems ausschlaggebend sein können. In vielen Fällen ist es daher notwendig, nach einer ersten groben Festlegung die Leistungsanforderungen im Verlauf der Planung zu differenzieren und bei Bedarf neu zu strukturieren.

Als Beispiel sind in *Tab. 17.1* die Jahresmittelwerte der Leistungsanforderungen für zwei verschiedene Kommissioniersysteme zusammengestellt. Zusätzlich benötigt werden die saisonalen Veränderungen und die Varianz der stochastischen Schwankungen dieser Werte. Eventuell sind die Aufträge in Groß- und Kleinaufträge oder in Eil- und Normalaufträge zu unterteilen. Anhand dieser beiden Beispiele aus der Planungspraxis werden nachfolgend die allgemeinen Zusammenhänge erläutert und Modellrechnungen durchgeführt.

17.1.1 Sortimentsanforderungen

Die Sortimentsanforderungen spezifizieren die *Breite und Beschaffenheit des Artikelsortiments*, aus dem kommissioniert werden soll, die *Form der Bereitstellung* und die *Art der Entnahmeeinheiten*. Sie umfassen:

- *Artikelanzahl* N_S des Sortiments, das für den Zugriff bereitzuhalten ist
- *Beschaffenheit* der Artikel, wie Form, Sperrigkeit, Haltbarkeit, Wertigkeit, Gefahrenklasse und Brandklasse
- *Artikeleinheiten* [AE] mit *Abmessungen* l_{AE}, b_{AE}, h_{AE} [mm], *Volumen* v_{AE} [l/VE] und *Gewicht* g_{AE} [kg/AE]
- *Bereitstelleinheiten* [BE] mit *Kapazität* C_{BE} [AE/BE oder EE/BE], *Abmessungen* l_{BE}, b_{BE}, h_{BE} [mm], *Volumen* v_{BE} [l/BE] und *Gewicht* g_{BE} [kg/BE]
- *Entnahmeeinheiten* [EE] mit *Inhalt* c_{EE} [AE/EE], *Abmessungen* l_{EE}, b_{EE}, h_{EE} [mm], *Volumen* v_{EE} [l/EE] und *Gewicht* g_{EE} [kg/EE].

In Kommissioniersystemen mit statischer Bereitstellung bestimmt die *Artikelanzahl* die Anzahl der Bereitstellplätze und damit die benötigte *Bereitstelllänge* oder *Bereitstellfläche.*

Die *Artikeleinheiten* können einzelne *Warenstücke* [WST] sein oder *Gebinde* [Geb] sein, in denen Flüssigkeit, Pulver, Feststoffe oder auch mehrere Warenstücke abgepackt sind. Abhängig vom Verwendungszweck wird die Artikeleinheit auch als *Verkaufseinheit* [VKE] oder *Verbrauchseinheit* bezeichnet.

Die *Bereitstelleinheiten*, in denen die Artikeleinheiten für den Zugriff bereitgestellt werden, können Paletten oder Behälter sein, aber auch Anlieferkartons oder Einzelteile, die ohne Ladungsträger in einem *Fachbodenregal* oder *Durchlaufkanal* liegen.

In vielen Fällen sind die *Ladeeinheiten* für die Bereitstellung durch den Nachschub vorgegeben. Sind die Bereitstelleinheiten nicht vorgegeben, sind *Auswahl, Abmessungen, Ausrichtung* und *Zuweisungskriterien* der Bereitstelleinheiten für die unterschiedlichen Sortimentsgruppen *Gestaltungsparameter* zur Optimierung des Kommissioniersystems. Aus den Abmessungen der Bereitstelleinheiten und der Entnahmeeinheiten resultiert das *Fassungsvermögen pro Bereitstelleinheit* C_{BE} [EE/BE] (s. *Kap. 12*).

Die *Entnahmeeinheiten* [EE] – auch *Kommissioniereinheiten* [KE], *Greifeinheiten* [GE] oder *Pickeinheiten* [Picks] genannt – sind entweder die Artikeleinheiten

		Fertigwarenlager Industrie	Warenverteilzentrum Handelskonzern	
SORTIMENT		**Nonfood-Produkte**	**Handelssortiment**	
Artikelanzahl		**800**	**30.000**	
Anteil A-Artikel		10%	10%	
B-Artikel		40%	40%	
C-Artikel		50%	50%	
ENTNAHMEEINHEITEN		**Kartons**	**Warenstücke**	
Durchsatzmenge		**18.750**	**252.000**	**EE/Tag**
Volumen		3,8	5,0	l/EE
Gewicht		1,9	2,5	kg/EE
AUFTRÄGE	Art	**Kundenaufträge**	Filialenaufträge	
Durchlaufzeit	max.	4	8	Stunden
Auftragsdurchsatz		**250**	**1.500**	**Auf/Tag**
Positionen		15,0	12,0	Pos/Auf
Entnahmemenge		5,0	14,0	EE/Pos
POSITIONSDURCHSATZ		**3.750**	**18.000**	**Pos/Tag**
davon A-Artikel		50%	60%	
B-Artikel		30%	35%	
C-Artikel		20%	5%	
BEREITSTELLEINHEITEN		**Paletten**	**Paletten und Behälter**	
Kapazität		209	freie Parameter	EE/BE
Durchsatz		90	aufteilungsabhängig	BE/Tag
VERSANDEINHEITEN		**Paletten**	**Paletten und Klappboxen**	
Kapazität		188	freie Parameter	EE/VE
Durchsatz		250	aufteilungsabhängig	VE/Tag

Tab. 17.1 Typische Leistungsanforderungen an Kommissioniersysteme für zwei Fallbeispiele aus Industrie und Handel

selbst oder *Gebinde*, die mehrere Artikeleinheiten enthalten, wie Kartons [Kart], Schrumpfverpackungen, Überkartons oder Displays. Das Kommissionieren der kleinsten Artikeleinheiten wird auch als *Feinkommissionierung* bezeichnet [80].

Für ein *homogenes Sortiment* mit gleichartigen Artikeleinheiten genügt es, die *mittleren Abmessungen* und das *durchschnittliche Gewicht* der Entnahmeeinheiten zu kennen. Wenn sich die Artikeleinheiten stark unterscheiden, muss das Sortiment in mehrere, in sich ausreichend gleichartige homogene *Sortimentsgruppen* eingeteilt werden, zum Beispiel in *Großteile, Kleinteile* und *Sperrigteile*, die in unterschiedlichen Ladeeinheiten gelagert und bereitgestellt werden.

Wenn sich der Mengendurchsatz der einzelnen Artikel stark unterscheidet, kann es sinnvoll sein, das Sortiment nach einer *ABC-Analyse* aufzuteilen in *Artikelgruppen* mit in sich ähnlicher Gängigkeit, die jeweils N_A A-Artikel, N_B B-Artikel und N_C C-Artikel umfassen. Die Artikelgruppen mit unterschiedlicher Gängigkeit können in den gleichen oder in unterschiedlichen Ladeeinheiten bereitgestellt werden, beispielsweise Artikel mit hohem Volumendurchsatz und Bestand in *Paletten* und mit geringerem Volumendurchsatz und Bestand in *Behältern*.

17.1.2 Auftragsanforderungen

Kommissionieraufträge können *externe Aufträge* sein, wie *Versandaufträge* und *Ersatzteilaufträge*, oder *interne Aufträge*, wie *Sammelaufträge* einer ersten Kommissionierstufe, *Teilaufträge* für parallele Kommissionierbereiche und *Versorgungsaufträge* für die Montage oder Produktion. Wenn für die Aufträge unterschiedliche *Durchlaufzeiten* oder *Termine* gefordert sind, ist eine Aufteilung in *Dringlichkeitsklassen, wie Sofortaufträge, Eilaufträge* und *Terminaufträge*, erforderlich.

Die Auftragsanforderungen spezifizieren *Anzahl, Inhalt* und *Struktur* der Aufträge, die zu kommissionieren sind. Sie umfassen:

- *Art der Kommissionieraufträge* [KAuf]
- *Auftragsdurchsatz* λ_{KAuf} [KAuf/PE] pro *Periode* [PE = Jahr, Tag oder Stunde]
- *Auftragspositionen* n_{Pos} [Pos/Auf], d. h. Artikelanzahl pro Auftrag
- *Menge* pro Position m_{Pos} [EE/Pos oder AE/Pos]
- *Versandeinheiten* [VE] mit *Kapazität* C_{VE} [AE/VE oder EE/VE], *Abmessungen* l_{LE}, b_{LE}, h_{LE} [mm], *Volumen* v_{VE} [l/VE] und *Gewicht* g_{VE} [kg/VE]
- *maximal zulässige Auftragsdurchlaufzeit* $T_{K\,Auf\,max}$ [h].

Bei stochastisch schwankendem und zeitlich veränderlichem Auftragseingang müssen der *Mittelwert* und die *Varianz* des *Auftragsdurchsatzes* λ_{KAuf} für den *Spitzentag* des Jahres bekannt sein. Wenn die *Betriebszeiten* fest vorgegeben oder die Auftragsdurchlaufzeiten begrenzt sind, wird auch der stündliche Auftragseingang für die *Spitzenstunde* des Spitzentages zur Dimensionierung benötigt.

Für Aufträge, die sich nicht allzu stark voneinander unterscheiden, genügt es, die *durchschnittliche Auftragsstruktur*, also die mittlere Anzahl Positionen und Entnahmemengen für alle Aufträge zu kennen. Wenn die Aufträge sehr unterschiedlich sind, müssen *Auftragscluster* mit in sich ähnlicher Struktur gebildet und separat betrachtet werden, beispielsweise *Großmengenaufträge* und *Kleinmengenaufträge* oder *Einpositionsaufträge* und *Mehrpositionsaufträge*.

Aus der mittleren Positionsanzahl und der Entnahmemenge pro Position errechnet sich die *durchschnittliche Auftragsmenge:*

$$\mathrm{m_A} = n_{\mathrm{Pos}} \cdot \mathrm{m_{Pos}} \quad [\mathrm{EE/KAuf}]\,. \tag{17.4}$$

Aus der Auftragsmenge und dem mittleren Volumen und Gewicht der Entnahmeeinheiten resultieren das *durchschnittliche Auftragsvolumen* und *Auftragsgewicht:*

$$\mathrm{V_A} = n_{\mathrm{Pos}} \cdot \mathrm{m_{Pos}} \cdot \mathrm{v_{EE}} \quad [\mathrm{l/KAuf}]\,,$$

$$\mathrm{G_A} = n_{\mathrm{Pos}} \cdot \mathrm{m_{Pos}} \cdot \mathrm{g_{EE}} \quad [\mathrm{kg/KAuf}]\,. \tag{17.5}$$

Die *Versandeinheiten* können Paletten, Behälter, Klappboxen, Versandkartons oder andere Behälter sein. Wenn sich die *Versandanforderungen*, wie die zu verwendenden Verpackungen oder Versandeinheiten, unterscheiden, sind die Aufträge entsprechend zu klassifizieren und bei der Systemauslegung, Leistungsberechnung und Kostenkalkulation getrennt zu betrachten.

Sind die Versandeinheiten nicht vorgegeben, sind *Gestaltung*, *Auswahl*, *Abmessungen* und *Zuweisungskriterien* der Versandeinheiten zu den unterschiedlichen Auftragsgruppen weitere *Handlungsparameter*, die zur Optimierung des Kommissioniersystems genutzt werden können. Aus den Abmessungen der Versandeinheiten und der Entnahmeeinheiten resultiert das durchschnittliche *Fassungsvermögen der Versandeinheiten* $\mathrm{C_{VE}}$ [EE/VE] (s. *Kap. 12*).

17.1.3 Durchsatzanforderungen

Die Durchsatzanforderungen lassen sich aus dem Auftragsdurchsatz, der Auftragsstruktur und den Sortimentsdaten errechnen. Für die Systemauslegung und die Dimensionierung werden benötigt der

- *Volumendurchsatz* pro Periode PE

$$\lambda_{\mathrm{V}} = \mathrm{V_A} \cdot \lambda_{\mathrm{KAuf}} \quad [l/\mathrm{PE}] \tag{17.6}$$

und der

- Mengendurchsatz pro Periode PE

  in Positionen [Pos]

$$\lambda_{\mathrm{Pos}} = n_{\mathrm{Pos}} \cdot \lambda_{\mathrm{KAuf}} \quad [\mathrm{Pos/PE}] \tag{17.7}$$

  in Entnahmeeinheiten EE

$$\lambda_{\mathrm{EE}} = \mathrm{m_{EE}} \cdot \lambda_{\mathrm{Pos}} \quad [\mathrm{EE/PE}] \tag{17.8}$$

  in Artikeleinheiten AE

$$\lambda_{\mathrm{AE}} = n_{\mathrm{Pos}} \cdot \mathrm{m_{Pos}} \cdot \lambda_{\mathrm{KAuf}} \quad [\mathrm{AE/PE}]\,. \tag{17.9}$$

Mit dem Fassungsvermögen $\mathrm{C_{BE}}$ [EE/BE] der *Bereitstelleinheiten* und dem Fassungsvermögen $\mathrm{C_{VE}}$ [EE/VE] der *Versandeinheiten* errechnet sich aus dem Durchsatz der Entnahmeeinheiten der

- *Ladeeinheitendurchsatz* pro Periode PE

  in Bereitstelleinheiten BE

$$\lambda_{BE} = \lambda_{EE}/C_{BE} \quad [BE/PE] \tag{17.10}$$

  in Versandeinheiten VE

$$\lambda_{VE} = \lambda_{EE}/C_{VE} + \lambda_{KAuf} \cdot (C_{VE} - 1)/2C_{VE} \quad [VE/PE]\,. \tag{17.11}$$

Der Zusatzterm für den Durchsatz der Versandeinheiten resultiert daraus, dass pro Kommissionierauftrag eine Anbrucheinheit mit dem mittleren *Anbruchverlust* $(C_{VE} - 1)/2C_{VE}$ entsteht. Fasst beispielsweise eine zum Versand eingesetzte Klappbox im Mittel 8 Entnahmeeinheiten, ist also $C_{VE} = 8$ EE/VE, dann ist der Durchsatz der Versandbehälter im Mittel pro Kommissionierauftrag um $(8 - 1)/16 = 0{,}44$ Versandbehälter größer als der Vollbehälterdurchsatz, der in diesem Fall gleich ein Achtel des Durchsatzes der Entnahmeeinheiten ist. Analog erhöht sich auch der Durchsatz (17.10) der Bereitstelleinheiten infolge des Anbruchverlustes im Mittel um $(C_{BE} - 1)/2C_{BE}$ Bereitstelleinheiten pro Nachschubauftrag, wenn der Nachschub nicht in ganzen Einheiten erfolgt (s. *Abschn. 12.5*).

Bei der Leistungsberechnung und Dimensionierung von Kommissioniersystemen ist also zu beachten:

- Der Ladeeinheitendurchsatz erhöht sich infolge der Anbrucheinheiten, vor allem wenn die Auftragsmenge im Vergleich zum Fassungsvermögen der Ladeeinheiten klein ist.

Der Durchsatz der Bereitstelleinheiten ist gleich der *Nachschubleistung* für die Bereitstellplätze. Die Nachschub- oder Bereitstellleistung bestimmt maßgebend den *Gerätebedarf* des Beschickungssystems.

Mit größerem Fassungsvermögen der Bereitstelleinheiten reduziert sich die *Nachschubfrequenz* und damit der Gerätebedarf zur Beschickung der Bereitstellplätze. Zugleich aber nehmen auch die Bereitstelllänge und damit die Kommissionierwege zu. Außerdem verringert sich der Füllungsgrad der Bereitstelleinheiten im Zugriff mit größerer Kapazität C_{BE}, denn sie sind im Mittel nur mit $(C_{BE} + 1)/2$ Entnahmeeinheiten gefüllt. Gegenläufig dazu aber werden mit zunehmender Größe der Ladeeinheiten der Packungsgrad besser und der anteilige Raumverlust durch die Fachfreimaße geringer. Es gibt daher eine *optimale Größe der Bereitstelleinheiten*, die von vielen Einflussfaktoren abhängt und projektabhängig zu bestimmen ist.

Wenn die Versandeinheit gleich der *Ablageeinheit* am Entnahmeplatz ist, bestimmt deren Durchsatz die *Abförder-* oder *Entsorgungsleistung* des Kommissionierbereichs und damit die Auswahl und Auslegung des Abfördersystems. Durch ein größeres Fassungsvermögen der Versand- oder Ablageeinheiten lassen sich die Abförderleistung und damit der Aufwand für die Fördertechnik zur Entsorgung des Kommissionierbereichs reduzieren. Mit zunehmendem Fassungsvermögen C_{VE} aber verschlechtert sich der Füllungsgrad der Versand- oder Ablageeinheiten, da pro Kommissionierauftrag ein *Anbruchbehälter* entsteht, der im Mittel nur $(C_{VE} + 1)/2$ Entnahmeeinheiten enthält. Aus diesen gegenläufigen Effekten folgt, dass es auch eine *optimale Größe der Versandeinheiten* gibt, die ebenfalls projektspezifisch bestimmt werden muss.

17.1.4 Bestandsanforderungen

Die Bestände im Kommissionierbereich sind so zu bemessen, dass bei kostenoptimalem Nachschub ein unterbrechungsfreies Kommissionieren mit kurzen Wegen gewährleistet ist. Aus dieser Zielsetzung folgen die *Auslegungsregeln* (s. *Abschn. 11.2* und *11.8*):

- Im Kommissionierbereich muss für jeden Artikel mindestens der *Pull-Bestand* vorrätig sein, dessen Höhe von der Bestands- und Nachschubdisposition für den Kommissionierbereich bestimmt wird (s. *Abschn. 11.1*).
- Wenn der Gesamtbestand eines Artikels den für das Kommissionieren benötigten Pull-Bestand übersteigt, darf davon nur so viel im Kommissionierbereich gelagert werden, wie ohne Behinderung des Kommissionierens möglich ist.

Darüber hinausgehende *Reserve-* oder *Push-Bestände* müssen in einem *Reservelager* gelagert werden, das vom Kommissioniersystem räumlich getrennt ist [86]. Für das Kommissionieren mit *statischer Bereitstellung* teilt sich der Bestand pro Artikel auf in:

1. Eine *Zugriffseinheit*, die sich auf einem *Bereitstellplatz* im *Zugriff* befindet
2. Eine *Zugriffsreserveeinheit*, die in der Nähe des Bereitstellplatzes untergebracht ist
3. *Reserveeinheiten*, die ebenfalls im Kommissioniersystem oder getrennt in einem *Reservelager* lagern.

Die Summe der Artikelbestände in den Zugriffseinheiten und Zugriffsreserveeinheiten ist der Pull-Bestand des Kommissionierbereichs (s. *Abb. 17.8*).

Der *Platzbedarf* für den Pull-Bestand wird von der Artikelanzahl und der *Belegungsstrategie* für den Zugriffsbereich bestimmt. Der Platzbedarf für die Reserveeinheiten ist abhängig von der *Lagerordnung*. Bei *freier Lagerordnung* ist der Platzbedarf durch den mittleren Bestand, bei *fester Lagerordnung* durch den maximalen Bestand gegeben (s. *Abschn. 16.5*).

17.2 Kommissionierverfahren

Um den Greifvorgang zu ermöglichen, müssen die in *Abb. 17.1* dargestellten *zentralen Elemente eines Kommissioniersystems* an einem Ort zusammenkommen:

- *Bereitstelleinheiten* B_i, $i = 1,2,\ldots,N_\mathrm{S}$, in denen ausreichende Warenmengen der N_S Artikel des Sortiments bereitgehalten werden.
- *Auftragsablagen* A_j, $j = 1,2,\ldots,N_\mathrm{A}$, auf die die Entnahmemengen m_{ji} aus den Bereitstelleinheiten B_i für N_A gleichzeitig bearbeitete Aufträge abgelegt werden.
- *Kommissionierer* K_k, $k = 1,2,\ldots,N_\mathrm{K}$, die das Greifen durchführen.

Die grundlegenden *Kommissionierverfahren* ergeben sich aus den unterschiedlichen Möglichkeiten, die zentralen Elemente des Kommissioniersystems am *Greifort* zusammenzuführen, also daraus, an welchem Ort der Greifvorgang stattfindet, welche der Elemente sich permanent am Greifort befinden und welche nur temporär zum Greifort bewegt werden.

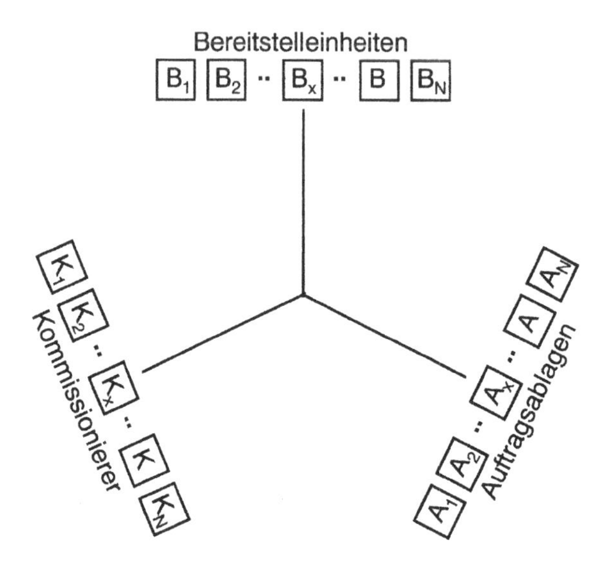

Abb. 17.1 Zentrale Elemente eines Kommissioniersystems

Bereitstelleinheiten B_i , $i = 1,2,\ldots,N_B$
Auftragsablagen A_j , $j = 1,2,\ldots,N_A$
Kommissionierer K_k , $k = 1,2,\ldots,N_K$

Aus den möglichen Kombinationen, in denen jeweils zwei Elemente zusammen zu einem dritten stationären Element kommen können und in denen ein Element zu zwei stationären Elementen kommen kann, ergeben sich die 6 verschiedenen *Kommissionierverfahren*:

1. Kommissionierer kommen mit den Aufträgen zu den Bereitstelleinheiten
2. Aufträge kommen zu den Kommissionierern bei den Bereitstelleinheiten
3. Bereitstelleinheiten kommen zu Kommissionierern und Aufträgen
4. Kommissionierer kommen mit Bereitstelleinheiten zu den Aufträgen
5. Kommissionierer kommen zu den Aufträgen bei den Bereitstelleinheiten
6. Bereitstelleinheiten kommen mit Aufträgen zu den Kommissionierern.

(17.12)

In den *Abb. 17.2* bis *17.6* sind verschiedene Realisierungsmöglichkeiten der wichtigsten dieser sechs grundlegenden Kommissionierverfahren dargestellt. Der Aufbau, die Funktion und die Einsatzvoraussetzungen sowie die Vor- und Nachteile der praktisch relevanten Kommissionierverfahren werden nachfolgend näher beschrieben.

Ein siebtes Kommissionierverfahren, das vollständig *stationäre Kommissionieren*, ergibt sich aus der Möglichkeit, jeweils einen Bereitstellplatz, einen Ablageplatz und einen Kommissionierer stationär an einem Ort zusammenzubringen. Die Kommissionierer sind in diesem Fall stationäre *Abzugsvorrichtungen*, die mit einem *Fördersystem* verbunden sind. Die Abzugsvorrichtungen ziehen die Warenstücke in der geforderten Anzahl von den stationären Bereitstellplätzen auf das Fördersystem, das sie bei *einstufiger Kommissionierung* direkt und bei *zweistufiger Auftragsbearbeitung* über einen *Sorter* zu den Auftragssammelplätzen in der Packerei oder im Versand befördert. An den Auftragssammelplätzen wird die Ware entnommen, in Versandeinheiten abgelegt oder verpackt.

17.2.1 Konventionelles Kommissionieren mit statischer Artikelbereitstellung

Das konventionelle Kommissionieren ist jedem Konsumenten aus den *Selbstbedienungsgeschäften* bekannt. Beim konventionellen Kommissionieren mit statischer Bereitstellung - bei manueller Entnahme kurz *Mann zur Ware* genannt - befinden sich die Bereitstelleinheiten auf stationären *Zugriffsplätzen*. Die Bereitstellung ist *statisch*. Die Kommissionierer kommen mit den Auftragsablagen oder Versandbehältern zu den Bereitstelleinheiten der Artikel.

Die Zugriffsplätze mit den Bereitstelleinheiten sind - wie in *Abb. 17.2* für ein typisches Beispiel dargestellt - *platzsparend* und *wegoptimal* auf dem Boden nebeneinander oder in geeigneten Regalen übereinander angeordnet.

Die Kommissionierer bewegen sich mit den Aufträgen nacheinander zu den Bereitstellplätzen, die ihnen von einem *Beleg* oder einer *elektronischen Anzeige* angegeben werden, entnehmen die geforderten Mengen und legen sie auf dem Kommissioniergerät oder in die mitgebrachten Sammelbehälter ab. Nach Fertigstellung aller mitgenommenen Aufträge wird die kommissionierte Ware an einem *Auftragssammelplatz*, der sogenannten *Basis* der Kommissioniertour, abgegeben. Die *Vorteile* des konventionellen Kommissionierens sind:

- minimaler technischer Aufwand
- einfache, auch ohne Rechnereinsatz realisierbare Organisation
- kurze Auftragsdurchlaufzeiten
- Möglichkeit der gleichzeitigen Bearbeitung von Eilaufträgen, Einzelaufträgen, Auftragsserien, Teilaufträgen und Komplettaufträgen
- hohe Flexibilität gegenüber schwankenden Durchsatzanforderungen und Sortimentsveränderungen
- Eignung für alle Arten von Waren, von kleinsten bis zu großen, schweren und sperrigen Warenstücken.

Wegen dieser Vorteile ist das konventionelle Kommissionieren bis heute am weitesten verbreitet. Dabei werden jedoch häufig die *Nachteile* übersehen oder unterschätzt:

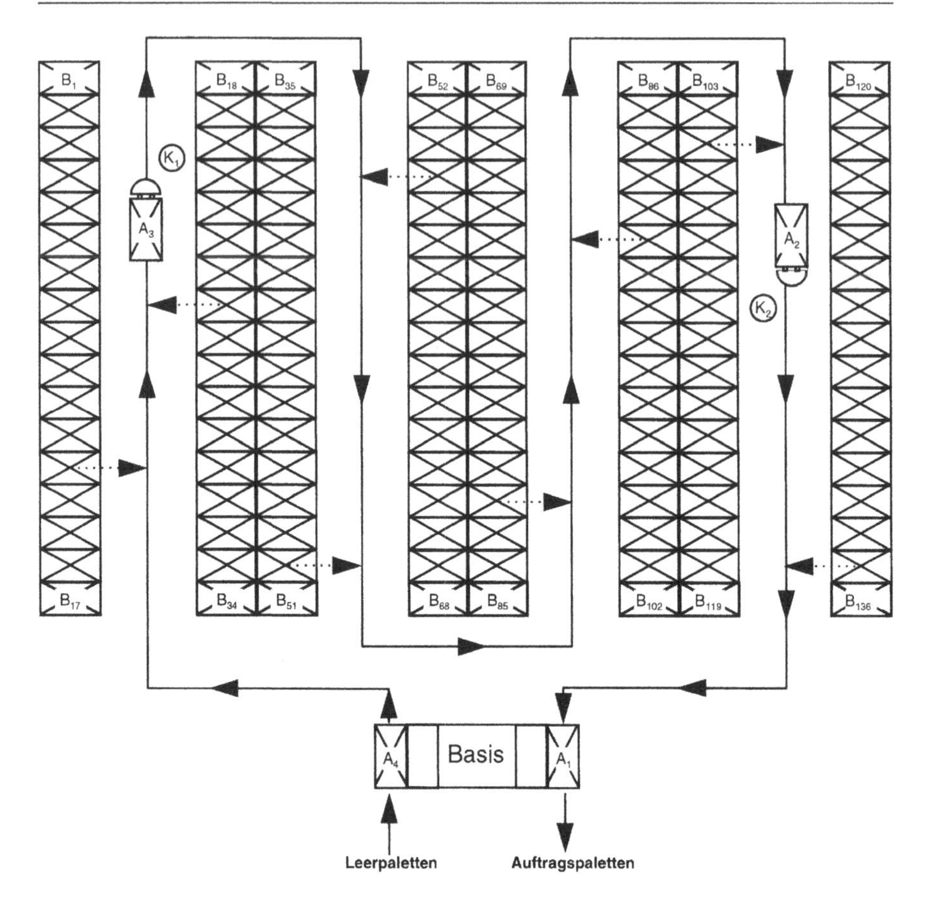

Abb. 17.2 Konventionelles Kommissionieren mit statischer Artikelbereitstellung und räumlich kombinierter Beschickung und Entnahme

- bei einem breiten Artikelsortiment und großen Bereitstelleinheiten lange Wege mit der Folge eines hohen Kommissionierer- und Gerätebedarfs
- großer Grundflächenbedarf für die Warenbereitstellung und für die Kommissioniergassen sowie bei räumlich getrennter Beschickung und Entnahme für die Beschickungsgänge
- bei großen Artikelbeständen ist ein räumlich getrenntes Reservelager für die Überbestände erforderlich, aus dem der Kommissionierbereich mit Nachschub zu versorgen ist
- Probleme der rechtzeitigen Nachschubbereitstellung nach dem *erschöpfenden Griff*, wenn das letzte Warenstück entnommen ist und für den gleichen Auftrag weitere Warenstücke benötigt werden,
- störende und aufwendige Entsorgung der geleerten Ladehilfsmittel - Paletten, Kartons oder Behälter - nach dem *erschöpfenden Griff*.

Viele dieser Nachteile lassen sich durch greifoptimale Gestaltung der Bereitstellplätze, durch wegoptimale Anordnung und Dimensionierung der Regale, durch geeignete Nachschub- und Wegstrategien sowie durch den Einsatz geeigneter Technik und Steuerung vermindern oder beseitigen. Daher ist das konventionelle Kommissionieren in vielen Fällen nach wie vor das geeignetste und wirtschaftlichste Kommissionierverfahren.

Besonders gut ist das konventionelle Kommissionieren geeignet für das

- Kommissionieren von Paletten auf Paletten (*Pick to Pallet*) aus einem relativ schmalen Sortiment in einer Kommissionierzone mit Beständen bis zu 10 Paletten pro Artikel;
- Kommissionieren aus einem breiteren Sortiment von kleinvolumigen Artikeleinheiten, die in Fachbodenregalen oder Durchlaufkanälen bereitgestellt werden.

Die erste Voraussetzung ist beispielsweise in den Zentrallagern von Industrie und Handel zur täglichen Versorgung der Filialen und des Einzelhandels mit *Konsumgütern* erfüllt. Die zweite Voraussetzung ist in der ersten Kommissionierstufe der *Versandhäuser* und im *Pharmahandel* gegeben.

Für quaderförmige Warenstücke mit geeigneter Verpackung, die auf Paletten mit artikelweise gleichbleibendem Packschema angeliefert werden, lässt sich das Kommissionieren von Paletten mit statischer Bereitstellung auf Paletten oder in Rollcontainer auch von einem *Portalroboter* oder einem verfahrbaren *Greifroboter* ausführen.

17.2.2 Dezentrales Kommissionieren mit statischer Artikelbereitstellung

Auch beim dezentralen Kommissionieren haben die Bereitstelleinheiten einen festen Platz. Die Kommissionierer arbeiten jedoch in *dezentralen Arbeitsbereichen*, in denen sich eine bestimmte Anzahl von Zugriffsplätzen befindet.

Wie in *Abb. 17.3* für ein Beispiel dargestellt, laufen die Aufträge mit oder ohne Sammelbehälter nacheinander auf einer Fördertechnik oder mit einem automatischen Flurförderzeug die betreffenden Kommissionierzonen an. Dort halten sie, bis die geforderte Warenmenge entnommen und abgelegt ist. Danach läuft der Auftrag zu einem nachfolgenden Kommissionierer, der den Bereitstellplatz für die nächste Auftragsposition bedient.

Die dezentral abgelegte Ware wird über ein Sammel- und Sortiersystem zu den Auftragssammelplätzen in der Packerei befördert oder – bei Befüllung der Versandbehälter nach dem *Pick & Pack-Prinzip* – direkt zum Versand transportiert (s. *Abb. 13.29*).

Die *Vorteile* des dezentralen Kommissionierens sind:

- kurze Wege und kontinuierliches Arbeiten
- keine Rüstzeiten und Wartezeiten an einer zentralen Basis
- höhere Pickleistung der Kommissionierer.

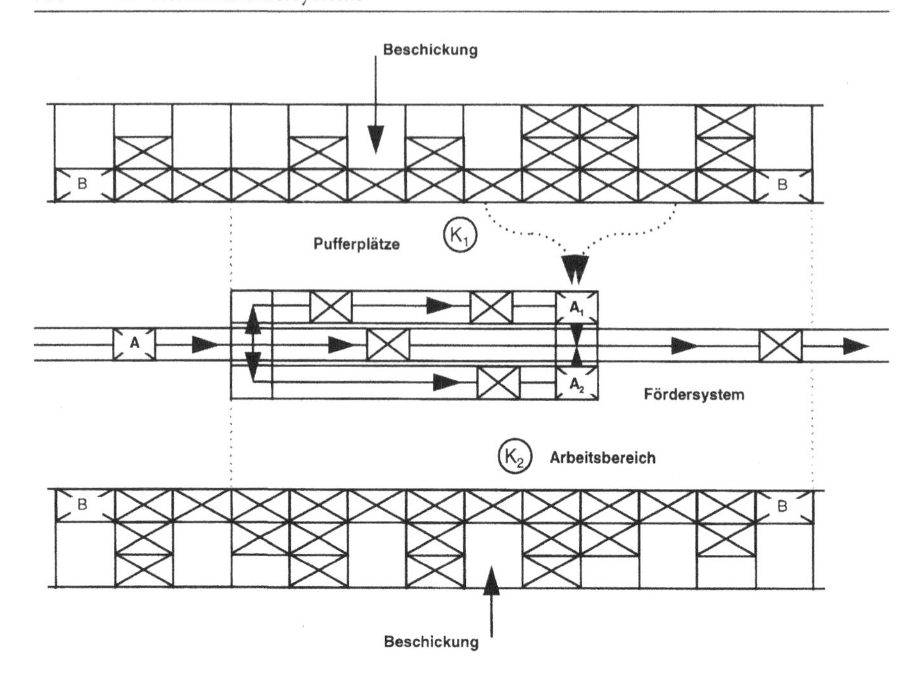

Abb. 17.3 Dezentrales Kommissionieren mit statischer Artikelbereitstellung und räumlich getrennter Beschickung und Entnahme

Dezentrale Arbeitsbereiche mit Auftragssammelfördersystem

Diesen Vorteilen steht jedoch eine Reihe von *Nachteilen* gegenüber:

- gegenseitige Abhängigkeit der Kommissionierer in aufeinander folgenden Kommissionierzonen
- geringere Flexibilität bei Schwankungen und Veränderungen der Leistungsanforderungen
- räumliche Trennung der Beschickung von der Entnahme wegen der Fördertechnik in den Kommissioniergassen
- hoher Grundflächenbedarf für die griffgünstige Warenbereitstellung, die Kommissioniergassen, das Sammelfördersystem und die räumlich getrennte Beschickung
- bei großen Artikelbeständen ist ein räumlich getrenntes Reservelager für die Überbestände erforderlich, aus dem der Kommissionierbereich mit Nachschub zu versorgen ist
- gleichzeitiges Bearbeiten mehrerer Aufträge, das heißt *Batch-Bearbeitung* von *Auftragsserien* oder *zweistufiges Kommissionieren*,
- infolge der Batch-Bearbeitung oder der zweistufigen Kommissionierung relativ lange Auftragsdurchlaufzeiten
- bei kleinen Auftragsserien ungleichmäßige Auslastung und häufig längere Wartezeiten

- Probleme mit dem erschöpfenden Griff und der Entsorgung der geleerten Ladehilfsmittel.

Diese Nachteile des dezentralen Kommissionierens - bei Ablage der Entnahmeeinheiten auf ein Förderband auch *Pick to Belt* genannt - lassen sich durch optimale Gestaltung, Anordnung und Dimensionierung der Bereitstellplätze und Ablageplätze nur bedingt vermindern.

Das dezentrale Kommissionieren kann bei gleichmäßig hohen Leistungsanforderungen, mehr als 10.000 Aufträgen pro Tag mit weniger als 5 Positionen pro Auftrag und einem breiten Sortiment kleinvolumiger Artikel - 10.000 Artikel und mehr - wirtschaftlicher sein als andere Kommissionierverfahren.

Diese speziellen Voraussetzungen sind in Versandlagern für pharmazeutische Produkte, Kosmetikartikel, Computerbedarf, Bücher, Tonträger und Büroartikel erfüllt. Daher ist das dezentrale Kommissionieren in diesen Branchen weit verbreitet.

Weitere Einsatzmöglichkeiten dieses Verfahrens bestehen im Versandhandel zur *Hochleistungskommissionierung* kleinvolumiger Waren. Wegen seiner vielen Nachteile und der speziellen Einsatzvoraussetzungen ist das dezentrale Kommissionieren jedoch im Versandhandel wie auch in der übrigen Wirtschaft relativ selten zu finden.

17.2.3 Stationäres Kommissionieren mit dynamischer Artikelbereitstellung

Das stationäre Kommissionieren mit dynamischer Bereitstellung ist im Prinzip jedem Konsumenten aus Läden mit *Thekenbedienung* vertraut, wo der Verkäufer einen Warenbehälter aus einem Regal holt, die gewünschten Artikel an der Theke entnimmt und den Behälter mit der Restmenge wieder zurückstellt.

Beim stationären Kommissionieren mit dynamischer Artikelbereitstellung - bei manueller Entnahme kurz *Ware zum Mann* genannt - findet der Greifvorgang an einem *festen Kommissionierarbeitsplatz* statt. Die Bereitstelleinheiten mit den angeforderten Artikeln werden - wie in *Abb. 17.4* dargestellt - aus einem *Bereitstelllager* über eine Fördertechnik ausgelagert und an den Kommissionierarbeitsplätzen genau so lange bereitgestellt, bis die benötigten Warenmengen entnommen sind. Die Bereitstellung der Artikel ist *dynamisch.*

Bei einer *Einzelauftragsbearbeitung* befinden sich im Ablagebereich des Kommissionierers die Sammel- oder Versandbehälter jeweils für nur einen Auftrag. Bei einer *einstufigen Serienbearbeitung* sind mehrere Behälter für die Aufträge einer Serie ablagegünstig aufgestellt. Der Kommissionierer legt nach den Vorgaben einer Anzeige die entnommenen Warenmengen für die einzelnen Aufträge in die angewiesenen Sammelbehälter ab. Fertig befüllte Sammelbehälter werden mit einem Flurförderzeug oder von einem Fördersystem zum Versand gebracht (s. *Abb. 17.25*).

Bei einer *zweistufigen Kommissionierung* werden bei jeder Bereitstellung die Artikelmengen für mehrere externe Aufträge, die zu einem *Sammelauftrag* gebündelt sind, gemeinsam entnommen und auf ein Abfördersystem gelegt, das sie zur zweiten Kommissionierstufe oder über einen Sorter in die Packerei befördert. Die nach der Entnahme in den Bereitstelleinheiten verbleibenden Restmengen werden in beiden

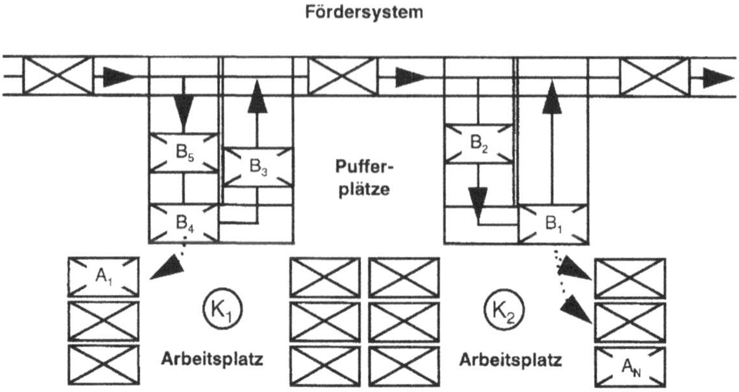

Fördersystem

Puffer-
plätze

Arbeitsplatz

Arbeitsplatz

Abb. 17.4 Stationäres Kommissionieren mit dynamischer Artikelbereitstellung

Kommissionierarbeitsplätze mit Bereitstellungsfördersystem

Fällen zum nächsten Kommissionierarbeitsplatz weiterbefördert oder wieder eingelagert.

Die *Vorteile* des stationären Kommissionierens mit dynamischer Bereitstellung sind:

- weitgehender Fortfall der Wege für den Kommissionierer
- Möglichkeit ergonomisch optimaler Arbeitsplatzgestaltung, wie die Ausstattung mit Greifhilfen für schwere oder sperrige Warenstücke
- hohe Kommissionierleistungen
- große Flexibilität bei Veränderungen von Sortiment und Auftragsstruktur
- geringere Probleme beim erschöpfenden Griff
- einfache Entsorgung der geleerten Ladehilfsmittel
- kompaktes und flächensparendes Bereitstell- und Reservelager
- gegen unautorisierten Zugriff optimal gesicherte Warenbestände
- geringer Platzbedarf wegen des Fortfalls der Kommissioniergassen
- einfache Realisierbarkeit des *Pick & Pack-Prinzips*
- Anordnung der Arbeitsplätze in der Nähe von Packerei oder Versand.

Wesentliche *Nachteile* des stationären Kommissionierens mit dynamischer Artikelbereitstellung sind:

- *hohe Investition* für das automatische Lager- und Bereitstellsystem sowie für die Zu- und Abfördertechnik zur Auslagerung und Rücklagerung
- relativ *hohe Kosten pro Bereitstellvorgang* für Artikel in Paletten oder anderen Großbehältern
- in Spitzenzeiten und bei zweistufiger Auftragsbearbeitung *lange Auftragsdurchlaufzeiten*
- infolge der begrenzten Bereitstellleistung *eingeschränkte Flexibilität* bei stark schwankenden Leistungsanforderungen

- unter Umständen erforderliche *Ladungssicherung* für die rückzulagernden *Restmengen.*

Mit einem leistungsfähigen Bereitstelllager und einer entsprechenden Prozesssteuerung in Verbindung mit *Mehrschichtbetrieb* und *flexiblen Arbeitszeiten* lassen sich diese Nachteile jedoch zum Teil beherrschen.

Eine Möglichkeit zur Minimierung der erforderlichen Bereitstellleistung und damit der Investition in das Bereitstellsystem ist die *Bündelung von Aufträgen*, deren Positionen die gleichen Artikel ansprechen. Da die Zahl der Bereitstellungen pro Auftrag mit ansteigender Anzahl der gleichzeitig in Arbeit befindlichen Aufträge abnimmt, während die Auftragsdurchlaufzeiten mit der Batch-Größe zunehmen, ist die *Batch-Größe* ein wichtiger *Optimierungsparameter* der dynamischen Bereitstellung [34, 87] (s. *Abschn. 17.12*).

Aus vielen Leistungs- und Kostenvergleichen folgt die allgemeine *Einsatzregel*:

► Kommissioniersysteme mit dynamischer Bereitstellung sind besonders geeignet bei *hohen Leistungsanforderungen* und *breitem Sortiment, wenn* eine *Serienbearbeitung* externer Aufträge möglich ist, die weitgehend gleiche Artikel ansprechen.

Auch wenn mit der Entnahme zeitaufwendige Zusatzarbeiten, wie Zählen, Eintüten, Abwiegen oder Zuschneiden, verbunden sind, wenn schwere und sperrige Teile den Einsatz von Handhabungsgeräten erfordern oder wenn hochwertige Ware gegen falschen Zugriff gesichert werden soll, ist die dynamische Bereitstellung eine gute Lösung.

Die dynamische Artikelbereitstellung ist besonders zur artikelweisen Kommissionierung von Serienaufträgen in der ersten Stufe eines zweistufigen Kommissioniersystems geeignet. Das *zweistufige Kommissionieren* erfordert jedoch eine aufwendigere Organisation und Prozesssteuerung sowie die Investition für die zweite Kommissionierstufe (s. u.).

Technische Voraussetzungen der dynamischen Bereitstellung sind gleichartige Ladeeinheiten und eine ausreichende Stapelsicherheit der Warenstücke und Gebinde auf den Ladehilfsmitteln, die *Normpaletten, Tablare* oder standardisierte *Kleinbehälter* sein können.

Die weiteste Verbreitung hat das stationäre Kommissionieren mit dynamischer Bereitstellung bisher in Form der *Automatischen Kleinbehälter-Lagersysteme* – kurz *AKL-System* – gefunden, da hier die Bereitstellkosten im Vergleich zu den eingesparten Wegekosten besonders günstig sind (s. *Abb. 17.34*). Für das Kommissionieren von Paletten auf Paletten ist die dynamische Bereitstellung nur mit einem kostengünstigen und flexiblen Bereitstellsystem wirtschaftlich, das bis heute fehlt.

Eine spezielle technische Ausführung des stationären Kommissionierens mit dynamischer Bereitstellung ist das in *Abb. 16.7* gezeigte *Umlauflager*, in dem die Bereitstelleinheiten auf *mobilen Lagerplätzen* zu den Kommissionierplätzen kommen. Das Umlauflager ist zugleich Lager und Bereitstellsystem. Es kann entweder als vertikal umlaufendes *Paternosterlager* oder als horizontal umlaufendes *Karusselllager* ausgeführt sein [22]. Wesentliche *Nachteile* der Umlauflager sind die *begrenzte Lagerkapazität*, die *hohen Platzkosten*, der *Nachfüllaufwand* und die *Wartezeiten* zwischen den Bereitstellungen, die eine Größenordnung von 20 bis 60 s pro Position erreichen.

Einsatzbereiche für Paternoster- und Karusselllager sind das Lagern und Kommissionieren von Kleinteilen, Ersatzteilen, Werkzeugen, Dokumenten und Karteien. Aber auch für das Lagern und Bereitstellen von *Langgut*, wie Stangenmaterial, Rohre oder Teppichrollen, sind Umlauflager im Einsatz.

17.2.4 Inverses Kommissionieren mit statischer Auftragsbereitstellung

Beim inversen Kommissionieren haben die *Auftragsbehälter* für die Dauer der Befüllung einen festen Platz. Der Greifvorgang findet am Auftragsablageplatz statt. Die Kommissionierer kommen mit den Bereitstelleinheiten zu den Auftragsplätzen. Die Artikelbereitstellung ist also wie beim stationären Kommissionieren *dynamisch.*

Die Auftragsablageplätze mit den Sammelbehältern, Paletten oder Versandbehältern einer Auftragsserie sind – wie in *Abb. 17.5* dargestellt – nebeneinander auf dem Boden, auf einem Gestell oder in einem Regal *platzsparend* und *wegoptimal* angeordnet. Die Kommissionierer holen die Bereitstelleinheiten von einem Bereitstellplatz ab, bewegen sich zu den angegebenen Auftragsplätzen, entnehmen die geforderten Artikelmengen und legen sie in die Auftragsbehälter. In den Bereitstelleinheiten verbleibende Restmengen werden für die nächste *Auftragsserie* verwendet oder wieder eingelagert.

Der Prozess des inversen Kommissionierens ist im Prinzip die *zeitliche Umkehr* oder *Inversion* des konventionellen Kommissionierprozesses, wobei die Rollen der Versandeinheiten und der Bereitstelleinheiten vertauscht sind. Da die Kommissionierer die Auftragsbehälter einer Serie im Verlauf ihrer Arbeit umkreisen, wird das Verfahren im Handel auch als *Kommissionierkreisel* oder *Kommissioniertango* bezeichnet.

Das noch relativ wenig verbreitete Verfahren des inversen Kommissionierens bietet folgende *Vorteile*:

- kurze Wege bei geringer Anzahl gleichzeitig bedienter Aufträge
- hohe Leistung der Kommissionierer
- hohe Flexibilität bei Sortimentsveränderungen
- integriertes Bereitstellungs- und Reservelager
- keine Probleme beim erschöpfenden Griff und mit der Entsorgung der geleerten Ladehilfsmittel
- geringer Platzbedarf wegen des Fortfalls der Kommissioniergassen
- Anordnungsmöglichkeit der Auftragssammelplätze nahe dem Versand
- direkte Ablage der Warenstücke in die Versandeinheit (*pick und pack*)
- einfache Organisation des Kommissionierbereichs.

Die wesentlichen *Nachteile* des inversen Kommissionierens sind:

- erhöhter lager-, förder- und steuerungstechnischer Aufwand zur Auslagerung und Rücklagerung der Bereitstelleinheiten
- Batch-Bearbeitung von *Auftragsserien* mit entsprechend aufwendiger Organisation und Prozesssteuerung
- infolge der Batch-Bearbeitung relativ lange Auftragsdurchlaufzeiten

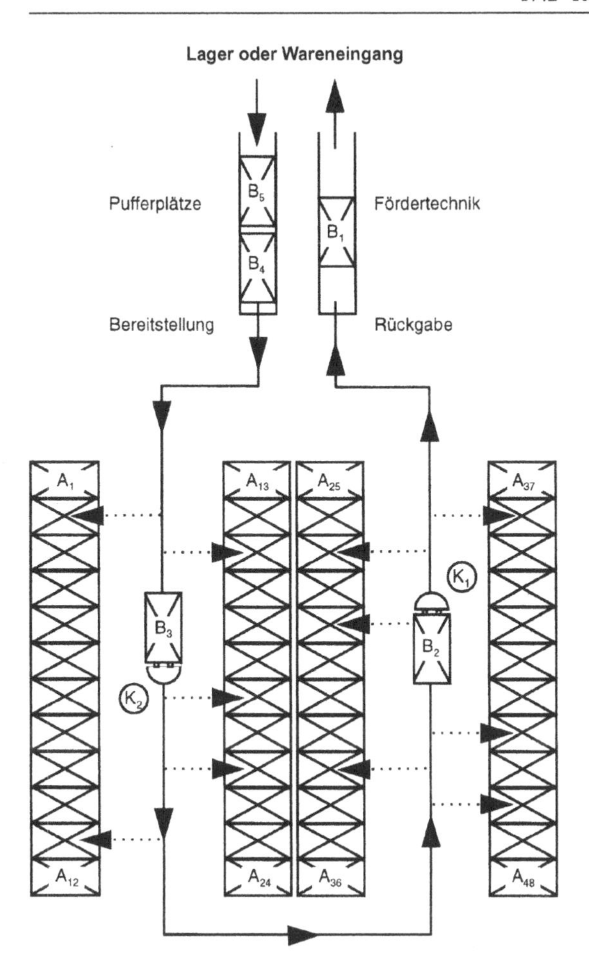

Abb. 17.5 Inverses Kommissionieren mit stationärer Auftragsbereitstellung

Kommissionierkreisel für Palettenware

- begrenzte Flexibilität bei großen Schwankungen und Spitzen der Leistungsanforderungen.

Wie beim stationären Kommissionieren mit dynamischer Bereitstellung verlieren diese Nachteile jedoch in großen Logistikzentren an Bedeutung, die über ein leistungsfähiges Bereitstellsystem und eine entsprechende Prozesssteuerung verfügen und im flexiblen *Mehrschichtbetrieb* arbeiten können.

Besonders geeignet ist das inverse Kommissionieren bei einer begrenzten Anzahl von Aufträgen mit wenigen Positionen, die möglichst gleiche Artikel betreffen und große Mengen anfordern, sowie bei einem relativ breiten Sortiment von deutlich mehr als 1.000 Artikeln mit ausgeprägter ABC-Verteilung. *Optimierungsparameter* ist auch hier wieder die *Batch-Größe* der gleichzeitig bearbeiteten Aufträge, mit der sich die Zahl der Bereitstellungen minimieren lässt, wobei sich allerdings die Auftragsdurchlaufzeiten verlängern (s. *Abschn. 17.2*).

Das inverse Kommissionieren von Paletten auf Paletten oder in Rolltürme mit Versandbehältern wird in den Logistikzentren des *Handels* für die Nachschubversorgung der Verkaufsfilialen, insbesondere für das *Kommissionieren von Aktionsware*, eingesetzt. Auch für das Zusammenstellen der Versandmengen aus täglich angelieferten artikelreinen Paletten in bestandslosen Umschlagpunkten, die nach dem *Transshipment-Prinzip* arbeiten, eignet sich das inverse Kommissionieren (s. *Abschn. 19.1*). In beiden Fällen lässt sich die Anzahl der an einem Tag angesprochenen Artikel durch geeignete *Dispositionsstrategien* für den Filialnachschub begrenzen, indem beispielsweise an einem Wochentag nur die Artikel ausgewählter Warengruppen ausgeliefert werden.

17.2.5 Mobiles Kommissionieren mit statischer Artikel- und Auftragsbereitstellung

Beim mobilen Kommissionieren mit statischer Bereitstellung sind die Zugriffsplätze mit den Bereitstelleinheiten und die Auftragsablageplätze mit den Auftragsbehältern stationär angeordnet. Zwischen diesen Plätzen bewegt sich der Kommissionierer oder verfährt das Kommissioniergerät.

Der Kommissionierer entnimmt die Warenmenge für einen oder mehrere Aufträge und legt sie in die Sammelbehälter. Nach der Füllung wird der Sammelbehälter in die Packerei oder in den Versand befördert und ein leerer Sammelbehälter aufgestellt.

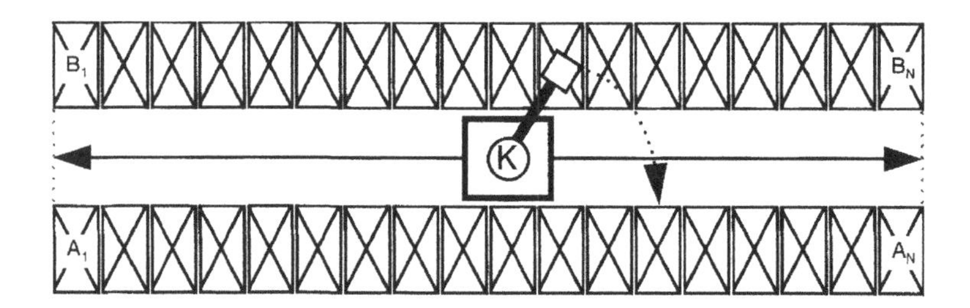

Abb. 17.6 Mobiles Kommissionieren mit statischer Bereitstellung

Kommissionierroboter oder Lagenpalettierer mit stationären Plätzen für Bereitstelleinheiten und für Versandeinheiten

Dieses Kommissionierverfahren eignet sich, wie in *Abb. 17.6* dargestellt, vor allem für das *mechanische Kommissionieren* mit einem verfahrbaren *Kommissionierroboter*, einem *Portalroboter* oder einem *Lagenpalettierer*. Der Einsatz von Robotern ist jedoch beschränkt auf das Kommissionieren formstabiler, kubischer oder zylindrischer Standardgebinde mit nicht zu unterschiedlichen Abmessungen.

Das mobile Kommissionieren unter Einsatz eines Roboters oder eines Lagenkommissionierers mit statischer Bereitstellung der Waren und Aufträge ist nur bei großen Durchsatzmengen, vielen Gebinden pro Position und hoher gleichmäßiger Auslastung im Mehrschichtbetrieb wirtschaftlich. Da diese Voraussetzungen nur selten erfüllt sind, ist das vollautomatische Kommissionieren relativ wenig verbreitet. Einige Einsatzbeispiele gibt es in der Konsumgüterindustrie [73, 82–84].

17.2.6 Stationäres Kommissionieren mit dynamischer Artikel- und Auftragsbereitstellung

Wenn Bereitstelleinheiten und Auftragsbehälter zu einem stationären Kommissionierplatz kommen, ist das eine Realisierung des letzten der sechs Kommissionierverfahren. Auch dieses Verfahren wurde inzwischen für Kleinteile realisiert. Es ist mit relativ hohem steuerungs- und fördertechnischen Aufwand verbunden, ermöglicht aber Pickleistungen bis 1.000 Entnahmeeinheiten pro Stunde.

17.3 Kommissioniertechnik

Die einzelnen Komponenten eines Kommissioniersystems lassen sich technisch unterschiedlich ausgestalten. Die Kombination der möglichen *technischen Alternativen* für:

Bereitstellung der Zugriffsmengen: *statisch* oder *dynamisch*
Fortbewegung des Kommissionierers: *ein-* oder *zweidimensional*
Entnahme der Ware: *manuell* oder *mechanisch*
Abgabe der Auftragsmengen: *zentral* oder *dezentral*. (17.13)

führt zu der in *Abb. 17.7* dargestellten *Klassifizierung der Kommissioniersysteme* mit 16 verschiedenen Grundsystemen. Diese vom Verfasser 1973 vorgeschlagene und von mehreren VDI-Richtlinien übernommene Klassifizierung ist jedoch unvollständig [18, 80]. Sie erfasst weder alle Kommissionierverfahren – beispielsweise fehlt das inverse Kommissionieren – noch alle technischen Varianten, wie die unterschiedlichen Techniken der Beschickung, der Bereitstellung, der Ablage und der Informationsanzeige.

Die Gestaltungsmöglichkeiten und Ausführungsvarianten der Kommissioniertechnik sind sehr vielfältig und führen in Kombination mit den zuvor dargestellten Kommissionierverfahren zu weit über 1.000 unterschiedlichen Kommissioniersystemen. Von den theoretisch möglichen Kommissioniersystemen haben allerdings weniger als 50 praktische Bedeutung. Im konkreten Einzelfall sind davon meist nur wenige Lösungen wirtschaftlich [73, 82–84].

17.3.1 Bereitstellung

Für die *Gestaltung* der Bereitstellplätze gibt es folgende Möglichkeiten:

- Der *Bereitstellort* kann sich, wie in den *Abb. 17.2, 17.3* und *17.8* gezeigt, *statisch* an einem Platz befinden oder, wie in *Abb. 17.4* und *17.5* dargestellt, im Verlauf des Kommissionierprozesses *dynamisch* verändern.

- Die *Bereitstellplätze* sind *eindimensional* nebeneinander oder *zweidimensional* neben- und übereinander angeordnet, wobei die Bereitstelleinheiten mit ihrer Längsseite *längs* oder *quer* zum Kommissioniergang gestellt werden können.
- Die *Beschickung* kann, wie in *Abb. 17.2* gezeigt, *räumlich kombiniert* von der gleichen Seite wie das Kommissionieren oder, wie in den *Abb. 17.3, 17.8, 17.9* und *17.10* dargestellt, *räumlich getrennt* von der Rückseite der Bereitstellplätze stattfinden.

Bei der dynamischen Bereitstellung ist die Gestaltung der stationären Arbeitsplätze und der Informationsanzeige sowie die Auslegung des Bereitstellsystems maßgebend für die Kommissionierleistung. Ein wichtiger Dimensionierungsparameter, von dem die *Auslastbarkeit* der Kommissionierer abhängt, ist dabei die *Anzahl der Stauplätze* vor und hinter den Bereitstellplätzen.

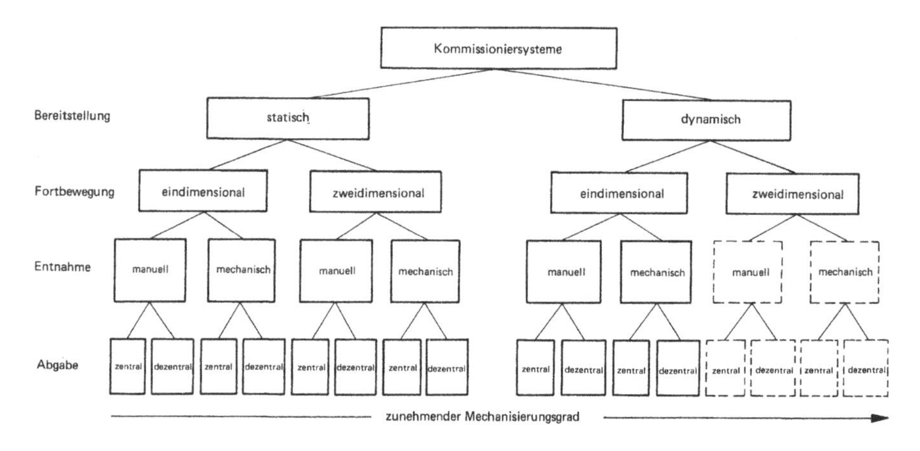

Abb. 17.7 Klassifizierung der elementaren Kommissioniersysteme [18, 80]

In den Kommissioniersystemen mit *statischer Bereitstellung* ist der *Bereitstellplatz* ein Platz auf dem *Boden*, in einem *Regalgestell* oder in einem *Fachbodenregal*. Die Bereitstelleinheit bleibt auf dem Bereitstellplatz unbewegt stehen, bis sie geleert ist.

Bei *räumlich getrennter Beschickung und Entnahme* befindet sich der Bereitstellplatz, wie in den *Abb. 17.8, 17.9* und *17.10* gezeigt, auf der Ausgangsseite eines *Durchlaufkanals, Durchschubkanals* oder *Durchlaufschachtes*, der von der Rückseite beschickt wird. Dadurch stehen hinter jeder Bereitstelleinheit eine oder mehrere Reserveeinheiten, die nach dem erschöpfenden Griff nachlaufen oder vorgezogen werden können. Der *Nachteil* der räumlich getrennten Beschickung und Entnahme ist der zusätzliche Platzbedarf für die Nachschubgassen, deren *Gangbreite* b_{NG} von der Größe der Bereitstelleinheiten und der Technik der Nachschubgeräte bestimmt wird.

Bei *räumlich kombinierter Beschickung und Entnahme* entfallen die zusätzlichen Nachschubgassen. Zu entscheiden ist hier, ob für Beschickung und Kommissionieren das gleiche Gerät, wie zum Beispiel ein *Kommissionierstapler*, oder unterschiedliche Geräte eingesetzt werden, die nur auf das Lagern *oder* das Kommissionieren spezialisiert sind. Werden unterschiedliche Geräte eingesetzt, muss durch geeignete *Bewegungsstrategien* dafür gesorgt werden, dass diese möglichst nicht im gleichen Gang verkehren, um sich nicht gegenseitig zu behindern.

Der *Vorteil* der *räumlich kombinierten Beschickung und Entnahme* ist der geringere Platzbedarf. Die *Nachteile* sind:

- bei hohem Durchsatz reduzierte Kommissionierleistung infolge der gegenseitigen Behinderung von Nachschub und Kommissionierung
- begrenzte Nachschubleistung ohne Automatisierungsmöglichkeit
- kein unmittelbarer Nachschub nach dem erschöpfenden Griff.

Die Nachteile der kombinierten Lösung lassen sich jedoch teilweise durch geeignete Betriebsstrategien, wie die *freie Platzordnung* in Verbindung mit dem *Flip-Flop-Verfahren*, *vermeiden* oder reduzieren.

Aus den Vor- und Nachteilen ergeben sich die *Einsatzkriterien:*

- ▶ Die *räumliche Trennung von* Beschickung und Entnahme ist bei *hohem Durchsatz*, täglich *mehrfachem Nachschub*, mehreren Kommissionierer pro Gang und ausreichendem Platz die bessere Lösung.
- ▶ Die *räumliche Kombination* von Beschickung und Entnahme ist bei geringem Durchsatz, maximal einem Kommissionierer pro Gang und begrenztem Platz die günstigere Lösung.

Die genaue Grenze zwischen diesen beiden Möglichkeiten der Bereitstellung hängt ab von den projektspezifischen Anforderungen und den konkreten Umständen.

17.3.2 Fortbewegung

In den Kommissioniersystemen mit statischer Artikelbereitstellung kommt der Kommissionierer zu den Bereitstellplätzen. Hierfür bestehen folgende Möglichkeiten [18, 22, 66, 82]:

- Der Kommissionierer geht, wie in *Abb. 17.11* dargestellt, *zu Fuß* mit einem *Handwagen* zur Aufnahme der Ware von Platz zu Platz.
- Der Kommissionierer *fährt* ebenerdig mit einem *Horizontalkommissioniergerät* [HKG] oder mit einem speziellen *Pick-Mobil* zu den Bereitstellplätzen.
- Der Kommissionierer fährt auf einem *Vertikalkommissioniergerät* [VKG], das sich in einer *additiven Fahr- und Hubbewegung* horizontal und vertikal fortbewegt.
- Der Kommissionierer befindet sich, wie in *Abb. 17.12* gezeigt, auf einem *Regalbediengerät* [RBG], das sich in einer *simultanen Fahr- und Hubbewegung* gleichzeitig horizontal *und* vertikal fortbewegen kann.

In den ersten drei Fällen ist die *Fortbewegung* des Kommissionierers *eindimensional*, im letzten Fall *zweidimensional*.

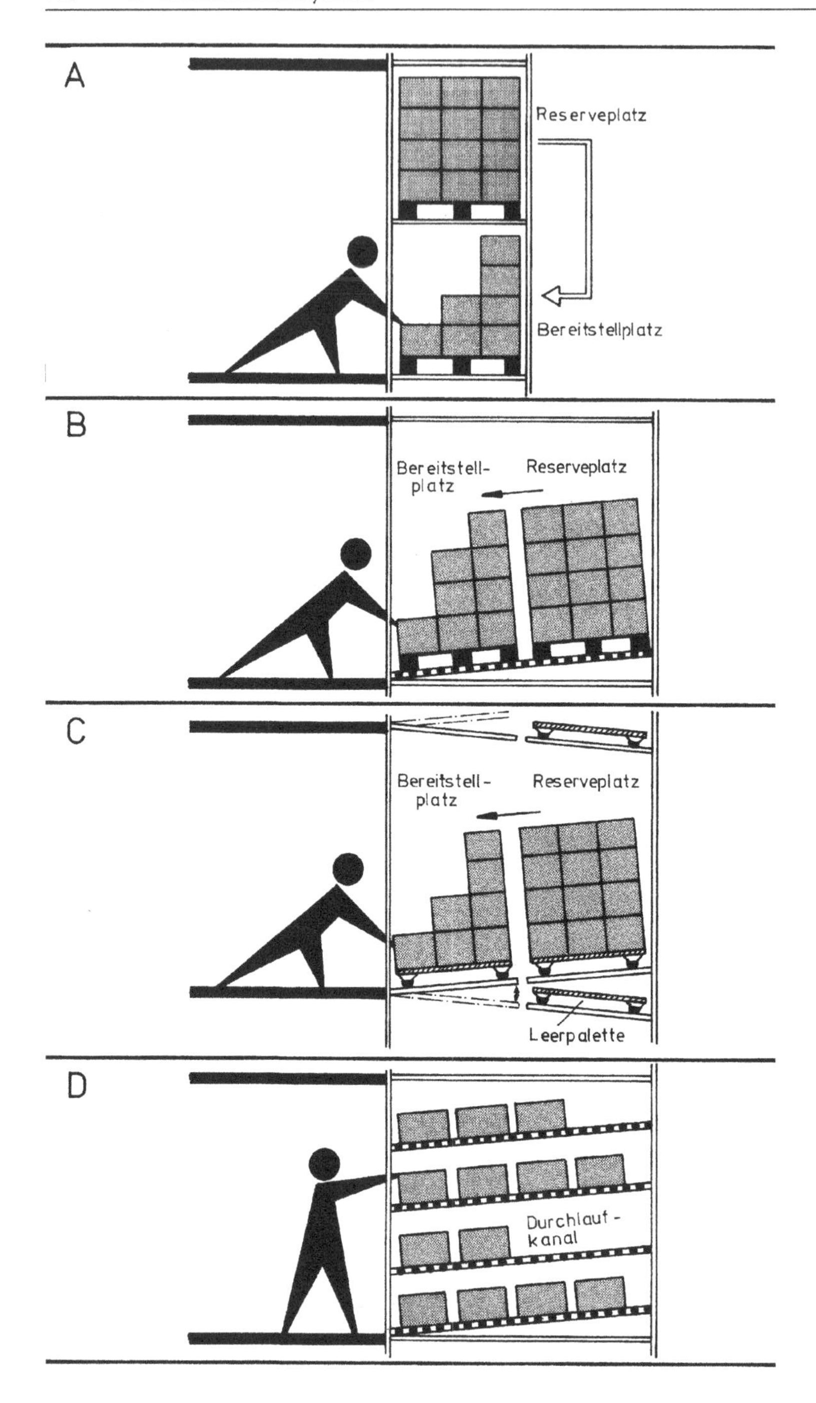

Abb. 17.8 **Lösungsmöglichkeiten zur Bereitstellung der Zugriffsreserve bei räumlich getrennter Beschickung und Entnahme**

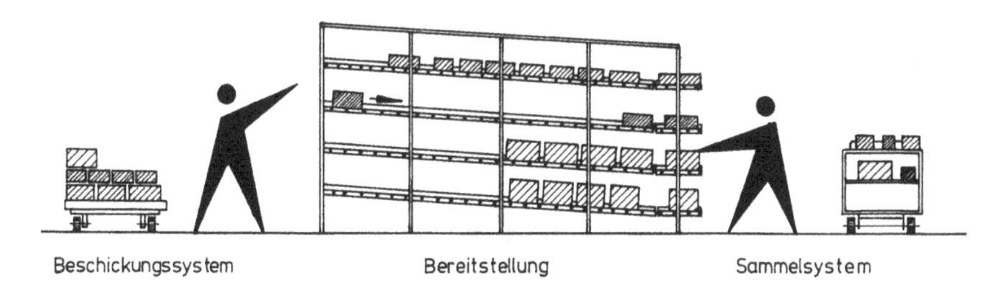

Abb. 17.9 Statische Bereitstellung von Einzelgebinden im Durchlaufregal mit getrennter Beschickung und Entnahme

Die *zweidimensionale Fortbewegung* kann bei einer geringen Anzahl von Entnahmeorten in einer großen Zugriffsfläche gegenüber der eindimensionalen Fortbewegung zu *Wegzeiteinsparungen* führen. Der wesentliche Vorteil der Kommissionierung von einem Regalbediengerät aber besteht in der *kompakten Bauweise* des Kommissioniersystems, die durch *Nutzung der Raumhöhe* und die *schmalen Bedienungsgassen* erreichbar ist.

Von der *Fortbewegungsart* und dem *Aufnahmevermögen* C_{KG} [SB/KG] für Sammelbehälter [SB] sowie von der *Geschwindigkeit* und *Beschleunigung* der *Kommissioniergeräte* hängt sehr wesentlich die *Kommissionierleistung* ab. Die erforderliche *Gangbreite* und die erreichbare *Greifhöhe* beeinflussen dagegen den *Flächen- und Raumbedarf* des Kommissioniersystems. Diese *technischen Kenndaten* und die *Richtpreise* einiger *Kommissioniergeräte* [KG] sind in *Tab. 17.2* zusammengestellt.

Mit Kommissioniergeräten, die mehrere Sammelbehälter oder Versandeinheiten aufnehmen können, lässt sich eine *einstufige Kommissionierung* von *Kleinserien* durchführen. Dadurch reduzieren sich – bei Vermeidung des doppelten Handlings der zweistufigen Auftragsbearbeitung – die anteiligen Wegzeiten pro Position.

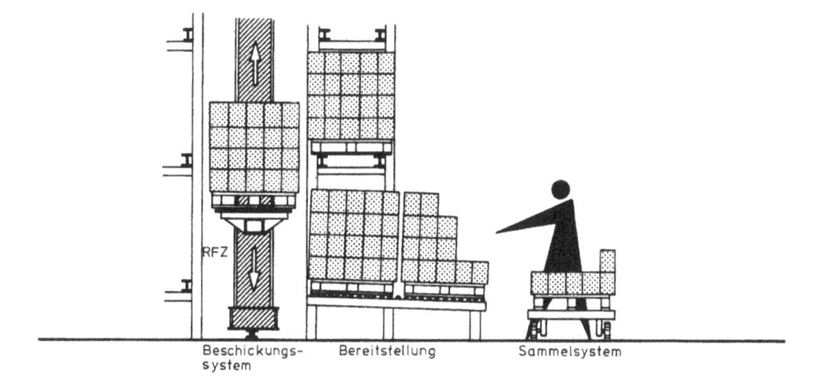

Abb. 17.10 Statische Bereitstellung von Paletten mit automatischer Beschickung und manueller Entnahme

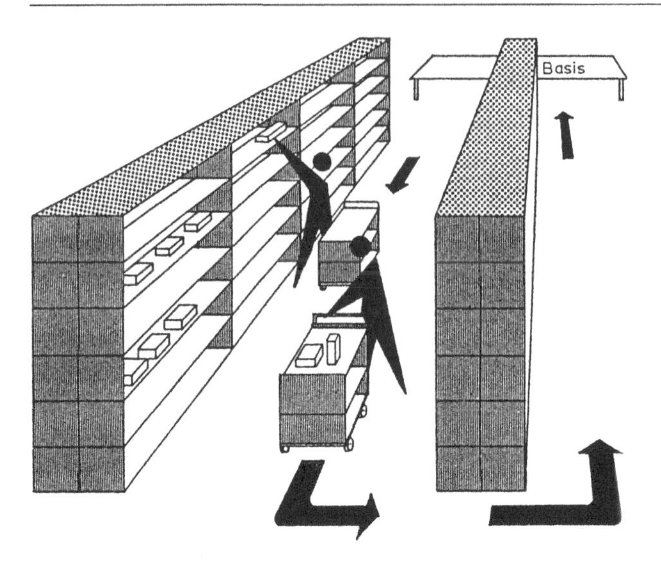

Abb. 17.11 Kommissioniersystem mit statischer Bereitstellung, eindimensionaler Fortbewegung, manueller Entnahme und zentraler Abgabe

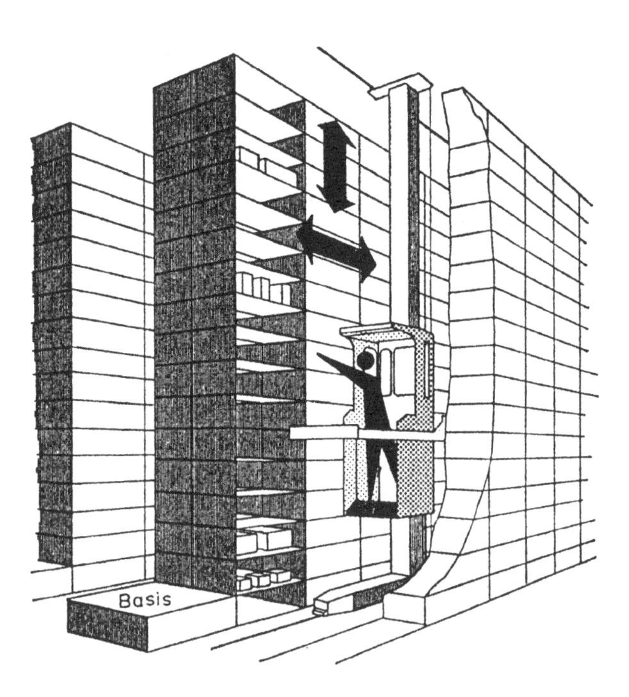

Abb. 17.12 Kommissioniersystem mit statischer Bereitstellung, zweidimensionaler Fortbewegung, manueller Entnahme und zentraler Abgabe

KOMMISSIONIERGERÄT Kommissioniereinheiten	Traglast bis ca.	Hubhöhe bis ca.	Gangbreite ca.	Fahrt Geschwind. Beschleun.	Hub Geschwind. Beschleun.	Richtpreis 1997 T€
Zu Fuß ohne Handwagen Warenstücke, Kleingebinde	1 kg	-	1,0 m 1,5 m	1,4 m/s 2,1 m/s²	- -	-
Zu Fuß mit Handwagen Behälter, Gebinde,Warenstücke	40 kg	-	1,5 m 2,5 m	1,0 m/s 1,3 m/s²	- -	1 bis 2
Elektro-Handhubwagen Behälter, Gebinde, Warenstücke	1.200 kg 1 EU-Pal	1,0 m	1,5 m 2,5 m	1,7 m/s 0,5 m/s²	0,05 m/s 0,2 m/s	3 bis 4
Horizontal-Kommissioniergeräte Behälter, Gebinde, Warenstücke	2.000 kg 2 EU-Pal	0,5 m	1,5 m 2,5 m	2,5 m/s 0,7 m/s²	0,1 m/s 0,3 m/s²	15 bis 20
Vertikal-Kommissioniergeräte Behälter, Gebinde, Warenstücke	1.000 kg 1 EU-Pal	5,5 m	3,2 m -	2,2 m/s 0,7 m/s²	0,2 m/s 0,5 m/s²	30 bis 40
Regalbediengeräte (RBG) Behälter, Gebinde, Warenstücke	1.000 kg 1 EU-Pal	10 m	1,4 m -	2,0 m/s 0,2 m/s²	0,5 m/s 0,5 m/s²	70 bis 100

Tab. 17.2 Kenndaten und Richtpreise von Kommissioniergeräten (Stand 2008)

Gangbreite: ohne und mit Überholmöglichkeit, Ablage auf EURO-Palette
Richtpreise: mit Elektroantrieb und Handbedienung
ohne Datenanzeige zum Kommissionieren

17.3.3 Entnahme

Die Entnahme ist wegen der damit verbundenen *Vereinzelung* der aufwendigste und schwierigste Teil des Greifvorgangs. Für die Durchführung des Greifens gibt es folgende Möglichkeiten [18]:

- Das *manuelle Greifen* wird, wie in *Abb. 17.13* gezeigt, ohne technische Unterstützung von einem Menschen ausgeführt.
- Das *mechanische Greifen* wird vom Menschen mit einer *Greifhilfe* ausgeführt, zum Beispiel mit einem *Saugheber* oder einem anderen *Lastaufnahmemittel*, das von einem Dreh- oder Schwenkkran gehalten wird.
- Das *automatische Greifen* wird ohne direkte Mitwirkung eines Menschen von einem *Greifroboter*, einem *Lagenkommissioniergerät* oder einem *Kommissionierautomaten* ausgeführt (s. *Abb. 17.6*).
- Beim *automatischen Abziehen* werden die in einem *Durchlaufkanal* oder *Durchlaufschacht* bereitgestellten Artikeleinheiten von einer *stationären* oder *mobilen Abzugsvorrichtung* herausgezogen oder zum Herausrutschen gebracht, sodass sie in einen *Sammelbehälter* oder auf ein *Förderband* fallen (s. *Abb. 17.14 E*).

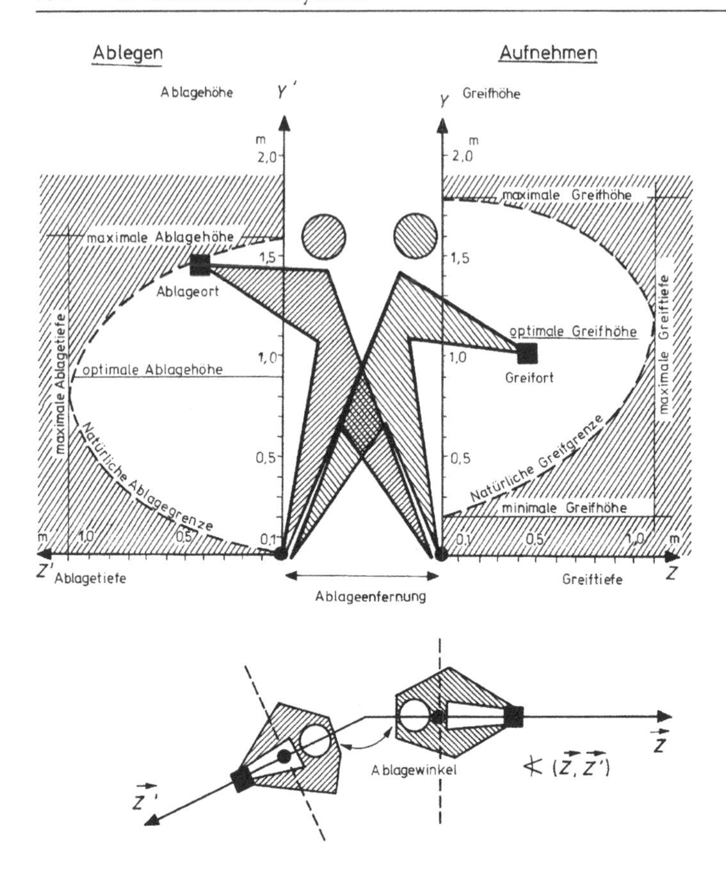

Abb. 17.13 Räumliche Einflussfaktoren des manuellen Greifvorgangs

Die Maßangaben beziehen sich auf Menschen mit 170 bis 180 cm Körpergröße
Ungünstige Greifbereiche sind schraffiert

Beim *manuellen* oder *mechanischen Kommissionieren* sind die *ergonomische Gestaltung* des Greifplatzes, die *Abmessungen* des Zugriff- und Ablageraums sowie der *Abstand* und der *Winkel* zwischen Entnahme- und Ablageort entscheidend für das rationelle Greifen. Diese in *Abb. 17.13* dargestellten *Gestaltungsparameter* sind daher nutzbar zur Optimierung von Kommissioniersystemen mit manueller Entnahme.

Voraussetzungen für das automatische Kommissionieren ohne Mitwirkung des Menschen sind eine *hinreichende Gleichartigkeit*, eine *regelmäßige Form* und eine *geeignete Oberflächenbeschaffenheit* der Entnahmeeinheiten. Außerdem müssen die Entnahmeeinheiten entweder einzeln oder in gleichbleibender Stapelung bereitgestellt werden, damit sie der Kommissionierroboter zuverlässig fassen kann.

Wenn die Ware nicht bereits in geeigneter Form und Stapelung angeliefert wird, ist für das *Vorvereinzeln* bei der Beschickung ein *zusätzlicher Aufwand* erforderlich, der in vielen Fällen die Rationalisierung durch den Kommissionierautomaten aufzehrt. Das gilt beispielsweise für die sogenannten *Schachtkommissionieranlagen* für Kleinpackungen, die ähnlich wie Zigarettenautomaten mit einer automatischen Abzugsvorrichtung arbeiten [82].

Das automatische Kommissionieren *ungeordnet* bereitgestellter Warenstücke scheitert daran, dass der zuverlässige und schnelle „Griff in die Kiste" durch einen Automaten ein Problem ist, das mechanisch und steuerungstechnisch bis heute ungelöst ist. Aber selbst wenn alle technischen Voraussetzungen für den Einsatz eines Kommissionierautomaten erfüllt sind, ist das automatische Kommissionieren nur in wenigen Fällen wirtschaftlich. Nur wenn eine gleichmäßig hohe Auslastung der Anlage für das ganze Jahr über mindestens zwei Schichten gewährleistet ist, kann unter bestimmten Umständen das automatische Kommissionieren im Vergleich zum manuellen Kommissionieren zu einer Kostensenkung führen [82].

17.3.4 Ablage

Für die Lage des *Abgabeortes*, für die *Ablageform* sowie für die Gestaltung der *Sammelbehälter* und des *Abfördersystems* gibt es die in *Abb. 17.14* dargestellten technischen Möglichkeiten:

- Der *Abgabeort* für die entnommenen Warenmengen ist entweder, wie in den *Abb. 17.2*, *17.4* und *17.11* gezeigt, eine *zentrale Basisstation*, zu der die Ware vom Kommissionierer befördert wird, oder, wie in *Abb. 17.3* und *17.15* dargestellt, ein *dezentraler Abgabeplatz.*
- Die *Ablageform* können lose Warenstücke und Gebinde *ohne Behälter* sein, spezielle *interne Sammelbehälter* oder die *externen Versandeinheiten.*
- Zur *Abförderung* der Ablageeinheiten kann ein *Kommissionierwagen*, das *Kommissioniergerät* oder ein gesondertes *Fördersystem* eingesetzt werden.

Die *Abgabe* der Entnahmemengen *ohne Behälter* direkt auf ein Fördersystem, das an den Pickort herangeführt ist, hat den Vorteil, dass die Entnahmemenge nicht durch das Fassungsvermögen eines mitgebrachten Behälters begrenzt ist. Dadurch ist ein *kontinuierliches Arbeiten* des Kommissionierers möglich. Unter der Voraussetzung, dass die Kommissioniereinheiten förderfähig sind, lässt sich dieser Vorteil vor allem in der ersten Stufe des *zweistufigen Kommissionierens* nutzen.

Bei *Abgabe* der entnommenen Ware *in einen Behälter* können gleichzeitig mehrere Auftragspaletten oder mehrere Sammelbehälter in einem *Wabengestell* oder einer *Schrankpalette* zu- und abgeführt werden, wenn das Kommissioniergerät ein ausreichendes Aufnahmevermögen hat. Auf diese Weise ist das *einstufige Kommissionieren* von *kleineren Auftragsserien* möglich.

Der Einsatz *interner Sammelbehälter* hat ein doppeltes Handling der Warenstücke oder Gebinde zur Folge, einmal am Pick-Platz und danach in der Packerei oder im Versand. Das zweifache Handling lässt sich vermeiden mit dem *Pick&Pack-Verfahren*:

▶ Beim *Pick&Pack* wird die kommissionierte Ware gleich am Pickplatz in die *externe Versandeinheit* abgelegt, also in den Versandbehälter, die Versandpalette oder den Versandkarton.

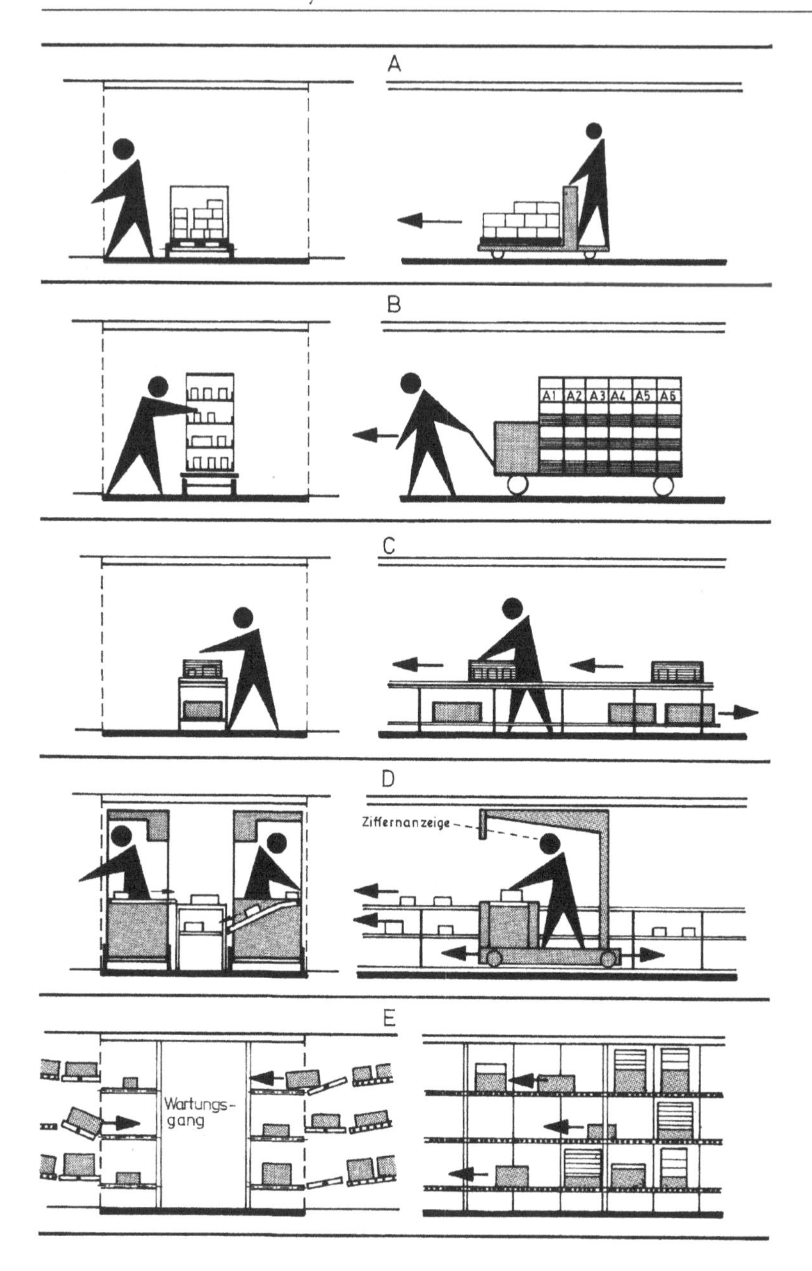

Abb. 17.14 Lösungsmöglichkeiten der Ablage beim Kommissionieren

A: Konventionelles Kommissionieren auf Palette mit Elektrogabelhubwagen
B: Einstufige Serienkommissionierung in die Fächer eines Regalwagens
C: Dezentrale Abgabe in Auftragsbehälter auf Förderanlage
D: Belegloses Kommissionieren vom Pickmobil mit dezentraler Abgabe
E: Automatisches Kommissionieren mit Abzugsvorrichtungen

Abb. 17.15 Kommissioniersystem mit statischer Bereitstellung, eindimensionaler Fortbewegung, manueller Entnahme und dezentraler Abgabe

Das Pick&Pack-Verfahren hat sich, wo immer es durchführbar ist, als besonders wirkungsvolles Mittel zur Senkung von Personaleinsatz und Kommissionierkosten erwiesen.

17.3.5 Fördersysteme und Sortiersysteme

Für das Zuführen von Nachschub und Leergut sowie für das Sammeln, den Abtransport, das Zusammenführen, das Verteilen und das Sortieren der Entnahmemengen werden Förder- und Sortiersysteme benötigt, soweit diese Aufgabe nicht von den Nachschub- und Kommissioniergeräten übernommen wird.

Für die Zuführung und den Abtransport von Paletten und schwerem Stückgut werden *Stetigförderanlagen* mit Rollenbahnen, Tragkettenförderern und Verschiebewagen, *Hängebahnanlagen* und *fahrerlose Transportsysteme* (FTS) eingesetzt, die bei mehrstöckigen Anlagen mit Hubstationen und Aufzügen kombiniert sind. Die Grenzleistung der *Palettenfördersysteme*, die von den Engpasselementen und der Transportstrategie bestimmt wird, liegt im Bereich von 50 bis 200 Pal/h (s. *Tab.n 13.3* und *13.4*).

Zur Zuführung von Kleinbehältern und zum Abtransport von Sammelbehältern oder losen Teilen werden *Bandförderer* und *Rollenförderer* mit Verzweigungs- und Zusammenführungselementen und Vertikalförderern zu einem Fördersystem kombiniert. Die Grenzleistung der *Fördersysteme für leichtes Stückgut* liegt in der Regel im Bereich von 2.000 bis 3.000 Beh/h (s. *Tab. 13.4*).

In zweistufig arbeitenden Kommissioniersystemen werden als *Sammelsysteme* auch *Hängekreisförderer* und *Paternoster* eingesetzt, in deren Schachtgondeln die Warenstücke auftragsbezogen abgelegt werden. Für das *Verteilen* der Behälter oder losen Warenstücke auf eine große Anzahl Pack- oder Sammelplätze sind *Hochleistungssorter*, wie *Schuh- oder Posi-Sorter*, *Kippschalensorter* und *Schwenkarmsorter*, *mit* Sortierleistungen bis zu 10.000 Einheiten/h im Einsatz (s. *Abb. 18.13*, *18.14* und *19.2*).

Die Auswahl, Auslegung und Dimensionierung der Transport-, Förder- und Sortiersysteme, mit denen die elementaren Kommissioniersysteme und andere Funktionsbereiche zu einem Gesamtsystem verbunden werden, ist eine projektspezifische Aufgabe. Maßgebend für die Leistungsfähigkeit der Kommissionierer und die Durchsatzleistung des Gesamtsystems sind dabei die *Grenzleistungen der Engpasselemente*, die daher besonders sorgfältig auszulegen und zu bemessen sind (s. *Kap. 18*).

17.3.6 Packerei und Auftragszusammenführung

Der Kommissionierprozess endet mit der Bereitstellung der versandbereit oder abholfähig zusammengestellten Auftragsmengen. Wenn nicht nach dem Pick&Pack-Prinzip gearbeitet wird, muss die unverpackte Ware nach dem Kommissionieren in der Packerei versandfertig gemacht und anschließend mit der bereits verpackt entnommenen Ware auf einem *Auftragssammelplatz* zusammengeführt werden.

Das Verpacken findet an *Packplätzen* statt, die parallel arbeiten. Deren *Anzahl* lässt sich aus dem *Durchsatz* und der *Struktur* der *Packaufträge* sowie aus dem Zeitbedarf für den Packvorgang errechnen. Der Zeitbedarf wird bestimmt von der ergonomischen Gestaltung der Arbeitsplätze, der Bereitstellung des benötigten Packmaterials, der Zuführung der zu verpackenden Ware und dem Abtransport der fertigen Pakete.

Die zu verpackenden Warenstücke können entweder in einer *Rutsche*, auf einem *Staurollenförderer* oder auf einem *Ladungsträger* den Packplätzen zugeführt werden. Für ein unterbrechungsfreies Packen ist pro Packplatz eine Zuführstrecke ausreichend, die Stauraum für mindestens zwei Aufträge bietet. Alternativ sind pro Packplatz zwei oder mehr parallele Zuführstrecken erforderlich, aus denen nach dem *Flip-Flop-Prinzip* gearbeitet wird.

Der Kommissionierbereich und die Packerei können fördertechnisch *direkt verbunden* sein oder durch das Zwischenschalten eines *stationären* oder *dynamischen Puffers* voneinander *entkoppelt* werden (s. *Abb. 18.13* u. *18.14*).

Bei einer direkten Verbindung und einem stationären Puffer wird die Anzahl gleichzeitig kommissionierter Aufträge, also die *Batch-Größe* einer Auftragsserie, von der Anzahl *Zielstationen* begrenzt, die zur Aufnahme der fertig kommissionierten Ware zur Verfügung stehen. Bei direkter Verbindung ist die Anzahl der Zielstationen gleich der Gesamtzahl der Zuführstrecken zu den Packplätzen, bei einem vorgeschalteten statischen Puffer, wie einem *Sortierspeicher*, gleich der Anzahl der Staubahnen (s. *Abb. 18.13*).

Bei einem dynamischen Puffer, also einem *Sortierkreisel*, in dem die kommissionierten Warenstücke umlaufen, bis sie zu den Packplätzen abgezogen werden, wird die Batch-Größe vom Fassungsvermögen des Fördersystems begrenzt (s. *Abb. 18.14*).

Die *Anzahl* und das *Fassungsvermögen* der Zuführstrecken zu den Packplätzen, der Staubahnen eines stationären Puffers und der Fördertechnik eines Sortierkreisels sind daher wichtige *Gestaltungs-* und *Dimensionierungsparameter* eines vollständigen Kommissioniersystems mit angeschlossener Packerei.

Werden für den Versand oder Abtransport *Ladungsträger*, wie Paletten oder Behälter, eingesetzt, ist die verpackte Ware in den Ladungsträgern möglichst raumsparend aufzustapeln, abzulegen und zu verdichten. Das *Verdichten* kann auch das Aufeinanderstapeln mehrerer flach beladener Paletten zu sogenannten *Sandwichpaletten* umfassen. Je nach Versandart und Anforderung des Auftraggebers müssen die fertigen Ladeeinheiten *etikettiert* und durch *Umreifen, Wickelfolien* oder *Schrumpffolien* für den Transport *gesichert* werden.

Eine *Sendung* oder eine *Ladung*, die in einer Wechselbrücke, einem Sattelauflieger oder einem anderen Transportmittelversand wird, umfasst in der Regel mehrere Kommissionieraufträge. Das *Zusammenführen* der fertig kommissionierten Aufträge und der hinzukommenden artikelreinen Ganzeinheiten zu verladefähigen Sendungen und Ladungen – entweder auf den Pufferflächen vor den Versandrampen oder direkt in den bereitstehenden Transportmitteln – und die *Vollständigkeitskontrolle* der Aufträge und Sendungen sind die letzten Arbeitsschritte der Auftragsbearbeitung in einem Logistikbetrieb.

17.3.7 Kommissioniersteuerung

Aufgaben der Kommissioniersteuerung sind das *Auslösen*, *Steuern*, *Optimieren* und *Kontrollieren* der Prozesse in einem Kommissioniersystem.

Die Kommissioniersteuerung wird in den wesentlichen Funktionen und Entscheidungen entweder von *Aufsichtspersonen* übernommen, die durch ein Warenwirtschafts- oder Auftragsabwicklungssystem und die Steuerungstechnik der Geräte und Fördersysteme unterstützt werden, oder weitgehend autark von einem *Lagerverwaltungssystem* (LVS) oder einem *Kommissionierleitsystem* (KLS) ausgeführt, das die benötigten Informationen von über- und untergeordneten Systemen und externen Eingabestellen erhält.

Die Kommissioniersteuerung kann auch in ein *Warenwirtschaftssystem* (WWS) oder *Auftragsabwicklungssystem* (AWS) integriert sein oder von einem *Staplerleitsystem* (SLS) übernommen werden, das um die Funktionen der *Platzverwaltung* und *Informationsanzeige* erweitert ist. Mit einem Lagerverwaltungs- und Auftragsabwicklungssystem, das zugleich die Lagersteuerung und Lagerplatzverwaltung übernimmt, reduziert sich die Tätigkeit der Lagerleitung auf die *Personalführung* und die *Überwachung* der *Leistung* und *Qualität* aus einem *zentralen Leitstand*.

Abgesehen von der Personalentlastung ist der wichtigste *Vorteil* der Steuerung eines Kommissioniersystems mit Hilfe eines DV-Systems die Möglichkeit zur Realisierung von *Betriebsstrategien*, für die eine schnelle Erfassung und Verarbeitung vieler Daten nach bestimmten Algorithmen erforderlich ist. Außerdem lassen sich mit einem DV-System eine verzögerungsfreie Datenübertragung und Datenverarbeitung im *Online-Betrieb* realisieren, *geringere Fehlerquoten* erreichen und ein *belegloses Arbeiten* unterstützen.

Damit der Kommissionierer seine Arbeit durchführen kann, müssen ihm der nächste Zugriffsplatz, die angeforderten Artikel, die Entnahmemengen und der Ab-

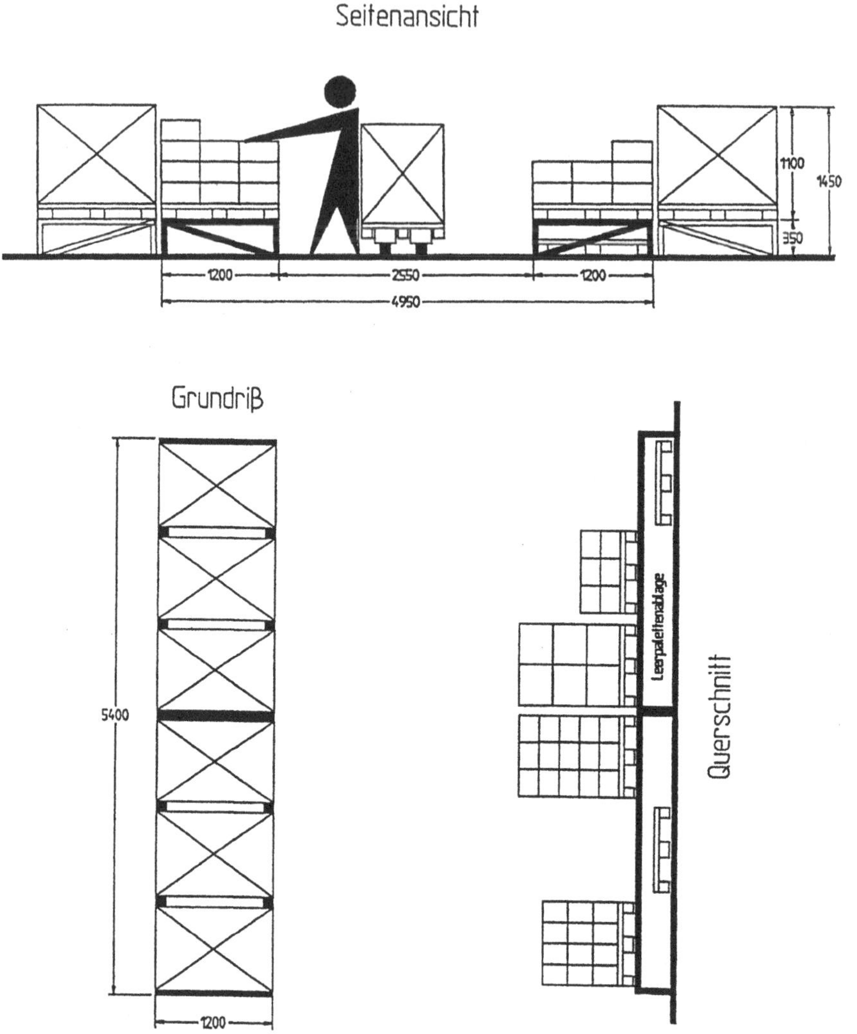

Seitenansicht

1100 1450 350

1200 2550 1200

4950

Grundriß

5400

1200

Leerpalettenablage

Querschnitt

Abb. 17.16 Optimierte Bereitstellung für das manuelle Kommissionieren von Palette auf Palette

Bereitstellung von CCG1-Paletten in optimaler Greifhöhe
Leerpalettenablageplätze unter den Bereitstellplätzen
Flexibles Flip-Flop-Prinzip mit wechselnden Bereitstellplätzen

lageort bekannt gegeben oder angezeigt werden. Für die Bekanntgabe oder Anzeige dieser Informationen bestehen zwei Möglichkeiten [80, 88]:

- *Information mit Beleg* in Form von *Pickzetteln, Kommissionierlisten* oder *Auftragsbelegen*
- *Information ohne Beleg* über optische Anzeigen, Displays oder akustisch mittels Kopfhörer (*pick by voice*).

Beim dezentralen Kommissionieren *mit Beleg* laufen die Auftragspapiere in den Sammelbehältern zu den Kommissionierarbeitsplätzen. Beim konventionellen und beim inversen Kommissionieren werden die Belege an der Basis übernommen und vom Kommissionierer mitgeführt. Beim *beleglosen Kommissionieren* kann die Anzeige entweder *stationär* an den Bereitstellplätzen angebracht sein oder als *mobiles* Anzeigeterminal auf dem Kommissioniergerät mitfahren [88]. Das sogenannte *Pick by Light* mit stationärer Anzeige ist optimal einsetzbar in Kommissionierarbeitsbereichen mit begrenzter räumlicher Ausdehnung, also beim dezentralen und stationären Kommissionieren. Bei weit mehr als 100 Artikeln, deren Bereitstellplätze entlang eines Weges länger als 30 m angeordnet sind, ist in den meisten Fällen die mobile Anzeige wirtschaftlicher als die stationäre Anzeige.

Das Lesen, Verarbeiten, Erfassen und Eingeben von Informationen zur Ausführung und Kontrolle kostet den Kommissionierer Zeit. Diese unproduktive *Totzeit* kann bei ungünstiger Anzeige, ungeeigneter Eingabetechnik und vielen Informationen länger sein als die produktive Greifzeit. Bei *Online-Betrieb* mit einer Kommissioniersteuerung, die in ein übergeordnetes Auftragsabwicklungs- oder Warenwirtschaftssystem integriert ist, kommt die Gefahr hinzu, dass die *systembedingten Wartezeiten* auf die Informationsverarbeitung in Spitzenzeiten weit über 5 s ansteigen. Um das zu vermeiden, gilt die *Auslegungsregel:*

▶ Bei Kommissioniersystemen mit hohen Leistungsanforderungen, großem Informationsbedarf und Online-Betrieb ist eine *autarke Kommissioniersteuerung* erforderlich.

Außer der Geschwindigkeit der Informationsverarbeitung bestimmen die *Vollständigkeit*, die *Anordnung* und die *Lesbarkeit* der Informationen für den Kommissionierer maßgebend die *Totzeiten* und die *Fehlerquote.* Die Informationsanzeige hat daher erhebliche Auswirkungen auf Leistung, Qualität und Kosten des Kommissionierens.

17.4 Kommissionierqualität

Die Anzahl der korrekt und termingerecht ausgeführten Positionen oder Aufträge in Relation zur Gesamtzahl der Positionen oder Aufträge einer Periode ist ein Maß für die *Kommissionierqualität*. Die Kommissionierqualität kann durch *Nichtverfügbarkeit* der Ware am Pickplatz und durch *Kommissionierfehler* beeinträchtigt werden.

Die Sicherung der *Warenverfügbarkeit am Zugriffsplatz* ist Aufgabe der Nachschubdisposition für den Kommissionierbereich und erfordert entsprechende *Nachschubstrategien* (s. u.). Die *permanente Verfügbarkeit* der Ware am Pickplatz lässt sich durch Eingabe jeder Leerung eines Zugriffsplatzes steuern und kontrollieren. Die Sicherung der Gesamtwarenverfügbarkeit einschließlich der Reservebestände ist Aufgabe der Bestands- und Nachschubdisposition für den gesamten Logistikbetrieb (s. *Abschn. 11.11*).

Typische *Kommissionierfehler* sind:

Entnahme aus einer falschen Bereitstelleinheit
Verwechslung der Artikel
Entnahme der falschen Menge
Ablage in den falschen Auftragsbehälter (17.14)
Auslassen von Positionen
Liegenlassen einzelner Pickaufträge
zu späte Bereitstellung zum Abholen oder Versand.

Bei der Messung der Kommissionierqualität ist zu unterscheiden zwischen *Positionsfehlerquote* und *Auftragsfehlerquote:*

- Die *Positionsfehlerquote* $\eta_{\text{P fehl}}$ [%] ist die Relation der Anzahl fehlerhaft ausgeführter Pickpositionen zur Gesamtzahl der bearbeiteten Positionen.
- Die *Auftragsfehlerquote* $\eta_{\text{A fehl}}$ [%] ist die Relation der Anzahl Aufträge, die nicht vollständig und korrekt ausgeführt wurden, zur Gesamtzahl der Aufträge.

Solange Ware vorrätig ist, sollte die Positionsfehlerquote in allen Kommissioniersystemen deutlich unter 1 % liegen. Fehlerquoten kleiner als 0,1 % pro Position sind nur mit besonderen Vorkehrungen erreichbar [183].

Bei einer Positionsfehlerquote $\eta_{\text{P fehl}}$ ist die *Positionskommissionierqualität*, also die Wahrscheinlichkeit, dass eine Position fehlerfrei ausgeführt wird, $\eta_{\text{P kom}} = (1 - \eta_{\text{P fehl}})$. Die Wahrscheinlichkeit, dass ein Auftrag mit mehreren Positionen fehlerfrei ausgeführt wird, ist das Produkt der Wahrscheinlichkeit, dass die einzelnen Auftragspositionen korrekt ausgeführt werden. Hieraus folgt der *Satz:*

► Wenn die Aufträge im Mittel n Positionen haben und die Positionsfehlerquote $\eta_{\text{P fehl}}$ beträgt, ist die *Auftragskommissionierqualität* $\eta_{\text{A kom}} = (1 - \eta_{\text{P fehl}})^n$ und die *Auftragsfehlerquote* $\eta_{\text{A fehl}} = 1 - (1 - \eta_{\text{P fehl}})^n$.

Hieraus ergibt sich beispielsweise, dass für Aufträge mit im Mittel 5 Positionen und einer Positionsfehlerquote von 1,0 % die Auftragsfehlerquote 4,9 % beträgt. Das bedeutet:

► Für Kommissionieraufträge mit vielen Positionen ist es ungleich schwerer, eine hohe Auftragskommissionierqualität zu erreichen, als für Aufträge mit wenigen Positionen.

Die Kommissionierfehler können durch eine *Qualitätskontrolle* in der Packerei oder im Warenausgang erfasst und kontrolliert werden. Besser aber, als die Fehler zu kontrollieren, ist es, Fehler zu vermeiden. Kommissionierfehler lassen sich dadurch vermeiden oder vermindern, dass vom Kommissionierer bestimmte *Kontrollinformationen* angefordert werden, die er vor und nach jedem Pick *eingeben*, *abscannen* oder *quittieren* muss. Eine andere Möglichkeit ist eine *Kontrollwiegung* oder eine automatische Zählung unmittelbar beim Ablegen der Entnahmemenge am Kommissionierplatz.

Ziel aller Bemühungen ist das *Null-Fehler-Kommissionieren* (*Zero Defect Picking*), auch wenn dieses Ziel grundsätzlich nicht erreichbar ist [85]. Da Fehler, wenn auch selten, immer auftreten können, muss die Organisation eines Kommissioniersystems nicht nur auf das Vermeiden von Fehlern ausgerichtet sondern auch auf das gelegentliche Vorkommen von Fehlern vorbereitet sein.

17.5 Kombinierte Systeme

Ein elementares Kommissioniersystem ist nur geeignet zum gleichzeitigen Kommissionieren einer kleinen Anzahl von Aufträgen aus einem begrenzten und hinreichend homogenen Sortiment mit geringen Artikelbeständen.

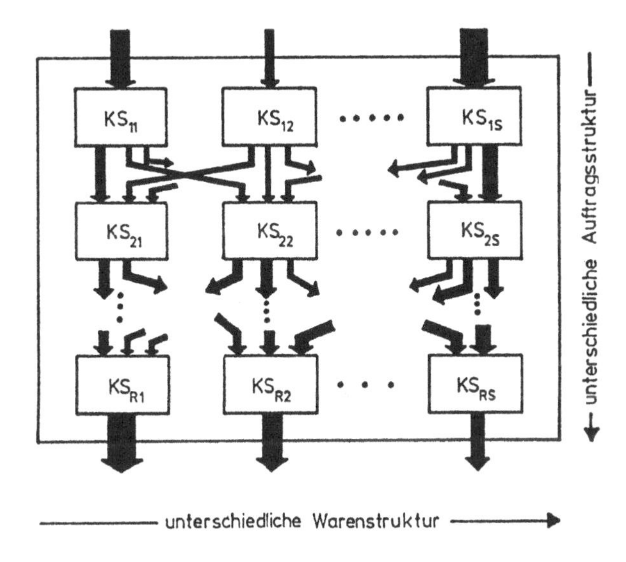

Abb. 17.17 Netzwerk aus parallel und nacheinander angeordneten elementaren Kommissioniersystemen

Bei großem Durchsatz, heterogenem Sortiment und hohen Artikelbeständen ist es erforderlich, mehrere elementare Kommissioniersysteme *parallel* und *nacheinander* zu installieren, die nach gleichen oder unterschiedlichen Verfahren und Techniken arbeiten. Wie in *Abb. 17.17* dargestellt, werden die elementaren Kommissioniersysteme durch Fördertechnik und Informationssysteme zu einem *komplexen Netzwerk* von Lager- und Kommissioniersystemen verknüpft. Generell gilt:

- Je unterschiedlicher die Warenbeschaffenheit, der Durchsatz und die Bestände des Sortiments sind, umso mehr *parallele* Lager- und Kommissioniersysteme sind erforderlich.

- Je größer der Durchsatz und die Bestände, je kleinvolumiger die Entnahmeeinheiten und je unterschiedlicher die externen Aufträge sind, umso geeigneter sind *mehrstufige* Lager- und Kommissioniersysteme.

Die Schwierigkeit der *Planung* eines Kommissioniersystems für Leistungsanforderungen mit großen Strukturunterschieden besteht darin, die angemessene Differenzierung und die richtige Kombination der benötigten Systeme zu finden. Für einen bestehenden *Logistikbetrieb* mit mehreren unterschiedlichen Kommissioniersystemen ergibt sich das Problem der optimalen Artikelzuweisung und Nutzung der einzelnen Systeme. Hierfür werden geeignete *Nutzungs-* und *Zuweisungsstrategien* benötigt.

17.5.1 Parallele Kommissioniersysteme

Für Sortimente mit *vielen gleichartigen Artikeln* ist es sinnvoll, ein großes Elementarsystem organisatorisch und auch räumlich in mehrere *Kommissionierzonen* aufzuteilen, die alle nach dem gleichen Verfahren arbeiten. Wie in den *Abb. 13.29, 16.16, 16.17, 17.18* und *17.19* gezeigt, können jeweils 2, 4 oder 6 Gassen eines konventionellen Kommissioniersystems zu *Kommissioniermodulen* oder *Kommissionierzonen* zusammengefasst werden, die jeweils einen Teil des Sortiments enthalten.

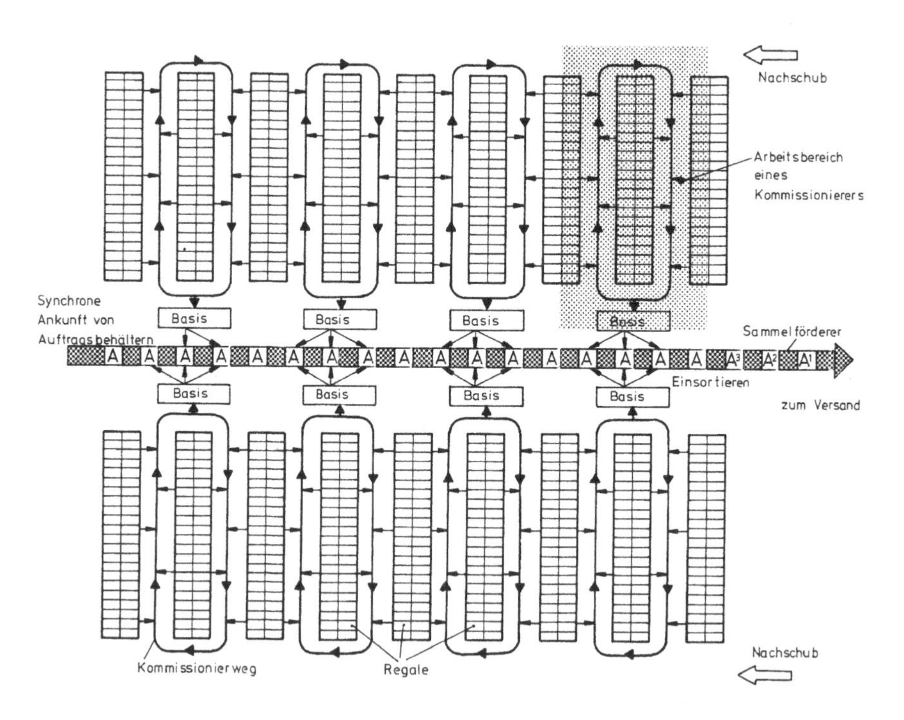

Abb. 17.18 Parallele Kommissionierzonen in der ersten Stufe eines zweistufigen Kommissioniersystems

Wenn die Artikel von *unterschiedlicher Beschaffenheit* sind oder sich in der *Gängigkeit* stark unterscheiden, ist es sinnvoll, das Sortiment in Gruppen ähnlicher Beschaffenheit aufzuteilen und für jede dieser Artikelgruppen ein spezielles Kommissioniersystem zu schaffen. Eine typische Aufteilung dieser Art ist das Kommissionieren von:

- *Kleinteilen* oder *Kleinmengen* in einer *Fachbodenanlage* oder einem *Kleinbehältersystem*
- *Großteilen* oder *Großmengen* in einem *Palettensystem*
- *Langgut*, *Schwergut*, *Sperrigteilen* oder *Sonderware* in *Spezialsystemen*.

Je heterogener das Sortiment ist, desto mehr unterschiedliche Systeme können erforderlich sein. Zu viele spezialisierte Systeme haben jedoch den *Nachteil*, dass jedes für sich auf den *Spitzenbedarf* ausgelegt sein muss, die Auslastung sehr unterschiedlich sein kann und die externen Aufträge in viele Teilaufträge zerlegt werden müssen, die anschließend aus den getrennten Bereichen zusammenzuführen sind. Hieraus folgt der allgemeine *Planungsgrundsatz:*

▶ So wenig unterschiedliche und spezialisierte Kommissioniersysteme wie möglich, nur so viele wie unbedingt nötig.

Für alle Artikel, die wegen ihrer Beschaffenheit oder aufgrund *sachlicher Zuweisungskriterien* nicht in genau ein Kommissioniersystem passen, besteht bei parallelen Kommissioniersystemen die Optimierungsmöglichkeit der *durchsatzabhängigen Systemzuweisung*. So werden Artikel mit geringem Volumendurchsatz besser in einem Behälter- oder Fachbodensystem und Artikel mit großem Volumendurchsatz am kostengünstigsten in einem Palettensystem kommissioniert.

17.5.2 Trennung von Lagern und Kommissionieren

Wenn der Gesamtbestand eines Sortiments mehr Ladeeinheiten füllt, als sich ohne Verlängerung der Wege im Zugriffsbereich unterbringen lassen, ist es für Kommissioniersysteme mit statischer Bereitstellung sinnvoll, einen Teil des Übervorrats in einem *getrennten Reservelager* zu lagern. Der *Übervorrat* ist der Teil des Gesamtbestands, der über den Inhalt einer *Anbrucheinheit* im Zugriff und einer vollen *Zugriffsreserveeinheit* pro Artikel hinausgeht.

In einem gesonderten Reservelager ausreichender Größe, das nur zum Lagern ausgelegt ist, sind die *Lagerplatzkosten* deutlich geringer als in einem Kommissioniersystem, das primär für das rationelle Kommissionieren ausgelegt ist. Ein dem Kommissioniersystem vorgeschaltetes Reservelager hat jedoch den Nachteil, dass die Nachschubeinheiten für das Kommissioniersystem unter Einsatz von Fördertechnik oder Staplern *umgelagert* werden müssen [86]. Hieraus folgt die *Regel:*

▶ Eine getrennte Lagerung der Reservemengen ist nur dann sinnvoll, wenn der gesamte Übervorrat erheblich größer ist als die Kapazität der Reserveplätze im Kommissioniersystem.

Der Nachschub aus dem Reservelager wird über ein geeignetes Transportsystem nach dem *Pull-Prinzip* in *vollen Ladeeinheiten* in das Kommissioniersystem transportiert, sobald eine Zugriffseinheit aufgebraucht ist. Der Inhalt der Nachschubeinheit ist dabei nicht für bestimmte Aufträge reserviert.

17.5.3 Zweistufiges Kommissionieren

Beim zweistufigen Kommissionieren sind zwei Kommissioniersysteme oder ein Kommissioniersystem und ein Sortiersystem hintereinander geschaltet:

- In der *ersten Kommissionierstufe* werden die Bedarfsmengen für mehrere externe Aufträge, die zu einem *Batch-* oder *Serienauftrag* zusammengefasst sind, *artikelbezogen* entnommen.
- In der *zweiten Kommissionierstufe* werden die Entnahmemengen der ersten Stufe *auftragsbezogen* kommissioniert oder sortiert.

Die Kommissioniersysteme der ersten Stufe können – wie in *Abb. 17.18* dargestellt – mehrere parallele konventionelle Kommissioniersysteme mit statischer Bereitstellung sein oder ein Kommissioniersystem mit dynamischer Bereitstellung.

Das Kommissionieren der zweiten Stufe wird von einem *Sammelfördersystem*, einer *Hängebahn* oder einem *Hängekreisförderer* in Verbindung mit einem *Verteilfördersystem* oder einem *Hochleistungssorter* ausgeführt, der die Warenstücke der ersten Stufe auf *Sammelplätze* verteilt, wo sie in Pakete verpackt oder auf Versandpaletten gestapelt werden. Die zweite Stufe kann aber auch ein anderes Kommissioniersystem, wie das *inverse Kommissionieren*, sein.

Durch das zweistufige Kommissionieren lassen sich bei statischer Bereitstellung in der ersten Stufe die anteiligen Weg-, Tot- und Basiszeiten verkürzen, denn pro Rundfahrt werden mehr Artikel angefahren und pro Halt größere Mengen entnommen. Bei dynamischer Bereitstellung lassen sich in der ersten Stufe die Bereitstellungen und Rücklagerungen vermindern und die anteiligen Rüstzeiten reduzieren, da aus einer Bereitstelleinheit größere Mengen für mehrere externe Aufträge entnommen werden.

Das zweistufige Kommissionieren hat jedoch den *Nachteil*, dass jede Entnahmeeinheit zweimal in die Hand genommen wird. Außerdem müssen die Entnahmemengen aus dem ersten System in das zweite System transportiert und dort auf die Auftragssammelplätze verteilt werden. Weitere Nachteile sind die längeren Auftragsdurchlaufzeiten und die erschwerte Bearbeitung von Eilaufträgen. Diese Nachteile der zweiten Kommissionierstufe können den Rationalisierungsgewinn der ersten Stufe weitgehend oder vollständig aufzehren.

Da die Nachteile der zweistufigen Kommissionierung bei den *Einpositionsaufträgen* besonders gravierend sind, werden für diese meist *Sonderabläufe* installiert.

Aufgrund seiner Vor- und Nachteile ist eine *Wirtschaftlichkeit* des zweistufigen Kommissionierens, wenn überhaupt, nur unter folgenden *Voraussetzungen* zu erwarten:

- viele Aufträge (> 1.000 pro Tag) mit wenigen Positionen (2 bis 5 Pos/Auf) und kleinen Entnahmemengen (bis 10 WST) aus einem breiten Sortiment (> 10.000 Artikel)
- Aufträge mit unterschiedlicher Struktur, vielen Positionen oder großen Entnahmemengen
- planbarer Auftragseingang (ein oder zweimal pro Tag) und schubweiser Versand (bis zu vier Versandzyklen pro Tag)
- einfach greifbare, förderfähige Entnahmeeinheiten mit geringem Stückgewicht (< 7 kg)
- keine Eilaufträge und Sonderbearbeitung erforderlich
- gleichmäßig hohe Auslastung über das gesamte Jahr für mindestens 8 Stunden pro Tag.

Diese Voraussetzungen sind zum Beispiel im *Versandhandel* und *Pharmagroßhandel* gegeben.

Auch wenn alle Voraussetzungen erfüllt sind, kann die Frage, ob das zweistufige Kommissionieren wirtschaftlicher ist als das einstufige, nur im Einzelfall durch einen Vergleich der *effektiven Kommissionierkosten* entschieden werden, nachdem für das einstufige und das zweistufige Verfahren jeweils ein optimales Konzept erarbeitet wurde.

17.5.4 Stollenkommissionierlager

Stollenkommissionierlager sind eine raumsparende Kombination von Kommissioniersystemen mit eindimensionaler Fortbewegung mit einem Schmalganglager oder einem Hochregallager.

Ein Stollenkommissionierlager ist, wie in *Abb. 17.19* dargestellt, aus einer Anzahl nebeneinander angeordneter Gangmodule aufgebaut. Jedes Gangmodul besteht aus zwei anteiligen *Nachschubgassen*, zwei *Regalscheiben* und zwischen diesen auf mehreren Ebenen angeordneten *Kommissioniergängen*. Durch diese Anordnung entstehen tunnelartige *Kommissionierstollen*, die etwa 2,5 bis 3,0 m hoch und bis zu 60 m lang sein können. Die Kommissionierstollen lassen sich auch zwischen zwei Regalscheiben oder an der Seite eines automatischen Hochregallagers anordnen.

In den Nachschubgassen verfahren handbediente *Schmalgangstapler* oder automatische *Regalbediengeräte* zur Beschickung der Zugriffs- und Reserveplätze mit vollen *Paletten* oder *Behältern*. In den räumlich von den Nachschubgassen getrennten Kommissioniergängen arbeiten die Kommissionierer nach dem Verfahren der konventionellen oder dezentralen Kommissionierung mit statischer Artikelbereitstellung.

Im *Zugriffsbereich* der Kommissionierer befinden sich in einem flexibel gestalteten *Fachmodul*, wie er für ein Beispiel in *Abb. 17.20* gezeigt ist, neben- und übereinander die *Bereitstellplätze*. In dem darüber liegenden Regalbereich sind die Zugriffsreserven abgestellt. Die Zugriffsplätze können auch, wie in den *Abb. 17.8* dargestellt, mit *Durchlaufkanälen* ausgerüstet sein.

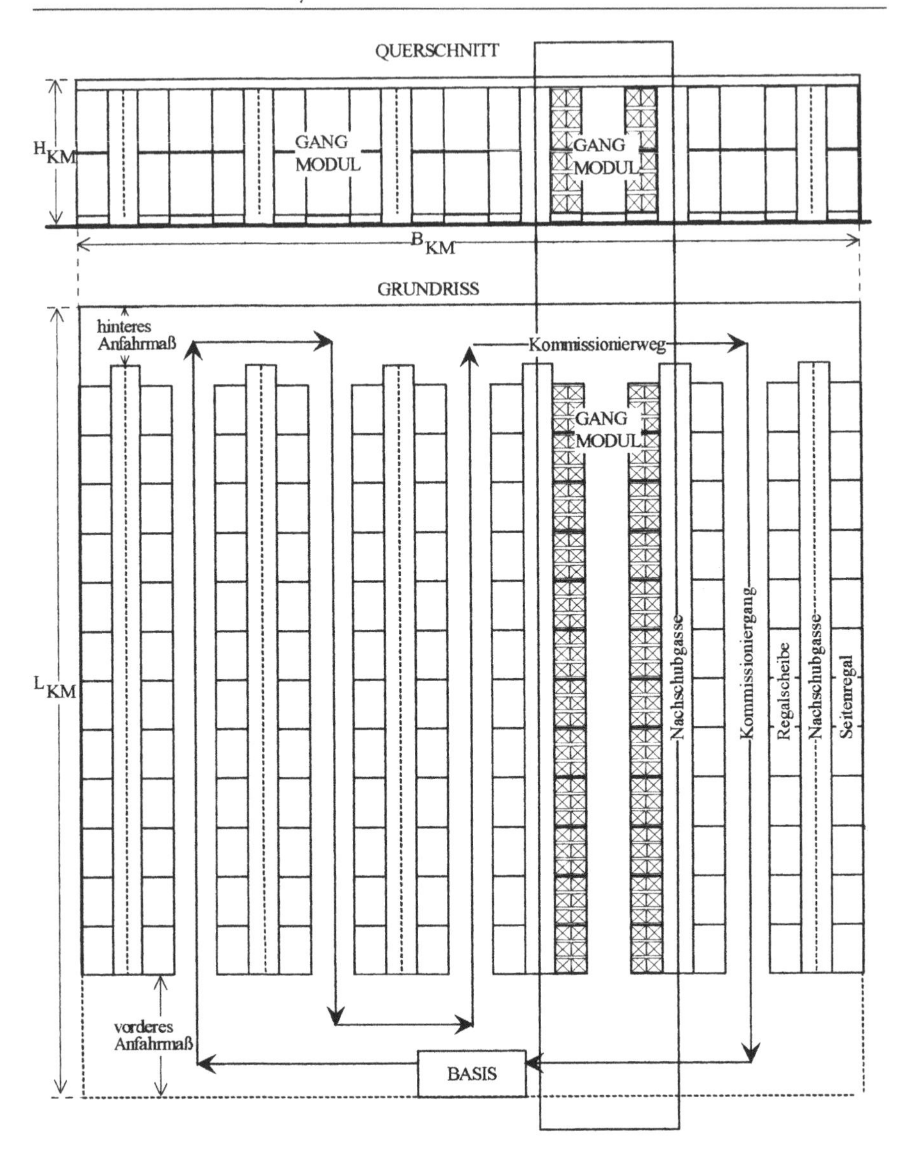

Abb. 17.19 Kommissioniermodul mit Gangmodulen eines Stollenkommissionierlagers mit zwei Ebenen

Die Kommissionierer arbeiten jeweils in einer Ebene. Sie fahren mit einem *Handwagen*, in einem *Pick-Mobil* oder auf einem *Horizontalkommissioniergerät* beginnend an einer *zentralen Basis* nach den Vorgaben eines Pickbelegs oder einer mobilen Anzeige zu den Pickplätzen an beiden Seiten der Kommissionierstollen, entnehmen die angewiesenen Artikelmengen und beenden ihre *Rundfahrt* wieder an der Basis, wo sie die gefüllten Sammelbehälter oder Versandpaletten abgeben. Von dort werden

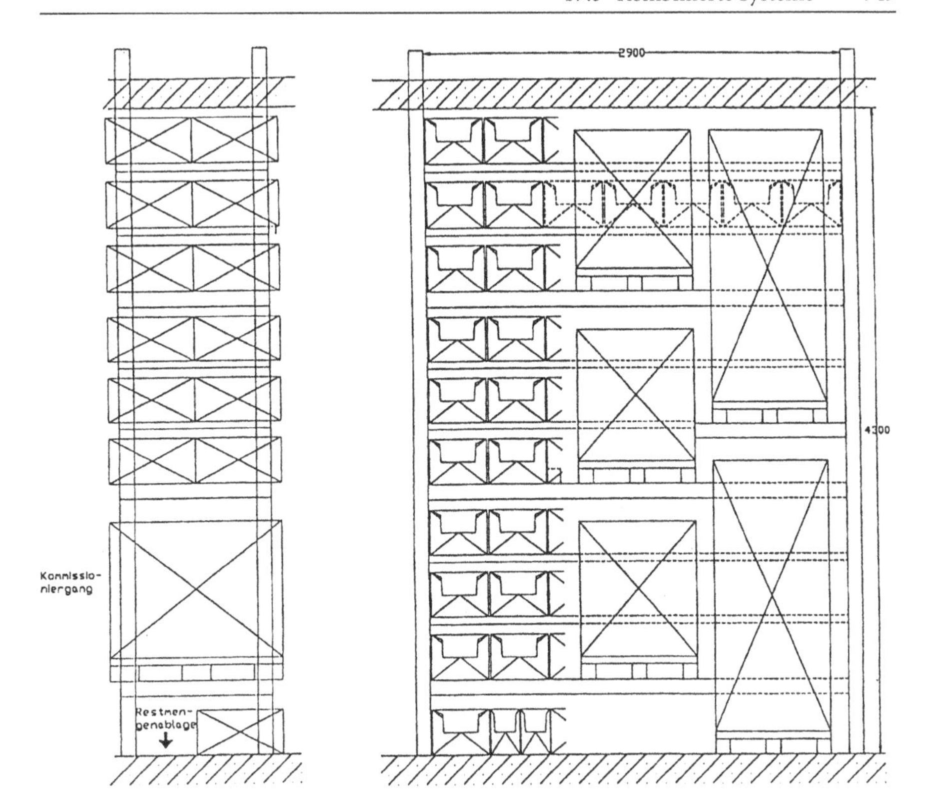

Abb. 17.20 Umrüstbares Bereitstellmodul für Paletten oder Behälter

die vollen Behälter und Paletten von Staplern oder durch ein Transportsystem zur Auftragssammelstelle in den Versand gebracht.

In den Kommissionierstollen kann auch ein Fördersystem zur *dezentralen Abgabe* der entnommenen Artikelmengen installiert sein, das die lose oder in Sammelbehältern abgelegte Ware in den Versand oder zur Packerei befördert.

Die Abmessungen und die Anzahl der Gangmodule, aus denen ein *Kommissioniermodul* besteht, sind durch die maximale *Fluchtweglänge* (< 50 m) und die zulässige Größe eines *Brandabschnitts* nach oben begrenzt.

Mehrere Kommissioniermodule können, wie in *Abb. 17.21* gezeigt, nach Bedarf nebeneinander und gegenüberliegend zu einem *Gesamtsystem* angeordnet werden, das zum Kommissionieren aus einem sehr breiten Sortiment von Artikeln in Paletten und Behältern geeignet ist.

Die *Hauptvorteile* der Stollenkommissionierlager sind:

- *gute Kommissionierleistungen* auch bei *breitem Sortiment* (> 1.000 Artikel)
- *hohe Flexibilität* gegenüber Anforderungsschwankungen und Sortimentsveränderungen

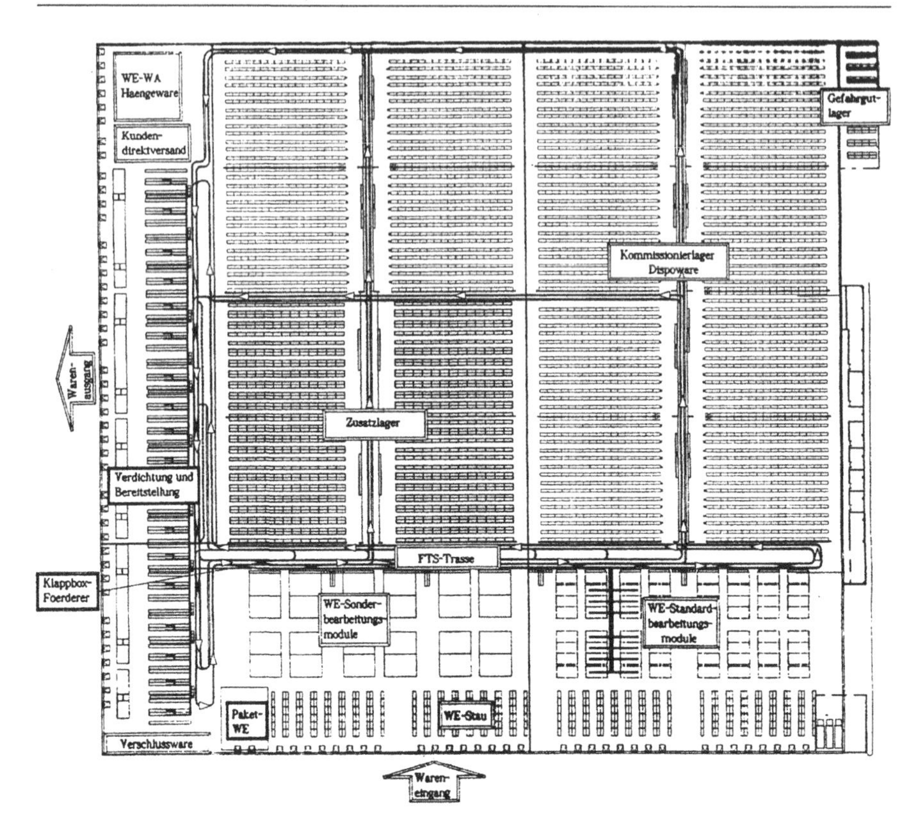

Abb. 17.21 Logistikzentrum des Handels für Paletten- und Behälterware

12 Kommissioniermodule (Stollenkommissionierlager) mit je 8 Gangmodulen (s. *Abb. 17.19*) für Artikel mit regelmäßigem Verbrauch (Dispoware oder Stapelware)

4 Lagermodule für Aktionsware mit Schmalgangstaplerbedienung (Zusatzlager) Prinzipdarstellung ZLU [156]

- *Automatisierbarkeit des Nachschubs*
- *modularer Aufbau, kompakte Bauweise* und *stufenweise Ausbaumöglichkeit.*

Beim Betrieb bestehender Stollenkommissionierlager aber haben sich *Nachteile* und *Einsatzgrenzen* gezeigt, die in der Planungsphase häufig übersehen oder unterschätzt werden. Die wesentlichen *Nachteile* von Stollenkommissionierlagern sind:

- problematische Sicherung der Zugriffsplätze
- schlechte Zugänglichkeit der oberen Ebenen
- Fluchtwege in den Regalen
- begrenzte Nachschubleistung
- Umlagerungen von den Reserveplätzen auf die Bereitstellplätze
- Staueffekte und Wartezeiten der Kommissionierer

- Umrüsten der Fachmodule bei Sortimentsänderungen
- hohe Platzkosten
- beschränkte Reserveplatzkapazität
- Versorgung der oberen Kommissionierebenen mit leeren Sammelbehältern und Paletten
- Entsorgen der geleerten Ladehilfsmittel von den Zugriffsplätzen
- Abtransport der vollen Auftragsbehälter und Paletten aus den oberen Ebenen.

Um die Auswirkungen dieser Nachteile zu begrenzen und die damit verbundenen Probleme zu beherrschen, ist bereits bei der Planung und Auslegung zu beachten:

▶ Hohe Kommissionierleistungen und eine gute Platznutzung eines Stollenkommissionierlagers sind nur mit einer ausgefeilten, rechnergestützten *Kommissioniersteuerung* und optimalen *Betriebsstrategien* erreichbar.

Eine unzureichende Planung und falsche Betriebsstrategien können bei den Stollenkommissionierlagern ebenso wie bei den anderen kombinierten Systemen zu erheblichen Problemen führen.

Große Stollenkommissionierlager, die aus 8 bis 16 Modulen mit je 6 bis 8 Kommissionierstollen in zwei Ebenen bestehen, wurden in den achtziger Jahren des letzten Jahrhunderts mehrfach von großen Kaufhauskonzernen zur Versorgung ihrer Filialen mit Stapelware für ein Sortiment von 30.000 bis 50.000 und mehr Artikeln gebaut. Auch einige Industrieunternehmen und Konsumgenossenschaften betreiben Stollenkommissionierlager.

Die Stollenkommissionierlager haben sich nach einigen Anfangsschwierigkeiten und dem Aufbau der erforderlichen Organisation recht gut bewährt. Es hat sich aber auch gezeigt, dass sie nur für einen Teil des Sortiments geeignet sind und für die anderen Sortimentsteile, wie für Aktionsware, Kleinteile und Großteile, andere Systeme benötigt werden. Auch wo ein Stollenkommissionierlager technisch geeignet ist, bleibt zu prüfen, ob nicht ein anderes Kommissioniersystem wirtschaftlicher ist.

17.6 Betriebsstrategien für Kommissioniersysteme

Leistung und Kosten eines *bestehenden* Lager- und Kommissioniersystems hängen entscheidend von der Organisation und den Betriebsstrategien ab. Bei der *Planung* eines *neuen* Lager- und Kommissioniersystems lassen sich durch richtige Strategien die Investitionen reduzieren und die zukünftigen Betriebskosten senken.

Die Betriebsstrategien für Lager- und Kommissioniersysteme lassen sich einteilen in:

Belegungsstrategien

Bearbeitungsstrategien

Bewegungsstrategien

Entnahmestrategien

Nachschubstrategien

Leergutstrategien.

Von den Betriebsstrategien werden nachfolgend die *Kommissionierstrategien* dargestellt und ihre Effekte analysiert [18,88,89]. Die bereits in *Abschn. 16.4* beschriebenen *Lagerstrategien* werden nur soweit behandelt, wie sie für das Kommissionieren von Bedeutung sind.

Mit den verschiedenen Betriebsstrategien werden meist *unterschiedliche Ziele* verfolgt, deren *Priorität* die Auswahl unter den möglichen Strategien bestimmt. Nicht alle Strategien sind miteinander verträglich. *Inkompatible Strategien* heben sich in ihrer Wirkung ganz oder teilweise auf oder erreichen das gleiche Ziel auf unterschiedliche Art. Vor der Implementierung einer Kommissionierstrategie muss daher geprüft werden, ob der erreichbare *Strategieeffekt* den Aufwand rechtfertigt und ob nicht der Effekt einer anderen, wirkungsvolleren Strategie beeinträchtigt wird.

17.6.1 Belegungsstrategien

Die Belegungsstrategien legen fest, auf welchen Plätzen und in welchen Zonen welche Artikel gelagert und bereitgestellt werden. *Ziele* der Belegungsstrategien sind *gute Platznutzung*, *kurze Wege* und ein *geringer Nachschubaufwand*. Die wichtigsten *Belegungsstrategien* sind:

- *Feste* oder *statische Pickplatzordnung*: Für jeden Artikel ist, solange er sich im Zugriffssortiment befindet, ein bestimmter Zugriffsplatz reserviert.
- *Freie* oder *dynamische Pickplatzordnung*: Frei werdende Zugriffsplätze werden dem nächsten Artikel mit Platzbedarf zugewiesen und von diesem nur so lange belegt, bis der Platz geleert ist.
- *Feste Reserveplatzordnung*: Auch die Reserveplätze werden bestimmten Artikeln fest zugewiesen.
- *Freie Reserveplatzordnung*: Freie Reserveplätze werden für die Reserveeinheiten eines beliebigen Artikels genutzt.
- *Zonenweise freie Platzordnung*: Bestimmte Bereitstellzonen sind für die Lagerung und Bereitstellung definierter Warengruppen reserviert; innerhalb einer Zone aber ist die Platzordnung frei.
- *Schnellläuferkonzentration*: Um die mittleren Wege zu senken, werden die Zugriffseinheiten schnellumschlagender Artikel bei statischer Bereitstellung nahe der Basis, bei dynamischer Bereitstellung nahe den Ein- und Auslagerplätzen des Bereitstelllagers abgestellt.
- *Packoptimale Pickplatzfolge*: Um ein Verdrücken der Pickeinheiten zu vermeiden und einen guten Packungsgrad zu erreichen, sind die Pickplätze entlang dem Kommissionierweg nach abnehmendem Volumen und Gewicht und zunehmender Empfindlichkeit angeordnet (s. *Abschn. 12.4*).
- *Greifoptimale Platzbelegung*: Schnellgängige und schwer zu entnehmende Artikel werden in optimaler Zugriffshöhe bereitgestellt, langsam gängige und leicht zu greifende Artikel im unteren und oberen Bereich (s. *Abb. 17.13*).
- *Trennung der Reserveeinheiten*: Die Zugriffsreserveeinheiten werden oberhalb des Zugriffsbereichs oder, bei räumlich getrennter Beschickung, in einer gegenüberliegenden Regalfläche gelagert. Übervorräte sind in einem gesonderten Reservelager untergebracht.

- *Starres Flip-Flop-Verfahren*: Im Zugriffsbereich werden jedem Artikel zwei nebeneinander liegende Bereitstellplätze fest zugeordnet. Wenn die Zugriffseinheit durch den erschöpfenden Griff geleert wird, setzt der Kommissionierer seine Arbeit an der daneben stehenden Reserveeinheit fort.
- *Flexibles Flip-Flop-Verfahren*: Im Zugriffsbereich wird zusätzlich zu den Artikelzugriffsplätzen eine Anzahl weiterer Plätze frei gehalten, auf die bei Erreichen des Meldebestands eines Artikels die Zugriffsreserve gestellt wird. Dadurch verändert sich der Bereitstellplatz eines Artikels im Verlauf des Betriebs.
- *Artikelreine Platzbelegung*: Auf einem Bereitstellplatz oder in einer Bereitstelleinheit befindet sich nur ein Artikel.
- *Artikelgemischte Platzbelegung*: Auf einem Bereitstellplatz oder in einer Bereitstelleinheit befinden sich die Einheiten mehrerer Artikel.
- *Durchsatzabhängige Systemzuweisung*: Abhängig vom erwarteten *Volumendurchsatz* wird ein Artikel jeweils dem Kommissioniersystem zugewiesen, das für den entsprechenden Durchsatz am wirtschaftlichsten ist.

Die *feste Pickplatzordnung* ist einfach zu organisieren und erlaubt es, die Zugriffseinheiten der Artikel nach einer vorgegebenen *Pickfolge* aufzustellen, beispielsweise nach abfallendem Volumen und Gewicht oder in einer vom Empfänger gewünschten Artikelfolge. So wird beispielsweise beim Kommissionieren des Filialnachschubs in Handelslagern eine *abteilungsreine Füllung* der Versandbehälter entsprechend der *Reihenfolge in den Verkaufsregalen* gefordert. Die feste Pickplatzordnung erfordert jedoch bei Saisonwechsel oder bei Sortimentsveränderungen aus anderen Gründen ein *Umordnen* des Pickbereichs [89].

Die *freie Pickplatzordnung* wird benötigt für eine flexible Platznutzung in Verbindung mit dem Flip-Flop-Verfahren. Mit einer *freien Reserveplatzordnung* lässt sich der Platzbedarf für die Reserveeinheiten erheblich reduzieren. Voraussetzungen für die freie Platzordnung sind jedoch eine *zuverlässige Platzverwaltung* und eine *dynamische Auftragsdisposition*.

Die *Trennung der Reserveeinheiten* von den Zugriffseinheiten ermöglicht bei der statischen Bereitstellung kleinere Zugriffsflächen und kürzere Wege. Ohne besondere Vorkehrungen, wie das Flip-Flop-Verfahren, kann es dabei jedoch nach dem erschöpfenden Griff zu einer Unterbrechung des Kommissionierens oder zu unvollständigen Aufträgen kommen.

Durch das *Flip-Flop-Verfahren* wird erreicht, dass der Kommissionierer nach dem erschöpfenden Griff die Auftragsbearbeitung ohne Unterbrechung an der rechtzeitig bereitgestellten Reserveeinheit fortsetzen kann, die dann zur Zugriffseinheit wird. Beim *starren Flip-Flop-Verfahren* verdoppelt sich jedoch die Länge der Bereitstellfront und damit der Kommissionierweg. Beim *flexiblen FlipFlop-Verfahren* ist die Verlängerung der Bereitstellfront und der Kommissionierwege vom Zeitbedarf für den Nachschub abhängig. Bei richtiger Auslegung des Nachschubsystems genügt beim flexiblen Flip-Flop-Verfahren in der Regel eine Zugriffsplatzreserve von 10 bis 20 %.

Abhängig von der ABC-Verteilung, der Sortimentsbreite, der Anordnung der Zugriffsplätze und der gewählten Bewegungsstrategie sind durch eine *Schnellläuferkon-*

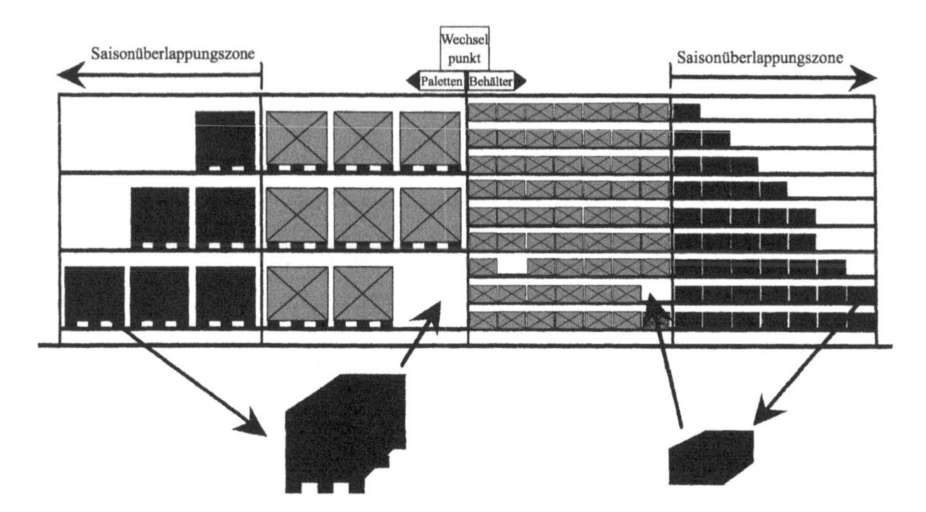

Abb. 17.22 Auffüllstrategie mit flexibler Platzbelegung für die Warenbereitstellung in Paletten und Behältern [89]

zentration beim konventionellen Kommissionieren *Wegzeiteinsparungen* bis zu 30 % erreichbar und Leistungsverbesserungen bis zu 10 % möglich. Dem steht der *Nachteil* gegenüber, dass sich die Kommissionierer vor den dicht beieinander liegenden Bereitstellplätzen der schnellgängigen Artikel gegenseitig behindern können. Wegen dieser *Blockiergefahr*, aber auch, weil sich die Umschlagfrequenz eines Artikels im Verlauf der Zeit ändern kann, ist eine Schnellläuferkonzentration in konventionellen Kommissioniersystemen nur in Ausnahmefällen sinnvoll (s. u.).

Durch die in *Abb. 17.22* dargestellte *Auffüllstrategie* mit *flexibler Platzbelegung* ergibt sich *selbstregelnd* eine Konzentration der schnellumschlagenden Artikel in der Nähe der Basis und damit ein Teil des Schnellläufereffekts [89].

Mit der Strategie der *durchsatzabhängigen Systemzuweisung* wird dafür gesorgt, dass Artikel mit geringem Volumendurchsatz in kleinen Mengen, in Kleinbehältern oder als Einzelgebinde in Durchlaufkanälen bereitgestellt werden und wenig Bereitstellfläche belegen. Wegen des geringen Durchsatzes ist für diese Artikel die Nachschubfrequenz in Behältern oder als Einzelgebinde klein. Artikel mit hohem Volumendurchsatz werden dagegen in größeren Mengen und großen Ladeeinheiten bereitgestellt, die mehr Bereitstellfläche belegen, aber auch bei höherem Durchsatz eine geringe Nachschubfrequenz verursachen.

Strategieparameter der durchsatzabhängigen Platzzuweisung ist der *kritische Volumendurchsatz*, unterhalb dessen die Bereitstellung in Fachbodenregalen, in Durchlaufkanälen oder Kleinbehältern und oberhalb dessen die Bereitstellung auf Paletten wirtschaftlicher ist. Der kritische Volumendurchsatz ist projektabhängig und muss im Einzelfall errechnet werden. Hieraus ergeben sich *Zuweisungskriterien* für die Bereitstellung im täglichen Betrieb (s. *Abschn. 17.15.3*).

Die dargestellten Belegungsstrategien für die Artikelplätze zum *konventionellen Kommissionieren mit statischer Artikelbereitstellung* sind auch einsetzbar für die Belegung der Auftragssammelplätze zum *inversen Kommissionieren.*

17.6.2 Bearbeitungsstrategien

Die Bearbeitungsstrategien regeln die *Vorbereitung* und die *Ausführung* der externen Aufträge. Ziele sind die Einhaltung der geforderten *Durchlaufzeiten*, ein *rationelles Kommissionieren* und eine *gleichmäßige Auslastung* paralleler Arbeitsbereiche.

Bevor die externen Aufträge in die operativen Leistungsbereiche zur Ausführung gegeben werden, müssen sie von einer *Auftragszentrale* oder vom *Rechner* geprüft, gesichtet und entsprechend den *Ausführungsstrategien* geordnet werden. Die Aufträge können von der Auftragszentrale nach folgenden Strategien disponiert werden [18, 80, 167]:

- *Getrennte Echtzeitverarbeitung* (*Real-Time-Processing*): Jeder eingehende Auftrag wird sofort bearbeitet und an die betreffenden Kommissionierbereiche weitergeleitet.
- *Zeitgetaktete Stapelverarbeitung* (*Batch Processing*): Die in einem bestimmten *Zykluszeitraum* T_S [h] eingehenden Aufträge werden gesammelt, danach gemeinsam bearbeitet und als *Auftragsstapel* (*Batch*) an die betreffenden Kommissionierbereiche gegeben.
- *Mengengetaktete Stapelverarbeitung*: Die eingehenden Aufträge werden gesammelt bis eine bestimmte *Stapelanzahl* n_S erreicht ist, die gemeinsam bearbeitet und als Auftragsstapel an die betreffenden Kommissionierbereiche weitergegeben wird.

Die *Echtzeitverarbeitung* ist in konventionellen Kommissioniersystemen mit relativ geringen Leistungsanforderungen üblich und für Eilaufträge auch in größeren Systemen notwendig. Sie bedeutet jedoch einen weitgehenden Verzicht auf leistungssteigernde Ausführungsstrategien. Außerdem bewirkt die Einzelbearbeitung eine stark schwankende Belastung der Kommissionierer. Bei großem Auftragseingang entstehen dadurch *Auftragswarteschlangen* vor den einzelnen Kommissionierbereichen und bei geringem Auftragseingang längere *Wartezeiten* der Kommissionierer.

Die *Stapelverarbeitung* ermöglicht die Nutzung von Ausführungsstrategien zur Leistungssteigerung und führt zu einer gleichmäßigeren Auslastung der Kommissionierer. Sie hat jedoch den Nachteil, dass sich die Auftragsdurchlaufzeiten um die Zykluszeit oder Auftragssammelzeit verlängern.

Bei der *zeitgetakteten Stapelverarbeitung* enthalten die Auftragsstapel unterschiedlich viele Aufträge mit der Folge, dass die Ausführungszeiten voneinander abweichen. Da die Zykluszeit eine frei wählbare *Strategievariable* ist, lassen sich durch Anpassung der Zykluszeit auch kürzere Durchlaufzeiten einhalten bis hin zu einer Zykluszeit $T_S = 0$, die den Übergang zur Echtzeitverarbeitung bedeutet.

Bei der *mengengetakteten Stapelverarbeitung* ist die *Stapelanzahl* ein freier *Strategieparameter*, der sich unterschiedlichen Zielsetzungen, wie Durchlaufzeit und

Kommissioniereffizienz, anpassen lässt. Die Ausführungszeiten der Auftragsstapel sind annähernd gleich lang.

Die einzelnen oder angesammelten Aufträge können von der Auftragsvorbereitung nach folgenden *Ausführungsstrategien* geordnet und an die Kommissionierbereiche zur Durchführung weitergegeben werden:

- *Einzelbearbeitung*: Alle Aufträge oder ausgewählte Aufträge, wie Eilaufträge, werden gesondert voneinander als *Einzelauftrag* ausgeführt.
- *Starre Serienbearbeitung* (*Fixed Batch*): Eine feste Anzahl s von Aufträgen wird zu einem *Sammel-* oder *Serienauftrag* gebündelt und gemeinsam ausgeführt. Erst nachdem alle Aufträge der Serie fertig kommissioniert sind, wird mit einer neuen Serie begonnen.
- *Dynamische Serienbearbeitung* (*Floating Batch*): Im Kommissionierbereich befindet sich eine bestimmte Anzahl Aufträge gleichzeitig in Arbeit. Wenn ein Auftrag fertig kommissioniert und im Sortierspeicher oder in der Packerei eine Zielstation frei ist, wird mit dem Kommissionieren eines neuen Auftrags begonnen.
- *Nacheinanderbearbeitung*: Einzel- oder Sammelaufträge, die Artikel aus mehreren parallelen Kommissionierbereichen anfordern, durchlaufen als *Komplettauftrag* nacheinander die Bereiche.
- *Parallelbearbeitung*: Einzel- oder Sammelaufträge, die Artikel in mehreren Kommissionierbereichen ansprechen, werden in *Teilaufträge* zerlegt und in den betreffenden Bereichen parallel ausgeführt.
- *Priorisierung von Eilaufträgen*: Eilaufträge werden als Einzelaufträge in allen Kommissionierbereichen vorrangig ausgeführt.

Vorteile der *Einzelbearbeitung* sind minimale Auftragsdurchlaufzeiten und ein geringer Organisationsaufwand. Diese Strategie wird daher vor allem verfolgt, wenn es auf *kurze Lieferzeiten* ankommt. Nachteile sind eine ungleichmäßige Auslastung der Kommissionierer, geringere Kommissionierleistungen, vor allem aber der Verzicht auf Bündelungseffekte.

Entsprechend bietet die *Serienbearbeitung* die Nutzung dieser Bündelungseffekte, allerdings um den Preis längerer Auftragsdurchlaufzeiten und eines erhöhten Organisationsaufwands. Die Anzahl der gebündelten Aufträge, das heißt die *Serien-* oder *Batch-Größe* s, ist ein frei wählbarer *Strategieparameter*, durch dessen Festlegung sich jeder gewünschte Kompromiss zwischen Durchlaufzeiten und Bündelungseffekten erreichen lässt bis hin zur Einzelauftragsbearbeitung, für die $s = 1$ zu setzen ist. Die Batch-Größe s der Auftragsausführung muss dabei nicht notwendig gleich der Stapelanzahl n_S der vorangehenden Auftragsdisposition sein. Sie ist begrenzt durch die Anzahl und Kapazität der Zielstationen im Zwischenpuffer oder vor den Packplätzen.

Bei der starren Serienbearbeitung ist zwischen zwei aufeinander folgenden Auftragsserien eine *Serienwechselzeit* erforderlich, in der der Kommissionierbereich, das Abfördersystem und der Zwischenspeicher geräumt und für die nächsten Serie vorbereitet werden. Bei der dynamischen Serienbearbeitung entfällt diese Wechselzeit.

Die *Nacheinanderbearbeitung* ungeteilter Aufträge hat den Vorteil, dass nach dem Durchlauf des Auftrags durch alle Bereiche der Auftrag komplett ist. Wenn in die Versandeinheiten kommissioniert wird, können diese direkt zum Versand bereitgestellt werden. Ein weiterer Vorteil ist, dass jeweils *ein* Kommissionierer für das Auftragsergebnis verantwortlich ist, es sei denn, der teilbearbeitete Auftrag wird *staffettenartig* von einem Bereich zum nächsten weitergegeben.

Bei der Nacheinanderbearbeitung entsteht pro Auftrag maximal eine teilgefüllte Versandeinheit. Damit entfällt die Notwendigkeit einer Verdichtung im Versand. Ein weiterer Vorteil besteht in der einfachen Organisation. Nachteile der Nacheinanderbearbeitung aber sind die langen Auftragsdurchlaufzeiten, insbesondere von Aufträgen mit vielen Positionen aus mehreren Bereichen, und die ungleichmäßige Auslastung der Kommissionierer.

Durch eine *Parallelbearbeitung* von Teilaufträgen lassen sich kürzere Auftragsdurchlaufzeiten, eine bessere Auslastung der Kommissionierer und höhere Kommissionierleistungen erreichen. Bei Großaufträgen, die mehr Versandeinheiten füllen, als gleichzeitig in den Pickbereich gebracht werden können, ergibt sich die Parallelbearbeitung zwangsläufig. Nachteile der Parallelbearbeitung sind das Zusammenführen der Teilauftragsmengen und das Entstehen von mehr als einer teilgefüllten Versandeinheit pro Auftrag, die unter Umständen im Versand verdichtet werden müssen.

Durch eine *rechnergestützte Kommissioniersteuerung* lassen sich die Einzelbearbeitung und die Serienbearbeitung mit der Nacheinander- und der Parallelbearbeitung kombinieren und die Strategieparameter so festlegen, dass bei Einhaltung der geforderten Durchlaufzeiten die Vorteile der einzelnen Bearbeitungsstrategien maximal ausgeschöpft und die Nachteile weitgehend vermieden werden.

17.6.3 Entnahmestrategien

Wenn ein Artikel an mehreren Plätzen zum Picken bereitsteht, regeln die Entnahmestrategien, aus welcher Bereitstelleinheit die Entnahme durchzuführen ist. Die wichtigsten Entnahmestrategien sind:

- *First-In-First-Out-Prinzip* (*FIFO*): Die Ladeeinheiten und Artikelbestände, die zuerst eingelagert wurden, werden zuerst entnommen.
- *Räumung von Anbruchmengen*: Wenn von einem Artikel mehrere Bereitstelleinheiten im Zugriffsbereich stehen, wird zuerst die Bereitstelleinheit mit dem kleineren Inhalt geleert, auch wenn es dadurch zur *Positionsteilung* oder zu längeren Wegen kommt.
- *Mengenanpassung*: Wenn von einem Artikel mehrere Bereitstelleinheiten zur Auswahl stehen, wird auf die Einheit zugegriffen, deren Inhalt größer als die geforderte Entnahmemenge ist, auch wenn dadurch mehrere Anbrucheinheiten pro Artikel entstehen.
- *Mitnahme der Bereitstelleinheit*: Wenn die Entnahmemenge größer ist als die nach der Entnahme verbleibende Restmenge, wird die Überschussmenge auf eine nebenstehende Bereitstelleinheit des gleichen Artikels gelegt und die Bereitstelleinheit mit der verbleibenden Entnahmemenge mitgenommen.

Die Strategie der Mengenanpassung ist vor allem für die dynamische Bereitstellung von Bedeutung, da sie die zweifache Bereitstellung bei der Entnahme großer Mengen verhindert. Bei der statischen Bereitstellung ist die Mengenanpassung nicht sinnvoll, da sie die Nachschubsteuerung erschwert und die Plätze im Zugriffsbereich länger blockiert.

Eine *Mitnahme der Bereitstelleinheit* ist in Verbindung mit dem starren FlipFlop-Verfahren möglich, wenn der Platz auf der nebenstehenden Zugriffseinheit zur Aufnahme der abgeräumten Überschussmenge ausreicht. Auch bei dynamischer Bereitstellung ist die Mitnahme der Bereitstelleinheit durchführbar, wenn die Überschussmenge auf eine leere Palette oder in einen Leerbehälter abgelegt und darin zurückgelagert wird.

Vorteile der Mitnahmestrategie sind die *Reduzierung der Greifzeit* und die gleichzeitige *Entsorgung des Ladungsträgers*. Diese Vorteile wirken sich besonders bei großen Entnahmemengen aus. Die Mitnahmestrategie ist speziell einsetzbar bei der *Kommissionierung ganzer Lagen* von Kartons auf Paletten.

17.6.4 Bewegungsstrategien

Die *Bewegungsstrategien* oder *Fahrwegstrategien* legen fest, in welcher Reihenfolge und auf welchen Wegen sich der Kommissionierer zu den Entnahmeplätzen bewegen soll, damit er seinen Auftrag in kürzester Zeit ausführt.

Bei einer Kommissionierung mit dynamischer Artikelbereitstellung werden *Bewegungsstrategien* nur für das vorangeschaltete Lager- und Bereitstellsystem benötigt, nicht aber für die Kommissionierer an den Bereitstellplätzen (s. *Abschn. 16.4*).

In den Kommissioniersystemen mit statischer Bereitstellung führt die Suche nach dem kürzesten Weg auf das bekannte *Travelling-Salesman-Problem*, für dessen Lösung im *Operations-Research* unterschiedliche Verfahren entwickelt wurden [11, 13, 91]. Bei n Entnahmepositionen pro Rundfahrt gibt es bis zu $n!$ verschiedene Wege, das sind beispielsweise für $n = 12$ fast 480 Millionen Wege. Von diesen theoretisch möglichen Wegen ist allerdings die größte Anzahl offensichtlich unsinnig.

Mit den bekannten OR-Verfahren benötigt ein leistungsfähiger Rechner zur Auswahl des kürzesten oder annähernd kürzesten Weges bei mehr als 10 Positionen eine längere Rechenzeit. Das stellt höhere Ansprüche an den Rechner und kann im *Echtzeitbetrieb* unzulässig lange *Totzeiten* zur Folge haben.

Hinzu kommt, dass der kürzeste Weg unpraktikabel sein kann, da er bei mehreren Kommissionierern im System zu störenden Begegnungen führt. Daher ist es für den *praktischen Betrieb* erforderlich, *Bewegungsstrategien* zu entwickeln, deren resultierende Wegzeiten im Mittel wenig – möglichst nicht mehr als 10 % – von der optimalen Wegzeit abweichen, die allgemein verständlich sind, eine *kurze Vorbereitungszeit* erfordern und bei vielen Kommissionierern in einem Bereich einen *geordneten Verkehrsablauf* gewährleisten.

Zur Planung und Dimensionierung von Kommissioniersystemen sowie für die Vorausberechnung des Personalbedarfs muss die funktionale Abhängigkeit der mittleren Wegzeiten von den unterschiedlichen Einflussfaktoren bekannt sein. Der mittlere Weg für eine Vielzahl von Aufträgen, die auf dem jeweils kürzesten Weg kommissioniert werden, kann projektspezifisch durch eine aufwendige und zeitraubende *stochastische Simulation* auf dem Rechner ermittelt werden.

Die verschiedenen *Einflussfaktoren* und ihre *Auswirkungen* auf die mittlere Wegzeit lassen sich auf diese Weise experimentell und in ihren Wechselwirkungen nur unzureichend bestimmen [91]. Für die Planung, die Optimierung und den Betrieb muss daher für die verschiedenen Bewegungsstrategien die mittlere Wegzeit in Abhängigkeit von den unterschiedlichen Einflussfaktoren *analytisch* berechnet werden (s. *Abschn. 17.10*).

Für das konventionelle Kommissionieren mit statischer Bereitstellung und *eindimensionaler* Fortbewegung haben sich in der Praxis folgende *Bewegungsstrategien* bewährt, deren Abläufe in *Abb. 17.23* dargestellt sind [92, 93]:

- *Durchgang-* oder *Schleifenstrategie*: Der Kommissionierer durchläuft oder durchfährt in einer Schleifenlinie nacheinander alle Kommissioniergänge seines Arbeitsbereichs, in denen sich Artikel für den auszuführenden Auftrag befinden, und lässt dabei Gänge aus, in denen keine Artikel zu entnehmen sind.
- *Stichgangstrategie ohne Gangwiederholung*: Der Kommissionierer bewegt sich entlang der Regalstirnseite und fährt mit seinem Kommissioniergerät oder Handwagen nacheinander in alle Gänge hinein, in denen sich Artikel für seinen Auftrag befinden, entnimmt dort die angeforderten Mengen *für alle Artikel* und kehrt danach zur gleichen Regalstirnseite zurück.
- *Stichgangstrategie mit Gangwiederholung*: Der Kommissionierer bewegt sich entlang der Regalstirnseite und geht nacheinander *für jeden Artikel gesondert* in die Gänge, in denen Artikel angesprochen sind, entnimmt dort die angeforderte Menge und kehrt danach zur gleichen Regalstirnseite zurück, wo er sie in den Kommissionierwagen oder auf ein Förderband ablegt.

Diese Bewegungsstrategien lassen sich weiter differenzieren nach *Entnahme auf einer Gangseite* und *auf beiden Gangseiten* sowie in *Einweg-* und *Gegenverkehr*. Die *Durchgangstrategie* bietet einen besonders einfachen und geordneten Ablauf. Gegenseitige Behinderungen und Begegnungen der Kommissionierer lassen sich durch *Einwegverkehr* in den Gängen vermeiden. Daher wird in den meisten konventionellen Kommissioniersystemen mit eindimensionaler Fortbewegung nach der *Durchgangstrategie* gearbeitet [92].

Die *Stichgangstrategie ohne Gangwiederholung* bietet sich an, wenn ein Gangwechsel nur an einer Stirnseite möglich ist, weil auf der anderen Stirnseite die Nachschubgeräte verkehren, aber auch bei Sortimenten mit stark *unterschiedlicher Gängigkeit*, wenn die A-Artikel an den Gangenden zur Basis konzentriert bereitgestellt werden.

Die *Stichgangstrategie mit Gangwiederholung* muss angewendet werden, wenn die Kommissioniergänge so schmal sind, dass der Kommissionierer nicht mit seinem Kommissioniergerät hineinfahren kann und daher die Entnahmemenge nach dem Ausfassen zu Fuß zum Gangende bringen muss. Das ist nur bei kleinen Entnahmeeinheiten möglich, die auch in größerer Zahl in der Hand befördert werden können. Dem Vorteil der Platzeinsparung durch die schmalen Gänge steht der Nachteil längerer Wegzeiten wegen der Gangwiederholung gegenüber [92].

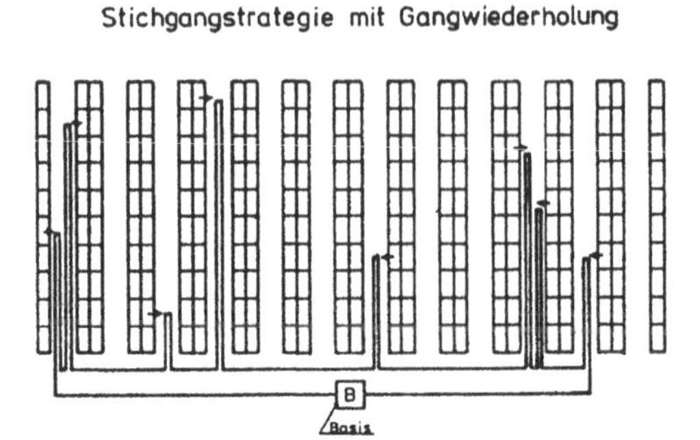

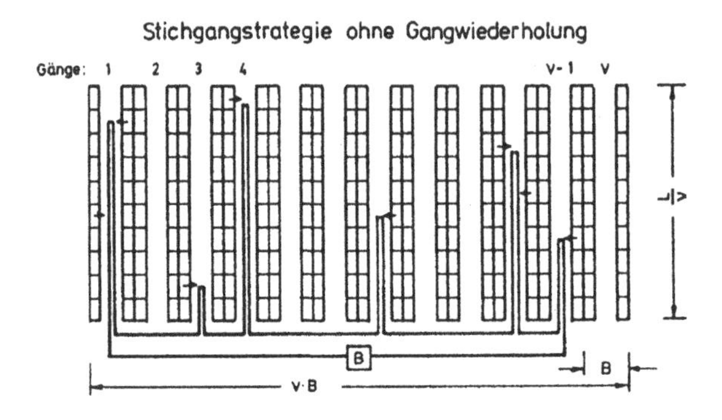

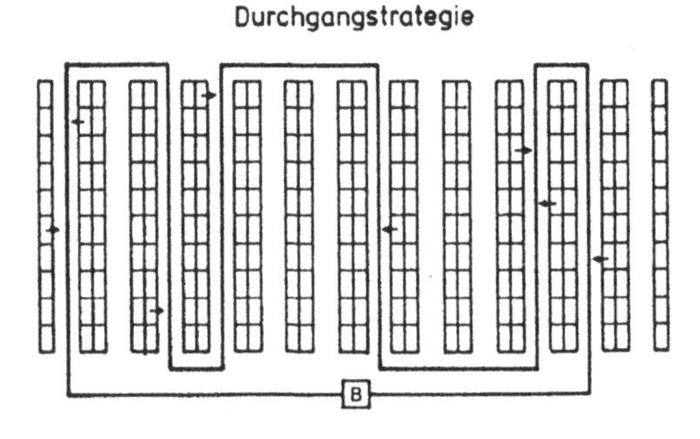

Abb. 17.23 Stichgangstrategien und Durchgangstrategie bei eindimensionaler Fortbewegung in Kommissioniergassen mit Kopfganganordnung

Strategieparameter: Anzahl Kommissioniergänge $N_{KG} = 12$

Die Auswahl zwischen den drei Bewegungsstrategien der eindimensionalen Fortbewegung ist abhängig von den resultierenden *Wegzeiten*, die von der *Auftragsstruktur*, der *Bereitstelllänge* und der *Platzanordnung* bestimmt werden (s. u.).

Bei *zweidimensionaler Fortbewegung* sind die Regalbediengeräte, mit denen die Kommissionierer von Fach zu Fach fahren, in der Regel *ganggebunden*. Eine einfache Bewegungsstrategie zur annähernd wegoptimalen Fortbewegung mit einem Regalbediengerät ist die erstmals von *J. Miebach* vorgeschlagene [93]

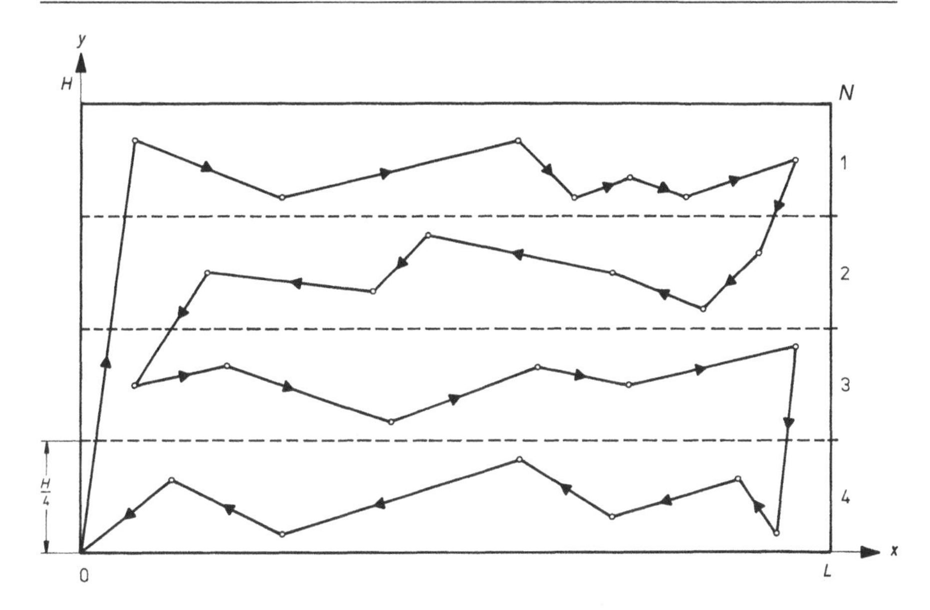

Abb. 17.24 Streifenstrategie bei zweidimensionaler Fortbewegung

Strategieparameter: Streifenanzahl $N = 4$

- *N-Streifenstrategie*: Die Kommissionierfläche wird in 2, 4 oder N horizontale *Streifen* aufgeteilt, in denen der Kommissionierer, wie in *Abb. 16.19* und *17.24* dargestellt, beginnend an der Basis in einer schlangenförmigen Auf- und Abbewegung nacheinander die einzelnen Fächer seines Auftrags anfährt, bis er am Ende zur Basis zurückkehrt.

Der *Strategieparameter* ist die *Streifenanzahl N*. Die mittlere Wegzeit für die Streifenstrategie ist mit Hilfe der Beziehung (16.71) aus *Kap. 16* berechenbar. Simulationsrechnungen ergeben, dass der Wegzeitbedarf für den kürzesten Weg weniger als 5 % von dem Wegzeitbedarf der Streifenstrategie abweicht, wenn die Streifenzahl bis zu etwa 25 Positionen pro Rundfahrt gleich 2 und ab 25 Positionen gleich 4 gewählt wird [18, 93].

17.6.5 Nachschubstrategien

Die Nachschubstrategien für den Kommissionierbereich haben zum Ziel, bei *minimalem Aufwand für den Nachschub* eine *hohe Verfügbarkeit der Bestände* auf den Zugriffsplätzen zu sichern.

Die Nachschubsteuerung für den Zugriffsbereich setzt die Verfügbarkeit der benötigten Reservebestände voraus. Diese zu sichern ist Aufgabe der übergeordneten Bestands- und Nachschubdisposition des gesamten Lager- und Kommissioniersystems (s. *Kap. 11*).

Für Kommissioniersysteme mit *dynamischer Artikelbereitstellung* ist keine gesonderte Nachschubdisposition für den Bereitstellbestand erforderlich, da sich Bereitstell- und Reservebestand ununterscheidbar zusammen im Lager- und Bereitstellsystem befinden.

Bewährte *Nachschubstrategien für die statische Artikelbereitstellung*, die alle nach dem *Pull-Prinzip* arbeiten, sind:

- *Starres Flip-Flop-Verfahren*: Jeder Artikel hat im Zugriffsbereich mindestens zwei fest zugeordnete Bereitstellplätze, auf denen neben- oder hintereinander eine angebrochene Zugriffseinheit und eine volle Zugriffsreserveeinheit stehen. Sobald die Zugriffseinheit vom Kommissionierer geleert wurde, wird der Nachschub einer vollen Bereitstelleinheit ausgelöst. Während der Nachschub durchgeführt wird, setzt der Kommissionierer seine Arbeit ohne Unterbrechung an der nebenstehenden oder vorgezogenen Zugriffseinheit fort.
- *Dynamisches Flip-Flop-Verfahren*: Zusätzlich zu je einem Zugriffsplatz pro Artikel gibt es im Zugriffsbereich eine ausreichende Anzahl Zugriffsreserveplätze. Sobald der Inhalt einer Zugriffseinheit einen bestimmten *Meldebestand* unterschreitet, wird der Nachschub einer Zugriffsreserveeinheit ausgelöst. Diese wird auf einem der freien Reserveplätze im Zugriffsbereich abgestellt. Nachdem der Kommissionierer die Zugriffseinheit vollständig geleert hat, kann er seine Arbeit nach einem Zwischenweg bei der rechtzeitig bereitgestellten Zugriffsreserveeinheit an einem anderen Platz fortsetzen.
- *Nachfüllverfahren*: Sobald der Inhalt des festen Zugriffsplatzes einen bestimmten *Meldebestand* unterschreitet, wird eine *Nachfüllmenge* angefordert, mit der die Zugriffseinheit oder das Zugriffsfach wieder aufgefüllt wird.

Das *starre Flip-Flop-Verfahren* ist gleich dem *Zweibehälter-Kanban* (s. *Abschn. 12.8*). Es ist die einfachste Nachschubregelung für den Kommissionierbereich. Die Vorteile sind ein *unterbrechungsfreies Kommissionieren* und das *Vermeiden von Fehlmengen.* Bei nebeneinander angeordneten Zugriffs- und Reserveplätzen kommt als weiterer Vorteil die Möglichkeit zur Mengenanpassung und zur Mitnahme der Bereitstelleinheit hinzu. Außerdem besteht ausreichend Zeit zur Leergutentsorgung.

Das starre Flip-Flop-Verfahren mit Reserveeinheiten, die in *Durchlaufkanälen* hinter den Zugriffseinheiten stehen, ist die *optimale Nachschubstrategie* für das Kommissionieren eines breiten Artikelsortiments mit großem Durchsatz, da die Wege minimal sind. Bei nebeneinander angeordneten Zugriffs- und Reserveplätzen erfordert das starre Flip-Flop-Verfahren die verdoppelte Zugriffsfläche mit entsprechend längeren Wegen. Das starre Flip-Flop-Verfahren ist daher bei nebeneinander stehenden Zugriffs- und Reserveeinheiten auf das Kommissionieren aus einem relativ schmalen Sortiment beschränkt. Bei der Kommissionierung von Paletten liegt die Anwendungsgrenze bei etwa 100 bis 200 Artikeln.

Das *dynamische Flip-Flop-Verfahren* reduziert den zusätzlichen Platzbedarf im Zugriffsbereich. Es erfordert jedoch eine *zuverlässige Verwaltung* der Bereitstellplätze, deren Artikelbelegung sich im Verlauf der Zeit ändert, und eine *genaue Verfolgung* des Inhalts der Zugriffseinheiten, um das Erreichen des *Meldebestands* rechtzeitig zu erkennen. Voraussetzung für das dynamische Flip-Flop-Verfahren sind daher eine rechnergestützte Platzverwaltung und eine dynamische Nachschubdisposition [167].

Der *Meldebestand* m_{MB} ist die Menge, die mit ausreichender Sicherheit den Bedarf während der *Nachschubzeit* T_N [h] für eine neue Bereitstelleinheit abdeckt. Er ist die Summe eines *Sicherheitsbestands* m_{sich}, der die stochastischen Schwankungen von Verbrauch und Nachschubzeiten ausgleicht, und des voraussichtlichen *Verbrauchs* $T_N \cdot \lambda_{AE}$ während der Nachschubzeit:

$$m_{MB} = m_{sich} + T_N \cdot \lambda_{AE} \quad [AE] . \tag{17.15}$$

Der Meldebestand hängt also von der Dauer des gesamten Nachschubvorgangs ab und muss bei Änderungen des *Stundenverbrauchs* λ_{AE} [AE/h] dynamisch neu errechnet werden (s. *Kap. 11*).

Wenn die Nachschubeinheit im Zugriffsbereich eintrifft, ist der Bestand auf dem alten Zugriffsplatz im Mittel auf den Sicherheitsbestand abgesunken. Nachdem auch der Sicherheitsbestand verbraucht ist, wird der erste Zugriffsplatz frei und nur noch ein Zugriffsplatz belegt. Hieraus folgt die *Auslegungsregel* (s. *Abschn. 11.8*):

▶ Der *Zugriffsplatzbedarf pro Artikel* ist bei Nachschub nach dem dynamischen Flip-Flop-Verfahren

$$N_{ZP} = 1 + m_{sich}/C_{BE} \quad [ZP/Art] . \tag{17.16}$$

Auch beim *Nachfüllverfahren* wird der Nachschub durch das Erreichen eines Meldebestands ausgelöst. Im Unterschied zum Flip-Flop-Verfahren aber werden keine vollen Bereitstelleinheiten, sondern jeweils nur eine bestimmte *Nachfüllmenge* für den Zugriffsplatz oder das Zugriffsfach nachgeliefert. Die Nachfüllmenge sollte für Artikel mit regelmäßigem Verbrauch gleich der *optimalen Nachschublosgröße* gewählt werden (s. *Kap. 11*). Wenn diese nicht bekannt ist, wird nach dem *Kanban-Verfahren* die *Auffüllmenge* nachbestellt, die durch das Fassungsvermögen des Bereitstellplatzes bestimmt ist. Das aber kann zu Ladenhütern, schlechten Drehzahlen oder Fehlmengen führen [167].

Der Vorteil des Nachfüllverfahrens ist der *geringe Platzbedarf* im Zugriffsbereich, der jedoch mit einem *aufwendigeren Handling* der einzelnen Artikeleinheiten beim Nachfüllen erkauft wird. Haupteinsatzbereiche des Nachfüllverfahrens sind *Durchlaufkanäle*, *Verkaufstheken* und *Verkaufsregale* sowie *Werkzeuglager* und *Ersatzteillager*.

17.6.6 Leergutstrategien

Voraussetzung der Nachschubbereitstellung ist die vorherige Entsorgung der geleerten Ladehilfsmittel, also von Behältern, Paletten und anderen Ladungsträgern. Mögliche *Leergutentsorgungsstrategien* sind:

- *Leergutentsorgung durch den Kommissionierer*: Das Leergut wird nach dem erschöpfenden Griff vom Kommissionierer entnommen und mitgenommen.
- *Leergutentsorgung durch das Nachschubgerät*: Das Leergut wird im Zuge des Nachschubs vom Nachschubgerät entnommen und abtransportiert (s. *Abb. 17.8c*).

- *Gesonderte Leergutentsorgung*: Das Leergut wird vom Kommissionierer neben oder unter dem Bereitstellplatz abgestellt oder verbleibt auf dem Bereitstellplatz und wird von einem *Leergutentsorger* eingesammelt (s. *Abb. 17.16*).
- *Leergutentsorgung durch Fördertechnik*: Bei der dynamischen Bereitstellung, aber auch bei einer statischen Bereitstellung in Durchlaufkanälen kann das Leergut durch ein Abfördersystem entsorgt werden (s. *Abb. 17.14c*).

Der Aufwand der Leergutentsorgung wird bei der Planung und Organisation von Kommissioniersystemen häufig unterschätzt und bereitet dann im laufenden Betrieb erhebliche Probleme. Das gilt vor allem für die Entsorgung von Leerpaletten, die mit einem *Eigengewicht* über 15 kg nur schwer von einer Person zu handhaben sind. Bei einer Palettenkommissionierung mit hohem Volumendurchsatz kann daher mit einer Leergutentsorgung durch die Nachschubgeräte oder eine geeignete Fördertechnik die körperliche Belastung der Kommissionierer vermindert und die Kommissionierleistung deutlich verbessert werden.

Ebenso wie die Entsorgung des Leerguts muss der Nachschub leerer Sammelbehälter und Paletten für das Kommissionieren richtig organisiert sein und nach geeigneten Strategien gesteuert werden. Mögliche *Leergutnachschubstrategien* sind:

- *Stapelweise Leergutbereitstellung*: An der Basis oder an den Kommissionierarbeitsplätzen wird das zur Ablage der Entnahmemengen benötigte Leergut in ausreichender Menge als Stapel bereitgestellt. Bei Erreichen eines Meldebestands wird vom Kommissionierer Leergutnachschub angefordert.
- *Auftragsweise Leergutbereitstellung*: Das für einen Kommissionierauftrag benötigte Leergut wird an einer zentralen Stelle auftragsweise kodiert auf ein Fördersystem gestellt und von diesem zu den Kommissionierarbeitsplätzen transportiert (s. *Abbildung 17.14c*).

Die *stapelweise Leergutbereitstellung* ist das einfachste und sicherste Verfahren, das technisch und organisatorisch den geringsten Aufwand erfordert. Das Leergut – Versandkartons, Sammelbehälter oder Leerpaletten – wird erst zum Einsatzzeitpunkt auftragsweise kodiert, gekennzeichnet oder durch Hineinlegen des Auftragsbelegs mit dem Auftrag „verheiratet".

Die *auftragsweise Leergutbereitstellung* ist aufwendiger, unsicherer und beschränkt auf Kommissioniersysteme mit dezentraler Abgabe, in denen ohnehin schon ein Fördersystem zu den Bereitstellplätzen führt. Dabei besteht die Gefahr, dass die Kommissionierer ihre Arbeit nicht fortsetzen können, wenn die Leerbehälterzuführung aus irgendwelchen Gründen unterbrochen ist, sowie die Gefahr der *Verwechslung* der Auftragsbehälter bei der Ablage.

Von besonderer Bedeutung ist die Leergutbereitstellung für das Kommissionieren nach dem *Pick&Pack-Prinzip* mit Ablage der Entnahmeeinheiten direkt in die Versandeinheit. Die hierfür benötigten Kartons und Packmittel müssen entweder vom Kommissionierer auf seinem Gerät mitgebracht oder an den Kommissionierarbeitsplätzen griffgünstig bereitgestellt werden.

Für *Einpositionsaufträge*, deren Packmittelbedarf der Kommissionierer am Entnahmeort selbst abschätzen kann, bereitet das kein Problem. Für *Mehrpositionsaufträge* muss der Leitrechner aus dem Volumen der gesamten Entnahmemenge eines

Auftrags die Größe des benötigten Kartons errechnen und dem Kommissionierer am ersten Entnahmeplatz oder dem zentralen Auftragsstartplatz vorgeben.

17.7 Planung von Kommissioniersystemen

Das Kommissionieren ist ein Teilprozess der innerbetrieblichen Logistik, der in enger Abstimmung mit dem Lagern und Umschlagen der Waren und Güter stattfindet. Entsprechend ist die Planung der Kommissioniersysteme nur zusammen mit der Planung der Lager, des Wareneingangs, des Warenausgangs und der übrigen Funktionsbereiche eines Logistikbetriebs möglich (s. *Abschn. 3.2* und *16.8*). Da das Kommissionieren den größten Personaleinsatz erfordert und die meisten Handlungsmöglichkeiten bietet, ist es ratsam, zuerst das Kommissioniersystem zu planen und danach die Lager und die übrigen Funktionsbereiche.

Die *Systemplanung* eines Kommissioniersystems wird in folgenden *Arbeitsschritten* durchgeführt:

1. Ermittlung der *Kommissionieranforderungen*, also der Sortiments-, Auftrags-, Durchsatz- und Bestandsanforderungen, sowie der *Randbedingungen* und *Schnittstellen.*
2. *Segmentierung* des zu kommissionierenden Artikelsortiments in eine möglichst kleine Anzahl *Sortimentsklassen* mit ähnlicher *Beschaffenheit*, *Gängigkeit* und *Volumendurchsatz.*
3. *Analyse* und *Clusterung* der externen Kommissionieraufträge in *Auftragsklassen*, wie Ein- und Mehrpositionsaufträge, Klein- und Großaufträge oder Termin- und Eilaufträge.
4. *Vorauswahl* geeigneter Kommissionierverfahren, Elementarsysteme, Kombinationsmöglichkeiten und Betriebsstrategien für die verschiedenen Sortimentsklassen aufgrund der zuvor dargestellten Merkmale und Eignungskriterien.
5. *Systementwurf* mit technischer Konzeption von Beschickung, Bereitstellung, Zugriffsmodulen, Regalmodulen, Kommissionier- und Nachschubgeräten, Fördertechnik und Informationstechnik.
6. *Statische Dimensionierung* des Bereitstellbereichs unter Nutzung freier Gestaltungsparameter und geeigneter Belegungsstrategien.
7. *Dynamische Dimensionierung* der Kommissioniersysteme mit Berechnung und Optimierung der erforderlichen Kommissionierer, Kommissioniergeräte, Nachschubgeräte und Fördertechnik unter Nutzung von freien Parametern und Strategievariablen der Bearbeitungs-, Bewegungs- und Nachschubstrategien.
8. *Konzeption der Kommissioniersteuerung*, der Datenströme sowie der Informations- und Kommunikationsprozesse.
9. *Kalkulation der Investition*, *Betriebskosten* und *Kommissionierleistungskosten* auf der Basis von Richtpreisfaktoren und Richtkostensätzen.
10. *Auswahl der kostenoptimalen Kommissioniersysteme* für die verschiedenen Sortimentsklassen unter Berücksichtigung der *Kompatibilität* mit den vor- und nachgeschalteten Lagern und anderen Funktionsbereichen.

Nach der Entwicklung, Dimensionierung und Optimierung der Kommissioniersysteme werden die Lagersysteme, der Warenausgang, die Packerei, die Versandbereitstellung und der Wareneingang geplant. In der sich anschließenden *Layoutplanung* werden die *modular aufgebauten Lösungen* für die einzelnen Funktionsbereiche auf den verfügbaren Flächen geeignet angeordnet und durch *Transportwege* und *Fördersysteme* miteinander verbunden. Das Ergebnis ist eine platz- und kostenoptimale *Gesamtanlage* (s. *Kap. 19*).

Dieser *iterative Planungsprozess* lässt sich mit Hilfe geeigneter *Dimensionierungsprogramme* rasch und fehlerfrei durchführen. Die *Kommissionierprogramme* zur Dimensionierung und Optimierung von Kommissioniersystemen errechnen für vorgegebene Leistungsanforderungen unter Verwendung entsprechender *Dimensionierungsformeln* den Flächen- und Raumbedarf und die Kapazität sowie mit Hilfe von *Spielzeit-, Weg- und Greifzeitformeln* den Personal- und Gerätebedarf eines Kommissioniersystems. Außerdem sind verschiedene Betriebsstrategien mit den entsprechenden Strategievariablen wählbar (s. *Tab. 17.3*).

Mit *Richtpreisen* für die Investitionen und *Kostenfaktoren* für Personal, Abschreibungen und Zinsen werden der Investitionsbedarf und die Betriebskosten und hieraus die *Kommissionierleistungskosten* kalkuliert.

Die einzelnen *Programm-Module* für die elementaren Kommissioniersysteme lassen sich projektspezifisch den verschiedenen technischen Ausprägungen anpassen und für kombinierte Kommissioniersysteme miteinander verknüpfen. Wegen ihres grundlegend verschiedenen Aufbaus und der völlig anderen Betriebsstrategien sind für Systeme mit statischer und mit dynamischer Artikelbereitstellung unterschiedliche Kommissionierprogramme erforderlich. Die Kommissionierprogramme sind ein *analytisches Abbild* der funktionalen Wirkungszusammenhänge des Kommissioniersystems auf dem Rechner.

Kommissionierprogramme sind auch zur Untersuchung der verschiedenen Einflussfaktoren und Strategievariablen geeignet. Mit ihrer Hilfe lassen sich unterschiedliche *Szenarien* des Betriebs oder der Nutzung *analytisch simulieren*, die *Kommissionierkosten* minimieren und *Sensitivitätsrechnungen* durchführen.

Das Arbeiten mit den Kommissionierprogrammen hat gezeigt, dass hin und wieder eine weniger geeignet erscheinende *Anfangslösung* nach der Optimierung ebenso gut oder besser ist als das Optimum einer zunächst favorisierten Lösung. Eine Lösungsauswahl noch vor der Dimensionierung und Optimierung allein nach dem Verfahren der *Nutzwertanalyse* oder aufgrund von *Kennzahlen*, wie sie von vielen Planern aus Gründen der Arbeitsersparnis propagiert wird, kann zum Verfehlen der optimalen Lösung führen. Ein solcher Fehler ist später kaum noch korrigierbar.

In vielen Fällen gibt es mehr als nur eine kostenoptimale Lösung. Zur Entscheidung zwischen mehreren Lösungen mit annähernd gleichen Betriebskosten aufgrund von qualitativen Kriterien ist das Verfahren der *Nutzwertanalyse* geeignet (s. *Abschn. 3.11.4*).

Mehr noch als die Lagerplanung erfordert die Planung eines Kommissioniersystems außer bewährten Rechnertools technische *Sachkenntnis* und praktische *Erfahrung*. Vor aller Technik und bei der Vielzahl der Kombinationsmöglichkeiten darf nicht das Ziel einer leistungsfähigen und kostenoptimalen Gesamtlösung aus dem Auge verloren gehen.

17.8 Gestaltungs- und Optimierungsparameter

Entscheidend für den Erfolg der Planung eines Kommissioniersystems sind die vollständige Kenntnis und die richtige Nutzung der freien Gestaltungs- und Optimierungsparameter. Diese Parameter gehen in die Formeln zur Berechnung der Abmessungen, Weglängen, Wegzeiten, Greifzeiten und Kommissionierleistung ein und bestimmen maßgebend die Kommissionierkosten.

Soweit nicht extern vorgegeben, sind die *Gestaltungsparameter aller Kommissioniersysteme*:

Abmessungen der Bereitstelleinheiten
Zuordnungskriterien der Bereitstelleinheiten

Abmessungen der Sammelbehälter (17.17)
Zuordnungskriterien der Sammelbehälter

Batch-Größe der Serienaufträge s [Auf/Serie].

Aus den Abmessungen der Ladeeinheiten und Entnahmeeinheiten lässt sich das *Fassungsvermögen* der Ladeeinheiten und damit nach den Beziehungen (17.10) und (17.11) der *Ladeeinheitendurchsatz* errechnen (s. *Kap. 12*).

Zusätzliche *Gestaltungsparameter* und *Strategievariable* zur Dimensionierung und Optimierung von *Kommissioniersystemen mit dynamischer Artikelbereitstellung* sind:

Lage der Kommissionierarbeitsplätze
Besetzung der Arbeitsplätze

Anzahl Zulaufstauplätze vor dem Bereitstellplatz
Anzahl Auslaufplätze nach dem Bereitstellplatz (17.18)

Anzahl Abgabeplätze pro Arbeitsplatz
Abstand und Orientierung der Abgabeplätze.

Wenn die Parameter (17.17) und (17.18) feststehen, lassen sich aus den Kommissionierleistungsanforderungen die benötigte *Anzahl der Kommissionierplätze* N_{KP} und die *Bereitstellleistung* λ_B [BE/h] errechnen. Das vorangeschaltete Lager- und Bereitstellsystem ist für die benötigte Bereitstellleistung und die zur Unterbringung der Bereitstell- und Reserveeinheiten erforderliche Kapazität genauso wie ein Einheitenlager zu dimensionieren (s. *Kap. 16*).

Zusätzliche *Gestaltungsparameter* und *Strategievariable* zur Dimensionierung und Optimierung konventioneller *Kommissioniersysteme mit statischer Artikelbereitstellung* sind [34]:

$$
\begin{aligned}
&\text{Orientierung der Bereitstelleinheiten}\\
&\text{Kapazität der Bereitstellplätze } C_{\text{BP}}\\
&\text{Kapazität der Bereitstellmodule } C_{\text{BM}}\\
&\text{Kapazität der Reservemodule } C_{\text{RM}}\\
&\text{Anzahl Kommissioniergänge pro Kommissioniermodul } N_{\text{KG}}\\
&\text{Anzahl Kommissionierebenen } N_{\text{KE}}\\
&\text{Anzahl Nachschubgassen pro Kommissioniermodul } N_{\text{NG}}\\
&\text{Anzahl Nachschubebenen } N_{\text{NE}}\\
&\text{Anzahl Kommissioniermodule } N_{\text{KM}}\\
&\text{Anordnung der Kommissioniermodule}\\
&\text{Geschwindigkeit und Beschleunigung der Nachschubgeräte}\\
&\text{Kapazität der Nachschubgeräte } C_{\text{NG}}\\
&\text{Geschwindigkeit und Beschleunigung der Kommissioniergeräte}\\
&\text{Kapazität der Kommissioniergeräte } C_{\text{KG}}\\
&\text{Anzahl der Basisstationen}\\
&\text{Lage der Basisstationen}\\
&\text{Vollgutkapazität der Basis}\\
&\text{Leergutkapazität der Basis.}
\end{aligned}
\tag{17.19}
$$

Beim *inversen Kommissionieren* sind anstelle der Artikelbereitstellplätze die *Aufteilung* und die *Kapazität* der *Auftragssammelplätze*, die *Anzahl* und *Länge* der Kommissioniergassen und deren *Anordnung* in der Fläche die wesentlichen Gestaltungsparameter, mit denen sich Wegzeiten und Kommissionierkosten optimieren lassen.

17.9 Statische Dimensionierung

In der statischen Dimensionierung werden die *Anzahl* und die *Anordnung* der Kommissionierarbeitsplätze, Bereitstellplätze und Reserveplätze so festgelegt, dass sich alle Artikel möglichst platzsparend, griffgünstig und wegzeitoptimal im Zugriff befinden und die Bereitstellplätze einfach mit Nachschub versorgt werden können. Dabei sind die projektspezifischen *Restriktionen*, wie verfügbare *Flächen* und *Gebäude* und *begrenzte Bauhöhe* sowie die *gesetzlichen Auflagen* für *Sicherheit* und *Arbeitsplatzgestaltung* zu berücksichtigen.

Besondere Einschränkungen für die Auslegung eines Kommissioniersystems mit statischer Artikelbereitstellung ergeben sich aus der Forderung nach *Brandabschnitten begrenzter Größe* und aus der *maximalen Fluchtweglänge*. Die Fluchtweglänge ist gleich dem kürzesten Abstand zwischen einem Arbeitsplatz und dem nächsten Ausgang des Brandabschnitts. Sie darf in Deutschland nicht länger als 50 m sein [181].

Bei einem *Kommissioniersystem mit dynamischer Artikelbereitstellung* reduziert sich die statische Dimensionierung auf den *modularen Aufbau* und die *optimale Anordnung* der stationären Kommissionierarbeitsplätze unter Berücksichtigung der

Abb. 17.25 Kommissionierplatzmodul zur dynamischen Artikelbereitstellung für das Kommissionieren von Palettenware in Klappboxen

Gestaltungsparameter (17.18). Ein Beispiel für die Auslegung eines *Kommissionierplatzmoduls* zur Kommissionierung von Paletten in Sammelbehälter auf Rolltürmen zeigt *Abb. 17.25.*

Ein *Kommissioniersystem mit statischer Artikelbereitstellung* lässt sich aus *Bereitstellmodulen* (BM) und *Reservemodulen* (RM) aufbauen, die entlang eines *Kommissioniergangs* neben- und übereinander angeordnet sind und zusammen mit den *Nachschubgassen* ein *Gangmodul* (GM) bilden. Ein *Kommissioniermodul* (KM) besteht aus mehreren Gangmodulen (s. *Abb. 17.19*).

Die statische Dimensionierung wird in folgenden *Arbeitsschritten* durchgeführt:

17.9.1 Konzeption der Bereitstell- und Reservemodule

Die Konzeption der Bereitstellmodule ist ausschlaggebend für den Platzbedarf und die Leistungsfähigkeit des gesamten Kommissioniersystems. Die Bereitstellmodule müssen folgende *Anforderungen* erfüllen:

- Anordnung möglichst vieler Zugriffsplätze auf minimaler Zugriffsfläche
- Platz für die Zugriffsreserven
- griffgünstige Bereitstellung der Entnahmeeinheiten
- gute Nachschubmöglichkeit für die Zugriffsplätze
- Sicherung der Kommissionierer in Richtung der Nachschubgassen
- Vorkehrung zur Leergutentsorgung
- einfache Umrüstbarkeit bei Einsatz unterschiedlicher Bereitstelleinheiten.

Abb. 17.20 zeigt das Beispiel eines umrüstbaren Bereitstellmoduls für Behälter und Paletten, das diesen Anforderungen genügt und für ein Stollenkommissionierlager konzipiert wurde (*s. Abb. 17.19* u. *17.21*).

Aus dem Aufbau und der Konstruktion resultieren die *Länge* l_{BM}, die *Tiefe* oder *Breite* b_{BM} und die *Höhe* h_{BM} des Bereitstellmoduls. Das *Fassungsvermögen* C_{BM} für Bereitstelleinheiten ist gleich der Summe

$$C_{BM} = C_{BMZ} + C_{BMR} \quad [\text{BE/BM}] \tag{17.20}$$

der *Zugriffskapazität* C_{BMZ}, das heißt der Anzahl Plätze im Zugriffsbereich, und der *Reservekapazität* C_{BMR}, das heißt der Anzahl Reserveplätze pro Bereitstellmodul.

Die benötigte Anzahl Zugriffsplätze hängt von der Anzahl der Artikel und von der Platzordnung ab. Mit dem *Platzordnungsfaktor*

$$f_{PO} = \begin{cases} 1 & \text{für feste Pickplatzordnung} \\ 2 & \text{für starre Flip-Flop-Ordnung} \\ 1 + m_{sich}/C_{BE} & \text{für dynamische Flip-Flop-Ordnung} \end{cases} \tag{17.21}$$

folgt die

▶ Anzahl Bereitstellmodule mit einer Zugriffskapazität C_{BMZ} [ZP/BM], die für das Kommissionieren aus einem Sortiment von N_S Artikeln benötigt wird,

$$N_{BM} = \{f_{PO} \cdot N_S/C_{BMZ}\} \,. \tag{17.22}$$

Diese Anzahl von Bereitstellmodulen ist auf den beiden Seiten der Kommissioniergänge nebeneinander anzuordnen. Die insgesamt benötigte Länge der Kommissioniergänge, die sogenannte *Bereitstelllänge*, beträgt daher

$$L_{BL} = N_{BM} \cdot l_{BM}/2 \,, \tag{17.23}$$

wenn die Länge pro Bereitstellmodul l_{BM} ist.

Die benötigte Bereitstelllänge ist auf eine *optimale Anzahl* von Kommissioniergassen aufzuteilen. Zusätzlich sind so viele Reservemodule unterzubringen, dass insgesamt ausreichend Platz für mindestens 2 Bereitstelleinheiten pro Artikel vorhanden ist, von denen jeweils eine auf einem Zugriffsplatz steht.

Wenn die Reservekapazität der Bereitstellmodule nicht ausreicht, können in einem Regal oberhalb der Bereitstellmodule oder auf der Gegenseite der Nachschubgassen zusätzliche *Reservemodule* angeordnet werden, die ähnlich wie die Fachmodule eines Einheitenlagers zum Abstellen von Reserveeinheiten konzipiert sind (s. *Abschn. 16.2*).

17.9.2 Gestaltung der Gangmodule und Kommissioniermodule

Ein *Gangmodul* besteht aus N_x Bereitstellmodulen, die zu beiden Seiten eines Kommissioniergangs mit der *Gangbreite* b_{KG} in x-Richtung nebeneinander angeordnet sind. Wie in *Abb. 17.19* dargestellt, setzt sich ein *Kommissioniermodul* in z-Richtung aus N_{GM} parallel angeordneten Gangmodulen zusammen, zwischen denen bei getrennter Beschickung und Entnahme die Nachschubgassen verlaufen.

Bei mehretagigen Kommissioniersystemen, wie den Stollenkommissionierlagern, liegen N_{KE} Kommissionierebenen in y-Richtung übereinander. Soweit es der Höhenabstand der Ebenen, der durch die Kommissioniertechnik und die Regalkonstruktion bestimmt wird, erlaubt, können zwischen den Kommissionierebenen und über der obersten Kommissionierebene Reservemodule eingefügt werden.

Mit N_{KE} *Kommissionierebenen*, einem *vertikalen Anfahrmaß* H_{AM}, das sich zusammensetzt aus den unteren und oberen Anfahrmaßen für die Nachschub- und Kommissioniergeräte, und einem *Abstand der Kommissionierebenen* h_{KE} ist die *Höhe eines Gangmoduls*

$$H_{GM} = H_{KM} = N_{KE} \cdot h_{KE} + H_{AM} \,. \tag{17.24}$$

Die Höhe der Gangmodule ist gleich der lichten Höhe H_{KM} des Kommissioniermoduls.

Bei einer benötigten Anzahl Bereitstellmodule N_{BM}, die durch Beziehung (17.22) gegeben ist, sowie bei N_{KG} Kommissioniergängen pro Kommissioniermodul, N_{KE} Kommissionierebenen und N_{KM} Kommissioniermodulen ist die *horizontale Anzahl Bereitstellmodule* pro Gang

$$N_x = \{N_{BM}/(2N_{KG} \cdot N_{KE} \cdot N_{KM})\} \quad [\text{BM/Gang}] \,, \tag{17.25}$$

wobei die geschweiften Klammern ein *Aufrunden* auf die nächste ganze Zahl bedeuten.

Mit der *Länge* l_{BM} eines Bereitstellmoduls und dem *horizontalen Anfahrmaß* L_{AM}, das die Summe der vorderen und hinteren Anfahrmaße ist, wird damit die *Länge eines Gangmoduls* und damit auch eines Kommissioniermoduls

$$L_{GM} = L_{KM} = N_x \cdot l_{BM} + L_{AM} \,. \tag{17.26}$$

Bei getrennter Beschickung und Entnahme verlaufen auf der Rückseite der Bereitstellmodule die Nachschubgassen. Die innenliegenden Nachschubgassen eines Kommissioniermoduls bedienen jeweils zwei Gangmodule. Die beiden außen liegenden Nachschubgassen versorgen in der Regel nur einen Gangmodul (s. *Abb. 17.19*). Bei kombinierter Beschickung und Entnahme entfallen die Nachschubgänge. Mit dem *Nachschubgangfaktor*

$$f_{NG} = \begin{cases} 0 & \text{für räumlich kombinierten Nachschub} \\ 1 & \text{für räumlich getrennten Nachschub,} \end{cases} \tag{17.27}$$

einer *Tiefe pro Bereitstellmodul* b_{BM}, einer *Kommissioniergangbreite* b_{KG} und einer *Nachschubgangbreite* b_{NG} ist damit die *Breite eines Gangmoduls* einschließlich der anteiligen Nachschubgangbreiten:

$$B_{GM} = 2 \cdot b_{BM} + b_{KG} + f_{NG} \cdot b_{NG} \,. \tag{17.28}$$

Wenn die äußeren Nachschubgassen jeweils nur einen Kommissioniergang versorgen und sich an den beiden Außenwandflächen noch zwei *Seitenregale* mit Reservemodulen befinden, ist die *Breite des Kommissioniermoduls*

$$B_{KM} = N_{GM} \cdot (2b_{BM} + b_{KG} + f_{NG} \cdot b_{NG}) + b_{NG} \,. \tag{17.29}$$

Mit der Länge (17.26) und der Breite (17.29) ist der *Grundflächenbedarf für ein Kommissioniermodul:*

$$F_{KM} = L_{KM} \cdot B_{KM} \,. \tag{17.30}$$

In den Beziehungen (17.24) bis (17.30) sind die *Anzahl Kommissioniermodule*, die *Anzahl der Gangmodule* pro Kommissioniermodul und die *Anzahl der Kommissionierebenen* freie *Dimensionierungsparameter*.

Bei der Nutzung dieser Parameter besteht ein *Zielkonflikt* zwischen der optimalen Raum- und Flächennutzung und der minimalen Kommissionierweglänge. Zusätzlich sind die projektspezifischen *Randbedingungen* zu erfüllen und die allgemeinen *Sicherheitsvorschriften* einzuhalten.

Mit wenigen und langen Gängen wird die benötigte Grundfläche (17.30) minimal, da die Anfahrmaße anteilig nur wenig ins Gewicht fallen. Andererseits aber sind die Abmessungen eines Kommissioniermoduls, der einen Brandabschnitt bildet, begrenzt durch die maximal zulässige Fluchtweglänge von 50 m.

Hieraus resultieren *maximale Abmessungen* eines Kommissioniermoduls von ca. 100 × 100 m und eine *maximale Ganglänge* von etwa 80 m. Die maximale Ganglänge ist jedoch für das konventionelle Kommissionieren nicht immer wegoptimal, da bei kürzeren Gängen und wenigen Positionen pro Kommissionierauftrag die Wahrscheinlichkeit groß ist, Gänge auslassen und dadurch den Auftragsweg abkürzen zu können. Die *wegoptimale Ganglänge* ist daher gesondert zu berechnen (s. u.).

17.9.3 Gestaltung und Zuordnung der Basisstationen

Bei zentraler Abgabe hat eine bestimmte Anzahl Gangmodule in einer Ebene eine oder mehrere *Basisstationen*, die stirnseitig vor den Gängen angeordnet sind. Die Basisstationen sind Ausgangs- und Endpunkt für die Rundfahrten der Kommissionierer.

Die Anzahl und die Anordnung der Basisstationen, die Anzahl der von diesen bedienten Gänge und damit die Gesamtzahl der in einem Kommissioniersystem benötigten Basisstationen sind weitere *Gestaltungsparameter*, die zur Systemoptimierung nutzbar sind.

Aus einer Analyse der stirnseitigen Wege ergibt sich die *Anordnungsregel:*

▶ Zur Minimierung der mittleren Wege müssen die Basisstationen möglichst nahe in der Mitte vor den zu bedienenden Gängen angeordnet sein.

In einem größeren Kommissioniersystem mit mehreren benachbarten Basisstationen gibt es zwei verschiedene *Basisanfahrstrategien:*

- *Feste Basis*: Jeder Kommissionierer hat eine feste Basis, an der er seine Aufträge erhält und seine Rundfahrten startet und beendet.
- *Wechselnde Basis*: Der Kommissionierer gibt die Ware für einen ausgeführten Auftrag jeweils an der nächsten freien Basis ab und beginnt dort mit dem folgenden Rundlauf.

Durch wechselnde Basisstationen lassen sich unter Umständen die Wege von und zur Basis verkürzen und bei hoher Durchsatzleistung die *Basiswartezeiten* reduzieren. Eine wechselnde Basis erfordert jedoch eine rechnergestützte Kommissioniersteuerung, um die Kommissionierer an allen Basisstationen gleichmäßig mit Aufträgen zu versorgen.

Anzahl, Gestaltung, Anordnung und Organisation der Basisstationen sind maßgebend für die benötigte *Basiszeit* und haben Einfluss auf die Kommissionierleistung. Die Basis muss mit einem *Terminal* ausgestattet sein und über genügend *Kapazität* zur Bereitstellung von Leergut für das Kommissionieren und das Abstellen der gefüllten Auftragsbehälter verfügen.

Wenn viele Kommissionierer von der gleichen Basis aus arbeiten, kann durch einen zeitversetzten Arbeitsbeginn die Wahrscheinlichkeit für ein gleichzeitiges Zusammentreffen und damit die *Wartezeit an der Basis* erheblich reduziert werden (s. *Abschn. 17.11*).

In großen Anlagen ist die Basis zur Zuförderung von Nachschub und Leergut und zum Abfördern der Auftragsbehälter über ein Fördersystem mit dem Wareneinund Warenausgang verbunden (s. *Abb. 17.21*). Die Auf- und Abgabestellen an der Basis müssen ergonomisch gestaltet und mit einer ausreichenden *Anzahl Pufferplätze* versehen sein, um die Arbeit der Kommissionierer von den vor- und nachgelagerten Transporten zu entkoppeln.

17.10 Optimale Wegzeiten und Gangzahlen

Die Zeit, die ein Kommissionierer für die Fortbewegung von der Basis zu den Bereitstellplätzen und zurück zur Basis benötigt, ist abhängig von der Länge des Rundwegs, von der Geschwindigkeit und Beschleunigung sowie von der Anzahl der Bremsbeschleunigungsvorgänge im Verlauf dieses Weges. Die Rundweglänge hängt ab von der Fortbewegungsstrategie, von der Anzahl Positionen pro Auftrag, von der Anordnung, der Anzahl und der Länge der Gänge sowie von der Breite der Bereitstellmodule.

Maßgebend für die Weglänge und für die Anzahl der Bremsbeschleunigungen beim Gangwechsel ist die Anzahl der Gänge, in denen sich die angeforderten Artikel befinden. Für die Leistungsberechnung und Dimensionierung interessiert nicht die Anzahl der aufzusuchenden Gänge für den einzelnen Auftrag, sondern die *mittlere Gangzahl* für eine Vielzahl von Aufträgen.

Eine Wahrscheinlichkeitsanalyse der möglichen Verteilungen von n Artikelpositionen auf N Bereitstellgänge ergibt den *Satz der mittleren Gangzahl* [26, 92, 94]:

► Die *mittlere Anzahl Gänge*, in der die Artikel von Aufträgen, die im Mittel *n Positionen* haben, zu finden sind, ist bei *Gleichverteilung* der Artikel eines Sortiments über insgesamt *N Bereitstellgänge*

$$x = (1 - (1 - 1/N)^n) \cdot N\,. \qquad (17.31)$$

Beweis: $1/N$ ist die Wahrscheinlichkeit, dass ein gesuchter Artikel in einem bestimmten von insgesamt N Gängen liegt, und damit $(1 - 1/N)$ die Wahrscheinlichkeit, dass er nicht in dem Gang liegt. Also ist $(1 - 1/N)^n$ die Wahrscheinlichkeit, dass keiner der n angeforderten Artikel, und $(1 - (1 - 1/N)^n)$ die Wahrscheinlichkeit, dass zumindest einer der n Artikel in diesem Gang liegt. Da mit dieser Wahrscheinlichkeit jeder der N Gänge einen der n Artikel enthält, ist (17.31) die mittlere Gangzahl [92, 94].

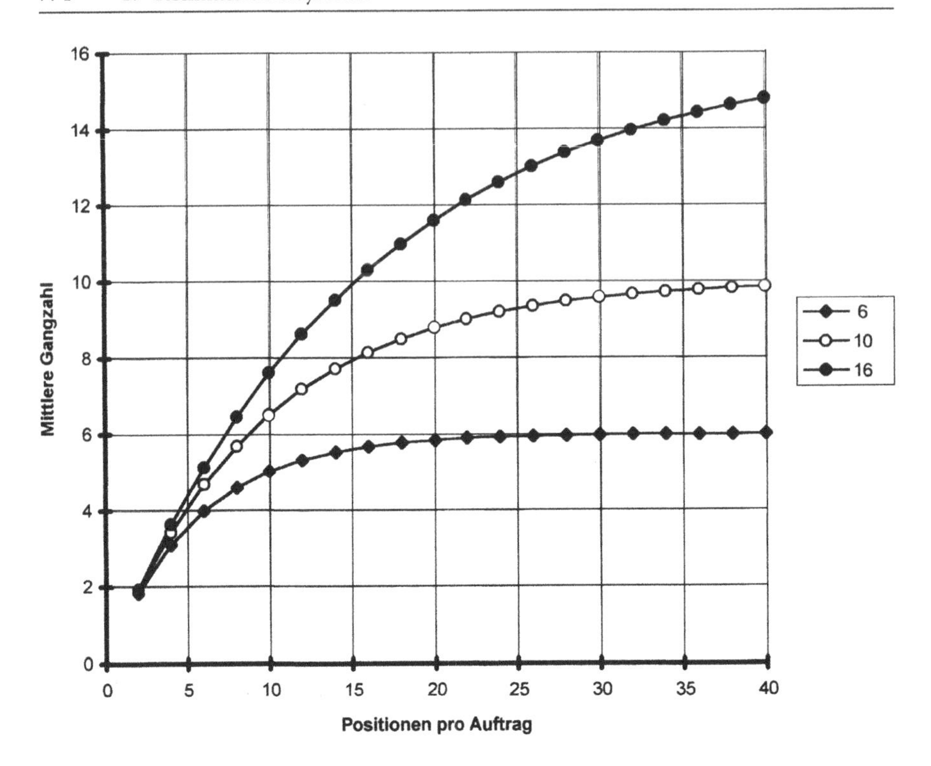

Abb. 17.26 Abhängigkeit der mittleren Gangzahl beim Kommissionieren von der mittleren Anzahl Positionen pro Auftrag

Parameter: Anzahl der Kommissioniergänge $N_{KG} = 6, 10, 16$

Für Gangzahlen größer als 10 gilt mit ausreichender Genauigkeit die *Näherungsformel:*

$$x = (1 - e^{-n/N}) \cdot N \,. \tag{17.32}$$

Die mit Beziehung (17.31) errechnete Abhängigkeit der Gangzahl, die im Mittel aller Rundwege aufgesucht wird, von der Anzahl Auftragspositionen ist für drei verschiedene Bereitstellgangzahlen in *Abb. 17.26* dargestellt. Hieraus wie auch aus Beziehung (17.31) ist ablesbar:

- Wenn die Positionsanzahl wesentlich kleiner ist als die Anzahl der Bereitstellgänge, dann ist die mittlere Gangzahl gleich der Anzahl Positionen, da die n Positionen mit großer Wahrscheinlichkeit in unterschiedlichen Gängen liegen.
- Nähert sich die Anzahl Positionen der Anzahl Bereitstellgänge, wird die mittlere Gangzahl kleiner als die Positionsanzahl, da immer häufiger mehrere Positionen in einem Gang zu finden sind. Bei $n = N$ und $N > 10$ befinden sich die Positionen im Mittel in $0{,}63 \cdot n$ Gängen.

- Mit weiter ansteigender Anzahl Positionen nähert sich die mittlere Gangzahl der Anzahl der Bereitstellgänge, da die angeforderten Artikel mit zunehmender Wahrscheinlichkeit über alle Gänge verteilt sind.

Mit der Beziehung (17.31) für die mittlere Gangzahl ist es möglich, die mittlere Weglänge und die mittleren Wegzeiten für die verschiedenen *Bewegungsstrategien* und *Ganganordnungen* analytisch zu berechnen.

Von der Vielzahl denkbarer *Ganganordnungen* lassen sich die meisten bereits aufgrund qualitativer Überlegungen und Vergleiche als ungeeignet oder wegungünstig ausscheiden. Stochastische Simulationen und analytische Berechnungen ergeben in Übereinstimmung, dass die in den *Abb. 16.6, 17.19* und *17.23* dargestellte *parallele Anordnung der Gangmodule* – kurz *Kopfganganordnung* genannt – mit zentraler stirnseitiger Basis die wegoptimale und praktikabelste Lösung ist, wenn die Anzahl der Gänge richtig gewählt und mit der jeweils geeignetsten Fortbewegungsstrategie gearbeitet wird [92–94].

Für eine *gegenüberliegende Anordnung der Gangmodule* mit einem zentralen Mittelgang – kurz *Zentralganganordnung* genannt – sind die mittleren Wege bei optimaler Gangzahl geringfügig länger als bei der Kopfganganordnung (s. *Abb. 16.7*). Dafür ist die *Zentralganganordnung* etwas *platzsparender*, da der Mittelgang für beide Gangblöcke genutzt wird (s. *Abschn. 16.9.3*).

Von der Kopf- oder Zentralganganordnung abweichende Anordnungen der Kommissioniergänge sind für ein neu zu errichtendes Lager- und Kommissioniersystem nicht sinnvoll, können aber bei vorgegebenen Flächen und Räumlichkeiten notwendig sein, um eine bessere Flächen- und Raumnutzung zu erreichen [94].

17.10.1 Wege und Zeiten bei Durchgangstrategie

Wenn alle Artikel gleichmäßig über die Gänge verteilt sind und die aufgerundete mittlere Gangzahl x kleiner als die Gangzahl N ist, werden bei einer Rundfahrt nach der Durchgangstrategie, wie sie in den *Abb. 17.2, 17.19* und *17.23* gezeigt ist, bei gradzahligem x genau x Gänge und für ungradzahliges x ein zusätzlicher Gang, also $x+1$ Gänge in einer *Schlangenlinie* durchfahren.

Da für Positionszahlen n, die größer als die Gangzahl sind, die mittlere Gangzahl mit großer Wahrscheinlichkeit gleich der Zahl aller Gänge ist, gilt die *Auslegungsregel*:

- Beim Kommissionieren nach der *Durchgangstrategie* muss die Anzahl der Kommissioniergänge, die von einer Basis bedient wird, *gerade* sein, damit für Aufträge, deren Artikel über alle Gänge verteilt sind, kein ungenutzter Rückweg entsteht.

In den Gängen der Länge L_{GM} wird im Mittel insgesamt ein Weg der Länge $(x + 1/2) \cdot L_{GM}$ zurückgelegt, wenn die aufgerundete mittlere Gangzahl x kleiner als die Gangzahl ist, und der Weg $N \cdot L_{GM}$, wenn die aufgerundete mittlere Gangzahl x gleich der Gangzahl ist. Die Weglänge entlang den Stirnseiten ist bei x aufzusuchenden Gängen im Mittel $2 \cdot x/(x+1)$ mal dem maximalen Weg $(N-1) \cdot B_{GM}$ an der Stirnseite. Damit folgt:

▶ Die *mittlere Weglänge* beim Kommissionieren von n Auftragspositionen nach der *Durchgangstrategie* aus N parallelen Gangmodulen mit der Länge L_{GM} und der Breite B_{GM} ist

$$L(N) = MIN(N; x + 1/2) \cdot L_{GM} + 2(x/(x+1)) \cdot (N-1) \cdot B_{GM} . \tag{17.33}$$

Für den mittleren Weg zwischen zwei Entnahmeorten, dessen Länge L/n ist, wird bei einer maximalen *Fahrgeschwindigkeit* v und einer mittleren *Bremsbeschleunigungskonstanten* b die mittlere Fahrzeit $(L/n)/v + v/b$ benötigt (s. *Beziehung* (16.59), *Kap. 16*). Zusätzlich finden beim Gangwechsel an den Stirnseiten x Bremsbeschleunigungsvorgänge statt, für die pro Vorgang die Zeit v/b verlorengeht. Hieraus folgt:

▶ Die *mittlere Auftragswegzeit* für das Kommissionieren von n Positionen nach der *Durchgangstrategie* aus N parallelen Gangmodulen mit der Länge L_{GM} und der Breite B_{GM} ist

$$t_n(N) = L(N)/v + (2x + n + 1) \cdot v/b . \tag{17.34}$$

Hierin ist die mittlere Gangzahl x durch Beziehung (17.31) und die mittlere Weglänge $L(N)$ durch Beziehung (17.33) gegeben. Aus der mittleren Auftragswegzeit (17.34) folgt die anteilige *Wegzeit pro Position:*

$$\tau_{weg}(n) = t_n(N)/n \quad [s/Pos] . \tag{17.35}$$

Die Abhängigkeit der Wegzeit pro Position von der Anzahl Auftragspositionen ist in *Abb. 17.27* für ein Beispiel aus der Praxis dargestellt, dessen Leistungsanforderungen in *Tab. 17.1* angegeben sind. Die anteilige Wegzeit nimmt mit zunehmender Positionsanzahl ab, da sich der Auftragsweg auf immer mehr Positionen verteilt und die Wege zwischen den Stopps kürzer werden.

Zusammen mit der *Greifzeit*, der *Basiszeit* und der *Rüstzeit* bestimmt die *Wegzeit pro Position* die Kommissionierleistung. Die Formeln (17.31) bis (17.35) werden daher benötigt zur Berechnung der Kommissionierleistung in einer bestimmten Anzahl Kommissioniergänge bei vorgegebener Auftragsstruktur.

Wenn ein neues Kommissioniersystem geplant wird oder die Möglichkeit besteht, die Ganganordnung zu verändern, ist die Gangzahl N ein *Gestaltungsparameter*, der zur Optimierung der mittleren Wegzeit genutzt werden kann.

Durch Aufteilung der insgesamt benötigten *Bereitstelllänge* L_{BL}, die durch Beziehung (17.23) gegeben ist, auf N Gangmodule wird die Länge eines Gangmoduls:

$$L_{GM} = L_{BL}/N . \tag{17.36}$$

Nach Einsetzen von (17.36) in Beziehung (17.33) ergibt sich eine funktionale Abhängigkeit der mittleren Weglänge $L(N)$ von der Gangzahl N, deren Verlauf für das o. g. Beispiel *Abb. 17.28* zeigt. Die mittlere Weglänge steigt bei der Durchgangstrategie mit zunehmender Gangzahl wegen der zusätzlichen stirnseitigen Wege zunächst leicht an, sinkt dann aber infolge der Wegeinsparungen durch das Auslassen von Gängen bis zu einer bestimmten Gangzahl N_{min} ab, um danach wegen der immer längeren stirnseitigen Wege wieder anzusteigen. Insgesamt gilt jedoch:

▶ Bei der Durchgangstrategie verändert sich die mittlere Weglänge mit der Anzahl der Kommissioniergänge relativ wenig.

Wie *Abb. 17.28* zeigt, hat die mittlere Weglänge bei der Durchgangstrategie in der Regel zwei Minima, von denen das erste bei $N = 2$ liegt.

Die Gangzahl für das zweite Minimum lässt sich explizit nur näherungsweise bestimmen, da die mittlere Gangzahl nach Beziehung (17.31) ebenfalls von N abhängt. Mit dem Ansatz $x \approx 0{,}63 \cdot n$, der im Bereich des Minimums näherungsweise richtig ist, ergibt sich durch Nullsetzen der partiellen Ableitung $\partial L(N)/\partial N$ nach der Gangzahl N und Auflösung nach N für die *Gangzahl am zweiten Minimum:*

$$N_{\min} \approx \sqrt{0{,}3 \cdot n \cdot L_{BL}/B_{GM}} \quad \text{wenn } n < N_{\min} \,. \tag{17.37}$$

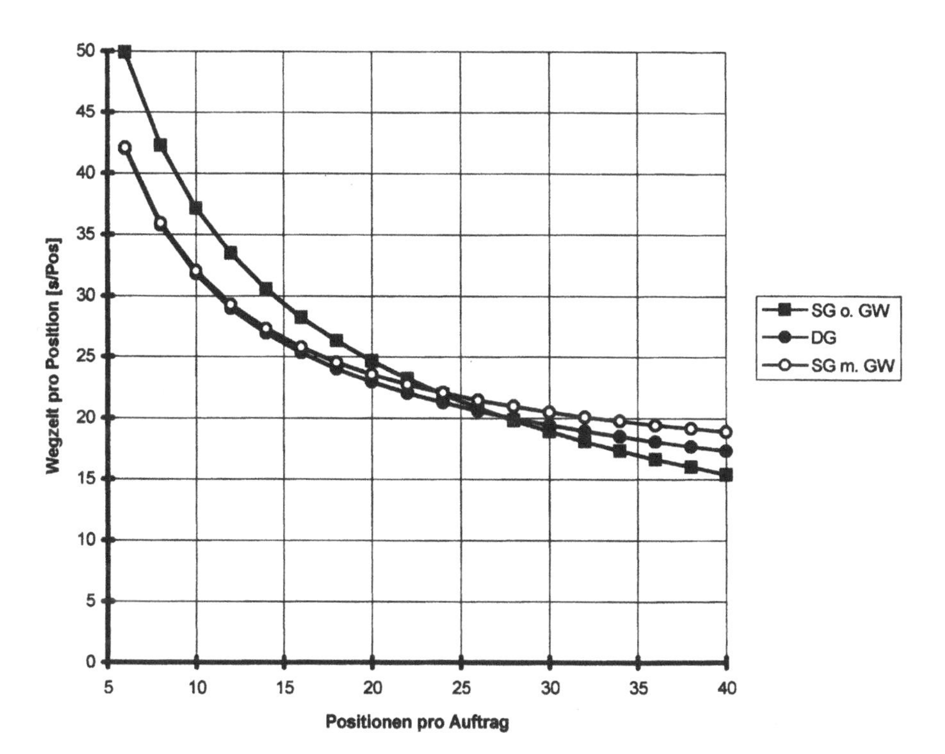

Abb. 17.27 Abhängigkeit der mittleren Wegzeit pro Position von der mittleren Anzahl Auftragspositionen für unterschiedliche Fortbewegungsstrategien

DG:	Durchgangstrategie
SG o. GW:	Stichgangstrategie ohne Gangwiederholung
SG m. GW:	Stichgangstrategie mit Gangwiederholung und Schnellläuferkonzentration
Kommissioniergänge:	Anzahl 12, Länge 36 m
Bereitstelleinheiten:	Paletten 800 × 1.200 × 1.050 mm
Versandeinheiten:	800 × 1.200 × 1.050 mm
Gabelhubwagen:	für 2 Paletten

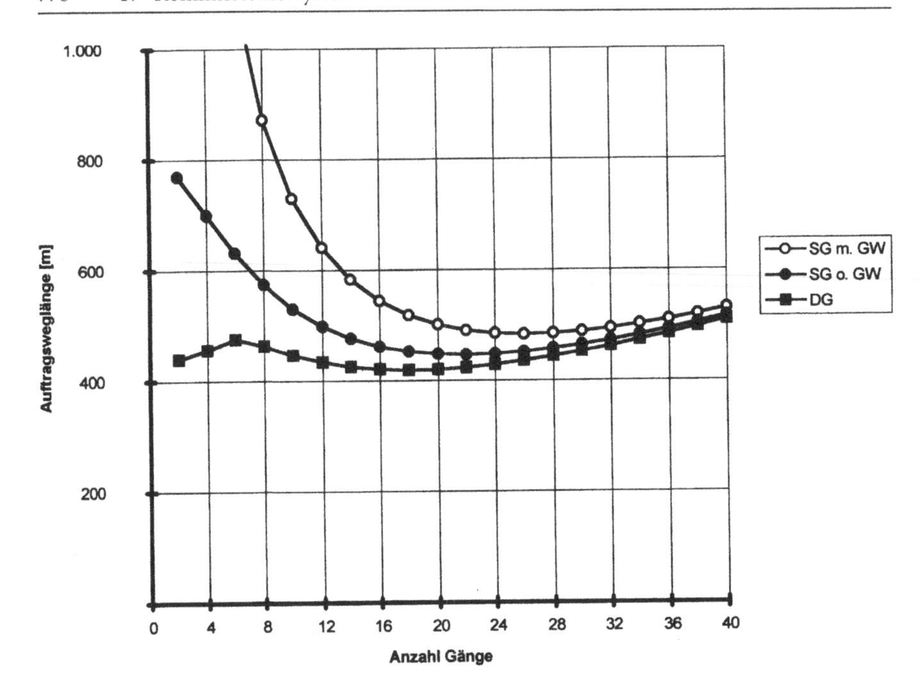

Abb. 17.28 Abhängigkeit der Auftragsweglänge von der Anzahl Kommissioniergänge für unterschiedliche Fortbewegungsstrategien bei Gleichverteilung aller Artikel *ohne* Schnellläuferkonzentration

Fahrwegstrategien:	Durchgangstrategie DG
	Stichgangstrategie ohne Gangwiederholung SG o. GW
	Stichgangstrategie mit Gangwiederholung SG m. GW
Leistungsanforderungen:	s. *Tab. 17.1*, Spalte 1
Kommissioniersystem:	s. *Abb. 17.2* und *17.16*
Parameter:	n = 15 Pos/Auf, übrige s. *Abb. 17.27*

Für das betrachtete Beispiel mit einer benötigten Bereitstelllänge von insgesamt 432 m, einer Breite der Gangmodule von 5,1 m und im Mittel 15 Auftragspositionen ergibt sich aus Beziehung (17.37) für die Gangzahl am zweiten Minimum $N_{min} \approx 20$. Dieser Näherungswert stimmt gut mit dem genauen Minimumwert überein, der aus *Abb. 17.28* ablesbar ist.

Die mittlere Weglänge ist bei der Gangzahl (17.37) nur kürzer als bei zwei Gängen, wenn die Positionszahl n nicht größer ist als die Gangzahl N_{min} für das zweite Minimum. Andernfalls ist die *wegoptimale Gangzahl* gleich 2.

Weil bei der Durchgangstrategie jeder Gang vollständig durchfahren werden muss, auch wenn nur Artikel am Gangende zu entnehmen sind, bringt eine Bereitstellung der schnellgängigen A-Artikel im vorderen Gangbereich bei dieser Strategie keine Wegeinsparungen sondern nur den Nachteil, dass sich mehrere Kommissionierer in den häufig aufgesuchten Bereitstellungszonen gegenseitig behindern. Auch eine Bereitstellung aller A-Artikel in den mittleren 2 oder 4 Gängen bewirkt nur einen geringen Effekt, da die mittlere Weglänge bei der Durchgangstrategie nur relativ wenig von der Gangzahl abhängt [91, 94].

17.10.2 Wege und Zeiten bei Stichgangstrategie mit Gangwiederholung

Wenn alle Artikel gleichmäßig über die Gänge verteilt sind, bewegt sich der Kommissionierer nach der Stichgangstrategie mit Gangwiederholung, wie in *Abb. 17.23* gezeigt, n mal in die Gänge hinein. Er legt dabei jedes Mal einen *Stichweg* der mittleren Länge $2 \cdot \mathrm{L}_{\mathrm{GM}}/2 = \mathrm{L}_{\mathrm{GM}}$ zurück.

Werden die A-Artikel, die einen Anteil p_{A} am Sortiment und den Anteil p_{Apos} an den Auftragspositionen haben, im vorderen Gangbereich mit der Länge $p_{\mathrm{A}} \cdot \mathrm{L}_{\mathrm{GM}}$ bereitgestellt und die restlichen Artikel im hinteren Bereich, dann ist eine Position mit der Wahrscheinlichkeit p_{Apos} auf einem Stichweg der mittleren Länge $p_{\mathrm{A}} \cdot \mathrm{L}_{\mathrm{GM}}$ erreichbar und mit der Wahrscheinlichkeit $(1 - p_{\mathrm{Apos}})$ auf einem Stichweg der mittleren Länge $(p_{\mathrm{A}} + 1) \cdot \mathrm{L}_{\mathrm{GM}}$.

Durch eine Konzentration der A-Artikel im vorderen Gangbereich verkürzen sich daher die mittleren Stichweglängen in den Gängen um den *Schnellläuferfaktor*

$$f_{\mathrm{A}} = 1 + p_{\mathrm{A}} - p_{\mathrm{Apos}} \,. \tag{17.38}$$

Haben beispielsweise 20 % A-Artikel einen Anteil von 65 % an den Auftragspositionen, dann ist $p_{\mathrm{A}} = 0{,}20$, $p_{\mathrm{Apos}} = 0{,}65$ und der Schnellläuferfaktor $f_{\mathrm{A}} = 0{,}55$. Das heißt, die Stichwege in die Gänge verkürzen sich in diesem Fall im Mittel um 45 %. Die Weglänge entlang den Stirnseiten ist bei der Stichgangstrategie ebenso lang wie bei der Durchgangstrategie. Damit folgt:

▶ Die *mittlere Weglänge* beim Kommissionieren von n Auftragspositionen nach der *Stichgangstrategie mit Gangwiederholung* aus N parallelen Gangmodulen mit der Länge L_{GM} und der Breite B_{GM} ist

$$\mathrm{L}(N) = f_{\mathrm{A}} \cdot n \cdot \mathrm{L}_{\mathrm{GM}} + 2 \cdot (x/(x+1)) \cdot (N-1) \cdot \mathrm{B}_{\mathrm{GM}} \,. \tag{17.39}$$

Beim Hinein- und Hinausgehen aus den Gängen finden bei der Stichgangstrategie mit Gangwiederholung 2n Bremsbeschleunigungsvorgänge statt. Zusätzlich kommen beim Gangwechsel an den Stirnseiten und bei der Anfahrt der Basis $x+1$ Bremsbeschleunigungsvorgänge vor. Hieraus folgt:

▶ Die *mittlere Auftragswegzeit* für das Kommissionieren von n Positionen nach der *Stichgangstrategie mit Gangwiederholung* aus N parallelen Gangmodulen mit der Länge L_{GM} und der Breite B_{GM} ist

$$t_n(N) = \mathrm{L}(N)/\mathrm{v} + (x + 1 + 2n) \cdot \mathrm{v}/b \,. \tag{17.40}$$

Hierin ist die mittlere Gangzahl x wieder durch Beziehung (17.31) und die mittlere Weglänge $\mathrm{L}(N)$ durch Beziehung (17.39) gegeben. Aus der mittleren Auftragswegzeit (17.40) folgt mit der Beziehung (17.35) die anteilige *Wegzeit pro Position* $t_{\mathrm{weg}}(n)$, von der zusammen mit der Greifzeit, der Basiszeit und der Rüstzeit die *Kommissionierleistung* abhängt.

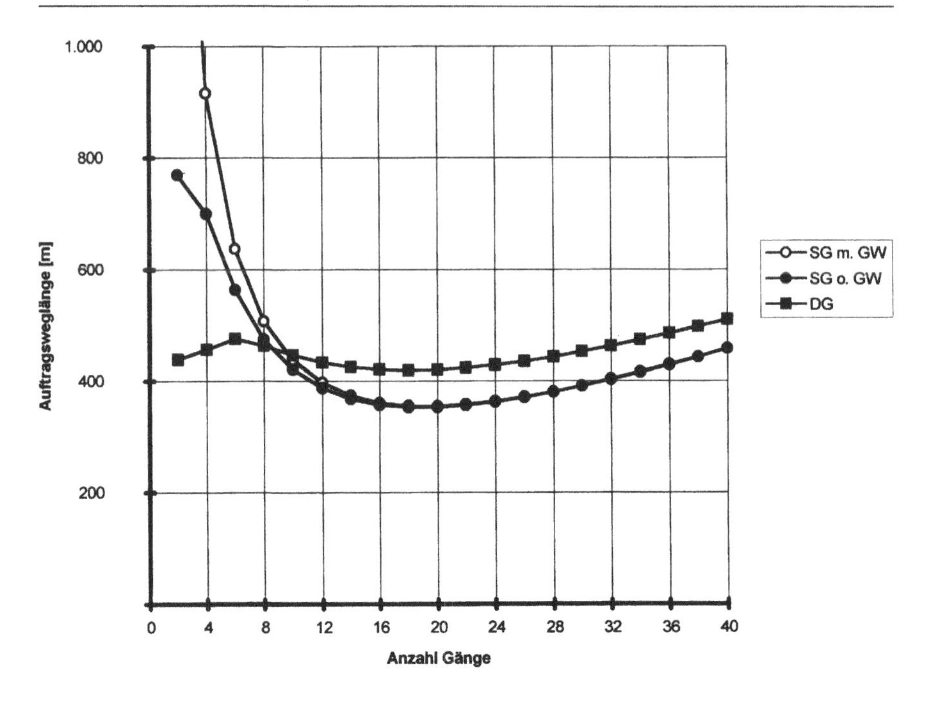

Abb. 17.29 Abhängigkeit der Auftragsweglänge von der Anzahl Kommissioniergänge für unterschiedliche Fortbewegungsstrategien *mit* Schnellläuferkonzentration der A-Artikel an den Gangenden

Parameter: n = 15 Pal/Auf, übrige s. Legende *Abb. 17.28*

Nach Einsetzen der Abhängigkeit (17.36) der Länge pro Gangmodul von der Gangzahl in Beziehung (17.39) ergibt sich die funktionale Abhängigkeit der mittleren Weglänge $L(N)$ von der Gangzahl N. Die Gangzahlabhängigkeit der mittleren Weglänge ist für den Fall eines gleichmäßig verteilten Sortiments in *Abb. 17.28* und für den Fall einer Konzentration der 20 % A-Artikel mit einem Positionsanteil von 65 % im vorderen Gangbereich *in Abb. 17.29* dargestellt. Aus dem allgemeinen Funktionsverlauf und den dargestellten Beispielen ist ablesbar:

- Die mittlere Weglänge hängt bei der *Stichgangstrategie* sehr empfindlich von der Anzahl Kommissioniergänge ab. Sie fällt mit zunehmender Gangzahl wegen der sich verkürzenden Wege in den Gängen und der ausgelassenen Gänge bis zu einer *wegoptimalen Gangzahl* rasch ab und nimmt danach wegen der immer längeren stirnseitigen Wege wieder zu.
- Durch eine Konzentration der A-Artikel im vorderen Gangbereich lässt sich die mittlere Weglänge bei einer Stichgangstrategie deutlich reduzieren, wenn die Gängigkeit der A-Artikel wesentlich größer ist als die der übrigen Artikel.

Analog wie für die Durchgangstrategie ergibt sich mit der Näherung $x \approx 0{,}63 \cdot n$ durch Nullsetzen der partiellen Ableitung $\partial L(N)/\partial N$ nach der Gangzahl N und Auflösung nach N

▶ die *wegoptimale Gangzahl bei Stichgangstrategie mit Gangwiederholung*

$$N_{\min} \approx \sqrt{0{,}5 \cdot n \cdot f_A \cdot L_{BL}/B_{GM}} \quad \text{wenn } n < N_{\min} \,. \tag{17.41}$$

Für das betrachtete Beispiel ergibt sich mit Beziehung (17.41) ohne Schnellläuferkonzentration die optimale Gangzahl 25 (s. *Abb. 17.28*) und mit Schnellläuferkonzentration die optimale Gangzahl 19 (s. *Abb. 17.29*).

17.10.3 Wege und Zeiten bei Stichgangstrategie ohne Gangwiederholung

Wenn alle Artikel gleichmäßig über die Gänge verteilt sind, wird bei der Stichgangstrategie ohne Gangwiederholung in jedem Gang, aus dem im Mittel n/x Artikel angefordert werden, ein Weg der mittleren Länge $2 \cdot ((n/x)/(1 + n/x)) \cdot L_{GM}$ zurückgelegt.

Durch eine Konzentration der A-Artikel im vorderen Gangbereich verkürzen sich die mittleren Weglängen in den Gängen bei der Stichgangstrategie ohne Gangwiederholung *bestenfalls* um einen *Schnellläuferfaktor*

$$f_A = \text{MIN}(1\,; 1 + p_A - p_{\text{Apos}}^{n/x}) \,. \tag{17.42}$$

Mit zunehmender Anzahl Artikel pro Gang wächst die Wahrscheinlichkeit, dass ein Artikel im hinteren Langsamläuferbereich liegt und die Stichweglänge bestimmt. Bei im Mittel $n = 15$ Auftragspositionen und insgesamt $N = 20$ Gängen ist nach Beziehung (17.31) die mittlere Gangzahl $x = 10{,}7$ und damit die mittlere Positionszahl pro Gang $n/x = 1{,}86$. Für 20 % A-Artikel mit einen Anteil von 65 % an den Auftragspositionen ist damit der Schnellläuferfaktor $f_A \geqq 0{,}75$. Das heißt: Die mittleren Stichwege in den Gängen verkürzen sich in diesem Fall bestenfalls um 25 %. Das sind 20 % weniger als bei der Stichgangstrategie mit Gangwiederholung.

Da die Weglänge entlang den Stirnseiten wieder ebenso lang ist wie bei der Durchgangstrategie, ergibt sich:

▶ Die *mittlere Weglänge* beim Kommissionieren von n Auftragspositionen nach der *Stichgangstrategie ohne Gangwiederholung* aus N parallelen Gangmodulen mit der Länge L_{GM} und der Breite B_{GM} ist

$$L(N) = f_A \cdot (2xn/(n + x)) \cdot L_{GM} + 2 \cdot (x/(x + 1)) \cdot (N - 1) \cdot B_{GM} \,. \tag{17.43}$$

Beim Hinein- und Hinausgehen aus den Gängen finden bei der Stichgangstrategie ohne Gangwiederholung $n + x$ Bremsbeschleunigungsvorgänge statt. Zusätzlich kommen beim Gangwechsel an den Stirnseiten und bei der Anfahrt der Basis $x + 1$ Bremsbeschleunigungsvorgänge vor. Hieraus folgt:

▶ Die *mittlere Auftragswegzeit* für das Kommissionieren von n Positionen nach der *Stichgangstrategie ohne Gangwiederholung* aus N parallelen Gangmodulen mit der Länge L_{GM} und der Breite B_{GM} ist

$$t_n(N) = \mathrm{L}(N)/\mathrm{v} + (2x + 1 + n) \cdot \mathrm{v}/b\,. \tag{17.44}$$

Die mittlere Gangzahl x ist wieder durch Beziehung (17.31) gegeben und die mittlere Weglänge $\mathrm{L}(N)$ durch Beziehung (17.43). Aus der mittleren Auftragswegzeit (17.44) folgt mit der Beziehung (17.35) die anteilige *Wegzeit pro Position* $t_{\text{weg}}(n)$, deren Abhängigkeit von der Positionszahl n in *Abb. 17.27* dargestellt ist.

Wie die *Abb. 17.28* und *17.29* zeigen, gelten für die Abhängigkeit der mittleren Weglänge von der Anzahl der Kommissioniergänge für die Stichgangstrategie *ohne* Gangwiederholung die gleichen Zusammenhänge, Funktionsverläufe und Aussagen wie für die Stichgangstrategie *mit* Gangwiederholung. Wie zuvor folgt näherungsweise für

- die *wegoptimale Gangzahl bei Stichgangstrategie ohne Gangwiederholung*

$$N_{\min} \approx \sqrt{0{,}4 \cdot n \cdot f_{\mathrm{A}} \cdot \mathrm{L}_{\mathrm{BL}}/\mathrm{B}_{\mathrm{GM}}} \quad \text{wenn } n < N_{\min}\,. \tag{17.45}$$

Für das betrachtete Beispiel ergibt sich aus Beziehung (17.45) ohne Schnellläuferkonzentration die optimale Gangzahl 22 und mit Schnellläuferkonzentration die optimale Gangzahl 19.

17.10.4 Strategievergleich und optimale Ganganordnung

Der Vergleich der mittleren Wegzeiten für die drei untersuchten Bewegungsstrategien und die *Abb. 17.27, 17.28* und *17.29* zeigen:

- Ohne Schnellläuferkonzentration ist die Durchgangstrategie mit und ohne Gangzahloptimierung deutlich günstiger als die Stichgangstrategien.
- Wenn die Gängigkeit des Sortiments sehr unterschiedlich ist, führt eine Bereitstellung der A-Artikel im vorderen Gangbereich in Verbindung mit einer Stichgangstrategie zu einer deutlichen Verkürzung der mittleren Wege, während sich bei der Durchgangstrategie dadurch keine Verbesserung ergibt.
- Für den Fall der Schnellläuferkonzentration weichen die mittleren Weglängen der Stichgangstrategie mit und ohne Gangwiederholung im Bereich der optimalen Gangzahl nur unwesentlich voneinander ab.
- Die mit Schnellläuferkonzentration bei optimaler Gangzahl kürzeren Wege der Stichgangstrategien im Vergleich zur Durchgangstrategie werden durch die häufigeren Brems- und Beschleunigungsvorgänge teilweise kompensiert, sodass der Unterschied der Wegzeiten relativ wenig ins Gewicht fällt.
- Bei einem geringen Schnellläuferanteil mit relativ hoher Drehzahl ist die Stichgangstrategie nur für Aufträge mit wenigen Positionen vorteilhafter als die Durchgangstrategie.

Hieraus folgt die allgemeine *Planungsregel für konventionelle Kommissioniersysteme:*

- Ein Kommissioniermodul mit statischer Bereitstellung und eindimensionaler, nicht ganggebundener Fortbewegung der Kommissionierer ist mit einer parallelen oder gegenüberliegenden Anordnung der Gangmodule wegzeitoptimal, wenn für die Anzahl der Kommissioniergänge eine gerade Zahl zwischen 2 und dem Wert (17.37) gewählt wird.

Ausgehend von einer solchen *Anfangslösung* können die Ganglänge und die Gangzahl den Gegebenheiten einer vorhandenen Halle, den Fluchtwegauflagen oder den Erfordernissen eines optimalen Gesamtlayouts angepasst werden, ohne dass sich dadurch die Wegzeiten wesentlich verschlechtern.

Ergibt die Leistungsberechnung, dass sich in den einzelnen Gängen im Mittel nicht mehr als ein Kommissionierer befindet, kann es sinnvoll sein, die A-Artikel im vorderen Gangbereich zu konzentrieren und Aufträge mit wenigen Positionen, wie *Eilaufträge* oder *Einpositionsaufträge*, nach der Stichgangstrategie zu kommissionieren. Die übrigen Aufträge werden nach der Durchgangstrategie eingesammelt. Die Anzahl Positionen, ab der die Aufträge zeitgünstiger nach der Durchgangstrategie kommissioniert werden, lässt sich mit den *Wegzeitformeln* (17.34), (17.40) und (17.44) errechnen.

17.11 Kommissionierleistung und Kommissionierzeit

Die Arbeitsleistung eines Kommissionierers lässt sich auf verschiedene Weise messen:

- Die *Kommissionierleistung* $\mu_{\text{K Pos}}$ [Pos/h] ist die Anzahl *Positionen* oder *Auftragszeilen*, die ein Kommissionierer pro Stunde bearbeitet.
- Die *Pickleistung* $\mu_{\text{K AE}}$ [AE/h] ist die Anzahl *Picks* oder *Artikeleinheiten*, die ein Kommissionierer pro Stunde greift und ablegt.
- Die *Sammelleistung* $\mu_{\text{K VE}}$ [VE/h] ist die Anzahl *Versandeinheiten*, die ein Kommissionierer pro Stunde befüllt.

Bei *Leistungsvergleichen von Kommissioniersystemen* ist zu beachten [29]:

► Alle drei Leistungsmessgrößen für das Kommissionieren hängen empfindlich von der *Auftragsstruktur*, vom *Kommissioniersystem*, von der *Kapazität* der Bereitstelleinheiten und Versandeinheiten sowie von der *Sortimentsbreite* ab.

Welche der Leistungsmessgrößen im Einzelfall gewählt wird, ist eine Frage der Zweckmäßigkeit und der Vereinbarung.

Wenn ein Kommissionierer zur Ausführung eines Kommissionierauftrags mit n_{Pos} Positionen im Mittel die *Auftragskommissionierzeit* t_{AKom} [s] benötigt, dann ist die *mittlere Kommissionierzeit pro Position*

$$\boldsymbol{\tau_{\text{Pos}} = \tau_{\text{A Kom}}/n_{\text{Pos}} \quad [\text{s/Pos}]\,.} \tag{17.46}$$

Die *effektive Kommissionierleistung* eines Kommissionierers ist dann:

$$\boldsymbol{\mu_{\text{K Pos}} = \eta_{\text{ver}} \cdot \eta_{\text{aus}} \cdot 3.600/\tau_{\text{Pos}} \quad [\text{Pos/Kom-h}]\,.} \tag{17.47}$$

Hierin sind η_{aus} die *Auslastbarkeit* und η_{ver} die *Verfügbarkeit* des Kommissionierers (s. u.).

Aus der effektiven Kommissionierleistung (17.47) folgt bei einer mittleren Inhaltsmenge pro Position m_{Pos} [AE/Pos] die *Pickleistung* pro Kommissionierer

$$\mu_{\text{K AE}} = \text{m}_{\text{Pos}} \cdot \mu_{\text{Pos}} \quad [\text{AE/Kom-h}]\,. \tag{17.48}$$

Wenn die Auftragsmenge $m_A = m_{Pos} \cdot n_{Pos}$ [AE/KAuf] in Versandeinheiten mit einer Kapazität C_{VE} [AE/VE] abgelegt wird, entstehen pro Auftrag im Mittel

$$n_{VE} = \text{MAX}(1\,; m_{Pos} \cdot n_{Pos}/C_{VE} + (C_{VE} - 1)/2C_{VE}) \quad [\text{VE/KAuf}] \tag{17.49}$$

Versandeinheiten, von denen jeweils die letzte nur zum Teil gefüllt ist. Damit wird die *Sammelleistung* eines Kommissionierers

$$\mu_{K\,VE} = n_{VE} \cdot \mu_{K\,Pos}/n_{Pos} \quad [\text{VE/Kom-h}]\,. \tag{17.50}$$

Wegen der teilgefüllten Versandeinheiten ist die Sammelleistung von der Auftragsmenge und vom Fassungsvermögen der Versandeinheiten abhängig. Daher ist die Messung der Leistung eines Kommissionierers in erzeugten Versandeinheiten pro Stunde in der Regel unzweckmäßig.

Die Anzahl der pro Auftrag geleerten Bereitstelleinheiten ist

$$n_{BE} = m_{Pos} \cdot n_{Pos}/C_{BE} \quad [\text{BE/Auf}]\,, \tag{17.51}$$

wenn C_{BE} [AE/BE] der mittlere Inhalt der Bereitstelleinheiten ist. Die Anzahl geleerter Bereitstelleinheiten (17.51) gibt zugleich die Häufigkeit an, mit der im Verlauf der Kommissionierung eines Auftrags die Arbeit nach dem *erschöpfenden Griff* unterbrochen wird.

Um die Kommissionierleistung berechnen zu können, muss also die Kommissionierzeit pro Position ermittelt werden und die Auslastbarkeit und Verfügbarkeit des Kommissionierers bekannt sein. Die Kommissionierzeit ist die Summe der *Wegzeit* τ_{weg}, der *Rüstzeit* $\tau_{rüst}$, der *Greifzeit* τ_{greif} und der *Basiszeit* τ_{bas}:

$$\tau_{Pos} = \tau_{weg} + \tau_{rüst} + \tau_{greif} + \tau_{bas} \quad [\text{s/Pos}]\,. \tag{17.52}$$

Die *Kommissionierzeitanteile* sind für die verschiedenen Kommissionierverfahren von sehr unterschiedlicher Größe. So ist der Wegzeitanteil für das Kommissionieren mit dynamischer Bereitstellung gleich 0. Beim Kommissionieren mit dezentraler Abgabe verschwindet hingegen der Basiszeitanteil.

Für das konventionelle und das inverse Kommissionieren mit eindimensionaler Fortbewegung ist der Wegzeitanteil $\tau_{weg} = \tau_{weg}(n_{pos})$ durch Beziehung (17.35) gegeben. Für das Kommissionieren mit zweidimensionaler Fortbewegung ist der Wegzeitanteil gleich der mittleren Fahrzeit $t_n(\text{L}, \text{H})$ einer n-Punkte Rundfahrt, die durch *Beziehung* (16.71) in *Abschn. 16.10* gegeben ist, geteilt durch die Positionsanzahl n_{Pos}.

Bei der Ermittlung der *Kommissionierzeitanteile* ist zu beachten, dass für die Leistungsberechnung und die dynamische Dimensionierung eines Kommissioniersystems nicht die exakten Zeiten der einzelnen Teilvorgänge sondern die *Mittelwerte* für eine Vielzahl von gleichartigen Ereignissen maßgebend sind. Diese Mittelwerte gelten für eine große Anzahl hinreichend gleichartiger Aufträge und Leistungsanforderungen. Wenn das Sortiment zu heterogen oder die Aufträge sehr unterschiedlich sind, ist eine gesonderte Berechnung der Kommissionierzeiten für die unterschiedlichen Sortiments- und Auftragsklassen erforderlich.

Die Kommissionierzeitanteile (17.52) werden stets auf die Auftragsposition bezogen. Daher ist es notwendig, den Zeitbedarf für alle Vorgänge, die nicht direkt von der Auftragsposition sondern von der Bereitstelleinheit [BE], der Entnahmeeinheit [EE], der Versandeinheit [VE] oder vom Kommissionierauftrag [KAuf] ausgelöst werden, auf die Position umzurechnen.

Wenn t_{BE} [s/BE] der Zeitbedarf für einen Vorgang ist, der pro Bereitstelleinheit anfällt, dann ist der anteilig auf die Position umgerechnete Zeitbedarf:

$$t_{Pos} = n_{BE} \cdot t_{BE}/n_{Pos} \quad [s/Pos] . \tag{17.53}$$

Hierin ist n_{BE} die durch Beziehung (17.51) gegebene Anzahl Bereitstelleinheiten pro Auftrag. Analog ist der anteilige Zeitbedarf pro Position:

$$t_{Pos} = n_{VE} \cdot t_{VE}/n_{Pos} \quad [s/Pos] , \tag{17.54}$$

wenn t_{VE} [s/VE] der Zeitbedarf für einen Vorgang ist, der pro Versandeinheit anfällt. In Beziehung (17.54) ist n_{VE} die durch Beziehung (17.49) gegebene Anzahl Versandeinheiten pro Auftrag.

Den größten Einfluss auf die Kommissionierzeit und damit auch auf die Kommissionierleistung haben Vorgänge, die mit jeder Entnahme anfallen. Den nächstgrößten Einfluss haben Vorgänge, die mit jeder Auftragsposition verbunden sind. Die entnahme- und positionsabhängigen Vorgänge und deren Zeitbedarf sind daher mit besonderer Sorgfalt zu gestalten und zu quantifizieren. Die auftragsabhängigen und die ladeeinheitenbestimmten Vorgänge sind im Vergleich dazu meist von geringerem Gewicht, dürfen aber trotzdem nicht vernachlässigt werden.

17.11.1 Rüstzeit

Die *Rüstzeit pro Position* – auch *Positionsrüstzeit* genannt – ist die im Mittel pro Auftragszeile zur Vor- und Nachbereitung des Greifvorgangs am Pickplatz benötigte Zeit.[1] Die Rüstzeit kann die gleiche Größenordnung haben wie die Greifzeit. Sie wird benötigt für *Informationsvorgänge*, zur *Positionierung* und für *Handhabungsvorgänge*, die zusätzlich zum Greifen anfallen. Außerdem können *Wartezeiten* die Rüstzeit am Entnahmeplatz verlängern.

Informationsvorgänge sind erforderlich zur Anweisung und zur Kontrolle der Tätigkeiten am Entnahmeort. Sie umfassen:

Lesen des nächsten Entnahmeplatzes
Suchen und Identifizieren des Entnahmeplatzes
Eingeben von Kontrollinformationen (17.55)
Belegbearbeitung
Kodieren.

Das *Positionieren* bringt den Kommissionierer vor dem Greifen in die richtige Ausgangsposition und nach dem Greifen wieder in die Fahrposition. Auch das Zu- und Abfördern der Bereitstelleinheiten bei dynamischer Bereitstellung ist Bestandteil des Positionierens. Zum Positionieren gehören also abhängig vom Kommissionierverfahren und Kommissioniergerät:

[1] Die Positionsrüstzeit wird vielfach auch *Totzeit* genannt. Die Rüstzeit pro Position aber umfasst in der Regel mehr als die in der Regelungstechnik als Totzeit bezeichneten Reaktions- und Informationsverarbeitungszeiten.

Absteigen und Aufsteigen vom Gerät
Ausrichten des Arbeitsgeräts
Zu- und Abfördern der Bereitstelleinheit
Hin- und Rückbewegung vom Bereitstellplatz. (17.56)

Die *Handhabungsvorgänge*, die über das Greifen hinausgehen, sind ebenfalls vom Kommissionierverfahren und von der Kommissioniertechnik abhängig.

Der Zeitbedarf für Handhabungen am Entnahmeplatz ist auch davon abhängig, ob und in welchem Umfang dort das Packen durchgeführt wird. Beim Arbeiten nach dem *Pick&Pack-Verfahren* bestimmt vor allem die *Packzeit* die Positionsrüstzeit.

Neben dem Greifen auszuführende Handhabungsvorgänge am Entnahmeplatz können sein:

Aufstellen eines leeren Packmittels oder einer Versandeinheit
Verschließen des Packmittels oder der Versandeinheit
Kodieren und Beschriften
Heraus- und Mitnehmen eines geleerten Ladungsträgers
Vorziehen oder Nachschieben der Zugriffsreserveeinheit
Öffnen von Bereitstell- und Verpackungseinheiten. (17.57)

Wartezeiten am Entnahmeplatz, die den Kommissionierer an der Arbeit hindern, sind:

Wartezeit auf die Nachschubeinheit
Wartezeit auf Information
Blockierzeiten durch andere Kommissionierer. (17.58)

Zur Rüstzeit zählt auch die regelmäßig wiederkehrende Wartezeit auf den Nachschub. Die mittlere Wartezeit auf Nachschub einer neuen Bereitstelleinheit ist gleich der *Spielzeit*, die das Nachschubgerät für den Nachschubvorgang benötigt. Die *stochastisch bedingten Wartezeiten*, die aus den Schwankungen der Nachschubbereitstellung und der Informationsverarbeitung sowie aus der gegenseitigen Behinderung der Kommissionierer resultieren, werden in der *Auslastbarkeit* berücksichtigt (s. u.).

Der Zeitbedarf für die Rüstvorgänge am Entnahmeplatz ist von vielen *Einflussfaktoren* abhängig, wie die *Arbeitsbedingungen*, die *räumlichen Gegebenheiten*, Form, Inhalt und Qualität der *Informationsanzeige* sowie die *Aufmerksamkeit* und *Übung* der Kommissionierer. Diese Einflussfaktoren sind bei der Gestaltung der Entnahmeplätze und der Prozesse sorgfältig zu beachten und zur Optimierung nutzbar.

So lassen sich die Zeiten für die Belegbearbeitung einsparen durch geeignete Anzeigen am Bereitstellplatz oder auf dem Kommissioniergerät. Der Zeitbedarf für die Informationseingabe wird durch das Abscannen von Barcode-Etiketten erheblich verkürzt und zugleich sicherer gemacht. Das Warten auf die Nachschubeinheit nach dem erschöpfenden Griff lässt sich durch die *Flip-Flop-Nachschubstrategie* vermeiden.

Die Quantifizierung des Zeitbedarfs für die Vorgänge, die zur Rüstzeit beitragen, ist im Einzelfall nicht immer einfach. Am sichersten ist es, die Situation am Entnahmeplatz im Maßstab 1 : 1 aufzubauen und die Dauer der einzelnen Vorgänge mit der Stoppuhr zu messen. Andere bewährte Verfahren sind arbeitswissenschaftliche Methoden, wie *MTM* oder *Workfactor* [79,95,96].

Einige Rüstvorgänge am Entnahmeplatz können im *Zeitschatten* anderer Vorgänge stattfinden. So kann die Leerpalette während der Wartezeit auf die Nachschubpalette aus dem Bereitstellplatz entfernt werden. Von den gleichzeitig stattfindenden Vorgängen ist nur die Zeit des länger dauernden Vorgangs in der Rüstzeit zu berücksichtigen.

17.11.2 Greifzeit

Die Greifzeit, die der Kommissionierer für das Herausnehmen und Ablegen der Entnahmemenge benötigt, ist die eigentliche *Leistungszeit*.

Den zeitlichen Ablauf des manuellen Greifprozesses, der in *Abb. 17.13* räumlich dargestellt ist, zeigt *Abb. 17.30*. Hiernach hängt die Greifzeit ab vom Zeitbedarf der *Teilvorgänge*:

Hinlangen
Aufnehmen
Befördern
Ablegen. (17.59)

Mit dem Greifen können Zusatzarbeiten verbunden sein, wie

Abschneiden oder Zuschneiden
Abwiegen oder Verwiegen
Abmessen oder Vermessen. (17.60)

Hierfür ist in vielen Fällen das Herausnehmen einer größeren Menge aus der Bereitstelleinheit und ein Zurücklegen der Restmenge erforderlich.

Die Greifzeit hängt über folgende *räumliche Einflussfaktoren* sehr empfindlich von der Gestaltung des Entnahmeplatzes und von der Anordnung der Bereitstelleinheiten ab:

minimale Greifhöhe $h_{gr\,min}$ [m]
maximale Greifhöhe $h_{gr\,max}$ [m]
mittlere Greiftiefe b_{gr} [m]

mittlerer Ablagewinkel γ_{ab} [m]
mittlere Ablageentfernung d_{ab} [m] (17.61)

minimale Ablagehöhe $h_{ab\,min}$ [m]
maximale Ablagehöhe $h_{ab\,max}$ [m]
mittlere Ablagetiefe b_{ab} [m].

Weitere Einflussfaktoren auf die Greifzeit sind:

mittlere Entnahmemenge pro Position m_{AE} [AE/Pos]
mittleres Volumen pro Artikeleinheit v_{AE} [l/AE] (17.62)
mittleres Gewicht pro Artikeleinheit g_{AE} [kg/AE].

Die gemessene Abhängigkeit der Greifzeit pro Entnahmeeinheit von den wichtigsten Einflussfaktoren (17.61) und (17.62) ist in *Abb. 17.31* dargestellt.

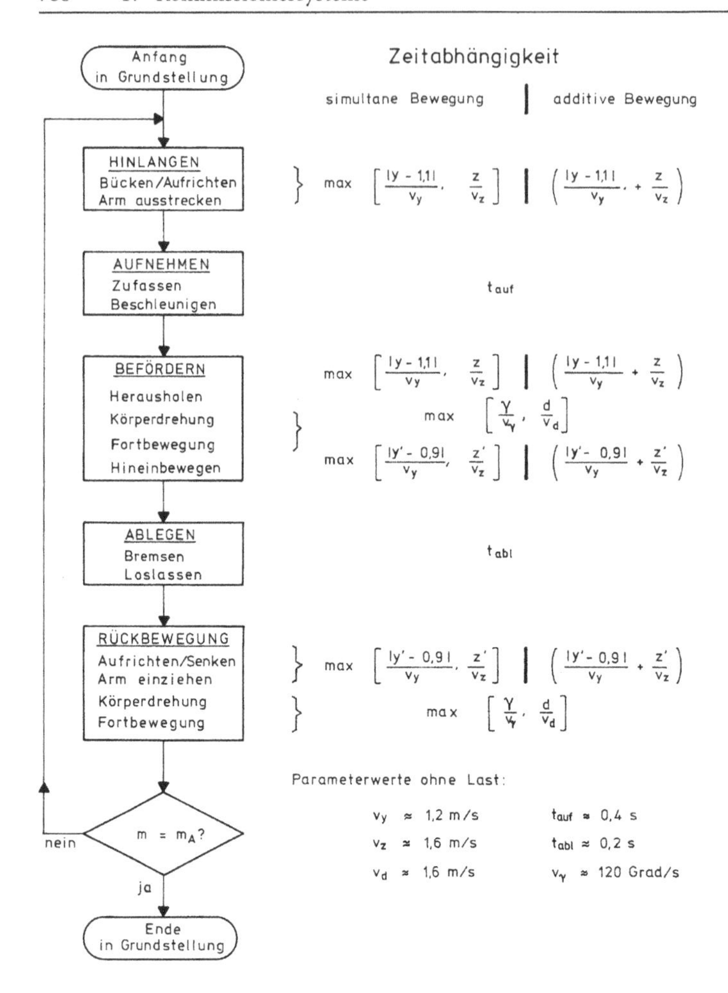

Abb. 17.30 Prozessablauf und Zeitbedarf des Greifvorgangs

Abgesehen von der Ermüdung bei der Entnahme großer Mengen, die in der Verfügbarkeit berücksichtigt wird, ist die Greifzeit pro Position proportional zur Entnahmezeit pro Pickeinheit:

$$\tau_{\text{greif}} = m_{\text{AE}} \cdot \tau_{\text{AE}} \quad [\text{s/Pos}] \,. \tag{17.63}$$

Die Entnahmezeit τ_{AE} [s/AE] ist für das *mechanische Kommissionieren* gleich der *Spielzeit für den Entnahmezyklus* des Roboters oder Pickgeräts. Diese hängt von der Geschwindigkeit, der Beschleunigung und den Distanzen in den drei Bewegungsrichtungen ab.

Beim *manuellen Kommissionieren* lässt sich die einzelne Entnahmezeit entweder in einem Versuchsaufbau oder am Arbeitsplatz messen oder mit Hilfe von arbeitswissenschaftlichen Verfahren, wie *MTM* oder *Workfactor*, errechnen [79, 95, 96].

Bei der Zeitbestimmung für den Greifvorgang ist zwischen einer *simultanen* und einer *additiven Bewegung* des Kommissionierers zu unterscheiden. Bei der Entnahme aus einem großen Fach oder von einer Palette und bei der Ablage auf eine freie Fläche oder eine Palette ist die Greifbewegung *simultan*. Bei Entnahme aus einem Fachbodenregal und bei Ablage in ein Wabengestell ist die Greifbewegung *additiv*.

Aus einer Analyse des manuellen Greifvorgangs sowie aus Messungen der Abhängigkeit von den Einflussfaktoren resultiert für eine *simultane Greifbewegung* nach einer Mittelung über die Greif- und Ablagehöhe für die mittlere Entnahmezeit bei Einzelpick und simultaner Greifbewegung die

► *halbempirische Entnahmezeitformel*

$$\begin{aligned}\tau_{\mathrm{AE}} = 2\cdot(1+g_{\mathrm{AE}}^2/110)\cdot(1+v_{\mathrm{AE}}^2/18.000)\cdot(0{,}3+\mathrm{MAX}(f(h_{\mathrm{gr}})/1{,}2\,;b_{\mathrm{gr}}/1{,}6)+\\ +\mathrm{MAX}(f(h_{\mathrm{ab}})1{,}2\,;b_{\mathrm{ab}}/1{,}6)+\mathrm{MAX}(\gamma_{\mathrm{ab}}/120\,;d_{\mathrm{ab}}/1{,}6))\quad[\mathrm{s/EE}]\,.\end{aligned} \tag{17.64}$$

Hierin ist

$$f(h)=\begin{cases}(h_{\max}-h_{\min})/2 & \text{wenn}\quad h_{\min}<1<h_{\max}\\ (h_{\max}-h_{\min})/2-1 & \text{wenn}\quad h_{\min}>1 \text{ oder } h_{\max}<1\end{cases}\quad[\mathrm{m}]\,. \tag{17.65}$$

Für Teilvorgänge des Greifzyklus, die nicht simultan sondern additiv stattfinden, ist in Formel (17.64) der entsprechende Ausdruck MAX(a;b) durch die Summe (a + b) zu ersetzen.

Wenn die Artikeleinheiten nicht einzeln sondern jeweils zu x Stück in einem Zugriff entnommen und abgelegt werden, ist in Formel (17.64) anstelle von g_{AE} mit $x\cdot g_{\mathrm{AE}}$ und anstelle von v_{AE} mit $x\cdot v_{\mathrm{AE}}$ zu rechnen und das Ergebnis durch x zu teilen. Die mit Formel (17.64) errechneten mittleren Entnahmezeiten liegen in der Regel im Bereich zwischen 2 und 10 s pro Entnahmeeinheit. Sie hängen sehr empfindlich vom durchschnittlichen Volumen und Gewicht der Entnahmeeinheiten ab. Die halbempirische Entnahmezeitformel (17.64) hat sich für die Leistungsberechnung und Dimensionierung von Kommissioniersystemen in der Praxis vielfach bewährt. Sie ist in folgenden *Grenzen* anwendbar [18]:

Greif- und Ablagehöhen bis 1,8 m
Greif- und Ablagetiefen bis 1,2 m
Einzelstückgewichte bis 10 kg/EE
Einzelstückvolumen bis 50 l/EE. (17.66)

Die mittlere Greifzeit pro Position resultiert durch Einsetzen der Formel (17.64) in (17.63).

17.11.3 Basiszeit

Die *Basiszeit* oder *Auftragsrüstzeit* ist die Zeit, die sich ein Kommissionierer vor Beginn und nach Abschluss einer Kommissionierrundfahrt an der Basis aufhält. In

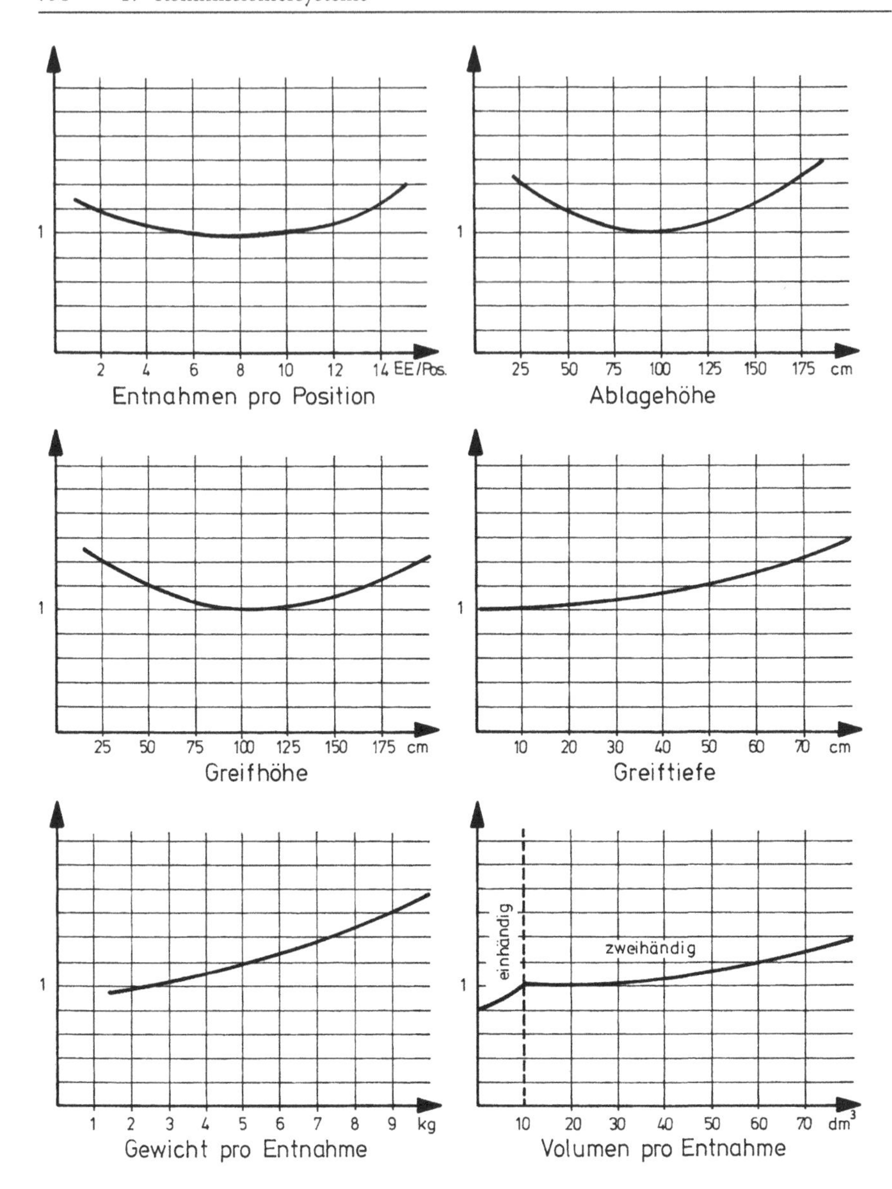

Abb. 17.31 Abhängigkeit der mittleren Greifzeit pro Entnahmeeinheit von den Einflussfaktoren (17.61) und (17.62)

Kommissioniersystemen ohne Basis, wie bei dynamischer Bereitstellung oder dezentraler Abgabe, entfällt die Basiszeit.

Zur Basiszeit tragen folgende *Vor- und Nachbereitungsarbeiten* bei:

Annahme und Abgabe der Auftragsbelege oder Picklisten
Ordnen der Picklisten nach der Wegstrategie
Übernahme leerer Sammel- oder Versandbehälter
Positionieren für die Übernahme und Abgabe (17.67)
Abgabe der gefüllten Behälter
Zielkodierung und Etikettierung der Behälter.

Ob und mit welchem Zeitaufwand diese Vorgänge anfallen, hängt vom Kommissionierverfahren und von der Kommissioniertechnik ab. So entfallen beim *beleglosen Kommissionieren* die Zeiten für die Annahme, das Ordnen und die Abgabe von Picklisten. Die Übernahme von Leerbehältern kann im *Zeitschatten* der Vollbehälterabgabe durchgeführt werden.

Die Basiszeit muss *projektspezifisch* durch Zeitmessung der Einzelvorgänge oder nach arbeitswissenschaftlichen Verfahren ermittelt werden. Nicht zur Basiszeit zählen die Wartezeiten, die bei großem Andrang mehrerer Kommissionierer an der Basis aus den stochastisch schwankenden Kommissionierzeiten resultieren. Diese werden in der *Auslastbarkeit* berücksichtigt.

Die Zeiten der einzelnen Vorgänge an der Basis fallen entweder pro Kommissionierauftrag oder pro Sammelbehälter an. Sie müssen daher anteilig auf die Position umgerechnet werden. Wenn für einen Vorgang an der Basis pro Kommissionierauftrag die Zeit t_{Abas} [s/KAuf] benötigt wird, ist die anteilige Basiszeit pro Position

$$\tau_{\mathrm{bas}} = t_{\mathrm{Abas}}/n_{\mathrm{Pos}} \quad [\mathrm{s/Pos}] . \tag{17.68}$$

Der Zeitbedarf für einen Vorgang pro Versandeinheit ist nach Beziehung (17.54) umzurechnen.

17.11.4 Verfügbarkeit

Ein Kommissionierer, ob Mensch oder Maschine, ist nicht während der gesamten Anwesenheitszeit für die von ihm geforderte Leistung verfügbar. Die Arbeitszeit des Kommissionierers setzt sich daher zusammen aus produktiven Zeiten und unproduktiven Zeiten:

- In der *produktiven Zeit* T_{prod} führt der Kommissionierer die für das Kommissionieren erforderlichen Arbeiten und Vorgänge aus.
- Zur *unproduktiven Zeit* T_{unpr} des Kommissionierers zählen *technische Ausfallzeiten, persönliche Verteilzeiten* und Zeiten für *kommissionierfremde Nebentätigkeiten.*

Die *Urlaubs- und Krankheitszeiten* des Personals sowie die *Wartungszeiten* der Geräte zählen nicht zur unproduktiven Zeit, da sie außerhalb der Betriebszeit anfallen. Diese Zeiten sind jedoch in der Betriebskostenrechnung zu berücksichtigen.

Bei der Berechnung der Kommissionierleistung nach Beziehung (17.47) wird die unproduktive Zeit durch den Verfügbarkeitsfaktor η_{ver} berücksichtigt.

- Die *Verfügbarkeit* eines Kommissionierers ist das langzeitige Verhältnis der produktiven Zeit zur Anwesenheitszeit solange Aufträge vorliegen:

$$\eta_{ver} = T_{prod}/(T_{unpr} + T_{prod}) \,. \tag{17.69}$$

Die *Ausfallzeiten* eines Kommissioniergeräts oder eines Kommissionierroboters bewirken eine *technische Geräteverfügbarkeit*, die bei guter Konstruktion und vorbeugender Wartung nicht unter 98 % liegen sollte.

Die arbeitswissenschaftlich definierten *persönlichen Verteilzeiten* des Menschen hängen von den *Arbeitsbedingungen*, der *Motivation* und der *Mitarbeiterführung* ab [96]. Beim Kommissionieren kommt als weiterer Einflussfaktor die *Ermüdung* bei großen Entnahmemengen und hohem Gewichts- und Volumendurchsatz hinzu.

Vor allem bei dynamischer Bereitstellung kann ein permanentes Greifen großer Mengen und Gewichte, das nicht durch Wegzeiten unterbrochen wird, zu einer absinkenden Verfügbarkeit der Kommissionierer führen. Andererseits aber erholt sich ein Kommissionierer bei geringerer Auslastung und in den stochastisch bedingten Wartezeiten.

Für die Leistungsberechnung und Dimensionierung von Kommissioniersystemen kann mit folgenden *Erfahrungswerten* gerechnet werden:

$$\begin{aligned}&\text{sehr gute Arbeitsbedingungen und geringe Belastungen } \eta_{ver} \approx 90\,\%\\&\text{gute Arbeitsbedingungen und mittlere Belastungen } \eta_{ver} \approx 85\,\%\\&\text{weniger gute Arbeitsbedingungen und hohe Belastung } \eta_{ver} \approx 80\,\%\,.\end{aligned} \tag{17.70}$$

Diese Erfahrungswerte sind als Planwerte brauchbar, können jedoch im Einzelfall bei schlechter Führung und fehlender Leistungskontrolle deutlich unterschritten werden.

Wenn ein Kommissionierer mit einer *persönlichen Verfügbarkeit* η_{Pver} auf einem Kommissioniergerät arbeitet, das eine *technische Verfügbarkeit* η_{Tver} hat, dann ist in der Leistungsberechnung (17.47) mit der *Gesamtverfügbarkeit* von Mensch und Technik zu rechnen. Diese ist gleich dem Produkt der Einzelverfügbarkeiten:

$$\eta_{ver} = \eta_{Pver} \cdot \eta_{Tver} \,. \tag{17.71}$$

Die Leistungsminderung durch eine schlechte Verfügbarkeit wird vielfach nicht ausreichend beachtet. In der Verbesserung der Arbeitsbedingungen, der Führung und der Kontrolle liegt daher oft ein größerer Hebel zur Leistungssteigerung und Kostensenkung des Kommissionierens als in der technischen Rationalisierung.

17.11.5 Auslastbarkeit

Die verfügbare Zeit eines Kommissionierers kann nur soweit produktiv genutzt werden, wie er nicht durch stochastisch bedingte oder andere *Wartezeiten* an der Arbeit gehindert ist. Stochastische Wartezeiten entstehen beim Kommissionieren vor den Pickplätzen, in den Gängen und an der Basis infolge der Blockierung durch andere Kommissionierer sowie durch Warten auf Information oder Nachschub, wenn die Abfertigungszeiten stochastisch schwanken.

Die stochastischen Wartezeiten reduzieren die Auslastbarkeit des Kommissionierers und damit die effektive Kommissionierleistung.

- Die *Auslastbarkeit* eines Kommissionierers ist das Verhältnis der Kommissionierzeit τ_{kom} zur Summe von stochastisch bedingten mittleren Wartezeiten τ_{wart} und Kommissionierzeit:

$$\eta_{\text{aus}} = \tau_{\text{kom}}/(\tau_{\text{wart}} + \tau_{\text{kom}}) \, . \tag{17.72}$$

Die beim Kommissionieren planmäßig auftretenden Abfertigungszeiten, deren Mittelwerte in der Kommissionierzeit enthalten sind, zählen nicht zur stochastischen Wartezeit.

Vor einer Abfertigungsstation mit einer stochastisch schwankenden Abfertigungsleistung

$$\mu = 3.600/\tau_{\text{ab}} \quad [1/\text{h}] \tag{17.73}$$

und einer *mittleren Abfertigungszeit* t_{ab} [s], auf die ein stochastischer Strom λ zuläuft, entsteht eine *Warteschlange*, in der die neu Hinzukommenden warten müssen bevor sie drankommen.

Aus den Beziehungen (13.65) und (13.67) des *Abschn.s 13.5* folgt für ein *Wartesystem* mit der *Auslastung*

$$\rho = \lambda/\mu \tag{17.74}$$

die *mittlere Wartezeit:*

$$t_{\text{wart}} = ((1 - \rho + V \cdot \rho) \cdot \rho/(1 - \rho)) \cdot \tau_{\text{ab}} \quad [\text{s}] \, . \tag{17.75}$$

Die *Systemvariabilität V* ist bei maximaler Schwankung von Zustrom und Abfertigung gleich 1 und bei getaktetem Zustrom und getakteter Abfertigung 0. Wenn die Variabilität unbekannt ist, kann approximativ mit der *Systemvariabilität* $V = 1/2$ gerechnet werden (s. *Beziehung 13.57*).

Jeder Artikelbereitstellplatz ist im Prinzip eine Abfertigungsstation, zu der die Kommissionierer in stochastisch schwankenden Zeitabständen kommen und warten müssen, wenn sich dort noch ein anderer Kommissionierer befindet. Die mittlere Abfertigungszeit an den Pickplätzen ist

$$\tau_{\text{Pab}} = \tau_{\text{rüst}} + \tau_{\text{greif}} \quad [\text{s/Pos}] \, . \tag{17.76}$$

Der mittlere Zustrom der Kommissionierer auf einen der N_{S} Artikelbereitstellplätze ist gleich $1/N_{\text{S}}$ des Positionsdurchsatzes (17.7). Wenn ein Kommissionierer zusammen mit seinem Gerät N_{P} Pickplätze blockiert, ist der Zustrom auf die N_{P} blockierten Pickplätze:

$$\lambda_{\text{P}} = N_{\text{P}} \cdot \lambda_{\text{KAuf}}/N_{\text{S}} \quad [\text{Pos/h}] \, . \tag{17.77}$$

Durch Einsetzen der mit (17.76) resultierenden Abfertigungsleistung $m_{\text{P}} = 3.600/\tau_{\text{Pab}}$ und des Zustroms (17.77) in die Beziehungen (17.74) und (17.75) ergibt sich die Berechnungsformel für die *mittlere Pickplatzwartezeit* τ_{Pwart} [s/Pos].

Auch eine Basisstation ist eine Wartestation, zu der die Kommissionierer in stochastisch schwankenden Zeitabständen kommen und warten müssen, solange dort vor ihnen andere Kommissionierer tätig sind. Die mittlere Abfertigungszeit an der Basis ist

$$\tau_{\text{B ab}} = n \cdot \tau_{\text{bas}} \quad [\text{s/KAuf}] \, . \tag{17.78}$$

Bei N_B parallelen Basisstationen und einem Auftragsdurchsatz λ_{KAuf} ist der mittlere Kommissioniererzustrom auf eine der N_B Basisstationen

$$\lambda_B = \lambda_{KAuf}/N_B \quad [\text{Kom/h}] . \tag{17.79}$$

Durch Einsetzen der resultierenden Abfertigungsleistung $\mu_B = 3.600/\tau_{Bab}$ [KAuf/h] und des Zustroms (17.79) in die Beziehungen (17.74) und (17.75) ergibt sich die Berechnungsformel für die *mittlere Wartezeit* t_{Bwart} *der Kommissionierer vor der Basis*. Die Basiswartezeit pro Auftrag t_{Bwart} geteilt durch die Positionszahl n_{pos} ist die *mittlere Basiswartezeit* τ_{Bwart} pro Position.

Analog lässt sich auch die mittlere Wartezeit bei stochastisch schwankendem Nachschub oder zufallsabhängiger Informationsbereitstellung mit Hilfe der allgemeinen Wartezeitformel (17.75) aus der mittleren Abfertigungszeit berechnen.

Mit der Summe $\tau_{wart} = \tau_{Pwart} + \tau_{Bwart} + \ldots$ der Pickplatzwartezeit, der Basiswartezeit und eventuell weiterer Wartezeiten ergibt sich aus Beziehung (17.72) die Auslastbarkeit und durch Einsetzen in Beziehung (17.47) die Auswirkung der stochastisch bedingten Wartezeiten auf die effektive Kommissionierleistung. Für das in *Tab. 17.1* angegebene Beispiel zeigt *Abb. 17.32* die analytisch berechnete Abhängigkeit der Auslastbarkeit von der Durchsatzleistung für eine und für zwei parallele Basisstationen.

Aus den Berechnungsformeln und dem Planungsbeispiel lassen sich folgende allgemeinen *Zusammenhänge* ableiten:

- Die *Auslastbarkeit der Kommissionierer* ist bei geringer Auslastung des Gesamtsystems nur wenig und mit zunehmender Auslastung immer stärker vom Durchsatz abhängig.
- Bei Annäherung an den *Überlastzustand* sinkt die Auslastbarkeit auf Null.
- Entsprechend hängt die effektive Leistung pro Kommissionierer bei geringen Durchsatzanforderungen nur wenig vom Durchsatz ab.
- Mit zunehmendem Durchsatz nimmt die Kommissionierleistung infolge der gegenseitigen Behinderung der Kommissionierer an den Pickplätzen und an der Basis immer mehr ab.
- Die benötigte Anzahl Kommissionierer und Kommissioniergeräte steigt mit zunehmender Durchsatzleistung überproportional an.
- Bei nur einer Basis sind die Wartezeiten vor der Basis kritischer als die Wartezeiten an den Pickplätzen.
- Bei schmalem Sortiment, geringer Bereitstellfläche und zonenweiser Konzentration der A-Artikel kann es bei hohem Durchsatz vor den Pickplätzen zu erheblichen Wartezeiten kommen.
- Die Wegzeiteinsparungen durch eine Schnellläuferkonzentration in der Nähe der Basis werden bei hoher Durchsatzleistung überkompensiert durch die Wartezeiten in diesem Bereich.
- Je mehr Pickplätze ein Kommissionierer mit seinem Gerät blockiert, desto stärker reduziert sich die Auslastbarkeit infolge der Behinderung anderer Kommissionierer.

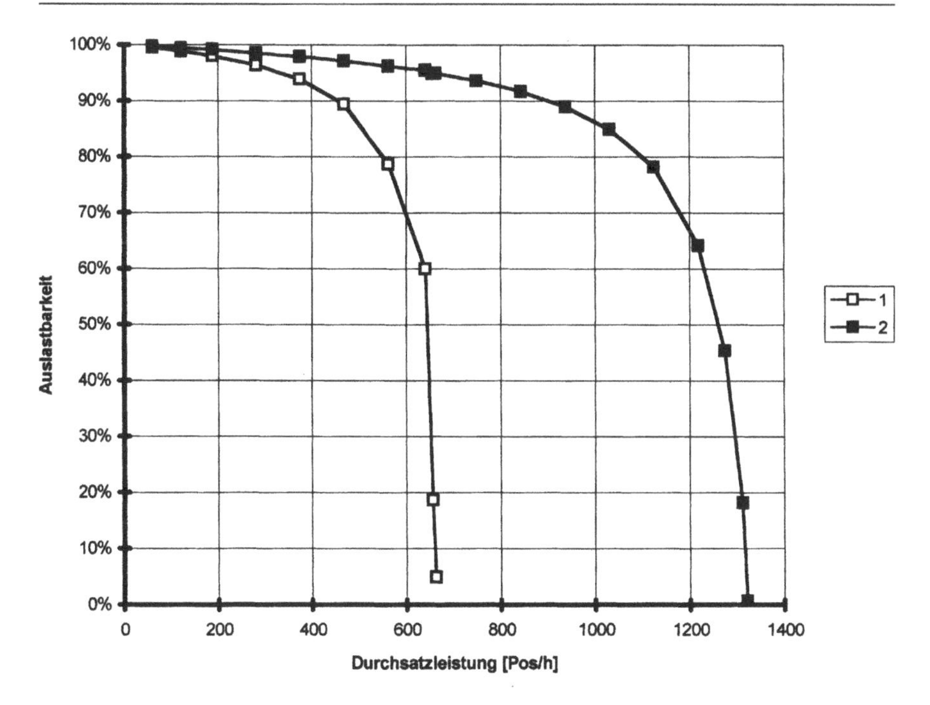

Abb. 17.32 Abhängigkeit der Auslastbarkeit der Kommissionierer vom Positionsdurchsatz

Parameter: Anzahl Basisstationen N_{BS} = 1 und 2
Übrige Parameter: s. Legende *Abb. 17.28*

Für das betrachtete Beispiel wird der Überlastzustand bei einer Basisstation ab etwa 600 Positionen pro Stunde mit 18 Kommissionierern und bei zwei Basisstationen ab etwa 1.200 Positionen pro Stunde mit 32 Kommissionierern im System erreicht, die in beiden Fällen in 12 Gängen arbeiten.

Aus den allgemeingültigen Zusammenhängen resultieren die *Planungsregeln:*

- Bei hohem Durchsatz ist die Einrichtung von zwei oder mehr parallelen Basisstationen erforderlich, an denen mehrere Kommissionierer gleichzeitig abgefertigt werden können.
- Die schnellgängigen A-Artikel dürfen nicht in einer Zone konzentriert sondern müssen gleichmäßig über den gesamten Bereitstellbereich verteilt werden.

Wegen der empfindlichen Abhängigkeit der Kommissionierleistung von der Durchsatzleistung ist es unerlässlich, mit Hilfe der angegebenen Formeln die Auslastbarkeit zu berechnen. Wenn die Auslastbarkeit in Zeiten der Spitzenbelastung unter 80 % sinkt, muss die Betriebszeit verlängert oder das Kommissioniersystem umgestaltet werden, da sonst die Gefahr der Überlastung groß ist, die Leistung der Kommissionierer absinkt und die Kommissionierkosten unkalkulierbar ansteigen.

17.12 Auftragsbündelung und Zeilenreduktion

Abhängig von der gewählten Bearbeitungsstrategie sind die Kommissionieraufträge entweder *externe Einzelaufträge* [EAuf] oder *interne Sammelaufträge* [SAuf], die aus einer Serie von s externen Aufträgen bestehen. Bei einem Durchsatz der externen Aufträge λ_{EAuf} [EAuf/h] und einer *Batch-Größe s* [EAuf pro SAuf] ist der *Durchsatz der Sammelaufträge:*

$$\lambda_{\mathrm{SAuf}} = \lambda_{\mathrm{EAuf}}/s \quad [\mathrm{SAuf/h}] \,. \tag{17.80}$$

Bei einer *einstufigen Serienkommissionierung* bleiben die Sammelaufträge *unkonsolidiert:*

- Die Positionen eines unkonsolidierten Sammelauftrags sind gleich den Positionen der externen Aufträge.

Die Entnahmemengen werden am Entnahmeort getrennt in die Sammel- oder Versandbehälter der einzelnen Aufträge abgelegt. Daraus folgt:

- Wenn die externen Aufträge im Mittel n_{E} Positionen mit einer durchschnittlichen Positionsmenge m_{EPos} [AE/EPos] haben, dann haben die *unkonsolidierten Sammelaufträge* mit einer *Batchgröße s* die *gleiche mittlere Positionsmenge* und die *s-fache mittlere Positionsanzahl*

$$n_{\mathrm{S}} = s \cdot n_{\mathrm{E}} \quad [\mathrm{Pos/SAuf}] \,. \tag{17.81}$$

Bei der *zweistufigen Serienkommissionierung* wird jeder Sammelauftrag *konsolidiert:*

- Alle Positionen der externen Aufträge einer Serie, die den gleichen Artikel betreffen, werden zu einer *Sammelauftragsposition* [SPos] zusammengefasst.

Dadurch reduziert sich die Anzahl der Positionen oder Zeilen eines konsolidierten Sammelauftrags gegenüber der Positionszahl (17.81) eines unkonsolidierten Sammelauftrags mit gleicher Batchgröße. Gleichzeitig erhöht sich die mittlere Menge der Sammelauftragspositionen gegenüber der mittleren Menge der Einzelauftragspositionen. Vor allem aber gilt:

▶ Mit der Zeilenzahl der konsolidierten Sammelaufträge verringert sich die benötigte Bereitstellleistung für die dynamische Bereitstellung.

Werden die Aufträge so, wie sie hereinkommen, zu einer Serie zusammengefasst, dann ist die Reduktion der Zeilenzahl der Sammelaufträge zufallsbestimmt und abhängig von der Wahrscheinlichkeit, dass die Zeilen der s externen Aufträge einer Serie die gleichen Artikel betreffen.

Die Überlappungswahrscheinlichkeit der Auftragszeilen kann grundsätzlich durch Auswertung einer großen Anzahl externer Aufträge ermittelt werden. Eine solche Auswertung aber ist stets projektspezifisch und lässt die Einflussfaktoren und Abhängigkeiten kaum erkennen.

Die Zeilenreduktion lässt sich jedoch auch *analytisch* berechnen. Aus einer Wahrscheinlichkeitsanalyse folgt der *Zeilenreduktionssatz* [87]:

- Wenn das Sortiment insgesamt $N = N_A + N_B + N_C$ Artikel mit N_A A-Artikeln, N_B B-Artikeln und N_C C-Artikeln umfasst und die Einzelaufträge im Mittel $n = n_A + n_B + n_C$ Positionen haben, von denen im Mittel n_A die A-Artikel, n_B die B-Artikel und n_C die C-Artikel betreffen, dann ist die *mittlere Zeilenzahl der Sammelaufträge*, die durch Zusammenfassen von jeweils s Einzelaufträgen entstehen:

$$\boldsymbol{n_S = N_A \cdot (1 - (1 - n_A/N_A)^S) + N_B \cdot (1 - (1 - n_B/N_B)^S) + N_C \cdot (1 - (1 - n_C/N_C)^S)}\,. \qquad (17.82)$$

Werden beispielsweise 1.500 Einzelaufträge mit im Mittel 12 Positionen, die aus einem Handelssortiment mit 30.000 Artikeln und der in *Tab. 17.1* angegebenen ABC-Verteilung zu kommissionieren sind, zu 2 konsolidierten Serien mit $s = 750$ Aufträgen zusammengefasst, so ergeben sich für diese aus Beziehung (17.82) im Mittel 5.179 Auftragszeilen. Die Zeilenzahl der unkonsolidierten Sammelaufträge beträgt dagegen $750 \cdot 12 = 9.000$.

Die Reduktion der Zeilenzahl der konsolidierten Sammelaufträge gegenüber der Zeilenzahl der unkonsolidierten Sammelaufträge ist durch den *Zeilenreduktionsfaktor* gegeben:

$$r_S = n_S/(s \cdot n_E)\,. \qquad (17.83)$$

Hierin ist die konsolidierte Zeilenanzahl n_S mit Hilfe der Beziehung (17.82) zu berechnen.

In dem betrachteten Beispiel ist der Zeilenreduktionsfaktor $r_s = 5.179/9.000 = 0{,}64$. Die benötigte Bereitstellleistung wird durch die Konsolidierung der Zeilen einer Auftragsserie in diesem Fall um mehr als ein Drittel reduziert.

Für ein Handelssortiment mit 30.000 Artikeln und zwei verschiedene ABC-Verteilungen ist die Abhängigkeit des Zeilenreduktionsfaktors von der Seriengröße s in *Abb. 17.33* dargestellt. Hieraus wie aus der allgemeinen Beziehung (17.82) sind folgende *Abhängigkeiten* ablesbar:

- Die Zeilenreduktion durch Bündelung externer Aufträge zu konsolidierten Sammelaufträgen nimmt mit der Seriengröße und mit der Ungleichverteilung des Sortiments zu.
- Die Zeilenreduktion nimmt mit ansteigender Positionszahl der externen Aufträge zu und mit zunehmender Artikelanzahl ab.

Entsprechend der Zeilenreduktion steigt die mittlere Menge pro Sammelauftragsposition an, denn allgemein gilt:

- Wenn die externen Aufträge eine mittlere Positionsmenge m_{EPos} [AE/EPos] haben und der Zeilenreduktionsfaktor r_S ist, dann ist die *mittlere Sammelpositionsmenge der konsolidierten Sammelaufträge*

$$m_{SPos} = m_{EPos}/r_S \quad [AE/SPos]\,. \qquad (17.84)$$

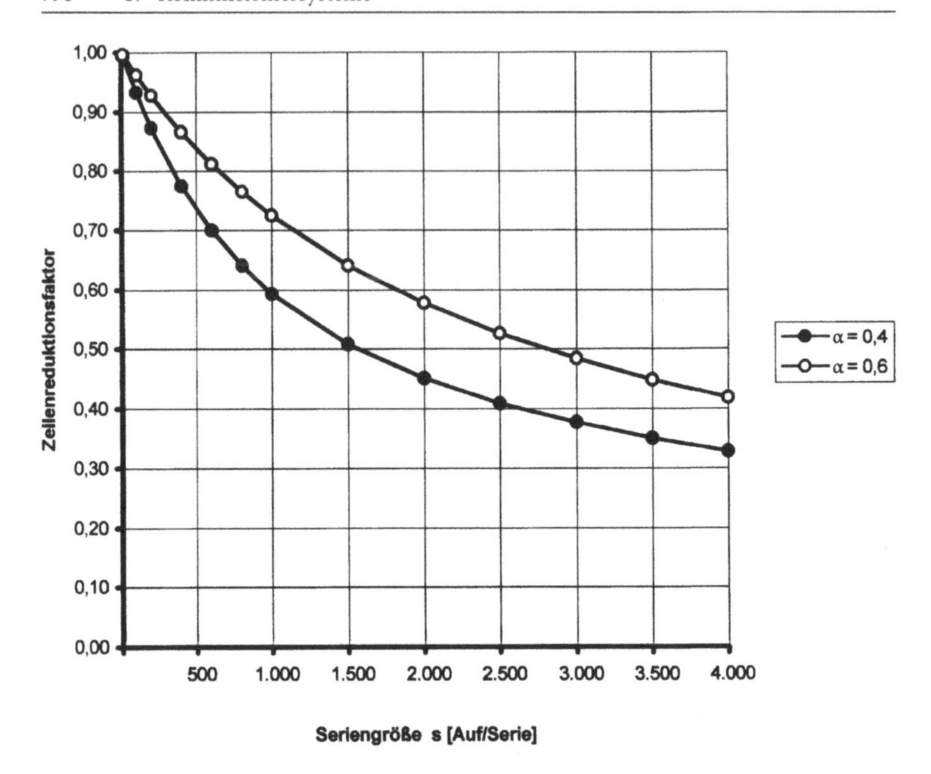

Abb. 17.33 Zeilenreduktion in Abhängigkeit von der Seriengröße

Sortimentsbreite: 30.000 Artikel
Auftragsstruktur: 12 Pos/Auftrag
Parameter: Lorenzasymmetrie der Positionsverteilung $\alpha = 0{,}4$ und 0,6

Die Formeln (17.82) und (17.84) zur Berechnung der Auftragsstruktur der konsolidierten Sammelaufträge sind Grundlage für die Leistungsberechnung und Dimensionierung von *zweistufigen Kommissioniersystemen* und von Kommissioniersystemen mit *dynamischer Bereitstellung*. Dabei ist die Seriengröße begrenzt durch die maximal zulässige Auftragsdurchlaufzeit für die externen Aufträge.

Unter bestimmten Voraussetzungen lässt sich der Bündelungseffekt durch eine geschickte Nachschubstrategie für die zu beliefernden Stellen positiv beeinflussen. So können für die Filialen eines Handelskonzerns, die aus einem Logistikzentrum beliefert werden, an den verschiedenen Wochentagen jeweils bestimmte Teilsortimente nachgeliefert und damit die an einem Tag angesprochene Artikelanzahl reduziert werden. Dadurch nimmt die Wahrscheinlichkeit zu, dass die Nachschubaufträge aus den Filialen an einem Tag die gleichen Artikel ansprechen.

17.13 Dynamische Dimensionierung

In der dynamischen Dimensionierung eines Kommissioniersystems werden die Anzahl der Kommissionierer, der Personalbedarf, der Gerätebedarf und die Zu- und Abfördersysteme so ausgelegt, dass die Auftrags- und Durchsatzanforderungen zu minimalen Kosten erfüllt werden.

Bei der Personalbedarfsrechnung ist zu unterscheiden zwischen der benötigten *Besetzung* mit Kommissionierern zu einem *Zeitpunkt* t, zu dem ein Durchsatz $\lambda(t)$ gefordert ist, und dem *Personalbedarf für* einen längeren *Betriebszeitraum* T_{BZ} mit einem mittleren Durchsatz:

- Wenn der einzelne Kommissionierer eine Pickleistung $\mu_{\mathrm{K\,AE}}$ [AE/Kom-h] erbringt und zur Zeit t die Pickleistung $\lambda_{\mathrm{K\,AE}}(t)$ [AE/h] benötigt wird, ist die hierfür erforderliche *Besetzungszahl* mit Kommissionierern

$$N_{\mathrm{K}}(t) = [\lambda_{\mathrm{K\,AE}}(t)/\mu_{\mathrm{K\,AE}}] \, . \tag{17.85}$$

Die eckige Klammer [...] in der Formel bedeutet ein *Aufrunden* auf die nächste ganze Zahl, da die Anzahl der Kommissionierer ganzzahlig ist. Die benötigte Anzahl Kommissionierer, die Menschen oder Maschinen sein können, verändert sich also mit der Durchsatzleistung.

Damit ein Kommissioniersystem in Spitzenzeiten die geforderte Durchsatzleistung erbringen kann, muss die Anzahl der Kommissioniergeräte, der Kommissionierroboter wie auch der Nachschubgeräte auf den Bedarf der Spitzenstunde ausgelegt werden. Zusätzliche Geräte müssen als *Ausfallreserve* vorgehalten werden. Für die Geräteausstattung gilt daher die *Auslegungsregel:*

- Die Anzahl der Geräte ist gleich der Besetzungsanzahl für die Spitzenstunde am Spitzentag des Jahres plus einer Reserve von ca. 10 %, mindestens aber von einem Reservegerät.

Bei hochmechanisierten und automatisierten Anlagen ist ein Mehrschichtbetrieb Voraussetzung für die wirtschaftliche Nutzung. Bei großen Anforderungsschwankungen muss auch bei konventionellen Kommissioniersystemen versucht werden, zumindest in Spitzenzeiten im *flexiblen Mehrschichtbetrieb* zu arbeiten und weniger dringliche Aufträge auf Stunden oder Tage mit geringerer Auslastung zu verschieben.

Der Personalbedarf für einen längeren Betriebszeitraum hängt vom *Arbeitszeitmodell* ab. Bei maximal flexibilisierter *Arbeitszeitregelung* mit Teilzeitarbeit, Überstunden und Zeitausgleichskonten errechnet sich die Anzahl der *Vollzeitkräfte*, die im Verlauf eines Jahres zum Kommissionieren benötigt werden, aus der Besetzung N_{K}, die für den *mittleren Durchsatz* benötigt wird, aus der *Jahresbetriebszeit* T_{BZ} [h/Jahr] und aus der effektiven *Jahresarbeitszeit* T_{AZ} [h/Jahr] einer Vollzeitkraft nach der Beziehung:

$$N_{\mathrm{VZK}} = T_{\mathrm{BZ}} \cdot N_{\mathrm{K}}/T_{\mathrm{AZ}} \, . \tag{17.86}$$

Wenn die Arbeitszeiten der Mitarbeiter nicht flexibilisiert sind, ist der Bedarf an Vollzeitkräften aus der Besetzungszahl für den maximalen Durchsatz zu errechnen und entsprechend höher.

Die Anzahl der benötigten Nachschubgeräte für einen Durchsatz der Bereitstelleinheiten (17.10) und deren Personalbesetzung ergeben sich bei *statischer Bereitstellung* aus den Spielzeiten der eingesetzten Lagergeräte nach den in *Kap. 16* angegebenen Verfahren und Berechnungsformeln für das Einlagern und Umlagern. Bei der *dynamischen Artikelbereitstellung* muss zur Dimensionierung des vorangeschalteten Lager- und Bereitstellsystems die benötigte *Bereitstellleistung* bekannt sein.

17.13.1 Dimensionierung konventioneller Kommissioniersysteme

Für konventionelle Kommissioniersysteme mit statischer Artikelbereitstellung und zentraler Abgabe können maximal so viele externe Aufträge zu einem Sammelauftrag zusammengefasst werden, wie Sammelbehälter oder Versandeinheiten zur getrennten Aufnahme der externen Auftragsinhalte auf einer Kommissionierrundfahrt mitgenommen werden können. Hieraus folgt die *Auslegungsregel:*

- Wenn für einen externen Auftrag im Mittel n_{VE} Versandeinheiten benötigt werden und das Kommissioniergerät ein *Fassungsvermögen* für C_{KG} Versandeinheiten hat, dann ist die *maximale Seriengröße*

$$s \leq C_{\mathrm{KG}}/n_{\mathrm{VE}} \quad [\mathrm{EAuf/SAuf}] \,. \tag{17.87}$$

Die Anzahl Versandeinheiten n_{VE} [VE/EAuf] zur Aufnahme der Menge eines externen Auftrags ist für Versandeinheiten mit der Kapazität C_{VE} [EE/VE] durch Beziehung (17.49) gegeben.

Beispielsweise kann ein Kommissionierer in einem *Wabengestell*, das Fächer für 12 Kartons hat, im Mittel 6 externe Aufträge mitnehmen, wenn diese im Mittel 2 Kartons füllen. Aufgrund der Beziehung (17.35) reduziert sich dadurch die anteilige Wegzeit pro Position im Vergleich zur Einzelkommissionierung der externen Aufträge um einen Faktor 6.

Wenn der Inhalt eines externen Auftrags mehr als eine Versandeinheit füllt und das Fassungsvermögen des Kommissioniergerätes zu klein ist, um alle n_{VE} Sammelbehälter oder Versandeinheiten eines Auftrags aufzunehmen, muss der externe Auftrag in zwei oder mehr Teilaufträge zerlegt werden. Die Seriengröße (17.87) wird in diesem Fall kleiner als 1 und der Durchsatz der Sammelaufträge, die dann Teilaufträge sind, nach Beziehung (17.80) größer als der Durchsatz der externen Aufträge. Da die Teilaufträge jedoch nur in einem Teil der Gangmodule eingesammelt werden, erhöht sich bei richtiger Ablauforganisation durch eine Auftragsteilung nicht notwendig die Wegzeit pro Position.

17.13.2 Dimensionierung bei dezentraler Abgabe

Um eine gleichmäßige Auslastung der Kommissionierer zu erreichen, wird beim Kommissionieren mit statischer Bereitstellung und *dezentraler Abgabe* in *Auftragsserien* gearbeitet. Die Serienaufträge müssen in so viele *Teilaufträge* zerlegt werden, wie es dezentrale Kommissionierarbeitsplätze gibt. Die Anzahl dezentraler Arbeitsplätze wiederum ergibt sich aus der benötigten Besetzungszahl (17.85) für die Spitzenstunde mit dem höchsten Leistungsbedarf.

Die dynamische Dimensionierung von Kommissioniersystemen mit dezentraler Abgabe ist daher ein *iterativer Prozess* mit folgenden *Schritten* (s. *Abb. 17.3* und *17.15*):

1. Die statisch dimensionierten Gangmodule mit den Bereitstellplätzen für die Artikel werden in einer *Anfangslösung* in eine bestimmte Anzahl N_{AB} *Arbeitsbereiche* aufgeteilt und deren maximale *Besetzung* mit Kommissionierern festgelegt.
2. Die *Arbeitsbereiche* werden *ergonomisch, fördertechnisch* und *informatorisch* optimal gestaltet.
3. Bei *starrer Serienbearbeitung* wird die Betriebszeit in *Zeitzyklen* – im Versandhandel *Rhythmen* genannt – eingeteilt, deren Länge durch die maximal zulässige Auftragsdurchlaufzeit und durch das Aufnahmevermögen der nachgeschalteten Fördertechnik begrenzt ist.
4. Bei *dynamischer Serienbearbeitung* wird die *Batchgröße s* der gleichzeitig kommissionierten Aufträge so groß festgelegt, wie aufgrund der geforderten Auftragsdurchlaufzeiten und der Anzahl Zielstationen in der nachgeschalteten Fördertechnik zulässig.
5. Die Serienaufträge werden in so viele *Teilaufträge*, wie Arbeitsbereiche geplant sind, also in N_{AB} Aufträge zerlegt und für diese Teilaufträge die Kommissionierleistung und die Anzahl der benötigten Kommissionierer N_{Kmax} in der Spitzenstunde errechnet.
6. Wenn die errechnete Kommissioniereranzahl kleiner ist als die Planbesetzung der Anfangslösung, ist die Anzahl Arbeitsbereiche zu reduzieren und der zu bedienende Artikelbereich zu vergrößern, bis die Planbesetzung mit der Sollbesetzung übereinstimmt.
7. Wenn die errechnete Kommissioniereranzahl größer ist als die Planbesetzung der Anfangslösung, ist die Anzahl Arbeitsbereiche zu erhöhen und der zu bedienende Artikelbereich zu verkleinern, bis Planbesetzung und Sollbesetzung übereinstimmen.

Sind die nacheinander bearbeiteten Auftragsserien klein, entstehen Teilaufträge mit sehr unterschiedlichen Strukturen und stark wechselnder Frequenz. Dadurch sinkt die *Auslastbarkeit* der Kommissionierer in den dezentralen Arbeitsbereichen, wenn diese nicht über eine ausreichende Anzahl Pufferplätze für die Auftragsbehälter verfügen (s. *Abb. 17.3*).

Daher ist das Kommissionieren mit statischer Bereitstellung und dezentraler Abgabe nur sinnvoll, wenn die geforderten Auftragsdurchlaufzeiten nicht zu kurz sind und ein Arbeiten in ausreichend großen Serien nach der Strategie der *dynamischen Serienbearbeitung* möglich ist.

17.13.3 Dimensionierung bei dynamischer Artikelbereitstellung

Wenn bei der dynamischen Artikelbereitstellung *einstufig kommissioniert* wird, befinden sich an den parallelen Arbeitsplätzen Aufnahmebehälter für eine bestimmte

Anzahl externer Aufträge. In diesem Fall laufen die vom Bereitstellsystem ausgelagerten Ladeeinheiten nacheinander zu allen Arbeitsplätzen, an denen sich Aufträge für den betreffenden Artikel befinden.

Bei einstufiger Kommissionierung sind die *Schritte* zur Dimensionierung eines Kommissioniersystems mit dynamischer Artikelbereitstellung (s. hierzu *Abb. 17.4*, *17.25* und *17.34*):

1. Zuerst werden die stationären *Arbeitsplätze ergonomisch*, *fördertechnisch* und *informatorisch* optimal gestaltet und die *Planbesetzung* pro Platz festgelegt.
2. Danach wird die Anzahl s_A der an einem Arbeitsplatz gleichzeitig zu bearbeitenden *externen Aufträge* festgelegt. Diese ist durch den Platzbedarf pro Versandeinheit begrenzt.
3. Dann wird für die externen Aufträge die *Kommissionierleistung* pro Arbeitsplatz und pro Kommissionierer berechnet.
4. Für den in der Spitzenstunde geforderten Durchsatz externer Aufträge werden nach Beziehung (17.85) die benötigte Anzahl Kommissionierer N_K und mit der Planbesetzung pro Kommissionierarbeitsplatz n_{KP} die *benötigte Anzahl Arbeitsplätze* errechnet:

$$N_{AP} = N_K / n_{KP} \quad [\text{Kom/Platz}] \,. \tag{17.88}$$

5. Für die resultierende *Seriengröße*

$$s = s_A \cdot N_{AP} \tag{17.89}$$

wird mit (17.82) die Zeilenanzahl n_S der Serienaufträge und damit aus dem externen Auftragsdurchsatz λ_{Eauf} die *benötigte Bereitstellleistung* errechnet:

$$\lambda_B = n_S \cdot \lambda_{EAuf} / s = r_S \cdot n_E \cdot \lambda_{EAuf} \quad [\text{BE/h}] \,. \tag{17.90}$$

6. Im *entscheidenden Schritt* der Dimensionierung wird das Bereitstellsystem für die Bereitstellleistung (17.90) und die benötigte Gesamtlagerkapazität nach den Verfahren aus *Kap. 16* dimensioniert.
7. Im letzten Schritt muss das Zu- und Abfördersystem mit den Pufferplätzen auf den Zu- und Abförderstrecken der Kommissionierarbeitsplätze so ausgelegt werden, dass die benötigte Durchsatzleistung (17.90) möglich und eine hohe Auslastung der Kommissionierer gewährleistet ist.

So ergibt die Leistungsberechnung für das Nonfood-Beispiel der *Tab. 17.1* im Einschichtbetrieb einen Bedarf von $N_{AP} = 6$ Arbeitsplätzen, an denen jeweils ein Kommissionierer Ware für $s_A = 4$ externe Aufträge entnimmt und auf Paletten ablegt. Die 250 externen Aufträge pro Tag mit im Mittel $n_E = 15$ Positionen können daher in 10,4 Serien abgearbeitet werden, die jeweils aus $s = 24$ externen Aufträgen bestehen. Für den Zeilenreduktionsfaktor (17.83) errechnet sich der Wert $r_s = 0{,}79$. Damit sind insgesamt $0{,}79 \cdot 15 \cdot 250 = 2.963$ Bereitstellungen erforderlich, das heißt bei einem 8-Stunden-Betrieb eine Bereitstellleistung von 370 Bereitstelleinheiten pro Stunde.

Im Fall der *zweistufigen Kommissionierung* mit dynamischer Bereitstellung wird die Bereitstelleinheit eines Artikels immer nur an *einen* Arbeitsplatz befördert, wo die angeforderte Menge für einen *konsolidierten Serienauftrag* entnommen und auf

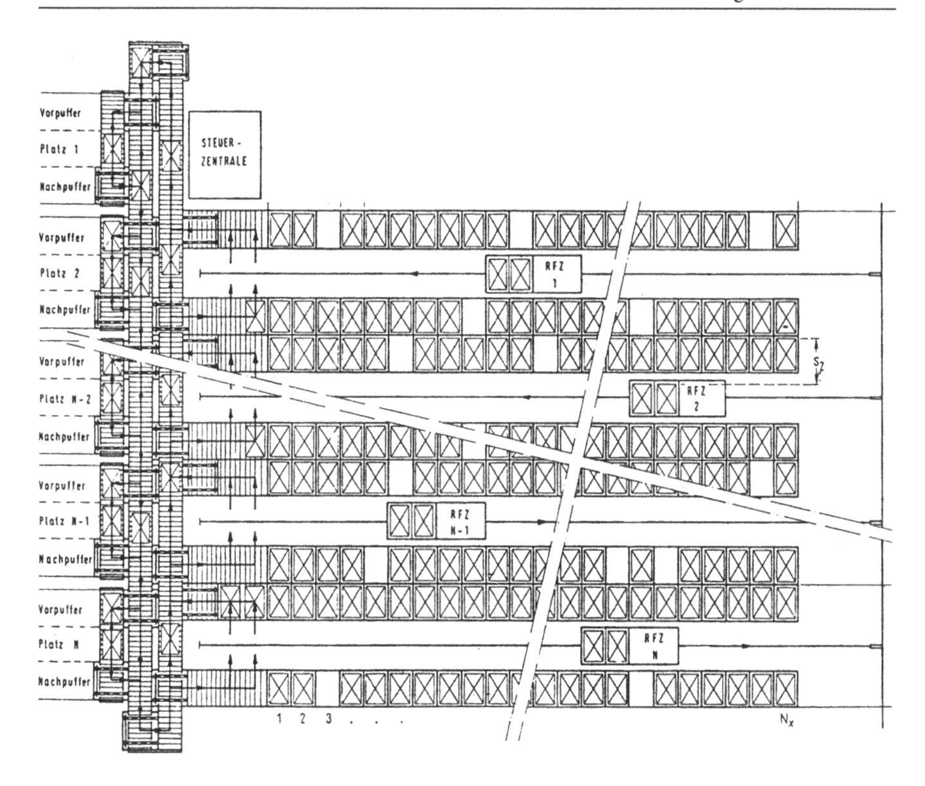

Abb. 17.34 Kommissioniersystem für Kleinteile mit dynamischer Artikelbereitstellung durch ein Automatisches Kleinbehälter-Lagersystem (AKL)

ein Transportsystem abgelegt wird. Die Dimensionierung wird bei zweistufiger Kommissionierung analog zur dezentralen Abgabe in iterativen Arbeitsschritten durchgeführt. Dabei ist die Seriengröße ein freier Parameter. Die benötigte Bereitstellleistung lässt sich wieder nach Beziehung (17.90) mit der aus Beziehung (17.82) resultierenden mittleren Zeilenzahl errechnen.

Die Leistungs- und Funktionsfähigkeit von Kommissioniersystemen mit dynamischer Bereitstellung hängt kritisch von der richtigen Dimensionierung und Abstimmung der Teilsysteme ab. Wegen der vielen Einflussfaktoren, der teilweise schwierigen Dimensionierungsformeln und der Vielzahl der Wechselwirkungen zwischen den Leistungsanforderungen und den Auslegungsgrößen sind die Dimensionierung und Optimierung von Systemen mit dynamischer Bereitstellung nur mit einem entsprechenden *Dimensionierungsprogramm* möglich.

17.14 Kommissionierleistungskosten

Die spezifischen *Kommissionierleistungskosten* oder *Pickkosten* sind die *Leistungskosten* des Kommissionierprozesses. Sie entsprechen den Stückkosten der Fertigung. Die

Pickkosten ergeben sich durch Umlage der Betriebskosten des Kommissioniersystems auf die Leistungseinheiten, in denen das Ergebnis des Kommissionierens gemessen wird. Die *Betriebskosten* K_{kom} [€/PE] umfassen alle Kosten, die in einer *Betriebsperiode* [PE = Jahr; Monat; Tag] für den Betrieb des Kommissioniersystems im Zuge der Leistungserbringung entstehen (s. *Kap. 6*). Die Betriebskosten eines Kommissioniersystems sind von folgenden *Leistungseinheiten* abhängig, die die *Kostentreiber* des *Kommissionierens* sind:

$$\begin{array}{ll} \text{Auftrag} & [\text{Auf}] \\ \text{Position} & [\text{Pos}] \\ \text{Artikeleinheit} & [\text{AE}] \\ \text{Bereitstelleinheit} & [\text{BE}] \\ \text{Versandeinheit} & [\text{VE}]. \end{array} \tag{17.91}$$

Die zugehörigen *Durchsatzgrößen* sind die Leistungsmengen pro Periode [PE]:

$$\begin{array}{lll} \text{Auftragsdurchsatz} & \lambda_{\text{Auf}} & [\text{Auf/PE}] \\ \text{Positionsdurchsatz} & \lambda_{\text{Pos}} & [\text{Pos/PE}] \\ \text{Artikeleinheitendurchsatz} & \lambda_{\text{AE}} & [\text{AE/PE}] \\ \text{Bereitstelleinheitendurchsatz} & \lambda_{\text{BE}} & [\text{BE/PE}] \\ \text{Versandeinheitendurchsatz} & \lambda_{\text{VE}} & [\text{VE/PE}]. \end{array} \tag{17.92}$$

Wenn die Auftragsstruktur und die Kapazitäten der eingesetzten Ladeeinheiten bekannt sind, lassen sich vier dieser fünf Durchsatzgrößen mit Hilfe der Beziehungen (17.7) bis (17.11) aus dem Auftragsdurchsatz oder einer der anderen Durchsatzgrößen errechnen. Grundsätzlich ist es daher möglich, die Kommissionierkosten auf nur eine der Leistungseinheiten (17.91) zu beziehen.

Wenn die Leistung des Kommissioniersystems in den *Leistungseinheiten* LE gemessen wird, sind die spezifischen *Kommissionierkosten* k_{LE} [€/LE] gleich den Betriebskosten bezogen auf den *Leistungsdurchsatz* λ_{LE} [LE/PE]:

$$k_{\text{LE}} = K_{\text{kom}}/\lambda_{\text{LE}} \quad [\text{€/LE}]\,. \tag{17.93}$$

Abhängig vom Vertragsverhältnis zwischen dem *Betreiber* und dem *Nutzer* des Kommissioniersystems erhöhen sich die Kommissionierkosten um *Zuschläge* für Verwaltung, Vertrieb, Risiko und Gewinn. Mit dem *Verwaltungs- und Gemeinkostenzuschlag* des externen Dienstleisters resultieren aus den Leistungskosten, zu denen die Leistungen innerhalb eines Unternehmens verrechnet werden, die *Leistungspreise*, die ein externer Dienstleister für die in Anspruch genommenen Leistungen in Rechnung stellt (s. *Abschn. 7.2*).

Die Betriebskosten eines Kommissioniersystems setzen sich zusammen aus einem *Fixkostenanteil* K_{fix} und einem *variablen Kostenanteil* K_{var}, der von den Durchsatzgrößen (17.92) abhängt. Für Kommissioniersysteme mit hohem Fixkostenanteil besteht ein großes *Auslastungsrisiko*. Es ist daher wichtig, die Kosten zu kennen, die unabhängig vom Leistungsdurchsatz sind, und sie von den Kosten abzugrenzen, die sich mit der *Leistungsinanspruchnahme*, also mit dem Leistungsdurchsatz verändern.

Die variablen Kosten lassen sich aufteilen in Kostenanteile, die durch die Auftragsbearbeitung, die Positionsbearbeitung, die Entnahme, das Bereitstellen und das Erzeugen der Versandeinheiten verursacht werden. Die Kosten für das Einlagern auf die Zugriffsreserveplätze und das Umlagern von den Zugriffsreserveplätzen auf die Bereitstellplätze gehören bei statischer Bereitstellung ebenso zu den Bereitstellkosten wie die Kosten der Lagergeräte und des Fördersystems für die dynamische Bereitstellung.

Nicht zu den Kommissionierkosten zählen hingegen die Einlager-, Lager- und Auslagerkosten eines getrennten oder integrierten *Reservelagers*, aus dem das Kommissioniersystem mit Nachschub versorgt wird. Diese Kosten fallen auch für Ladeeinheiten an, die aus dem Lager direkt in den Versand gebracht werden. Daher ist die Bestandshöhe kein Kostentreiber des Kommissioniersystems sondern des gesondert zu betrachtenden Lagersystems.

Wenn die Abhängigkeit der variablen Kostenanteile von den Durchsatzgrößen (17.92) *linear* ist, lassen sich die Betriebskosten eines Kommissioniersystems wie folgt darstellen:

$$K_{\text{kom}} = K_{\text{fix}} + k_{\text{Auf}} \cdot \lambda_{\text{Auf}} + k_{\text{Pos}} \cdot \lambda_{\text{Pos}} + k_{\text{AE}} \cdot \lambda_{\text{AE}} + k_{\text{VE}} \cdot \lambda_{\text{VE}} + k_{\text{BE}} \cdot \lambda_{\text{BE}} \quad (17.94)$$

mit den *Grenzkostensätzen:*

$$\begin{array}{lll} \text{Auftragsgrenzkosten} & k_{\text{Auf}} & [€/\text{Auf}] \\ \text{Positionsgrenzkosten} & k_{\text{Pos}} & [€/\text{Pos}] \\ \text{Artikelgrenzkosten} & k_{\text{AE}} & [€/\text{AE}] \\ \text{Bereitstellgrenzkosten} & k_{\text{BE}} & [€/\text{BE}] \\ \text{Versandeinheitengrenzkosten} & k_{\text{VE}} & [€/\text{VE}]. \end{array} \quad (17.95)$$

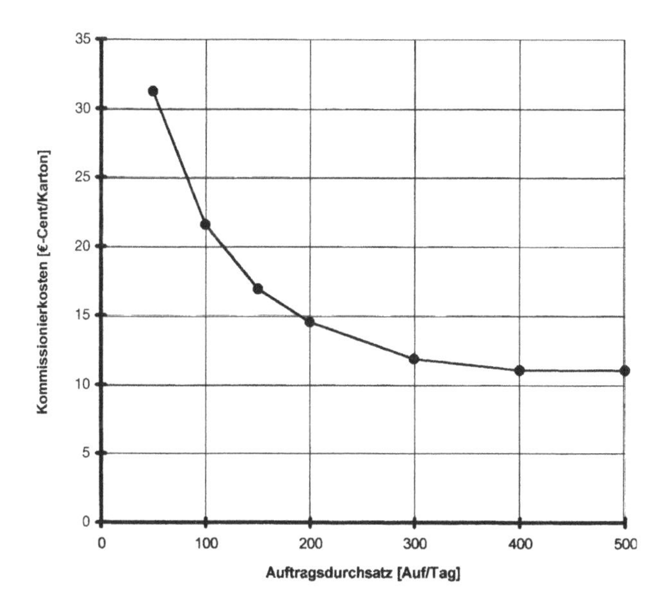

Abb. 17.35 Abhängigkeit der Kommissionierkosten vom Auftragsdurchsatz

Parameter: s. Legende *Abb. 17.28*

Die *Grenzkostensätze* (17.95) sind weitgehend unabhängig vom Leistungsdurchsatz. Ihre Höhe wird vom Kommissionierverfahren, der Kommissioniertechnik, der Organisation und den Betriebsstrategien bestimmt.

Grundsätzlich ist es möglich, die Fixkosten gemäß Inanspruchnahme auf die Durchsatzgrößen (17.92) umzulegen und dadurch die *effektiven Leistungskosten* für die fünf Leistungseinheiten (17.91) zu errechnen (s. *Kap. 6*). Die Kalkulation und Abrechnung der Kommissionierkosten in dieser Differenzierung ist jedoch sehr aufwendig und wegen der Abgrenzungsschwierigkeiten zwischen den Teilfunktionen nicht immer eindeutig. Das gilt speziell für zweistufige Kommissioniersysteme, wo die Kosten der ersten Stufe nicht von den externen Aufträgen sondern von den Serienaufträgen abhängen, und für Systeme mit dynamischer Bereitstellung, in denen die Bereitstellkosten auf mehrere externe Auftragspositionen umgelegt werden müssen.

Den *Auftraggeber* interessiert nur das *Ergebnis des Kommissionierens*, das heißt die anforderungsgerecht, vollständig und korrekt zusammengestellten externen Aufträge. Wie die geforderten Leistungen im Einzelnen durchgeführt werden und welche Vorleistungen damit verbunden sind, ist Sache des Betreibers. Der Auftraggeber will daher auch nur den *Leistungspreis* für die maßgebenden externen Leistungseinheiten wissen, deren Durchsatz er veranlasst hat und nachprüfen kann. Aus diesen Gründen, aber auch, um eine ausreichende Transparenz und Verständlichkeit zu bewahren, ist es sinnvoll, die Kommissionierkosten nur auf eine, unter Umständen auf zwei und maximal auf drei verschiedene *Leistungseinheiten* zu beziehen.

Die *maßgebenden Leistungseinheiten* oder *Hauptkostentreiber* haben den größten Einfluss auf die Kommissionierkosten. Die Hauptkostentreiber eines Kommissioniersystems sind die *Entnahmeeinheiten*, die *Positionen* und die *Versandeinheiten*.

Wenn als Leistungseinheit nur die Artikeleinheit [AE] gewählt wird, sind die Kommissionierkosten gleich den *effektiven Leistungskosten pro Artikeleinheit* k_{AEeff} [€/AE]. Durch Eliminieren aller übrigen Leistungseinheiten mit Hilfe der Beziehungen (17.7) und (17.8) ergeben sich aus Beziehung (17.94) die

- *effektiven Kommissionierkosten* oder *Pickkosten*

$$k_{\text{AEeff}} = K_{\text{fix}}/\lambda_{\text{AE}} + k_{\text{AE}} + k_{\text{Auf}}/(n_{\text{Pos}} \cdot \text{m}_{\text{AE}}) + \\ + k_{\text{Pos}}/\text{m}_{\text{AE}} + k_{\text{BE}}/c_{\text{BE}} + (k_{\text{VE}}/c_{\text{VE}}) \cdot (1 + (c_{\text{AE}} - 1)/(2n_{\text{Pos}} \cdot \text{m}_{\text{AE}})) \,. \tag{17.96}$$

Aus Beziehung (17.96) sind folgende *Abhängigkeiten* der Kommissionierkosten ablesbar, die grundsätzlich für alle Kommissioniersysteme gelten:

- ▶ Die Pickkosten fallen mit zunehmendem *Leistungsdurchsatz*, da sich die Fixkosten auf eine ansteigende Anzahl Leistungseinheiten verteilen (s. *Abb. 17.35*).
- ▶ Die Pickkosten nehmen mit steigender Anzahl *Auftragspositionen* ab, da die anteiligen Kosten für die Auftragsbearbeitung, die Bereitstellung, die Bildung der Versandeinheiten und – bei statischer Bereitstellung – für die Wege zwischen den Entnahmeplätzen geringer werden (s. *Abb. 17.36*).

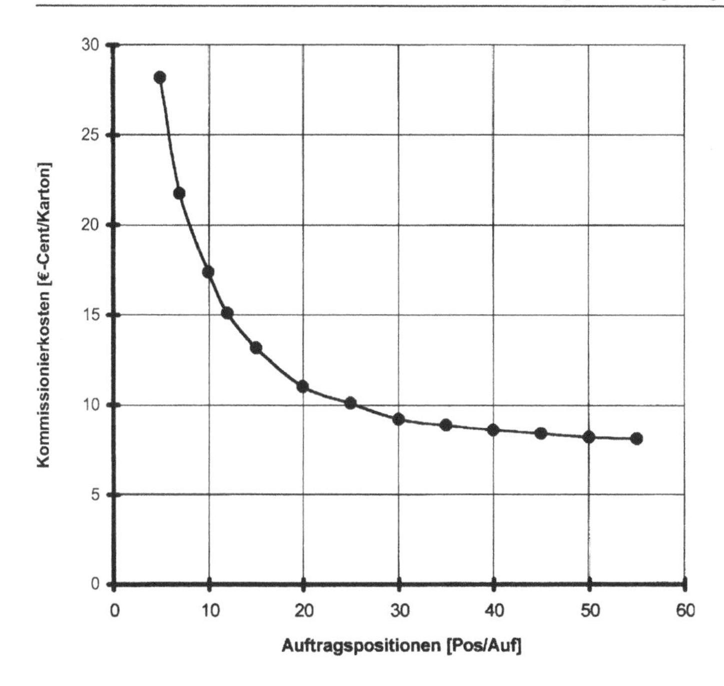

Abb. 17.36 Abhängigkeit der Kommissionierkosten von der Anzahl Auftragspositionen

- Die Pickkosten sinken mit ansteigender *Entnahmemenge* pro Position, da die anteiligen Kosten für die Auftragsbearbeitung, für die Positionsbearbeitung und für die Wege abnehmen (s. *Abb. 17.37*).
- Die Pickkosten sind abhängig von der *Kapazität* der Ladeeinheiten, die für die Bereitstellung und für den Versand eingesetzt werden (s. *Abb. 17.40*).

Die Degression der Kosten mit dem Leistungsdurchsatz ist für Kommissioniersysteme mit hohem Fixkostenanteil von entscheidender Bedeutung:

- *Hochinvestive Kommissioniersysteme* mit einem Fixkostenanteil weit über 50 % sind nur bei gleichmäßig hoher Auslastung im Mehrschichtbetrieb wirtschaftlich.

Das betrifft vor allem Systeme mit dynamischer Bereitstellung, vollautomatische Kommissioniersysteme und zweistufige Kommissioniersysteme mit Sorter.

Die aus Beziehung (17.96) ablesbare Abnahme der spezifischen Kommissionierkosten mit zunehmender Ladeeinheitenkapazität wird ab einer *optimalen Kapazität* kompensiert durch eine Zunahme der Fixkosten infolge des größeren Platzbedarfs und der aufwendigeren Fördertechnik (s. *Abb. 17.40*).

17.15 Einflussfaktoren und Optimierungsmöglichkeiten

Die Einflussfaktoren auf Leistung und Kosten des Kommissionierens lassen sich einteilen in *externe Einflussfaktoren*, auf die der Planer und Betreiber keinen oder nur

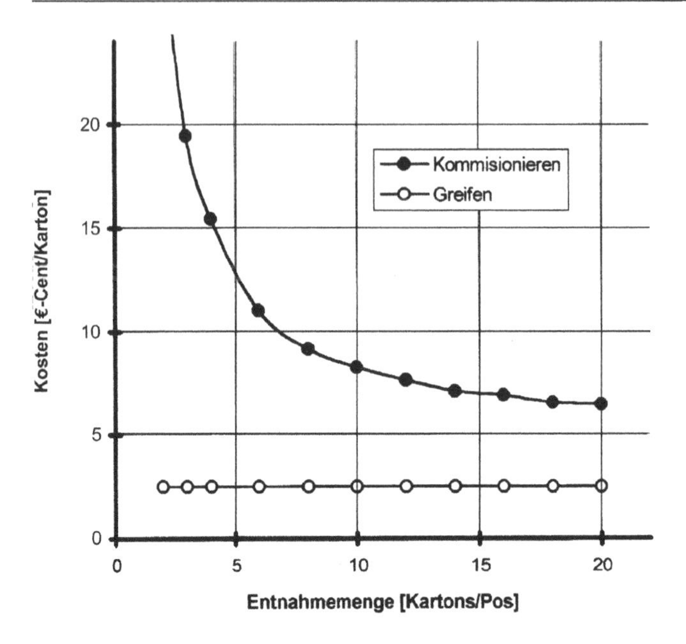

Abb. 17.37 Abhängigkeit der Kommissionierkosten von der Entnahmemenge pro Position

geringen Einfluss hat, und *interne Einflussfaktoren*, die der Planer und Betreiber weitgehend selbst bestimmen kann:

- *Externe Einflussfaktoren* sind die *Kommissionieraufträge* und *Leistungsanforderungen* der Auftraggeber, die *Beschaffungspreise* für Gebäude, Einrichtungen und Betriebsmittel sowie die *Kostensätze* für Personal, Abschreibungen, Zinsen, Energie usw.
- *Interne Einflussfaktoren* sind das ausgewählte *Kommissioniersystem*, die eingesetzte *Technik*, die *Gestaltungs- und Dimensionierungsparameter* (17.17) bis (17.19), die *Betriebsstrategien* mit ihren *Strategievariablen* sowie die *Betriebs- und Arbeitszeiten*.

Die Auswirkungen der Einflussfaktoren auf Leistung und Kosten und die wechselseitigen Abhängigkeiten sind derart vielfältig, dass sie sich nur mit Hilfe eines *Kommissionierleistungs- und Kostenprogramms* (KLK-Programm) untersuchen lassen, in dem die zuvor entwickelten Berechnungsformeln und Optimierungsalgorithmen hinterlegt sind. Ein solches KLK-Programm für *Kommissioniersysteme mit statischer Bereitstellung* ist in *Tab. 17.3* wiedergegeben. Analoge KLK-Programme gibt es für *Kommissioniersysteme mit dynamischer Bereitstellung*.

17.15.1 Kommissionieren von Palette auf Palette

Als *Anwendungsbeispiel* für die vorangehend entwickelten Berechnungsformeln und Optimierungsalgorithmen wird ein konventionelles Kommissioniersystem mit sta-

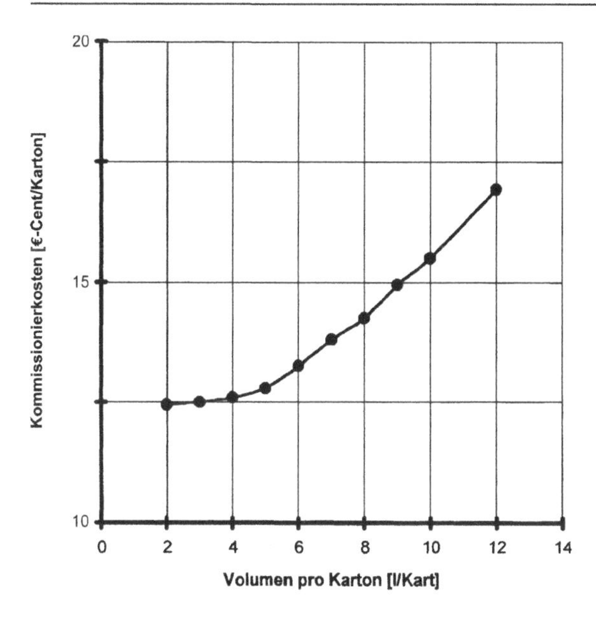

Abb. 17.38 Abhängigkeit der Kommissionierkosten von der Gebindegröße

tischer Artikelbereitstellung betrachtet, wie es in den *Abb. 17.2* und *17.16* dargestellt ist, in dem Kartons unterschiedlicher Größe mit der Hand von Paletten auf Paletten kommissioniert werden. Die Leistungsanforderungen sind in *Tab. 17.1* spezifiziert. Die wichtigsten Kenndaten des Kommissioniersystems sind in *Tab. 17.3* und in der Legende zu *Abb. 17.28* angegeben[2].

Mit diesem relativ einfachen Kommissioniersystem sind bei geringer Investition recht hohe Kommissionierleistungen möglich. Maximale Kommissionierleistungen werden erreicht durch optimale Greifhöhen, Leerpalettenablageplätze unter den Bereitstellplätzen, kurze Wege bei optimaler Ganganordnung, Bereitstellung nach dem flexiblen *Flip-Flop-Verfahren* und belegloses Arbeiten nach den Anweisungen eines Kommissionierleitsystems.

Für das Beispiel ergeben sich mit Hilfe des in *Tab. 17.3* wiedergegebenen KLK-Programms folgende *Zusammenhänge* und *Abhängigkeiten* der Kommissionierkosten, die in den *Abb. 17.35* bis *17.40* dargestellt sind:

- Die *Betriebskosten* betragen ca. 615 T€ pro Jahr. Davon entfallen auf die *Fixkosten* für die Platz- und Flächenkosten der Bereitstellung, die Kommissioniergeräte und die Steuerung rund 40 %.
- Die *Kommissionierleistungskosten* – jeweils vollständig bezogen auf nur eine Leistungseinheit – liegen bei ca. 9,85 € pro Auftrag, 13 €-Cent pro Paket, 0,66 € pro Position oder 9,85 € pro kommissionierte Palette.

---

[2] In diesem wie in anderen Tabellenkalkulationsprogrammen sind die *Eingabefelder* umrandet und die *Parameterfelder* punktiert unterlegt. Die nicht umrandeten Zahlenfelder enthalten Ergebniswerte, die das Programm mit den im Text beschriebenen Formeln berechnet.

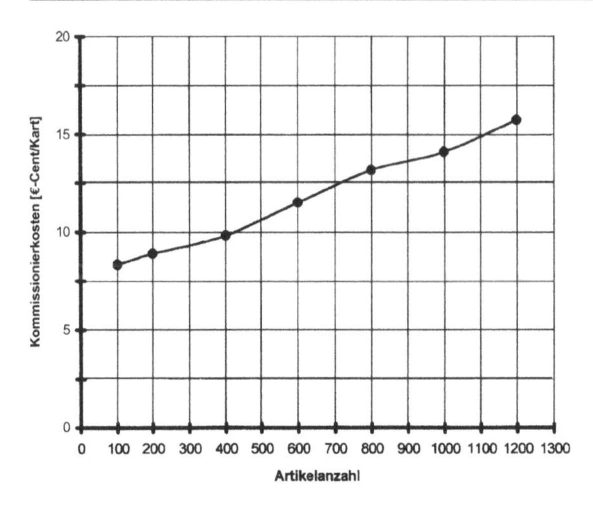

Abb. 17.39 Einfluss der Sortimentsbreite auf die Kommissionierkosten

- *Abb. 17.36* zeigt die starke Abhängigkeit der Kommissionierkosten von der Anzahl der *Auftragspositionen.*
- *Abb. 17.37* zeigt das Absinken der *Kommissionierkosten pro Karton* mit Zunahme der Entnahmemenge pro Position. Die allein durch den *Greifvorgang* verursachten Kosten liegen auch bei großen Entnahmemengen immer noch unter 50 % der Kommissionierkosten.
- Erst ab etwa 30 Positionen pro Auftrag und 15 Entnahmeeinheiten pro Position sind die Kommissionierkosten in diesem Beispiel weitgehend unabhängig von der Auftragsstruktur.
- In *Abb. 17.38* ist der Anstieg der Kommissionierkosten mit der *Gebindegröße* dargestellt. Die Kostenzunahme resultiert aus dem Anstieg der Greifzeit und dem zunehmenden Ladeeinheitendurchsatz.
- Die Abhängigkeit der Kommissionierkosten von der *Sortimentsbreite* ist in *Abb. 17.39* dargestellt. Mit zunehmender Artikelzahl werden die Wege länger, die Flächenkosten höher und die Kommissionierleistung geringer.
- Den Einfluss der *Abmessungen der Versandpaletten* auf die Kosten zeigt *Abb. 17.40*. Die *optimale Höhe der Paletten* liegt für das betrachtete Beispiel zwischen 900 und 1.100 mm.

Die dargestellten Abhängigkeiten der Kommissionierkosten von den verschiedenen Einflussfaktoren zeigen:

▶ Kommissionierleistungen und Kommissionierkosten sind für ein *Benchmarking* nur geeignet, wenn die externen Einflussfaktoren der miteinander verglichenen Logistikbetriebe vollständig übereinstimmen.

Das hier als Beispiel betrachtete Kommissioniersystem für verpackte *Konsumgüter* wurde mit Hilfe eines KLK-Programms dimensioniert, optimiert und vor einigen

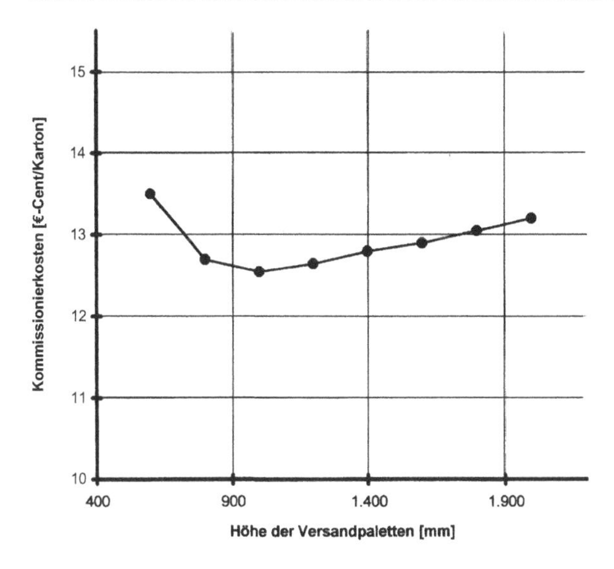

Abb. 17.40 Kommissionierkosten als Funktion der Größe der Versandeinheiten

Jahren in einem Logistikzentrum realisiert. Die erreichten Kommissionierleistungen und Kosten entsprechen den vorauskalkulierten Werten. Auch andere Kommissioniersysteme, die mit Hilfe der dargestellten Verfahren, Dimensionierungsformeln und Kommissionierprogramme geplant wurden, haben sich in der Praxis bewährt und als wirtschaftlich erwiesen.

17.15.2 Nutzungsstrategien

Wenn ein Logistikbetrieb mehrere unterschiedliche Lager- und Kommissioniersysteme hat, stellt sich die Frage, welche Artikel wo bereitgestellt und welche Aufträge in welchem Bereich kommissioniert werden sollen.

In der *Planungsphase* werden *Nutzungsstrategien* für die verschiedenen Kommissioniersysteme und Arbeitsbereiche benötigt. Hierzu gehören insbesondere Kriterien für die Aufteilung eines Sortiments, dessen Artikel wahlweise in Behältern oder auf Paletten gelagert und bereitgestellt werden können, auf die entsprechenden Kommissionierbereiche.

Für das in den *Abb. 17.19* bis *17.21* dargestellte Stollenkommissionierlager, das für die Leistungsanforderungen der 2. Spalte von *Tab. 17.1* ausgelegt ist, zeigt *Abb. 17.41* die errechnete Abhängigkeit der Gesamtbetriebskosten von der Artikelverteilung auf Behälter und Paletten. Die *optimale Aufteilung* liegt in diesem Fall bei einer Bereitstellung von ca. 35 % A-Artikel auf Paletten und von ca. 65 % B-Artikel in Behältern. Die *Grundfläche* der optimierten Lösung, deren *Betriebskosten* bei 105 *Vollzeitkräften* ca. 6,6 Mio. €/Jahr betragen, ist ca. 35.000 m^2 und der *Investitionsbedarf* ca. 28 Mio. € [34].

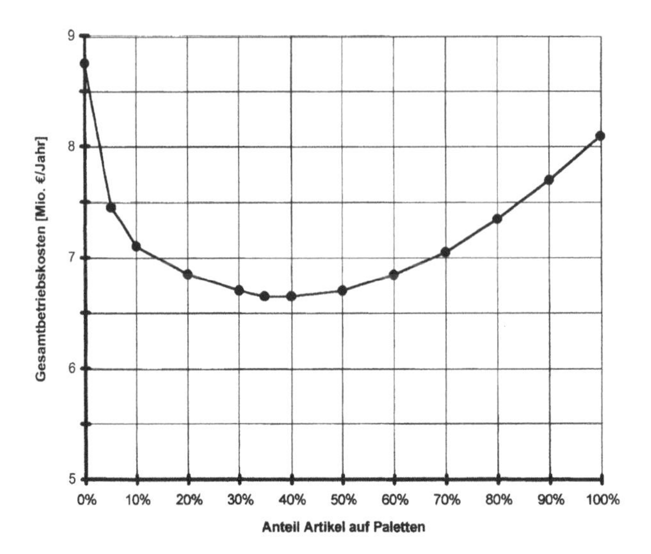

Abb. 17.41 Gesamtbetriebskosten eines optimierten Stollenkommissionierlagers als Funktion der Artikelverteilung auf Behälter und Paletten

Stapelware zur Belieferung von Handelsfilialen

Als Alternative zu dieser konventionellen Lösung wurde für die gleichen Leistungsanforderungen ein Kommissioniersystem mit dynamischer Bereitstellung aus einem automatischen Hochregallager konzipiert. Die Optimierung der *Alternativlösung* unter Nutzung des Serieneffekts ergibt annähernd die gleichen *Betriebskosten* und den gleichen *Investitionsbedarf*. Im Jahresmittel werden jedoch nur 60 *Vollzeitkräfte* benötigt. Der Grundflächenbedarf beträgt 8.000 m^2, das heißt weniger als ein Viertel der konventionellen Lösung. Trotz dieser Vorteile ist die Systementscheidung am Ende für das Stollenkommissioniersystem gefallen, da es eine deutlich größere *Flexibilität* bietet, die für den Handel ein ganz besonderes Gewicht hat [34].

17.15.3 Zuweisungsstrategien

Bei mehreren zur Auswahl stehenden Lager- und Kommissionierbereichen werden für den laufenden Betrieb *Zuweisungsstrategien* benötigt, die regeln, in welchem System oder Bereich neu angelieferte und nachgelieferte Artikelmengen zu lagern und bereitzustellen sind. Für den Fall, dass ein Artikel in mehreren Systemen bereitgestellt wird, muss außerdem festgelegt werden, welche Aufträge wo kommissioniert werden sollen [89]. Die Zuweisungsstrategien müssen möglichst *selbstregelnd* und auf einem Rechner *implementierbar* sein.

Entscheidend für die Zuweisung der Artikel zu den Lager- und Kommissionierbereichen sind die Leistungskosten für die *innerbetrieblichen Logistikketten*, die für einen bestimmten Artikel zwischen Wareneingang und Warenausgang technisch möglich sind (s. *Abb. 1.12*). Maßgebend für die Auftragszuweisung sind die Prozesskosten der möglichen Auftragsketten.

Zur Entwicklung von Zuweisungsstrategien ist es erforderlich, den Logistikbetrieb durch Verknüpfung der einzelnen Programme zur Leistungs- und Kostenkalkulation für den Wareneingang, die Lager, die Kommissionierbereiche und die übrigen Teilsysteme in einem integrierten *analytischen Kostenmodell* auf dem Rechner abzubilden. Mit einem solchen Gesamtprogramm lassen sich unter Berücksichtigung der Kapazitätsbegrenzungen die *optimalen innerbetrieblichen Logistikketten* für unterschiedliche Artikelgruppen und die *optimalen Auftragsketten* für verschiedene Auftragsklassen errechnen.

Sensitivitätsrechnungen mit Hilfe der Kostenmodelle für verschiedene existierende oder geplante Logistikbetriebe, die aus mehreren Lager- und Kommissionierbereichen bestehen, ergeben:

- Für die *Zuweisung des Lagersystems* sind die *Größe*, der mittlere *Bestand* und der *Durchsatz* der *Ladeeinheiten* eines Artikels maßgebend.
- Für die *Zuweisung des Kommissioniersystems* sind primär die *Größe der Entnahmeeinheiten* und der *Volumendurchsatz* des Artikels entscheidend.
- Für die kostenoptimale *Auftragszuweisung* sind die *Versandeinheiten*, die *Auftragsstruktur* und das *Auftragsvolumen* maßgebend.

Die optimale Systemnutzung durch geeignete Zuweisungsstrategien und richtige Festlegung der *Strategieparameter* bietet erhebliche *Potentiale* zur *Leistungssteigerung* und *Kostensenkung* [89]. Die entsprechenden *Grenzwerte* der Strategieparameter für die optimale Artikel- und Auftragszuweisung lassen sich jedoch nur projektspezifisch bestimmen.

ARTIKEL	**Konsumgüter**			**Sortiment**	800	Artikel
		davon	10%	A-Artikel mit	50%	der Posit.
LOGISTIKEINHEITEN						
			Länge	Breite	Höhe	
BE Nachschub-		Außenmaße:	800	1.200	1.050	mm
Palette		Innenmaße:	800	1.200	900	mm
CCG1		Nutzungsgrad:	91%	Inhalt:	864	l/BE
		Verschnittfaktor	0,25	Kapazität:	209	EE/BE
EE Kartons mit		Außenmaße:	250	150	100	mm
mit EE		Inhalt:	6	VKE/EE	3,8	l/EE
		Gewicht:	0,50	g/cm³	1,9	kg/EE
VE Versand-		Außenmaße:	1.200	800	1.050	mm
Palette		Innenmaße:	1.200	800	900	mm
CCG1		Nutzungsgrad:	82%	Inhalt:	864	l/VE
		Verschnittfaktor	0,50	Kapazität:	188	EE/VE

AUFTRÄGE	**externe Kommissionieraufträge**		**int. Sammelaufträge**	
Aufträge pro Tag	250	Auf/Tag	125	KAuf/Tag
Positionen pro Auftrag	15,0	Pos/Auf	30,0	Pos/KAuf
Entnahmemenge pro Position	5,0	EE/Pos	5,0	EE/Pos
Auftragsvolumen	281	l/Auf	563	l/KAuf
Bereitstelleinheiten pro Auftrag	0,3	BE/Auf	0,7	BE/KAuf
Versandeinheiten pro Auftrag	1,0	VE/Auf	2,0	VE/KAuf

DURCHSATZ	**pro Tag**		**pro Stunde**	
Verkaufseinheiten	112.500	VKE/Tag	14.063	VKE/h
Entnahmeeinheiten	18.750	EE/Tag	2.344	EE/h
Volumen	70,3	m³/Tag	9	m3/h
Gewicht	35	t/Tag	4	t/h
Bereitstelleinheiten	90	BE/Tag	11	BE/h
Auftragspositionen	3.750	Pos/Tag	469	Pos/h
Versandeinheiten	250	VE/Tag	31	VE/h

ARBEITSZEITEN			
	Jahresarbeitszeit:	250	AT/Jahr
	Tagesarbeitszeit:	8	h/Tag
	Schichtlänge:	8	h/Tag

PERSONALKENNZAHLEN				
Verteilzeit:	15%	Verfügbarkeit:	85%	
Urlaub und Krankheit:	20%	Anwesenheit:	80%	

Tab. 17.3 *Blatt 1* Tabellenprogramm zur Kommissionierleistungs- und Kostenrechnung

KOMMISSIONIERBEREICH

		Länge	Tiefe	Höhe	
Bereitstellmodul	Stellplätze	1	1	1	BE
	Freimaße	100	100	200	mm
	Maße	900	1.300	1.250	mm
			Platzordnungsfaktor	1,2	
			Bedarf Bereitstellmodule	960	BM
			Bereitstellänge	432	m
Gangmodul			Kommissionergangbreite	2,5	m
			Nachschubgangbreite	0,0	m
			Breite Gangmodul	5,10	m
		vorne	hinten	gesamt	
	Anfahrmaße	5,0	3,0	8,0	m
Wegstrategien		Durchgang	Stichg.o.GW	Stichg.m.GW	
	Schnelläuferfaktor		79%	60%	
	Optimale Gangzahl	12,3	28,3	27,6	K-Gänge
	Gewählte Gangzahl	12	26	24	K-Gänge
	Mittlere besuchte Gangzahl	11,1	18,0	17,3	K-Gänge
	Ganglänge	36	17,1	18	m/K-Gang
	Kommissionierweg	521	544	546	m/Rundfahrt
	Gesamtwegzeit	562	611	624	s/Rundfahrt
Kommissioniermodule	Anzahl	1	1	1	K-Module
	Gangzahl	12	26	24	Gänge/KM
Flächenbedarf	K-Modul	2.693	3.328	3.182	m²/KM
	Gesamt	**2.693**	**3.328**	**3.182**	**m²**

GREIFPLATZ

Entnahme	Höhe	min (<1,1)	0,50	m
		max (>1,1)	1,40	m
	Tiefe	mittel	0,60	m
Bewegung	Winkel	mittel	90	Grad
	Distanz	mittel	0,5	m
Ablage	Höhe	min (<0,9)	0,40	m
		max (>0,9)	1,30	m
	Tiefe	mittel	0,40	m

KOMMISSIONIERGERÄT

Typ	**Elektro-Gehgabelhubwagen**		
Kapazität	Anzahl Versandeinheiten	2	VE/Gerät
	Gerätelänge ohne VE	1,5	m
Fahrt	Geschwindigkeit:	1,0	m/s
	Beschleunigung:	1,0	m/s²
Hub	Geschwindigkeit:	0,3	m/s
	Beschleunigung:	0,2	m/s²
Vertikalkommissionierung	ja = 1 nein = 0	0	
	Technische Verfügbarkeit	95%	

Tab. 17.3 *Blatt 2* **Tabellenprogramm zur Kommissionierleistungs- und Kostenrechnung**

KOMMISSIONIERZEIT				**51,8 s/Pos**
Fahrzeit		18,7	s/Pos	18,7 s/Pos
	Hubzeit	0,0	s/Pos	
Greifzeit	simultan (ja=1): 1	18,6	s/Pos	18,6 s/Pos
	Stück pro Zugriff: 1	25,0	s/Pos	
Totzeit	Lesen	3	s/Pos	9,3 s/Pos
	Suchen	0	s/Pos	
	Positionieren	5	s/Pos	
	Etikettieren	0	s/Pos	
	Belegbearbeiten	0	s/Pos	
	Auf- und Absteigen	0	s/Pos	
	Sonstige Tätigkeiten	0	s/Pos	
	Entsorgen Leer-BE	10	s/BE	
	Vorholen Voll-BE	0	s/BE	
Basiszeit	Positionieren	5	s/KAuf	5,2 s/Pos
	Belegabgabe	0	s/KAuf	
	Belegannahme	0	s/KAuf	
	Abgabe Voll-VE	20	s/VE	
	Ladungssicherung Voll-VE	30	s/VE	
	Kodieren VE	10	s/VE	
	Aufnahme Leer-VE	15	s/VE	
	Sonstiges	0	s/VE	

STAUEFFEKTE	blockierte Pickplätze	3	Basisanzahl	2	
	am	**Pickplatz**	**Basis**	**Summe**	
	Mittlere Wartezeit	0,4	2,2	2,6	s/Pos
	Systemvariabilität 0,5		**Auslastbarkeit:**	**95,1%**	

KOMMISSIONIERLEISTUNG		**Stundenleistung**	**Schichtleistung**
pro Kommissionierer	Positionen:	56,2 Pos/h	449 Pos/Schicht
	Verkaufseinheiten:	1.685 VKE/h	13.476 VKE/Schicht
	Entnahmeeinheiten:	281 EE/h	2.246 KE/Schicht
	Versandeinheiten:	3,7 VE/h	30 VE/Schicht
	Weglänge:	1,0 km/h	8,3 km/Schicht

PERSONALBEDARF		**Schichtbesetzung**	**Tagesbedarf**
	Kommissionierer:	**8,3 MA/Schicht**	**8,3 MA/Tag**
	vorm Fach:	4,5 MA	4,5 MA
	in Fahrt:	3,0 MA	3,0 MA
	an Basis:	0,8 MA	0,8 MA
	Vollzeitkräfte	mit Urlaub und Krankheit	**11 VZK**

Tab. 17.3 *Blatt 3* Tabellenprogramm zur Kommissionierleistungs- und Kostenrechnung

PLATZKOSTEN	Platzinvestition:	70,00	€/Stellplatz	67.200 €
	Abschreibung:	10,0	Jahre	18.850 €/Jahr
	Zinsen:	6,0%	pro Jahr	5.655 €/Jahr
	Flächenmietkosten:	70,00	€/m²/Jahr	188.496 €/Jahr
			Platzkosten	**213.000 €/Jahr**
GERÄTEKOSTEN	Elektro-Gehgabelhubwagen		Gerätebedarf:	**9 Geräte**
	Gerätepreis	4.500	€/Gerät	40.500 €
	Abschreibungsdauer:	5,0	Jahre	8.100 €/Jahr
	Wartung- und Instandhaltung:	8,0%	pro Jahr	3.240 €/Jahr
	Energie:	6,0%	pro Jahr	2.430 €/Jahr
	Zinsen:	6,0%	pro Jahr	1.215 €/Jahr
			Gerätekosten	**14.985 €/Jahr**
STEUERUNGSKOSTEN	Zentrale+DFÜ	50.000	€	90.500 €
	Terminals	4.500	€/Gerät	
	Abschreibung:	5,0	Jahre	18.100 €/Jahr
	Wartung- und Instandhaltung:	10,0%	pro Jahr	9.050 €/Jahr
	Zinsen:	6,0%	pro Jahr	2.715 €/Jahr
			Steuerungskosten	**29.865 €/Jahr**
PERSONALKOSTEN	Lohn + Nebenkosten	32.500	€/Jahr	**pro Mitarbeiter**
			Effektive Kostensätze	23,90 €/h
				0,40 €/min
			Personalkosten	**357.500 €/Jahr**
KOMMISSIONIERKOSTEN			**Betriebskosten**	**615.350 €/Jahr**
	davon	fixe Kosten	40%	243.130 €/Jahr
		variable Kosten	60%	372.220 €/Jahr

Kommissionierkosten pro Leistungseinheit LE

LE	**Auftrag**	**VKE**	**EE**	**Position**	**VE**	**100 kg**
€/LE	**9,85**	**0,022**	**0,131**	**0,66**	**9,85**	**7,00**

Tab. 17.3 *Blatt 4* Tabellenprogramm zur Kommissionierleistungs- und Kostenrechnung

18 Transportsysteme

Transportsysteme dienen der *Überwindung von Entfernungen*. Sie befördern *Transportgut* von den Eingangsstationen oder Quellen zu den Ausgangsstationen oder Senken eines Logistiknetzwerks, Produktionsnetzes oder Leistungssystems. Das Transportgut kann *Massengut* oder *Stückgut* sein oder aus diskreten *Ladeeinheiten* bestehen, in denen Massen- oder Stückgut durch Ladungsträger zusammengefasst und vereinheitlicht wird [22, 60, 64–66, 97, 98, 105].

Aus der allgemeinen Logistikaufgabe – das rechte Gut zur rechten Zeit am richtigen Ort – resultiert für die Planer, Hersteller und Betreiber von Transportsystemen die allgemeine *Transportaufgabe* [7]:

► Ein Transportsystem ist so zu gestalten, zu dimensionieren, zu organisieren und zu disponieren, dass ein bestimmter Beförderungsbedarf unter Berücksichtigung der räumlichen, zeitlichen, technischen und ökologischen Randbedingungen kostenoptimal erbracht wird.

Das *Gestalten* umfasst die Auswahl technisch geeigneter Transportmittel und Transportelemente sowie das Zusammenfügen der Transportelemente zu einem Transportnetz. *Dimensionieren* ist das Festlegen von Lage und Längen der Transportwege sowie der Leistungskennzahlen der Transportmittel und Transportelemente. *Organisieren* heißt Konzeption und Aufbau der Transportsteuerung. Die *Disposition* regelt den optimalen Einsatz der Transportmittel zur Ausführung aktueller *Transportaufträge* nach geeigneten *Transportstrategien*.

Räumliche Randbedingungen sind die *Standorte* $(x_i; y_i)$ der miteinander zu verbindenden *Stationen* S_i, $i = 1, 2, \ldots, N_S$, und die Wege, Flächen und Durchfahrhöhen, in die sich das Transportsystem einfügen muss. *Zeitliche Randbedingungen* sind die vorgeschriebenen Abholzeiten, die geforderten Anlieferzeiten und die maximal zulässigen Transportzeiten. Die *technischen Randbedingungen* ergeben sich aus der Beschaffenheit des Transportguts sowie aus der Belastbarkeit der Transportmittel, der Transportwege und der Transportelemente (s. *Abschn.* 3.5). Die *ökologischen Rahmenbedingungen* für ein Transportsystem sind die zulässigen Emissionsgrenzen sowie ein möglichst geringer Energie- und Treibstoffverbrauch (s. *Abschn. 3.4.2*).

Dieses Kapitel behandelt die Gestaltung, Dimensionierung und Optimierung *intramodaler Transportsysteme*, die vom Eingang bis zum Ausgang mit der *gleichen Transporttechnik* arbeiten. Im ersten Abschnitt werden die Transportsysteme nach logistischen Kriterien klassifiziert und im folgenden Abschnitt die *Beförderungsaufträge* und der *Beförderungsbedarf* spezifiziert. Danach werden *Grundstrukturen* und *Gestaltungsregeln* für *Transportnetze* behandelt, der Aufbau von *Transportsteuerungen* dargestellt und *Transportstrategien* beschrieben. Gegenstand der weiteren Ab-

DOI 10.1007/978-3-642-29376-4_4,

schnitte sind der *Aufbau* und die *Leistungsdaten* von *Fördersystemen* und *Fahrzeugsystemen.*

Schwerpunkt der folgenden Abschnitte sind Berechnungsformeln für die *Transportzeiten* und den *Fahrzeugbedarf*, die zur Dimensionierung und Optimierung von Fahrzeugsystemen benötigt werden [65]. Im Anschluss daran werden Algorithmen zur Berechnung *transportoptimaler Logistikstandorte* sowie die *Tourenplanung* und Bestimmung *optimaler Fahrwege* behandelt. Am Ende werden die Zusammensetzung und die Einflussfaktoren der *Transportkosten* diskutiert.

Die Ein- und Ausgangsstationen eines Transportsystems sind in der Regel *Übergänge* zu Transportsystemen anderer Art und Technik. Die Verknüpfung unterschiedlicher Transportsysteme durch *Transportübergänge* und *Umschlagstationen* zu *intermodalen Transportketten* und *globalen Netzwerken* sowie die Bestimmung der *optimalen Transportketten* durch diese Netzwerke sind Gegenstand von *Kap.* 20.

18.1 Klassifizierung der Transportsysteme

In der Fachliteratur über Verkehrs- und Transportsysteme und in den Richtlinien DIN 30781 und DIN 25003 werden Transportsysteme primär nach *technischen Merkmalen* klassifiziert. Diese sind für die Konstruktion, den Aufbau und die Herstellung kennzeichnend [60, 66, 98, 115, 117]. Für die Logistik ist die *Transporttechnik* jedoch nur soweit von Bedeutung, wie sie die Einsatzmöglichkeiten, die Leistungsfähigkeit, die Betriebskosten und die Verfügbarkeit der Logistiksysteme beeinflusst. Hierfür ist eine Klassifizierung der Transportsysteme nach *logistischen Kriterien* erforderlich.

Bei der Auswahl und Dimensionierung eines Transportsystems ist zu unterscheiden zwischen *Transportsystemen zur kontinuierlichen Beförderung* und *Transportsystemen zur diskontinuierlichen Beförderung.* Transportsysteme zur kontinuierlichen Beförderung sind die *Rohrleitungssysteme* für gasförmiges, flüssiges und festes Massengut und die *Bandförderanlagen* für Massenschüttgut, wie Kohle oder Erz [98].

Transportsysteme zur diskontinuierlichen Beförderung sind die *Fördersysteme* und die *Fahrzeugsysteme:*

- In einem *Fördersystem* wird das Transportgut mit oder ohne Ladungsträger auf einem *angetriebenen Transportnetz* von den Aufgabestationen zu den Abgabestationen befördert.
- In einem *Fahrzeugsystem* wird das Transportgut in *Transporteinheiten* mit eigenem Antrieb auf einem *antriebslosen Transportnetz* von den Versand- und Beladestationen zu den Empfangs- und Entladestationen befördert.

Die *Transporteinheiten* [TE] sind die kleinsten Einheiten, die unabhängig voneinander zwischen den Stationen eines Fahrzeugsystems verkehren. Sie bestehen aus *Transportmitteln* mit unterschiedlich gefülltem *Laderaum*, wie *Lastfahrzeuge*, *Schiffe* oder *Eisenbahnzüge.*

Die zu befördernde Ladungsmenge wird in *Ladungs-* oder *Beförderungseinheiten* gemessen. Für homogenes Massengut ist die Ladungseinheit eine *Gewichtseinheit*, wie *kg* und *t*, oder eine *Volumeneinheit*, wie *l* oder m^3. Für diskretes Transportgut ist die Ladungseinheit eine *Ladeeinheit* [LE], die durch Abmessungen, Volumen, Gewicht und Inhalt definiert ist (s. *Abschn.* 12.3).

Fördersysteme sind in der Regel *offene Systeme*, in deren *Eingabestationen* E_i die *Ladeeinheitenströme* $\lambda_{\mathrm{E}i}$ einlaufen, die nach der Beförderung das System als *Auslaufströme* $\lambda_{\mathrm{A}j}$ durch die *Abgabestationen* A_j wieder verlassen. Die innerbetrieblichen Fahrzeugsysteme und die Schienentransportsysteme sind in der Regel *geschlossene Systeme*, in denen zwischen den Stationen eine konstante Anzahl von Transporteinheiten mit wechselnder Beladung verkehrt oder auf Einsatz wartet. Teilsysteme der innerbetrieblichen Fahrzeugsysteme und der Fahrzeugsysteme in öffentlichen Verkehrsnetzen sind *offene Systeme* mit einer wechselnden Anzahl von Transporteinheiten, die durch die Eingangsstationen einlaufen und durch die Ausgangsstationen auslaufen.

Für die verschiedenen Arten der Transportsysteme gelten die *allgemeinen Einsatzregeln:*

▶ *Rohrleitungssysteme* und *Bandförderanlagen* sind geeignet für den Transport eines *kontinuierlichen Massenstroms* über kurze, mittlere und große Entfernungen zwischen zwei oder wenigen Stationen mit unveränderlichem Standort.

▶ *Fördersysteme* sind geeignet für das Befördern von einheitlichem und gleichartigem Transportgut mit wenig schwankendem Beförderungsbedarf über kürzere Entfernungen zwischen einer Anzahl von Stationen mit unveränderlichen Standorten.

▶ *Fahrzeugsysteme* eignen sich für das Befördern von gleichem und unterschiedlichem Transportgut mit wechselndem Beförderungsbedarf über kurze, mittlere und große Entfernungen zwischen einer unterschiedlichen Anzahl von Stationen, deren Standort sich ändern kann.

Die hoch spezialisierten *Rohrleitungssysteme* werden zur Ver- und Entsorgung von Haushalten und Unternehmen und von verfahrenstechnischen Anlagen eingesetzt. *Bandfördersysteme* finden sich primär im Bergbau, in der Grundstoffindustrie und in Kraftwerksanlagen. Die anforderungsgerechte Konstruktion und Dimensionierung von Rohrleitungssystemen und Bandförderanlagen sind Aufgaben der *Transporttechnik*, die hier nicht weiter behandelt werden.

Die *logistischen Merkmale* der Fördersysteme einerseits und der Fahrzeugsysteme andererseits sind in *Tab.* 18.1 einander gegenübergestellt. Die hieraus ableitbaren *Einsatzkriterien* dieser beiden grundlegend verschiedenen Klassen von Transportsystemen enthält *Tab.* 18.2. Die Einsatzkriterien und Einsatzregeln der verschiedenen Systemarten begrenzen die Vielfalt der Lösungsmöglichkeiten für eine konkrete Transportaufgabe.

Die für definierte Ladeeinheiten ausgelegten, relativ unflexiblen, dafür aber vollautomatisierbaren *Fördersysteme* sind primär für Transportaufgaben der innerbetrieblichen Logistik geeignet. Die *Fahrzeugsysteme* finden sich sowohl in der innerbetrieblichen Logistik wie auch in der außerbetrieblichen Logistik. Wegen ihrer hohen *Flexibilität*, der breiten Einsetzbarkeit und der vielseitigen Gestaltungsmöglichkeiten haben Fahrzeugsysteme die größte Bedeutung.

Merkmale	Fördersysteme	Fahrzeugsysteme
Transporteinheiten	Ladeeinheiten ohne Antrieb	Fahrzeuge oder Züge mit Antrieb
Transportnetz	Förderelemente mit Antrieb	Strecken und Knoten ohne Antrieb
Geschwindigkeit	0,5 bis 10 km/h	1 bis über 500 km/h
Stationen	fest installiert	fest oder veränderlich
Relationen	2 bis 100	ab 10 bis weit über 1.000
Streckenlängen	1 m bis wenige km	ab 10 m bis über 1.000 km
Transportzeiten	relativ lang	relativ kurz
Leistungsvermögen	fest installiert	nach Bedarf variabel
Funktionen	Befördern Sammeln und Verteilen Sortieren Puffern und Speichern	Transportieren Sammeln und Verteilen Abholen Zustellen

Tab. 18.1 Merkmale von Fördersystemen und Fahrzeugsystemen

Aus der *Vergleichstabelle* 18.1 ist ablesbar, dass sich Fördersysteme und Fahrzeugsysteme in den logistischen Eigenschaften, wie Entfernungen, Transportzeiten und Leistungsvermögen, deutlich voneinander unterscheiden. Trotz dieser Unterschiede zwischen den Systemklassen gelten für die *Grenzleistungen* der Transportelemente, aus denen die Transportnetze aufgebaut sind, für die *Abfertigungsstrategien* an den Knotenpunkten sowie für die *Staueffekte* vor den Eingängen und in den Transportnetzen die gleichen Gesetzmäßigkeiten, die bereits in *Kap.* 13 behandelt wurden. Die Unterschiede zwischen den Fördersystemen und den Fahrzeugsystemen ergeben sich aus dem *Systemaufbau* und aus der *Fahrzeugtechnik*.

Zwischen den klaren Einsatzdomänen der Systeme gibt es *konkurrierende Einsatzbereiche*, in denen die unterschiedlichen Transportsysteme gleichermaßen geeignet sind. In diesen Anforderungsbereichen ist zur Auswahl und Entscheidung ein Leistungs- und Kostenvergleich der grundsätzlich geeigneten Systeme erforderlich.

18.2 Transportanforderungen

Die Bewegungen in einem Transportsystem werden ausgelöst durch *Beförderungsaufträge* oder *Transportaufträge*. Ein *Beförderungsauftrag* gibt vor, zu welcher *Abhol-*

Einsatzkriterien	Fördersysteme	Fahrzeugsysteme
Transportgut	einheitliche und gleichartige Ladeeinheiten	gleichartig oder verschieden mit/ohne Ladungsträger
Transportzeiten	relativ lang	kurz, mittel oder lang
Stationen	fest	veränderlich
Relationen	wenige	wenige bis viele
Entfernungen	kleiner 1 km	bis über 1.000 km
Ladungsaufkommen	gering bis mittel möglichst gleichmäßig	gering bis hoch gleichmäßig oder variabel
Einsatzbereiche	innerbetrieblich	innerbetrieblich außerbetrieblich

Tab. 18.2 Einsatzkriterien für Fördersysteme und Fahrzeugsysteme

zeit $Z_{ab\ i}$ eine *Ladungsmenge* oder *Fracht* mit M_{LE} *Ladeeinheiten* oder *Beförderungseinheiten* an welchem *Abholort* S_i zu übernehmen ist und bis zu welcher *Anlieferzeit* $Z_{an\ j}$ die Ladung an welchem *Zielort* S_j abzuliefern ist. Der Beförderungsauftrag spezifiziert außerdem die *Frachtbeschaffenheit*:

- *Massengutfracht* besteht aus unabgepackten festen, flüssigen und gasförmigen Stoffen.
- *Stückgutfracht* besteht aus diskreten Ladeeinheiten, wie Pakete, Behälter, Paletten oder ISO-Container, mit bestimmten Außenmaßen, Volumen und Gewicht.

Zusätzliche Transportanforderungen resultieren aus der *Verderblichkeit*, der *Brandgefahr*, der *Explosionsgefahr*, der *Empfindlichkeit*, der *Schwundgefahr* und dem *Wert* der Ladung.

Die anstehenden Sendungen werden vom Auftraggeber, dem sogenannten *Versender*, oder vom Betreiber des Transportsystems so disponiert und zu Beförderungsaufträgen zusammengefasst, dass die jeweils kostengünstigste *Liefer- und Transportkette* genutzt wird (s. *Kap.* 19).

Ein aus der *Versanddisposition* resultierender Beförderungsauftrag kann aus einer einzelnen Ladeeinheit bestehen. Er kann ein Versandauftrag sein, dessen Versandmenge in mehreren sendungsreinen Ladeeinheiten verladen ist. Er kann aber auch durch *transportoptimale Zusammenfassung* von mehreren Versandaufträgen entstanden sein, die für den gleichen Zielort bestimmt sind und deren Versandmenge in *sendungsreinen* oder *sendungsgemischten Ladeeinheiten* bereitgestellt wird (s. *Kap.* 19).

Die geforderte *Transportzeit* resultiert aus der vorgegebenen Abholzeit und dem gewünschten Anlieferzeitpunkt:

$$T_{\mathrm{tr}\ ij} = Z_{\mathrm{an}\ i} - Z_{\mathrm{ab}\ j} \quad [\mathrm{ZE}]\,. \tag{18.1}$$

In der außerbetrieblichen Logistik sind in der Regel keine genauen Abhol- und Anlieferzeiten gefordert, sondern nur bestimmte *Zeitfenster* (Z_a, Z_b) oder eine *maximale Transportzeit* $T_{\mathrm{tr\ max}}$.

Der *Beförderungsbedarf* $\lambda_{\mathrm{BA}\ ij}$ ist gleich der Anzahl *Beförderungsaufträge* [BA], die pro Zeiteinheit [ZE = Stunde, Tag oder Woche] zwischen den Stationen S_i und S_j auszuführen ist. Aus dem Beförderungsbedarf und der *durchschnittlichen Ladungsmenge* M_{LE} [LE/BA] resultiert das Ladungs- oder Frachtaufkommen:

- Das *Ladungs-* oder *Frachtaufkommen* ist die Anzahl Ladeeinheiten, die pro Zeiteinheit von den Stationen S_i zu den Stationen S_j zu befördern ist, und gegeben durch die *Beförderungsmatrix*

$$\lambda_{ij} = M_{\mathrm{LE}} \cdot \lambda_{\mathrm{BA}\ ij} \quad [\mathrm{LE/ZE}]\,. \tag{18.2}$$

Die Elemente der Beförderungsmatrix (18.2) sind die *partiellen Beförderungsströme*. In einer Einlaufstation S_i trifft also ein *Einlaufstrom*

$$\lambda_{\mathrm{E}i} = \sum_j \lambda_{ij} \quad [\mathrm{LE/ZE}] \tag{18.3}$$

ein, der zu den Auslaufstationen S_j, $j = 1, 2, \ldots, N_{\mathrm{A}}$, zu befördern ist. An den Stationen S_j verlassen die *Auslaufströme*

$$\lambda_{\mathrm{A}j} = \sum_i \lambda_{ij} \quad [\mathrm{LE/ZE}]\,, \tag{18.4}$$

die von den Eingangsstationen S_i, $i = 1, 2, \ldots, N_{\mathrm{E}}$, kommen, das Transportsystem.

Als *Zeiteinheit* [ZE] für die Bemessung der Beförderungsströme ist in vielen Fällen die Stunde [h] zweckmäßig, da sie einerseits lang genug ist, um stochastisch bedingte Anforderungsschwankungen herauszumitteln, und andererseits kurz genug, um tageszeitliche Veränderungen zu erfassen. Bei zeitlich veränderlichen Belastungsanforderungen muss das Transportsystem für die entsprechenden *Spitzenszenarien* ausgelegt werden, die durch die *Beförderungsmatrizen* in den Spitzenzeiten gegeben sind.

Die *Belastungsmatrix* für ein neu zu gestaltendes Transportsystem resultiert aus einer *Bedarfserfassung* und einer *Bedarfsprognose* (s. *Kap.* 9). Sie ist in der Regel mit stochastischen und prognosebedingten Fehlern in einer Größenordnung von mindestens ±5 % behaftet. Wegen der Ungenauigkeit der Belastungsmatrix brauchen die Formeln zur Berechnung des Leistungsvermögens und des Fahrzeugbedarfs nicht genauer als ±5 % zu sein [7].

Zwei Stationen S_i und S_j, zwischen denen ein regelmäßiger Beförderungsbedarf besteht, bestimmen eine *Transportrelation* $S_i \rightarrow S_j$, für die eine *Beförderungsaufgabe* zu lösen ist. Wenn alle Beförderungsströme von einem *Versandpunkt* VP ausgehen und die Zielstationen S_j in einem begrenzten Gebiet liegen, handelt es sich um eine *Verteilaufgabe* VP $\rightarrow S_j$. Enden alle Ströme aus einem Gebiet in einem *Sammelpunkt* SP, liegt eine *Sammelaufgabe* $S_i \rightarrow$ SP vor. Sind in einem Betrieb Ladeeinheiten von mehreren Aufgabestationen auf viele Zielstationen zu verteilen, ist eine *Sortieraufgabe* zu lösen.

18.3 Netzgestaltung und Systemaufbau

Zwischen den Ausgängen und den Eingängen der Leistungsstellen eines Logistiksystems spannen Transportverbindungen ein *Transportnetz* auf, das durch Transportknoten verknüpft ist. Durch das Transportnetz fließen Ströme von Lade- und Transporteinheiten, die von der *Transportsteuerung* so durch das Netzwerk gelenkt werden, dass die vorgegebenen Beförderungs- und Transportaufträge erfüllt werden.

Sind die Versand- und Empfangsstationen bereits durch ein festes Transportnetz miteinander verbunden, besteht die Transportaufgabe darin, die anstehenden Beförderungsaufträge innerhalb der geforderten Transportzeiten zu möglichst geringen Kosten durchzuführen. Hierfür werden geeignete *Betriebsstrategien* und eine *Transportsteuerung* benötigt, mit der sich die wirkungsvollsten *Transportstrategien* durchführen lassen.

Wenn zwischen den Stationen noch kein Transportnetz besteht, sind aus den technisch verfügbaren Systemelementen passende Bausteine auszuwählen und aus diesen ein Transportsystem aufzubauen. Der Aufbau von Transportnetzen aus Transportelementen und die Anordnung der Strecken und Stationen führen auf Probleme, die in der *Graphentheorie* behandelt werden. Dabei entsprechen die Stationen und Transportelemente vom *Typ* (n,m) der *Ordnung* $n + m$, aus denen das Transportnetz besteht, den *Knotenpunkten* mit der *Valenz* $n + m$. Die Verknüpfungsstellen und Transportübergänge zwischen den Transportelementen entsprechen den *Kanten* eines *gerichteten Graphen*.

Die *Graphentheorie* klassifiziert, analysiert und quantifiziert die Strukturen und Verknüpfungen von Netzwerken [99–102]. Für den praktischen Gebrauch in der Logistik lassen sich aus den Methoden und Ergebnissen der Graphentheorie und den Grenzleistungs- und Staugesetzen allgemeine *Regeln* für die Auswahl und Verknüpfung von Transportelementen sowie *Verfahren* zur Gestaltung von Transportnetzen herleiten. Die Untersuchung der möglichen Strukturen von Transportnetzen und die systematische Herleitung theoretisch abgesicherter und praktisch brauchbarer Auswahl- und Gestaltungsregeln sind wichtige Arbeitsfelder der Logistik, die noch nicht ausreichend erforscht sind [7, 97, 122, 141].

18.3.1 Netzstrukturen

Abhängig von der Anordnung und Verknüpfung der Stationen, Transportknoten und Verbindungsstrecken besteht ein Transportnetz aus den in *Abb.* 18.1 dargestellten *elementaren Netzstrukturen*:

Linienstruktur
Ringstruktur (18.5)
Sternstruktur.

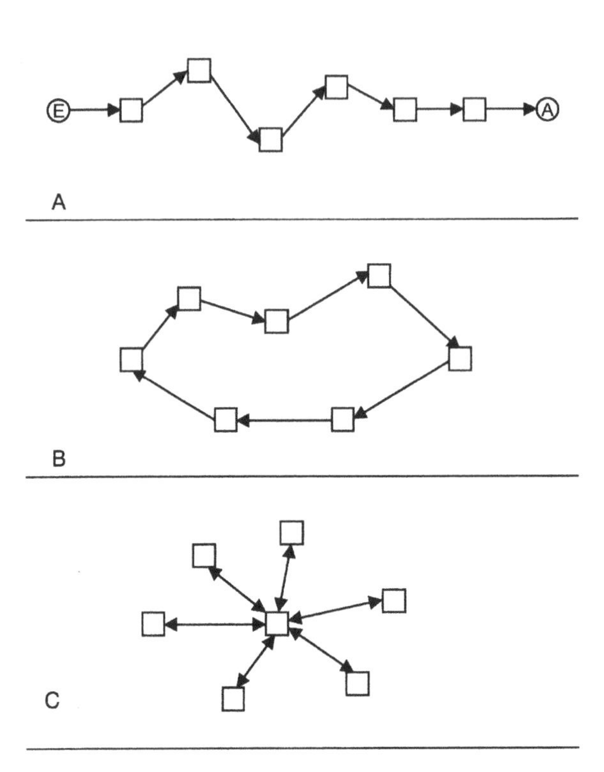

Abb. 18.1 Elementare Netzstrukturen

A: Linienstruktur
B: Ringstruktur
C: Sternstruktur
□ Stationen oder Transportknoten
→ Transportverbindungen

Die Grundstrukturen (18.5) lassen sich zu den unterschiedlichsten *Flächen-* oder *Raumnetzstrukturen* verknüpfen.

Einige Beispiele für *Flächentransportnetze*, die durch die Verbindung von Linien-, Kreis- und Sternnetzen entstehen, zeigt *Abb.* 18.2. Derartige Flächennetze sind typisch für *Verkehrssysteme* zur Erschließung ausgedehnter Gebiete.

Übereinander liegende Linien-, Ring- und Flächennetze, die durch *Vertikalförderer* oder *Steigstrecken* miteinander verbunden sind, bilden ein *Raumnetz*. Durch räumliche Netze werden mehrgeschossige Gebäude oder innerstädtische Ballungsgebiete erschlossen. Die flächigen und räumlichen Transportnetze lassen sich durch *Verbindungselemente*, *Transportübergänge* und *Umschlagstationen* weiter verknüpfen zu intermodalen, lokalen, regionalen, nationalen und globalen *Logistiknetzwerken*.

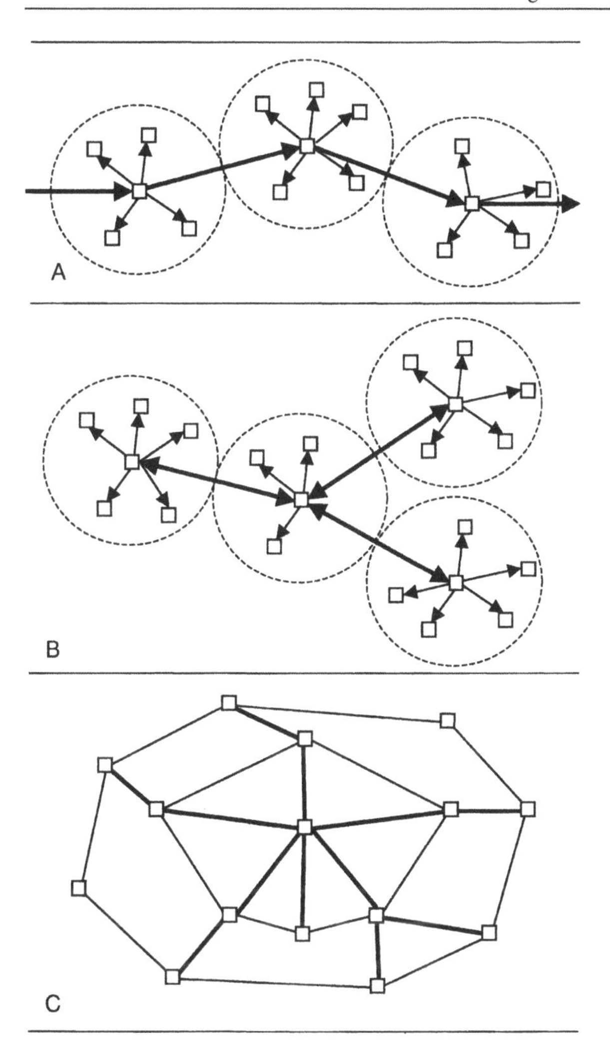

Abb. 18.2 Verknüpfte Flächennetzstrukturen

A: Linien-Stern-Netz
B: Sterncluster-Netz
C: Ring-Linien-Netz (Spinnennetz)

Transportsysteme mit einer Linienstruktur bestehen aus einer Anfangsstation, einer Kette von Verbindungsstrecken, Transportknoten oder Zwischenstationen und einer Endstation. Die meisten Fördersysteme haben eine Linienstruktur oder sind aus linearen Teilstrukturen aufgebaut. Die einfachsten Linienfördersysteme sind Förderstrecken, die eine Reihe von Arbeitsplätzen oder Maschinen mit Werkstücken oder Material versorgen.

Auch Fahrzeugsysteme können eine Linienstruktur haben, entweder wenn eine Reihe von Stationen durch eine Transportstrecke miteinander verbunden ist oder wenn das von den betrachteten Transporteinheiten befahrene *Teilnetz* eine Linienstruktur hat. Beispiele sind Linienverkehre von Autobussen oder Eisenbahnen.

Spezielle Ausprägungen von *Linientransportsystemen* sind die in *Abb.* 18.3 dargestellten *linearen Netzstrukturen*:

- *Verteilerkämme* aus Streckenelementen und Verzweigungselementen
- *Sammelkämme* aus Streckenelementen und Zusammenführungselementen
- *Teilweise kombinierte Verteiler- und Sammelkämme* aus Streckenelementen, Verzweigungen und Zusammenführungen
- *Vollständig kombinierte Verteiler- und Sammelkämme* aus Streckenelementen und reversiblen Verbindungselementen
- *Sortierspeicher* mit Zuförderstrecke, Verzweigungen, Staustrecken, Zusammenführungen und Abförderstrecke.

Durch Verbindung des Endes mit dem Anfang eines Liniennetzes entsteht ein *Ringnetz* oder *Kreisnetz*. Einfache Ringsysteme mit *Online-* oder *Offlinestationen*, deren Struktur die *Abb.* 18.4 zeigt, sind Kreisförderer, Sammel- und Verteilerkreise und Ringbahnlinien.

Wie in *Abb.* 18.5 dargestellt, kann durch ein Verzweigungs- und ein Zusammenführungselement an einen Transportring oder eine Transportstrecke eine Masche oder eine Schleife angefügt werden. Eine *Masche* ist ein gleichgerichteter Nebenkreis, eine *Schleife* ein gegenläufiger Nebenkreis einer Transportstrecke. Aus vermaschten und verschachtelten Kreisen entstehen ausgedehnte Ringsysteme, mit denen sich räumlich verteilte Stationen miteinander verbinden lassen. Als Beispiel zeigt *Abb.* 18.21 das *vermaschte und verschachtelte Ringnetz* eines innerbetrieblichen Fahrzeugsystems. Ringnetzsysteme sind charakteristisch für geschlossene Transportsysteme und für bestimmte Transporttechniken, wie Hängebahnen, fahrerlose Flurförderzeuge (FTS) und Schienenfahrzeugsysteme.

18.3.2 Gesamtnetzlänge und Entfernungsmatrix

Jedes Transportnetz setzt sich zusammen aus einer bestimmten Anzahl N_{TN} von *Transportelementen* TE_{k}, $k = 1, 2, \ldots, N_{\mathrm{TN}}$, mit den *partiellen Funktionen* $\mathrm{F}_{\mathrm{k}\alpha}$, $\alpha = 1, 2, \ldots, n_{\mathrm{k}}$.

Für Streckenelemente, Verbindungselemente und Stationen mit einem Eingang und einem Ausgang ist $n_{\mathrm{k}} = 1$, da sie nur eine Funktion haben. Verzweigungen mit einem Eingang und zwei Ausgängen sowie Zusammenführungen mit zwei Eingängen und einem Ausgang haben jeweils zwei *partielle Funktionen*. Transportknoten der Ordnung $o = n + m$ haben $n_{\mathrm{k}} = n \cdot m$ Funktionen (s. *Abschn.* 13.2).

Die Längen der Wege durch die partiellen Funktionen $\mathrm{F}_{k\alpha}$ eines Transportelements TE_{k} sind die *partiellen Durchfahrlängen* $\mathrm{l}_{\mathrm{k}\alpha}$. Die Summation der Durchfahrlängen aller Transportelemente einschließlich der Stationen, aus denen sich das Transportnetz zusammensetzt, ergibt die:

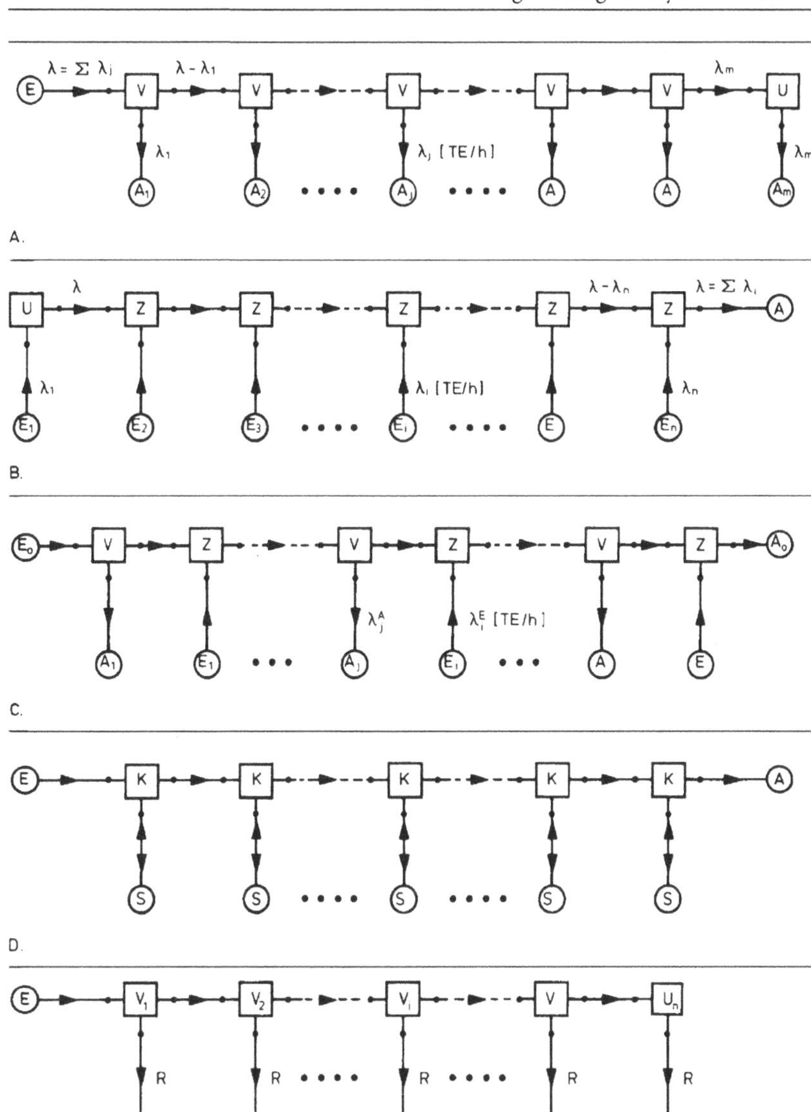

Abb. 18.3 Netzstrukturen linearer Transportsysteme

A: einspuriger Verteilerkamm
B: einspuriger Sammelkamm
C: teilweise kombinierter Verteiler- und Sammelkamm
D: vollständig kombinierter Verteiler- und Sammelkamm
E: Sortierspeicher mit *n* Staustrecken für R Transporteinheiten

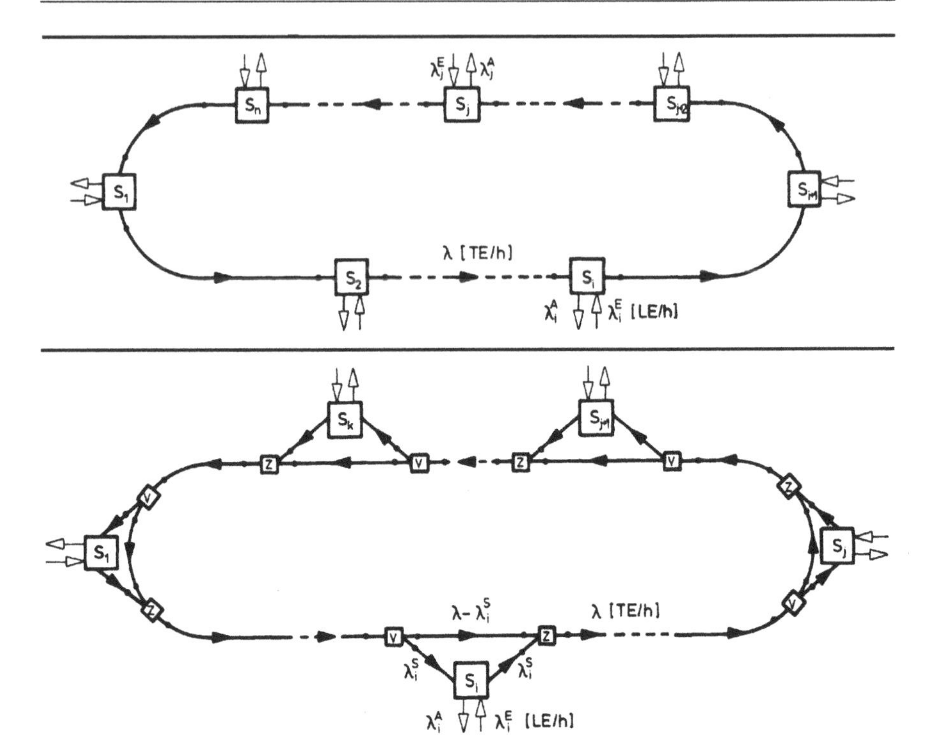

Abb. 18.4 Transportsysteme mit Ringnetzstruktur

oben: Ringnetz mit Onlinestationen ohne Maschen
unten: Ringnetz mit Offlinestationen und Maschen

- *Gesamtlänge eines Transportnetzes* mit den partiellen Durchfahrlängen $l_{k\alpha}$ durch die Transportelemente TE_k in den Funktionen $F_{k\alpha}$

$$L_{TN} = \sum_k \sum_\alpha l_{k\alpha} . \qquad (18.6)$$

Von der *Gesamtnetzlänge* (18.6) und von der Anzahl und Beschaffenheit der Transportelemente hängen die *Investition* und die *Betriebskosten* des Transportnetzes ab.

Die Länge l_{ij} des *kürzesten Weges* zwischen zwei Stationen S_i und S_j ist die Summe der partiellen Durchfahrlängen $l_{k\alpha}$ durch die N_{ij} Transportelemente, die von den Transporteinheiten auf diesem Weg durchlaufen werden:

$$l_{ij} = \sum_k l_{k\alpha} . \qquad (18.7)$$

Die kürzesten Weglängen l_{ij} sind die Elemente der *Entfernungsmatrix* zwischen den Stationen des Transportnetzes.

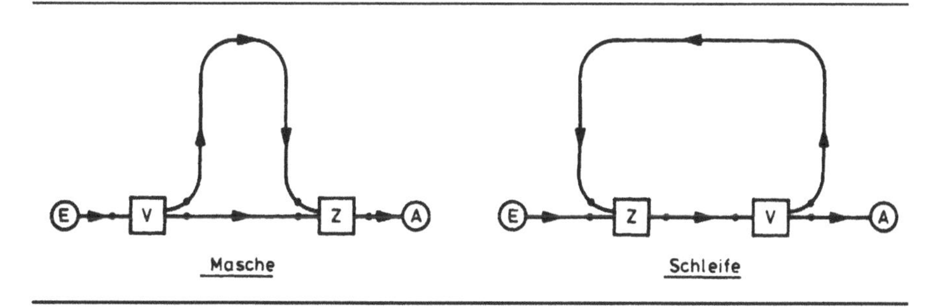

Abb. 18.5 Masche und Schleife in einem Transportnetz

18.3.3 Auswahlregeln und Gestaltungsgrundsätze

Zum Aufbau von Transportsystemen werden *Auswahlregeln für die Transportelemente* und *Gestaltungsregeln für das Transportnetz* benötigt. Die *Gestaltungsregeln* für das Netz sind von der *Struktur der Beförderungsmatrix* und vom *Typ des Transportsystems* abhängig. Die *Auswahlregeln* resultieren aus den Leistungsanforderungen an das Gesamtsystem, den *Grenzleistungen* der Transportelemente und dem *Stauvermögen* der Verbindungsstrecken.

Die Leistungsfähigkeit eines Transportsystems wird begrenzt durch die Grenzleistungen und die Abfertigungsstrategien der *Engpasselemente* und durch die *Staukapazität* der Transportstrecken. Die Engpasselemente und der Stauplatzbedarf lassen sich durch die in *Abschn.* 13.7 beschriebene *Funktions- und Leistungsanalyse* erkennen und mit Hilfe der Strategien, Grenzleistungsgesetze und Staugesetze der *Abschn.* 13.3, 13.4 und 13.5 richtig dimensionieren.

Fördersysteme, in denen die Transporteinheiten gleich den Ladeeinheiten sind, sind für den Durchsatz auszulegen, der durch die Beförderungsmatrix (18.2) zur Spitzenstunde gegeben ist. Für Fahrzeugsysteme, deren Transportmittel eine *Beförderungskapazität* $C_{TE} > 1$ LE/TE haben, muss zunächst aus der Beförderungsmatrix die *Transportmatrix* errechnet werden. Die Transportmatrix bestimmt die erforderliche *Netzleistung* und den *Fahrzeugbedarf*. Sie ist abhängig von der *Beförderungsmatrix*, der *Beförderungskapazität* und der *Transportstrategie*.

Aus dem Ziel der Kostenminimierung leiten sich folgende *Gestaltungsgrundsätze für Transportnetze* ab:

möglichst kurze Verbindungswege
möglichst wenig Knotenpunkte
ausreichende Staukapazitäten
geringe Steigungen (18.8)
möglichst wenige Vertikalverbindungen
minimale Gesamtnetzlänge
einfachste Netzstruktur.

Zwischen diesen Gestaltungsgrundsätzen bestehen teilweise *Zielkonflikte*. So sind bei kürzester Gesamtnetzlänge mit einfachster Netzstruktur die Investition und die Betriebskosten für das Transportnetz minimal. Dafür sind viele Stationen nicht auf den kürzest möglichen Wegen erreichbar. Das aber hat im Vergleich zu einem dichteren Netz einen größeren Fahrzeugbedarf und höhere Kosten für die Transportfahrten zur Folge. Die Lösung dieses Zielkonflikts hängt ab von der Relation der Kosten für das Netz und der Kosten für die Transportfahrten. Die Zielkonflikte zwischen den Gestaltungsgrundsätzen (18.8) lassen sich nur bei Kenntnis der speziellen Anforderungen und Randbedingungen lösen.

18.4 Transportsteuerung

Die Transportsteuerung hat die Aufgabe, die Bewegung der Lade- oder Transporteinheiten durch das Transportnetz auszulösen, zu kontrollieren, zu koordinieren und entsprechend der Gesamtbelastung zu steuern und zu regeln. Für diese Aufgabe verfügt eine Transportsteuerung mit einem *hierarchischen Steuerungsaufbau*, wie er in *Abb.* 18.6 dargestellt ist, über folgende *Steuerungsbereiche* [64, 103, 104]:

mitfahrende Steuerungen der Transporteinheiten
stationäre Einzelsteuerungen an den Transportelementen
zugeordnete Gruppensteuerungen für Teile des Transportsystems
übergeordnete Zentralsteuerung des gesamten Transportsystems. (18.9)

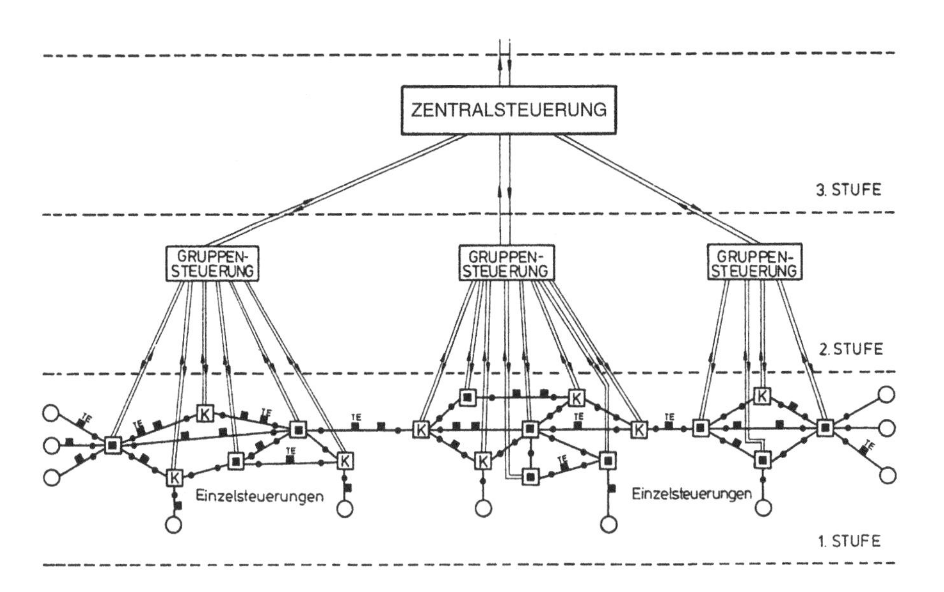

Abb. 18.6 Aufbau einer hierarchischen Transportsteuerung

K: Transportknoten mit Einzelsteuerungen
TE: Transporteinheiten mit mitfahrender Steuerung

Zusätzlich werden für den Austausch von Daten, Informationen und Anweisungen zwischen diesen Steuerungsbereichen *Datenübertragungssysteme* benötigt [22, 104].

18.4.1 Mitfahrende Steuerung

In einem *Fördersystem* ist die *mitfahrende Steuerung* in der Regel *passiv*. Sie besteht aus der *Kodierung* der Ladeeinheiten, die ein Strichcode (*Barcode*), eine Kodierleiste mit Reflektoren oder ein programmierbarer *Transponder* sein kann. Die Kodierung wird von stationären Leseköpfen oder über RFID erfasst [22, 209].

In einem *Fahrzeugsystem* ist die mitfahrende Steuerung *aktiv*. Sie übernimmt abhängig vom Steuerungsaufbau bestimmte Teilfunktionen, wie die *Antriebsregelung*, die *Spurführung*, die *Abstandsregelung*, die *Durchfahrtregelung* durch Transportknoten oder die *Zielsteuerung* durch das gesamte Transportnetz. Dafür muss jedes Fahrzeug mit einer Fahrzeugkennung, mit Messfühlern, Datenerfassungs- und Datenübermittlungseinheiten sowie mit einer *Fahrzeugsteuerung* oder einem *Fahrzeugleitrechner* ausgerüstet sein.

Bei *manueller Bedienung* führt der *Fahrer* einen Teil der Steuerungsfunktionen aus. Er wird dabei unterstützt durch die *Anzeigen* von Messgeräten, wie Tachometer und Kilometerzähler, oder von einem *Bordrechner* und geleitet durch *Anweisungen* der Zentralsteuerung, die ihm von *mobilen Terminals* angezeigt oder über *Mobilfunk* übermittelt werden. In *fahrerlosen Transportsystemen* (*FTS*) übernimmt der Leitrechner *alle* Steuerungsfunktionen des Fahrzeugs.

18.4.2 Einzel- und Gruppensteuerungen

Die *stationären Einzelsteuerungen* bestehen aus *Messfühlern*, wie Schaltern, Kontakten, Lichtschranken und Leseeinrichtungen, zur Erfassung der durchlaufenden Lade- oder Transporteinheiten, aus *Stellgliedern* zum Umschalten zwischen den verschiedenen *Betriebszuständen* der Transportelemente und aus einer *Teilautomatik*, deren Funktionsumfang vom Steuerungsaufbau abhängt.

In größeren Anlagen wird die Steuerung von abgegrenzten *Teilsystemen*, beispielsweise von einer längeren Kette oder einer bestimmten Gruppe der Transportelemente durch eine *Gruppensteuerung* ausgeführt. Die Gruppensteuerung erhält Informationen und Anweisungen von der übergeordneten Zentralsteuerung, den stationären Einzelsteuerungen und den Fahrzeugsteuerungen und gibt ihrerseits Informationen und Anweisungen an die übrigen Steuerungsbereiche ab.

18.4.3 Zentralsteuerung

Eine übergeordnete *Zentralsteuerung* wird für Transportsysteme mit einem ausgedehnten Transportnetz, einer großen Anzahl von Transporteinheiten und vielen Stationen benötigt. Sie steuert, regelt und koordiniert die Transporte abhängig von der aktuellen Belastung nach vorgegebenen *Gesamtstrategien* und übernimmt übergeordnete Funktionen, wie die *Wegeverfolgung* der Transporteinheiten, die *Verkehrsüberwachung*, die *Staukontrolle* oder die Erfassung und Auswertung von *Störungen*.

Die Zentralsteuerung erhält ihre Befehle entweder vom Betreiber des Transportsystems über einen *Steuerstand* oder in Form von Transportaufträgen und Anweisungen aus einem übergeordneten Warenwirtschafts-, Buchungs- oder Verwaltungssystem.

18.4.4 Steuerungsaufbau

Die Aufgabenverteilung zwischen den Steuerungsbereichen bestimmt den *Steuerungsaufbau*. Die Steuerung kann dezentral, zentral oder hierarchisch aufgebaut sein:

- Bei *dezentralem Steuerungsaufbau* übernehmen die stationären Einzelsteuerungen und die mitfahrenden Steuerungen alle Funktionen.
- Bei rein *zentralem Steuerungsaufbau* übernimmt eine Zentralsteuerung alle intelligenten Steuerungs-, Regelungs- und Entscheidungsfunktionen. Die Aufgabe der Einzelsteuerungen und der mitfahrenden Steuerungen reduziert sich auf die Erfassung und Weitergabe von Informationen und die Ausführung von Anweisungen.
- Bei *hierarchischem Steuerungsaufbau* hat die Transportsteuerung – wie in *Abb.* 18.6 dargestellt – mehrere *Steuerungsebenen*, auf die die verschiedenen Steuerungsfunktionen zweckmäßig verteilt sind.

Für die Aufgabenteilung zwischen den einzelnen Steuerungsebenen gilt der *Dezentralisierungsgrundsatz* (s. *Abschn.* 2.3 und 2.4):

▶ Alle Funktionen müssen so dezentral wie möglich und dürfen nur so zentral wie nötig und wirtschaftlich ausgeführt werden.

Neben dem Dezentralisierungsgrundsatz sind die *Ausdehnung* und der *Verkettungsgrad* des *Transportnetzes*, die *Verkehrsdichte*, die *Leistungsanforderungen*, der *Sicherheitsbedarf* und die *Transportstrategien* für die Gestaltung und den Aufbau der Transportsteuerung maßgebend.

18.4.5 Datenübertragung

Der Steuerungsaufbau und die Funktionsteilung bestimmen Menge und Inhalt des erforderlichen Datenaustausches zwischen den einzelnen Steuerungsbereichen und damit die Datenübertragungssysteme. Der Datenaustausch zwischen den stationären *Steuerungseinheiten* findet in der Regel über Leitungen, Kabel oder *Datenbus* statt. In ausgedehnten Systemen ist eine drahtlose Datenübertragung erforderlich.

Die *Kodierung* und die *Position* der Ladeeinheiten in einem Fördersystem wird von *Leseeinrichtungen*, die an den Ein- oder Ausgängen der Transportelemente installiert sind, mechanisch, optisch, induktiv oder mit Laserstrahl festgestellt und an die stationären Steuerungseinheiten übertragen [22].

In einem Fahrzeugsystem kommunizieren die Fahrzeugsteuerungen mit den stationären Einzelsteuerungen und mit der Zentralsteuerung über ein geeignetes *Datenfernübertragungssystem* (*DFÜ*). Für die Datenfernübertragung sind unterschiedliche Techniken möglich, wie *Infrarot* oder *Funk*, deren Einsatz von der Entfernung zwischen den Fahrzeugen, den stationären Empfängern und dem Standort der Zentralsteuerung abhängt [104].

In den außerbetrieblichen Fahrzeugsystemen findet der Informationsaustausch zwischen den Fahrzeugen und der Zentralsteuerung oder einem *Verkehrsleitsystem* zunehmend über *Mobilfunk* und *Satellitenkommunikation* statt. Dabei wird die *Standortbestimmung* der Fahrzeuge durch *Satellitennavigationssysteme*, wie das *Global Positioning System GPS*, unterstützt.

18.5 Transportstrategien

Transportstrategien sind *Betriebsstrategien*, nach denen die *Transportdisposition* mit Hilfe der Transportsteuerung die anstehenden Beförderungs- und Fahraufträge ausführen lässt, die Transporteinheiten zu den Zielen leitet und die Abfertigung an den Stationen und Transportknoten regelt.

Durch geeignete Transportstrategien lassen sich die Ziele der Logistik – *Leistungssteigerung*, *Qualitätssicherung* und *Kostensenkung* – oftmals billiger und schneller erreichen als durch eine verbesserte Technik. Transportstrategien bieten daher die beste Optimierungsmöglichkeit. Mit den Transportstrategien lassen sich folgende *Wirkungen* erzielen:

- Lösung der Transportaufgabe mit einem einfacheren Transportnetz
- Verbesserung des Leistungsvermögens eines bestehenden Transportsystems
- Senkung der benötigten Fahrzeuganzahl
- Verbesserung der Funktions- und Verkehrssicherheit.

Die Transportstrategien lassen sich einteilen in *Stationsstrategien*, *Fahrwegstrategien*, *Leerfahrtstrategien* und *Verkehrsstrategien* [64, 106–108].

18.5.1 Stationsstrategien

Die Stationsstrategien regeln die Abfertigung der Beförderungsaufträge an den Stationen und das Beladen der Transporteinheiten mit den zur Beförderung anstehenden Ladungen.

Für die Abfertigung an den Verladestationen bestehen folgende Möglichkeiten:

- *Feste Abfertigungsreihenfolge* (*First-Come-First-Served FCFS*): Die ankommenden Ladeeinheiten werden in der Reihenfolge ihrer Ankunft von den nächsten in der Station eintreffenden Transporteinheiten übernommen. Dabei werden von einer Transporteinheit jeweils so viele Ladeeinheiten mitgenommen, wie hintereinander für die gleiche Richtung oder das gleiche Ziel bestimmt sind und die freie Kapazität zulässt.
- *Freie Abfertigungsreihenfolge* (*Ladungsbündelung*): Die für eine Fahrtrichtung oder das gleiche Ziel an einer Station anstehenden Ladeeinheiten werden unabhängig von der Ankunftsreihenfolge gesammelt bis das freie Fassungsvermögen einer Transporteinheit erreicht ist und dann gemeinsam zum Bestimmungsort befördert.

Mit der Ladungsbündelung soll eine bessere Auslastung der Transporteinheiten und damit eine Kostensenkung bewirkt werden. *Voraussetzungen* sind, abgesehen von der Zulässigkeit der Reihenfolgevertauschung, entsprechende *Sortiereinrichtungen* und *Sammelpuffer* in den Verladestationen. Der wesentliche *Nachteil* der Ladungsbündelung sind längere Wartezeiten. *Beladestrategien* zum Befüllen der Transportmittel sind:

- *Zielreine Beladung*: Ein Transportmittel wird nur mit Ladung für das gleiche Ziel beladen.
- *Zielgemischte Beladung*: Ein Transportmittel wird mit Ladungen für mehrere Ziele beladen, die auf der gleichen Fahrtroute liegen.

Voraussetzung der zielgemischten Beladung ist entweder eine Beladung und Zugänglichkeit der Ladeeinheiten in den Transporteinheiten in der Abfolge der nacheinander anzufahrenden Ziele oder eine Möglichkeit zum Umstapeln der Ladung vor dem Entladen.

Die zielreine und die zielgemischte Beladung lassen sich kombinieren mit den *Abfertigungsstrategien*:

- *Fahrten ohne Zuladen*: Nur vollständig geleerte Transportmittel werden mit einer neuen Ladung beladen.
- *Fahrten mit Zuladen*: Mit einer Lademenge $M_L < C_{TE}$ teilgefüllte Transportmittel werden soweit zusätzlich beladen, wie es die *freie Kapazität* $C_{TE\,frei} = C_{TE} - M_L$ zulässt.

Voraussetzung für Fahrten mit Zuladen ist ein freier Zugriff auf die einzelnen Ladungen in den Verladestationen, um jeweils eine für die gleiche Zielrichtung bestimmte Ladung verladen zu können.

Die Strategien der *zielgemischten Beladung* und der *Fahrten mit Zuladung* zielen darauf ab, den Füllungsgrad der Transporteinheiten zu erhöhen. Sie haben jedoch nur die angestrebte Wirkung, wenn in den Stationen so viele Ladungen mit passender Größe für die gleiche Fahrtroute anstehen, wie in die freie Kapazität ankommender Transporteinheiten hineinpassen.

18.5.2 Fahrwegstrategien

Fahrwegstrategien regeln die Reihenfolge, in der die Bestimmungsorte der Ladung einer Transporteinheit angefahren werden, und bestimmen den Fahrweg. Die Fahrwegstrategien lassen sich einteilen in:

- *Strategien minimaler Fahrwege*: Abhängig von Ladung und Zielorten wird der Fahrweg mit minimaler *Weglänge*, kürzester *Fahrzeit* oder geringsten *Fahrtkosten* gewählt.
- *Strategien maximaler Kapazitätsauslastung*: Abhängig vom gesamten Beförderungsbedarf werden die Transportmittel so eingesetzt, dass ihre Kapazität maximal genutzt wird.

- *Fahrplanstrategien*: Die Transportfahrten werden nach einem festen *Fahrplan* durchgeführt, der bei minimalen Fahrwegen für das erwartete Ladungsaufkommen eine maximale Kapazitätsnutzung anstrebt.

Die Fahrwege und Rundfahrten mit minimaler Weglänge, kürzester Fahrzeit oder geringsten Kosten lassen sich für einfache Transportsysteme mit wenigen Verbindungen nach dem Verfahren der Vollenumeration durch Vergleich aller möglichen Wege relativ rasch herausfinden. Für komplexe Transportnetze mit vielen Verbindungswegen zwischen den Stationen ist die Fahrwegoptimierung in begrenzter Rechenzeit nicht mehr exakt durchführbar.

Im *Operations Research* wurde hierfür eine Reihe *heuristischer Suchverfahren* entwickelt, die in kurzer Rechenzeit zu brauchbaren Näherungslösungen führen [11, 13, 109]. Einfacher und in vielen Fällen ausreichend ist die Auswahl eines annähernd optimalen Fahr- oder Verbindungsweges nach einer *analytischen Fahrwegstrategie*, wie die in *Abschn.* 18.11.2 dargestellte *Streifenstrategie*.

Die Strategien maximaler Kapazitätsauslastung wie auch die meisten Fahrplanstrategien zielen auf eine Minimierung der Betriebskosten ab, arbeiten aber häufig zu Lasten der Benutzer oder Versender, da sie zu verlängerten Warte- und Fahrzeiten führen können. Voraussetzungen sind daher, dass die geforderten Beförderungszeiten ausreichend lang sind und dass in den Verladestationen genügend Pufferplatz für die wartenden Ladungen besteht.

18.5.3 Leerfahrtstrategien

Die Anzahl der leeren und teilgefüllten Transporteinheiten, die im Transportnetz eines Fahrzeugsystems umlaufen, wird durch *Leerfahrtstrategien* bestimmt, die den Einsatz der leeren Transporteinheiten regeln. Mögliche Leerfahrtstrategien sind:

- *Einzelfahrten*: Jedes Transportmittel bringt die übernommene Ladung zu ihrem Bestimmungsort und kehrt danach auf dem kürzesten Weg leer zur Ausgangsstation zurück, um dort die nächste Ladung zu übernehmen.
- *Kombinierte Fahrten*: Ein geleertes Transportmittel übernimmt am Entladeort eine für die Ausgangsstation bestimmte *Rückladung*.
- *Leerfahrtminimierung*: Ein geleertes Transportmittel übernimmt am Entladeort eine Ladung unabhängig von deren Bestimmungsort, oder fährt, wenn dort keine Ladung ansteht, zur nächstgelegenen Station, in der eine Ladung auf Beförderung wartet.
- *Fahrplanmäßiges Kapazitätsangebot*: Die Fahrzeuge, ob leer oder voll, verkehren unabhängig vom aktuellen Beförderungsbedarf nach einem festen *Fahrplan*, der an einem prognostizierten Bedarf ausgerichtet ist.
- *Leerfahrzeugräumung*: Wenn bei abnehmendem Beförderungsbedarf an den Entladestationen mehr Transportmittel geleert als an den Versandstationen benötigt werden, fahren die leeren Transportmittel zum nächsten freien *Leerfahrzeugpuffer*.

Wenn in den Stationen kein ausreichender Warteraum für leere Transportmittel vorhanden ist, müssen an geeigneten Stellen im Transportnetz spezielle *Pufferstrecken*, *Bahnhöfe* oder *Parkplätze* für Leerfahrzeuge geschaffen werden. Diese Leerfahrzeugpuffer sind möglichst nahe bei den am meisten frequentierten Abgangsstationen anzuordnen.

18.5.4 Verkehrsstrategien

Verkehrsstrategien regeln und lenken die Ströme der Lade- oder Transporteinheiten so durch das Transportnetz, dass bei Einhaltung der zugesicherten Transportzeiten ein maximaler Durchsatz erreicht wird, ohne dass es dabei zu Kollisionen kommt.

Abhängig von ihrem Wirkungsbereich lassen sich die Verkehrsstrategien einteilen in *Knotenpunktstrategien*, *Teilsystemstrategien* und *Systemstrategien*. Die Knotenpunkt- und Teilsystemstrategien sowie ihre Strategieparameter und Effekte wurden bereits in *Kap.* 13, insbesondere in *Abschn.* 13.3, behandelt. Bei den *Systemstrategien* sind zu unterscheiden:

- *Kombinationsstrategien* durch belastungsabhängige Verbindung von Einzelstrategien zur Optimierung von Leistung, Kosten und Sicherheit
- *Gesamtnetzstrategien*, wie Grüne-Welle-Routen oder Umleitungs-, Ausweich- und Räumungsstrategien bei Überlastung und Ausfall einzelner Stationen, Verbindungsstrecken oder Knotenpunkte.

Die Systemstrategien erfordern eine *Zentralsteuerung*, die das Geschehen in allen Teilen des Transportnetzes verfolgt.

Die Strategieparameter, Auswirkungen und Einsatzkriterien der Systemstrategien sind noch nicht vollständig erforscht und lassen sich nur begrenzt mit analytischen Verfahren quantifizieren. Bei komplexen Systemen mit zeitlich rasch veränderlichen Belastungen ist zur Untersuchung der Wechselwirkungen der Einzelstrategien und der Auswirkungen von Systemstrategien eine *digitale Simulation* erforderlich (s. *Abschn.* 5.3) [31–33, 106, 110, 141].

18.6 Fördersysteme

Bestandteile eines Fördersystems für den Transport diskreter Ladeeinheiten sind:

Fördergut
Förderhilfsmittel
Streckennetz
Materialflusssteuerung. (18.10)

Die *Beschaffenheit des Förderguts* bestimmt seine Förderfähigkeit, von der die einsetzbare Fördertechnik abhängt. Die wichtigsten *Einflussfaktoren auf die Förderfähigkeit* sind:

Bodenebenheit
Rutschfestigkeit
Abriebfestigkeit (18.11)
Standsicherheit
Stapelbarkeit.

Wenn das Transportgut selbst nicht förderfähig ist oder kleinere Fördermengen zu größeren Ladeeinheiten gebündelt werden sollen, werden *Förderhilfsmittel* eingesetzt, wie Behälter, Tablare, Paletten oder Rolluntersätze. *Nachteile* des Einsatzes von Förderhilfsmitteln sind das *Be- und Entladen*, die *Beschaffungskosten* und der *Leerbehältertransport* zu den Stationen, in denen mehr Leerbehälter benötigt werden als ankommende Vollbehälter geleert werden.

Für definierte *Abmessungsbereiche* und *Gewichtsklassen* des Förderguts gibt es verschiedene technische *Ausführungsarten* der Fördersysteme, die sich in Auslegung und Konstruktion unterscheiden [22, 64, 66, 76, 97, 98, 146]:

- *Behälterfördersysteme* für Behälter und Kartons bis ca. 800 mm und 60 kg
- *Palettenfördersysteme* für palettiertes Fördergut bis ca. 1.400 mm und 1.500 kg
- *Spezialfördersysteme* für Fördergut mit größerem Gewicht und Volumen oder mit Sonderformen.

Bei allen Ausführungsarten setzt sich das Transportnetz aus Auf- und Abgabestationen, Förderstrecken, Zusammenführungen, Verzweigungen und Förderelementen höherer Ordnung, wie Mehrfachweichen, Verteilerwagen und Regalbediengeräten, zusammen.

Bei den am häufigsten eingesetzten Behälter- und Palettenfördersystemen sind die einzelnen Förderelemente weitgehend standardisiert und normiert. Damit ist der *modulare Aufbau* unterschiedlicher Transportnetze aus wenigen gleichartigen *Standardelementen* möglich.

In den *Spezialfördersystemen*, die beispielsweise zur Gepäckbeförderung, für den Karosserietransport, als Produktionsband oder für Schwerlasten benötigt werden, sind die Förderelemente in der Regel Sonderkonstruktionen, die jeweils nur für ein Projekt gebaut werden.

Wenn *mobile Transporthilfsmittel*, wie Rolluntersätze, Rollpaletten oder Rollbehälter, eingesetzt werden, besteht das Transportnetz aus speziellen Fahr- und Führungsschienen und stationären Zugvorrichtungen, unterseitigen Antrieben oder Linearmotoren. *Nachteile* des Einsatzes mobiler Transporthilfsmittel sind das Be- und Entladen, die hohen Beschaffungskosten und der Verschleiß sowie der Leerbehälterrücktransport. Diese Nachteile wiegen nur in wenigen Fällen die *Vorteile* auf, die aus einer leichten und kompakten Bauweise der Trassen und einer unter Umständen höheren Transportgeschwindigkeit resultieren.

Die Förderstrecken eines Fördersystems sind entweder in nur eine Richtung verlaufende *Standardförderer*, die sich aus einzeln angetriebenen *Verbindungselementen* zusammensetzen, oder *Kreisförderer* mit umlaufender *Kette* oder *Endlosseil* und Zentralantrieb. Für Sortieraufgaben mit hoher Durchsatzleistung werden darüber hinaus spezielle *Sortersysteme* benötigt. Die Standardförderer, Kreisförderer und Sorter lassen sich durch *Transportübergänge* miteinander verbinden und zu komplexen Fördersystemen mit mehrfachen Funktionen kombinieren.

18.6.1 Standardfördersysteme

Technische Ausführungsarten der *stetigen Verbindungselemente* in den Standardfördersystemen sind [22, 64, 66, 146]:

Rutschen
Bandförderer
Gurtförderer
Röllchenbahnen
Rollenbahnen (18.12)
Tragkettenförderer
Plattenbandförderer
S-Förderer.

In der Regel werden die Förderelemente direkt oder indirekt von Elektromotoren angetrieben. Auf Gefällestrecken genügt unter Umständen die Schwerkraft als Antrieb.

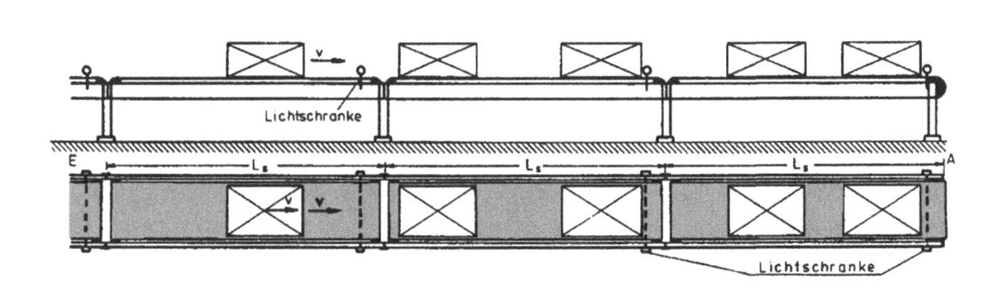

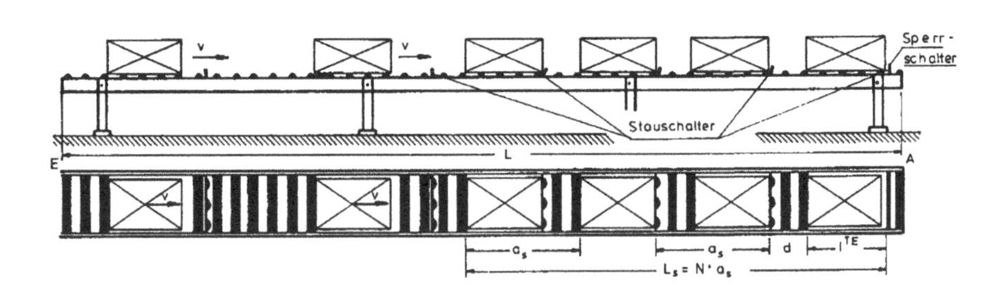

Abb. 18.7 Ausführungen von Stetigförderstrecken

oben: Gurtförderstrecke aus abschaltbaren Stauelementen
unten: Rollenbahnstrecke aus Trenn- und Stauelementen

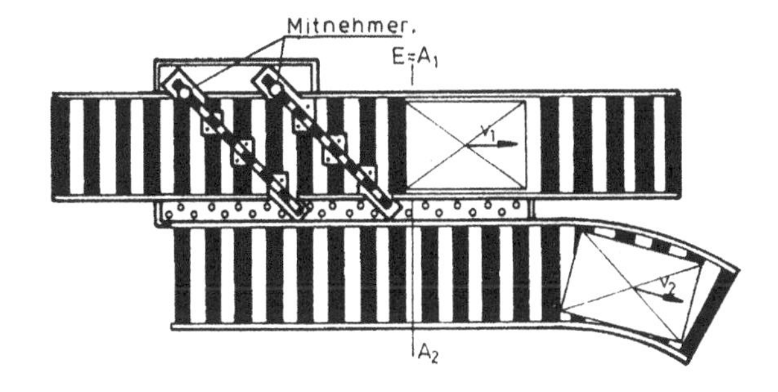

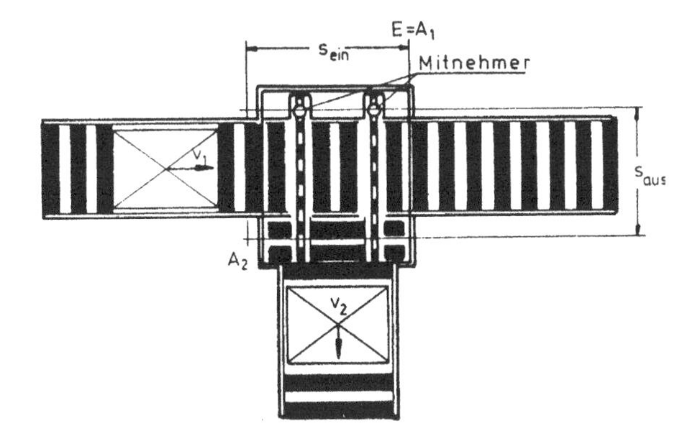

Abb. 18.8 Stetige Verzweigungselemente in Behälterfördersystemen

oben: Mitnehmender 45-Grad-Kettenausschleuser
unten: Mitnehmender 90-Grad-Kettenausschleuser

Die *Abb.* 18.7 zeigt eine *Stetigförderstrecke*, die aus einer Kette von Bandförderelementen besteht, und eine Rollenbahnstrecke, deren Teilabschnitte einzeln an- und abschaltbar sind. Beide Ausführungsarten sind *staufähig* und können eine *Warteschlange* von Ladeeinheiten puffern, die durch Rückstau entsteht (s. *Abschn.* 13.5).

Zwei verschiedene technische Ausführungsarten stetiger *Verzweigungen* in Behälterfördersystemen sind in *Abb.* 18.8 dargestellt. *Abb.* 18.9 zeigt zwei unterschiedliche technische Lösungen der *Zusammenführung* von zwei Rollenbahnstrecken.

Als Beispiel für ein Förderelement mit unstetigen Verbindungen zwischen den Ein- und Ausgängen zeigt *Abb.* 18.10 einen Rollenbahn-Verteilerwagen. Weitere Förderelemente von Behälter- und Palettenfördersystemen zeigen die *Abb.* 13.4, 13.14, 13.16, 16.8 und 17.34.

Aus den *Grundstrukturen* (18.5) der Transportnetze mit den in *Abb.* 18.3 und 18.4 dargestellten Ausprägungen werden durch Einsatz und geeignete Anordnung konkreter Förderelemente *fördertechnische Teilsysteme*. Diese Teilsysteme lassen sich wieder durch Förderstrecken, unstetige Verbindungselemente und Vertikalförderer zu einem anforderungsgerechten Gesamtsystem zusammenfügen.

In *Abb.* 18.11 ist beispielsweise die fördertechnische Ausführung eines Teilsystems dargestellt, das zur Beschickung und Entsorgung der Basisstationen eines ausgedehnten Kommissioniersystems mit Auftragsbehältern entwickelt wurde. Eine Besonderheit dieser Lösung ist, dass weiterlaufende Behälter die anhaltenden Behälter *überholen* können. Weitere Realisierungsbeispiele sind das in *Abb.* 16.8 gezeigte Zu-

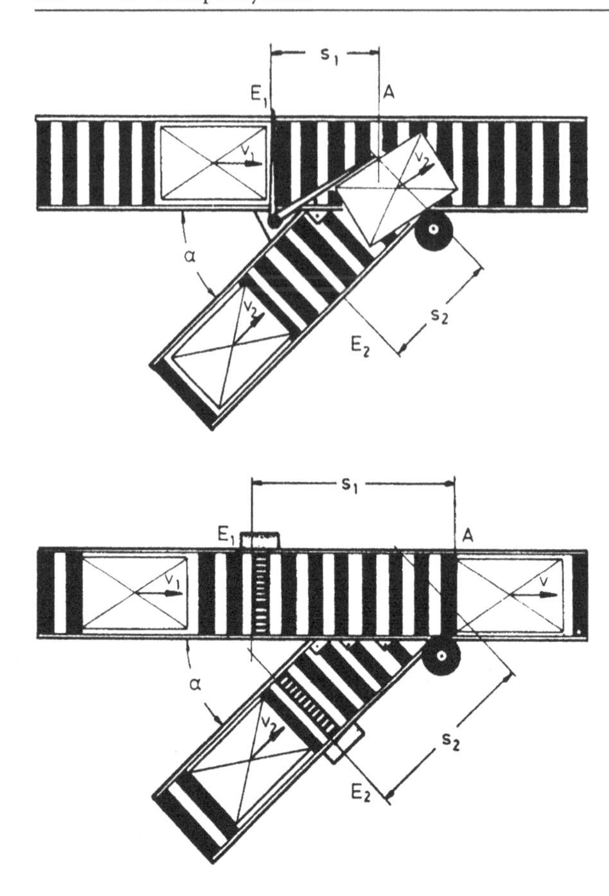

Abb. 18.9 Stetige Zusammenführungselemente in Behälterfördersystemen

oben: 45-Grad-Rollenbahneinschleuser mit Zweiwegesperre
unten: 45-Grad-Rollenbahneinschleuser mit Zuteilrollen

und Abfördersystem eines automatischen Hochregallagers und das in *Abb.* 17.34 dargestellte Bereitstellungssystem eines AKL.

Standardfördersysteme für Behälter und Paletten sind besonders geeignet zur Ver- und Entsorgung von Arbeitsplätzen in der Produktion, zur Verkettung von Maschinen, als Zu- und Abfördersysteme vollautomatischer Lager und zur Beschickung und Entsorgung von Kommissioniersystemen mit dynamischer Bereitstellung oder dezentraler Abgabe.

18.6.2 Kreisfördersysteme

Ein Kreisfördersystem besteht aus einem umlaufenden *Zugmittel*, das eine Kette oder ein endloses Seil sein kann, und den am Zugmittel befestigten *Lastaufnahmemitteln* für die zu befördernden Ladeeinheiten.

Die Lastaufnahmemittel sind mit dem Zugmittel fest verbunden oder lassen sich für die Auf- und Abgabe und auf Staustrecken von dem weiterlaufenden Zugmittel lösen. Wenn das Zugmittel *unter Flur* geführt ist, werden die Lastaufnahmemittel von oben eingehängt. Wenn das Zugmittel *über Kopf* angeordnet ist, sind die Last-

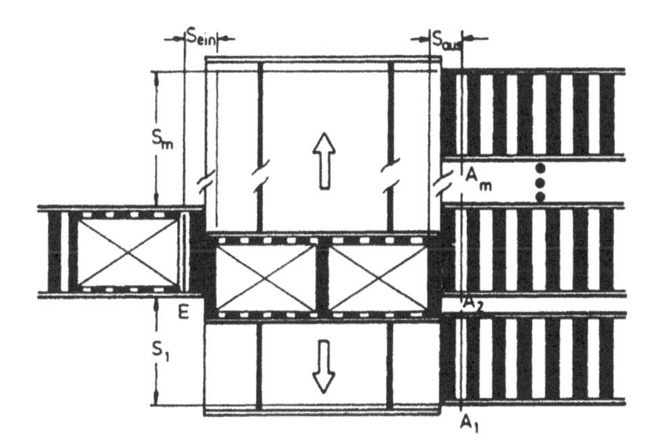

Abb. 18.10 Unstetiges Verteilerelement

Rollenbahn-Verteilerwagen

aufnahmemittel Gehänge oder Gondeln. Beispiele für Kreisfördersysteme sind [22, 64]:

$$\begin{array}{l} \text{Unterflurschleppkettenförderer} \\ \text{Hängekreisförderer} \\ \text{Power \& Free-Förderer} \\ \text{Kippschalenförderer} \\ \text{Cross-Belt-Förderer} \\ \text{S-Förderer} \\ \text{Skilifte} \\ \text{Seilbahnen.} \end{array} \tag{18.13}$$

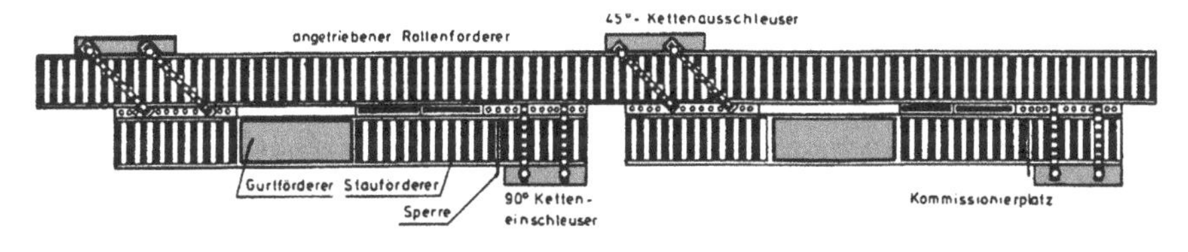

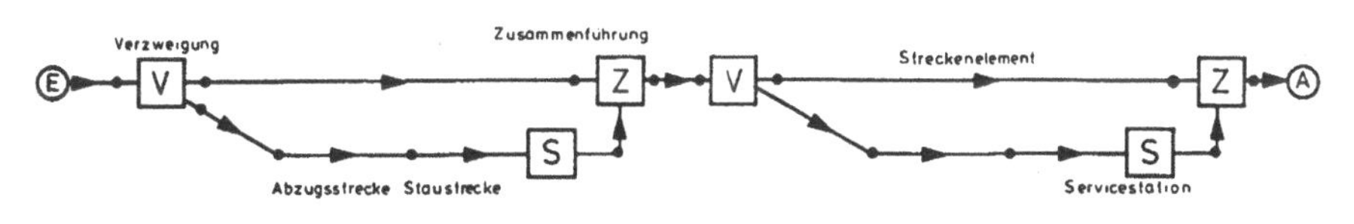

Abb. 18.11 Technische Ausführung und Strukturdiagramm eines Überholförderers zur Bereitstellung von Auftragsbehältern

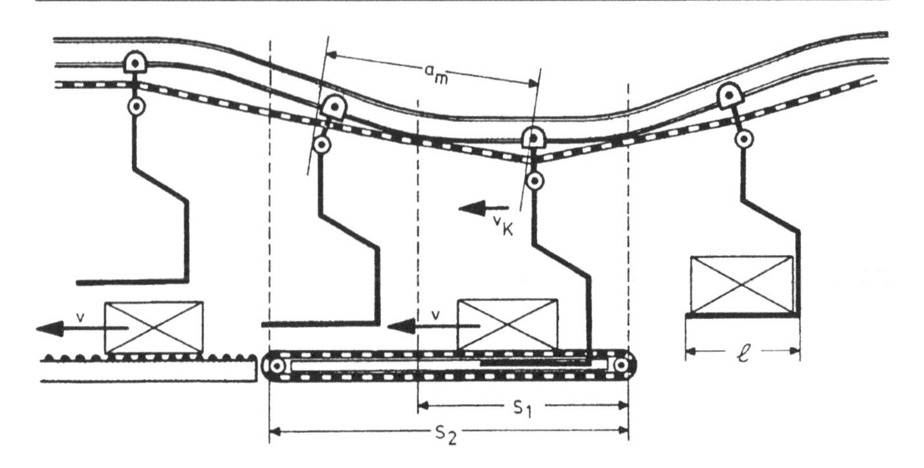

Abb. 18.12 Hängekreisförderer mit stetiger Lastabgabestation

Als Beispiel zeigt *Abb.* 18.12 einen über Kopf geführten *Power&Free-Förderer* mit Zugkette, Laufschiene und Gehängen zur Lastaufnahme. In *Abb.* 18.14 ist ein Kippschalenförderer dargestellt, der als Sorter arbeitet.

Die *Netzstruktur* der Kreisfördersysteme wird bestimmt von dem umlaufenden Zugmittel. Charakteristisch ist daher die in *Abb.* 18.4 gezeigte *Ringnetzstruktur* mit einem geschlossenen Förderkreis und Auf- und Abgabestationen, die auf oder neben dem Kreis liegen.

Der Kreisförderer ist ein Stetigförderer, dessen *Streckengrenzleistung* nach Beziehung (13.10) von der Geschwindigkeit des Zugmittels und vom Endpunktabstand der Lastaufnahmemittel bestimmt wird. Die Leistung des gesamten Kreisfördersystems hängt außer vom Leistungsvermögen des Kreisförderers von den Grenzleistungen der Aufgabe- und Abnahmestationen ab.

Die Stationen des Kreisförderers sind häufig *Transportübergänge* zu Transportsystemen anderer Art. Die Be- und Entladeleistung der Stationen wird bestimmt von der Konstruktion und von der Anordnung. Die Stationen können entweder *online* direkt an der Zugstrecke liegen oder *offline* neben der Zugstrecke angeordnet sein. Bei den *Offlinestationen* müssen die Lastaufnahmemittel vom Zugmittel gelöst werden. Sie können dann im Ruhezustand be- und entladen werden. Bei einer *Onlinestation* muss die Lastaufnahme und Lastabgabe stetig und synchron mit dem umlaufenden Zugmittel stattfinden. *Abb.* 18.12 zeigt eine *Onlinestation* mit stetiger Lastabgabe eines Hängekreisförderers, die aus einem Tragkettenförderer und einer anschließenden Rollenbahn besteht.

Hängekreisförderer und *Power & Free-Förderer* werden ebenso wie die Hängebahnen eingesetzt zum Befördern von Blechteilen, Karosserieteilen und Stangenmaterial in der Serienproduktion oder in Lackieranlagen, zur dynamischen Bereitstellung von *Packmitteln* sowie als Sammelförderer in zweistufigen Kommissioniersystemen.

Die *Unterflurschleppkettenförderer* konkurrieren mit den innerbetrieblichen Fahrzeugsystemen, insbesondere mit den FTS-Systemen. Sie sind geeignet für das

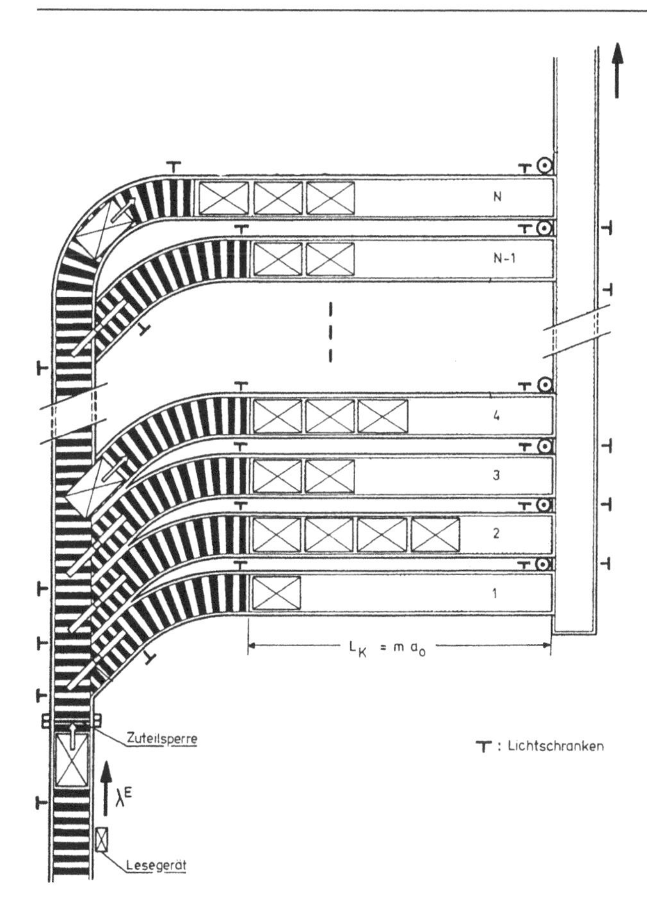

Abb. 18.13 Sortierspeicher für Behälter oder Kartons

Crossdocking in großen Umschlaghallen sowie zur Verbindung von Wareneingangstoren, Lagerbereichen und Warenausgangstoren in ausgedehnten Lager- und Kommissioniersystemen.

18.6.3 Sortersysteme

Sortersysteme sind spezielle Fördersysteme zum Trennen von *Sortiergut* nach Aufträgen und zum Verteilen des Sortierguts auf eine Anzahl von Zielstationen. Abhängig von der *Netzstruktur* und der *Speichermöglichkeit* ist zu unterscheiden zwischen *Liniensortern* und *Kreissortern* mit und ohne Zwischenpuffer [49, 64, 111].

Liniensorter ohne Zwischenpuffer sind einspurige Verteilerkämme, deren Netzstruktur in *Abb.* 18.3A dargestellt ist. Sie bestehen aus einer Aufgabestelle oder Einlaufstation, einer Kette von Strecken- und Verzweigungselementen und ein- oder beidseitigen Sammelbahnen. Am Eingang der Sortierstrecke wird das einlaufende Sortiergut von der Sortersteuerung identifiziert. Von den Verzweigungselementen werden die für das betreffende Ziel bestimmten Einheiten in die Sammelbahnen ausgeschleust.

Je nach Leistungsanforderung und Beschaffenheit der Sortiereinheiten ist die Sortierstrecke eine konventionelle Rollenbahn mit Verzweigungselementen, ein Bandförderer mit Abweisern oder Pushern oder ein Plattenband mit beweglichen Schuhen zum dynamischen Ausschleusen. Die Sortierleistung eines Liniensorters ohne Zwischenpuffer wird von der Ausschleusgrenzleistung der Verzweigungselemente bestimmt. Sie beträgt – abhängig von Bauart und Geschwindigkeit – für Sortiereinheiten [SE] bis zu 600 mm Länge und 30 kg Stückgewicht mit konventionellen Förderelementen 2.000 bis 6.000 SE/h und für *Hochleistungssorter* 8.000 bis zu 13.000 SE/h [49, 111].

Haupteinsatzgebiete von Liniensortern ohne Zwischenspeicher sind die Umschlagpunkte von Paketdienstleistern – s. *Abb.* 19.2 – und die zweite Kommissionierstufe in den Logistikzentren des Versandhandels.

Liniensorter mit Zwischenpuffer oder *Sortierspeicher* haben die in *Abb.* 18.3E dargestellte Netzstruktur. Sie setzen sich zusammen aus einer *Verteilerstrecke*, mehreren parallelen *Staubahnen* und einer *Abzugstrecke*. In den Staubahnen werden die zulaufenden Sortiereinheiten auftragsrein gesammelt. Die Einheiten vollständiger Aufträge werden bei *statischem Batch-Betrieb* abgezogen, wenn die Einheiten aller Aufträge einer Serie, und bei *dynamischem Batch-Betrieb*, wenn alle Einheiten eines Auftrags eingetroffen sind.

Zur Realisierung eines Sortierspeichers sind die zuvor beschriebenen Standardförderelemente geeignet. Als Ausführungsbeispiel zeigt *Abb.* 18.13 einen Sortierspeicher, der aus der Produktion gemischt ankommende Fertigwarenkartons für das Palettieren sortenrein trennt. Sortierspeicher werden auch eingesetzt zur Auftragszusammenführung im Warenausgang von Produktions- und Logistikbetrieben.

Die Durchsatzleistung eines Sortierspeichers mit Zwischenpuffer ist abhängig von der Betriebsstrategie, von den Grenzleistungen der Ein- und Ausschleuselemente und von der maximalen Länge der Sortieraufträge, deren Anzahl und Länge von der *Staukapazität* der Staubahnen begrenzt wird. Die Sortierleistung erreicht Werte bis 3.000 SE/h und ist damit deutlich geringer als die Durchsatzleistung von Liniensortern ohne Zwischenpuffer [64].

Kreissorter ohne Zwischenpuffer sind spezielle Kreisförderer mit einzeln ansteuerbaren, schnell arbeitenden Lastaufnahmemitteln. Die am Zugmittel dicht hintereinander befestigten Lastaufnahmemittel können aufgesetzte Kippschalen, Gurtförderelemente oder Gondeln sein. Als Ausführungsbeispiel zeigt *Abb.* 18.14 einen *Kippschalensorter* [49, 64, 111].

Das Sortiergut wird nach der *Identifizierung* an einer oder mehreren Aufgabestellen über Zuführungsstrecken auf die Lastaufnahmemittel aufgegeben. An den Zielstationen löst die Sortersteuerung das dynamische Abladen oder Abwerfen der Sortiereinheiten in die Zielbahnen oder Sammelrutschen aus.

Wenn die Grenzleistung der Aufgabestationen ausreicht, ist die maximale Sortierleistung gleich der Grenzleistung des zentralen Kreisförderers. Sie erreicht bei Hochleistungssortern bis zu 15.000 SE/h [111]. Kreissorter ohne Zwischenpuffer

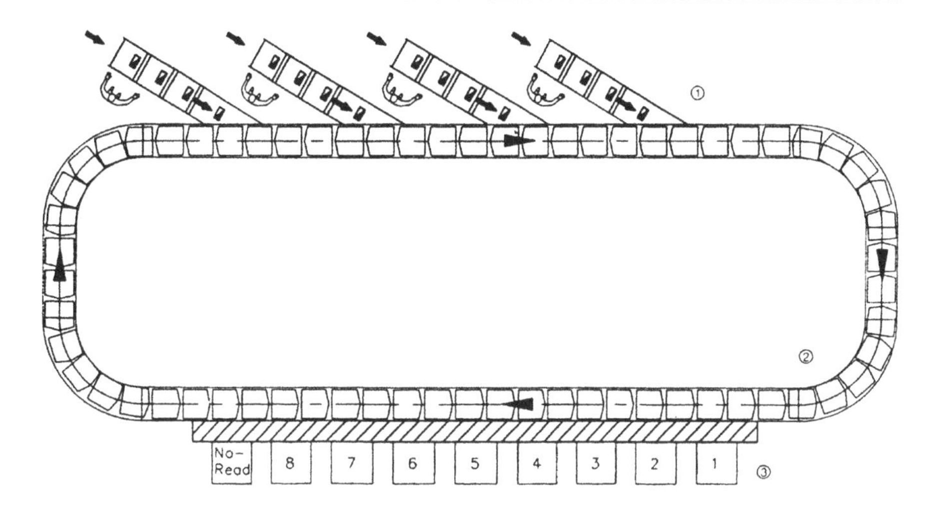

Abb. 18.14 Kippschalensorter [111]

1 Aufgabestationen
2 Kreisförderer mit Kippschalen
3 Sammelrutschen

werden vor allem in zweistufigen Kommissioniersystemen des Versandhandels eingesetzt.

Kreissorter mit Zwischenspeicher oder *dynamische Umlaufspeicher* bestehen aus einer oder mehreren *Zuführungsstrecken*, einem *Speicherring* von Strecken-, Kurven- und Verzweigungselementen und einer Anzahl von *Zielbahnen*. Im Speicherring laufen die zugeführten Sortiereinheiten solange um, bis alle Einheiten eines Sortierauftrags eingetroffen sind. Sobald eine Zielbahn frei ist, werden die Einheiten eines vollständigen Auftrags dorthin ausgeschleust.

Das Leistungsvermögen eines dynamischen Umlaufspeichers, der aus Stetigförderelementen oder als Kreisförderer ausgeführt werden kann, ist gleich der Grenzleistung des *Engpasselements*. Engpass eines Umlaufspeichers ist das Einschleus- oder das Ausschleuselement mit der höchsten Belastung. Einsatzbereiche dynamischer Umlaufspeicher sind Zufördersysteme automatischer Tablarlager und Arbeitsspeicher vor Packzonen mit vielen parallelen Arbeitsplätzen.

18.7 Fahrzeugsysteme

Die Bestandteile eines Fahrzeugsystems sind:

Transportmittel
Stationen
Spurnetz (18.14)
Transportsteuerung
Energieversorgung.

Die *Transportmittel* eines Fahrzeugsystems sind einzelne beladbare *Transportfahrzeuge* oder *Transportzüge*, die aus einem *Zugfahrzeug* und mehreren *Anhängern* bestehen. Sie bewegen sich mit oder ohne Beladung nach den Vorgaben der Transportsteuerung zwischen den Stationen durch das Spurnetz.

Eine *stationäre* oder *mitfahrende Energieversorgung* liefert die notwendige Energie für den Antrieb der Transportmittel.

18.7.1 Kennzahlen der Transportmittel

Folgende Leistungs- und Kostenkennzahlen der Transportmittel bestimmen die Leistungsfähigkeit, den Fahrzeugbedarf, die Verfügbarkeit und die Wirtschaftlichkeit eines Fahrzeugsystems:

- *Transportkapazität*: *Laderaum* V_{TE} [m³/TE], *Nutzlast* G_{TE} [kg/TE, t/TE] und *Fassungsvermögen* C_{TE} [LE/TE]
- *Laderaummaße*: Länge l_{LR}, Breite b_{LR} und Höhe h_{LR} [m] des nutzbaren Laderaums
- *Fahrgeschwindigkeit*: Maximalgeschwindigkeit v_{max} und Reise- oder Effektivgeschwindigkeit v_{eff} [m/s; m/min oder km/h;]
- *Beschleunigungswerte*: Anfahrbeschleunigung b^{+}_{TE}, Bremsbeschleunigung b^{-}_{TE} und Notbremskonstante $b^{-}_{TE\ n}$ [m/s²]
- *Außenmaße*: Länge l_{TE}, Breite b_{TE} und Höhe h_{TE} [m] der voll beladenen Transportmittel
- *Energiereichweite*: maximaler Fahrweg $s_{E\ max}$ [m] mit einer Füllung des Energiespeichers
- *Energieverbrauch*: *Treibstoffverbrauch* [l/100 km] oder *Stromverbrauch* [kW/h]
- *Zuverlässigkeit*: mittlere *störungsfreie Laufzeit* (MTBF) oder störungsfreie Laufleistung [km] und *mittlere Ausfallzeit im Störungsfall* (MTTR) (s. *Abschn.* 13.9)
- *Gesamtnutzbarkeit*: maximale *Laufleistung* [Fahr-Kilometer] oder maximale *Nutzungsdauer* T_N [Betriebsstunden]
- *Anschaffungspreise* von Fahrzeug und Anhängern.

Die Leistungs- und Kostenkennzahlen resultieren aus der Konstruktion, der Antriebsart, der Fahrzeugsteuerung und anderen technischen Merkmalen des Transportmittels. Die Kennwerte ausgewählter *Transport* - und *Verkehrsmittel* sind in den *Tab.* 18.3 und 18.4 angegeben.

Das Fassungsvermögen eines Transportmittels ist:

$$C_{TE} = C_{FZ} + N_{Hg} \cdot C_{Hg} \quad [\text{LE/TE}] \tag{18.15}$$

wenn – wie in *Abb.* 18.15 dargestellt – C_{Fz} [LE/Fz] die Kapazität des Fahrzeugs, C_{Hg} [LE/Hg] die Kapazität der Anhänger und N_{Hg} [Hg/TE] die Anzahl der Anhänger ist. Aus (18.15) folgt:

► Das *Fassungsvermögen* der Fahrzeuge und Anhänger und die *Anhängeranzahl* sind für die Planung *Optimierungsparameter* und im Betrieb *Dispositionsparameter*, mit denen sich die Kapazität der Transportmittel *flexibel* dem Beförderungsbedarf anpassen lässt.

VERKEHRSTRÄGER		Nutzlast	Laderaum					Kapazität	
Transportmittel	Transporteinheit		Länge	Breite	Höhe	Fläche	Volumen	Anzahl	LE
		t	m	m	m	m²	m³		
STRASSE									
Transporter	Laderaum	2,6	3,2	2,2	2,5	7	18	5	PalStp
Lastwagen	Ladekoffer	7,5	7,2	2,4	3,0	18	53	17	PalStp
Sattelauflieger-Zug	Sattelauflieger	27,0	13,6	2,5	3,0	34	102	34	PalStp
Wechselbrücken-Zug	2 Wechselbrücken	14,0	7,1	2,5	3,0	18	53	2 X 17	PalStp
SCHIENE									
Standardwaggon	4 oder 8 Achsen	50	14,6	2,6	2,8	38	106	36 2	PalStp TEU
Großraumwaggon	8 Achsen	100	26,0	2,6	2,8	68	189	60 4	PalStp TEU
Halbzug	Lok + Waggons	bis 1.600	bis 500	3,0				12 bis 16 60	Waggons TEU
Ganzzug	Lok + Waggons	bis 4.000	bis 1.000	3,0				17 bis 32 120	Waggons TEU
WASSER									
Europa-Binnenschiff	Container	3.000	75,0	10,0	6,0	750	4.500	bis 60	TEU
Feederschiff klein	Container	5.000	ca. 100	ca. 22				500	TEU
Feederschiff groß	Container	20.000	ca. 150	26 bis 28				1.200	TEU
Containerschiff groß	Container	80.000	ca. 350	28 bis 32				8.000	TEU

Tab. 18.3 Kenndaten ausgewählter Transportmittel [111]

1 PalStp = ein Euro-Palettenstellplatz
1 TEU = ein 20″-Container

Im einfachsten Fall ist $N_{Hg} = 0$ und die Transporteinheit ein beladbares Fahrzeug ohne Anhänger. Beispiele sind Stapler, Lastkraftwagen, Personenwagen, Schiffe oder Flugzeuge. Für den Fall $C_{Fz} = 0$ ist – wie bei Eisenbahnzügen, Binnenschiffsschleppzügen und innerbetrieblichen Schleppzügen – die Zugmaschine nicht beladbar und die Kapazität der Anhänger $C_{Hg} > 0$. Der allgemeine Fall $C_{Fz} > 0$, $N_{Hg} > 0$ und $C_{Hg} > 0$ liegt zum Beispiel bei einem Lastzug mit Anhängern vor.

18.7.2 Ausführungsarten der Transportmittel

Die große Ausführungsvielfalt der Transportmittel resultiert aus den unterschiedlichen Konstruktionen, technischen Bauarten und vielen Kombinationsmöglichkeiten der Komponenten von Transportfahrzeugen und Transportzügen. Die *Komponenten der Transportmittel* eines Fahrzeugsystems sind:

VERKEHRSTRÄGER Transportmittel	Geschwind. effektiv	Reichweite max	Laufleistung Gesamtnutzung	Investition Neuwert	Treibstoff Verbrauch	Transportleistungspreise Grundpreis	 Stoppreis	 Wegpreis
STRASSE	km/h	km/Tag	Mio.km	T€/Fahrzeug	l/100 km	€/Fahrt	€/Stop	€/km
Transporter	50	400	0,8	30	14 bis 18	11,00	2,50	0,70
Lastwagen	60	500	1,2	60	20 bis 25	21,00	5,10	1,05
Sattelauflieger-Zug	60	800	1,5	130	35 bis 40	45,00	17,00	1,20
Wechselbrücken-Zug	60	800	1,5	140	35 bis 40	47,00	22,00	1,20
				Bereitstellung+Zugbildung		Fahrt	Traktion	Trasse
SCHIENE	km/h	km/Tag	Mio.km	T€/Waggon	€/Wag	€/Wag-km	€/Zug-km	€/km
Zug mit Standardwaggons	30 bis 60	800	3,0	65	35,00	0,16	13,00	5,00
Zug mit Großraumwaggons	40 bis 80	1.000	3,0	95	45,00	0,22	16,00	5,00
WASSER	km/h	km/Tag	Mio.km	Mio. €/Schiff	l/100 km	€/Fahrt	€/Stop	€/km
Binnenschiff	15	300	1,0	3 bis 3	500			
Feederschiff klein	30	650	2,0	12 bis 15	2.000	5.000	1.300	20,00
Feederschiff groß	35	850	3,0	22 bis 25	5.000	20.000	7.000	30,00
Containerschiff groß	45	950	3,0	40 bis 50	20.000	50.000	25.000	120,00

Tab. 18.4 Leistungs- und Kostenkennwerte ausgewählter Transportmittel

Leistungspreise: Richtwerte aus Modellkalkulationen Kostenbasis: 2008

Fahrzeug
Anhänger
Lastaufnahmemittel
Spurführung
Antrieb
Fahrzeugsteuerung. (18.16)

Abb. 18.15 Fassungsvermögen eines Transportzugs mit Anhängern

Fahrzeugkapazität $C_{Fz} = 0$ LE
Hängerkapazität $C_{Hg} = 3$ LE
Hängeranzahl $N_{Hg} = 2$
Transportkapazität $C_{TM} = C_{Fz} + N_{Hg} C_{Hg} = 6$ LE
Beladung $M_{TE} = 5$ LE

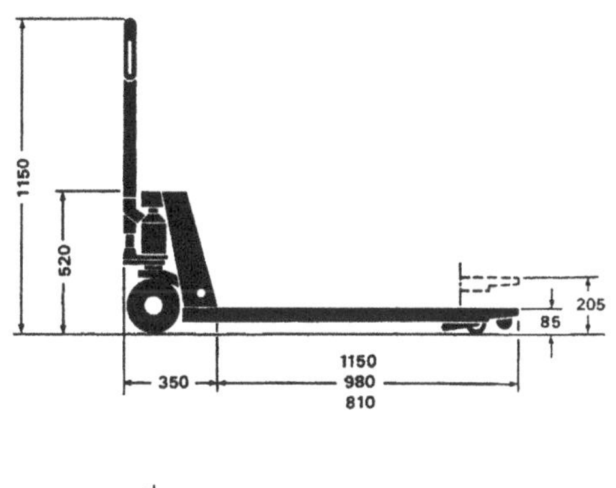

Abb. 18.16 Gabelhandhubwagen zum innerbetrieblichen Palettentransport

Zur manuellen oder automatischen Auf- und Abgabe der Ladung können die Transporteinheiten mit *Lastaufnahmemitteln* ausgerüstet sein, deren Technik von der Beschaffenheit der Ladeeinheiten und von den stationären Einrichtungen in den Stationen bestimmt wird. Gebräuchliche *Lastaufnahmemittel* sind [116]:

Haken und Ketten
Spreader und Ladegeschirre
Schub-, Hub- und Teleskopgabeln
Rollenbahnen und Tragketten (18.17)
Lafetten
Greif-, Zug- und Schubeinrichtungen.

Die Fahrzeuge lassen sich einteilen in *Hängebahnfahrzeuge*, *Flurförderzeuge* und *Verkehrsmittel*.

Hängebahnfahrzeuge sind Laufkatzen oder Gehänge mit unterschiedlichen Lastaufnahmemitteln, die an Fahrschienen über Kopf verfahren. Die *Vorteile* der Hängebahnen gegenüber den Flurförderzeugen sind die *Flurfreiheit*, die allerdings durch Schutzgitter und Führungsschienen beeinträchtigt wird, und die *permanente Stromversorgung*, die eine große Reichweite der Hängebahnfahrzeuge ermöglicht.

Hängebahnen werden konkurrierend zu den Kreisförderern vorwiegend für innerbetriebliche Transporte von schweren oder sperrigen Lasten über mittlere Entfernungen bei gleichbleibenden Transportrelationen eingesetzt.

Der innerbetriebliche Transport ist auch der Haupteinsatzbereich der Flurförderzeuge. Häufig verwendete *Flurförderzeuge* sind:

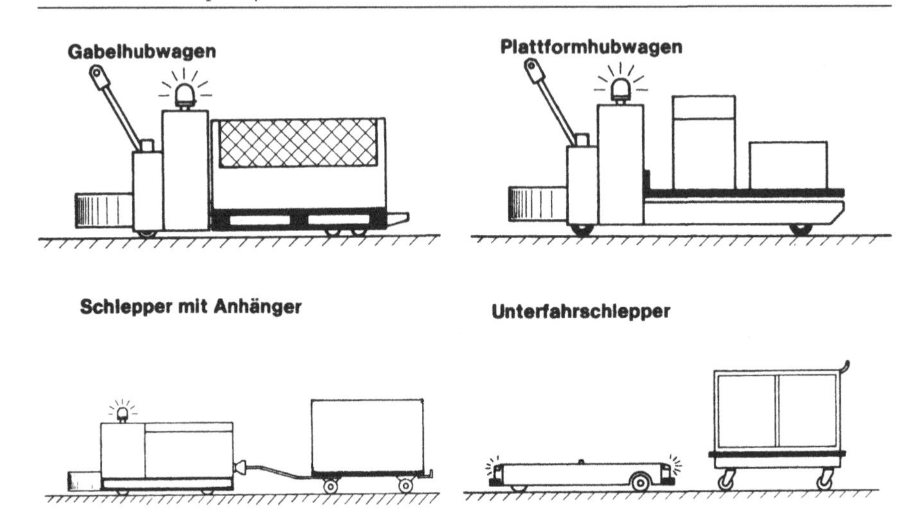

Abb. 18.17 Fahrerlose Transportfahrzeuge (FTS-Fahrzeuge)

Hubwagen
Gabelstapler
Kommissionierfahrzeuge
Van-Carrier (18.18)
Lastfahrzeuge
Unterfahrschlepper
Schleppzüge.

Ein besonders einfaches und vielseitig nutzbares Flurförderzeug ist der in *Abb.* 18.16 dargestellte *Gabelhandhubwagen* für Paletten. Gabelhubwagen werden im Wareneingang und Warenausgang zum Entladen, Umsetzen und Beladen sowie für den innerbetrieblichen Transport über kurze Entfernungen verwendet.

Die *Abb.* 18.17 zeigt vier verschiedene Fahrzeugtypen von *Fahrerlosen Transport-Systemen*, kurz *FTS* genannt, die für unterschiedliche Lasten geeignet und mit verschiedenen Lastaufnahmemitteln ausgerüstet sind (s. auch *Abb.* 18.18). Die FTS-Systeme konkurrieren im innerbetrieblichen Transport mit den mannbedienten Fahrzeugsystemen und den Hängebahnen, insbesondere wenn im Zwei- oder Dreischichtbetrieb gleichbleibend hohe Transportleistungen mit vielen, häufiger wechselnden Relationen gefordert sind.

In *Abb.* 18.15 ist ein *Schleppzug mit Anhängern* dargestellt. Haupteinsatzgebiete von Schleppzügen sind der innerbetriebliche Transport von Paletten und anderen Lasten über größere Entfernungen sowie der Gepäck- und Frachttransport auf Bahnhöfen und in Flughäfen. Das Schleppfahrzeug kann einen Elektro- oder Dieselantrieb haben und manuell oder automatisch gelenkt werden. Die Anhänger können zum automatischen Be- und Entladen mit unterschiedlichen Lastaufnahmemitteln ausgerüstet sein.

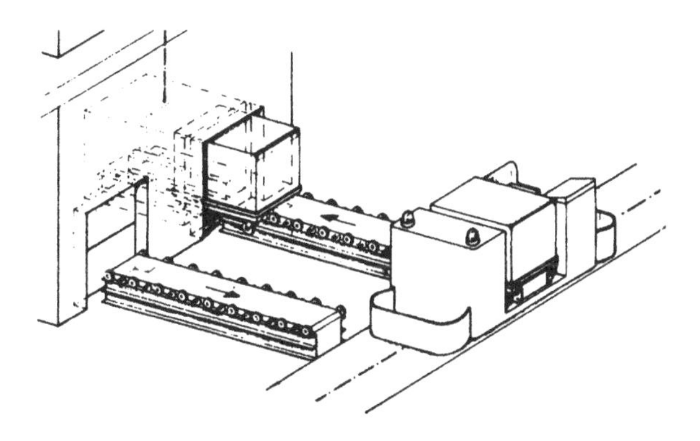

Abb. 18.18 FTS-Fahrzeug zum Transport von Roll-Containern mit automatischer Lastübergabe zu Rollenbahn und Hubstation

Als Beispiel für einen *Transportübergang* zwischen einem Fördersystem und einem innerbetrieblichen Fahrzeugsystem zeigt *Abb.* 18.18 ein FTS-Fahrzeug, das für den Transport und die automatische Lastaufnahme von Rollbehältern ausgerüstet ist.

Die *Abb.* 18.19 zeigt jeweils ein Ausführungsbeispiel der *Verkehrsmittel*:

Straßenfahrzeug
Schienenfahrzeug
Schiff
Flugzeug. (18.19)

Verkehrsmittel werden primär im *außerbetrieblichen Transport* eingesetzt und bewegen sich auf den *Verkehrsträgern*:

Straße
Schiene
Wasser
Luft. (18.20)

Als Beispiel für den automatischen Transportübergang zwischen einem innerbetrieblichen Fördersystem und einem außerbetrieblichen Fahrzeugsystem ist in *Abb.* 18.20 ein *Sattelaufliegerfahrzeug* dargestellt, das mit Tragkettenförderern zum automatischen Be- und Entladen von Paletten ausgerüstet ist. Ein solches Shuttle-Transportfahrzeug ist wirtschaftlich einsetzbar zwischen Produktion und Fertigwarenlagern, wenn der Transportweg nicht wesentlich größer als 100 km und der Betrieb mehrschichtig ist.

18.7.3 Spurführung und Spurnetze

Das Spurnetz, der Verkehrsablauf und die Transportstrategien hängen von der *Art der Spurführung* ab. Für diese bestehen folgende Möglichkeiten:

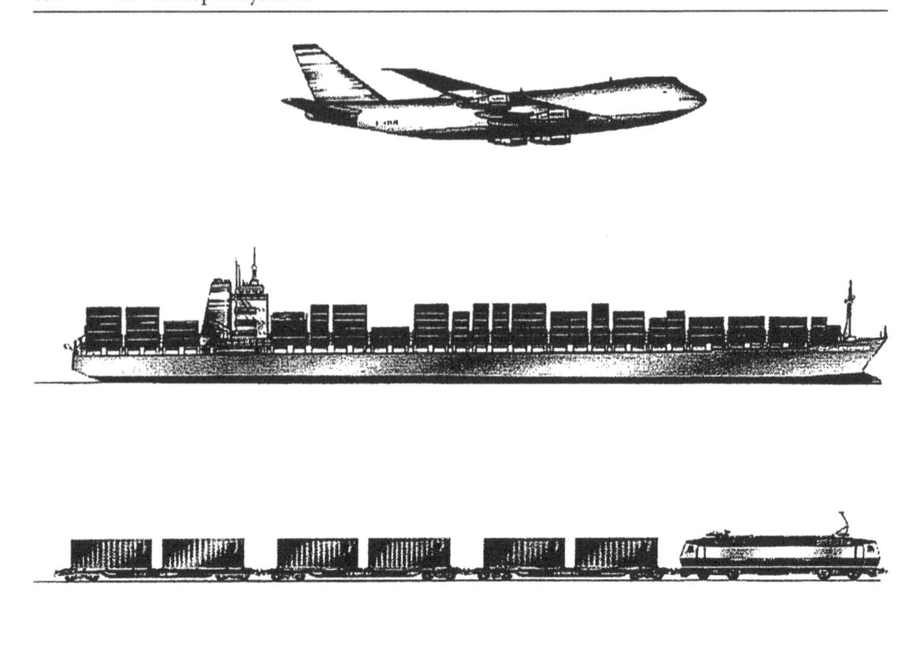

Abb. 18.19 Verkehrsmittel auf Straße, Schiene, Wasser und in der Luft

Darstellung aus Firmenbroschüre *Kühne & Nagel*

- *Feste Spurführung*: Die Fahrspur der Transportmittel ist durch eine *stationäre Spurführung* fest vorgegeben.
- *Freie Spurführung*: Die Fahrspur kann von der Fahrzeugsteuerung innerhalb eines bestimmten *Verkehrsraums* frei gewählt werden.

Bei *fester Spurführung* können die Fahrzeuge oder Züge die Fahrspur nur an den Knotenpunkten wechseln. Ein Überholen zwischen den Knotenpunkten ist nicht möglich. Die Geschwindigkeiten der Fahrzeuge auf einer Fahrstrecke können in einem begrenzten Zeitraum nur wenig voneinander abweichen. Die *Fahrspur* ist durch fest installierte Fahrschienen, Führungsschienen oder Leitdrähte oder durch optische, akustische oder elektronische Leitspuren räumlich fixiert.

Bei *freier Spurführung* sind *Spurwechsel*, *Spuränderungen* und *Überholvorgänge* an allen Punkten der Fahrtrasse möglich, soweit es die Verkehrslage und der Verkehrsraum zulassen. Daher können die Fahrzeuge bei freier Spurführung auf der selben Strecke unterschiedliche Geschwindigkeiten haben. Der *Verkehrsraum* ist durch eine Fahrbahn, Fahrtrasse oder Fahrrinne, durch eine Verkehrsfläche oder Wasserfläche oder durch einen vorgegebenen Luftverkehrsraum begrenzt. Bis auf die Schienennetze der Bahn sind die *öffentlichen Verkehrsnetze* Transportnetze mit freier Spurführung.

Die *öffentlichen Verkehrsnetze* – Straßennetze, Binnenschifffahrtsnetze, Seeverkehrsnetze und Luftverkehrsnetze – sind das Ergebnis einer historischen Entwicklung, die vom Industrie- und Bevölkerungswachstum, der *Verkehrspolitik*, der Infrastrukturplanung und der Städteplanung beeinflusst ist. Neue Verkehrswege werden von der *Verkehrswegeplanung* vorbereitet und abhängig von Bedarf und Finanzierbarkeit gebaut. Die öffentlichen Verkehrsnetze sind weitgehend vorgegeben und durch die Unternehmen oder Verkehrsteilnehmer kaum veränderbar.

Die flächendeckenden Verkehrsnetze in den Industrieländern bieten den Verkehrsteilnehmern jedoch eine große Wahlfreiheit für die *Fahrtrouten* zwischen den Stationen. Die weltumspannenden Verkehrsnetze zu Land, auf dem Wasser und in der Luft ermöglichen den Unternehmen den Aufbau *flexibler* oder *temporärer Logistiknetze*, die nur einen kleinen Teil der Verkehrsnetze nutzen. Diese *Handlungsspielräume* werden vom *Netzwerkmanagement* und in der *Tourenplanung* genutzt [103, 106].

Spurnetze mit fester Spurführung sind die *Schienennetze* von Eisenbahnen, Hängebahnen und innerbetrieblichen Schienenfahrzeugen sowie die *Spurnetze* fahrer-

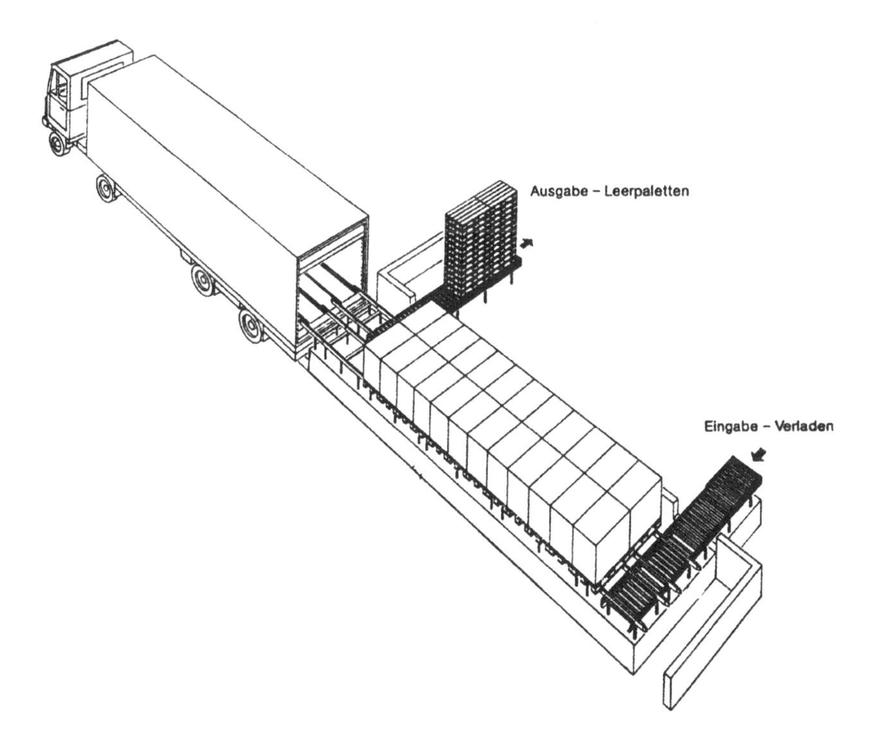

Abb. 18.20 Shuttle-Fahrzeug mit automatischer Palettenübergabestation [66]

loser Transportsysteme. Als Beispiel zeigt *Abb.* 18.21 das unterirdische Spurnetz eines *Allgemeinen Waren-Transportsystems* (AWT) mit den in *Abb.* 18.18 dargestellten FTS-Fahrzeugen zum Flächentransport von Containern, mit dem die Stationen eines *Krankenhauses* über Aufzüge mit Wäsche, Mahlzeiten, Medikamenten und anderem Bedarf ver- und entsorgt werden.

Der Einsatz von *RFID* zur Positionsbestimmung in Verbindung mit *Transpondern*, die im Boden der Verkehrsfläche als Flächenraster von Bezugspunkten verlegt sind, ermöglicht heute *FTS-Systeme* – auch *AGV-System* (*Automated Guided Vehicle*) genannt – mit nahezu *freier Spurführung*. Der Fahrzeugrechner ermittelt aus der aktuellen Position den schnellsten kollisionsfreien Weg und steuert das Fahrzeug – im günstigsten Fall auf kürzestem Direktweg – zum vorgegebenen Ziel.

Die Planung der *innerbetrieblichen Transportnetze* ist Aufgabe der *Materialflussplanung* in Abstimmung mit der *Werks-* oder *Betriebsplanung*. Die Trassenführung der Verkehrswege und die Gestaltung der Schienen- und Spurnetze in den Werken und Betrieben resultieren aus dem Beförderungsbedarf zwischen den Leistungsstellen und den Betriebsbereichen (s. u.).

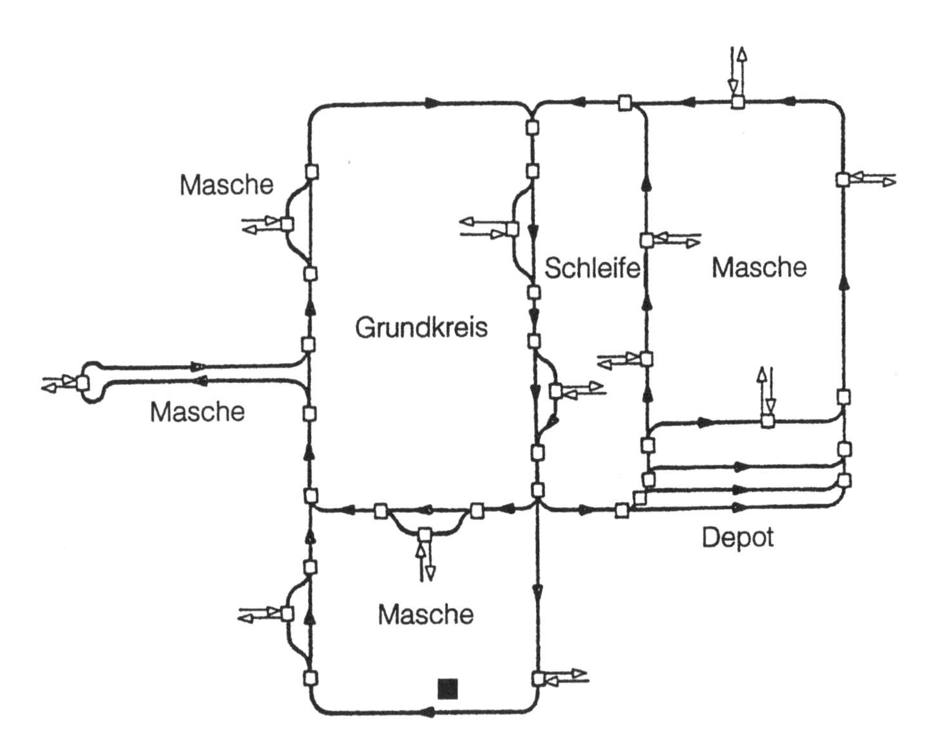

Abb. 18.21 Geschlossenes Spurnetz eines Fahrzeugsystems

Transportnetz eines FTS-Systems zur Ver- und Entsorgung eines Krankenhauses

18.7.4 Antriebstechnik und Energieversorgung

In den Transportmitteln kommen heute primär folgende *Antriebstechniken* zum Einsatz:

Gleichstrom- oder Drehstrommotor
Benzin-, Diesel- oder Gasmotor (18.21)
Düsentriebwerke.

Andere Antriebstechniken, wie die Windkraft oder die Dampfmaschine, sind von Dieselmotor und Elektroantrieb weitgehend verdrängt worden oder befinden sich, wie der Gyroskopantrieb für Busse oder die Hybridantriebe, im Experimentierstadium.

Entscheidungskriterien für die Auswahl der Antriebstechnik eines Transportmittels sind Verfügbarkeit, Verbrauch und Kosten des *Energieträgers*, die benötigte *Antriebskraft*, die angestrebte *Fahrgeschwindigkeit* und *Beschleunigung* sowie die Art der *Energieversorgung*.

Für die *Energieversorgung* des Fahrzeugantriebs bestehen folgende Möglichkeiten:

- *Stationäre Energieversorgung* über Schleifleitungen, Stromschienen, Oberleitung oder Schleppkabel
- *Mitfahrende Energieversorgung* aus einem Treibstofftank, einer Batterie oder einem Akku oder durch einen mechanischen Energiespeicher, wie Gyroskop oder Feder.

Der *Vorteil* der *stationären Energieversorgung* ist, dass die Reichweite der Transportmittel nicht durch den Inhalt eines Energiespeichers begrenzt wird. Der Hauptnachteil sind die fest neben der Fahrspur installierten Versorgungsleitungen. Dadurch ist die stationäre Energieversorgung beschränkt auf spurgeführte Fahrzeugsysteme. Das heißt:

► Die *stationäre Energieversorgung* beschränkt die Beweglichkeit der Transportmittel auf feste Fahrspuren, ermöglicht aber den unterbrechungsfreien Einsatz der Fahrzeuge.

Eine *mitfahrende Energieversorgung* ist Voraussetzung für ein spurfreies Fahrzeugsystem. Sie erfordert keine festen Versorgungsleitungen entlang den Fahrwegen und ermöglicht dadurch eine größere *Beweglichkeit* der Transportmittel. Dieser Vorteil wird jedoch mit folgenden *Nachteilen* und *Einschränkungen* erkauft:

- Der Inhalt des mitfahrenden Energiespeichers begrenzt die *Reichweite* des Transportmittels.
- Energiespeicher und Energieträger benötigen Platz und haben ein *Eigengewicht*, das zu Lasten der Nutzlast geht und für dessen Beförderung Energie verbraucht wird.
- Zum Aufladen der Energiespeicher müssen in ausreichendem Abstand *Tankstellen* oder *Ladestationen* vorhanden sein, die eine eigene Versorgungslogistik benötigen.

- Das Tanken oder Aufladen erfordert Zeit, die für den Transporteinsatz verloren geht und die *Verfügbarkeit* der Transportmittel reduziert.

Hieraus folgt:

▶ Die *mitfahrende Energieversorgung* ermöglicht eine größere Bewegungsfreiheit der Transportmittel, begrenzt aber deren Reichweite und vermindert die Verfügbarkeit.

Die begrenzte Reichweite und die verminderte Verfügbarkeit sind *Restriktionen*, die bei der Systemauslegung und der Berechnung des Fahrzeugbedarfs sowie bei der Tourenplanung und Einsatzdisposition der Fahrzeuge berücksichtigt werden müssen.

18.8 Transportmatrix und Transportmittelbedarf

Damit ein Fahrzeugsystem eine Transportleistung erbringen kann, die durch eine *Beförderungsmatrix* λ_{ij} [LE/h] gefordert wird, müssen zwischen den Stationen S_i und S_j Transportströme fließen, die durch eine *Transportmatrix* $\lambda_{TE\,ij}$ [TE/h] gegeben sind. Die Transportmatrix wird benötigt zur Ermittlung der Verkehrsbelastung der Strecken und Knoten des Transportnetzes und zur Berechnung des Transportmittelbedarfs.

Die Transportströme zwischen den Stationen setzen sich zusammen aus einem *Volltransportstrom* $\lambda^{V}_{TE\,ij}$ von Transportmitteln *mit* Beladung und einem *Leertransportstrom* $\lambda^{L}_{TE\,ij}$ von Transportmitteln *ohne* Beladung:

$$\lambda_{TE\,ij} = \lambda^{V}_{TE\,ij} + \lambda^{L}_{TE\,ij} \quad [\text{TE/h}]\,. \tag{18.22}$$

Die funktionale Abhängigkeit der *Volltransportströme* und der *Leertransportströme* vom Beförderungsbedarf λ_{ij} und vom Fassungsvermögen C_{TE} der Transportmittel wird von den Transportstrategien bestimmt.

18.8.1 Volltransportströme

Wenn jedes Transportmittel maximal beladen ist, befördert es C_{TE} Ladeeinheiten. Daraus folgt:

▶ Für Transportmittel mit dem Fassungsvermögen C_{TE} [LE/TE] und eine geforderte Beförderungsleistung λ_{ij} [LE/h] ist der *minimale Volltransportstrom*

$$\lambda^{V}_{TE\,ij} = \lambda_{ij}/C_{TE} \quad [\text{TE/h}]\,. \tag{18.23}$$

Minimale Volltransportströme sind durch maximale Ladungsbündelung mit der Strategie zielreiner Fahrten bei freier Abfertigungsreihenfolge erreichbar, wenn die Transportzeiten nicht begrenzt sind.

Wenn für eine Transportrelation nur eine maximale Abfertigungswartezeit Z_{ij} [h] zulässig ist, müssen die Transportfahrten mit einer *Mindestfrequenz* $\nu_{ij\,\min} = 1/Z_{ij}$ [1/h] stattfinden, auch wenn die in der Zeit Z_{ij} für das Ziel S_j ankommenden Ladeeinheiten das Transportmittel nicht voll auslasten. Hieraus folgt:

- Bei *freier Abfertigungsreihenfolge* durch Transportmittel mit dem *Fassungsvermögen* C_{TE} [LE/TE], den maximal zulässigen *Abfertigungswartezeiten* Z_{ij} [h], *zielreinen Fahrten* und einem *Beförderungsbedarf* λ_{ij} [LE/h] sind die *Volltransportströme*

$$\lambda^{V}_{TE\,ij} = \mathrm{MAX}(\lambda_{ij}/C_{TE}\,;1/Z_{ij}) \quad [TE/h]\,. \tag{18.24}$$

Bei fester Abfertigungsreihenfolge und zielreinen Fahrten können jeweils nur so viele Ladeeinheiten in einem Transportmittel befördert werden, wie nacheinander für die gleiche Zielrichtung ankommen. Für einen stochastisch durchmischt ankommenden Ladeeinheitenstrom ergibt sich die Anzahl zielrein aufeinander folgender Ladeeinheiten aus der *Folgenwahrscheinlichkeit* (13.45). Damit folgt [112]:

- Bei *fester Abfertigungsreihenfolge* durch Transportmittel mit dem *Fassungsvermögen* C [LE/TE], den maximal zulässigen *Abfertigungswartezeiten* Z_{ij} [h], *zielreinen Fahrten* und *zielgemischten Beförderungsströmen* λ_{ij} [LE/h] sind die *Volltransportströme*

$$\lambda^{V}_{TE\,ij} = \mathrm{MAX}\left(\left((1-\lambda_{ij}/\lambda_{Ei})/(1-(\lambda_{ij}/\lambda_{Ei})^{C})\right)\cdot\lambda_{ij}\,;1/Z_{ij}\right) \quad [TE/h]\,. \tag{18.25}$$

Hierin sind λ_{Ei} die Einlaufströme (18.3) in die Stationen S_i. Bei einer Kapazität C = 1 LE/TE ist die Volltransportmatrix für beide Abfertigungsstrategien gleich der Belastungsmatrix.

Für zielgemischte Fahrten und für Fahrten mit Zuladen ergeben sich die Ladungstransportströme aus der Summation der erforderlichen Einzelfahrten. Die Anzahl der Einzelfahrten ist abhängig von der *Tourenplanung* (s. *Abschn.* 18.11).

Fahrten mit Zuladung sind nur möglich, wenn ein Transportmittel eine Station teilgefüllt verlässt. Das kommt bei freier Abfertigungsreihenfolge immer dann vor, wenn sich in der maximalen Abfertigungswartezeit weniger als C_{TE} Ladeeinheiten für eine Zielrichtung ansammeln.

Für die Strategien der Fahrten mit Zuladung und der zielgemischten Fahrten gelten folgende *Einschränkungen:*

- *Transportfahrten mit Zuladung* haben nur einen positiven Effekt, wenn die Transportmatrix durch das Anfahren mehrerer Ziele deutlich kleiner wird als die Transportmatrix (18.24) für Fahrten ohne Zuladung.

- *Zielgemischte Fahrten*, die bei fester Abfertigungsreihenfolge eine volle Beladung der Transportmittel ermöglichen, sind nur sinnvoll, wenn die hiermit erreichbare Transportmatrix kleiner ist als die Transportmatrix (18.25) für zielreine Fahrten.

Daher sind die maximalen Volltransportströme bei freier Abfertigungsreihenfolge durch Beziehung (18.24) und bei fester Abfertigungsreihenfolge durch Beziehung (18.25) gegeben. Für beide Abfertigungsstrategien kann also das Fahrzeugsystem mit den Transportmatrizen (18.24) und (18.25) dimensioniert werden. Ein so ausgelegtes Fahrzeugsystem ist dann auch für andere Transportstrategien, wie zielgemischte Fahrten und Fahrten mit Zuladung, ausreichend bemessen [65].

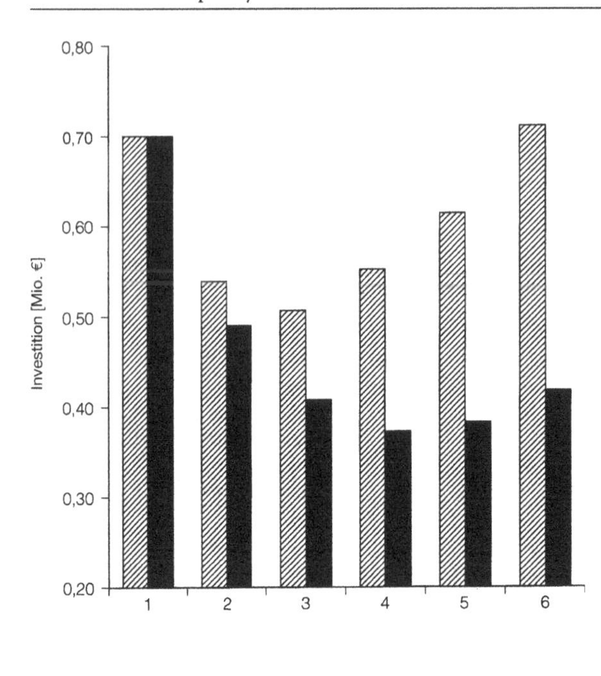

Abb. 18.22 Abhängigkeit der Transportmittelinvestition vom Fassungsvermögen der FTS-Fahrzeuge

Graue Balken:
Feste Abfertigungsreihenfolge
Schwarze Balken:
Freie Abfertigungsreihenfolge

18.8.2 Transportmatrix für einzelne und kombinierte Fahrten

Für die beiden einfachsten Leerfahrzeugstrategien der einzelnen und der kombinierten Fahrten lassen sich die Leertransportströme und damit auch die Transportmatrix direkt berechnen. Bei Einzelfahrten ist der von einer Station S_j zu einer Station S_i zurückfließende Leertransportstrom gleich dem von der Station S_i zu der Station S_j hinfließenden Ladungstransportstrom

$$\lambda^{\mathrm{L}}_{\mathrm{TE}\,ij} = \lambda^{\mathrm{V}}_{\mathrm{TE}\,ij}\,. \tag{18.26}$$

Aus Beziehung (18.22) folgt damit die

- *Transportmatrix für einzelne Fahrten* mit leerer Rückfahrt

$$\lambda_{\mathrm{TE}\,ij} = \lambda^{\mathrm{V}}_{\mathrm{TE}\,ij} + \lambda^{\mathrm{L}}_{\mathrm{TE}\,ij}\,. \tag{18.27}$$

Bei kombinierten Fahrten ist der Transportstrom zwischen einer Station S_i und einer Station S_j in beiden Richtungen jeweils gleich dem Maximum des hinfließenden und des rückfließenden Ladungstransportstroms. Daraus folgt die

- *Transportmatrix für kombinierte Fahrten* mit maximal genutzter Rückfahrt

$$\lambda_{\mathrm{TE}\,ij} = \mathrm{MAX}(\lambda^{\mathrm{V}}_{\mathrm{TE}\,ij}\,;\lambda^{\mathrm{V}}_{\mathrm{TE}\,ij})\,. \tag{18.28}$$

Die Abhängigkeit der Transportströme (18.27) und (18.28) vom Fassungsvermögen und vom Beförderungsbedarf bewirkt, dass die *Transportmittelauslastung*

$$\eta_{\mathrm{TE}\,ij} = \lambda_{ij}/(\mathrm{C}_{\mathrm{TE}} \cdot \lambda_{\mathrm{TE}\,ij}) \tag{18.29}$$

bei freier Abfertigungsreihenfolge besser ist als bei fester Abfertigungsreihenfolge. Daher nimmt der Transportmittelbedarf bei freier Abfertigungsreihenfolge mit zunehmendem Fassungsvermögen rascher ab als bei fester Abfertigungsreihenfolge.

Aus dem Zusammenwirken von Abnahme des Transportmittelbedarfs, Zunahme der Lastübernahmezeit und Anstieg des Fahrzeugpreises mit dem Fassungsvermögen wurde die in *Abb.* 18.22 dargestellte Abhängigkeit der Investition für die Fahrzeuge eines FTS-Systems für Paletten vom Fassungsvermögen bei freier und bei fester Abfertigungsreihenfolge berechnet. Dieses Praxisbeispiel zeigt, wie wirkungsvoll sich ein Transportsystem durch richtige Abfertigungsstrategie und optimale Festlegung des Fassungsvermögens verbessern lässt [112].

18.8.3 Optimale Strombelegung

Die optimale *Strombelegung* oder *Verkehrsbelastung* ergibt sich, indem die Ströme der Transportmatrix so auf die Strecken und Knoten des Netzes umgelegt werden, dass sie auf kürzestem Weg von den Ausgangsstationen zu den Zielstationen fließen. Aus der Umlage der Transportströme resultiert die

- *Strombelegungsfunktion*

$$\varepsilon_{ij\,\mathrm{k}\alpha} = \begin{cases} 1 & \text{wenn } \lambda_{\mathrm{TE}ij} \text{ das Element } \mathrm{TE_k} \text{ in Funktion } \mathrm{F_{k\alpha}} \text{ durchläuft,} \\ 0 & \text{wenn } \lambda_{\mathrm{TE}ij} \text{ das Element } \mathrm{T_{Ek}} \text{ in Funktion } \mathrm{F_{k\alpha}} \text{ nicht durchläuft.} \end{cases} \tag{18.30}$$

Mit Hilfe der Strombelegungsfunktion ergeben sich

- die *partiellen Transportströme* durch das *Transportelement* $\mathrm{TE_k}$ in der *Einzelfunktion* $\mathrm{F_{k\alpha}}$

$$\lambda_{\mathrm{k}\alpha} = \sum_i \sum_j \varepsilon_{ij\,\mathrm{k}\alpha} \cdot \lambda_{\mathrm{TE}\,ij}\,. \tag{18.31}$$

Für die Transportstrategien der einzelnen und der kombinierten Fahrten mit den Transportmatrizen (18.27) bzw. (18.28) ist das Umlegen der Transportströme anhand einer Abbildung des Transportnetzes relativ einfach durchführbar, indem zwischen zwei Stationen jeweils der kürzeste Weg gewählt wird.

18.8.4 Strombelegung bei Leerfahrtminimierung

Für Transportsysteme mit *Redundanz*, in denen zwischen den Stationen mehrere Wege zur Auswahl stehen, und für Fahrten mit Zuladen oder für zielgemischte Fahrten fehlen bisher geeignete *Algorithmen* zur Bestimmung der Transportmatrix, zur Herleitung der Belegungsfunktion und damit auch zur Berechnung der Transportströme und des Transportmittelbedarfs.

Auch für die Strategie der *Leerfahrtminimierung* gibt es bisher keine explizite Formel zur Berechnung der Leertransportströme. Zur Dimensionierung werden für den

Fall der Leerfahrtminimierung jedoch nur die *partiellen Transportströme* (18.31) benötigt. Diese ergeben sich für die Strategie der Leerfahrtminimierung durch Umlegen der Volltransportströme (18.24) oder (18.25) auf die jeweils kürzesten Wege und anschließendes Ergänzen der Leerfahrzeugströme. Wenn für eine Station S_i die *Leerfahrzeugdifferenz*

$$\Delta\lambda^{L}_{TE\,i} = \sum_j \left(\lambda^{V}_{TE\,ij} - \lambda^{V}_{TE\,ji}\right) \qquad (18.32)$$

positiv ist, hat die Station einen *Leerfahrzeugüberschuss*. Ist die Differenz (18.32) negativ, besteht an der Station ein *Leerfahrzeugbedarf*.

Das Verfahren der *Ergänzung der Leerfahrzeugströme* besteht darin, den Leerfahrzeugüberschuss auf den kürzesten Wegen von den Überschussstationen zu den Bedarfsstationen zu leiten. Hierfür wird – beginnend bei der Station mit dem größten Leerfahrzeugüberschuss – der Überschuss (18.32) auf die nächstgelegenen Stationen mit Leerfahrzeugbedarf verteilt. Da die Summe über die Leerfahrzeugdifferenzen (18.32) gleich Null ist, entstehen nach diesem Verfahren minimale Leertransportströme.

18.8.5 Durchlaufzeiten und Transportzeiten

Auf dem Weg von Station S_i zu Station S_j durchläuft ein Transportmittel nacheinander N_{ij} Transportelemente TE_k. Es legt dabei einen *Gesamtfahrweg* l_{ij} zurück, der sich aus den *partiellen Durchlauflängen* $l_{k\alpha}$ durch die einzelnen Elemente zusammensetzt (s. *Beziehung* (18.7)).

Die Zeit für die Fahrt durch eine Verbindungsstrecke der Durchlauflänge $l_{k\alpha}$ mit der Fahrgeschwindigkeit v_α ohne Anhalten, Beschleunigen oder Abbremsen ist:

$$z_{Dk\alpha} = l_{k\alpha}/v_\alpha\,. \qquad (18.33)$$

Wenn am Anfang oder Ende der Verbindungsstrecke eine Beschleunigung oder ein Abbremsen stattfindet, erhöht sich die Durchlaufzeit um die Beschleunigungs- und Bremszeiten. Die Durchlaufzeit für eine Wegstrecke, an deren Anfang und Ende das Transportmittel steht, also die Geschwindigkeit 0 hat, ist durch Beziehung (16.59) gegeben.

Die Durchlaufzeit durch eine Belade- oder Entladestation mit der *Einlaufzeit* t_{ein}, der *Lastübergabezeit* für C Ladeeinheiten $t_{LÜ}(C)$ und der *Auslaufzeit* t_{aus} ist:

$$Z^{D}_{LÜ} = t_{ein} + t_{LÜ}(C) + t_{aus}\,. \qquad (18.34)$$

Wenn $Z^{D}_{k\alpha}$ die *Durchlaufzeit* einer Transporteinheit durch das Transportelement TE_k in der partiellen Funktion $F_{k\alpha}$ ist, $Z^{W}_{k\alpha}$ die mittlere partielle *Wartezeit* vor dem Transportelement und $\varepsilon_{ij\,k\alpha}$ die durch Beziehung (18.30) definierte Strombelegungsfunktion des Netzes ist, folgt für die

- *Transportzeit* von Station S_i zu Station S_j

$$T_{ij} = \sum_k \sum_\alpha \varepsilon_{ij\,k\alpha} \cdot \left(Z^{D}_{k\alpha} + Z^{W}_{k\alpha}\right) \qquad (18.35)$$

Das erste Transportelement der Summe über k ist die Beladestation und das letzte die Entladestation. Die *mittleren Wartezeiten* $Z_{k\alpha}^{W}$ lassen sich bei bekannter Strombelastung mit Hilfe von Beziehung (13.67) aus *Kap.* 13 berechnen.

Für längere Fahrwege in Verkehrsnetzen wie auch zur Näherungsberechnung für innerbetriebliche Transportnetze genügt es, die Transportzeit zwischen den Stationen mit einer *Reisegeschwindigkeit* oder *Effektivgeschwindigkeit* v_{eff} zu berechnen, in der die Brems- und Beschleunigungszeiten auf den einzelnen Streckenabschnitten pauschal berücksichtigt sind. Dann gilt für die Transportzeiten ohne Wartezeiten die *Näherungsformel:*

$$\boldsymbol{T_{ij} \approx n_{Stop} \cdot t_{Stop} + l_{ij}/v_{eff}}\,. \tag{18.36}$$

Hierin sind l_{ij} die Fahrwege zwischen den Stationen, n_{Stop} die Anzahl der Be- und Entladestopps auf der Fahrt von S_i nach S_j einschließlich des Anfangs- und Endstopps und t_{Stop} die mittlere Stoppzeit.

Die Transportzeiten einschließlich der Wartezeiten sind um einen *Wartezeitfaktor* f_W größer als die reinen Transportzeiten (18.36). Der Wartezeitfaktor ist bei nur einem Fahrzeug im System gleich 1 und steigt mit der Auslastung des Transportsystems an (s. *Abb.* 18.23).

Aus den Transportzeiten (18.35) oder (18.36) folgt mit dem Volltransportstrom $\lambda_{TE\,ij}^{V}$ die *mittlere Nutzfahrzeit:*

$$T^{V} = \sum_{i}\sum_{j}(\lambda_{TE\,ij}^{V}/\lambda_{TE}^{V}) \cdot T_{ij}\,. \tag{18.37}$$

Die mittlere Nutzfahrzeit ist *Zielfunktion*, wenn eine Minimierung der Fahrzeiten in einem Transportsystem angestrebt wird. Das ist z. B. erreichbar durch das Einfügen von Abkürzungs- und Überholstrecken oder durch eine erhöhte Fahrgeschwindigkeit.

18.8.6 Transportmittelbedarf nach dem Belegungsverfahren

Sind die Transportmatrix und die Transportzeiten bekannt, lässt sich der Transportmittelbedarf berechnen. Wenn von Station S_i zur Station S_j stündlich $\lambda_{TE\,ij}$ Fahrten mit einer Transportzeit T_{ij} [h] stattfinden, ist die Anzahl der im Einsatz befindlichen Transportmittel:

$$N_{TM\,ij} = l_{TE\,ij} \cdot T_{ij} \quad [TE]\,. \tag{18.38}$$

Durch Summation über alle Transportrelationen folgt hieraus für eine Transportmatrix $\lambda_{TE\,ij}$ und die Transportzeiten T_{ij} der

► *aktuelle Transportmittelbedarf des* Fahrzeugsystems

$$\boldsymbol{N_{TM} = \sum_{i}\sum_{j}\lambda_{TE\,ij} \cdot T_{ij} = N_{TE}^{D} + N_{TE}^{W}} \quad \textbf{[TE]}\,. \tag{18.39}$$

Entsprechend der Zusammensetzung der Transportzeiten (18.35) aus Durchlaufzeiten und Wartezeiten ist die Anzahl der Transporteinheiten im System gleich einer Anzahl N_{TE}^{D} *durchlaufender Transporteinheiten*, die sich in einem der Transportelemente fortbewegen oder abgefertigt werden, und einer Anzahl N_{TE}^{W} *wartender Transporteinheiten*, die vor den Transportelementen auf Abfertigung warten (s. *Abb.* 18.25).

Für Transportmittel, deren *Verfügbarkeit* η_{ver} infolge technischer Störungen oder wegen des Zeitbedarfs für das Aufladen kleiner 1 ist, ist der

► effektive Transportmittelbedarf

$$N_{TM\,eff} = N_{TM}/\eta_{ver} \quad [TE]\,. \tag{18.40}$$

Der effektive Transportmittelbedarf ist größer als der aktuelle Transportmittelbedarf. So ist der Bedarf eines FTS-Systems mit Elektrofahrzeugen, deren Verfügbarkeit infolge der Aufladezeiten nur 85 % beträgt, um 18 % größer als die Anzahl aktuell im Einsatz befindlicher Fahrzeuge. Wenn das Aufladen außerhalb der Betriebszeit oder in auslastungsschwachen Zeiten möglich ist, steigt die Verfügbarkeit auf die rein ausfallbedingte Verfügbarkeit, die in der Regel besser als 98 % ist. Der effektive Fahrzeugbedarf sinkt dann um 15 %.

18.8.7 Transportmittelbedarf nach dem Rundfahrtverfahren

Besteht das Transportsystem aus Fahrzeugen, Zügen, Schiffen oder Flugzeugen, die von einer Station S_0 starten und nach einem *Umlauf* oder einer *Rundfahrt* zu n Zielorten S_j wieder zum Ausgangspunkt S_0 zurückkehren, lässt sich die *Umlaufzeit* oder *Rundfahrzeit* T_R [ZE] eines Transportmittels nach Beziehung (18.36) aus der Stoppzahl, der mittleren Stoppzeit t_{Stop}, der effektiven Reisegeschwindigkeit und der Länge des Rundfahrwegs l_R berechnen (s. *Abschn. 18.13*).

In der innerbetrieblichen Logistik wird die Rundfahrzeit als *Spielzeit* bezeichnet und meist in *Sekunden* gemessen. Im außerbetrieblichen Transport wird die Umlaufzeit für Straßenfahrzeuge, Eisenbahnzüge und Flugzeuge in *Stunden* und für Schiffe in *Tagen* angegeben (s. *Abschn. 18.13*).

Die Anzahl Rundfahrten, die ein Transportmittel mit der *Verfügbarkeit* η_{ver} pro Zeiteinheit ZE durchführen kann, ist die *effektive Rundfahrtleistung*. Diese ist gegeben durch:

$$\mu_{R\,eff} = \eta_{ver}/T_R \quad [\text{TE-Fahrten/ZE}]\,. \tag{18.41}$$

Daraus folgt:

► Für einen *Rundfahrtbedarf* λ_R [TE/PE] pro Betriebsperiode PE ist der *Transportmittelbedarf* bei einer effektiven *Rundfahrtleistung* des Transportmittels μ_{Reff} [TE/PE]

$$N_{TM\,eff} = \{\lambda_R/\mu_{R\,eff}\} \quad [TE]\,. \tag{18.42}$$

Das durch die geschweiften Klammern angezeigte ganzzahlige Aufrunden auf die nächste ganze Zahl ist nur erforderlich, wenn ein Transportmittel zum Ende der *Betriebsperiode* PE, die im innerbetrieblichen Bereich eine Schicht und im außerbetrieblichen Transport ein Tag oder eine Woche sein kann, alle Rundfahrten beendet haben soll.

Die Dimensionierungsformel (18.42) wird in der innerbetrieblichen Logistik vielfach genutzt zur Berechnung des Bedarfs von Staplern, Lagergeräten oder Kommissionierern (s. *Kap.* 16 und 17). Im außerbetrieblichen Transport ist die Beziehung (18.42) zur Berechnung des Transportmittelbedarfs bei *Fahrplanbetrieb* geeignet (s. u.).

18.9 Auslegung und Dimensionierung von Fahrzeugsystemen

Für die Gestaltung und Optimierung innerbetrieblicher Fahrzeugsysteme wird häufig das Verfahren der *digitalen Simulation* propagiert [31–33]. Dabei wird in der Regel nicht gesagt, woher die zu simulierende Anfangslösung kommt. Die digitale Simulation ist also nur ein *Modellversuch* zur Überprüfung der Leistungsfähigkeit und zur experimentellen Verbesserung einer bereits *existierenden Lösung* (s. *Abschn.* 5.3).

Analytische Verfahren zur Gestaltung, Dimensionierung und Optimierung von Transportsystemen sind kaum bekannt. Daher gibt es nur wenige Untersuchungen der Auswirkungen der freien *Gestaltungsparameter* und der unterschiedlichen *Transportstrategien* auf die Leistung, den Fahrzeugbedarf und die Betriebskosten von Fahrzeugsystemen [65, 107, 108, 110, 112, 140].

Freie Parameter zur Gestaltung, Dimensionierung und Optimierung von Fahrzeugsystemen sind die *Netzparameter*:

Streckenverlauf
Grundkreise
Maschen und Schleifen
Abkürzungsstrecken
Parallelstrecken
Überholstrecken (18.43)
Gegenkreise
Nebenlinien
Stationsanordnung
Fahrtrichtung

und die *Fahrzeugparameter*

Fahrgeschwindigkeiten
Fassungsvermögen (18.44)
Lastübernahmezeit.

Die Fahrzeugparameter (18.44) sind in der Regel untereinander wie auch von den Leistungsanforderungen abhängig: Die Geschwindigkeit ist für Fahrzeuge mit geringem Fassungsvermögen in der Regel größer als für Fahrzeuge mit großem Fassungsvermögen. Wenn nicht durch eine geeignete Ladetechnik dafür gesorgt wird, dass mehrere Ladeeinheiten gleichzeitig be- und entladen werden können, steigt die Lastübernahmezeit mit der Lademenge.

In der Planungspraxis bewährte analytische Verfahren zur Gestaltung, Dimensionierung und Optimierung von Fahrzeugsystemen, die von den Netzparametern (18.43) und den Fahrzeugparametern (18.44) systematisch Gebrauch machen, sind das *Ringnetzauslegungsverfahren* für Ringtransportnetze, wie sie die *Abb.* 18.1B, 18.4 und 18.21 zeigen, das *Liniennetzauslegungsverfahren* für Liniennetze der in den *Abb.* 18.1A und 18.2A gezeigten Art und die Kombination beider Verfahren für Ringliniennetze, für die in *Abb.* 18.2C ein Beispiel dargestellt ist [65].

Bei der Netzgestaltung werden die Standorte und der Beförderungsbedarf der Auf- und Abgabestationen zunächst als vorgegeben betrachtet. Die Stationen liegen optimal entweder direkt an Quellen und Senken mit einem großen Beförderungsbedarf oder in den *Transportschwerpunkten* von *Einzugsgebieten* mit einer größeren Anzahl von Quellen und Senken, von denen jede für sich nur einen geringen Beförderungsbedarf hat (s. *Abschn.* 18.10 und *Kap.* 19).

18.9.1 Ringnetzauslegungsverfahren

Nach dem Ringnetzauslegungsverfahren sind folgende *Auslegungsschritte* iterativ zu durchlaufen:

1. Unter Berücksichtigung der räumlichen Randbedingungen werden die Stationen, zwischen denen ein permanenter Beförderungsbedarf besteht, durch eine *minimale Anzahl von Transportringen* kürzester Länge miteinander verbunden.
2. Die *Fahrtrichtung* in den Transportringen wird so festgelegt, dass die umlaufenden Fahrzeuge alle geforderten Transporte durchführen können.
3. Für diese *Ausgangslösung* und geeignete *Transportstrategien* wird mit den Beziehungen (18.22) bis (18.28) aus der Beförderungsmatrix und der Kapazität der Transportmittel die *Transportmatrix* berechnet.
4. Die Transportströme werden auf die Streckenelemente und Knotenpunkte des Transportnetzes umgelegt und so die *Strombelastung* ermittelt.
5. Mit einer *Funktions- und Leistungsanalyse* (s. *Abschn.* 13.7) wird für die resultierende *Strombelastung* die Einhaltung der Grenzleistungs- und Staugesetze der Streckenelemente und Transportknoten überprüft.
6. Hierbei erkennbare *Engpässe* oder unzulässige *Staueffekte* werden durch Leistungssteigerung, Umgehung, Doppelung oder Änderung der Abfertigung beseitigt (s. *Kap.* 13).
7. Unter Berücksichtigung der *Strombelastung* werden mit Hilfe von Beziehung (18.35) oder (18.36) die *Transportzeiten* berechnet und mit den geforderten Transportzeiten verglichen.
8. Wenn die Transportzeiten für einzelne Relationen länger als zulässig sind, werden passende *Abkürzungsstrecken* oder *Überholstrecken* in das Ringnetz eingefügt.
9. Für die aus dem Beförderungsbedarf errechnete Transportmatrix werden mit Hilfe von Beziehung (18.39) der *aktuelle Fahrzeugbedarf* und mit Beziehung (18.40) der *effektive Fahrzeugbedarf* errechnet.
10. Durch sukzessive *Variation der Netzparameter* (18.43), wie Hinzufügen oder Herausnehmen von *Abkürzungs-* und *Überholstrecken*, versuchsweise *Umkehr der Fahrtrichtung* im Netz und, soweit zulässig, durch *Veränderung der Stationsanordnung*, wird der *Fahrzeugbedarf minimiert.*

11. Durch schrittweise *Variation der Fahrzeugparameter* (18.44), wie Veränderung des Fassungsvermögens, der Fahrgeschwindigkeit und der Lastübernahmezeit, werden *Fahrzeugbedarf* und *Betriebskosten* weiter optimiert.

Zur rationellen Netzgestaltung und Netzoptimierung werden die zuvor entwickelten Berechnungsformeln für die Transportzeiten und den Fahrzeugbedarf benötigt. Zwei unterschiedliche FTS-Transportnetze, die nach diesem Verfahren gestaltet und optimiert wurden, zeigen die *Abb.* 17.21 und 18.21.

18.9.2 Liniennetzauslegungsverfahren

Das Liniennetzauslegungsverfahren ist geeignet für außerbetriebliche Transportnetze, speziell für die Auslegung von Bahnlinien und anderen Linienverkehrsnetzen. Die Auslegungsschritte dieses Verfahrens sind:

1. Je zwei weit voneinander entfernte Ausgangsstationen, zwischen denen ein großes Beförderungsaufkommen besteht, werden durch eine *Hauptlinie* mit Hin- und Rückfahrstrecke verbunden.
2. Soweit das ohne größere Umwege möglich ist, werden die Trassen der Hauptlinien so gelegt, dass möglichst viele weitere Stationen mit geringerem Beförderungsbedarf an den Hauptstrecken liegen.
3. Jede Hauptlinie wird über die beiden Ausgangsstationen hinaus zu weiteren Außenstationen hin verlängert, von und zu denen ein Beförderungsbedarf besteht.
4. In Querrichtung zu einer Hauptlinie werden noch nicht angeschlossene Stationen nacheinander erschlossen durch eine minimale Anzahl von *Zubringerlinien*, die in die Hauptlinie einmünden, oder von *Nebenlinien*, die an bestimmten *Umstiegspunkten* die Hauptstrecke kreuzen.
5. Soweit das ohne größere Umwege möglich ist, werden die Trassen der Zubringer- und Nebenlinien so gelegt und über die Endstationen hinaus verlängert, dass die restlichen Stationen mit geringerem Beförderungsbedarf an einer der Linien liegen.
6. Die aus den Beförderungsströmen zwischen allen Stationen, die auf diese Weise miteinander verbundenen sind, mit der Transportkapazität C_{TE} der eingesetzten Züge oder Transportfahrzeuge errechneten Ladungstransportströme (18.24) werden auf den kürzesten Wegen auf die Haupt-, Zubringer- und Nebenlinien umgelegt. Hieraus resultieren die partiellen Transportströme (18.31) durch die Teilabschnitte der Haupt-, Zubringer- und Nebenlinien.
7. Die minimale *Transportfrequenz*, also die zur Beförderung des Bedarfs erforderliche Anzahl Transportfahrten auf einer Haupt-, Zubringer- oder Nebenlinie, ist gleich dem ganzzahlig aufgerundeten Maximum der summierten Transportströme entlang dieser Strecke. Die Anzahl der hierfür benötigten Züge oder Transportmittel errechnet sich mit Hilfe der Beziehungen (18.41) und (18.42) aus der Umlaufzeit eines Zuges oder Transportmittels auf der betreffenden Haupt-, Zubringer- oder Nebenlinie.
8. Mit den vorangehenden Beziehungen werden danach die *Fahrzeiten* für die Streckenabschnitte und die *Transportzeiten* zwischen den Stationen berechnet.

9. Wenn das Liniensystem nach einem *festen Fahrplan* betrieben wird, werden die *Abfahrtzeiten von den Endstationen der Hauptlinien* unter Berücksichtigung des Tagesverlaufs des Beförderungsaufkommens so über die Betriebsperiode von einer Schicht, einem Tag oder einer Woche verteilt, dass für die Beförderungsaufträge minimale Wartezeiten entstehen.
10. Die *Abfahrtzeiten von den Endstationen der Zubringer- und Nebenstrecken* werden danach mit den Ankunftszeiten der Hauptlinientransporte an den Kreuzungs- und Umstiegspunkten so *synchronisiert*, dass die für den Umstieg benötigten Zeiten eingehalten werden und minimale Umstiegswartezeiten entstehen.

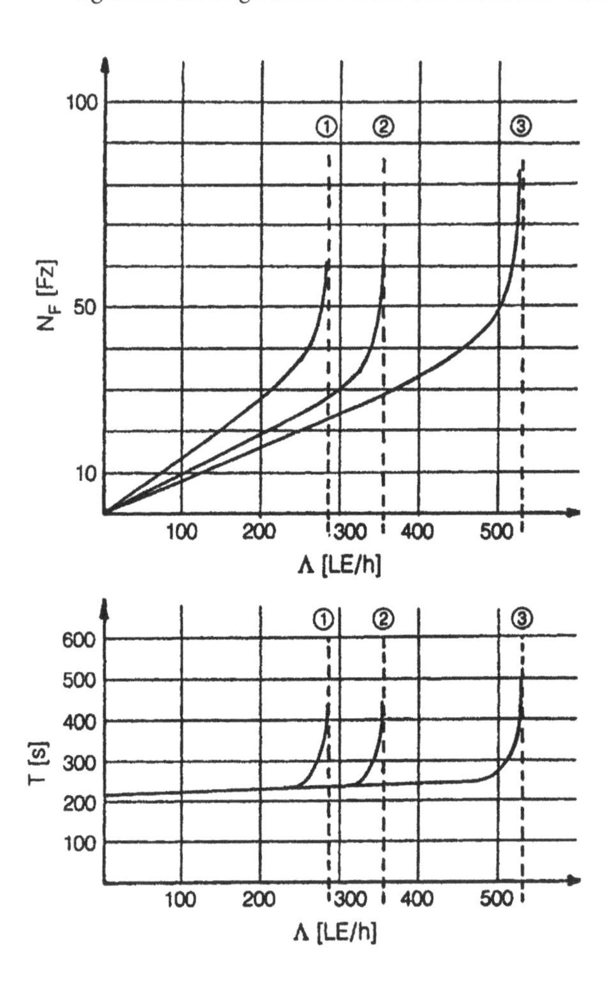

Abb. 18.23 Fahrzeuganzahl N_F und mittlere Transportzeit T als Funktion der Gesamtbelastung für verschiedene Leerfahrzeugstrategien

Kurve 1 Einzelfahrten, voll hin, leer zurück
Kurve 2 Kombinierte Fahrten zwischen je 2 Stationen
Kurve 3 Fahrten mit Leerfahrzeugoptimierung

11. Durch sukzessive *Variation der Netzparameter*, wie Hinzufügen von *Direktverbindungen*, *Umkehr der Fahrtrichtung* oder *Veränderung der Stationsanordnung*, wird der Transportmittelbedarf minimiert.
12. Durch schrittweise *Variation der Fahrzeugparameter*, wie Veränderung des Fassungsvermögens, der Fahrgeschwindigkeit und der Lastübernahmezeit, werden *Fahrzeugbedarf* und *Betriebskosten* weiter optimiert.

Das hier nur im Ansatz skizzierte Liniennetzauslegungsverfahren kann ebenso wie das Ringnetzauslegungsverfahren durch zusätzliche Auslegungs- und Optimierungsschritte stufenweise weiter verbessert werden. Nach diesem Verfahren lassen sich beispielsweise optimale Liniennetzwerke für den europaweiten *Huckepacktransport* von Sattelaufliegern oder für die Distribution von Autos auf der Bahn konzipieren. Auch das Liniennetz einer weltweit tätigen *Containerschiffreederei* lässt sich auf diese Weise konzipieren und optimieren (s. *Abschn. 18.13*).

18.9.3 Dimensionierungsprogramme für Fahrzeugsysteme

Mit Hilfe der zuvor angegebenen Berechnungsformeln ist es möglich, die schrittweise Auslegung, Dimensionierung und Optimierung eines Fahrzeugsystems durch Dimensionierungsprogramme zu unterstützen und zu beschleunigen.

Eingabewerte eines *Dimensionierungsprogramms für Fahrzeugsysteme* sind die *Beförderungsmatrix*, die *Standorte der Stationen* und die *Leistungs- und Kostenkennwerte der Transportmittel.* Die technischen und betriebswirtschaftlichen Kennwerte der zur Auswahl stehenden Verbindungselemente und der Be-, Ent- und Umladestationen werden in Form von *Programmbausteinen* bereitgestellt. Aus diesen *Transportelementen* kann der Benutzer ein vorgegebenes Transportnetz im Programm nachbilden oder nach den vorangehenden Auslegungsverfahren ein neues Transportnetz aufbauen.

Die Programmbausteine der Transportelemente enthalten für unterschiedliche Abfertigungsstrategien die Formeln zur Berechnung der partiellen Grenzleistungen, Auslastungen, Durchlaufzeiten, Warteschlangen und Wartezeiten. Nach Aufruf des Programmbausteins für ein Transportelement gibt der Benutzer die Ausgangsnummern der vorausgehenden und die Eingangsnummern der nachfolgenden Transportelemente ein sowie die partiellen Transportströme, die das betreffende Transportelement in den verschiedenen Funktionen durchlaufen.

Das Programm berechnet aus diesen Eingabewerten die Grenzleistungen, die Durchfahrtzeiten, die mittleren Wartezeiten, die Gesamtzahl der Fahrzeuge, getrennt nach durchlaufenden und wartenden Fahrzeugen, die mittlere Nutzfahrzeit, die Investition und die Betriebskosten. Damit sind die Auswirkungen einer Netzänderung oder einer Veränderung der Gestaltungsparameter auf das Leistungsvermögen, den Fahrzeugbedarf, die Kosten oder andere Zielgrößen sofort ablesbar und für den nächsten Optimierungsschritt nutzbar.

Mit Hilfe eines solchen Dimensionierungsprogramms für Fahrzeugsysteme wurde beispielsweise ein Hängebahnsystem mit insgesamt 35 Stationen und einer Anfangsnetzlänge von 526 m durchgerechnet und optimiert, das im Versandhandel zum

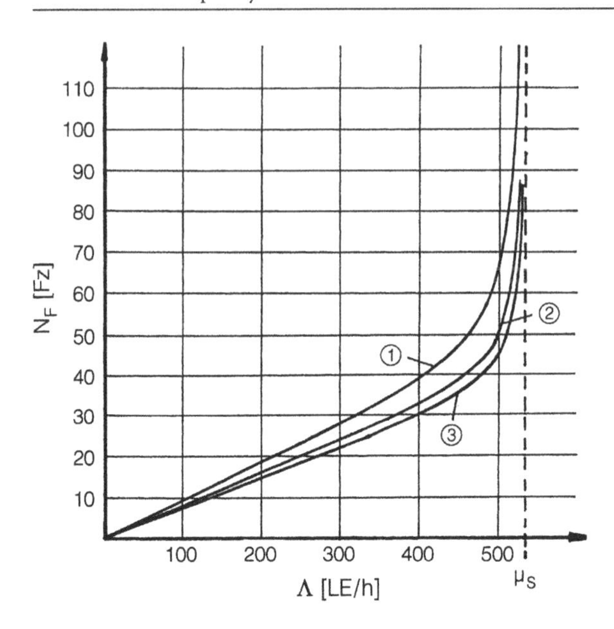

Abb. 18.24 Fahrzeuganzahl N_F als Funktion der Gesamtbelastung für unterschiedliche Transportnetze

Kurve 1 Netz ohne Abkürzungen mit Stationen neben der Strecke, L_{TN} = 640 m
Kurve 2 Netz mit Abkürzungen und Stationen neben der Strecke, L_{TN} = 820 m
Kurve 3 Netz mit Abkürzungen und Stationen an der Strecke, L_{TN} = 800 m

Palettentransport zwischen dem Wareneingang, einem automatischen Hochregallager und anschließenden Kommissionierbereichen eingesetzt wird. Die *Abb.* 18.23, 18.24 und 18.25 zeigen einige für diesen Einsatzfall berechnete Abhängigkeiten des Fahrzeugbedarfs und der mittleren Nutzfahrzeit vom Beförderungsbedarf, von den Transportstrategien, von der Netzgestalt und von der Fahrgeschwindigkeit.

Für die Strategie der Leerfahrzeugminimierung errechnete das Dimensionierungsprogramm bei einer Fahrgeschwindigkeit von 42 m/min einen Bedarf von 28 Hängebahnfahrzeugen. Eine zum Test durchgeführte digitale Simulation ergab einen Fahrzeugbedarf von 29 Fahrzeugen. Durch systematische Vereinfachung der Streckenführung und Verbesserung der Stationsanordnung ließen sich der ursprünglich für notwendig gehaltene Fahrzeugbedarf von 29 auf 22 Fahrzeuge senken und die Gesamtnetzlänge von 526 auf 417 m reduzieren [65]. Ein anderes Fahrzeugsystem, das mit Hilfe des beschriebenen Dimensionierungsprogramms gestaltet und optimiert wurde, ist das in *Abb.* 17.21 dargestellte FTS-System für die innerbetrieblichen Transporte in einem Warenverteilzentrum des Handels.

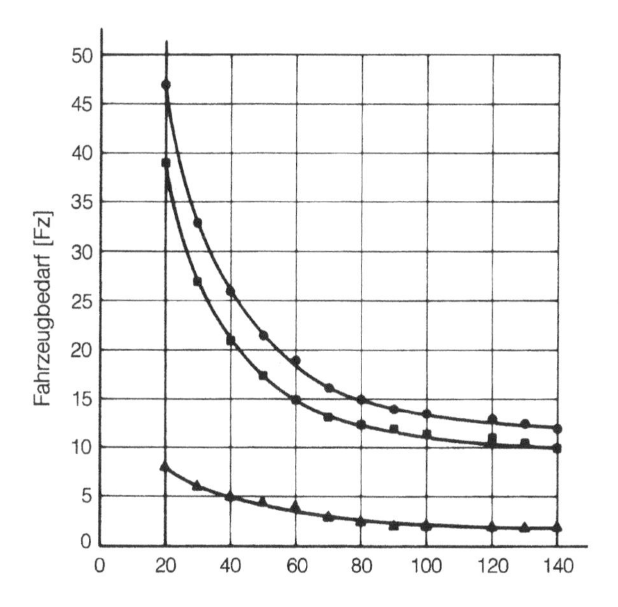

Abb. 18.25 Abhängigkeit des Fahrzeugbedarfs einer Hängebahnanlage von der Fahrgeschwindigkeit

Kreise: Fahrzeuggesamtzahl; Quadrate: in Bewegung; Dreiecke: im Stau

18.10 Optimale Logistikstandorte

Die Standortentscheidung für einen neuen Betrieb hängt von den Zielen des Unternehmens und von den speziellen Aufgaben des Betriebs ab [12]. Für reine Logistikbetriebe, wie Lager, Umschlagterminals und Logistikzentren, ist das Ziel der Standortwahl in der Regel die Minimierung der Logistikkosten.

Die standortabhängigen Logistikkosten sind die Summe der *Betriebskosten* des Standorts und der *Transportkosten* für die Zulauf- und Auslauftransporte des Logistikbetriebs. Hieraus folgt:

- Der *optimale Logistikstandort* ist der Standort, für den die Summe der Betriebskosten und der Transportkosten minimal ist.

Für einen Logistikstandort im Außenbereich eines Einzugsgebiets, das von einem Logistikbetrieb bedient werden soll, ist die Standortabhängigkeit der Transportkosten in der Regel weitaus größer als die Standortabhängigkeit der Kosten für die innerbetrieblichen Logistikleistungen, wie das Abfüllen, Verpacken, Lagern, Kommissionieren, Konfektionieren und Umschlagen (s. *Abb.* 18.27). Daher kann der optimale Logistikstandort für ein vorgegebenes *Servicegebiet*, wie es *Abb.* 18.26 zeigt, in folgenden *Schritten* bestimmt werden:

1. Zuerst werden die *transportunabhängigen Standortfaktoren* zusammengestellt und analysiert, von denen die Kosten für die innerbetrieblichen Logistikleistungen abhängen.

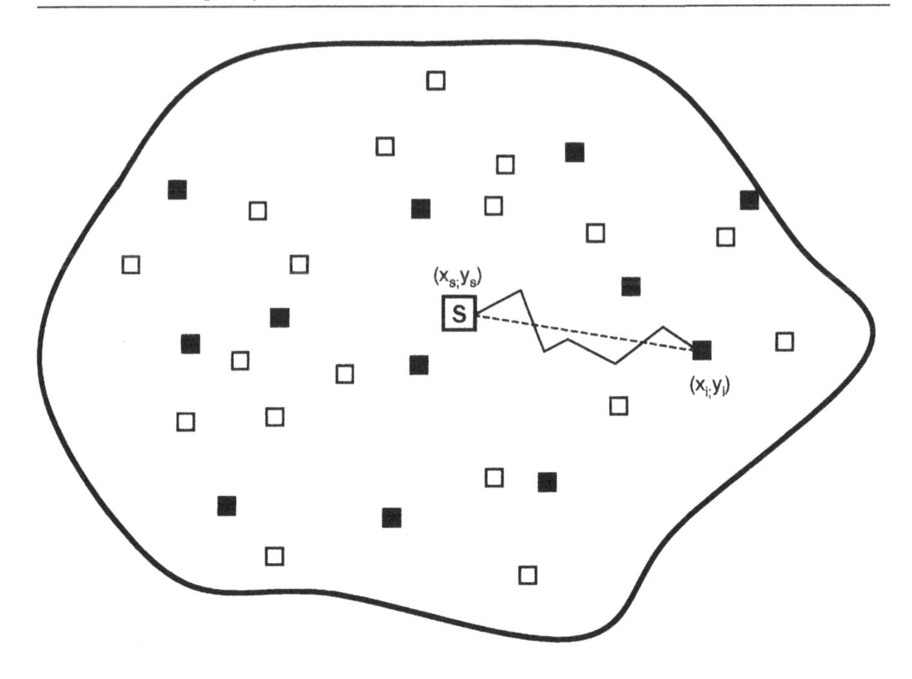

Abb. 18.26 Servicegebiet eines Logistikstandorts S

▪ Quellen = Abholorte ▫ Senken = Zustellorte
- - - - Luftlinie ___ Fahrweg

2. Danach wird der *transportoptimale Standort* für die Zulaufströme aus den Beschaffungs- und Abholorten und für die Auslaufströme zu den Belieferungs- und Zustellorten bestimmt.
3. Für den transportoptimalen Standort und seine Umgebung werden mit den dort geltenden Standortfaktoren die *Betriebskosten* und die *Transportkosten* kalkuliert.
4. Durch Verschiebung des Standortes in Richtung der günstigsten Standortfaktoren wird die Summe von Betriebskosten und Transportkosten minimiert und damit der *optimale Standort* bestimmt.

Dieses Vorgehen zur Standortbestimmung hat gegenüber aufwendigeren OR-Verfahren den Vorteil, dass in jedem Schritt die Auswirkungen der unterschiedlichen *Einflussfaktoren*, deren Werte für die Zukunft nur ungenau bekannt sind, transparent bleiben [12]. Außerdem führt das Verfahren schnell zu einem in der Praxis umsetzbaren Ergebnis.

18.10.1 Transportunabhängige Standortfaktoren

Transportunabhängige Standortfaktoren sind alle Umstände, Kosten, Preise und Parameter außer den Transportkosten, die Einfluss auf die Standortentscheidung haben.

Allgemeine *transportunabhängige Standortfaktoren* für einen Logistikbetrieb sind:

- *Grundstück und Gebäude*: Angebot, Bebaubarkeit, Eignung und Preise von Baugrundstücken, Hallen und Betriebsgebäuden; Verkehrsflächen; Erschließung; Bebauungsvorschriften.
- *Erreichbarkeit und Verkehrsanbindung:* Zufahrten zu Hauptverkehrsstraßen; Bahnanschluss; Hafennähe; Flughafennähe; Nachtfahrverbote; Fahrbeschränkungen für LKW.
- *Arbeitskräfte und Personalkosten:* Potential geeigneter Arbeitskräfte; Löhne und Gehälter; Urlaubszeiten und Krankheitsquoten.
- *Allgemeine Rahmenbedingungen:* Öffentliche Fördermittel; Steuervergünstigungen; Steuern und Abgaben; Genehmigungszeiten; Arbeitszeitbeschränkungen.

Bei Nichterfüllung der Mindestanforderungen kann jeder dieser Standortfaktoren auch für einen transportoptimalen Standort zum *K.O.-Kriterium* werden.

Zu den allgemeinen Standortfaktoren kommen *projektspezifische Standortfaktoren* hinzu, wie die Bereitschaft von Logistikdienstleistern, einen geeigneten Logistikbetrieb anzubieten.

18.10.2 Transportabhängige Standortoptimierung

Die Kosten für die Zu- und Auslauftransporte werden bestimmt von den Fahrweglängen, den Transportzeiten und dem Transportmittelbedarf, die wiederum von der *Transportart*, wie Ganzladungen oder Teilladungen, und von der *Transportstrategie* abhängen.

Ganzladungstransporte laufen *direkt* von den Quellen zum Logistikzentrum und von dort zu den Senken, wobei die Möglichkeit für kombinierte Hin- und Rückfahrten besteht. *Teilladungstransporte* finden entweder als *Sammelfahrten*, als *Zustellfahrten* oder als kombinierte *Sammel- und Verteilfahrten* statt (s. *Abb.* 19.5). Zur exakten Bestimmung des transportoptimalen Standorts müssten daher für jeden möglichen Standort und den zu erwartenden Beförderungsbedarf die kostengünstigsten Abhol- und Auslieferertouren von den Quellen und zu den Senken geplant, kalkuliert und miteinander verglichen werden. Da jedoch der zukünftige Beförderungsbedarf grundsätzlich nicht genau bekannt ist, ist zur Bestimmung des transportoptimalen Logistikstandorts eine exakte Tourenplanung weder sinnvoll noch notwendig. Hierfür genügt eine Minimierung des gewichteten *mittleren Transportwegs*

$$\mathrm{d_m}(x_\mathrm{s};\mathrm{y_s}) = \sum_i \lambda_i \cdot \mathrm{d}\big((x_i;\mathrm{y}_i,),(x_\mathrm{s};\mathrm{y_s})\big) \Big/ \sum_j \lambda_j \tag{18.45}$$

der Einzelfahrten zwischen den Quell- und Senkenstandorten $(x_i; y_i)$ mit dem *Beförderungsbedarf* λ_i [TE/PE] und dem gesuchten Logistikstandort $(x_\mathrm{s}; y_\mathrm{s})$. In einem hinreichend dichten Verkehrsnetz gilt für die *Fahrweglänge* $\mathrm{d}((x_i; y_i), (x_\mathrm{s}; y_\mathrm{s}))$ zwischen den Quellen und Senken und dem Logistikstandort die *Näherungsformel:*

$$\mathrm{d}((x_i; y_i,),(x_\mathrm{s}; y_\mathrm{s})) = f_\mathrm{umw} \cdot \sqrt{(x_i - x_\mathrm{s})^2 + (y_i - y_\mathrm{s})^2}\,. \tag{18.46}$$

Der *Umwegfaktor* f_{umw} berücksichtigt die mittlere Abweichung des tatsächlichen Fahrweges von der *Luftlinie*, die gleich der euklidischen Entfernung ist [122].

Wenn es entlang der Luftlinie einen direkten Fahrweg gibt, ist der Umwegfaktor 1. In einem rechtwinklig verlaufenden Verkehrsnetz ist der Fahrweg im ungünstigsten Fall eine Treppenfunktion um die Luftlinie und damit um den Faktor $\sqrt{2}$ länger als die Luftlinie. Nach dieser Überlegung ist der *mittlere Umwegfaktor* theoretisch gleich dem Mittel aus den beiden Werten 1,0 und 1,41, also gleich 1,21. Für das deutsche Straßennetz resultiert ein mittlerer Umwegfaktor $f_{\text{umw}} = 1{,}23$. Die mittlere Abweichung der einzelnen Fahrwege von den mit Beziehung (18.46) und dem mittleren Umwegfaktor $f_{\text{umw}} = 1{,}21$ errechneten Entfernungen ist kleiner als 9 %.

Nach Einsetzen von (18.46) in (18.45) folgen durch partielle Ableitung nach den Standortkoordinaten $(x_s; y_s)$ und Nullsetzen der beiden Ableitungen die

- *Lagekoordinaten des transportoptimalen Standorts*

$$x_s = \sum_i \lambda_i \cdot x_i / \sqrt{(x_i - x_s)^2 + (y_i - y_s)^2} \Big/ \sum_j \lambda_j / \sqrt{(x_j - x_s)^2 + (y_r - y_s)^2}$$

und

$$y_s = \sum_i \lambda_i \cdot y_i / \sqrt{(x_i - x_s)^2 + (y_i - y_s)^2} \Big/ \sum_j \lambda_j / \sqrt{(x_j - x_s)^2 + (y_r - y_s)^2}. \tag{18.47}$$

Im Nenner dieser Formeln erscheinen die gesuchten Koordinaten $(x_s;y_s)$ des optimalen Standorts. Die Standortkoordinaten lassen sich daher nur durch eine *Iterationsrechnung* beginnend mit den Schwerpunktkoordinaten bestimmen. Der erste Iterationsschritt des sogenannten *Miehle-Verfahrens* ergibt [12]:

▶ Die *Lagekoordinaten des transportoptimalen Standorts* sind in erster Näherung gleich den *Schwerpunktkoordinaten* des zu bedienenden Einzugsgebiets

$$x_s = \sum_i \lambda_i \cdot x_i \Big/ \sum_j \lambda_j \tag{18.48}$$

$$y_s = \sum_i \lambda_i \cdot y_i \Big/ \sum_j \lambda_j .$$

Durch Einsetzen dieser Anfangslösung (18.48) in die Formel (18.47) ergibt sich die zweite Näherung der Standortkoordinaten und so fort. Modellrechnungen ergeben, dass die genaueren Lösungen für Gebiete mit mehr als 10 Quellen und Senken von den Schwerpunktkoordinaten nur geringfügig abweichen. Hieraus folgt:

▶ Wegen der ungenauen Kenntnis des Beförderungsbedarfs und der Veränderlichkeit der Quell- und Senkenstandorte kann zur Standortbestimmung mit den Schwerpunktkoordinaten (18.48) gerechnet werden.

Aus Beziehung (18.48) folgt beispielsweise für ganz *Deutschland* und einen Beförderungsbedarf, der proportional zur Bevölkerungsdichte ist, ein *Transportschwerpunkt* in dem Städteviereck *Bad Hersfeld–Eisenach–Fulda–Meiningen*. Die mittlere Transportentfernung zum transportoptimalen Standort ist für Deutschland ca. 280 km.

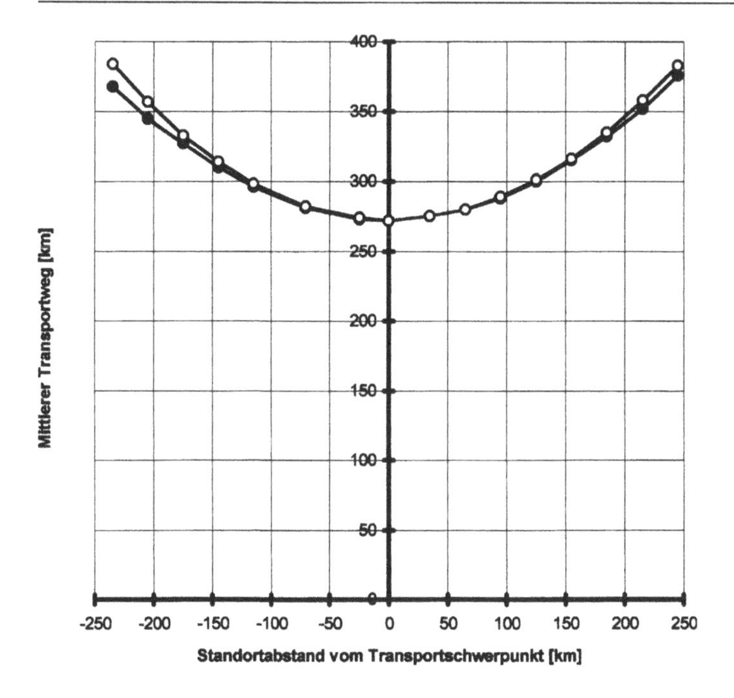

Abb. 18.27 Abhängigkeit der mittleren Transportentfernung vom Logistikstandort

Punkte: Ost–West-Standortentfernung vom optimalen Standort
Kreise: Nord–Süd-Standortentfernung vom optimalen Standort
Servicegebiet: Deutschland mit Servicefläche 358.000 km^2
Beförderungsbedarf proportional zur Bevölkerungsdichte

Die *Abb.* 18.27 zeigt für dieses Beispiel, wie wenig sich der mittlere Transportweg (18.45) im Nahbereich um den Transportschwerpunkt mit dem Abstand des Logistikstandorts vom Optimum verändert. Erst bei einem Abstand von mehr als 50 km wird die Verlängerung des mittleren Transportweges signifikant. Die relativ geringe Abhängigkeit des mittleren Transportweges vom Logistikstandort in der Nähe des Transportschwerpunkts rechtfertigt das beschriebene Näherungsverfahren zur Bestimmung des transportoptimalen Logistikstandorts.

18.10.3 Flächenabhängigkeit des mittleren Transportwegs

Zur Berechnung von Transport- und Frachtkostensätzen für ein bestimmtes Servicegebiet und für die Optimierung von Logistikstrukturen wird die explizite Abhängigkeit der mittleren Transportentfernung von der Fläche des Servicegebiets benötigt.

Wenn das Servicegebiet eine Kreisfläche $F_S = \pi \cdot R^2$ mit gleichverteilten Quellen und Senken ist, lässt sich der mittlere Transportweg (18.45) zum Schwerpunkt in der Kreismitte explizit berechnen. Das Ergebnis ist:

$$d_{\text{mittel}} = f_{\text{umw}} \cdot 2/3 \cdot \sqrt{F_s/\pi}\,. \qquad (18.49)$$

Mit dieser Beziehung lässt sich der mittlere Transportweg *approximativ* auch für Servicegebiete mit einer Fläche F berechnen, die – wie das Gebiet in *Abb.* 18.26 – von der Kreisform abweicht, wenn das Gebiet zusammenhängend und hinreichend kompakt ist. So errechnet sich beispielsweise für Deutschland mit einer Servicefläche von 358 000 km^2 aus der Näherungsgleichung (18.49) mit dem Umwegfaktor $f_{umw} = 1{,}23$ eine mittlere Transportentfernung zum optimalen Standort von 277 km, die von der korrekten mittleren Entfernung 280 km nur um 1 % abweicht.

18.11 Tourenplanung und Fahrwegoptimierung

Um den Beförderungsbedarf der *Quellen* und *Senken* in einem *Servicegebiet*, wie es in *Abb.* 18.26 gezeigt ist, von einem *Logistikstandort* S kostenoptimal zu erfüllen, müssen die Abhol- und Zustellfahrten so organisiert werden, dass Anzahl und Einsatzzeit der Transportmittel minimal sind. Dabei sind in der Regel folgende *Restriktionen* zu beachten:

- *Transportkapazität:* Das Fassungsvermögen der eingesetzten Transportmittel begrenzt die Ladungsmenge längs einer Fahrt.
- *Frachtgut:* Die Empfindlichkeit und die Beschaffenheit der Frachtstücke beschränken die Möglichkeiten der Beladung oder erfordern eine bestimmte *Packfolge*.
- *Fahrzeiten:* Die Fahrzeit pro Rundfahrt darf nicht länger sein als die zulässige Arbeitszeit des Fahrers.
- *Abhol- und Anlieferzeiten:* Für das Abholen und Anliefern sind bestimmte *Zeitpunkte* oder *Zeitfenster* vorgegeben.
- *Geschwindigkeit:* In der effektiven Fahrgeschwindigkeit müssen die verkehrsbedingten Geschwindigkeitsbegrenzungen und Staueffekte berücksichtigt werden.

Das *Tourenplanungsproblem* mit Restriktionen ist für eine größere Anzahl von Quellen und Senken rechnerisch in begrenzter Zeit nicht exakt lösbar. Das *Operations Research* hat für das Tourenplanungsproblem jedoch eine Reihe von *heuristischen Lösungsverfahren* entwickelt, die bei Problemen ohne Zeitrestriktionen rasch zu guten Ergebnissen führen und in *Tourenplanungsprogrammen* genutzt werden. Die meisten Tourenplanungsprogramme arbeiten nicht nur mit *OR-Suchalgorithmen* sondern mit bestimmten *Konstruktionsverfahren* oder mit einer Kombination dieser beiden Verfahren [103, 106, 109, 113, 164, 165].

Bei mehrfachen Zeitrestriktionen und Einschränkungen der Beladefolge weisen die heutigen Standardprogramme zur Tourenplanung jedoch Unzulänglichkeiten auf [113, 122, 136]. Die Unzulänglichkeiten der Tourenplanungsprogramme sind auch darauf zurückzuführen, dass die in den Programmen verwendeten Algorithmen für den Benutzer nicht nachvollziehbar und die *Grenzen der Optimierungsmöglichkeiten* nicht allgemein bekannt sind. Das hat zur Folge, dass die Tourenplanungsprogramme den Anforderungen der Praxis nicht in allen Fällen gerecht werden und den Anwender enttäuschen. Der erfahrene *Disponent* ist daher im Transportwesen auch weiterhin unentbehrlich [122].

Für die Planung und Optimierung von Logistikstrukturen und Logistikprozessen sowie für die Kalkulation von nutzungsgemäßen Transport- und Frachtkostensätzen besteht ein zusätzlicher Nachteil der Tourenplanungsprogramme darin, dass die Abhängigkeit der benötigten Fahrzeuganzahl und der mittleren Fahrweglänge vom Beförderungsbedarf und von der Größe des Servicegebiets nicht explizit berechenbar ist. Für die Planung und die Kostenrechnung werden daher *analytische Verfahren* zur Tourenplanung und zur Fahrwegoptimierung benötigt, die möglichst rasch zu brauchbaren und kalkulierbaren Lösungen führen. Ein solches Verfahren ist das *Drehstrahlverfahren zur Tourenplanung* in Verbindung mit der *Streifenstrategie zur Fahrwegoptimierung*. Die nachfolgende Beschreibung dieser analytischen Verfahren gibt Einblick in die Probleme und Grenzen der Tourenplanung. Die aus dem Drehstrahlverfahren und der Streifenstrategie resultierenden Lösungen sind geeignet als *analytisches Benchmark* zur Beurteilung der am Markt angebotenen Tourenplanungsprogramme.

18.11.1 Verfahren der Tourenplanung

Die Tourenplanung ist relativ einfach für Quellen und Senken, die durch *Ganzladungstransporte* direkt bedient werden können. Die Fahrten zu den Quellen und Senken mit Ganzladungsaufkommen werden daher ausgesondert und separat geplant. Die Tourenplanung beschränkt sich für diese Quellen und Senken auf die Erzeugung *kombinierter Hin- und Rückfahrten* mit kürzesten Wegen und geringsten *Leerfahrten* zwischen einer Senke und einer benachbarten Quelle.

Der schwierigere Teil der Tourenplanung besteht in der Planung der *Teilladungstransporte*. Dafür muss zunächst eine brauchbare *Ausgangslösung* konstruiert werden, die den Beförderungsbedarf unter Einhaltung der Restriktionen erfüllt. Die Ausgangslösung kann dann mit Hilfe von heuristischen Verfahren weiter verbessert werden.

Viele Tourenplanungsverfahren arbeiten zur Erzeugung der Anfangslösung mit einer *Clusterstrategie*: Im ersten Schritt werden benachbarte Quellen und Senken zu *Clustern* zusammengefasst, die jeweils von einem Transportmittel bedient werden können. Im zweiten Schritt wird für die einzelnen Cluster der optimale Fahrweg bestimmt. Im nächsten Schritt wird die Einhaltung der übrigen Restriktionen überprüft. Bei Nichteinhaltung einer Restriktion wird versucht, diese durch Veränderung der Reihenfolge und Zuordnung der Quellen und Senken zu erfüllen.

Das *Drehstrahlverfahren* ist ähnlich dem *Sweep Algorithmus* [164] eine analytische Clusterstrategie, deren Vorgehen in *Abb.* 18.28 dargestellt ist. Es wird zunächst für die Auslieferfahrten zu den Senken des Servicegebiets durchgeführt:

1. Vom Logistikstandort wird in eine beliebige Richtung ein *Grundstrahl* LS 0 durch das Servicegebiet gelegt, der möglichst keine Quellen und Senken schneidet.
2. Beginnend beim Grundstrahl wird ein *Leitstrahl* LS 1 so weit gedreht, bis der Beförderungsbedarf einer betrachteten Zeitspanne, z. B. von 6, 12 oder 24 Stunden, zu allen Senken im Sektor zwischen LS 0 und LS 1 das Fassungsvermögen eines Transportmittels zu 80 bis 90 % füllt.

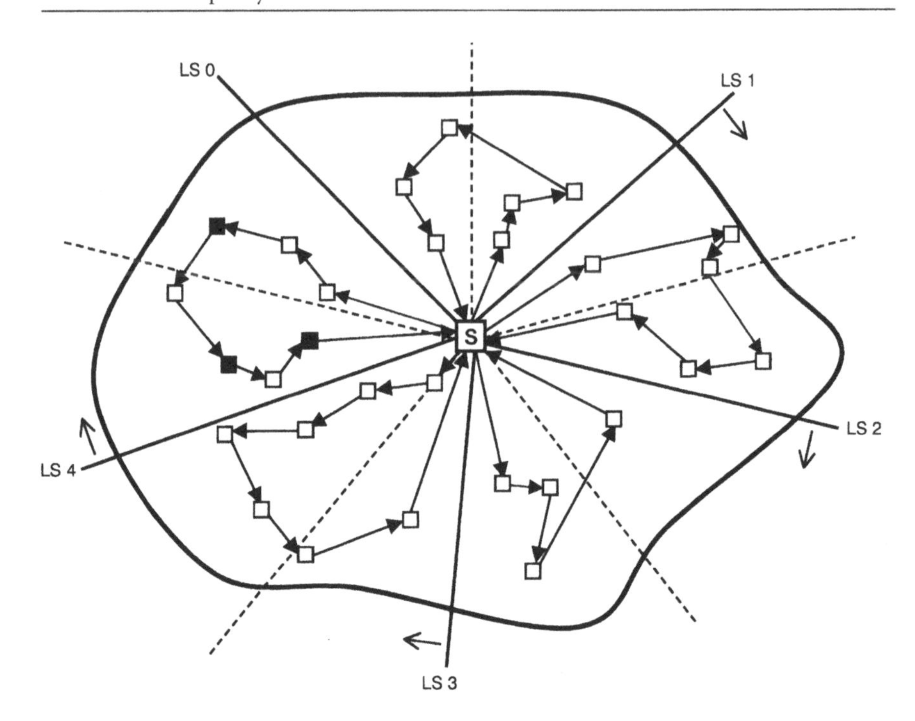

Abb. 18.28 Tourenplanung nach dem Drehstrahlverfahren mit Fahrwegoptimierung nach der Sektorstrategie

▫ Zustellorte ▪ Abholorte → Rundfahrwege
LS Leitstrahlen mit Drehrichtung - - - Sektorteilungen

3. Beginnend bei der Endstellung des ersten Leitstrahls wird ein zweiter Leitstrahl LS 2 so weit gedreht, bis das Fassungsvermögen eines zweiten Transportmittels ausgelastet ist. Auf diese Weise wird das Verfahren mit einem dritten, vierten bis N-ten Leitstrahl fortgesetzt, bis der Grundstrahl SL 0 erreicht ist und alle Senken einem Sektor zugeordnet sind.
4. Wenn die Füllung des Transportmittels im letzten Sektor kleiner ist als die Summe der Restkapazitäten der übrigen Transportmittel, wird durch *sukzessives Vordrehen* der Leitstrahlen das Restaufkommen auf die Transportmittel der vorangehenden Sektoren gleichmäßig verteilt.
5. Ist eine Verteilung des Restaufkommens nicht möglich und die Auslastung des letzten Transportmittels deutlich geringer als die übrige Auslastung, wird die Auslastung durch *sukzessive Rückdrehung* der Leitstrahlen vergleichmäßigt.
6. Anschließend wird für jeden *Bedienungssektor* der *optimale Fahrweg* des Transportmittels bestimmt und die *Gesamtfahrzeit* errechnet.
7. Ist die resultierende Gesamtfahrzeit des Transportmittels in einem Sektor länger als zulässig, werden durch Drehen der begrenzenden Leitstrahlen Zielorte

an benachbarte Sektoren abgegeben, in denen ein Fahrzeug noch nicht voll ausgelastet ist.

Wenn in dem Servicegebiet zu gleicher Zeit *Quellen und Senken* zu bedienen sind, werden die Quellen sukzessive in die Fahrwegoptimierung der Auslieferfahrten einbezogen und nach jedem Auslieferort alle auf dem Weg liegenden Quellen angefahren, deren anstehende Ladung in den geleerten Frachtraum hineinpasst.

Für die übrig bleibenden Quellen wird geprüft, ob sie auf dem Rückweg noch ungenutzter leerer Ganzladungsfahrten liegen und gegebenenfalls diesen zugewiesen. Für alle danach noch unbedienten Quellen ist eine gesonderte Tourenplanung nach dem Drehstrahlverfahren erforderlich.

Die nach dem Drehstrahlverfahren oder einem anderen Clusterverfahren gewonnene Ausgangslösung wird durch Vertauschen von Vorgängern und Nachfolgern einer Fahrt sowie durch Abgabe von Stopps an benachbarte Fahrten sukzessive optimiert, bis keine weitere Reduzierung der Transportmittel und keine wirtschaftlich interessante Verkürzung der Fahrzeiten mehr erreichbar ist.

18.11.2 Strategien zur Fahrwegoptimierung

Abhängig von der Zielvorgabe ist der *optimale Fahrweg* durch eine gegebene Anzahl von Zielorten der Weg mit der *kürzesten Fahrweglänge*, der *kürzesten Fahrzeit* oder den *geringsten Fahrtkosten*. Bei der Fahrwegoptimierung wird meist stillschweigend vorausgesetzt, dass die Transportkapazität *eines* Fahrzeugs zur Bedienung der Zielorte ausreicht. Die Fahrwegoptimierung im Rahmen der Tourenplanung wird erschwert durch die geforderten Abhol- und Anlieferzeitfenster und andere Restriktionen. Die Aufgabe, den optimalen Fahrweg von einem Startpunkt S_0 durch n Zielorte S_i zurück zum Startpunkt herauszufinden, ist das klassische *Travelling-Salesman-Problem* des *Operations Research* [11,13,99,103,106,109,113]. Für eine kleine Anzahl von Zielorten lässt sich der optimale Fahrweg nach dem *Verfahren der Vollenumeration* bestimmen:

- Für jeden der $n!$ Rundfahrwege $S_0 \to S_i \to S_j \ldots \to S_r \to S_0$, die sich durch Permutation der n Zielorte S_i ergeben, wird nacheinander die Einhaltung der Restriktionen geprüft. Unzulässige Fahrwege werden ausgeschlossen. Für zulässige Wege werden die Fahrweglänge, die Fahrzeit oder die Fahrtkosten berechnet und mit den Werten des bis dahin besten Fahrwegs verglichen. Der Fahrweg mit dem besseren Zielwert wird ausgewählt. Danach wird der nächste Fahrweg durchgerechnet, bis am Ende der optimale Fahrweg übrig bleibt.

Da die Fahrweganzahl n mit der Anzahl Zielorte n stärker als exponentiell ansteigt (s. *Abb.* 5.3), ist das Travelling-Salesman-Problem mit oder ohne Restriktionen für eine größere Anzahl von Zielorten nach dem Verfahren der Vollenumeration in begrenzter Zeit auch mit einem leistungsfähigen Rechner nicht lösbar. Die im OR entwickelten *heuristischen Verfahren* zielen darauf ab, für größere n in kurzer Rechenzeit eine gute *Näherungslösung* zu finden, die von der optimalen Lösung möglichst wenig abweicht.

Viele Verfahren, wie das *Saving-Verfahren* oder das *Zirkelverfahren*, arbeiten mit einer *Eröffnungsstrategie* zur Konstruktion einer brauchbaren *Anfangslösung*, die alle Restriktionen erfüllt und nach unterschiedlichen Verfahren schrittweise verbessert wird [164,165]. Eine solche Eröffnungsstrategie ist die *Strategie des nächsten Zielorts:*

▶ Beginnend mit dem Startpunkt S_0 wird nach dem Zielort S_i als nächstes der Zielort S_j angefahren, zu dem die Entfernung, die Fahrzeit oder die Fahrkosten am geringsten sind, und so fort bis alle Zielorte abgefahren sind.

Die Strategie des nächsten Zielorts führt zu Fahrtrouten, die irgendwo im Servicegebiet enden und häufig einen langen Rückweg zum Startpunkt haben. Diesen Nachteil vermeidet die *Streifenstrategie*[1] (s. *Abschn.* 17.6):

▶ Das Zielgebiet wird durch Trennlinien in Längsrichtung in eine *gerade Anzahl* von Streifen gleicher Breite zerlegt. Im ersten Streifen werden die Zielorte nacheinander in der Richtung weg vom Startpunkt abgefahren. Nach Anfahrt des letzten Zielorts im ersten Streifen werden die Zielorte des zweiten Streifens in die umgekehrte Richtung zurück abgefahren und so fort, bis alle Streifen durchfahren sind.

Nach der Streifen- oder Sektorstrategie entstehen *Rundfahrtouren*, die am Ausgangsort enden. Modellrechnungen führen zu der *Dispositionsregel* (s. *Abb.* 18.30 und 18.31):

▶ Bei Anfahrt von weniger als 30 Zielorten sind in der Regel 2 Streifen oder Sektoren wegoptimal. Bei mehr als 30 Zielorten können 4 Streifen oder Sektoren zu einer weiteren Wegverkürzung führen.

Für die Tourenplanung nach dem Drehstrahlverfahren sind die Streifen Teilsektoren, die durch Teilung der Zielsektoren zwischen den Leitstrahlen entstehen. Die aus einer *Zweistreifenstrategie* resultierenden Rundfahrten sind in *Abb.* 18.28 dargestellt. Ein anderes Anwendungsbeispiel ist die in *Abb.* 17.24 gezeigte *Streifenstrategie* zur Anfahrt von n Lagerorten einer vertikalen Lagerfläche mit einem Regalbediengerät. Die in *Abb.* 17.23 dargestellte *Durchlaufstrategie* beim eindimensionalen Kommissionieren ist eine *Mehrstreifenstrategie*, in der die Streifen die Gangmodule sind.

18.11.3 Zeitrestriktionen

Für die Anfangslösung, die aus einer Eröffnungsstrategie resultiert, ist noch zu prüfen, ob die geforderten Abhol- und Anlieferzeitfenster eingehalten werden. Zur Erfüllung von zeitlichen Restriktionen, die auf einer geplanten Rundfahrtour nicht eingehalten werden und sich auch nicht verändern lassen, bestehen folgende *Handlungsmöglichkeiten:*

- Umkehr der Fahrtrichtung der Rundfahrtour
- Verschiebung der Startzeit der Rundfahrtour

[1] Die Streifenstrategie zur Fahrwegoptimierung ist eine Verallgemeinerung der von *J. Miebach* entwickelten *Zweistreifenstrategie* für das Kommissionieren [18,93].

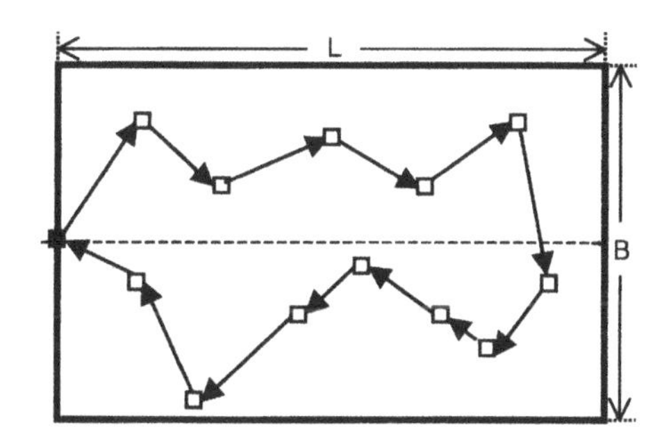

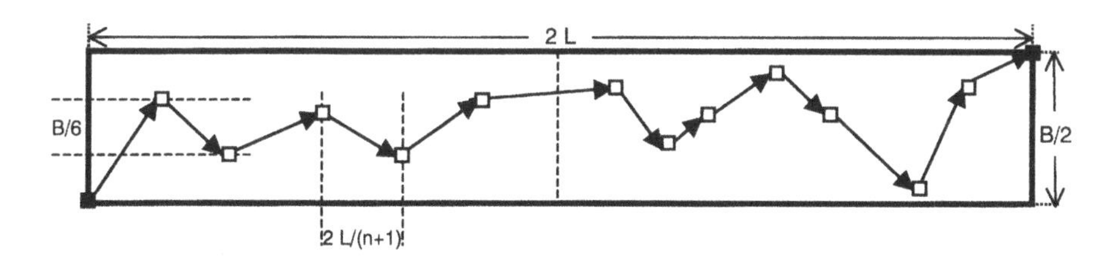

Abb. 18.29 Berechnung der mittleren Tourenlänge für ein rechteckiges Servicegebiet bei Abfahrt nach der Streifenstrategie

Oben: Originalgebiet Unten: Äquivalenzgebiet

- Vorziehen der Anfahrt zeitkritischer Zielorte und Verschiebung zeitunkritischer Zielorte
- Anfahrt zeitkritischer Zielorte aus dem Rückfahrtstreifen bereits auf der Hinfahrt
- Auslassen zeitunkritischer Zielorte und Anfahrt auf einer nächsten Tour
- Aufteilung der Fahrt in zwei nacheinander stattfindende Rundfahrtouren
- Durchführung einer oder mehrerer zusätzlicher *Eilzustellfahrten*
- Einsatz kleinerer *Expressfahrzeuge* zur Bedienung der dringlichsten Zielorte.

Diese Handlungsmöglichkeiten sind in aufsteigender Folge mit Leistungseinbußen oder Mehraufwand verbunden. Generell gilt der *Grundsatz:*

▶ Der Aufwand zur Erfüllung zeitlicher Restriktionen nimmt mit der Anzahl der Zielorte, für die feste Zeitfenster vorgegeben sind, und mit der geforderten *Termintreue* rasch zu.

Häufig wird nicht bedacht, dass auch das beste Fahrwegoptimierungsprogramm nicht alle Zeitanforderungen in einer Rundfahrt erfüllen kann. So können beispielsweise 3 voneinander entfernte Zielorte, die zum gleichen Zeitpunkt *Just-In-Time* angefahren werden sollen, nur mit 3 Direktfahrten pünktlich bedient werden.

18.11.4 Mittlere Fahrwege

Die mittlere Fahrweglänge von Rundfahrten nach der Streifenstrategie lässt sich für rechteckige Gebiete exakt und für andere Flächenformen approximativ berechnen. Das ist für die Planung und die *Kostenrechnung* ein wichtiger Vorteil der Streifenstrategie gegenüber den heuristischen OR-Verfahren, für die sich die mittlere Fahrweglänge nur durch aufwendige Simulationsrechnungen bestimmen lässt.

Wenn der Fahrweg zwischen zwei Punkten des Servicegebiets durch Beziehung (18.46) gegeben ist, folgt aus der in *Abb.* 18.29 gezeigten Aufteilung eines rechteckigen Servicegebiets mit der *Länge* L, der *Breite* B und der *Fläche* F = L·B in eine gerade Streifenanzahl N die

▶ *mittlere Fahrweglänge einer Rundfahrt nach der Streifenstrategie* zu n *gleichmäßig* über das Servicegebiet verteilten Zielorten

$$l_R(n) = f_{umw} \cdot (n+1) \cdot \sqrt{(N \cdot L/(n+1))^2 + (B/3N)^2}\,. \qquad (18.50)$$

In *Abb.* 18.30 ist die hiermit berechnete Abhängigkeit der mittleren Fahrweglänge von der Anzahl Stopps pro Rundfahrt dargestellt. Hieraus ist die Regel ablesbar:

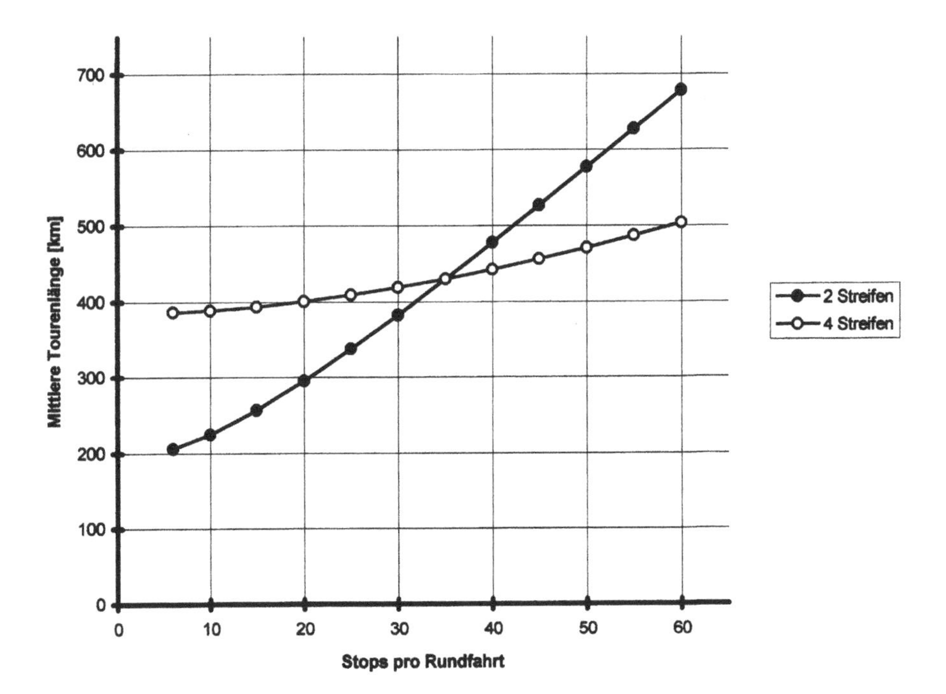

Abb. 18.30 Abhängigkeit des mittleren Rundfahrwegs von der Anzahl Stopps pro Tour

Parameter Streifenanzahl der Rundfahrstrategie
Rechteckiges Servicegebiet mit 4.000 km^2 und f_{form} = L/B = 1,5
Umwegfaktor f_{umw} = 1,24

► Für geringe Stoppzahlen nimmt der mittlere Fahrweg unterproportional und für große Stoppzahlen proportional mit der Stoppzahl zu.

Aus der Beziehung (18.50) ergibt sich der

► *mittlere Fahrweg pro Stopp* bei gleichverteilten Zielorten

$$s_{\text{Stopp}} = l_R(n)/n = f_{\text{umw}} \cdot (1/n) \cdot \sqrt{(N \cdot L)^2 + (n+1)^2 \cdot (B/3N)^2}\,. \quad (18.51)$$

Abb. 18.31 zeigt die hieraus resultierende Abhängigkeit des mittleren Fahrwegs pro Stopp von der Anzahl Stopps pro Rundfahrt. Hieraus folgt die weitere *Regel:*

► Der mittlere Fahrweg pro Stopp nimmt zunächst rasch mit der Stoppzahl ab und erreicht für große Stoppzahlen asymptotisch einen Grenzwert.

Außerdem geben die *Abb.* 18.30 und 18.31 ein Beispiel für die zuvor genannte Regel, nach der sich die mittleren Fahrwege für weit mehr als 30 Stopps pro Rundfahrt durch den Übergang von einer Zweistreifen- zu einer Vierstreifenstrategie verkürzen lassen.

Ein Maß für die Abweichung einer Servicefläche $F_S = L \cdot B$ mit der *mittleren Länge* L und der *mittleren Breite* B vom Quadrat und vom Kreis ist der *Formfaktor*

$$f_{\text{form}} = L/B\,. \quad (18.52)$$

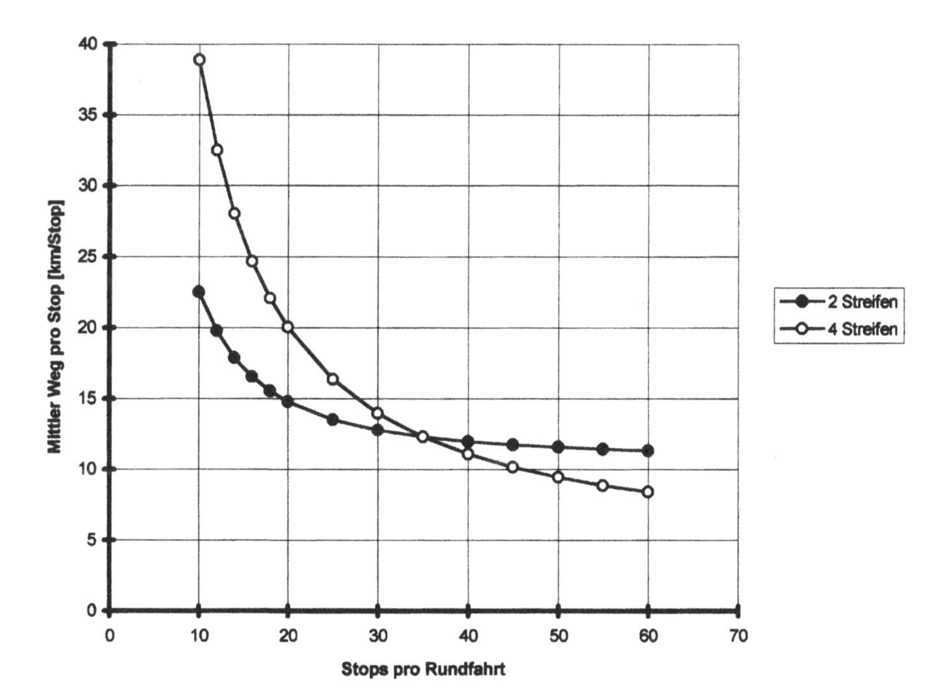

Abb. 18.31 Abhängigkeit des mittleren Fahrwegs pro Stopp von der Anzahl Stopps

Parameter s. *Abb.* 18.30

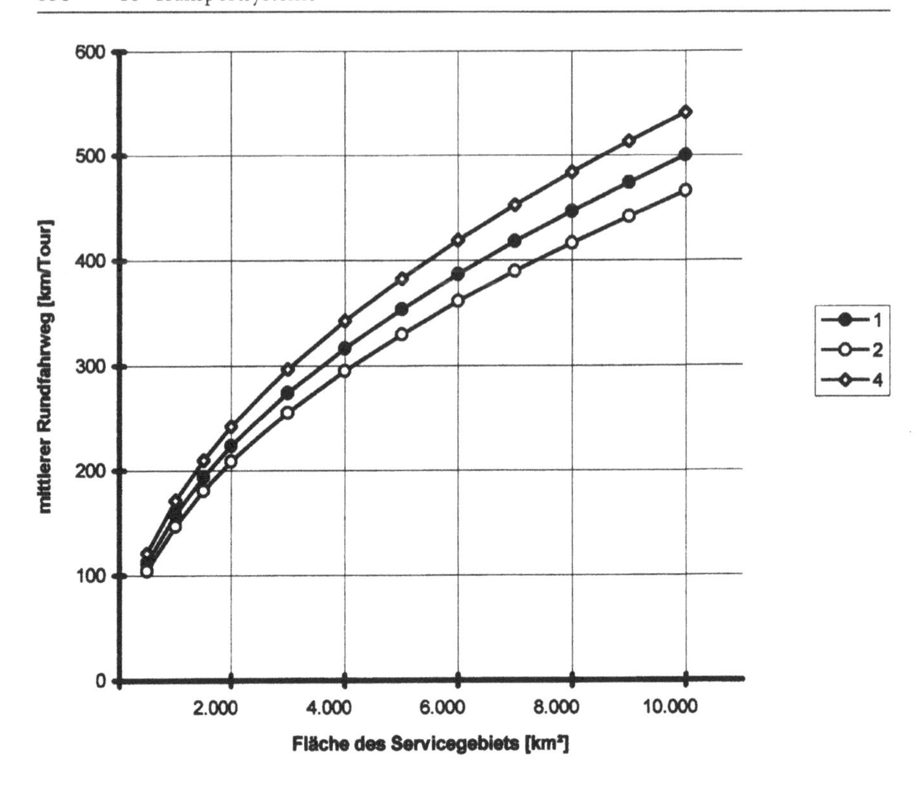

Abb. 18.32 Abhängigkeit des mittleren Rundfahrwegs von Größe und Form der Servicefläche

Parameter: Formfaktor $f_{\text{form}} = L/B = 1, 2, 4$ Stopps pro Tour: 20
übrige Parameter s. *Abb.* 18.30

Mit dem Formfaktor (18.52) folgt aus Beziehung (18.50) die *Abhängigkeit des mittleren Rundfahrweges* zu n Zielorten nach der N-Streifenstrategie von der *Servicefläche* F_S:

$$\mathbf{l_R(Fn) = f_{umw} \cdot \sqrt{f_{form} \cdot N^2 + (n+1)^2/(9\, f_{form} \cdot N^2)} \cdot \sqrt{F_S}\,.} \tag{18.53}$$

In *Abb.* 18.32 ist die mit Beziehung (18.53) errechnete Flächenabhängigkeit des Rundfahrwegs für drei verschiedene Formfaktoren dargestellt. Hieraus ist ablesbar:

► Die mittlere Rundfahrtlänge nimmt proportional zur Wurzel aus der Servicefläche zu und ist nur wenig abhängig von der Form des Servicegebiets.

Wegen des relativ geringen Formeinflusses ist die Beziehung (18.53) auch zur *näherungsweisen* Berechnung des mittleren Fahrwegs für Servicegebiete geeignet, deren Fläche F nicht rechteckig ist. In diesen Fällen ist für den Formfaktor (18.52) das Verhältnis der *maximalen Länge* zur *mittleren Breite* des Servicegebiets einzusetzen.[2]

[2] Es ist eine lohnende Forschungsaufgabe, die Ergebnisse der OR-Verfahren zur Standortbestimmung, Tourenplanung und Fahrwegoptimierung mit den Ergebnissen des analytischen Verfahrens zu verglei-

18.11.5 Transportmittelbedarf

Der Transportmittelbedarf in einem Fahrzeugsystem ist gleich der Anzahl Fahrten, die nach einer Tourenplanung und Fahrwegoptimierung zu gleicher Zeit stattfinden müssen, um den Beförderungsbedarf unter Berücksichtigung aller zeitlichen und übrigen Randbedingungen zu befriedigen.

Werden die Touren nach dem Drehstrahlverfahren geplant und nach der Streifenstrategie abgefahren, ist der Fahrzeugbedarf für ein Servicegebiet maximal gleich der Anzahl Sektoren, die jeweils in einer Rundfahrtour bedient werden. Wenn die Summe der Fahrzeiten von zwei oder mehr Touren kürzer als die zulässige Einsatzzeit eines Transportmittels ist und die zeitlichen Restriktionen damit verträglich sind, kann *ein* Transportmittel diese Touren nacheinander ausführen. Dadurch reduziert sich der Transportmittelbedarf. Die Fahrzeit pro Tour lässt sich näherungsweise mit Hilfe der Beziehungen (18.36) und (18.51) berechnen.

Das Drehstrahlverfahren in Verbindung mit der Streifenstrategie ist geeignet für die mittelfristige Transportplanung, zur Entwicklung fester Tourenpläne und für die approximative Berechnung des Transportmittelbedarfs. Dabei wird mit dem mittleren täglichen Beförderungsbedarf bei einer durchschnittlichen Verteilung der Quellen und Senken gerechnet. Für die *Fahrzeugdisposition* im operativen Tagesgeschäft sind Tourenplanungsprogramme nur dann besser geeignet, wenn sie für typische Testkonstellationen zu einem geringeren Transportmittelbedarf und deutlich kürzeren Fahrzeiten führen als das Drehstrahlverfahren [109, 113, 114, 136].

18.12 Transportleistungskosten

Die Betriebskosten K_{TS} [€/PE] eines Transportsystems TS sind gleich der Summe der *Netzbetriebskosten* K_{TN} für das Transportnetz TN und der *Transportmittelkosten* K_{TM} für den Betrieb der Transportmittel TM, die für einen bestimmten Beförderungsbedarf benötigt werden:

$$K_{TS} = K_{TN} + K_{TM} \quad [€/PE]\,. \tag{18.54}$$

Hauptkostentreiber eines Transportsystems sind die *Transportmengen*, die *Transportentfernungen* und die *Anzahl* der zu bedienenden Abhol- und Zielorte. Durch Aufteilung und Zurechnung der Transportbetriebskosten (18.54) auf diese Kostentreiber lassen sich nach den Verfahren aus *Abschn.* 6.6 die spezifischen *Transportkostensätze* kalkulieren.

18.12.1 Netzbetriebskosten

Die *Netzbetriebskosten* setzen sich zusammen aus (s. *Kap.* 6):

- *Abschreibungen und Zinsen* für die Netzinvestition

chen und die Genauigkeit und Grenzen der Näherungsformeln (18.48), (18.49), (18.50) und (18.53) zu untersuchen.

- *Energiekosten* für den Netzbetrieb
- *Personalkosten* für das Betriebspersonal
- *Kosten für Wartung und Instandsetzung* des Netzes
- *Steuerungskosten* für Verkehrsregelung und Verkehrssicherung
- *Netzmanagementkosten* für Aufbau, Ausbau, Führung und Verwaltung des Netzwerks.

Die Höhe der Netzbetriebskosten wird bestimmt von der Gesamtnetzlänge $L_{TN} = \Sigma l_{k\alpha}$ und von den *Stationen* und *Transportelementen* TE_k mit den *Durchfahrlängen* $l_{k\alpha}$ und *Funktionen* $F_{k\alpha}$. Die zu installierenden Grenzleistungen der Transportelemente hängen von den maximalen *Transportleistungen* $\lambda_{k\alpha\ max}$ ab, die in Spitzenzeiten für die Funktionen $F_{k\alpha}$ erwartet werden.

Wenn die Betriebskosten $K_{TN} = K_{TN}(\lambda_{k\alpha}; l_{k\alpha})$ [€/PE] für das Netz kalkulatorisch auf die für eine Periode geplante *Gesamttransportleistung* $\Sigma\lambda_{k\alpha} \cdot l_{k\alpha}$ [TM-km/PE] umgelegt werden, ergeben sich die

- *spezifischen Netzkosten* pro Transportmittel-Kilometer

$$k_{TN} = K_{TN}/(\Sigma\lambda_{k\alpha} \cdot l_{k\alpha}) \quad [€/TM\text{-}km]\,. \tag{18.55}$$

Bis auf die Wartungs- und Instandhaltungskosten und die nutzungsbedingte Abschreibung sind die Netzbetriebskosten unabhängig von der aktuellen Verkehrsbelastung des Transportnetzes und damit überwiegend *Fixkosten*. Daher trägt der Eigentümer oder Betreiber eines Transportnetzes ein hohes *Auslastungsrisiko*.

Wenn ein Transportnetz, wie die öffentlichen Verkehrsnetze, nicht vom Betreiber sondern von anderen Transportdienstleistern oder von Verkehrsteilnehmern genutzt wird, müssen diese mit den Netzkosten belastet werden. Dafür sind aus den spezifischen Netzkosten (18.55) unter Annahme einer bestimmten Planauslastung *Netzbenutzungsgebühren* zu kalkulieren, die auch das *Auslastungsrisiko* durch einen entsprechenden *Risikozuschlag* berücksichtigen.

Möglichkeiten zur Kostenbelastung der Benutzer eines Transportnetzes sind:

▶ *Zeitabhängige Direktbelastung:* Steuern, Grundgebühren oder Eintrittsgelder, die pro Transportmittel für eine bestimmte Nutzungszeit unabhängig von der Fahrleistung erhoben werden.

▶ *Nutzungsabhängige Direktbelastung:* Maut, Wegegeld, Nutzungsgebühren oder andere Abgaben, die abhängig von der gefahrenen Weglänge, der Größe und der Beladung des Transportmittels unmittelbar vor oder nach Beendigung der Nutzung kassiert werden.

▶ *Indirekte Belastung:* Gebühren oder Steuern, die im Kraftstoffpreis oder in den Energiekosten enthalten sind.

In der Praxis ist eine Kombination dieser Kostenbelastungsformen zu finden. Da Treibstoff- und Energieverbrauch weitgehend proportional zur Fahrleistung, zur Fahrzeugkapazität und zur Fahrwegbelastung sind, entspricht die indirekte Kostenbelastung der Straßenbenutzer am besten dem Prinzip der Kostenbelastung gemäß

Inanspruchnahme (s. *Abschn.* 7.1). Außerdem ist diese Form der indirekten Belastung mit den geringsten Erfassungskosten verbunden, da keine Mautstellen erforderlich sind.

Bei der nutzungsabhängigen Direktbelastung besteht die Möglichkeit, zu Hauptverkehrszeiten höhere Netzgebühren zu erheben als zu verkehrsschwachen Zeiten. Damit wird ein Teil der Verkehrsbelastung aus der Hauptverkehrszeit in Nebenzeiten verdrängt [196]. Ein solches Verfahren aber kann für einige Verkehrsteilnehmer unerwünschte soziale Folgen haben, die sich nur schwer durch andere verkehrspolitische Maßnahmen ausgleichen lassen.

Für die Nutzung von Schienennetzen ist es möglich, die Haupt- und Nebennetze mit unterschiedlichen *Teilnetzkostensätzen* zu kalkulieren. Eine solche Differenzierung ergibt für stark befahrene *Hauptnetze* meist geringere spezifische Netzkostensätze als für schwach befahrene *Nebennetze*. Bei einer nutzungsgemäßen Belastung der Netzbenutzer würde das zu einer Verdrängung des Verkehrs auf die Hauptnetze und zur Abnahme der Nutzung der Nebennetze führen. Daraus aber resultiert ein Teufelskreis, wenn infolgedessen die Nutzungsgebühren für das Nebennetz weiter erhöht werden.

Die dargestellten Abhängigkeiten und Wechselwirkungen machen deutlich, dass die Umlage der Netzkosten auf die Netzbenutzer ein schwieriges Problem ist, das noch nicht allgemeingültig gelöst ist [192, 193].

18.12.2 Transportmittelkosten

Abgesehen von den Kosten für eventuelle Transportbehälter sind die Betriebskosten eines *Fördersystems* gleich den Netzbetriebskosten.

Für *Fahrzeugsysteme* kommen zu den Netzbetriebskosten die *Betriebskosten der Transportmittel* hinzu. Die Transportmittelkosten setzen sich zusammen aus:

- Nutzungsbedingten *Abschreibungen und Zinsen* für die Transportmittel einschließlich Fahrzeugsteuerung
- *Treibstoff-, Energie- und Betriebsmittelkosten* für den Fahrzeugbetrieb
- *Personalkosten* für die Besatzung der Transportmittel
- *Wartungs- und Instandhaltungskosten* für die Transportflotte
- *Steuerungskosten* für die Transportmitteldisposition, Einsatzsteuerung und Einsatzkontrolle
- *Flottenmanagementkosten* für Planung, Beschaffung und Verwaltung der Transportmittel.

Die Kosten für Abschreibungen, Zinsen, Wartung und Instandhaltung der *Transporthilfsmittel* sind gesondert zu kalkulieren, denn ihre Zurechnung hängt davon ab, ob die Transporthilfsmittel dem Verlader oder dem Betreiber der Transportmittel gehören.

Die Zinsen, die Steuerungskosten und die Kosten für das Flottenmanagement hängen ab von der *Anzahl*, vom *Typ* und von der *Kapazität* der Transportmittel einer Flotte, die für einen geplanten Transportbedarf bereitgehalten wird. Die Personalkosten werden von der *Einsatzdauer* und der *Besetzung* der Transportmittel bestimmt.

Die nutzungsbedingten Abschreibungen, die Treibstoff- und Energiekosten sowie die Wartungs- und Instandhaltungskosten sind proportional zur *Fahrleistung* (s. *Kap.* 6).

18.12.3 Transportkostensätze und Transportleistungspreise

Nach den in *Kap* 6 und beschriebenen Verfahren lassen sich aus den Transportbetriebskosten (18.54) mit den Kennzahlen der *Transporteinheiten* [TE], den *Einsatzzeiten*, der *Fahrzeugbeladung*, der *Personalbesetzung* und den mittleren *Stoppzeiten* die *Transportkostensätze* kalkulieren:

$$\begin{aligned} &\textit{Grundkosten} && k_{Gr} && [€/\text{TM-Fahrt}]\,, \\ &\textit{Stoppkosten} && k_{Stop} && [€/\text{TM-Stopp}]\,, \\ &\textit{Fahrwegkosten} && k_{Weg} && [€/\text{TM-km}]\,. \end{aligned} \tag{18.56}$$

Mit diesen Kostensätzen sind die *Transportkosten* für eine Transportfahrt, die sich insgesamt über eine *Fahrweglänge* L_{FW} [km] erstreckt und zwischen Start- und Endpunkt der Nutzfahrt mit n_{Stop} *Stopps* verbunden ist, gegeben durch die Masterformel:

$$\mathbf{K_{TF}(L_{FW}\,;\,n_{Stop}) = k_{Gr} + n_{Stop} \cdot k_{Stop} + L_{FW} \cdot k_{Weg} \quad [€/TE\text{-}Fahrt]\,.} \tag{18.57}$$

Auch der Betreiber einer Transportflotte trägt ein *Auslastungsrisiko*, wenn auch nicht in gleichem Ausmaß, wie der Netzbetreiber, da ein größerer Anteil der Transportmittelkosten variabel ist. Mit den kalkulatorischen Zuschlägen für das Auslastungs- und Bereithaltungsrisiko sowie für Verwaltung, Vertrieb und Gewinn folgen aus den Transportkostensätzen (18.56) nach Beziehung (7.1) die *Transportleistungspreise.*

Für ausgewählte Transportmittel und verschiedene Verkehrsträger sind in *Tab.* 18.4 Kennwerte für Transportleistungspreise angegeben, die mit Hilfe eines Kalkulationsprogramms für Transportkosten auf Preisbasis 2002 unter realistischen Annahmen für die mittlere Auslastung und die Einsatzdauer berechnet wurden. Das *Transportkostenprogramm* wurde nach den in *Kap.* 6 und dargestellten Kalkulationsverfahren erstellt und macht von den in diesem Kapitel entwickelten Berechnungsformeln Gebrauch. In den Wegpreisen sind die anteiligen Netzkosten (18.55) enthalten.

Mit Hilfe des Transportkostenprogramms lassen sich Auswirkungen der unterschiedlichen Einflussfaktoren auf die Transportkosten analysieren. Die *Abb.* 18.33 bis 18.37 zeigen die Ergebnisse einer Sensitivitätsanalyse der Transportkostensätze und Transportpreise für die in *Abb.* 12.5 und 18.20 dargestellten *Sattelaufliegerzüge.*

Die Abhängigkeit des Fahrwegkostensatzes k_{Weg} [€/TM-km] von der effektiven Reisegeschwindigkeit zeigt *Abb.* 18.33. Mit zunehmender Reisegeschwindigkeit sinken die Fahrwegkosten. Hieraus ist erkennbar, wie groß der Einfluss von Geschwindigkeitsbegrenzungen und Staus auf die Transportkosten ist.

Die Auswirkungen einer Änderung der Kraftstoffpreise auf den Fahrwegkostensatz ist in *Abb.* 18.34 dargestellt. Eine Verdoppelung des Dieselkraftstoffpreises von 0,75 auf 1,50 €/l würde einen Anstieg der Fahrwegkosten von 1,25 auf 1,45 €/km, also um 16 % bewirken.

Abb. 18.35 zeigt den linearen Anstieg des mit Beziehung (18.57) kalkulierten *Relationspreises* für Transportfahrten von einem Verladeort zu einem Zielort mit der

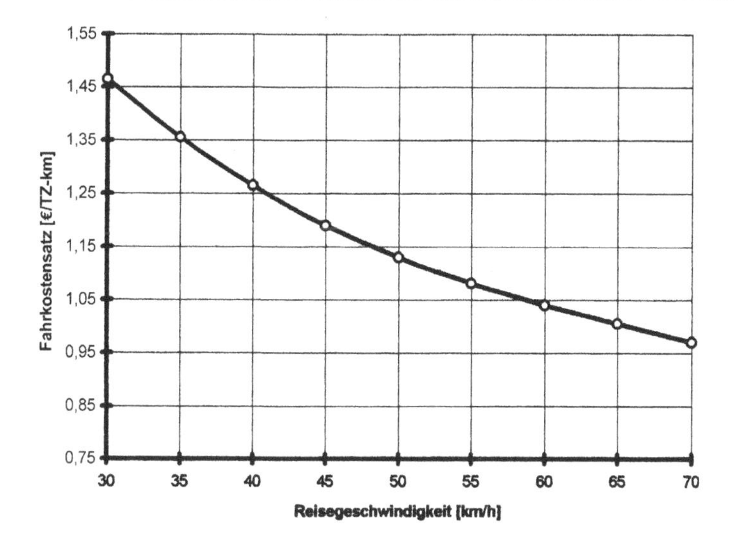

Abb. 18.33 Abhängigkeit des Fahrwegkostensatzes für einen Sattelaufliegerzug (TZ) von der Reisegeschwindigkeit

Transportentfernung. Der Relationspreis hängt sehr empfindlich vom *Leerfahrtanteil* ab, also vom Anteil der ungenutzten Fahrten vom Zielort zum nächsten Verladeort (s. *Abb.* 18.35 und 18.36).

18.12.4 Paarigkeit des Frachtaufkommens

Bei Betrieb eines Fahrzeugsystems im Shuttle-Verkehr mit kombinierten Hin- und Rückfahrten zwischen je zwei Stationen hängen Auslastung der Transportmittel und Transportkosten von der Paarigkeit des Ladungsaufkommens zwischen den Stationen ab. Wenn das *Hinlaufaufkommen* λ_{ij} von S_i nach S_j größer ist als das *Rücklaufaufkommen* λ_{ji} von S_j nach S_i, wenn also $\lambda_{ij} > \lambda_{ji}$, ist die Paarigkeit der Relation $S_i \rightarrow S_j$ gleich dem Quotienten $\lambda_{ji}/\lambda_{ij}$. Wenn $\lambda_{ji} > \lambda_{ij}$ ist, ist die Paarigkeit $\lambda_{ij}/\lambda_{ji}$. Allgemein gilt:

- Die *Relationspaarigkeit des Frachtaufkommens* zwischen Station S_i und S_j ist

$$\eta_{ij\,\text{paar}} = \text{MIN}\left(\lambda_{ji}/\lambda_{ij}\,;\,\lambda_{ij}/\lambda_{ji}\right) \quad [\%]\,. \tag{18.58}$$

Besteht nur in einer Richtung ein Frachtaufkommen, ist die Paarigkeit 0 %. Ist das Frachtaufkommen in beide Richtungen gleich, ist die Paarigkeit 100 %. Wenn das Rückfrachtaufkommen halb so groß ist wie das Hinfrachtaufkommen ist $\lambda_{ji} = \lambda_{ij}/2$ und die Paarigkeit 50 %.

Ist die Relationspaarigkeit $\eta_{ij\,\text{paar}}$, dann ist der *Leerfahrtanteil* bei reinem Shuttlebetrieb mit vollen Fahrzeugen:

$$\eta_{ij\,\text{leer}} = \left(1 - \eta_{ij\,\text{paar}}\right)/2 \quad [\%]\,. \tag{18.59}$$

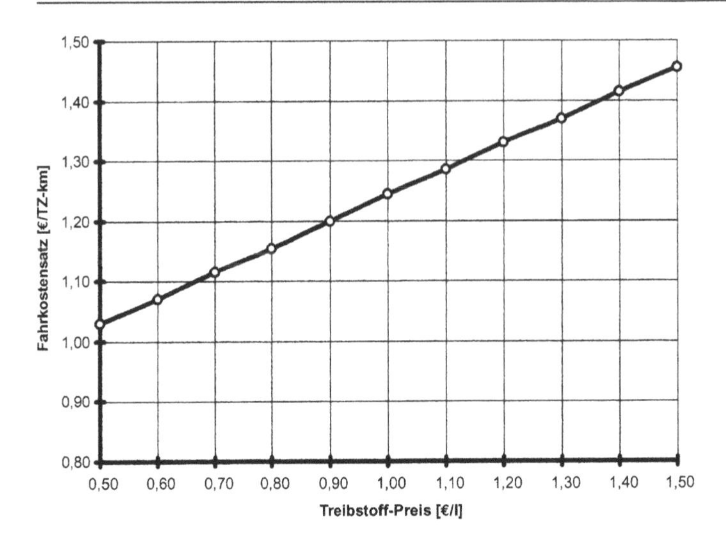

Abb. 18.34 Einfluss des Treibstoffpreises auf den Fahrwegkostensatz für einen Sattelaufliegerzug

So ist beispielsweise für eine Paarigkeit von 50 % der Leerfahrtanteil bei kombinierten Fahrten 25 %.

Für Transportsysteme mit mehr als zwei Stationen ergibt sich aus den Relationspaarigkeiten (18.58) und dem *Gesamtfrachtaufkommen*

$$\lambda = \sum_{i,j} \lambda_{ij} \quad [\text{LE/PE}] \tag{18.60}$$

durch gewichtete Summation über alle Stationen die *Systempaarigkeit*:

$$\eta_{\text{TS paar}} = \sum_{i,j} (\lambda_{ij}/\lambda) \cdot \text{MIN}(\lambda_{ji}/\lambda_{ij}\,;\ \lambda_{ij}/\lambda_{ji}) \quad [\%]. \tag{18.61}$$

Wenn sich die Summation (18.60) und (18.61) auf die Stationen in zwei voneinander getrennten Servicegebieten beschränkt, ergibt (18.61) die *Gebietspaarigkeit des Frachtaufkommens* zwischen diesen Gebieten.

Die Paarigkeit ist maßgebend für die Auslegung des Trassennetzes und die Betriebsstrategien des Transportsystems. Bei hoher Paarigkeit und einem Frachtaufkommen zwischen zwei Stationen, das regelmäßig verkehrende Transportfahrzeuge ausreichend füllt, ist eine direkte Linientrasse mit Hin- und Rückfahrten sinnvoll. Bei geringer Paarigkeit und schwachem Frachtaufkommen zwischen den Stationen sind Netze mit *Ringstruktur und Rundfahrten* oder Netze mit *Sternstruktur und gebrochenem Transport* vorteilhafter (s. *Abb.* 18.1 und 18.21).

Wenn der Rückfahrweg nicht genutzt und auch nicht vergütet wird, muss der Fahrwegkostensatz für die produktive Hinfahrt entsprechend erhöht werden. Bei 50 % Leerfahrtanteil ist daher der effektive Fahrwegkostensatz für die Hinfahrt doppelt so hoch wie bei 0 % Leerfahrtanteil, also bei 100 % bezahlter Nutzung der Rückfahrt. Dieser Zusammenhang macht die großen Einsparungsmöglichkeiten deutlich,

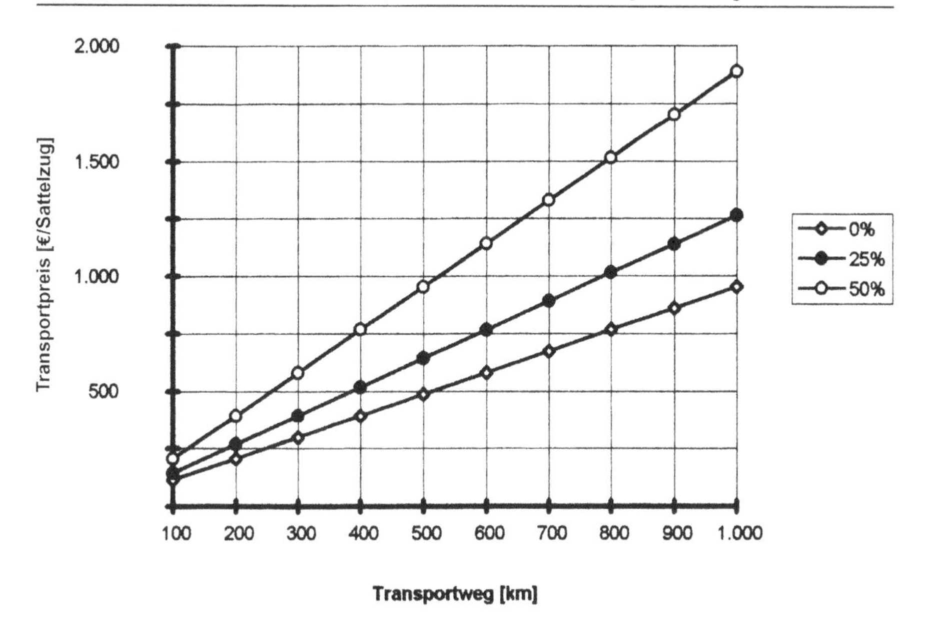

Abb. 18.35 Entfernungsabhängigkeit der Relationspreise für Transportfahrten mit einem Sattelaufliegerzug

Parameter Leerfahrtanteil

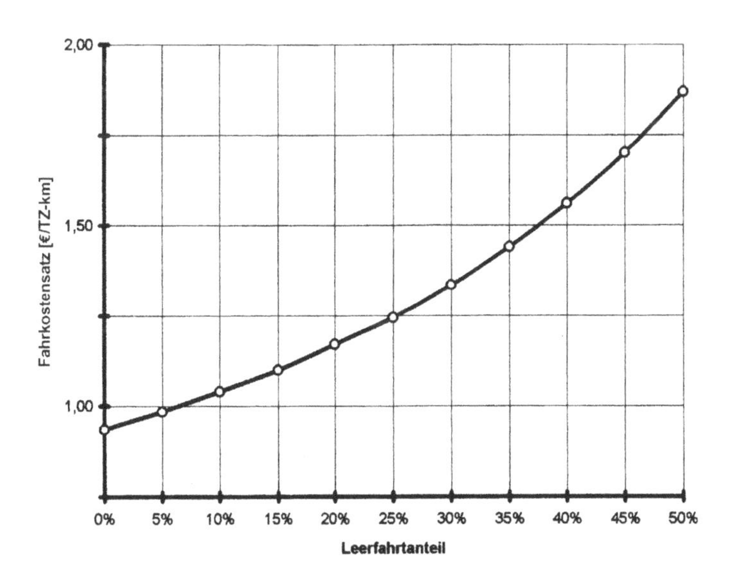

Abb. 18.36 Abhängigkeit des effektiven Fahrtkostensatzes für Transportfahrten vom Leerfahrtanteil

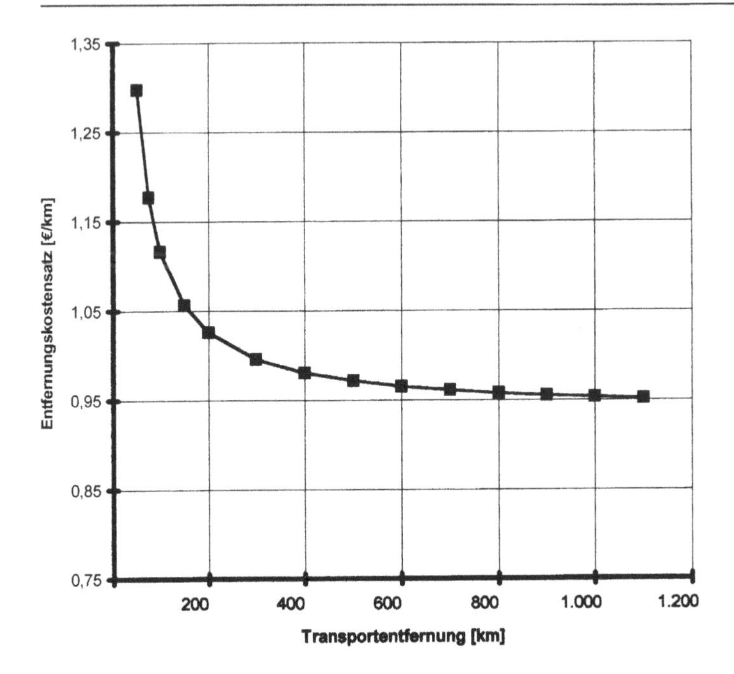

Abb. 18.37 Abhängigkeit des Entfernungskostensatzes für Transportfahrten mit einem Sattelaufliegerzug von der Transportentfernung

Transportkosten einschließlich Anfahrt, Warten, Rangieren und Ladezeit bei 100 % Rückfrachtnutzung

die sich mit einer *paarigen Nutzung* von Relationsfahrten und einer *Reduzierung des Leerfahrtanteils* von Rundfahrten erzielen lassen.

Aus den unterschiedlichen Chancen für bezahlte Rückfahrten erklären sich auch die häufig recht stark voneinander abweichenden Transportpreise, die am Markt angeboten werden. Zwischen Gebieten mit einem ausgeglichenen Hin- und Rückfrachtaufkommen sind die Transportpreise niedriger als zwischen Gebieten, zwischen denen ein ungleiches Frachtaufkommen besteht. Für ungleichgewichtige Relationen sind die Transportpreise in der Richtung mit dem kleineren Frachtaufkommen in der Regel deutlich geringer als in der Gegenrichtung.

18.12.5 Entfernungskostensätze

Wenn die Transportkosten nicht differenziert mit den Kostentreibern *Fahrt*, *Stopp* und *Transportweg* kalkuliert sondern nur auf die Transportentfernung bezogen werden, ergibt sich die in *Abb.* 18.37 dargestellte Entfernungsabhängigkeit des resultierenden *Entfernungskostensatzes* $k_{\text{entf}} = K_{\text{TF}}(l_{\text{FW}})/l_{\text{FW}}$.

Der pauschale Entfernungskostensatz nimmt mit zunehmender Transportentfernung ab, da die darin anteilig enthaltenen Grundkosten für Anfahrt, Warten, Rangieren und Laden immer weniger ins Gewicht fallen. Die bei Spediteuren übliche Abrechnung von Ladungstransporten nach pauschalen Entfernungssätzen entspricht daher nicht den Grundsätzen einer transparenten und fairen Preisgestaltung (s. *Abschn.* 7.1).

Abhängig von *Kapazität* und *Füllungsgrad* der Transportmittel resultieren aus den Transportkosten die *Frachtkosten*. Die Kalkulation und die Einflussfaktoren der Frachtkosten werden in den *Abschn.* 20.13 und 20.14 behandelt.

18.13 Masterformeln der maritimen Logistik

Aufgabe der *maritimen Logistik* ist das Befördern von Frachtgut mit Schiffen über Flüsse, Kanäle und Meere [277–279]. Die *maritimen Logistikdienstleister* sind die Umschlag- und Lagergesellschaften, die Hafenbetriebe und die Reedereien (s. *Abschn.* 21.2). Die *Reedereien* planen und organisieren ein Netzwerk von Schiffsrouten, beschaffen und betreiben eine Flotte von Schiffen und disponieren den Einsatz der Flotte so, dass ein gegebenes Frachtaufkommen zu minimalen Kosten bei maximalen Erlösen befördert werden kann.

Strategische Handlungsmöglichkeiten der Reedereien sind die Netzgestaltung und die Flottenplanung. Die *Netzgestaltung* umfasst die Auswahl der Hafen- und Umschlagstationen, deren Verbindung durch ein Netz von Hauptfahrtrouten und die Bündelung des Frachtaufkommens durch kleinere *Feederschiffe*, die im *Vorlauf* den auf den *Hauptrouten* verkehrenden großen Frachtschiffen die Fracht zuführen und im *Nachlauf* deren Fracht auf die Bestimmungsorte verteilen (s. *Abschn.* 18.3, 18.9 und 20.10). Zur *Flottenplanung* gehören die Festlegung von Kapazität, Geschwindigkeit und Ladetechnik der Schiffe sowie die Berechnung der Anzahl gleicher oder unterschiedlicher Schiffe für ein bestimmtes Frachtaufkommen (s. *Abschn.* 18.8).

Operative Handlungsmöglichkeiten zur kostenoptimalen und gewinnbringenden Nutzung der verfügbaren Schiffe sind die *Transportstrategien* (s. *Abschn.* 18.5), die *Schiffsbetriebsarten* der Linienfahrt oder Trampfahrt, die *Beladungs-* und *Staustrategien* (s. *Abschn.* 12.4 und 12.5), die *Tourenplanung* und *Fahrwegoptimierung* (s. *Abschn.* 18.11) sowie die Bestimmung der *optimalen Schiffsgeschwindigkeit*.

Wegen der extremen Geschwindigkeitsabhängigkeit des Brennstoffverbrauchs (s. *Abb.* 18.38) und des großen Anteils der Brennstoffkosten an den Gesamtbetriebskosten ist die *Schiffsgeschwindigkeit* neben der *Schiffskapazität* der wichtigste Handlungsparameter der Flottenplanung und des Schiffsbetriebs. In Zeiten hoher Ölpreise, niedriger Frachtraten und rückläufigen Frachtaufkommens wird die Frage nach der optimalen Geschwindigkeit eines Frachtschiffs besonders aktuell. Das führt dazu, dass das brennstoffsparende langsamer Fahren, das sogenannte *Slow-Steaming*, vermehrt praktiziert wird [262,263,268–270,272]. Verschärft wird der Handlungsdruck für die Schifffahrt durch zunehmende *Umweltschutzauflagen* [264,265,273,274].

In diesem Abschnitt werden *Masterformeln der maritimen Logistik* hergeleitet, die zur Beurteilung der Einflussparameter und Zusammenhänge, zur Berechnung optimaler Schiffgeschwindigkeiten und Schiffkapazitäten sowie zur Programmierung von *Flotteneinsatztools* geeignet sind [276]. Ausgehend von der gemessenen

Typ		Panamax-Vollcontainerschiff	
Ladeeinheiten	LU	20 ft Container = 1 TEU 40 ft Container = 2 TEU	
Schiffskapazität	C	5.000	TEU
Schiffsnutzungspreis	P_N	23.000	US$/d
Dienstgeschwindigkeit	v_{min} v_{max}	12,5 25,0	kn kn
Brennstoffverbrauch	bei v_{max}	320	kg/sm
Verbrauchskennlinie		s. *Abb. 1*	

Tab. 18.5 Schiffskenndaten mit den Ausgangswerten der Modellrechnungen [266]

Nutzungspreis: Kostensatz für eigene Schiffe bzw. Charterrate für fremde Schiffe

Geschwindigkeitsabhängigkeit des Brennstoffverbrauchs eines Frachtschiffs werden allgemeine Beziehungen für die Betriebskosten, die Frachtkosten und den Betriebsgewinn hergeleitet. Aus diesen ergeben sich explizite Berechnungsformeln für die *frachtkostenoptimale Geschwindigkeit* und für die *gewinnoptimale Geschwindigkeit* eines Frachtschiffs, die in der Regel erheblich voneinander abweichen.

Die praktische Anwendbarkeit der Masterformeln, die erreichbaren Einsparungseffekte und die Konsequenzen für Reedereien, Wirtschaft und Gesellschaft werden anhand von Modellrechnungen für ein Containerschiff demonstriert, wie es in Abb. 18.19 dargestellt ist. Dessen Kennwerte sind in *Tab.* 18.5 angegeben [266].

Die Diagramme zur Erläuterung der Zusammenhänge und Effekte sind berechnet für die in *Tab.* 18.6 angegebenen Einsatz- und Betriebsdaten einer einfachen Hin- und Rückfahrt mit zwei Hafenstopps zum Be- und Entladen in Rotterdam und Shanghai. Die Masterformeln gelten jedoch für beliebige Rundfahrten auch mit größerer Stoppzahl, unterschiedlich langen Streckenabschnitten und verschiedenen Hafenstoppzeiten. Wenn die Brennstoffkosten für die einzelnen Abschnitte voneinander abweichen, ergeben sich abschnittsweise unterschiedliche optimale Fahrgeschwindigkeiten, die sich ebenfalls mit den angegebenen Formeln berechnen lassen.

18.13.1 Brennstoffverbrauch

Entscheidend für die Berechnung der optimalen Fahrgeschwindigkeiten eines Frachtschiffs ist die genaue Kenntnis der Geschwindigkeitsabhängigkeit des Brennstoffverbrauchs pro Seemeile. Wenn ein Schiff mit einem Tagesverbrauch $c_{day}(v)$ [t/d] für die Propulsion einen Tag lang, also 24 Stunden mit konstanter Geschwindigkeit v [kn = sm/h] fährt, legt es $24 \cdot v$ Seemeilen zurück. Es hat daher den *Meilenverbrauch*:

		Hinfahrt	Rückfahrt	
Fahrweglängen	L_i	11.000	11.000	sm
Brennstoffpreis	P_B	500	500	US$/t
Frachtraten	P_F	1.050	630	US$/TEU
Hafenstoppzahl	N_H	1	1	pro Tour
Hafenstoppzeit	t_H	48	48	h/stop
Hafenstopppreis	P_H	42.000	42.000	US$/stop
Füllungsgrad	ρ_{max}	95%	95%	
Grenzleistung	v_{max}	42.633	42.633	TEU/Jahr

Tab. 18.6 Geschwindigkeitsbestimmende Einsatz- und Betriebsdaten und Ausgangswerte der Modellrechungen

$$c_B(v) = c_{day}(v)/24v \text{ t/sm} = 1.000 \cdot c_{day}(v)/(24 \cdot v) \quad \text{kg/sm}\,. \tag{18.62}$$

Mit dieser Beziehung lässt sich die Geschwindigkeitsabhängigkeit des Meilenverbrauchs aus der gemessenen Geschwindigkeitsabhängigkeit des *Tagesverbrauchs* $c_{day}(v)$ für den Hauptantrieb berechnen. So ergibt sich aus der Geschwindigkeitsabhängigkeit des Tagesverbrauchs eines 5.000-TEU-Containerschiffs die in *Abb.* 18.38 gezeigte Geschwindigkeitsabhängigkeit des Meilenverbrauchs [264]. Ähnliche Verbrauchskennlinien resultieren für andere Schiffstypen.

Die Verbrauchskennlinien der Frachtschiffe steigen ab einer *minimalen Dienstgeschwindigkeit* v_{min}, die etwa halb so groß ist wie die Auslegungsgeschwindigkeit, mit zunehmender Geschwindigkeit bis zur *maximalen Dienstgeschwindigkeit* v_{max} immer rascher an [265]. Sie haben abhängig von Schiffstyp, Bauart, Gestalt, Antriebsart, Beladung und anderen Faktoren einen höheren oder geringeren Grundverbrauch, abweichende Dienstgeschwindigkeiten und eine unterschiedliche Steilheit des Anstiegs. Für Optimierungsrechnungen ist es zweckmäßig, den gemessenen Verlauf der *Verbrauchskennlinie* durch folgende Näherungsfunktion darzustellen:

$$c_B(v) = c_0 + c_1 \cdot v^n \tag{18.63}$$

Die beiden *Verbrauchsparameter* c_0 und c_1 sowie der *Geschwindigkeitsexponent* n lassen sich nach dem Prinzip der kleinsten Quadrate so bestimmen, dass die Summe der quadratischen Abweichungen der Messwerte von der Näherungsfunktion minimal ist. Bei insgesamt drei Parametern müssen dafür mindestens 4 Messwerte bekannt sein [44].

Für das betrachtete Containerschiff zeigt *Abb.* 18.38, wie gut der gemessene Verlauf durch die Ausgleichsfunktion (18.63) mit den Werten $c_0 = 58$, $c_1 = 0{,}00013$

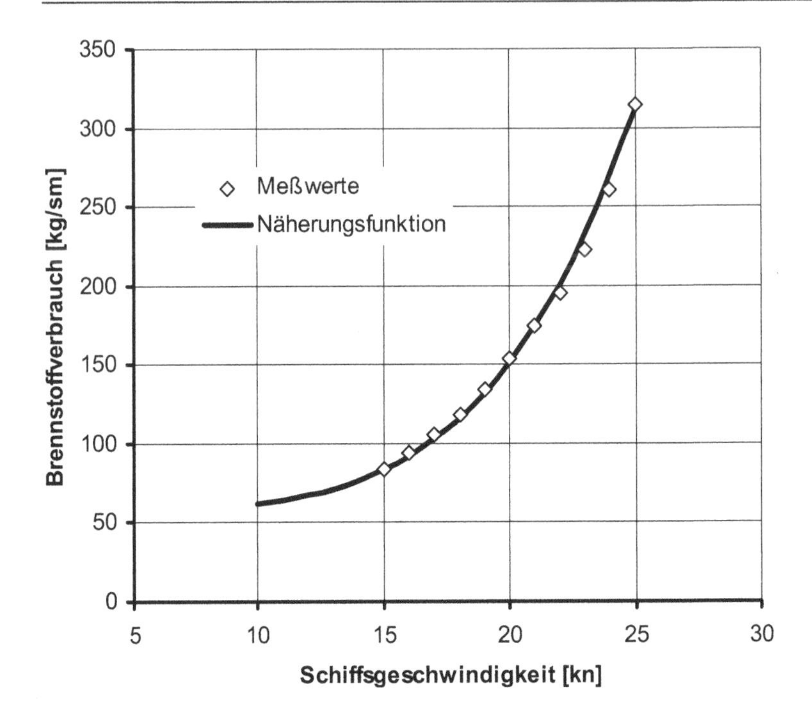

Abb. 18.38 Geschwindigkeitsabhängigkeit des Brennstoffverbrauchs eines 5.000-TEU-Containerschiffs

Näherungsfunktion: $c_B(v) = 58 + 0{,}00013 \cdot v^{4,5}$
Messwerte: s. [264]

und $n = 4{,}5$ dargestellt wird. Für andere Schiffstypen ergeben sich bei ähnlich guter Approximation abweichende Parameterwerte. So reichen die Geschwindigkeitsexponenten von $n \approx 4$ für kleine Feederschiffe oder langsamere Massengutfrachter [272] bis zu $n \approx 6$ für sehr große Containerschiffe [265]. Das heißt[3]:

► Der Meilenverbrauch eines Frachtschiffs nimmt mit der vierten bis sechsten Potenz der Fahrgeschwindigkeit zu.

Aus *Abb.* 18.38 ist ablesbar, dass sich im Fall des 5.000-TEU-Containerschiffs der Brennstoffverbrauch durch Senkung der Schiffsgeschwindigkeit von der maximalen Dienstgeschwindigkeit 25 kn um 20 % auf 20 kn etwa halbiert. Eine Verlangsamung auf die *verbrauchsoptimale Geschwindigkeit*, die bei der minimalen Dienstgeschwindigkeit von 12,5 kn erreicht wird, ergibt eine Reduzierung des Brennstoffverbrauchs um rund 75 %.

Vor Beginn des Slow-Steaming ist allerdings sorgfältig zu prüfen, wie lange das Schiff mit deutlich reduzierter Geschwindigkeit ohne Nachteile oder Schaden für die

[3] Die Geschwindigkeitsabhängigkeit des Brennstoffverbrauchs eines Frachtschiffs weicht also in der Regel erheblich von der so genannten *Admiralitätsformel* ab, nach der der Tagesverbrauch eines Schiffes angeblich mit der 3. Potenz der Fahrgeschwindigkeit ansteigen soll (s. z. B. [277]).

Maschine fahren kann [269]. Für Neubauten könnten die Maschinen in Zukunft von vornherein so ausgelegt werden, dass sie sich in einem größeren *Dienstgeschwindigkeitsbereich* $v_{min} \leq v \leq v_{max}$ ohne Nachteile längere Zeit betreiben lassen [275].

Die *Fahrzeit* eines Schiffs für einen Gesamtweg der Länge $L = \sum L_i$, der in den Abschnitten L_i, $i = 1, 2, \ldots, N_S$, mit unterschiedlichen Geschwindigkeiten v_i befahren wird, ist:

$$T_F = \sum L_i / v_i = L/v_m \,. \tag{18.64}$$

Die *mittlere Fahrgeschwindigkeit* ist also

$$v_m = L/\left(\sum L_i/v_i\right) . \tag{18.65}$$

Bei dieser Fahrweise ist der Brennstoffverbrauch:

$$C_B(L) = \sum c_B(v_i) \cdot L_i = \sum (c_0 + c_1 \cdot v_i^n) \cdot L_i \,. \tag{18.66}$$

Wenn die Streckenabschnittsgeschwindigkeiten v_i um Δ_i von der mittleren Geschwindigkeit (18.65) abweichen, ergibt sich nach Einsetzen von $v_i = v_m + \Delta_i$ in Beziehung (18.66) stets ein höherer Brennstoffverbrauch als wenn das Schiff bei gleicher Gesamtfahrzeit (18.64) auf allen Strecken konstant mit der mittleren Geschwindigkeit (18.65) fährt. Das gilt für alle Verbrauchskennlinien, die mit zunehmender Geschwindigkeit ansteigen. Der erhöhte Brennstoffverbrauch bei Fahrt mit unterschiedlichen Geschwindigkeiten verstärkt sich noch durch den Zusatzverbrauch für das mehr als einmalige Beschleunigen des Schiffes. Daraus folgt die *Brennstoffeinsparungsregel*:

► Zur Minimierung von Verbrauch und Emmisionen muss das Schiff auf allen Streckenabschnitten möglichst konstant mit der Geschwindigkeit fahren, die für eine geforderte Fahrzeit benötigt wird.

18.13.2 Brennstoffkosten

Wenn die Streckenabschnitte L_i mit Bunkermengen gefahren werden, die zu unterschiedlichen *Brennstoffpreisen* P_{Bi} [US$/t] beschafft wurden, sind die *Brennstoffkosten bei unterschiedlichen Abschnittsgeschwindigkeiten* v_i:

$$K_B(v_i) = \sum P_{Bi} \cdot c_B(v_i) \cdot L_i = \sum P_{Bi} \cdot (c_0 + c_1 \cdot v_i^n) \cdot L_i \,. \tag{18.67}$$

Anders als der Brennstoffverbrauch können die Brennstoffkosten bei unterschiedlichen Abschnittsgeschwindigkeiten unter Umständen geringer sein als bei konstanter Fahrgeschwindigkeit. Das bietet eine zusätzliche Kostensenkungsmöglichkeit, die zur Gewinnoptimierung nutzbar ist.

Wenn der Brennstoffpreis für die gesamte Fahrstrecke gleich ist, sind die Brennstoffkosten proportional zum Brennstoffverbrauch (18.66) und daher bei Fahrt mit konstanter Geschwindigkeit am niedrigsten. Dann folgt aus (18.67) für die Geschwindigkeitsabhängigkeit der *Brennstoffkosten bei konstantem Brennstoffpreis* P_B und einer *Gesamtweglänge* L:

$$K_B(v) = P_B \cdot (c_0 + c_1 \cdot v^n) \cdot L \tag{18.68}$$

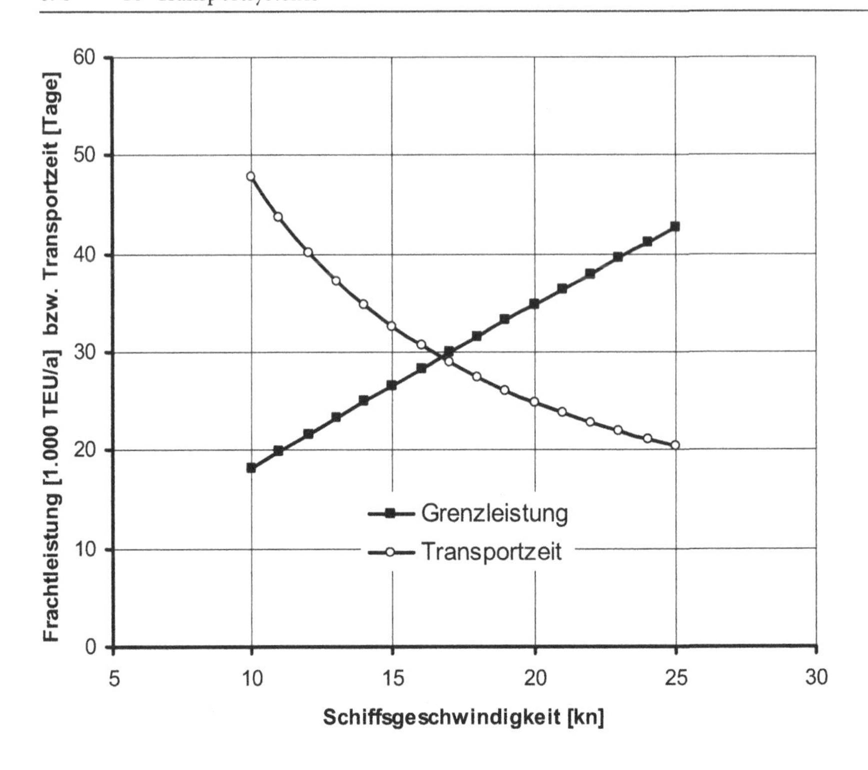

Abb. 18.39 Geschwindigkeitsabhängigkeit der Transportzeit und der Grenzleistung

Parameter: Fahrweglänge 11.000 sm, 2 Hafenstopps mit Stoppzeit 48 h/Hafen, übrige s. *Tab.* 18.5 und 18.6

Die durch slow-steaming erreichbaren prozentualen Einsparungen des Brennstoffverbrauchs ergeben dann die gleichen prozentualen Einsparungen bei den Brennstoffkosten.

18.13.3 Transportzeiten

Die *Transportzeit* T_{nm} zwischen zwei Hafenstationen H_n und H_m ist die Summe der *Hafenstoppzeiten* $\mathrm{t}_{\mathrm{H}i}$ [h] an den und der *Fahrzeiten* (18.64) zwischen den angelaufenen Häfen H_i, $i = n, n+1, \ldots, m$:

$$T_{\mathrm{nm}} = \sum_{\mathrm{n} \leq i \leq m} (\mathrm{t}_{\mathrm{H}i} + \mathrm{L}_i/\mathrm{v}_i) = N_{\mathrm{H}} \cdot \mathrm{t}_{\mathrm{H}} + \mathrm{L}/\mathrm{v}_m\,. \tag{18.69}$$

Hierin sind L der Gesamtweg, v_m die mittlere Fahrgeschwindigkeit (18.65) und t_{H} die *mittlere Hafenstoppzeit*:

$$\mathrm{t}_{\mathrm{H}} = (1/N_{\mathrm{H}}) \cdot \sum \mathrm{t}_{\mathrm{H}i}\,. \tag{18.70}$$

Die Hafenstoppzeit ist die Summe der Zeiten für das Abbremsen, Einfahren, Anlegen, Be- und Entladen, Ablegen und Beschleunigen sowie eventueller Wartezeiten.

Schleusen- und Fahrzeiten einer Kanaldurchfahrt wirken sich wie Hafenstoppzeiten aus. Die Stoppzeiten der einzelnen Häfen müssen für die operative Tourenplanung und Transportzeitberechnung genau ermittelt werden. Sie haben jedoch auf die kostenoptimale Geschwindigkeit keine Auswirkung und nur geringen Einfluss auf die gewinnoptimale Geschwindigkeit.

Für die einfache Fahrt eines Containerschiffs zwischen zwei Häfen ohne Zwischenstopps mit der Fahrweglänge s ist nach Beziehung (18.69) die Transportzeit $T_T = 2 \cdot t_H + s/v$. Mit den Betriebsdaten aus *Tab.* 18.5 und 18.6 folgt daraus die in *Abb.* 18.39 gezeigte Abhängigkeit der Transportzeit von der Fahrgeschwindigkeit. Bei einer Reduzierung der Geschwindigkeit von 25 kn um 20 % auf 20 kn verlängert sich in diesem Fall die Transportzeit von 20 Tagen um 25 % auf 25 Tage. Eine Geschwindigkeitshalbierung auf 12,5 kn führt fast zu einer Verdopplung der Transportzeit auf 38 Tage.

Eine wesentliche Verlängerung der Transportzeit ist insbesondere bei hochwertiger Ladung nicht ohne Auswirkungen auf die erzielbaren *Frachtraten*, denn ein Versender wird zumindest den zusätzlichen Zinsaufwand für die längere Laufzeit der Fracht bei der Kalkulation in Rechnung stellen. Der Zinsmehraufwand beträgt z. B. bei einem Wert des TEU-Inhalts von 20.000 € und einem Kapitalzins von 6,0 % p. a. pro Tag 3,30 €, d. h. bei einer Laufzeitverlängerung um 5 Tage rund 16,45 € und um 19 Tage rund 62,50 €.

18.13.4 Frachtgrenzleistung

Die gesamte *Umlaufzeit* T_U [h] für die Rundtour eines Containerschiffs mit N_H Hafenanfahrten und den Weglängen L_i zwischen den nacheinander angelaufenen Häfen H_i und H_{i+1} ist ebenfalls durch Beziehung (18.69) gegeben, wobei sich die Summe über alle angefahrenen Häfen $i = 1, 2, \ldots, N_H$ erstreckt. Daraus folgt für die *Umlauffrequenz des Schiffes* in einer längeren *Einsatzzeit* T_E (z. B. 1 Jahr = 360 d = 8.640 h):

$$f_U(v_m) = T_E/T_U = T_E/(N_H \cdot t_H + L/v_m) \tag{18.71}$$

Bei einer *effektiven Schiffskapazität* C_{eff} ergibt sich daraus die *Frachtgrenzleistung* des Schiffs:

$$\mu_S(v_m) = C_{eff} \cdot f_U = C_{eff} \cdot T_E/(N_H \cdot t_H + L/v_m) \tag{18.72}$$

Die effektive Schiffskapazität ist die installierte Schiffskapazität C multipliziert mit dem maximalen *Füllungsgrad* ρ_{max}, d. h. $C_{eff} = \rho_{max} \cdot C$. Der maximale Füllungsgrad hängt von der Art der Ladung und der Größe der Frachtaufträge ab. Er wird für Stückgut und Container bei einem Frachtaufkommen größer als die Frachtgrenzleistung von der Anzahl der Zielorte, der Zusammensetzung der Ladung und vom *Stauplan* bestimmt (s. *Abschn.* 12.4 und 12.5). Für das 5.000-TEU-Containerschiff wird durchgängig ein maximaler Füllungsgrad von 95 % angesetzt. Damit ist die effektive Schiffskapazität 4.750 TEU.

Für eine *Rundtour ohne Zwischenstopp* von einem Ausgangshafen, z. B. Rotterdam, zu einem Zielhafen, z. B. Shanghai, und zurück mit dem einfachen Fahrweg s ist $N_S = 2$ und $L = 2 \cdot s$ und die Frachtgrenzleistung $\mu_S = C_{eff} \cdot T_E/2(t_H + s/v_m)$.

Mit den Werten aus *Tab.* 18.5 und 18.6 errechnet sich für eine solche Rundtour die in *Abb.* 18.39 gezeigte Abhängigkeit der Frachtgrenzleistung von der mittleren Fahrgeschwindigkeit des Containerschiffs. Daraus ist abzulesen, dass eine Reduzierung der Fahrgeschwindigkeit von 25 kn um 20 % auf 20 kn die Frachtgrenzleistung von 42.600 TEU/Jahr um 18 % auf 34.800 TEU/Jahr sinken lässt und eine Halbierung der Fahrgeschwindigkeit die Frachtgrenzleistung auf 22.400 TEU/Jahr fast halbiert. Die Frachtgrenzleistung steigt und fällt umgekehrt proportional mit der Fahrgeschwindigkeit, solange die Summe der Fahrzeiten deutlich größer als die Summe der Hafenstoppzeiten ist.

Die Anzahl der Frachtschiffe N_S, die zur Bewältigung eines *Frachtaufkommens* λ_F zwischen den Stationen benötigt wird, das wesentlich größer ist als die Frachtgrenzleistung μ_S eines Schiffes, ist $N_S = \text{AUFRUNDEN}(\lambda_F/\mu_S)$. Daher verändert sich die Anzahl der Frachtschiffe, die für ein hohes Frachtaufkommen benötigt wird, in ganzzahligen Sprüngen nahezu proportional mit der Fahrgeschwindigkeit. Eine Reduzierung der Fahrgeschwindigkeit erfordert also bei hohem Frachtaufkommen eine größere Anzahl Schiffe und bewirkt damit höhere Schiffsnutzungskosten.

Wenn das Frachtaufkommen λ_F bei gleichbleibender Anzahl und Geschwindigkeit der N_S Schiffe unter deren Grenzleistung $N_S \cdot \mu_S$ sinkt, fällt die mittlere *Kapazitätsauslastung* $\eta_S = \lambda_F/(N_S \cdot \mu_S)$ unter 100 %. Dann bewirkt eine Reduzierung der Fahrgeschwindigkeit eine geringere Frachtgrenzleistung, eine verbesserte Kapazitätsauslastung und geringere Betriebskosten.

18.13.5 Schiffsbetriebskosten

Die Betriebskosten eines Schiffs für eine bestimmte *Einsatzzeit* T_E sind die Summe der *Schiffsnutzungskosten* K_N, der *Hafenstoppkosten* K_H und der *Brennstoffkosten* K_B.

Die *Schiffnutzungskosten* sind das Produkt $K_N = T_E \cdot P_N$ der Einsatzzeit T_E mit dem *Schiffsnutzungspreis* P_N [€/d], der für ein eigenes Schiff der *Nutzungskostensatz* und für ein gechartertes Schiff die *Charterrate* ist. Der Nutzungskostensatz ergibt sich aus den Abschreibungen, der technischen Nutzungsdauer und den Zinsen für die Schiffsinvestition sowie aus den Kosten für Personal, Schmierstoffe, Brennstoff für Neben- und Hilfsaggregate, Reparaturen, Instandsetzung, Versicherung u. a., die für den laufenden Betrieb des Schiffs unabhängig von der Fahrgeschwindigkeit anfallen [273]. Der Chartersatz enthält zusätzlich einen Risiko- und Gewinnzuschlag der Chartergesellschaft. Die Modellrechnungen wurden durchgeführt für ein bemanntes 5.000-TEU-Containerschiff, für das einschließlich Schmierstoffverbrauch in den Jahren 2004 bis 2009 eine Charterrate von 23.000 US$/$d$ galt [266].

Wenn sich die technische Nutzungsdauer des Schiffs und der Schmierstoffverbrauch nicht wesentlich mit der Fahrgeschwindigkeit ändern, was noch zu prüfen ist, ist der Nutzungskostensatz unabhängig von der aktuellen Fahrgeschwindigkeit. Die Investition und damit die Nutzungsrate für das Schiff hängen jedoch von den installierten Dienstgeschwindigkeiten ab.

Die *Hafenstoppkosten* $K_H = f_U(v_m) \cdot N_H \cdot P_H$ in der Einsatzzeit T_E sind das Produkt der Umlauffrequenz $f_U(v_m)$, der Stoppzahl pro Rundlauf N_H und des mittlerem Hafenstopppreises P_H. Der Stopppreis eines Hafens ist die Summe der Gebühren und

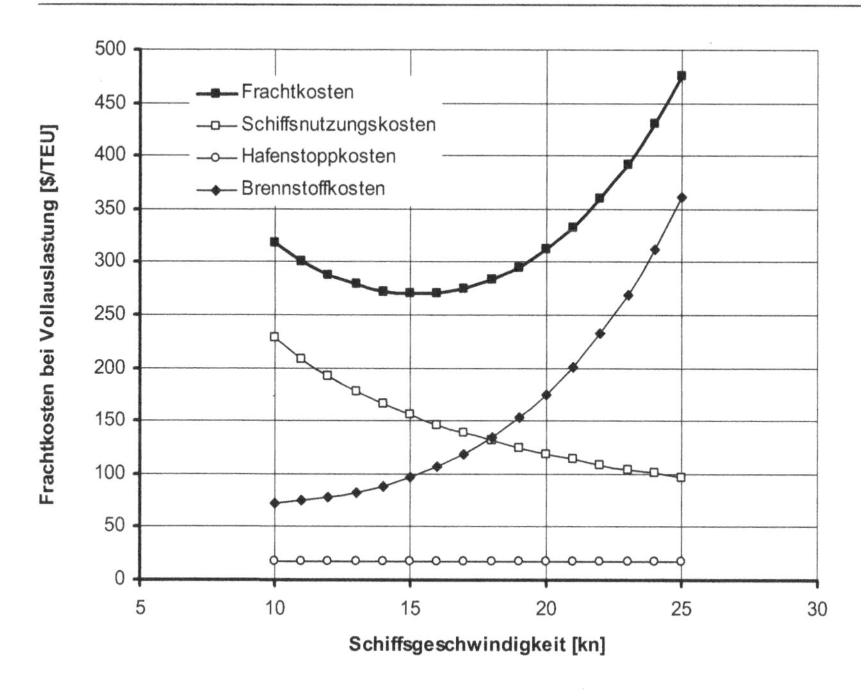

Abb. 18.40 Zusammensetzung und Geschwindigkeitsabhängigkeit der Schiffsfrachtkosten bei Vollauslastung

Brennstoffpreis: 500 US$/t *übrige Parameter*: s. *Tab.* 18.5 u. 18.6
Kostenoptimale Fahrgeschwindigkeit: v_{Kopt} = 15,3 kn

Abgaben für Hafeneinrichtungen, Kainutzung, Schlepper, Lotsen, Fahrwassernutzung und anderes. Kanalgebühren sind wie Stopppreise zu behandeln. Die Hafenstoppkosten sind für die einzelnen Häfen unterschiedlich. Da der Stopppreis nicht von der Fahrgeschwindigkeit abhängt, ist es für die Geschwindigkeitsoptimierung zulässig, mit dem *mittleren Hafenstopppreis* $P_H = \sum P_{Hi}/N_H$ zu rechnen, der sich aus den überschlägig ermittelten Einzelstopppreisen ergibt. Die Modellrechnungen werden mit einem Stopppreis P_H = 42.000 US$ durchgeführt, der für ein 5.000-TEU-Containerschiff aus den aktuellen Hafengebühren von Rotterdam errechnet wurde [270].

Die *Brennstoffkosten* K_B in der Einsatzzeit T_E sind durch Beziehung (18.67) gegeben. Die in der Einsatzzeit mit Geschwindigkeit v_i insgesamt zurücklegten Teilstrecken sind das Produkt $f_U(v_m) \cdot L_i$ der Umlauffrequenz f_U mit den Teilstreckenlängen L_i einer Rundfahrt. Damit folgt für die Geschwindigkeitsabhängigkeit der Schiffsbetriebskosten in einer Einsatzperiode T_E die *Masterformel*

$$\begin{aligned} K_S(v) &= K_N + K_H + K_B \qquad (18.73) \\ &= T_E \cdot \left(P_N + f_U(v_m) \cdot N_H \cdot P_H + f_U(v_m) \cdot \sum P_{Bi} \cdot (c_0 + c_1 \cdot v_i^n) \cdot L_i \right). \end{aligned}$$

Hierin sind v_i die Teilstreckengeschwindigkeiten und v_m die daraus mit Beziehung (18.65) resultierende mittlere Fahrgeschwindigkeit.

18.13.6 Schiffsfrachtkosten

Die Frachtkosten pro Ladeeinheit sind die Schiffsbetriebskosten K_S geteilt durch die vom Schiff erbrachte Frachtleistung λ_S: $k_F = K_S/\lambda_S$ [€/LU]. Bei Vollauslastung der effektiven Schiffskapazität wird von einem Frachtschiff in der Einsatzzeit T_E maximal die Frachtgrenzleistung (18.72) erbracht. Für $\lambda_S = \mu_S$ folgt mit Beziehung (18.73) die *allgemeine Schiffsfrachtkostenformel*:

$$k_F(v_i) = (1/C_{eff}) \cdot \left(P_N \cdot (N_H \cdot t_H + L/v_m) + N_H \cdot P_H + \sum P_{Bi} \cdot (c_0 + c_1 \cdot v_i^n) \cdot L_i\right). \tag{18.74}$$

Bei konstanter Fahrgeschwindigkeit v_m auf allen Teilstrecken vereinfacht sich diese Beziehung zur *Schiffsfrachtkostenformel bei gleicher Geschwindigkeit*:

$$k_F(v) = (1/C_{eff}) \cdot \left(P_N \cdot (N_H \cdot t_H + L/v) + N_H \cdot P_H + P_{Bm} \cdot (c_0 + c_1 \cdot v^n) \cdot L\right). \tag{18.75}$$

Hierin ist P_{Bm} der mit den Teilstreckenanteilen L_i/L gewichtete *mittlere Brennstoffpreis*.

Für Rundfahrten mit den Kenndaten aus *Tab.* 18.5 und 18.6 ergibt sich mit der Frachtkostenformel (18.75) bei Vollauslastung der effektiven Ladekapazität C_{eff} = 4.750 TEU die in *Abb.* 18.40 gezeigte Geschwindigkeitsabhängigkeit der Frachtkosten. Daraus ist die kostenoptimale Geschwindigkeit 15,3 kn ablesbar, bei der die Frachtkosten mit 261 US$/TEU um 45 % geringer sind als die Frachtkosten von 476 US$/TEU bei maximaler Dienstgeschwindigkeit. Allgemein gilt:

- Die Frachtkosten nehmen mit zunehmender Fahrgeschwindigkeit zunächst ab und steigen dann nach Durchlaufen eines flachen Minimums immer steiler an.
- Durch einen Schiffsbetrieb mit kostenoptimaler Geschwindigkeit statt maximaler Dienstgeschwindigkeit sind beträchtliche Frachtkostensenkungen möglich.

18.13.7 Kostenoptimale Schiffsgeschwindigkeit

Die kostenoptimale Fahrgeschwindigkeit ergibt sich durch Nullsetzen der ersten Ableitung der rechten Seite von Beziehung (18.75) und Auflösen der resultierenden Gleichung nach der Geschwindigkeit v. Das Ergebnis ist die *Masterformel der kostenoptimalen Schiffsgeschwindigkeit*:

$$\mathbf{v_{Kopt} = (P_N/(P_B \cdot c_1 \cdot \mathit{n}))^{1/(\mathit{n}+1)}}. \tag{18.76}$$

Hierin ist P_N der *Schiffsnutzungspreis* und P_B der *Brennstoffpreis*. c_1 und n sind die beiden *Anstiegsparameter* der Verbrauchskennlinie des Schiffes (s. *Abb.* 18.38).[4] Aus der Geschwindigkeitsformel (18.76) und *Abb.* 18.41 ist ablesbar:

[4] Da in der maritimen Logistik Entfernungen in nautischen *Seemeilen* (1 sm = 1,852 km) und Schiffsgeschwindigkeiten in *Knoten* (1 kn = sm/h) gemessen werden, müssen zur Berechnung der optimalen

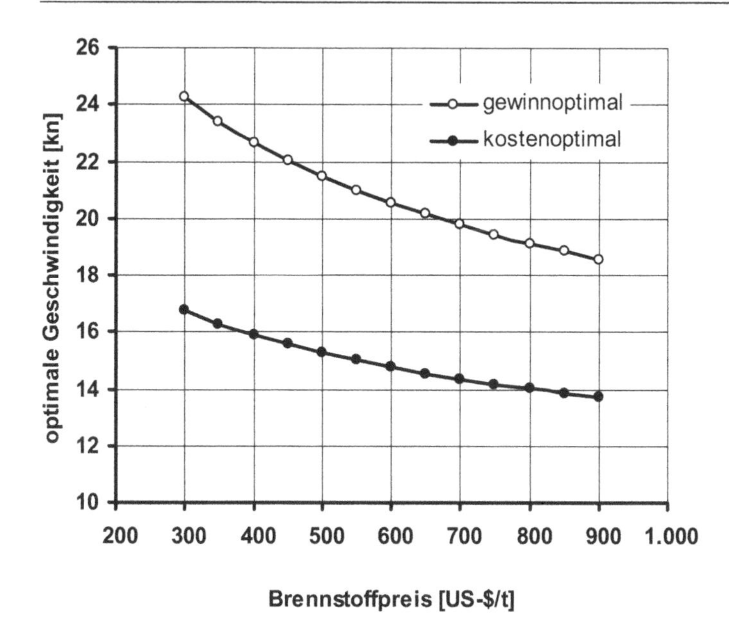

Abb. 18.41 Abhängigkeit der kostenoptimalen und der gewinnoptimalen Fahrgeschwindigkeit vom Brennstoffpreis

Mittlere Frachtrate [267]: 840 US$/TEU *übrige Parameter*: s. *Tab.* 18.5 u. 18.6

- Die kostenoptimale Fahrgeschwindigkeit eines Frachtschiffs steigt proportional mit der $(n + 1)$-Wurzel des Schiffsnutzungspreises und fällt umgekehrt proportional mit der $(n + 1)$-Wurzel des Brennstoffpreises.
- Die kostenoptimale Fahrgeschwindigkeit ist unabhängig von der Schiffskapazität, der Auslastung und der Weglänge wie auch von der Anzahl und den Kosten der Hafenstopps.

Die Formel für die kostenoptimale Fahrgeschwindigkeit ist daher universell anwendbar auf alle Arten von Schiffsrouten, auf Linienfahrten ebenso wie auf Trampfahrten.

Bei Fahrten mit unterschiedlichen Bunkerpreisen $\mathrm{P}_{\mathrm{B}i}$ auf den N_H Streckenabschnitten L_i ergibt sich durch partielle Ableitung der rechten Seite von Beziehung (18.74), Nullsetzen und Auflösen nach den Abschnittsgeschwindigkeiten v_i eine Anzahl von N_S verschiedenen Berechnungsformeln (18.76), in denen anstelle von P_B die einzelnen Bunkerpreise $\mathrm{P}_{\mathrm{B}i}$ stehen. Daraus folgt:

- Sind die Brennstoffpreise verschieden, so sind auf den betreffenden Teilstrecken unterschiedliche Fahrgeschwindigkeiten v_i kostenoptimal, die sich mit Beziehung (18.76) aus den einzelnen Bunkerpreisen berechnen lassen.

Schiffsgeschwindigkeit mit den Formeln (18.76) und (18.80) die Schiffsnutzungspreise auf h und der Brennstoffverbrauch auf sm umgerechnet werden.

Die zusätzliche Kosteneinsparung durch verschiedene optimale Geschwindigkeiten bei unterschiedlichen Bunkerpreisen ist jedoch in dem meisten Fällen gering im Vergleich zu der Einsparung, die sich bereits aus Fahrt mit optimaler statt mit maximaler Geschwindigkeit ergibt.

18.13.8 Betriebsgewinn

Ziel des Einsatzes eines vorhandenen Schiffs ist ein maximaler Betriebsgewinn, mit dem die Reederei die allgemeinen Geschäftskosten decken und einen angemessenen Geschäftsgewinn erwirtschaften kann. Der Betriebsgewinn G_S aus dem Schiffsbetrieb für eine bestimmte Einsatzzeit T_E ergibt sich aus den Frachterlösen E_F abzüglich der Betriebskosten K_S.

Die *Beförderungsleistung* λ_{Li} eines Linienschiffs für eine Hafenrelation $H_i \rightarrow H_{i+1}$ ist bei einem Frachtaufkommen λ_{Fi}, das größer als die Frachtgrenzleistung (18.72) des Schiffs ist, gleich der Frachtgrenzleistung μ_{Si}. Bei geringerem Frachtaufkommen ist die Beförderungsleistung gleich dem Frachtaufkommen λ_{Fi}. Die aktuelle Beförderungsleistung ist also das Minimum von *Frachtgrenzleistung* und *Frachtaufkommen*: $\lambda_{Li} = \text{MIN}(\mu_{Si}, \lambda_{Fi})$.

Wenn auf der Relation $H_i \rightarrow H_{i+1}$ im Mittel die *Frachtrate* P_{Fi} [US$/TEU] erlöst wird, ist der Erlösbeitrag aus der Relation gleich dem Frachtpreis multipliziert mit der Beförderungsleistung $E_{Fi} = P_{Fi} \cdot \lambda_{Li} = P_{Fi} \cdot \text{MIN}(\mu_{Si}\,; \lambda_{Fi})$. Der Gesamtfrachterlös in der betrachteten Einsatzzeit ist die Summe der Erlösbeiträge der einzelnen Relationen $E_F = \sum P_{Fi} \cdot \text{MIN}(\mu_{Si}\,; \lambda_{Fi})$.

Mit Beziehung (18.71) für die Umlauffrequenz, Beziehung (18.72) für die Frachtgrenzleistung und Beziehung (18.73) für die Schiffbetriebskosten ergibt sich für die *Geschwindigkeitsabhängigkeit des Betriebsgewinns* die *Masterformel*:

$$\begin{aligned} G(v) = E_S(v) - K_S(v) &= \sum P_{Fi} \cdot \text{MIN}(C_{\text{eff}} \cdot T_E/(N_H \cdot t_H + L/v_m)\,; \lambda_{Fi}) \\ &\quad - T_E \cdot \Big(P_N + N_H \cdot P_H/(N_H \cdot t_H + L/v_m) \\ &\quad + \sum P_{Bi} \cdot (c_0 + c_1 \cdot v_i^n) \cdot L_i/(N_H \cdot t_H + L/v_m)\Big) \end{aligned} \tag{18.77}$$

Der erste positive Term ist die Summe der Frachterlöse, der negative Term die Summe der Schiffsnutzungskosten, Hafenstoppkosten und Brennstoffkosten, die in der Einsatzzeit T_E anfallen. Für die mittlere Fahrgeschwindigkeit v_m gilt wieder Beziehung (18.65).

Mit der *Betriebsgewinnformel* (18.77) errechnet sich für Rundfahrten mit den Kenndaten aus *Tab.* 18.4 und 18.5 bei einem Frachtaufkommen, das größer ist als die Frachtgrenzleistung, die in *Abb.* 18.42 gezeigte Geschwindigkeitsabhängigkeit des Betriebsgewinns. Daraus ist eine gewinnoptimale Fahrgeschwindigkeit von 20,7 kn ablesbar. Bei dieser Geschwindigkeit ist der Gewinn maximal und mit 38,2 Mio. US$/a um rund 7,2 Mio. US$/a, d. h. um 23 % höher als der Gewinn von 31,0 Mio. US$/a bei maximaler Dienstgeschwindigkeit. Allgemein gilt:

- ▶ Durch den Schiffsbetrieb mit der gewinnoptimalen Geschwindigkeit statt mit maximaler Dienstgeschwindigkeit sind erhebliche Gewinnsteigerungen möglich.

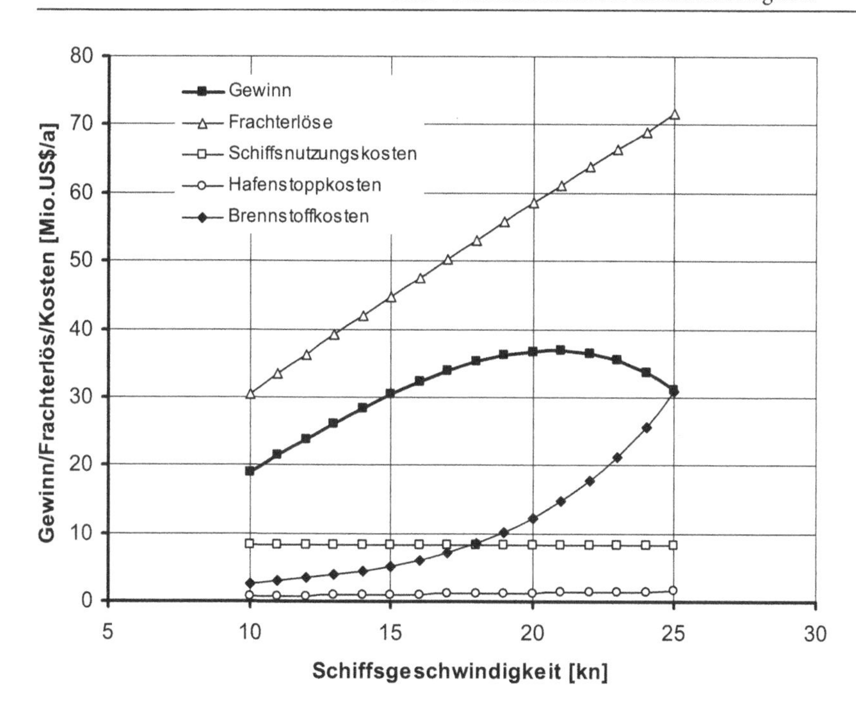

Abb. 18.42 Geschwindigkeitsabhängigkeit des Betriebsgewinns bei ausreichendem Frachtaufkommen

Mittlere Frachtrate [267]: 840 US$/TEU, Brennstoffpreis: 500 US$/t
Schiffskenndaten: s. *Tab.* 18.5 Einsatz- und Betriebsdaten: s. *Tab.* 18.6
Gewinnoptimale Fahrgeschwindigkeit: $v_{Gopt} = 20{,}7$ kn

Wenn auf der gesamten Rundtour das Frachtaufkommen größer als die Frachtgrenzleistung ist und mit konstanter Geschwindigkeit gefahren wird, vereinfacht sich Beziehung (18.77) zu (18.78):

$$G(v) = T_E \cdot \Big(P_F \cdot C_{eff}/(N_H \cdot t_H + L/v) - P_N - N_H \cdot P_H/(N_H \cdot t_H + L/v) \qquad (18.78)$$
$$- P_B \cdot (c_0 + c_1 \cdot v^n) \cdot L/(N_H \cdot t_H + L/v)\Big) .$$

Darin ist $P_F = \sum P_{Fi}$ die *Summe der durchschnittlichen Frachtraten*, die auf einer Rundfahrt auf den einzelnen Fahrtabschnitten erzielt werden. Wenn zusätzlich die Gesamtfahrzeit L/v wesentlich größer als die Summe der Hafenstoppzeiten ist, also für $L/v \gg N_H \cdot t_H$, ist näherungsweise $1/(N_H \cdot t_H + L/v) \simeq v/L$. Dann wird aus Beziehung (18.78):

$$G(v) = T_E \cdot (P_F \cdot C_{eff} \cdot v/L - P_N - N_H \cdot P_H \cdot v/L - P_B \cdot (c_0 + c_1 \cdot v^n) \cdot v) . \qquad (18.79)$$

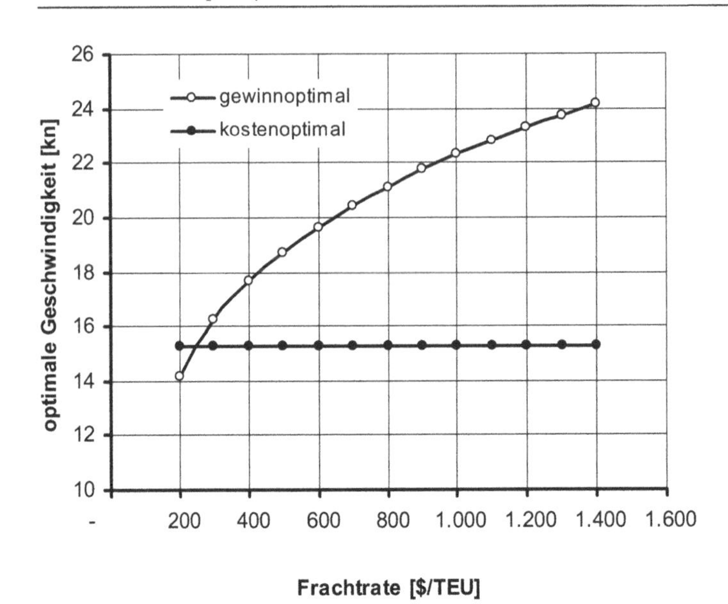

Abb. 18.43 Abhängigkeit der kostenoptimalen und der gewinnoptimalen Fahrgeschwindigkeit von der mittleren Frachtrate

Mittlerer Brennstoffpreis: 500 US$/t übrige Parameter: s. Tab. 18.5 u. 18.6

18.13.9 Gewinnoptimale Schiffsgeschwindigkeit

Durch Ableiten, Nullsetzen und Auflösen nach der Geschwindigkeit v ergibt sich aus (18.79) folgende *Masterformel der gewinnoptimalen Geschwindigkeit*:

$$v_{Gopt} = \left(\left(\left(P_F \cdot C_{eff} - N_H \cdot P_H\right)/L - P_B \cdot c_0\right)/\left(P_B \cdot c_1 \cdot (n+1)\right)\right)^{1/n}. \qquad (18.80)$$

Hierin ist P_F die Summe der Frachtrate, C_{eff} die effektive Schiffskapazität, N_H die Anzahl Hafenstationen, P_H der Hafenstopppreis und P_B der mittlere Brennstoffpreis. c_0, c_1 und n sind die Parameter der Verbrauchskennlinie des Frachtschiffs (s. Bez. (18.63) und *Abb.* 18.38).

Bei Stoppzeitanteilen größer 50 %, also bei kurzen Fahrwegen, größerer Hafenanlaufzahl und längeren Hafenstoppzeiten, kann die gewinnoptimale Geschwindigkeit aus der allgemeinen Gewinnfunktion (18.77) durch einen Maximierungsalgorithmus numerisch bestimmt werden. Modellrechnungen zeigen, dass die mit der Näherungsformel (18.80) berechneten Geschwindigkeitswerte bis zu 5 % größer sind als die exakte gewinnoptimale Geschwindigkeit, solange der Stoppzeitanteil der Umlaufzeit kleiner als 50 % ist (s. *Abb.* 18.44). Aus weiteren Modellrechnungen ergibt sich, dass sich der Gewinn bei verschiedenen Brennstoffpreisen durch unterschiedliche optimale Abschnittsgeschwindigkeiten kaum weiter erhöhen lässt. Daher ist die Formel (18.80) für Stoppzeitanteile bis 50 % universell geeignet zur Berechnung der gewinnoptimalen Fahrgeschwindigkeit.

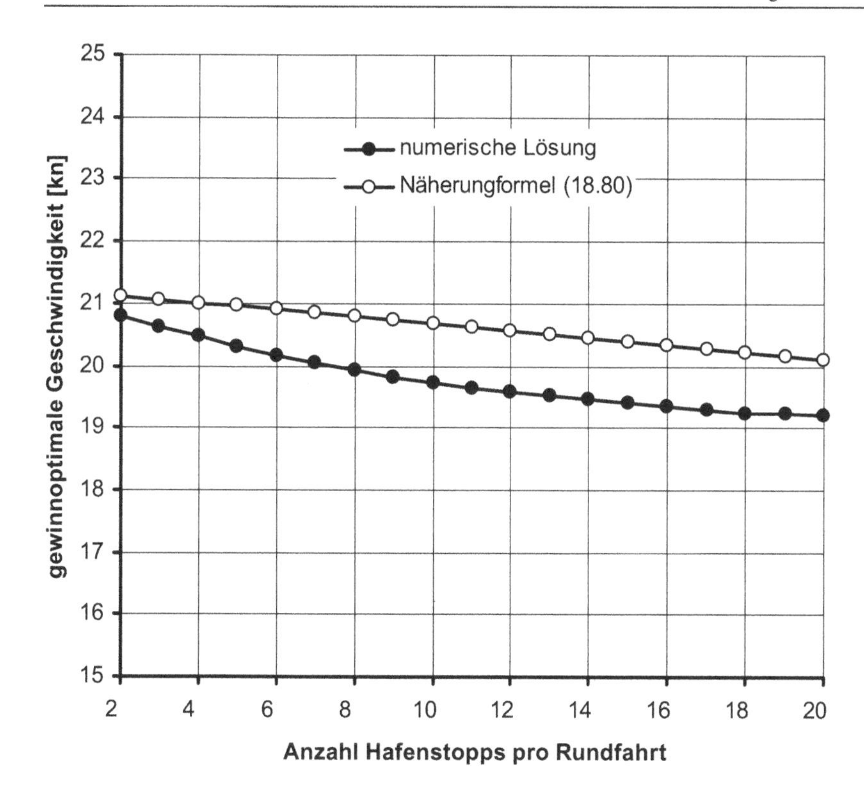

Abb. 18.44 Abhängigkeit der gewinnoptimalen Geschwindigkeit von der Anzahl Hafenstopps pro Rundtour

Hafenstoppzeit: 24 h/Hafen übrige Parameter: s. *Tab.* 18.5 und 18.6

Der wesentliche Vorteil der allgemeingültigen Formel (18.80) gegenüber einer numerischen Bestimmung ist, dass damit alle Einflussfaktoren auf die gewinnoptimale Geschwindigkeit explizit erkennbar sind und sich deren Auswirkungen einfacher berechnen lassen. So ergeben sich mit Hilfe der Berechnungsformel (18.80) die in *Abb.* 18.41, *Abb.* 18.43 und *Abb.* 18.44 gezeigten Abhängigkeiten der gewinnoptimalen Geschwindigkeit von den Brennstoffkosten, von der durchschnittlichen Frachtrate bzw. von der Hafenstoppzahl. Allgemein folgt aus der Formel (18.80):

- Die gewinnoptimale Geschwindigkeit ist größer als die kostenoptimale Geschwindigkeit und sinkt umgekehrt proportional mit n-ten Wurzel des Brennstoffpreises etwas schneller als die kostenoptimale Geschwindigkeit (s. *Abb.* 18.41).
- Anders als die kostenoptimale Geschwindigkeit ist die gewinnoptimale Fahrgeschwindigkeit unabhängig vom Schiffsnutzungspreis.
- Die gewinnoptimale Geschwindigkeit steigt mit der Schiffskapazität und ist daher für große Schiffe höher als für kleine Schiffe, solange deren Kapazität voll ausgelastet ist.

- Sie fällt mit abnehmender durchschnittlicher Frachtrate und erreicht die kostenoptimale Geschwindigkeit, wenn die Frachtrate auf den minimalen Frachtkostensatz bei Vollauslastung sinkt (s. *Abb. 18.43*).
- Die gewinnoptimale Geschwindigkeit verringert sich relativ wenig mit zunehmender Anzahl Hafenstopps und ansteigender Hafenstoppzeit (s. *Abb. 18.44*).
- Sie verändert sich nur wenig mit der Gesamtweglänge, solange die Frachtraten proportional zur Entfernung ansteigen.

Da sich der Betriebsgewinn in einem *Toleranzbereich* von etwa ±1 kn um die gewinnoptimale Fahrgeschwindigkeit nur wenig ändert, können die Geschwindigkeiten auf Teilstrecken so angepasst werden, dass vorgegebene *Zeitfenster* der Hafenstationen eingehalten werden.

Die allgemeine Bedeutung dieser Zusammenhänge ergibt sich daraus, dass sich sowohl die Brennstoffkosten wie auch die Frachtraten innerhalb weniger Jahre mehr als verdoppeln, aber auch halbieren können [267]. Zusätzlich zur absehbaren Rohölverknappung wegen begrenzter Ressourcen werden Umweltschutz- und Emissionsabgaben den Brennstoffpreis in Zukunft weiter nach oben treiben [273]. Dementsprechend sind eine laufende Neuberechnung der kostenoptimalen und der gewinnoptimalen Geschwindigkeit und eventuell neue Einsatzpläne mit anderen Dienstgeschwindigkeiten notwendig.

So zeigt *Abb.* 18.45 im Vergleich zu *Abb.* 18.42, wie stark sich die Geschwindigkeitsabhängigkeit des Gewinns verändert, wenn die Frachtraten um 25 % sinken und zugleich der Ölpreis um 50 % ansteigt. Die gewinnoptimale Geschwindigkeit sinkt dann von 20,7 kn auf 17,4 kn und die kostenoptimale Geschwindigkeit von 15,3 kn auf 14,2 kn. Durch eine Geschwindigkeitsanpassung lässt sich bei dieser Ausgangslage der Gewinnrückgang teilweise kompensieren.

18.13.10 Unzureichendes Frachtaufkommen

Die vorangehenden Berechnungsformeln und Abhängigkeiten der optimalen Fahrgeschwindigkeiten gelten solange, wie das Frachtaufkommen für das betrachtete Schiff auf allen Teilstrecken höher ist als die Frachtgrenzleistung (18.72). Sinkt das Frachtaufkommen auf einer oder mehreren Teilstrecken unter die Frachtgrenzleistung, dann wird auf diesen Streckenabschnitten die Schiffskapazität nicht mehr voll ausgelastet. Wegen der Unterauslastung erhöhen sich die Frachtkosten, während sich die Frachterlöse auf diesen Streckenabschnitten nicht mehr mit der Geschwindigkeit ändern.

Die Abhängigkeit der Frachterlöse für die einzelnen Teilstrecken von der mittleren Fahrgeschwindigkeit ist durch die Summanden des ersten Terms der Beziehung (18.77) gegeben. Daraus ergibt sich, dass bei einem Frachtaufkommen λ_{Fi} auf der Teilstrecke L_i die Auslastung unter 100 % sinkt, wenn die mittlere Geschwindigkeit (18.65) die *partielle Auslastungsgrenzgeschwindigkeit*

$$v_{aus\,i} = L/(C_{eff} \cdot T_E/\lambda_{Fi} - N_H \cdot t_H) \tag{18.81}$$

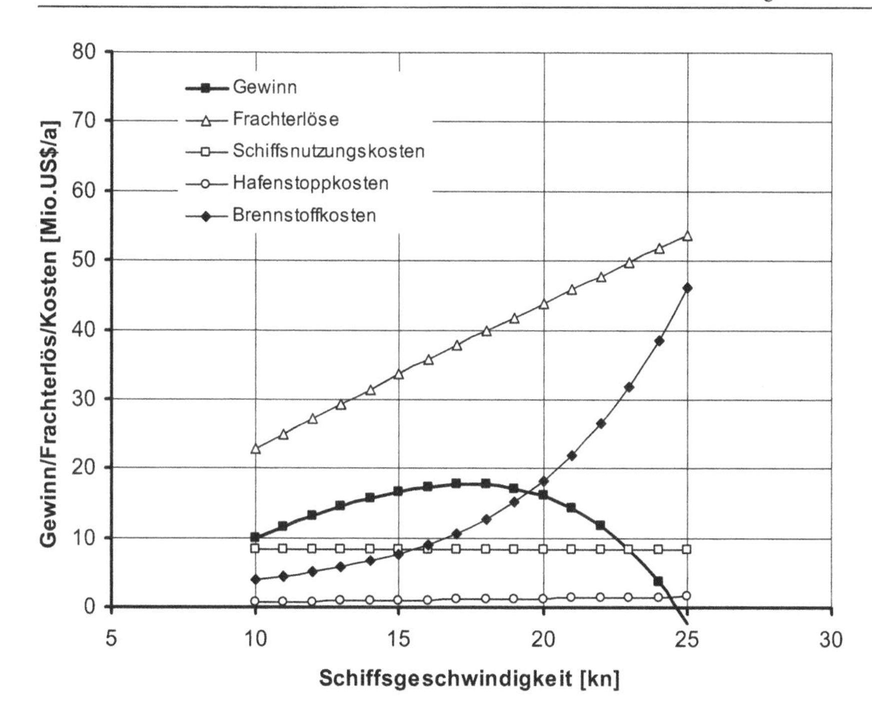

Abb. 18.45 Geschwindigkeitsabhängigkeit des Betriebsgewinns bei ausreichendem Frachtaufkommen, geringer Frachtrate und höherem Brennstoffpreis

Mittlere Frachtrate: 630 US$/TEU, Brennstoffpreis: 750 US$/t
Schiffskenndaten: s. *Tab.* 18.5 Einsatz- und Betriebsdaten: s. *Tab.* 18.2
Gewinnoptimale Fahrgeschwindigkeit: v_{Gopt} = 17,4 kn

übersteigt. Das bedeutet, dass für einen Streckenabschnitt, dessen Frachtaufkommen kleiner als die Frachtgrenzleistung (18.72) des Schiffs ist, durch Anheben der mittleren Geschwindigkeit der gesamten Rundtour über die Auslastungsgrenzgeschwindigkeit (18.81) hinaus keine zusätzlichen Frachterlöse mehr erreichbar sind.

Zur Verdeutlichung dieses Zusammenhangs zeigt *Abb.* 18.46 die mit Hilfe der Beziehung (18.77) berechnete Geschwindigkeitsabhängigkeit des Betriebsgewinns für die gleiche Hin- und Rückfahrtstrecke mit denselben Parameterwerten wie *Abb.* 18.42, jedoch mit *unpaarigem* und unzureichendem *Frachtaufkommen* sowie mit unterschiedlichen Frachtraten für die Hinfahrt und für die Rückfahrt [267,276]. Bei der mit Beziehung (18.81) berechneten Auslastungsgrenzgeschwindigkeit für die Rückfahrt $v_{ausRück}$ = 17 kn knickt die Erlöskurve ab, weil mit steigender Geschwindigkeit keine zusätzlichen Rückfrachterlöse erzielt werden. Ab der Auslastungsgrenzgeschwindigkeit für die Hinfahrt v_{ausHin} = 22 kn verläuft sie horizontal, da mit weiterer Geschwindigkeitserhöhung auch keine zusätzlichen Hinfrachterlöse mehr erreichbar sind.

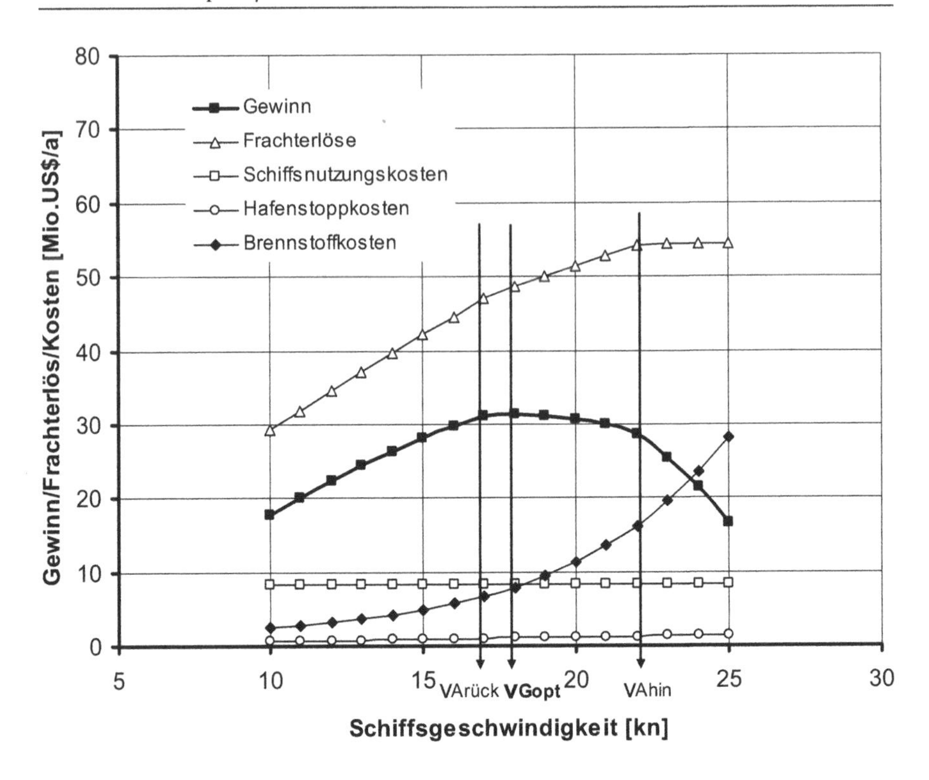

Abb. 18.46 Geschwindigkeitsabhängigkeit des Betriebsgewinns bei unzureichendem und unpaarigem Frachtaufkommen

Frachtaufkommen: Hinfahrt 35.000 TEU/a Rückfahrt 28.000 TEU/a
Frachtraten [267]: Hinfracht 1.050 US$/TEU Rückfracht 830 US$/TEU
Auslastungsgrenzgeschwindigkeiten: Hinfahrt 22,1 kn Rückfahrt 17,0 kn
Gewinnoptimale Geschwindigkeit: v_{Gopt} = 18 kn

Abb. 18.46 zeigt, dass in diesem Fall die gewinnoptimale Fahrgeschwindigkeit zwischen den Auslastungsgrenzgeschwindigkeiten der Hinfahrt und der Rückfahrt bei etwa 18 kn liegt. Die Herleitung einer allgemeingültigen Berechnungsformel für die gewinnoptimale Geschwindigkeit ist auch bei unzureichendem Frachtaufkommen möglich. Sie erfordert jedoch mehrere Fallunterscheidungen, die mit zunehmender Anzahl Hafenstopps immer zahlreicher und komplexer werden. Es ist daher bei unzureichendem Frachtaufkommen einfacher, die gewinnoptimale Geschwindigkeit über einen Maximierungsalgorithmus aus dem Geschwindigkeitsverlauf der Gewinnfunktion (18.77) zu ermitteln. Allgemein gilt:

- Sind die partiellen Auslastungsgrenzgeschwindigkeiten für das Frachtaufkommen auf den einzelnen Teilstrecken geringer als die gewinnoptimale Geschwindigkeit bei Vollauslastung, so ist die gewinnoptimale Geschwindigkeit aus der Gewinnfunktion zu ermitteln.

		Maximale Geschwindigkeit	Gewinnoptimale Geschwindigkeit		Kostenoptimale Geschwindigkeit	
Tourlänge	**sm**	**22.000**	**22.000**		**22.000**	
Hafenanlauffrequenz	pro Jahr	54	46	-15%	54	0%
Fahrgeschwindigkeit	**kn**	**25**	**21**	**-16%**	**16**	**-36%**
Transportzeit	**Tage**	**20**	**24**	**17%**	**31**	**51%**
Schiffe	**Anzahl**	**6**	**6**	**0%**	**9**	**50%**
Flottenleistung	**TEU/a**	**255.799**	**218.307**	**-15%**	**254.582**	**0%**
Frachtraten Hinfahrt	US$/TEU	1.050	1.000	-5%	950	-10%
Rückfahrt	US$/TEU	630	600	-5%	570	-10%
Frachterlöse	**Mio.US$/a**	**430**	**349**	**-19%**	**387**	**-10%**
Betriebskosten	**Mio.US$/a**	**243**	**145**	**-40%**	**138**	**-43%**
Betriebsgewinn	**Mio.US$/a**	**186**	**204**	**10%**	**249**	**34%**
Brennstoffverbrauch	**t/a**	**369.532**	**175.790**	**-52%**	**108.572**	**-71%**

Tab. 18.7 Flottenplanung für drei Szenarien: mit maximaler und mit gewinnoptimaler Geschwindigkeit bei gleicher Schiffsanzahl sowie mit kostenoptimaler Geschwindigkeit bei erhöhter Schiffsanzahl

Schiffsdaten: *Tab.* 18.5 Einsatz- und Betriebsdaten: *Tab.* 18.6

18.13.11 Schiffsbetrieb und Flottenplanung

Frachtschiffreedereien können die zuvor hergeleiteten Zusammenhänge und Masterformeln der maritimen Logistik für die *strategische Flottenplanung* und für die *operative Schiffsdisposition* nutzen. Dazu ist es zweckmäßig unter Verwendung der Masterformeln ein *Flottenplanungsprogramm* zu erstellen, in das die Parameter einer betrachteten Frachtroute und das gesicherte Frachtaufkommen eingegeben werden können. Das Programm berechnet die kostenoptimale und die gewinnoptimale Geschwindigkeit, die Auslastungsgrenzgeschwindigkeiten, die Fahrzeiten und Transportzeiten sowie die benötigte Anzahl Frachtschiffe, die Frachtgrenzleistung und die Auslastung der Schiffsflotte. In einem solchen Flottenplanungsprogramm lassen sich auch die zulässigen *Zeitfenster* für das Anlaufen der verschiedenen Häfen und andere *Restriktionen* berücksichtigen [276].

Durch Vergleich der *Szenarien* für Frachtschiffe mit unterschiedlicher Kapazität lässt sich mit Hilfe eines Flottenplanungsprogramms, dessen Ergebnisse für eine Flotte von 5.000-TE-Schiffen die *Tab.* 18.7 zeigt, auch die *optimale Schiffsgröße* für eine Flotte bestimmen, die eine vorgegebene Route mit einem bestimmten Frachtaufkommen bedienen soll. Für die optimale Schiffsgröße lässt sich jedoch keine explizite Berechnungsformel herleiten, solange die funktionale Abhängigkeit der Investition und der Verbrauchsparameter von der Schiffsgröße unbekannt ist [276].

Die zuvor gewonnenen Erkenntnisse ermöglichen großen und kapitalkräftigen Linienschiffsreedereien folgende *Expansionsstrategie durch Kostenführerschaft* [271]:

- Linienverbindungen mit hohem Frachtaufkommen werden statt mit der maximalen mit der kostenoptimalen Fahrgeschwindigkeit bedient. Dazu wird die Zahl der Schiffe soweit erhöht, dass die *Anlauffrequenz* der Häfen und die *Flottenleistung* dem gesicherten Frachtaufkommen entsprechen.

Zur Durchsetzung dieser Geschäftsstrategie kann ein Teil der durch das langsamere Fahren erzielten Frachtkosteneinsparungen an die Kunden weitergegeben werden. Das ist besonders bei hochwertiger Fracht zur Kompensation des Zinsverlustes infolge der längeren Laufzeiten notwendig. Für sehr hochwertige und eilige Frachten könnten zusätzlich *Expressfrachtschiffe* eingesetzt oder andere Verkehrsträger wie z. B. die transsibirische Eisenbahn, genutzt werden.

Für den Erfolg der expansiven Geschäftsstrategie ist eine *dynamische Auslastungsstrategie* erforderlich [271]:

- In Zeiten geringeren Frachtaufkommens und sinkender Frachtraten werden die Fahrgeschwindigkeiten maximal bis zum *kostenoptimalen Wert* gesenkt und mit den erzielten Kosteneinsparungen niedrigere Frachtraten ermöglicht. Dadurch lassen sich zusätzliche Frachtaufträge gewinnen und eine hohe Kapazitätsauslastung aufrechterhalten.
- In Zeiten hohen Frachtaufkommens und steigender Frachtraten werden die Fahrgeschwindigkeit auf den *gewinnoptimalen Wert* angehoben und die Frachtraten soweit erhöht, wie ohne Gefährdung der Auslastung möglich.
- Bei deutlicher Veränderung der Brennstoffpreise, der Frachtraten oder der Charterraten werden die optimalen Geschwindigkeiten neu berechnet und der Flotteneinsatz entsprechend angepasst.

Die Auswirkungen einer solchen Geschäftsstrategie auf Kosten, Gewinn und Brennstoffverbrauch zeigt die *Tab.* 18.7 mit den Ergebnissen einer Flottenplanung für eine Containerflotte, die wöchentlich die Rotterdam-Shanghai-Verbindung bedient. Dabei wurde angenommen, dass das Frachtaufkommen in beiden Richtungen deutlich über der maximalen Flottenleistung von 255.000 TEU/a liegt.

Bei gleicher Anzahl von 6 Schiffen, die mit der *gewinnoptimalen Geschwindigkeit* 21 kn statt mit 25 kn fahren, beträgt die Gewinnsteigerung 10% oder 18 Mio. US$/a, obgleich die Frachtleistung um 15% geringer ist und zur Kompensation der längeren Transportzeit etwas geringere Frachtraten angesetzt wurden. Der Brennstoffverbrauch der Flotte geht durch das gewinnoptimale *Slow-Steaming* um 194.000 t/a, d. h. um 52% zurück.

Der Betrieb mit einer vergrößerten Flotte von 9 Schiffen, die bei gleicher Frachtleistung wie zu Anfang mit der *kostenoptimalen Geschwindigkeit* 16 kn fahren, erhöht den Betriebsgewinn gegenüber der Ausgangssituation trotz weiter gesenkter Transportraten um 34% oder 63 Mio. US$/a. Von größter Bedeutung für die gesamte Wirtschaft und Gesellschaft aber ist die durch das Fahren mit kostenoptimaler Geschwindigkeit erreichbare Brennstoffeinsparung um mehr als 70% oder 261.000 Tonnen pro Jahr.

Außerdem ergeben sich aus den Berechnungsformeln und Modellrechungen die *Flottenplanungsregeln*:

- Bei nur einem Schiff sowie bei einer konstanten Anzahl von Schiffen führt die *gewinnoptimale Geschwindigkeit* zu maximalem Gewinn.
- Kann die Schiffsanzahl dem Bedarf angepasst werden, wird der Gewinn durch die *kostenoptimale Geschwindigkeit* maximiert.

Im aktuellen Schiffsbetrieb ist also die gewinnoptimale Fahrgeschwindigkeit anzustreben. Für die strategische Flottenplanung ist die kostenoptimale Fahrgeschwindigkeit maßgebend.

18.13.12 Einfluss von Strömungen

Abhängig von Richtung und Stärke verlängert oder verkürzt eine anhaltende Strömung die Fahrzeit des Schiffs und den Fahrweg durchs Wasser. Das kann erheblichen Einfluss auf die Betriebskosten haben.

Wegen der komplizierten Navigationsformeln läßt sich die kostenoptimale Fahrgeschwindigkeit für Fahrten mit Strömung nur numerisch ermitteln. Eine analytische Abschätzung ergibt jedoch in Übereinstimmung mit Modellrechnungen, dass die mit der Masterformel (18.76) berechnete Geschwindigkeit nicht mehr als 4% vom kostenoptimalen Wert abweicht, solange die *Strömungsgeschwindigkeit* weniger als 20% der kostenoptimalen Geschwindigkeit beträgt.

Die Masterformel (18.80) für die gewinnoptimale Geschwindigkeit gilt in noch besserer Näherung auch wenn auf Teilstrecken Strömung herrscht, da sich deren Wirkungen auf Brennstoffverbrauch und Kosten für eine Rundfahrt weitgehend aufheben. Die grundsätzlichen Aussagen dieses Abschnitts treffen daher auch für Fahrten mit Strömung zu.

18.13.13 Konsequenzen für Schifffahrt, Wirtschaft und Umwelt

Die zuvor aufgezeigten Auswirkungen der Geschwindigkeit auf den Brennstoffverbrauch von Schiffen und die Nutzung dieses zentralen Handlungsparameters zur Optimierung der Kosten und Gewinne sowie zur Minimierung des Ressourcenverbrauchs und der Umweltbelastung zeigen die große Bedeutung der *analytischen Logistik* für Wirtschaft und Gesellschaft.

Die Masterformeln der maritimen Logistik sind übertragbar auf andere Fahrzeugsysteme, wie Lastwagenflotten und Automobile (s. *Abb.* 18.47). Die Ergebnisse der Modellrechungen für eine Flotte von Containerschiffen in *Tab.* 18.7 sind ein Beispiel dafür, welche Verbesserungspotentiale die *maritime Logistik* bietet, wenn alle technischen und wirtschaftlichen Handlungsmöglichkeiten gleichermaßen genutzt werden [275, 276].

Wegen der erheblichen Gewinnpotentiale kann die Expansionsstrategie durch Kostenführerschaft langfristig zur *Marktbeherrschung* durch wenige Großreedereien führen, die zuerst das *erfolgskritische Frachtaufkommen* erreicht haben. Eine solche Entwicklung wäre auch zum Vorteil der übrigen Wirtschaft und der gesamten Gesellschaft, wenn ein Aufsichtsamt sicherstellt, dass die *Marktbeherrschung* nicht zum

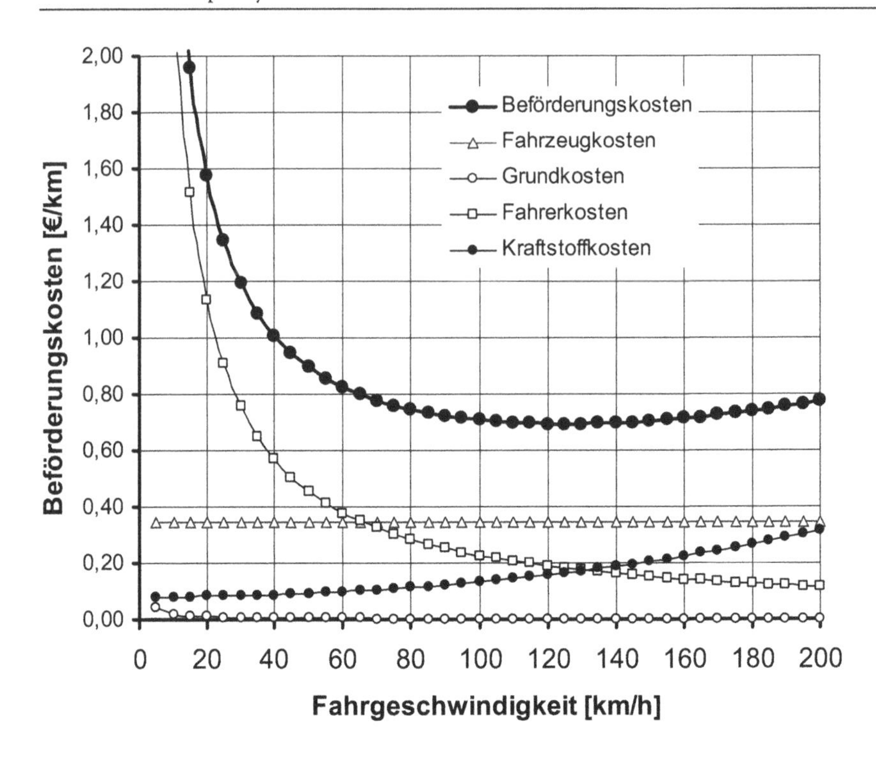

Abb. 18.47 Geschwindigkeitsabhängigkeit der Beförderungskosten mit einem Pkw

Fahrzeugkosten: Abschreibungen, Wartung und Instandhaltung
Grundkosten: Zinsen, Versicherung und Steuern *Kraftstoffkosten*: 1,35 €/l
Kostenoptimale Geschwindigkeit: $v_{Fopt} = 125$ km/h

Marktmissbrauch führt und ein fairer Anteil der Kosteneinsparungen an die Kunden weitergegeben wird [271].

Die Strategie der Kostenführerschaft nützt nicht nur den erfolgreichen Großreedereien. Sie kommt auch dem Schiffbau, der Industrie, dem Handel, den Beschäftigten und den Endverbrauchern zugute: Niedrige Frachten senken die Kosten der *seegebundenen Versorgungsketten* und sichern auch bei hohen Ölpreisen den Seehandel. Der für das langsamere Fahren erforderliche Mehrbedarf an Schiffen fördert den *Schiffbau* und erfordert zusätzliche Arbeitskräfte.

Vor allem aber führen kostenoptimale Fahrgeschwindigkeiten zu einem erheblich reduzierten Brennstoffverbrauch. Weltweit könnte dadurch der Brennstoffverbrauch um mehr als ein Drittel sinken. In gleichem Ausmaß werden die knappen Ölressourcen geschont, die *Emission* von Schwefel, Stickoxyden, Kohlendioxyd, Russpartikeln und anderen Schadstoffen reduziert und die *Umwelt* entlastet [274].

18.14 Transport und Verkehr

Transport und Verkehr sind zwei unterschiedliche Aspekte der gleichen Aufgabe. *Transport* bezeichnet den *Mikroaspekt*, *Verkehr* den *Makroaspekt* des Beförderns von Gütern und Personen. Dementsprechend unterscheiden sich die Aufgaben und Ziele des *Transportwesens* und des *Verkehrswesens*.

18.14.1 Transportwesen

Transport ist das Befördern von Gütern und Personen im Auftrag einzelner Unternehmen und Wirtschaftsteilnehmer. Der Transport ist ein Teil der *Mikrologistik*. Deren Gegenstand sind die Materialströme innerhalb der Unternehmen und die Frachtströme zwischen einzelnen Lieferanten und Abnehmern. Hieraus folgt:

- Das *Transportwesen* behandelt die *einzelwirtschaftlichen Aspekte*, die individuellen Transportströme zwischen Versendern und Empfängern sowie die Transportnetze der Industrie-, Handels- und Dienstleistungsunternehmen.
- Gegenstand der *Transporttechnik* sind die Transportmittel, die Technik des Be-, Ent- und Umladens, die Fahrtrassen, auf denen sich die Transportmittel bewegen, und die Prozesssteuerung zur Lenkung, Sicherung und Kontrolle der Transportmittel.
- Die *Transportwirtschaft* befasst sich primär mit den *Prozessen* der Beförderung und des Umladens, mit den Transport- und Frachtketten sowie mit den Transport- und Frachtkosten für den individuellen Beförderungsbedarf.

Ziel der Transportwirtschaft ist die kostenoptimale und zuverlässige Erfüllung des Beförderungsbedarfs der einzelnen Unternehmen.

18.14.2 Verkehrswesen

Die *Verkehrsströme* sind die Summe aller individuellen Transportströme zwischen den Haushalten, Unternehmen und anderen Wirtschaftsteilnehmern. Der Verkehr ist ein Teil der *Makrologistik*. Gegenstand der Makrologistik sind die Güter- und Personenströme zwischen einer Vielzahl von anonymen Quellen und Senken einer Region, eines Landes oder rund um den Globus. Das heißt:

- Das *Verkehrswesen* behandelt die *gesamtwirtschaftlichen Aspekte*, die Verkehrsströme und die Verkehrserschließung zwischen und in den Regionen und Ländern, die öffentlichen Verkehrsnetze und die Verkehrseinrichtungen.
- Gegenstand der *Verkehrstechnik* sind die Verkehrswege und Verkehrsnetze sowie die Verfahren zur effizienten und sicheren Lenkung der Verkehrsströme durch die verfügbaren Verkehrsnetze.
- Die *Verkehrswirtschaft* interessiert sich für die *Strukturen* der Verkehrsnetze, für die Verkehrswege, die Knotenpunkte und die Übergänge zwischen den verschiedenen Verkehrsträgern sowie für die Kosten und Preise der Güter- und Personenbewegungen in einem Wirtschaftsraum. Dazu gehören auch die Ursachen der *Verkehrsentstehung* und die Möglichkeiten zur *Verkehrseindämmung* [192].

Ziel der Verkehrswirtschaft ist die kostenoptimale, störungsfreie und umweltschonende Bewältigung des gesamten Transportaufkommens einer Region oder eines Landes.

18.14.3 Zielkonflikte zwischen Transport und Verkehr

Transport und Verkehr bedingen einander:

- Voraussetzungen für wirtschaftliche Transporte zwischen den einzelnen Versendern und Empfängern sind sichere und leistungsfähige Verkehrsnetze, eine bedarfsgerechte Verkehrslenkung und eine nutzungsgemäße Belastung der Verkehrsteilnehmer mit den Kosten der Verkehrsnetze.
- Aufbau, Unterhalt und Betrieb der Verkehrsnetze erfordern eine hinreichend große Anzahl von Verkehrsteilnehmern mit ausreichendem Transportaufkommen, um die Netze gut auszulasten und deren Kosten zu erwirtschaften.

Aus den teilweise voneinander abweichenden Interessen resultieren *Zielkonflikte* zwischen der Transportwirtschaft und der Verkehrswirtschaft:

- Die *Transportwirtschaft* arbeitet für die Ziele *einzelner* Unternehmen und Verkehrsteilnehmer, auch wenn diese nicht dem gesamtgesellschaftlichen Interesse dienen.
- *Verkehrswirtschaft* und *Verkehrspolitik* streben einen sicheren, wirtschaftlichen, ressourcenschonenden und umweltfreundlichen Betrieb der Verkehrsnetze im Interesse *aller* an, auch wenn damit für einzelne Verkehrsteilnehmer oder Gruppen zumutbare Nachteile verbunden sind.

Hieraus leiten sich für die *Forschung* und *Lehre*, die unabhängig von den Interessen der Unternehmen für die Gesamtgesellschaft arbeiten sollten, folgende Aufgaben ab:

- *Aufzeigen* organisatorischer, technischer und wirtschaftlicher *Handlungsmöglichkeiten* zum Erreichen der Ziele
- Entwicklung von Verfahren zur *Lösung der* verschiedenen *Transport- und Beförderungsaufgaben*
- Konzeption und Analyse von *Strategien* zur Bewältigung des Transportbedarfs und des Verkehrsaufkommens
- Erarbeiten von *Lösungsvorschlägen* für die *rechtliche Regelung* der *Zielkonflikte* zwischen Transport, Verkehr und Umwelt (s. *Abschn. 6.10* und *Kap.* 22)

19 Optimale Auslegung von Logistikhallen

In einer Logistikhalle werden interne Logistikleistungen ausgeführt, wie das Umschlagen, Lagern und Kommissionieren von Gütern, Handelswaren oder Sendungen. Die Auslegung einer Logistikhalle erfordert Sachkenntnis, Geschick und Erfahrung. Sie lässt sich nicht einem Rechner übertragen. Dafür sind die Anforderungen und Restriktionen zu unterschiedlich und die Handlungsmöglichkeiten und Parameter zu vielfältig. Hinzu kommen Zielkonflikte, die kein Rechner lösen kann. Das Layout einer analytisch konstruierten *Ausgangslösung* lässt sich jedoch mit Hilfe von OR-Verfahren, Simulation und CAD auf einem Rechner interaktiv optimieren und im Detail ausarbeiten [22,203–205].

Die wichtigsten Auslegungsziele für Logistikhallen sind die *Transportoptimierung* und die *Flächenminimierung*. Um sie zu erreichen, werden *Auslegungsverfahren* für den Hallengrundriss und *Anordnungsstrategien* für die Funktionsbereiche benötigt. Die in diesem Kapitel hergeleiteten Auslegungsverfahren und Anordnungsstrategien gelten vor allem für *Logistikhallen*, wie Umschlaghallen, Lagerhallen und Logistikzentren, deren Betriebskosten maßgebend von den Transporten bestimmt werden. Sie sind hilfreich für die Planung von *Vielzweckhallen*, deren Flächennutzung sich im Verlauf der Zeit ändern kann. Auch Großmärkte, Verkaufshallen, Speisesäle und Großraumbüros lassen sich auf diese Weise auslegen. Für *Fabrikhallen* sind die Auslegungsregeln soweit anwendbar, wie es die technischen Gegebenheiten der Produktionsprozesse zulassen [204].

Die in der Praxis erprobten Auslegungsverfahren und Anordnungsstrategien sind auch zur Auslegung von offenen Umschlagflächen und für die Gebäudeanordnung auf einem Werksgelände geeignet. Mit ihrer Hilfe wird abschließend die *Größenabhängigkeit der Durchsatzkosten von Umschlaghallen* berechnet, aus denen sich Grenzen der *economies of scale* in der Logistik ergeben [191].

19.1 Anforderungen und Restriktionen

Eine Halle ist so auszulegen, dass sie eine benötigte *Gesamtfläche* bietet und sich entlang den Außenseiten eine ausreichende *Anzahl von Toren* anordnen lässt. Dabei sind bestimmte *räumliche* und *technische Restriktionen* zu beachten.

Die benötigte *Hallenfläche* resultiert aus dem Flächenbedarf der Funktionen, für die eine Halle gebaut wird. So wird die Fläche einer *Umschlaghalle* bestimmt von dem Pufferplatzbedarf für das Ansammeln angelieferter Güter, die später wieder ausgeliefert werden sollen. Der Flächenbedarf für eine *Lagerhalle* hängt von der benötigten Lagerkapazität und der eingesetzten Lagertechnik ab (s. *Kap. 16*). In einem *Logistikzentrum* werden zusätzliche Flächen für das Kommissionieren, die Packerei und

T. Gudehus, *Logistik 2*, VDI-Buch,
DOI 10.1007/978-3-642-29376-4_5, © Springer-Verlag Berlin Heidelberg 2012

andere Funktionen benötigt (s. *Abschn. 1.6*). Eine *Fabrikhalle* wird bestimmt vom Flächenbedarf der Arbeitsplätze, Maschinen und Anlagen. In allen Fällen kommen die Flächen für die Torbereiche sowie der Flächenbedarf für die Trassen der innerbetrieblichen Transportsysteme hinzu.

Die benötigte *Toranzahl* ergibt sich aus den Ein- und Auslaufströmen zur Spitzenzeit, aus der Kapazität der externen Transportmittel und aus den Be- und Entladezeiten (s. *Abschn. 16.3.6*). Wenn die Toranzahl richtig festgelegt ist, sind in den Spitzenzeiten alle Tore genutzt und die Ein- und Auslaufströme über die Tore gleichmäßig verteilt.

Räumliche Restriktionen für die Hallenauslegung sind die maximale Länge, die maximale Breite oder eine *harte Kante*, die aus den Gegebenheiten eines vorhandenen Grundstücks, angrenzender Gebäude oder des Betriebsgeländes resultieren. Sie entfallen weitgehend bei einem Bau auf *grüner Wiese*. Andere räumliche Restriktionen, die auch beim Bau auf grüner Wiese gelten, sind die Abmessungen und die Lage der Ein- und Ausgänge der *Funktionsbereiche*, die in der Halle unterzubringen sind, die Notwendigkeiten des externen *Verkehrsanschlusses* und die maximal zulässige *Fluchtweglänge* [181].

Technische Restriktionen sind die *Tiefe* des Torbereichs und die *Breite* der einzelnen Tormodule, die den *minimal zulässigen Torabstand* bestimmt. Sie hängen von der Art der externen Transportmittel, von der Andocktechnik und von der Gestaltung der *Tormodule* ab (s. *Abb. 16.10*). Weitere technische Restriktionen, wie eine maximale *Spannweite* oder ein *Stützenraster*, können aus einer vorgegebenen Hallenkonstruktion oder aus der Notwendigkeit von *Brandabschnitten* resultieren.

Grundaufgabe ist die Auslegung einer Halle mit rechteckigem Grundriss, einer geforderten *Grundfläche* F und einer benötigten *Anzahl Tore* N. Durch die Tore mit dem *Mindestabstand* d läuft im Verlauf der Betriebszeit gleichverteilt ein mittlerer *Einlaufstrom* in die Halle hinein, der von einem innerbetrieblichen Transportsystem über die Hallenfläche verteilt wird. Ein im Mittel ebenso großer *Auslaufstrom* läuft von der Fläche durch die N Tore wieder aus der Halle hinaus. Nach Lösung der Grundaufgabe werden auch andere Hallenformen, weitere Restriktionen sowie die *Funktionsflächen* F_k und die *Austauschströme* λ_{Akl} zwischen den Funktionsbereichen berücksichtigt.

19.2 Auslegungsziele und Handlungsmöglichkeiten

Die größten Kostentreiber von Logistikhallen sind der innerbetriebliche *Transport*, der *Flächenbedarf* und das *Handling*. Die *Transporte* von und zu den Ein- und Ausgängen lassen sich durch den *Hallengrundriss* und die *Toranordnung* minimieren [134, 206]. Die Transporte innerhalb der Halle hängen von der *Anordnung* der Funktionsbereiche ab. Die *Hallenfläche* wird vom Flächenbedarf der Funktionsbereiche und deren Anordnung bestimmt. Das *Handling* – wie das Be- und Entladen an den Toren, das Greifen beim Kommissionieren und das Verpacken – findet in den einzelnen Funktionsbereichen statt und ist daher weitgehend unabhängig von der Hallenauslegung.

Die beiden wichtigsten *Auslegungsziele* sind also die *Minimierung der Transporte* und die *Minimierung der Hallenfläche*. Bei großem Durchsatz sind die Transportkosten deutlich höher als die Flächenkosten. Dann ist die Minimierung der Transporte das primäre Auslegungsziel. Mit zunehmendem Flächenbedarf für das Lagern, Bereitstellen und andere Funktionen gewinnt jedoch die Minimierung des Flächenbedarfs als weiteres Auslegungsziel an Bedeutung. Hinzu kommt in vielen Fällen die Forderung nach einer *Erweiterbarkeit* der gesamten Halle oder einzelner Funktionsbereiche. Diese Auslegungsziele sind nur bedingt kompatibel.

Das innerbetriebliche Transportsystem kann ein *Fördersystem* mit fest installierten Förderstrecken sein oder ein *Fahrzeugsystem* mit Flurförderzeugen, Schleppzügen oder anderen Transportmitteln, die auf einem Trassennetz verkehren. Die Summe aller *Trassenabschnitte* ergibt die *Gesamtnetzlänge*. Für Fahrzeugsysteme ergeben sich die innerbetrieblichen *Transportkosten* aus der Anzahl der Transportfahrten und dem damit verbundenen Personalbedarf (s. *Abschn. 18.12*). Die Gesamtzahl der Transportfahrten wird bestimmt von der benötigten *Transportleistung:*

$$L_{\text{trans}} = \sum_{k,l} \lambda_{Akl} \cdot s_{kl} \,. \quad [\text{TE} \cdot \text{m/PE}] \tag{19.1}$$

Die Transportleistung (19.1), die auch als *Transportaufwand* bezeichnet wird [22], ist das Produkt der einzelnen *Transportwege* s_{kl} mit den *Austauschströmen* λ_{Akl} zwischen den Funktionsbereichen FB_k und FB_l. Dabei ist jeweils mit dem *maßgebenden Austauschstrom* zu rechnen, der bei getrennten Hin- und Rückfahrten gleich der Summe der Hin- und Rückströme ist und bei kombinierten Fahrten gleich dem Maximum von Hin- und Rückstrom (s. *Beziehung* (18.27) und (18.28)).[1] Die Transportleistung (19.1) ist das Produkt der *Summe aller Austauschströme*

$$\lambda_{A\,\text{ges}} = \sum_{k,l} \lambda_{Akl} \quad [\text{TE/PE}] \tag{19.2}$$

und des *mittleren Transportwegs*

$$s_F = \sum_{k,l} \lambda_{Akl} \cdot s_{kl} / \lambda_{A\,\text{ges}} \quad [\text{m}] \,. \tag{19.3}$$

Das Ziel, die Transportkosten zu minimieren, ist also gleichbedeutend mit einer Minimierung der Transportleistung (19.1) oder des mittleren Transportwegs (19.3).

Für die meisten Logistikhallen sind die Transportwege von und zu den Ein- und Ausgängen wesentlich länger als die Wege zwischen den Funktionsbereichen, vor allem wenn diese durch eine optimale Anordnung minimiert sind (s. u.). Daraus folgt, dass für die *Flächengestalt* von Logistikhallen vor allem die *mittleren Tortransportwege* maßgebend sind.

Wenn die insgesamt benötigte Hallenfläche F, die Toranzahl N, die Torströme λ_i sowie die Funktionsflächen F_k mit ihren *Austauschströmen* λ_{Akl} vorgegeben sind,

[1] Zur Vereinfachung wird hier von einheitlichen Transporteinheiten TE ausgegangen, z. B. Normpaletten, auf die alle Materialströme umzurechnen sind, sowie von Transportmitteln mit einem Fassungsvermögen von einer Transporteinheit. Mit unterschiedlichen Transporteinheiten und für Transportmittel mit größerer Kapazität werden die Zusammenhänge komplizierter (s. *Abschn. 18.8*). Dafür ist eine gesonderte Untersuchung erforderlich. Das gilt auch für den Einsatz eines Stetigfördersystems, dessen Betriebskosten vor allem vom Streckennetz, aber kaum von der Anzahl der Transportbewegungen abhängen.

bestehen für die Auslegung einer Halle mit rechteckigem Grundriss folgende *Handlungsmöglichkeiten* (s. *Abb. 19.1*):

- *Toranordnung* entlang den Hallenseiten mit den *Torkoordinaten* c_i
- *Seitenverhältnis* $f_s = a : b$ von *Hallenlänge a* zu *Hallenbreite* b
- *Anordnung* $(x_k; y_k)$ *und Ausrichtung der Funktionsflächen* F_k

Länge a und *Breite* b einer Halle mit der Fläche $F = a \cdot b$ sind bei einem Seitenverhältnis f_s:

$$a = \sqrt{f_s \cdot F}\,, \quad b = \sqrt{F/f_s}\,. \tag{19.4}$$

Für eine quadratische Hallengrundfläche ist $f_s = 1$ und $a = b = \sqrt{F}$.

19.3 Mittlere Transportwege

Die Fahrwege der innerbetrieblichen *Fahrzeugsysteme* werden zweckmäßig rechtwinklig und parallel zu den Hallenseiten angeordnet (s. *Abb. 19.1*). Auch die Trassen einer *Förderanlage* verlaufen in der Regel parallel zu den Hallenseiten. Für diese innerbetrieblichen Transportsysteme ist die Länge s_{ij} des Fahrwegs zwischen zwei Punkten $(x_i; y_i)$ und $(x_j; y_j)$ gegeben durch die *rechtwinklige Metrik:*

$$s_{ij} = |x_i - x_j| + |y_i - y_j| \tag{19.5}$$

Die *euklidische Metrik* einer Fortbewegung auf dem kürzesten Direktweg hat für Hallen, deren Fläche zum größten Teil mit Gütern und Funktionsflächen belegt ist, keine praktische Bedeutung. Für *Hallenkrane*, die sich nach der Lastaufnahme in einer simultanen Verfahr- und Verschiebefahrt diagonal über die Hallenfläche bewegen können, gilt die besondere *Flächenmetrik Bez. 16.61*. Die speziellen Auslegungsregeln für eine Flächenmetrik lassen sich analog zu den nachfolgenden Ausführungen herleiten.

Wenn die Transportziele und Transportquellen über eine rechteckige Hallenfläche $F = a \cdot b$ *gleichverteilt* sind, ist der *mittlere Flächentransportweg* zwischen zwei beliebigen Hallenpunkten $(x_i; y_i)$ und $(x_j; y_j)$ bei rechtwinkliger Metrik gegeben durch:

$$s_F = (1/F^2) \int_0^a dx_i \int_0^a dx_j \int_0^b dy_i \int_0^b dy_j (|x_i - x_j| + |y_i - y_j|) = (a + b)/3\,. \tag{19.6}$$

Nach Einsetzen der Beziehungen (19.4) für die Seitenlängen a und b in (19.6) und Ableitung der resultierenden Funktion $s_F(f_s) = (\sqrt{f_s} + 1/\sqrt{f_s}) \cdot \sqrt{F}/3$ nach $\sqrt{f_s}$ ergibt sich durch Nullsetzen und Auflösung nach dem Seitenverhältnis f_s die *Regel:*

- Der ungewichtete mittlere Flächentransportweg ist bei quadratischer Hallenfläche mit $f_s = 1$ und $a = b = \sqrt{F}$ minimal und gegeben durch:

$$s_{F\min} = (2/3)\sqrt{F}\,. \tag{19.7}$$

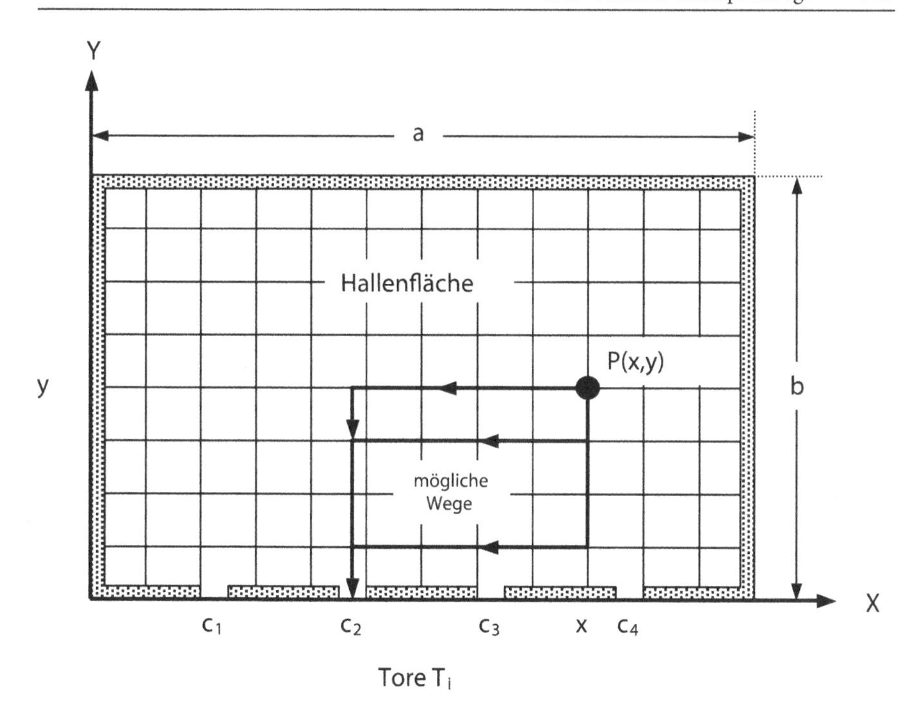

Abb. 19.1 Rechteckige Hallenfläche mit einseitiger Toranordnung und Transportwegen bei rechteckiger Metrik

Hieraus ist ersichtlich, dass mit einer Reduzierung der Hallenfläche zugleich eine Verkürzung der Flächentransportwege erreichbar ist.

Maßgebend für die Flächengestalt von Logistikhallen aber sind weniger die Flächentransportwege sondern die Tortransportwege. Der *mittlere Transportweg* zwischen einem Tor T_i mit den Koordinaten $(c_i, 0)$ und einem beliebigen Hallenpunkt $(x; y)$ ist – wie aus *Abb. 19.1* ablesbar – gegeben durch:

$$s_{Ti} = (1/F) \int_0^a dx \int_0^b dy(|x - c_i| + |y_i - 0|) = (a + b)/2 + c_i \cdot (c_i - a)/a\,. \quad (19.8)$$

Bei gleichverteilter Nutzung aller Tore ist der *mittlere Tortransportweg von und zu allen Toren* gleich dem Mittelwert der mittleren Transportwege (19.8) zu den einzelnen Toren:

$$s_T = \sum_{i=1}^{N} \left((a + b)/2 + c_i \cdot (c_i - a)/a\right)/N\,. \quad (19.9)$$

Bei gegebener Fläche F und Toranzahl N sind das Seitenverhältnis f_s, die Toranordnung entlang den Seiten und die Torkoordinaten c_i freie Parameter, mit denen sich der mittlere Tortransportweg (19.9) minimieren lässt.

19.4 Gleichverteilte Tore auf einer Seite[2]

Wenn der Verkehrsanschluss nur von einer Seite her möglich oder die Halle in drei harte Kanten einzufügen ist, können die Tore nur längs einer Hallenseite angeordnet werden. Dann liegt es unter architektonischem Aspekt nahe, die N Tore in *gleichem Abstand* über die Längsseite a zu verteilen. Für diese Anordnung sind die Torkoordinaten $c_i = i \cdot a/(N+1)$ und der Abstand zwischen den Toren $d = a/(N+1)$. Nach Einsetzen der Torkoordinaten und der Beziehungen (19.4) in die Beziehung (19.9) ergibt die Berechnung der Summe:

$$s_T(f_s) = (\sqrt{f_s} \cdot (2N+1)/(3N+3) + 1/\sqrt{f_s}) \cdot \sqrt{F/2}\,. \qquad (19.10)$$

Die Abhängigkeit (19.10) der mittleren Torweglänge vom Seitenverhältnis f_s ist in *Abb. 19.2* für eine Halle mit $N = 8$ Toren dargestellt. In diesem Fall hat die mittlere Torweglänge bei dem optimalen Seitenverhältnis $f_{s\,opt} = 1{,}5$ ein Minimum, das um etwa 10 % unter den Torweglängen bei ungünstigeren Seitenverhältnissen liegt. Durch Nullsetzen der ersten Ableitung von (19.10) nach $\sqrt{f_s}$ resultiert das *transportoptimale Seitenverhältnis bei gleichverteilten Toren auf einer Hallenseite:*

$$f_{s\,opt} = (3N+3)/(2N+1)\,. \qquad (19.11)$$

Für die *minimale mittlere Torweglänge* ergibt sich durch Einsetzen von (19.11) in Beziehung (19.10) unter Verwendung von (19.4):

$$s_{T\,min} = \sqrt{((2N+1)/(3N+3)) \cdot 2F}\,. \qquad (19.12)$$

Aus den Beziehungen (19.11) und (19.12) folgt die *Auslegungsregel für Hallen mit einem Tor:*

► Wird nur *ein* Tor benötigt, ist die Hallenlänge *doppelt* so lang wie die Breite zu wählen und das Tor in der Mitte der längeren Hallenseite anzuordnen.

Wenn eine größere Anzahl von Toren gleichmäßig über die längere Hallenseite verteilt wird, ist das optimale Seitenverhältnis durch Beziehung (19.11) und die mittlere Torweglänge durch Beziehung (19.12) gegeben. Mit zunehmender Anzahl gleichverteilter Tore nähert sich das transportoptimale Seitenverhältnis 3 : 2 und die mittlere Torweglänge dem Wert $2/3 \cdot a$.[3] Mit einer Gleichverteilung der Tore über die längere Hallenseite wird jedoch nicht das absolute Minimum der mittleren Torweglänge erreicht.

19.5 Einseitige transportoptimale Toranordnung

Durch Nullsetzen der ersten Ableitung von Beziehung (19.9) nach den Torkoordinaten c_i ergibt sich, dass die mittlere Torweglänge minimal wird, wenn alle $c_i = a/2$

[2] Diese Optimierungsaufgabe ist Gegenstand der ersten Veröffentlichung des Verfassers auf dem Gebiet der Logistik [206]. Diskussionen auf dem *Internationalen Material Handling Congress* 2004 in Graz ergaben, dass es sich dabei um eine suboptimale Lösung handelt. Das hat den Verfasser zu der nachfolgenden allgemeinen Lösung des Problems angeregt [208].

[3] Dieses Ergebnis wurde bereits 1955 von *Herbert Gudehus*, dem Vater des Verfassers, hergeleitet [134].

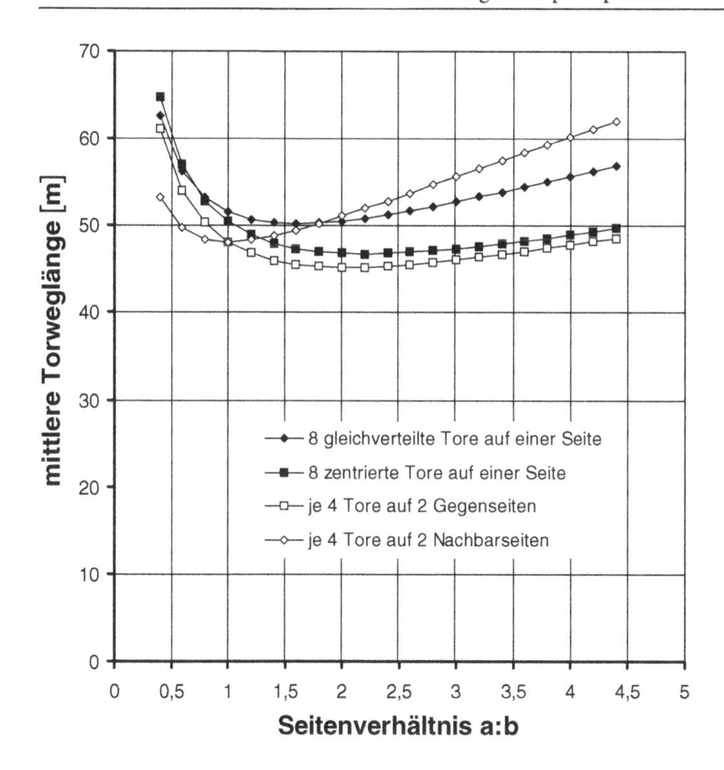

Abb. 19.2 Abhängigkeit der mittleren Torweglänge vom Seitenverhältnis für unterschiedliche Toranordnungen

Parameter: Hallenfläche 4.000 m^2 minimaler Torabstand 6 m

sind und alle Tore in der Mitte der Hallenseite angeordnet werden. Wegen des endlichen minimalen Torabstand s ist das in der Praxis nicht machbar. Mit dem minimal zulässigen Abstand d kommt die zentrierte Anordnung der Tore der theoretisch optimalen Anordnung am nächsten. Bei dieser Anordnung sind die Torkoordinaten:

$$c_i = a/2 + (2 \cdot i - N - 1) \cdot d/2 \,. \tag{19.13}$$

Nach Einsetzen der Torkoordinaten (19.13) und der Beziehungen (19.4) in die Summe (19.9) ergibt sich für die *mittleren Torweglänge:*

$$s_T(f_s) = (\sqrt{f_s} + (2 + (N^2 - 1) \cdot d^2/3F)/\sqrt{f_s}) \cdot \sqrt{F/8} \,. \tag{19.14}$$

Diese Beziehung zeigt, dass mit einer Reduzierung der Hallenfläche auch eine Verkürzung der Tortransportwege erreicht wird.

Die Abhängigkeit (19.14) der mittleren Torweglänge vom Seitenverhältnis ist für eine Halle mit $N = 8$ Toren ebenfalls in *Abb. 19.2* dargestellt. Das optimale Seitenverhältnis, für das die mittlere Torweglänge minimal ist, liegt bei $f_{s\,opt} = 2{,}2$. Der minimale mittlere Torweg ist bei zentrierten Toren ca. 8 % kürzer als bei gleichverteilten

Toren und etwa 20 % kürzer als die Torweglängen bei ungünstigeren Seitenverhältnissen und anderen Toranordnungen.

Durch Nullsetzen der ersten Ableitung von (19.14) nach $\sqrt{f_s}$ resultiert das *transportoptimale Seitenverhältnis bei zentrierten Toren auf einer Hallenseite:*

$$f_{\text{sopt}} = \begin{cases} 2 + (N^2 - 1) \cdot \mathrm{d}^2/3\mathrm{F} & \text{wenn } N^2 \le 3\mathrm{F}/\mathrm{d}^2 - 1/2 \\ N^2 \cdot \mathrm{d}^2/\mathrm{F} & \text{wenn } N^2 > 3\mathrm{F}/\mathrm{d}^2 - 1/2 \end{cases} . \qquad (19.15)$$

Wenn die benötigte Toranzahl so groß ist, dass die Toranordnung im engsten Abstand länger wird als die optimale Hallenlänge beim Seitenverhältnis der ersten Zeile von (19.15), ist das Seitenverhältnis nach der zweiten Zeile von (19.15) zu berechnen.

Durch Einsetzen des optimalen Seitenverhältnisses (19.15) in Beziehung (19.14) ergibt sich für die *minimale mittlere Torweglänge* s_{Tmin} *bei zentrierter Anordnung*:

$$s_{\text{Tmin}} = \begin{cases} \sqrt{\mathrm{F} + (N^2 - 1) \cdot \mathrm{d}^2/6} & \text{wenn } N^2 \le 3\mathrm{F}/\mathrm{d}^2 - 1/2 \\ N \cdot \mathrm{d}/4 + \mathrm{F}/(4N\mathrm{d}) + (N^2 - 1)\mathrm{d}/12N & \text{wenn } N^2 > 3\mathrm{F}/\mathrm{d}^2 - 1/2 \end{cases} . \qquad (19.16)$$

Aus den Beziehungen (19.14) bis (19.16) resultieren die *Auslegungsregeln für Hallen mit Toren an einer Seite:*

- ▶ Die Tore sind auf der längeren Hallenseite in minimalem Abstand zentriert anzuordnen.
- ▶ Das transportoptimale Seitenverhältnis der Halle ist durch Beziehung (19.15) gegeben.

Die Abhängigkeit des optimalen Seitenverhältnisses $f_{\text{s opt}} = f_{\text{s opt}}(N)$ von der Toranzahl ist in *Abb. 19.3* dargestellt. Für *ein* Tor ergibt sich die oben angegebene Auslegungsregel einer mittigen Anordnung und das optimale Seitenverhältnis 2 : 1. Mit zunehmender Toranzahl verschiebt sich das optimale Seitenverhältnis von 2 : 1 in Richtung 3 : 1. Wenn der Längenbedarf $N \cdot \mathrm{d}$ der Tormodule die minimale Seitenlänge, die sich mit Zeile 1 von (19.15) aus (19.4) ergibt, überschreitet, muss die Länge der Torseite $\mathrm{a} = N \cdot \mathrm{d}$ gewählt werden.

Abgesehen von der Minimierung der mittleren Torweglänge hat die zentrierte Toranordnung den Vorteil, dass sich bei Bedarf auf beiden Seiten der vorhandenen Tore weitere Tormodule hinzufügen lassen. Damit wird auch das Ziel einer modularen Erweiterbarkeit des Ein- und Ausgangsbereichs erreicht.

19.6 Allgemeine Hallenauslegungsregel

Wenn es die Verkehrsverhältnisse zulassen und das Baugrundstück oder funktional angrenzende Gebäude keine harte Kante vorschreiben, an der die Halle direkt angrenzen muss, können die Tore an mehr als einer Seite angeordnet werden.

Bei einer Anordnung der *Tore an zwei Seiten* teilt sich die Anzahl der benötigten Tore auf in eine Summe $N = N_1 + N_2$ von N_1 Toren an der ersten Torseite und

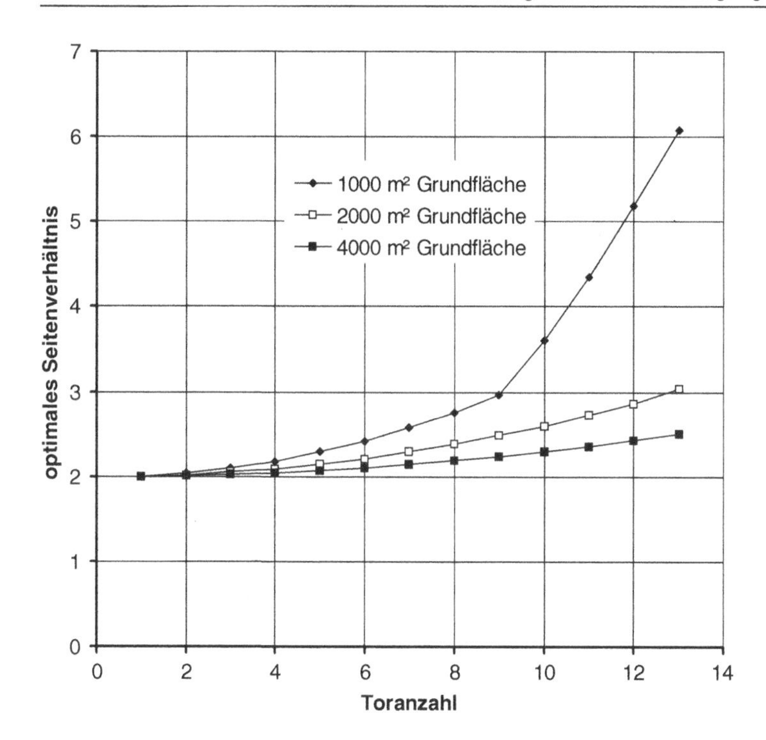

Abb. 19.3 Abhängigkeit des optimalen Seitenverhältnisses von der Toranzahl bei einseitiger zentrierter Toranordnung

Breite der Tormodule = minimaler Torabstand = 6 m

von N_2 Toren an der zweiten Torseite. Wenn die Tore an zwei *Gegenseiten* liegen, ist die mittlere Torweglänge das mit der Toranzahl gewichtete Mittel der mittleren Torweglängen $s_T(N_1;f_s)$ und $s_T(N_2;f_s)$, die mit Hilfe von Beziehung (19.14) mit dem gleichen Seitenverhältnis f_s für die jeweilige Toranzahl zu berechnen sind:

$$s_T(f_s) = (N_1 \cdot s_T(N_1;f_s) + N_2 \cdot s_T(N_2;f_s))/(N_1 + N_2)\ . \qquad (19.17)$$

In *Abb. 19.2* ist für eine Halle mit 8 Toren, von denen je 4 auf zwei Gegenseiten zentriert angeordnet sind, die Abhängigkeit (19.17) der mittleren Torweglänge vom Seitenverhältnis dargestellt. Für das optimale Seitenverhältnis, das in diesem Fall bei etwas über 2 liegt, ist die mittlere Torweglänge für die beidseitige zentrierte Anordnung noch um etwa 3 % kleiner als für die einseitige zentrierte Anordnung und etwa 10 % kleiner als für die gleichverteilte Toranordnung auf einer Seite.

Aus den partiellen Ableitungen von (19.17) nach den Toranzahlen N_1 und N_2 und nach dem Seitenverhältnis f_s ergibt sich durch Nullsetzen der resultierenden Gleichungen, dass die mittlere Torweglänge minimal ist, wenn die Toranzahl auf beiden Seiten gleich groß gewählt wird. Das optimale Seitenverhältnis ist durch Beziehung (19.15) und die minimierte mittlere Torweglänge durch Beziehung (19.16) gegeben, wenn statt mit N mit der halben Toranzahl $N/2$ gerechnet wird. Daraus folgen die *Regeln zur Hallenauslegung mit Toranordnung an gegenüberliegenden Seiten:*

- Bei gerader Anzahl sind auf den beiden Hallenlängsseiten jeweils die halbe Anzahl, also $N/2$ Tore, bei ungerader Anzahl auf einer Seite $N/2 + 1/2$ und auf der Gegenseite $N/2 - 1/2$ Tore in minimalem Abstand zentriert anzuordnen.
- Das optimale Seitenverhältnis ergibt sich aus Beziehung (19.15) mit der halben Toranzahl $N/2$ anstelle von N.

Wenn die Tore über Eck an zwei *Nachbarseiten* liegen, ist die mittlere Torweglänge das gewichtete Mittel der mittleren Torweglänge $s_T(N_1; f_s)$, die für die Toranzahl N_1 mit dem Seitenverhältnis f_s aus Beziehung (19.14) resultiert, und der mittleren Torweglänge $s_T(N_2; 1/f_s)$, die sich für die Toranzahl N_2 mit dem reziproken Seitenverhältnis $1/f_s$ ergibt:

$$s_T(f_s) = (N_1 \cdot s_T(N_1; f_s) + N_2 \cdot s_T(N_2; 1/f_s))/(N_1 + N_2) . \qquad (19.18)$$

Für eine Halle mit 8 Toren, von denen je 4 auf zwei Nachbarseiten zentriert angeordnet sind, ist die Abhängigkeit (19.18) der mittleren Torweglänge vom Seitenverhältnis wieder in *Abb. 19.2* dargestellt. Aus der Berechnung des optimalen Seitenverhältnisses und der minimalen Torweglänge ergeben sich analog wie zuvor die auch aus *Abb. 19.2* ablesbaren *Regeln:*

- Bei benachbarter Toranordnung wird das Minimum der mittleren Torweglänge für eine quadratische Hallenfläche mit dem Seitenverhältnis 1 erreicht.
- Die minimale Torweglänge ist bei benachbarten Torseiten etwas länger als bei der zentrierten Anordnung an einer Seite und deutlich länger als bei der gegenüberliegenden Anordnung mit optimalem Seitenverhältnis.

Analoge Berechnungen lassen sich für eine Toranordnung an drei und vier Hallenseiten durchführen. Sie ergeben, dass sich dadurch keine weitere Verkürzung der mittleren Torweglänge erreichen lässt. Daraus folgt die *allgemeine Hallenauslegungsregel:*

- Die zentrierte Toranordnung jeweils der halben benötigten Toranzahl an gegenüberliegenden Längsseiten der Halle ergibt bei optimalem Seitenverhältnis die kürzeste mittlere Torweglänge.

Die gegenüberliegende Anordnung beschränkt jedoch die Anordnungsmöglichkeiten der Funktionsbereiche in der Halle und behindert den Anschluss an benachbarte Gebäude. Noch stärker sind die Beschränkungen bei gleichverteilten Toren an drei Seiten der Halle. Sie sind am größten bei einer Gleichverteilung der Tore über alle vier Seiten.

Die allgemeine Hallenauslegungsgregel ist uneingeschränkt anwendbar, wenn in der Halle außer den Tormodulen nur Zwischenpufferplätze und keine weiteren Funktionsbereiche unterzubringen sind. Das gilt z. B. für reine *Umschlaghallen.* Wenn die Anzahl der Tore im Verhältnis zum Pufferflächenbedarf klein ist, d. h. solange $N < \sqrt{3F}/d$, ist die einseitige zentrierte Toranordnung mit dem Seitenverhältnis (19.15) optimal. Für eine größere Toranzahl $N > \sqrt{3F}/d$ ist die zentrierte Toranordnung an gegenüberliegenden Längsseiten mit einem Seitenverhältnis optimal, das durch Beziehung (19.15) mit $N/2$ statt N gegeben ist.

Bei einer sehr großen Toranzahl im Verhältnis zum Flächenbedarf, d. h. für $N \gg 2\sqrt{3F}/d$, ergeben sich auch bei zweiseitiger Toranordnung sehr lange Umschlaghallen mit einer mittleren Torweglänge, die gemäß Beziehung (19.16) mit der Toranzahl immer weiter ansteigt. Das lässt sich auch durch ein Layout, das vom Rechteck abweicht, etwa durch ein *L*-, *U*- oder *H*- oder Kreuz-Layout nicht verbessern.

19.7 Modulare Auslegung der Funktionsbereiche

Bevor mit der Anordnung der Funktionsbereiche begonnen wird, sind zunächst die verschiedenen Funktionsbereiche, die in der Halle untergebracht werden sollen, für sich optimal auszulegen und zu dimensionieren.

Ein Funktionsbereich kann – wie ein automatisches Kleinbehälterlager oder eine Produktionsanlage – *unteilbar* sein oder sich aus mehreren *Funktionsmodulen* zusammensetzen, die alle die gleichen Außenmaße haben. So besteht der Torbereich eines Logistikzentrums aus einer Anzahl von *Tormodulen*, ein Lagerbereich aus einer Reihe von *Gangmodulen*, ein *Fertigungsbereich* aus gleichartigen Maschinen, Arbeitsstationen oder *Werkstattmodulen* und eine Packzone aus mehreren *Packstationen*.[4]

Mit der Anzahl der Module nehmen die *Teilbarkeit* und die *Verformbarkeit* sowie die Anzahl und Veränderbarkeit der Zu- und Auslaufstellen eines *modularen Funktionsbereichs* zu. Teilbare und verformbare Funktionsbereiche lassen sich ebenso wie kleine Bereiche flexibel in eine vorgegebene Fläche einfügen. Große, unteilbare und nicht verformbare Funktionsbereiche bestimmen dagegen aus sich heraus entweder den gesamten Bau oder die Anordnung in einer Halle. Wenn ein unteilbarer Funktionsbereich den größten Teil eines Gebäudes ausfüllt, stellt sich die Aufgabe der optimalen Anordnung nicht oder nur für die verbleibende Restfläche.

Unteilbare Funktionsbereiche der Logistik sind die *Durchlauflager*, die *Kompaktlager* und die *automatischen Kleinbehälterlager* (AKL) und *Hochregallager* (s. *Kap. 16*). Die Anzahl der Gassen ergibt sich aus den Durchsatzanforderungen und die Anzahl der Fachmodule aus dem Kapazitätsbedarf. In Grenzen veränderbar sind die Höhe und Länge sowie die Anordnung der Anschlussstellen (s. *Abb. 16.1*, *16.8*, *16.9* und *17.34*) [75]. So lassen sich Kleinbehälterlager und Hochregallager in Laufrichtung der Gassen verlängern, wenn nur der Kapazitätsbedarf ansteigt, und durch Anbau zusätzlicher Gangmodule senkrecht zur Laufrichtung erweitern, wenn auch der Durchsatz zunimmt.

Die optimale Auslegung und Dimensionierung *unteilbarer Funktionsbereiche der Fertigung* sind Aufgaben der Konstruktion und des Anlagenbaus. Wie bei den unteilbaren Logistikgewerken können durch geschickte Konstruktion gewisse Handlungsmöglichkeiten für die Aufstellung – z. B. ein- oder mehrfach geknickt – wie auch für die Anordnung der Zu- und Auslaufpunkte verbleiben. Beides erleichtert die Anordnung in einer Halle. In vielen Fällen muß der Produktionsbereich auch in einer oder zwei Richtungen erweiterbar sein.

Bei einem *modularen Funktionsbereich* beginnt die Auslegung und Dimensionierung mit den einzelnen Modulen. Für die modularen Logistikbereiche sind das zen-

[4] Das Prinzip der modularen Bauweise stammt ursprünglich aus der antiken Baukunst [200].

trale Aufgaben der Logistik, die in den vorangehenden Kapiteln behandelt wurden. Für die modularen Produktionsbereiche ist das Aufgabe der Maschinenkonstruktion, der Arbeitsplatzgestaltung und der *Fabrikplanung* [204] in Abstimmung mit der innerbetrieblichen Logistik. In jedem Fall müssen die einzelnen Module so ausgelegt werden, dass sie sich möglichst flexibel zu einem oder mehreren Funktionsbereichen zusammenfügen lassen.

Bei *paralleler Nutzung* der Module werden eine gute Zugänglichkeit und der einfache Anschluss an Nachbarbereiche durch die *Parallelanordnungsstrategie* angestrebt:

- Die parallel genutzten Module werden so *nebeneinander* angeordnet, dass sie von außen gut erreichbar sind.

Beispiele für die modulare Parallelanordnung sind die aneinandergrenzenden Gangmodule eines Lagerbereichs und die nebeneinander liegenden Tormodule im Warenein- und Warenausgang (s. *Abb. 16.16* und *16.17*).

Bei einer *seriellen Auftragsbearbeitung* werden minimale Transportwege innerhalb eines modularen Funktionsbereichs durch die *Verkettungsstrategie* erreicht:

- Alle nacheinander genutzten Module werden so zu einer *Leistungskette* verkoppelt, dass die Auftragsgegenstände die Kette ohne Zwischentransporte durchlaufen und zugleich die einzelnen Module von außen ver- und entsorgt werden können.

Beispiele für die modulare Serienanordnung sind die *Montagelinien* in der Fertigung und die Regale mit den Bereitstellmodulen zum Kommissionieren (s. *Abb. 17.2, 17.19* und *17.20*).

Abhängig von den räumlichen Gegebenheiten und der Transportverbindung mit anderen Funktionsbereichen kann eine parallele Folge oder eine serielle Kette von Modulen in *Gräser Linie*, einmal gebrochen in *L-Form*, zweimal umgelenkt in *U-Form* oder mehrfach gebrochen als *Meanderlinie* angeordnet werden.

19.8 Auslegung und Anordnung der Torbereiche

Ein *Torbereich* besteht aus parallel angeordneten *Tormodulen* (s. *Abb. 16.10*). Wenn die Sendungsgrößen oder die Transportmittel in Zulauf und Auslauf stark voneinander abweichen, sind die Tormodule im Wareneingang und Warenausgang unterschiedlich. Daraus ergeben sich *getrennte WE- und WA-Torbereiche*. Das gilt z. B. für Warenverteilzentren und für Hallen mit internen Eingängen und externen Ausgängen.

Wenn wie bei einer reinen Umschlaghalle die Sendungsgrößen und Transportmittel im Ein- und Ausgang ähnlich sind, können die Tormodule so ausgelegt werden, dass sie für den Wareneingang und für den Warenausgang geeignet sind. Das hat den Vorteil, dass bei gleichzeitigem Zu- und Auslauf *kombinierte Tortransporte* möglich sind. Ein weiterer Vorteil ist die flexible Nutzung bei unterschiedlichen Spitzenzeiten im Zulauf und im Auslauf.

Nach Auslegung und Dimensionierung der Tormodule wird die Anzahl der jeweils benötigten Tore berechnet. Die N Tormodule eines kombinierten WE/WA-Torbereichs werden dann in engstem Abstand nebeneinander zentriert an einer, bei großer Anzahl an zwei Hallenseiten eingefügt. Der aus N_E Modulen zusammengefügte *WE-Torbereich* und der aus N_A Modulen bestehende *WA-Torbereich* können optimal nebeneinander an einer Hallenseite, an gegenüberliegenden Längsseiten oder an zwei Nachbarseiten angeordnet werden (s. *Abb. 17.21* und *20.3*).

Da die Tortransporte von der Innenseite der Torbereiche ausgehen, darf der Flächenbedarf des Torbereichs F_{Tor} nicht in die Berechnung des optimalen Seitenverhältnisses einbezogen werden. Das optimale Seitenverhältnis und die optimalen Innenmaße sind also mit dem *Innenflächenbedarf* $F_{in} = \sum F_k - F_{Tor}$ der Funktionsflächen *ohne* die Torflächen zu berechnen. Die Außenmaße der Halle ergeben sich daraus nach Hinzufügen der Torbereiche.

19.9 Vernetzungsstrategien und Belegungsstrategien

Nach der zentrierten Anordnung der Tormodule müssen die übrigen Funktionsbereiche auf der Hallenfläche wegoptimal und platzsparend angeordnet werden. Maßgebend für die Anordnung der Funktionsbereiche sind:

- die *Austauschströme* zwischen den Funktionsbereichen
- der *Flächenbedarf der* einzelnen Funktionsbereiche
- die *Teilbarkeit* und *Verformbarkeit* der Funktionsbereiche
- die *Veränderlichkeit* von Anzahl und Position der Zu- und Auslaufstellen
- die *Expansionsmöglichkeit* bei Bedarfszuwachs.

Ziel der Anordnung der Funktionsbereiche ist eine minimale Anzahl von Transporten bei maximaler Flächennutzung. Aus dem Ziel minimaler Transporte folgt das *Vernetzungsprinzip:*

▶ Der Transportweg zwischen den Ein- und Ausgängen zweier Funktionsbereiche muss um so kürzer sein je größer der maßgebende Austauschstrom ist.

Das Vernetzungsprinzip führt allein noch nicht zu einer Anordnung der Funktionsbereiche mit minimalen Transportkosten. Das ist eine kombinatorische Aufgabe, die exakt durch *Vollenumeration* aller Anordnungsmöglichkeiten oder näherungsweise mit Hilfe *heuristischer OR-Verfahren* lösbar ist [22, 202, 203].

Das Ziel minimaler Transportkosten ist jedoch mit guter Näherung erreichbar durch folgende *Vernetzungsstrategie:*

- Die zwei Funktionsbereiche mit dem größten Austauschstrom werden aneinander gefügt und ihre Ein- und Ausgänge so positioniert, dass der Transportweg minimal ist. Danach wird der Funktionsbereich mit dem nächst stärksten Austauschstrom zu den ersten beiden Funktionsbereichen ausgewählt und so angeordnet, dass der Transportweg minimal ist, und so fort für alle weiteren Funktionsbereiche.

Die mit der Vernetzungsstrategie gewonnene *Ausgangslösung* kann, soweit sich das lohnt durch heuristische OR-Verfahren optimiert werden.[5]

Damit die Grundfläche nicht durch *Verschnittverluste* vergrößert wird, ist für die Anordnung der Funktionsbereiche eine geeignete *Belegungsstrategie* erforderlich (s. *Abschn. 12.4.5*). Aus einer Belegungsstrategie, deren einziges Ziel die Flächenminimierung ist, resultiert jedoch in der Regel eine andere Anordnung der Funktionsbereiche als aus der Vernetzungsstrategie mit dem Ziel der Transportoptimierung.

Funktionsbereiche, deren Flächenbedarf klein ist im Vergleich zum Gesamtflächenbedarf, können relativ verlustarm in eine größere Fläche eingefügt werden. Auch modulare und verformbare Funktionsbereiche lassen sich gut in eine vorgegebene Fläche ausreichender Größe einfügen. Daher ist die wesentliche Flächenminimierung bereits erreichbar durch eine *Belegungsstrategie für die Großbereiche*:

- Der unteilbare Funktionsbereich mit dem größten Flächenbedarf wird mit seiner Längskante parallel zur kürzeren der möglichen Hallenseiten in eine hintere Ecke so eingefügt, dass auch eine Erweiterung möglich ist. Danach wird der unteilbare Funktionsbereich mit dem zweitgrößten Flächenbedarf analog in die verbliebene Fläche eingefügt und so fort bis alle großen Funktionsbereiche untergebracht sind.

Wenn zwischen zwei Großbereichen keine Austauschströme fließen, können diese – wie in dem Beispiel *Abb. 19.4* – an zwei Gegenseiten in den Ecken jeweils gegenüber dem Torbereich angeordnet werden, zu dem die größte Transportbeziehung besteht.

Die Anwendung der Belegungsstrategie wird auf wenige unteilbare und nicht verformbare Funktionsbereiche beschränkt, deren Flächenbedarf größer als 1/4 der Gesamtfläche oder deren Außenmaße größer als die halbe Seitenlänge der Halle sind. Nach der flächenoptimalen Anordnung von bis zu vier Großbereichen wird geprüft, ob sich durch eine Vertauschung und Verschiebung der Großbereiche eine Verkürzung der Transportwege zwischen den Großbereichen und zu den bereits eingefügten Torbereichen erreichen lässt. Wenn das möglich ist, wird die Vertauschung vorgenommen.

Nachdem auf diese Weise die Torbereiche und die unteilbaren Großbereiche in den Hallengrundriss mit dem optimalen Seitenverhältnis eingefügt sind, werden die übrigen Funktionsbereiche nach der Vernetzungsstrategie wegoptimal hinzugefügt. Dabei wird mit dem Funktionsbereich begonnen, der den größten Austauschstrom mit den bereits eingefügten Funktionsbereichen hat.

Die weitere Flächenoptimierung wird dadurch erleichtert, dass sich die modularen und verformbaren Funktionsbereiche in ihren Außenabmessungen den Längen der bereits angeordneten Bereiche anpassen und durch einfaches oder mehrfaches Knicken in die Form der Restfläche einfügen lassen. Kleinere Funktionsbereiche können so gedreht und eingefügt werden, dass bei kurzen Wegen ein geringer Verschnittverlust entsteht.

[5] Eine Untersuchung der mit Hilfe von OR-Verfahren und durch andere Strategien erreichbaren Verbesserung des mittleren Transportwegs gegenüber der aus der angegebenen Vernetzungsstrategie resultierenden Näherungslösung ist eine interessante wissenschaftliche Aufgabe.

19.10 Arbeitsschritte zur Hallenauslegung

Die wegoptimale und zugleich platzsparende Belegung einer Hallenfläche mit Funktionsbereichen ist in mancher Hinsicht vergleichbar mit einem *Puzzlespiel*, bei dem das fertige Bild unbekannt ist. Wie beim Puzzlespiel ist es am einfachsten, zuerst mit dem Rand zu beginnen und die dorthin gehörigen Torbereiche einzufügen. Danach werden die inneren Funktionsbereiche nach Größe und Transportintensität geordnet und beginnend mit den größten Bereichen nacheinander eingefügt.

Aus dieser Grundüberlegung resultieren folgende *Arbeitsschritte einer zielführenden und rationellen Hallenauslegung*:

1. *Auslegung und Dimensionierung der Funktionsbereiche* nach den Prinzipien der Modularität, Teilbarkeit und Verformbarkeit und Bestimmung von Flächenbedarf, Abmessungen und Anschlussstellen.
2. *Aussondern aller Spezialbereiche*, die sich wegen extremen Flächen-, Längen- oder Breitenbedarfs, wegen ihrer Bauhöhe oder anderer Eigenschaften nicht mit den übrigen Funktionsbereichen kombinieren lassen und ein eigenes Bauwerk erfordern.
3. *Berechnung des Innenflächenbedarfs* der Halle aus der Summe der verbleibenden Funktionsflächen ohne die Flächen der Torbereiche.
4. *Ermittlung der Zu- und Auslaufströme* sowie der *maßgebenden Austauschströme* zwischen den Funktionsbereichen.
5. *Auslegung und Dimensionierung der Tormodule*, Organisation des Zu- und Auslaufs und *Berechnung des Torbedarfs* aus den Zu- und Auslaufströmen.
6. *Berechnung von optimalem Seitenverhältnis, optimaler Innenlänge und optimaler Innenbreite* aus der Toranzahl und dem Flächenbedarf der inneren Funktionsbereiche einschließlich eines Zuschlags von ca. 20 % für die Transporttrassen.
7. *Erstellen einer Grundrisszeichnung* der inneren Hallenfläche mit der optimalen Hallenlänge und Hallenbreite.
8. *Zentrierte Anordnung der Torbereiche*, bei wenigen Toren an einer Hallenlängsseite, bei vielen Toren an zwei Gegenseiten, unter Umständen auch an zwei Nachbarseiten.
9. *Ordnen der Funktionsbereiche* nach Größe, Teilbarkeit und Verformbarkeit sowie nach der Größe der maßgebenden Austauschströme.
10. *Platzsparende Anordnung der Großbereiche* auf der Hallenfläche nach der *Belegungsstrategie*.
11. *Wegoptimales Einfügen* der verformbaren, teilbaren, modularen und kleinen Funktionsbereiche nach der *Vernetzungsstrategie*.
12. *Verlegen der Transporttrassen* zwischen den Funktionsbereichen, so dass alle Ströme auf den kürzesten Wegen fließen. Dafür werden die zunächst ohne Zwischenraum eingefügten Bereiche auseinander geschoben.
13. *Transportoptimale Festlegung der Ein- und Auslaufstationen* der Funktionsbereiche sowie der Eingangs- und Ausgangsfunktion der Tore.
14. *Festlegung eines Rastermaßes* für den Hallenbau, das ein ganzzahliges Vielfaches der kleinsten Modulmaße und mindestens so groß wie die größte Modulbreite sein sollte.

Die *Rastermaße von Logistikhallen* ergeben sich aus den Außenmaßen der Ladeeinheiten und aus den Breiten der Gangmodule und der Tormodule. Bewährte *Standardraster* von Logistikhallen für den Umschlag und das Lagern von *Normpaletten* sind ein ganzzahliges Vielfaches von 2,5 m, z. B. 12,5 m, 15 m oder 22,5 m. Die *Standardhöhe* von Logistikhallen für Normpaletten ist abhängig von der Lagerart. Sie liegt zwischen 5 m und 15 m.

Für Hochregallager ab 15 m Höhe lohnt sich ein *Silobau* mit Dach- und Wand tragenden Regalen. Ein sehr hoher oder langer Hochregalbau wird seitlich an den Hallenbau angeflanscht und über eine Förderanlage mit den übrigen Funktionsbereichen verbunden.

Um rasch einen brauchbaren Entwurf zu erhalten, können die Berechnungen auf einem Taschenrechner und die Flächenbelegung mit Lineal, Papier und Schere von Hand ausgeführt werden. Bei wiederholter Hallenauslegung sowie für die anschließende Detailplanung ist es zweckmäßig, die Optimierungsalgorithmen auf einem Rechner zu implementieren und die Arbeitsschritte der Flächenbelegung interaktiv mit Hilfe eines CAD-Programms auszuführen. Das Programm berechnet dann für jeden Schritt die resultierende Transportleistung, die belegte Fläche und andere Zielgrößen [22, 201, 202, 205, 207].

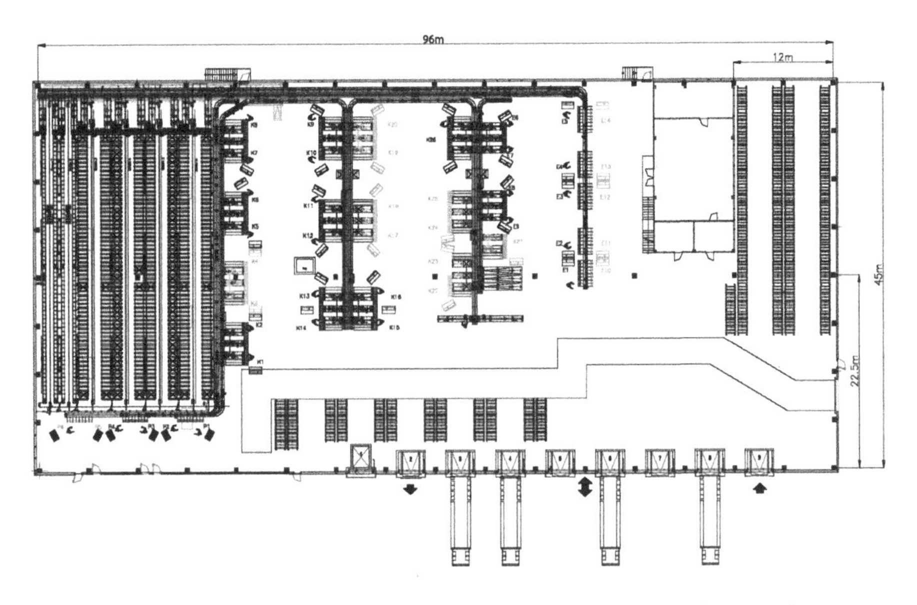

Abb. 19.4 Layout mit Funktionsbereichen eines Wareneingangs- und Versandzentrums WVZ Bosch Rexroth, Lohr

WA-Tormodule (links) *WE-Tormodule* (rechts) *WE/WA-Module* (Mitte)
Kleinbehälterlager AKL (links außen) *Palettenlager* (rechts außen)
Kleinpackplätze (links) *Großpackplätze* (Mitte)
Qualitätskontrolle (hinten rechts) *Fahrwege und Expansion* (Freiflächen)
Planung und Projektmanagement: *Reinhardt&Ahrens GbR, Berlin*

Eine Hallenauslegung in diesen Arbeitsschritten hat sich bei vielen Layoutplanungen bewährt. Sie führt sehr rasch zu praktisch brauchbaren Ergebnissen. Ein Hallenlayout, das auf diese Weise entstanden ist und 2003 ausgeführt wurde, ist in *Abb. 19.4* dargestellt. Weitere bereits vor längerer Zeit realisierte Logistikzentren, die nach dem hier dargestellten Verfahren geplant wurden, zeigen die *Abb. 17.21* und *Abb. 20.3*.

Das Ergebnis der Hallenauslegung ist Ausgangspunkt der *Detailplanung*, zu der die Architektur- und Bauplanung und die Einrichtungsplanung gehören (s. *Abschn. 3.2.2*). Zentrale Aufgaben der Detailplanung sind die Auswahl der Transportsysteme und die Organisation der Betriebsabläufe. Durch geeignete *Transportstrategien*, wie kombinierte Fahrten, und *Nutzungsstrategien*, wie die Schaffung von *Schnellläuferzonen*, lassen sich die Transporte im Vergleich zur Layoutplanung weiter reduzieren (s. *Kap. 18*).

Um Verbesserungen im Detail zu ermöglichen, technische Besonderheiten zu berücksichtigen und eventuelle Auflagen erfüllen zu können, wird für die Detailplanung ein ausreichender Spielraum benötigt. Daher darf die Gesamtfläche nicht zu klein bemessen sein. Die Hallenauslegung im Rahmen einer Layoutplanung braucht auch nicht allzu genau zu sein. Grundsätzlich muss sich jedes Verfahren zur Hallenauslegung – wie ein anderes Vorgehen, eine verbesserte Auslegungsstrategie oder eine aufwendige OR-Heuristik – an der Lösung messen lassen, die sich auf einfacherem Weg finden lässt.

19.11 Größeneffekte von Logistikzentren

Die Betriebskosten eines Logistikzentrums setzen sich zusammen aus *Flächenkosten*, die vom Lagerplatzbedarf abhängen, aus *Handlingkosten*, die im wesentlichen proportional zum Durchsatz sind, aus *Transportkosten*, deren Höhe vom Produkt der Transportströme und der Fahrwege bestimmt wird, und übrigen Kosten, die weder vom Platzbedarf noch vom Durchsatz abhängen.

Bei Einzelplatzlagerung steigt der Flächenbedarf linear mit dem *Lagerplatzbedarf*, der das Produkt $T_L \cdot \lambda$ der erwarteten *mittleren Lagerdauer* T_L und des *Plandurchsatzes* λ [LE/PE] ist. Auch die innerbetrieblichen Transportströme steigen im Wesentlichen proportional zum Durchsatz. Die mittleren Transportwege nehmen nach Beziehung (19.10) und (19.14) mit der Wurzel aus der Hallenfläche und daher auch mit der Wurzel aus dem Durchsatz zu. Flächenbedarf und Weglänge eines Kommissionierbereichs mit statischer Bereitstellung werden zusätzlich von der *Artikelanzahl* bestimmt (s. *Abb. 17.39* und *Abschn. 17.15.1*).

Daraus folgt für die Abhängigkeit der Betriebskosten vom Plandurchsatz λ bei einer erwarteten Lagerdauer T_L:

$$K_{betr}(T_L, \lambda) = K_0 + k_H \cdot \lambda + k_P \cdot T_L \cdot \lambda + k_T \cdot \lambda \cdot \sqrt{\lambda} \quad [€/PE] \,. \tag{19.19}$$

Bezogen auf den Durchsatz λ ergibt sich daraus die Abhängigkeit der *Umschlagkosten* von Plandurchsatz und mittlerer Lagerdauer:

$$k_U(T_L, \lambda) = k_H + k_F \cdot T_L + K_0/\lambda + k_T \cdot \sqrt{\lambda} \quad [€/LE] \,. \tag{19.20}$$

Für eine einfache *Umschlaghalle*, in der nur Güter auf Standardpaletten mit Gabelstaplern umgeschlagen werden, lassen sich die Betriebs- und Umschlagkosten mit Hilfe eines *Lagerdimensionierungsprogramms* berechnen, das den Flächenbedarf nach den Formeln aus *Abschn. 16.6* ermittelt und mit den vorangehenden Algorithmen zur Flächenauslegung arbeitet. Aus einer solchen *Modellplanung* folgt die in *Abb. 19.5* dargestellte Abhängigkeit der Umschlagkosten vom Plandurchsatz bei verschiedenen Planliegezeiten.

Übereinstimmend mit Beziehung (19.20) ergeben sich daraus die Regeln:

▶ Die Umschlagkosten sinken mit zunehmendem Plandurchsatz bis zu einem *kritischen Durchsatzwert* und steigen danach infolge der immer längeren Transportwege an.

▶ Der kritische Durchsatz verschiebt sich mit zunehmender Lagerdauer und ansteigender Liegezeit zu kleineren Werten.

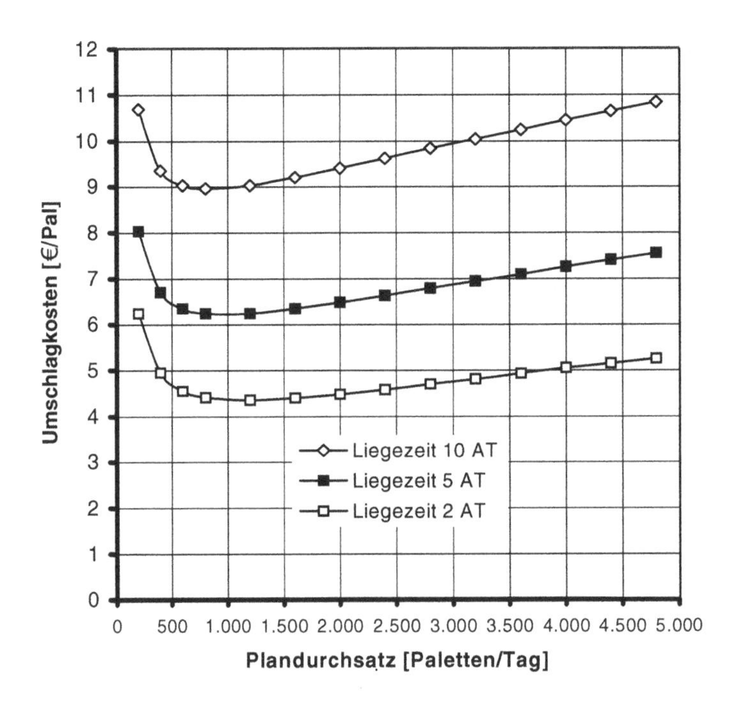

Abb. 19.5 Abhängigkeit der Umschlagkosten einer Umschlaghalle für Standardpaletten vom Plandurchsatz

Plandurchsatz bei 8 h Betrieb an 250 Tagen/Jahr
Blocklagerung mit Staplerbedienung
Stapelfaktor 3 für bis zu 1.000 Artikel
Umschlagkosten bei 100 % Nutzung der Planleistung (Kostenbasis 2004)

Für die Praxis heißt das: Wenn durch die Bündelung von Transporten über einen Umschlagpunkt der kritische Durchsatzwert von etwa 1.000 Paletten pro Tag, das entspricht ca. 40 zu- und auslaufenden Sattelaufliegerfahrzeugen, überschritten wird, ist das Ende der Größendegression der Umschlagkosten erreicht. Dann ist es wirtschaftlicher, einen weiteren Umschlagpunkt zu eröffnen und die Transportströme aufzuteilen (s. *Abschn. 20.10.3*).

Für andere Lagerarten ist die Berechnung des kritischen Durchsatzwertes etwas schwieriger. Sie ist aber noch ohne manuellen Eingriff auf einem Rechner durchführbar. Für multifunktionale Logistikzentren erfordert die Berechnung eine umfangreichere Planung. Sie wird vor allem durch die Abhängigkeit des Kommissionierens von der Artikelanzahl und den Entnahmeeinheiten erschwert [191].

Je nach Durchsatz und Lagerzeit haben die Transportkosten für eine *Umschlaghalle* mit Blockplatzlagerung und Staplerbedienung einen Anteil von 25 bis 50 % und die Flächenkosten einen Anteil von 20 bis 40 % an den Gesamtbetriebskosten. Durch *Fördersysteme* anstelle der Stapler oder anderer *Fahrzeugsysteme* und durch den Einsatz von automatischen Lagersystemen reduziert sich der Transportkostenanteil (vgl. z. B. *Abb. 20.2* und *20.3*). Damit verschiebt sich der kritische Durchsatz auch bei großer Lagerkapazität zu höheren Werten.

In den *Logistikzentren* des Handels und der Industrie lagert ein hoher Anteil sogenannter *Dispoware*, die *verbrauchsabhängig* disponiert wird. Bei kostenoptimaler Bestands- und Nachschubdisposition verändern sich die Dispowarenbestände $M_{Bdis} = F_L \cdot \sqrt{\lambda}$ nicht wie die Pufferbestände linear sondern proportional zur Wurzel aus dem Absatz (s. *Abschn. 11.9*). Dann ist die mittlere Lagerdauer $T_L = M_{Bdis}/\lambda = F_L/\sqrt{\lambda}$ umgekehrt proportional zur Wurzel aus dem Durchsatz. Nach Einsetzen in Beziehung (19.20) ergibt sich, dass auch der zweite Term mit zunehmendem Durchsatz sinkt. Das bewirkt eine Verschiebung des *kritischen Durchsatzes für Logistikzentren* zu noch höheren Werten, die über 3.000 Paletten oder 100 Sattelaufliegern pro Tag liegen können.

Die Erforschung der Grenzen der *economies of scale* in der Logistik ist noch nicht weit fortgeschritten. Die Lösung der vielen offenen Probleme, von denen einige in den Fußnoten angesprochen wurden, und die Entwicklung besserer Strategien sind interessante Aufgaben für die *Logistikforschung*.

20 Optimale Lieferketten und Versorgungsnetze

Das *Netzwerkmanagement* oder *Supply Chain Management* umfasst die Auswahl, die Gestaltung, die Organisation und den Betrieb der *Lieferketten* und *Logistiknetze* zur Versorgung von *Bedarfsstellen* oder *Kunden* aus den *Liefer-* oder *Versandstellen.* Dazu gehört auch die Disposition der *Ressourcen*, des *Nachschubs* und der *Bestände* in den Lieferketten.

Eine *Lieferkette* ist eine *Aneinanderreihung* von *Transportverbindungen* und *Zwischenstationen.* Sie verbindet eine *Lieferstelle* mit einer *Empfangsstelle* und wird von *Waren* und *Sendungen* in einer bestimmten *Belieferungsform* durchlaufen. Abhängig von Aufgabe und Aspekt werden die Lieferketten auch als *Versorgungsketten, Beschaffungsketten, Transportketten, Frachtketten, Beförderungsketten, Entsorgungsketten* oder allgemein als *Logistikketten* bezeichnet.

Für die *Lieferung* der Waren und Güter, die eine Empfangsstelle von einer Lieferstelle anfordert, wie auch für die *Beförderung* von Sendungen und Personen gibt es in der Regel mehrere Logistikketten. Daraus resultiert die *allgemeine Belieferungsaufgabe:*

- Für vorgegebene *Warenströme, Sendungen* oder *Lieferaufträge* ist aus den möglichen Logistikketten die *optimale Liefer- und Transportkette* auszuwählen, die bei Einhaltung der geforderten *Lieferzeiten* und *Randbedingungen* mit den geringsten *Kosten* verbunden ist.

Hinter der allgemeinen Belieferungsaufgabe, die auf den ersten Blick recht einfach erscheint, verbirgt sich die gesamte *Logistik* [50–54, 118, 145, 236, 257, 258].

Die Belieferungsaufgabe stellt sich zwischen den Unternehmen, Betrieben und Konsumenten, aber auch innerhalb eines Betriebs. Zu unterscheiden sind daher interne und externe Lieferketten. *Interne Lieferketten* verbinden die Quellen und Senken innerhalb eines Betriebs oder zwischen den Produktions- und Leistungsstellen in einem abgeschlossenen Betriebsgelände (s. *Abb. 1.12*). Eine durchgängige *interne Logistikkette* beginnt im Wareneingang und endet im Warenausgang *desselben Betriebs.*

Externe Lieferketten verbinden den Warenausgang eines Unternehmens, Betriebs oder Erzeugers mit dem Wareneingang eines *anderen* Unternehmens, Betriebs oder Verbrauchers. Eine durchgängige *externe Logistikkette* beginnt im Warenausgang einer Lieferstelle und endet im Wareneingang einer Empfangsstelle.

Im laufenden Betrieb beschränkt sich die Belieferungsaufgabe auf die Auswahl der jeweils kostenoptimalen aus einer Anzahl *vorhandener Lieferketten.* Darüber hinaus muss das Unternehmen, das die Belieferungskosten trägt, zur Sicherung seiner Wettbewerbsfähigkeit permanent die vorhandenen Lieferketten optimieren und bei Bedarf *neue Logistikstrukturen* schaffen.

T. Gudehus, *Logistik 2*, VDI-Buch,

DOI 10.1007/978-3-642-29376-4_6,

Bei Lieferung *frei Haus* stellt sich die *Belieferungsaufgabe* primär dem Lieferanten. Bei Beschaffung *ab Werk* übernimmt der Empfänger die *Beschaffungsaufgabe.* Wenn ein *Logistikdienstleister* eingesetzt wird, muss dieser die *Beförderungsaufgabe* lösen.

In diesem Kapitel werden *Verfahren* und *Algorithmen* zur Lösung der allgemeinen Belieferungsaufgabe entwickelt. Der Schwerpunkt liegt dabei auf der Optimierung externer Lieferketten. Das allgemeine Vorgehen und die hierfür entwickelten Verfahren sind jedoch auf interne Logistikketten übertragbar.

Bestimmungsfaktoren für den Aufbau von Versorgungsnetzen und die Auswahl optimaler Lieferketten sind die *Strukturbedingungen* der jeweils betrachteten Lieferbeziehungen sowie die *Leistungs- und Serviceanforderungen* der Kunden und Lieferanten. *Handlungsmöglichkeiten* bieten die *Gestaltungsparameter* der Versorgungsnetze. Von besonderer Bedeutung sind dabei die *Transportverbindungen* und die *Zwischenstationen*, aus denen sich die Lieferketten und Versorgungsnetze zusammensetzen.

Belieferungsstrategien regeln die *Auswahl* und *Nutzung* der Lieferketten. Diese werden nachfolgend konzipiert. Daraus leiten sich *Strategieparameter* ab, deren Auswirkungen zu analysieren sind. Wenn die Leistungs- und Serviceanforderungen erfüllt sind, ist das primäre *Ziel* der Optimierung der Lieferketten und Versorgungsnetze eine Senkung der *Belieferungskosten.* Die Berechnung der Belieferungskosten ist daher ein Schwerpunkt dieses Kapitels.

Auf dieser Grundlage wird ein allgemeines *Leistungskostenmodell* entwickelt, das zur Bestimmung optimaler Lieferketten sowie zur Kalkulation der Frachtkosten für unterschiedliche Versandketten geeignet ist. Ergebnisse sind *Optimierungsmöglichkeiten* und *Auswahlkriterien* für optimale Lieferketten, *Gestaltungsgrundsätze* und *Konstruktionsverfahren* für Versorgungsnetze sowie Hinweise auf Potentiale zur *Leistungsverbesserung* und *Kostensenkung.*

20.1 Strukturbedingungen

Die Strukturbedingungen sind gegeben durch die *Lieferstellen* und *Empfangsstellen*, die durch Lieferketten miteinander zu verbinden sind, sowie durch die *Zwischenstationen* und *Transportverbindungen*, die für die Beförderung der Waren, Sendungen oder Personen zur Verfügung stehen.

Ein Teil der Strukturbedingungen, wie die Standorte der Lieferanten und der Kunden, sind *Fixpunkte*, die sich nicht verändern lassen oder nur langfristig beeinflussbar sind. Andere Strukturbedingungen, wie die Anzahl und Standorte der Zwischenstationen und die Funktionen dieser Stationen, sind mit mehr oder minder hohem Aufwand veränderbar und daher *Gestaltungsparameter der Netzstruktur.*

20.1.1 Empfängerstruktur

Empfangsstellen, *Kunden* oder *Senken* der Waren- und Frachtströme können innerbetriebliche Leistungsstellen, Filialen eines Handelsunternehmens, Werke von Industriebetrieben, Kunden eines Herstellers, Lager und Logistikzentren oder die Endverbraucher in einer Region sein. *Kennzahlen der Kunden-* oder *Empfängerstruktur* sind:

- *Anzahl* N_E der Empfangsstellen
- *Standorte* $(x_j;y_j)$ der Empfangsstellen E_j, $j = 1, 2, \ldots, N_E$.

Die Kunden werden von den Lieferanten häufig nach vertrieblichen oder historisch gewachsenen Gesichtspunkten zu *Kundengruppen* zusammengefasst. Eine vorhandene Kundenklassifizierung sollte jedoch für die Organisation der Belieferung nicht bindend sein. Im Gegenteil:

▶ Erst nach Loslösung von der vertrieblichen Kundenklassifizierung lassen sich in vielen Fällen die Lieferketten und die Distributionsstrukturen wirkungsvoll optimieren.

Außer der kommerziellen *Einkaufstätigkeit*, die im Wesentlichen vor dem Warenabruf stattfindet, wird in den Empfangsstellen für die laufende Beschaffung der benötigten Waren eine Reihe von administrativen und operativen Logistikleistungen erbracht.

Administrative Logistikleistungen der Empfangsstelle zur Auslösung und Kontrolle der Lieferungen sind:

Disposition von Nachschub und Beständen
Abruf der benötigten Mengen bei den Lieferstellen
Erteilen von Speditionsaufträgen bei Beschaffung ab Werk
Verfolgung der Liefertermine und der Lieferqualität. (20.1)

Operative Logistikleistungen nach Eintreffen der Ware in der Empfangsstelle sind:

Entladen, Auspacken und Eingangskontrolle
Einlagern und Bevorraten der Ware
Bereitstellen und Puffern am Bedarfs- oder Verbrauchsort
Sammeln und Bereitstellen von geleerten Ladungsträgern. (20.2)

So ist beispielsweise der Verbrauchsort in einer Automobilfabrik das Montageband. Die Bedarfsorte in einer Handelsfiliale sind die Verkaufstheken und die Selbstbedienungsregale.

Die Logistikleistungen (20.1) und (20.2), die in den Empfangsstellen erbracht werden, sind mit *Kosten* verbunden, die von den Parametern der Lieferketten, wie der *Lieferfrequenz* und der *Belieferungsform* abhängen. Die Logistikkosten der Empfangsstelle sind Bestandteil der *Belieferungskosten*.

20.1.2 Lieferantenstruktur

Lieferstellen oder *Quellen* der Güter, mit denen ein Abnehmerkreis versorgt wird, können Produktionsstätten oder Fertigwarenlager von Industriebetrieben sein, Logistikzentren von Handelsunternehmen, Importlager, Anlieferstationen, wie Bahnstationen, Seehäfen oder Flughäfen, aber auch Betriebsstätten und Leistungsstellen innerhalb eines Unternehmens. *Kennzahlen der Lieferantenstruktur* sind:

- *Anzahl* N_L der Lieferstellen
- *Standorte* $(x_i;y_i)$ der Lieferstellen L_i, $i = 1, 2, \ldots, N_L$.

Die Lieferanten werden von den Kunden häufig nach Einkaufsgesichtspunkten oder anderen Kriterien in Lieferantenklassen eingeteilt. Wie für die Kundenklassifizierung gilt der *Grundsatz:*

▶ Erst nach Auflösung der Lieferantenklassifizierung des Einkaufs lassen sich die Lieferketten und Beschaffungsstrukturen optimieren.

So befinden sich Verkauf und Auftragsannahme eines Lieferanten häufig an *einer* Stelle, auch wenn der Lieferant mehrere Auslieferstellen hat. Für die Logistik sind jedoch primär die Auslieferstandorte des Lieferanten und deren Funktionen von Interesse.

Außer der Vertriebstätigkeit, die vor der Auftragsannahme stattfindet, werden auch in den Lieferstellen Logistikleistungen erbracht. *Administrative Logistikleistungen* der Lieferstelle zur Auslösung und Kontrolle der Lieferungen sind:

Annahme und Prüfung der Bestellungen
Auftragsdisposition
Disposition der Fertigwarenbestände
Erteilung von Fertigungsaufträgen (20.3)
Erzeugung von Kommissionieraufträgen
Erteilen von Speditionsaufträgen bei Lieferung frei Haus
Verfolgung der Liefertermine und der Lieferqualität.

Operative Logistikleistungen bis zum Verladen der Ware in der Lieferstelle sind:

Bevorraten der Lagerware
Ansammeln kundenspezifischer Ware
Auslagern und Bereitstellen
Abfüllen, Konfektionieren und Kommissionieren (20.4)
Verpacken und Ladeeinheitenbildung
Versandbereitstellung und Ausgangskontrolle.

Zusätzliche Aufgaben der Lieferstelle können das *Verladen* der Sendungen in die Transportmittel und die *Ladungssicherung* sein.

Die interne *Auftragsdurchlaufzeit* der Lieferstelle trägt maßgebend zur *Lieferzeit* bei. Bei lagerhaltiger Ware ist die Auftragsdurchlaufzeit die Summe der administrativen und der operativen *Auftragsbearbeitungszeit.* Bei Waren und Produkten, die nach Auftrag kundenspezifisch gefertigt oder beschafft werden, erhöht sich die interne Auftragsdurchlaufzeit um die *Fertigungsdurchlaufzeit bzw.* um die *Beschaffungszeit.*

Auch die Logistikleistungen der Lieferstellen sind mit *Kosten* verbunden, die von den Parametern der Lieferketten, wie der *Belieferungsform* und den eingesetzten *Transportmitteln* abhängen. Diese Kosten der Lieferstelle sind ebenfalls Bestandteil der Belieferungskosten.

Bei *produzierenden Lieferstellen* hängen Fertigungsdurchlaufzeit und Lagerkosten für Fertigwaren von der *Produktionsstruktur* ab, also davon, ob es sich um eine *kontinuierliche* oder *diskontinuierliche Produktion* oder um *Massen-* oder *Einzelfertigung* handelt. Weitere Einflussfaktoren auf die Fertigwarenbestände und die Produktionsdurchlaufzeit sind die *Produktionskapazität*, die *Rüstkosten* und die *minimale Losgröße* (s. *Kap.* 10).

20.1.3 Zwischenstationen

In den N_z Zwischenstationen ZS_k, $k = 1, 2, \ldots, N_z$, die von den Waren und Sendungen zwischen einer Lieferstelle und einer Empfangsstelle durchlaufen werden, wird das angelieferte Frachtgut abgeladen, umgeladen, bei Bedarf zwischengepuffert, gelagert oder verändert und wieder verladen [60, 119].

In den *Zwischenstationen* finden also *Umschlagprozesse*, *Lagerprozesse* und *Umwandlungsprozesse* statt. Mit *Transitgütern* oder *Durchlaufware* können, wie in *Abb.* 20.1 dargestellt, in einer Umschlagstation folgende *Umschlagprozesse* stattfinden:

- *Umschlag ohne Ladungsträgerwechsel* (*einstufiges Crossdocking*): Die Waren und Sendungen, die ohne Ladungsträger oder auf zielrein gefüllten Ladungsträgern in zielgemischt beladenen Transporteinheiten ankommen, werden innerhalb kurzer Zeit – in der Regel in weniger als 24 Stunden – nach Bestimmungsorten oder

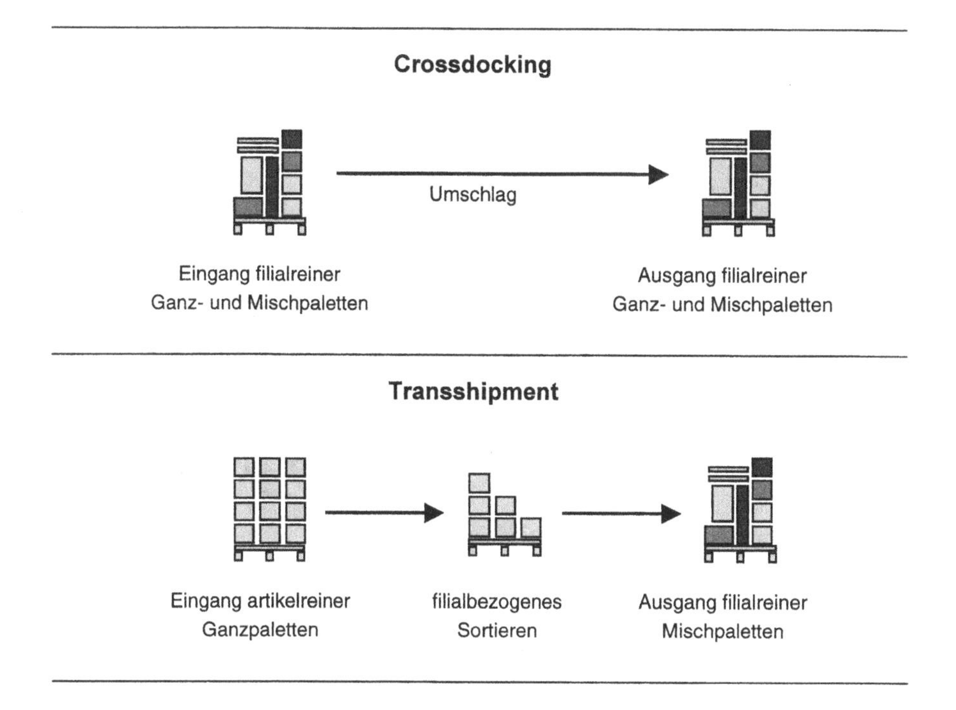

Abb. 20.1 Crossdocking und Transshipment von Palettenware

Touren auf die Warenausgangspuffer verteilt oder direkt in bereitstehende Transporteinheiten verladen. Es findet ein Wechsel des Transportmittels, aber keine Veränderung in der Zusammensetzung der Ladeeinheiten statt.

- *Umschlag mit Ladungsträgerwechsel* (*Transshipment* oder *zweistufiges Crossdocking*): Die in zielgemischt gefüllten Ladungsträgern ankommenden Waren und Sendungen werden innerhalb kurzer Zeit ohne Rest auf zielreine Ladungsträger verteilt, umgepackt und verdichtet (*Split to Zero*). Die so entstehenden zielrein gefüllten Ladungsträger werden nach Bestimmungsorten oder Touren auf die Warenausgangspuffer verteilt oder direkt in bereitstehende Transporteinheiten verladen. Es findet ein Wechsel des Transportmittels *und* eine Änderung der Zusammensetzung der Ladeeinheiten statt.

In der *Handelslogistik* wird mit *Crossdocking* der Umschlag artikelreiner Paletten und vorkommissionierter Sendungen und mit *Transshipment* der Umschlag nicht vorkommissionierter Ware bezeichnet [19, 120].

Ein Beispiel für eine *Umschlagstation*, die ganz ohne Ladungsträger arbeitet, ist die in *Abb.* 20.2 gezeigte Umschlaganlage eines *Paketdienstleisters*, in der zielgemischt angelieferte Pakete über Teleskopbänder entladen, von *Hochleistungssortern* direkt auf die Ausgangstore verteilt und dort in die bereitstehenden Transportfahrzeuge verladen werden.

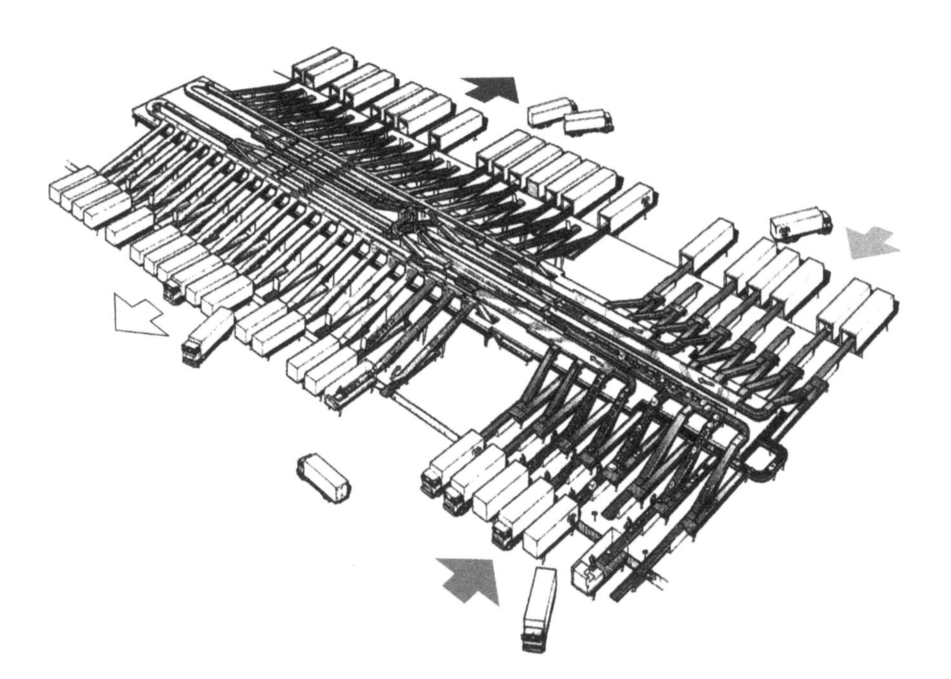

Abb. 20.2 Umschlagstation eines Paketdienstleisters

Abbildung einer Sorteranlage der Firma *Vander Lande*

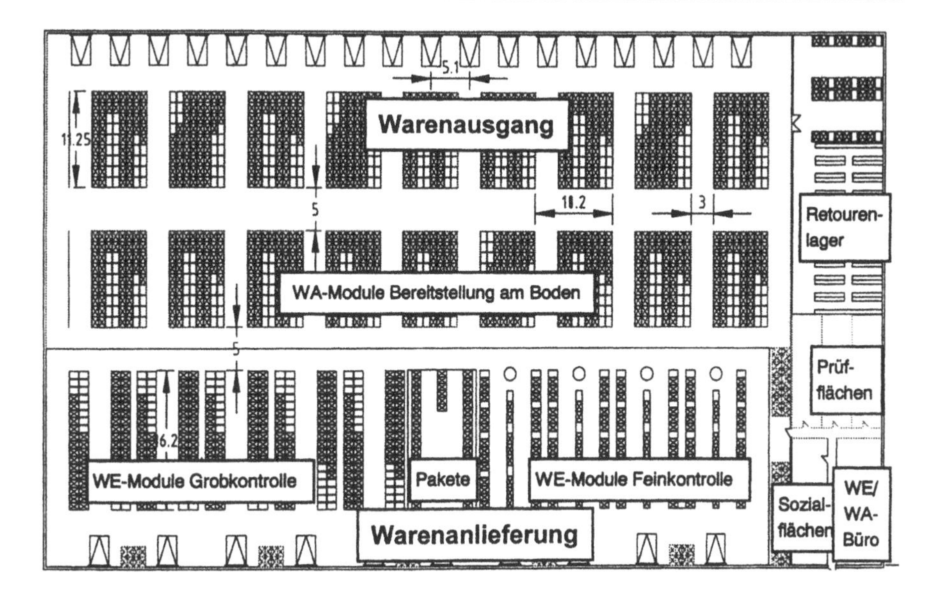

Abb. 20.3 Umschlagstation einer Handelskette

Prinzipdarstellung ZLU [156]

Ein anderes Beispiel für eine *Logistikstation mit gemischter Funktion* ist die in *Abb.* 20.3 dargestellte *Umschlagstation* einer Filialhandelskette. Hier werden *filialreine Paletten* entladen, kontrolliert und auf die Pufferflächen für die Filialsendungen vor den Warenausgangstoren verteilt. *Artikelreine Paletten* und Sendungen mit Paketen für mehrere Filialen werden nach dem Verfahren der *inversen Kommissionierung* auf einer gesonderten Fläche zu filialrein beladenen Paletten aufgebaut und verdichtet, die anschließend ebenfalls auf die Pufferflächen im Warenausgang verteilt werden (s. *Abb.* 17.5).

In den kleineren Umschlagstationen der Speditionen - auch *Transshipment-Punkte* (TSP) genannt - führen *Gabelstapler* und *Schnellläufer* den Transport der Paletten und das Verteilen auf die Ausgangstore oder Verladestellen durch. In großen Umschlagstationen, wie in den *Luftfrachtzentren*, werden zusätzlich *Schleppzüge*, *Unterflurschleppkettenförderer* oder *fahrerlose Transportsysteme* (FTS) eingesetzt. Paketdienstleister arbeiten zunehmend mit vollautomatischen Sorteranlagen. In *Containerterminals* wird mit Kränen, Spezialstaplern, Van Carriern und in den modernsten Anlagen auch mit FTS-Systemen gearbeitet.

Durch die *Umschlagzeiten* in den Stationen einer Lieferkette verlängert sich die Lieferzeit im Vergleich zum Direkttransport. Die *minimale Umschlagzeit* ist die Summe der Transport- und Handlingzeiten zwischen dem Entladen und dem Verladen in einer Logistikstation. Die *effektive Umschlagzeit* ist gleich der Summe der minimalen Umschlagzeit und der *Wartezeit* bis zur Abfahrt des nächsten Transports oder bis zum Eintreffen der letzten Sendung, die für eine ausgehende Ladung bestimmt ist.

Die Abhängigkeit von den Lieferzeiten vorangehender Stellen und das Warten auf die Anlieferung sind vermeidbar, wenn die benötigten Waren in einer Zwischenstation bevorratet werden. Durch *bestandsführende Zwischenstationen* lassen sich also die Lieferzeiten verkürzen. Die Lieferzeit wird umso kürzer, je näher ein Bestand am Bedarfsort lagert. Der Preis für die dadurch erreichte Lieferzeitverkürzung sind die *Lagerhaltungskosten* und die Gefahr von *Fehlallokationen*. Je näher Bestände, die nicht nur für einen bestimmten Kundenkreis oder nur eine Region bestimmt sind, am Bedarfsort gelagert werden, umso höher sind die Kosten und Risiken (s. *Abschn.* 11.3).

Die *Auftragsdurchlaufzeit* für lagerhaltige Ware ist die Summe der administrativen und der operativen Auftragsbearbeitungszeit in der betreffenden Station. Sie ist bei richtiger Bestands- und Nachschubdisposition *unabhängig* von der Nachschubzeit der Lagerware.

In den bestandsführenden Zwischenstationen können folgende *Lagerprozesse* stattfinden:

- *Lagern ohne Kommissionierung*: Die artikelrein oder sendungsrein angelieferten Ladeeinheiten werden eingelagert, gelagert, nach einer bestimmten *Lagerdauer* unverändert ausgelagert und *ohne Ladungsträgerwechsel* zum Versand gebracht.
- *Lagern mit Kommissionierung*: Die artikelrein oder sendungsgemischt angelieferten Ladeeinheiten werden eingelagert und gelagert, nach dem Lagern jedoch zerlegt und zu sendungsreinen Versandeinheiten kommissioniert, wobei ein *Ladungsträgerwechsel* stattfindet.

Beim Lagern mit Kommissionieren entstehen aus artikelreinen oder sendungsgemischten Ladeeinheiten artikelgemischte Versandeinheiten und sendungsreine Ladeeinheiten. Verfahren, Technik, Dimensionierung und Beispiele sind für *Lagersysteme* in *Kap.* 16 und für *Kommissioniersysteme* in *Kap.* 17 dargestellt.

Die *Umwandlungsprozesse*, die in einer Zwischenstation stattfinden können, lassen sich nach dem *Grad der Veränderung* der Waren, Güter und Stoffe unterscheiden in:

- *Abfüllen und Abpacken*: *Lose Ware* wird in Fässer, Säcke, Tüten oder andere *Gebinde* abgefüllt und abgepackt. Aus loser Ware wird abgepackte Ware.
- *Zuschneiden und Ablängen*: Flächige Ware, wie Bleche, Platten oder Stoffbahnen, wird auf gewünschte Maße zugeschnitten; Langgut, wie Stangenmaterial, Kabel oder Bandmaterial, wird auf Länge abgeschnitten.
- *Umpacken und Konfektionieren*: Mehrere Artikel- oder Verpackungseinheiten werden unter Verwendung von Träger- und Packmaterial zu *Displays*, *Trays* oder *kundenspezifischen Verkaufseinheiten* zusammengestellt, aufgebaut und neu verpackt. Aus abgepackter Ware wird anders verpackte Ware.
- *Aufbau und Montage*: Angelieferte Teile oder Baugruppen werden zu einbaubaren *Modulen*, fertigen *Produkten* oder ganzen *Anlagen* zusammengesetzt, montiert und aufgebaut. Die verwendeten Teile bleiben dabei im Wesentlichen unverändert.
- *Erzeugung und Herstellung*: Aus Roh-, Hilfs- und Betriebsstoffen werden in einem *verfahrenstechnischen Prozess* andere Stoffe erzeugt oder Produkte herge-

stellt. Die einlaufenden Waren werden dabei chemisch und/oder physikalisch verändert und verformt.

In den reinen *Logistikstationen*, auf die sich die weitere Betrachtung beschränkt, finden *keine* Montage- und Produktionsprozesse statt. Die spezifischen *Logistikleistungen* in diesen Stationen sind:

Entladen, Umladen, Verladen
Ein- und Ausgangskontrolle
Aufbau und Abbau von Ladeeinheiten
Ein- und Auslagern
Puffern und Lagern (20.5)
Abfüllen und Abpacken
Konfektionieren und Umpacken
Sortieren und Kommissionieren.

In den *internen Logistikketten* sind die *Zwischenstationen* Puffer und Lager für Roh-, Hilfs- und Betriebsstoffe, für Halbfertigfabrikate und Fertigwaren sowie die Produktions- und Leistungsstellen des Betriebs (s. z. B. *Abb. 1.12*). Der Aufbau, die Gestaltung und die Optimierung der internen Logistikketten sind Aufgabe der *Werksplanung* und der *Materialflussplanung* [22, 57, 66].

In den *Logistikstationen* einer *externen Lieferkette* werden in der Regel mehrere Logistikleistungen parallel durchgeführt. So wird in *Regionalzentren* neben der dominierenden Umschlagtätigkeit auch Ware zwischengelagert und kommissioniert. In *Regionallagern* wird neben der Lager- und Kommissioniertätigkeit auch *Transitware* umgeschlagen. In den *Logistikzentren* sind außer dem Lagern und Kommissionieren von *Lagerware* und dem Umschlag von *Transitware* weitere Funktionen gebündelt, wie Konfektionieren, Umpacken, Retourenbearbeitung oder Abfüllen loser Ware. In den *Transitterminals*, die in Seehäfen, Flughäfen und an den Landesgrenzen zu finden sind, werden außer dem Umladen auch Packarbeiten, Verzollungen und Warenkontrollen durchgeführt. Allgemein gilt:

▶ In einer Logistikstation stehen für die gleichen Waren oder Sendungen zwischen Eingang und Ausgang in der Regel *mehrere interne Logistikketten* zur Auswahl, die sich in den Durchlaufzeiten und Leistungskosten unterscheiden.

Die Auswahl der Logistikketten in den Zwischenstationen, die für die verschiedenen Waren und Sendungen jeweils am besten geeignet sind, ist daher eine weitere *Handlungsmöglichkeit* zur Optimierung der Lieferketten.

Von den Leistungen, die an den durchlaufenden Waren und Sendungen erbracht werden, hängen die Betriebskosten der Zwischenstationen ab. Die daraus resultierenden Leistungskosten, wie die *Umschlagkosten*, die *Lagerkosten* und die *Kommissionierkosten*, tragen wesentlich zu den Belieferungskosten bei.

20.1.4 Transportverbindungen

Für die Beförderung der Güter und Sendungen zwischen den Stationen der Lieferkette stehen im Prinzip folgende *Verkehrsträger* zur Auswahl, von denen im praktischen

Einzelfall jedoch meist nur ein, zwei oder drei in Frage kommen:

Straße
Schiene
Binnenwasserweg (20.6)
Seeweg
Luftraum.

Für Gase und Flüssigkeiten – unter bestimmten Voraussetzungen auch für Feststoffe und Stückgut – besteht darüber hinaus die Möglichkeit des *Rohrleitungstransports*, der jedoch nur bei kontinuierlichem Bedarf über viele Jahre wirtschaftlich ist. Für Schüttgut und Stückgut ist auch der Transport durch *Stetigförderanlagen* und mit *Seil-* oder *Hängebahnen* möglich (s. *Kap.* 18).

Über Umschlag- und Umladestationen lassen sich die verschiedenen Verkehrsträger miteinander zu *intermodalen Transportketten* verbinden, wie sie in *Abb.* 20.4 gezeigt sind [60, 119]. Auf den einzelnen Verkehrsträgern können unterschiedliche *Transportmittel* eingesetzt werden (s. *Abb.* 18.19):

- *Straßentransport*: Kleinlaster, Lieferfahrzeuge, Sattelaufliegerzüge, Gliederzüge mit Wechselbrücken, Silofahrzeuge und Tanklastzüge.
- *Schienentransport*: Waggons, Silowagen und Kesselwagen, die zu Waggongruppen, Halbzügen und Ganzzügen verkoppelt werden.
- *Wassertransport*: Schuten, Barken, Binnenschiffe, Frachtschiffe, Containerschiffe, Feederschiffe und Tankschiffe.
- *Lufttransport*: Kleinflugzeuge, Großflugzeuge, Passagierflugzeuge, Frachtflugzeuge und Frachtzeppeline.

Zwischen den Stationen können die Transportmittel auf unterschiedlichen *Transportwegen*, *Touren* oder *Fahrtrouten* verkehren [60].

Jedes Transportmittel hat eine bestimmte *Transportkapazität* C_{TE} [ME/TE, VPE/TE, LE/TE], die von den *Laderaumabmessungen* und der zulässigen *Nutzlast* abhängt. Sie wird für lose Waren in *Volumen-* und *Gewichtseinheiten* [m^3 oder t] gemessen, für abgepackte Waren ohne Ladungsträger in *Verpackungseinheiten* [VPE] und für Ladungen mit Ladungsträger in *Ladeeinheiten* [LE]. Die Nutzlast, der Laderaum und die Kapazität einiger Transportmittel für den Straßen-, den Schienen- und den Seeverkehr sind in *Tab.* 18.3 angegeben.

Die *Tab.* 18.4 enthält außerdem die *Leistungs- und Kostenkennwerte* dieser Transportmittel. Die *Leistungspreise* für den Transport sind *nutzungsgemäß* aufgeteilt in einen *Grundpreis* [€/Einsatzfahrt], einen *Stopppreis* [€/Zwischenstopp] und einen *Fahrwegpreis* [€/km].

Transportmittel mit großer Kapazität, wie Sattelauflieger und Wechselbrücken auf der Straße, Ganzzüge auf der Schiene und große Containerschiffe auf dem Wasser, haben bei guter Auslastung sehr günstige Fahrwegkosten pro Ladeeinheit aber relativ hohe Grund- und Stoppkosten. Große Transportmittel sind daher für den Transport großer Mengen über weite Entfernungen bei wenigen Stopps besonders geeignet.

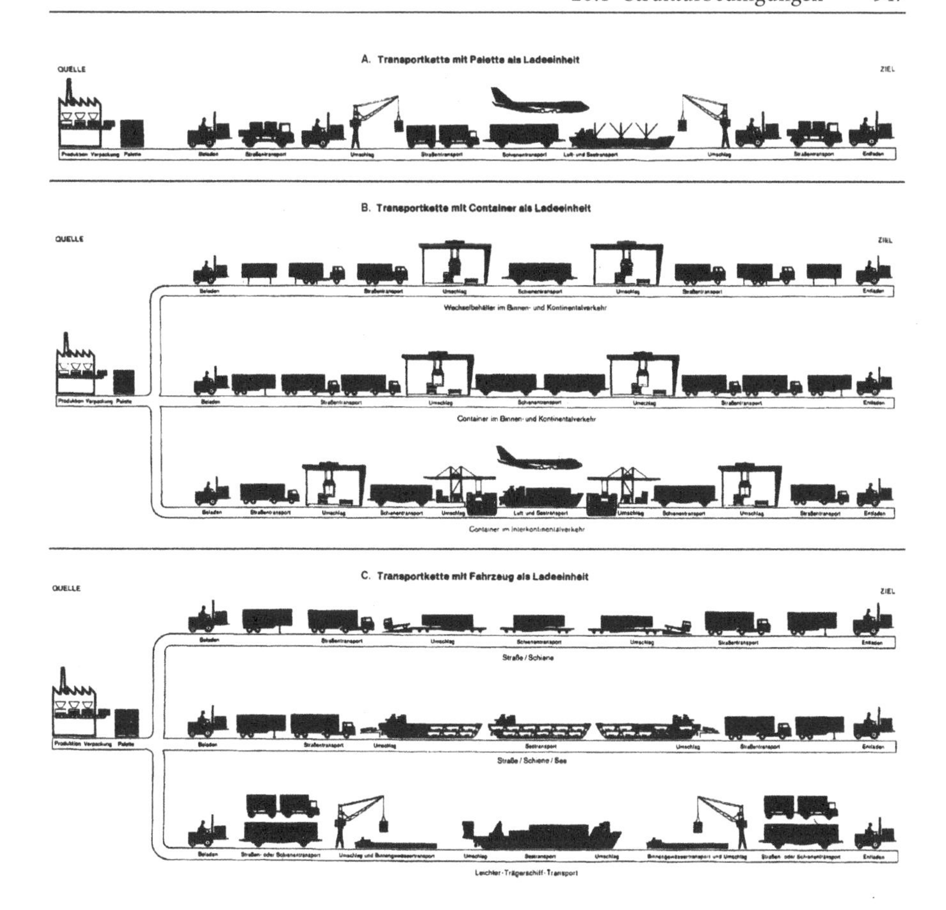

Abb. 20.4 Intermodale Transportketten oder Frachtketten

Quelle: Studiengesellschaft für den kombinierten Verkehr e.V. [60]

Transportmittel mit geringer Kapazität, wie die kleineren *Transporter* auf der Straße, der *Cargosprinter* der Bahn und die *Feederschiffe* für Container, haben meist deutlich günstigere Grund- und Stoppreise, dafür aber pro Ladeeinheit relativ hohe Fahrwegkosten. Kleinere Transportmittel sind daher vorteilhafter für den Transport geringer Mengen über kürzere Entfernungen bei vielen Stopps einsetzbar.

Die Stationen einer Lieferkette sind miteinander durch *ungebrochene Transporte* ohne Umladen sowie durch *indirekte* oder *kombinierte Transporte* mit Umladen verbunden [60, 119]. Die kombinierten Transporte lassen sich einteilen in *gebrochene Transporte* und *intermodale Transporte* (s. *Abb.* 20.4):

- Bei einem *gebrochenen Transport* wird ohne Änderung des Verkehrsträgers ein- oder mehrmals das Transportmittel gewechselt.
- Bei einem *intermodalen Transport* werden Transportmittel *und* Verkehrsträger gewechselt.

Kombinierte Transportketten oder *Frachtketten* setzen sich aus *umschlagfreien Transportverbindungen* und *Umladestationen* zusammen. Die umschlagfreien Transporte werden als *Ladungstransporte* bezeichnet und in *Ganzladungs- und Teilladungstransporte* unterteilt:

- Ein *Ganzladungstransport* ist der umschlagfreie Transport *einer* größeren Sendung in einem Transportmittel von einer Versandstation direkt zu einer Empfangsstation *ohne Zwischenstopp*.
- Ein *Teilladungstransport* ist der umschlagfreie Transport *mehrerer* kleinerer Sendungen in einem Transportmittel *mit Zwischenstopps* zum Ab- oder Beladen auf dem Weg von der ersten Versandstation zur letzten Empfangsstation.

Die Ladungstransporte können von Lieferfahrzeugen, Sattelaufliegern, in Wechselbrücken oder ISO-Containern, aber auch in Waggons, Teil- und Ganzzügen oder von Schiffen auf den in *Abb.* 20.5 dargestellten *Transportfahrten* durchgeführt werden:

- Im *Abholtransport* werden in einer *Abholfahrt* die Waren oder Sendungen von *einer* Lieferstelle abgeholt und zu *einer* Empfangsstelle oder einem Umschlagpunkt gebracht.
- Im *Sammeltransport* werden Waren oder Sendungen in einer *Sammelfahrt* von mehreren Lieferstellen abgeholt und zu einer Empfangsstelle oder einem *Sammelumschlagpunkt* (SP) gebracht (*milk run*).
- Im *Zustelltransport* werden die Waren oder Sendungen *einer* Lieferstelle in einer *Zustellfahrt* zu *einer* Empfangsstelle gebracht.
- Im *Verteiltransport* werden die Waren oder Sendungen von einem *Verteilumschlagpunkt* (VP) oder einer Lieferstelle abgeholt und in einer *Verteilfahrt* zu mehreren Empfangsstellen befördert
- Ein kombinierter *Verteil- und Sammeltransport* holt Waren und Sendungen von einem *Umschlagpunkt* (UP) ab, bringt sie auf einer *Verteil- und Sammelfahrt* zu den Empfangsstellen, holt auf derselben *Rundfahrt* von Lieferstellen Waren oder Sendungen ab und befördert sie zum Ausgangspunkt der Fahrt.

Die *Beförderungszeit einer Sendung* ist gleich der *Wartezeit* bis zur Abfahrt des Transportmittels, der *Fahrzeit* für den Weg von der Beladestation über eventuelle Zwischenstopps bis zur Entladestation und der Summe der *Stoppzeiten* einschließlich der Beladezeit an der Ausgangsstation und der Entladezeit in der Endstation.

Die *Wartezeit* auf das nächste Transportmittel wird von der Transportbetriebsart bestimmt. *Transportbetriebsarten* sind Organisationsformen für Transportfahrten:

- *Regeltransporte*, *Touren* oder *Linienfahrten* finden *regelmäßig* mit einer *festen Frequenz* oder nach *Fahrplan* zu *festen Zeiten* auf vorausgeplanten *Fahrtrouten* statt.
- *Bedarfstransporte*, *Trampfahrten* oder *Spontanfahrten* werden *bedarfsabhängig* auf unterschiedlichen Fahrtrouten durchgeführt, wenn eine ausreichend große Ladungsmenge oder eine besonders eilige Sendung zum Transport ansteht.

Die *Transportfrequenz* f_{TE} [TE/PE] der Regeltransporte muss mindestens so groß sein wie die benötigte *Lieferfrequenz* f_{LF} [1/PE]. Wenn das *Ladungsaufkommen* λ_{LE}

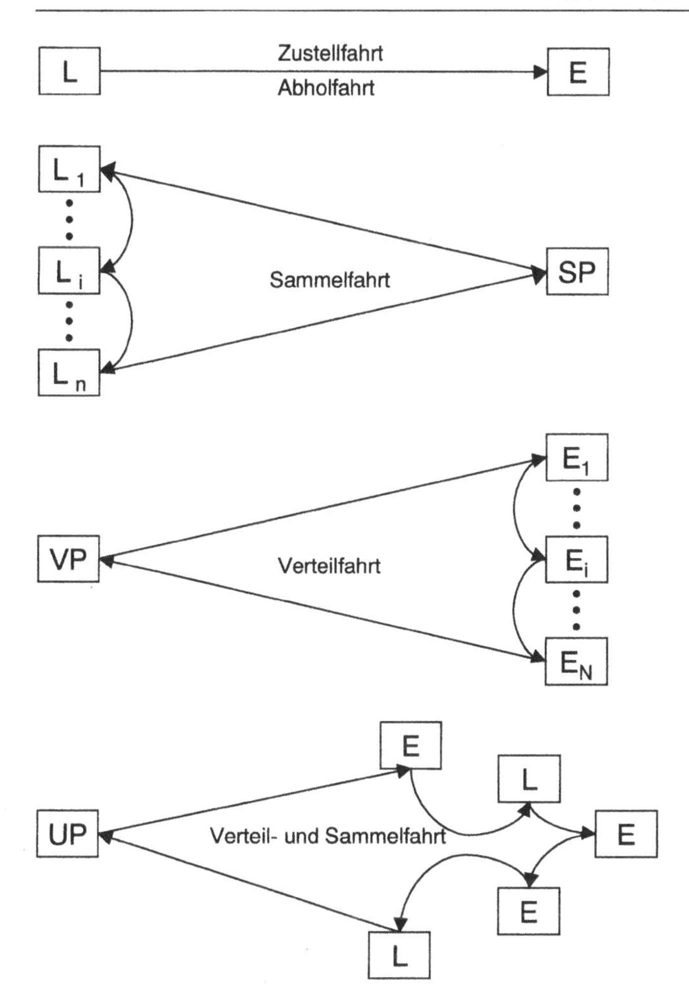

Abb. 20.5 Mögliche Transportfahrten im Ladungsverkehr

L_i: Lieferstellen
E_j: Empfangsstellen
SP: Sammelumschlagpunkt
VP: Verteilumschlagpunkt
UP: Umschlagpunkt mit kombinierter Funktion

[LE/PE] größer ist als die *Grenzleistung* $\mu_{LE} = f_{TE} \cdot C_{TE}$ [LE/PE], die mit Transportmitteln der Kapazität C_{TE} [LE/TE] bei einer Frequenz f_{TE} erreichbar ist, muss die Transportfrequenz erhöht werden.

Wegen der Abhängigkeit der Transportfrequenz vom Ladungsaufkommen werden in der Praxis die Regeltransporte mit Bedarfstransporten kombiniert, die bei erhöhtem Ladungsaufkommen zwischen den Regeltransportzeiten abfahren.

Die *Einsatzzeit* einer Transporteinheit für eine Transportfahrt wird bestimmt von der *Reisegeschwindigkeit* v_{TE} des Transportmittels, der *Länge* L_{tour} der Tour, der *Anzahl der Stopps n* und der *durchschnittlichen Stoppzeit* t_{stop}:

$$T_{TE\,ein} = L_{tour}/v_{TE} + n \cdot t_{stopp} \quad [PE]\,. \tag{20.7}$$

Die Stoppzeit, die für einen Halt benötigt wird, setzt sich zusammen aus der *Brems- und Beschleunigungszeit*, der *Wartezeit* auf Abfertigung und der *Be- und Entladezeit* zur Aufnahme oder Abgabe der Ladung.

Die *Anzahl Transporteinheiten*, die bei einer *Transportfrequenz* f_{TE} auf einer Fahrtroute mit der Einsatzzeit (20.7) *im Einsatz* sind, ist:

$$N_{TE\,ein} = f_{TE} \cdot T_{TE\,ein} \quad [TE]\,. \tag{20.8}$$

So ergibt sich beispielsweise, dass für die Versorgung einer Automobilfabrik über eine Entfernung von 3.400 km mit CKD-Teilen im Rundlauf permanent 11 Eisenbahnzüge im Einsatz sind, wenn alle 3 Tage ein Ganzzug benötigt wird, der mit einer Reisegeschwindigkeit von 250 km/Tag fährt, eine Be- und Entladezeit von je 1 Tag hat und an einer Grenze einen Tag für den Spurwechsel aufgehalten wird.

Die *Transportkosten* haben in der Regel den größten Anteil an den Belieferungskosten. Aus der Beziehung (20.7) für die Einsatzzeit und der Beziehung (20.8) für die Anzahl der eingesetzten Transportmittel folgt, dass die *Kosten für den Ladungstransport* vom *Ladungsaufkommen*, von der *Belieferungsfrequenz*, der mittleren *Fahrweglänge*, der *Reisegeschwindigkeit*, der *Anzahl Stopps* und von der *mittleren Stoppzeit* abhängen (s. *Abschn.* 18.8).

20.2 Lieferanforderungen

Maßgebend für das Netzwerkmanagement sind das *Serviceangebot* der Lieferanten sowie die *Serviceerwartungen* und *Leistungsanforderungen* der Kunden. Die Leistungsanforderungen lassen sich einteilen in *primäre Leistungsanforderungen*, wie die *Sortimentsanforderungen* und die *Sendungsanforderungen*, und in die hieraus ableitbaren *sekundären Leistungsanforderungen*, wie die *Durchsatzanforderungen* und die *Bestandsanforderungen*.

20.2.1 Sortimentsanforderungen

Das in den Produktions- und Lieferstellen gefertigte oder bereitgehaltene Sortiment ist Gegenstand der *Programmplanung* und der *Lagerhaltungspolitik*. Die Festlegung des Warensortiments in den Empfangsstellen ist Aufgabe der *Sortimentsplanung* der Kunden. Nach dem Kräftespiel von Angebot und Nachfrage leitet sich aus der Programmplanung der Lieferanten und den Sortimentsanforderungen der Kunden das aktuelle *Liefersortiment* ab.

Aus dem Liefersortiment resultieren die *Sortimentsanforderungen*:

- *Artikelanzahl* N_A des aktuell lieferbaren Sortiments
- *Beschaffenheit* der Artikel: *lose Ware* oder *verpackte Ware*, Form, Sperrigkeit, Haltbarkeit und Wertigkeit; Gefahrenklasse; Brandklasse; Food und Nonfood; Kühlware und Tiefkühlware
- *Mengeneinheiten* [ME = t, m^3, m^2 oder m] der *losen Ware*
- *Verpackungseinheiten* [VPE = Gebinde, Packstück oder Palette] der *verpackten Ware* mit *Abmessungen* l_{VPE}, b_{VPE}, h_{VPE} [mm], *Volumen* v_{VPE} [l/VPE] und *Gewicht* g_{VPE} [kg/VPE].

Für die Auswahl und Gestaltung der Lieferketten ist es erforderlich, das Liefersortiment zu segmentieren in *Sortimentsklassen*, die lager- und transporttechnisch miteinander verträglich sind. So sind beispielsweise *Zusammenlagerverbote* oder *Zusammentransportverbote* Restriktionen für die Optimierung der Lieferketten.

Für spezielle Waren und Güter sind sogar gesonderte Lieferketten erforderlich, wie *Kühlketten* für Frischwaren und Tiefkühlprodukte oder *Sicherheitsketten* für Wertsendungen oder Gefahrgut.

In den einzelnen Abschnitten der Lieferketten können die Waren und Artikel in unterschiedlichen *Logistikeinheiten* befördert werden (s. *Kap.* 12). Die verschiedenen *Verpackungsstufen* mit den möglichen *Logistikeinheiten* und *Ladungsträgern* sowie die üblichen *Bezeichnungen* und die hier verwendeten *Abkürzungen* sind in *Tab.* 12.1 zusammengestellt [58, 59].

Die Logistikeinheit einer unteren Verpackungsstufe kann mit der Logistikeinheit der nächst höheren Stufe identisch sein. Dann ist die Kapazität C_{LEn+1} der Logistikeinheit LE_{n+1} der Verpackungsstufe $n + 1$ gleich der Kapazität C_{LEn} der Logistikeinheit LE_n der Verpackungsstufe n: $C_{LEn+1} = C_{LEn}$. Wenn sich die Logistikeinheiten in zwei aufeinander folgenden Abschnitten einer Lieferkette unterscheiden, ist in der Zwischenstation ein *Aufbauen* (*Build Up*), ein *Abbauen* (*Break Down*) oder ein *Umpacken* (*Repacking*) der Logistikeinheiten erforderlich.

Die Verpackungseinheiten der *verpackten Ware* sind in der Regel fest vorgegeben. Die *Versandeinheiten*, in denen die Verpackungseinheiten zum Versand kommen, und die *Ladeeinheiten*, in denen die Versandeinheiten einer Sendung verladen und befördert werden, sind hingegen grundsätzlich frei wählbar und damit Gestaltungsparameter der Lieferkette.

Für *lose Ware* sind die Ladungsträger, wie Kanister, Tankcontainer oder Transportsilos, und die Art und Kapazität der Transportmittel, wie Silofahrzeuge oder Kesselwagen, in der Regel freie Gestaltungsparameter.

20.2.2 Serviceanforderungen

Die Serviceanforderungen resultieren aus der angebotenen *Lieferfähigkeit*, den zugesicherten *Lieferzeiten* und der angestrebten *Logistikqualität*.

Die von den Lieferstellen angebotene oder von den Kunden geforderte *Lieferfähigkeit* betrifft die *Breite des lieferbaren Warensortiments* und bestimmt die *Höhe der*

Bestände, die von den einzelnen Artikeln des Sortiments vorgehalten werden müssen.

Die *Lieferzeitforderung* besteht entweder aus einer zugesicherten *Lieferzeit* oder aus einem bestätigten *Liefertermin*. Die *Lieferzeit* T_{LZ} einer bestandsführenden Lieferstelle ist gleich der Summe der internen *Auftragsdurchlaufzeit* T_{Auf} vom Auftragseingang bis zur Warenbereitstellung an der Rampe der Lieferstelle und der externen *Sendungslaufzeit* T_{Send} vom Warenausgang der Lieferstelle bis zur Wareneingangsrampe des Kunden:

$$T_{LZ} = T_{Auf} + T_{Send} \quad [h] . \tag{20.9}$$

Wenn $T_{Send\,min}$ die *minimale Sendungslaufzeit* in der ausgewählten Lieferkette ist, muss der vollständige Sendungsinhalt spätestens zum *Versandtermin*

$$t_{VT} = t_{LT} - T_{Send\,min} \quad [d{:}h] \tag{20.10}$$

im Warenausgang der Lieferstelle versandfertig bereitstehen, um einen vereinbarten Liefertermin t_{LT} einzuhalten.

Die Lieferzeit ist eines der wichtigsten Auswahlkriterien für die Lieferketten. Die verlässliche Einhaltung vereinbarter *Liefertermine* und *Anlieferzeitfenster* ist für die Kunden oft wichtiger als besonders kurze Lieferzeiten [140]. Die geforderten Anliefertermine stellen in der Regel für die Auswahl der Lieferkette eine größere Restriktion dar als das Einhalten einer *allgemeinen Lieferzeitzusage*, wie ein 24- oder 48-Stunden-Service.

Die *Logistikqualität* wird bestimmt von der *Pünktlichkeit* oder *Termintreue*, also der Einhaltung der zugesicherten *Lieferzeiten* oder *Liefertermine*, von der *Lieferbereitschaft*, das heißt der Erfüllung der vereinbarten *Lieferfähigkeit*, und von der *Sendungsqualität*. Die Sendungsqualität umfasst die *Vollständigkeit*, die *Unversehrtheit* und die *Mängelfreiheit* der ausgelieferten Sendungen. Termintreue, Lieferbereitschaft und Sendungsqualität sind wichtige Merkmale einer Lieferkette (s. *Abschn.* 3.4.4 und 17.4).

20.2.3 Sendungsanforderungen

Eine *Sendung* ist eine bestimmte Menge von Waren oder Gütern, die innerhalb einer vorgegebenen Zeit an einen Zielort zu befördern ist.

Eine *Massengutsendung* besteht aus einer größeren *Versandmenge* von Gas, Flüssigkeit oder Schüttgut. Eine *Stückgutsendung* umfasst eine Anzahl einzelner *Versandeinheiten*, die auch als *Packstücke*, *Frachtstücke* oder *Collis* bezeichnet werden. Im Personenverkehr ist die Sendung ein *Beförderungsauftrag* für eine Person oder Personengruppe.

Versandeinheiten [VE] können die einzelnen Verpackungseinheiten der Artikel eines Sortiments sein oder Versandbehälter, wie *Kartons*, *Pakete*, *Mehrwegbehälter*, *Klappboxen*, *Rollbehälter*, *Paletten* oder *Container*, die mit der Versandmenge gefüllt sind.

Eine Stückgutsendung kann den Inhalt eines oder mehrerer Lieferaufträge enthalten, die Teilmengen eines größeren Auftrags umfassen oder mehrere Einzelsendungen enthalten, die in einer Sammelstation gebündelt und in einer nachfolgenden Verteilstation wieder aufgeteilt werden.

Kundensendungen sind für die Empfangsstellen am Ende der betrachteten Lieferketten bestimmt. *Zwischensendungen* sind *Sammelsendungen*, *Teilsendungen* oder *Nachschubsendungen* an eine vorgeschaltete Zwischenstation.

Aus der Anzahl und dem Inhalt der Bestellungen der Empfangsstellen resultieren die *Sendungsanforderungen:*

- *Sendungsart:* Normal-, Termin- oder Eilsendungen; Gefahrgut- oder Wertsendungen; Kühl- oder Tiefkühlsendungen
- *Lieferzeiten* oder *Beförderungszeiten* [h]
- *Abfahrt-*, *Abhol-* und *Anliefertermine* [Tag : Stunde]
- *Sendungsinhalt:* Schüttgut, Stückgut, Wertgut, Gefahrgut, Kühlware
- *Sendungsgröße: Packstückanzahl* m_S [VPE/Snd], *Sendungsvolumen* V_S [l/Snd] und *Sendungsgewicht* G_S [kg/Snd]
- *Sendungsstruktur: Aufträge* oder *Positionen pro Sendung* n_S [Pos/Snd]; *Auftragsmenge* [ME/Auf] oder *Versandeinheiten pro Sendungsposition* m_{VE} [VE/Pos]
- *Sendungsaufkommen* λ_S [Snd/PE]: Anzahl Sendungen, die pro *Periode* [Stunde, Tag, Woche, Monat oder Jahr] von einer *Versandstelle* zu einer *Empfangsstelle* zu befördern sind.

Die Fracht- oder Packstücke einer Stückgutsendung lassen sich nach Gewicht, Volumen, Abmessungen und weiteren Kriterien klassifizieren. Eine für viele Zwecke geeignete *Packstückklassifizierung* unterscheidet [58, 59]:

- *Kleinpackstücke* oder *Standardpakete* mit Abmessungen bis 600 mm und Gewichten unter 30 kg, wie *Pakete*, *Behälter* und *Klappboxen*
- *Norm-* oder *Standardpaletten* mit Grundmaßen bis 1.400 mm, Höhe bis 2.000 mm und Gewichten bis 1.000 kg, wie CCG1- und CCG2-Paletten, *EURO-*, *Chemie-* und *Industriepaletten*, *Gitterboxpaletten*, *Rollbehälter* und *Kleincontainer*
- *Großpackstücke* mit Grundmaßen über 1.400 mm, Höhen über 2.000 mm und Gewichten bis 2 t, wie *Frachtkisten*, *Langgutkassetten* und große *Lastbehälter*
- *Schwergut* mit Gewichten über 2 t und *Sperriglasten* mit Maßen über 2 m.

Homogene Sendungen bestehen aus Packstücken oder Versandeinheiten der gleichen Art und Größenklasse. *Heterogene* oder *gemischte Sendungen* enthalten Versandeinheiten unterschiedlicher Art und Größenklassen. Für den rationellen Transport und Ladungsumschlag derartiger *Mischsendungen* gelten folgende *Versandregeln:*

▶ Eine aus Paketen, Paletten und anderen Frachtstücken bestehende Mischsendung sollte, wenn möglich, durch den Einsatz gleicher Ladungsträger in eine homogene Sendung umgewandelt werden.

▶ Wenn eine Homogenisierung durch Ladungsträger nicht möglich ist und die komplette Sendung nicht direkt zugestellt werden kann, wird eine Mischsendung für die Zustellung über größere Entfernungen in homogene Teilsendungen aufgeteilt.

Aus der Anzahl *Sendungspositionen* und der mittleren *Positionsmenge* einer homogenen Sendung resultiert die *Sendungsgröße in Packstücken* oder *Versandeinheiten:*

$$m_S = n_S \cdot m_{VE} \quad [\text{VE/Snd}]\,. \tag{20.11}$$

Mit dem mittleren *Packstückvolumen* v_{VE} [l/VE] ergibt sich das *Sendungsvolumen*

$$V_S = n_S \cdot m_{VE} \cdot v_{VE} \quad [\text{l/Snd}] \tag{20.12}$$

und mit dem mittleren *Packstückgewicht* g_{VE} [kg/VE] das *Sendungsgewicht*

$$G_S = n_S \cdot m_{VE} \cdot g_{VE} \quad [\text{kg/Snd}]\,. \tag{20.13}$$

Zur Rationalisierung des Be- und Entladens und des Ladungsumschlags werden kleinere Packstücke oder Versandeinheiten einer Sendung auf *Ladungsträgern*, wie Paletten, Gitterboxen, Rollbehälter und Container, zu größeren *Ladeeinheiten* [LE] zusammengefasst. Bei der Auswahl und Dimensionierung der Ladungsträger ist stets zu bedenken [119]:

▶ Einer Rationalisierung des Umschlags durch den Einsatz von Ladungsträgern stehen der *Mehraufwand* für den *Auf- und Abbau der Ladeeinheiten* und der *Verlustraum* der nur teilweise gefüllten *Anbrucheinheiten* gegenüber.

Auswahl, Gestaltung und *Abmessungen* der Ladeeinheiten sowie die *Zuweisungskriterien* zu den unterschiedlichen Sendungsgrößen sind daher weitere Handlungsparameter zur Optimierung der Belieferungskosten (s. *Kap.* 12).

Werden die Versandeinheiten einer *einzelnen homogenen Sendung* auf *Ladeeinheiten* mit dem Fassungsvermögen C_{LE} [VE/LE] verladen, dann ist die Anzahl der entstehenden Ladeeinheiten:

$$M_S = \{m_S/C_{LE}\} \quad [\text{LE/Snd}]\,. \tag{20.14}$$

Hierin bedeuten die geschweiften Klammern ein *Aufrunden* auf die nächste ganze Zahl, denn pro Sendung entsteht bei *sendungsreiner Beladung* der Ladungsträger eine *Anbrucheinheit*, es sei denn, die Sendungsgröße ist genau ein ganzzahliges Vielfaches der Ladeeinheitenkapazität.

Zur Gestaltung und Optimierung der Lieferketten und Frachtnetze für ein anhaltendes *Sendungsaufkommen* ist es erforderlich, die *mittlere Sendungsstruktur* und deren *Streuung* zu kennen, das heißt den *Mittelwert* und die *Varianz* der Anzahl Sendungspositionen und der Sendungsgröße. Wenn die Struktur der einzelnen Sendungen eines Sendungsaufkommens sehr unterschiedlich ist, müssen *Sendungsklassen* mit in sich ähnlicher Struktur gebildet und diese getrennt betrachtet werden, beispielsweise *Kleinmengensendungen* und *Großmengensendungen* oder *Einstück-*, *Einpositions-* und *Mehrpositionssendungen.*

Aus der Beziehung (20.14) für die Anzahl Ladeeinheiten einer einzelnen Sendung folgt durch Mittelwertbildung über eine Vielzahl homogener Sendungen einer Sendungsklasse (s. *Abschn.* 12.5.3):

- Wenn die Versandeinheiten auf *sendungsrein gefüllten Ladungsträgern* mit dem *Fassungsvermögen* C_{LE} [VE/LE] verladen werden, ist die mittlere *Anzahl Ladeeinheiten pro Sendung*, das heißt, die *mittlere Sendungsgröße in Ladeeinheiten*

$$\mathbf{M_S = MAX(1\,; m_S/C_{LE} + (C_{LE} - 1)/2C_{LE}) \quad [LE/Snd]\,.} \tag{20.15}$$

Der Zusatzterm $(C_{LE}-1)/2C_{LE}$ ist gleich dem *mittleren Anbruchverlust*, der sich pro Auftrag daraus ergibt, dass jeweils eine Ladeeinheit nicht vollständig gefüllt ist. Wenn die Ladeeinheiten gleich den Versandeinheiten sind, verschwindet der Anbruchverlust, da $C_{LE} = 1$ ist. Für sehr große Ladeeinheiten, das heißt für $C_{LE} \gg 1$, wie auch für Massengutsendungen ist der mittlere Anbruchverlust gleich einer halben Ladeeinheit.

Zur Reduzierung der Anbruchverluste und damit der Anzahl der zu befördernden Ladeeinheiten bieten sich unter geeigneten Voraussetzungen folgende *Befüllungsstrategien* an:

- *Verdichtung sendungsreiner Anbrucheinheiten* zu sendungsgemischten Ladeeinheiten
- *Auffüllen oder Abrunden der Liefermenge* auf den Inhalt ganzer Ladeeinheiten.

Wenn ein Auf- oder Abrunden zulässig ist, entfällt in Beziehung (20.15) der Term für den Anbruchverlust. Bei einer Verdichtung der Ladeeinheiten von N Sendungen zu gemischten Ladeeinheiten reduziert sich der Term für den Anbruchverlust um den Faktor $1/N$ (s. *Abschn.* 12.5).

Ein Beispiel für die Verdichtung von Anbrucheinheiten ist die Bildung von sogenannten *Sandwichpaletten* aus mehreren nur flach beladenen filialreinen Auftragspaletten. So werden Sandwichpaletten zur Belieferung von Handelsfilialen über *Crossdocking-Stationen* gebildet.

20.2.4 Versandarten

Für die Auswahl und Zuweisung kostenoptimaler Frachtketten ist es zweckmäßig, die Sendungen abhängig von der Sendungsgröße nach *Versandarten* einzuteilen. Für größere *Sendungen* sind folgende *Versandarten* möglich:

- *Ganzladungssendungen* (GLS) sind Einzelsendungen, die ein Transportmittel so weit auslasten, dass Direkttransporte in gesonderten Transporteinheiten wirtschaftlich sind. Für den Inhalt einer Ganzladungssendung gilt

$$f_{GS} \cdot C_{TE} < M_S \leq C_{TE} \qquad \text{mit } f_{GS} = 0{,}6 \text{ bis } 0{,}9\,. \tag{20.16}$$

- *Teilladungssendungen* (TLS) sind Sendungen, die zusammen mit anderen Sendungen ein Transportmittel so weit füllen, dass ein gemeinsamer Direkttransport wirtschaftlich ist. Für den Inhalt einer Teilladungssendung gilt

$$f_{TS} \cdot C_{TE} < M_S < f_{GS} \cdot C_{TE} \qquad \text{mit } f_{TS} = 0{,}1 \text{ bis } 0{,}2\,. \tag{20.17}$$

Durch Einsatz eines Transportmittels mit geringerer Kapazität C_{TE} ist es möglich, aber nicht immer wirtschaftlich, aus einer Teilladungssendung eine Ganzladungssendung zu machen. Umgekehrt kann bei Einsatz eines größeren Transportmittels eine Ganzladungssendung zu einer Teilladungssendung werden. Die Kapazitäten der Transportmittel, die zwischen den Stationen eingesetzt werden, sind daher weitere Gestaltungsparameter der Lieferketten.

Für kleinere Sendungen ist ein Direkttransport ohne Umschlag nur innerhalb eines *Nahgebiets* mit begrenzter Ausdehnung und über größere Entfernungen nur als *Beiladung* wirtschaftlich:

- *Beiladungssendungen* (BLS) sind kleinere Sendungen, die in den Restladeraum eines Ladungstransports passen und deren Bestimmungsort auf der gleichen Tour liegt.

Mit Beiladungen verbessert mancher Frachtführer und Spediteur seinen Gewinn. Beispiele für Beiladungen sind auch die Nutzung des Gepäckraums von Passagierflugzeugen für die Luftfracht oder die Last-Minute-Reisenden.

Für kleinere Sendungen, die sich nicht als Beiladung direkt befördern lassen, ist bei größeren Entfernungen ein *indirekter Transport* über einen oder mehrere Umschlagpunkte erforderlich. Übliche *Versandarten* für *kleinere Sendungen* sind Stückgutsendungen und Paketsendungen:

- *Stückgutsendungen* (SGS) bestehen aus einer kleineren Anzahl von *Ladeeinheiten* oder *Großpackstücken*. Für den Inhalt einer Stückgutsendung gilt:

$$C_{LE} < M_S < f_{TS} \cdot C_{TE} \quad \text{mit } f_{TS} = 0{,}1 \text{ bis } 0{,}2\,. \tag{20.18}$$

- *Paketsendungen* (PKS) bestehen aus einem oder wenigen *Kleinpackstücken* oder *Paketen*, deren Anzahl nach oben begrenzt wird durch das Fassungsvermögen C_{LE} einer Ladeeinheit

$$M_S < f_{PS} \cdot C_{LE} \quad \text{mit } f_{PS} = 0{,}1 \text{ bis } 0{,}3\,. \tag{20.19}$$

Die Grenzen zwischen den *Versandarten* (20.16) bis (20.19) und die Größe des Nahgebiets sind weitere *Gestaltungsparameter*, die zur Optimierung der Lieferketten nutzbar sind. Dabei gelten für den Straßentransport andere Optimalitätsgrenzen als für den Schienentransport, den Lufttransport und den Seetransport.

Im Straßenverkehr wird die untere Grenze für Ganzladungen von den Speditionen in der Regel mit 10 bis 15 t oder 20 bis 25 Palettenstellplätzen und für Teilladungen mit 2,5 t oder 5 Palettenstellplätzen pro Sendung angegeben. Die *optimale Grenze* zwischen Teilladungstransport und Stückgut liegt jedoch in vielen Fällen deutlich unter den üblichen 2,5 t pro Sendung. Die technische Obergrenze der Paketdienste ist 31,5 kg pro Packstück. Die wirtschaftliche Grenze liegt abhängig von Gewicht und Volumen zwischen 5 und 10 Paketen pro Sendung.

Die *kostenoptimalen Grenzen* zwischen den Sendungsarten und das *optimale Nahgebiet*, für das sie gelten, sind abhängig von der Größe der eingesetzten Ladeeinheiten, vom Transportmittel, vom Verkehrsträger sowie vom *Sendungsaufkommen*. Für das Sendungsaufkommen gilt der *Kooperationsgrundsatz:*

▶ Wenn das *eigene Sendungsaufkommen* des Unternehmens, das seine Lieferketten optimieren will, nicht ausreicht, um eine gute Auslastung der Transportmittel zu erreichen oder die Grenze zu einer kostengünstigeren Versandart zu überschreiten, kann das *fremde Sendungsaufkommen* anderer Unternehmen, die von den gleichen oder von benachbarten Lieferstellen beliefert werden und gleiche oder benachbarte Empfangsstellen haben, in die Optimierung einbezogen werden.

Das Bündeln des eigenen Sendungsaufkommens mit dem Sendungsaufkommen anderer Unternehmen ist entweder durch eine *Logistikkooperation* oder durch den Einsatz von *Logistikdienstleistern* möglich, deren Kerngeschäft das Bündeln des Logistikbedarfs mehrerer Unternehmen und Versender ist (s. *Kap. 21*). Auch die Logistikdienstleister schließen *Allianzen*, um das gemeinsame Frachtaufkommen zu bündeln und eine bessere Auslastung der Systeme zu erreichen.

20.2.5 Durchsatzanforderungen

Aus dem Sendungsaufkommen λ_S [Sdg/PE] und der Sendungsgröße ergeben sich der *Volumendurchsatz*

$$\lambda_V = V_S \cdot \lambda_S \quad [l/PE]\,, \tag{20.20}$$

der *Tonnendurchsatz*

$$\lambda_G = G_S \cdot \lambda_S/1000 \quad [t/PE] \tag{20.21}$$

und der *Versandeinheitendurchsatz*

$$\lambda_{VE} = m_S \cdot \lambda_S \quad [VE/PE]\,. \tag{20.22}$$

Aus der Beziehung (19.15) resultiert für ein Sendungsaufkommen λ_S [Snd/PE] der mittlere *Durchsatz der Ladeeinheiten*, die pro Periode zu versenden sind:

$$\boldsymbol{\lambda_{LE} = \lambda_S \cdot \mathrm{MAX}\,(1\,; m_S/C_{LE} + (C_{LE} - 1)/2C_{LE}) \quad [LE/PE]\,.} \tag{20.23}$$

Der Volumen-, Tonnen- oder Ladeeinheitendurchsatz für eine Transportrelation ist gleich dem *Ladungsaufkommen*, das auf dieser Relation zu befördern ist. Aus Beziehung (20.23) sowie aus der nachfolgenden Beziehung (20.30) ist ablesbar:

- ► Infolge des Anbruchverlustes, der mit dem Fassungsvermögen und der Lieferfrequenz ansteigt, sind der Ladeeinheitendurchsatz und der Transportmittelbedarf größer als der Durchsatz bei vollständiger Füllung.

Eine Kostensenkung, die durch den Einsatz größerer Lade- oder Transporteinheiten erreichbar ist, kann durch die erhöhten Anbruchverluste so weit aufgezehrt werden, dass es günstiger ist, mit kleineren Logistikeinheiten zu arbeiten. Es gibt daher für jede Sendungsklasse eine *optimale Größe* der *Ladeeinheiten* und der *Transporteinheiten.*

Bei der Gestaltung und Optimierung von Belieferungswegen und Distributionsstrukturen ist zu berücksichtigen, dass die Durchsatzwerte *stochastischen Schwankungen* sowie täglichen, wöchentlichen und *saisonalen Veränderungen* unterworfen sind. Die Transportkapazität der betreffenden Transportverbindungen und die Durchsatzfähigkeit der Zwischenstationen müssen daher *flexibel* ausgelegt sein.

Die Regelmäßigkeit und Gleichmäßigkeit des Sendungsaufkommens bestimmt auch die *Transportbetriebsart. Plantransporte* sind nur für ein regelmäßiges, anhaltendes und hinreichend großes Sendungsaufkommen wirtschaftlich. Für unregelmäßig oder sporadisch auftretende Sendungen wechselnden Inhalts müssen *Bedarfstransporte* mit unterschiedlichen Transportmitteln durchgeführt werden.

Aus Sicht der *Distribution* sind die Lieferketten für die Durchsatzwerte λ_j von einer Lieferstation L zu $N_E > 1$ Empfangsstationen E_j zu gestalten und zu optimieren. Aus Sicht der *Beschaffung* werden die optimalen Lieferketten für die Durchsatzwerte λ_i von $N_L > 1$ Lieferstationen L_i zu einer Empfangsstation gesucht.

Werden auch die *Rücklauftransporte* und das *Sendungsaufkommen anderer Unternehmen* berücksichtigt, sind die Lieferketten für die $N_E \cdot N_L$ Durchsatzwerte λ_{ij} von N_L Lieferstationen L_i zu N_E Empfangsstationen E_j zu betrachten. Dabei sind die geforderten *Lieferzeiten* T_{ij} [h] zwischen den betrachteten Lieferstellen und Empfangsstellen einzuhalten, deren *minimale Entfernungen* D_{ij} [km] sich aus den vorgegebenen Standorten ergeben. Hierzu ist es notwendig, die *Regionalstruktur der Belieferungsanforderungen* zu analysieren, das heißt die *Standortverteilung* und das *regionale Mengenaufkommen* der betrachteten Quellen und Senken.

Abbildung 20.6 zeigt als Beispiel die Standortverteilung der Empfangsstellen eines deutschen Einzelhandelskonzerns mit über 2.500 Filialen. In *Abb.* 20.7 ist die Verteilung der Versandmengen aus zwei benachbarten Baustoffwerken nach zweistelligen Postleitzahlen dargestellt.

20.2.6 Bestandsanforderungen

Abhängig von den Beständen in einer Lieferkette lassen sich unterscheiden:

- *Transportketten* und *Frachtketten* ohne Warenbestände in den Stationen zwischen der Versandstelle und der Empfangsstelle
- *Bevorratungs-* oder *Vorratsketten* mit Warenbeständen in einer oder mehreren Zwischenstationen der Lieferkette.

Die *Lagerbestände* und die *Präsenssortimente* in den Zwischenstationen und in den Empfangsstellen einer Bevorratungskette sind *Optimierungsparameter*, die sich zur Erfüllung der *Lieferzeitanforderungen* und zur *Kostenminimierung* nutzen lassen.

Die Höhe der Bestände von *Waren mit regelmäßigem Bedarf*, kurz *Dispositionsware* oder *Stapelware* genannt, wird in allen Stationen der Lieferkette durch die *Bestands- und Nachschubdisposition* bestimmt. Sie ergibt sich aus der Höhe der *Bestellmengen* der Kunden, aus der Lieferzeit der jeweils vorangehenden Lieferstelle und dem vorgehaltenen *Sicherheitsbestand*.

Bei Kenntnis der Leistungskosten der zuführenden Lieferkette sowie der Lagerhaltungskosten der Lagerstelle lassen sich die *optimalen Nachschubmengen* für Dispositionsware aus dem geplanten oder prognostizierten Absatz pro Periode errechnen. Aus der mittleren Nachschubmenge resultiert die durchschnittliche *Nachschubfrequenz*. Der *Sicherheitsbestand* errechnet sich aus der geplanten Lieferfähigkeit, dem Absatz, den *Lieferzeiten* und der *Termintreue* für den Nachschub (s. *Kap.* 11).

Bei optimaler Nachschub- und Bestandsdisposition in allen Stufen der Lieferkette, beginnend mit der letzten Empfangsstelle und endend bei der ersten Lieferstelle, ergeben sich selbstregelnd die sogenannten *Pullbestände*. Für die Pullbestände gilt:

► Ein *Pullbestand* ist in einer Zwischenstation der Lieferkette nur erforderlich, wenn die Lieferzeiten bei Direktbelieferung oder Transitbelieferung über die Zwischenstation zu lang sind.

Abb. 20.6 Typische Standortverteilung der Empfangsstellen eines deutschen Einzelhandelskonzerns

Prinzipdarstellung ZLU [156]

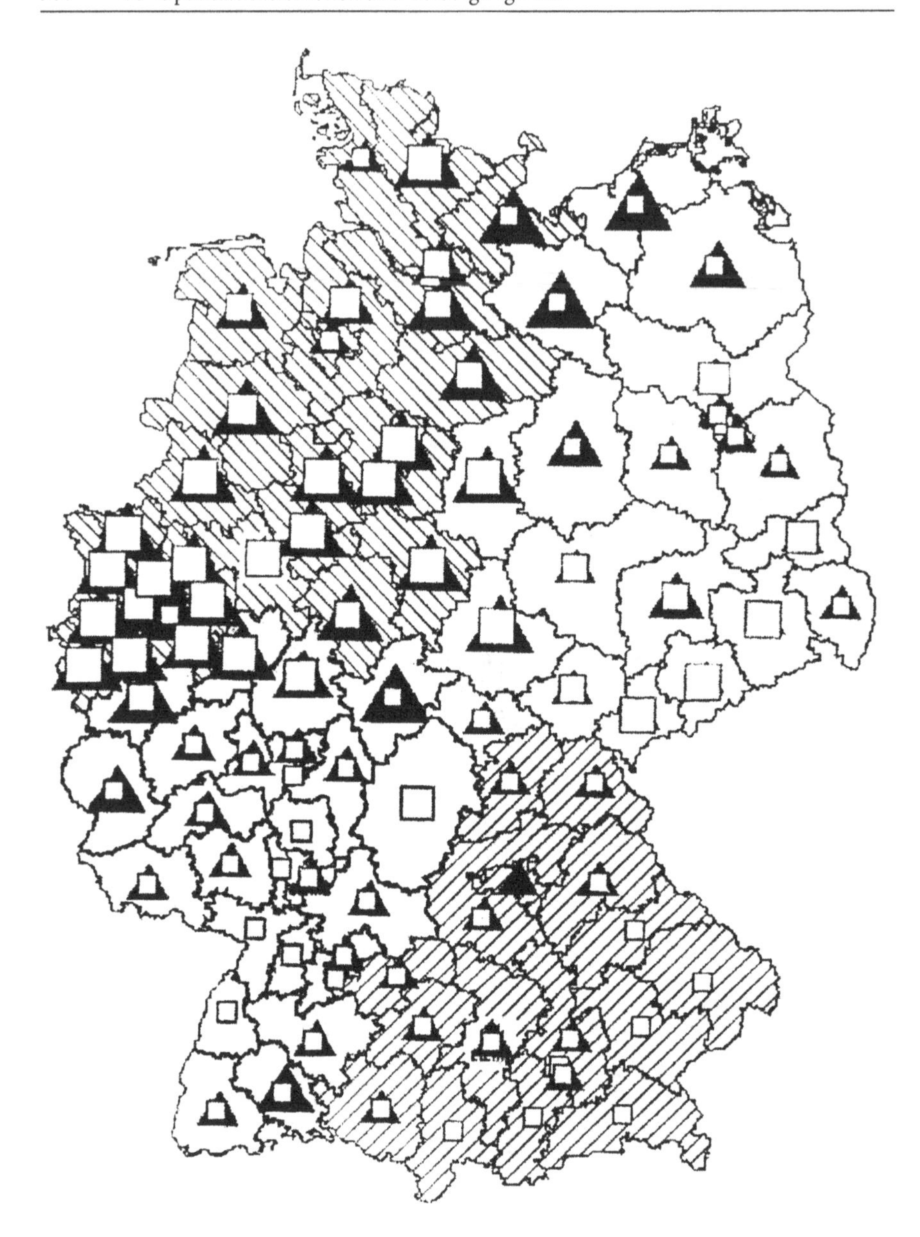

Abb. 20.7 Regionalverteilung der Versandmengen und Gebietseinteilung für das Distributionsnetz eines Baustoffherstellers

Dreiecke: Mengen aus Werk 1
Quadrate: Mengen aus Werk 2
Prinzipdarstellung ZLU [156]

- Die *Höhe der Pullbestände* wird bestimmt von der geforderten Lieferfähigkeit, den Lieferzeiten und den Belieferungskosten bis zur betreffenden Lagerstelle und ist bei optimaler Disposition proportional zur Wurzel aus dem Periodenbedarf

$$M_{B\,VKE} = F_L \cdot \sqrt{\lambda_{VKE}} \quad [VKE]\,. \tag{20.24}$$

Der *Lagerdispositionsfaktor* F_L hängt ab von den Logistikkosten der Beschaffung und der Bestandshaltung, von der angestrebten Lieferfähigkeit sowie von weiteren Einflussfaktoren (s. *Abschn.* 11.10).

Zusätzlich zu den reinen Pullbeständen können durch *Vorproduktion* oder *Vorratsbeschaffung* für vorhersehbare *Saisonspitzen*, für geplante *Verkaufsaktionen* oder für *Produktneueinführungen* sogenannte *Pushbestände* entstehen. Für die Pull- und die Push-Bestände in den Lieferketten gilt der allgemeine *Grundsatz:*

- *Bestände* für mehrere Bedarfsstellen sind möglichst nahe der Erzeugungsstelle zu lagern, da dort die Lagerkosten und das Risiko der Fehlallokation am geringsten sind.

Pushbestände sollten daher erst dann in die Belieferungskanäle fließen, wenn sie nach dem Pullprinzip aktuell benötigt werden oder wenn der geplante Verkaufszeitpunkt erreicht ist.

20.2.7 Hochrechnungs- und Änderungsfaktoren

Aufgrund der Marktentwicklung, infolge des technischen Fortschritts, durch geschäftspolitische Maßnahmen, wie *Sortimentsänderung* oder *Umsatzausweitung*, oder durch ein verändertes *Bestellverhalten* können sich die Lieferanforderungen verändern.

Für die langfristige Optimierung der Lieferketten und die Umgestaltung der Beschaffungs- und Distributionssysteme ist es daher erforderlich, die Auswirkungen der absehbaren marktseitigen Veränderungen und der geplanten geschäftspolitischen Veränderungen zu quantifizieren. Das ist mit Hilfe von *Hochrechnungs-* und *Änderungsfaktoren* für die Mittelwerte der Lieferanforderungen möglich, die sich aus der Wahrscheinlichkeitstheorie, den voranstehenden Zusammenhängen zwischen den Leistungsgrößen und aus dem *Wurzelsatz für die Lagerzentralisierung* (s. *Abschn.* 11.10) ergeben:

- Wenn eine *Umsatzänderung* durch eine Absatzmengenänderung um den *Umsatzfaktor* f_U mit der *Auswirkungswahrscheinlichkeit* p aus einer Änderung der Anzahl Sendungen resultiert, erhöht sich die Sendungsanzahl um den Faktor f_U^p. Die Menge pro Position verändert sich dann mit der Wahrscheinlichkeit $1 - p$ und die Positionsanzahl um den Faktor f_U^{1-p}. Ohne Sortiments- und Bestellfrequenzänderung bleibt die mittlere Anzahl Positionen pro Auftrag bei einer reinen Umsatzänderung unverändert.
- Die *Pullbestände* verändern sich bei optimaler Nachschubdisposition um den Faktor $\sqrt{f_U}$, wenn sich der Umsatz um den Faktor f_U ändert. Reine *Pushbestände* verändern sich hingegen proportional zum Umsatz um den Faktor f_U.

- Wenn eine *Sortimentsänderung* um den *Sortimentsfaktor* f_S mit der Wahrscheinlichkeit p aus einer Änderung der Anzahl Sendungen resultiert, erhöht sich die Sendungsanzahl um den Faktor f_S^p. Die Anzahl der Positionen pro Auftrag ändert sich dann mit der Wahrscheinlichkeit 1 − p und die Positionsanzahl um den Faktor f_S^{1-p}. Ohne Umsatz- und Bestellfrequenzänderung reduziert sich die Menge pro Position um den Faktor $1/f_S$.
- Wenn eine *Änderung der Bestellfrequenz* pro Artikel um den Frequenzfaktor f_F mit der Wahrscheinlichkeit p durch eine Änderung der Anzahl Sendungen wirksam wird, erhöht sich die Sendungsanzahl um den Faktor f_F^p. Die Anzahl der Positionen pro Auftrag ändert sich dann mit der Wahrscheinlichkeit 1 − p und die Positionsanzahl um den Faktor f_F^{1-p}. Ohne Umsatz- und Sortimentsänderung reduziert sich die Menge pro Position um den Faktor $1/f_F$.

Wenn nichts anderes bekannt ist, kann für die Auswirkungswahrscheinlichkeit p = 0,5 = 50 % angesetzt werden.

▶ Eine Reduktion der Empfangsstellen, beispielsweise infolge der Konzentration des Handels, um einen *Konzentrationsfaktor* f_K führt bei gleichbleibendem Umsatz und Sortiment im Jahresmittel zu einer Senkung der Sendungsanzahl um den Faktor $1/f_K$ und einem Anstieg der Sendungsgrößen um den Faktor f_K.

▶ Eine Reduktion der Empfangsstellen wegen einer Belieferung der Dispositionsware über Zentrallager um einen *Zentralisierungsfaktor* f_Z führt bei gleichbleibendem Umsatz und Sortiment zu einer Senkung des Positionsdurchsatzes um den Faktor $\sqrt{f_Z}$ und zu einem Anstieg der mittleren Positionsmenge um den Faktor $1/\sqrt{f_Z}$.

Eine Reduzierung der Empfangsstellen beispielsweise um den Faktor 2 führt bei gleichbleibendem Umsatz im Mittel zu einer Halbierung des Sendungsaufkommens und einer Verdoppelung der Liefermengen. Werden 9 Empfangsstellen in Zukunft über ein Zentrallager beliefert, reduziert sich der betroffene Positionsdurchsatz im Jahresmittel auf ein Drittel, während sich die Liefermengen pro Position im Mittel verdreifachen.

20.2.8 Elementare Handlingeinheiten und Ladeeinheiten

Maßgebend für Auslegung und Kosten eines Logistiknetzwerks sind die Handlingeinheiten und die Ladeeinheiten (s. *Kap.* 12). Daraus folgt die *Startregel:*

▶ Zu Beginn jedes Projekts ist eine tabellarische *Aufstellung* der maximalen, minimalen und mittleren Abmessungen und Gewichte der kleinsten *Handlingeinheiten* und der verwendeten *Ladeeinheiten* mit deren Kapazitäten zu erstellen.

20.3 Gestaltungsparameter der Lieferketten und Versorgungsnetze

Die Lieferketten LK_{ij} zwischen den *Lieferstellen* L_i und den *Empfangsstellen* E_j eines Versorgungsnetzes werden durch folgende *Gestaltungsparameter* bestimmt:

- *Belieferungsformen [BF]: Liefermenge, Lieferfrequenz, Ladungsinhalt, Verpackungsart, Versandeinheit* und *Ladeeinheit*, in denen die Güter befördert und gelagert werden.
- *Strukturparameter [SP]: Anzahl* N_Z, *Standorte, Zuordnung, Funktionen* (20.5) und *Bestände* der Zwischenstationen, die von den Gütern von der Quelle bis zur Senke durchlaufen werden.
- *Transportparameter [TP]: Verkehrsträger, Transportmittel, Transportarten, Fahrwege* und *Betriebsart*, die für den Transport zwischen den Stationen zum Einsatz kommen.

Mit den *optimalen Werten der Gestaltungsparameter* werden die *Leistungsanforderungen* und der gewünschte *Lieferservice* unter Berücksichtigung der technischen und organisatorischen *Randbedingungen* zu *minimalen Kosten* für alle Lieferketten erfüllt.

20.3.1 Belieferungsformen

Die Logistikleistungen (20.1) und (20.2) in den Empfangsstellen und die Leistungen (20.3) und (20.4) in den Lieferstellen beeinflussen die *Belieferungsform*, die *Belieferungsfrequenz* und die *Versandmengen*.

Die *Verpackungsart* und die *Verpackungseinheiten* sind in der Regel durch die Liefer- oder Versandaufträge vorgegeben. Grundsätzlich sind zwei verschiedene *Verpackungsarten* möglich:

- *Lose Ware* wird ohne Packmittel, abgefüllt in Tanks, Silos oder Transportbehälter oder lose in Rohrleitungen befördert.
- *Verpackte Ware* wird in *Packmitteln*, wie Säcke, Tüten, Fässer, Flaschen, Dosen und Kartons, zu *Gebinden* oder *Verpackungseinheiten* [VPE] abgefüllt, gelagert und befördert.

Wie vorangehend beschrieben, können die *Gebinde* für den Versand zu *Versandeinheiten* und für das Lagern, den Umschlag und den Transport mit Hilfe von *Ladungsträgern, wie* Paletten und Behälter, zu *Ladeeinheiten* zusammengefasst werden (s. *Tab.* 12.2). Hierfür gilt der *Grundsatz:*

► Auswahl und Dimensionierung der Versandeinheiten und der Ladeeinheiten, in denen die Waren und Sendungen in den Abschnitten der Lieferkette gebündelt werden, sind wichtige Handlungsmöglichkeiten zur Gestaltung und Optimierung der Lieferketten.

Um ein aufwendiges Umpacken zu vermeiden, gelten für die Ladeeinheiten die *Einsatzregeln:*

► In den Zwischenstationen und Transportabschnitten einer Lieferkette sollten soweit wie möglich durchgängig die gleichen Ladeeinheiten zum Einsatz kommen.

► Ein Wechsel der Ladeeinheiten sollte möglichst nicht mit einem Auspacken oder Umpacken verbunden sein, sondern sich auf die Bildung größerer Ladeeinheiten aus mehreren kleineren Ladeeinheiten beschränken, deren Inhalt dabei unberührt bleibt.

So ist es in der Regel sinnvoll, Paletten für den Ferntransport in ISO-Container oder Wechselbrücken zu verladen und die Container über noch größere Entfernungen mit der Bahn oder auf Schiffen zu befördern. Wenn der Frachtraum, wie in der *Luftfracht*, besonders knapp oder teuer ist, kann es jedoch kostengünstiger sein, zielgemischt gefüllte einlaufende Ladeeinheiten vollständig abzubauen und durch geschicktes Stauen für den Weitertransport zielreine Ladeeinheiten mit möglichst hohem Füllungsgrad aufzubauen (s. *Abschn.* 12.5).

20.3.2 Strukturparameter

Zusätzlich zur Kunden- und Lieferantenstruktur, die in der Regel vorgegeben ist, wird die Struktur eines Logistiksystems oder Versorgungsnetzes durch folgende *Parameter* bestimmt:

- *Anzahl* N_Z der logistischen Zwischenstationen
- *Standorte* $(x_k; y_k)$ der Zwischenstationen ZS_k, $k = 1, 2, \ldots, N_Z$
- *Funktionen* (19.5) der Zwischenstationen

Aus *Sicht eines Lieferanten* ist die Belieferung einer größeren Anzahl von Empfangsstellen aus einer oder wenigen Quellen zu optimieren. Die Belieferungsaufgabe ist ein *One-to-Many-* oder *Few-to-Many-Problem*, das darin besteht, die optimalen Lieferketten in einem bestehenden *Distributionssystem* auszuwählen und die Betriebskosten durch ein neues System zu minimieren.

Aus *Sicht eines Unternehmens* mit einer oder wenigen Empfangsstellen, die laufend Ware aus mehreren Lieferstellen bekommen, reduziert sich die Belieferungsaufgabe auf ein *Many-to-One-* oder *Many-to-Few-Problem*, das heißt, auf die Optimierung der Lieferketten in einem *Beschaffungssystem*.

Das *Many-to-Many-Problem* stellt sich *Handelsunternehmen* mit Hunderten oder Tausenden von Lieferanten und Filialen, und *Speditionen*, die täglich flächendeckend Sendungen vieler Versender an viele Empfänger ausliefern. Hierzu sind die jeweils optimalen Beförderungsketten durch ein *Speditionssystem* auszuwählen, dessen Struktur permanent dem sich ändernden Bedarf anzupassen ist.

Die Anzahl der Zwischenstationen, die von den Waren in einer Lieferkette durchlaufen werden, bestimmt die *Stufigkeit* der Lieferkette:

- Eine *N-stufige Lieferkette* besteht aus *N Transportabschnitten* oder *Kettengliedern*, die durch $N - 1$ *Zwischenstationen* miteinander verbunden sind.

Eine *einstufige Lieferkette* ist eine *Direktbelieferung*, im Handel auch *Streckenlieferung*[1] genannt, die von der Lieferstelle *ohne Zwischenstation* direkt zur Empfangsstelle führt. Entsprechend den möglichen Versand- und Ladeeinheiten und den zur Auswahl stehenden Verkehrsträgern, Transportmitteln, Transportarten, Fahrwegen

[1] Unter *Streckenlieferung* wird im Handel häufig die Belieferung *frei Haus* bis an die Rampe des Kunden durch den Lieferanten oder seinen Spediteur verstanden, auch wenn die Lieferung über einen oder mehrere Umschlagpunkte läuft. Diese irreführende Pauschalbetrachtung verbirgt jedoch wichtige Handlungsmöglichkeiten zur Optimierung der Lieferketten.

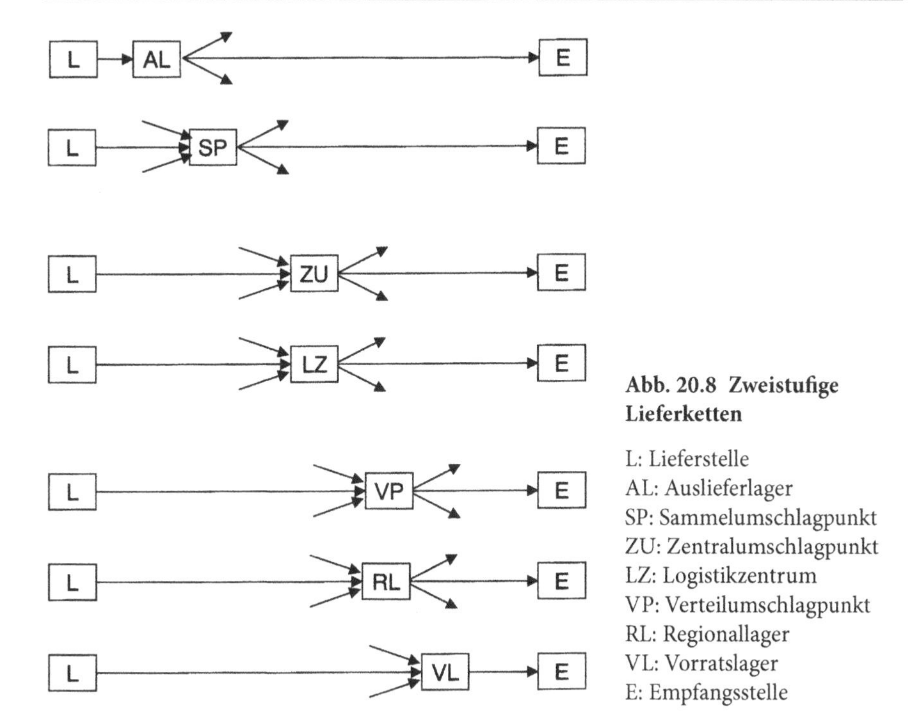

Abb. 20.8 Zweistufige Lieferketten

L: Lieferstelle
AL: Auslieferlager
SP: Sammelumschlagpunkt
ZU: Zentralumschlagpunkt
LZ: Logistikzentrum
VP: Verteilumschlagpunkt
RL: Regionallager
VL: Vorratslager
E: Empfangsstelle

und Transportbetriebsarten gibt es eine Vielzahl unterschiedlicher einstufiger Lieferketten.

In den *zweistufigen Lieferketten* laufen die Waren über *eine* Zwischenstation. Mögliche *Logistikstationen* sind:

Auslieferlager (AL) unmittelbarer beim Lieferanten

Sammelumschlagpunkte (SP) am Transportschwerpunkt eines *Abholgebiets*

Umschlagzentren (UZ) in der Nähe des Schwerpunkts des *Servicegebiets*
Zentrallager (ZL) in der Nähe des Schwerpunkts des gesamten *Servicegebiets*

Verteilumschlagpunkte (VP) am Transportschwerpunkt eines *Verteilgebiets*
Regionallager (RL) in der Nähe des Schwerpunkts eines *Verteilgebiets*

Vorratslager (VL) unmittelbar beim Empfänger.

Mit diesen *Logistikstationen* ergeben sich die in *Abb.* 20.8 dargestellten *zweistufigen* und die in *Abb.* 20.9 gezeigten *dreistufigen Lieferketten*.

Der Unterschied zwischen einem regionalen und einem zentralen Umschlagpunkt wie auch zwischen einem Auslieferlager, einem Zentrallager, einem Regionallager und einem Vorratslager wird bestimmt von der Gebietseinteilung, von der Anzahl der Stationen und vom Standort zwischen den Versandorten und den Empfangsstellen. Mit zunehmender Entfernung vom Versandort und Annäherung an die Empfangsorte wird ein Sammelumschlagpunkt zum Umschlagzentrum und ein Um-

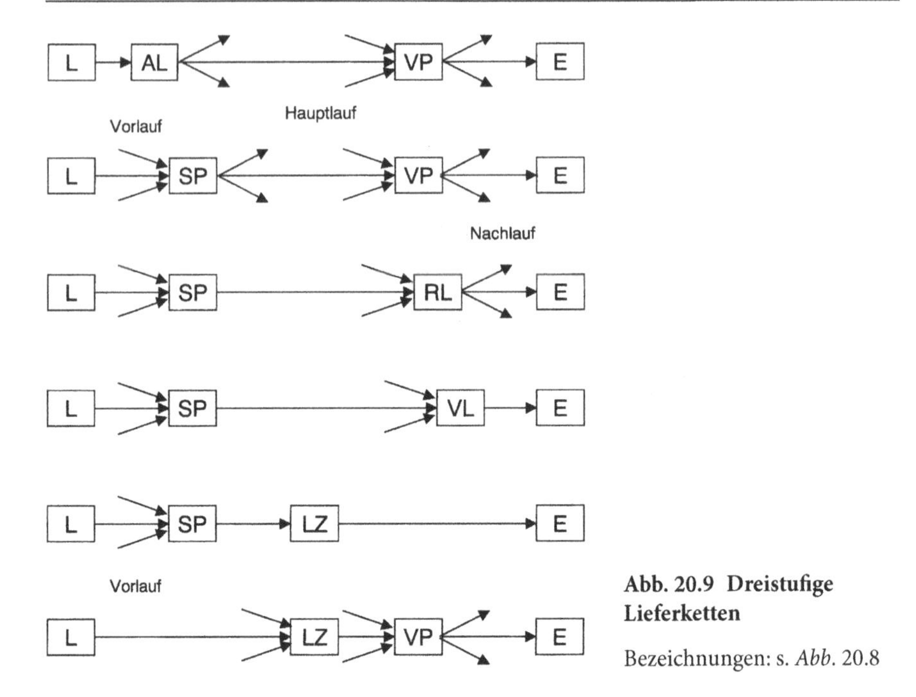

Abb. 20.9 Dreistufige Lieferketten

Bezeichnungen: s. *Abb.* 20.8

schlagzentrum zum Verteilumschlagpunkt: SP → UZ → SP. Ebenso wird ein Auslieferlager zum Zentrallager, ein Zentrallager zum Regionallager und ein Regionallager zum Vorratslager: AL → ZL → RL → VL.

Die oben aufgelisteten funktionsreinen Logistikstationen können auf verschiedene Art miteinander kombiniert werden:

- Die Kombination eines Verteilpunktes und eines Sammelpunktes, die das gleiche Einzugsgebiet bedienen, ist ein *regionaler Umschlagpunkt* RU = VP + SP.
- Aus der Kombination eines Verteilumschlagpunktes mit einem Regionallager wird ein *Regionalzentrum* RZ = VP + RL.
- Durch Kombination eines Umschlagzentrums mit einem Zentrallager entsteht ein *Logistikzentrum* LZ = UZ + ZL.

Für eine Belieferung mit loser Ware sind zusätzlich zu den rein logistischen Zwischenstationen folgende *Abfüllstationen* möglich:

Lieferanten-Abfüllstation (LA)
Zentrale Abfüllstationen (ZA)
Regionale Abfüllstationen (RA)
Kunden-Abfüllstation (KA). (20.25)

Die Abfüllstationen können mit den Umschlagstationen und Lagerstationen auf unterschiedliche Art kombiniert werden.

Dreistufige Lieferketten laufen über zwei Zwischenstationen, beispielsweise von der Lieferstelle über ein Zentrallager und eine Verteilstation oder über eine Sammelstation und ein Regionallager zum Empfänger. Sechs dreistufige Lieferketten, die besonders häufig vorkommen, sind in *Abb.* 20.9 dargestellt. *Vierstufige Lieferketten* nutzen drei Zwischenstationen. Die ein-, zwei-, drei- und vierstufigen Lieferketten von vier unterschiedlichen Logistiksystemen deutscher Industrie- und Handelsunternehmen zeigen die *Abb.* 20.14, 20.21, 20.23 und 20.25.

Wie die einstufigen Lieferketten können sich die mehrstufigen Lieferketten in den Belieferungsformen und in den Parametern der Transporte zwischen den Stationen voneinander unterscheiden. Generell gilt:

- ▶ Die Anzahl möglicher Lieferketten nimmt mit der Stufigkeit rasch zu, während der Bedarf für längere Lieferketten mit der Stufigkeit abnimmt.

Zusätzliche Handlungsparameter sind die möglichen *Funktionen* (20.5) in den Zwischenstationen. So ist zu entscheiden, in welchen Zwischenstationen ein bestandsloser Umschlag mit oder ohne Ladungsträgerwechsel durchgeführt werden soll und in welchen Stationen Waren bevorratet und kommissioniert werden.

20.3.3 Transportparameter

Eine *Ladung* [Ldg] ist eine Anzahl von Sendungen, die in einem *Direkttransport* zu einem gemeinsamen Zielort oder in einem *Linientransport* auf einer Rundfahrt zu mehreren Empfangsstellen zu befördern sind. Wenn die Sendungen mit einer *Lieferfrequenz* f_{LF} [1/PE] befördert werden sollen, muss mindestens f_{LF}-mal pro Periode ein Transport von der Lieferstelle abfahren. Für ein Ladungsaufkommen λ_{LE} [LE/PE], das mit Beziehung (20.23) aus dem Sendungsaufkommen und der mittleren Sendungsgröße resultiert, ist die *durchschnittliche Ladungsgröße*, die jeweils bis zur Abfahrt eines Regeltransports aufgelaufen ist:

$$M_L = \lambda_{LE}/f_{LF} \quad [LE] . \qquad (20.26)$$

Die Transportkosten werden von der Anzahl der Transportmittel bestimmt, die für eine aufgelaufene Ladungsmenge benötigt wird. Der *Transportmittelbedarf* für eine Gesamtladung, die aus N_S Sendungen mit unterschiedlichen Sendungsgrößen M_{Sk}, $k = 1, 2, \ldots, N_S$, besteht, hängt davon ab, wie die Frachtstücke im Laderaum verstaut werden. Wenn mehr als ein Transportmittel benötigt wird, ist der Transportmittelbedarf außerdem davon abhängig, ob die Verteilung einer Sendung über mehrere Transporteinheiten zulässig ist.

Das optimale Verstauen von *Frachtstücken unterschiedlicher Abmessungen* in einem Laderaum ist ein *dreidimensionales Verschnittproblem* [61]. Für das möglichst raumsparende Packen und Verstauen einer bestimmten Ladung unter Berücksichtigung eventueller *Restriktionen*, wie vorgegebene *Orientierungsrichtung* oder einzuhaltende *Sendungsfolgen*, gibt es heute leistungsfähige *Packoptimierungs-* und *Stauprogramme* [61–63]. Der so ermittelte Transportmittelbedarf ist jedoch nicht mit Hilfe einer geschlossenen Formel berechenbar.

Zur Kalkulation der Transportkosten für ein anhaltendes Sendungsaufkommen, das mit einer bestimmten *Lieferfrequenz* f_{LF} [1/PE] befördert werden muss, ist die Kenntnis des *mittleren Transportmittelbedarfs* ausreichend. Analog zur Beziehung (20.15) für den Ladeeinheitenbedarf pro Sendung gilt:

▶ Wenn keine besondere Füllstrategie verfolgt wird, ist der *mittlere Transportmittelbedarf pro Ladung* bei einer *durchschnittlichen Ladungsgröße* M_L [LE/Ldg] und einer *effektiven Transportmittelkapazität* C_{TEeff} [LE/TE]

$$\mathbf{M_{TE} = MAXI(1\,; M_L/C_{TEeff} + (C_{TEeff} - 1)/2C_{TEeff}) \quad [TE/Ldg]}\,. \qquad (20.27)$$

Die Beziehung (18.27) besagt, dass für eine Ladung mindestens eine Transporteinheit benötigt wird und dass *ohne Füllstrategie* pro Ladung ein mittlerer *Anbruchverlust* $(C_{TEeff} - 1)/2C_{TEeff}$ entsteht, wenn die Ladung mehr als eine Transporteinheit füllt (s. *Abschn.* 12.5).

Die Kapazität C_{TE} [LE/TE] eines betrachteten Transportmittels ist bei *gleichartigen Ladeeinheiten*, wie Paletten oder Behältern mit gleichen Abmessungen, relativ einfach zu berechnen und eine feste Größe. Bestehen die Sendungen jedoch aus unterschiedlichen Frachtstücken, hängt die Kapazität von der Größe, Form und Verteilung der Ladeeinheiten sowie von der *Packstrategie* ab. Für unterschiedliche Frachtstücke lässt sich eine *mittlere Kapazität* C_{TE} [LE/TE] der Transportmittel aus Erfahrungswerten ableiten [121]. Wenn keine Erfahrungswerte vorliegen, ist mit ausreichender Näherung auch eine analytische Berechnung der mittleren Transportmittelkapazität aus dem durchschnittlichen Gewicht und Volumen der Frachtstücke und Ladeeinheiten möglich (s. *Abschn.* 12.5).

Die verfügbare Kapazität pro Transportmittel ist nur vollständig nutzbar, wenn die Frachtstücke einer Ladung unabhängig von ihrer Sendungszugehörigkeit auf mehrere Transporteinheiten verteilt werden dürfen. Wenn jedoch der Inhalt einer Sendung nicht getrennt oder nur auf eine begrenzte Anzahl von Transporteinheiten aufgeteilt werden darf, entsteht pro Transporteinheit in der Regel ein zusätzlich zu berücksichtigender *Füllverlust*.

Nur im günstigsten Fall füllt eine beliebig ausgewählte Anzahl Sendungen eine Transporteinheit ohne Füllverlust vollständig aus. Im ungünstigsten Fall ist die Größe M_S der letzten Sendung, die in eine Transporteinheit zu verladen ist, genau um eine Ladeeinheit zu groß. Dann bleibt in der Transporteinheit ein Leerraum für $M_S - 1$ Ladeeinheiten ungenutzt. Darf eine Sendung auf N_{TS} Transportmittel verteilt werden, reduziert sich der maximale Füllverlust auf $(M_S - 1)/N_{TS}$. Bei einer *durchschnittlichen Sendungsgröße* M_S entsteht also pro Transporteinheit im Mittel der *Füllverlust* $(M_S - 1)/2N_{TS}$. Hieraus folgt:

▶ Wenn eine große Anzahl von Sendungen mit einer mittleren Sendungsgröße M_S [LE/Snd] in Transportmittel verladen wird und die einzelnen Sendungen maximal auf N_{TS} Transportmittel aufgeteilt werden dürfen, reduziert sich die mittlere Kapazität C_{TE} [LE/TE] der Transportmittel infolge des Füllverlustes auf die *effektive Kapazität:*

$$C_{TEeff} = MAX(M_S\,; C_{TE} - (M_S - 1)/2N_{TS}) \quad \text{für } C_{TE} \geq M_S \geq 1\,. \qquad (20.28)$$

Wenn die Sendungsgröße $M_S = 1$ LE ist, verschwindet der Füllverlust. Bei *unzulässiger Sendungsteilung* ist $N_{TS} = 1$ und der Füllverlust am größten. Bei beliebiger Sendungsteilung, das heißt für $N_{TS} \to \infty$, ist die effektive Kapazität gleich der Transportmittelkapazität. *Abb.* 20.10 zeigt die mit Hilfe der Beziehung (20.28) errechnete

Abhängigkeit der effektiven Transportmittelkapazität von der mittleren Sendungsgröße und der Sendungsteilung.

Durch Einsetzen der effektiven Kapazität (20.28) in Beziehung (20.27) lässt sich der *Füllungsgrad* $\eta_{TE} = M_L/(M_{TE} \cdot C_{TE})$ der Transporteinheiten errechnen. *Abb.* 20.11 zeigt die resultierende Abhängigkeit des Füllungsgrads von der Ladungsgröße für eine Beladung *ohne* Sendungsteilung und die *Abb.* 20.12 für eine Beladung *mit* zulässiger Sendungsteilung.

Der *Füllungsverlust* in den ersten Transporteinheiten und der zusätzliche *Anbruchverlust* in der letzten Transporteinheit einer zur Beförderung anstehenden Ladung lassen sich durch folgende *Füllstrategien* vermeiden oder reduzieren:

- *Zurücklassen unkritischer Sendungen:* Die zur Beförderung anstehenden Sendungen werden nach Dringlichkeit ihres Versandtermins verladen. Sendungen mit unkritischem Versandtermin, deren Mitnahme zu einer teilgefüllten Transporteinheit führen würde, werden für einen späteren Transport zurückgelassen.

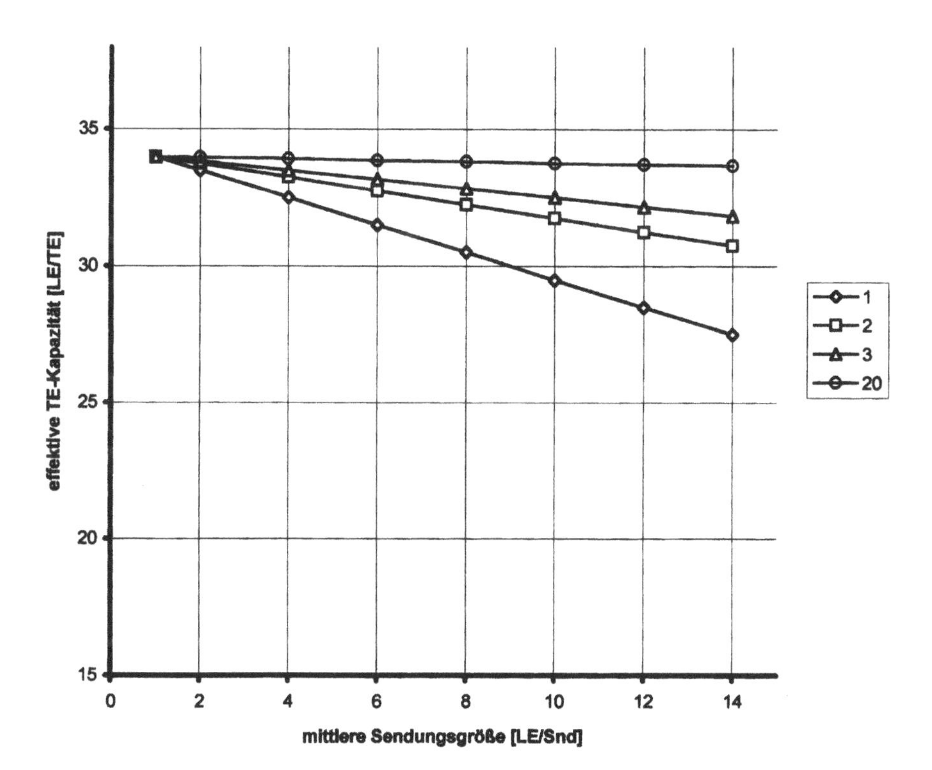

Abb. 20.10 Abhängigkeit der effektiven Transportmittelkapazität von der mittleren Sendungsgröße und der zulässigen Sendungsteilung

Zulässige Sendungsteilung: N_{TS} = 1, 2, 3, 20 TE/Snd
Maximale TE-Kapazität: 34 LE/TE

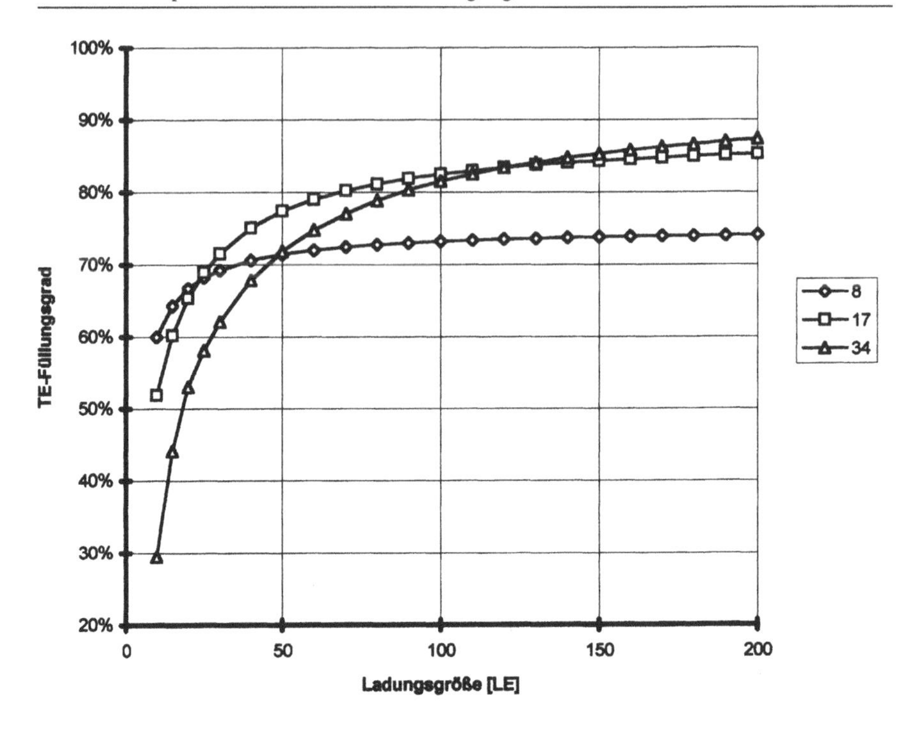

Abb. 20.11 Abhängigkeit des Füllungsgrads der Transporteinheiten von der Ladungsgröße ohne Sendungsteilung

Kapazität der Transporteinheiten $C_{TE} = 8, 17, 34$ LE/TE
Mittlere Sendungsgröße $M_S = 5$ LE/Snd

- *Vorziehen späterer Sendungen:* Zum Auffüllen des Anbruchverlustes, der nach Verladen der regulären Sendungen frei bleibt, werden, soweit vorhanden, Sendungen mit einem späteren Versandtermin vorgezogen.
- *Beiladen von Kleinsendungen:* Bei Ganz- und Teilladungstransporten wird der Restladeraum, der nach Verstauen der regulären Sendungen übrig bleibt, mit kleineren Sendungen gefüllt, die sonst als Stückgut befördert werden.

In einigen Bereichen des Transportgewerbes, wie in der Luftfracht und in der Passagierbeförderung, wird versucht, durch attraktive *Last-Minute-Preise* kurzfristig Bedarf zu erzeugen. Damit aber ist das Risiko verbunden, dass kein zusätzlicher Bedarf geweckt wird sondern nur ein Teil des späteren regulären Bedarfs vorgezogen und zu niedrigeren Preisen bedient wird (*Mitnahmeeffekt*).

Für einen Transportmittelbedarf M_{TE} pro anstehender Ladung resultiert bei einer *Lieferfrequenz* f_{LF} [Ldg/PE] für das *Transportaufkommen:*

$$\lambda_{TE} = f_{LF} \cdot M_{TE} \quad [TE/PE] . \tag{20.29}$$

Durch Einsetzen von (20.26) in (20.27) und von (20.27) in (20.29) folgt:

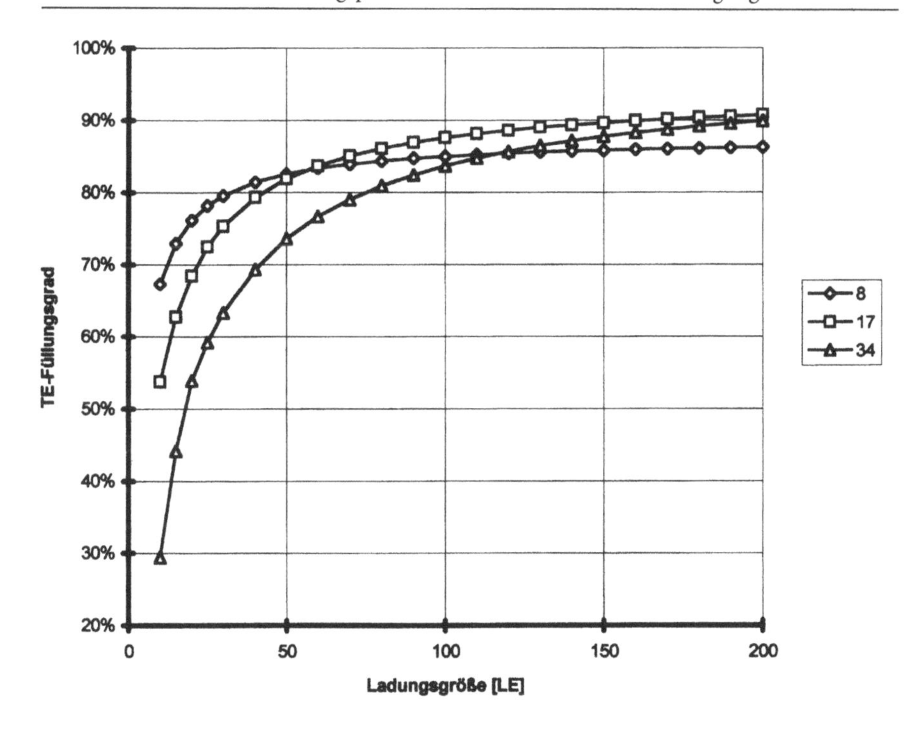

Abb. 20.12 Abhängigkeit des Füllungsgrads der Transporteinheiten von der Ladungsgröße mit einfacher Sendungsteilung

Zulässige Sendungsteilung N_{TS} = 2 Snd/TE
Übrige Parameter: s. *Abb.* 20.11

- Ein zu befördernder Ladeeinheitenstrom erzeugt bei einer Lieferfrequenz f_L [1/PE] das *Transportaufkommen*

$$\lambda_{TE} = \mathbf{MAX}(f_L\,;\lambda_{LE}/C_{TEeff} + f_L \cdot (C_{TEeff} - 1)/2C_{TEeff}) \quad [\mathbf{TE/PE}]. \quad (20.30)$$

Das *Transportaufkommen* λ_{TE} auf einer bestimmten Fahrtroute ist gleich der *Transportfrequenz*, mit der die Transporteinheiten auf dieser Fahrtroute verkehren und bestimmt nach Beziehung (20.8) die Anzahl der für die Ladungsbeförderung benötigten Transporteinheiten. Aus der grundlegenden Beziehung (20.30) folgt:

- Wenn keine kleineren Transportmittel eingesetzt werden können, steigt bei gleichem Frachtaufkommen mit zunehmender Lieferfrequenz der Transportmittelbedarf, da die mittlere Ladungsgröße abnimmt und infolgedessen der Füllungsgrad der Transporteinheiten immer schlechter wird.

Dieser Zusammenhang führt zu dem *Lieferzeitdilemma der Logistik:*

- Kurze Lieferzeiten erfordern hohe Lieferfrequenzen. Hohe Lieferfrequenzen führen zu kleineren Ladungen. Kleinere Ladungen bewirken geringere Transportmittelauslastung oder den Einsatz kleinerer Transportmittel. Beides führt zu höheren Frachtkosten.

Für das Beispiel der Distribution von Stückgutsendungen aus einem Logistikzentrum über regionale Verteilumschlagpunkte an den Handel zeigt *Abb.* 20.32 die Auswirkung einer Verringerung der Lieferfrequenz auf die mittlere Sendungslaufzeit einerseits und auf die Frachtkosten andererseits. Eine Konsequenz aus dem Lieferzeitdilemma ist der *Lieferfrequenzgrundsatz:*

▶ Zur Optimierung einer Lieferkette müssen die Lieferfrequenzen für die Transportverbindungen zwischen den Stationen soweit gesenkt werden, wie gerade noch mit den geforderten Lieferzeiten verträglich.

Die Lieferfrequenzen sind daher nach der Transportmittelauswahl die wichtigsten Transportparameter.

20.4 Lieferzeiten und Sendungslaufzeiten

Die *Lieferzeit* T_{LZ}, die für die Belieferung einer Empfangsstation über eine N-stufige Lieferkette LK benötigt wird, setzt sich zusammen aus den *Durchlaufzeiten* $T_{DL\,n}$ durch die $N+1$ beteiligten Stationen ST_n, $n = 0, 1, 2, \ldots, N$, den *Beförderungszeiten* $T_{BF\,n}$ für den Transport zwischen diesen Stationen, den *Stationswartezeiten* $T_{SW\,n}$ vor und im Wareneingang sowie den *Transportwartezeiten* $T_{TW\,n}$ in und nach dem Warenausgang der Stationen:

$$T_{LZ} = \sum_{n=0}^{N} (T_{DL\,n} + T_{BF\,n} + T_{SW\,n} + T_{TW\,n}) \,. \qquad (20.31)$$

In der ersten Station ST_0 wird die zu liefernde Ware in der Durchlaufzeit T_{DL0} auftragsspezifisch produziert oder in einem Fertigwarenlager kommissioniert. Die Summe erstreckt sich über die $N-1$ Zwischenstationen der Lieferkette. Am Ende kann es vor der Empfangsstation ST_N zu einer Wartezeit T_{SWN} kommen.

Die *Durchlaufzeiten* durch die Stationen lassen sich aus den *Vorgangszeiten* für die einzelnen Arbeitsschritte der administrativen und operativen Leistungen und aus den innerbetrieblichen Wartezeiten errechnen. Die *Beförderungszeiten* ergeben sich bei bekannten technischen Daten des Transportmittels aus der Transportweglänge, der Anzahl Sendungen pro Transport und der Beladung. Die *Sendungslaufzeit* ist gleich der Auslieferzeit einer Sendung über eine bestimmte Transport- oder Frachtkette.

In der *Sendungsdisposition* ist zwischen planmäßigen und unplanmäßigen Wartezeiten zu unterscheiden:

- Die *planmäßigen Wartezeiten* ergeben sich aus der Abstimmung der Betriebszeiten und der Durchlaufzeiten der Stationen mit den Abfahrtzeiten für die Regel- und Bedarfstransporte.
- Die *unplanmäßigen Wartezeiten* sind die Folge von Verzögerungen und Verspätungen in den Leistungsstellen und auf den Transportverbindungen.

Wenn die Betriebs- und Durchlaufzeiten der Stationen mit den Abfahrtzeiten der Transporte richtig abgestimmt sind, liegt die planmäßige Wartezeit bei einer Lieferfrequenz f_L im Bereich:

$$0 \leq T_{PW} \leq 1/f_L \,. \tag{20.32}$$

Für eine Lieferfrequenz von zweimal pro Tag, das heißt für $f_L = 2$ pro 24 Stunden, beträgt hiernach die planmäßige Wartezeit minimal 0 Stunden, maximal 12 Stunden und bei zufallsverteiltem Eintreffen der Versandaufträge im Mittel 6 Stunden.

Ursachen der unplanmäßigen, meist stochastischen Wartezeiten können eine Überlastung der Stationen oder der Verkehrswege sein, aber auch der Ausfall von Betriebs- und Transportmitteln sowie Störungen, Streiks und Fehler aller Art. Die unplanmäßigen Wartezeiten schwanken abhängig von der Tages- und Jahreszeit und lassen sich grundsätzlich nicht vorausberechnen. Sie sind daher in der Lieferzeitberechnung durch *Erfahrungswerte* oder entsprechende *Zuschläge* auf die Durchlauf- und Beförderungszeiten zu berücksichtigen. Wenn nichts Genaueres bekannt ist, kann für die Summe der Transportwartezeit hinter einer Station ST_n und der Stationswartezeit vor der Station ST_{n+1} mit 10 % der Stationsdurchlaufzeit und mit 5 % der Beförderungszeit von ST_n zur folgenden ST_{n+1} gerechnet werden.

Das Bemühen aller *Just-In-Time-Strategien* zielt darauf ab, die Betriebs- und Transportzeiten so gut aufeinander abzustimmen, dass im Idealfall keine planmäßigen Wartezeiten auftreten und die Ware genau zu dem Zeitpunkt eintrifft, zu dem sie benötigt wird (s. *Abschn.* 8.10). Abgesehen von den erhöhten Kosten aber scheitert dieses Bemühen in vielen Fällen an den unplanmäßigen Wartezeiten. Deren Auswirkungen lassen sich nur durch ausreichende *Zeitpuffer* oder *Warenpuffer* oder durch eine Verlagerung der Fertigungsendstufe der benötigten Teile nahe an den Bedarfsort ausgleichen.

20.5 Sendungskosten und Belieferungskosten

Die *Sendungskosten* k_{Sij} für die Lieferung einer Sendung S von einer Lieferstelle LS_i an eine Empfangsstelle ES_j über eine bestimmte Lieferkette LK_{ij}, die insgesamt N_{ij} Stationen ST_n, $n = 1, 2, \ldots, N_{ij}$ durchläuft, sind gleich der Summe der *anteiligen Kosten* k_{STn} für die in Anspruch genommenen Leistungen in den Stationen ST_n und der *anteiligen Kosten* k_{TRn} für die Transporte zwischen den Stationen der Lieferkette:

$$k_{Sij} = \sum_{n=1}^{N_{ij}} (k_{STn} + k_{TRn}) \quad [€/\mathrm{Snd}] \,. \tag{20.33}$$

Wenn λ_{Sij} [Snd/PE] das *gesamte Sendungsaufkommen* pro Periode durch die Lieferketten LK_{ij} zwischen allen betrachteten Lieferstellen LS_i, $i = 1, 2, \ldots, N_L$, und Empfangsstellen ES_j, $j = 1, 2, \ldots, N_E$, ist, ergeben sich aus (20.33) durch Summation über alle Lieferketten die *Belieferungskosten* pro Periode, d. h. die *Gesamtlieferkosten:*

$$K_{ges} = \sum_{LK} \sum_{i,j} \lambda_{S\,ij} \cdot k_{S\,ij} \quad [€/\mathrm{PE}] \,. \tag{20.34}$$

Um die Belieferungskosten pro Periode kalkulieren zu können, muss das gesamte Sendungsaufkommen in den einzelnen Lieferketten bekannt sein, aus dem die Sendungsströme durch die verschiedenen Stationen und Transportverbindungen resultieren. Aus den Sendungsströmen lässt sich mit Hilfe der zuvor angegebenen Beziehungen der *Durchsatz* an Aufträgen, Leistungen, Mengen, Ladeeinheiten und Transporteinheiten errechnen, der von den Sendungsströmen in den Stationen und Transportverbindungen ausgelöst wird. Zur Kalkulation der Belieferungskosten sind diese Durchsatzwerte mit den jeweiligen *Leistungskostensätzen* für die Logistikleistungen in den Stationen und mit den *Transport-* oder *Frachtkostensätzen* für die Beförderung zwischen den Stationen zu multiplizieren.

Zur Optimierung und Neukonzeption sowie für Vergleichsrechnungen genügt es, mit *Richtwerten* für die Leistungskosten und Leistungspreise zu kalkulieren, die auf Abschätzungen, Modellrechnungen und Erfahrungswerten beruhen. Für die Entscheidung zur Realisierung eines neuen Logistikkonzepts und zur Auswahl der optimalen Lieferketten im operativen Tagesgeschäft werden hingegen *aktuelle Kosten* und *echte Preise* benötigt, die das Ergebnis entsprechender Ausschreibungen, der Angaben von Logistikdienstleistern oder einer genaueren Eigenkalkulation sind.

Ein besonderes Problem für die Optimierung der Lieferketten resultiert daraus, dass die Leistungskosten und Leistungspreise wegen der *Mengendegression* von der Höhe des Leistungsdurchsatzes und wegen der *Fixkosten* von der Auslastung der Stationen abhängen (s. *Abschn.* 16.13 und 17.14). Analog sind die Transportpreise und Frachttarife vom Ladungsaufkommen und von den Sendungsgrößen abhängig (s. *Abb.* 20.27 und 20.28). Hinzu kommt die prinzipiell nicht vorauskalkulierbare Abhängigkeit der Preise von *Angebot* und *Nachfrage* (s. *Kap.* 22).

Die Mengen- und Auslastungsabhängigkeit der Kosten und Preise lässt sich dadurch berücksichtigen, dass die Sendungs- und Belieferungskosten zunächst mit *vorläufigen Kosten* und *Preisen* kalkuliert werden, die für den Durchsatz, die Auslastung und die Transportmengen einer *Anfangslösung* gelten. Wenn aus einem Optimierungsschritt ein Durchsatz resultiert, der erheblich von dem zunächst angesetzten Durchsatz abweicht, müssen die Kostensätze und Preise vor Durchführung des nächsten Optimierungsschritts entsprechend korrigiert werden.

Dabei kann es vorkommen, dass der Durchsatz für einzelne Stationen oder Transportverbindungen unter einen Wert absinkt, für den der Betrieb einer Station oder die Durchführung regelmäßiger Transporte nicht mehr wirtschaftlich ist. Wenn diese *kritische Masse* für eine Station oder Verbindung nicht erreicht wird, muss der Durchsatz auf benachbarte Stationen und Verbindungen verlegt werden. Alternativ können auch mehrere benachbarte Stationen mit unzureichendem Durchsatz oder Regionen mit einem zu geringen Sendungsaufkommen zusammengelegt werden. Beide Maßnahmen verändern die Struktur des Logistiksystems.

Solange das eigene Ladungsaufkommen ausreicht, ist es in der Regel von Vorteil, die Transportmittel ausschließlich für den Eigenbedarf zu nutzen. Hierfür können entweder eigene Transportmittel eingesetzt oder fremde Transportmittel angemietet werden. Die Transportkostensätze für diese *Transportleistungen* sind gleich den Leistungskosten der eigenen Transportmittel bzw. gleich den Leistungspreisen für den fremden Laderaum (s. *Tab.* 18.2).

Dabei ist zu berücksichtigen, dass die Leistungspreise davon abhängen, ob die Transporteinheiten auf der *Rückfahrtstrecke* vom Auftraggeber selbst oder vom Spediteur genutzt werden. Dementsprechend ist der Kilometersatz im Straßentransport für die selbst genutzte Rückfahrt geringer als für die Hinfahrt (s. *Abschn.* 18.12). Hieraus folgt der *Grundsatz:*

► Durch *paarige Hin- und Rücktransporte*, die sich zum Beispiel durch die Kombination von Beschaffungs-, Distributions- und Entsorgungstransporten ergeben, lassen sich die Transportkosten deutlich reduzieren.

Wenn das eigene Ladungsaufkommen nicht ausreicht, um ein Transportmittel bei der benötigten Lieferfrequenz wirtschaftlich auszulasten, müssen die Sendungen zusammen mit dem Ladungsaufkommen anderer Versender befördert werden. Für diese *Frachtleistungen* gelten die *Frachttarife* für *Teilladungen*, *Stückgutsendungen* und *Paketsendungen* (s. *Tab.* 20.3, 20.4 und 20.5).

Für die Kalkulation und Optimierung der Belieferungskosten sind nur Leistungspreise, Transportpreise und Frachttarife geeignet, die eindeutig von den Leistungseinheiten und den relevanten Kostentreibern abhängen, wie den Mengeneinheiten, den Ladeeinheiten und den Sendungsgrößen. Da Spediteure nicht immer von sich aus transparente und nutzungsgemäße Preise anbieten, ist es erforderlich, die benötigte *Preisstruktur* in den Anfragen und Ausschreibungen für Logistik- und Transportleistungen entsprechend vorzugeben (s. *Kap.* 21).

20.6 Auftragsprozesse und Informationsfluss

Die Bereitstellung der Ausliefermengen in den Lieferstellen wird durch *Liefer-* oder *Nachschubaufträge* ausgelöst. Die Liefer- und Nachschubaufträge laufen vor Beginn der Lieferung *entgegen dem Warenfluss* von den Empfangsstellen zu den Lieferstellen.

Die Beförderung der Sendungen durch die Lieferkette zu den Empfangsstellen wird durch *Versand-*, *Transport-* und *Beförderungsaufträge* veranlasst, die in der Regel vom Versender erteilt werden und vor, parallel oder mit den Sendungen zu den Empfängern laufen.

Die mit dem Auftragsdurchlauf verbundenen *administrativen Auftragsprozesse*:

Auftragserteilung
Auftragsannahme
Auftragsbearbeitung
Auftragsdisposition
Sendungsankündigung
Empfangsbestätigung
(20.35)

bestimmen sehr wesentlich die Auftragsdurchlaufzeiten, die Belieferungsstrategien und damit auch die Belieferungskosten. Daher sind die Analyse und Gestaltung der Auftragsprozesse für die Optimierung der Lieferketten von besonderer Bedeutung [45, 139, 150].

Der Waren- und Sendungsstrom durch die Lieferketten wird von einem *Informations- und Datenfluss* begleitet. Die sendungsbegleitenden Daten und Informationen sind notwendig, um den Lauf der Sendungen zu steuern und zu verfolgen.

Das Kennzeichnen der Waren und Sendungen durch Etiketten oder Beschriftung, das Erstellen der Begleitdokumente, wie der *Frachtbriefe*, sowie das Lesen, Prüfen und Verarbeiten der Informationen in den Stationen der Lieferkette sind mit einem nicht zu unterschätzenden Zeit- und Kostenaufwand verbunden, der bei den Durchlaufzeiten und Leistungspreisen zu berücksichtigen ist.

Die Lieferung einer Sendung wird mit dem *Quittieren* der Vollständigkeit und Richtigkeit der zugestellten Warenmenge durch den Empfänger abgeschlossen. Die *Empfangsbestätigung* muss möglichst schnell dem Lieferanten oder Versender zugeleitet werden, damit dieser den Auftrag abschließen und gegebenenfalls die Rechnung fakturieren kann.

Die Informations- und Kommunikationsprozesse im Zusammenhang mit der Belieferung sind kein Selbstzweck sondern notwendige Voraussetzung zur Realisierung optimaler *Belieferungsstrategien* und zur Sicherung einer hohen *Sendungsqualität*. Viele Belieferungsstrategien und Optimierungsmöglichkeiten der Lieferketten scheitern immer noch an den unzureichenden *Informations- und Kommunikationssystemen* oder an der Nichtverfügbarkeit, Fehlerhaftigkeit und Unvollständigkeit der benötigten *Logistikdaten* von Artikeln und Sendungen [27, 45, 139]. Hier eröffnen sich mit *Transpondern* und *RFID* neue Möglichkeiten [209, 210].

20.7 Belieferungsstrategien

Alle wesentlichen Belieferungsstrategien lassen sich herleiten aus den drei Grundstrategien *Bündeln*, *Ordnen* und *Sichern* und den Gegenstrategien *Trennen*, *Umordnen* und *Entsichern* (s. *Abschn.* 5.2).

20.7.1 Bündelungsstrategien der Belieferung

Die Bündelungsstrategien zur Optimierung der Belieferung sind in der Regel auf eine *Kostensenkung* ausgerichtet. Hierzu gehören:

- *Auftragsbündelung:* Die Lieferaufträge für mehrere Besteller werden von einer *produzierenden Lieferstelle* zusammen ausgeführt oder in einer *bestandsführenden Lieferstelle* oder *Zwischenstation* als Serienauftrag kommissioniert. Strategieparameter ist die *Fertigungslosgröße*, *Seriengröße* oder *Batchgröße*.
- *Ladungsbündelung:* Der Inhalt eines oder mehrerer Aufträge, die für einen Empfänger bestimmt sind, wird auf Ladeeinheiten zusammengefasst, um das Be-, Ent- und Umladen zu erleichtern. *Strategieparameter* ist die Kapazität der Ladeeinheiten.
- *Zeitliche Sendungsbündelung:* Das Sendungsaufkommen wird in einer Versandstation oder in einer Zwischenstation für eine bestimmte Zeit angesammelt, damit eine größere Ladung erreicht wird. In der *Bündelungszeit* T_{BZ} [PE], die der Strategieparameter ist, läuft im Mittel eine *Bündelungsmenge*

$$M_B = \lambda_S \cdot M_S \cdot T_{BZ} \quad [LE] \qquad (20.36)$$

auf, wenn λ_S [Snd/PE] das Sendungsaufkommen und M_S [LE/Snd] die mittlere Sendungsgröße sind. Mit ansteigender Bündelungszeit wächst die Bündelungsmenge. Zugleich aber nehmen die Lieferfrequenz, für die $f_L \leq 1/T_{BZ}$ gilt, ab und damit die Lieferzeiten zu.

- *Quellenbündelung:* Die für *eine* Empfangsstelle bestimmten Sendungen von mehreren Versendern, von benachbarten Lieferstellen oder aus einem Sammelgebiet werden zusammen abgeholt und gemeinsam bearbeitet (*milk run*).
- *Senkenbündelung:* Sendungen einer Versandstelle, die für mehrere Empfangsstellen oder für ein Zustellgebiet bestimmt sind, werden gemeinsam bearbeitet und zusammen befördert.
- *Transportbündelung:* Mehrere Ladungen, die auf einer Tour abgeholt oder zugestellt werden können, werden in einer Transporteinheit befördert. Für den Ferntransport werden kleinere Transporteinheiten zu einer größeren Transporteinheit gebündelt. *Strategieparameter* sind die Kapazitäten der eingesetzten Transporteinheiten.

Eine *Gegenstrategie* zur Transportbündelung ist die *Aufteilung von größeren Sendungen* auf mehrere Transportmittel zur besseren Laderaumnutzung. Eine Gegenstrategie zur Sendungsbündelung ist die

- *Sendungstrennung*: Die Sendungen werden nach Sendungsgröße in Klassen mit kleinen, mittleren und großen Sendungen eingeteilt und auf den jeweils optimalen Frachtketten ausgeliefert.

Weitere Gegenstrategien zur Sendungsbündelung sind die *Just-In-Time-Strategie* und das *One-Piece-Flow-Prinzip*, die auf eine Minimierung der Liefer- und Wartezeiten ausgerichtet sind [39]. Für diese Strategien sind im Extremfall die Bündelungszeit gleich 0 und die Batchgröße gleich 1. Der Preis hierfür sind in der Regel erhöhte Belieferungskosten.

Eine Bündelungsstrategie zur Senkung der Bestands- und Lagerkosten im gesamten Belieferungssystem ist die

- *Zentralisierung der Bestände*: Die Warenbestände von Artikeln, die für mehrere Bedarfsstellen bestimmt sind, werden an einem oder wenigen Standorten soweit zentralisiert, wie dadurch nicht die Lieferzeiten und die Lieferfähigkeit beeinträchtigt werden.

Wenn infolge einer zu starken Zentralisierung der Bestände die Serviceanforderungen nicht mehr eingehalten werden können, ist als Gegenstrategie eine teilweise *Dezentralisierung der Bestände* mit einer Bevorratung kostenminimaler Puffermengen in der Nähe der Bedarfsstellen erforderlich (s. *Abschn.* 11.10).

20.7.2 Ordnungsstrategien der Belieferung

Durch folgende Ordnungsstrategien lassen sich Zeiten und Kosten innerhalb einer Lieferkette optimieren:

- *Priorisierung*: Eilaufträge, Expresssendungen und andere vorrangige Aufträge werden sofort ausgeführt, nachrangige Aufträge und Sendungen nur soweit es die verfügbaren Kapazitäten zulassen.
- *Optimale Bearbeitungsfolgen*: In den Stationen werden Aufträge und Sendungen in der Reihenfolge bearbeitet, die mit den geringsten Rüstkosten und Wechselzeiten verbunden ist.
- *Packstrategien*: Versandeinheiten oder Packstücke werden in einer solchen Reihenfolge und Orientierung in die *Ladeeinheiten* gepackt, dass Volumen und Nutzlast der Ladeeinheit optimal genutzt werden (s. *Abschn.* 12.4).
- *Staustrategien*: Die Ladeeinheiten und Frachtstücke der Sendungen einer ausgehenden Gesamtladung werden in einer solchen Reihenfolge und Orientierung in den *Transporteinheiten* verstaut, dass Frachtraum und Nutzlast optimal genutzt werden und eine vorgegebene *Beladefolge* der Sendungen eingehalten wird (s. *Abschn.* 12.5).
- *Füllstrategien*: Durch Auf- oder Abrunden der Liefermengen, durch Vorziehen oder Zurücklassen zeitunkritischer Sendungen oder durch Sendungsteilung werden die Anbruchverluste in den Lade- und Transporteinheiten minimiert (s. *Abschn.* 12.5).
- *Optimale Transportfolgen*: Transportaufträge und Transportfahrten werden in *der* Reihenfolge und auf *den* Fahrwegen ausgeführt, die mit dem geringsten Aufwand und Zeitbedarf verbunden sind [11, 13, 20, 122].

Wenn für eine Relation mehrere Liefer- oder Transportketten zur Auswahl stehen, kann grundsätzlich für jede anstehende Sendung gesondert errechnet werden, welche der bestehenden Möglichkeiten die kostengünstigste ist. Wenn das zu aufwendig oder wegen Unkenntnis der Logistikdaten und Kosten nicht möglich ist, werden *Zuweisungsstrategien* benötigt, die festlegen, für welche Sendungsart welche Lieferkette zu wählen ist.

20.7.3 Sicherheitsstrategien der Belieferung

Zur Absicherung der Belieferung bei Ausfällen und Verzögerungen sind folgende *Sicherheitsstrategien* geeignet:

- *Sicherheitsbestände*: Zur Sicherung der *Lieferfähigkeit* bei Schwankungen der Wiederbeschaffungszeit und des Bedarfs werden in den bestandsführenden Stationen der Lieferkette *Sicherheitsbestände* vorgehalten (s. *Abschn.* 11.8).
- *Mengenpuffer*: Stochastisch schwankende Ankunftsraten und Abfertigungszeiten führen zu Staus und Warteschlangen, zu deren Aufnahme ausreichend bemessene Stauräume und Pufferstrecken vorhanden sein müssen (s. *Abschn.* 13.5).
- *Zeitpuffer*: Zur Sicherung des unterbrechungsfreien Betriebsablaufs in den Stationen und der pünktlichen Einhaltung der Fahrpläne gegen unplanmäßige Wartezeiten und Schwankungen der Durchlaufzeiten sind angemessene *Zeitpuffer* einzuplanen (s. *Abschn.* 8.6).

- *Redundanzen*: Ausfälle, Störungen und Betriebsunterbrechungen einzelner Stationen oder Verbindungen einer Lieferkette können durch Ersatzstationen und Ausweichverbindungen überbrückt werden (s. *Abschn.* 13.6).

20.8 Spezifikation der Lieferketten

Ein gut geführtes Logistikprojekt beginnt mit der Aufnahme und Analyse der Auftragsprozesse, Logistikstrukturen und Lieferketten einschließlich der damit verbundenen Informations- und Datenflüsse [259]. Das Ergebnis einer Optimierung oder Neukonzeption der Unternehmenslogistik wird in Form von Strukur-, Ablauf- und Flussdiagrammen dargestellt und durch Spezifikation der angestrebten Systeme, Prozesse und Lieferketten beschrieben.

Zur *Übersichtsdarstellung* genügen die in *Abb.* 20.8 und 20.9 dargestellten *Lieferkettendiagramme*, in denen die Stationen als *Kästen* und die Transportverbindungen als gerichtete *Pfeile* symbolisiert sind. Durch Bezeichnung der Stationen werden die Strukturen und durch Beschriftung der Verbindungen die Warenströme und Transportmittel angegeben. Die *Abb.* 20.14, 20.21, 20.23 und 20.25 geben auf diese Weise einen Überblick über die Lieferketten einiger Industrie- und Handelsunternehmen. *Abb.* 20.17 zeigt die wichtigsten *Frachtketten* von Speditionsunternehmen und *Beförderungsketten* von Transportdienstleistern.

Zur genaueren *Spezifikation* ist eine *Belieferungstabelle* mit den *qualitativen Merkmalen* der Lieferketten erforderlich, wie sie *Tab.* 20.1 für ein Beispiel aus der Konsumgüterindustrie zeigt, dessen Distributionsstruktur in *Abb.* 20.13 und dessen Auslieferungsketten in *Abb.* 20.14 dargestellt sind. Beginnend mit den Lieferstellen werden über die Stufen der Lieferketten, die in den Spalten der Tabelle aufgeführt sind, für alle Stationen bis hin zu den Empfangsstellen die *operativen Logistikleistungen* (20.2), (20.4) und (20.5) aufgelistet, die in den Stationen erbracht werden. Außerdem werden die *Versand- und Ladeeinheiten* spezifiziert, die die einzelnen Stationen verlassen. Die Transportverbindungen zwischen den Stationen der Lieferketten werden durch Angabe des *Verkehrsträgers*, des *Transportmittels* und der gewählten *Transportart* spezifiziert.

Durch Grenzlinien können in den Diagrammen und in der Matrixtabelle die *Gefahrenübergänge* zwischen den Beteiligten der Lieferkette markiert und die *Verantwortung* für die Abschnitte der Lieferketten abgegrenzt werden. So liegt der Gefahrenübergang für Lieferungen *ab Werk* für das in *Tab.* 20.1 angegebene Beispiel an der Versandrampe der Produktion oder des Fertigwarenlagers und für Lieferungen *frei Haus* an der Eingangsrampe der Handelslager, der Crossdocking-Stationen oder der Handelsfilialen.

Zur Berechnung der Lieferzeiten und Kosten sowie zur Dimensionierung eines neuen Logistikkonzepts wird eine weitergehende *Detailspezifikation* der Lieferketten benötigt. Die Detailspezifikation umfasst die Aufträge, die Durchsatzwerte und die Bestände der einzelnen Stationen sowie das Sendungsaufkommen und die Ladungsströme zwischen den Stationen der Lieferketten. Außerdem sind die Belieferungsform, die Strukturparameter und die Transportparameter des gesamten Logistiksys-

	LK 1	LK 2	LK 3	LK 4	LK 5
Lieferstelle	**Werk**	**Werk**	**Werk**	**Werk**	**Werk**
Funktionen	Produktion Verladen	Produktion Verladen	Produktion Verladen	Produktion Verladen	Produktion Verladen
Ladeeinheiten	artikelr. Ganzpal.	artikelr. Ganzpal.	artikelr. Ganzpal.	artikelr. Ganzpal.	artikelr. Ganzpal.
Transport 1		**W bis VL**	**W bis FL**	**W bis FL**	**W bis FL**
Verkehrsträger		Straße	Straße	Straße	Straße
Transportmittel		Shuttle-Fahrzeug	Shuttle-Fahrzeug	Shuttle-Fahrzeug	Shuttle-Fahrzeug
TE-Kapazität [LE]		34	34	34	34
Tour		Direkt	Direkt	Direkt	Direkt
Rückfrachtauslastung		0%	0%	0%	0%
Zwischenstation 1		**Versandlager**	**Versandlager**	**Versandlager**	**Versandlager**
Funktionen		Einlagern Lagern Kommissionieren Verladen	Einlagern Lagern Kommissionieren Verladen	Einlagern Lagern Auslagern Verladen	Einlagern Lagern Auslagern Verladen
Ladeeinheiten		filalr. Mischpal.	filalr. Mischpal.	artikelr. Ganzpal.	artikelr. Ganzpal.
Transport 2	**W bis HL**	**VL bis F**	**VL bis CD**	**VL bis TS**	**VL bis HL**
Verkehrsträger	Straße	Straße	Straße	Straße	Straße
Transportmittel	Sattelfaufl./WAB	Sattelfaufl./WAB	Sattelfaufl./WAB	Sattelfaufl./WAB	Sattelfaufl./WAB
TE-Kapazität [LE]	34	34	34	34	34
Fahrt	Ladungstransport	Ladungstransport	Ladungstransport	Ladungstransport	Ladungstransport
Rückfrachtauslastung	0%	0%	0%	0%	0%
Zwischenstation 2	**Handelslager**		**Cross-Docking**	**Transshipment**	**Handelslager**
Funktionen	Einlagern Lagern Kommissionieren Verladen		Entladen Verladen	Entladen Sortieren Verladen	Einlagern Lagern Kommissionieren Verladen
Ladeeinheiten	filalr. Mischpal.		filalr. Mischpal.	filalr. Mischpal.	filalr. Mischpal.
Transport 3	**HL bis F**		**CD bis F**	**TS bis F**	**HL bis F**
Verkehrsträger	Straße		Straße	Straße	Straße
Transportmittel	Transporter		Transporter	Transporter	Transporter
TE-Kapazität [LE]	12		12	12	12
Fahrt	Verteiltour		Verteiltour	Verteiltour	Verteiltour
Rückfrachtauslastung	0%		0%	0%	0%
Empfangsstellen	**Handelsfilale**	**Handelsfilale**	**Handelsfilale**	**Handelsfilale**	**Handelsfilale**
Funkionen	Entladen Kontrolle	Entladen Kontrolle	Entladen Kontrolle	Entladen Kontrolle	Entladen Kontrolle

Tab. 20.1 Belieferungstabelle eines Konsumgüterherstellers

.... Stationsgrenzen ____ Verantwortungsgrenzen
LK_i: Lieferkette $i = 1, 2, 3, 4, 5$
übrige Abkürzungen: s. Legende *Abb.* 20.13 u. 20.14

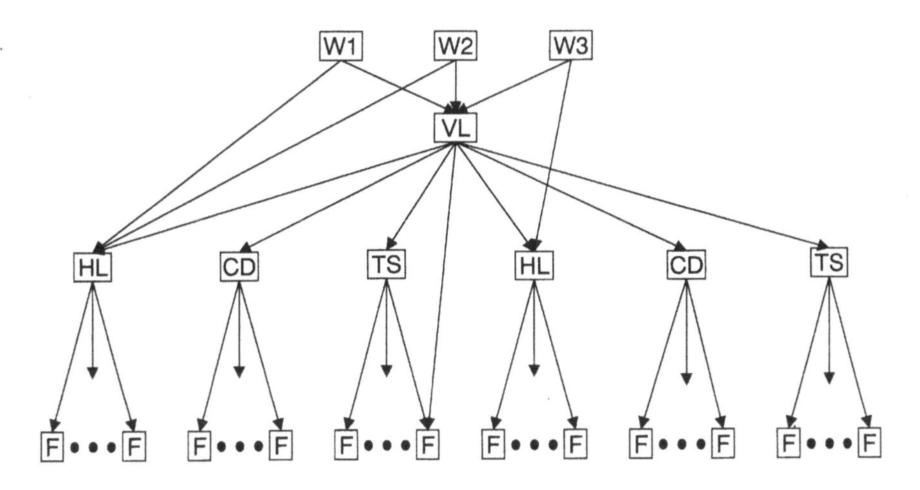

Abb. 20.13 Distributionsstruktur eines Konsumgüterherstellers

Wi: Produktionswerke	VL: Versandlager
CD: Crossdocking-Stationen	TS: Transshipment-Stationen
HL: Handelslager	F: Filialen des Einzelhandels

tems und der einzelnen Lieferketten zu quantifizieren. Damit ist festgelegt, welche Empfangsstellen von welchen Lieferstellen heute oder in Zukunft mit welchem Anteil ihres Sendungsaufkommens über welche der zur Auswahl stehenden Lieferketten versorgt werden.

Nach Festlegung der Strukturparameter des betrachteten Logistiknetzwerks, Detailspezifikation der möglichen Lieferketten und Ermittlung der Kostensätze und Leistungspreise kann mit den vorangehenden Berechungsformeln, Algorithmen und Dispositionsverfahren ein *BOL-Netzwerktool* zur *Bestimmung Optimaler Lieferketten* erstellt werden. Das Programm berechnet für stationäre oder dynamische Leistungsanforderungen die Belieferungskosten (20.33), die Liefer- und Sendungslaufzeiten (20.31) wie auch die Bestände in den Stationen des Netzwerks. Es ist nutzbar zur Auswahl der jeweils kostengünstigsten Lieferkette für die verschiedenen Beschaffungs- oder Versandaufträge und zur Bestimmung optimaler Werte für die Gestaltungs- und Dispositionsparameter.

Die ersten Netzwerkstools wurden firmenspezifisch zur Optimierung eines bestehenden Unternehmensnetzwerks entwickelt (s. *Abb.* 3.8). Heute gibt es ausgereifte *Standardprogramme zur dynamischen Netzwerkoptimierung*, die in der Automobilindustrie, in Handelskonzernen und in anderen Unternehmen erfolgreich eingesetzt werden. Sie ermöglichen ein hohes Maß an *Transparenz* und sind sowohl zur Netzwerkgestaltung wie auch zur Netzwerkanpassung und Optimierung der Lieferketten einsetzbar [259, 260, 283]. Solange der Anwender jedoch nicht die verwendeten Formeln, Dispositionsverfahren, Algorithmen und Annahmen überprüfen kann und mit der Unternehmensrealität abgleicht, bestehen die in *Abschn.* 3.9 genannten Gefahren des Einsatzes von Planungstools. Die größte Gefahr aber ist die Illusion, es

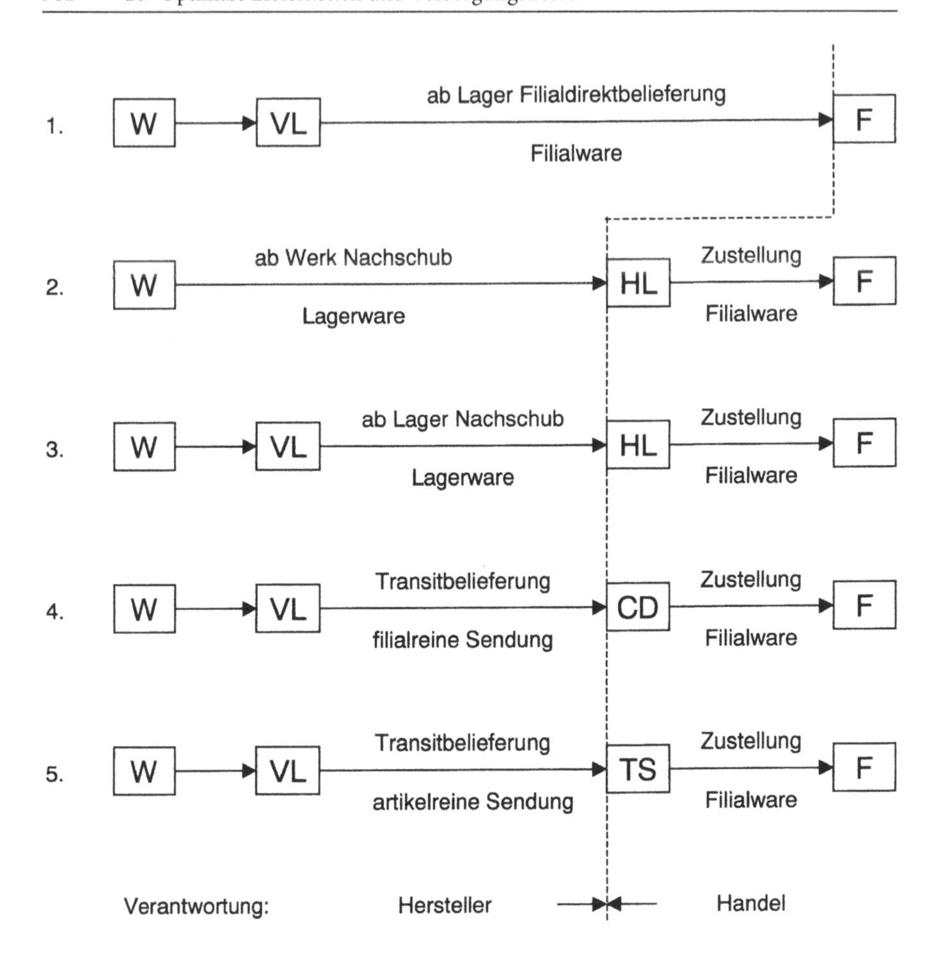

Abb. 20.14 Distributionsketten eines Konsumgüterherstellers

W: Produktionswerk F: Filiale des Einzelhandels
VL: Versandlager HL: Handelslager
CD: Crossdocking-Station TS: Transshipment-Station

ließe sich mit Hilfe eines Rechnertools das absolut optimale Logistiknetzwerk finden.

20.9 Optimierung von Lieferketten und Logistikstrukturen

Theoretisch liegt es nahe, zur Optimierung der Lieferketten und der Netzwerkstruktur eines Unternehmens die *Zielfunktion der Gesamtlieferkosten* (20.34) durch systematische Variation aller freien *Gestaltungsparameter* der Lieferketten unter Beachtung der vorgegebenen *Lieferanforderungen* und *Restriktionen* zu minimieren. Für ein solches Vorgehen bieten sich die Verfahren des *Operations Research* an. Die Anzahl und die Variationsbreite der Gestaltungsparameter sowie die Anzahl der Kombinationsmöglichkeiten der Parameter nehmen jedoch mit dem Produkt $N_L \cdot N_E$ der Anzahl der Liefer- und Empfangsstellen rascher als exponentiell zu. Daher ist eine Lösung der zu Anfang dieses Kapitels formulierten *allgemeinen Belieferungsaufgabe* mit der Zielfunktion (20.34) durch eine *Vollenumeration* auch in relativ einfachen Fällen selbst auf einem leistungsfähigen Rechner innerhalb begrenzter Zeit nicht möglich.

Die allgemeine Belieferungsaufgabe enthält als Unterprobleme die bekannten Standardprobleme des OR, wie die einstufige *Standortoptimierung*, die mehrstufigen *Warehouse-Location-Probleme*, die *Tourenplanung*, die *Fahrwegoptimierung* und die *Netzwerkgestaltung*. Bereits für diese Teil- und Unterprobleme der allgemeinen Belieferungsaufgabe führen die mathematischen Lösungsverfahren des OR nur zu einem brauchbaren Ergebnis, wenn das Problem stark vereinfacht wird und die Rechnungen mit geeignet konstruierten *Anfangslösungen* beginnen [12,46,50,52–54,109]. Zusätzliche Handlungsparameter, die bei den OR-Standardproblemen meist nicht berücksichtigt werden, sind die Nutzung unterschiedlicher Lieferketten zwischen den einzelnen Liefer- und Empfangsstellen und die Disposition der Bestände in den Stationen der Lieferketten.

Der Ansatz, eine derart komplexe Aufgabe nur durch mathematische Verfahren zu lösen, ist vergleichbar mit dem Versuch, Brücken und Bauwerke allein mit dem *Verfahren der finiten Elemente* durch Simulation vom Computer errechnen zu lassen. Logistiknetze und Logistiksysteme müssen ebenso wie große Bauwerke und Gesamtanlagen von erfahrenen Fachleuten unter Nutzung bewährter Regeln und Näherungsverfahren konstruiert und dimensioniert werden.

Die Aufgabe einer Optimierung der Unternehmenslogistik besteht in der Praxis darin, mit vertretbarem Aufwand möglichst rasch eine Lösung zu finden, deren Gesamtkosten deutlich geringer sind als die IST-Kosten. Wichtiger als das Erreichen eines theoretisch denkbaren Optimums ist es zu verstehen, aus welchen Einzelmaßnahmen und Teilschritten die günstigeren Kosten der optimierten Lösung im Vergleich zur IST-Situation resultieren. Für die Optimierung der Unternehmenslogistik haben sich in der Beratungspraxis iterative Verfahren zur Bestimmung optimaler Lieferketten bewährt, die von dem vorangehend beschriebenen *BOL-Netzwerktool* sowie von den zuvor und nachfolgend dargestellten *Gestaltungsgrundsätzen*, *Konstruktionsmethoden* und *Näherungsverfahren* Gebrauch machen.

Das iterative Verfahren der analytischen Lösungskonstruktion ist auch geeignet für die Entwicklung von *Anfangslösungen*, die sich mit Hilfe von OR-Verfahren weiter optimieren lassen. Außerdem ist es möglich, eine analytisch konstruierte und dimensionierte Lösung durch eine *digitale Simulation* zu überprüfen und im Detail zu verbessern.

Die Verfahren der analytischen Lösungskonstruktion, die heuristischen Optimierungsverfahren des OR und das Verfahren der digitalen Simulation schließen sich also nicht aus, sondern ergänzen sich gegenseitig [166]. Das gilt nicht nur in der Praxis der Unternehmensberatung sondern auch für die Entwicklung und Überprüfung weiterer Gestaltungsgrundsätze, Konstruktionsmethoden und Näherungsverfahren (s. *Abschn.* 5.3).

20.9.1 Iterative Optimierung der Lieferketten und Netzstrukturen

Die Bestimmung der *optimalen Lieferketten* und der dazu passenden Netzstruktur zwischen einem vorgegebenen Lieferanten- und Abnehmerkreis ebenso wie der *optimalen Transportketten* zwischen vorgegebenen Versand- und Empfangsstellen erfordert einen *iterativen Optimierungsprozess* mit den *Arbeitsschritten*:

1. *Erfassung* und *Analyse* der bestehenden *Logistikstrukturen*, *Auftragsprozesse* und *Lieferketten* einschließlich der damit verbundenen *Informations- und Datenflüsse*.
2. *Spezifikation der Strukturbedingungen*, also der Kunden- oder Empfängerstruktur, der Lieferanten- oder Versenderstruktur, der vorgegebenen Zwischenstationen und der verfügbaren Transportverbindungen.
3. *Ermittlung der Lieferanforderungen*, das heißt, der Sortiments-, Service- und Sendungsanforderungen, Bestimmung der Hochrechnungs- und Änderungsfaktoren zur Berechnung der *Lieferanforderungen für den Planungshorizont* und Erfassung der *Restriktionen*.
4. *Segmentierung der Sortimente*, *Aufträge* und *Sendungen* in hinreichend homogene Gruppen mit in sich ähnlichen Eigenschaften.
5. *Festlegung der benötigten Lieferketten* mit *Spezifikation der Belieferungsformen*, *Strukturparameter* und *Transportparameter*. Dafür werden zuerst die einstufigen Lieferketten festgelegt, danach die zweistufigen und dann die drei- und mehrstufigen Ketten. Höherstufige Lieferketten werden nur berücksichtigt, wenn sie zur Erfüllung der Anforderungen erforderlich sind oder geringere Kosten erwarten lassen.
6. *Analyse der regionalen Verteilung* der Standorte der Liefer- und Empfangsstellen, des Sendungsaufkommens und der Ladungsströme.
7. Vorläufige *Einteilung des Servicegebiets* in *Sammel- und/oder Verteilregionen*.
8. *Entwicklung einer Ausgangslösung für die Netzwerkstruktur*, entweder ausgehend von den bestehenden Strukturen durch Streichung vorhandener und Hinzufügen anderer Zwischenstationen oder durch grundlegende Neukonzeption mit einer Minimalzahl von Zwischenstationen in den *Transportschwerpunkten* der zuvor gebildeten Regionen (s. *Abschn.* 18.10 *und* 20.10).
9. *Umlegung des Sendungsaufkommens* auf die kostenoptimalen Lieferketten der Ausgangslösung. Dabei werden die größeren und eiligen Sendungen den Lieferketten mit geringer Stufigkeit zugeordnet und die kleineren und weniger dringlichen Sendungen höherstufigen Ketten.
10. *Ableitung der Durchsatzanforderungen* und der *Bestandsanforderungen* aus dem Sendungsaufkommen, das in den Stationen der Lieferkette zu bearbeiten und zwischen den Stationen zu befördern ist. Hierzu werden die zuvor angegebenen Zusammenhänge und Berechnungsformeln benötigt.

11. Erstellen eines projektspezifischen *BOL-Netzwerktools* aus Programm-Modulen für die Lieferstellen, Logistikstationen und Empfangsstellen sowie für die Transportverbindungen zwischen diesen Stationen.
12. *Berechnung der Lieferzeiten* und Überprüfung der Einhaltung der Lieferanforderungen für die *Ausgangslösung*.
13. *Berechnung der Belieferungskosten* und *Überprüfung der kritischen Durchsatzmengen* auf der Basis *vorläufiger Prozesskostensätze*, die für die abgeleiteten Durchsatz- und Bestandsanforderungen der Ausgangslösung gelten.
14. Iterative *Optimierung* der *Lieferketten* und der *Netzwerkstruktur* durch schrittweise *Variation der freien Gestaltungsparameter*, wie der Liefer- und Nachschubfrequenzen, der Belieferungsformen, der Strukturparameter und der Transportparameter.
15. *Gestaltung* der *Auftragsprozesse* zur Auslösung und der *Informations- und Datenflüsse* zur Steuerung und Kontrolle der Belieferungsprozesse.

Zur Optimierung der Lieferketten werden nacheinander die zur Auswahl stehenden Lieferketten mit den zu bearbeitenden Einzelsendungen oder Sendungsströmen belegt. Dabei wird stets die *optimale Lieferkette* gewählt, die bei Einhaltung der Lieferzeitanforderungen und übrigen Restriktionen für eine betrachtete Lieferbeziehung die geringsten Sendungskosten (20.32) hat.

Für die Strukturentwicklung und Grobdimensionierung der Lieferketten ist es ausreichend, den Optimierungsprozess mit dem *durchschnittlichen Sendungsaufkommen* für Sendungsklassen mit in sich ähnlicher Struktur durchzuführen. Für genauere Rechnungen wird das *echte Sendungsaufkommen* für ein Geschäftsjahr Sendung für Sendung nach *Zuteilungsregeln* kostenoptimal auf die Lieferketten umgelegt.

20.9.2 Berücksichtigung durchsatzabhängiger Kosten

Durch Summation der Ströme in den optimalen Lieferketten für die verschiedenen Lieferbeziehungen ergeben sich die *Leistungsanforderungen* an das Logistiksystem, das heißt, die benötigten *Logistikleistungen* in den Stationen und das *Ladungsaufkommen* zwischen den Stationen des Systems. Wenn im Zuge der Optimierung die Durchsatz- und Bestandsanforderungen gegenüber der Ausgangslösung erheblich verändert werden, müssen die Leistungskostensätze überprüft und gegebenenfalls korrigiert werden.

Die Durchsatzanforderungen für einzelne Stationen oder Transportverbindungen können so gering werden, dass die Leistungskosten infolge der Fixkosten überproportional ansteigen und der Betrieb unwirtschaftlich ist (s. *Abschn.* 19.11). Wenn es nicht möglich ist, die betreffenden Stationen und Verbindungen zusätzlich mit *fremden Sendungsaufkommen* auszulasten und damit das Fixkostendilemma zu umgehen, muss der Optimierungsprozess bei der Strukturkonzeption ab *Schritt 7* erneut begonnen werden.

20.9.3 Prozessoptimierung und Strukturoptimierung

Die Optimierung der Lieferketten wird abwechselnd unter dem *Strukturaspekt* und unter dem *Prozessaspekt* durchgeführt, bis sich eine stabile und konsistente Gesamtlösung ergibt, die alle Anforderungen erfüllt. Eine reine *Strukturoptimierung*, die für eine Lieferbeziehung jeweils nur eine Lieferkette berücksichtigt, führt ebenso wenig zum Ziel wie eine reine *Prozessoptimierung* ohne Beachtung der resultierenden Auslastung der Stationen und Transportverbindungen.

Wegen der Vielzahl der Gestaltungsparameter hat die iterative Optimierung einen recht *großen Lösungsraum*. Dieser wird jedoch in der Regel durch projektabhängige *Restriktionen* erheblich eingeschränkt. Dabei ist nicht auszuschließen, dass die aus einer *Anfangslösung* durch iterative Optimierung resultierende *optimierte Lösung* ein Nebenoptimum ist und das theoretische Optimum minimaler Gesamtbelieferungskosten verfehlt wird. Maßstab für den Erfolg der Optimierung aber sind weniger die theoretisch minimalen Gesamtbelieferungskosten sondern die IST-Belieferungskosten (s. *Abschn.* 15.5).

20.9.4 Einsparpotential und Sensitivitätsrechnungen

Durch einen Vergleich der Gesamtkosten für die *resultierende Lösung* mit den Gesamtkosten für die IST-Lieferketten ergibt sich das *Einsparungspotential*, das durch *Optimierungsmaßnahmen* oder eine optimale Gesamtlösung erreichbar ist. Diesem Einsparungspotential müssen die eventuell erforderlichen *Investitionen* für den Aus- und Aufbau der benötigten Strukturen gegenübergestellt werden. Zusätzlich ist die *Kapitalrückflussdauer* (ROI) zu errechnen und mit dem von der Unternehmensleitung vorgegebenen maximalen ROI-Wert zu vergleichen (s. *Abschn.* 5.1).

Ein BOL-Netzwerktool kann auch dazu genutzt werden, *Sensitivitätsrechnungen* für absehbare Veränderungen der Lieferanforderungen oder der Randbedingungen durchzuführen. Auf diese Weise lässt sich beispielsweise quantifizieren, wie sich der Fortfall oder das Hinzukommen eines bestimmten Sendungsaufkommens auf die übrigen Belieferungskosten auswirken würde.

Wenn ein Liefer- oder Beförderungssystem erst einmal in einem Netzwerktool abgebildet ist, können mit dem Programm auch die Kostenersparnisse und Kostenverschiebungen der *Umstellung eines Lieferanten* auf einen anderen Belieferungsweg oder von einer *Frei-Haus-* auf eine *Ab-Werk-*Belieferung kalkuliert werden. Ebenso lassen sich auf diese Weise die *Auftragslogistikkosten*, die *Beförderungskosten* oder die Kostenersparnisse und damit die zulässigen *Logistikrabatte* für eine veränderte Belieferungsform berechnen.

Für das operative Tagesgeschäft wird ein Netzwerktool benötigt, um die täglich anstehenden Sendungen den jeweils optimalen Lieferketten zuzuweisen. Solange ein solches BOL-Tool nicht zur Verfügung steht, müssen die Sendungen nach allgemeinen *Zuweisungsstrategien* auf die Lieferketten verteilt werden. Die Zuweisungsstrategien lassen sich mit Hilfe von *Modellrechnungen* für das betreffende Logistiksystem entwickeln. Beispiele für solche Zuweisungsstrategien sind die *Grenzkriterien* (20.16) bis (20.19) zwischen Ganzladungs-, Teilladungs-, Stückgut- und Paketsendungen.

Das hier dargestellte allgemeine Vorgehen zur Optimierung von Lieferketten und Logistiknetzen wird nachfolgend anhand mehrerer Beispiele aus der Beratungspraxis näher erläutert. Dabei ergeben sich weitere Aspekte und projektspezifische Besonderheiten.

Außer geeigneten Verfahren und brauchbaren Rechnertools erfordert die Gestaltung der Logistikstrukturen und die Optimierung der Lieferketten *Kreativität* und *Erfahrung* sowie die Kenntnis der *Handlungsmöglichkeiten* und ihrer Auswirkungen. Modellrechnungen zeigen, dass die verschiedenen Gestaltungs- und Strategieparameter sehr unterschiedliche Auswirkungen auf die Belieferungskosten haben, aber nur wenige Parameter für die Praxis interessante Kostensenkungen bewirken. Diese gilt es herauszufinden.

20.10 Transportnetze und Transportketten

Die *Transportdienstleister* – Frachtführer, Speditionen, Paketdienstleister, Luftfahrtunternehmen, Verkehrsgesellschaften, Reedereien, Post und Bahn – führen laufend die *Transport-* und *Beförderungsaufträge* einer Vielzahl unterschiedlicher *Versender* oder *Verlader* aus. Daneben vermieten oder verchartern sie *Laderaum* und *Transportmittel.* Für dieses Dienstleistungsgeschäft halten die Transportdienstleister *Transportkapazitäten* sowie ein *Transport-* oder *Frachtnetz* vor, das ein bestimmtes *Servicegebiet* abdeckt. Damit können sie unterschiedliche *Transportketten* – auch *Frachtketten, Beförderungsketten* oder *Speditionsketten* genannt – anbieten (s. *Abb.* 20.4).

20.10.1 Aufbau von Transport- und Frachtnetzen

Ein *Transport-* oder *Frachtnetz* besteht aus einer Anzahl *regionaler Umschlagpunkte* (RU). Von jedem Umschlagpunkt aus wird ein zugehöriges *Einzugsgebiet* oder *Nahgebiet* im *Vorlauf* über *Sammelfahrten* oder *Pick-Up-Touren* und im *Nachlauf* auf der sogenannten *Letzten Meile* über *Verteilfahrten* oder *Zustelltouren* mit kleineren Fahrzeugen bedient (s. *Abb.* 20.5). Zwischen den regionalen Umschlagpunkten finden mit größeren Transportmitteln in bestimmten *Beförderungs- oder Transportfrequenzen* sogenannte *Hauptlauftransporte* statt:

- In einem *dezentralen Netz,* wie es die *Abb.* 20.15 zeigt, sind N regionale Umschlagpunkte durch maximal $N(N-1)/2$ Transportverbindungen *direkt* miteinander verbunden, auf denen regelmäßig Hin- und Rücklauftransporte stattfinden.
- In einem *zentralen Netz,* das *Abb.* 20.16 zeigt, sind N regionale Umschlagpunkte über N Transportverbindungen, die als *Speichen* (*spokes*) bezeichnet werden, mit einem *zentralen Umschlagpunkt,* der *Nabe* (*hub*) genannt wird, verbunden. In dem *Zentralumschlagpunkt* (ZU) werden die aus mehreren Regionen einlaufenden Ladungen zu auslaufenden Ladungen umsortiert und gebündelt.

Der Vorteil dezentraler Netze sind die im Mittel kürzeren Entfernungen und Beförderungszeiten zwischen den Stationen. Der Nachteil ist eine geringere Auslastung

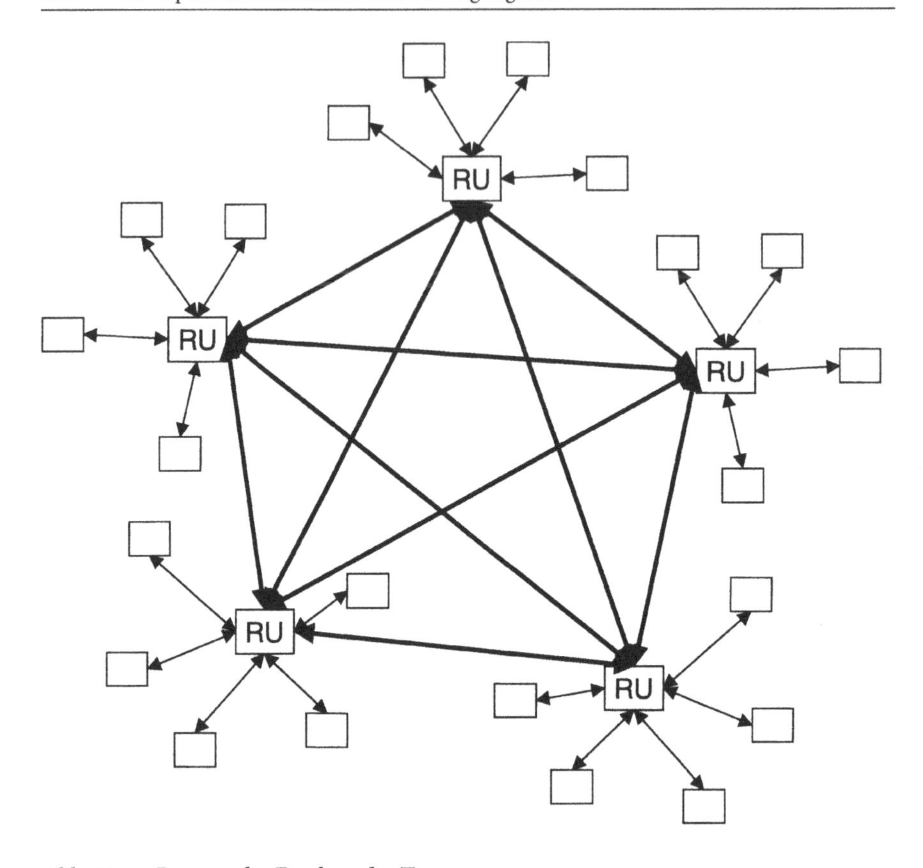

Abb. 20.15 Dezentrales Fracht- oder Transportnetz

RU: Regionale Umschlagpunkte ($N = 5$)

großer wirtschaftlicher Transportmittel bei unzureichenden Ladungsströmen und höherer Transportfrequenz.

In einem *zentralen Netz* – auch *Nabe-Speiche-System* (*Hub and Spoke*) genannt – reduziert sich die Zahl der Transporte bei gleicher Belieferungsfrequenz gegenüber dem dezentralen Netz maximal um den Faktor $(N-1)/2$. Um den gleichen Faktor erhöht sich im Mittel das Ladungsaufkommen der Transportrelationen vom und zum zentralen Umschlagpunkt. Daraus resultieren für das zentrale Transportnetz folgende *Vorteile*:

- In einem zentralen Netz können für die Transporte zwischen den regionalen Umschlagpunkten und dem zentralen Umschlagpunkt entweder mit gutem Füllungsgrad größere Transportmittel eingesetzt oder mit gleich großen Transportmitteln eine höhere Beförderungsfrequenz als in einem dezentralen Netz geboten werden.

Dieser positive Effekt tritt ab 4 Umschlagpunkten ein und nimmt linear mit der Anzahl der Umschlagpunkte zu. Der Preis und damit der Nachteil des zentralen Netzes

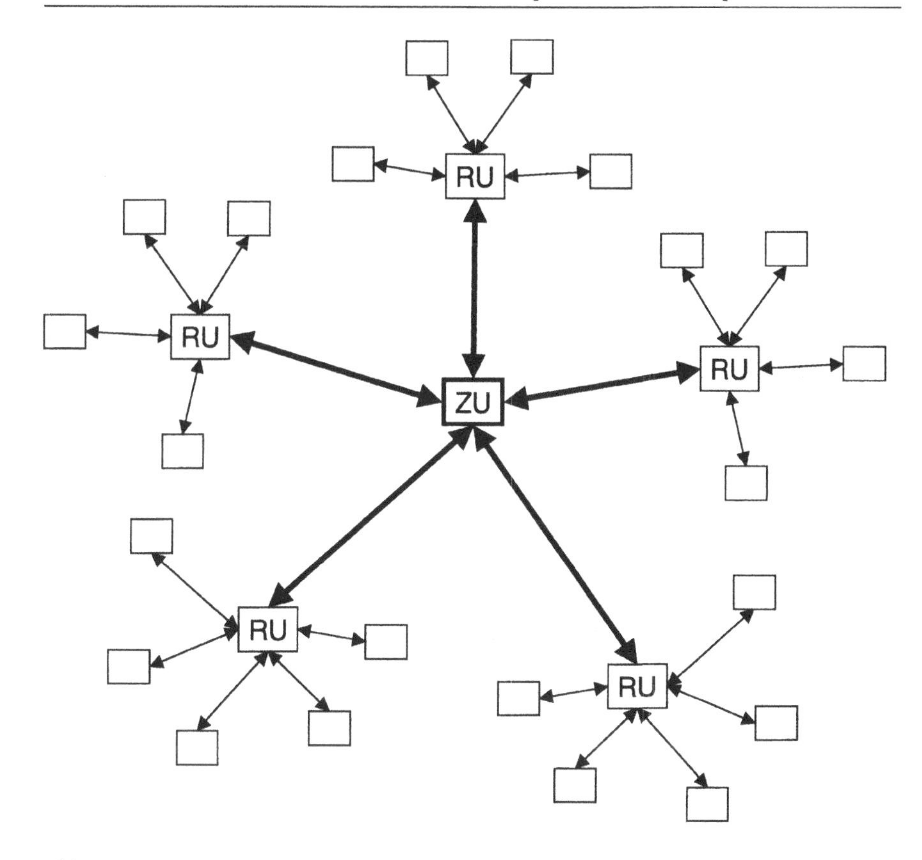

Abb. 20.16 Zentrales Fracht- oder Transportnetz

RU: Regionale Umschlagpunkte ($N = 5$)
ZU: Zentraler Umschlagpunkt (Nabe oder Hub)

sind die Kosten und der Zeitverlust für den zusätzlichen Umschlag sowie die längeren Transportwege für Lieferungen aus benachbarten Umschlagpunkten, die über den Zentralumschlagpunkt laufen. Hieraus folgt die *Regel:*

▶ Ein zentrales Netz ist zur Verbindung einer großen Anzahl weit voneinander entfernter Umschlagpunkte sinnvoll und wirtschaftlich, wenn das direkte wechselseitige Frachtaufkommen pro Periode deutlich geringer ist als die Transportmittelkapazität.

Aufgrund der unterschiedlichen Anforderungen und des in der Regel ungleichmäßig verteilten Frachtaufkommens in und zwischen den Regionen sind die Transport- und Frachtnetze der Verkehrsgesellschaften und Speditionen in der Praxis eine *Kombination* von zentralen und dezentralen Netzen.

Soweit zwischen zwei Stationen im Hin- und Rücklauf ein hinreichend großes *paariges Frachtaufkommen* besteht, werden Direkttransporte durchgeführt. Die restlichen Sendungen werden entweder über einen anderen regionalen Umschlagpunkt oder über einen zentralen Umschlagpunkt befördert. In der Regel hat auch der zentrale Umschlagpunkt ein eigenes Einzugsgebiet und damit eine Doppelfunktion.

In einem regional strukturierten und dicht bevölkerten Land wie Deutschland arbeiten die flächendeckenden Speditionen, die Eisenbahn, die Post und die Luftverkehrsgesellschaften weitgehend mit dezentralen Netzen. In einem großflächigen Land, wie die USA, und in zentral organisierten Ländern, wie Frankreich und England, haben Speditionen, Luftfahrtgesellschaften und andere Transportdienstleister überwiegend zentrale Netze. Für die Paketdienstleister ist in den meisten Ländern wegen des geringen Sendungsaufkommens auf vielen Relationen ein zentrales Netz mit einem oder wenigen *Hubs* von Vorteil.

Durch eine Verknüpfung der nationalen Netze eines international tätigen Frachtdienstleisters und durch Verbindung der Netze verschiedener Transportdienstleister untereinander entstehen *kombinierte Netzwerke* mit gemischt zentraler und dezentraler Struktur. Wenn die Netze von Frachtdienstleistern, die mit verschiedenen Verkehrsträgern arbeiten, weltweit miteinander verknüpft werden, entstehen *internationale Transport- und Frachtnetze* mit *intermodalen Transportketten*, die den ganzen Globus umspannen (s. *Abb.* 20.4).

Für die Versender wie auch für die Frachtdienstleister eröffnet sich mit der Vielfalt und der *Komplexität* der internationalen Transportnetze eine kaum noch überschaubare Fülle möglicher Transportketten. Zur Auswahl unter den Transportketten sind daher *Tools* für die Berechnung der Beförderungskosten und Laufzeiten sowie allgemeingültige *Zuweisungsstrategien* unerlässlich.

20.10.2 Standardfrachtketten

Für die Entwicklung von Zuweisungsstrategien und zur optimalen Festlegung der entsprechenden Strategieparameter, wie der Grenzkriterien (20.16) bis (20.19), ist es zweckmäßig, die möglichen Frachtketten nach aufsteigender Stufigkeit in *Standardfrachtketten* einzuteilen.

Der größte Teil des nationalen und internationalen Frachtaufkommens durchläuft eine der 5 *Standardfrachtketten*, die in *Abb.* 20.17 dargestellt sind. Diese Frachtketten fächern sich weiter auf durch die verschiedenen Verkehrsträger, Transportmittel, Transportarten und Betriebsarten.

Die *Standardfrachtkette 1* des Direkttransports ohne Umschlag zwischen einer Lieferstelle und einer Empfangsstelle ist eine einfache Transportverbindung. Sie ist bei ausreichendem Ladungsaufkommen für mittelgroße Sendungen innerhalb eines Nahgebiets und für größere Sendungen auch über größere Entfernungen am schnellsten und wirtschaftlichsten. Am häufigsten ist der Direkttransport im Straßenverkehr. Bei großem und regelmäßigen Ladungsaufkommen, beispielsweise zwischen den Werken der Grundstoff- und der Konsumgüterindustrie, ist auch eine direkte Bahnverbindung wirtschaftlich.

Die *Standardfrachtkette 2* ist typisch für die Verteilung kleinerer Sendungen innerhalb des Einzugsgebiets eines Umschlagpunktes. Die zu befördernden Sendungen werden im *Vorlauf* auf *Sammelfahrten* bei mehreren Kleinversendern oder in Abholfahrten bei einem Großversender abgeholt, der auch weiter entfernt sein kann, und

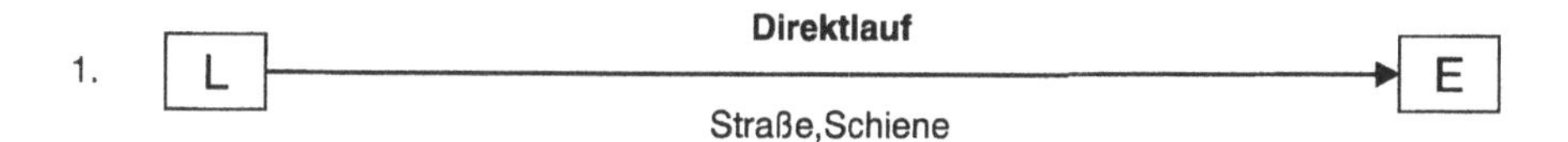

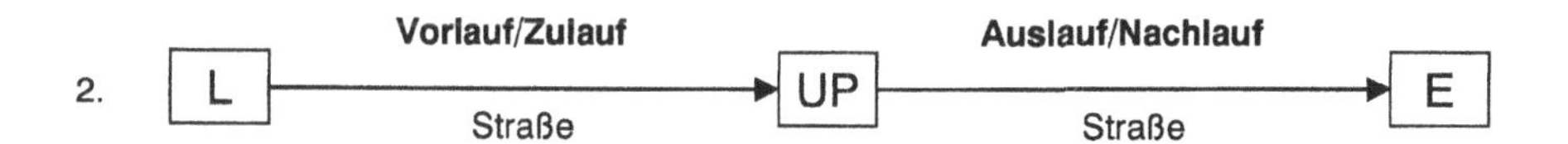

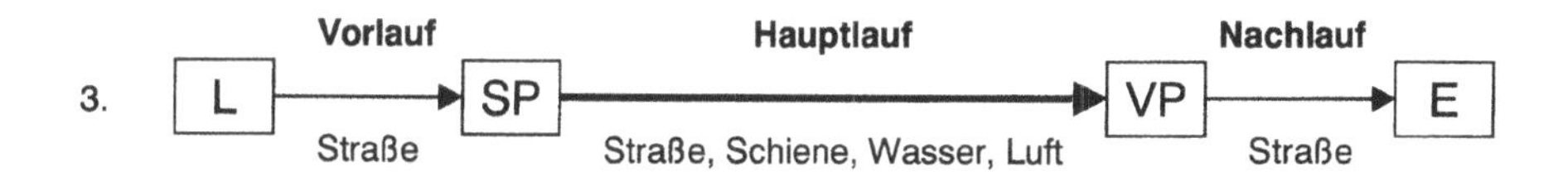

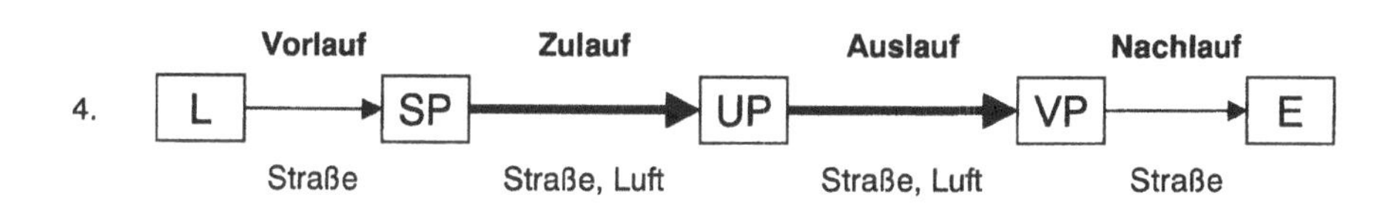

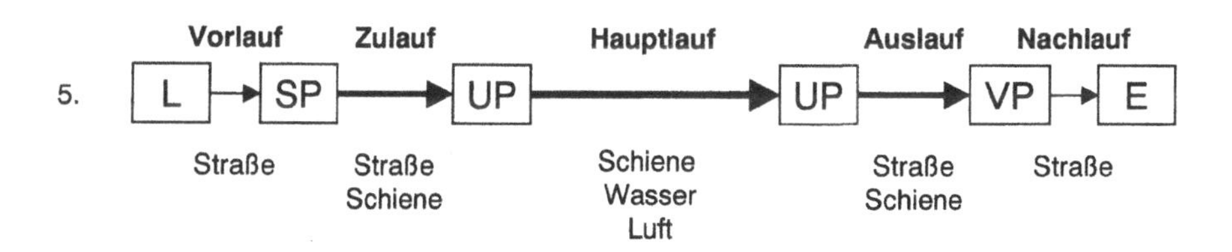

Abb. 20.17 Standardfrachtketten zwischen Lieferant und Empfänger

UP: Umschlag- oder Umladepunkt
SP: Sammelumschlagpunkt
VP: Verteilumschlagpunkt

nach einem Umschlag im *Nachlauf* zu den Empfangsstellen gebracht. Die kombinierten Sammel- und Verteilfahrten finden meist im Straßenverkehr statt.

Die *Standardfrachtkette 3* mit einem *Vorlauf* im Einzugsgebiet eines Sammelumschlagpunktes, einem *Hauptlauf* zu einem Verteilumschlagpunkt und einem *Nachlauf* in einem anderen Gebiet ist typisch für die Sendungsspedition über größere Distanzen. Während der Vorlauf und der Nachlauf mit geeigneten Transportfahrzeugen auf der Straße stattfinden, kann der Hauptlauf entweder mit Sattel- oder Gliederzügen ebenfalls auf der Straße, aber auch auf einem anderen Verkehrsträger durchgeführt werden. Die *Standardfrachtkette 3* ist typisch für *intermodale Straße-Bahn-Transporte* (s. *Abschn.* 20.16). Sie ist auch die einfachste Verbindungsmöglichkeit im Schiffs- und Luftverkehr mit einem *dezentralen Netz.*

Für Frachtdienstleister mit einem *zentralen Netz* ist die *Standardfrachtkette 4* charakteristisch, die mit zwei Hauptläufen über einen zentralen Umschlagpunkt läuft.

Bei intermodalen Transporten über große Entfernungen kann zwischen den regionalen Umschlagpunkten und dem Hauptlauf, der in einem größeren, kostengünstigeren oder schnelleren Transportmittel auf einem anderen Verkehrsträger durchgeführt wird, jeweils ein weiterer Umschlagpunkt zweckmäßig sein, in dem auch andere Ladungsströme zusammenlaufen und ein Wechsel des Transportmittels oder des Verkehrsträgers stattfindet (s. *Abb.* 20.4). Dadurch entsteht die *Standardfrachtkette 5.*

Im regionalen, nationalen, kontinentalen und globalen Warenverkehr stehen die Frachtketten der unterschiedlichen Logistikdienstleister und Verkehrsträger miteinander im Wettbewerb. Den Unternehmen stellt sich daher die Frage, ob und zu welchem Anteil die benötigten Transporte und Beförderungsleistungen mit eigenen Transportmitteln und über ein eigenes Netz durchgeführt werden sollen und wann besser ein Transport- oder Logistikdienstleister einzusetzen ist. Wegen der unterschiedlichen Anforderungen und Ziele gibt es für die Frage, ob Fremdleistung oder Eigenleistung, keine allgemeingültige Lösung sondern nur unternehmensindividuelle oder branchenspezifische Antworten [21].

20.10.3 Gestaltungsprinzipien zur Gebietseinteilung

Für Frachtdienstleister mit eigenem Netz und Unternehmen mit eigenem Beschaffungs- oder Distributionssystem stellt sich die Aufgabe, ein *Servicegebiet*, in dem sich die zu bedienenden Liefer- und Empfangsstellen befinden, so in eine Anzahl von Regionen aufzuteilen, dass bei Einhaltung der Liefer- und Laufzeitanforderungen insgesamt die kostengünstigsten Lieferketten möglich sind.

Für ein bestehendes Netz mit vorhandenen Umschlagpunkten ist es möglich, nach Abbildung des Netzes, der Lieferketten und der Anforderungen in einem BOL-Programm die Anzahl der Gebiete und die Zuordnung der Standorte nach einem zielführenden *Suchalgorithmus* zu verändern und auf diese Weise eine optimale Gebietseinteilung zu entwickeln. Ein solches Vorgehen ist jedoch recht aufwendig und birgt zugleich die Gefahr in sich, dass eine strukturell grundlegend andere Lösung mit deutlich günstigeren Kosten verfehlt wird. Daher ist es in vielen Fällen ratsam, zur Gebietseinteilung eine *Anfangslösung* neu zu konstruieren und für diese eine Optimierung der Lieferketten durchzuführen. Für die Gebietseinteilung haben sich folgende *Gestaltungsprinzipien* bewährt:

- *Prinzip der minimalen Anzahl:* Die Zahl der Gebiete sollte so klein wie möglich sein, damit eine geringe Anzahl von Umschlagpunkten entsteht, deren Fixkosten sich auf einen hohen Durchsatz verteilen, für die sich der Einsatz rationellster

Technik lohnt und die sich im Hauptlauf durch kostengünstige Transporte verbinden lassen (s. *Kap.* 19).

- *Prinzip der notwendigen Anzahl:* Die Ausdehnung der einzelnen Gebiete wird nach oben begrenzt durch die maximale *Reichweite der Auslieferfahrzeuge*, die von der zulässigen Auslieferzeit, der effektiven Reisegeschwindigkeit und der Anzahl und Dauer der Stopps bestimmt wird. Aus der gewünschten Abdeckung des Servicegebiets durch die *Auslieferungskreise* resultiert die minimal notwendige Anzahl von Gebieten.

- *Prinzip des ausgeglichenen Ladungsaufkommens:* Die einzelnen Gebiete sollten ein annähernd gleiches Ladungsaufkommen haben, damit die Umschlagpunkte nicht zu unterschiedlich belastet sind und zwischen den Umschlagpunkten, von einem Logistikzentrum oder aus einem Werk im Hauptlauf viele *paarige Hin- und Rücktransporte* entstehen.

- *Prinzip der Gebietsteilung:* Wenn das Sendungsaufkommen eines Gebiets so groß ist, dass ein Umschlagpunkt keine Kostendegression mehr aufweist, wird das Gebiet aufgeteilt in Gebiete mit annähernd gleichem Sendungsaufkommen und von zwei Umschlagpunkten bedient (s. *Abschn.* 19.11).

Zur Erläuterung der Anwendung dieser Gestaltungsprinzipien zeigt *Abb.* 20.18 für das Beispiel des in *Abb.* 20.24 dargestellten Distributionssystems einer Großhandelskette, wie sich aus einer maximalen Tagestourenlänge eines Auslieferfahrzeugs von 350 km ein Radius des maximalen Auslieferkreises von 145 km Luftlinie und des *mittleren Auslieferkreises* von 120 km Luftlinie errechnen lässt [122]. In *Abb.* 20.19 ist dargestellt, wie die Auslieferkreise mit einem Radius von 120 km um 5 *Regionalzentren* annähernd 90 % der Empfangsstellen in Deutschland abdecken, wenn die Standorte in den Bedarfsschwerpunkten der zugeordneten 5 *Ausliefergebiete* liegen. Bei einem Absatzzuwachs im Gebiet *Mitte-Ost* ist eine Gebietsteilung mit einem zusätzlichen Umschlagpunkt in der Umgebung von Erfurt vorgesehen.

Die in *Abschn.* 18.10 beschriebenen und in *Abb.* 18.27 dargestellten Modellrechnungen haben gezeigt, dass die Zuordnung der Empfangs- und Lieferstellen an den Gebietsgrenzen zu dem einen oder anderen Nachbargebiet und die Abweichung der Standorte der Umschlagpunkte vom Transportschwerpunkt einen relativ geringen Einfluss auf die Summe der Belieferungskosten haben. Hieraus folgt das

- *Prinzip der zulässigen Vereinfachung:* Für die Praxis ist eine relativ grobe Gebietseinteilung, beispielsweise auf der Ebene zweistelliger Postleitzahlen, und eine Anordnung der Standorte der Umschlagpunkte in einem Umkreis um den Transportschwerpunkt der Einzugsgebiete ausreichend, der einen Radius von ca. 10 % des Gebietsdurchmessers hat.

Die genaue Lage der Umschlagpunkte ergibt sich ohnehin erst während der Realisierung aus den bestehenden Möglichkeiten und vorliegenden Restriktionen. Die Zuordnung einzelner Liefer- und Empfangsstellen zu den Umschlagpunkten wird von der konkreten *Tourenplanung* bestimmt und kann sich im Verlauf der Zeit ändern (s. *Abschn.* 18.11) [20, 122].

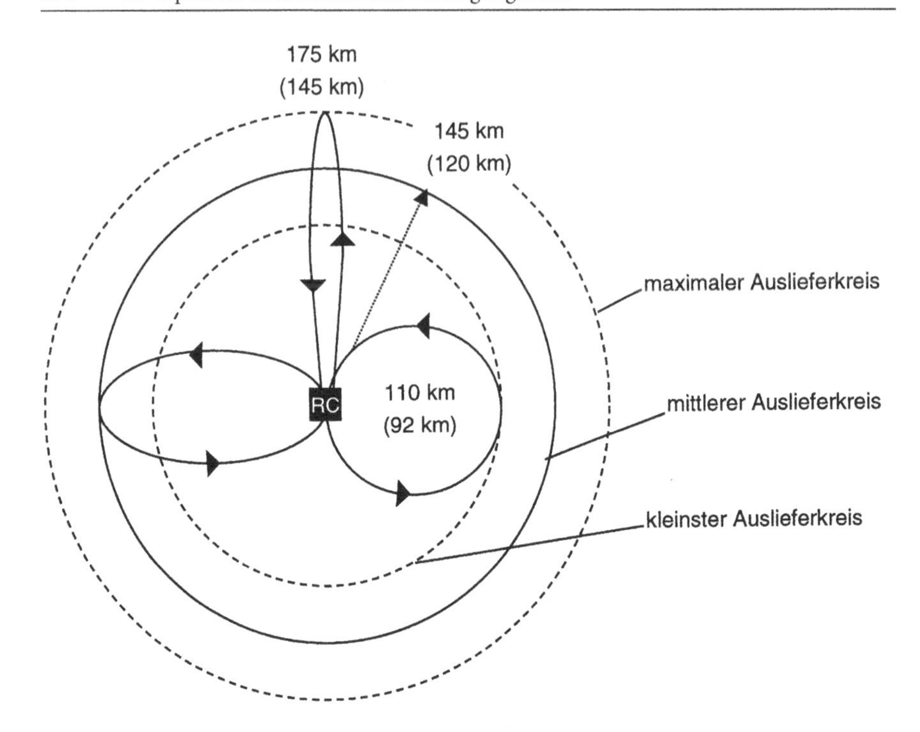

Abb. 20.18 Auslieferttouren und Auslieferkreise eines Regionalzentrums (RC)

Maximale Tagestourenlänge der Auslieferfahrzeuge 350 km
Mittlerer Umwegfaktor = Straßenentfernung: Luftlinie = 1,2
xxx km: Straßenentfernungen
(xxx km): Luftlinienentfernungen

Eine andere Möglichkeit zur Gebietseinteilung von *Distributionssystemen mit einer Quelle*, von *Beschaffungssystemen mit einer Senke* und von *zentralen Netzen*, die dem *Drehstrahlverfahren der Tourenplanung* (s. *Abb.* 18.28) entspricht, ist das

- *Stern- und Kreisverfahren:* Um die zentrale Liefer- oder Empfangsstelle, das Umschlagzentrum oder das Logistikzentrum wird ein konzentrisches *Nahgebiet* geschaffen, dessen Größe durch den maximalen Auslieferkreis der eingesetzten Transportmittel bestimmt wird. Das außerhalb liegende *Ferngebiet* wird in eine minimale Anzahl von *Sektoren* mit etwa gleichem Ladungsaufkommen aufgeteilt. Bei großer Gesamtgebietsausdehnung wird jeder Sektor in weitere Distributions- oder Beschaffungsgebiete zerlegt.

Als Beispiel für die Anwendung des Stern- und Kreisverfahrens zeigt *Abb.* 20.20 die Anfangslösung einer Gebietseinteilung zur europaweiten *Distribution von Fertigwaren, Autos oder Ersatzteilen* aus Deutschland, die nach diesen Gestaltungsgrundsätzen entwickelt wurde.

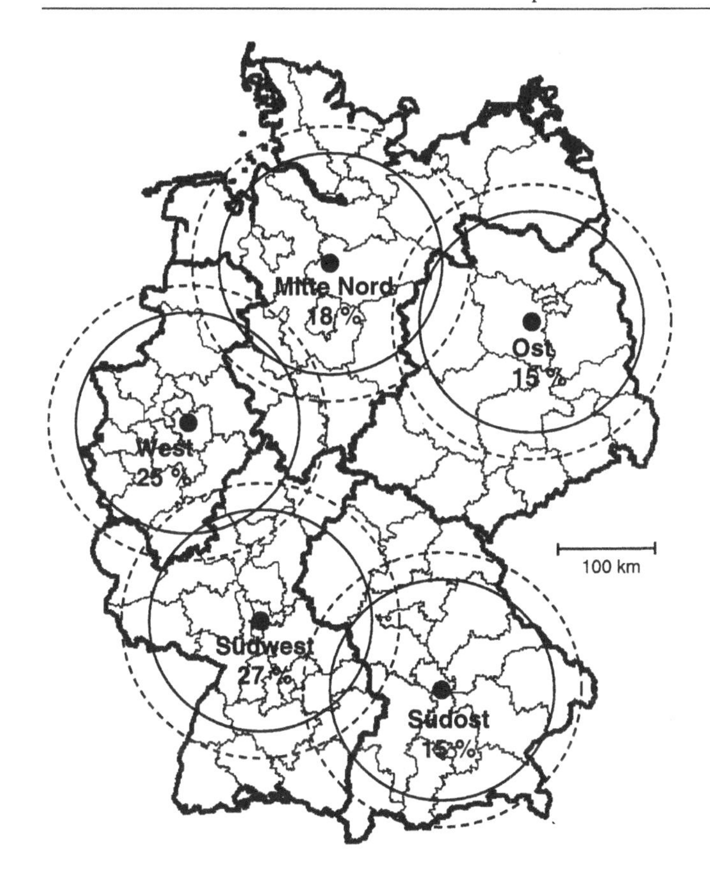

Abb. 20.19 Regionalzentren mit Gebieten und Auslieferkreisen einer Großhandelskette für Installationsmaterial

Prozentangaben: Anteil der Gesamtsendungen pro Jahr
Punkte: Optimale Standorte der Regionalzentren
______: mittlere Auslieferkreise (120 km)
_ _ _ _ _: maximale Auslieferkreise (145 km)
Prinzipdarstellung ZLU [156]

Die zugehörigen *Distributionsketten* für Fertigfahrzeuge sind in *Abb.* 20.21 dargestellt. Nach einer europaweiten Ausschreibung wurden die Gebiete im Zuge einer Feinplanung optimiert, arrondiert und an die konkreten Gegebenheiten der einzelnen Verkehrsträger und Dienstleister angepasst. Das *Fahrzeugdistributionssystem* arbeitet inzwischen erfolgreich und hat im Vergleich zu bestehenden Systemen bei kurzen Laufzeiten deutlich günstigere Distributionskosten.

Mit Hilfe der Gestaltungsprinzipien zur Gebietseinteilung lässt sich bei Kenntnis der *Standortverteilung* und des *Sendungsaufkommens* für die Liefer- und Empfangsstellen, wie es beispielsweise in den *Abb.* 20.6 und 20.7 dargestellt ist, recht schnell eine brauchbare *Anfangslösung* konstruieren. Wenn ein mehrstufiges Logistiksystem

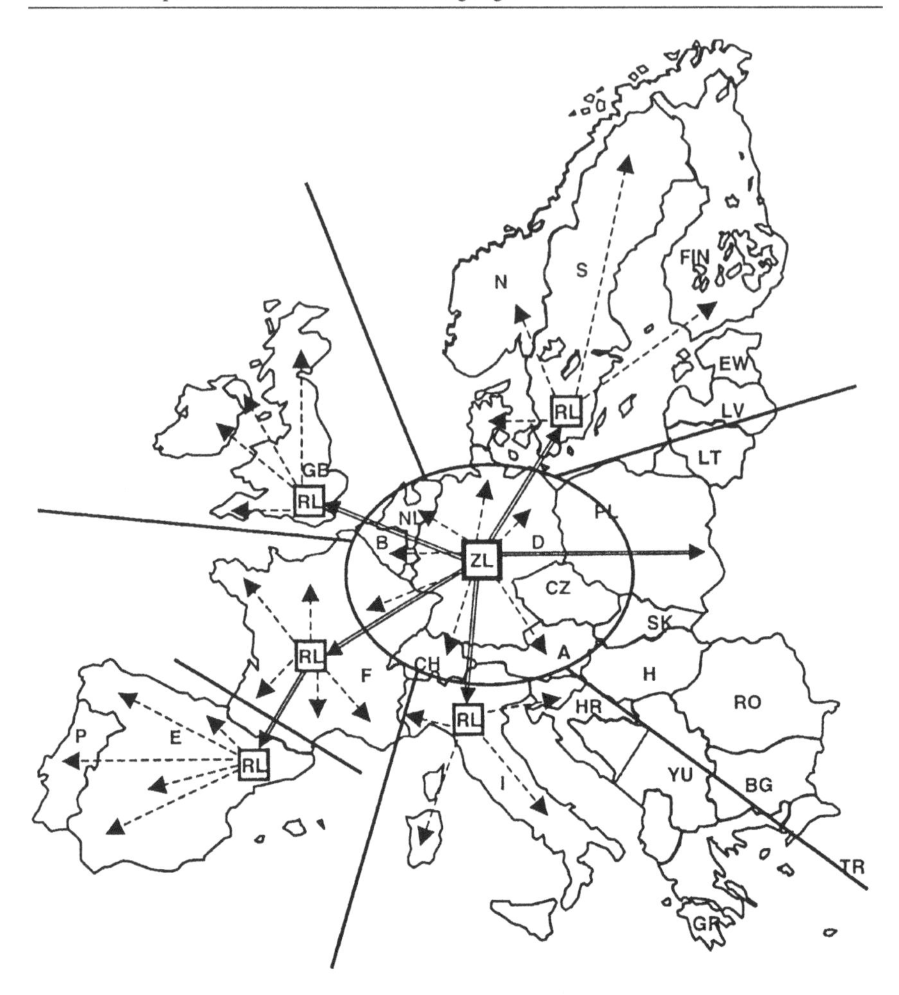

Abb. 20.20 Aufteilung von Europa nach dem Stern- und Kreisverfahren in Servicegebiete zur Eurodistribution von Fertigwaren und Ersatzteilen aus Deutschland

Zentrales Umschlaglager (ZL) zur *Kundenbelieferung* in der Zentralregion und zur *Nachschubbelieferung* der *Regionalen Umschlaglager* (RL)
→ Nachschubbelieferungen → Kundenbelieferungen

benötigt wird, beispielsweise mit zwei oder drei Regionallagern, muss die Gebietsaufteilung nach den o. g. Gestaltungsgrundsätzen zunächst in *Hauptgebiete* und danach für jedes Hauptgebiet in *Umschlaggebiete* durchgeführt werden.

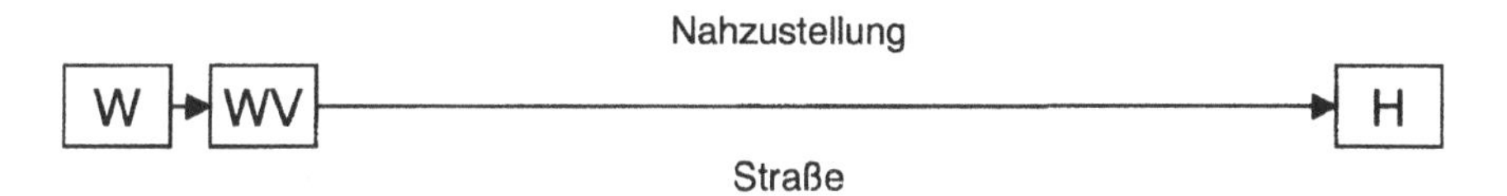

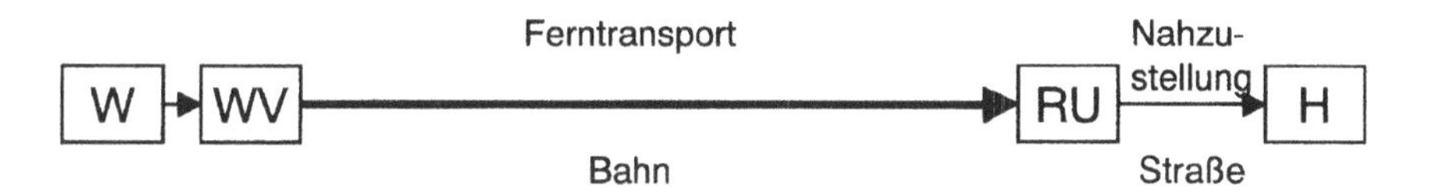

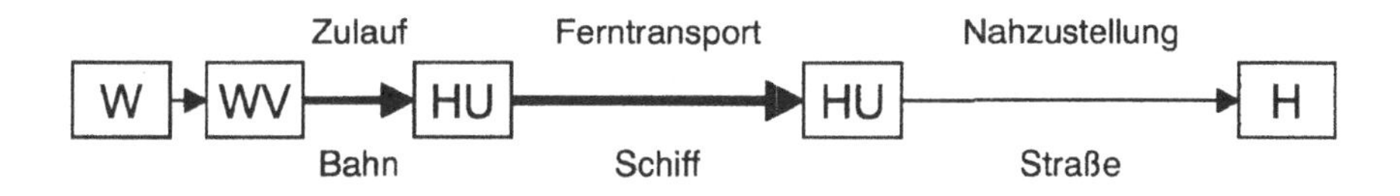

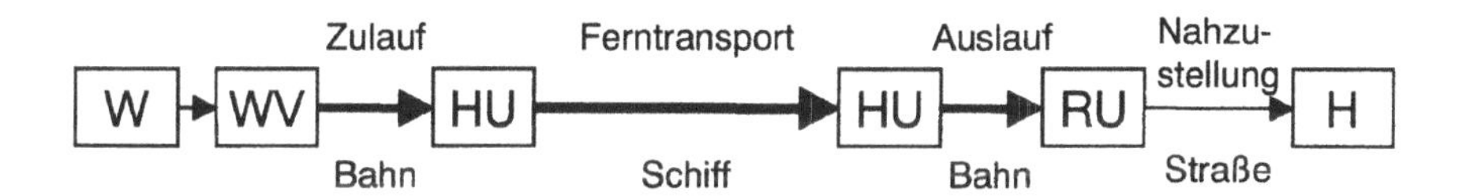

Abb. 20.21 Fahrzeugauslieferungsketten der Automobilindustrie

W: Montagewerk H: Fahrzeughändler
WV: Werksverladung mit Pufferflächen
HU: Hafenumschlagpunkt Bahn/Schiff
RU: Regionaler Umschlagpunkt Bahn → Straße

20.11 Distributionsketten der Konsumgüterindustrie

Aus den Werken der Konsumgüterindustrie werden die Filialen der Handelskonzerne, der Konsumgenossenschaften, der Einzelhandelsketten und der kleinen Einzelhändler regelmäßig mit Ware versorgt [19].

Eine häufige *Distributionsstruktur* für Konsumgüter zeigt *Abb.* 20.13. Fünf der möglichen Distributionsketten innerhalb dieser Struktur sind in *Abb.* 20.14 dargestellt und in *Tab.* 20.1 spezifiziert. Sie führen vom *Werk* oder über *Fertigwarenlager* direkt zu den *Handelsfilialen* oder über *Handelslager* und *Umschlagpunkte* zu den Filialen. Für kleinere Stückgutsendungen werden außerdem die über einen Umschlagpunkt laufenden Standardfrachtketten 2 und 3 der *Abb.* 20.17 eines Stückgutspediteurs genutzt.

Grundsätzlich ist zu entscheiden, ob die Lager und Umschlagstationen vom Lieferanten, vom Handel oder von einem Logistikdienstleister betrieben werden. So kann die in *Abb.* 20.14 gezeigte *Verantwortungsgrenze* zwischen Hersteller und Handel für die Belieferungswege 4 und 5 auch an der Rampe der Filiale liegen, wenn die Umschlagpunkte mit Crossdocking oder Transshipment vom Hersteller oder seinem Dienstleister betrieben werden.

In der Belieferung der Handelsfilialen konkurrieren also die Lieferketten von Hersteller, Spediteuren und Handel. Sie unterscheiden sich häufig nur im Verlauf der Verantwortungsgrenze und sind in den logistischen Funktionen weitgehend gleich.

Die von Industrie und Handel genutzten Lieferketten, die Anzahl und Standorte der Werke und Filialen sowie die Anzahl und Standorte der Fertigwarenlager, Handelslager und Umschlagpunkte sind meist historisch gewachsen und von Unternehmen zu Unternehmen verschieden. Daher stellt sich für jedes Unternehmen immer wieder die Frage, ob die gewachsenen Logistikstrukturen und Lieferketten optimal sind und den zukünftigen Marktanforderungen entsprechen (s. *Abschn.* 20.18).

Diese Frage wird für die Lieferanten des Handels dadurch verschärft, dass große Handelsunternehmen aus den im nächsten Abschnitt angegebenen Gründen ihre Beschaffungslogistik zunehmend selbst bestimmen und auf ihre Ziele hin optimieren wollen. Die Folgen sind eine abnehmende Belieferung der Vielzahl einzelner Filialen und eine zunehmende Belieferung einer kleinen Anzahl von Lagern und Umschlagstationen, die sich in der Regie des Handels befinden [19, 28, 120, 123, 124].

Gleichzeitig wird der *Gefahrenübergang* zwischen Hersteller und Lieferant von den Filialen zur Rampe des Lagers oder einer Umschlagstation vorverlegt, die vom Handelsunternehmen selbst oder von einem beauftragten Logistikdienstleister betrieben werden. Im Extremfall geht das Handelsunternehmen zur *Selbstabholung* über. Die Ware wird der Industrie ab Werk oder ab Fertigwarenlager abgenommen, um auch die Zulauftransporte selbst disponieren und mit den Auslieferfahrten zu den Filialen zu *paarigen Transporten* kombinieren zu können.

Parallel zu der Veränderung der Lieferketten durch den Handel aber müssen von der Industrie weiterhin die verbleibenden Einzelhändler und die Filialen kleinerer Handelsketten frei Haus beliefert werden. Hierfür setzt die Industrie zunehmend Logistikdienstleister ein (s. *Kap.* 21).

Die logistischen *Veränderungen* des Marktes und die sich fortsetzende *Konzentration* im Handel, die einhergehen mit einem Abbau regionaler Handelslager und einer Konzentration der Lagerbestände in wenigen Logistikzentren, zwingen die Konsumgüterindustrie zur Anpassung und Neuausrichtung ihrer Distributionslogistik.

Ein Instrument hierfür ist das zuvor beschriebene *BOL-Netzwerktool* zur Bestimmung der optimalen Lieferketten. Dieses wurde erfolgreich zur Neuausrichtung der Unternehmenslogistik mehrerer Konsumgüterhersteller und anderer Lieferanten des Handels eingesetzt.

So verfügte beispielsweise ein mittelständischer Hersteller von *Spirituosen*, der aus dem Zusammenschluss mehrerer kleiner Unternehmen entstanden ist, über 3

Werke an verschiedenen Standorten und über 8 Fertigwarenlager. Mit eigenem Fuhrpark sowie von einer wechselnden Anzahl von Spediteuren wurden jährlich 150.000 t Fertigwaren auf 240.000 Paletten an fast 12.000 Kunden ausgeliefert, die pro Jahr ca. 110.000 Lieferaufträge erteilen.

Ergebnisse einer Neuausrichtung der Unternehmenslogistik und der Optimierung der Distributionsketten waren in diesem Fall: Schließung eines Werkes; mittelfristige Konzentration der Massenproduktion auf einen Hauptstandort; Auslieferung aus einem Logistikzentrum am Standort des Hauptwerks; Auflösung des eigenen Fuhrparks und Übertragung der Auslieferungen an 3 Frachtdienstleister.

Die mit Hilfe des Netzwerktools errechneten jährlichen Einsparungen allein im Bereich der Distribution – ohne die Effekte aus einer Bestandssenkung durch optimale Losgrößen und aus der Werkszusammenlegung – lagen bei über 3,5 Mio. € pro Jahr oder 18 % der bisherigen Kosten. Die prognostizierte Kostensenkung wurde innerhalb von 2 Jahren voll realisiert. Außerdem wurden durch die neue Unternehmenslogistik die Flexibilität erhöht, der Kostenvorteil der Selbstabholung verringert und der Service deutlich verbessert.

Zu ähnlichen Ergebnissen führte auch die Neuausrichtung der Unternehmenslogistik eines führenden Herstellers von *Haushalts- und Körperpflegemitteln.* Dieses Unternehmen belieferte aus zwei Inlandswerken und mehreren europäischen Werken über 2 Fertigwarenlager ca. 2.300 Handelsfilialen und etwa 200 Zentrallager und Crossdocking-Stationen des Einzelhandels pro Jahr mit fast 115.000 t Fertigwaren.

Aus der Optimierung der Strukturen und der Distributionsketten resultierte die Lösung, die Auslieferung von einem *Logistikzentrum* an einem optimalen Standort durchzuführen. Der Bau des Logistikzentrums wurde an einen Generalunternehmer vergeben. Der Betrieb erfolgt heute in eigener Regie. Für die Distribution in Deutschland werden 3 Spediteure eingesetzt. Bei deutlich verbessertem Service und erhöhter Flexibilität erreichten die Kosteneinsparungen in diesem Fall über 20 % der bisherigen Distributionskosten.

20.12 Beschaffungsketten des Handels

Untersuchungen der Geschäftsprozesse in den Filialen des Handels haben ergeben, dass die Mitarbeiter in den Filialen zu 30 bis 40 %, in einigen Fällen sogar zu über 50 % mit *logistischen Tätigkeiten* beschäftigt sind, wie Warenannahme, Eingangsprüfung, Lagerarbeiten, Umräumen, Regalbefüllung, Leergutentsorgung, Warenbereitstellung für die Kundenzustellung und Disposition. Der eigentliche Verkauf ist dagegen mit weniger als 30 % der Arbeitszeit nachrangig [123].

Eine wesentliche Ursache hierfür ist die große Anzahl ungeregelt über den ganzen Tag eintreffender Sendungen unterschiedlichster Größe. Diese Erkenntnis hat viele Handelsunternehmen dazu veranlasst, ihre Beschaffungslogistik kritisch zu überprüfen und neu zu gestalten. *Ziele* einer Optimierung der *Handelslogistik* sind [16, 19, 28, 120, 123, 237]:

Stärkung des Verkaufs
Reduzierung der Rampenkontakte
Entlastung der Filialen von operativen Logistikaufgaben
Erleichterung und Verbesserung der Disposition
Erhöhte Warenpräsenz in den Filialen (20.37)
Vermeidung von Ausschuss und Retouren
Optimierung der Bestände
Senkung der Kosten für die gesamte Beschaffungskette.

Außerdem muss sich der Handel darauf einstellen, dass ein zunehmender Anteil der Kunden eine *Zustellung* der Waren fordert, die er in einer Filiale, nach Katalog oder über *Electronic-Commerce* (E-Commerce) per *Internet* bestellt [23].

Das erste *Praxisbeispiel* einer optimierten Handelslogistik ist eine expansive *Baumarktkette* mit einem Sortiment von mehr als 60.000 Artikeln. Die über Deutschland und das angrenzende Ausland verteilten 80 Märkte wurden bisher von mehr als 1.200 Lieferanten frei Markt beliefert. Jeder Markt erhielt täglich zwischen 30 bis 60, in der Spitze weit über 100 Sendungen. Die Sendungsgröße liegt zwischen einem Paket, mehreren Paletten und einer vollen LKW-Ladung. Die Belastung der Filialbelegschaft durch Logistiktätigkeiten betrug 30 bis 35 % der Arbeitszeit.

Die Optimierung der Unternehmenslogistik führte in diesem Fall zu der in *Abb.* 20.22 dargestellten Logistikstruktur mit zunächst 2 und nach weiterer Expansion 3 Logistikzentren an optimalen Standorten. Vier der möglichen Beschaffungsketten und die Verantwortungsabgrenzung zwischen den Lieferanten und dem Handelsunternehmen zeigt *Abb.* 20.23. Die Wareneingangsprüfung wird damit für alle Lieferungen, die über die Logistikzentren laufen, in diese vorverlegt.

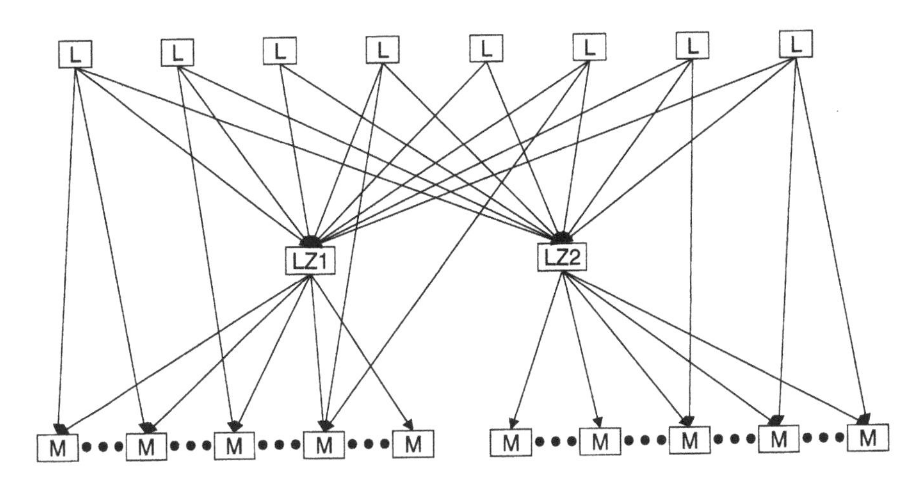

Abb. 20.22 Beschaffungsstruktur einer Baumarktkette

L: Lieferanten (ca. 1.200) M: Märkte (ca. 80)
LZ: Logistikzentren mit Crossdocking, Transshipment und Lager

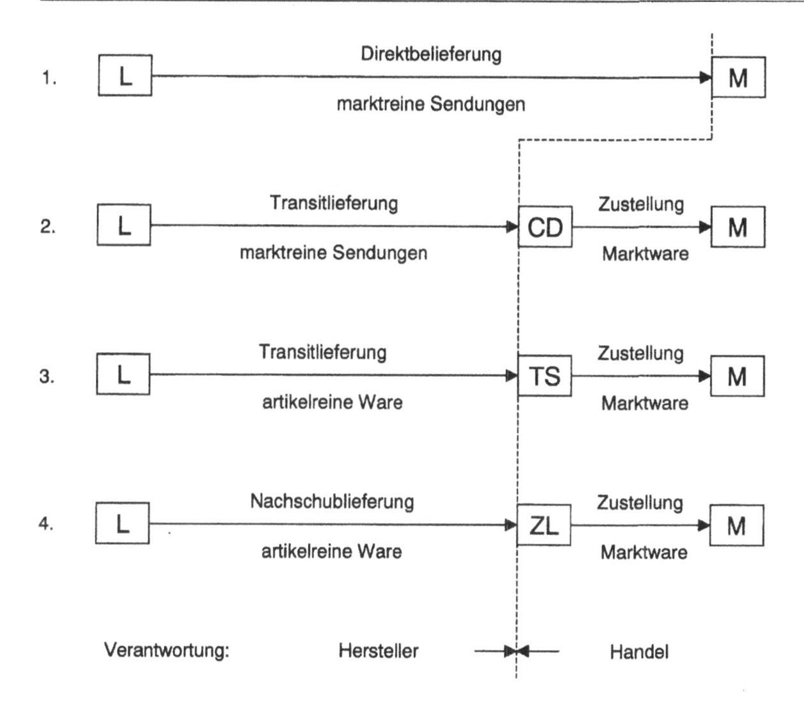

Abb. 20.23 Beschaffungsketten einer Baumarktkette

L: Lieferant M: Markt mit Verkaufsbeständen
CD: Crossdocking TS: Transshipment
ZL: Zentrallager

Etwa 55 % der Warenstücke mit 70 % des Volumens werden von den Lieferanten weiterhin als Ganz- oder Teilladungssendungen über die *Beschaffungskette* 1 direkt oder von Fachspediteuren an die Märkte geliefert. Das sind im wesentlichen Sendungen mit mehr als 5 Paletten oder über 1 t Gewicht, sperrige oder großvolumige Artikel, wie Teppiche und Gefahrgut, und unverträgliche Waren, wie Zement, Steine und Düngemittel.

Über die eigenen Logistikzentren laufen 45 % der Warenstücke, die ca. 50 % vom Umsatz, aber nur 30 % des Volumens ausmachen. Rund 50 % der Lieferungen an die Logistikzentren, deren Inhalt größer als 1/2 Palette pro Markt ist, werden über die *Beschaffungskette* 2 nach dem *Crossdocking-Verfahren* abgewickelt. Rund 40 % der Lieferungen mit kleineren Mengen durchlaufen die *Beschaffungskette* 3 nach dem *Transshipment-Verfahren*. Über die *Beschaffungskette* 4 mit Zwischenlagerung im Logistikzentrum läuft ein Teil der Aktionsware und die Importware, die zusammen etwa 10 % des gesamten Warenbedarfs ausmachen.

Mit der neuen Unternehmenslogistik der Baumarktkette wurden die Warenbestände bei gleichzeitig verbesserter Warenpräsenz abgebaut, die Logistikbelastung der Märkte erheblich reduziert und die Beschaffungslogistikkosten für die betreffen-

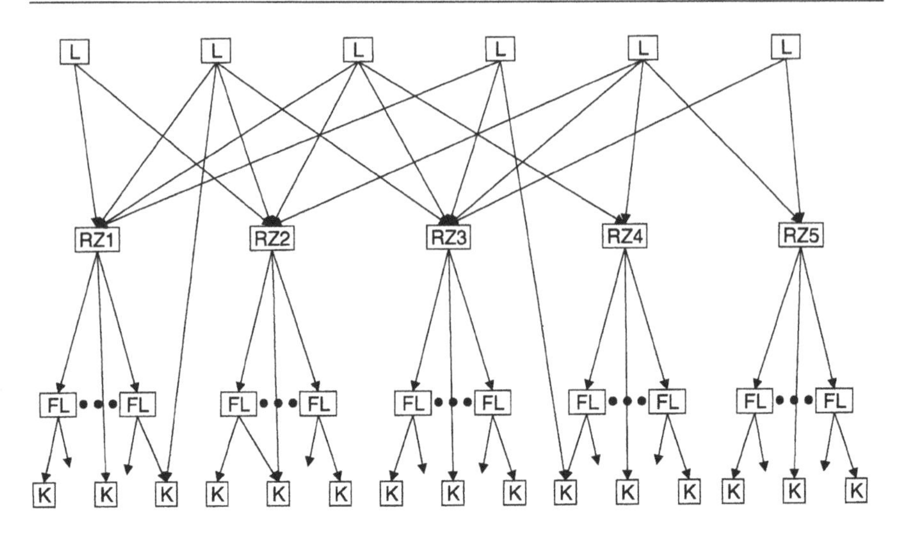

Abb. 20.24 Distributionsstruktur einer Großhandelskette für Installationsmaterial und Elektroartikel

L: Lieferanten (ca. 450) FL: Filialen (ca. 110) K: Endkunden
RZ: Regionalzentren mit Crossdocking, Transshipment und Lager

den Warenströme um mehr als 15 % gesenkt. Zugleich wurden damit die Voraussetzungen für eine rechnergestützte Disposition, eine verstärkte Verkaufstätigkeit und die weitere Expansion geschaffen [160].

Das zweite *Praxisbeispiel* ist eine Unternehmensgruppe des *Elektrogroßhandels* mit über 110 Verkaufsstellen, die flächendeckend über Deutschland verteilt sind. Bisher wurde die bei den Lieferanten kundenspezifisch bestellte oder ab Lager gekaufte Ware von den Kunden in den Verkaufsstellen selbst abgeholt oder mit angemieteten Fahrzeugen zugestellt. Die Lieferbereitschaft war unzufriedenstellend, die Lieferzeiten teilweise zu lang und unverlässlich, das Präsenzsortiment zu gering und die Beschaffungskosten zu hoch.

Die Optimierung der Unternehmenslogistik ergab in diesem Fall die in *Abb.* 20.24 dargestellte *Beschaffungs- und Distributionsstruktur* mit zunächst 5 und später 6 *Regionalzentren*, deren Standorte und Einzugsgebiete in *Abb.* 20.19 gezeigt sind. Die resultierenden 6 *Beschaffungs- und Lieferketten* und die Verantwortungsabgrenzung zwischen den Lieferanten, dem Handelsunternehmen und den Kunden zeigt *Abb.* 20.25.

In den Regionalzentren wird ein breites *regionales Sortiment* vorrätig gehalten, in den Verkaufsstellen ein schmaleres *lokales Sortiment*. Die *Kundenzustellung* wird auf den Belieferungsketten 2 und 3 und die *Filialbelieferung* auf den Beschaffungsketten 4, 5 und 6 grundsätzlich von einem zugeordneten Regionalzentrum aus im *Ladungsverkehr* in bestimmten *Touren* durchgeführt. Je nach Sendungsaufkommen werden dafür Sattelaufliegerfahrzeuge, Wechselbrückenzüge oder kleinere Lieferfahrzeuge eingesetzt.

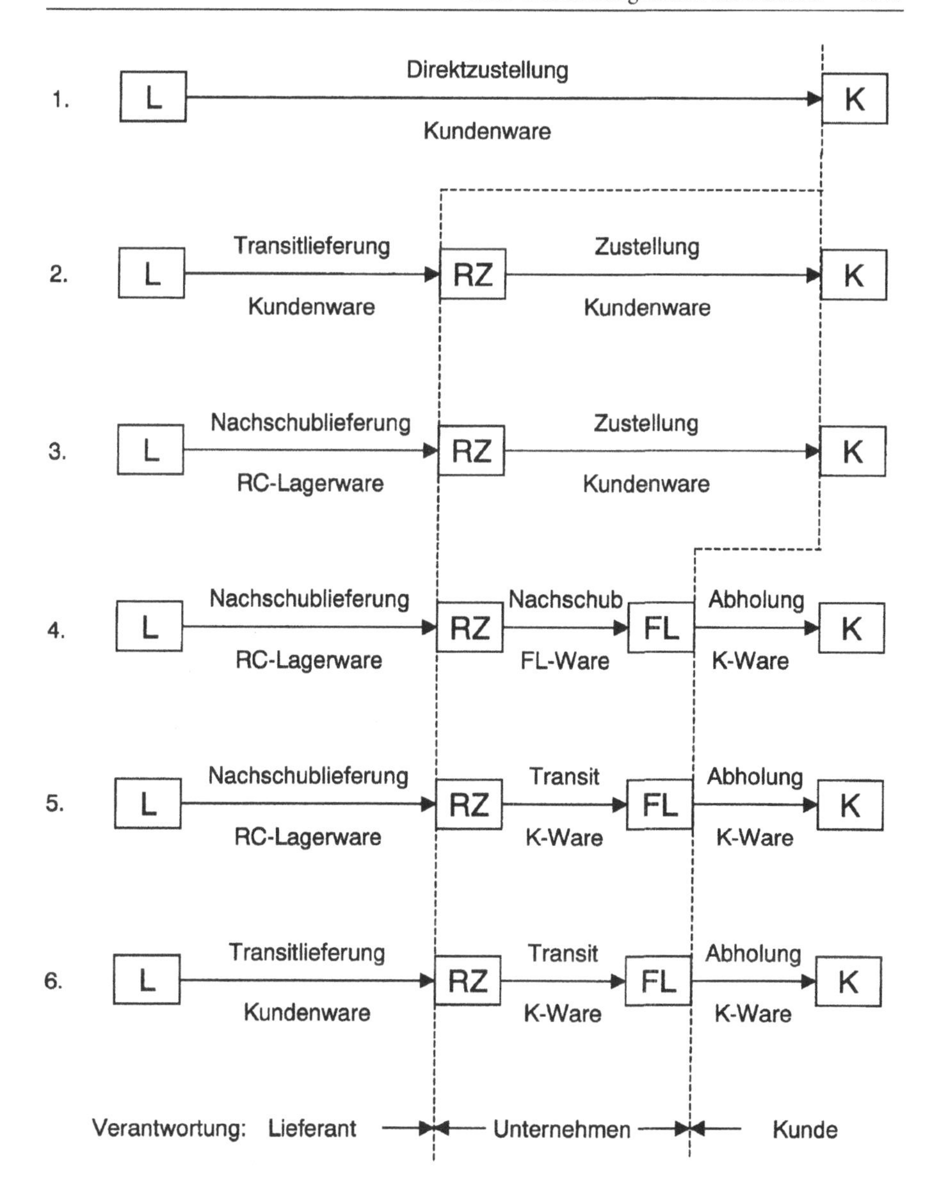

Abb. 20.25 Beschaffungs- und Lieferketten der Großhandelskette für Installationsmaterial und Elektroartikel

Die Verteilung der *Kleinsendungen* bis zu 3 Pakete übernimmt ein *Paketdienstleister*, von dessen Speditionsnetz die Standardfrachtkette 3 in *Abb*. 20.17 mit nur einem Verteilumschlagpunkt pro Gebiet und dem zugehörigen Nachlauf genutzt wird. Der Hauptlauf ist ein täglicher Ladungstransport der Paketsendungen vom Regionalzentrum zum nächsten Umschlagpunkt des Paketdienstleisters. Ebenso werden

Stückgutsendungen, die nicht in eine feste Tour passen, von einem *Gebietsspediteur* abgeholt und über dessen nächsten Umschlagpunkt zusammen mit den Sendungen anderer Lieferanten zugestellt.

Ergebnisse der Optimierung der Unternehmenslogistik sind eine wesentlich verbreiterte Warenpräsenz, eine erhöhte Lieferfähigkeit, verlässliche kurze Lieferzeiten und eine Senkung der Logistikkosten um mehr als 20 %. Die Veränderung der Unternehmenslogistik löste eine Neuausrichtung der gesamten Geschäftspolitik aus mit einer klaren Unterscheidung zwischen dem *Zustellgeschäft* und dem *Abholgeschäft* und einer veränderten Sortimentspolitik. Zugleich wurde die Basis für eine zukünftige Expansion unter Einbeziehung neuer Lieferanten geschaffen.

20.13 Auswahl optimaler Transport- und Frachtketten

Lieferketten, die nur Umschlagstationen aber keine bestandsführenden Zwischenstationen enthalten, sind die *Transport- und Frachtketten.* Beispiele für intermodale Transportketten und Standardfrachtketten zeigen die *Abb.* 20.4 und 20.17.

Die Belieferungskosten sind für Transport- und Frachtketten gleich den *Frachtkosten*, die im Personentransport als *Beförderungskosten* bezeichnet werden. Dementsprechend lassen sich mit Hilfe eines Programms zur *Auswahl optimaler Transportketten* – kurz *AOT-Programm* genannt – die Fracht- oder Beförderungskosten für unterschiedliche Transportketten kalkulieren, die Sendungslaufzeiten errechnen, die optimalen Transportketten bestimmen und die verschiedenen *Einflussfaktoren* auf die Frachtkosten untersuchen.

Die *Lieferstellen* können ein oder mehrere Logistikzentren, Regionallager oder Werke sein, aber auch eine größere Anzahl von Versendern. Als *Empfangsstellen* sind wenige Großabnehmer, eine größere Anzahl mittlerer Abnehmer oder eine Vielzahl von flächenverteilten Kunden möglich.

Das *AOT-Programmtool* berücksichtigt keine Bestände in den Umschlagpunkten zwischen den Liefer- und Empfangsstellen. Es lässt sich jedoch durch Hinzufügen der Logistikfunktionen (20.5) in den Versandstellen, Zwischenstationen und Empfangsstellen erweitern zu dem vorangehend beschriebenen *BOL-Tool* zur *Bestimmung optimaler Lieferketten* mit bestandsführenden Stationen. Zusätzlich können weitere Zwischenstationen und Transportverbindungen eingefügt werden. Damit werden Beförderungs- und Lieferketten mit höherer Stufigkeit möglich.

Rückfrachten, *Leergutrückführung* und *Entsorgungstransporte* können über die gleichen Transportketten wie die Belieferung zurücklaufen, aber auch andere Transportketten nutzen. Bei Nutzung der gleichen Transportmittel errechnet das Programm aus den betreffenden Hin- und Rückfrachtströmen den Anteil der *paarigen Transporte* und die daraus resultierenden Transportkostenersparnisse.

Für die *Entfernungen* zwischen den Lieferstellen, den Umschlagstationen und den Empfangsstellen können entweder die mit dem Sendungsaufkommen gewichteten *mittleren Entfernungen* zwischen den betrachteten Regionen oder die *genauen Entfernungen* für spezielle Relationen und einzelne Sendungen eingegeben werden.

Die Leistungskosten für den Umschlag, die Transporte und andere Logistikleistungen werden in entsprechenden *Unterprogrammen* errechnet. Sie können bei Bedarf durch aktuelle Leistungspreise überschrieben werden. Für die Transportmittel unterschiedlicher Verkehrsträger können die entsprechenden Kapazitäten, Reisegeschwindigkeiten und Leistungskosten eingegeben werden.

Die Abmessungen und Gewichte der *Logistikeinheiten*, wie die Verpackungseinheiten, die Ladeeinheiten und die Transporteinheiten, werden in ein weiteres Unterprogramm eingegeben, das hieraus mit Hilfe der in *Kap.* 12 angegebenen Formeln die *effektiven Kapazitäten* errechnet. Aus den Kapazitäten der Logistikeinheiten und den *Sendungsanforderungen* errechnet das Programm mit Hilfe der Formeln (20.15) bis (20.30) den Ladeeinheitenbedarf, das Transportaufkommen und den Leistungsdurchsatz.

Eingabewerte des AOT-Programms sind die *Sendungsanforderungen* und die *Strukturparameter. Ergebnisse* sind die *Beförderungskosten pro Periode* für die verschiedenen Transport- und Frachtketten und die spezifischen *Frachtkosten pro Verpackungseinheit, pro Ladeeinheit* oder *pro 100 kg.*

20.14 Einflussfaktoren der Frachtkosten

Um die Auswirkungen der verschiedenen Einflussfaktoren auf die Frachtkosten zu quantifizieren, wurden mit Hilfe eines AOT-Programms eine Reihe von *Modellrechnungen* durchgeführt. Als *Beispiel* wurde die in *Abb.* 20.13 gezeigte *Distributionsstruktur* mit einem Logistikzentrum gewählt, das den Einzelhandel in Deutschland flächendeckend mit *palettierten* und *unpalettierten Verpackungseinheiten* beliefert. Die Auslieferung erfolgt auf der Straße im Zu- und Hauptlauf mit Sattelauflieger- oder Wechselbrücken-Zügen und im Nachlauf mit 7,5 t-Transportern. Die Ergebnisse der Modellrechnungen für dieses Beispiel aus der Praxis sind in den *Abb.* 20.26 bis 20.32 dargestellt. Die Sendungsanforderungen und weitere Parameter der Modellrechnungen sind in der Legende zu *Abb.* 20.26 angegebenen. In der Legende der weiteren Abbildungen sind nur die jeweils veränderten Parameter aufgeführt. Die verschiedenen Abhängigkeiten gelten *ceteris paribus.*

In *Abb.* 20.26 ist die Abhängigkeit der mittleren Frachtkosten pro Palette von der *Anzahl der Umschlagpunkte* dargestellt, die sich für eine *zweistufige Auslieferung* von Stückgutsendungen über jeweils *einen* Verteilumschlagpunkt mit Crossdocking ergibt. Ein ähnlicher Verlauf ergibt sich für die zweistufige Auslieferung von Paketsendungen.

Bis zu 25 Umschlagpunkten nehmen die Nachlaufkosten stärker ab als die Hauptlaufkosten zunehmen, so dass die Frachtkosten insgesamt sinken. Ab 25 Umschlagpunkten aber steigen die Hauptlaufkosten stärker als die Nachlaufkosten abnehmen, da bei dem betrachteten Ladungsaufkommen der mittlere Füllungsgrad der exklusiven Ganzladungstransporte zu den Umschlagpunkten immer schlechter wird. Die optimale Anzahl Umschlagpunkte ist daher in diesem Fall 25.

Durch Parametervariation ergeben sich aus den Modellrechnungen für die Stückgut- und Paketsendungen folgende *Zusammenhänge:*

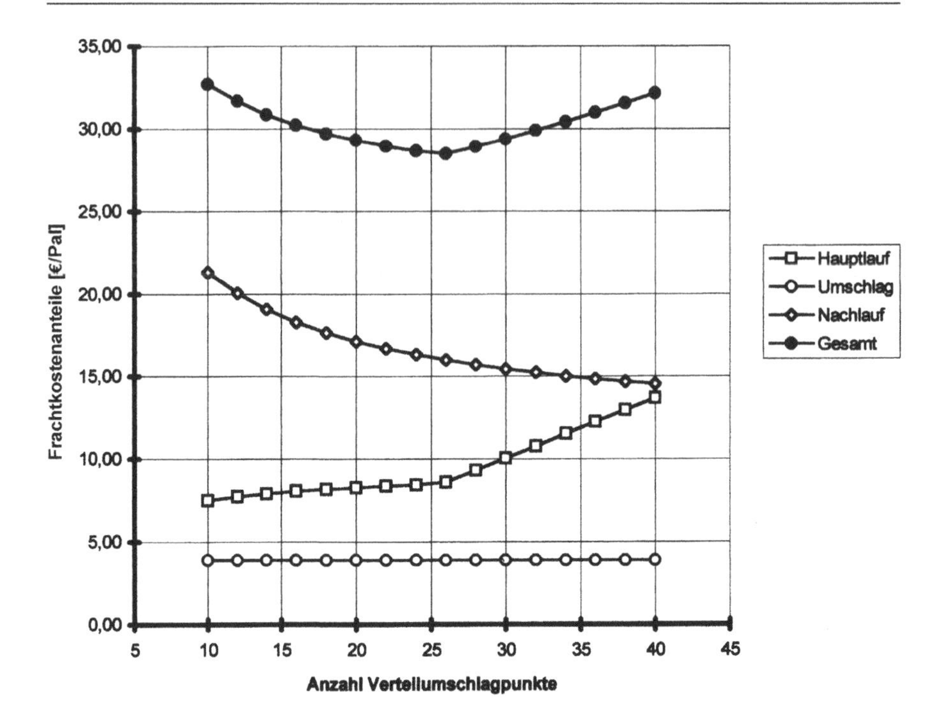

Abb. 20.26 Abhängigkeit der Frachtkosten für Stückgutsendungen von der Anzahl Umschlagpunkte bei zweistufiger Transportkette

Frachtaufkommen:	30.000 VPE/Tag = 600 Voll-Pal/Tag = 75.000 t/a
Mittl. Sendungsinhalt:	50 VPE/Snd = 1,0 Voll-Pal/Snd
Mitt. Verpackungseinheit:	VPE = Karton mit 12 l/VPE und 10 kg/VPE
Ladeeinheiten:	LE = CCG1 Paletten mit im Mittel 49 VPE/LE
Mittl. Entfernung L → E:	280 km
Stufigkeit:	zweistufig über 1 Verteilumschlagpunkt (VP)
Abwicklungsform:	Crossdocking

- ▶ Die Frachtkosten verändern sich im Bereich der optimalen Anzahl nur wenig mit der Anzahl der Umschlagpunkte.
- ▶ Bei zweistufiger Belieferung über Verteilumschlagpunkte in den Zielregionen verschiebt sich die optimale Anzahl der Umschlagpunkte mit zunehmendem Frachtaufkommen und abnehmender Sendungsgröße nach oben, mit abnehmendem Frachtaufkommen und zunehmender Sendungsgröße nach unten.
- ▶ Wenn das Frachtaufkommen einen *kritischen Wert* unterschreitet, ist eine *dreistufige Belieferung* über einen regionalen Sammelpunkt in der Nähe des Versandortes mit gemeinsamem Hauptlauf zusammen mit dem Ladungsaufkommen anderer Versender zu den regionalen Verteilumschlagpunkten günstiger als die zweistufige Belieferung nur über die Verteilumschlagpunkte in der Zielregion (s. *Abb.* 20.29).

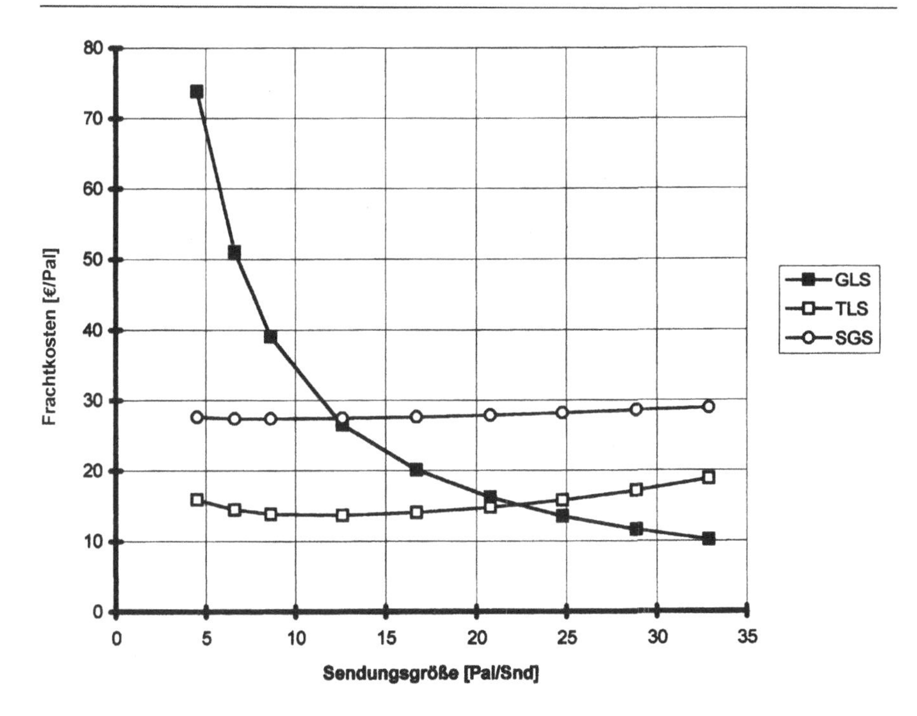

Abb. 20.27 Abhängigkeit der Frachtkosten von der Sendungsgröße für Ganzladungs-, Teilladungs- und Stückgutsendungen

GLS: Ganzladungssendungen
TLS: Teilladungssendungen
SGS: Stückgutsendungen
Struktur: 20 Verteilumschlagpunkte
Parameter: wie *Abb.* 20.26

- Ein Hauptlauf direkt vom Auslieferort zum regionalen Verteilumschlagpunkt ist nur bei einem täglichen Ladungsaufkommen von mehr als einer Ganzladung wirtschaftlich oder wenn eine Kombination des Zulauftransports zum Verteilumschlagpunkt mit der Direktbelieferung eines Großkunden in der Region möglich ist.

Die errechnete *Abhängigkeit der Frachtkosten von der Sendungsgröße* ist für Ganzladungs-, Teilladungs- und Stückgutsendungen in *Abb.* 20.27 gezeigt und für Teilladungs-, Stückgut- und Paketsendungen in *Abb.* 20.28. Hieraus sind folgende *Gesetzmäßigkeiten* und *Abhängigkeiten* ablesbar:

- Die Frachtkosten hängen für alle Versandarten und Abwicklungsformen sehr stark von der Sendungsgröße ab.
- Ausgehend von kleinen Sendungsgrößen können sich die Frachtkosten bei einer Verdopplung der Sendungsgröße mehr als halbieren.

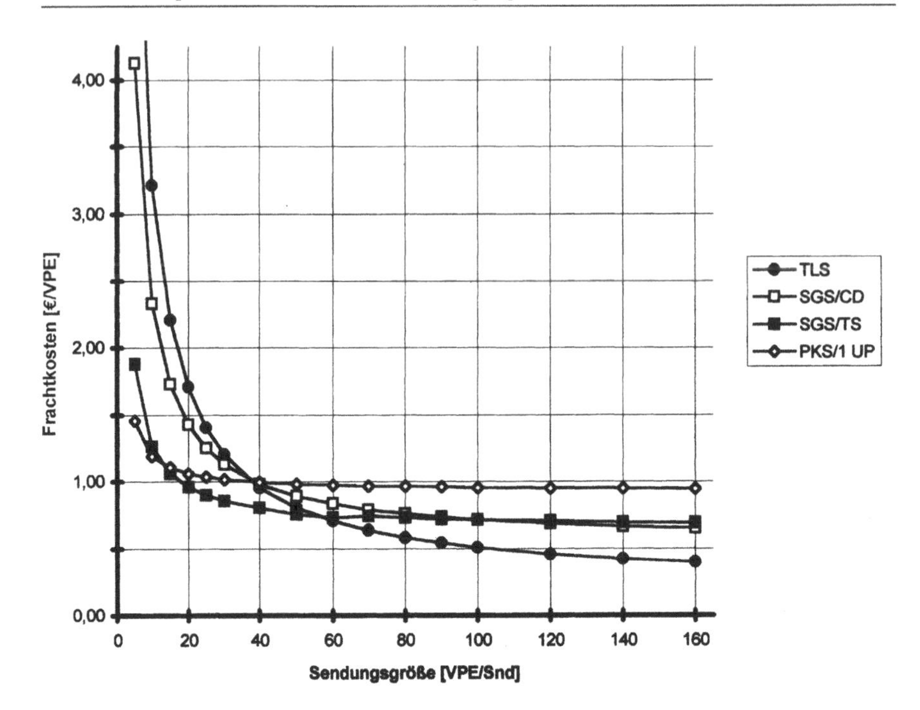

Abb. 20.28 Abhängigkeit der Frachtkosten von der Sendungsgröße für Teilladungs-, Stückgut- und Paketsendungen

TLS:	Teilladungssendungen
SGS/CD:	Stückgutsendungen über 1 UP mit Crossdocking
SGS/TS:	Stückgutsendungen über 1 UP mit Transshipment
PKS/1 UP:	Paketsendungen über 1 Verteilumschlagpunkt
übrige Parameter:	wie *Abb.* 20.26

- Der Ganzladungstransport ist für Sendungen mit mehr als etwa 22 Paletten oder 11 t kostengünstiger als der Teilladungstransport (s. *Abb.* 20.27).
- Soweit das gesamte Sendungsaufkommen für direkte Auslieferetouren ausreicht, ist der Teilladungstransport für Sendungen ab 3 Paletten und 1.500 kg wirtschaftlicher als die Stückgutspedition (s. *Abb.* 20.28).
- Kleinere Stückgutsendungen mit weniger als ca. 1,5 Paletten sind wirtschaftlicher nach dem *Transshipment-Verfahren*, größere Stückgutsendungen günstiger nach dem *Crossdocking-Verfahren* auszuliefern (s. *Abb.* 20.28).
- Die Frachtkosten von Sendungen mit weniger als 10 Verpackungseinheiten sind für Paketsendungen geringer als für Stückgutsendungen (s. *Abb.* 20.28).
- Die *Optimalitätsgrenzen* zwischen den verschiedenen Versandarten hängen ab von Größe und Gewicht der Paletten und Verpackungseinheiten sowie von Frachtaufkommen und Entfernung zwischen Quellgebiet und Zielgebiet.

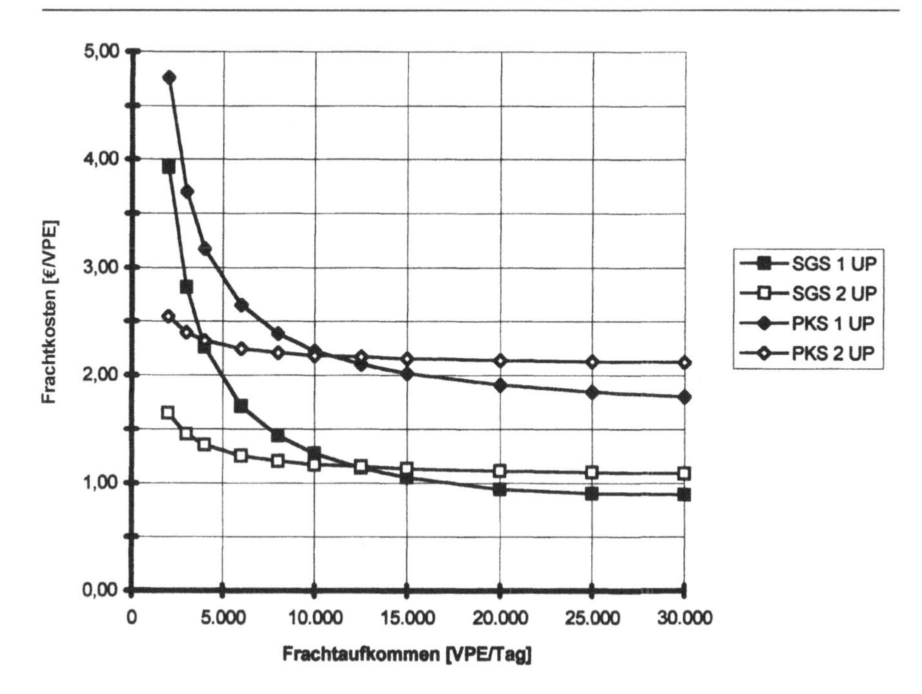

Abb. 20.29 Abhängigkeit der Frachtkosten vom Frachtaufkommen

SGS 1 UP: Stückgutsendungen über 1 UP mit Crossdocking
SGS 2 UP: Stückgutsendungen über 2 UP mit Crossdocking
PKS 1 UP: Paketsendungen über 1 Verteilumschlagpunkt
PKS 2 UP: Paketsendungen über 2 UP
Sendungsgrößen: SGS: 50 VPE/Snd PKS: 3 VPE/Snd
übrige Parameter: wie *Abb.* 20.26

Die hier quantifizierten Optimalitätsgrenzen sind ein Beispiel für die zuvor beschriebenen *Zuweisungskriterien* (20.16) bis (20.19) für optimale Lieferketten.

Die Abhängigkeit der Frachtkosten vom *Frachtaufkommen* und von der *Stufigkeit* der Transportketten zeigt *Abb.* 20.29. Dabei unterscheidet sich die mittlere Größe der Stückgutsendungen (50 VPE/Snd) von der mittleren Größe der Paketsendungen (3 VPE/Snd). Aus dieser Abhängigkeit sowie aus weiteren Modellrechnungen ergeben sich die *Regeln:*

- Mit abnehmendem Frachtaufkommen steigen die Frachtkosten für Stückgut- und Paketsendungen wegen der schlechteren Auslastung der Lade- und Transporteinheiten stark an.
- Mit zunehmendem Frachtaufkommen erreichen die Frachtkosten bei optimaler Auslastung der Lade- und Transporteinheiten asymptotisch einen Grenzwert.

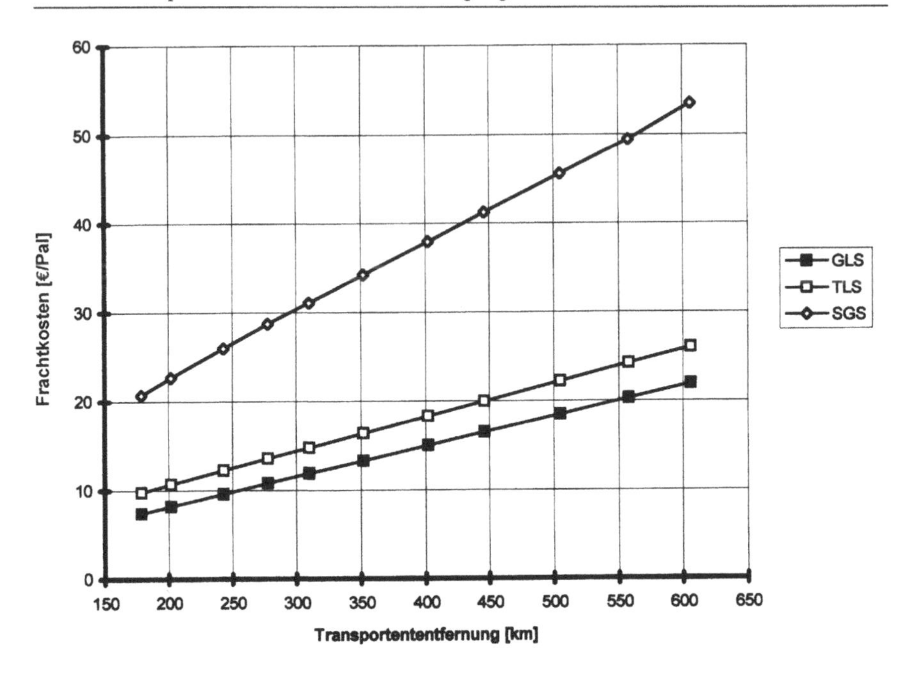

Abb. 20.30 Abhängigkeit der Frachtkosten von der Transportentfernung

GLS: Ganzladungssendungen mit 1.500 VPE = 31 Pal/Snd
TLS: Teilladungssendungen mit 600 VPE = 12,6 Pal/Snd
SGS: Stückgutsendungen mit 75 VPE = 2 Pal/Snd
übrige Parameter: wie *Abb.* 20.26

▶ Wenn das Frachtaufkommen nicht ausreicht zur Belieferung der Verteilumschlagpunkte in hinreichend gefüllten Sattelaufliegern oder Wechselbrücken, ist ein Transport über zwei Umschlagpunkte kostengünstiger.

▶ Die *Optimalitätsgrenze* zwischen der zweistufigen und der dreistufigen Belieferung liegt in diesem Fall bei ca. 12,5 Paletten pro Relation. Sie hängt ab von der Zulaufentfernung sowie von der Höhe der Umschlagkosten.

Die errechnete Abhängigkeit der Frachtkosten von der *Transportentfernung* zwischen Versandort und Empfangsstelle zeigt die *Abb.* 20.30. Hieraus sind folgende Abhängigkeiten und *Regeln* ablesbar:

▶ Die Frachtkosten nehmen für alle Sendungsarten mit der Entfernung *linear* zu.

▶ Der entfernungsbedingte Kostenanstieg ist für Stückgut- und Paketsendungen größer als für Ganz- und Teilladungssendungen.

Eine weitere wichtige Einflussgröße auf die Frachtkosten ist die *Frachtstückgröße*. Die *Abb.* 20.31 zeigt die Abhängigkeit der Frachtkosten vom Packstückvolumen bei konstant gehaltenem Frachtaufkommen. Hieraus ist der *Zusammenhang* ablesbar:

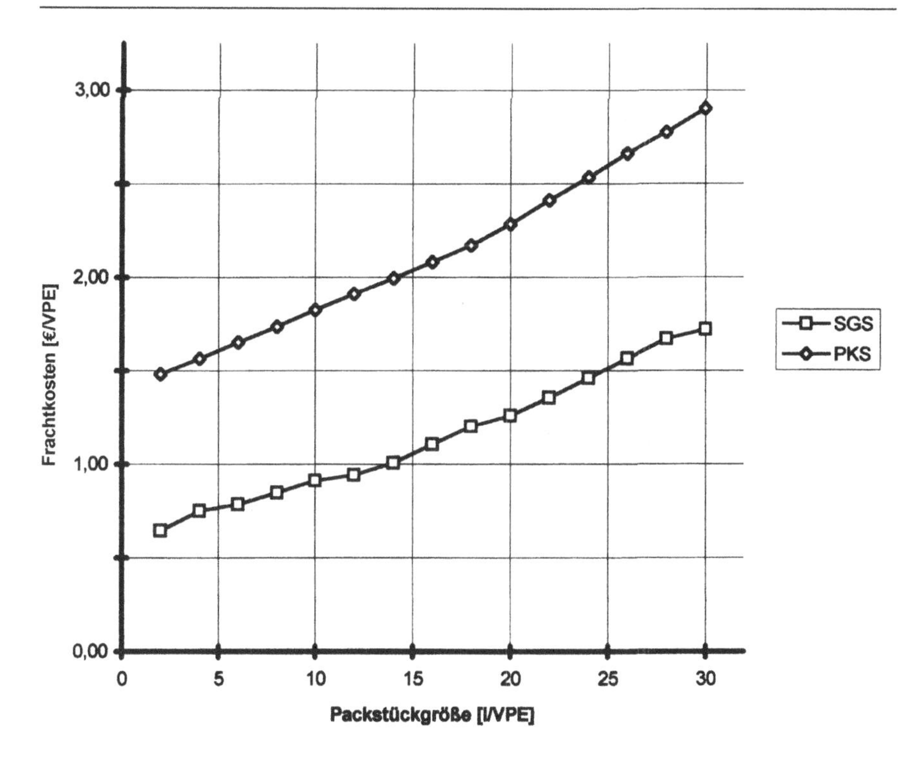

Abb. 20.31 Abhängigkeit der Frachtkosten von der Packstückgröße

SGS: Stückgutsendungen mit 50 VPE/Snd
PKS: Paketsendungen mit 3 VPE/Snd
Frachtaufkommen: 20.000 VPE/Tag
übrige Parameter: wie *Abb.* 20.26

- Bei gleicher Sendungsstruktur und gleicher Versandart nehmen die Frachtkosten nahezu linear mit der Größe der Packstücke zu.

Bei gleichem Sendungsaufkommen bewirken große Packstücke ein größeres Ladungsaufkommen als kleine Packstücke, so dass ein Wechsel zu einer anderen Versandart, beispielsweise von Paketsendungen zu Stückgutsendungen oder von Stückgutsendungen zu Teilladungen kostengünstiger sein kann.

Als letzte Abhängigkeit zeigt *Abb.* 20.32 für Stückgutsendungen, die über einen Verteilumschlagpunkt ausgeliefert werden, den Einfluss der Lieferfrequenz auf die Sendungslaufzeit und auf die Lieferkosten. Der Anstieg der Frachtkosten mit zunehmender Lieferfrequenz resultiert in diesem Fall aus der abnehmenden Auslastung der Zulauftransporte zu den Verteilumschlagpunkten. Bei weiterer Erhöhung der Lieferfrequenz kommen die Mehrkosten für den Einsatz kleinerer Auslieferfahrzeuge und für Sonderfahrten hinzu. Allgemein gilt die *Regel:*

- Mit zunehmender Lieferfrequenz werden die Sendungslaufzeiten immer kürzer, während die Frachtkosten stärker ansteigen.

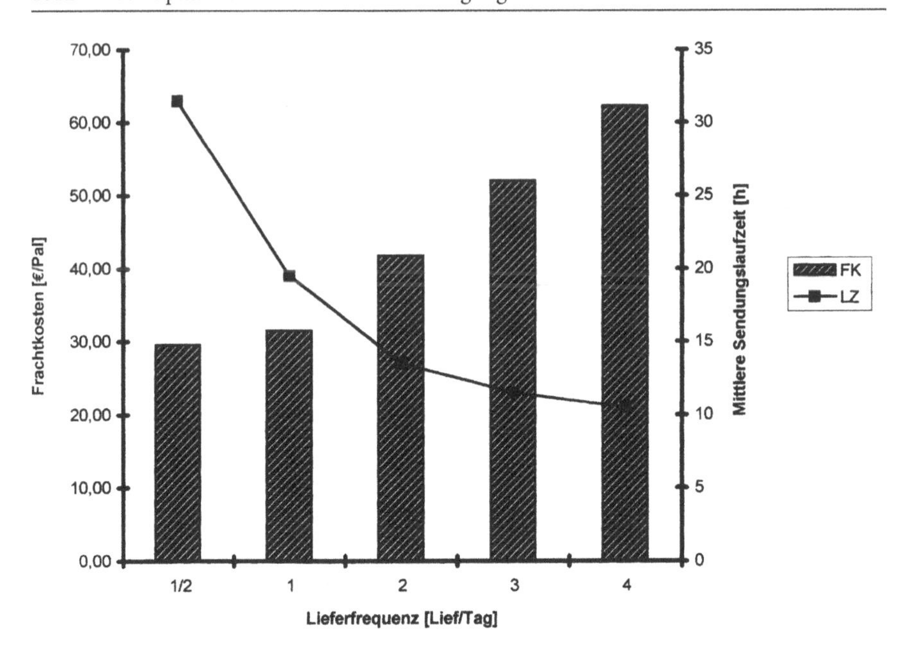

Abb. 20.32 Frachtkosten und Sendungslaufzeit als Funktion der Lieferfrequenz

Palettensendungen über einen Verteilumschlagpunkt mit Crossdocking
Frachtaufkommen: 27 Pal/Tag und Region
Mittl. Sendungsinhalt: 2 Pal/Snd
übrige Parameter: wie *Abb.* 20.26

Insgesamt zeigen die Modellrechnungen, dass die optimale Lieferkette und die Frachtkosten sehr stark von den Leistungsanforderungen abhängen, insbesondere vom Frachtaufkommen, von der Frachtstückgröße und von der Sendungsgröße. Sie werden außerdem durch eine Reihe von Parametern beeinflusst, wie den Lieferfrequenzen, den Strukturparametern, den Entfernungen und der Größe des Servicegebiets.

Ohne genaue Kenntnis der Anforderungen, Randbedingungen und übrigen Gegebenheiten sind daher Frachtkostenvergleiche und *empirische Benchmarks* für Transport- und Frachtkosten irreführend. Mit Hilfe eines AOT-Programms lassen sich hingegen projektspezifische *analytische Benchmarks* für die Frachtkosten errechnen. Der Vergleich der aktuell gezahlten Frachtpreise und der daraus resultierenden Frachtkosten mit den analytischen Benchmarkwerten zeigt am sichersten die *Einsparungs- und Verbesserungspotentiale* auf, die durch eine Optimierung der Transport- und Lieferketten erreichbar sind.

20.15 Transportpreise und Frachttarife

Zur Beförderung seiner Sendungen kann ein *Versender*, der selbst keine Transportmittel besitzt oder für längere Zeit anmieten will, am Markt entweder *Transportleistungen* oder *Frachtleistungen* einkaufen.

20.15.1 Transportleistungspreise

Transportleistungen sind Transportfahrten, die von einem *Auftragnehmer* mit einem bestimmten Transportmittel nach Anweisung eines *Auftraggebers* durchgeführt werden. *Auftraggeber* können Privatpersonen, Unternehmen aus Industrie und Handel aber auch Logistikdienstleister sein. *Auftragnehmer* sind im Straßentransport die sogenannten *Frachtführer*, in der Binnenschifffahrt die *Partikuliere*, in der Seeschifffahrt die *Charterreedereien* und im Luftverkehr die *Chartergesellschaften*.

Die Transportmittel werden vom Auftragnehmer mit Fahrpersonal bereitgestellt und einschließlich Treib- und Schmierstoffe sowie Reparatur und Wartung betriebsfähig gehalten. Die *Einsatzzeiten* werden zwischen Auftraggeber und Auftragnehmer vereinbart und die *Transportfahrten* nach den Anforderungen und Vorgaben des Auftraggebers durchgeführt.

Für den Straßentransport können beispielsweise Sattelaufliegerzüge, Wechselbrücken-Gliederzüge oder Transporter mit einer Kapazität angefordert werden, die durch Nutzlast und Laderaum definiert ist. Im Seeverkehr können für den Transport bemannte Schiffe gechartert werden, im Schienenverkehr Eisenbahnzüge mit Waggons, Lok und Fahrdienstpersonal.

Für die Vergütung von Transportleistungen gibt es im Transportgewerbe eine Vielfalt von Möglichkeiten und Usancen [35, 125, 126, 137]. Die verschiedenen *Transportvergütungssysteme* lassen sich grundsätzlich unterscheiden in:

- *Vergütung des Transportmitteleinsatzes nach Zeit und Aufwand* (*Zeitcharter*) zu bestimmten *Periodensätzen* zuzüglich *einsatzbedingter Kosten* für Treibstoffverbrauch, Trassennutzung usw. (z. B. Autovermietung oder Schiffscharter).
- *Vergütung des Transportmitteleinsatzes nach Leistung* zu nutzungsgemäßen *Leistungspreisen* (z. B. Taxifahrt).

Um die Transportkosten für den Versender zu optimieren, ist die Vergütung nach Leistung geeigneter als eine Vergütung nach Zeit und Aufwand oder nach anderen Verfahren. Die *leistungsabhängige Vergütung* mit den nutzungsgemäßen *Transportleistungspreisen*

$$\begin{array}{lll} \text{Grundpreis} & P_G & [\text{€/TE-Fahrt}] \\ \text{Stopppreis} & P_{ST} & [\text{€/TE-Stop}] \\ \text{Fahrwegpreis} & P_{FW} & [\text{€/TE-km}] \end{array} \qquad (20.38)$$

setzt voraus, dass die Art der *Transporteinheiten* TE durch die Angabe der Daten von Transportmittel und Laderaum eindeutig spezifiziert ist, dass das Einsatzgebiet, die *Einsatzzeit* und die mit einer *Transportfahrt* verbundenen *Grundleistungen*, wie das

Bereitstellen einschließlich Be- und Entladen klar vereinbart wurden und dass die mittleren *Stoppzeiten* bekannt sind.

Mit den Leistungspreisen (20.38) ist der *Transportpreis* für die Durchführung einer Transportfahrt, die sich insgesamt über einen *Fahrweg* L_{FW} [km] erstreckt und zwischen Start- und Endpunkt der Nutzfahrt mit n_{ST} *Stopps* verbunden ist, gegeben durch die *Masterformel*:

$$\mathbf{P_{TR} = P_G + \mathit{n}_{ST} \cdot P_{ST} + L_{FW} \cdot P_{FW} \quad [€/TE\text{-}Fahrt]\,.} \tag{20.39}$$

Ein *Beispiel* für nutzungsgemäße Transportpreise sind die Taxipreise. Für die Beförderung ist ein Grundpreis festgelegt, der abhängig von Einsatzgebiet, Einsatzzeit und Anfahrweg zur Zeit zwischen 2,00 und 2,50 € pro Fahrt liegt, und ein Fahrwegpreis, der gegenwärtig zwischen 1,30 bis 1,50 €/km beträgt. Darüber hinaus wird für den Zu- oder Ausstieg eines Fahrgastes an einem Zwischenhalt oder für größere Gepäckstücke ein Zuschlag erhoben. Entsprechende Leistungspreise anderer Transportmittel sind in *Tab.* 18.4 angegeben.

20.15.2 Frachtleistungspreise

Das Abholen, Befördern und Zustellen von *Sendungen* ist eine *Frachtleistung*, die mehr umfasst als den reinen Transport. Das Frachtunternehmen kann eine Spedition, ein Paketdienstleister, die Bahn, die Post oder ein Verkehrsbetrieb sein. Es organisiert die *Frachtketten* zur Ausführung von Versandaufträgen und verfügt dafür in der Regel über ein festes Frachtnetz. Für die Transporte werden eigene oder fremde Transportmittel eingesetzt.

Für die Vergütung von Frachtleistungen gibt es eine noch größere Vielfalt von Tarifsystemen, Frachttabellen, Fahrpreisen und Beförderungstarifen als für die Vergütung von Transportleistungen [125–127, 137]. Viele Frachtpreise und Tarife, die von Beförderungsunternehmen angeboten, teilweise auch staatlich festgelegt werden, sind jedoch nur wenig leistungsabhängig und kaum nutzungsgemäß (s. *Abschn.* 7.1 und *Abschn.* 22.4) [35].

Eine nutzungsgemäße Frachtkostenkalkulation – zum Beispiel mit dem AOT-Programm – ergibt, dass die Frachtkosten für die in *Abb.* 20.17 dargestellten Standardfrachtketten in weiten Grenzen linear von der Frachtstückgröße und von der Entfernung zwischen Versandort und Zustellort abhängen (s. *Abb.* 20.30 und 20.31). Ein weiterer Einflussfaktor auf die Frachtkosten ist die Sendungsgröße (s. *Abb.* 20.28).

Die Abhängigkeit der Frachtkosten von Frachtstückgröße, Entfernung und Sendungsgröße wird nutzungsgemäß wiedergegeben durch die *Frachtleistungspreise*:

$$\begin{array}{lll} \text{Sendungspreis} & P_S & [€/Snd] \\ \text{Mengenpreis} & P_{ME} & [€/ME] \\ \text{Entfernungspreis} & P_E & [€/ME\text{-}km]\,. \end{array} \tag{20.40}$$

Mengenpreis und Entfernungspreis hängen von der gewählten Mengeneinheit ME ab und erhöhen sich mit der Größe der Mengeneinheit.

Zur Erläuterung sind in *Tab.* 20.3 die Frachtpreise für die Zustellung von Stückgutsendungen in Deutschland über die beiden *Standardfrachtketten* 2 und 3 aus

Transportkette Frachtaufkommen	Sendungspreis €/Sendung	Mengenpreis €/PalStp	Entfernungspreis €/Pal-km
Zustellung über 1 UP größer 20 Pal/Tag pro Zielgebiet	4,80	12,00	0,075
Zustellung über 2 UP kleiner 20 Pal/Tag pro Zielgebiet	7,20	19,00	0,075

Tab. 20.2 Frachtleistungspreise für Stückgutsendungen

Modellrechnung für Crossdocking von Euro-Paletten
Preise = Kostensätze + 20 % Gemeinkosten; Basis 2004
Gesamtfrachtaufkommen größer 20 Pal/Tag
Grundmaße 800 × 1.200, Gewicht bis 500 kg/Pal

Abb. 20.17 zusammengestellt. Die Frachtkostensätze wurden mit Hilfe des zuvor beschriebenen AOT-Programms kalkuliert. Die Frachtpreise der *Tab.* 20.2 sind gegenüber den kalkulierten Frachtkostensätzen um einen *Gemeinkostenzuschlag* erhöht. Der Vertriebs- und Verwaltungsgemeinkostenzuschlag (VVGK), den ein Spediteur für Verwaltung, Vertrieb, Disposition, Steuerung, Sendungsverfolgung, Auslastungs- und Leerfahrtrisiko, Leistungsbereitschaft und Gewinn benötigt, wurde hier mit 20 % angesetzt.

Die aktuellen Leistungspreise und damit auch der erwirtschaftete Deckungsbeitrag hängen von *Angebot* und *Nachfrage* auf dem Transport- und Frachtmarkt zum Zeitpunkt der Auftragsverhandlung ab. Daher können die gezahlten Transportpreise und Frachttarife erheblich von den auf Kostenbasis kalkulierten Preisen und Tarifen abweichen, die in den *Tab.n* 18.4, 20.2, 20.3 und 20.4 angegeben sind.

Mit den Leistungspreisen (20.40) ist der *Sendungsfrachtpreis* für eine Sendung der Größe m_S [ME/Snd], die über eine Entfernung d_E [km] zu befördern ist, gegeben durch die *Masterformel*:

$$\mathbf{P_{FS} = P_S + m_S \cdot (P_{ME} + d_E \cdot P_E) \quad [€/Snd]} . \tag{20.41}$$

Hieraus ergibt sich die *Masterformel* für den *Frachtpreis pro Mengeneinheit:*

$$\mathbf{P_{ME} = P_{FR}/m_S = P_S/m_S + P_{ME} + d_E \cdot P_E \quad [€/ME]} . \tag{20.42}$$

Nach dieser Preisberechnung nimmt der Frachtpreis pro Mengeneinheit entsprechend dem Verlauf in *Abb.* 20.28 umgekehrt proportional mit der Sendungsgröße ab und entsprechend dem Verlauf in *Abb.* 20.30 linear mit der Entfernung zu. Über die Abhängigkeit der Leistungspreise (20.40) von der Größe der Mengeneinheit er-

Entfernung km von	bis	Sendungsgewicht bis 500	500 bis 1.000	1.000 bis 1.500	1.500 bis 2.000	2.000 bis 2.500	kg/Snd
	100	8,57	6,65	6,26	6,10	6,01	€/100kg
100	200	10,44	8,52	8,14	7,97	7,88	€/100kg
200	300	12,32	10,40	10,01	9,85	9,76	€/100kg
300	400	14,19	12,27	11,89	11,72	11,63	€/100kg
400	500	16,07	14,15	13,76	13,60	13,51	€/100kg
500	600	17,94	16,02	15,64	15,47	15,38	€/100kg
600	700	19,82	17,90	17,51	17,35	17,26	€/100kg
700	800	21,69	19,77	19,39	19,22	19,13	€/100kg
800	900	23,57	21,65	21,26	21,10	21,01	€/100kg
900	1.000	25,44	23,52	23,14	22,97	22,88	€/100kg

Tab. 20.3 100 kg-Frachttarife für Palettenzustellung über zwei Umschlagpunkte

Stückgutbeförderung von EURO-Paletten			
Gesamtfrachtaufkommen	> 30 Pal/Tag		> 12 t/Tag
Sendungspreis	7,20 €/Snd		7,20 €/Snd
Mengenpreis	19,00 €/Pal		4,75 €/100 kg
Entfernungspreis	0,075 €/Pal-km		0,0188 €/100 kg-km
	min	mittel	max
Palettengewicht	200	400	600 kg/Pal

gibt sich der in *Abb.* 20.31 gezeigte Anstieg des spezifischen Frachtpreises (20.42) mit dem Frachtstückvolumen.

20.15.3 Frachttarife

Die Sendungsgröße wird in unterschiedlichen *Mengeneinheiten* ME gemessen:

$$\text{ME} = \text{kg, t, m}^3\text{, Paket, Palette, ISO-Container oder LE}. \tag{20.43}$$

Die Mengeneinheit, die für eine Frachtkostenabrechnung zu wählen ist, hängt ab von der Frachtbeschaffenheit und von der Transport- und Umschlagtechnik, die in der Frachtkette eingesetzt wird.

Entfernung km von	bis	Sendungsgewicht bis 500	500 bis 1.000	1.000 bis 1.500	1.500 bis 2.000	2.000 bis 2.500	kg/Snd
	100	5,86	4,58	4,32	4,21	4,15	€/100kg
100	200	7,73	6,45	6,20	6,09	6,03	€/100kg
200	300	9,61	8,33	8,07	7,96	7,90	€/100kg
300	400	11,48	10,20	9,95	9,84	9,78	€/100kg
400	500	13,36	12,08	11,82	11,71	11,65	€/100kg
500	600	15,23	13,95	13,70	13,59	13,53	€/100kg
600	700	17,11	15,83	15,57	15,46	15,40	€/100kg
700	800	18,98	17,70	17,45	17,34	17,28	€/100kg
800	900	20,86	19,58	19,32	19,21	19,15	€/100kg
900	1.000	22,73	21,45	21,20	21,09	21,03	€/100kg

Tab. 20.4 100 kg-Frachttarife für Palettenzustellung über einen Umschlagpunkt

Stückgutbeförderung von EURO-Paletten			
Gesamtfrachtaufkommen	> 30 Pal/Tag		> 12 t/Tag
Sendungspreis	4,80 €/Snd		4,80 €/Snd
Mengenpreis	12,00 €/Pal		3,00 €/100 kg
Entfernungspreis	0,075 €/Pal-km		0,0188 €/100 kg-km
	min	mittel	max
Palettengewicht	200	400	600 kg/Pal

Die Frachtkosten hängen sehr wesentlich von der Kapazität der Transportmittel ab. Sie wird bei *volumenbestimmter Fracht* durch den *Laderaum* und bei *gewichtsbestimmter Fracht* durch die *Nutzlast* begrenzt. Daher wird die Sendungsgröße für volumenbestimmte Fracht in *Liter*, *Kubikmeter* oder *Ladeeinheiten* gemessen und für gewichtsbestimmte Fracht in *Kilogramm* oder *Tonnen* (s. *Abschn.* 12.5).

Dementsprechend wird die Ladung in der *Möbelspedition* in Laderaummetern und bei der Beförderung von Gas in Kubikmetern gemessen. In der *Massengutbeförderung* von Flüssigkeiten und Feststoffen wird die Ladungsgröße in Tonnen und die Entfernungsleistung in Tonnen-Kilometer-Sätzen abgerechnet.

In der *Stückgutspedition* sind entfernungsabhängige 100 kg-Frachtkostensätze und Tabellenwerke üblich [125, 127]. Als Beispiel sind in den *Tab.* 20.3 und 20.4 die 100 kg-Frachttarife für Paletten zusammengefasst, die für die angegebenen Pa-

Servicegebiet	Zustellpreis Pakete bis 5 kg	 Pakete 5 bis 15 kg	 Pakete 15 bis 31 kg	
Nahgebiet	3,20	5,40	7,60	€/Paket
Ferngebiete	3,70	6,10	9,10	€/Paket

Tab. 20.5 Frachtkostensätze für die Paketzustellung

Einzelstücksendungen (1 Sendung = 1 Paket)
Frachtaufkommen > 5.000 Pakete pro Tag
Preise 2002
Nahgebiet Umschlag über 1 Umschlagpunkt
Ferngebiet Umschlag über 2 Umschlagpunkte

lettengewichte und Lieferketten aus den Mittelwerten der Tabellengrenzen mit Hilfe der Frachtpreisformel (20.42) und den Frachtleistungspreisen der *Tab.* 20.2 kalkuliert wurden.

Die 100 kg-Sätze haben den Nachteil, dass sie die Größe und Beschaffenheit der Frachtstücke nicht direkt berücksichtigen, von denen die Kosten für das Be- und Entladen und das Handling in den Umschlagstationen abhängen. Wenn die Fracht aus einzelnen *Frachtstücken* mit definierter Größe oder aus diskreten *Ladeeinheiten*, wie Pakete, Behälter, Paletten oder Container, besteht, deren Abmessungen und Gewichte standardisiert sind, sollte daher die Sendungsgröße in den entsprechenden *Versandeinheiten* gemessen und die Frachtkosten mit Hilfe der Formel (20.41) abgerechnet werden. So ist bei den Paketdienstleistern eine Abrechnung nach *Packstücken* verschiedener Gewichtsklassen üblich, wie sie die *Tab.* 20.5 zeigt [137]. Im Containerverkehr werden 20″- und 40″-ISO-Container abgerechnet.

Wenn sich die Sendungsstruktur für einen vereinbarten Abrechnungszeitraum nur wenig ändert, kann der Sendungspreis in den Mengenpreis einkalkuliert werden. Für feste Frachtrelationen zwischen definierten Gebieten mit hinreichend gleichbleibendem Frachtaufkommen kann auch mit einem durchschnittlichen Entfernungspreis gerechnet werden. Dieser wird dann, wie in der *Frachttabelle* 20.5 für die Paketzustellung, mit dem Mengenpreis zu einem *Einheitstarif* pro Mengeneinheit zusammengefasst [162].

Eine *Mischkalkulation* zur Vereinfachung der Frachttarife verwässert jedoch das Prinzip nutzungsgemäßer Preise, denn durch die höheren Stückpreise für große Sendungen und für Sendungen über kurze Entfernungen werden die nicht auskömmlichen Stückpreise für kleine Sendungen und für Sendungen über große Entfernungen subventioniert (s. *Abschn.* 7.1).

Bei einer Abrechnung nach Frachttabellen kommt zur Problematik der Mischkalkulation noch die *Rundungsproblematik* hinzu. Da sich die Tarifsätze an den

Grenzwerten einer Tabelle sprunghaft ändern, kann sich der Frachtpreis für eine Sendung, deren Gewicht oder Entfernung nur minimal über einer Grenze liegt, erheblich vom Frachtpreis einer nahezu gleich großen Sendung mit Werten kurz unterhalb der Grenze unterscheiden. Hier helfen auch Glättungsregeln wenig. Einfacher und unmissverständlich ist dagegen die Frachtabrechnung mit Hilfe der Formel (20.41) unter Verwendung vereinbarter Leistungspreise (20.40). Allgemein gilt für die Kostenabrechnung der *Grundsatz:*

► Die *Differenzierung der Transportpreise und Frachttarife* wird von der *Zielsetzung* und von der *Verfügbarkeit* der zur Abrechung benötigten *Daten* bestimmt.

In dem Maße, wie die Logistikdaten der Artikel und Sendungen in den Stammdateien der Warenwirtschaftssysteme vollständig erfasst sind und zusammen mit den hinterlegten Entfernungen von Versand- und Empfangsorten von den Transportleitsystemen zur Sendungssteuerung genutzt werden, wird sich die nutzungsgemäße Abrechnung der Transport- und Frachtleistungen mit den Leistungspreisen (20.38) und (20.40) durchsetzen (s. hierzu *Abschn.* 7.6.1 und 15.6).

20.16 Kombinierter Ladungsverkehr

Im kombinierten Ladungsverkehr, kurz *KLV* genannt, werden *Sattelauflieger* (SA) oder *Wechselbrücken* (WB) auf der Straße durch Zugmaschinen von den Versandorten zu einem *Umschlagterminal* der Bahn gefahren. Dort werden die Transportbehälter auf Waggons verladen und von einem Zug zu einem Zielumschlagterminal transportiert. Nach dem Entladen an der Zielstation werden die Sattelauflieger oder Wechselbrücken von Zugmaschinen abgeholt und auf der Straße zum Bestimmungsort gebracht [147–149].

Der KLV-Transport ist ein Beispiel für den *intermodalen Transport* mit einer *dreistufigen Standardtransportkette,* wie sie in den *Abb.* 20.4 und 20.17 dargestellt ist. Durch den KLV können Transporte von der Straße auf die Schiene umgeleitet und damit die Straßen entlastet werden. Voraussetzung ist jedoch, dass der KLV im Vergleich zum direkten Straßentransport für Versender und Spediteure *zeitlich* und *wirtschaftlich* attraktiv ist.

Durch geeignete Fahrplangestaltung ist heute eine effektive Reisegeschwindigkeit der Züge auf der Schiene von $v_{Zug} \approx 100\,km/h$ möglich, während die Lastzüge auf den Straßen eine mittlere Reisegeschwindigkeit von $v_{Lkw} \approx 60\,km/h$ erreichen. Die kürzere Fahrzeit auf der Schiene verlängert sich jedoch um die Fahrzeit für den Vor- und Nachlauf auf der Straße über eine mittlere Stationsentfernung d_{Stat} [km] und durch die Warte- und Verladezeit T_{Stat} [h] an den Umschlagstationen. Daher ist der KLV zeitlich erst für *Transportweglängen* l_{Trans} attraktiv, die größer sind als die *zeitkritische Entfernung*:

$$l_{Z\,krit} = 2 \cdot v_{Zug} \cdot (d_{Stat} + T_{Stat} \cdot v_{Lkw})/(v_{Zug} - v_{Lkw}) \quad [km]\,. \tag{20.44}$$

Der Grenzwert (20.44) hängt von der Vor- und Nachlaufentfernung d_{Stat} und von der Stationswarte- und Verladezeit T_{Stat} ab.

Mit den genannten Richtwerten für die Reisegeschwindigkeiten auf Straße und Schiene resultiert beispielsweise bei einer mittleren Stationsentfernung $d_{Stat} = 30$ km und einer Stationsaufenthaltszeit $T_{Stat} = 1$ h eine kritische Entfernung von 450 km, ab der ein KLV-Transport eine kürzere Fahrzeit bietet als der direkte Straßentransport. Bei einer größeren *Zuverlässigkeit* und *Pünktlichkeit* der Bahn im Vergleich zum Straßenverkehr kann der KLV-Transport auch für kürzere Transportentfernungen zeitlich interessant sein.

Um wirtschaftlich attraktiv zu sein, müssen die Transportkosten für den KLV-Transport günstiger sein als für den direkten Straßentransport. Die Straßentransportkosten sind für eine Direktfahrt gegeben durch Beziehung (18.57) mit dem Fahrweg $L_{FW} = l_{Trans}$ und für den Vor- und Nachlauf mit dem Fahrweg $L_{FW} = d_{Stat}$. Für einen Sattelaufliegerzug ergibt die Transportkostenrechnung auf Preisbasis 1998 bei 100 % Paarigkeit einen *Grundkostensatz* $k_{Str\,Gr} = 35{,}50$ €/Transportfahrt und einen *Fahrwegkostensatz* $k_{Str\,Weg} = 0{,}85$ €/SA-km.

Auch die Kosten für den Schienentransport in Abhängigkeit von der Transportentfernung $l_{FW} = l_{Trans}$ lassen sich mit der Beziehung (18.57) errechnen, wenn die entsprechenden Kostensätze (18.56) für den Bahntransport bekannt sind. Für ein konkretes Praxisbeispiel zur Untersuchung einer neuartigen Umschlagtechnik für Sattelauflieger wurden nach den in *Kap. 18* beschriebenen Verfahren unterschiedliche Schienennetze geplant und die KLV-Kostensätze für ein Belastungsszenario mit einer effektiven Zugauslastung von 75 % kalkuliert. Der *Grundkostensatz* für das Be- und Entladen und die Stationskosten beträgt für dieses KLV-System $k_{Zug\,Gr} =$ 53,50 €/Transportfahrt und der *Fahrwegkostensatz* $k_{Zug\,Weg} = 0{,}38$ €/SA-km. Dabei wurden die Trassenkosten für die Nutzung des Schienennetzes durch einen Zug mit 39 Waggons mit 5,00 €/Zug-km angesetzt.

Die Entfernungsabhängigkeit der Kosten für einen KLV-Transport über zwei Umschlagpunkte ist damit gegeben durch:

$$k_{KLV} = 2 \cdot (k_{Str\,Gr} + d_{Stat} \cdot k_{Str\,Weg}) + k_{Zug\,Gr} + l_{Trans} \cdot k_{Zug\,Weg} \quad [€/SA]\,. \quad (20.45)$$

In *Abb.* 20.33 ist die hiermit errechnete Abhängigkeit der Transportkosten für den KLV im Vergleich zum direkten Straßentransport dargestellt. Ohne die Kosten für den Vor- und Nachlauf auf der Straße ist der KLV-Transport bereits für Transportentfernungen ab 100 km wirtschaftlich. Durch den Vor- und Nachlauf auf der Straße verteuert sich jedoch der KLV-Transport bei einer mittleren Stationsentfernung von 30 km um ca. 122 € pro SA-Transport. Infolgedessen verschiebt sich in dem betrachteten Fallbeispiel die wirtschaftliche Einsatzgrenze für den KLV-Transport wie in *Abb.* 20.33 dargestellt auf ca. 300 km.

Die Modellrechnungen zeigen, dass die wirtschaftliche Einsatzgrenze für den KLV-Transport sehr empfindlich von einer Reihe von Einflussfaktoren abhängt, vor allem vom *Trassenpreis*, von der *Zugkapazität*, von der *Auslastung* und von den Betriebskosten der *Umladetechnik* und der Stationen. Die Auswirkungen der unterschiedlichen Einflussfaktoren auf die Laufzeiten und die Transportkosten lassen sich mit den hier entwickelten Auslegungs- und Kalkulationsverfahren untersuchen und quantifizieren.

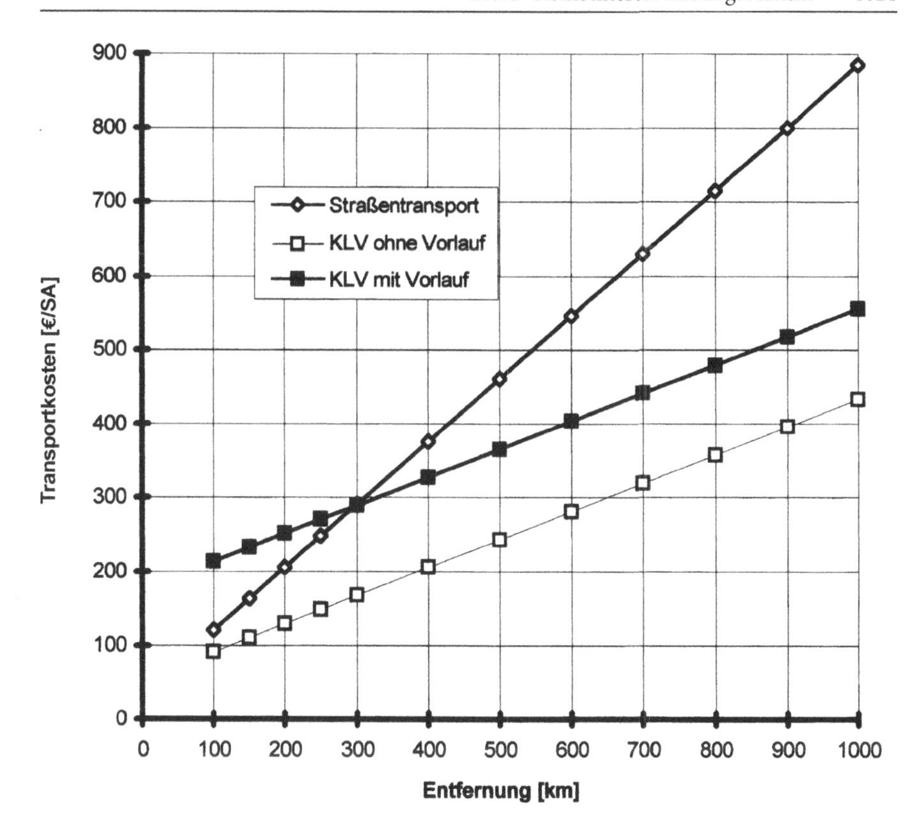

Abb. 20.33 Vergleich der Transportkosten des KLV-Transports und des Straßendirekttransports von Sattelaufliegern

Kostensätze	Straße	Schiene	
Grundkosten	35,50	53,35	€/SA-Fahrt
Fahrwegkosten	0,85	0,38	€/SA-km

Stationsentfernung: 30 km im Zulauf und Nachlauf

Kritisch für den Erfolg des KLV-Transports im Wettbewerb mit dem Straßentransport sind außer den genannten Einflussfaktoren die *Gemeinkostenzuschläge* und *Gewinnerwartungen*, mit denen die Beteiligten an der Transportkette ihre *Leistungspreise* kalkulieren. Solange die Bahn mit Zuschlagssätzen kalkuliert, die weitaus höher sind als die Gemeinkostensätze und Gewinnzuschläge der Speditionen für den Straßenverkehr, verschiebt sich die kritische Kostengrenze für den KLV-Transport zu größeren Entfernungen in den Bereich über 500 km. Oberhalb dieser Grenze aber ist das Ladungsaufkommen für einen wirtschaftlichen KLV-Netzbetrieb in den meisten Relationen zu gering.

Analog wie für das hier betrachtete Beispiel des KLV-Transports über *Straße-Schiene-Straße* lassen sich nach dem beschriebenen Verfahren auch die Kosten für andere intermodale Transportketten, wie *Straße-Schiff-Straße* oder *Straße-Luft-Straße*, kalkulieren und die jeweils optimale Transportkette auswählen.

20.17 Kundenausrichtung der Lieferketten (ECR und SCM)

Efficient Consumer Response (ECR) und *Supply Chain Management* (SCM) bedeuten Ausrichtung aller Aktivitäten und Prozesse entlang den Lieferketten auf den Kunden [19, 27, 28, 51, 53, 54, 120, 128, 145, 150, 151, 153, 235, 238]. Die Aktivitäten beginnen mit dem Informations- und Datenaustausch. Die Verkaufsstellen informieren die Lieferstellen *unverzüglich* – am einfachsten über *Internet* oder durch *elektronischen Datenaustausch* (EDI) – über die aktuellen Absatzdaten und die Höhe der Verkaufsbestände. Verkaufsplanung und Marketing der Lieferstellen informieren die Abnehmer rechtzeitig über neue Produkte, geplante Aktionen, Produktionsänderungen und die verfügbaren Lagerbestände.

Aus den aktuellen Informationen über den Absatz aller Verkaufsstellen können die Lieferanten nach den in *Kap.* 9 dargestellten Verfahren mit relativ hoher Verlässlichkeit den zukünftigen Bedarf der Produkte mit regelmäßigem Verbrauch prognostizieren. Aus der Absatzprognose und den aktuellen Lagerbeständen lassen sich nach den in *Kap.* 10 und 11 beschriebenen *Entscheidungskriterien* und *Dispositionsstrategien* Aufträge an die Produktion zur Fertigung von Lagerware und Kundenware herleiten.

In letzter Konsequenz des ECR werden auf diese Weise auch die Entwicklung und Markteinführung neuer Produkte und die Optimierung der Beschaffungs- und Lieferketten mit allen beteiligten Stellen abgestimmt [256].

20.17.1 Chancen und Risiken des SCM

Die Chancen und Vorteile der Optimierung der Lieferketten und ihrer Ausrichtung auf die Abnehmer und Konsumenten sind heute weitgehend bekannt und unstrittig. Die Einführung von ECR und SCM erfordert jedoch erhebliche Vorleistungen und Veränderungen in den beteiligten Unternehmen. Der laufende Betrieb ist außerdem mit Kosten für den elektronischen Datenaustausch und für die Abstimmung der Aktivitäten verbunden [154, 155].

Innerhalb des eigenen Logistiknetzwerks ist die Kundenausrichtung der Lieferketten prinzipiell kein großes Problem. Trotzdem werden ECR und SCM nur in wenigen Unternehmen durchgängig vom Vertrieb über die Produktion bis zum Einkauf praktiziert, da andere Prioritäten, eine rigide Spartenorganisation oder starke Manager mit abweichenden Zielvorstellungen dem entgegenstehen [233].

Grundsätzliche Schwierigkeiten ergeben sich, wenn mehrere Unternehmen an einer Lieferkette beteiligt sind. Solange die Beteiligten – Industrie, Handel und Logistikdienstleister – versuchen, den Nutzen von ECR und SCM allein für sich zu erreichen und die Vorleistungen und Kosten auf die anderen Teilnehmer abzuwälzen, werden ECR und unternehmensübergreifendes Supply Chain Management nicht den angestrebten Erfolg bringen [235].

Marktbeherrschende Unternehmen der Automobilindustrie, der Chemie und der Konsumgüterindustrie bemühen sich daher, die Grenzen ihres Logistiknetzwerks auf der Zulieferseite wie auf der Abnehmerseite immer weiter auszudehnen, um sich als *Systemführer* die Vorteile von ECR und SCM zu sichern. Seit vielen Jahren nehmen auch die großen Handelsunternehmen ihre Beschaffungslogistik in eigene Regie [19,27,118,123,143,145,150–155,233,235]. Andere Unternehmen versuchen, durch vertikale und horizontale Kooperation ihre Lieferketten zu optimieren und die Kundenausrichtung der Prozesse zu erreichen.

Unabhängig davon, wer *Prozessführer* der Lieferketten ist, optimale Lieferketten, SCM und ECR sind nur möglich durch *Kooperation* aller Beteiligten. Eine offene und vertrauensvolle Kooperation lässt sich weder erzwingen noch staatlich verordnen. Auch Appelle wirken nicht kurzfristig. Die Einsicht in die Notwendigkeit zur Kooperation in den Lieferketten kann sich nur im freien Spiel der Marktkräfte aus dem Eigeninteresse der Beteiligten entwickeln.

So werden mit der anhaltenden Konzentration des Handels sowie mit den Zusammenschlüssen und Allianzen von Speditionen, Reedereien, Fluggesellschaften und anderen Logistikdienstleistern größere Transportaufkommen, die Zusammenlegung von Beständen und ein Überschreiten der kritischen Masse für rationelle Logistikbetriebe angestrebt. Ziel der großen Unternehmen und Allianzen ist eine *Beherrschung* der Beschaffungs-, Beförderungs- und Belieferungsketten, um diese weiter zu rationalisieren und zu optimieren [19,23,155].

20.17.2 Kooperation, Koordination, Kollaboration

Seit jeher haben sich Unternehmen, die an einem Projekt oder an der Herstellung anspruchsvoller Konsum- oder Gebrauchsgüter beteiligt sind, miteinander abgestimmt. Auf der effizienten Kooperation zwischen den Beteiligten beruht der Erfolg der industriellen Arbeitsteilung. Die bilaterale *Kooperation* in den Lieferketten und Versorgungsnetzen ist also nichts Neues (s. *Abb.* 0.2 und 15.1).

Das Geheimnis der Effizienz der freien Marktwirtschaft liegt jedoch in der *Freiwilligkeit* der Kooperationen zwischen den Unternehmen [189, 190, 199, 235]. Die Preise der Güter und Leistungen ergeben sich aus Angebot und Nachfrage (s. *Kap.* 22). Die Gewinne sind das Ergebnis der permanenten Optimierung von Produkten und Prozessen in und zwischen den Unternehmen. In eigenem Interesse stimmen die Beteiligten die *Schnittstellen* untereinander ab. Durch gemeinsame *Standardisierung* und *Normierung* steigern sie ihre Effizienz (s. *Abschn.* 3.10).

Eine Standardisierung und Normierung der Erzeugnisse, Informationen und Schnittstellen, die über mehr als eine Stufe der Beschaffungs- und Versorgungsnetze hinausgeht, erfordert die *Koordination* aller Einflussfaktoren. Zur Entwicklung von Normen, Standards und Verhaltensregeln im Interesse aller Wirtschaftsteilnehmer wurden spezielle Institutionen geschaffen, wie DIN, VDI, VDE, CCG und FEM. Daran arbeiten auch die nationalen Wirtschaftsverbände und internationale Organisationen, wie WTO und OECD. Neutrale Normen, Standards und Verhaltensregeln sind die Grundlage des freien Handels rund um den Globus.

Unter Hinweis auf die Mehrstufigkeit der Lieferketten wird von einigen Interessengruppen eine noch weitergehende *Supply Chain Collaboration* (SCC) oder *Multi-Tier Collaboration* propagiert (s. *Abb.* 1.15). Unter der Führung eines *fokalen Unternehmens*, das meist der Erzeuger des Endproduktes ist, sollen die Zuliefererunternehmen von einer zentralen Stelle über mehr als zwei Stufen informatorisch und logistisch eng miteinander verzahnt und dispositiv aufeinander abgestimmt werden. In Aussicht gestellt werden eine höhere Transparenz, die Senkung der Bestände und geringere Kosten über die gesamte Lieferkette [233, 235].

Weitgehend offen bleibt jedoch, wie die behaupteten Vorteile, wenn sie denn eintreten, gemessen werden können und wer davon letztlich profitieren soll. Ein viel versprechender Lösungsvorschlag für dieses Grundproblem scheint das *Cost-Benefit-Sharing* (CBS) in Logistiknetzwerken zu sein, das allerdings sehr komplex ist und einen hohen Verwaltungs- und Kontrollaufwand erfordert [256]. Außerdem bleiben dabei kritische Punkte ungelöst, wie die Kostenverteilung bei Scheitern eines unternehmensübergreifenden Entwicklungs- und Investitionsprojektes und die Verteilung des *Absatzrisikos* auf die Vorstufenunternehmen.

Der Preis für die unternehmensübergreifende Kollaboration ist ein Verlust der Unabhängigkeit, die Einschränkung des Wettbewerbs und langfristig die Aufgabe der *Preisbildung* am freien Markt [234, 235] (s. *Kap. 22*). Die weisungsgebundene Kollaboration mit dem OEM würde die Vorteile des *Outsourcing* wieder zunichte machen, mit dem vertikal integrierte Konzerne vor nicht langer Zeit ihre verkrusteten Strukturen aufgebrochen haben.

Die Gefahren einer zu weit gehenden *Zentralisierung* der Planung und Disposition hat das Versagen der Planwirtschaft in den sozialistischen Ländern gezeigt [199]. Viele Großunternehmen, die in der Blütezeit des Sozialismus zum Zentralismus neigten, haben sich bemüht, dezentrale Strukturen mit eigenständigen Entscheidungsvollmachten einzuführen. Das war nur schwer durchzusetzen, da manche Manager, Berater und Theoretiker wegen der damit möglichen Machtausübung immer noch eine große Neigung für zentral gelenkte Strukturen haben und heute von den ERP-, APS- und SCM-Systemen neue Wunder erwarten.

Aus der Abwägung der dargelegten Nachteile gegen die fraglichen Vorteile des SCC resultiert die *Kooperationsempfehlung:*

- ▶ Kooperation und Koordination ja, Kollaboration nein.

Der erfolgreiche Einsatz von *Logistikdienstleistern* zeigt, wie sich bei richtiger Organisation der Geschäftsbeziehungen die Unabhängigkeit der beteiligten Unternehmen wahren lässt und zugleich für beide Seiten Vorteile erreichbar sind.

20.18 Virtuelle Zentrallager und Netzwerkmanagement

Bei der Belieferung eines großen Absatzgebiets aus einem einzigen *Fertigwarenlager* lassen sich wegen der langen Transportzeiten nicht für alle Kunden und Abnehmer kurze Lieferzeiten einhalten. Das ist nur über dezentrale Auslieferungslager möglich, die jeweils in der Mitte eines kleineren Absatzgebiets liegen. Aus den einzelnen *Zentrallagern der Teilgebiete* werden *Großabnehmer* und *Handelslager* direkt beliefert.

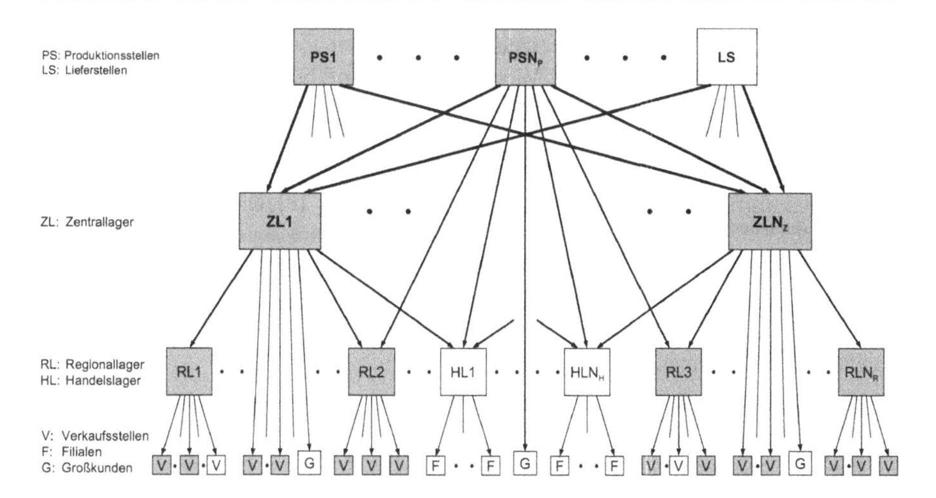

Abb. 20.34 Hybrides Versorgungsnetz von Handelsfilialen und Direktkunden

Graue Stationen: Liefer-, Lager-, Umschlag- und Verkaufsstellen der Industrie
Weiße Stationen: Liefer-, Lager-, Umschlag- und Verkaufsstellen des Handels

Kleinere Abnehmer, wie eigene *Verkaufsstellen* und selbständige *Handelsgeschäfte*, erhalten ihren Bedarf über die *Regionallager* des Lieferanten oder des Handels. Außerdem kann das Zentrallager selbst als Regionallager arbeiten, aus dem die kleinen Abnehmer eines *Nahgebiets* direkt beliefert werden.

Damit ergibt sich die in *Abb.* 20.34 dargestellte Struktur eines *mehrstufigen Versorgungsnetzes* für Verkaufsstellen, Filialen und Großkunden, die aus Lieferstellen und Produktionsstandorten mit unterschiedlichen Artikeln beliefert werden. Die gleiche Struktur ergibt sich aus der Kostenminimierung der Auslieferung bestandsloser Artikel und kundenspezifischer Sendungen durch eine Fracht- und Transportbündelung (s. *Abschn.* 20.9 und 20.10).

Das resultierende *hybride Versorgungsnetz* setzt sich zusammen aus *Distributionsnetzen*, deren grau markierte Leistungsstellen und Verbindungen von der Industrie beherrscht werden (s. *Abschn.* 20.11), und aus *Beschaffungsnetzen*, deren weiß gekennzeichnete Leistungsstellen und Verbindungen der Handel beherrscht (s. *Abschn.* 20.12). Für nicht lagerhaltige Artikel und für kundenspezifische Sendungen sind die Zwischenstationen bestandslose Umschlagpunkte. Für lagerhaltige Artikel sind sie dezentrale Lager.

Die minimale Anzahl dezentraler Lager- und Umschlagstandorte ergibt sich aus der überlappungsarmen Abdeckung des Servicegebiets durch *Auslieferkreise*, in denen die Kunden von einem Lagerstandort in der geforderten Lieferzeit beliefert werden können (s. *Abb.* 20.18). So resultieren für Deutschland bei einem maximalen Auslieferkreis von 124 km Luftlinie minimal 6 *Zentrallager*. Sie liegen im Zentrum von 6 Gebieten, aus denen alle Kunden innerhalb von 24 h beliefert werden können (s. *Abb.* 20.19).

Der Preis für die kürzeren Lieferzeiten aus mehreren Zentrallagern sind größere Lagerkosten und höhere Bestände. Werden Bestand und Nachschub von N_L Lagern mit annähernd gleichem Absatz und gleichen Kostensätzen gemäß dem eigenen Absatz unabhängig voneinander disponiert, so sind die gesamten Lagerkosten und der Summenbestand nach dem *Wurzelsatz der Bestandszentralisierung* um einen Faktor $\sqrt{N_L}$ höher als für ein einziges Zentrallager (s. *Abschn.* 11.10). Das ist für 6 Lager ein Faktor 2,5.

Die Kosten und Bestände dezentraler Lager, die aus einer Produktionsstelle versorgt werden, lassen sich jedoch auch durch eine zentrale Disposition nach der *Strategie des virtuellen Zentrallagers* erheblich reduzieren [282]. Damit eröffnen sich neue Potentiale für das *Netzwerkmanagement.*

20.18.1 Kostenoptimaler Gesamtnachschub

Die Versorgung von N_L Lagern L_n, $n = 1, 2, \ldots, N_L$, mit dem Absatz λ_n aus einer Produktionsstelle ist kostenoptimal, wenn die *dispositionsrelevanten Gesamtkosten,* also die Summe aller durch die Disposition beeinflussbaren Auftrags-, Rüst-, Transport- und Lagerkosten, minimal ist. Die Summe der Rüstkosten hat ein Minimum, wenn der Nachschub des gleichen Artikels für alle Lager möglichst gebündelt gefertigt wird. Sind die Sicherheitsbestände klein im Vergleich zum mittleren Gesamtbestand eines Artikels, dann ist die Summe der Rüstkosten der Produktion und der einzelnen Lagerkosten gleich der Summe der Rüst- und Lagerkosten für ein *virtuelles Zentrallager* mit den gleichen Platzkosten wie die einzelnen Lager und mit dem *Summenabsatz*

$$\lambda_S = \sum \lambda_n \,. \tag{20.46}$$

Daraus folgt:

- Die *optimale Gesamtnachschubmenge* zur Direktbelieferung aller Lager mit dem gleichen Artikel ist die kostenoptimale Nachschubmenge eines virtuellen Zentrallagers mit dem Summenabsatz (20.46).

Für einen *Summenabsatz* λ_S, einen *Stückpreis* P, einen *Lagerzinssatz* z_L, *Auftrags- und Rüstkosten* k_{Auf}, einen *Lagerplatzpreis* k_{LP} und eine *begrenzte Fertigungskapazität* μ ist die *optimale Gesamtnachschubmenge* bei freier Lagerordnung, Aufrunden auf volle Ladeeinheiten und *täglicher Auslieferung* gegeben durch (s. *Abschn.* 11.7 und [225]):

$$\mathbf{m_{Nopt\,S}} = \sqrt{2 \cdot \lambda_S \cdot k_{Auf}/(P \cdot z_L + k_{LP}/C_{LE})}/\sqrt{(1 - \lambda_S/\mu)} \quad [\mathrm{VE}] \,. \tag{20.47}$$

Die optimale Gesamtnachschubmenge (20.47) wird nach Fertigstellung der ersten Tagesmenge gemäß der aktuellen Dringlichkeit im Verhältnis des Bedarfs auf die einzelnen Lager verteilt.

20.18.2 Optimale Nachschubverteilung

Damit der Nachschubbedarf in allen Lagern zu gleicher Zeit entsteht und dann gebündelt beschafft werden kann, muss der Bestellpunkt in den einzelnen Lagern mög-

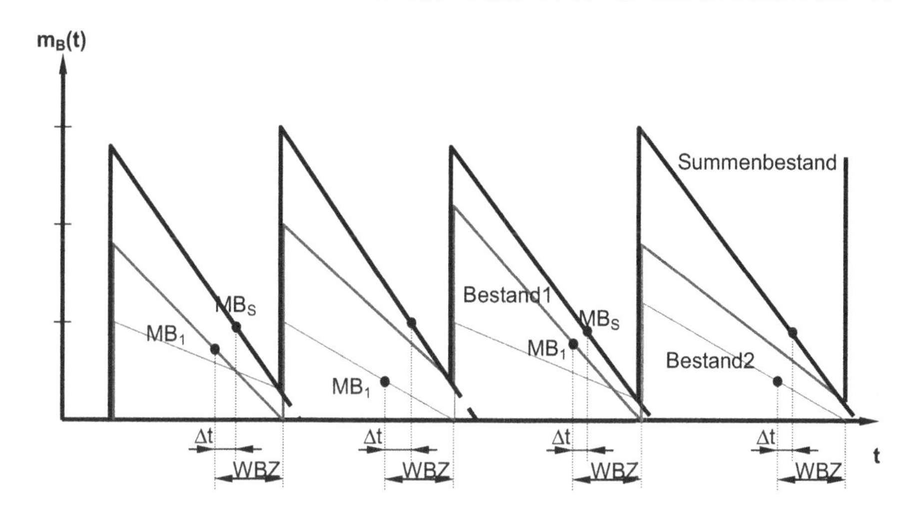

Abb. 20.35 Bestandsverlauf und Bestellpunkte von 2 Lagern bei zentraler Disposition

Δt : Zeitdifferenz der Bestellauslösung für ein virtuelles und ein reales Zentrallager

lichst gleichzeitig erreicht werden. Dafür müssen deren Bestände annähernd die gleiche Reichweite haben (s. *Abb.* 20.35). Das ist erreichbar mit der *Verteilungsregel:*

▶ Die optimale Produktionsmenge (20.45) wird an die einzelnen Lager im Verhältnis ihrer Absatzes ausgeliefert.

Die *optimalen Nachschubmengen der Artikelbestände in den einzelnen Lagern* sind daher:

$$m_{\text{Nopt}\,n} = (\lambda_n/\lambda_S) \cdot m_{\text{Nopt S}} \quad [\text{VE}]\,. \tag{20.48}$$

20.18.3 Sicherung der Lieferfähigkeit

Zur Einhaltung einer geforderten *Lieferfähigkeit* η_{lief} gibt es für die einzelnen Lager zwei Möglichkeiten (s. *Abschn.* 11.8):

1. Jedes einzelne Lager hat seinen *eigenen Sicherheitsbestand*, der mit Beziehung aus der Höhe λ_n und der Streuung $s_{\lambda n}$ des Einzelabsatzes, der optimalen Nachschubmenge (20.47) des Lagers L_n sowie aus der Länge T_{WBZ} und Streuung s_T der Wiederbeschaffungszeit berechnet wird.
2. Die einzelnen Lager teilen sich im Verhältnis der Wurzel aus ihrem Absatz einen *virtuellen Gesamtsicherheitsbestand* $m_{\text{sich S}} = \sum m_{\text{sich n}}$, der mit einer zu (20.48) analogen Beziehung aus der Höhe λ_S und der Streuung $s_{\lambda S}$ des Summenabsatzes (20.44), der kostenoptimalen Gesamtnachschubmenge (20.47) des virtuellen Zentrallagers sowie aus der Länge T_{WBZ} und Streuung s_T der Wiederbeschaffungszeit berechnet wird.

$$\mathbf{m}_{\text{sich n}} = f_s\Big(\mathbf{WENN}(\eta_{\text{lief}} < T_{\text{WBZ}} \cdot \lambda_n \,;\eta_{\text{lief}}\,;\mathbf{1} - (\mathbf{1} - \eta_{\text{lief}})\mathbf{m}_{\text{Nopt}\,n}/(T_{\text{WBZ}} \cdot \lambda_n))\Big) \cdot \sqrt{T_{\text{WBZ}} \cdot s_{\lambda n}^2 + \lambda_n^2 \cdot s_T^2}\,. \tag{20.49}$$

Voraussetzung für die *Strategie des virtuellen Gesamtsicherheitsbestands* ist, dass jedes Lager, das nicht mehr lieferfähig ist, auf den Bestand eines benachbarten Lagers zugreifen kann und von diesem unverzüglich mit Nachschub beliefert wird. Abgesehen von dem damit verbundenen Zeitverzug ist die *Querbelieferung* mit zusätzlichen Abwicklungs-, Handling- und Transportkosten verbunden, die in der Regel höher sind als die Mehrkosten für einen eigenen Sicherheitsbestand. Damit die einzelnen Lager mit der geforderten Wahrscheinlichkeit η_{lief} lieferfähig sind, muss der Nachschub *spätestens* ausgelöst werden, wenn in einem der Lager der aktuelle Bestand $m_{Bn}(t)$ den *dezentralen Meldebestand* $m_{\text{MBn}}(t)$ unterschreitet (s. *Abb.* 20.35). Der aktuelle *dezentrale Meldebestand* am Tag t ist:

$$\mathbf{m}_{\text{MBn}}(t) = T_{\text{WBZ}} \cdot \lambda_n(t) + \mathbf{m}_{\text{sich}\,n}(t) \quad [\text{VE}]\,. \tag{20.50}$$

Auch wenn zur Transportbündelung mit dem Nachschub für andere Artikel eine *zyklische Sammeldisposition* durchgeführt wird, ist mit dem dezentralen Meldebestand (20.50) zu rechnen (s. *Abschn.* 11.11.3 und *Abb.* 11.20).

20.18.4 Nachschubstrategie des virtuellen Zentrallagers

Die Zentraldisposition mehrerer Lager, die aus einer Lieferstelle mit den gleichen Artikeln direkt versorgt werden, führt im Vergleich zur individuellen Disposition zu wesentlichen Verbesserungen, wenn sie in den folgenden *Arbeitsschritten der Nachschubstrategie des virtuellen Zentrallagers* durchgeführt wird:

1. Der Zentralrechner berechnet nach jedem Tag t für alle Lager und alle Artikel aus dem aktuell prognostiziertem Absatz die optimale Gesamtnachschubmenge (20.47) sowie die einzelnen Nachschubmengen (20.48), Sicherheitsbestände (20.49) und Meldebestände (20.50).
2. Wenn in einem der Lager der aktuelle Bestand eines Artikels den aktuellen Meldebestand (20.50) unterschreitet, wird in der Lieferstelle die Fertigung der Gesamtmenge (20.47) ausgelöst.
3. Die erste produzierte Tagesmenge des Artikels wird spätestens nach Ablauf der Wiederbeschaffungszeit an das Lager ausgeliefert, dessen Bestand zu diesem Zeitpunkt die geringste Reichweite hat.
4. Wenn vor dem Fertigstellungstag der ersten Tagesmenge der Artikelbestand in mehreren Lagern auf Null gesunken ist, werden die Tagesmengen in einer Prioritätenfolge auf die betreffenden Lager verteilt, die der Dauer der Lieferunfähigkeit entspricht.
5. Die übrige Tagesproduktion wird gemäß Beziehung (20.48) im Verhältnis des Artikelabsatzes unter Berücksichtigung des aktuellen Bestands so auf die Lager verteilt, dass deren Bestände für den betreffenden Artikel die gleiche Reichweite haben.

20.18.5 Erreichbare Kosten- und Bestandssenkung

Die *Zentraldisposition* nach der Strategie des virtuellen Zentrallagers führt zu minimalen Lagerlogistikkosten bei einem optimalem Gesamtbestand, der – abgesehen von den Sicherheitsbeständen – nicht wesentlich größer ist als der Bestand eines realen Zentrallagers für den Summenabsatz.

Wie in *Abb.* 20.35 für 2 Lager beispielhaft dargestellt, wird in einem virtuellen Zentrallager der Nachschub um eine Zeitdifferenz Δt früher ausgelöst als in einem realen Zentrallager, wenn in einem der dezentralen Lager der Bestellpunkt früher erreicht wird als für den Zentralbestand. Das kann bei dezentralen Anfangsbeständen mit gleicher Reichweite nur vorkommen, wenn der aktuelle Verbrauch vom erwarteten Verbrauch systematisch oder zufällig abweicht. Aus der mittleren *Bestellzeitdifferenz* Δt resultiert ein mittlerer Bestand des virtuellen Zentrallagers, der um $\Delta t \cdot \lambda_S$ höher ist als der mittlere Bestand eines realen Zentrallagers. Die Bestandsdifferenz zwischen dem virtuellen und dem realen Zentrallager ist daher bei gleichmäßigem Absatz minimal. Sie nimmt mit der Streuung und der abweichenden Dynamik der dezentralen Absatzwerte zu.

Abgesehen von der stochastisch oder dynamisch bedingten Bestandsdifferenz folgt aus dem *Wurzelsatz der Bestandszentralisierung*, der aus den zentralen Formeln (20.47) und (20.49) resultiert (s. *Abschn.* 11.10), die allgemeine *Regel*:

- Kosteneinsparung und Bestandssenkung durch eine Zentraldisposition nach der Strategie des virtuellen Zentrallagers steigen mit der Anzahl der Lager und mit der Höhe der Nachschubauftragskosten.

So ergibt sich durch die Strategie des virtuellen Zentrallagers für 3 dezentrale Lager mit annähernd gleichem Absatz eine Reduzierung der Lagerlogistikkosten bis zu einem Faktor $1/\sqrt{3} = 0{,}58$ und eine Senkung des Gesamtbestands bis zu 40 %.

Die Nachschubauftragskosten sind für die Versorgung aus einer Produktionstelle primär von den Rüstkosten bestimmt und infolgedessen besonders hoch. Daher hat die Zentraldisposition für dezentrale Produktionsauslieferlager den größten Effekt.

20.18.6 Disposition zweistufiger Distributionsnetze

Für ein zweistufiges Distributionsnetz, wie es in *Abb.* 20.34 gezeigt ist, führen folgende *Dispositionsstrategien* zu minimalen Kosten und optimalen Beständen:

- ▶ Nachschub und Bestände in den einzelnen *Zentrallagern*, die ihren Nachschub direkt aus einer Produktion erhalten, werden nach der Strategie des virtuellen Zentrallagers *zentral* disponiert.

- ▶ *Lagerhaltige Artikel* (SKU: *store-keeping units*) und Kundenaufträge sowie Nachschub und Bestände in den nachgelagerten *Regionallagern* und *Handelslagern* werden unabhängig voneinander *dezentral* so disponiert, dass die Auftrags-, Transport- und Lagerkosten der Belieferung aus dem Zentrallager minimal werden (s. *Kap.* 11).

- Aufträge und *Lagerhaltigkeit* ebenso wie Nachschub und Bestände in den *Endverkaufsstellen* und *Verbrauchsstellen* werden von diesen mit Programmunterstützung *dezentral* so disponiert, dass die Auftrags-, Transport- und Lagerkosten der Belieferung aus deren Lieferstellen minimal werden (s. *Abschn.* 11.14).
- Die *Lieferfähigkeit* der Endverkaufs- und Verbrauchsstellen wird durch Minimierung der *Risikokosten* (11.14) aus den *Fehlmengenkosten* abgeleitet oder ist – ebenso wie die Lieferzeiten – durch die Anforderungen des Marktes oder der Kunden vorgegeben (s. *Abschn.* 11.8.5).
- Die *Lieferfähigkeiten* der vorangehenden Lieferstellen sind retrograd von Stufe zu Stufe so festzulegen, dass die Summe aller *Sicherheitskosten* (11.49) im gesamten Versorgungsnetz minimal wird.
- Zur *Vermeidung des Peitschenknalleffekts* durch das Zusammentreffen vieler Auslieferungen am gleichen Tag erhalten die Regionallager und Handelslager ebenso wie die Verkaufsstellen und Handelsfilialen ihren Nachschub aus einem Zentrallager an verteilten Tagen (s. *Abschn.* 20.19).
- Wenn am Tag der Nachschubanlieferung an ein Zentrallager ein Regionallager oder ein Großabnehmer mit Nachschub zu beliefern ist, wird dieser ohne Zwischenlagerung im *Crossdocking* direkt vom Wareneingang zum Warenausgang befördert und noch am gleichen Tag wieder ausgeliefert (s. *Abschn.* 20.1.3).
- *Großmengenbestellungen* eines Regionallagers, Handelslagers oder Kunden, die größer sind als die halbe optimale Nachschubmenge (20.46), werden als *Direktauftrag* an die Produktion weitergeleitet und nach Fertigstellung bei Ganz- und Teilladungen direkt und bei kleineren Mengen im Crossdocking über das Zentrallager ausgeliefert (s. *Abschn.* 11.14.4).
- Produktionsmengen für eine *Aktion* werden in dem zuvor geplanten *Verteilungsschlüssel* bei Ganz- und Teilladungen direkt und bei kleineren Mengen im Crossdocking über die Zentrallager an die Empfänger verteilt.

Zur Realisierung der Strategie des virtuellen Zentrallagers muss eine Zentraldisposition den täglichen Bestelleingang und die aktuellen Bestände aller Lager kennen, die unmittelbar aus der Produktion beliefert werden. Diese Voraussetzung ist innerhalb des eigenen Distributionsnetzes eines Herstellers über das interne IT-Netz erfüllbar. Handelslager und Großabnehmer können von der Strategie des virtuellen Zentrallagers nur profitieren, wenn sie bereit sind, die Disposition der betreffenden Artikelbestände dem Produzenten zu überlassen. Dafür ist eine entsprechende EDI-Verbindung erforderlich.

20.18.7 Strategien des unternehmensübergreifenden Netzwerkmanagement

Bis heute sind folgende *Kernprobleme des Netzwerkmanagement* allgemein ungelöst:

1. Nach welchen Strategien sind die Sendungsströme und Artikelbestände in einem Versorgungsnetz zu disponieren, damit sich bei Einhaltung der geforderten

Lieferzeiten und der benötigten Lieferfähigkeit minimale Gesamtkosten und serviceoptimale Bestände ergeben?

2. Wie viele Zentrallager, wie viele Regionallager und wie viele Umschlagpunkte werden bei optimaler Disposition zur Versorgung eines großen Absatzgebiets mit einem bestimmten Artikelbedarf aus einer gegebenen Anzahl von Lieferstellen benötigt, damit die Gesamtkosten minimal sind?

Die erste Frage ist Gegenstand der *Prozessoptimierung*, die zweite Gegenstand der *Strukturoptimierung*. Die Lösungen beider Fragen sind voneinander abhängig (s. *Abschn.* 1.3). Die allgemeine Lösung dieser Kernprobleme des Netzwerkmanagement ist nur für eine zentral gelenkte Planwirtschaft von praktischer Bedeutung. In einer Marktwirtschaft mit freiem Wettbewerb kann sich eine theoretisch optimale Lösung nur durchsetzen, wenn sie auch im Interesse jedes einzelnen Akteurs liegt.

Das aber ist im Allgemeinen nicht der Fall. Die einzelnen Akteure – die Produzenten und Lieferanten auf der einen Seite, die Verbraucher und Handelsunternehmen auf der anderen Seite – sind bestrebt, ihr Distributions- oder Beschaffungsnetz so zu gestalten und zu disponieren, dass sich für sie selbst ein maximaler Nutzen und Gewinn ergibt. Sie suchen daher primär nach Gestaltungsregeln und Dispositionsstrategien für das von ihnen beherrschte Teilnetz. Das *unternehmensübergreifende Supply Chain Management* (SCM), das besser als *Netzwerkmanagement* oder *Supply Network Management* (SNM) bezeichnet werden sollte, umfasst die koordinierte Planung und Disposition der Netzwerke von zwei oder mehr Unternehmen. Dazu sind Unternehmen nur bereit, wenn sie nachweisbar davon profitieren.

Die Strategie des virtuellen Zentrallagers ist eine relativ neue *Netzwerkstrategie* mit berechenbaren Potentialen, die für die *Distribution von Konsumgütern* mit großen Bedarfsströmen recht erheblich sein können. Sie lässt sich mit geringem Aufwand implementieren, wenn die einzelnen Lagerstellen bereits über *Intranet* oder *EDI* mit der Unternehmenszentrale datentechnisch verbunden sind.

Am wirkungsvollsten ist die Strategie des virtuellen Zentrallagers zu realisieren, wenn ein produzierendes Unternehmen auch die Artikelbestände bei seinen Kunden disponiert. Dieser Vorteil *lieferantengesteuerter Bestände* (*Vendor Managed Inventories VMI*) ist durch *Konsignationslager* bei den Kunden erreichbar, deren Bestände bis zur Entnahme im Eigentum des Lieferanten verbleiben, aber auch durch andere Vereinbarungen über die Disposition von Beständen, die mit Anlieferung Eigentum der Kunden werden.

Andere bekannte Netzwerkstrategien sind die *Sammeldisposition* (s. *Abschnitt* 11.11), die *Fracht-* und *Transportbündelung* über die Umschlagpunkte von Logistikdienstleistern (s. *Abschn.* 20.7 und *Kap.* 21) sowie das *Crossdocking* und *Transshipment* in den Beschaffungsnetzen des Handels (s. *Abschn.* 20.1.3). Die Entwicklung weiterer *Netzwerkstrategien* mit nachweisbaren, wirtschaftlich interessanten Effekten ist eine zentrale Aufgabe der *Logistikforschung*. Da helfen keine Befragungen, keine Trendanalysen und kein Controlling. Die Strategieentwicklung erfordert kreatives Denken, eine nüchterne Analyse der Zusammenhänge und realistische Simulationsrechnungen zum Test der Strategien und Algorithmen.

20.19 Bedarfsaufschaukelung und Peitschenknalleffekt

Ein beliebtes Argument für die Vorteile einer *Zentraldisposition* ist der sogenannte *Peitschenknalleffekt* (*bullwhip-effect*), nach dem Entdecker auch *Forrester-Aufschaukelung* genannt [227]. Durch Simulation wird für eine Kette aufeinander folgender Liefer- und Lagerstellen demonstriert, dass sich aus einer geringen Bedarfsänderung einer Endverbrauchsstelle für die Zulieferstellen ein Absatzverlauf ergeben kann, der sich mit zunehmendem Abstand von der Endverbrauchsstelle immer stärker aufschaukelt [226, 228–230].

Aus einer Analyse der veröffentlichten Simulationsrechnungen, der Voraussetzungen und des angenommenen Dispositionsverhaltens der Akteure sowie aus eigenen Simulationsrechnungen des Verfassers ergibt sich, dass die Bedarfsaufschaukelung in den Zulieferstellen sehr unterschiedliche *Ursachen* hat [174]:

1. Wenn alle Lagerstellen bei normalen Lieferzeiten unabhängig voneinander jeweils für sich kostenoptimal disponieren, ergibt sich eine Aufschaukelung der Absatzstreuung mit zunehmendem Abstand von der Endverbrauchsstelle bereits daraus, dass die kostenoptimalen Nachschubmengen wegen des höheren Gesamtabsatzes und der geringeren Lagerungskosten für vorgelagerte Stellen größer sind als für nachfolgende. Diese *normale Bedarfsaufschaukelung* ist die Folge der bündelungsbedingten Nachschubsprünge der einander beliefernden Lagerstellen.
2. Bei *synchronem Bestellverhalten* und Zusammentreffen der Bestellungen aus mehreren parallelen Bedarfsstellen, zum Beispiel, wenn alle Filialen eines Handelsunternehmens denselben Artikel am gleichen Tag disponieren, kommt es in der zentralen Lieferstelle zu erheblichen *Anforderungsspitzen*, die wie ein Peitschenknall wirken.
3. Besonders kritisch wird das Bestellverhalten der Verbrauchsstellen, wenn eine *Engpassphase* absehbar ist oder auch nur befürchtet wird. Schon ein Gerücht oder falsche Schlüsse aus einer mehrfach verzögerten Lieferung können dazu führen, dass schlagartig die nächste Bestellmenge erhöht wird, um einen größeren Vorrats- und Sicherheitsbestand aufzubauen. Dieser Effekt kann auch bei einer programmgeregelten Nachschubdisposition eintreten, denn ein Programm errechnet bei längeren und unzuverlässigeren Lieferzeiten einen größeren Sicherheitsbestand und zieht damit den Bestellpunkt vor.
4. Wenn eine Verbrauchs- oder Verkaufsstelle eine *spekulative Beschaffungsstrategie* verfolgt, eine *Verkaufsaktion* vorbereitet oder den Markt monopolisieren will, kann die plötzliche Bestellung einer ungewöhnlich großen Menge bei der Lieferstelle unterschiedlichste, teilweise irrationale Effekte auslösen, die sich mit zunehmender Entfernung von der Endverbrauchsstelle noch verstärken.

Die *normale Aufschaukelung der Nachschubströme* infolge der Disposition kostenoptimaler Mengen lässt sich grundsätzlich nicht vermeiden, wenn die Gesamtkosten minimiert werden sollen. Die Anliefermengen lassen sich jedoch erheblich reduzieren durch die Strategie der *kontinuierlichen Nachschubauslieferung* und durch die *Fertigung auf einer minimalen Anzahl von Produktionsmaschinen* (s. *Abschn.* 10.5.3

und [225]). Das gilt vor allem für Artikel mit anhaltend hohem Bedarf. Damit wird eine der gravierendsten Ursachen des Peitschenknalleffekts entschärft.

Das *synchrone Bestellverhalten* paralleler Bedarfsstellen lässt sich durch einen abgestimmten *Dispositionsplan* mit versetzten Bestelltagen beheben. Da die daraus resultierende bessere Lieferfähigkeit eines Zentrallagers im gemeinsamen Interesse aller Beteiligten liegt, sind dazu auch Bedarfsstellen bereit, die Wettbewerber sind und nicht dem Betreiber des Zentrallagers gehören.

Wenn viele parallele Bedarfsstellen völlig unabhängig voneinander disponieren, führt die Summe des stochastischen Bedarfs bei der gemeinsamen Lieferstelle sogar zu einer Glättung der zufälligen Bedarfsschwankungen und zu einem Ausgleich des individuellen Dispositionsverhaltens der einzelnen Lieferstellen. Eine weitere Dämpfung der Endverbrauchsschwankungen bewirken die Pufferbestände in den Bedarfsstellen.

Der *Effekt einer Engpasssituation* lässt sich durch eine Zentraldisposition mit den *Engpassstrategien* aus *Abschn.* 13.9.6 regeln oder zumindest für die Beteiligten erträglich machen [167]. Hier ist ein rechtzeitiges und planvolles Handeln erforderlich, um Panik- und Hamsterbestellungen vorzubeugen. Frühindikatoren einer Engpasssituation sind plötzliche Eilbestellungen für denselben Artikel, die in gleicher Menge von mehreren Kunden angefragt werden und für denselben Endkunden bestimmt sind. Derartige *Phantombestellungen* führen zu einer temporären Aufblähung des Bedarfs.

Der *Effekt einer spekulativen Beschaffung* kann verursacht werden durch spekulatives Marktverhalten, durch eine spezielle Einkaufstaktik oder durch die Stimmung der Wirtschaftsteilnehmer (s. *Kap. 22*). Derartige Effekte sind beispielsweise aus der *Halbleiterindustrie* bekannt. Sie sind prinzipiell nicht prognostizierbar und liegen außerhalb der Einflussmöglichkeiten der Disposition.

21 Einsatz von Logistikdienstleistern

Jedes Unternehmen steht vor der Frage, welche Leistungen und Produkte es selbst erzeugen soll und welche besser fremd zu beschaffen sind. Das gilt auch für die Logistikleistungen. Die Entscheidung über Eigenleistung oder Fremdleistung – *Make or Buy* – hängt von den *Unternehmenszielen*, dem *Leistungsbedarf* und dem *Dienstleistungsangebot* ab [21, 233].

Lange Zeit waren die Unternehmen bestrebt, möglichst viel selbst zu machen. Werksfuhrparks führten die Transporte durch. Lager wurden in eigener Regie errichtet und betrieben. Konzernspeditionen organisierten die Frachten. Unternehmen, die entgegen dem allgemeinen Trend die Transport-, Fracht- und Lagerleistungen von Logistikdienstleistern ausführen ließen, haben dagegen ihre Kräfte und Ressourcen auf die eigenen *Kerngeschäfte* konzentriert. Sie waren damit häufig erfolgreicher als Unternehmen mit hohem Eigenleistungsanteil.

Inzwischen hat sich der Trend umgekehrt. Die Unternehmen vergeben einen zunehmenden Teil der Logistikleistungen bis hin zum innerbetrieblichen Transport einschließlich Bereitstellung am Montageband an Logistikdienstleister. Manche Unternehmen gehen soweit, ihre gesamte Beschaffungs- oder Distributionslogistik an einen *Systemdienstleister* zu vergeben [25].

In einigen Fällen hat die vollständige Fremdvergabe in eine Hand jedoch zum Verlust der eigenen Logistikkompetenz, zur Abhängigkeit vom Dienstleister und zur Enttäuschung der Erwartungen geführt [130, 182]. Das „Rundum-Sorglos-Paket", das einige Systemdienstleister anpreisen, ist nicht zum Nulltarif zu haben. Aufbau und Management eines kundenspezifischen Logistiksystems haben ihren Preis. Die maßgeschneiderte Systemdienstleistung ist daher nicht selten teurer als die Summe der eigenen und der kostenoptimal beschafften Einzelleistungen. Eine Fremdvergabe der gesamten Beschaffungs- oder Distributionslogistik an einen Dienstleister ist nur unter bestimmten Voraussetzungen für den Auftraggeber von Vorteil.

Eine Voraussetzung für den erfolgreichen Einsatz von Logistikdienstleistern ist das sorgfältige Vorgehen des Auftraggebers, der von Spediteuren als *Verlader* bezeichnet wird, in folgenden *Schritten*:

1. Gesamtkonzeption der *Unternehmenslogistik*
2. Abgrenzung und Quantifizierung des *Leistungsbedarfs*
3. Entwicklung und Verabschiedung der *Vergabepolitik*
4. Durchführung der *Ausschreibung*
5. Regelung der *Leistungskontrolle* und *Leistungsvergütung*.

Wenn Logistikdienstleister auf diese Weise ausgewählt und optimal eingesetzt werden, sind durch Fremdvergabe unter Umständen erhebliche Verbesserungen von

T. Gudehus, *Logistik 2*, VDI-Buch,

DOI 10.1007/978-3-642-29376-4_7,

Leistungen und Service erreichbar. Abhängig von der Ausgangslage sind zugleich Kostensenkungen um 20 % und mehr möglich [25, 130].

In diesem Kapitel werden die Verfahren und Inhalte der Arbeitsschritte zum Einsatz von Logistikdienstleistern dargestellt, die Merkmale und Einsatzkriterien für Einzel-, Verbund- und Systemdienstleister entwickelt sowie die Chancen und Risiken der Fremdvergabe von Systemleistungen aufgezeigt.

21.1 Konzeption der Unternehmenslogistik

Vor der Entscheidung über die Fremdvergabe von Logistikleistungen sollte ein schlüssiges und zukunftsweisendes Gesamtkonzept der *Unternehmenslogistik* vorliegen. Wenn die eigenen Kräfte und Kenntnisse im Unternehmen hierfür nicht ausreichen, kann eine *Unternehmensberatung* mit fundierter Logistikkompetenz mit der Konzeption der Unternehmenslogistik beauftragt werden.

Die Entwicklung eines Logistikkonzepts sollte nicht einem Logistikdienstleister übertragen werden und auch nicht erst im Zuge einer Ausschreibung erfolgen. Dienstleister haben eigene Interessen, die teilweise mit den Zielen des Auftraggebers konkurrieren, und neigen in Konfliktsituationen zur *Selbstoptimierung*.

Aus der Konzeption der Unternehmenslogistik resultieren:

- Grenzen, Struktur und Stationen des eigenen Logistiknetzwerks
- Vorgaben für das Netzwerkmanagement und die Systemführung
- Benchmarks für die Transport- und Frachtkosten
- Benchmarks für die Kosten und Preise innerbetrieblicher Logistikleistungen
- Benchmarks für Investition und Betriebskosten unternehmensspezifischer Logistikzentren.

Außerdem leiten sich aus dem Gesamtkonzept der Unternehmenslogistik die benötigten *Leistungsumfänge* und *Leistungsmengen* ab.

21.1.1 Vorplanung als Benchmark

Wenn für die Realisierung des Logistikkonzepts der *Neubau* eines Logistikzentrums oder eines anderen Logistikbetriebs erforderlich ist, sollte vor der Ausschreibung eine *neutrale Vorplanung* durchgeführt werden.

Aus der *Systemfindung und Layoutplanung* resultieren Budgetwerte für die zu erwartende *Investition* und *Richtkosten* für den Betrieb des Logistikzentrums. Hieraus ergeben sich *analytische Benchmarks* für die *Leistungspreise* zur Beurteilung der Angebote.

21.1.2 Prüfung der Kooperationsmöglichkeiten

Im Zuge der Konzeptentwicklung ist auch zu prüfen, ob und wieweit durch *interne Kooperation* mit anderen Konzerngesellschaften oder durch *externe Kooperation* mit

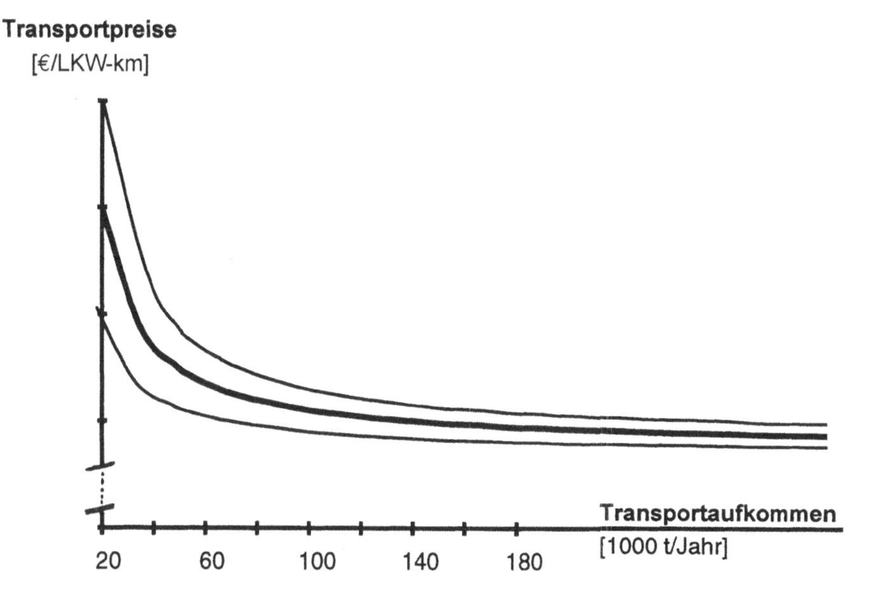

Abb. 21.1 Degression der Transportpreise für Ladungstransporte mit dem Transportaufkommen

LKW: Zugmaschine mit 1 Sattelauflieger oder 2 Wechselbrücken
Quelle: Auswertung von Transportausschreibungen aus den Jahren 1996 bis 1998 und Modellrechnungen [156]

fremden Unternehmen zusätzliche Bündelungseffekte, eine Kombination volumenbestimmter und gewichtsbestimmter Frachten (s. *Abschn. 12.5.4*), erhöhte Paarigkeiten und andere Kosteneinsparungen möglich oder Einkaufsvorteile bei der Leistungsbeschaffung erreichbar sind [176].

So können durch eine gemeinsame Ausschreibung und Vergabe eines größeren Fracht- und Transportaufkommens günstigere Preise erzielt werden als bei getrennter Vergabe, wenn das gemeinsame Aufkommen eine Kostendegression erwarten lässt. *Abb. 21.1* zeigt beispielsweise die Mengendegression der Transportpreise für Ladungstransporte. Mehrere Kooperationspartner, die zusammen ein Transportaufkommen von mehr als 60.000 t pro Jahr haben, können hiernach je nach Verteilung ihres Aufkommens Einsparungen in einer Größenordnung von 10 % und darüber erreichen.

21.2 Leistungsbedarf

Entscheidend für den Erfolg der Ausschreibung und Vergabe von Logistikleistungen sind die *Abgrenzung* und *Spezifikation* der *Leistungsumfänge*, die Kenntnis der benötigten *Leistungsmengen*, eine unstrittige, nutzungsgemäße *Vergütung* und die Vorgabe der *Rahmenbedingungen*, unter denen die Leistungen zu erbringen sind. Eine klare Abgrenzung und detaillierte Spezifikation des logistischen *Leistungsbedarfs* des Unternehmens sind sowohl für die Entscheidung zur Fremdvergabe an Einzel-, Verbund- oder Systemdienstleister erforderlich als auch für die Eigenleistung durch Unternehmensbereiche, die als *Profitcenter* arbeiten.

Entsprechend den unterschiedlichen Verfahren, Techniken und Betriebsmitteln sind die *Logistikleistungen* voneinander abzugrenzen in logistische *Einzelleistungen* des Transports, Umschlags und Lagerns, damit verbundene *Zusatzleistungen*, die benötigten *administrativen Leistungen* und in nichtlogistische *Sonderleistungen*. Die maßgebenden *Leistungseinheiten*, die wichtigsten *Rahmenbedingungen* und die *Leistungspreise* der Transport-, Umschlag- und Lagerleistungen wurden bereits in den vorangehenden Kapiteln definiert und beschrieben.

Durch Zusammenfassung von Einzelleistungen, Zusatzleistungen und administrativen Leistungen entstehen verkettete *Leistungsumfänge*, die eine Prozesskette von Einzelleistungen umfassen, und aus diesen vernetzte *Systemleistungen*, die eine Vielzahl von Leistungsumfängen enthalten. Die verketteten Leistungsumfänge und vernetzten Systemleistungen sind nach den Einzelleistungen zu bemessen und abzurechnen, die in ihnen erzeugt werden. Die administrativen Zusatzleistungen können entweder gesondert abgerechnet oder – wie die Gemeinkosten und der Gewinn – anteilig den operativen Leistungen zugerechnet werden.

21.2.1 Transportleistungen

Operative *Transportleistungen* sind:

innerbetriebliche Transporte
Ganz- und Teilladungstransporte
Sammel- und Verteilfahrten
Abholen und Zustellen
Linientransporte
Relationsfahrten. (21.1)

Mit dem Transport unmittelbar verbundene *administrative Leistungen* sind:

Tourenplanung und Fahrwegoptimierung
Einsatzdisposition von Fahrern und Transportmitteln
Transportverfolgung und Sendungsinformation. (21.2)

Die Leistungsanforderungen für Transporte sind in *Abschn. 18.2*, die möglichen Transportmittel in *Abschn. 18.7* und die Transportleistungspreise in *Abschn. 18.12* dargestellt. Die Kosten für die administrativen Zusatzleistungen (21.2) werden in der Regel in die Leistungspreise der operativen Transportleistungen einkalkuliert.

21.2.2 Umschlagleistungen

Operative *Umschlagleistungen* sind:

Aus- und Entladen
Umladen
Auflösen und Bilden von Ladeeinheiten (21.3)
Sortieren
Be- und Verladen.

Mit den Umschlagleistungen können folgende *administrative Leistungen* verbunden sein:

Pack- und Stauoptimierung
Disposition von Ladungsträgern und Transporthilfsmitteln (21.4)
Aufbau und Führung eines Umschlagbetriebs.

Die Umschlagleistungen (21.3) einschließlich der administrativen Zusatzleistungen (21.4) sind in der Regel Teilleistungen einer längeren Liefer- oder Frachtkette. Die Umschlagkosten werden daher – wie in den *Abschn. 20.13* und *20.14* beschrieben – meist in die *Frachtkostensätze* eingerechnet. Unter Umständen kann, wie im *Containerumschlag*, auch eine gesonderte Abrechnung der Umschlagkosten sinnvoll sein.

21.2.3 Lagerleistungen

Operative *Lagerleistungen* sind:

Ein- und Auslagern
Puffern und Lagern
Kommissionieren (21.5)
Auftragszusammenführung.

Mit dem Lagern und Kommissionieren unmittelbar verbundene operative *Zusatzleistungen* sind:

Ent- und Beladen
Qualitätsprüfung
Verpacken und Etikettieren (21.6)
Aufbau von Ladeeinheiten
Verdichten von Ladungen.

Das Lagern und Kommissionieren und die operativen Zusatzleistungen (21.6) finden in einem *Lagerbau* oder *Logistikbetrieb* statt und erfordern entsprechende Betriebseinrichtungen. Mit den Lagerleistungen sind in der Regel folgende *administrative Leistungen* verbunden:

Aufbau und Führung des Lagerbetriebs
Lagerplatzverwaltung
Bestandsführung und Nachschubdisposition (21.7)
Auftragsbearbeitung.

Die Leistungsanforderungen an ein Lager- und Kommissioniersystem sind in den *Abschn. 16.1* und *17.1*, die Kalkulation der Betriebskosten und Leistungspreise in den *Abschn. 16.13*, *16.14* und *17.14* beschrieben.

21.2.4 Sonderleistungen

Mit den spezifisch logistischen Dienstleistungen lassen sich unterschiedliche nichtlogistische Leistungen verbinden. Beispiele für derartige Sonderleistungen (*value added services*), die parallel zu den Logistikprozessen vielfach am gleichen Standort ausgeführt werden, sind:

Abfüllen
Konfektionieren
Displayherstellung
Verzollungen
Leergutdienste (21.8)
Inkasso
Reparaturdienste
Montagearbeiten.

Je höher der Anteil der nichtlogistischen Leistungen ist, desto mehr wird das Logistiksystem zu einem allgemeinen *Leistungssystem*, das mit anderen Leistungssystemen der Produktion und des Handels konkurriert.

21.2.5 Verkettete Leistungsumfänge

Beispiele für *verkettete Leistungsumfänge* sind:

- *Erzeugen von auftragsspezifischen Sendungen*: Hierzu sind die Teilleistungen Einlagern, Lagern, Auftragsbearbeitung, Auslagern, Kommissionieren, Verpacken und Versandbereitstellung durchzuführen.
- *Fracht-, Speditions- und Beförderungsleistungen*: Diese werden durch Verkettung von Transport- und Umschlagleistungen erzeugt.
- *Bereitstellen von Teilen und Modulen am Verbauort* oder von *Waren am Verkaufsort*: Das umfasst die Einzelleistungen Lagern, Kommissionieren, Beladen, Transport, Abladen, Zwischenpuffern und Zuführung.

Das Verketten der Einzelleistungen zu Leistungsumfängen erfordert zusätzlich folgende *Prozessleistungen*:

Aufbau und Organisation der Leistungsketten
Auftragsannahme und Auftragsabwicklung (21.9)
Sendungsverfolgung und Sendungsrückmeldung.

Die Leistungsanforderungen und Randbedingungen für einen verketteten Leistungsumfang ergeben sich aus den enthaltenen Einzelleistungen. Die Leistungskosten und

Leistungspreise für logistische Leistungsumfänge einschließlich der dafür erforderlichen Zusatzleistungen (21.9) lassen sich nach den in *Kap. 6* und entwickelten Verfahren kalkulieren. Für ausgewählte Liefer- und Frachtleistungen sind die Anforderungen, Kosten und Preise in den *Abschn. 20.2*, *20.13* und *20.14* dargestellt.

21.2.6 Systemleistungen

Beispiele für *vernetzte Systemleistungen* sind:

- Betrieb eines *Frachtsystems*, das aus einem Netzwerk von gleichen oder unterschiedlichen Transportsystemen besteht, die durch flächenverteilte Umschlagpunkte miteinander verknüpft sind.
- Betrieb eines *Logistikzentrums*, in dem unterschiedliche Lager-, Kommissionier- und Umschlagleistungen erbracht werden.
- Betrieb eines *Beschaffungs-*, *Bereitstellungs- oder Distributionsnetzwerks*, das mehrere miteinander vernetzte Transport-, Umschlag- und Lagerketten umfasst.

Voraussetzungen für vernetzte Systemleistungen sind entsprechende Logistikstationen und Logistiknetzwerke. Darüber hinaus sind folgende administrative *Systemleistungen* erforderlich:

Aufbau und Organisation des Fracht- oder Logistiknetzwerks
Netzwerkmanagement (s. *Abschn. 1.9*)
Aufbau und Organisation der Logistikstationen (21.10)
Betriebsführung
Systemführung.

Die Leistungen eines Logistiksystems sind komplette *Leistungsumfänge*, die in dem System erzeugt werden. Die Leistungsanforderungen und Leistungspreise ergeben sich nach den in *Kap. 6* und dargestellten Verfahren der Logistikkostenrechnung und Leistungsvergütung aus den Einzelleistungen der Leistungsumfänge.

Die Kosten für die administrativen Systemleistungen (21.10), die eine Größenordnung von 5 bis 15 % der operativen Leistungskosten haben, werden entweder anteilig den Leistungspreisen für die Leistungsumfänge zugerechnet oder als *Systemleistungskosten* gesondert in Rechnung gestellt.

21.3 Logistikdienstleister

Nach den in *Tab. 21.1* aufgeführten *Eigenschaften* und *Merkmalen* lassen sich die Logistikdienstleister einteilen in:

Einzeldienstleister
Verbunddienstleister (21.11)
Systemdienstleister.

Viele der am Markt tätigen Logistikdienstleister sind als Einzel-, Verbund- oder Systemdienstleister spezialisiert auf bestimmte *Güter*, wie

Wertgut	Frischwaren	Gase	Druckerzeugnisse	(21.12)
Gefahrgut	Kühlwaren	Flüssigkeiten	Briefe	
Möbel	Getränke	Baustoffe	Werbemittel	
Schwerlasten	Lebensmittel	Abfallstoffe	Tonträger	

Andere Logistikdienstleister konzentrieren ihre Leistungen auf bestimmte *Frachtarten* oder *Ladeeinheiten*, wie

Stückgut	Briefe	Paletten	Lebewesen	(21.13)
Massengut	Pakete	Container	Personen	

oder auf spezielle *Branchen*, wie die

Automobilindustrie	Stahlindustrie	(21.14)
Chemische Industrie	Bauindustrie	
Getränkeindustrie	Grundstoffindustrie	
Konsumgüterindustrie	Handelsunternehmen	

Personenverkehrsunternehmen spezialisieren sich auf ausgewählte *Personengruppen*, wie Urlaubsreisende, Berufstätige, Geschäftsreisende oder Kranke, und auf bestimmte Nahverkehrsregionen oder Fernverkehrsrelationen.

Der *Aktionsradius* eines Logistikdienstleisters kann sehr unterschiedlich sein. So gibt es lokale, regionale, nationale und internationale Logistikdienstleister, die als Einzeldienstleister, Verbunddienstleister oder Systemdienstleister in den unterschiedlichsten Spezialisierungsformen (21.11) bis (21.14) tätig sind.

Viele Logistikdienstleister treten am Markt in mehrfacher Funktion auf und bieten unterschiedliche Einzel-, Verbund- oder Systemdienstleistungen an. Die großen Logistikkonzerne versuchen auf diese Weise, ihre Ressourcen maximal auszulasten, große Bündelungseffekte zu erreichen und zusätzliche Synergien zu erzielen. Daraus ergibt sich die Chance zu weiteren *Kostenreduzierungen*, aber auch die Versuchung der *Selbstoptimierung* zu Lasten der Kunden.

21.3.1 Einzeldienstleister

Die Einzeldienstleister der Logistik beschränken sich auf die Durchführung abgegrenzter Transport-, Umschlag- oder Lagerleistungsumfänge. Sie sind häufig auf bestimmte Güter, Frachtarten und Branchen spezialisiert und in begrenzten Gebieten oder festen Relationen tätig.

Beispiele für Einzeldienstleister der Logistik sind:

- *Transportdienstleister* (*carrier*): Fuhrunternehmen, Express- und Kurierdienste, Taxibetriebe, Unfallnotdienste, Umzugsunternehmen, Wertgutransporteure, Binnenschiffer, Reedereien, Flugzeugchartergesellschaften
- *Umschlagdienstleister*: Hafenbetriebe, Umschlagbetriebe, Umschlagterminals, Bahnhöfe, Flughafenbetriebe
- *Lagerdienstleister*: Lagerhausgesellschaften, Betreiber von Tank- und Silolagern, Lagereibetriebe für Stückgut, Paletten oder Möbel, Kühlhausbetreiber, Parkplatzbetreiber, Parkhäuser, Stapelhäuser, Archive, Deponien.

Merkmale	Einzel-dienstleister	Verbund-dienstleister	System-dienstleister
Leistungsumfang	**Einzelleistungen**	**Verbundleistungen**	**Systemleistungen**
	Transport, Umschlag Lagern, Spezialleist.	Speditions- und Frachtketten	Betrieb von Lager-, Bereitst. und Distr.Syst.
Ressourcen	**Transportmittel** **Logistikbetriebe**	**Transportnetzwerke** **Umschlagterminals**	**Logistiknetzwerke** **Logistikzentren**
Know-how	Technisches Spezialwissen	Technik, DV, I+K Organisation	Logistik, DV, I+K, Planung Projektmanagement
Ausrichtung	**fachspezifisch**	**leistungsspezifisch**	**kundenspezifisch**
	Güter Regionen, Relationen regional und national	Frachtarten Netzwerke national und global	Branchen und Kunden Standorte, Funktionen lokal, national, global
Kundenkreis	klein, temporär wechselnd	groß, anonym veränderlich	wenige Großkunden gleichbleibend
Auschreibung und Vertrag	Anfrage Auftrag Auftragsbestätigung	Anfrage/Auschreibung Auftrag Rahmenvereinbarung	Ausschreibung Absichtserklärung (LOI) Dienstleistungsvertrag
Bindung Vertragslaufzeit	**kurz** unterschiedlich	**mittel** bis 1 Jahr	**lang** 3 bis 10 Jahre

Tab. 21.1 Eigenschaften und Merkmale von Logistikdienstleistern

Hinzu kommen die mit der Logistik unmittelbar oder mittelbar zusammenarbeitenden

- *Sonderdienstleister*: Abfüllbetriebe, Stauereien, Verpackungsunternehmen (*copacker*), Konfektionäre, Leergutdienste, Reparaturbetriebe, Verzollungsbetriebe, DV- und IT-Dienstleister.

Für die Transport- und Beförderungsleistungen verfügen die Transportdienstleister über eigene Transportmittel. Die Lager- und Kommissionierleistungen und andere innerbetriebliche Logistikleistungen werden meist in eigenen Logistikbetrieben ausgeführt.

Spezialisierte Einzeldienstleister arbeiten in der Regel auf der Grundlage einer längerfristigen Vereinbarung für feste Kunden oder als *Subkontraktor* für größere Verbund- und Systemdienstleister. Weniger spezialisierte Einzeldienstleister sind auf der Basis kurzfristig erteilter Aufträge für wechselnde Auftraggeber tätig.

Die Transportdienstleister können ihre Aufträge auch von einer *Frachtenbörse* über das *Internet* erhalten. Sie gewinnen dadurch eine größere Unabhängigkeit von den marktbeherrschenden Verbund- und Systemdienstleistern. In den USA wie auch in Europa wurden hierfür vor einigen Jahren die rechtlichen und technischen Rahmenbedingungen geschaffen [129, 161].

21.3.2 Verbunddienstleister

Ein Verbunddienstleister integriert mehrere logistische Einzelleistungen zu größeren Leistungsumfängen. Er betreibt hierfür mit eigenen und fremden Ressourcen Umschlag- und Logistikzentren und ein Transport-, Fracht- oder Logistiknetzwerk, das auf den Bedarf eines *anonymen Kundenkreises* ausgerichtet ist. Beispiele für Verbunddienstleister (*forwarder*) sind:

Briefpostdienste
Paketdienste
Expressdienste
Frachtdienstleister
Containerdienste
Stückgutspeditionen (21.15)
Eisenbahngesellschaften
Fluggesellschaften
Reedereien
Betreiber von Logistikzentren
Entsorgungsdienste.

Das Leistungsangebot eines Verbunddienstleisters umfasst Einzelleistungen, verkettete Leistungsumfänge und vernetzte Systemleistungen, die meist aufgrund kurzfristig erteilter Aufträge für einen wechselnden Kundenkreis ausgeführt werden. Die *Bindefrist* von Rahmenvereinbarungen mit festen Leistungspreisen zwischen einem Verbunddienstleister und seinen Kunden beträgt in der Regel maximal 1 Jahr.

21.3.3 Systemdienstleister

Ein Systemdienstleister entwickelt, realisiert und betreibt ein Logistiksystem, das auf den speziellen Bedarf eines oder weniger fester Kunden ausgerichtet ist. Das Logistiksystem eines Systemdienstleisters ist weitgehend *kundenspezifisch*.

Der Systemdienstleister (*integrator*) lässt sich von anderen Logistikdienstleistern durch folgende *Merkmale* abgrenzen [130]:

- Der Systemdienstleister bietet ein integriertes Logistiksystem, das den Leistungsbedarf eines oder weniger Kunden besonders rationell, zuverlässig und qualitativ überlegen erbringt.
- Für den vereinbarten Leistungsbedarf des Auftraggebers übernimmt der Systemdienstleister die volle Leistungs-, Qualitäts- und Kostenverantwortung.

Der Systemanbieter im Dienstleistungsgeschäft entspricht in vieler Hinsicht dem *Generalunternehmer* im Anlagengeschäft oder im Baugewerbe. Im Unterschied zum Generalunternehmer, dessen Leistungsschwerpunkte in der Planung und Realisierung liegen und der in der Regel das vom ihm ausgeführte System schlüsselfertig an einen Betreiber übergibt, ist der Systemdienstleister selbst der *Betreiber* des von ihm oder gemeinsam mit dem Kunden konzipierten und aufgebauten Systems.

Abhängig vom Bedarf und von der Aufgabenstellung muss der Systemdienstleister in der Lage sein, ein breites Spektrum logistischer Leistungen selbst zu erbringen oder zu beschaffen. Er muss also über ausreichende *Ressourcen* für außerbetriebliche und innerbetriebliche *Logistikleistungen* sowie für die *Disposition*, *Information* und *Kommunikation* verfügen [45].

Aus einem Logistikdienstleister, der über ausreichende Ressourcen für die benötigten Einzelleistungen verfügt, wird erst ein Systemdienstleister, wenn er auch die *Kompetenz* hat, die Einzelleistungen bedarfsgerecht zu *organisieren*, zu einer Gesamtleistung zu *integrieren* und das laufende Geschäft zu *managen*. *Ziel* eines Systemdienstleisters muss es sein, die von ihm übernommenen Aufgaben wesentlich *besser* und *kostengünstiger* durchzuführen, als es dem Auftraggeber selbst oder unterstützt von Einzel- und Spezialdienstleistern möglich ist. Andernfalls ist die Fremdvergabe eines größeren Leistungsumfangs an einen Systemdienstleister für den Auftraggeber uninteressant.

Ein guter Systemdienstleister erreicht dieses Ziel durch folgende *Erfolgsfaktoren* und *Qualifikationsmerkmale*:

- kompetentes Management
- vertrauenswürdige und qualifizierte Mitarbeiter
- größere Effizienz durch Professionalität, Erfahrung und Spezialisierung
- Synergien durch bessere Auslastung, Mehrfachnutzung und Bündelung der Ressourcen
- günstigeres Personalkostenniveau durch niedrigere Lohn- und Gehaltstarife
- eigene Ressourcen für die funktionskritischen Leistungen
- leistungsfähige Steuerungs-, Informations- und Kommunikationssysteme
- günstigere Beschaffungsmöglichkeiten für Einzelleistungen durch bessere Marktkenntnis und größere Marktmacht
- hohe Flexibilität und gute Ausgleichsmöglichkeiten für Spitzenlasten durch kurzfristig verfügbare Ressourcen.

Der Systemdienstleister erbringt ein vereinbartes Leistungsspektrum für ein bestimmtes Unternehmen auf der Grundlage eines *langfristigen Dienstleistungsvertrags* zu festen Leistungspreisen. Abhängig von der Höhe der *Investition* für die kundenspezifischen Bauten und Betriebsmittel und ihrer technischen *Nutzungsdauer* liegt die *Vertragslaufzeit* zwischen 3 und 10 Jahren. In vielen Fällen ist die tatsächliche Bindung noch länger. Das logistische Systemdienstleistungsgeschäft wird daher auch als *Kontraktlogistik* bezeichnet.

Seit einiger Zeit heißen Systemdienstleister mit eigenem IT-System *und* eigenen Logistikressourcen für Transport, Umschlag und/oder Lagern auch *3PL* (*third party logistics provider*). Systemdienstleister *ohne* eigene Logistikressourcen, mit oder auch ohne eigenes IT-System sind die sogenannten *4PL* (*fourth party logistics provider*). Mit diesen irreführenden Modebezeichnungen ist jedoch wenig gewonnen, solange für den Kunden nicht deutlich erkennbar ist, was die konkreten Leistungen dieser Dienstleister sind und welchen Mehrwert sie im Vergleich zu anderen Dienstleistern zu bieten haben. So reduziert sich die Leistung eines *4PL* letztlich auf das Organisieren und Managen fremder Logistikressourcen. Sie sind vergleichbar mit dem *Sofaspediteur* alter Zeiten, der für seine Kunden per Fax und Telefon Transporte organisiert und Frachtraum beschafft ohne über eigene Transportmittel zu verfügen.

Manche *4PL* präsentieren sich als „hochkompetente Generalunternehmer für logistische Systemleistungen", obgleich sie kaum spezifische Logistikkompetenz nachweisen können. Fraglich ist jedoch auch bei den kompetenteren *4PL*, ob sie auf Dauer einen sicheren Zugang zu den fremden Frachtnetzen und Logistikressourcen gewährleisten können. Daher haben sich *4PL* am Markt bisher nicht behaupten können [175].

21.4 Vergabepolitik

Nicht alle Logistikleistungen eignen sich für eine Fremdvergabe. Nicht jedes Unternehmen braucht einen Systemdienstleister. Ohne Kenntnis der Unternehmensziele lässt sich nicht entscheiden, ob und in welchem Ausmaß die Logistik zur Kernkompetenz gemacht, in Teilen an Einzel- und Verbunddienstleister vergeben oder als Ganzes einem qualifizierten Systemdienstleister übertragen werden sollte.

Wenn bestimmte Logistikleistungen zu den wesentlichen Wettbewerbsfaktoren des Unternehmens gehören, ist es falsch, diese einem Logistikdienstleister zu übertragen, auch wenn sich hierdurch kurzfristig die Kosten senken oder Investitionen vermeiden lassen. Das Unternehmen muss in diesem Fall die Logistik für die betreffenden Bereiche zur Kernkompetenz machen und ein eigenes wettbewerbsfähiges und kostengünstiges Logistiksystem aufbauen.

Eine Frage, die sich mit dem Einsatz eines *Lagerdienstleisters* für Industrie- und Handelsunternehmen gleichermaßen stellt, ist die Verantwortung für die Höhe der Bestände. Wenn die Bestandshöhe und die Nachschubfrequenz nicht selbstregelnd nach dem *Pull-Prinzip* durch den Absatz sondern nach dem *Push-Prinzip* von Produktion und Beschaffung bestimmt werden, lässt sich diese Aufgabe der Warenwirtschaft und der Unternehmensplanung grundsätzlich nicht an einen Dienstleister delegieren.

Nachdem ein Unternehmen seine Vergabepolitik für die benötigten Logistikleistungen formuliert hat und Umfang und Mengen der fremd zu beschaffenden Leistungen festgelegt sind, muss eine *Vergabestrategie* entwickelt werden, die sicherstellt dass und festlegt, wie die Ziele der Fremdvergabe erreicht werden können.

Mit der Fremdvergabe von Logistikleistungen werden von den Handels- und Industrieunternehmen folgende *Ziele* verfolgt [25, 130]:

Leistungssteigerung
Serviceverbesserung
Kostensenkung
Konzentration auf Kernkompetenzen
Freisetzung eigener Ressourcen (21.16)
PersonalabbauNutzung externer Spezialkompetenz
Vermeidung von Investitionen
Erhöhte Flexibilität.

Durch den Einsatz eines Systemdienstleisters sind für den Auftraggeber zusätzlich vereinfachte Abläufe und eine Reduzierung der Komplexität seiner Geschäftsprozesse erreichbar (s. *Kap. 19.11*).

21.4.1 Logistikdienstleister in der Industrie

Die Logistikkosten betragen in der Industrie zwischen 5 und 15 % der Gesamtkosten [24, 25]. Die Logistik ist daher für Produktionsunternehmen in der Regel keine Kernkompetenz. Sie muss funktionieren, ist aber nicht geschäftsentscheidend (s. *Abschn. 20.11*).

Die *Industrie* – voran die Automobilindustrie – ist daher zunehmend bereit, immer umfassendere Anteile ihrer Logistikketten geeigneten Dienstleistern zu übertragen. Auf der *Beschaffungsseite* übernehmen Systemdienstleister die gesamte Vorratshaltung und Teilebereitstellung bis hin zum Produktionsprozess. Wenn der Systemdienstleister auch noch die Vormontage von Teilen oder die Fertigung kompletter Module übernimmt, wird er zum *Systemlieferanten*. Er konkurriert dann mit den Lieferanten, die ihre Fertigungsleistungen um Logistikleistungen ergänzen.

Auf der *Absatzseite* sind Systemdienstleister für die gesamte Fertigwarenlagerung, Ersatzteilhaltung und Distribution verantwortlich. Sie errichten Logistikzentren und betreiben Transportnetze, die vollständig oder in entscheidenden Teilen auf den speziellen Kundenbedarf zugeschnitten sind.

Die *Grenzen der Fremdvergabe* von Logistikdienstleistungen liegen für ein Industrieunternehmen da, wo unmittelbar das Geschäftsinteresse berührt wird. Die Grenze kann auf der Beschaffungsseite durch die Forderung nach absoluter *Versorgungssicherheit* für teure oder kontinuierlich arbeitende Produktionseinrichtungen gegeben sein. In der Distribution ergibt sich die Grenze der Fremdvergabe aus der Art des *Kundenkontaktes* bei der Anlieferung der Ware. Wenn die Warenanlieferung untrennbar mit speziellen Verkaufs-, Montage-, Service- oder Beratungsleistungen verbunden ist und hierdurch eine besondere *Kundenbindung* oder *Kundenbeobachtung* angestrebt wird, verbietet es sich, die Zustellfahrten einem Fremdunternehmen zu übertragen.

Auch wenn ein Industrieunternehmen einen großen Anteil seines Logistikleistungsbedarfs mit Nutzen und Gewinn fremd vergibt, muss sichergestellt sein, dass es die *Systemführung* seiner Unternehmenslogistik nicht aus der Hand gibt und das Management seines Logistiknetzwerks in eigener Regie behält.

21.4.2 Logistikdienstleister im Handel

Im Handel betragen die Logistikkosten zwischen 5 und 25 % des Umsatzes. Die Logistik verbraucht damit 10 bis 50 % der Handelsspanne und ist allein deshalb ein zentraler Wettbewerbsfaktor [24, 25].

Viele Einzelhandelsketten, Einkaufsgenossenschaften und Versandunternehmen betrachten daher die Logistik neben der Beschaffung, der Sortimentspolitik und dem Verkauf als *Kernkompetenz*. Sie wollen sich durch eigene Logistiksysteme einen entscheidenden Wettbewerbsvorteil verschaffen und Abhängigkeiten vermeiden. Das kann soweit gehen, dass ein Versandhaus wie der *OTTO Versand* einen eigenen Paketdienst betreibt. Um sich trotzdem die Vorteile eines Systemdienstleisters zu sichern, organisieren manche Handelsunternehmen ihre Logistik so, dass die unternehmenseigenen Logistikgesellschaften wie fremde Systemdienstleister arbeiten. Im Extremfall betreibt eine Logistikgesellschaft des Handels wie der *Hermes Versandservice* von *OTTO* auch Dienstleistungsgeschäfte für Dritte.

Andere Handelsketten und die großen Kaufhauskonzerne entwickeln zwar ihre Logistiksysteme mit den erforderlichen Prozessabläufen, Strukturen und Logistikzentren selbst, suchen sich aber für die *Realisierung* und den *Betrieb* einzelner Logistikzentren und regionaler Warenverteilzentren qualifizierte Logistikdienstleister. Die Systemführung für die gesamte Beschaffung und Distribution aber gibt der Handel nicht aus der Hand.

Immer mehr Handelsunternehmen bestimmen selbst ihre *Lieferketten*. Sie schreiben der Industrie zunehmend auch die *Lieferkonditionen* vor, für die folgende *Möglichkeiten der Frankatur* bestehen [37, 131]:

- *Frei Verkaufsstelle*: Der Lieferant oder der von ihm beauftragte Logistikdienstleister liefert an die Rampen der Filialen, Märkte und Kaufhäuser.
- *Frei Logistikstelle*: Der Lieferant oder sein Transportdienstleister beliefert die Logistikzentren oder Umschlagpunkte, die vom Handelsunternehmen selbst oder von einem beauftragten Dienstleister betrieben werden.
- *Ab Werk*: Ein vom Handelsunternehmen beauftragter Transportdienstleister holt die versandfertig bereitgestellten Sendungen an der Werksrampe oder vom Fertigwarenlager des Lieferanten ab.

Durch Verlagerung des Wareneingangs an eine vorgeschaltete Logistikstelle und aus den dadurch möglichen Bündelungseffekten ergeben sich für den Handel interessante Kostensenkungspotentiale. Außerdem bekommt der Handel die Rampen der Filialen in die eigene Regie. Die daraus resultierende Entlastung der Filialen von unplanbaren Wareneingangsaufgaben kann zu weiteren *Kosteneinsparungen* und zu *Umsatzsteigerungen* führen.

Die positiven Effekte einer vorverlegten Rampe gelten jedoch nicht für alle Waren und Sendungen. Sendungen, die ohne Umschlag als *Teil- oder Ganzladungen* direkt von der Versandstelle des Lieferanten an die Handelsfilialen geliefert werden, lassen sich über eine zwischengeschaltete Logistikstelle nicht kostengünstiger liefern. Für spezielle Waren, wie Gefahrgüter, Großteile und Sperrigwaren, sind die hierauf ausgerichteten Distributionssysteme der Industrie und der Spezialdienstleister besser geeignet als die Beschaffungssysteme des Handels, die hochflexibel sein müssen und oft nur für Standardgüter, wie Paletten- und Behälterware, ausgelegt sind (s. *Abschn. 20.12*).

21.4.3 Einsatz von Verbund- und Systemdienstleistern

Systemdienstleister und Verbunddienstleister bieten folgende *Vorteile* und *Chancen*:

- Nutzung vorhandener Logistikressourcen, wie Fachpersonal, Frachtnetze, Logistikzentren, Umschlagpunkte sowie Informations-, Steuerungs- und Kommunikationssysteme
- größere Leistungsfähigkeit und bessere Logistikqualität durch Professionalität, Erfahrung und Spezialisierung
- geringere Kosten durch größere Effizienz und bessere Auslastung der Ressourcen
- günstigere Lohn- und Gehaltsstruktur durch andere Tarifverträge.

Hierdurch lassen sich in vielen Fällen die Kosten senken, Investitionen vermeiden und die Flexibilität verbessern. Das kann vor allem für Unternehmen interessant sein, die in einen etablierten Markt eindringen, ein neues Geschäft aufbauen oder einen bestehenden Geschäftszweig ausbauen und die damit verbundenen Schwellenkosten für die Logistik vermeiden wollen.

Die Vorteile, die sich mit dem Einsatz eines Systemdienstleisters erreichen lassen, sind jedoch mit einigen Nachteilen und Risiken verbunden. Der schwerwiegendste und unvermeidliche *Nachteil* der Vergabe an einen Systemdienstleister ist die langfristige vertragliche Bindung an ein anderes Unternehmen. Weitere *Nachteile* und *Risiken* sind:

- Abhängigkeit vom Systemdienstleister bei Aufgabe des eigenen Logistik Knowhow
- finanzielle Schwäche und mangelnde Investitionsbereitschaft des Systemdienstleisters
- Inkompetenz und schlechte Qualifikation der Mitarbeiter des Dienstleisters
- unzureichende Kostentransparenz und Kostenkontrolle
- mangelnder Leistungsanreiz und nachlassendes Interesse
- Kumulation von Gemeinkosten- und Gewinnzuschlägen bei kaskadenartiger Beauftragung von Subkontraktoren, die wiederum andere beauftragen
- Nichtweitergabe von Kosteneinsparungen aus Rationalisierung, Mengenwachstum oder Einkaufsvorteilen
- Offenlegung innerbetrieblicher Schwachstellen gegenüber dem Systemdienstleister

- Weitergabe vertraulicher Geschäftsdaten und Kundeninformationen, insbesondere wenn der Systemdienstleister auch für den Wettbewerb arbeitet.

Diese Nachteile und Risiken lassen sich durch richtige Partnerwahl, Ausschreibung und Vertragsgestaltung vermeiden oder begrenzen. Daher ist für den erfolgreichen Einsatz von Systemdienstleistern eine gute Ausschreibung entscheidend.

21.4.4 Vergabestrategien

Wenn die Grundsatzentscheidung zum Einsatz von Logistikdienstleistern gefallen ist, bleibt zu entscheiden, auf wie viele Anbieter die Ausschreibung beschränkt werden soll und wie die benötigten Leistungsumfänge am besten auf eine begrenzte Dienstleisteranzahl verteilt werden.

In zahlreichen Ausschreibungen von inner- und außerbetrieblichen Logistikleistungen für Industrie- und Handelsunternehmen haben sich folgende *Vergabestrategien* für den Auftraggeber als vorteilhaft erwiesen:

- Mit den Transport- und Umschlagleistungen der Lieferketten in ein bestimmtes Zielgebiet und der Beschaffungsketten aus einem Herkunftsgebiet wird am besten nur ein Speditionsdienstleister beauftragt.
- Teil- und Ganzladungen aus dem und in das gleiche Gebiet werden zusammen ausgeschrieben und an den gleichen Transportdienstleister vergeben, damit dieser die aus der Rückfahrtauslastung resultierenden Kosteneinsparungen an den Auftraggeber weitergibt.
- Ganzladungs-, Teilladungs- und Stückgutsendungen werden grundsätzlich getrennt von Paketsendungen und anderen Spezialsendungen ausgeschrieben und vergeben, da nur wenige Logistikdienstleister auf allen Gebieten die gleiche Kompetenz haben.
- Das gleiche gilt für die sogenannte *Kombifracht*, die aus mehreren Paketen, Paletten und anderen Frachtstücken besteht und innerhalb eines vereinbarten Zeitfensters als *geschlossene Sendung* zugestellt wird. Die hierauf spezialisierten *Kombifrachtdienstleister* verfügen über ein eigenes Frachtnetz, das sich von den Frachtnetzen der reinen Standardpaketdienste einerseits und der reinen Stückgutspeditionen andererseits durch hohe Flexibilität und vielseitig einsetzbare Ressourcen unterscheidet.
- Um einerseits einen ausreichenden Wettbewerb zu sichern und andererseits den Bietern eine attraktive Erfolgschance zu bieten, sollten für eine landesweite Ausschreibung von Transport- und Frachtdienstleistungen mindestens 5 und maximal 10 Dienstleister angefragt werden.
- Wenn das Gesamtladungsaufkommen in einem größeren Land wie Deutschland ausreicht, werden für Ganz- und Teilladungssendungen wie auch für Stückgutsendungen mindestens 2 und maximal 3 Dienstleister eingesetzt, die jeweils ein bestimmtes Gebiet bedienen, um ein *internes Benchmark* zu haben und um sich eine Austauschoption zu bewahren.

- Für *Paketsendungen* ist in einem Land der Einsatz nur eines Verbunddienstleisters von Vorteil, da mit einem größeren Gesamtaufkommen günstigere Leistungspreise zu erzielen sind. Das gleiche gilt für andere Verbunddienstleistungen, wie Briefpost, Kombifracht oder Werbemitteldistribution.
- Außerbetriebliche Logistikleistungen, wie Transport- und Frachtleistungen, und innerbetriebliche Logistikleistungen, wie Lager- und Kommissionierleistungen, werden besser an unterschiedliche Dienstleister, und wenn an einen Dienstleister, in *getrennten Verträgen* vergeben, da nur wenige Dienstleister auf allen Gebieten gleiche Kompetenz haben, die Gefahr der Selbstoptimierung des Dienstleisters besteht, die Vertragslaufzeiten unterschiedlich sind und für beide Bereiche eine gesonderte Ausstiegsoption gewahrt bleiben muss.
- Wenn innerbetriebliche Logistikleistungen an mehreren Standorten zu vergeben sind, beispielsweise in getrennten Regionallagern oder unterschiedlichen Werken, ist der Einsatz von mindestens zwei Logistikdienstleistern ratsam, um zwischen diesen ein internes Benchmark zu betreiben.
- Wenn die Lagerleistungen oder andere innerbetriebliche Logistikleistungen in einem bestehenden Betrieb des Auftraggebers oder des Dienstleisters ausgeführt werden, ist die Aufforderung von 5 bis 10 Bietern sinnvoll.

Für Lagerleistungen, Kommissionierleistungen und andere Logistikleistungen, die in einem speziellen *Logistikbau* ausgeführt werden, der bereits existiert oder erst noch zu errichten ist, gibt es folgende *Handlungsmöglichkeiten*:

- *Eigenbau und Eigenbetrieb*: Der Logistikbau mit den erforderlichen lager-, förder- und steuerungstechnischen Einrichtungen wird auf eigene Kosten realisiert und in eigener Regie vom Unternehmen selbst betrieben.
- *Eigenbau und Fremdbetrieb*: Der Logistikbau mit allen Einrichtungen ist Eigentum des Unternehmens. Der Betrieb wird an einen Logistikdienstleister vergeben, der darin die vereinbarten Leistungen erbringt.
- *Fremdbau und Fremdbetrieb*: Der Logistikbau mit den lager-, förder- und steuerungstechnischen Einrichtungen wird von einem Systemdienstleister errichtet oder als Eigentümer übernommen, um darin die Logistikleistungen zu erbringen.

Der Aufbau und Betrieb eines Logistiksystems, das speziell auf den Bedarf eines Kunden zugeschnitten ist und nur für einen Auftraggeber Leistungen erbringt, durch einen Systemdienstleister ist, wenn keine erheblichen Tarifdifferenzen bestehen, erfahrungsgemäß um 10 bis 15 % teurer als der optimale Eigenbetrieb. Die Mehrkosten resultieren aus dem *Gemeinkosten- und Gewinnzuschlag* auf die Leistungskosten, mit dem ein Dienstleister zur Abdeckung von Management-, Verwaltungs- und Vertriebskosten, Finanzierungskosten und Risiken sowie zum Erzielen eines angemessenen Gewinns kalkuliert.

Der Zuschlag für Gemeinkosten und Gewinn wird jeweils auf die vom Dienstleister zu tragenden Kosten kalkuliert: bei Bau und Betrieb durch den Dienstleister auf die Betriebskosten *einschließlich* Abschreibungen und Zinsen für den Logistikbau, bei Betrieb ohne Eigentum am Logistikbau auf die Betriebskosten *ohne* Abschreibungen und Zinsen.

Bei der Entscheidung zwischen Eigen- und Fremdbau sowie zwischen Eigen- und Fremdbetrieb sind die Mehrkosten gegen die Vorteile der Fremdvergabe abzuwägen. Dabei ist zu berücksichtigen, dass das Unternehmen bei Eigenbau und Eigenbetrieb ebenfalls Risiken tragen muss, Verwaltungskosten hat und für das eingesetzte Kapital einen Gewinn erwirtschaften will. Bei einer *Betriebsübernahme nach BGB § 613a* entstehen *Transferkosten*, wie *Abfindungen* für ausscheidende Mitarbeiter und *Kompensationszahlungen* für Mitarbeiter, die vom Dienstleister übernommen werden.

Da die Kosten für die Planung eines neuen Logistikstandorts und damit auch die Angebotskosten relativ hoch sind, ist nach der Entscheidung für eine Fremdvergabe von Bau und Betrieb der *Ausschreibungsgrundsatz* zu beachten:

- Für Lager- und Logistikleistungen, die an einem neu aufzubauenden Standort erbracht werden, sollten nicht mehr als 5 Logistikdienstleister zum Angebot aufgefordert werden.

Ein Abweichen von diesem Grundsatz führt erfahrungsgemäß zu Absagen der qualifiziertesten Dienstleister und zu schlecht ausgearbeiteten Angeboten, sobald die Bieter erkennen, dass die Auftragschancen wegen der großen Bewerberanzahl gering sind.

Die Vergabestrategien sind je nach Marktlage und Anbieterverhalten im Verlauf der Ausschreibung flexibel zu handhaben. So lassen sich durch das Inaussichtstellen größerer Vergabeumfänge im Einzelfall weitere Preisvorteile erzielen.

Aus den Vergabestrategien resultiert, dass der Einsatz nur eines Systemdienstleisters für die *gesamte* Beschaffung und Distribution mit *allen* Lager- und Transportleistungen entgegen dem Trend von Befragungen eher die Ausnahme als die Regel ist [72]. Viele *outsourcinggeschädigte* Unternehmen, über die keine Trendanalyse berichtet, da sich kaum ein Geschädigter dazu bekennen mag, lösen sich wieder aus der zu weitgehenden Bindung an einen Systemdienstleister und suchen sich stattdessen mehrere neue Dienstleistungspartner.

21.5 Ausschreibung von Logistikleistungen

Für die Fremdvergabe von Transport- und Frachtleistungen wie auch von anderen Logistikleistungen, die seitens der Anbieter keine größeren kundenspezifischen Investitionen erfordern, genügt eine einfache *Leistungsanfrage*. Die an einen ausgewählten Bieterkreis zu versendende Leistungsanfrage muss folgende *Angaben* und *Anlagen* enthalten (s. *Abschn. 22.5*):

- Kurzbeschreibung des Leistungsbedarfs
- Tabellen mit den benötigten Leistungsmengen
- vom Anbieter auszufüllende Preisblanketten
- allgemeine Einkaufsbedingungen für Logistikleistungen.

Für die Vergabe von Verbundleistungen, von Lagerleistungen, die mit einer größeren Investition verbunden sind, und von komplexen Systemleistungen ist eine *Leistungsausschreibung* ratsam. Die Besonderheiten und Risiken einer Leistungsausschreibung sind in vielen Unternehmen nicht ausreichend bekannt. Aufwand und Zeitbedarf werden meist unterschätzt.

Die *Schritte einer Leistungsausschreibung* sind in *Abb. 21.2* dargestellt. Es sind die gleichen Schritte wie bei einer Anlagenausschreibung. Zusätzlich ist in *Abb. 21.2* der für die einzelnen Schritte benötigte Zeitbedarf angegeben. Bei zügiger Durchführung ergibt sich für einfachere Ausschreibungen mit einem Vergabewert von unter 5 Mio. €/Jahr ein *Gesamtzeitbedarf* von 10 bis 12 Wochen und für größere Ausschreibungen mit einem Vergabewert von mehr als 5 Mio. €/Jahr eine Ausschreibungsdauer von 20 bis 30 Wochen.

Mit der Durchführung der Ausschreibung sollte die Unternehmensleitung ein *Ausschreibungsteam* beauftragen, in dem der Einkauf, die Logistik und Beauftragte der betroffenen Fachbereiche vertreten sind. Das Ausschreibungsteam wählt den Bieterkreis aus, gibt die Ausschreibungsunterlagen frei, führt die Verhandlungen mit den Bietern und schlägt der Unternehmensleitung einen ausgewählten Anbieter zur Vergabe vor.

Für die Ausarbeitung der Ausschreibungsgrundlagen und des Mengengerüsts, das Verfassen der Ausschreibungsblankette, die Betreuung der Bieter während der Angebotsausarbeitung, die Auswertung der Angebote und das Führen der Verhandlungen werden erfahrene Fachleute benötigt. Wenn diese im Unternehmen nicht verfügbar sind, kann hiermit eine *Unternehmensberatung* beauftragt werden, die auf Leistungsausschreibungen spezialisiert ist.

21.5.1 Ausschreibungsunterlagen

Für die Ausschreibung von Verbund-, Lager- oder Systemleistungen ist das Verfahren der *funktionalen Leistungsausschreibung* einer *detaillierten Lösungsausschreibung* vorzuziehen.

Die funktionale Leistungsausschreibung gibt das Grundkonzept und die Ziele der Unternehmenslogistik vor. Sie spezifiziert die benötigten *Funktionen* und *Leistungsumfänge* und grenzt sie so voneinander ab, dass eindeutige *Leistungspakete* entstehen, für die gesonderte Leistungspreise abzugeben sind. Für die einzelnen Leistungspakete werden jedoch keine technischen Lösungen festgelegt und Ausführungsvorschriften gemacht. Damit erhalten die Anbieter die Möglichkeit, durch eigene Ideen und geschickten Einsatz ihrer Ressourcen zur Optimierung beizutragen. Außerdem wird auf diese Weise sichergestellt, dass der Anbieter im Auftragsfall die volle *Funktionsverantwortung* übernimmt.

Inhalte der *Ausschreibungsblankette* für eine funktionale Leistungsausschreibung sind:

- Kurzbeschreibung von Grundkonzept und Zielen der Unternehmenslogistik
- Darstellung von Ausschreibungsgegenstand und Vorgehen
- Angebotstermin, Vergabezeitpunkt und Bindefrist
- Leistungsverzeichnis mit Spezifikation der Leistungsumfänge
- Service- und Qualitätsanforderungen
- Angabe der benötigten Leistungsmengen

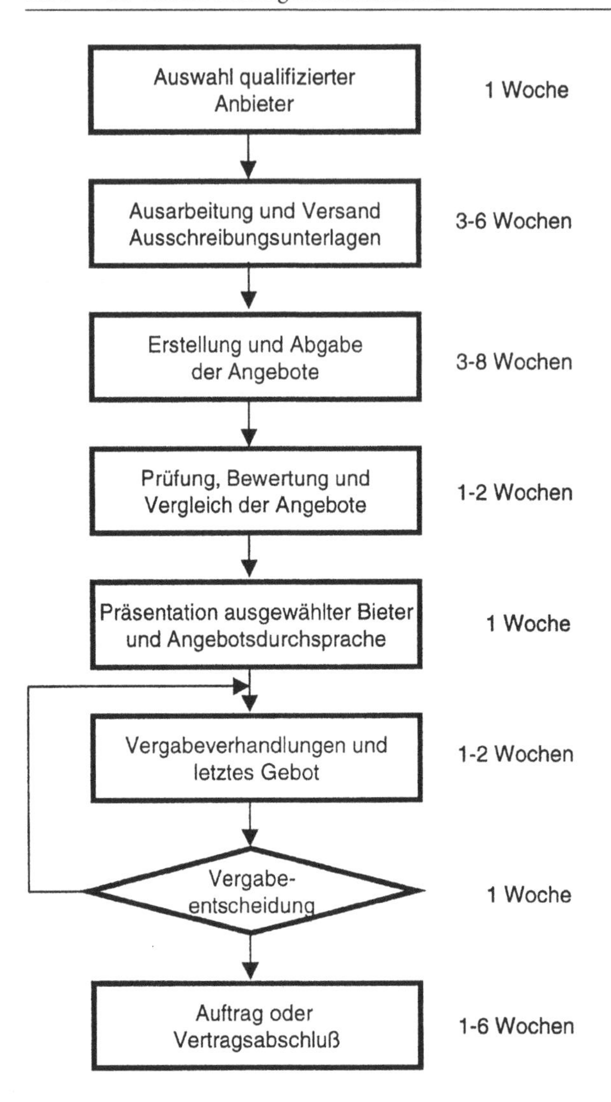

Abb. 21.2 Schritte und Zeitbedarf einer Leistungsausschreibung

Dauer von Einzel- und Verbundausschreibungen: 10 bis 12 Wochen
Dauer von Lager- und Systemausschreibungen: 20 bis 30 Wochen

- Abgrenzung der anzubietenden Leistungspakete
- Anforderungen und Schnittstellen von *DV* und *I* + *K*
- Einkaufs- und Vergabebedingungen
- vertragsrechtliche Rahmenbedingungen
- Leistungserfassung und Leistungsvergütung
- Pönalisierung von Qualitätsmängeln

- vom Bieter auszufüllende Preisblanketten
- vom Anbieter zu unterzeichnende Einverständniserklärung.

Um zu verhindern, dass ein Anbieter nach der Auftragserteilung versucht, durch einen eigenen Vertragsentwurf mit anderen Konditionen die Angebotsgrundlage nachträglich zu verändern oder umzuinterpretieren, ist es erforderlich, bereits in der Ausschreibungsblankette alle kosten- und leistungsrelevanten Bedingungen für den Auftrag oder Dienstleistungsvertrag vorzugeben und durch eine Einverständniserklärung bestätigen zu lassen. Hierzu gehören *Vertragslaufzeit* und *Kündigungsfristen, Versicherungspflichten, Haftung und Gewährleistung, Preisanpassungsregelungen* und *Kontrollrechte* sowie *Rechtsgrundlagen* und *Vorschriften* (s. *Abschn. 22.5*) [132].

Um spätere Missverständnisse zu vermeiden und die Angebotsausarbeitung zu erleichtern, müssen die *Struktur der Unternehmenslogistik*, der *Waren- und Auftragsfluss*, die wichtigsten *Beschaffungs-, Distributions- und Leistungsketten*, der *DV-Rahmen*, das *Mengengerüst* und die *Preisblanketten* in Form von Strukturdiagrammen, Prozessabläufen und Tabellen dargestellt werden und Bestandteil der Ausschreibungsunterlage sein. Der Anbieter muss schriftlich erklären, dass er diese Unterlagen geprüft hat, für plausibel hält und die angebotenen Leistungen auf dieser Grundlage erbringen kann.

21.5.2 Angebotsauswertung

Vor der Einladung ausgewählter Anbieter müssen die eingegangenen Angebote nach formalen, sachlichen und kommerziellen Kriterien geprüft und ausgewertet werden.

Bereits die Einhaltung des *Angebotstermins* gibt Aufschluss über das Interesse und die Verlässlichkeit der Anbieter. Wenn die Angebotsfrist ausreichend lang bemessen war und diese von mindestens 3 Anbietern eingehalten wurde, sollten verspätet eingehende Angebote nur in begründeten Ausnahmefällen berücksichtigt werden.

Die *formale Angebotsprüfung* dient der Beurteilung der *Angebotsqualität*. Sie umfasst die Prüfung von *Vollständigkeit* und *Aufmachung*. Sind Angebot, Preisblanketten und Einverständniserklärung rechtsgültig unterschrieben? Sind alle Preisblanketten wie vorgegeben ausgefüllt? Sind alle geforderten Informationen und Angaben enthalten? Wie ist der Gesamteindruck?

Beurteilungskriterien für die Angebote sind: Übersichtlichkeit und Gliederung; Verständlichkeit; Fehlerhäufigkeit, Lesbarkeit, Sauberkeit; Brauchbarkeit von Zeichnungen, Tabellen und Diagrammen. Die Angebotsqualität gibt einen ersten Eindruck von der zu erwartenden Qualität der Leistungen und von der Kundenorientierung des Anbieters.

Zur *sachlichen Angebotsauswertung* gehört die Prüfung von:

- *Systemlösung*: Kann die angebotene Systemlösung alle Funktionen und Leistungen zuverlässig und flexibel erfüllen?
- *Funktionserfüllung*: Wie werden die ausgeschriebenen Funktionen und Leistungsumfänge realisiert? Art und Technik der eingesetzten Betriebsmittel.

- *Leistungserfüllung*: Reichen die angebotenen Kapazitäten und Ressourcen zur Erfüllung der benötigten Leistungsmengen aus?
- *DV- und I + K-Kompetenz*: Entsprechen die DV-Systeme und die I + K Konzeption des Anbieters den Anforderungen?
- *Personalqualifikation*: Erfahrung, Verlässlichkeit, Fluktuation und Kompetenz der Mitarbeiter und Führungskräfte des Anbieters für die ausgeschriebenen Leistungen
- *Referenzen*: Sind die angegebenen Referenzen und Erfahrungen zutreffend und relevant für den ausgeschriebenen Leistungsumfang.

Die sachlichen Prüfungspunkte sind in der Regel *K.O.-Kriterien*. Wenn ein oder mehrere K.O.-Kriterien nicht erfüllt sind und auch durch Rückfragen beim Anbieter nicht geklärt werden können, scheidet der Anbieter aus, es sei denn, kein Anbieter kann die betreffende Anforderung erfüllen. In diesem Fall ist vom Ausschreibungsteam die Machbarkeit der gestellten Anforderungen zu überprüfen. Danach ist die Anforderung eventuell zu revidieren.

Die formale und sachliche Angebotsprüfung resultiert in einer Benotung der vorliegenden Angebote nach dem *Nutzwertverfahren* (s. *Abschn. 3.11*). Die *Abb. 21.3* zeigt das Ergebnis der Bewertung von 6 Angeboten für unterschiedliche Transport- und Frachtleistungen zur Distribution von Handelsware an Verkaufsstellen und Kunden. Nach dieser Synopse hat der *Bieter* 4 mit der Note 1,8 das beste Angebot und der *Bieter* 6 mit der Note 2,1 das zweitbeste Angebot abgegeben. Kein Bieter ist wegen Nichterfüllung eines K.O.-Kriteriums ausgeschieden.

In der anschließenden *kommerziellen Angebotsauswertung* werden folgende Punkte geprüft und verglichen:

- *Leistungspreise* für die verschiedenen Leistungsumfänge A
- *Jahreskosten*, die mit den Planmengen aus den Leistungspreisen resultieren
- *Zahlungsbedingungen*: Anerkennung der vorgegebenen oder Forderung anderer Zahlungsfristen
- *Haftung und Gewährleistung*: Höhe und Dauer der Gewährleistungszusagen; Haftungssummen; Höhe der Malussätze zur Qualitätssicherung.

Nach der Leistungserfüllung sind die aus den Leistungspreisen für die Planmengen resultierenden *Jahresbetriebskosten* das wichtigste Auswahlkriterium für die Auswahl des Logistikdienstleisters. Wegen unterschiedlicher Kalkulationsverfahren, aus taktischen Gründen oder wegen Quersubvention zwischen verschiedenen Leistungsumfängen weichen die angebotenen *Leistungspreise* für Logistikleistungen nicht selten bis zu ±50 % voneinander ab. Die Unterschiede zwischen den resultierenden *Betriebskosten* sind in der Regel geringer, liegen aber in vielen Fällen, insbesondere bei Lagerleistungen, immer noch bei ±25 %. Wegen der erfahrungsgemäß häufig sehr großen Preisdifferenzen von Angeboten für Lagerleistungen, die mit einer Neuinvestition verbunden sind, ist zur Orientierung ein fundiertes *Benchmarking* erforderlich, das aus einer neutralen Planung und Kostenbudgetierung resultiert (s. *Abschn. 16.14*).

Für die oben als Beispiel angegebene Ausschreibung von Fracht- und Transportleistungen sind die aus den angebotenen Leistungspreisen errechneten Jahreskosten

Bewertungskriterien	Gewicht	Bieter 1	Bieter 2	Bieter 3	Bieter 4	Bieter 5	Bieter 6
Angebotsqualität	10%	3,0	3,5	4,0	2,0	2,5	2,5
Referenzen und Kompetenz	15%	3,0	1,5	3,0	2,0	3,0	2,5
Leistungserfüllung	30%	3,0	3,5	3,0	1,5	2,5	2,0
DV-Systeme	20%	2,0	2,0	2,5	2,0	2,0	2,0
Eigene Ressourcen	10%	3,0	2,0	2,0	2,0	4,0	1,5
Personalqualifikation	15%	2,0	2,5	2,5	1,5	3,0	2,0
Gesamtbewertung	**100%**	**2,7**	**2,6**	**2,8**	**1,8**	**2,7**	**2,1**

Abb. 21.3 Nutzwertanalyse von Logistikleistungsangeboten

Anbieter von Transport- und Frachtleistungen zur Distribution von Handelsware aus einem Logistikzentrum in ein Zielgebiet
1: sehr gut 2: gut 3: befriedigend 4: ausreichend 5: mangelhaft

in *Abb. 21.4* einander gegenübergestellt. Die Spreizung zwischen dem günstigsten und dem ungünstigsten Angebot der Jahreskosten beträgt in diesem Fall 12 %. Der *Bieter* 4 mit dem qualitativ besten Angebot ist – wie so häufig – mit 3,25 Mio. €/Jahr der Teuerste. Der *Bieter* 6 mit der zweitbesten Angebotsbewertung macht das kostengünstigste Angebot, das mit 2,9 Mio. €/Jahr den zuvor kalkulierten Benchmarkwert von 3,15 Mio. €/Jahr unterschreitet.

21.5.3 Bietergespräche und Vergabeverhandlungen

Zur Präsentation ihres Unternehmens und zur Angebotsdurchsprache sollten mindestens zwei und maximal vier Anbieter mit dem besten Preis-Leistungsverhältnis eingeladen werden. Damit sie sich vorbereiten können, sollten den Bietern mit der Einladung und der Tagesordnung die offenen Fragen mitgeteilt und Hinweise auf größere Preisabweichungen gegeben werden.

Manche Logistikdienstleister neigen in der Präsentation zur übertriebenen Selbstdarstellung, wobei die Belange des Kunden und die Fragen des Angebots häufig zu kurz kommen. Niemand sollte sich durch bunte Folien und Hochglanzbroschüren von der Kernfrage ablenken lassen, ob das Unternehmen mit seinen Repräsentanten als Partner für die ausgeschriebenen Logistikleistungen geeignet ist.

Nach den Gesprächen mit den ausgewählten Bietern und Klärung aller offenen Punkte werden die Anbieterbewertung und der Preisvergleich erneut durchgeführt

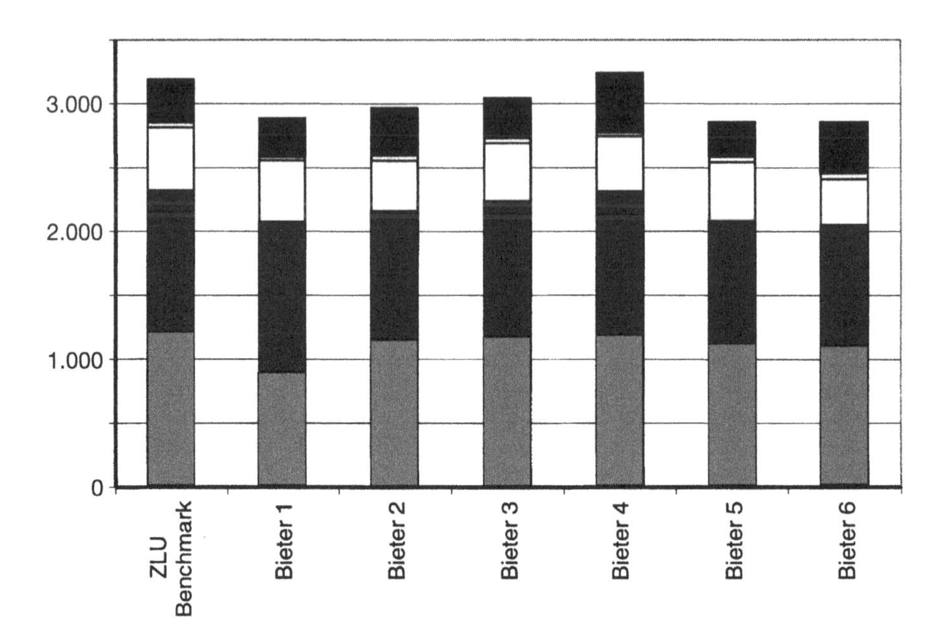

Abb. 21.4 Transport- und Frachtkostenvergleich [156]

Bedeutung der Balkeninhalte von unten nach oben:
1. Ganz- und Teilladungstransporte mit Sattelaufliegern oder Wechselbrücken
2. Grundlasttouren mit 7,5 t Transportern
3. Spitzenlastfahrten mit 7,5 t Transportern
4. Umschlagkosten von Relaisstationen
5. Stückgutsendungen über einen Umschlagpunkt

und eventuell revidiert. Das Ergebnis der Bietergespräche ist eine fundierte *Vergabeempfehlung* des Ausschreibungsteams an das Management. Der ausgewählte Logistikdienstleister wird zur abschließenden *Vergabeverhandlung* eingeladen. Wenn es mehr als einen Favoriten gibt, müssen diese zur Abgabe eines letzten Preisgebots aufgefordert werden.

Bei der Forderung des letzten Preisgebots und den Vergabeverhandlungen sind Augenmaß und Erfahrung erforderlich. Der zukünftige Geschäftspartner muss mit seinen Erlösen langfristig leben können. Zu vermeiden ist auch, dass sich ein Dienstleister mit nicht kostendeckenden Kampfpreisen den Auftrag erkauft und später, wenn sich die Bindung nur mit hohem Aufwand lösen lässt, Nachforderungen stellt (s. *Abschn. 22.5*).

21.5.4 Auftrag und Vertragsabschluss

Bei einer Leistungsanfrage kommt der Vertrag zur Leistungserbringung durch *Auftragsschreiben* und *Auftragsbestätigung* zustande. Diese einfache Form des Vertragsabschlusses sollte auch für den Abschluss einer Leistungsausschreibung gewählt werden, wenn keine besonderen Gründe für einen formellen *Dienstleistungsvertrag* sprechen.

Um die verhandelten Leistungspreise und Konditionen sowie die Vorrangigkeit der Ausschreibungsunterlagen rechtlich bindend zu machen, muss das Auftragsschreiben folgende *Rangfolge* der Gültigkeit der dem Auftrag zugrundeliegenden Dokumente festschreiben:

1. Ausschreibungsunterlage und Einkaufsbedingungen des Auftraggebers
2. Preise und Vereinbarungen der Auftrags- und Vergabeverhandlungen
3. Angebot und Verkaufsbedingungen des Auftragnehmers.

Wenn für die Leistungserstellung eine größere Investition und umfangreiche Vorarbeiten seitens des Auftragnehmers erforderlich sind, ist es für beide Seiten vorteilhafter, dass der Auftraggeber unmittelbar nach der Auftragsentscheidung zunächst eine einseitige Absichtserklärung in Form eines *Letter of Intent* (LOI) abgibt. Zusätzlich zur Erklärung der Bereitschaft zum Vertragsabschluss sollte der Letter of Intent die gleiche Festlegung der Rangfolge der Ausschreibungs- und Angebotsunterlagen und der bereits getroffenen Abmachungen enthalten, wie ein Auftragsschreiben.

Wenn die Systemlösung und der aufzubauende Logistikbetrieb im Zuge der Ausschreibung noch nicht ausreichend genau durchgeplant werden konnten, darf der Auftrag nur mit dem *Vorbehalt* der Einhaltung der angebotenen Leistungen und Kosten erteilt werden. In diesem Fall ist zunächst ein *Vorvertrag* zur Detailplanung, Ausarbeitung und Ausschreibung der vorgeschlagenen Lösung abzuschließen.

Wenn die ausgeplante und durch entsprechende Ausschreibungen abgesicherte Lösung alle Anforderungen erfüllt und sich im Rahmen der angebotenen Kosten realisieren lässt, werden mit dem Systemdienstleister ein *Realisierungs-* oder *Projektmanagementvertrag* und ein *Dienstleistungs-* oder *Betreibervertrag* abgeschlossen:

- Der *Realisierungsvertrag* regelt für den Fall des Fremdbaus und der *Projektmanagementvertrag* für den Fall des Eigenbaus die Projektleitung, die Leistungs-, Termin- und Kostenkontrolle der mit dem Bau beauftragten Firmen sowie die Bezahlung und die Pflichten der Vertragspartner für den Aufbau und die Inbetriebnahme des zukünftigen Logistikbetriebs bis zum Start der produktiven Leistungserbringung.
- Der *Dienstleistungsvertrag* regelt bei Fremdeigentum des Logistikbetriebs und der *Betreibervertrag* bei einem Logistiksystem, das Eigentum des Auftraggebers ist, die Leistungen und Pflichten von Auftragnehmer und Auftraggeber sowie die Rahmenbedingungen und die Vergütung ab Betriebsbeginn für die gesamte Dauer der Leistungserbringung.

Für den Fall, dass mit der Vergabe eines bestehenden oder neuen Logistikbetriebs an einen Dienstleister eigene Mitarbeiter, die bis dahin in diesem Bereich tätig waren, freigestellt oder übernommen werden sollen, ist in dem Dienstleistungs- oder Betreibervertrag auch die *Mitarbeiterübernahme* gemäß *BGB § 613a* zu regeln.

Um Auslassungen und Veränderungen der in der Ausschreibungsunterlage vorgegebenen Vertragsbedingungen zu verhindern, ist es ratsam, dass die Vertragsentwürfe vom Auftraggeber formuliert und dem Auftragnehmer zur Prüfung übergeben werden. Rechtsabteilungen oder Fachanwälte sollten erst hinzugezogen werden, wenn die sachlichen und kommerziellen Vertragspunkte zwischen den Partnern unstrittig geregelt sind (s. *Kap. 22*) [132, 212–222].

Für die langfristige Bindung an einen Partner, wie sie mit dem Einsatz eines Systemdienstleisters angestrebt wird, sind vor allem die *Vertrauenswürdigkeit*, die *Einsatzbereitschaft* und die *Fähigkeiten* der für die Systementwicklung, den Systemaufbau und den laufenden Betrieb verantwortlichen *Fach- und Führungskräfte* des Systemdienstleisters entscheidend. Der Systemanbieter muss daher frühzeitig, spätestens zum Zeitpunkt der Angebotspräsentation, das vorgesehene *Projektteam* mit dem verantwortlichen *Projektmanager* vorstellen. Während der Angebots- und Vertragsverhandlungen und der System- oder Ausführungsplanung zeigt sich rasch, wie die Zusammenarbeit klappt und ob eine langfristige Partnerschaft möglich ist.

Die endgültigen Verträge für die Realisierung und den Betrieb des Logistiksystems sollten erst unterzeichnet werden, wenn ein gutes Vertrauensverhältnis zwischen den Partnern besteht. Das setzt nicht nur Kompetenz, Leistungsfähigkeit und Vertrauenswürdigkeit beim Systemdienstleister voraus sondern auch Offenheit, Kooperationsbereitschaft und den Willen zur gemeinsamen Lösung unerwartet auftretender Probleme beim auftraggebenden Unternehmen.

21.6 Dienstleisterkontrolle und Vergütungsanpassungen

Wenn die Leistungsvergütung des Logistikdienstleisters richtig geregelt ist, beschränken sich die Kontrollaufgaben des Auftraggebers auf die *Überprüfung* der inhaltlichen und mengenmäßigen Richtigkeit der in Rechnung gestellten Leistungen und die laufende *Verfolgung* der Leistungsqualität anhand von Fehlerstatistiken, Reklamationen seitens der Kunden und Qualitätsberichten. Eine zusätzliche Aufgabe des *Logistikcontrolling* ist die Verfolgung des Leistungsangebots und der Preisentwicklung auf dem Dienstleistungsmarkt. Ein Logistikcontrolling, das darüber hinaus auch die Abläufe und den Ressourceneinsatz im Verantwortungsbereich des Dienstleisters kontrolliert, ist nicht erforderlich und verursacht nur zusätzliche Kosten. Hier gilt vielmehr der *Grundsatz*:

- Das Logistikcontrolling innerhalb seines Logistiksystems oder Logistikbetriebs ist Aufgabe des Dienstleisters und nicht des Auftraggebers.

Die Grundsätze einer nutzungsgemäßen und selbstregelnden Leistungsvergütung, die Entwicklung von Leistungs- und Qualitätsvergütungssystemen für Logistikleistungen und die Verfahren zur rationellen Leistungserfassung und Vergütung sind in *Kap.* dargestellt.

Eine besonders kritische Belastungsprobe für die längere Zusammenarbeit zwischen einem Auftraggeber und einem Systemdienstleister ist die Anpassung der Vergütung an veränderte Gegebenheiten. Wenn die zulässigen Gründe und die mögliche Höhe der Anpassung nicht richtig geregelt sind, kommt es erfahrungsgemäß zu Streitigkeiten, die bis zur vorzeitigen Vertragsauflösung führen können.

Bei der *Vergütungsanpassung* ist zu unterscheiden zwischen *kostenbedingten Preisanpassungen*, die jährlich infolge von Änderungen der Personal-, Energie- und Lebenshaltungskosten notwendig sind oder einmalig durch Einführung von Maut oder Ökosteuer ausgelöst werden, und *strukturbedingten Vergütungsanpassungen*, die wegen einer Änderung der Rahmenbedingungen, der Leistungsstruktur oder bei Rationalisierungen erforderlich werden. Zur unstrittigen Regelung kostenbedingter Preisanpassungen ist es zweckmäßig, für alle wesentlichen Kostenanteile, deren Änderung absehbar ist, das *kalkulatorische Gewicht* festzulegen, mit dem die prozentuale Erhöhung der Vergütungssätze aus dem nachgewiesenen Anstieg eines Kostenfaktors zu errechnen ist. Für die strukturbedingte Vergütungsanpassung ist das in *Abschn. 7.5* beschriebene *projektspezifische Vergütungssystem* geeignet, mit dem sich die Auswirkungen struktureller ebenso wie kostenbedingter Änderungen auf die Vergütungssätze für beide Seiten nachvollziehbar kalkulieren lassen.

22 Logik des Marktes

Die Güter- und Leistungsströme zwischen Haushalten, Unternehmen und anderen Institutionen werden auf den Güter- und Dienstleistungsmärkten ausgelöst. Dort vereinbaren Nachfrager und Anbieter die bereitzustellenden *Liefermengen* und die kostenbestimmenden *Kaufpreise*. Daher umfasst die Logistik im weitesten Sinn auch den *Einkauf* und *Verkauf* der Güter und Leistungen, die produziert, verteilt und konsumiert werden sollen (s. *Kap. 14*).

Die klassischen Markt- und Preistheorien setzen einen *vollkommenen Markt* für ein homogenes Gut mit einer großen Anzahl rational handelnder Akteure voraus, die keine anderen Präferenzen als den Preis haben, über vollständige Marktinformation verfügen und sofort auf Marktveränderungen reagieren [14, 159, 246, 249, 251, 253–255]. Sie kennen nur eine Marktordnung, sind wirklichkeitsfremd und führen zu falschen Aussagen [14, S. 564][252]. Die *Logik des Marktes*, deren Grundlagen in diesem Kapitel dargestellt werden, folgt dagegen aus der jeweiligen *Marktordnung* und dem möglichen *Marktverhalten* der Akteure auf den wirklichen Märkten, vom Wochenmarkt bis zur Internet-Marktplatz. Sie gilt auch für kleine Anzahlen von Nachfragern und Anbietern, unterschiedliche Qualitäten der Güter und Leistungen, begrenzte Markttransparenz und irrationales Verhalten der Akteure [234, 281].

Mit dem Instrumentarium der Logik des Marktes ist es möglich, systematisch zu untersuchen, welche Auswirkungen die verschiedenen Marktordnungen bei gegebener Konstellation und unterschiedlichem Verhalten der Akteure haben. Damit lassen sich die Marktordnungen bestehender Märkte verbessern und zielführende Marktordnungen für neue Märkte entwickeln, wie die *Logistikmärkte*, die elektronischen Märkte oder der Handel mit Netzwerkleistungen, Finanzgütern, Rechten und Informationen [241, 245, 248].

Wegen der Vielzahl möglicher Marktkonstellationen und Verhaltensweisen der Akteure behandelt dieses Kapitel nur ausgewählte Ergebnisse von Simulationsrechnungen und einige der vielen Marktgesetze, die aus der Logik des Marktes resultieren. Die Logik des Marktes eröffnet den *Wirtschaftswissenschaften* und der *Logistik* neue Einsichten und ein weites Forschungsgebiet von großer praktischer Relevanz [234].

22.1 Märkte

Ein Markt ist ein realer oder virtueller Platz, auf dem Nachfrager und Anbieter oder deren Vertreter zusammenkommen, um mit einem *Wirtschaftsgut*, einer *Dienstleistung* oder einem *Finanzgut* zu handeln (s. *Abb. 22.1*). Während der Marktöffnungszeit treffen sich n_N *Nachfrager* N_i, $i = 1,2,\ldots,n_N$, die von diesem Gut gewünsch-

T. Gudehus, *Logistik 2*, VDI-Buch,

DOI 10.1007/978-3-642-29376-4_8,

te *Mengen* m_{Ni} in einer benötigten *Qualität* q_{Ni} zu einem akzeptablen *Preis* kaufen möchten, mit n_A *Anbietern* A_j, $j = 1,2,\ldots, n_A$, die eine verfügbare Menge m_{Aj} mit der *Angebotsqualität* q_{Aj} zu einem möglichst hohen Preis verkaufen wollen. Bei jedem Treffen prüfen die Akteure, ob sich ihre Qualitäts-, Mengen- und Preisvorstellungen erfüllen lassen. Wenn ja, kommt es zum Kauf durch *Transfer* der *Kaufmenge* m_{Kij} gegen Zahlung des *Kaufpreises* p_{Kij}.

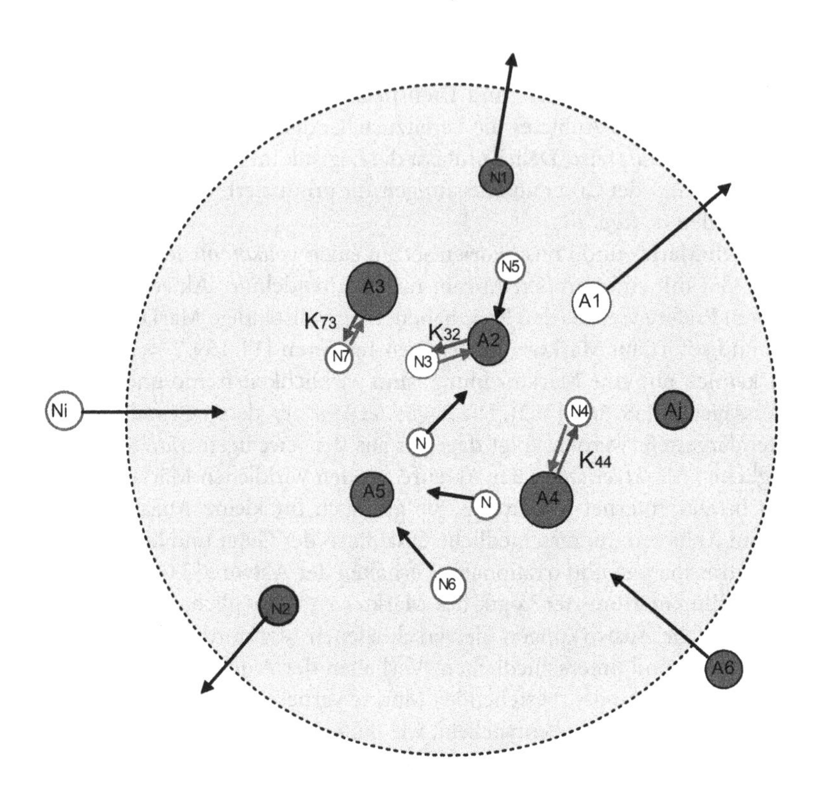

Abb. 22.1 Zusammentreffen von Nachfragern und Anbietern auf einem Markt

Kreise N_i: Nachfrager mit Nachfragemengen m_{Ni} und Nachfragergrenzpreisen p_{Ni}
Kreise A_j: Anbieter mit Angebotsmengen m_{Aj} und Angebotsgrenzpreisen p_{Aj}
Transfers K_{ij}: Kaufmengen m_{Kij} zum Kaufpreis p_{Kij}

Kommt es nicht zum Kauf, treffen die Akteure mit weiteren Marktteilnehmern zusammen, um erneut die Möglichkeit eines Kaufs zu prüfen. Ein Nachfrager wiederholt das solange, bis er seinen Bedarf gedeckt hat oder sich entschließt, den Markt ohne Kauf zu verlassen. Ein Anbieter bleibt auf dem Markt, bis die Angebotsmenge verkauft ist, oder verlässt den Markt mit einer unverkauften Restmenge.

Nach einer bestimmten Zeit oder bis zum Ende der Marktöffnung ergibt sich aus den Begegnungen der Akteure eine Anzahl von Käufen. Die individuellen Kaufmengen, Kaufpreise und Marktgewinne können aus den Qualitätsvorstellungen, Mengen und Preiserwartungen der beteiligten Akteure mit Hilfe der *Transfergleichungen* und *Algorithmen* berechnet werden, die nachfolgend herleitet werden. Bei bekannten Verteilungsfunktionen von Angebot und Nachfrage, die das *Verhalten der Akteure* repräsentieren, lassen sich aus den individuellen Marktergebnissen mit Hilfe von *Simulation* oder *Wahrscheinlichkeitstheorie* kollektive Marktergebnisse, wie Marktpreis, Gesamtabsatz, Umsatz, Einkaufsgewinn und Verkaufsgewinn sowie deren Varianz und Verteilung auf die Akteure berechnen [244, 281].

22.2 Marktordnungen

Das Zusammentreffen der Akteure, der Informationsaustausch, die Qualitätssicherung sowie die Mengen- und Preisbildung hängen von den Regeln der geltenden Marktordnung ab. Die informelle oder formelle Marktordnung regelt – ähnlich wie die *Verkehrsordnung* das Verkehrsgeschehen – den Ablauf der Kaufprozesse so, dass bestimmte *Marktziele* erreicht werden (s. auch *Abb. 7.4*).

Marktziele im Interesse aller Akteure sind faire Teilnahmebedingungen, ein möglichst selbstregelnder, konfliktfreier Ablauf der Kaufprozesse, die effiziente Preisbildung, hoher Absatz und geringe Transaktionskosten. Spezifische Ziele der Anbieter sind ein maximaler Umsatz und ein hoher Verkaufsgewinn. Ziele der Nachfrager sind maximale Bedarfsdeckung zu minimalen Preisen. Die Kaufvermittler streben hohe Provisionen an. Die kollektiven und die individuellen Marktziele sind teilweise unverträglich. Die daraus resultierenden *Zielkonflikte* sind Ursache vieler kontroverser Diskussionen über *Marktziele* und *Markteffizienz*.

Die *Regeln der Marktordnung* können, wie auf vielen *Vorstufenmärkten*, von den Akteuren jeweils neu vereinbart werden oder sind, wie auf den meisten *Endverbrauchermärkten*, durch Konvention, Gesetz oder Verordnung für alle Akteure verbindlich vorgegeben. Auf den Vorstufenmärkten und Endverbrauchermärkten für Wirtschaftsgüter, Dienstleistungen, Arbeit und Finanzgüter gelten unterschiedliche Marktordnungen, die meist historisch entstanden sind. Die Marktordnungen für Ausschreibungen, Auktionen, Börsen und elektronische Märkte werden heute immer häufiger systematisch und zielgerecht gestaltet [241, 245].

Damit die einzelnen Kaufprozesse fair, konfliktfrei, effizient und möglichst erfolgreich ablaufen, muss die Marktordnung folgende Punkte eindeutig regeln:

Marktzutritt
Informationspflichten
Zusammentreffen
Qualitätssicherung
Kaufmengenbildung
Kaufpreisbildung
Marktausschluss.

Der Marktzutritt sollte nur von der Einhaltung objektiver und sachgerechter Zugangsvoraussetzungen und Qualifikationsmerkmale abhängig sein, wie Kompetenz, Angebotsqualität und Zahlungsvermögen. Auch ein Marktausschluss sollte nur nach objektiven Kriterien, wie Regelverstoß oder Betrugsversuch, möglich sein.

Die Pflicht zur Information umfasst alle Angaben, die ein Akteur benötigt, um zu erkunden, ob die Kaufbedingungen erfüllbar sind. Das sind in jedem Fall die Beschaffenheit, die Menge und die Qualität, aber nicht notwendig die Höhe des Preises des Wirtschaftsguts. Außerdem müssen alle Informationen offen gelegt werden, die für das Zusammentreffen und das Funktionieren der Marktordnung erforderlich sind. Dazu gehört zum Beispiel die Befolgung der *Preisauszeichnungspflicht* auf Märkten, auf denen die Anbieterauswahl und Preisbildung gemäß den offen gelegten Angebotspreisen erfolgen [240].

Die zentralen Punkte jeder Marktordnung sind die Regelung des *Zusammentreffens* der Akteure, die *Qualitätssicherung*, die *Kaufmengenbildung* und die *Kaufpreisbildung*. Ohne eine Regelung dieser Punkte und der dafür erforderlichen *Informationen* kommt es nicht zum Kaufabschluss.

22.2.1 Qualitätssicherung

Voraussetzung für das Zustandekommen eines Kaufs zwischen N_i und A_j ist, dass das Qualitätsangebot q_{Aj} des Anbieters den Qualitätsanspruch q_{Ni} des Nachfragers erfüllt. Daraus folgt die *Qualitätsbedingung*:

$$q_{Aj} \geq q_{Ni} \,. \tag{22.1}$$

Die Qualität kann das Gut oder die Leistung, den Anbieter oder Nachfrager sowie die Angebots- und Zahlungsbedingungen betreffen. Wenn von einer externen Instanz, z. B. von einer Aufsichtsbehörde, für alle Marktteilnehmer eine bestimmte Mindestqualität $q_{K\min}$ gefordert wird, gilt für alle Kaufqualitäten q_{Kij} die *Qualitätsrestriktion*:

$$q_{Kij} \geq q_{K\min} \quad \text{für alle } i \text{ und } j \,. \tag{22.2}$$

Eine solche Qualitätsrestriktion führt dazu, dass alle Anbieter mit geringerer Angebotsqualität den Markt ohne Verkaufserfolg verlassen und Nachfrager mit geringerem Qualitätsanspruch eine höhere Qualität als benötigt kaufen müssen oder, wenn diese für sie zu teuer ist, nicht zum Kauf kommen.

Wenn die Bedingungen (22.1) und (22.2) erfüllt sind, ist die *Kaufqualität* q_{Kij} gleich der Angebotsqualität. Daraus folgt die *Qualitätstransfergleichung*:

$$q_{Kij} = q_{Aj} \,. \tag{22.3}$$

Heterogene Güter und zusammengesetzte Leistungen haben in der Regel mehrere kaufrelevante *Qualitätsmerkmale* Q_r mit unterschiedlichen Qualitätsgraden q_r. Dann gelten die Qualitätsbedingung (22.1) und die Qualitätstransfergleichung (22.2) für jedes einzelne Merkmal eines *Qualitätsvektors* $q = (q_1; q_2, \ldots, q_n)$. Dementsprechend sind auch die Mengen und Preise der Anbieter und Nachfrager abhängig von den Qualitätsmerkmalen.

Um Konflikte zu verhindern, muss die Marktordnung sicherstellen, dass die Anbieter über alle kaufrelevanten Qualitätsmerkmale korrekt Auskunft geben und die Angebotsqualität nach dem Kauf auch einhalten.

22.2.2 Kaufmengenbildung

Eine weitere Voraussetzung für den Kauf ist, dass sich Nachfrager und Anbieter über die Kaufmenge einigen. Dafür werden *Mengenbildungsregeln* benötigt, die entweder zwischen den Akteuren frei vereinbart oder von der Marktordnung vorgegeben werden. Die Kaufmengenbildung hängt von der technisch möglichen Teilbarkeit und von der zugelassenen Teilung des Wirtschaftsguts ab.

Unteilbare Güter, wie Schiffe, Immobilien und Gesamtanlagen, werden nur als Ganzes verkauft. *Stetig teilbare Güter*, wie Gas, Flüssigkeit und Schüttgut, können in jeder beliebigen Mengenteilung gehandelt werden. *Diskret teilbare Güter*, wie abgepackte Güter oder Wertpapiere, werden nur in festen *Verkaufseinheiten* mit gleichem Inhalt angeboten. Bei diskret teilbaren Gütern muss die Nachfragemenge daher ein ganzzahliges Vielfaches der Inhaltsmenge der Verkaufseinheit oder einer Ladeeinheit sein.

Für teilbare Güter hängt die *Kaufmengenbildung* davon ab, welche *Mengenteilung* die Akteure zulassen. Wenn Nachfrager und Anbieter mit einer Mengenteilung einverstanden sind, ist die *Kaufmenge* m_{Kij} das Minimum von nachgefragter und angebotener Menge. Lässt der Nachfrager keine Mengenteilung zu, ist die Kaufmenge bei ausreichender Angebotsmenge gleich der nachgefragten Menge. Wenn die Angebotsmenge nicht ausreicht, ist die Kaufmenge 0 und es findet kein Kauf statt. Lässt der Anbieter keine Mengenteilung zu, ist die Kaufmenge gleich der angebotenen Menge, wenn die Nachfragemenge ausreicht, und andernfalls gleich 0. Wenn keine Seite eine Mengenteilung zulässt, muss $m_{Nj} = m_{Aj}$ sein. Daraus folgen die *Kaufmengengleichungen* oder *Mengentransfergleichung*:

$$m_{Kij} = \begin{cases} \mathrm{MIN}(m_{Ni}; m_{Aj}) & \text{bei beliebiger Mengenteilung} \\ \mathrm{WENN}(m_{Ni} \leq m_{Aj}; m_{Ni}; 0)) & \text{bei unzulässiger Nachfragemengenteilung} \\ \mathrm{WENN}(m_{Ni} \geq m_{Aj}; m_{Aj}; 0)) & \text{bei unzulässiger Angebotsmengenteilung.} \end{cases} \tag{22.4}$$

Zusätzlich können Anbieter, Nachfrager oder eine externe Instanz Mindestkaufmengen m_{Kmin} oder/und Höchstkaufmengen m_{Kmax} festlegen. Dann gilt *Kaufmengenrestriktion*:

$$m_{Kmin} \leq m_{Kij} \leq m_{AKmax} \,. \tag{22.5}$$

Eine *Mindestkaufmenge*, die z. B. durch eine größere Verkaufseinheit vorgegeben wird, führt dazu, dass alle Nachfrager, deren Bedarf kleiner als die Mindestmenge ist, mehr kaufen müssen, als sie benötigen, oder nicht zum Kauf kommen, weil sie die Mindestmenge nicht bezahlen können. Sie begünstigt daher die Nachfrager großer Mengen. Eine allgemeine *Höchstmenge* beschränkt den Absatz pro Kunde und erhöht die Kaufchancen der Nachfrager kleiner Mengen.

Eine weitere Mengenbildungsart ist die *Zuteilung*. Sie findet statt, wenn die Nachfrager keine Mengen angeben oder wenn die Preisbildung gruppenweise für mehrere Akteure durchgeführt wird. Mengenzuteilung und Höchstmengen können auch vom Staat verfügt werden, wenn ein existentielles Wirtschaftsgut sehr knapp wird. Für bestimmte Güter, wie Versicherungsleistungen, schreibt der Staat auch das Angebot oder/und die Abnahme von Zwangsmengen vor.

Zusammengesetzte Güter oder *kombinierte Leistungen* enthalten die Mengen m_s der Komponentengüter. Wenn diese Mengen nicht technologisch festgelegt oder von einem Akteur vorgegeben sind, sondern frei vereinbart werden können, sind die Nachfrage-, Angebots- und Kaufmengen *Mengenvektoren* $m = (m_1; m_2; \ldots; m_n)$. Dann müssen die Mengentransfergleichungen und Mengenbedingungen für jede *Partialmenge* m_s gesondert erfüllt sein.

22.2.3 Kaufpreisbildung

Auch wenn die Qualitätserwartungen und Mengenanforderungen erfüllt sind, kann es nur zu einem Kauf kommen, wenn Einigkeit über den *Kaufpreis* besteht. Notwendige Vorraussetzung dafür ist, dass der *Angebotsgrenzpreis* p_{Aj}, den Anbieter A_j minimal erlösen will, nicht höher ist als der *Nachfragergrenzpreis* p_{Ni}, den Nachfrager N_i maximal zu zahlen bereit ist. Das heißt, es muss die allgemeine *Kaufpreisbedingung*

$$p_{Aj} \leq p_{Ni} \tag{22.6}$$

erfüllt sein. Dann und nur dann ist es möglich, einen Kaufpreis zu finden, der die Anforderungen beider Seiten erfüllt. Dieser lässt sich als gewichteter Durchschnitt von Nachfragergrenzpreis und Angebotsgrenzpreis darstellen [239][248, S.114]:

$$p_{Kij} = \beta_{ij} \cdot p_{Ni} + (1 - \beta_{ij}) \cdot p_{Ai} \quad \text{mit } 0 \leq \beta_{ij} \leq 1 \ . \tag{22.7}$$

Damit es zum Kaufabschluss kommen kann, muss also geregelt sein, wie der Kaufpreis bestimmt wird, d. h. welchen Wert der *Preisbildungsparameter* β_{ij} hat (s. *Abschn. 7.7*).

Auf den meisten *Vorstufenmärkten* wie auch auf einigen *Endverbrauchermärkten* können die Akteure die Art der Preisbildung selbst vereinbaren. Sie kann aber auch von der Marktordnung eingeschränkt, geregelt oder verbindlich vorgegeben sein. Am einfachsten ist die *bilaterale Preisbildung*, für die es nur wenige Gestaltungsmöglichkeiten gibt. Sie setzt voraus, dass die Akteure in selbst gewählter oder fremd geregelter Begegnungsfolge nacheinander bilateral zusammentreffen. Eine weitere Möglichkeit ist die *gruppenweise Preisbildung*. Sie ist möglich, wenn einem Nachfrager, einem Anbieter oder einer Vermittlungsinstanz mehrere Angebote oder Nachfragen vorliegen. Auch hier können die vorliegenden Angebote und Nachfragen in eine bilaterale Begegnungsfolge gebracht werden, für die paarweise der Kaufpreis bestimmt wird. Ein anderes Verfahren, das weitere Handlungsmöglichkeiten eröffnet, ist die *simultane Preis- und Mengenbildung* für alle vorliegenden Angebote und Aufträge.

Auf den realen und elektronischen Märkten für materielle und immaterielle Wirtschaftsgüter, Finanzgüter und Arbeitsleistungen gibt es folgende *Preisbildungsregelungen*:

- *Verhandlungspreise*: Der Kaufpreis ist ein Verhandlungspreis, der zwischen Anbieter und Nachfrager individuell und frei ausgehandelt wird. Dazu teilen sich die Akteure ihre veränderlichen Preiserwartungen wechselseitig mit.

- *Vermittlungspreise*: Der Kaufpreis wird von einer Vermittlungsinstanz, die von den Akteuren beauftragt wurde, aus den ihr zuvor mitgeteilten Angebots- und Nachfragergrenzpreisen ermittelt.
- *Angebotsfestpreise*: Der Kaufpreis ist ein verbindlicher Angebotsfestpreis, der dem Kaufinteressenten bekannt gegeben wird. Der Nachfrager kann den Festpreis akzeptieren oder auf den Einkauf verzichten, ohne seinerseits einen Nachfragerpreis bekannt zu geben.
- *Nachfragerfestpreise*: Der Kaufpreis ist ein verbindlicher Nachfragerfestpreis, der dem Anbieter vom Nachfrager genannt wird. Der Anbieter kann den Festpreis akzeptieren oder den Verkauf ablehnen, ohne seinerseits einen Angebotspreis zu nennen.
- Einheitlicher *Festkaufpreis*: Der Kaufpreis wird von einer externen Instanz für alle Akteure in gleicher Höhe festgelegt. Es kommt nur zu einem Kauf, wenn der Festkaufpreis nicht unter dem Angebotsgrenzpreis und nicht über dem Nachfragergrenzpreis liegt.

Die Preisbildung durch Verhandlung erfordert von den Akteuren Kompetenz und Zeit. Sie ist mit relativ hohen *Transaktionskosten* verbunden und im Ausgang nicht berechenbar. Daher findet sich die Preisbildung durch Verhandlung hauptsächlich auf den Vorstufenmärkten für hochwertige Güter, große Beschaffungsmengen und *Systemdienstleistungen* (s. *Kap. 21*), aber auch auf Basaren und Trödelmärkten. Listenpreise, auf die individuell Rabatte aushandelt werden können, sind ebenfalls Verhandlungspreise.

Bei Verhandlungspreisen wird der Preisbildungsparameter β_{ij} vom Verhältnis der Verhandlungsstärke von Nachfrager N_i und Anbieter A_j bestimmt. Wenn beide Seiten gleich stark sind und ein fairer Preis angestrebt wird, ist der Kaufpreis der Mittelwert von Angebotsgrenzpreis und Nachfragergrenzpreis und der Preisbildungsparameter $\beta_{ij} = 1/2$. Bei Überlegenheit des Anbieters ergibt sich β_{ij} nahe 1. Dann liegt der Kaufpreis nur wenig unter dem Nachfragergrenzpreis. Bei Überlegenheit des Nachfragers ist β_{ij} nahe 0. Damit liegt der Kaufpreis wenig über dem Angebotsgrenzpreis.

Bei einer großen Anzahl von Anbietern und/oder Nachfragern, die jeder für sich zu klein, machtlos oder unerfahren sind, können Preisverhandlungen auch kollektiv durch Verhandlungsbeauftragte geführt werden, zum Beispiel von einer Gewerkschaft oder einem Wirtschaftsverband. Auch bei geringer Kompetenz und Erfahrung einzelner Marktteilnehmer kann die Preisbildung durch eine Vermittlungsinstanz von Vorteil sind. Bekannte Vermittlungsinstanzen sind *Makler*, *Börsen* und *elektronische Handelsplattformen*.

Bei bilateraler Preisbildung wird der Vermittlungspreis von der beauftragten Instanz so festgelegt, dass bestimmte Vorgaben und Ziele erfüllt werden. Der resultierende Kaufpreis ist ebenfalls durch die allgemeine Kaufpreisformel (22.7) gegeben mit einem festen *Vermittlungspreisparameter* β_V, der bei fairer Preisbildung den Wert 1/2 hat, oder mit individuellen Vermittlungspreisparametern β_{Vij}, die unterschiedliche Werte haben können [248, S. 114].

Von größter Bedeutung für standardisierte Konsumgüter und Dienstleistungen, wie Post oder Paketdienste, sind *Angebotsfestpreise*. Sie sind vor allem auf den *Endverbrauchermärkten*, im Einzelhandel und auf Wochenmärkten zu finden. In vielen Ländern sind auf Endverbrauchermärkten Angebotsfestpreise durch die *Preisauszeichnungspflicht* vorgeschrieben [240]. Ein weiterer Geltungsbereich sind *Nachfrageauktionen* mit Vergabe zum niedrigsten Angebotsfestpreis. Dazu gehören auch Ausschreibungen mit mehreren Anbietern und Vergabe ohne Preisverhandlung. Für Angebotsfestpreise gilt ebenfalls die Kaufpreisformel (22.7) mit einem für alle Akteure gleichen Preisbildungsparameter, der von der Marktordnung zugunsten der Nachfrager auf den Wert $\beta_A = 0$ festgelegt ist. Damit wird der Angebotsfestpreis zum Kaufpreis und der Einkaufsgewinn maximal.

Nachfragerfestpreise sind weniger verbreitet als Angebotsfestpreise. Sie gelten bei *Anbieterauktionen* mit Vergabe an den Bieter mit dem höchsten Gebot, entweder zum höchsten oder, wie bei eBay, zum zweithöchsten Nachfragerfestpreis. Anbieterauktionen werden in England für Hausverkäufe, in Holland im Blumengroßhandel (*Veiling*), für die Vergabe von Lizenzen und im *Internet-Handel* durchgeführt. Bei Nachfragerfestpreisen ist der Preisparameter in Kaufpreisformel (22.7) zugunsten der Anbieter auf $\beta_N = 1$ festgelegt. Damit wird der Nachfragerfestpreis zum Kaufpreis und der Verkaufsgewinn maximal.

Wenn der Preisspielraum durch einen *Mindestpreis* p_{Kmin} oder/und *Höchstpreis* p_{Kmax} eingeschränkt wird, führt das zu der *Kaufpreisrestriktion*:

$$p_{Kmin} \leq p_{Kij} \leq p_{Kmax} \,. \tag{22.8}$$

Diese Zusatzbedingung, die bei jeder Kaufpreisfestlegung einzuhalten ist, führt dazu, dass alle Nachfrager, deren Grenzpreis kleiner als der Mindestpreis ist, und alle Anbieter, deren Grenzpreis über dem zulässigen Höchstpreis liegt, den Markt erfolglos verlassen. Mit zunehmender Annäherung von Mindestpreis und Höchstpreis wird die Kaufpreisrestriktion (22.8) zu einer Festpreisregelung. Ein für alle Akteure in gleicher Höhe verbindlicher *Festkaufpreis* p_{KFix} kann über eine Preisbindung vom Hersteller, von einer Vermittlungsinstanz oder vom Staat festgesetzt werden. Ein Festkaufpreis kann auch das Ergebnis einer unzulässigen Preisabsprache eines *Kartells* sein.

Bei einem einheitlichen Festkaufpreis kommt es zwischen einem Nachfrager und Anbieter nur zum Kauf, wenn der Festkaufpreis zwischen deren Grenzpreisen liegt. Wird der einheitliche Festkaufpreis zugunsten der Nachfrager zu niedrig fixiert, kommen weniger Anbieter auf den Markt. Wird er zugunsten der Anbieter zu hoch festgesetzt, verlassen viele Nachfrager ohne zu kaufen den Markt.

Die verschiedenen Preisbildungsregelungen und die Kaufpreisrestriktion (22.8) lassen sich zusammenfassen in der allgemeinen *Kaufpreisgleichung* oder *Preistransferpreisgleichung*:

$$p_{Kij} = \text{MIN}\Big(p_{Kmax}\,;\text{MAX}(p_{Kmin}\,;\beta_{ij} \cdot p_{Ni} + (1 - \beta_{ij}) \cdot p_{Aj})\Big) \tag{22.9}$$

mit dem *Preisbildungsparameter*

$$\beta_{ij} = \begin{cases} 0 & \text{für Angebotsfestpreise und Nachfragerübermacht} \\ 1/2 & \text{für faire Vermittlungs- und Verhandlungspreise} \\ 1 & \text{für Nachfragerfestpreise und Anbieterübermacht.} \end{cases} \tag{22.10}$$

Bei einem einheitlichen *Festkaufpreis* ist:

$$p_{Kij} = p_{Kmin} = p_{Kmax} = p_{Kfix} \quad \text{für alle } i \text{ und } j\,. \tag{22.11}$$

Bei ergebnisoffenen Verhandlungspreisen, unfairen Vermittlungspreisen und bei simultaner Kaufpreis- und Mengenbildung kann der Preisbildungsparameter β_{ij} für jede Paarung $(N_i; A_j)$ einen anderen Wert β_{ij} haben, der sich aus der *Verhandlungsstärke*, dem Vermittlungsverfahren bzw. aus dem Zuordnungsalgorithmus ergibt.

Für heterogene oder zusammengesetzte Güter und Leistungen mit mehreren *Qualitätsmerkmalen* q_r und unterschiedlichen *Partialmengen* m_s treten an die Stelle nur eines Preises *Preismatrizen* $p = (p_{rs})$ mit mehreren *partiellen Preisen* p_{rs}, für die die Preisbedingungen und Preisgleichungen gesondert gelten.

22.2.4 Zusammentreffen

Wegen der Änderung der individuellen Nachfrage- und Angebotsmengen, die jeder Kauf bewirkt, hängen die Marktergebnisse von der *Reihenfolge* ab, in der Nachfrager und Anbieter zusammentreffen. Wenn beispielsweise die weniger zahlungsbereiten Nachfrager zuerst die preisgünstigsten Anbieter aufsuchen, haben sie die besten Kaufaussichten. Die später kommenden Nachfrager mit größerer *Zahlungsbereitschaft* finden nur noch zu höheren Preisen Kaufmöglichkeiten, als wenn sie früher gekommen wären. Suchen die Nachfrager mit der höchsten Zahlungsbereitschaft zuerst die preisgünstigsten Anbieter auf, räumen sie deren Angebot. Die nachfolgenden, weniger zahlungsfähigen Nachfrager kommen bei den verbliebenen teuren Anbietern mit geringerer Wahrscheinlichkeit zum Kauf.

Wenn in einer Marktperiode n_N Nachfrager auf den Markt kommen, können diese in $n_N!$ verschiedenen Reihenfolgen mit den n_A Anbietern zusammentreffen, die in der gleichen Periode in $n_A!$ unterschiedlichen Reihenfolgen auftreten können. Daraus ergibt die maximal mögliche *Anzahl der Begegnungsfolgen*:

$$n_{NA} = n_N! \cdot n_A!\,. \tag{22.12}$$

Für zwei Nachfrager und zwei Anbieter sind das $2 \cdot 2 = 4$ mögliche Begegnungsfolgen und für 5 Anbieter und 5 Nachfrager $5! \cdot 5! = 120 \cdot 120 = 14.400$ unterschiedliche Begegnungsfolgen.

Welche der möglichen *Begegnungsfolgen* in einer Marktperiode eintritt, hängt von der *Regelung des Zusammentreffens* und vom Verhalten der Akteure ab. Eine Marktordnung kann das Zusammentreffen vollständig den Akteuren überlassen, durch bestimmte Vorgaben lenken oder vollständig regeln. Beim selbst geregelten Zusammentreffen finden die Akteure nach eigenen Kriterien zueinander. Einschränkende Vorgaben durch die Marktordnung sind beispielsweise, dass die Nachfrager auf die Anbieter oder dass die Anbieter auf die Nachfrager zukommen müssen. Die Marktordnung kann das Zusammentreffen auch durch die Preisbildungsart beeinflussen.

Wenn ein Nachfrager N_i zu den Anbietern A_j, $j = 1, 2 \ldots n_A$, kommt, kann er nacheinander alle Anbieter, eine begrenzte Anzahl von Anbietern oder nur einen Anbieter aufsuchen und danach den Markt verlassen. Kommen die Anbieter auf die Nachfrager zu, bestehen analoge Möglichkeiten. Die Begrenzung der Begegnungsanzahl kann freiwillig oder von der Marktordnung vorgeschrieben sein. Sie bewirkt für die Nachfrager eine begrenzte *Reichweite der Beschaffung* und für die Anbieter eine begrenzte *Reichweite des Absatzes*. Die *Marktreichweite*, das heißt die mittlere Anzahl der periodischen *Marktbegegnungen* der Akteure, hat sich für viele Güter und Dienstleistungen, wie z. B. Frachten, durch das *Internet* und *Softwareagenten* erheblich vergrößert.

Die verschiedenen Akteure können auf dem gleichen Markt je nach Interessenlage und Verbindlichkeit der Marktordnung unterschiedliche Auswahlkriterien haben. Sie können auch ihr Auswahlverfahren ändern. So können Nachfrager zunächst preisbewusst nach dem günstigsten Anbieter suchen und später bei sich annähernden Preisen die Anbieter nach anderen Präferenzen priorisieren. Auf vielen Märkten zeigen die Akteure ein unterschiedliches Verhalten. Sie lassen sich theoretisch wie eine Überlagerung verhaltensreiner Partialmärkte behandeln.

Bei beiderseitig *zufälligem Zusammentreffen* kommen die Kaufinteressenten, wie auf einem Basar, ohne jedes Auswahlkriterium auf die Anbieter zu. Das erfordert von den Marktteilnehmern zunächst keine Bekanntgabe ihrer Preise und Mengen.

Damit eine Anbieterauswahl nach dem Preis möglich ist, muss die Marktordnung *Angebotsfestpreise* vorschreiben, die allen Nachfragern vor dem Kauf bekannt gegeben werden. Auf Märkten mit Anbieterfestpreisen ergeben sich selbstregelnd die geringsten Marktpreise und die höchsten Einkaufsgewinne. Angebotsfestpreise erhöhen die Kaufchancen der Nachfrager mit geringem Zahlungsvermögen. Die *Auswahl nach steigendem Angebotspreis* erfordert jedoch eine Preissondierung mit der Gefahr, dass nach der Markterkundung einige der zuerst aufgesuchten Anbieter ausverkauft sind. Außerdem kann ein geringerer Preis mit Nachteilen verbunden sein, wie schlechter Service, geringe Qualität oder lange Anfahrt.

Ein Nachfrager mit höherer Zahlungsbereitschaft, der weiß oder vermutet, dass ein höherer Preis mit einem besseren Service und einer höheren Qualität verbunden ist, sucht die Anbieter nach fallendem Angebotspreis auf. Nachteile sind ein höherer Kaufpreis und ein geringerer Einkaufsgewinn. Für das Aufsuchen der Anbieter nach anderen Prioritäten als der Preis ist vor allem die Qualität des Angebots maßgebend.

Auf *Nachfragermärkten*, wie z. B. bei *Ausschreibungen*, *Nachfragerauktionen* und *Einkaufsplattformen* im Internet, kommen die zufällig eintreffenden Anbieter zu den Nachfragern. Auf einem Nachfragermarktplatz sind den Anbietern die Nachfragergrenzpreise in der Regel nicht bekannt. Sie besuchen daher die Nachfrager entweder in zufälliger Reihenfolge oder nach anderen Kriterien, wie Bonität, Erreichbarkeit, hoher Bedarf oder Abnahmesicherheit.

Auf vielen Nachfragermärkten schreibt die Marktordnung vor, dass der Nachfrager innerhalb einer bestimmten *Bieterfrist* alle Angebote erhält. Die Anzahl der eingehenden Angebote hängt von der Länge der Bieterfrist ab. Sie ist ein freier Handlungsparameter des Nachfragers und bestimmt die *effektive Reichweite* seines Marktplatzes. Nach Eingang aller Angebote besteht die Möglichkeit zum Zuschlag ohne

Verhandlung oder zur Vergabe mit Verhandlung. Der *Zuschlag ohne Verhandlung*, wie bei öffentlichen Ausschreibungen, ist eine Marktordnung mit Angebotsfestpreisen und Vergabe zum niedrigsten Preis. Die *Vergabe mit Verhandlung*, wie sie bei freien Ausschreibungen von Unternehmen üblich ist, entspricht einer Marktordnung mit Verhandlungspreisen und Auswahl nach steigendem Angebotspreis (s. *Abschn. 21.5*).

Auf einem *Vermittlungsmarktplatz*, z. B. auf *Auktionen*, *Börsen*, im *Internet-Handel* oder beim *Bookbuilding*, werden Angebote und Nachfragen von einer externen Instanz zusammenführt. Dazu geben alle Nachfrager und Anbieter der Vermittlungsinstanz ihre Aufträge mit den benötigten Informationen bekannt. Die Vermittlungsinstanz führt die Nachfrager und Anbieter nach bestimmten Vermittlungsverfahren und Zuordnungsalgorithmen zusammen und ermittelt nach den geltenden Regeln der Preis- und Mengenbildung aus den aktuellen Einkaufs- und Verkaufsaufträgen die Kaufpreise und Kaufmengen. Die Auswahl unter den Vermittlungsverfahren und die Festlegung des Zuordnungsalgorithmus sind Handlungsmöglichkeiten des Vermittlungsmarktes.

Bei einer *auftragsweisen Vermittlung* wird jede eintreffende Anfrage unverzüglich nach den Zuordnungsregeln mit den bis dahin noch nicht ausführbaren Angeboten zusammengeführt. Nach jedem Eintreffen eines Angebots wird dieses unverzüglich nach den Zuordnungsregeln mit den bis dahin noch nicht ausführbaren Anfragen zusammengeführt. Bei einer *zyklischen Vermittlung* werden jeweils nach Ablauf einer festen Zykluszeit, die einige Minuten, Stunden oder Tage lang sein kann, alle seit der letzten Vermittlung eingegangenen Anfragen und Angebote nach den Zuordnungsregeln zusammengeführt. Bei einer *gruppenweisen Vermittlung* wird eine bestimmte Anzahl oder Menge von Angeboten und Nachfragen angesammelt und dann nach den Zuordnungsregeln zusammengeführt.

Bei *paarweiser Zusammenführung* der Aufträge in der Reihenfolge ihres zeitlichen Eintreffens (*FIFO*) oder nach einem anderen *Zuordnungsalgorithmus* sind alle Arten der bilateralen Preisbildung möglich. Bei simultaner Preis- und Mengenbildung gibt es viele weitere Möglichkeiten. Im Extremfall werden die Marktergebnisse für alle möglichen Zuordnungen von einem Rechner ermittelt und daraus die optimale Zuordnung ausgewählt, mit der vorgegebene Ziele erreicht werden [234, S. 163];[248, S. 185]. Wegen der Vielzahl der möglichen Vermittlungsstrategien und freien Handlungsparameter besteht die Gefahr der Willkür und die Versuchung zur Selbstoptimierung der Vermittlungsinstanz, wenn diese durch Provisionen am Ergebnis beteiligt ist oder, wie eine Bank, selbst als Anbieter oder Nachfrager auftritt.

An Wertpapierbörsen und vielen elektronischen Handelsplattformen wird traditionell der *Einheitskurs* bzw. *Einheitskaufpreis* ermittelt, der für alle vorliegenden Aufträge zum größten Umsatz führt [s. z. B. [243]]. Das ist der so genannte *Walras-Preis* oder *Marktkurs*, der sich aus dem Schnittpunkt der Nachfragekurve mit der Angebotskurve ergibt. Diese spezielle Art der Einheitspreisbildung wird seit *Walras* 1894 [254] von den klassischen Preistheorien unzutreffend als allgemeingültig betrachtet [14, 159, 245, 251–253]. Sie wird oft auch für *agentenbasierte Marktmodelle* und die Simulation *elektronischer Märkte* angenommen [248].

22.3 Marktverhalten

Das Marktverhalten der Akteure manifestiert sich in der Anzahl und Reihenfolge, in der sie auf den Markt kommen, sowie in den Qualitäten, Mengen und Preisen. Es resultiert bei den Nachfragern aus Bedürfnissen, Vorräten und Zahlungsvermögen sowie aus den Beschaffungsstrategien, mit denen sie ihre Interessen verfolgen. Das Marktverhalten der Anbieter wird bestimmt von Kapazitäten, Beständen und Kosten sowie von den Absatzstrategien, mit denen sie ihre Ziele erreichen wollen. Das aktuelle Marktverhalten ist mathematisch darstellbar durch die *Verteilungsfunktionen* von Nachfrage und Angebot.

22.3.1 Nachfragerverhalten

Alle *Nachfrager* müssen sich bis zum Kauf eines Wirtschaftsguts entscheiden, welche Menge sie bis zu welchem Preis kaufen wollen. Andernfalls kommt es nicht zum Kauf. Ein rational handelnder Nachfrager N_i, der zur Zeit t mit einem Anbieter A_j zusammentrifft, will eine geplante *Nachfragemenge* $m_{N_i}(t)$ [ME] eines Wirtschaftsguts einkaufen. Er ist bereit, dafür maximal einen *Nachfragergrenzpreis* $p_{Ni}(t)$ [GE/ME] zu zahlen, der seiner *Zahlungsbereitschaft* und seiner *Zahlungsfähigkeit* entspricht. Viele Endverbraucher und Spontankäufer haben jedoch keine genaue Vorstellung vom monetären Wert des Gutes, das sie kaufen wollen. Sie entscheiden erst angesichts eines konkreten Angebots über Zahlungsbereitschaft und Einkaufsmenge.

Innerhalb eines endlichen Zeitraums sind die Nachfragemengen durch den Bedarf, das Aufnahmevermögen und das Zahlungsvermögen der Akteure beschränkt. Wenn das Aufnahmevermögen erschöpft und der Bedarf eines Nachfragers gedeckt ist, tritt der individuelle *Sättigungszustand* ein. Wenn die Summe der geplanten Beschaffungsausgaben das Zahlungsvermögen überschreitet, müssen die Nachfragemengen wegen *Kaufkraftmangel* reduziert werden. Bei einem *Sättigungsbedarf* m_{Si} und einem festem *Budget* B_i ist die Nachfragemenge durch den Sättigungsbedarf begrenzt und sinkt mit dem Kaufpreis gemäß Beziehung:

$$m_{Ni}(p_K) = \mathrm{MIN}(m_{Si}\,; B_i/p_K)\ . \tag{22.13}$$

Aus dem *monetären Wert* w_{Ni} [GE/ME], den der Nachfrager N_i rational oder irrational einer Mengeneinheit des gewünschten Guts beimisst, und dem geplanten Gewinn resultiert der Nachfragergrenzpreis p_{Ni} [GE/ME]. Unabhängig vom Plangewinn erzielt der Nachfrager N_i aus dem Kauf einer Menge m_{Kij} zum Kaufpreis p_{Kij} beim Anbieter A_j, die für ihn den monetären Wert $m_{Kij} \cdot w_{Ni}$ hat, den partiellen Einkaufsgewinn:

$$g_{Eij} = m_{Kij} \cdot (w_{Ni} - p_{Kij})\ . \tag{22.14}$$

Summiert über alle Anbieter A_j, bei denen der Nachfrager N_i seinen Gesamtbedarf gekauft hat, ergibt sich daraus der *individuelle Einkaufsgewinn* des Nachfragers N_i:

$$g_{Ei} = \sum_j m_{Kij} \cdot (w_{Ni} - p_{Kij})\ . \tag{22.15}$$

Zu einem Kaufpreis p_K, der nicht höher ist als sein Nachfragergrenzpreis p_{Ni}, ist der Nachfrager N_i bereit, eine konstante oder vom Kaufpreis abhängige Nachfragemenge m_{Ni} zu kaufen. Das besagt die *individuelle Nachfragefunktion*:

$$m_{Ni}(p_K) = \text{WENN}(p_K \leq p_{Ni}\,; m_{Ni}\,; 0)\,. \tag{22.16}$$

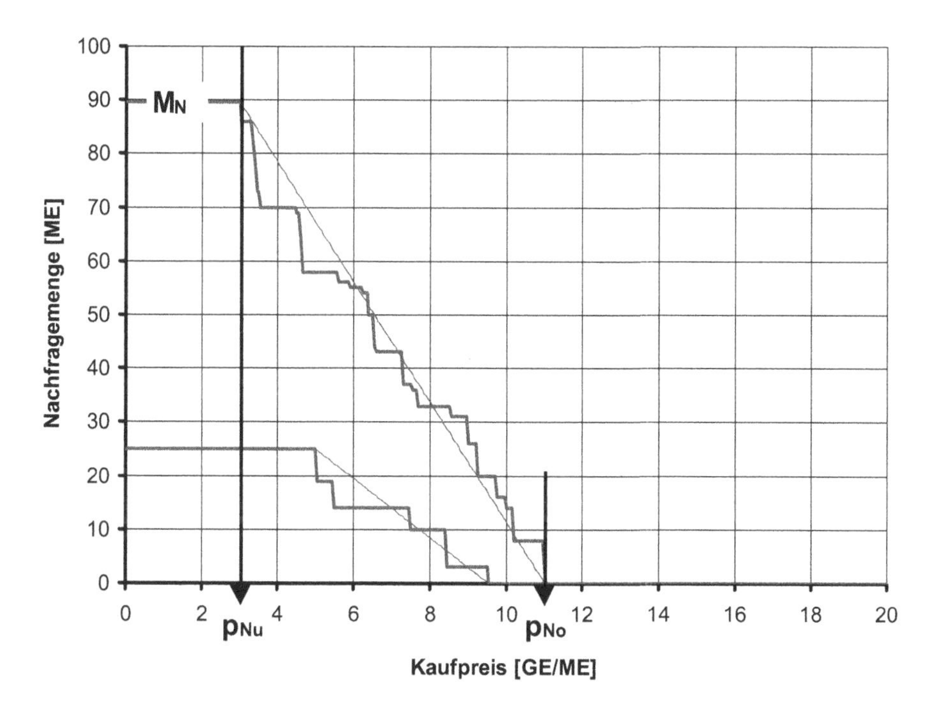

Abb. 22.2 Verteilungsfunktionen der Nachfrage für unbudgetierten Einzelbedarf

Oben: 25 Nachfrager mit Gesamtnachfrage 90 ME/PE
Unten: 5 Nachfrager mit Gesamtnachfrage 25 ME/PE

Die individuelle Nachfragefunktion (22.16) manifestiert sich erst im Augenblick der Kaufentscheidung und ist nur dem einzelnen Akteur bekannt. Im Prinzip ist es möglich, die individuellen Nachfragewerte durch Befragung zu erkunden. Dabei besteht jedoch die Gefahr, dass falsche Aussagen gemacht werden.

Aus den aktuellen Nachfragemengen $m_{Ni}(t)$ der einzelnen Nachfrager N_i, $i = 1, 2, \ldots, n_N$, die den Markt in einer Periode t der Länge PE [Stunde; Tag, Woche...] aufsuchen, ergibt sich durch Summieren die aktuelle *Gesamtnachfrage* des Marktes:

$$M_N(t) = \sum_i m_{Ni}(t) \quad [\text{ME/PE}]\,. \tag{22.17}$$

Entsprechend folgt durch Summieren der individuellen Nachfragefunktionen (22.16) aller Nachfrager der Periode t die aktuelle *Verteilungsfunktion der Nachfrage*, d. h. die *kollektive Nachfragefunktion* des Marktes:[1]

$$M_N(p_K) = \sum_i m_{Ni}(p_K) = \sum_i \text{WENN}(p_K \leq p_{Ni}\,; m_{Ni}\,; 0) \quad [\text{ME/PE}] \qquad (22.18)$$

Abb. 22.2 zeigt zwei kollektive Nachfragefunktion für unterschiedliche Nachfragekenngrößen bei preisunabhängigen individuellen Nachfragemengen, die zwischen bestimmten Grenzen stochastisch schwanken. Der mittlere Verlauf fällt in diesen Fällen linear. Für kaufpreisabhängige Nachfragemengen (22.13) ergibt sich ein degressiv fallender Verlauf. Allgemein wird der Verlauf der Nachfragefunktion für ein bestimmtes Gut von der Nachfrageranzahl n_N und von der Verteilung der Gesamtnachfragemenge M_N über die Grenzpreise der Einzelnachfrager bestimmt.

Die Anzahl der Nachfrager und deren Nachfragemengen und Grenzpreise können sich im Verlauf der Zeit infolge eines veränderlichen Bedarfs und des marktabhängigen Verhaltens der Nachfrager ändern. Die Nachfragefunktionen für Güter mit anhaltendem Bedarf schwanken daher in der Regel von Periode zu Periode zufällig um einen mittleren Verlauf, der für stationäre Märkten konstant ist und sich für *dynamische Märkte* systematisch ändert.

Für die meisten Güter ist der Verlauf der kollektiven Nachfragefunktion unbekannt. Nur für Wirtschafts- und Finanzgüter, die auf Börsen und elektronischen Märkten gehandelt werden, kann die Vermittlungsinstanz die Nachfragefunktion ebenso wie die Angebotsfunktion einer bestimmten Periode aus den ihr mitgeteilten Einzelaufträgen berechnen. Die Wirtschaftstheorie muss sich infolgedessen darauf beschränken, die Gesetze des Marktes aus dem mittleren Verlauf und der Varianz zeitabhängiger Nachfragefunktionen zu erschließen, die eine mögliche Verteilung des nachgefragten Bedarfs und dessen zeitlichen Verlauf wirklichkeitsnah darstellen. Aus der Definition (22.18) folgt für alle Nachfragefunktionen:

- Ab einem unteren Nachfragergrenzpreis p_{Nu}, der gleich dem kleinsten Grenzpreis aller Nachfrager ist, fällt die Nachfragefunktion von der Gesamtnachfrage in Stufen bis auf 0 bei einem oberen Nachfragergrenzpreis p_{No}, der gleich dem höchsten Grenzpreis aller Nachfrager ist.
- Eine Zunahme oder Abnahme der Nachfrageranzahl führt ebenso wie eine Vergrößerung oder Verringerung einzelner Nachfragemengen zu einer größeren bzw. kleineren Gesamtnachfrage und zu einer Verschiebung der Nachfragefunktion nach oben bzw. nach unten.
- Eine Zunahme oder Abnahme einzelner Nachfragergrenzpreise führt zu einer partiellen Verschiebung der Nachfragefunktion am Punkt des betreffenden Nachfragergrenzpreises nach rechts bzw. nach links. Eine gleichgerichtete Zu- oder Abnahme aller Nachfragergrenzpreise verschiebt die gesamte Nachfragekurve nach rechts bzw. nach links.

Das gilt auch für so genannte *Veblen-Güter*, deren Prestigewert bei einer Anhebung des Angebotspreises eine zunehmende Anzahl kaufkräftiger Nachfrager auf

[1] Die Nachfrage- und Angebotsfunktionen eines Marktes sind Verteilungsfunktionen der Mengen in Abhängigkeit vom Preis. Daher wird in der Logik des Marktes – abweichend von der seit *A. Marshall* in den Wirtschaftswissenschaften üblichen Darstellung [159, II Teil Fußnote S. 88] – der Preis als unabhängige Variable auf der Abszisse und die Menge als abhängige Variable auf der Ordinate dargestellt.

den Markt lockt [14, S. 551]. Durch das Hinzukommen von Nachfragern mit hoher Zahlungsbereitschaft verschieben sich der obere Nachfragergrenzpreis nach rechts und zugleich das Gesamtniveau der Nachfragefunktion nach oben. Zu jedem Zeitpunkt bleibt jedoch der fallende Verlauf der Nachfragefunktion erhalten.

Wie in *Abb. 22.2* gezeigt, hat die mittlere Nachfragefunktion für eine größere Anzahl n_N von Nachfragern mit einer Gesamtnachfrage M_N, deren preisunabhängige Einzelmengen zufällig um einen Mittelwert $m_{Nm} = M_N/n_N$ streuen und deren Nachfragergrenzpreise zwischen einem unteren Nachfragergrenzpreis p_{N_u} und einem oberen Nachfragergrenzpreis p_{N_o} gleichverteilt sind, einen linear fallenden Verlauf. Lineare Nachfragefunktionen sind geeignet, die Nachfragekenngrößen des Marktes anschaulich darzustellen und Modellrechnungen durchzuführen.

Wenn ein Wirtschaftsgut in unterschiedlichen *Qualitätsgraden* q_K zum Kauf angeboten wird, gilt für jeden Qualitätsgrad eine eigene Nachfragefunktionen $M_N(q_K; p_K)$. Sie resultiert entsprechend Beziehung (22.18) aus der Summation der individuellen Nachfragemengen $m_{Ni}(q_K; p_K)$ aller Nachfrager N_i für das Wirtschaftsgut mit der minimalen Qualitätserwartung q_K und einer Zahlungsbereitschaft bis zum Kaufpreis p_K.

22.3.2 Anbieterverhalten

Ein *Anbieter* A_j kommt mit der Absicht auf den Markt, eine bestimmte *Angebotsmenge* m_{Aj} [ME] eines Wirtschaftsguts mindestens zum *Angebotsgrenzpreis* p_{Aj} [GE/ME] zu verkaufen. Anders als viele Nachfrager verhalten sich die Anbieter in der Regel rational. Sie verfolgen in der Regel das Ziel, einen maximalen Verkaufsgewinn zu erzielen.

Abgesehen von bestimmten Informationsgütern ist die Angebotsmenge der meisten Wirtschaftsgüter in einem endlichen Zeitraum durch die Bestände und durch die *Engpässe* der Versorgung begrenzt. Zusätzlich kann sie durch die beschränkten Finanzmittel begrenzt sein, die für die Kosten der Beschaffung, Lagerhaltung und Produktion verfügbar sind. Wenn der Absatz das Liefer- und Leistungsvermögen eines Anbieters überschreitet, besteht ein individueller *Lieferengpass*. Diese Restriktionen zwingen einen gewerblichen Anbieter, einen Absatzplan zu erstellen und *Absatzstrategien* zu entwickeln, aus denen die aktuelle Angebotsmenge $m_{Aj}(t)$ und der Angebotsgrenzpreis $p_{Aj}(t)$ resultieren, mit denen ein Anbieter A_j zum Zeitpunkt t auf den Markt kommt.

Der Anbieter A_j will pro Mengeneinheit einen Angebotsgrenzpreis p_{Aj} erlösen, der den monetären *Eigenwert* oder den *Ertragswert* übertrifft, die Kosten deckt und einen möglichst hohen Gewinn bringt. Bei Handelsware ergibt er sich aus dem Beschaffungspreis. Bei Produktionserzeugnissen und Logistikleistungen resultiert der Angebotsgrenzpreis aus den Selbstkosten (s. *Abschn. 7.2*). Bei mengenabhängigen Transaktionskosten kann der Angebotsgrenzpreis von der Verkaufsmenge abhängen. Dann ist:

$$p_{Aj} = p_{Aj}(m_K) . \tag{22.19}$$

Wenn der Anbieter mit dem Verkauf einen Gewinn anstrebt, wird der Angebotsgrenzpreis um den Plangewinn höher angesetzt als der Eigenwert, Ertragswert oder die Selbstkosten (s. Bez. (7.1)). Unabhängig vom Plangewinn erzielt ein Anbieter A_j aus dem Verkauf der Mengen m_{Kij} zu den Kaufpreisen p_{Kij} an die Nachfrager N_i, $i = 1, 2, \ldots, n_A$, bei Selbstkosten bzw. einem Eigenwert k_{Aj} [GE/ME] den *individuellen Verkaufsgewinn*:

$$g_{Vj} = \sum_i m_{Kij} \cdot (p_{Kij} - k_{Aj}) \quad [\text{GE}] . \tag{22.20}$$

Aus dem Angebotsgrenzpreis und der Angebotsmenge ergibt sich die *individuelle Angebotsfunktion* des Anbieters A_j:

$$m_{Aj}(p_K) = \text{WENN}(p_K \geq p_{Aj}\,; m_{Aj}\,; 0) . \tag{22.21}$$

Die Summe der individuellen Angebotsmengen $m_{Aj}(t)$ der $n_A(t)$ Anbieter A_j, $j = 1, 2, \ldots, n_A$, die den Markt in der Periode t der Länge PE aufsuchen, ist die aktuelle *Gesamtangebotsmenge*:

$$M_A(t) = \sum_j m_{Aj}(t) \quad [\text{ME/PE}] . \tag{22.22}$$

Die Summe der individuellen Angebotsfunktionen (22.21) aller Anbieter ergibt die aktuelle *Verteilungsfunktion des Angebots*, d. h. die *kollektive Angebotsfunktion*:

$$M_A(p_K) = \sum_j m_{Aj}(p_K) = \sum_j \text{WENN}(p_K \geq p_{Aj}\,; m_{Aj}\,; 0) \quad [\text{ME/PE}] . \tag{22.23}$$

Die *Abb. 22.3* zeigt zwei Angebotsfunktionen für verschiedene Anbieteranzahlen und unterschiedliche Angebotsmengen.

Die individuellen Angebotsfunktionen (22.21) sind in der Regel nur den einzelnen Anbietern bekannt, denn Kosten und Grenzpreise sind wohl gehütete Geschäftsgeheimnisse. Daher ist die aktuelle Angebotsfunktion für die meisten Güter und Märkte unbekannt. Nur für auf Börsen oder elektronischen Märkten gehandelte Wirtschafts- und Finanzgüter kann die Vermittlungsinstanz die Angebotsfunktion aus den ihr bekannten Einzelaufträgen berechnen.

Der Verlauf der Angebotsfunktion für ein bestimmtes Gut wird bestimmt von der Anbieteranzahl n_A und von der Verteilung des Gesamtangebots M_A über die Einzelanbieter. Die Anzahl der Anbieter und deren Mengen und Grenzpreise können sich im Verlauf der Zeit infolge eines veränderlichen Bedarfs und des marktabhängigen Verhaltens der Nachfrager sowie aus vielen anderen Gründen ändern. Für alle Angebotsfunktionen folgt aus der Definition (22.23):

- Jede Angebotsfunktion eines Wirtschaftsguts steigt ab einem unteren Angebotsgrenzpreis p_{Au}, der gleich dem kleinsten Angebotsgrenzpreis ist, vom Wert 0 stufenweise bis zum Gesamtangebot M_A ab einem oberen Angebotsgrenzpreis p_{Ao}, der gleich dem höchsten Angebotsgrenzpreis ist.
- Eine Zunahme oder Abnahme der Anbieteranzahl führt ebenso wie eine Vergrößerung oder Verringerung einzelner Angebotsmengen zu einer Verschiebung der Angebotsfunktion nach oben bzw. nach unten und zu einem größeren bzw. kleineren Gesamtangebot.

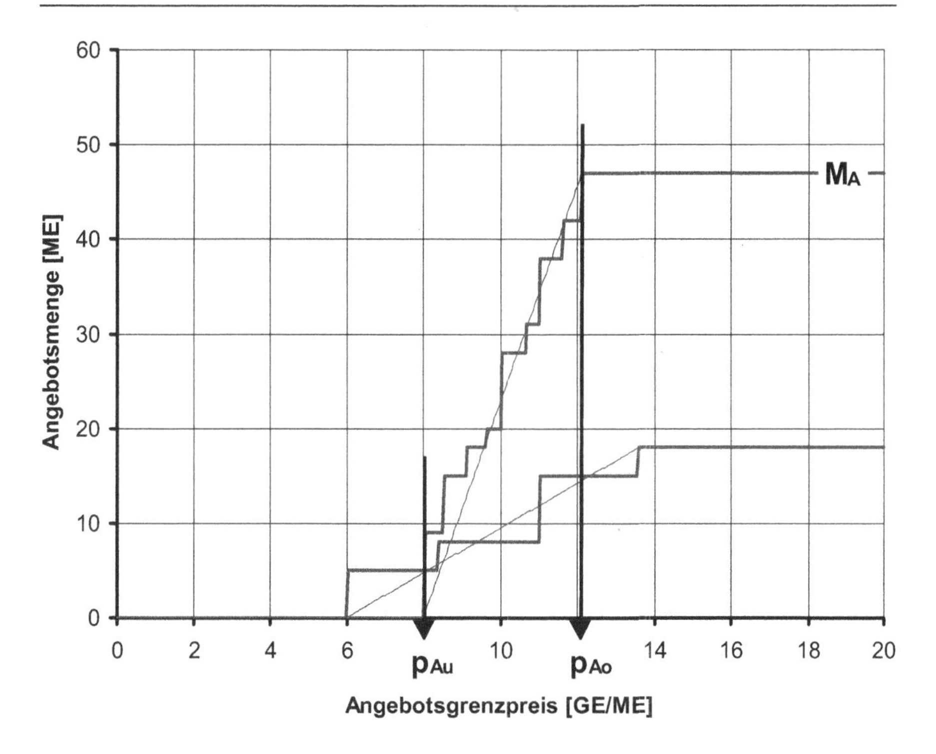

Abb. 22.3 Verteilungsfunktionen des Angebots mit unterschiedlicher Anbieterzahl

Oben: 10 Anbieter mit Gesamtangebot 48 ME/PE
Unten: 4 Anbieter mit Gesamtangebot 18 ME/PE

- Eine Zunahme oder Abnahme einzelner Angebotsgrenzpreise führt zu einer partiellen Verschiebung der Angebotsfunktion am Punkt des betreffenden Angebotsgrenzpreises nach rechts bzw. nach links. Eine gleichgerichtete Zu- oder Abnahme aller Angebotsgrenzpreise verschiebt die gesamte Angebotsfunktion nach rechts bzw. nach links.

Die mittlere Angebotsfunktion für eine größere Anzahl n_A von Anbietern mit dem Gesamtangebot M_A, deren preisunabhängige Einzelangebotsmengen zufällig um den Mittelwert $m_{Am} = M_A/n_A$ streuen und deren Angebotsgrenzpreise zwischen einem unteren Angebotsgrenzpreis p_{Au} und einem oberen Angebotsgrenzpreis p_{Ao} annähernd gleich verteilt sind, hat wie in *Abb. 22.3* gezeigt einen linear ansteigenden Verlauf. Lineare Angebotsfunktionen sind geeignet, die kollektiven Angebotsparameter eines Marktes zu veranschaulichen und Modellrechnungen durchzuführen.

Wenn sich die Mengen und Grenzpreise für die zum Kauf angebotenen *Qualitätsgrade* q_K unterscheiden, gilt für jeden Qualitätsgrad eine eigene Angebotsfunktion $M_A(q_K; p_K)$. Sie resultiert aus der Summation der individuellen Angebotsmengen $m_{Aj}(q_K; p_K)$ der Anbieter A_j der Kaufqualität q_K mit Angebotsgrenzpreisen ab dem Kaufpreis p_K.

22.4 Marktergebnisse

Wenn die Nachfrager N_i und die Anbieter A_j in einer bestimmten Begegnungsfolge zusammentreffen, ergibt sich eine Kette von Kaufprozessen K_{ij}. Sind bei einer Begegnung $N_i \leftrightarrow A_j$ die Kaufbedingungen (22.1) und (22.6) und die Restriktionen (22.2), (22.5) und (22.8) erfüllt, kommt es zu einem Kauf, dessen Menge m_{Kij} durch die Kaufmengengleichungen (22.4) und dessen Preis p_{Kij} durch die allgemeine Kaufpreisformel (22.9) gegeben sind. Andernfalls ist die Kaufmenge 0.

Die einzelnen Kaufprozesse bewirken eine Folge von Mengen- und Preisänderungen, die darstellbar sind durch den *Transferalgorithmus*:

$$\begin{aligned} K_{ij}\colon &(p_{Ni}(j)\,; m_{Ni}(j)) + (p_{Aj}(i)\,; m_{Aj}(i)) \\ &\rightarrow (p_{Kij}\,; m_{Kij}) + (p_{Ni}(j+1)\,; m_{Ni}(j+1)) + (p_{Aj}(i+1)\,; m_{Aj}(i+1))\,. \end{aligned} \tag{22.24}$$

Bei der ersten Begegnung des Nachfragers N_i mit einem Anbieter A_1 ist $(p_{Ni}(1); m_{Ni}(1))$ gleich der *Anfangsnachfrage* $(p_{Ni}; m_{Ni})$. Bei der ersten Begegnung des Anbieters A_j mit einem Nachfrager N_1 ist $(p_{Aj}(1); m_{Aj}(1))$ gleich dem *Anfangsangebot* $(p_{Aj}; m_{Aj})$.

Abhängig von Erfolg oder Misserfolg kann der Nachfrager N_i nach der Begegnung mit Anbieter A_j seinen Nachfragergrenzpreis von $p_{Ni}(j)$ bis zur Begegnung mit dem nächsten Anbieter A_{j+1} auf $p_{Ni}(j+1)$ ändern oder unverändert lassen. Der Kauf der Menge m_{Kij} beim Anbieter A_j führt zu einer um die Kaufmenge reduzierten Nachfragemenge

$$m_{Ni}(j+1) = m_{Ni}(j) - m_{Kij} \tag{22.25}$$

und einer kumulierten Einkaufsmenge $m_{Ei}(j+1) = m_{Ei}(j) + m_{Kij}$. Mit der neuen Preis-Mengen-Nachfrage $(p_{Ni}(j+1); m_{Ni}(j+1))$ trifft der Nachfrager N_i den nächsten Anbieter A_{j+1} und so fort. Wenn nach einer Anzahl aufeinander folgender Begegnungen die Nachfragemenge den Wert 0 erreicht hat und die kumulierte Einkaufsmenge gleich dem Anfangsbedarf ist, verlässt der Nachfrager den Markt. Bei zu hoher Nachfrage, zu geringem Angebot und/oder unzureichender Zahlungsbereitschaft kann der Nachfrager bis zum Ende der Marktöffnung seinen Bedarf nicht voll decken oder muss ganz ohne Kauf den Markt verlassen.

Auch der Anbieter A_j kann abhängig von Erfolg oder Misserfolg der Begegnung mit Nachfrager N_i seinen Angebotsgrenzpreis von $p_{Aj}(i)$ bis zur Begegnung mit dem nächsten Nachfrager N_{i+1} auf $p_{Aj}(i+1)$ ändern oder unverändert lassen. Der Verkauf der Menge m_{Kij} an den Nachfrager N_i führt bei Anbieter A_j zu einer um die Kaufmenge reduzierten Angebotsmenge

$$m_{Aj}(i+1) = m_{Aj}(i) - m_{Kij} \tag{22.26}$$

und einer kumulierten Verkaufsmenge $m_{Vj}(i+1) = m_{Vj}(i) + m_{Kij}$. Mit dem veränderten Preis-Mengen-Angebot $(p_{Aj}(i+1); m_{Aj}(i+1))$ trifft der Anbieter A_j den nächsten Nachfrager N_{i+1} und so fort. Er bleibt auf dem Markt, bis seine Angebotsmenge 0 ist und die kumulierte Verkaufsmenge die Anfangsangebotsmenge erreicht hat. Bei zu geringer Nachfrage, zu hoher Angebotsmenge und/oder zu hohem Angebotspreis kann am Ende der Marktöffnung eine Restangebotsmenge übrig bleiben oder überhaupt kein Verkauf stattgefunden haben.

Zur Berechung der *Marktergebnisse* ist es zweckmäßig, für jede N-A-Begegnungsfolge der Nachfrager N_i mit den Anbietern A_j, die sich aus einer Zuordnungsregel oder einem Zuordnungsalgorithmus ergibt, die individuellen Kaufergebnisse (22.24) nacheinander in die Felder einer *Transfermatrix* einzutragen:

$$\begin{array}{llllll} & \mathbf{A}_1 & \mathbf{A}_2 \ \ldots & \ldots \ \mathbf{A}_j & \ldots & \ldots \ \mathbf{A}_{n\mathrm{A}} \\ \mathbf{N}_1 & \mathbf{K}_{11} & \mathbf{K}_{12} & \mathbf{K}_{1j} & & \mathbf{K}_{1n\mathrm{A}} \\ \mathbf{N}_2 & \mathbf{K}_{21} & \mathbf{K}_{22} & \mathbf{K}_{2j} & & \mathbf{K}_{2n\mathrm{A}} \\ \ldots & \ldots & \ldots & \ldots & & \ldots \\ \mathbf{N}_i & \mathbf{K}_{i1} & \mathbf{K}_{i2} & \mathbf{K}_{ij} & & \mathbf{K}_{in\mathrm{A}} \\ \ldots & \ldots & \ldots & \ldots & & \ldots \\ \mathbf{N}_{n\mathrm{N}} & \mathbf{K}_{n\mathrm{N}1} & \mathbf{K}_{n\mathrm{N}2} & \mathbf{K}_{n\mathrm{N}j} & & \mathbf{K}_{n\mathrm{N}n\mathrm{A}} \end{array} \qquad (22.27)$$

Beginnend im linken oberen Feld der Transfermatrix werden sukzessive von links nach rechts und von oben nach unten die Kaufbedingungen überprüft und mit Hilfe der Transfergleichungen die einzelnen Kaufergebnisse (22.24) berechnet. Dabei wird das Kaufergebnis für ein Folgefeld stets mit den Restmengen des vorangehenden Feldes berechnet, die sich aus den Mengengleichungen (22.25) und (22.26) ergeben. Daraus resultiert am Ende eine Matrix mit den individuellen Kaufergebnissen (p_{Kij}, m_{Kij}) der betrachteten Begegnungsfolge.

Durch Summation über alle n_A Anbieter A_j folgen daraus die Marktergebnisse der einzelnen Nachfrager N_i, wie die individuelle *Einkaufsmenge*

$$m_{Ei} = \sum_j m_{Kij} \quad [\mathrm{ME/PE}]\,, \qquad (22.28)$$

der individuelle *Einkaufsumsatz*

$$u_{Ei} = \sum_j m_{Kij} \cdot p_{Kij} \quad [\mathrm{GE/PE}] \qquad (22.29)$$

und der mittlere individuelle *Einkaufspreis*

$$p_{Ki} = u_{Ei}/m_{Ei} \quad [\mathrm{GE/ME}]\,. \qquad (22.30)$$

Durch den Kauf der Menge (22.28) wird die anfängliche Nachfragemenge m_{Ni} mit der *Einkaufsquote* $\rho_{Ei} = m_{Ei}/m_{Ni}$ [%] erfüllt. Bei einem monetären Nutzwert w_{Ni}, den das Gut für den Nachfrager N_i hat, ist der individuelle Einkaufsgewinn durch Beziehung (22.15) gegeben.

Analog ergeben sich durch Summation der Kaufergebnisse über alle n_N Nachfrager N_i die Marktergebnisse der einzelnen Anbieter A_j. Das sind die individuelle *Verkaufsmenge*

$$m_{Vj} = \sum_i m_{Kij} \quad [\mathrm{ME/PE}]\,, \qquad (22.31)$$

der individuelle *Verkaufsumsatz*

$$u_{Vj} = \sum_i m_{Kij} \cdot p_{Kij} \quad [\mathrm{GE/PE}] \qquad (22.32)$$

und der mittlere individuelle *Verkaufspreis*

$$p_{Kj} = u_{Vj}/m_{Vj} \quad [GE/ME] \,. \tag{22.33}$$

Die Angebotsmenge m_{Ai} wird durch die Verkaufsmenge (22.31) mit der *Verkaufsquote* $\rho_{Vj} = m_{Vj}/m_{Ai}$ [%] ausgeführt. Bei einem Kostensatz k_{Aj} des Anbieters A_j ist der individuelle Verkaufsgewinn durch Beziehung (22.20) gegeben.

Die Summation der individuellen Kaufergebnisse (p_{Kij}, m_{Kij}) über alle n_N Nachfrager und n_A Anbieter ergibt die *kollektiven Marktergebnisse*, wie den *Marktabsatz*

$$M_K = \sum_i \sum_j m_{Kij} \quad [ME/PE] \,, \tag{22.34}$$

den *Marktumsatz*

$$U_K = \sum_i \sum_j m_{Kij} \cdot p_{Kij} = M_K \cdot P_K \quad [GE/PE] \tag{22.35}$$

und der *Marktpreis*

$$P_K = U_K/M_K \quad [GE/ME] \,. \tag{22.36}$$

Bei einer Gesamtnachfrage $M_N = \sum m_{Ni}$ ist die *kollektive Einkaufsquote* $\rho_N = M_K/M_N$ [%]. Die *kollektive Verkaufsquote* für das Gesamtangebot $M_A = \sum m_{Aj}$ ist $\rho_V = M_K/M_A$.

Die Summe der individuellen Einkaufsgewinne (22.15) über alle Nachfrager N_i ergibt den *Einkaufsgewinn des Marktes*

$$G_E = \sum_i \sum_j m_{Kij} \cdot (w_{Ni} - p_{Kij}) = W_E - U_K \quad [GE/PE] \,. \tag{22.37}$$

Hierin ist W_E der mit den *monetären Nutzwerten* w_{Ni} kalkulierte Einkaufswert der insgesamt gekauften Menge.

Aus der Summation der individuellen Verkaufsgewinne (20) über alle Anbieter A_j folgt der *Verkaufsgewinn des Marktes*

$$G_V = \sum_j \sum_i m_{Kij} \cdot (p_{Kij} - k_{Aj}) = U_K - K_V \quad [GE/PE] \,. \tag{22.38}$$

K_V ist der mit den Kostensätzen k_{Aj} der Anbieter berechnete Gesamtkostenwert der verkauften Mengen. Der *Marktgewinn* $G_K = G_E + G_V = W_E - K_V$ ist die Summe von Einkaufsgewinn und Verkaufsgewinn des Marktes. Aus den Marktergebnissen (22.28) bis (22.38) lassen viele weitere Marktergebnisse berechnen, wie z. B. die Verteilung von Absatz, Umsatz und Gewinn auf die Nachfrager und auf die Anbieter.

22.4.1 Marktsimulation

Zur Berechnung der Ergebnisse eines statischen Marktes oder für eine bestimmte Marktperiode eines dynamischen Marktes mit gegebener Nachfrage, bekanntem Angebot und bestimmter Begegnungsfolge genügt ein einfaches Tabellenkalkulationsprogramm, dessen Berechnungstabelle ebenso wie die Transfermatrix (22.27) aufgebaut ist. Zur *dynamischen Simulation* eines Marktes für ein Wirtschaftsgut mit bis zu 50 Nachfragern und bis zu 10 Anbietern über einen Zeitraum von 25 Perioden wurde ein *Mastertool* entwickelt mit 25 Tabellen für die aufeinander folgende Perioden [247]. Die einzelnen Tabellen zur Berechnung der Marktergebnisse für die Perioden $t_0, t_1, t_2, \ldots, t_{25}$ sind über ein Deckblatt miteinander verbunden, in das die Ausgangswerte und Marktparameter eingegeben und aus dem die berechneten Marktergebnisse abgelesen werden können. Außerdem werden mit den Ergebniswerten *Marktdiagramme*, *Verteilungsfunktionen* und *Auflaufdiagramme* berechnet (s. *Abb. 22.4* bis *22.10*).

Die Art der Mengen- und Preisbildung und der Begegnungsfolge kann durch Parameter eingestellt werden. Wenn eine Zufallsverteilung gefordert ist, erzeugt ein *Zufallsgenerator* für eingegebene Mittelwerte und Grenzen die Anzahl, Mengen und Preise der Akteure. Die Einzelwerte oder Mittelwerte können von Periode zu Periode durch *Modellfunktionen* oder vorgegebene Algorithmen systematisch verändert werden (s. *Abschn. 9.12*).

Mit diesem Mastertool wurden die nachfolgenden *Marktergebnisse* berechnet und Simulationen durchgeführt. Dazu wurde aus der Vielzahl möglicher Marktkonstellationen und Marktordnungen eine *Standardkonstellation* ausgewählt, die typisch für *Endverbrauchermärkte* ist. Hier trifft eine stochastisch schwankende und/oder zeitlich veränderliche Anzahl von Nachfragern mit systematisch oder/und zufällig veränderlichen Bedarfsmengen und Grenzpreisen auf eine konstante oder veränderliche Anzahl von Anbietern mit festen oder systematisch veränderbaren Angebotsmengen und Grenzpreisen. Gehandelt wird ein homogenes Sachgut oder eine Standarddienstleistung, z. B. eine Paketbeförderung, mit unterschiedlichen Kostensätzen der Anbieter. Die simulierten Verteilungsfunktionen von Nachfrage und Angebot sind in *Abb. 22.2* und *22.3* gezeigt.

22.4.2 Statische Märkte

Ein *statischer Markt* ist zeitlich begrenzt und ergibt nach Ablauf aller Kaufprozesse eine feste Begegnungsfolge. Der *Marktzeitraum* ist die *Öffnungszeit* eines einmaligen Marktes, der für ein spezielles Gut oder aus besonderem Anlass nur einmal stattfindet, oder eine bestimmte Periode eines wiederkehrenden Marktes. Für statische Märkte gelten die Gesetze der *Marktmechanik* oder *Marktstatik*, die sich unmittelbar aus den Transfergleichungen ergeben.

Bei gleicher Marktkonstellation und Begegnungsfolge führt jede Simulationsrechnung mit denselben Eingabewerten zum gleichen Marktergebnis. Die Ergebnisse einer großen Anzahl simulierter Marktergebnisse für einen Markt mit der Standardkonstellation zeigt das Marktdiagramm *Abb. 22.4* für unterschiedliche Preisbildungsarten und Begegnungsfolgen.

Wenn sich die Begegnungsfolge zufällig ändert, resultieren aus den Simulationsrechnungen Marktergebnisse, die stochastisch um stationäre Mittelwerte schwanken (s. z. B. *Abb. 22.5*). Kommen noch Zufallsschwankungen der einzelnen Nachfragepreise und Nachfragemengen hinzu, vergrößern sich die Schwankungen der Marktergebnisse. Die berechnete Standardabweichung vom Mittelwert des Absatzes und des Marktpreises ist in *Abb. 22.4* durch die Größe der Markierungsflächen angezeigt.

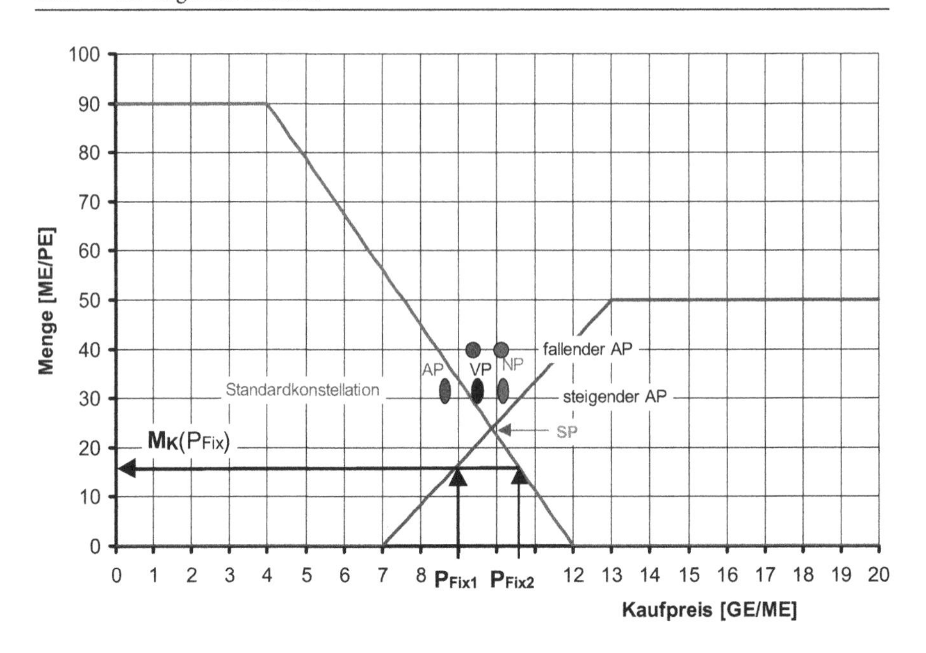

Abb. 22.4 Marktdiagramm mit den Marktergebnissen (M_K; P_K) für unterschiedliche Preisbildungsarten und Begegnungsfolgen

AP: Angebotsfestpreise	NP: Nachfragerfestpreise
VP: Verhandlungspreise mit $\beta = 1/2$	SP: Schnittpunkt (Walras-Preis)
Anbieterauswahl:	untere Reihe steigender AP, obere Reihe fallender AP
weitere Parameter:	s. *Abb. 22.1* und *22.3*

Aus dem Marktdiagramm *Abb. 22.4* sowie aus zahlreichen weiteren *Simulationsrechnungen* ergeben sich u. a. folgende *Marktgesetze*:

- *Angebotsfestpreise* bewirken die niedrigsten Marktpreise und einen relativ hohen Marktabsatz bei maximalem Einkaufsgewinn und minimalem Verkaufsgewinn.
- *Nachfragerfestpreise* führen zu den höchsten Marktpreisen und ebenfalls hohem Marktabsatz bei minimalem Einkaufsgewinn und maximalem Verkaufsgewinn.
- Bei *Verhandlungspreisen* liegen die Marktpreise und Gewinne zwischen denen von Angebotsfestpreisen und Nachfragerfestpreisen.
- Für *budgetierte Nachfragemengen* sind Gesamtabsatz und Marktpreis geringer als bei festen Bedarfsmengen.
- *Marktpreis* und *Marktabsatz* sind relativ unabhängig von der Bandbreite, in der die einzelnen Bedarfsmengen zufällig oder systematisch schwanken.
- Ohne Bedarfsüberhang und Kapazitätsmangel senkt ein einheitlicher *Festkaufpreis* ebenso wie eine Kaufpreisbegrenzung und eine Kaufmengenbegrenzung den Marktabsatz.

- Zufällig eintreffende Nachfrager, die nach steigendem Angebotspreis auswählen, bewirken einen hohen Gesamtabsatz und einen niedrigen Marktpreis.

Preisbewusste Einkäufer mit geringer Zahlungsbereitschaft bewirken also günstige Marktpreise und einen höheren Gesamtabsatz als allzu zahlungsbereite Käufer. Die preisbewussten Einkäufer sind gewissermaßen die Pioniere des Marktes, die zum Vorteil aller Käufer für einen wirksamen Preiswettbewerb sorgen.

Auf den Märkten mit selbst geregeltem Zusammentreffen überlagert sich in der Regel das Verhalten preisbewusster, unkritischer und qualitätsbewusster Nachfrager. Dann ist das Marktergebnis ein entsprechend den *Verhaltenstypen* gewichteter Mittelwert der Ergebnisse bei Auswahl der Anbieter nach steigendem, zufälligem und fallendem Angebotspreis.

22.4.3 Walras-Preisbildung

Das Marktdiagramm *Abb. 22.4* zeigt ein zentrales Ergebnis der Logik des Marktes, das mit Hilfe der Wahrscheinlichkeitstheorie allgemeingültig beweisbar ist [244]:

- Für die wirklichen Märkte weichen Marktpreis und Absatz in der Regel erheblich von den Werten des Schnittpunkts der Nachfragefunktion mit der Angebotsfunktion ab.

Bei der simulierten Standardkonstellation mit Angebotsfestpreisen ist der Marktabsatz 30 % höher als der Absatz am Schnittpunkt von Angebots- und Nachfragefunktion. Der Marktpreis liegt 13 % unter dem *Walras-Preis*, der gleich dem Schnittpunktpreis ist.

Die vorangehende Aussage über Absatz und Marktpreis gilt für alle Märkte mit mehr als einem Anbieter und mehr als einem Nachfrager bei unterschiedlichen Grenzpreisen, auch für sehr große Nachfragerzahlen und Anbieterzahlen, d. h. bei vollkommenem Wettbewerb. Damit ist das Dogma der herkömmlichen *Preistheorie* widerlegt, dass Marktpreis und Absatz gleich den Schnittpunktwerten von Angebots- und Nachfragekurve sind [246, S. 8ff.][250][251][159, S. 431ff.][252, 253, u. v. a.].[2]

Der Gesamtabsatz ist nur dann gleich der Schnittpunktmenge und der Marktpreis gleich dem *Walras-Preis*, wenn eine externe Instanz, wie ein *Walras-Auktionator*, dem dazu alle Angebote und Nachfragen einer Periode bekannt sein müssen, einen einheitlichen Festkaufpreis genau in Höhe des *Schnittpunktpreises* festsetzt [254]. Das aber ist nur möglich auf Vermittlungsmärkten mit zyklischer oder gruppenweiser Zusammenführung, nicht aber auf den übrigen Märkten. Die Bildung eines einheitlichen Walras-Preises durch eine externe Instanz ist eine statische und planwirtschaftliche Vorstellung, die für die meisten Märkte falsch ist.

Auch wenn ein allwissender *Walras-Auktionator* oder eine neutrale Vermittlungsinstanz den Schnittpunktpreis als Einheitspreis festsetzt, bleibt die *Zuordnung* der einzelnen Nachfrager, die diesen Preis akzeptieren, zu den einzelnen Anbietern, die ihn zu zahlen bereit sind, offen. Daher ist der Preisbildungsparameter β_{ij}, der sich

[2] In der Literatur ist kein schlüssiger Beweis dieser zentralen Hypothese der Wirtschaftswissenschaften zu finden. Sie gilt allgemein als so plausibel, dass ein Beweis unnötig erscheint [252].

für den Kaufabschluss zum Einheitspreis zwischen Nachfrager N_i und Anbieter A_j ergibt, davon abhängig, welche Kaufpartner mit welchen Grenzpreisen aufeinander treffen oder einander zugeordnet werden. Er weicht in der Regel vom Wert $\beta = 1/2$ einer fairen Preisbildung ab und führt zu einer sehr unterschiedlichen Verteilung des Marktgewinns auf die Akteure.

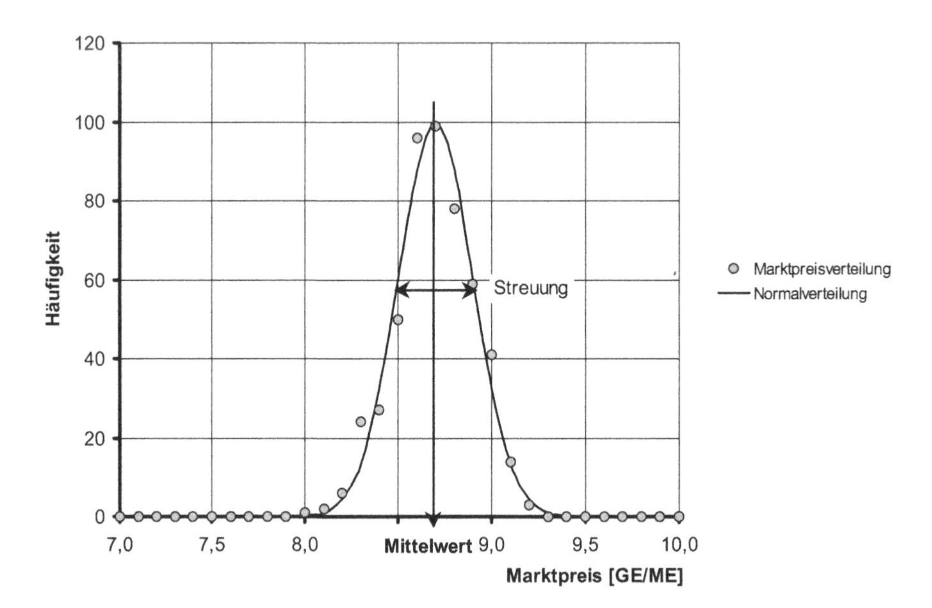

Abb. 22.5 Simulierte Häufigkeitsverteilung des Marktpreises für den Standardmarkt

22.4.4 Stochastische Märkte

Auf einem anhaltendem oder wiederholt stattfindendem Markt verändern sich in der Regel Anzahl und Eintreffen der Akteure sowie deren Mengen und Preise im Verlauf der Zeit. Wenn Teilnehmeranzahl, Reihenfolge, Mengen und Preise für längere Zeit zufällig um zeitlich konstante Mittelwerte schwanken, ist der Markt stochastisch-stationär. Für *stochastisch-stationäre Märkte* gelten die Gesetze der *Marktstochastik*. Diese lassen sich für einfache Modellverhaltensfunktionen mit den Verfahren der *Wahrscheinlichkeitstheorie* aus den Transfergleichungen herleiten [244]. Wenn keine theoretische Lösung möglich ist, können stochastisch-stationäre Märkte mit Hilfe der *digitalen Simulation* untersucht werden (s. *Abschn. 5.4.3*) [241, 242, 248, 250].

Als Beispiel zeigt *Abb. 22.5* die *Verteilung der Marktpreise* aus der Simulation eines Marktes mit der Standardkonstellation in 500 aufeinander folgenden Perioden. Daraus ist zu erkennen, dass sich die simulierte Häufigkeitsverteilung im Rahmen der statistischen Fehler asymptotisch einer *Normalverteilung* annähert, wenn die

Streuung wesentlich kleiner als der Mittelwert und der Markt stationär ist. Andernfalls kann die Verteilung deutlich von einer Normalverteilung abweichen.

Wegen der ungleichen Kaufchancen bei unterschiedlicher Zahlungsbereitschaft führt der Marktmechanismus bei zufälliger Marktbegegnung und unterschiedlichen Angebotspreisen zu einer ungleichen Verteilung von Absatz, Umsatz und Gewinnen auf die Käufer. In *Abb. 22.6* sind die aus den Simulationsrechnungen für die Standardkonstellation resultierenden *Lorenzkurven* der *Absatzverteilung* und der *Gewinnverteilung* auf die Käufer dargestellt. Die Ungleichheit der Verteilung des Einkaufsgewinns ist deutlich größer als die Ungleichheit der Absatzverteilung. Dazwischen liegt die Umsatzverteilung.

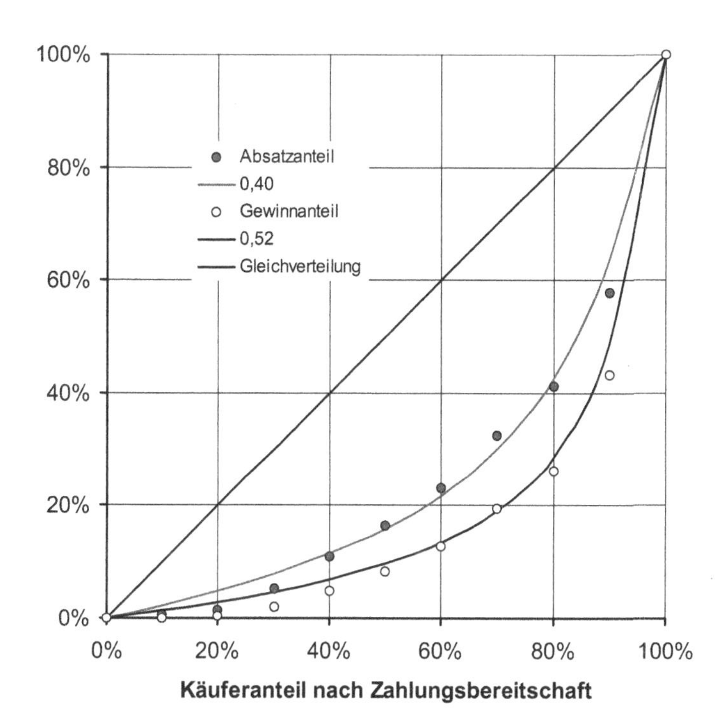

Abb. 22.6 Lorenzkurven der simulierten Absatzverteilung und Gewinnverteilung auf die Käufer für die Standardkonstellation

Gini-Koeffizienten (Lorenzasymmetrie): Absatzverteilung $\alpha_A = 0{,}40$
Gewinnverteilung $\alpha_G = 0{,}52$

Aus einer Vielzahl von Simulationsrechnungen wie auch mit Hilfe der Wahrscheinlichkeitstheorie ergibt sich das allgemeine *Marktverteilungsgesetz* für die Käufer [234]:

- Solange kein kollektiver Kaufkraftüberhang herrscht, bewirkt der Marktmechanismus zwangsläufig eine Ungleichverteilung von Absatz, Umsatz und Einkaufsgewinn zu Gunsten der Käufer mit der größeren Zahlungsbereitschaft und zu Lasten der Käufer mit der geringeren Zahlungsfähigkeit.

Die Ungleichheit der Absatzverteilung korreliert mit der Zufallsstreuung von Marktpreis und Periodenabsatz, denn beide haben die gleiche Ursache. Die Ungleichheit nimmt ebenso wie die begegnungsbedingte Streuung mit abnehmender Steilheit der Nachfragefunktion und der Angebotsfunktion zu und mit zunehmender Steilheit ab. Bei einer Angebotsfestpreisregelung verschwindet die Ungleichheit nur, wenn alle Angebotsfestpreise gleich sind. Weitere Einflussfaktoren der Verteilung von Absatz, Umsatz und Gewinn auf die Nachfrager sind *budgetierte Nachfragemengen* und die *Marktkonstellation* (s. *Abschn. 7.7.4*).

Das Marktverteilungsgesetz für die Käufer entzieht dem weit verbreiteten Glauben an die *Allokationseffizienz des Marktes* den Boden [251, S. 176 ff.]. Die Behauptung, dass knappe Ressourcen durch die Lenkungswirkung des Marktes stets zu den Käufern kommen, die damit den größten gesamtwirtschaftlichen Nutzen bewirken, ist falsch. Der Markt gibt den Nachfragern mit der größeren Zahlungsbereitschaft am meisten, unabhängig davon wofür sie die gekauften Güter verwenden. Das sind in *Engpassphasen* die Marktteilnehmer mit der höheren Zahlungsfähigkeit. So hat bei Nahrungsmittelknappheit „die Rationierung durch den Geldbeutel die gewiss nicht optimale Wirkung, dass zwar die Katzen der Reichen nicht aber die Kinder der Armen Milch bekommen“ [255, S. 130].

Nicht nur für die Nachfrager auch für die Anbieter führt der Marktmechanismus zu Ungleichverteilungen von Absatz, Umsatz und Gewinn, die sich mit Hilfe von Simulationsrechnungen genauer untersuchen lassen. Die allgemein bekannte Verteilungswirkung des Marktes wird mit den Transferformeln und Algorithmen der Logik des Marktes beweisbar und berechenbar.

22.4.5 Dynamische Märkte

Kennzeichnend für einen dynamischen Markt sind systematische Änderungen von Teilnehmeranzahl, Reihenfolge, Mengen und/oder Preisen im Verlauf der Zeit, die stärker sind als die reinen Zufallsschwankungen. Sie sind Folgen des Bedarfswandels, von Innovationen oder der Verhaltensänderung der Akteure, die unter Ausnutzung der Marktlage ihre individuellen Ziele erreichen wollen. Für Märkte mit veränderlichem Angebot und Bedarf oder mit wechselndem Verhalten gelten die Gesetze der *Marktdynamik*. Diese sind nur bedingt durch Formeln explizit darstellbar. Die Auswirkungen systematischer Veränderungen lassen sich jedoch durch *Simulation* des Marktgeschehens in aufeinander folgenden Marktperioden für unterschiedliche Marktordnungen und verschiedene Marktkonstellationen erkunden.

Um die Anwendbarkeit der Transfergleichungen und Algorithmen der Logik des Marktes auf dynamische Märkte zu demonstrieren, werden abschließend die Simulationsergebnisse für einen Markt vorgestellt, deren Anbieter bei gleichbleibender Angebotsmenge den Angebotspreis so anpassen, dass sie eine maximale Verkaufsquote erreichen und den Gewinn verbessern. Anbieter, die in den letzten Perioden ihre Angebotsmenge zu 100 % verkauft haben, heben den Angebotspreis von Periode zu Periode in kleinen Schritten Δ_p [%] solange an bis ihre Verkaufsquote unter 100 % sinkt. Wenn die Verkaufsquote deutlich unter 100 % sinkt, wird der Angebotspreis – soweit es die Kostensituation zulässt – solange gesenkt, bis die *Verkaufsquote* 100 % erreicht. Der Algorithmus einer solchen Preisanpassungsstrategie der einzelnen Anbieter A_j ist:

$$p_{Aj}(t) = p_{Aj}(t-1) \cdot (1 + \text{WENN}(m_{Kj}(t-1) = m_{Aj}(t-1); +\Delta_p; -\Delta_p)) \,. \quad (22.39)$$

Mit dieser *dynamischen Preisanpassungsstrategie* reagieren die einzelnen Anbieter zwar unabhängig voneinander jeweils auf die Verkaufsquote, die sie in den letzten Perioden erreicht haben. Das aber bleibt nicht ohne Auswirkung auf die übrigen Anbieter, denn eine Preissenkung zieht anderen Anbietern Kunden ab, während eine Preisanhebung einige Kunden zu den Wettbewerbern treibt, die inzwischen günstiger geworden sind. Aus diesem Wechselspiel der Anbieter resultiert ein dynamischer Marktverlauf.

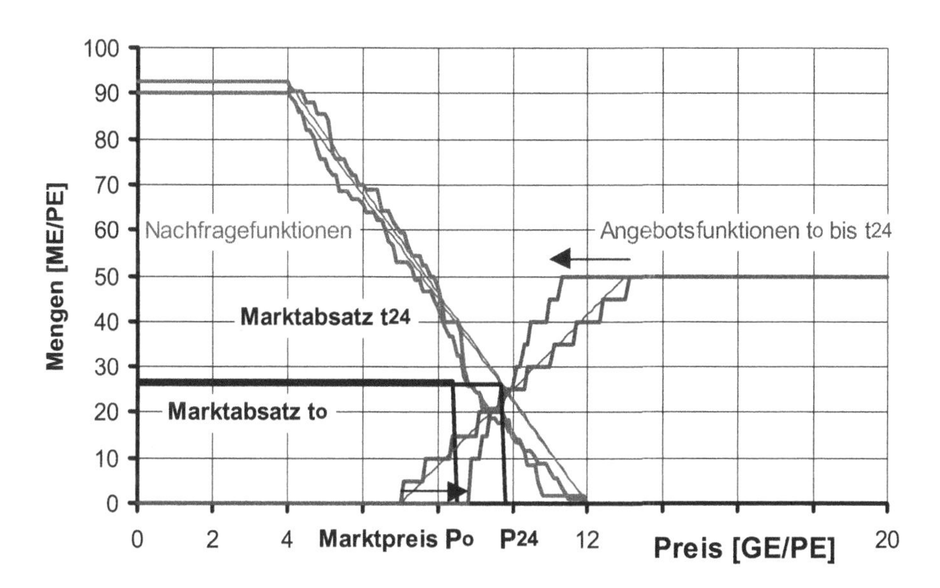

Abb. 22.7 Marktdiagramm einer kollektiven Anpassung der Angebotspreise in der Startperiode t_0 und in der Endperiode t_{24}

50 zufallsverteilte Nachfrager mit wechselnden Bedarfmengen und Grenzpreisen suchen pro Periode 10 Anbieter mit konstanten Mengen und dynamischer Angebotspreisanpassung $\Delta_p = \pm 1{,}5\%$ nach aufsteigenden Angebotspreisen auf

Für die Standardkonstellation mit 10 Anbietern, 50 Nachfragern und den im Marktdiagramm *Abb. 22.7* dargestellten mittleren Nachfrage- und Angebotsfunktionen wurde eine solche dynamische Preisanpassung in gleichen Anpassungsschritten von $\Delta_p = \pm 1{,}5\%$ pro PE über 25 Perioden mit Hilfe des *Mastertools* simuliert. Die Simulationsergebnisse sind in den *Abb. 22.8* bis *22.10* gezeigt. Daraus ist ablesbar:

- Die wechselseitige Preisanpassung führt am Ende zu einer steileren Angebotsfunktion, deren unterster und oberster Angebotsgrenzpreis deutlich näher beieinander liegen, als in der Anfangsperiode (s. *Abb. 22.7*).
- Die Anpassung der einzelnen Angebotspreise, die im Mittel nahezu unverändert bleiben, bewirkt zunächst einen raschen und im weiteren Verlauf immer langsameren Anstieg des Marktpreises von 8,7 auf 9,9 GE/ME (s. *Abb. 22.7* und *22.10*).
- Bei konstanten Angebotsmengen bleibt der mittlere Marktabsatz trotz der Angebotspreispreisänderungen unverändert (s. *Abb. 22.7* und *22.8*).
- Der durchschnittliche Gesamtumsatz nimmt infolge des ansteigenden Marktpreises zu. Das geht einher mit einer deutlich größeren Umsatzstreuung (s. *Abb. 22.9*).
- Der mittlere Verkaufsgewinn des Marktes wächst um mehr als einen Faktor 2, während sich der mittlere Einkaufsgewinn mehr als halbiert (s. *Abb. 22.9*).

Aufgrund der stochastisch wechselnden Verkaufsquoten der einzelnen Anbieter ergibt sich nach etwa 14 Perioden ein permanenter Wechsel der Preisführerschaft zwischen den einzelnen Anbietern.

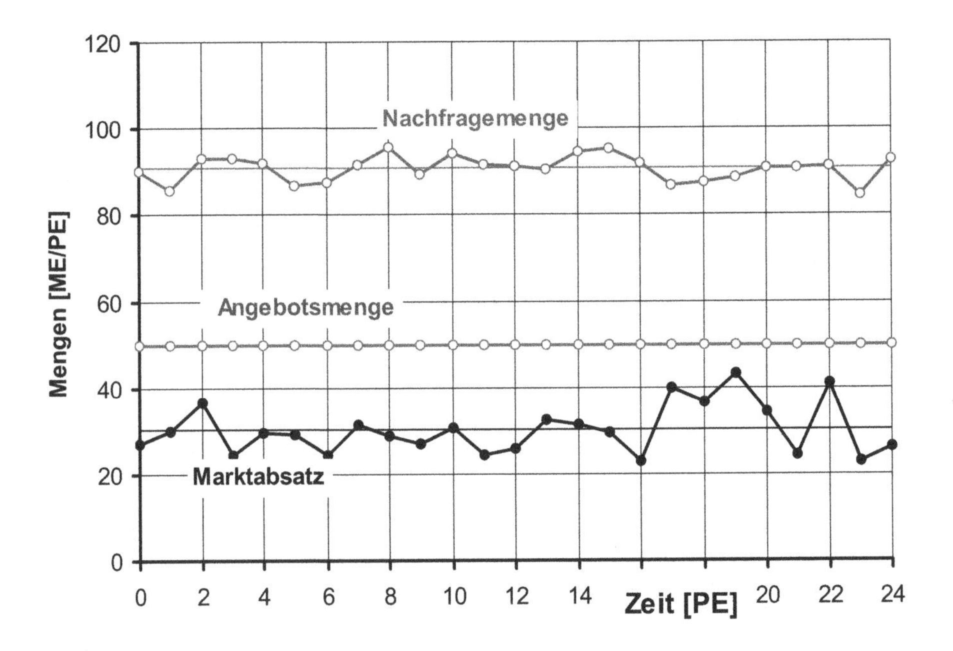

Abb. 22.8 Simulierter Absatzverlauf bei kollektiver Angebotspreisanpassung

Wenn die Anbieter erst verzögert oder nur auf eine signifikante Änderung ihrer Verkaufsquote mit einer Preisanpassung reagieren, stabilisiert sich die Angebotsfunktion langsam. Dadurch entsteht ein *stochastisch-stationärer Zustand*, der sich in den weiteren Perioden immer weniger ändert.

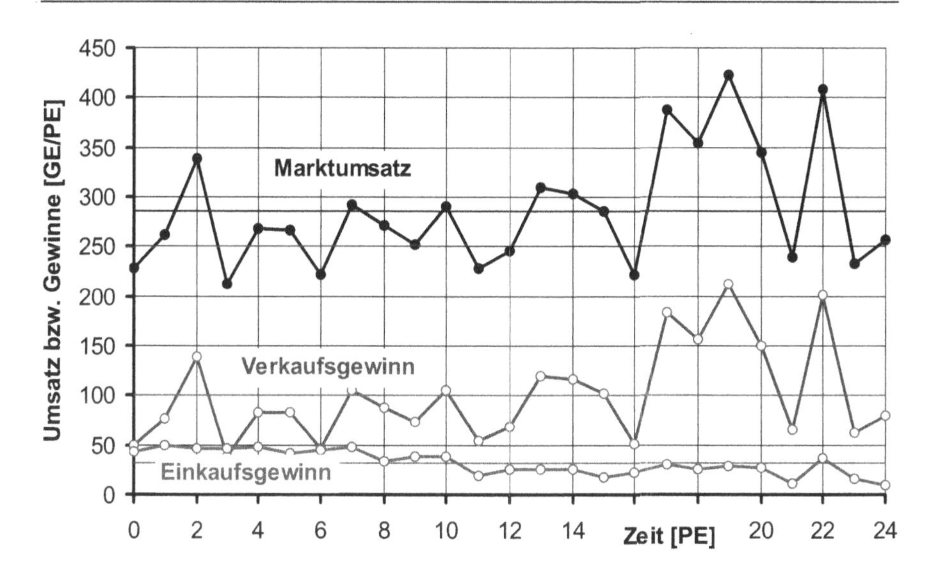

Abb. 22.9 Entwicklung von Marktumsatz, Einkaufsgewinn und Verkaufsgewinn bei kollektiver Angebotspreisanpassung

Weitere Simulationsrechnungen führen zu dem Ergebnis, dass die nach Einschwingen der Preisänderungen verbleibende Steilheit der mittleren Angebotsfunktion vom Unterschied der Kostensätze der Anbieter bestimmt wird.

22.5 Anwendungsmöglichkeiten

In diesem Kapitel wurde gezeigt, wie die Ergebnisse stationärer und stochastisch-dynamischer Märkte für unterschiedliche Marktkonstellationen, realistische Marktordnungen und veränderliches Marktverhalten der Akteure mit Hilfe der Transfergleichungen und Algorithmen der Logik des Marktes berechnet werden können.

Eine Überprüfung der Aussagen der Logik des Marktes in der Praxis ist mit den Auftragsdaten und Ergebnissen von *Vermittlungsmärkten*, wie Auktionen, Börsen und elektronische Märkte, möglich, wenn sie der Forschung in anonymisierter Form zur Verfügung gestellt werden. Weitere Forschungsaufgaben sind die Untersuchung hochdynamischer Märkte mit Hilfe leistungsfähiger *Simulationsprogramme* und der Beweis allgemeingültiger Marktgesetze mit Hilfe der *Wahrscheinlichkeitstheorie* oder auf andere Weise.

Die zuvor hergeleiteten Transfergleichungen und Algorithmen ermöglichen die Berechnung der individuellen Marktergebnisse für die unterschiedlichsten Marktordnungen und Marktkonstellationen. Sie sind der Schlüssel zur Simulation von realen und elektronischen Märkten für Wirtschaftsgüter, Dienstleistungen und Finanzgüter aller Art, z. B. um bekannte Marktordnungen zu untersuchen oder zu verbessern wie auch um neue Marktordnungen zu konzipieren und zu testen [234, S. 244ff.].

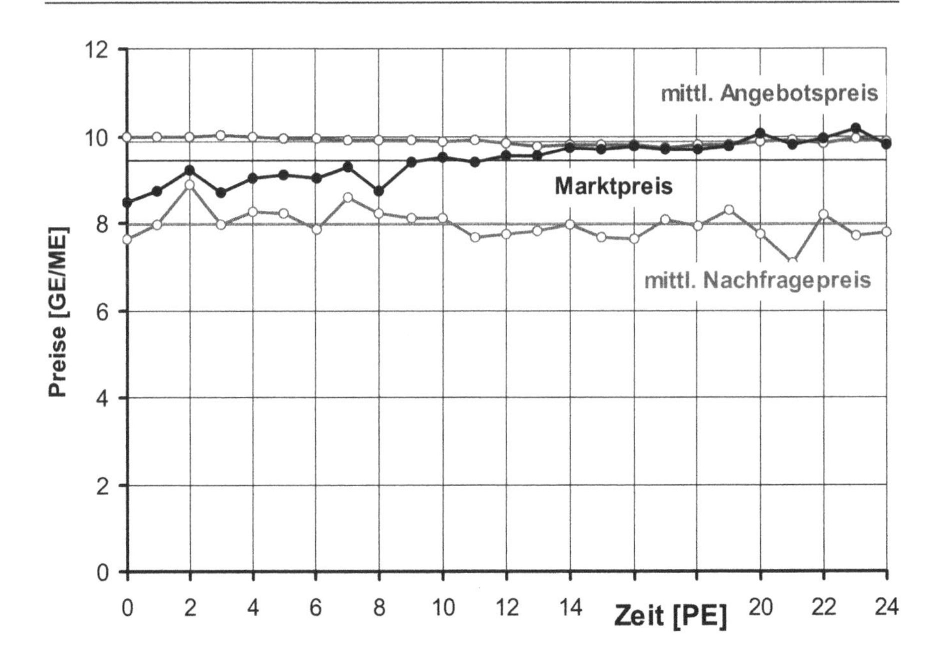

Abb. 22.10 Entwicklung des Marktpreises bei kollektiver Angebotspreisanpassung

Mit Hilfe *agentenbasierter Marktmodelle*, die auf der Ebene der individuellen Kaufprozesse mit den Transfergleichungen und Algorithmen des betrachteten Marktes rechnen, lassen sich auch die Auswirkungen des Verhaltens und der Reaktionen der Akteure auf marktpolitische Maßnahmen wirklichkeitsnah untersuchen [245].

Für stochastisch-stationäre Märkte und einfache Modellverhaltensfunktionen wurden vom Verfasser mit Hilfe der *Wahrscheinlichkeitstheorie* allgemeine Berechnungsformeln für die Mittelwerte und Varianzen von Absatz, Marktpreis und anderer Marktergebnisse hergeleitet. Die Ergebnisse der Simulation stimmen mit den theoretisch berechneten Werten im Rahmen der statistischen Genauigkeit überein [244].

Aus der Logik des Marktes ergibt sich für die Wirtschaftwissenschaften wie auch für die Logistik eine Fülle von Konsequenzen und Anwendungsmöglichkeiten, deren Darstellung den Rahmen dieses Buch sprengen würde. Sie sind in dem Buch *Dynamische Märkte* ausführlich dargestellt [234]. Für die Logistik lassen sich mit Hilfe der Logik des Marktes und der dargestellten Simulationsverfahren individuelle Preis-, Absatz- und Beschaffungsstrategien entwickeln und testen (s. *Abschn. 7.7.5*, *7.7.6* und *7.7.7*).

23 Logistikrecht

Seit Jahren entwickeln sich Speditionen, Transportunternehmen und Verkehrsgesellschaften zu *Logistikdienstleistern.* Sie bieten als Verbunddienstleister oder Systemdienstleister *integrierte Logistikleistungen* an, die weit über das Transportieren, Befördern und Lagern von Gütern hinausgehen. So ist die sogenannte *Kontraktlogistik* auf den komplexen Logistikbedarf einzelner Branchen ausgerichtet (s. *Kap. 21*).

Die deutsche Rechtsordnung kennt dagegen bis heute keine Logistikdienstleister. Bekannt sind nur *Frachtführer, Lageristen, Transportunternehmer* und *Spediteure.* Neben dem *Fachanwalt für Verkehrsrecht* ist seit 2004 auch der *Fachanwalt für Transport- und Speditionsrecht* zugelassen [211]. Auch wenn einige Anwälte *Logistikrecht* als Fachkompetenz angeben, existiert noch kein offiziell anerkannter *Fachanwalt für Logistikrecht.* Über *Verkehrsrecht* [212, 213], *Transportrecht* [214–217], *Speditionsrecht* [217,218] und *Personenbeförderungsrecht* [219] gibt es zahlreiche Bücher und Kommentare. Im August 2002 ist erstmals ein Fachbuch über *Transport- und Logistikrecht* erschienen [220] und für 2011 das erste Buch über *Logistikrecht* angekündigt [221].

Interessierte Logistiker und Juristen haben inzwischen den Bedarf für ein *integriertes einheitliches Logistikrecht* erkannt, das alle rechtlichen Fragen der Logistik für die Praxis nutzbringend regelt.[1] Die nachfolgenden *Ausführungen* und *Anregungen* sind ein Beitrag zur Entwicklung des Logistikrechts. Dazu wird zunächst analysiert, was unter Logistikrecht zu verstehen ist und welche Teilbereiche es umfasst. Danach wird anhand ausgewählter Rechtsprobleme der Logistik dargelegt, wo besonderer *Handlungsbedarf* besteht und welche *Aufgaben* sich daraus für ein zukünftiges Logistikrecht ergeben.

23.1 Rechtsordnung und Rechtsquellen

Die *Rechtsordnung* regelt das Verhalten von Menschen, Unternehmen und Institutionen sowie deren Beziehungen zueinander, um bestimmte gesellschaftliche Ziele durchzusetzen. Dementsprechend gilt:

- Das *Logistikrecht* regelt das Verhalten und die Beziehungen von Personen, Unternehmen und Institutionen, die mit der Vermarktung, Beschaffung, Durchführung und Inanspruchnahme von Logistikleistungen zu tun haben.

[1] Eine Google-Suche ergab im November 2004 3.150 Eintragungen und im November 2009 bereits 160.000 zum Stichwort *Logistikrecht.* Darin sind allerdings viele Wiederholungen enthalten.

T. Gudehus, *Logistik 2,* VDI-Buch,
DOI 10.1007/978-3-642-29376-4_9, © Springer-Verlag Berlin Heidelberg 2012

Logistikleistungen umfassen die operativen *logistischen Einzelleistungen*, d. h. den *Transport*, den *Umschlag*, das *Lagern* und das *Kommissionieren*, die damit verbundenen *Zusatzleistungen*, wie Abfüllen, Konfektionieren und Verpacken, sowie die daraus durch Verkettung und Vernetzung erzeugten *Verbund- und Systemleistungen*. Dazu gehören auch die zur Leistungserzeugung erforderlichen *administrativen Leistungen*, wie *Organisation*, *Disposition*, *Information* und *Kommunikation* (s. *Abschn. 21.2*).[2]

Die wichtigsten *Rechtsquellen* einer freiheitlichen Rechtsordnung sind die *förmliche Rechtssetzung* durch *Verfassung*, *Staatsverträge*, *Gesetze* und *Verordnungen* und das *Richterrecht* mit der *Präzedenzwirkung* höchstrichterlicher Entscheidungen. Die förmliche Rechtssetzung ist in den kontinentaleuropäischen Ländern vorherrschend. Im angelsächsischen Recht dominiert das Richterrecht, auch *Fallrecht* oder *case law* genannt.

Ergänzend beziehen sich Rechtsprechung und Verträge auf die *Normen* und *Richtlinien* nationaler und internationaler Institutionen, wie DIN, VDI, FEM, ISO, EU und OECD, sowie auf die *Empfehlung* von *allgemeinen Geschäftsbedingungen* (*AGB*) durch *Verbände*. Im Logistikrecht gehören dazu die *Allgemeinen Deutschen Spediteurbedingungen* (*ADSp*). Eine mittelbare Rechtsquelle ist der *Stand von Wissenschaft und Technik*, der in Büchern und anderen Publikationen dokumentiert ist.

Die institutionalisierte Rechtsordnung ergänzt die tradierten Normenordnungen, wie *Moral*, *Sitten* und *Handelsgebrauch*, und bestärkt den Grundsatz von *Treu und Glauben*. Sie präzisiert die *Verkehrssitten*, regelt die Anwendbarkeit von Normen, Richtlinien und allgemeinen Geschäftsbedingungen und schafft damit den rechtlichen Rahmen für private Vereinbarungen, Verträge und Geschäfte.

23.2 Ziele des Logistikrechts

Die *Makrologistik* hat das Ziel, durch Normen, Regeln und Gesetze sowie durch Institutionen und Infrastruktur eine *effiziente Güterversorgung* zu sichern und *rationelle Verkehrs-, Güter- und Personenströme* zwischen den Quellen und Senken einer Region, eines Landes und rund um den Globus zu ermöglichen, unabhängig davon, wem die Güter, die Quellen und die Senken gehören (s. *Abb. 15.2* und *Abschn. 1.2*). Die Makrologistik kann zum Erreichen folgender *gesamtgesellschaftlicher Ziele* beitragen:

Schaffung der Rahmenbedingungen für eine effiziente Wirtschaft
Handlungs- und Bewegungsfreiheit der Menschen
Sicherung der Gesundheit und körperlichen Unversehrtheit
Sicherung von Gesellschaft und öffentlicher Ordnung (23.1)
Verkehrs- und Vertrauensschutz
Sicherung der Funktionsfähigkeit der Märkte

[2] Die Auffassung, dass nur die Zusatzleistungen (*added values*) und nicht die Kernleistungen Transport und Lagern Logistikleistungen seien, ist abwegig, denn sie reduziert die Logistik auf die Nebenaktivitäten und grenzt die Hauptleistungen aus. Der besondere Aspekt der Logistik besteht gerade in der Integration, Verkettung und Vernetzung von Einzelaktivitäten zu Gesamtleistungsumfängen.

Den Rahmen für das Handeln aller Akteure der Makrologistik setzt das *öffentliche Recht* im Strafgesetz, in den Verkehrsgesetzen, im Gewerberecht, in den Umweltgesetzen, mit der Steuergesetzgebung und durch andere Gesetzeswerke.

Die *Mikrologistik* hat zum Ziel, auf der Grundlage privater Vereinbarungen die Verbraucher und Unternehmen *mit den benötigten Gütern zu versorgen* und den *individuellen Mobilitätsbedarf* kostenoptimal zu decken. Ihre Aufgabe ist, Logistikleistungen anzubieten und auszuführen. Dafür sind Logistiksysteme aufzubauen und zu betreiben sowie *Beförderungsketten* und *Versorgungsnetze* zu organisieren (s. *Abb. 15.2* und *Abschn. 1.2*).

Die einzelnen Akteure der Mikrologistik sind in ihrem Handeln durch das öffentliche Recht und durch das Privatrecht eingeschränkt. Den Rahmen für die Beziehungen und Verträge *einzelner* Personen, Unternehmen und Institutionen regelt das *Privatrecht* im *Bürgerlichen Gesetzbuch* (BGB), im *Handelsgesetzbuch* (HGB), im *Gesetz gegen den Unlauteren Wettbewerb* (UWG) und in anderen Gesetzen sowie durch *Richterrecht.* Das *Privatrecht* verfolgt neben gesamtgesellschaftlichen und anderen Zielen folgende *einzelwirtschaftliche Ziele*:

Freiheit der Vertragsschließung und des Vertragsinhalts
Einhaltung von Verträgen und Vereinbarungen
Vermeiden und Beilegen von Streit (23.2)
Verhindern von unfairen Verträgen, Missbrauch und Willkür.

Die gesamtgesellschaftlichen Ziele (23.1) und die einzelwirtschaftlichen Ziele (23.2) sind auch die *allgemeinen Ziele eines zukünftigen Logistikrechts.* Hinzu kommen die besonderen *Ziele der Logistik.* Deren Teilziele und Merkmale ergeben sich, wie in *Abschn. 3.4* näher ausgeführt, aus den humanitären und ökologischen Zielen der Gesellschaft sowie aus den individuellen Zielen der Verbraucher und der Unternehmen. Die wichtigsten *Ziele der Unternehmenslogistik* sind:

Erfüllung der benötigten Logistikleistungen
Sicherung der Logistikqualität (23.3)
Einhaltung der vereinbarten Kosten und Preise.

Die Sicherung dieser Ziele ist Aufgabe der privaten *Logistikverträge.*

23.3 Etablierte Bereiche des Logistikrechts

Seit langem etablierte *Rechtsbereiche der Makrologistik* sind:

- das *Verkehrsrecht* [212, 213], das die nationalen *Straßenverkehrsgesetze* (in Deutschland die StVG mit StVO), die *Eisenbahnverkehrsordnung* (EVO), die *Schifffahrtsordnungen*, das *Luftverkehrsgesetz* und die internationalen *Verkehrsabkommen* umfasst
- die Gesetzgebung zur *Verkehrswegeplanung*,
- das *Personenbeförderungsrecht* [219], das die Beförderung von Personen in öffentlichen Verkehrsmitteln, wie Bahn, Bus und Taxi regelt.

Der traditionelle *Rechtsbereich der Mikrologistik* ist

- das *Transportrecht* [214–218]. Dazu zählen das *Frachtrecht*, d. h. das *Recht der Beförderung*, das *Speditionsrecht*, d. h. das *Recht der Beförderungsorganisation*, und das *Lagerrecht*, das ein spezielles *Verwahrungsrecht* ist.

Diese herkömmlichen Rechtsbereiche sind auch die Schwerpunkte eines zukünftigen Logistikrechts. Sie bedürfen jedoch in vieler Hinsicht der *Klärung* – wieso wird beispielsweise das Lagerrecht dem Transportrecht zugerechnet? – sowie der *Aktualisierung*, der *Ergänzung* und der *internationalen Abstimmung*.

Infolge der Vielzahl paralleler nationaler und internationaler Regelungen für die einzelnen Verkehrsträger und Güterarten ist das heutige Verkehrs- und Transportrecht durch eine große Zersplitterung gekennzeichnet [222]. Trotz mancher Abstimmungsbemühungen ist das *europäische Verkehrsrecht* in vielen Bereichen immer noch weitgehend national ausgerichtet. Das behindert und verteuert den grenzüberschreitenden Güteraustausch.

Das Transportrecht ist vor allem in den §§ 407 bis 905 des *Handelsgesetzbuchs* (HGB) geregelt. Die Regelungen sind in einigen Punkten erstaunlich detailliert. So heißt es in § 431 (3) HGB: „Die Haftung des Frachtführers wegen Überschreitung der Lieferfrist ist auf den dreifachen Betrag der Fracht begrenzt". Unklar aber bleibt, woran sich die Fracht bemisst und wie der Frachtpreis zustande kommt (s. *Abschn. 7.7.8*).

Ein Vergleich der einschlägigen Paragraphen des HGB vor 1998 mit den heute geltenden Passagen zeigt, dass hier eine Fortentwicklung stattgefunden hat. So werden beispielsweise *intermodale Transporte* besser geregelt als früher. Andererseits bleiben wesentliche logistische Leistungsumfänge, wie das *Umschlagen* und das *Kommissionieren* unberücksichtigt. Aufgrund der aktuellen Entwicklung und des zunehmenden IT-Einsatzes in der Logistik sind manche Passagen des HGB nicht mehr zeitgemäß.

23.4 Weitere Bereiche des Logistikrechts

Über das Verkehrs-, Transport- und Personenbeförderungsrecht hinaus gehören zum Logistikrecht alle Regelungen, Gesetze und Gerichtsentscheidungen, die Einfluss auf die Logistik haben. Diese finden sich im Strafrecht, im Arbeitsrecht, im Steuerrecht, im Umweltrecht, im Wettbewerbsrecht, im Preisrecht und im Vertragsrecht. Nachfolgende Beispiele zeigen, mit welchen Problemen die Logistik hier konfrontiert ist.

Das *Strafgesetzbuch* (StGB u. a.) benennt alle Rechtsverstöße, die im öffentlichen Interesse gerichtlich verfolgt werden, und belegt sie mit Haftstrafen, Geldstrafen oder anderen Maßregeln. Zu einem *Logistikstrafrecht* gehören insbesondere das *Verkehrsstrafrecht* (§ 315 und § 316 StGB) und die *Transportgefährdung* (§ 297 StGB). Aber auch die Gesetze zur Bekämpfung der *Umweltkriminalität* §§ 324 ff. StGB und die internationalen *Antiterrorgesetze* betreffen wegen der sich daraus ergebenden Sicherungspflichten, Kontrollen und Verzögerungen die Logistik. Weitere Straftatbestände, die für die Logistik Bedeutung haben, sind das *Erschleichen von Beförderungsleistungen* nach § 265a StGB und der *Wucher* nach § 291 StGB. So kann das Preisgebaren einiger Logistikdienstleister durchaus als Wucher bezeichnet werden (s. *Abschn. 7.1* und *21.4*).

Auch das *Arbeitsrecht* enthält viele Bestimmungen, die die Logistik betreffen: Die gesetzlichen und tariflichen Arbeitszeitbestimmungen schränken die Betriebszeiten und die Flexibilität der Logistikbetriebe ein. *Fahrzeitregelungen* begrenzen die Einsetzbarkeit der Transportmittel. *Ladenschlussgesetze* beeinflussen den Verkauf und die Distribution (s. *Abschn. 8.3*). § 613a BGB regelt die *Mitarbeiterübernahme beim Betriebsübergang* im Zusammenhang mit der Ausgliederung von Logistikaktivitäten (s. *Abschn. 21.5.4*).

Im *Umweltrecht* finden sich ebenfalls viele Gesetze, die sich auf die Logistik auswirken. Dazu gehören die *Verpackungsverordnung* (VerpackV), die *Fahrverbote* für den Güterverkehr und die *Gefahrgutverordnungen* (GGV) für die Lagerung und für die verschiedenen Verkehrsträger.

Das *Steuerrecht* hat über die Kraftfahrzeugsteuer, die Transportsteuern, die Maut, die ökologisch begründeten Sondersteuern auf Kraftstoffe und Energie sowie durch die unterschiedliche Besteuerung der verschiedenen Energieträger und Transportmittel erhebliche Auswirkungen auf die Logistikkosten und damit auf den Einsatz der Verkehrsträger (s. *Abschn. 18.12*). Das zeigt die Notwendigkeit, auch die Folgen des Steuerrechts für die Logistik zu berücksichtigen.

Einer der wichtigsten Bereiche mit dem vielleicht größten Regelungsbedarf für die Logistik ist das *Wettbewerbs- und Preisrecht*. In *Kap. 7.7*, insbesondere in *Abschn. 7.7.8* wurde ausgeführt, dass viele Logistikmärkte durch einseitige Machtverhältnisse, unfaire Preisgestaltung und mangelhafte Preisbildung gekennzeichnet sind. Verbraucher und kleinere Marktteilnehmer sind vor der Willkür der marktbeherrschenden Unternehmen oft nur unzureichend geschützt. Das hat Auswirkungen auf die Ressourcennutzung und auf die Preise für Logistikleistungen.

Ein anderer Bereich allgemeiner Rechtsunsicherheit ist das *unternehmensübergreifende Supply Chain Management* [235]. Durch diese Entwicklung entstehen neuartige Abhängigkeiten mit der Gefahr, dass die freie Preisbildung behindert und der Wettbewerb unterlaufen werden (s. *Abschn. 7.7.4*).

23.5 Logistikverträge

Ein Vertrag regelt die gegenseitigen *Rechte* und *Pflichten* zwischen einem *Auftraggeber*, der bestimmte materielle oder immaterielle Güter benötigt, und einem *Auftragnehmer*, der diese anbietet, ausführt und dafür eine Gegenleistung – meist eine Vergütung in Geld – erhält. Das gilt auch für die *Logistikverträge* (s. *Tab. 23.1*): Gegenstand eines *Logistiklieferverträgs* ist ein Logistikgewerk, eine Logistikanlage oder ein Logistiksystem, das zu einem vereinbarten Termin funktionsfähig zu übergeben ist. Gegenstand eines *Logistikleistungsvertrags* ist eine Logistikleistung, die der Auftragnehmer einmalig oder während der Vertragslaufzeit entsprechend dem Bedarf des Auftraggebers zu erbringen hat.

Bei einmaligem Bedarf kommt der Vertrag i. d. R. ohne Beteiligung von Juristen zustande durch Inanspruchnahme eines Angebots, z. B. durch Einsteigen in ein

Taxi, durch Kauf eines Fahrscheins, durch mündlichen Auftrag oder durch ein Auftragsschreiben, das sich auf eine vorangehende Anfrage und ein Angebot bezieht. Bei großem Einmalbedarf, komplexeren Liefer- und Leistungsumfängen und für einen länger anhaltenden Bedarf wird dagegen meist ein förmlicher Vertrag abgeschlossen, der oft das Ergebnis einer vorangehenden *Ausschreibung* ist (s. *Abschn. 21.5*).

	Dienstverträge		**Werkverträge**	
	Beschäftigungsvertrag	**Geschäftsbesorgungsvtr.**	**Leistungsvertrag**	**Liefervertrag**
Logistikverträge	Arbeitsvertrag Anstellungsvertrag Leiharbeitsvertrag Beratungsvertrag	Planungsvertrag Projektmanagementvertrag Vertretungsvertrag Maklervertrag Betreibervertrag	Beförderungsvertrag Frachtvertrag Speditionsvertrag Lagervertrag Chartervertrag / Mietvertrag Betreibervertrag Systemleistungsvertrag	Anlagenliefervertrag Bauausführungsvertrag Softwareliefervertrag Realisierungsvertrag Generalunternehmervertrag Systemliefervertrag
Pflichten des Auftragnehmers	**Arbeit nach Weisung zum Nutzen des Auftraggebers**	**Tätigkeiten nach Auftrag zum Nutzen des Auftraggebers**	**termingerechte Erbringung der Vertragsleistungen mit der vereinbarten Leistungsqualität**	**termingerechte Übergabe des Vertragsgegenstands mit den vereinbarten Eigenschaften**
	Anwesenheit Arbeitsbereitschaft Auskunfsbereitschaft	Einsatzbereitschaft Anwesenheitsbereitschaft Auskunfsbereitschaft	Leistungsbereitschaft Informationsbereitschaft Zugang zu Fremdeigentum	beschränkte Auskunftsbereitschaft
Sorgfalt	für Fremdeigentum	für Fremdeigentum	für Fremdeigentum	-
Verfügungsrecht	an und für Fremdeigentum mit fremden Hilfsmitteln	für Fremdeigentum mit eigenen Hilfsmitteln	an und mit Fremdeigentum mit eigenen Hilfsmitteln	mit eigenem Eigentum und eigenen Hilfsmitteln
Gewährleistung	**keine**	**keine**	**Leistungsqualität**	**Produktqualität**
Weisungsrechte des Auftraggebers	**umfassend**	**Auftrag betreffend**	**Fremdeigentum betreffend**	**keine**
Kontrollrechte	**Tätigkeit betreffend**	**Ergebnis betreffend**	**Ergebnis betreffend**	**Ergebnis betreffend**
Vergütung	Lohn, Gehalt, Entgelt, Honorar Prämie, Tantieme	Honorar, Gebühr, Provision Zeit und Aufwand	Leistungspreise, Tarife, Miete Grundvergütung, Pauschalverg.	Stückpreise, Mengenpreise Gesamtobjektpreis
Vorraussetzung	Arbeitsbereitschaft	vertragsgemäße Tätigkeit	erbrachte Leistung	Übergabe und Abnahme
Bemessung	**Beschäftigungsdauer** Erfolgsbeitrag	**Zeiteinsatz** Projektkosten	**Leistungseinheiten** Fixkosten	**Mengeneinheiten** Gesamtobjekt
Einflußfaktoren	Qualifikation Vertragslaufzeit	Qualifikation Projektgröße	Leistungsqualität Inanspruchnahme	Produktqualität Kaufmenge, Objektgröße
Haftung	**keine Ergebnishaftung** für geleiste Arbeit	**beschränkte Haftung** für Geschäftsbesorgung	**Leistungshaftung** für Leistungsergebnis	**Produkthaftung** für Vertragsgegenstand
für Fremdeigentum	bei Vorsatz u. Grobfahrlässigk.	bei Vorsatz u. Grobfahrlässigk.	beschränkt	keine
Autonomie des Auftragnehmers ---------->	minimal	gering	groß	maximal

Tab. 23.1 Arten, Merkmale und Konsequenzen von Logistikverträgen

Die *Besonderheiten von Logistikleistungsverträgen* resultieren aus folgenden Punkten:

1. *Immaterielle Güter*: Logistikleistungen sind keine Sachgüter, nicht anfassbar und nur bedingt speicherbar.

2. *Fremdes Eigentum*: Logistikleistungen werden an und mit Waren, Gütern, Sendungen und Sachen erbracht, die fremdes Eigentum sind.
3. *Unsicherer Bedarf*: Die Höhe und Struktur des Leistungsbedarfs und/oder der Zeitpunkt der Inanspruchnahme angebotener Ressourcen sind in der Regel bei Vertragsabschluss nicht genau bekannt (s. *Kap. 9*).

Für die eindeutige Spezifikation von Logistikleistungen wird daher besondere Sachkenntnis benötigt. Die Festlegung der Randbedingungen, der Leistungsbereitschaft, der Haftung und anderer Vertragsbedingungen von Logistikleistungsverträgen erfordert große Sorgfalt.

Das allgemeine deutsche *Vertragsrecht* des BGB, insbesondere die Bestimmungen zum *Dienstvertrag* in §§ 611 ff. BGB und zum *Werkvertrag* in §§ 631 ff. BGB und die Regelungen der §§ 407ff des HGB sind für die Logistik zwar von zentraler Bedeutung, aber nicht ausreichend. Sie geben den Rahmen vor für die *Logistikverträge* und für die *allgemeinen Geschäftsbedingungen der Logistik*. Aus den einschlägigen *nationalen Regelungen*, den höchstrichterlichen *Entscheidungen*, dem *internationalen Vertragsrecht*, den *Unidroit-Principles* und den *Principles of European Contract Law* (PECL) ließe sich ein *internationales Logistikvertragsrecht* entwickeln [224].

Hierzu sind zahlreiche Unklarheiten zu beseitigen und Probleme zu lösen. So ist in der Praxis der vertragsrechtliche Unterschied unklar zwischen einem *Systemdienstleister*, der Teile beschafft, kommissioniert und zusammenfügt, und einem *Systemlieferanten*, der aus Teilen einbaufertige Module herstellt. Zu den offenen Problemen gehören die *Kollision der Geschäftsbedingungen* und die *typengemischten Verträge* für integrierte Logistikleistungen [222] (s. auch *Abschn. 21.5.4*).

Irreführend sind auch die Bezeichnungen Logistik*dienst*leister, Verbund*dienst* leister und System*dienst*leister, denn die von ihnen ausgeführten Logistikleistungen sind Gegenstand eines *Werkvertrags* und *nicht* eines *Dienstvertrags*. Juristisch korrekt wären sie als *Logistikleister*, *Verbundleister* und *Systemleister* oder allgemein als *Logistikunternehmen* zu bezeichnen. Eine Dienstleistung wird jedoch nach dem allgemeinen Verständnis von Wirtschaft und Gesellschaft mit dem Ergebnis gleichgesetzt. Daher wäre es vielleicht besser, den *Dienstvertrag* im BGB in *Beschäftigungsvertrag* umzubenennen, denn das Wesensmerkmal dieser Vertragsart ist die Vergütung einer auftragsgemäßen Beschäftigung und nicht des Ergebnisses eines geleisteten Dienstes.

Die Art des Vertrags hat Konsequenzen für die Haftung. So unterscheidet sich die *Produkthaftung* eines Herstellers materieller Güter von der *Leistungshaftung* eines Dienstleisters. Maßgebend für die Haftung sind grundsätzlich die *Eigentumsverhältnisse* (s. *Tab. 23.1*):

- Wenn der Auftraggeber Eigentümer der Sachen ist und bleibt, an und mit denen der Auftragnehmer logistische oder andere Leistungen erbringt, haftet der Auftragnehmer gegenüber dem Auftraggeber nur für die von ihm erbrachten Leistungen. Die Haftung für das resultierende materielle Produkt gegenüber Dritten trägt der Auftraggeber.
- Wenn der Auftragnehmer durch Kauf Eigentümer der Sachen wird, an oder mit denen er Leistungen erbringt, oder wenn der Auftragnehmer gemäß § 950 BGB durch Verarbeitung oder Umbildung eines oder mehrerer Stoffe Eigentum an

dem Erzeugnis erwirbt, haftet der Auftragnehmer gegenüber dem Auftraggeber und gegenüber Dritten für das materielle Produkt.

Das heutige *Haftungsrecht* ist unnötig kompliziert und für den Nichtjuristen kaum noch durchschaubar [222]. Abhängig von der Art der Leistung gelten unterschiedliche *Haftungsregelungen* und *Versicherungsbestimmungen*. Kritisch zu überprüfen ist in diesem Zusammenhang die verbreitete Praxis der Logistikunternehmen, durch Gründung von projektspezifischen Einzelgesellschaften mit geringem Kapital die Pflichten der Leistungserfüllung und Haftung zu begrenzen und damit die gesetzlichen Regelungen faktisch zu umgehen. Ebenso ist zu klären, wieweit eine Festlegung der *Versicherungsprämien* nach ADSp mit dem *Wettbewerbsrecht* verträglich und ob die *gesetzliche Haftungsbegrenzung* für Transport- und Lagerschäden von gesamtwirtschaftlichem Interesse ist.

Gravierende rechtliche Probleme ergeben sich in der Logistik vor allem aus der unzureichenden vertraglichen *Regelung* der *Abnahme eines Logistiksystems* (s. *Abschn. 13.8*) sowie aus dem Fehlen anerkannter Regeln für die *Leistungserfüllung*, *Qualitätssicherung* und *Preisanpassung* von Logistikleistungen. Das führt oft zu Streitigkeiten, die meist außergerichtlich entschieden werden, denn das Fehlen anerkannter Regeln und die mangelnde Sachkunde von Anwälten und Richtern auf dem Gebiet der Logistik bewirken ein hohes *Prozessrisiko*. Die Folgen sind Unsicherheit, Ignoranz und Täuschung bis hin zum Erpressungsversuch (s. *Abschn. 7.7.8*).

Um derartige Differenzen auszuschließen, muss ein *Logistikleistungsvertrag* außer den für alle Verträge notwendigen Punkten *Vertragsgegenstand*, *Aufgaben und Ziele*, *Laufzeit und Kündigung*, *Geheimhaltungs- und Wettbewerbsklausel*, *Lösung von Streitfragen und Vertragsergänzungen* sowie der *Salvatorischen Klausel* folgende Punkte regeln:

Leistungsspezifikation und Leistungserfüllung
Rahmenbedingungen und Schnittstellen
Leistungsbereitschaft und Flexibilität
Qualitätssicherung und Gewährleistung
Pönalisierung von Leistungsmängeln
Haftung und Versicherung
Vergütungsregelung und Preisanpassung
Eigentums- und Kontrollrechte
Einsatz und Haftung von Unterauftragnehmern
Informationsrechte und Informationspflichten
Geschäftsabwicklung im Kündigungsfall
Rationalisierungs- und Beratungspflicht.

(23.4)

Zu vielen dieser Punkte enthalten die vorangehenden Kapitel dieses Buchs in der Praxis bewährte Regelungsvorschläge. Sie sind über das Sachwortverzeichnis zu finden.

23.6 Parität, Subsidiarität und Allgemeinheit

Das Logistikrecht ist ein spezielles *Leistungsrecht*, dessen Gegenstand *Leistungen*, *Rechte* und andere *immaterielle Güter* sind. Das Leistungsrecht findet sich weit verstreut in vielen Gesetzen und steht in mancher Hinsicht noch am Anfang der Entwicklung.

Ebenso wie die gesamte Rechtsordnung werden Entwicklung und Aufbau des Logistikrechts maßgebend bestimmt von den Rechtsgrundsätzen der *Parität*, der *Subsidiarität* und der *Allgemeinheit*. Das *Paritätsprinzip* fordert:

- *Neutralität:* Regeln und Gesetze sollen unter gleichen Voraussetzungen für alle Akteure die gleichen Konsequenzen haben.
- *Reziprozität:* Vertragsbedingungen und Regelungen, die beidseitig wirken, gelten für beide Seiten gleichermaßen.

Das Paritätsprinzip folgt aus dem Grundrecht der Gleichheit der Menschen vor dem Gesetz. Es ist nur erreichbar, wenn Regeln und Gesetze eindeutig und widerspruchsfrei sind. Das duale *Subsidiaritätsprinzip*[3] fordert (s. auch *Abschn. 2.4*):

- *Subsidiaritätsverbot:* Die größere, übergeordnete, zentrale Handlungseinheit darf keine Aufgaben übernehmen, die eine kleinere, untergeordnete, dezentrale Einheit ohne Mithilfe (*sine subsidium*) selbst lösen kann.
- *Subsidiaritätsgebot:* Die größere, übergeordnete, zentrale Handlungseinheit soll helfend und regelnd eingreifen, wenn die kleinere, untergeordnete, dezentrale Einheit wichtige Aufgaben nur mit Unterstützung (*cum subsidium*) lösen kann oder damit vorrangige gesellschaftliche Ziele erreichbar sind.

Die Entscheidung zwischen Verbot und Gebot ist kein rein rechtliches Problem. Sie hängt von den Umständen ab und erfordert Urteilsvermögen und Sachkunde. Im Logistikrecht wird dafür logistische Sachkunde benötigt.

Aus dem Subsidiaritätsprinzip folgen die Grundsätze der *Privatautonomie*, der *Regionalautonomie* und *Staatsautonomie:* Die Menschen müssen die Freiheit zur privaten Vereinbarung ihrer Geschäfte behalten und soweit wie möglich von Eingriffen des Staates verschont bleiben. Die regionalen Institutionen sollen ihre lokalen Aufgaben selbst lösen.

Im Bereich der Logistik heißt das: Städte und Gemeinden entscheiden weitgehend eigenständig über den lokalen Straßenbau und die örtliche Verkehrsregelung. Die einzelnen Staaten regeln nationale Aufgaben, wie den Aufbau und Betrieb eines Autobahnnetzes, selbständig. Nur übernationale Aufgaben, die im Interesse aller Staaten liegen, wie die Abstimmung der nationalen Verkehrsnetze zu einem europäischen Gesamtnetz, werden internationalen Institutionen wie der EU übertragen.

Wenn mehrere Handlungseinheiten jede für sich das gleiche Problem regeln, kann nur eine übergeordnete Instanz beurteilen ob und sicherstellen, dass die Einzelregelungen eindeutig, widerspruchsfrei und zielführend sind. Daher folgt aus dem Subsidiaritätsgebot das *Allgemeinheitsprinzip* mit

[3] Das Prinzip der *Subsidiarität* ist neben der *Personalität* und der *Solidarität* Kern der katholischen Soziallehre. Es wurde erstmals 1931 von Papst Pius XI in der Enzyklika „Quadragesimo Anno" formuliert [223].

- *Allgemeinheitsgebot:* Recht und Gesetz müssen so allgemeingültig formuliert werden, dass spezielle, lokale oder fallweise Einzelregelungen weitgehend überflüssig sind.
- *Allgemeinheitsvorrang:* Das allgemeinere, übergeordnete, zentrale Recht hat Vorrang vor dem speziellen, untergeordneten, lokalen Recht.

Das heißt für das Logistikrecht: Zuerst ist zu prüfen, wieweit das allgemeine Recht auf die speziellen Rechtsfragen der Logistik anwendbar ist. Dann ist zu überlegen, ob sich das *allgemeine Leistungsrecht* so ergänzen lässt, dass auch das Logistikproblem gelöst wird. Nur wenn das nicht möglich ist, ist das Logistikrecht entsprechend weiter zu entwickeln.

Auch innerhalb des Logistikrechts gelten Subsidiaritätsprinzip und Allgemeinheitsprinzip: Ein zukünftiges *allgemeines Logistikrecht* sollte die Rechtsfragen regeln, die für alle Leistungsarten der Logistik zutreffen. Ein neues *allgemeines Verkehrsrecht* enthält Regelungen, die für alle Verkehrsträger gelten, und wird ergänzt um Sonderregelungen für den Straßen-, Schienen-, Luft- und Schiffsverkehr. Analog sind Transportrecht, Haftungsrecht, Vertragsrecht und andere Bereiche eines neuen Logistikrechts zu gestalten.

23.7 Agenda zur Logistikrechtsentwicklung

Der Begriff *Logistikrecht* und die damit verbundene Sichtweise sind immer noch recht neu. Ein neues Rechtsgebiet muss erst seine Existenz rechtfertigen, bevor es sich etablieren kann. Das ist möglich, indem interessierte Juristen und Logistiker folgende *Agenda* bearbeiten:

1. Klärung und *Abstimmung der Ziele* und *Abgrenzung der Aufgaben* eines zukünftigen Logistikrechts unter Beachtung von Parität, Subsidiarität und Allgemeinheit
2. *Sichtung der bestehenden Rechtsordnung*, insbesondere der Gesetze und der Rechtsprechung, und *Prüfung ihrer Relevanz für die Logistik*
3. *Untersuchung des Geschäftsgebarens auf den Logistikmärkten* und Dokumentation der einschlägigen *Vertragsarten* und privatrechtlichen Regelungen der Logistik
4. *Erkunden des gesetzlichen Regelungsbedarfs* der Logistik durch *Analyse der aktuellen Probleme*
5. Erarbeiten von Vorschlägen zur *Harmonisierung*, *Ergänzung* und *Verbesserung* der bestehenden Regelungen in allen Rechtsbereichen, die Einfluss auf die Logistik haben
6. *Abstimmung der nationalen Logistikrechte* und Schaffung der rechtlichen *Rahmenbedingungen einer internationalen Logistik.*

Ergebnisse dieser Agenda könnten *Beiträge zur Rechtsfindung* sein, wie *Kommentare zum Logistikrecht*, und *Vorschläge zur Rechtssetzung*, wie Gesetzesänderungen, neue Gesetze, staatliche Regelungen und internationale Abkommen.

Ein derart anspruchsvolles Programm kann mit Aussicht auf Erfolg nur gemeinsam von Juristen und Logistikern bearbeitet werden, die unabhängig und konstruktiv die Zukunft gestalten wollen und nicht parteiisch sind oder defensiv an der Vergangenheit festhalten. Sie benötigen dafür die Unterstützung der Logistikunternehmen und der Verbände, der Anwaltskammern und der Rechtswissenschaft sowie der zuständigen staatlichen Institutionen.

Der Bedarf zur Klärung der rechtlichen Fragen der Logistik wächst mit der Integration Europas und der internationalen Vernetzung aller Länder dieser Welt. *Administrative Handelshemmnisse* und *inkompatible Rechtsordnungen* behindern die optimale Nutzung der weltweiten Ressourcen und die Sicherung des Wohlstands. Hier ist daher noch viel zu tun (s. *Abschn. 23.4*).

24 Menschen und Logistik

Die Menschen sind einerseits Handelnde und Produzenten und andererseits Kunden und Nutznießer der Logistik. Als Produzenten und Handelnde bestimmen sie maßgebend Service, Leistung und Kosten. Als Kunden und Nutznießer kommen sie in den Genuss von Leistung und Service. Sie sind aber auch die Betroffenen von Leistungsmängeln, schlechtem Service und hohen Kosten.

Die vielfältigen Auswirkungen des menschlichen Handelns und Verhaltens in der Logistik sind den Beteiligten selten bewusst. Sie wurden in den vorangehenden Kapiteln mehrfach angesprochen (s. *Abschn. 1.10, 2.8, 2.4, 3.1, 3.4, 13.6*). Wegen ihrer grundsätzlichen Bedeutung wird die Rolle des Menschen in der Logistik in diesem Abschlusskapitel vertieft und zusammenhängend behandelt.

Wenn nur wenige Menschen an der Produktion und Leistungserstellung beteiligt sind, hängen Menge und Qualität der Leistung primär von den *Menschen in der Aufbauphase* eines Systems ab. Je mehr Menschen an der betrieblichen Leistungserzeugung mitwirken, umso stärker bestimmen die *Menschen im Betrieb* die Menge und die Qualität der Leistung.

Nach einer Betrachtung von *Leistungsfähigkeit* und *Leistungsbereitschaft* sowie von *Eigennutz* und *Schwächen* des Menschen wird das Wirken der Menschen zuerst in der *Aufbauphase* und dann in der *Betriebsphase* der Anlagen und Systeme analysiert. Aus der Analyse ergeben sich *Maßnahmen* und *Verhaltensregeln* zur Vermeidung der negativen und zur Förderung der positiven Wirkungen des Menschen in der Logistik. Einsicht und Verhaltensregeln können Menschen dazu bewegen, außer zum eigenen auch zum Nutzen der Mitmenschen, des Unternehmens und der Kunden zu handeln.

Zwischen den Anbietern und den Kunden bestehen häufig *Zielkonflikte* über die Leistungsinhalte und über die Angemessenheit der Preise. Die Leistungspreise sollen sich auf einem freien Markt bei fairen Rahmenbedingungen durch Angebot und Nachfrage regeln (s. *Kap. 22*). In der Praxis aber wird die faire Preisbildung in der Logistik durch staatliche Eingriffe, ungünstige Rahmenbedingungen und nutzungsferne Preise verfälscht und behindert (s. *Abschn. 7.7*).

Hier setzt die Kritik am Verhalten der Menschen in Forschung und Lehre, in den Unternehmensleitungen und in der Politik an. Ihr Einfluss ist für die langfristige Entwicklung der Logistik entscheidend. In der strategischen Logistik sind noch viele Handlungsmöglichkeiten ungenutzt, auf die in den beiden letzten Abschnitten dieses Kapitels hingewiesen wird.

T. Gudehus, *Logistik 2*, VDI-Buch,
DOI 10.1007/978-3-642-29376-4_10,

24.1 Erfolgsbeeinflussende Eigenschaften der Menschen

In der Planung, bei der Realisierung und im Betrieb wirken sich auf der strategischen, der dispositiven und der operativen Ebene sehr unterschiedliche Eigenschaften des Menschen auf die Leistung, die Ergebnisse und damit auf den Unternehmenserfolg aus. Auch in der Forschung und Lehre, in der Beratung und in der Politik ist die Abhängigkeit der Ergebnisse vom Menschen unübersehbar, obgleich sie von den Akteuren nur selten zugegeben wird.

24.1.1 Leistungsfähigkeit und Leistungsbereitschaft

Die Leistungsfähigkeit des Menschen ist entscheidend für die Qualität der Arbeit in der Aufbauphase und in der Betriebsphase. Seine Leistungsbereitschaft ist primär maßgebend im laufenden Betrieb eines Logistiksystems, in dem viele Menschen operativ tätig sind.

Die *Leistungsfähigkeit* des Menschen hängt ab von seiner *Eignung* für die ihm übertragenen Aufgaben. Die Eignung resultiert aus der persönlichen Disposition und der fachlichen Qualifikation:

- Die *persönliche Disposition* umfasst Veranlagungen und Eigenschaften, wie Kraft, Fleiß, Ausdauer, Geschicklichkeit, Intelligenz, Denk- und Urteilsvermögen, Kommunikationsfähigkeit, Interesse, Lernbereitschaft, Entscheidungskraft und Charakter.
- Die *fachliche Qualifikation* umfasst Fachwissen, Verständnis für die Zusammenhänge, Ausdrucksvermögen und richtiges Verhalten.

Zu den *Charaktereigenschaften*, die sich positiv auf die Leistungsfähigkeit auswirken, zählen Einsichtsfähigkeit, Verständnis und Menschlichkeit. Negative Charaktereigenschaften sind Desinteresse, Verlogenheit, Ignoranz, Selbstüberschätzung und Überheblichkeit. Sie beeinträchtigen auch das Wirken mancher Manager, Politiker, Berater und Forscher.

Der Charakter eines Menschen und seine persönliche Disposition lassen sich kaum ändern oder beeinflussen. Fachliche Qualifikation lässt sich hingegen erwerben durch Lernen und Erfahrung und vermitteln durch Schulung und Anleitung. Hier ist in der Logistik noch manches zu tun [179, 180].

Die *Leistungsbereitschaft* des Menschen wird beeinflusst von seinem Befinden und seiner Motivation:

- Das *Befinden* des Menschen und damit seine Leistung werden beeinträchtigt durch Ermüdung, Erschöpfung, Hitze, Kälte und Langeweile.
- Die *Motivation* des Menschen lässt sich fördern durch Erfolgserlebnisse, Anerkennung und Lob sowie durch eine faire Vergütung seiner Leistung.

Ergonomische Arbeitsabläufe steigern unmittelbar die Leistung. Gegen Ermüdung und Langeweile können Arbeitsplatzwechsel (*job rotation*) und Funktionsanreicherung (*job enrichment*) helfen. Angenehme Arbeitsbedingungen verbessern das Befinden und die Motivation. Auf die Motivation zielen auch Programme zur Beteiligung der Mitarbeiter an den Veränderungsprozessen im Unternehmen, wie *Kaizen* und *KVP*.

Bis heute ungelöst ist das Problem der fairen Leistungsvergütung. Die Lösungsansätze der Güterproduktion, wie Akkordlohn und Leistungsprämien, sind auf Logistikbetriebe und andere Leistungsbereiche wegen der stochastischen Prozesse, der Schwierigkeit der Leistungsmessung und der schwankenden Anforderungen nicht direkt übertragbar.

24.1.2 Eigennutz und Schwächen

Die stärkste Triebkraft des Menschen ist der *Eigennutz:* Eigennutz zur Befriedigung seiner existentiellen *Bedürfnisse*, wie Hunger, Durst, Wärme, Sicherheit und Arterhaltung, und Eigennutz zur Erfüllung seiner innigsten *Wünsche*, wie Liebe, Anerkennung und Lebensfreude.

Der *natürliche und faire Eigennutz*, gebändigt durch Recht und Gesetz, ist grundsätzlich etwas Positives. Er ist Leistungsansporn und Quelle allen persönlichen Bedarfs [196, 199]. Ohne den natürlichen Eigennutz würde die Wirtschaft nicht funktionieren, ja sie wäre sinnlos, denn:

- Das Ziel des Menschen als Konsument und als Produzent ist die Befriedigung seines Eigennutzes.

Aus dem eigennützigen Bestreben, mit minimalem Einsatz möglichst viel zu erhalten, erwächst das *ökonomische Prinzip* oder *Wirtschaftlichkeitsprinzip:*

- Das Ziel des wirtschaftlichen Handelns des einzelnen Menschen und der Unternehmen sind maximale Erlöse und Leistungen bei minimalen Kosten und Mitteleinsatz.

Negativ sind Eigennutz und Gewinnstreben erst, wenn sie rücksichtslos zu Lasten anderer verfolgt werden. Der *unfaire und rücksichtslose Eigennutz* wird zur Gefahr in Verbindung mit anderen Schwächen des Menschen, wie Faulheit, Dummheit, Neid, Machtgier, Ignoranz und Selbsttäuschung [196, 199].

Am schwersten zu bekämpfen ist der *eingebildete* oder *vorgetäuschte Gemeinnutz*, denn das Gegenteil von *gut* ist bekanntlich nicht *schlecht*, sondern *gut gemeint*. Das erkennbar Schlechte lässt sich abwehren. Gegen die verordnete gute Absicht sind Zahlende und Begünstigte oft hilflos. Die fatalen Folgen der Devise *Gemeinnutz geht vor Eigennutz* hat der kommunistische ebenso wie der faschistische Sozialismus gezeigt.

Von den Gefahren des vorgetäuschten Gemeinnutzes sind wir bis heute nicht frei. Das zeigt sich auch in der Logistik: Von den Unternehmen angeblich zum Nutzen der Kunden erdachte Bonus- und Rabattsysteme, Meilenprämien und andere Zugabeprogramme wirken sich in Wahrheit zum Nachteil der Kunden aus, da keine Ablehnung möglich ist, die Preistransparenz verloren geht und alle, auch die nicht Begünstigten, dafür höhere Preise zahlen. Kostenlose Hauszustellung, 24-Stunden-Service, extrem kurze Lieferzeiten, Just-In-Time oder Tracking and Tracing sind fragwürdige Fortschritte, wenn sie nur von wenigen benötigt oder gewünscht werden, die Mehrkosten aber von allen getragen werden sollen.

Eigennutz und Schwächen des Menschen lassen sich nicht ändern. Wer die *Veränderung in den Köpfen* fordert und damit mehr als bessere Einsicht meint, will den *neuen Menschen.* Er unterliegt damit einer Selbsttäuschung oder will – bewusst oder unbewusst – von seinem persönlichen Eigennutz ablenken. Daher ist Vorsicht geboten gegen Devisen wie *„Teamgeist ist wichtiger als Einzelleistung"* oder *„Das Unternehmen geht vor"*.

Was für den Einzelnen, seine Angehörigen oder das Unternehmen gut und nützlich ist, wissen die Menschen meist selbst am besten. Was ihnen und anderen schadet, können oder wollen viele Menschen nicht wissen. Darüber müssen alle Menschen nachdenken. Rücksichtslosen Eigennutz und menschliche Schwächen wird es immer geben. Sie können jedoch durch *Verhaltensregeln* eingedämmt und ihre Auswirkungen durch *Gesetze* begrenzt werden.

Einige nützliche Verhaltensregeln werden nachfolgend für die Aufbauphase und den Betrieb logistischer Systeme vorgeschlagen. Ein begründeter Vorschlag für eine gesetzliche Regelung sind die *Grundsätze der Preisgestaltung* aus *Abschn. 7.1.*

24.2 Erfolg und Verhalten in der Aufbauphase

Das Management der Unternehmenslogistik ist ein iterativer Prozess, der niemals zum Stillstand kommt. Die Aufbauphase für ein Logistiksystem, ob mechanische Anlage, System oder Unternehmensnetzwerk, beginnt mit der Zielplanung und endet mit der Inbetriebnahme. In allen Phasen der Planung und während der Realisierung werden Ergebnisse und Erfolg von den beteiligten Menschen bestimmt (s. *Abschn. 3.2* und *3.3*).

Besondere Probleme entstehen durch den *Zeitdruck*, unter dem viele Projekte geplant und realisiert werden. Arbeiten und Entscheiden unter Zeitdruck erfordert Erfahrung, Urteilsvermögen, Entscheidungsbereitschaft und Charakterstärke. Nur mit diesen Fähigkeiten gelingt es, unter Zeitdruck gute Arbeit zu leisten, Planungs- und Bearbeitungsschritte möglichst parallel auszuführen, Unwichtiges zu beschleunigen und das Wichtigste ausreichend zu bedenken, ohne in Hektik zu verfallen, die Nerven zu verlieren und Fehler zu machen.

24.2.1 Menschliche Einflüsse auf die Zielplanung

In der Theorie steht am Projektbeginn ein *Auftraggeber*, der die Anforderungen und Ziele vorgibt und die Realisierung auslöst. In der Praxis beginnt bereits hier die Abhängigkeit des Projekterfolgs vom Menschen. Die externen und internen Auftraggeber, also die Kunden oder das Management, sind sich oftmals selbst nicht klar über ihre Ziele und Prioritäten. Die Leistungsanforderungen für den Planungshorizont sind häufig nur unzureichend bekannt. Überzogene Erwartungen, vorgefasste Meinungen, allgemeine Trends und persönliche Interessen beeinflussen die Vorgaben für ein Projekt.

Hieraus können gravierende Fehler, erhebliche Leistungsmängel und unnötige Kosten resultieren, die erst im laufenden Betrieb zutage treten, dann aber kaum noch korrigiert werden können. Das lässt sich weitgehend vermeiden, wenn alle Beteiligten die *Verhaltensregeln für die Phase der Zielplanung beachten:*

- Keine Planung ohne klare Zielvorgaben.
- Das Hauptziel, Erfüllung der benötigten Leistungen zu minimalen Kosten bei angemessener Qualität, darf in keiner Projektphase aus dem Auge verloren werden.
- Soweit ein Projekt die Kunden des Unternehmens betrifft, ergeben sich die Ziele aus dem Kundennutzen.
- Die Projektziele müssen schriftlich und eindeutig formuliert sein. Die Leistungs-, Qualitäts- und Serviceanforderungen müssen für den Planungshorizont quantifiziert werden und vollständig sein.
- Ziele und Anforderungen sind vor Beginn der Planung zwischen Auftraggeber und den Projektverantwortlichen einvernehmlich zu verabschieden.

Die Zukunft ist stets ungewiss. Es ist unmöglich, die Anforderungen für einen Planungshorizont auch nur von 3 bis 5 Jahren genau festzulegen. Daraus ergibt sich die Notwendigkeit, bei *Ungewissheit* zu planen und zu entscheiden. Aus Ängstlichkeit oder Gewissenhaftigkeit sind viele Menschen dazu nicht fähig. Sie fordern Gewissheit, wo es keine geben kann, statt flexible Systeme zu schaffen, die Veränderungen gewachsen sind. Sie sehen nicht die Chancen, die sich bei flexibler Reaktion und Disposition während des laufenden Betriebs ergeben können [199].

24.2.2 Menschliches Wirken in der Systemplanung

In der Systemplanung werden die Weichen für den Erfolg oder Misserfolg eines Projektes gestellt. Außer falschen Vorgaben können in dieser Projektphase ein unsystematisches Vorgehen, unzureichende Kenntnisse, Voreingenommenheit, mangelnde Erfahrung und fehlende Einsicht zu falschen Entscheidungen mit irreparablen Fehlern führen. Die aussichtsreichsten Handlungsmöglichkeiten werden übersehen, die größten Potentiale bleiben ungenutzt, die besten Optimierungsstrategien sind nicht bekannt. Damit werden oft große Chancen vertan.

Hiergegen helfen die *Verhaltensregeln für die Phase der Systemplanung:*

- Phantasie, Kreativität, Kompetenz und Offenheit sind ausschlaggebend für den Erfolg der Systemplanung.
- Nur mit Unvoreingenommenheit, nicht mit Benchmarks oder durch Nachmachen lassen sich neue Lösungen finden und Durchbrüche erzielen, die einen wirklichen Fortschritt bewirken.
- Methodik, Wissen und Erfahrung sind wichtiger als persönliche Interessen, Taktik, Macht und Hierarchien.
- Alle denkbaren K.O.-Kriterien und alle unverrückbaren Randbedingungen sind bereits bei der Lösungsauswahl, Systemauslegung und Dimensionierung zu berücksichtigen.

Die Ergebnisse der Systemplanung mit Investitionsbedarf, Wirtschaftlichkeitsrechnung und Realisierungszeitplan müssen als Vorgabe für die Detailplanung vollständig dokumentiert und vom Auftraggeber verabschiedet werden.

24.2.3 Verhalten bei Detailplanung und Ausschreibung

Manche gute Systemlösung scheitert an einer unzureichenden Detailplanung oder mangelhaften Ausschreibung. Wegen fehlender Qualifikation einzelner Fachleute werden wichtige Punkte, wie Bedienungsfreundlichkeit, Arbeitsbedingungen, Sicherheit oder Schnittstellen, nicht bedacht oder nicht ausreichend detailliert geplant. Andere Punkte werden infolge der Dominanz eines Managers oder eines Fachbereichs, etwa der Bauabteilung, der DV oder des Finanzbereichs, unnötig kompliziert oder verzögert.

Der Erfolg der Ausschreibung ist gefährdet, wenn keine qualifizierte Ausschreibungsunterlage mit vollständigen Lastenheften, ausreichend differenzierten Preisblanketten und klaren Vergabebedingungen vorliegt. Gründe dafür sind oft Zeitdruck, falsche Sparsamkeit, ein forsches Management oder ein mächtiger, aber in der Logistik unerfahrener Einkauf. Aus gleichen Gründen werden häufig auch die falschen Bieter ausgewählt und qualifizierte Lieferanten übergangen.

Um das zu vermeiden, sind folgende *Verhaltensregeln für die Detailplanung und Ausschreibung* hilfreich:

- Das Projektteam muss für die Detailplanung und Ausschreibung einem erfahrenen Projektleiter unterstellt werden und mit qualifizierten Fachleuten aller betroffenen Fachbereiche besetzt sein. Dazu gehören auch die Verantwortlichen für den späteren Betrieb.
- Für Detailplanung und Erstellung der Ausschreibungsunterlagen muss ausreichend Zeit vorhanden sein.
- Ergebnisse, Berechnungen, Lastenhefte und Ausschreibungsunterlagen müssen verständlich dokumentiert sein. Sie sind von den Betriebsverantwortlichen auf Vollständigkeit und Richtigkeit zu prüfen.
- Bieter müssen nach objektiven Kriterien ausgewählt werden, wie Qualifikation, Kompetenz und Referenzen.

24.2.4 Menschliche Einflüsse während der Realisierung

Auch nach dem *Point of no Return*, wenn die Hürden der Planung und Ausschreibung genommen sind und das Management über die Realisierung und Vergabe entschieden hat, können Menschen noch viele Fehler machen und Hindernisse errichten. Unerwartete, meist kostenwirksame Widerstände kommen von Genehmigungsbeamten, vom Betriebsrat, aus dem IT-Bereich oder aus den Betriebsbereichen, die später mit der geplanten Anlage oder dem neuen System arbeiten sollen.

Während der Realisierungsphase werden viele Punkte entschieden, die für den Projekterfolg und für die Effizienz des späteren Betriebs ausschlaggebend sind. In der letzten Phase vor dem Betriebsbeginn ist der menschliche Einfluss besonders groß. Fähigkeiten und Schwächen, Interessen und Sorgen, Motivation und Arbeitsfreude, Leistungsfähigkeit und Leistungsbereitschaft entscheiden über Erfolg oder Misserfolg.

Häufig sind Missverständnissee, Verständigungsprobleme und fehlende Kommunikation zwischen den Fachleuten unterschiedlicher Disziplinen die Ursache von Fehlern oder Verzögerungen. Die Fachsprache der Informatiker, der Ingenieure, der OR-Fachleute und der Betriebswirte ist heute derart spezialisiert, dass nur ein rechtzeitiger Abgleich der Begriffe Missverständnisse verhindern kann.

Viele Probleme lassen sich vermeiden oder meistern durch folgende *Verhaltensregeln für die Realisierungsphase:*

- Einsatz eines qualifizierten Projektteams unter Leitung eines erfahrenen Projektmanagers mit angemessenen Entscheidungsbefugnissen
- Auswahl der richtigen Realisierungspartner, die durch faire Auftragsbedingungen, realistische Termine und auskömmliche Preise motiviert sind, gute Arbeit zu leisten und sich für den Erfolg des Gesamtprojekts und des Auftraggebers einzusetzen
- Organisation und Durchführung eines qualifizierten Projektmanagement mit laufender Termin-, Leistungs- und Kostenkontrolle
- Frühzeitige Auswahl und Einbindung der späteren Betriebsverantwortlichen
- Rechtzeitige Einstellung, Schulung und Einweisung der Mitarbeiter, die in der Anlage und mit dem System arbeiten
- Kompetente Planung, Vorbereitung und Durchführung der Tests, Abnahme und Inbetriebnahme von Einzelgewerken, Teilleistungen und Gesamtsystem
- Vorbeugende Organisation von Wartung, Instandsetzung und Ersatzteilhaltung
- Interesse am Projektfortschritt, Anerkennung der Leistung und Rückendeckung in schwierigen Situationen durch Management und Unternehmensleitung.

Wenn Auftraggeber und Management die Projektbeteiligten unter fairen Bedingungen selbständig arbeiten lassen, lösen sich viele Fragen wie von selbst. Spaß an der Sache, Stolz auf die Leistung und Vorfreude auf das gemeinsame Werk führen schneller zu nachhaltigen Erfolgen als ein allzu aufwendiges Controlling und Reporting.

24.3 Leistung und Qualität im Betrieb

Messgrößen für die Leistungsfähigkeit einer Anlage oder eines Systems sind die *Menge* und die *Qualität* der erzeugten Leistungen und Produkte. Für eine weitgehend automatisch arbeitende Anlage hängen Menge und Qualität der erzeugten Güter und Leistungen von der Qualifikation des Bedienungspersonals sowie von den Mitarbeitern der Qualitätskontrolle, Wartung und Instandhaltung ab. Sie bestimmen die *technische Verfügbarkeit*. Deren Produkt mit der technischen Grenzleistung ergibt das effektive Leistungsvermögen.

Die technische Verfügbarkeit einer richtig konzipierten und vorschriftsmäßig gewarteten Anlage, wie ein automatisches Hochregallager oder ein Sortersystem, liegt heute über 98 %. Die Leistungsminderung durch Nichtverfügbarkeit ist also minimal. Die Fehlerquote liegt deutlich unter 0,1 %, die Leistungsqualität also weit über 99,9 %.

In einem System, in dem Menschen wesentliche Arbeitsschritte der Produktion oder Leistung erbringen, werden Menge und Qualität ganz entscheidend bestimmt von der *Leistungsbereitschaft* und der *Leistungsfähigkeit* der gewerblichen Mitarbeiter, von der *Kompetenz* der Disponenten und vom *Verhalten* des Management im operativen Betrieb.

So liegt die Verfügbarkeit des Menschen beim Kommissionieren, abhängig von Arbeitsbedingungen und Belastung, zwischen 80 und 95 %. Bei schlechter Führung und fehlender Leistungskontrolle kann die Verfügbarkeit einzelner Mitarbeiter auch weitaus geringer sein (s. *Abschn. 17.11.4*). Die Positionsfehlerquote eines Kommissionierers liegt unter normalen Umständen im Bereich von 0,5 bis 2 % (s. *Abschn. 17.4*).

Allgemein gilt für Logistik- und Leistungssysteme:

▶ Verfügbarkeit und Qualität der von Menschen abhängigen Systeme sind weitaus schlechter als von automatischen Systemen.

Die Unterschiede von Verfügbarkeit und Qualität zeigen, welche Verbesserungspotentiale bei den von Menschen abhängigen Systemen bestehen.

24.3.1 Maßnahmen im gewerblichen Betrieb

Die Verfügbarkeit eines gewerblichen Mitarbeiters ist das Verhältnis zwischen produktiver Zeit und Arbeitszeit in den Zeiträumen, in denen Aufträge vorliegen. Auch bei genügend Aufträgen vermindert sich die produktive Zeit um die sogenannte *persönliche Verteilzeit* [96]. Die persönliche Verteilzeit ist erforderlich für das regelmäßige Ausruhen nach den produktiven Arbeitsschritten und für persönliche Verrichtungen. Sie kann sich durch Ermüdung, Ablenkung, Desinteresse, fehlende Motivation und schlechtes Befinden erheblich erhöhen.

Zur Verbesserung der Verfügbarkeit und Steigerung der effektiven Leistung sind folgende *Maßnahmen der Verteilzeitsenkung* geeignet:

keine zu schweren Lasten
keine dauerhafte Überbelastung
gute Beleuchtung
wenig Ablenkung
hohe Sicherheit
menschliche Behandlung
angemessene Bezahlung.

Das Leistungsvermögen des Menschen wird nicht nur durch eine geringe Verfügbarkeit beeinträchtigt. Auch der Zeitbedarf für die produktiven Verrichtungen bestimmt die Leistungsmenge. Das Leistungsvermögen lässt sich daher durch folgende *Maßnahmen zur Taktzeitsenkung* verbessern:

ergonomische Arbeitsplatzgestaltung
ergonomisch optimale Prozessabläufe
minimale Totzeiten
Schulung und Training.

Eine große Leistungsmenge ist nur von Wert, wenn auch die Qualität hoch ist. Fehler und Leistungsmängel verursachen meist erheblich größere Schäden als nur der Leistungsverlust durch Korrektur und Nacharbeit. Fehler können durch eine Qualitätssicherung oder von den nachfolgenden Stellen erfasst und kontrolliert werden. Doch hier gilt der *Qualitätssicherungsgrundsatz:*

► Besser Fehler vermeiden als Fehler kontrollieren.

Zur Fehlervermeidung tragen folgende *Maßnahmen der Selbstkontrolle* bei:

Kontrollmessungen am Arbeitsplatz
Kontrollmeldungen durch den Mitarbeiter
persönliche Kennzeichnung der Arbeitsergebnisse
regelmäßige Weiterbildung.

Mit derartigen Maßnahmen lässt sich im Rahmen eines Null-Fehler-Programms, wie das *Zero Defect Picking*, die Fehlerquote eines Kommissionierers unter 1 ‰ senken [85].

Die Wirkung anonymer Leistungs- und Qualitätskontrollen auf das Leistungsvermögen und auf die Fehlerquoten wird häufig überschätzt, der dafür notwendige Aufwand zu wenig berücksichtigt und die demotivierende Wirkung nicht gesehen. Eine selbstregelnde Lösung ist die *ergebnisabhängige Leistungs- und Qualitätsvergütung* der Mitarbeiter. Hierfür aber ist eine Lösung der Probleme der Leistungsmessung und der Belastungsschwankungen erforderlich.

24.3.2 Einfluss der Bedienung und der Disponenten

Das Leistungsvermögen einer hochtechnisierten Anlage hängt vom *Bedienungspersonal* ab. Für dessen Arbeit sind *Aufmerksamkeit, Qualifikation* und *Motivation* ausschlaggebend. Die Aufmerksamkeit lässt sich durch gute Anzeigetechnik und einen optimal gestalteten Leitstand fördern. Die fachliche Qualifikation muss durch richtige Mitarbeiterauswahl gesichert und durch Aus- und Weiterbildung gefördert werden. Die Motivation bestimmt im Wesentlichen das Management.

Über den effizienten Einsatz einer Anlage und der Ressourcen eines Logistiksystems entscheiden die *Disponenten.* Die Aufgaben, die erforderliche Qualifikation, die Handlungsmöglichkeiten und die Verantwortung der Disponenten werden in vielen Unternehmen nicht angemessen wahrgenommen. Viele Disponenten arbeiten nach Erfahrungsregeln, die weder schriftlich fixiert noch untereinander abgestimmt sind.

Die *Dispositionsprogramme* der ERP-Standardsoftware bieten zwar eine Vielzahl von Dispositionsverfahren und Fertigungsstrategien sowie zahlreiche Parameter. Sie geben dem Benutzer jedoch keine Entscheidungshilfen für den Einsatz der angebotenen Verfahren und die Festlegung der freien Parameter. Viele Standardprogramme sind außerdem unvollständig, verwenden unzulängliche oder falsche Berechnungsformeln und arbeiten weitgehend statisch.

Die meisten Disponenten wirken im Stillen. Sie leisten oft bessere Arbeit, als unter den gegebenen Umständen erwartet werden kann. Manche Disponenten aber sind auch überfordert und demotiviert. Das Management sollte wissen:

► Der Schaden, den ein unqualifizierter oder demotivierter Disponent anrichtet, kann immens sein.

Auf dem Gebiet der Ausbildung der Disponenten, der Unterstützung ihrer Arbeit durch Programme und der Würdigung ihrer Leistung durch das Management ist noch viel zu tun [167].

24.3.3 Verhalten der Manager

Die verheerendsten Auswirkungen auf das Leistungsvermögen eines Logistik- oder Leistungssystems haben unqualifizierte Manager. Unkenntnis, Desinteresse, Überheblichkeit und Selbstüberschätzung führen zu *Fehlentscheidungen* und zu *Fehlverhalten* gegenüber den Mitarbeitern.

Fehlentscheidungen des Management können manchmal durch die unterstellten Manager und Mitarbeiter korrigiert oder ignoriert werden. Abgesehen vom Schaden für das Unternehmen sind die Folgen meist Frustration und Demotivation. Noch demotivierender aber wirken sich Fehlverhalten und Charakterschwäche eines Managers aus. Ein häufiges Fehlverhalten von Führungskräften ist ihre seltene Anwesenheit in den operativen Betriebsbereichen. Hier gilt auch heute noch das biblische Wort: *Nur das Auge des Herrn macht die Kühe fett.*

Manche Manager meinen, sie könnten Ihre Führungsaufgaben von Managementsystemen ausführen lassen, an die Mitarbeiter delegieren oder durch ein aufwendiges *Controlling* ersetzen. Doch wer nicht entscheiden kann, wer den direkten Umgang mit den Menschen scheut, keine Konflikte austragen und nicht ausgleichen kann, sollte nicht Manager werden.

24.4 Forderungen an Wissenschaft und Politik

In der Logistik ebenso wie in anderen Bereichen unserer modernen Leistungsgesellschaft sind wir von funktionierenden Märkten noch weit entfernt [234]. Staatliche Eingriffe, ungünstige Rahmenbedingungen und nutzungsferne Preise verhindern die faire Preisbildung und führen zu einer volkswirtschaftlich unerwünschten Fehlleitung der Ressourcen [159, 196, 199].

Wenn die EU für den Autoverkauf in ganz Europa gleiche Bedingungen vorschreibt, das Porto eines grenzüberschreitenden Briefes, der vom Standard abweicht, dagegen auch bei geringerer Entfernung viermal so hoch sein darf wie für eine Inlandszustellung, so ist dies ein typisches Beispiel für den Rückstand der Dienstleistungswirtschaft im Vergleich zur Warenwirtschaft (s. *Abschn. 22.4*). Das heißt (s. *Kap. 23*):

▶ Europa benötigt in der Mikrologistik und Makrologistik allgemeingültige Verhaltensregeln, wirksamere Gesetze und bessere Rahmenbedingungen.

Diese Forderung ist kein Plädoyer für eine Flut von Gesetzen, die alles bis ins kleinste Detail regeln. Im Gegenteil: Benötigt werden allgemeingültige Verhaltensregeln und grundsätzlich anwendbare Gesetze, die Einzelfallregelungen überflüssig machen (s. *Abschn. 23.6*).

Dazu können die Logistiker und Wirtschaftswissenschaftler durch Erforschung der Zusammenhänge und Gesetzmäßigkeiten beitragen. Die weit verbreitete *historisch-deskriptive Logistik* reicht dafür nicht aus [17,36,158,165,171,177,231]. Auch das viel gepriesene *Wissensmanagement* hilft nicht weiter. Allein das Dokumentieren und Verwalten vorhandenen Wissens bringt weder Fortschritt noch neue Erkenntnisse. Zu kurz kommen heute die Wissensgewinnung und das Finden neuer Lösungen.

Gefordert ist eine *analytisch-konstruktive Logistik*, die praktisch umsetzbare Lösungsvorschläge, begründete Handlungsanweisungen und brauchbare Verfahrensregeln erarbeitet. Diese sind Grundlage und Voraussetzung, um gemeinsam mit Juristen und Politikern allgemein verbindliche Verhaltensregeln zu vereinbaren, wirksame Gesetze zu formulieren und bessere Rahmenbedingungen zu schaffen (s. *Kap. 23*). Dabei sollte die Devise sein:

▶ Die Logistik ist für den Menschen da, nicht der Mensch für die Logistik.

Alles Nachdenken über wirtschaftliche Zusammenhänge und über die Logistik sollte vom einzelnen Menschen ausgehen [232].

24.5 Ausblick

Jeder Mensch unterliegt der Gefahr der *Selbsttäuschung*. Sie kann die eigenen *Fähigkeiten* betreffen und zu Überheblichkeit und Selbstüberschätzung führen oder das eigene *Wissen* und eine Fehleinschätzung der Risiken und Auswirkungen von Entscheidungen zur folge haben. Die größte Gefahr einer Selbsttäuschung besteht bei den eigenen *Handlungsmotiven*. Hinter vorgeblicher Sachlogik, Gemeinnutz und Nächstenliebe verbirgt sich oft reiner Eigennutz [199].

Die Selbsttäuschung ist auch Ursache von *Übertreibung* und *Einseitigkeit*. Wenn sich nach langem Widerstand gegen Veränderungen eine neue Erkenntnis oder Einsicht durchgesetzt hat, wird diese oft als allein richtige Lösung hartnäckig verfolgt, auch wenn sich frühere Lösungen bereits bewährt haben. In den Unternehmen werden neue Strategien überzogen. In der Politik werden neue Gesetze gemacht und Regeln erlassen ohne Rücksicht auf Nebenwirkungen und unerwünschte Folgen. Erst wenn der Schaden offensichtlich ist, werden die neuen Strategien verworfen und Gesetze geändert. Das hat wiederum eine übertriebene Umkehr zur folge [232].

Beispielhaft dafür ist das endlose Hin und Her zwischen *Zentralisierung* und *Dezentralisierung*, das sich in der Logistik ebenso wie in den Unternehmen und in der Politik abspielt. Generationen von Beratern leben davon, Systeme, Unternehmen und

Organisationen zu zentralisieren, um sie danach wieder zu dezentralisieren (s. *Abschn. 2.4*). Weitere Beispiele sind die einseitigen Therapien und vielen Patentlösungen, die aus der Betrachtung eines komplexen Problems unter nur einem Aspekt resultieren. Das zeigt das ständige Aufkommen und Verschwinden neuer Modeworte und Abkürzungen, die meist Ausdruck kurzlebiger Trends sind (s. *Abschn. 1.10.4*).

Gegen die Gefahren der Selbsttäuschung, Einseitigkeit und Übertreibung helfen folgende *Verhaltensempfehlungen*:

sachliche Klärung der angestrebten Ziele
gemeinsame Priorisierung divergierender Ziele
Berücksichtigung aller relevanten Aspekte
Offenheit gegenüber Ideen und Lösungsvorschlägen
systematische Entwicklung geeigneter Strategien
nüchterne Untersuchung der Kompatibilität und Konflikte
objektive Analyse der Folgen und Nebenwirkungen
pragmatisches Abwägen der Vor- und Nachteile
selbstkritische Suche nach Widersprüchen
Respekt vor begründeten Einwänden
Akzeptieren und Berücksichtigen von Ungewissheit und Risiken
Abwägen zwischen Freiheit und Sicherheit
Begrenzung der Zentralisierung
fairer Ausgleich der Interessen
ausgewogene Kombination von Altem und Neuem.

Diese Verhaltensempfehlungen gelten über die Logistik hinaus auch für andere Unternehmensbereiche ebenso wie in der Wissenschaft und für die Politik.

Die vergleichsweise überschaubare Logistik ist ein gutes Arbeits- und Übungsfeld zur Entwicklung und Erprobung von Strategien, Verhaltensregeln und Konzepten, von denen sich viele auf die Ökonomie, die Politik und andere Lebensbereiche übertragen lassen [234]. Einige allgemein gültige Strategien und Grundsätze sind in diesem Buch zu finden. Vieles ist jedoch noch ungelöst, manches lässt sich verbessern. In einigen Branchen liegt die operative Logistik noch immer viele Jahre zurück hinter den Erkenntnissen, Handlungsempfehlungen und Lösungen der theoretischen Logistik.

Permanente Herausforderungen an die *theoretische Logistik* sind das Gewinnen weiterer Erkenntnisse zur Verbesserung der logistischen Leistungs- und Wettbewerbsfähigkeit und das Überzeugen der Praktiker vom Nutzen theoretischer Erkenntnisse. Herausforderungen für die Praktiker in Wirtschaft und Politik sind die rasche Umsetzung der lohnenden Strategien, Handlungsempfehlungen und Lösungen in der *operativen Logistik*. Das erfordert Verständnis für die Ergebnisse und Empfehlungen der theoretischen Logistik, aber auch Risiko- und Investitionsbereitschaft.

Abbildungsverzeichnis

T. Gudehus, *Logistik 2*, VDI-Buch,
DOI 10.1007/978-3-642-29376-4, © Springer-Verlag Berlin Heidelberg 2012

Tabellenverzeichnis

Literatur

Wegen der rasch wachsenden Anzahl Bücher, Fachzeitschriften, Berichte, Veröffentlichungen und wissenschaftlichen Arbeiten über Logistik ist eine vollständige Angabe der Literatur zu den in diesem Buch behandelten Themen nicht möglich. In den einzelnen Kapiteln werden alle Publikationen und Werke zitiert, aus denen Anregungen, Strategien, Methoden, Verfahren, Algorithmen, Daten, Darstellungen oder Beispiele in den Text eingeflossen sind. Zusätzlich ist eine Auswahl einschlägiger Fachbücher und weiterführender Arbeiten zum jeweiligen Thema angegeben.

Hinzugekommen sind in den Neuauflagen ausgewählte Artikel, Fachbücher und Lexika der Logistik, die inzwischen erschienen sind, ergänzende Veröffentlichungen zu aktuellen Fragen sowie weitere Literatur zur *Disposition*, *Betriebswirtschaft*, *Preisbildung* und *rechtlichen Aspekten* der Logistik.

[1] von Kleist H., (1810); Über die allmähliche Verfertigung der Gedanken beim Reden, in Heinrich von Kleist Sämtliche Werke, Knauer Klassiker, München/Zürich

[2] Feldmann G. D., (1998); Hugo Stinnes, Biographie eines Industriellen, 1870–1924, C. H. Beck, München

[3] Hoffmann G., (1998); Das Haus an der Elbchaussee, Die Godeffroys – Aufstieg und Niedergang einer Dynastie, Kabel-Verlag, Deutsches Schiffahrtsmuseum, Hamburg

[4] Leithäuser G. L., (1975); Weltweite Seefahrt, Safari-Verlag, Berlin

[5] Jomini A. H., (1881); Abriß der Kriegskunst (Originaltitel: Précis d' art de la guerre), Berlin

[6] Kant E., (1793); Über den Gemeinspruch: Das mag in der Theorie richtig sein, taugt aber nicht für die Praxis. Berl. Monatschrift, Neu: J. Ebbinghaus, Vittorio Klostermann, Frankfurt a. M. (1968)

[7] Gudehus T., (1975); Transporttheorie, Programm einer neuen Forschungsrichtung, Industrie-Anzeiger Nr. 64, S. 1379 ff.

[8] Weise H., (1998); Logistik – ein neuer interdisziplinärer Forschungszweig entsteht, Internationales Verkehrswesen (48) 6/98, S. 49 ff.

[9] Hubka V., (1973); Theorie der Maschinensysteme, Grundlagen einer wissenschaftlichen Konstruktionslehre, Springer, Berlin-Heidelberg-New York

[10] Popper K., (1973); Logik der Forschung, J. C. B. Mohr (Paul Siebeck), Tübingen, 5. Aufl.

[11] Churchman C. W., Ackhoff L. A., Arnoff E. L., (1961); Operations Research, R. Oldenbourg, Wien-München

[12] Domschke W., Drexl A., (1990); Logistik: Standorte, Oldenbourg, München-Wien

[13] Müller-Merbach H., (1970); Optimale Reihenfolgen, Springer, Berlin-Heidelberg-New York

[14] Wöhe G., (2000); Allgemeine Betriebswirtschaftslehre, Franz Vahlen, München, 20. Aufl.

[15] Kapoun J., (1981); Logistik, ein moderner Begriff mit langer Geschichte, Zeitschrift für Logistik, Jg. 2,, Heft 3, S. 124 ff.

[16] Henning D. P., (1981); Spezifische Aspekte der Logistik im Handel, RKW-Handbuch Logistik, Band 3, Hrsg. Prof. Dr. H. Baumgarten, ESV-Verlag, Berlin
[17] Pfohl H.-Chr., (1990); Logistiksysteme, Betriebswirtschaftliche Grundlagen, 4. Aufl., Springer, Berlin-Heidelberg-New York
[18] Gudehus T., (1973); Grundlagen der Kommissioniertechnik, Dynamik der Warenverteil- und Lagersysteme, Girardet, Essen
[19] Laurent M., (1996); Vertikale Kooperation zwischen Industrie und Handel: neue Typen und Strategien zur Effizienzsteigerung im Absatzkanal, Dt. Fachverlag, Frankfurt a. M.
[20] Gerhardt M., Rechnergestützte Dispositionsverfahren für die Transportlogistik, Logistik im Unternehmen 9, Nr. 7/8, S. 40 ff.
[21] Baumgarten H., (1992); Make-or-Buy entscheidet der Manager; Jahrbuch der Logistik '92, Verlagsgruppe Handelsblatt, Düsseldorf
[22] Arnold D., (1995); Materialflußlehre, Viehweg, Braunschweig-Wiesbaden
[23] Schmidt H., (1998); Das Diktat der Netzwerke, Frankfurter Allgemeine Zeitung, 7.6.1998, N. 46, S. 13
[24] Baumgarten H., Wolff S., (1993); Perspektiven der Logistik, Trend-Analysen und Unternehmensstrategien, hussverlag, München
[25] Baumgarten H., (1996); Trends und Strategien der Logistik 2000, Analysen-PotentialePerspektiven, Technische Universität Berlin, Bereich Logistik
[26] Gudehus T., (1973); Planung von Warenverteil- und Lagersystemen, Betriebs-Management Service
[27] Ritter S., (1997); Warenwirtschaft, ECR und CCG, Dynamik im Handel 7-97, S. 18 ff.
[28] Breiter P. M., (1996); ECR – Efficient Consumer Response, Wer hat was davon?, Distribution 7-98, S. 12 ff.
[29] Borries R., Fürwentsches W., (1975); Kommissioniersysteme im Leistungsvergleich, moderne industrie, München
[30] Gudehus T., (1992); Strategien in der Logistik, Fördertechnik 9/92, S. 5 ff.
[31] Kuhn A., Reinhardt A., Wiendahl H.-P., (1993); Handbuch der Simulationsanwendungen in Produktion und Logistik, Vieweg, Braunschweig Wiesbaden
[32] Lanzendörfer R., (1975); Simulationsmodelle von Transport-, Lager- und Verteilsystemen, Materialflußsysteme II, S. 135 ff., Krausskopf, Mainz
[33] Volling K., Utter H., (1972); Digitale Simulation diskreter Zufallsprozesse, fördern und heben 4 (Herr H. Utter hat auf dem Rechner der Demag-Fördertechnik AG die Simulationsrechnungen zum Test der analytischen Näherungsformeln durchgeführt)
[34] Gudehus T., (1992); Analytische Verfahren zur Dimensionierung und Optimierung von Kommissioniersystemen, dhf 7/8-92
[35] Berry L. L., Yadav M. S., (1997); Oft falsch berechnet und verwirrend – die Preise für Dienstleistungen, HARVARD BUSINESS manager 1/1997, S. 57 ff.
[36] Weber J., (Hrsg.), (1993); Praxis des Logistik-Controlling, Schäffer-Poeschel Verlag, Stuttgart
[37] Gudehus T., (1995); Beschaffungsstrategien, Wettstreit der Konditionen, LOGISTIK HEUTE, 11/95, S.36–95
[38] Gudehus H., (1959); Bewertung und Abschreibung von Anlagen, Th. Gabler, Wiebaden
[39] Zibell R. M., (1990); Just-in-Time-Philosophie, Grundlagen, Wirtschaftlichkeit, in Schriftenreihe BVL, Hrsg. Baumgarten H. und Ihde G. B., Band 22, hussverlag, München, Dissertation TU Berlin, Bereich Logistik
[40] Ferschl F., (1964); Zufallsabhängige Wirtschaftsprozesse, Physica-Verlag, Wien-Würzburg

[41] Lewandowski R., (1974); Prognose- und Informationssysteme und ihre Anwendungen, de Gruyter, Berlin-New York
[42] Gudehus T., (1975); Grenzleistungsgesetze für Verzweigungs- und Zusammenführungselemente, Zeitschrift für Operations Research, Physica Verlag Würzburg, Band 20, 1976 B37-B61
Gudehus T., (1975); Grenzleistungsgesetze für Verzweigungs- und Sammelemente, fördern und heben, Krausskopf-Verlag, Mainz, Nr. 16
Gudehus T., (1976); Grenzleistungen bei absoluter Vorfahrt, Zeitschrift für Operations Research, Physica Verlag Würzburg, Band 20, 1976 B127–B160
[43] Gudehus T., (1976); Staueffekte vor Transportknoten, Zeitschrift für Operations Research, Würzburg, B207–B252
[44] Kreyszig E., (1975); Statische Methoden und ihre Anwendungen, Vandenhoek & Ruprecht, Göttingen
[45] Scheer A.-W., (1998); Informations- und Kommunikationssysteme in der Logistik, Handbuch Logistik, Hrsg. Weber J. und Baumgarten H., Schäffer-Poeschel, Stuttgart, S. 495 ff.
[46] Schneeweiß Chr., (1981); Modellierung industrieller Lagerhaltungssysteme; Springer, Berlin-Heidelberg-New York
[47] Jünemann R., (1989); Materialfluß und Logistik, Springer, Berlin-Heidelberg-New York
[48] Harris F., (1913); How Many Parts to Make at Once, Factory – The Magazine of Management, S. 135–136 und S.152
[49] VDI-Richtlinie, (1983); Sortiersysteme für Stückgut VDI 3619, Beuth, Berlin-Wien-Zürich
[50] Bucklin L. P., (1966); A Theory of Distribution Channel Structure; CA:IBER Special Publications
[51] Cooper M. C., Lambert M. L., Pagh J. D., (1997); Supply Chain Management: More Than a New Name for Logistics, The International Logistics Management, Vol. 8, No. 1
[52] Cavonato J. I., (1992); A Total Cost/Value Model for Supply Chain Competitiveness, Journal of Buisiness Logistics, Vol. 13, No. 2
[53] Christofer M., (1992); Logistics and Supply Chain Management; Pitman Publishing, London
[54] Scott Ch., Westbrook R., (1991); New Strategic Tools for Supply Chain Management, Internat. Journal of Physical Distribution and Logistics Management, Vol. 21, No. 1
[55] Andler K., (1929); Rationalisierung der Fabrikation und optimale Losgröße, R. Oldenbourg, München
[56] Heidenbluth V., (1992); Kriterien zur Lagerkapazitätsbestimmung, TECHNIKA, Industrieverlag, Zürich
Heidenbluth V., (1992); Neues Optimierungsmodell für Bestände und Kapazitäten von Lagern, fördern und heben
[57] Schulte C., (1995); Logistik, Wege zur Optimierung des Material- und Informationsflusses, Franz Vahlen, München
[58] Richtlinien zur Standardisierung von Ladeeinheiten:
DIN 55405, Packstücke
DIN 30820, Kleinladungsträger
DIN 15146, Paletten
DIN 15155, Gitterbox
DIN 70013 und DIN/EN 284, Wechselbehälter
ISO R 668 und 830, Überseecontainer

[59] Centrale für Coorganisation GmbH (CCG), (1995); Logistik-Verbund für Mehrwegtransportverpackungen
[60] DIN 30 781, (1989); Transportkette, Teil 1: Grundbegriffe, Teil 2: Systematik der Transportmittel und Transportwege, Beuth, Berlin-Wien-Zürich
[61] Gilmore P., Gomory R. E., (1965); Multistage Cutting Stock Problems of Two and More Dimensions, Operations Research, Jg. 13, Heft 1
[62] MULTISCIENCE GmbH, (1995); MULTIPACK, Optimierungs-Software für Logistik und Verpackungs-Entwicklung, Heilbronn, Firmendruckschrift
[63] MULTISCIENCE GmbH, (1995); Randvolle Laster dank richtiger Software, EUROCAR-GO 6/95
[64] Gudehus T., (1977); Transportsysteme für leichtes Stückgut, VDI-Verlag, Düsseldorf
[65] Gudehus T., (1993); Analytische Verfahren zur Dimensionierung von Fahrzeugsystemen, OR Spektrum 15, 147–166
[66] Martin H., (1995); Transport- und Lagerlogistik, Vieweg, Braunschweig-Wiesbaden
[67] Wehner B., (1970); Abwicklung und Sicherung des Verkehrsablaufs, Hütte, Band II, S. 364 ff., Wilhelm Ernst & Sohn, Berlin München Düsseldorf
[68] Leutzbach W., (1956); Ein Beitrag zur Zeitlückenverteilung gestörter Verkehrsströme, Dissertation, TH Aachen
[69] Harders J., (1968); Die Leistungsfähigkeit nicht signalgeregelter Verkehrsknoten. Forschungsbericht Heft 7, Forschungsgesellschaft e. V. des Bundesverkehrsministeriums, Bonn
[70] Dorfwirth R., (1961); Wartezeiten und Rückstau von Kraftfahrzeugen an nicht signalgesteuerten Verkehrsknoten. Forschungsarbeiten aus dem Straßenverkehrswesen, Neue Folge, Heft 43, Bad Godesberg
[71] Gnedenko B. W., (1984); Handbuch der Bedienungstheorie, Akademieverlag, Berlin
[72] Gudehus T., Zuverlässigkeit und Verfügbarkeit von Transportsystemen, Teil I (1976); Kenngrößen der Systemelemente, fördern+heben 26, Nr. 10, S 1021 ff., Teil II (1976); Kenngröße von Systemen, fördern+heben 26, Nr. 13, S 1343 ff., Teil III (1979); Grundformeln für Systeme ohne Redundanz, fördern+heben 29, Nr. 1, S. 23 ff.
[73] mehrere Verfasser, (1992); Lagertechnik '92, Sonderpublikation des Fördermittel Journals, Europa Fachpresse Verlag
[74] Bäune R., Martin H., Schulze L., (1991); Handbuch der innerbetrieblichen Logistik, Logistiksysteme mit Flurförderzeugen, Hrsg. Jungheinrich AG, Hamburg
[75] Gudehus T., Hofmann K., (1973); Die optimale Höhe von Hochregallagern, deutsche hebe- und fördertechnik Nr. 2
[76] Gudehus T., (1979); Transportsysteme für automatische Hochregallager, Teil I: Theoretische Grundlagen, fördern und heben 29, Nr. 7, S. 629 ff., Teil II: Technische Lösungsmöglichkeiten, fördern und heben 29, Nr. 9, S. 775 ff.
[77] Gudehus T., Kunder R., (1974); Kapazität und Füllungsgrad von Stückgutlagern, Industrie-Anzeiger, Nr. 93/74 und Nr. 104
[78] Gudehus T., (1972); Wohin mit der Kopfstation?, Materialfluß Nr. 8
[79] Workfactor, Leistung und Lohn, Arbeitgeberverband Deutschland
[80] VDI, Richtlinie VDI 3590, Kommissioniersysteme, Blatt 1, 2, 3, (1994/1976/1977); Beuth, Berlin-Wien-Zürich
[81] FEM-Richtlinie: Berechnungsgrundlagen für die Regalbediengeräte Toleranzen, Verformungen und Freimaße im Hochregallager, FEM 9.831, (1995)
[82] Klimmek K., (1993); Kommissionierautomaten, Rentabilitätsrechnung vor Prestigeprojekt, Logistik Heute, 10-93

[83] Vogt G., (1993); Kommissionier-Handbuch, Sonderpublikation der Zeitschrift Materialfluß, verlag moderne industrie
[84] mehrere Verfasser, (1991); Europäischer Materialfluß Markt 1991
[85] Miebach J., (1991); Zero Defect Picking - eine neue Sicht bei der Entwicklung von Kommissionierstrategien, Deutscher Logistik Kongreß, Berlin, Bericht, Band 1, S. 251 ff.
[86] Gudehus T., (1974); Lagern und Kommissionieren, Trennen oder Kombination von Reservelager und Kommissionierbereich, fördern und heben Nr. 15
[87] Gudehus T., (1978); Die mittlere Anzahl von Sammelaufträgen, Zeitschrift für Operations Research, Würzburg, Band 22, B71–B78
[88] VDI-Richtlinie VDI 3311, (1998); Beleglose Kommissioniersysteme (Entwurf)
[89] Reinhardt M., (1993); Strategien für Planung und Betrieb eines Kommissioniersystems innerhalb eines Warenverteilzentrums, Diplomarbeit, TU Berlin, Bereich Logistik
[90] Gudehus T., (1974); Dimensionierung von Durchlauflagern, Industrie-Anzeiger Nr. 48
[91] Schröder F., (1994); Simulationsgestützte Überprüfung des Kommissionieraufwands für alternative Organisationsformen bei statischer Bereitstellung, Diplomarbeit, TU Berlin, Bereich Logistik
[92] Kunder R., Gudehus T., (1975); Mittlere Wegzeiten beim eindimensionalen Kommissionieren, Zeitschrift für Operations Research, Band 19, S. B53 ff.
[93] Miebach J., (1971); Die Grundlagen einer systembezogenen Planung von Stückgutlagern, dargestellt am Beispiel des Kommissionierlagers, Dissertation, TU Berlin
[94] Schulte J., (1996); Berechnungsgrundlagen konventioneller Kommissioniersysteme, Dissertation, Universität Dortmund
[95] MTM, Grundzüge des MTM, Programmierte Unterweisung, Deutsche MTM-Vereinigung, Hamburg
[96] REFA, (1972); Methodenlehre des Arbeitsstudiums, Karl Hanser Verlag, München
[97] Gudehus T., (1979); Transportsysteme, Handwörterbuch der Produktionswirtschaft, Poeschel, S. 2015–2027
[98] Bahke E., (1973); Transportsysteme heute und morgen; Krauskopf, Mainz
[99] Domschke W., (1995); Logistik: Transport; Oldenbourg, München-Wien
[100] Busacker R. G., Saaty T. L., (1968); Endliche Graphen und Netzwerke, Oldenbourg, München-Wien
[101] König D., (1936); Theorie der endlichen und unendlichen Graphen, Leipzig
[102] Sachs H., (1988); Einführung in die Theorie der endlichen Graphen, Hanser, München
[103] Vogt M., (1997); Tourenplanung in Ballungsgebieten, Dissertation, GH Kassel
[104] Kern A., (1994); Transportsteuerungssysteme - Konzeption, Realisierung und Systembeurteilung für den wirtschaftlichen logistischen Einsatz, in Schriftenreihe BVL, Baumgarten H. und Ihde G. B., hussverlag, München, Dissertation TU Berlin
[105] Ihde G. B., (1991); Transport, Verkehr, Logistik, Vahlen, München
[106] Matthäus F., (1978); Tourenplanung, Verfahren zur Einsatzdisposition von Fuhrparks, Toechte Mittler, Darmstadt
[107] Modaschl J., (1986); Verhalten von Transportsystemen bei unterschiedlichen Fahrzeugeinzelstrategien, Dissertation, Universität Stuttgart
[108] Xiao W., (1990); Verhalten von Transportsystemen, Einfluß unterschiedlicher Randbedingungen auf die Wirkungsweise von Transportstrategien, Dissertation, Universität Stuttgart
[109] Domschke W., (1985); Logistik, Rundreisen und Touren, R. Oldenbourg, München-Wien

[110] Schmidt F., (1988); Beitrag zur mathematischanalytischen Erfassung der fahrzeuganzahlbestimmenden Wirkungszusammenhänge komplexer fahrerloser Transportsysteme, Dissertation, Universität Dortmund
[111] Dullinger H., (1996); Sortereinsatz in Kommissioniersystemen, Berichtsheft des 35. BVL-Forums „Pick&Pack - Fortschritte in der Kommissioniertechnik", BVL, Bremen
[112] Gudehus T., (1978); Transportmatrix und Fassungsvermögen, Zeitschrift für Operations Research, Band 22, B219 ff., Physica Verlag, Würzburg
[113] Vahrenkamp R., Vogt M., (1998); Tourenplanung und Fuhrparkmanagement, Logistik Jahrbuch 1998, S. 166 ff., handelsblatt fachverlag
[114] Feige D., (1998); Tourenplanung, Szenariotechnik optimiert Disposition, LOGISTIK HEUTE, 5-98, S. 21 ff.
[115] DIN 25 003, (1998); Systematik der Schienenfahrzeuge; Übersicht, Benennung, Begriffserkärung (z. Z. Entwurf)
[116] DIN 15 003, (1997); Hebezeuge; Lastaufnahmeeinrichtungen, Lasten und Kräfte, Begriffe
[117] Michaletz T., (1994); Wirtschaftliche Transportketten mit modularen Containern, Logistisches Konzept zur Umverteilung des Güterverkehrsaufkommens, hussverlag, München
[118] Kuhn A. (Hrsg.), (1995); Prozeßketten in der Logistik: Entwicklungstrends und Umsetzungsstrategien, Dortmund
[119] Herrmann G., Kliem D., Müller K. W., (1976); Normung in der Transportkette, deutsche hebe und fördertechnik, 9/76, S. 67 ff.
[120] Bock D., Hildebrand H., Krampe K., (1996); Handelslogistik, in Grundlagen der Logistik, hussverlag, München, 2. Aufl., S. 233 ff.
[121] Kempcke Th., (1997); Jährliche Fahrleistung 60.000 km, Dynamik im Handel, 7-97, S. 28 ff.
[122] Diruf G., (1998); Modelle und Methoden der Tourenplanung, Handbuch Logistik, Schäffer-Poeschel, Stuttgart, S. 376 ff.
[123] Prümper W., (1979); Logistiksysteme im Handel, die Organisation der Warenprozesse in Großbetrieben des Einzelhandels, Thun-Verlag, Frankfurt a. M.
o. Verfasser, (1998); Karstadt testet Neuorganisation, Lebensmittelzeitung 13/98
[124] Gudehus T., (1995); Beschaffungsstrategien, Wettstreit der Konditionen, LOGISTIK HEUTE, 11-95, S. 36 ff.
[125] o. Verfasser, (1994); Kosteninformationssysteme für die leistungsorientierte Kalkulation von Straßengütertransporten, Bundesverband des deutschen Güterfernverkehrs (BDF) e. V.
[126] Pittrohf K., (1996); KURT Kostenorientierte unverbindliche Richtpreistabellen, Hrsg. Bundesverband des Deutschen Güternahverkehrs (BDN) e. V., Frankfurt
[127] o. Verfasser, (1998,1997,1996); Preisspiegel Gütertransporte, Informationsdienst der Zeitschrift Distribution
[128] o. V., (1995); Continuous Replenishment, Coorganisation 2/95, S. 31 ff.
[129] Keebler J. S., Andraski J. C., Sease G. J., (1998); Logistics Strategies in North America, Tagungsbericht des 15. Deutschen Logistikkongress, Berlin, Band 1, S. 49 ff.
[130] Gudehus T., (1994); Systemdienstleister – ja oder nein?, Jahrbuch für Logistik, S. 180 ff.
[131] Gudehus T., (1995); Frei Haus oder ab Werk?, Wettstreit der Konditionen, Jahrbuch für Logistik, S. 176 ff.
[132] Griesshaber H., (1998); Industrie-, Transport- und Logistikbedingungen, Die AGB-Alternative des neuen Transportrechts, Verlag Dr. Grieshaber, München

[133] Schaab W., (1969); Automatisierte Hochregalanlagen, Bemessung und Wirtschaftlichkeit, VDI-Verlag, Düsseldorf
[134] Gudehus H., (1955); Das optimale Seitenverhältnis von Stückguthallen, Interne Stellungnahme zu einer Untersuchung von G. Kienbaum für die Hamburger Hafen- und Lagerhaus AG über Probleme des Stückgutumschlags
Gudehus H., (1958/59); Stadtautobahnnetz Hamburg, Interne Studie, Behörde für Wirtschaft und Verkehr der Hansestadt Hamburg
Gudehus H., (1967); Wirtschaftlichkeit von Containerschiffen, Interne Studie, Behörde für Wirtschaft und Verkehr der Hansestadt Hamburg
Gudehus H., (1971); Optimierung von Handelsschiffen, Interne Studie, Behörde für Wirtschaft und Verkehr der Hansestadt Hamburg
Gudehus H., (1971); Zur Besteuerung des Straßenverkehrs, Interne Studie, Behörde für Wirtschaft und Verkehr der Hansestadt Hamburg
[135] Gudehus T., (1971); Langgut- und Flachgutlagerung in automatisierten Hochregallagern, Industrie-Anzeiger Nr. 21
[136] Isermann H., (1997); Softwaresysteme für die operative Tourenplanung. Wann kommt der Durchbruch? Jahrbuch der Güterverkehrswirtschaft
[137] o. Verfasser, (1995); Was kostet die Welt?, Kurier-, Expreß- und Paketdienste, Umfrage, LOGISTIK HEUTE 8-95, S. 19 ff.
[138] Gudehus H., (1967); Über den Einfluß der Frachtraten auf die optimale Schiffsgeschwindigkeit, Schiff und Hafen, Heft 3/67, 19. Jg., S. 173 ff.
[139] Schönsleben P., (1998); Integrales Logistikmanagement, Planung und Steuerung von umfassenden Geschäftsprozessen, Springer, Berlin-Heidelberg-New York
[140] Boutellier R., Corsten D., (1997); Bessere Prognosen in der Logistik, Datenqualität und Modellgenauigkeit, Jahrbuch der Logistik 1997, Verlagsgruppe Handelsblatt, S. 115 ff.
[141] Rall B., (1998); Analyse und Dimensionierung von Materialflußsystemen mittels geschlossener Warteschlangengesetze, Dissertation, TH Karlsruhe
[142] Lenk, H., Ropohl G. (Hrsg.), (1978); Systemtheorie als Wissenschaftsprogramm, Athenäum, Königstein/Taunus
[143] Fritsche B., (1999); Advanced Planning and Scheduling (APS), Die Zukunft von PPS und Supply Chain, LOGISTIK HEUTE, Heft 5-99, S. 50 ff.
[144] LOGISTIK HEUTE, (1992); Umfrage, Was bieten PPS-Systeme, LOGISTIK HEUTE, Heft 9-92, S. 81 ff.
[145] Scheutwinkel W., (1999); SCM-Marktübersicht, Anspruch und Wirklichkeit, LOGISTIK HEUTE, Heft 5-99, S. 60 ff.
[146] Axmann, N., (1993); Handbuch für Materialflußtechnik, Stückgutförderer, expert-Verlag, Ehningen bei Böblingen
[147] Bläsius, W., (1999); Quo Vadis – Kombinierter Verkehr?, deutsche hebe- und fördertechnik, dhf 3/99
[148] Arnold D., Rall B., (1998); Analyse des Lkw-Ankunftsverhaltens in Terminals des Kombinierten Verkehrs, Internationales Verkehrswesen 6/98
[149] Buscher R., Hayens O., (1998); KV-Verkehr wirtschaftlich?, Logistik Heute 7/8-98
[150] Wolff S., Buscher R., (1999); Prozeßbeschleunigung mit Logistik und IT, Branchenreport 1999 Automobilzulieferer, Verband der Automobilindustrie e. V. (VDA)
[151] Baumgarten H., (1999); Prozeßkettenmanagement, in Handbuch Logistik, Schäffer-Poeschel, Stuttgart, S. 226 ff.
[152] Baumgarten H., Darkow I., (1999); Gestaltung und Dimensionierung von Logistiknetzwerken, in Jahrbuch Logistik 1999, Verlagsgruppe Handelsblatt, Düsseldorf, S. 146 ff.

[153] Baumgarten H., Wolff S., (1999); Versorgungsmanagement – Erfolge durch Integration von Beschaffung und Logistik, in Handbuch Industrielles Beschaffungsmanagement, Gabler, Wiesbaden
[154] Buscher R., Koperski D., (1999); Logistikstrategien für die flexible Kundenwunschfabrik, in Jahrbuch Logistik 1999, Verlagsgruppe Handelsblatt, Düsseldorf, S. 190 ff.
[155] Straube F., (1999); Erfolgsfaktor der internationalen Logistik; Flexibilität und Stabilität durch Prozeß-Standardisierung, Logistik im Unternehmen, 10.Jg., Heft 9, S. 3 ff.
[156] ZLU, Zentrum für Logistik und Unternehmensplanung GmbH, Berlin-Sao-Paulo-Boston
[157] Krause B., Metzler P. , (1988); Angewandte Statistik, VEB Deutscher Verlag der Wissenschaften, S. 343 ff.
[158] Gabler Lexikon Logistik, (1998); Management logistischer Netzwerke und Flüsse, Hrsg. Klaus P. und Krieger W., Gabler, Wiesbaden
[159] Schneider E., (1969); Einführung in die Wirtschaftstheorie I. und II. Teil, J. C. B. Mohr, Tübingen
[160] Makowski E., (1999); Maßstab für mehr Effizienz, Crossdocking bei Hornbach, Logistik Heute 4 EXTRA Handelslogistik, S. 82 ff.
[161] Ritzer S., (2000); Logistik für mehr Markterfolg, Forecasting- und Optimierungssoftware für den Handel, TECHNICA, 11/2000
[162] Kopfer H., Schneider B., Bierwirth C., (2000); Fracht- und Laderaumbörsen im Internet, Von der Pinwand zum Auktionshaus, LOGISTIK HEUTE 4/2000, S. 22 ff.
[163] Hill R., (1837); Post Office Reform, Its Importance and Practicability, s. Schwanitz D. (1999), Bildung, Alles, was man wissen muß, Eschborn, Frankfurt a. M., S. 505
[164] Gilbert B., Miller L., (1974); A Heuristic Algorithm for Vehicle Dispatching Problems, Operations Research Quarterly No. 22, S. 340 ff.
[165] Varenkamp R., Voigt M., Eley M., (2000); Logistikmanagement, Ouldenburg, München
[166] Daganzo C. F., (1991/96/99); Logistic Systems Analysis, Springer, Berlin-Heidelberg-New York
[167] Gudehus T., (2002); Dynamische Disposition, Strategien und Algorithmen zur optimalen Auftrags- und Bestandsdisposition, Springer, Berlin-Heidelberg-New York
[168] Arnold D., Isermann H., Kuhn A., Tempelmeier H., (2002); Handbuch Logistik, Springer, Berlin-Heidelberg-New York
[169] Bahke E., (1973); Materialflußsysteme, Krauskopf-Verlag, Mainz
[170] Jünemann R., (1963); Systemplanung für Stückgutläger, Krauskopf-Verlag, Mainz
[171] Weber J., Baumgarten H. (Hrsg.), (1998); Handbuch der Logistik, Management von Material- und Warenflußprozessen, Schäffer-Poeschel, Stuttgart
[172] Soom E., (1976); Optimale Lagerbewirtschaftung in Gewerbe, Industrie und Handel, Bern/Stuttgart
[173] Hartmann H., (1997); Materialwirtschaft, Organisation, Planung, Durchführung, Kontrolle, 7. Aufl., Deutscher Betriebswirte-Verlag, Gernsbach
[174] Gudehus T., (2001); Optimaler Nachschub in Versorgungsnetzen, Logistik Spektrum 13/01 Nr. 4, 5 ,6, sowie in Logistik Management 3. Jg. 2001, Ausgabe 2/3
[175] Zinn H., (2002); Forth Party Logistics, Mehr als ein Modebegriff?, LOGISTIK HEUTE, 9/2002, S. 36
[176] Behrentzen Chr., Reinhardt M., (2002); Kooperation in der Distributionslogistik von Strothmann Spirituosen und Melitta Haushaltswaren, in Integriertes Supply Chain Management, Hrsg. A. Busch/W.Dangelmaier, Gabler, Wiesbaden
[177] Kuhn A., Hellingrath H., (2002); Supply Chain Management, Optimierte Zusammenarbeit in der Wertschöpfungskette, Springer, Berlin-Heidelberg-New York

[178] Gudehus T., (1972); Regalförderzeuge für mehrere Ladeeinheiten?, fördern und heben, Heft 11/72

[179] Neumann G., (2001); Wissensbasierte Unterstützung des Planers, Dissertation, Otto-von-Guericke-Universität, Magdeburg

[180] Neumann G., Krzyzaniak S., Lassen C. C., (2001); The Logistics Knowledge Portal: Gateway to more individualized learning in logistics, Educational Multimedia and Hypermedia, Proceedings of ED-MEDIA 2001, Tampere, Finland

[181] VDI-Richtlinie VDI 3564, (1999); Empfehlungen zum Brandschutz in Hochregalanlagen (Entwurf), *3.8 Rettungswege*, Beuth, Berlin-Wien-Zürich

[182] o. Verfasser, (2002); Logistik-Outsourcing stößt an Grenzen, Kunden kritisieren Qualitätsmängel, Dienstleister sind schlecht auf Kundenwünsche vorbereitet, FAZ Nr. 286 vom 9. 12. 2003, S. 22

[183] Lolling A., (2001); Analyse und Reduzierung von Kommissionierfehlern, Bewertung der menschlichen Zuverlässigkeit, Logistik Jahrbuch 2001, S. 254 ff., Handelsblatt Fachverlag

[184] Benz M., (2000); Umweltverträglichkeit von Transportketten, Logistik Jahrbuch 2000, S. 170 ff., Handelsblatt Fachverlag

[185] Baumgarten H. et al., (1998); Qualitäts- und Umweltmanagement logistischer Prozeßketten, Verlag Paul Haupt, Bern-Stuttgart-Wien

[186] Krampe H., (2000); Ist Logistik eine Wissenschaft? Gegenstand und Instrumentarien der Logistik, Logistik Jahrbuch 2000, S. 199 ff., Handelsblatt Fachverlag

[187] Hefermehl W., (1966); Einführung in das Wettbewerbsrecht und Kartellrecht, *Gesetz gegen den unlauteren Wettbewerb* (UWG), *Zugabeverordnung, Rabattgesetz, Kartellgesetz*, Beck-Texte im dtv

[188] Ford L. R., Fulkerson D. R., (1962); Flows in Networks, Princeton

[189] Preiser E., (1959/1975); Nationalökonomie heute, Eine Einführung in die Volkswirtschaftslehre, C. H. Beck, München

[190] Smith A., (1789); Der Wohlstand der Nationen, Übersetzung von H. C. Rektenwald 1978, DTV, München

[191] Nowitzky I., (2003); Economies of Scale in der Distributionslogistik, Dissertation Universität Karlsruhe; IFL

[192] Eckey N.-F., Stock W., (2000); Verkehrsökonomie, Eine empirisch orientierte Einführung in die Verkehrswissenschaften, Gabler, Wiesbaden

[193] Aberle G., (1996); Transportwirtschaft, München

[194] Morgenstern O., (1955); Note on the Formulation of the Theory of Logistics, in Naval Research Logistics Quarterly 5, S. 129 ff.

[195] Böseler U., (1995); Die Ahnen der logistischen Dienstleister, in Jahrbuch Logistik 1995, S. 20 ff.

[196] Smith A, (1776); An Inquiry into the Nature and Causes of the Wealth of Nations, Oxford, deutsche Übersetzung "Wohlstand der Nationen" von H. C. Recktenwald, DTV, München

[197] Schaur E., (1992); Ungeplante Siedlungen, Merkmale, Wegsystem, Flächeneinteilung; Mitteilungen des Instituts für leichte Flächentragwerke, Universität Stuttgart, Karl Krämer, Stuttgart

[198] Straube F., (2004); e-Logistik, Springer, Berlin-Heidelberg-New York

[199] Hayek F. A., (1988); The Fatal Conceit, The Errors of Socialism, Routledge, New York

[200] Brockhaus-Lexikon (1998); 9. Band, „Modul [von lat. modulus „Maß", „Maßstab"] Baukunst: der untere halbe Säulendurchmesser, eine relative Maßeinheit … der antiken Formenlehre", Brockhaus, Leipzig-Mannhein

[201] Dambach G., (1992); Ein vektorbasierter Ansatz zur Materialflußorientierten Layoutplanung, Dissertation, Wissenschaftlicher Bericht des Instituts für Fördertechnik der Universität Karlsruhe, Heft 38

[202] Dangelmaier, W., (1986); Algorithmen und Verfahren zur Erstellung innerbetrieblicher Anordnungspläne, Bericht des IPA Frauenhofer-Institut für Produktionstechnik und Automatisierung, Stuttgart-Berlin

[203] Dangelmaier W., (1999); Layoutplanung und Standortoptimierung, in Handbuch Logistik, Schafer-Poeschel, S. 322 ff.

[204] Dolezalek C. M., Warnecke H.-J., (1981); Planung von Fabrikanlagen, 2. Aufl., Berlin 1981

[205] Engelhardt W., (1987); Groblayout-Entwicklung und Bewertung als Baustein rechnergestützter Fabrikplanung, Fortschrittsberichte VDI, Reihe 2, Nr. 144, Düsseldorf

[206] Gudehus T., (1971); Transportwegoptimierung durch richtige Gebäudeauslegung, dhf, Nr.12, Jg. 1971

[207] Mayer S., (1983); Entwicklung eines modularen Rechnerprogramms zur interaktiven Verbesserung von Layouts für Fabrikanlagen, Abschlußbericht Deutsche Forschungsgemeinschaft Stuttgart

[208] IMHC-Report, (2004); Report International Material Handling Conference, Graz

[209] Finkenzeller K., (2002); RFID-Handbuch, Hanser, München

[210] Shephard S. S., (2004); Rfid, McGraw-Hill

[211] FAZ, (23. und 24. 11.2004); Weitere Fachanwaltstitel, Bekanntgabe einer Mitteilung der Bundesrechtsanwaltskammer

[212] Conrads K.-P., (2004); Verkehrsrecht, Verlag Deutsche Polizeiliteratur

[213] Xanke P., (2002); Verkehrsrecht, Deutscher Anwaltsverlag

[214] Frehmuth et al., (2000); Kommentar zum Transportrecht, Recht und Wirtschaft

[215] Koller I., (2004); Transportrecht, Kommentar, Beck C. H.

[216] Wieske Th., (2002); Transportrecht – Schnell erfaßt, Springer, Berlin-Heidelberg-New York

[217] Brandenburg H., (2001); Transport- und Speditionsrecht

[218] Alff R., (1991); Fracht-, Lager- und Speditionsrecht, Luchterhand

[219] Sellmann K.-A., (2002); Personenbeförderungsrecht, Kommentar, Beck C. H.

[220] Müglich A., (2002); Transport- und Logistikrecht, Vahlen

[221] Wieske Th., (2010); Logistikrecht, Springer, Berlin-Heidelberg-New York, angekündigt für 2010

[222] Grieshaber H., (1998); Logistikverträge S. 331 ff., Transportrecht S. 464, in Gabler Lexikon Logistik, Gabler, Wiesbaden

[223] Brucks W., (1997); Subsidiarität, Definition und Konkretisierung eines gesellschaftlichen Strukturprinzips, Soziologisches Institut der Universität Zürich, Online Publication, `http://socio.ch/demo/t_wbrucks.htm`

[224] Bonell M., (2002); The Unidroit Priciples in Practice: Case Law and Bibliography on the Unidroit Principles of International Commercial Contracts, Transnational Publisher

[225] Gudehus T., (2004); Dynamische Disposition bei begrenzter Produktionsleistung, Teil I, fördern und heben 9/2004, S. 512 ff., Teil II, fördern und heben 10/2004, S. 599 ff.,

[226] Arnold D., Faißt B., (1999); Untersuchung des Bullwhip-Effekts in sequentiellen Lieferketten, Tagungsbericht der 5. Magdeburger Logistik-Tagung über Logistiknetzwerke, Otto-von-Guericke-Universität, Magdeburg, S. 180 ff.

[227] Forrester J., (1961); Industrial Dynamics, MIT Press, and John Wiley & Sons Inc, New York

[228] Kahn J. A., (1987); Inventories and the Volatarity of Production, American Economic Review, 77, No. 4, S. 667 ff.
[229] Lee H. L., Padmanabhan V., Whang S., (1997); Information Distortion in a Supply Chain: The Bullwhip Effect, Management Science, Vol. 43, No. 4, S. 546 ff
[230] Sterman J. D., (1989); Modelling Managerial Behaviour: Mispreceptions of Feedback in a Dynamic Decision Making Experiment, Management Science Vol. 35, No. 3, S. 321 ff.
[231] Murphy P. R., Wood D. F., (1996/2004); Contemporary Logistics, 8th edn., Pearson Prentice Hall, New Jersey
[232] Afheldt H., (2003/2005); Wirtschaft, die arm macht, Vom Sozialstaat zur gespaltenen Gesellschaft, 2. Aufl., Kunstmann, München
[233] Bretzke W.-R., (2008); Logistische Netzwerke, Springer, Berlin-Heidelberg-New York
[234] Gudehus T., (2007); Dynamische Märkte, Praxis, Strategien und Nutzen für Wirtschaft und Gesellschaft, Springer, Berlin-Heidelberg-New York
[235] Bretzke W.-R., (2005); Supply Chain Management, Wege aus einer logistischen Utopie, Logistik Management, 7, 2, 21–30
[236] Christopher M., (2005); Logistics and Supply Chain Management, 3rd edn., Pitman Publishing, Person education, Edinborough
[237] Kotzab H., (1997); Neue Konzepte der Distributionslogistik von Handelsunternehmen, Deutscher Universitätsverlag, Gabler, Wiesbaden
[238] Kotzab H., (1999); Improving supply chain performance by efficient consumer response? A critical comparison of existing ECR approaches, Journal of Business & Industrial Marketing, 14, 5/6, 364–374, 1999
[239] Gudehus T., Kotzab H., (2009); Comprehensive Logistics, Springer, Berlin-Heidelberg-New York
[240] Baumbach A., Hefermehl W., Köhler H., Bornkamp J., (2004); Gesetz gegen den unlauteren Wettbewerb (UWG), Preisabgabeverordnung (PAngV), 23. Aufl., Beck, München
[241] Budimir M., Gomber P., (1999); Dynamische Marktmodelle im elektronischen Wertpapierhandel, in 4. Internationale Tagung Wirtschaftsinformatik, Physica-Verlag, Heidelberg
[242] Davis D. D., Holt C. A., (1993); Experimental Economics, Princeton University Press
[243] Deutsche Börse, (2004); Börsenordnung der Frankfurter Wertpapierbörse, §32 (2) „Es ist derjenige Preis festzusetzen, zu dem der größte Umsatz bei größtmöglichem Ausgleich der dem Skrontoführer vorliegenden Aufträge stattfindet."
[244] Gudehus T., (2009); Wahrscheinlichkeitstheorie des Marktes, unveröffentlichter Forschungsbericht, einsehbar in www.TimmGudehus.de
[245] LeBaron B., Winker P., (2008); Introduction to the Special Issue on Agent-Based Models for Economic Policy Advice, Jahrbücher für Nationalökonomie und Statistik, Band 228, Heft 2+3, S. 141 ff.
[246] Mankiw N. G., (2003); Makroökonomik, S. 8 ff., Schaefer-Poeschel, Stuttgart, 5. Aufl.
[247] Gudehus T., (2006); Das Marktsimulationstool *MarktMaster.XLS* ist in [358; S. 176 ff.] genauer beschrieben. Es kann von Interessenten zur freien Nutzung bei TGudehus@aol.de angefordert werden
[248] Peters R., (2002); Elektronische Märkte, Spieltheoretische Konzeption und agentenorientierte Realisierung, Physica-Verlag, Heidelberg
[249] Preiser E., (1970); Nationalökonomie heute, C. H. Beck, München, 9. Aufl.
[250] Ruffieux B., (2004); Märkte im Labor, Spektrum der Wissenschaft, Mai 2004, S. 60 ff.
[251] Samuelson P. A., Nordhaus W. D., (1995); Economics, New York, Deutsche Übersetzung der 15. Aufl. von R. und H. Berger, Volkswirtschaftslehre, Ueberreuter, Wien/Frankfurt, 1998

[252] Stigler G. J., (1987); The Theory of Price, Macmillan, New York-London, 4th edn. "The equilibrium price is the price from which there is no tendency to move. It is a stale equilibrium in the sense that if the market is jarred of equilibrium, the dominant forces push it back toward this equilibrium position... These terms were obviously borrowed from physics – has the economist made sure that they really make any sense in economics? The answer is, let us hope, yes."
[253] Varian H. R., (1993); Intermediate Microeconomics, Norton, New York
[254] Walras L., (1894); Elément d'economique pure ou théorie tichesse social, Paris
[255] Giersch H., (1961); Allgemeine Wirtschaftspolitik, Erster Band: Grundlagen, Th. Gabler, Wiesbaden
[256] Riha I., (2008); Entwicklung einer Methode für das Cost Benefit Sharing in Logistiknetzwerken, Dissertation, Fraunhofer IML Dortmund, Verlag Praxiswissen, Dortmund
[257] Kotzab H., (2000); Zum Wesen des Supply Chain Management vor dem Hintergrund der betriebswirtschaftlichen Logistikkonzeption, in Supply Chain Management, Hrg. H. Wildemann TCW, S. 21 ff.
[258] Christofer M., (1998); Logistics and Supply Chain Management, Strategies for Reducing Cost and Improving Service, Prentice Hall
[259] Wolff S., Nieters Chr., (2002); Supply Chain Design – Gestaltung und Planung von Logistiknetzwerken, Praxishandbuch Logistik
[260] Wolff S., Groß W., (2009); Dynamische Gestaltung von Logistiknetzwerken, Firmenbericht, 4 flow AG, Berlin
[261] Gudehus H., (1963); Über die optimale Geschwindigkeit von Handelsschiffen, Hansa, Hamburg, 23/1963, S. 2387 ff.
[262] Gudehus H., (1967); Über den Einfluss der Frachtraten auf die optimale Schiffsgeschwindigkeit, Schiff & Hafen, Hamburg, 3/12967, S. 173 ff.
[263] Ronen D., (1982); The Effect of Oil Price on the Optimal Speed of Ships, Journal of Operations Research Society, London, Vol. 33, pp. 21034–1040
[264] Gast O., (2008); Verantwortung für unsere Umwelt, Umweltbroschüre der HAMBURG SÜD, Hamburg, s. Diagramm auf S. 27
[265] Mewis F., (2007); Optimierung der Schiffsgeschwindigkeit unter Umweltgesichtspunkten und Kostenaspekten, Schiff & Hafen, Hamburg, Nr.12/2007 S. 82 ff.
[266] Münchmeier Petersen Capital, (2003); Informationsbroschüre über die Beteiligungsgesellschaft „Santa P-Schiffe" mit 6 Panamax-Containerschiffen; Technische Schiffsdaten s. S.14, Baupreise s. S. 26; Schiffsbetriebskosten s. S. 36 und 37; Charterraten s. S. 49
[267] Zachcial M., (2007); Steaming nach Fernost, Gerangel der Ozeanriesen, Asia Bridge 9/2007, S. 12 ff., Angaben zu Ladungsaufkommen, zu Asien-Europa-Frachtraten 2006 und 2007 sowie zur Paarigkeit
[268] Kreyszig E., (1975); Statistische Methoden und ihre Anwendungen, Vandenhoeck & Ruprecht, Göttigen, S. 291 ff.
[269] Marston C., (2008); Limits to Slow Steaming Very Real, GLG News, Gerson Lehman Group, www.glgroup.com
[270] Andersen S., (2009); Maersk slow steaming a success, Maersk VP Fleet Management, Copenhagen, www.seatradeasia-online.com
[271] Gudehus T., Kotzab H., (2009); Comprehensive Logistics, Springer, Berlin-Heidelberg-New York
[272] Port of Rotterdam, (2009); Harbour Rates Port of Rotterdam, 2009
[273] Gudehus T., (2007); Dynamische Märkte, Praxis, Strategien und Nutzen für Wirtschaft und Gesellschaft; Springer, Berlin-Heidelberg-New York, Gewinnmaximierung S. 259

ff.; Dynamische Absatzstrategien s. S. 284 ff.; Marktpositionierung s. S. 288 ff.; Kritische Masse und Marktbeherrschung s. S. 290 ff.

[274] Bond P., (2008); Improving Fuel Efficiency through Supply Chain? And the Ship Management Plan, INTERORIENT Cyprus Shipping Chamber, p. 12

[275] Krapp R., (2009); Überlegungen zum zukünftigen Schiffsdesign, Schiff & Hafen, Nr. 10/2009, S. 18 ff.

[276] Hassellöv I.-M., (2009); Die Umweltauswirkungen des Schiffsverkehrs, Studie im Auftrag von Michael Cramer, Mitglied des Europäischen Parlaments, `www.michael-cramer.eu`

[277] Schönknecht A., (2009); Maritime Containerlogistik, Leistungsvergleich von Containerschiffen in intermodalen Transportketten; Springer, Berlin-Heidelberg-New York

[278] Froese J., (2005); Maritime Logistik; Vortrag auf dem Tagesforum von HSL Hamburg School of Logistics und ISSUS an der Technischen Hochschule Harburg

[279] Gudehus T., (2010); Slow-Steaming I: Die kostenoptimale Geschwindigkeit von Frachtschiffen, Schiff&Hafen Nr. 5, Mai 2010, Slow-Steaming II: Gewinnoptimale Geschwindigkeit und strategiesche Flottenplanbung, Schiff&Hafen Nr. 6, Juni 2010

[280] Bretzke W.-R., Barkawi K., (2010); Nachhaltige Logistik: Antworten auf eine globale Herausforderung, Springer, Berlin-Heidelberg-New York

[281] Gudehus T., (2010); Logik des Marktes, Marktordnung, Marktverhalten und Marktergebnisse; Jahrbücher für Nationalökonomie und Statistik, Heft 5/2010

[282] Günther HO., Tempelmeier H., (1995); Produktion und Logistik, 2. Aufl., Springer, Berlin-Heidelberg New York, DS. S. 263

[283] Wolf D., (1997); Distribution Requirement Planning, In: Bloech J., Ihde GB. (Hrsg.), Vahlens Großes Logistiklexikon, München, S. 170 ff.

Weiterführende Literatur

Ahrens J., Straube F., (1999); The Pull Principle, Logistics Europe, September 99, S. 64 ff.

Baumgarten H., (1996); Wertschöpfungspartner Lieferant, in Jahrbuch Logistik 1996, Verlagsgruppe Handelsblatt, Düsseldorf, S. 10–13

Berentzen Chr., (1999); 3. Logistik-Restrukturierung nach Firmenübernahmen in der Spirituosenindustrie, 16. Deutscher Logistik-Kongress, Tagungsbericht I, S. 751 ff.

Berndt T., Krampe H., Lochmann G., Lucke H. J., (1983); Algorithmen für die Dispositive Steuerung des innerbetrieblichen Transportwesens, Hochschule für Verkehrswesen, 30, Nr. 3

Brandes T., (1997); Betriebsstrategien für Materialflußsysteme unter besonderer Berücksichtigung automatisierter Lagersysteme, Dissertation, TU Berlin, Bereich Logistik

Großeschallau W., (1984); Materialflußrechnungen, Logistik in Industrie, Handel und Dienstleistungen, Springer, Berlin-Heidelberg-New York

Gudehus T., (1994); Gestaltung und Optimierung außerbetrieblicher Logistikstrukturen, Fördertechnik 3/94

Gudehus T., Lukas G., (2002); System zum dynamischen Bereitstellen und Kommissionieren von Paletten, Anmelde-Nr. 10250964.6 vom 1. 11. 2002

Heymann K., (1997); Vernetzte Systeme beherrschen, Logistik Jahrbuch 1997, S. 166 ff., handelsblatt fachverlag

Hochregallagerstatistik, (2001); Zeitschrift Materialfluß, Verlag Moderne Industrie, München

Krallmann H., (1996); Systemanalyse, R. Oldenbourg, München

Messerschmitt-Bölkow-Blohm, (1971); Technische Zuverlässigkeit, Springer, Berlin-Heidelberg-New York

Rödig W., Degenhard W., (2001); Weltrangliste Flurförderzeuge 2000/2001, Von der Expansion zur Konsolidierung, dhf 12/2001, S. 11 ff.

Scheer A.-W., (1995); Architektur integrierter Informationssysteme - Grundlagen der Unternehmensmodellierung, 2. Aufl., Springer, Berlin–Heidelberg–New York

Schlitgen R., Streitber H. J., (1995); Zeitreihenanalyse, R. Oldenbourg, Wien

Stommel H. J., (1976); Betriebliche Terminplanung, de Gruyter, Berlin-New York

VDI-Richtlinie, (1982); Zeitrichtwerte für Arbeitsspiele und Grundbewegungen von Flurförderzeugen, VDI 2391

Wiendahl H. P., (1997); Betriebsorganisation für Ingenieure, Hanser Verlag, MünchenWien, 4. Aufl.

Sachwortverzeichnis

Das Sachwortverzeichnis mit über 6.600 Begriffen macht das vorliegende Buch zu einem *Nachschlagewerk und Lexikon der Logistik*. Die fett gedruckten Seitenzahlen geben die Hauptfundstellen an. Dort wird der betreffende Begriff definiert und im Zusammenhang ausführlich erklärt. Die übrigen Seitenzahlen geben Hinweise auf weitere Einsatzbereiche des Begriffs.

Als *Nachschlagewerk* erleichtert das Sachwortverzeichnis das Auffinden der Textstellen zu einer gesuchten Fragestellung. Als *Lexikon* ist es ein Beitrag zum Verständnis, zur Klärung und zur Vereinheitlichung der verwirrenden Begriffsvielfalt der Logistik. Vielleicht ist es möglich, damit einige der Mißverständnisse und Fehler zu vermeiden, die so oft aus der unkritischen Verwendung unklarer Begriffe resultieren.

Symbole

A

B

C

D

E

G

H

I

J

K

L

M

N

O

P

Q

R

T

U

V

W

Z